La malacofaune de sites mésolithiques et néolithiques de la façade atlantique de la France

Contribution à l'économie et à l'identité culturelle des groupes concernés

Catherine Dupont

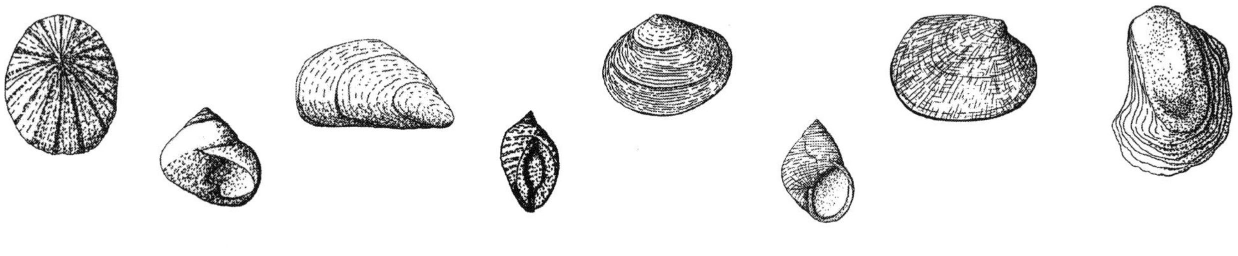

BAR International Series 1571
2006

This title published by

Archaeopress
Publishers of British Archaeological Reports
Gordon House
276 Banbury Road
Oxford OX2 7ED
England
bar@archaeopress.com
www.archaeopress.com

BAR S1571

La malacofaune de sites mésolithiques et néolithiques de la façade atlantique de la France: Contribution à l'économie et à l'identité culturelle des groupes concernés

ISBN 1 84171 786 X

Printed in England by The Basingstoke Press

All BAR titles are available from:

Hadrian Books Ltd
122 Banbury Road
Oxford
OX2 7BP
England
bar@hadrianbooks.co.uk

The current BAR catalogue with details of all titles in print, prices and means of payment is available free from Hadrian Books or may be downloaded from www.archaeopress.com

AVANT-PROPOS

Cette publication correpond à une thèse de doctorat de Préhistoire, Ethnologie et Anthropologie soutenue publiquement le 30 avril 2003 à l'Université de Paris I–Panthéon-Sorbonne. Cette étude a été validée par une mention « très honorable, avec félicitations du jury à l'unanimité » (Composition du jury de thèse: Directeur : Sander van der Leeuw ; rapporteurs : Louis Chaix & Robert Chenorkian ; Yves Gruet, Luc Laporte et Jean-Denis Vigne).

Ce travail est parti d'un double pari. Son principal but est de sensibiliser les archéologues aux implications apportées par la description de la malacofaune dans la connaissance du quotidien des hommes préhistoriques. D'autre part, étant issue d'une filière de biologie ma motivation était d'acquérir des notions de base en archéologie afin de mettre en valeur l'interaction qui lie ces deux disciplines.

Dans le passé, la malacofaune a souvent été ignorée le long de la façade atlantique française. Cette absence d'intérêt peut s'expliquer, dans un premier temps, par le manque de caractère 'remarquable' du matériel. En effet, pour les non initiés, celui-ci apparaît monotone dans sa coloration comme dans les formes des tests coquilliers. Ce phénomène est parfaitement illustré par les caractéristiques du matériel conservé des anciennes fouilles : souvent seules les coquilles perforées et attribuées à des éléments de parure ont été retenues. Cependant, la malacofaune ne constitue pas une discipline à part dans la démarche archéologique. Les indices qu'elle apporte s'ajoutent aux autres témoins des activités humaines. Elle touche l'histoire de l'homme par des thèmes aussi divers que le paléoenvironnement, les variations du niveau marin, l'économie de subsistance, la spécialisation des activités, la hiérarchisation sociale, l'économie, la transformation de la matière...

REMERCIEMENTS

Ces années de travail ont été pour moi particulièrement enrichissantes tant au point de vue scientifique qu'humain. Je tiens à remercier l'ensemble des personnes qui m'ont accordé leur aide et sans qui ce travail n'aurait pas vu le jour.

Je pense, entre autres, à tous ceux qui m'ont permis d'étoffer la problématique de ce travail (Y. Gruet, L. Laporte, J.-D. Vigne), tous les responsables de fouille (S. Cassen, P. Courtaud, H. Duday, P. Dumontier, R. Joussaume, O. Kayser, L. Laporte, J-M. Large, G. Marchand, F. Marembert, J. Rousseau, M. Tessier) qui m'ont fourni les informations sur les sites indispensables à une bonne interprétation des restes coquilliers et à tous ceux qui m'ont permis une seconde observation de leur collection (C. Burnez, Y. Gruet, O. Kayser, M. Tessier).

Merci à mon directeur de thèse M. Sander van der Leeuw pour m'avoir accordé sa confiance dans l'aboutissement de ce travail et dont les conseils m'ont été très utiles.

Toute ma gratitude va à Yves Gruet qui a suivi l'élaboration de ce travail pas à pas. Son étroite collaboration ainsi que son aide sur le plan logistique m'ont été d'un grand secours. Pour tout le temps qu'il m'a accordé, merci.

L. Laporte, G. Marchand et J.-D. Vigne ont eu la gentillesse de relire, chacun dans leur domaine de prédilection, une première version de mon manuscrit. Je leur accorde toute ma reconnaissance pour m'avoir évité certaines imperfections par leurs rigueurs scientifiques.

Je veux également intégrer dans tous ces remerciements les fouilleurs pour la plupart bénévoles qui ont permis grâce à leurs remarques et leurs ramassages méticuleux la conservation d'indices indispensables à la finalité de ce travail. Les S.R.A. d'Aquitaine, de Poitou-Charentes, des Pays de la Loire et de Bretagne ont permis la reconnaissance de mon travail à l'aide de subventions ponctuelles sans lesquelles il m'aurait été difficile de supporter le poids d'une telle recherche, je les en remercie vivement.

Ma profonde reconnaissance va tout naturellement à L. Chaix, R. Chenorkian, Y. Gruet, L. Laporte, S. van der Leeuw et J.-D. Vigne pour avoir accepté de faire partie de ce jury.

Enfin, merci à toutes les personnes qui m'ont permis l'accès aux collections des musées et des dépôts de fouille : M. Farbre du Musée de la Vieille Paroisse de Rochefort, Mme A.-E. Riskine (✝) du Musée de Carnac, M. J. Santrot du Musée Dobrée et A. Triste du dépôt de Vannes.

Un dernier mot est adressé aux équipes de recherche qui m'ont permis leur soutien et leurs collaborations par des discussions riches d'enseignement comme l'U.M.R. 6566 'Civilisations atlantiques et archéosciences' (CNRS - Université de Rennes 1) et l'U.M.R. 5197 'Archéozoologie et histoire des sociétés' (CNRS - Muséum National d'Histoire Naturelle). Leur dynamisme a permis des débats pluridisciplinaires passionnants et auxquels j'ai pris beaucoup de plaisir. Je dois rajouter à la liste des personnes déjà citées P. Bougeant, N. Desse-Berset, J.-N. Guyodo, G. Hamon, Y. Pailler, N. Serrand, A. Tresset et E. Yven pour leur participation à ces conversations animées.

Messieurs Luc Laporte, et Grégor Marchand m'ont intégrée à leur Programme Collectif de Recherche, qu'ils en soient remerciés. Ceci m'a permis de participer aux fouilles et ainsi de faire des observations directes sur le terrain. Ces deux programmes ont supporté financièrement une partie de la reprographie de cette thèse ainsi que l'Aide à Projet Nouveau intitulée 'Les débuts de l'élevage sur le littoral et dans les petites îles du Nord-Ouest européen, choix techno-économiques et contraintes environnementales' dirigé par A. Tresset.

Sur le plan familial, je tiens à remercier Paul, mes parents et Dominique, qui m'ont encouragée jour après jour.

INTRODUCTION

La malacofaune a pu susciter différents intérêts auprès des archéologues selon l'utilisation qui en a été faite par les préhistoriques.

Les éléments de **parure** sont les plus décrits. Même si la détermination des espèces n'est pas précisée, les auteurs se sont souvent efforcés de citer le nombre de coquilles perforées présentes. Il faut attendre la thèse d'Y. Taborin en 1971 pour que la détermination des coquilles soit mise en valeur dans la reconnaissance des lieux d'origine de ces éléments de parure. Ce travail, auquel il faut ajouter celui d'H. Barge (Barge, 1982) pour le midi de la France et de L. Laporte (Laporte, 1994) pour l'ouest de la France, présente un des seuls éléments de synthèse de la parure en coquillages en France (Taborin, 1971). *Ces lacunes m'ont amenée, à décrire non seulement la forme générale de la parure en coquillages au Mésolithique et au Néolithique de par son degré de façonnage, mais encore à dédier un volet important de ce travail à l'acquisition de la matière première destinée à cette utilisation.*

En 1883, Le Cloirec évoquait des indices indirects d'utilisation de coquilles en tant qu'**outil** par le décor au bigorneau de céramiques. Cet emploi, du test coquillier comme support, est peu connu. La description directe de coquilles outils a été, très souvent, liée à la présence de grandes valves bombées qui auraient été utilisées comme récipients. Quand celles-ci étaient perforées, elles ont été décrites comme ustensiles de cuisine (cuillères, louches) (Le Rouzic, 1930 ; Péquart et Péquart, 1934, p.95). Par ailleurs, les anciennes techniques de fouille n'ont pas toujours permis l'observation minutieuse de la surface même des tests, délaissant de ce fait toutes les coquilles ayant pu servir par exemple à racler ou à lisser des objets. Cependant, plusieurs outils en coquillages ont, plus récemment, été décrits sur la façade atlantique de la France au Néolithique (Gruet, 1993 ; Gruet *et al.*, 1999). D'autres l'ont été dans le midi de la France (Courtin et Vigié, 1987 ; Vigié, 1986 ; Vigié et Courtin, 1986). *Il me paraissait important, pour toutes ces raisons, de faire une révision minutieuse de collections anciennement fouillées et d'apporter un soin important à l'observation du matériel récemment découvert.*

Simplement cités, les restes malacofauniques **alimentaires** ont rarement été déterminés et exceptionnellement quantifiés. De cette utilisation, seule 'l'ampleur' de certains amas coquilliers n'est pas passée inaperçue. Les premiers écrits de descriptions des amas coquilliers datent en France des années 1880 (Du Chatellier, 1881). Depuis, les amas coquilliers bretons sont souvent cités dans la littérature (Kayser, 1985 ; Gouletquer *et al.*, 1997 ; Giot *et al.*, 1998), mais sans informations complémentaires sur les coquilles. Il faut attendre les années 1990, pour que la malacofaune commence à être prise en compte dans les études liées à l'économie de subsistance des populations néolithiques de la façade atlantique de la France (Laporte, 1994 ; Fouéré *et al.*, 1996 ; Laporte *et al.*, 1998-2). Quelques études malacofauniques ont également été réalisées dans le midi de la France (Gagnière, 1969 ; *et al.*, 1969 ; Lozouet et Vigne, 1994 ; Vigne, 1995 ; Vigié-Chevalier, 1998). À cette image plutôt statique de l'étude de la malacofaune sur la façade atlantique française, s'oppose une discipline qui ne cesse d'évoluer et a débuté depuis longtemps dans d'autres pays. Le Danemark et le sud de la Scandinavie sont des régions classiques des études de dépôts coquilliers. Ces amas sont associés, dans ces pays, à une culture propre aux sites côtiers du Mésolithique. Le Danemark est un pays précurseur de cette discipline. Pour exemple, le Muséum national du Danemark publiait dès 1837 un premier rapport sur les dépôts coquilliers danois (Andersen, Johansen, 1986, p.31). L'intérêt des archéologues pour les amas coquilliers date officiellement de 1849 quand Worsaae décrit les sites danois comme des amas culturels de rejets ou 'kjökkenmöddings' plutôt que des bancs naturels (Céci, 1984, p.63). Les amas coquilliers ne sont pas cantonnés à quelques pays mais sont présents sur toute la surface du globe. Par exemple, on les trouve en Europe au Danemark (Andersen, 1989), en Écosse (Bishop, 1914 ; Mellars, 1978), en Espagne (Straus, 1979), en Grande-Bretagne (Whittle, 1990), en Irlande (Mitchell, 1956), en Italie (Leonardi, 1935 ; Tagliacozzo, 1993), en Norvège (Renouf, 1988), au Portugal (Tavares da Silva et Soares, 1997 ; Araùjo, 1998), en Ukraine, en Australie (Attenbrow, 1992), en Amérique au Canada (Clarke et Clarke, 1980), au Brésil (Vilhena-Vialou, 1995), aux Etats-Unis (Botkin, 1980), en Afrique en Côte d'Ivoire (Leclerc, Reynard, 1975), en Israël (Mienis, 1977 ; Bar-Yosef, 1991), en Algérie (Mussi *et al.*, 1995), au Sénégal (Thilmans, Descamps, 1982), à Djibouti (Poisblaud, 1999) et en Asie au Japon (Koike, 1973 ; Akasawa, 1981)... Cette liste n'est pas exhaustive et a pour unique but de décrire l'étendue de la répartition des rejets coquilliers. Bien que présents dans de multiples pays, l'intérêt pour ce type de matériel s'avère très hétérogène. Cette distorsion, qui semble exister entre les pays, peut être tout simplement due, en France, au nombre limité d'amas coquilliers, à leur détérioration quotidienne, à leur mauvais état de conservation, à la méconnaissance de leur possible apport ainsi qu'à des techniques de fouille traditionnelles peut-être peu adaptées. *La malacofaune destinée à l'alimentation étant l'aspect le plus délaissé des études françaises sur la façade atlantique, une importante partie de ce travail y sera consacré. Les déchets alimentaires coquilliers ne se présentant pas uniquement sous forme de gigantesques amas coquilliers, les dépôts plus discrets liés à cette utilisation ont également été pris en compte.*

L'analyse de ces utilisations de la malacofaune permet d'aborder plusieurs des problématiques archéologiques qui touchent le Mésolithique et le Néolithique. Ces périodes couvrent sur la façade atlantique de la France un contexte chronologique de 5 à 6 millénaires. D'autre part, la plupart des sites étudiés sont situés à l'interface de deux écosystèmes, les milieux marin et terrestre. Ces populations, vivant près du littoral, ont donc pu réagir différemment de celles de l'intérieur des terres. Des tests coquilliers n'ont pas été trouvés régulièrement tout au long de cette chronologie et selon les découvertes plusieurs points ont été développés.

La néolithisation en est un des principaux. Les amas coquilliers de la fin du Mésolithique sont les témoins malacofauniques qui se rapprochent le plus de cette transition. Comme nous le verrons dans l'exposition du cadre archéologique, le développement des amas coquilliers de la fin du Mésolithique n'est pas cantonné à la France (Zvelebil et Rowley-Conwy, 1986). La productivité de l'environnement marin a pu permettre à certains chasseurs-cueilleurs de s'adapter à son exploitation (Kimball, 2000). Cette adaptation a pu être assez poussée pour concurrencer la rentabilité de l'économie de production des arrivants Néolithiques et y être réfractaires (Cooney, 1987 ; Armit et Finlayson, 1992). Elle a tout aussi bien pu permettre une stabilité des populations et les préparer à une adoption rapide d'un nouveau mode de subsistance (Rowley-Conwy, 1985 ; Boronéant, 1990 ; Soares, 1996). J'ai essayé de voir si les nouvelles données apportées par l'analyse de la malacofaune marine utilisées par les dernières populations mésolithiques de l'ouest de la France peuvent conforter de tels scénarios. L'adaptation des populations mésolithiques à l'exploitation de la malacofaune marine a été discutée. Pour atteindre ce but, les caractéristiques de l'acquisition, de la transformation et de la consommation de la malacofaune ont été décrites afin de voir si les choix faits par les Mésolithiques correspondent ou non à une meilleure rentabilité des activités liées à ces mollusques. Plusieurs utilisations de la malacofaune étant décrites, les caractéristiques de leur collecte ont été comparées pour voir si elles tendent ou non vers une stratégie de moindre effort. La stabilité de résidence de ces derniers Mésolithiques a également été discutée de par la saison de collecte des coquillages. La confrontation de celle-ci aux autres témoins de la fréquentation des sites permet d'établir un temps minimum de résidence.

L'adoption de systèmes de production par les populations néolithiques a pu modifier leur rapport aux ressources alimentaires marines (Lichardus *et al.,* 1985). Les proportions des coquillages marins dans l'alimentation ont été discutées en les comparant aux autres ressources alimentaires.

De plus, le passage de l'économie de prédation à celle de production entraîne des modifications importantes de l'environnement terrestre par l'homme néolithique (Lichardus *et al.*, 1985). Ce changement économique a pu se répercuter à la fois sur l'organisation des sociétés et sur leur sphère culturelle. La parure peut être un vecteur culturel. J'ai essayé, de par sa description, de savoir si celle-ci reflète ou non ce nouveau rapport de l'homme à son environnement.

D'autre part, l'organisation des activités semble se développer vers la fin du Néolithique (Lichardus *et al.,* 1985). Elle a pu aboutir, dans certains cas, à la spécialisation des activités. Cette dernière est souvent associée à la présence d'ateliers localisés et d'artisans. J'ai essayé de voir si l'organisation des activités liées aux coquillages variait au cours de la chronologie. À cet effet, les caractéristiques de l'acquisition, de la transformation et de la consommation de la malacofaune du Néolithique ont été confrontées à celles du Mésolithique.

L'environnement marin proche des sites, qu'ils soient mésolithiques ou néolithiques, a également pu provoquer des réactions différentes de l'exploitation de la malacofaune. Pour approcher son possible impact sur le mode de vie des populations côtières, chaque site a été couplé à une approche environnementale. Celle-ci a également pu permettre de discuter de la distance entre les influences marines et les sites archéologiques et donc du transport de la malacofaune de son lieu de collecte à celui de son utilisation. Ainsi, selon que les coquillages sont mangés, utilisés comme parures ou comme outils la distance entre l'approvisionnement et le site peut être variable et être liée à la rentabilité de ces différentes activités ou à leurs statuts dans ces sociétés. De même, cette approche paléoenvironnementale a permis de discuter de la répartition spatiale des sites et de certains hiatus à la fois par un choix anthropique et par l'évolution constante de la côte.

Dans un premier temps, la localisation géographique et le contexte archéologique des sites étudiés ont été présentés (**Partie I**). Ensuite, les coquillages rencontrés tout au long de ce travail ont été décrits, ainsi que les différentes utilisations attestées de la malacofaune de par le monde. La variabilité des modes de dépôts coquilliers, qui peuvent être rencontrés, a également été présentée. Cette dernière a encouragé la mise en place d'une typologie des rejets coquilliers adaptée à la façade atlantique française (**Partie II).** La malacofaune ayant été peu exploitée en France par le passé, il était indispensable de réserver une part importante aux méthodes utilisées, dont certaines inédites (**Partie III**). L'ensemble de ces méthodes est ensuite appliqué à des sites du Mésolithique et du Néolithique (**Partie IV**). Pour chacun d'entre eux les caractéristiques de l'acquisition, de la transformation et de consommation de la malacofaune sont définies selon l'utilisation qui a pu en être faite. La synthèse s'organise, ensuite, autour du contexte archéologique précédemment décrit (**Partie V**).

Partie I –

Le cadre temporel et spatial de l'étude

La zone géographique concernée par cette étude est présentée. Plusieurs sources d'information ont été utilisées pour recenser les sites archéologiques mésolithiques et néolithiques de la façade atlantique française, où de la malacofaune marine a été décrite. Parmi ceux-ci, une vingtaine est sélectionnée dans le but d'en faire une étude détaillée des coquillages.

Chapitre I - La position géographique des sites étudiés

A – La délimitation de la zone d'étude

Le cadre géographique de l'étude se limite à la façade atlantique française du nord de la Bretagne au sud de l'Aquitaine. Ce choix est arbitraire et ne fait en aucun cas référence à une unité culturelle. En premier lieu, cette aire pouvait apparaître stérile ou du moins pauvre en éléments malacologiques comparée aux immenses amas coquilliers de la péninsule ibérique voisine. **Cependant, le choix de la zone d'étude s'est imposé dans le but de privilégier certains aspects de la méthodologie**. Étant donné l'investissement important en temps que la mise en place de nouvelles approches nécessite, il s'est avéré plus judicieux de limiter la zone d'étude au territoire français.

La composition des spectres malacologiques est, comme pour celles des mammifères terrestres, principalement guidée par les conditions climatiques (Bailey et Parkington, 1988 ; Dyke, 1996, p.129). Des provinces biogéographiques actuelles sont définies en fonction de la température des océans : zone arctique, tempérée froide, tempérée chaude et tropicale (Babin et Glémarec, 1970, p.2). Le Mésolithique se situe dans une phase de réchauffement général du climat (Garanger, 1992, p.496). Le front polaire, c'est-à-dire la zone de contact entre les eaux tempérées et les eaux polaires, migre alors vers le Nord (Magny, 1995). Ce réchauffement global au cours du postglaciaire est marqué par de nombreuses fluctuations du climat (Magny, 1995, p.65). Malgré de rares indices, les températures montrent une légère tendance au refroidissement par la suite entre le Néolithique moyen et la fin du Néolithique (Clavé, 2001). **Les limites des provinces biogéographiques marines ont pu légèrement fluctuer du début du Mésolithique à la fin du Néolithique**.

Le cadre géographique est également élargi vers l'intérieur des terres, où certaines coquilles ont pu être transportées. Il peut ainsi être intéressant de savoir s'il existait une différenciation de transport vers l'intérieur des terres selon que les coquilles étaient utilisées comme nourriture, parure ou outil...

B – Le recensement des sites à malacofaune

1 - Les sources d'information

Plusieurs sources d'information ont été utilisées pour recenser les sites archéologiques de la zone géographique décrite. Cette première étape a été confrontée à de nombreux obstacles qui touchent autant l'ancienneté des fouilles, que la dégradation des sites en place, la conservation du matériel après la fouille et la méconnaissance des espèces constituant la malacofaune. Une première prise de connaissance du corpus d'étude a été effectuée par dépouillement de la bibliographie.

1.1 – Les sources bibliographiques

La présence de la malacofaune a été recherchée au sein de publications. À cet effet, les articles et ouvrages portant sur des sites mésolithiques et néolithiques proches du littoral atlantique ont été dépouillés. Les sites retenus sont ceux dont l'attribution au Mésolithique et au Néolithique était confirmée par une datation radiocarbone ou par les caractéristiques techniques du mobilier (taille de l'industrie lithique, décor des céramiques). Les coquilles n'ont pas été notées systématiquement dans les articles dédiés aux sites. Dans la plupart des cas, lorsqu'elles étaient présentes, peu d'indices sur la quantité et la variété des espèces ont été cités. Par exemple, pour l'amas coquillier mésolithique de Hoëdic (Quiberon, Morbihan) de plus de 200 m² de surface, seuls dix coquillages alimentaires ont été cités en bibliographique sans aucune donnée quantitative (Péquart et Péquart, 1934, 1954). Enfin, la détermination spécifique n'étant pas toujours fiable, il s'est rapidement avéré utile de retourner à l'observation directe des collections. Ainsi, l'huître portugaise *Gryphaea angulata* avait été notée comme présente dans les amas coquilliers mésolithiques de Téviec (Saint-Pierre-de-Quiberon, Morbihan) et de Hoëdic (Péquart *et al.,* 1937 ; Péquart et Péquart, 1954, p.14). Or, comme le notent M. et S.-J. Péquart l'arrivée de l'huître portugaise sur nos côtes a été décrite comme récente (Péquart et Péquart, 1954, p.14). La révision des collections a permis l'observation près de la charnière des huîtres de petites dents caractéristiques de l'huître plate *Ostrea edulis.* La présence de *Gryphaea angulata* dans les listes proposées par M. et S.-J. Péquart peut donc être attribuée à une erreur de détermination.

1.2 - Les collections de musées

Pour les anciennes fouilles, une observation des collections déposées dans les musées et dans les dépôts de fouille a été effectuée dans la mesure du possible. Là encore, des obstacles ont été rencontrés pour la compréhension des données. Certaines fouilles ayant été réalisées en plusieurs campagnes ou par plusieurs auteurs, il est parfois difficile de corréler les informations de différentes origines. Ainsi, plus de trois responsables de fouille se sont succédés sur le site du Néolithique récent de la Sauzaie (Soubise, Charente-Maritime) (Cassen, 1987, pp.15-33). D'autre part, la recherche des collections est parfois freinée par leur dispersion en plusieurs musées. Le cas des sépultures de Téviec et Hoëdic est, à cet égard, très parlant. Pour un même site des squelettes sont conservées au musée de Carnac, d'autres à l'I.P.H. (Institut de Paléontologie Humaine) de Paris, d'autres à Lyon et aussi à Genève... Certains des squelettes de ces nécropoles mésolithiques se trouvent associés à des parures appartenant à d'autres sépultures du site. La conservation du matériel coquillier n'a pas été systématique à la fois à la fouille et après l'étude. Parmi les collections trouvées, la plupart des restes alimentaires souffrent d'un mauvais conditionnement. Certains se retrouvent accumulés en vrac dans des boîtes en carton avec comme seule référence, celle du site auquel elles appartiennent. De plus, la méconnaissance de la malacofaune rend les répertoires des musées très lacunaires.

1.3 - Les fouilles

La quantité de restes coquilliers étudiés peut énormément varier d'un site à l'autre selon la nature du site. En effet, l'étude d'un amas coquillier mésolithique de grande envergure, comme Hoëdic, ne sera pas la même que celle d'un petit dépôt coquillier dans un fossé néolithique, comme celui de La Mastine (Nuaillé-d'Aunis, Charente-Maritime), où moins d'un kilogramme de tests ont été trouvés à la fouille. De même, selon les méthodes de fouille et les quantités de coquilles ramassées la vision de sites de même nature peut être très différente. Ainsi, les amas coquilliers mésolithiques de Téviec et de Beg-an-Dorchenn (Plomeur, Finistère) possèdent un volume minimal estimé supérieur à 60 m^3. Pour Téviec, seuls 1,5 kilogrammes de tests ont été isolés à vue lors de la fouille tandis que pour Beg-an-Dorchenn plus de 25 kilogrammes issus d'un tamisage fin (maille carrée de 6 millimètres) ont été étudiées. Dans l'application aux sites (Partie IV) des expérimentations ont été effectuées pour montrer statistiquement le biais apporté par des échantillonnages à vue par rapport à ceux issus d'un tamisage.

Les restes coquilliers étudiés ont pu être déposés à des échelles de temps bien différentes. Les grands amas ont pu se développer aussi bien sur plusieurs saisons que plusieurs années. Les rejets peuvent être continus ou périodiques. Les dépôts au sein des enceintes sont, en général, de quantité très restreinte par rapport au volume impressionnant de certains amas coquilliers. Ils peuvent être le résultat aussi bien d'un épiphénomène (rejet et consommation de coquillages exceptionnels) que d'une habitude alimentaire. La vision parfois partielle des sites, avec des sondages distants, ne permet pas toujours de connaître l'impact des coquillages, que représentent ces déchets alimentaires, dans le mode de subsistance des populations qui les ont consommés.

Enfin, la dernière source d'information exploitée réside dans l'observation directe sur le terrain de sites en cours de fouille. Celle-ci s'est avérée très riche d'enseignements. Elle a permis, comme pour l'amas coquillier mésolithique de Beg-an-Dorchenn, la mise en évidence de concentrations de certaines espèces et le ramassage de petits individus d'espèces peu représentées dans les assemblages archéologiques faute, entre autres, de tamisage fin. Les techniques de fouille qui sont privilégiées pour les fouilles actuelles de dépôts coquilliers sont présentées dans la partie III (Chapitre II-B).

2 – La nature des sites

Comme pour le reste de la faune découverte en contexte archéologique, il existe une importante variabilité entre la qualité et la quantité de la malacofaune mise au jour, selon les sites fouillés. Dans le but de décrire les restes malacofauniques sous tous leurs aspects, leur observation a porté à la fois sur **des sépultures et des habitats.**

Selon la nature du site, la malacofaune ne pourra être interprétée de la même façon. Si on prend l'exemple de la parure : celle-ci est déposée volontairement avec les corps dans les sépultures (Binant, 1991, p.87), tandis que, pour les sites d'habitat, les coquillages ont été abandonnés et se présentent sous la forme d'éléments isolés, parfois, soit en cours de fabrication, soit une fois altérés, ou perdus par hasard (Lichardus *et al.*, 1985, p.546 ; Pétrequin, 1998). La présence de parure dans un tel contexte ne peut pas être étudiée sous le même angle que celle découverte dans les sépultures (Newell *et al.*, 1990, p.132). *La nature du site devra donc être prise en compte dans la comparaison des spectres malacofauniques.*

C – La répartition des sites à malacofaune

Dans un premier temps, une répartition géographique a été effectuée en prenant en compte l'ensemble des sites archéologiques où la présence de malacofaune marine est attestée. Les différentes sources d'information, présentées ci-dessus, ont été utilisées (Fig. 1. et 2.).

Les témoins directs et indirects de l'utilisation des coquillages sont répertoriés sous les ensembles **:**

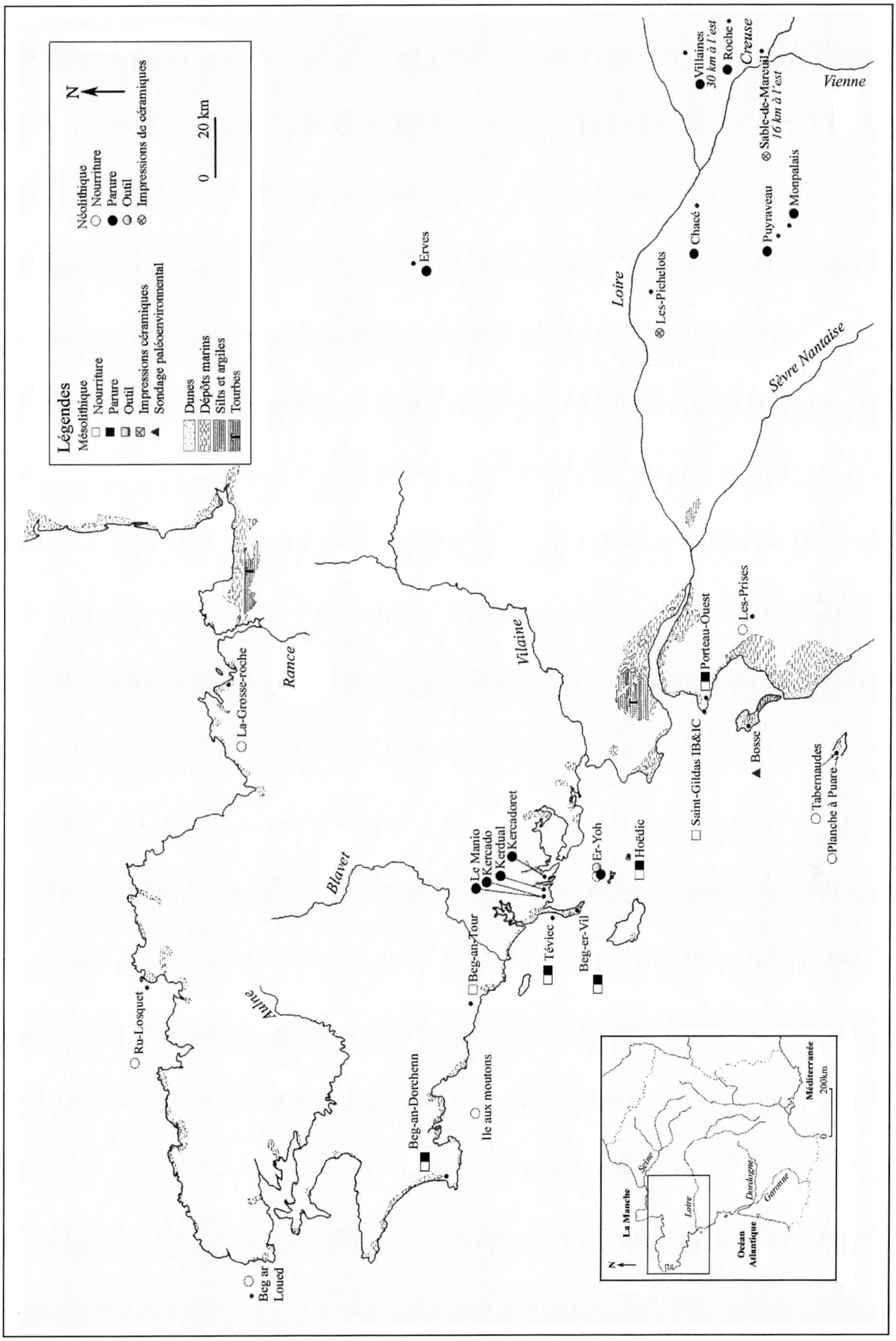

Fig. 1. Carte de répartition des sites mésolithiques et néolithiques de la façade atlantique française où de la malacofaune a été détectée de la Bretagne au sud de l'île d'Yeu (d'après de Menorval *et al.*, 1974)

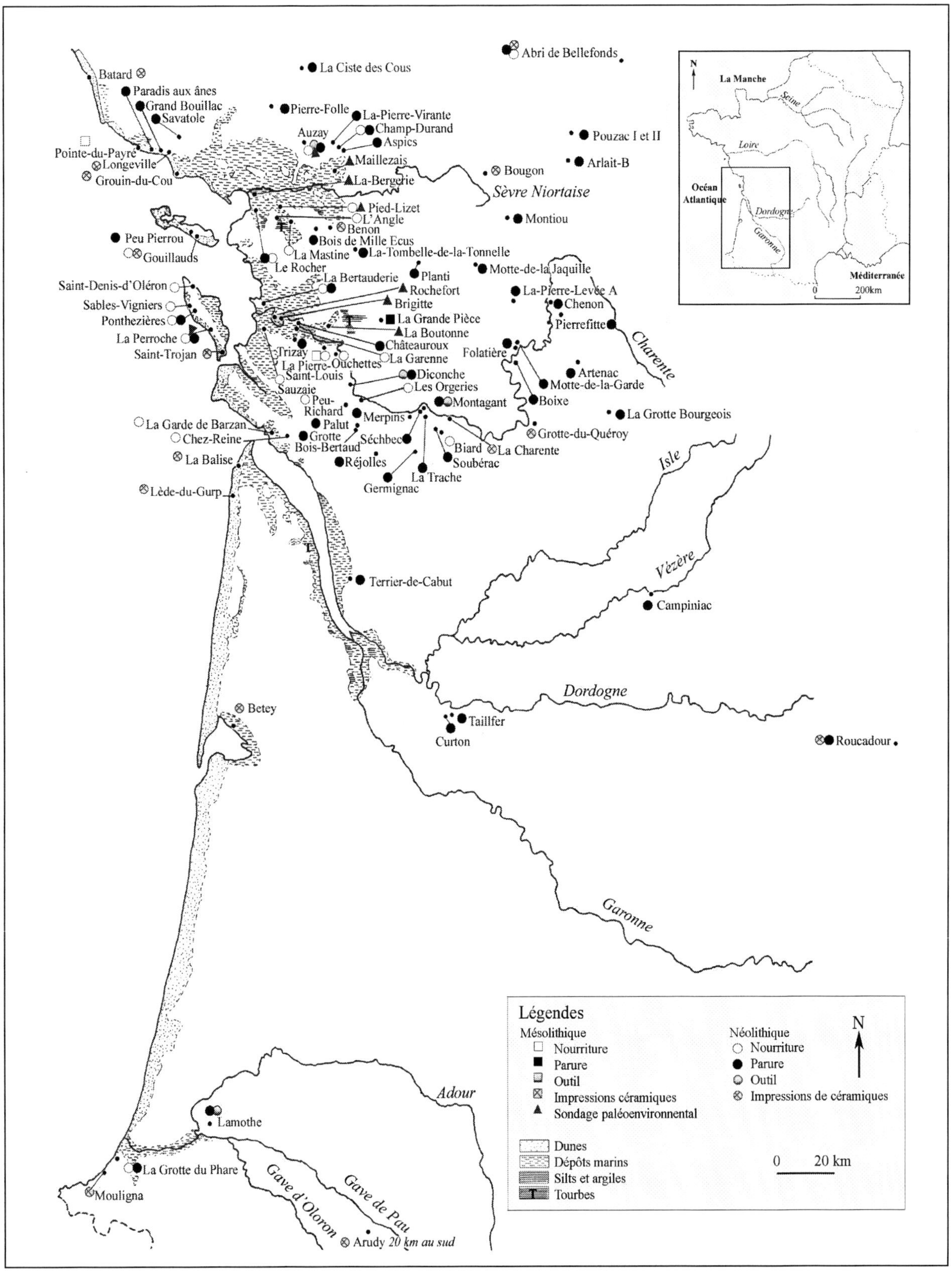

Fig. 2. Carte de répartition des sites mésolithiques et néolithiques de la façade atlantique française où de la malacofaune a été détectée du sud de l'île d'Yeu à l'Aquitaine (d'après de Menorval *et al.*, 1974)

'nourriture, parure, outil et impression de céramique'. Des sondages paléoenvironnementaux, où la malacofaune a été étudiée pour décrire l'évolution du milieu, sont également répertoriés. La répartition géographique des sites est biaisée par rapport à celle qui existait lors du fonctionnement des sites. La **remontée du niveau marin** fait que de nombreux sites mésolithiques et néolithiques côtiers sont, sans doute, enfouis sous les eaux ou les sédiments (Kayser, 1991, p.199). En effet, à certains moments du Mésolithique, le niveau marin pouvait être de plusieurs dizaines (voire plusieurs centaines) de mètres plus bas que l'actuel (Pirazzoli, 1991). Plusieurs sites néolithiques sont actuellement submergés. Ceux du Bâtard (Brétignolles-Sur-Mer, Vendée), du Grouin-du-Cou (La-Tranche-Sur-Mer, Vendée) et de La Balise (Soulac-Sur-Mer, Gironde) sont, par exemple, actuellement présents à environ 0 mètre N.G.F. (Nivellement Général de la France) (Joussaume, 1981 ; Large, 1991). De même, **les variations du trait de côte** font que certains sites actuellement en front de falaise étaient légèrement écartés du littoral lors de leur fonctionnement (Kayser, 1984). Ainsi, la plupart des amas coquilliers mésolithiques est aujourd'hui attaquée par la mer lors de grands coefficients de marée : Téviec, Hoëdic, Beg-er-Vil (Quiberon, Morbihan) et Beg-an-Dorchenn. Le site néolithique des Gouillauds (Bois-en-Ré, Charente-Maritime) est, quant à lui, régulièrement mis à jour sur l'estran (Pautreau et Robert, 1980). Il semble d'ailleurs se prolonger sous une dune (Rousseau *et al.*, 2001). À l'inverse, d'autres sites localisés plus à l'intérieur des terres étaient en contact avec le milieu marin par l'intermédiaire de **paléoestuaires parfois plus larges et plus profonds que les estuaires actuels.** C'est, par exemple, le cas des sites du pourtour des marais poitevin et de la Charente situés à l'aval de la Sèvre Niortaise et de la Charente (Joussaume, 1998-1 ; Laporte, 1998-3). Les paléoenvironnements ont également pu évoluer et la localisation des territoires de collecte ne peut être recherchée par une vision statique du littoral et calquée sur l'actuel. Le niveau marin est très variable pour les périodes concernées et le littoral peut se modifier très localement. La densité des sites est très hétérogène (Fig. 1. et 2.). Trois zones présentent peu de sites avec du nord au sud : le Finistère, la Loire-Atlantique et le nord de la Vendée ainsi que l'Aquitaine. Plusieurs raisons peuvent expliquer ce manque de données pour la malacofaune. Certaines zones, malgré un nombre important de sites observés en prospection ont été peu fouillées. C'est par exemple le cas du Finistère, où l'acidité du sol est souvent évoquée (Demoule, 1990, p.113 ; Kayser, 1991, p.200 ; Giot *et al.*, 1998). Des parties du littoral sont constamment érodées par la mer et certains sites côtiers ont ainsi été détruits ou sont en cours de destruction. Les pointes proéminentes de la Bretagne en montrent des exemples (Beg-an-Dorchenn et Beg-er-Vil). Les conditions de sédimentation sont plus ou moins favorables à la conservation des sites. Si certaines permettent leur conservation, l'accès au site n'est pas toujours possible. Ainsi, toute la partie de l'Aquitaine dépourvue de site est recouverte d'une dune holocène. De même, l'importante épaisseur du bri (marais breton-vendéen, marais poitevin, marais charentais) et des alluvions ne permettent pas l'accès aux sites de marais côtiers ou d'estuaires (Laporte, 1998-1, p.201). D'autres zones, au contraire, sont denses en sites comme les bords des marais poitevin et de Rochefort et à plus petite échelle, le pourtour de la baie de Quiberon. La conservation de ces sites est souvent liée à des dépôts de vase et de tourbe ayant scellé les couches archéologiques (Laporte, 1998-1, p.204). D'autre part, ces terres peu cultivées ont été peu affectées par le labour.

Les sites du Mésolithique sont en infériorité numérique par rapport à ceux du Néolithique et sont pour la plupart présents en Bretagne (Fig. 1. et 2.). Les différentes utilisations des coquilles ne sont pas non plus représentées en nombre égal. La reconnaissance des tests coquilliers utilisés comme outil est rare. Les sites où ils ont été identifiés sont aussi bien proches de la côte (Er Yoh, île de Houat, Morbihan) que distants de plus de 60 kilomètres de l'estran (Diconche, Saintes, Charente-Maritime). Les sites à impressions de céramique faites à partir de coquilles se répartissent jusqu'à plus de 200 km de la côte actuelle (Sable-de-Mareuil, Ligeuil, Indre-et-Loire). Ceux, où les coquillages sont consommés, sont, en majorité, présents à moins de 40 kilomètres du trait de côte actuel, tandis que les parures pénètrent plus loin dans les terres.

Parmi tous ces sites, seule une vingtaine a fait l'objet d'une étude individuelle.

D – Les sites ayant fait l'objet d'une étude individuelle

Un de mes principaux buts étant d'approcher l'impact de la malacofaune dans le mode de subsistance des populations mésolithiques et néolithiques, un effort important a été consacré à l'étude des restes alimentaires malacofauniques. La prise en compte de sites à stratigraphie suffisamment épaisse pour pouvoir suivre, au sein d'un même lieu, les modifications apportées au cours de la néolithisation aurait été intéressante. Ce cas a déjà été observé au Danemark sur le site de Bjornsholm qui a enregistré le passage du 'Late Mesolithic Ertebølle au Early Neolithic Funnel Beaker culture' (Andersen, 1993, pp.59-61). Mais malheureusement, dans le cas de la France, aucune stratigraphie n'a permis l'observation d'un tel phénomène. Les sites se rapprochant le plus de cette transition ont été recherchés. Ils sont représentés par ceux de la fin du Mésolithique (Saint-Gildas IB et IC, Préfailles, Loire-Atlantique ; Le Porteau-Ouest, Pornic, Loire-Atlantique ; Beg-an-Dorchenn ; Beg-er-Vil ; Téviec et Hoëdic) (Fig. 3., Tableau 1). Les rejets coquilliers de la fin du Mésolithique possèdent un volume qui varie entre 1 m^3 et 150 m^3, à l'exception du Porteau-Ouest, de plus petite dimension. Ce dernier a fait l'objet d'une opération de terrain et, malgré les problèmes liés à sa position stratigraphique, il a été présenté dans les études au cas par cas (Partie IV). Les principaux dépôts alimentaires de la façade atlantique française connus, pour le contexte archéologique retenu, ont été étudiés. Les lacunes observées pour les habitats du Mésolithique ancien, Mésolithique moyen et Néolithique ancien correspondent l'absence de déchets alimentaires coquilliers pour ces périodes (Tableau 1).

Quelques-unes des collections présentes sur les cartes (Fig. 1. et 2.) n'ont pas fait l'objet d'études individuelles. Pour certaines, le lieu de dépôt a été connu trop tardivement dans l'avancée de ce travail pour y être intégré, comme, par exemple, le site de la Bertauderie (Saint-Laurent-de-la-Prée, Charente-Maritime). Pour d'autres, les collections n'ont pas, à ce jour, été trouvées (Peu-Richard, Thénac, Charente-Maritime). Les habitats néolithiques, dont les restes coquilliers ont été étudiés, se présentent sous plusieurs formes.

CHRONOLOGIE	**LOCALISATION GÉOGRAPHIQUE**			**NATURE DU SITE**
	AQUITAINE	**CENTRE-OUEST**	**BRETAGNE**	
Mésolithique ancien				Habitat
		La Grande Pièce		Sépulture
Mésolithique moyen				Habitat
				Sépulture
Mésolithique récent/final		Saint-Gildas IB Saint-Gildas IC Le Porteau-Ouest	Beg-an-Dorchenn Hoëdic Téviec Beg-er-Vil	Habitat
			Hoëdic Téviec	Sépulture
Néolithique ancien				Habitat
				Sépulture
Néolithique moyen		Auzay Gouillauds		Habitat
				Sépulture
Néolithique récent		Montagant La Garenne Chez Reine Champ-Durand La Mastine La Sauzaie Le Rocher Pied-Lizet		Habitat
				Sépulture
Néolithique final	La grotte du Phare	Diconche La Perroche Ponthezières	Er Yoh	Habitat
				Sépulture

Tableau 1. Localisation géographique et chronologie des sites étudiés

Les plus nombreux sont les enceintes à fossés : Montagant (Mainxe, Charente), Chez Reine (Semussac, Charente), Champ-Durand (Nieul-sur-l'Autize, Vendée), La Mastine, Le Rocher (Villedoux, Charente-Maritime), Pied-Lizet (Longèves, Charente-Maritime) et Diconche. La Perroche (Dolus-d'Oléron, Charente-Maritime) et Ponthezières (Saint-Georges-d'Oléron, Charente-Maritime) présentent des fossés ainsi que des indices de constructions en pierre sèche (Laporte, 2001, p.88). D'autres habitats ont été décelés par la présence de cuvettes ou de fosses interprétées comme des fonds de cabane comme à Auzay (Auzay, Vendée), La Garenne (Saint-Hippolyte, Charente-Maritime) et La Sauzaie. Aucune structure d'habitat n'a été observée aux Gouillauds. La vision partielle de ce site n'a permis que l'observation d'une accumulation de tests coquilliers dont l'extension est, pour l'instant, inconnue. Enfin, un seul dépôt en grotte a été étudié, celui de La grotte du Phare (Biarritz, Pyrénées-Atlantiques).

Les sépultures, qui ont été retenues, sont celles qui présentent un nombre de parures en coquillages suffisamment important pour en décrire les caractéristiques générales : La Grande Pièce (La Vergne, Charente-Maritime), Téviec et Hoëdic. Toutes appartiennent au Mésolithique. Ce corpus sera confronté à celui de Ponthezières, où d'abondantes parures en coquillages ont été trouvées. En effet, cet habitat néolithique correspond à un centre de production de perles en coquillages (Laporte, 1994). Quelques parures ont également été trouvées au Mésolithique et au Néolithique, mais en faible quantité, dans les habitats.

Pour faciliter la lecture, les sites retenus ont été présentés plus longuement dans la partie IV juste avant l'analyse de

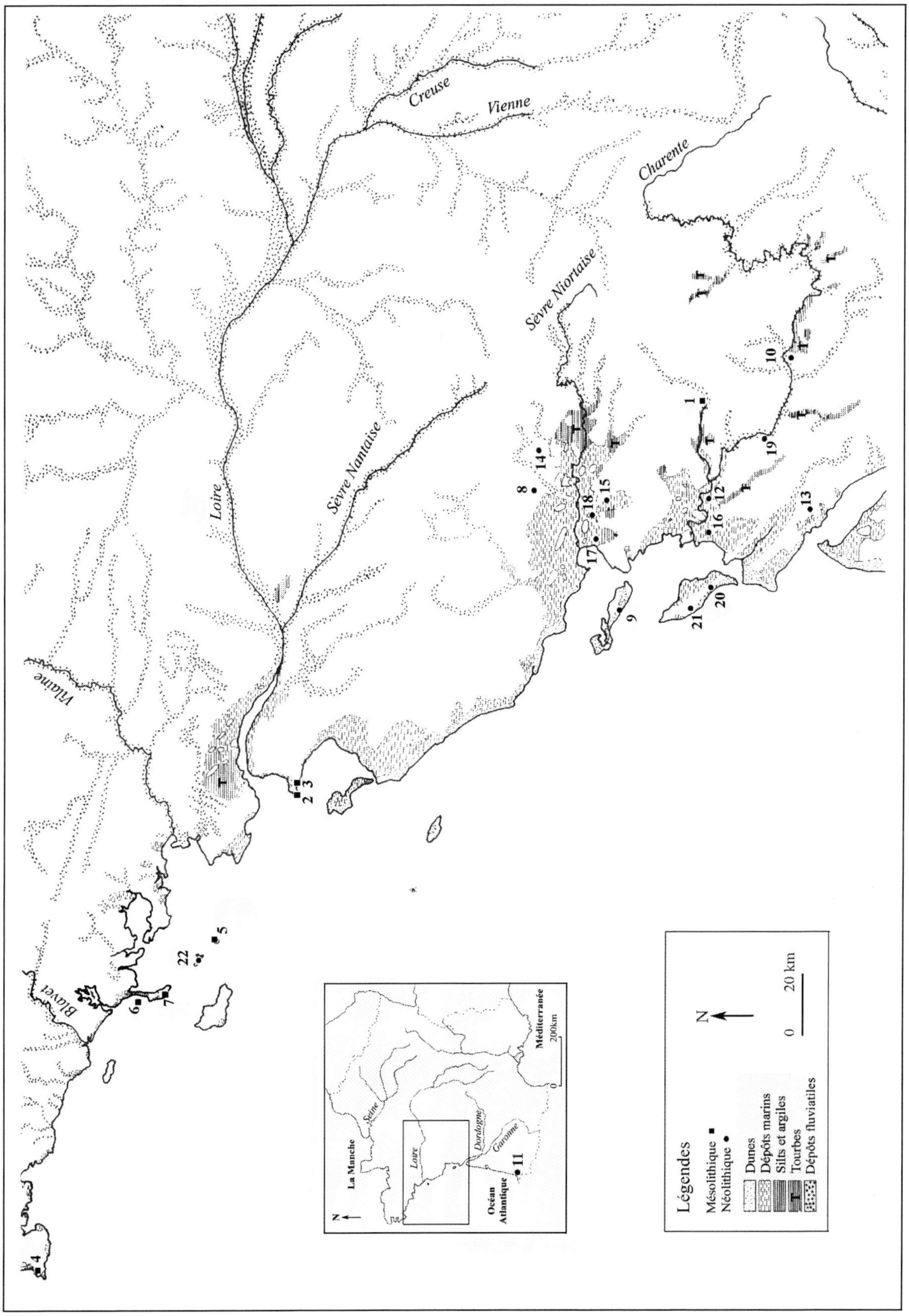

Fig. 3. Carte de répartition des sites étudiés (d'après de Menorval *et al.,* 1974) : 1 - La Grande Pièce, 2 -Saint-Gildas, 3 - Le Porteau-Ouest, 4 - Beg-an-Dorchenn, 5 - Hoëdic, 6 - Téviec, 7 – Beg-er-Vil, 8 – Auzay, 9 - Les Gouillauds, 10 – Montagant, 11 - La grotte du Phare, 12 – La Garenne, 13 – Chez Reine, 14 – Champ-Durand, 15 - La Mastine, 16 - La Sauzaie, 17 - Le Rocher, 18 - Pied Lizet, 19 – Diconche, 20 – La Perroche, 21 – Ponthezières, 22 - Er Yoh.

la malacofaune afin de replacer le test coquillier dans son contexte de découverte.

L'hétérogénéité des dépôts montre une opposition entre une majorité de sites de la fin du Mésolithique localisée en Bretagne et une forte représentation de la fin du Néolithique dans le Centre-Ouest (zone comprise entre le sud de la Loire et le nord de la Gironde). L'Aquitaine est, quant à elle, faiblement représentée et aucun dépôt coquillier constituant des rejets de nourriture n'a fait l'objet d'une fouille récente à notre connaissance, à l'exception de La grotte du Phare. Cette distorsion des données m'a amenée à confronter le Mésolithique breton au Néolithique du Centre-Ouest. *Ainsi, les points communs de l'acquisition, de la transformation et de la consommation de la malacofaune ont été recherchés au sein de ces deux corpus. Les données ainsi obtenues pour ces deux ensembles ont, ensuite, été comparées. Puis, j'ai essayé d'expliquer les similitudes et différences, obtenues à partir de ces deux corpus, en fonction de leur contexte archéologique. L'hétérogénéité géographique des restes coquilliers étudiés a également été discutée en fonction de l'évolution constante du littoral et de l'organisation spatiale du territoire au sein des périodes étudiées.*

Parmi tous les sites cartographiés, certains sont directement liés à l'environnement marin tandis que d'autres, plus vers l'intérieur des terres, en subissent une faible influence. Il paraît important de rappeler en quoi les sites côtiers se différencient des sites d'intérieur. Selon leur position géographique, des problématiques différentes de l'archéologie pourront être abordées.

E – Les sites côtiers et de l'intérieur des terres

1 - Les sites côtiers

Les sites côtiers sont à la fois, les sites placés en front de mer lors de leur fonctionnement, mais aussi, ceux un peu plus en retrait de la côte, dont le mode de subsistance dépend de l'environnement marin. Ils se distinguent des sites de l'intérieur des terres sur de nombreux points.

À la différence des sites de l'intérieur des terres, les habitats côtiers sont au contact de deux environnements, l'un marin, l'autre terrestre. De la nourriture et des matériaux peuvent être sélectionnés dans ces deux écosystèmes, ce qui peut se traduire par un éventail de choix plus large. La côte donne accès à une diversité de ressources alimentaires comme les poissons, les crustacés, les coquillages et attire également des animaux sauvages, comme une multitude d'espèces d'oiseaux (Gruet, 1998-1, p.19). D'autres, comme des mammifères marins (baleine, phoque) et des céphalopodes (seiche), peuvent également s'échouer sur l'estran (Gruet, 1998-1, p.19). De plus, la zone intertidale, c'est-à-dire, la partie de l'estran exondée par le régime des marées est productive toute l'année (Russell *et al.*, 1995, p.282 ; Kimball, 2000, p.31).

Le milieu côtier est un lieu privilégié pour étudier 'les stratégies mises en œuvre pour l'exploitation de façon sélective des différentes ressources accessibles' (Laporte, 1994, pp.6-10). Certains auteurs opposent le maigre apport nutritionnel des coquillages à la richesse du milieu côtier (Garanger, 1992, p.511 ; Py, 1992, pp.125-131 ; Cauwe, 2001, p.22). De plus, l'effort prolongé destiné à la collecte est à corréler avec une mauvaise courbe de rentabilité au sein d'une économie agricole (Jarman *et al.*, 1982, p.54). Cependant, l'apport continu de cette nourriture, associé à la richesse de l'environnement naturel, a pu permettre une certaine stabilité de résidence de ces populations (Armit, Finlayson, 1992, p.665 ; Kimball, 2000). Bien que plus austère à l'agriculture, le faciès de certaines franges littorales a pu permettre la survie de petits troupeaux, par le pâturage de prés salés, par exemple. En cas de pénurie de l'un des écosystèmes, les populations ont pu se tourner vers le second. Ainsi, la consommation des ressources marines a pu aider certains Mésolithiques à surmonter certaines phases critiques de leurs régimes alimentaires (Arnaud, 1982). De même, certaines populations néolithiques auraient pu compenser certaines contraintes du calendrier agricole par l'exploitation de l'environnement marin (Laporte, 1998-1).

De nombreuses matières premières peuvent également provenir du littoral. Des galets ont pu y être ramassés pour servir à la confection d'outils. Sur certains habitats, comme à Ponthezières, 'la plupart des matériaux de construction' 'proviennent effectivement du littoral' (Laporte, 1998-1). De la vase a aussi été extraite pour confectionner des céramiques (Laporte, 1998-1). Comme nous le verrons dans la partie II, les coquilles peuvent aussi entrer dans de multiples utilisations.

La mer et les estuaires permettent également les transports et échanges par la navigation. La façade atlantique présente des liens privilégiés avec la péninsule ibérique et les îles britanniques (Lichardus *et al.*, 1985, p.516). Les sites pouvaient être vus de très loin de la mer. Ils pouvaient présenter des lieux idéaux pour marquer le territoire. Si ces populations utilisaient le cabotage, cette position stratégique permettait de retrouver facilement leur campement.

Mais, les conditions météorologiques sont parfois rudes sur la côte. Elles nécessitent, par exemple, une adaptation des populations pour supporter les intempéries (Le Rouzic, 1930, p.5). Face aux vents violents qui sévissent sur la côte, la végétation de grande taille y est souvent absente. Malgré cette contrainte, l'environnement marin semble avoir été suffisamment attractif pour permettre l'établissement de certains habitats mésolithiques et néolithiques.

Les caractéristiques des sites côtiers sont autant de facteurs qui ont pu agir sur l'acquisition de nouveaux modes de résidence et de subsistance.

2 - Les sites de l'intérieur des terres

La présence de sites localisés à l'intérieur des terres permet de discuter, dans le cas de coquillages consommés, de la notion de **stockage** (Beaune, 1995, p.130). Par saison froide il a été démontré que certains coquillages sont encore consommables plusieurs jours après leur émersion hors de leur milieu de vie (Testart, 1982). C'est le cas des *Littorina littorea* ou bigorneaux noirs qui, grâce à leur opercule, empêchent leur dessiccation. De même, les palourdes ou *Tapes decussatus* referment leurs valves pour éviter le dessèchement. Le **transport** doit également être évoqué pour les sites localisés vers l'intérieur des terres. En effet, même si le stockage peut expliquer l'éloignement des coquilles marines par rapport à leur milieu de vie, certains axes fluviatiles ont pu être à l'origine de l'acheminement par navigation de coquillages vers l'intérieur des terres. La répartition géographique de la malacofaune permettra de savoir jusqu'où les coquillages alimentaires étaient consommés. Des **échanges** ont pu amener, de proche en proche, les coquilles marines à se retrouver éloignées de leur lieu de collecte (Malinowski, 1974, p.23 ; Kenoyer, 1984 ; Tavares da Silva, 1996). Les coquilles seront de plus en plus rares vers l'intérieur des terres, les plus éloignées du rivage pourront être, de ce fait, les plus prisées. Par exemple, certains tests, chargés d'une valeur symbolique importante, ont pu arriver entre les mains de populations n'ayant aucun contact direct avec l'océan (Kenoyer, 1984, p.49). La rareté relative des coquilles marines à l'intérieur des terres pourra leur conférer un statut privilégié totalement différent de celles présentes sur les sites côtiers. Le suivi de l'évolution des spectres de la malacofaune du littoral vers les terres présentera donc tout son intérêt. Leur utilisation peut également varier. Étant une matière première rare, elles ont pu être réservées à une utilisation privilégiée (Bogucki, 1987, p.126). Mais il ne faut pas perdre de vue 'que la densité des trouvailles dépend de la densité des chercheurs' (Berrou et Gouletquer, 1973, p.166).

La répartition géographique des sites pose également la question de la **relation des sites les uns par rapport aux autres**. Une hiérarchisation des sites entre eux a pu exister, encore faut-il pouvoir démontrer leur contemporanéité. *Les sites de l'intérieur des terres peuvent sembler anecdotiques, les quantités de coquilles, qui y sont souvent trouvées, étant faibles. Cependant, ils peuvent apporter des éléments importants dans la compréhension de ces populations et de leur rapport avec celles vivant dans les sites côtiers.*

Selon la distance entre les sites archéologiques et la mer des problématiques différentes pourront être abordées. Celles-ci sont également fonction du contexte archéologique étudié.

CHAPITRE II - LES CONTEXTES CHRONOLOGIQUE ET ARCHÉOLOGIQUE

Selon les pays, l'apparition et la durée du Mésolithique et du Néolithique sont très variables. Dans le cadre de ce travail, seul un bref état de la chronologie des zones étudiées est proposé. Aucune prétention ne sera faite quant à l'exhaustivité de ces données, les divisions appliquées à la chronologie évoluant constamment au fil des découvertes (Tableau 2). Une chronologie globale a été décrite pour la Bretagne et l'Aquitaine. Le Centre-Ouest a, quant à lui, fait l'objet d'une partition en quatre zones qui sont du nord au sud 'L'Anjou et le nord des Deux-Sèvres', 'L'Aunis et le Poitou', 'La Saintonge' et 'L'Angoumois'.

L'étude de la malacofaune permettra de compléter les données établies d'après les autres indices de la vie quotidienne des populations mésolithiques et néolithiques. Il semble intéressant de rappeler quelques-unes des caractéristiques des modes de subsistance et de résidence des hommes pour ces périodes.

A - LE MÉSOLITHIQUE

Les subdivisions de cette période sont basées sur l'industrie lithique (Marchand, 1999). Le faible nombre de sites fouillés représentant le Mésolithique ancien et moyen le long de la façade atlantique apporte peu d'indices sur les modes de subsistance et de résidence de ces populations. Les données présentées ont été établies, pour la majorité, à partir de sites du Mésolithique final.

Le terme de **Mésolithique**, apparaît dès la fin du XIXème siècle (Zvelebil, 1998, p.1). Se confondant parfois à celui d'Épipaléolithique, il représentait, à l'origine, une phase de transition entre le Paléolithique et le Néolithique. Souvent mal définies, les populations mésolithiques ont été décrites comme pauvres et associées de ce fait à une image très négative et à une période de déclin (Rozoy, 1978, p.1034 ; Pluciennik, 1998, p.63 ; Zvelebil, 1998, p.2). 'Traditionnellement ces hommes épipaléolithiques et mésolithiques sont qualifiés de 'petits' chasseurs vivant misérablement, consommant la chair de petits animaux et surtout celle de mollusques marins ou terrestres dont les coquilles s'accumulaient sur l'habitat en amas bien reconnaissables' (Camps, 1982, p.214).

Le Mésolithique a depuis toujours été défini par opposition au Néolithique. **Ainsi, l'apparition du Néolithique marque la fin du Mésolithique** avec l'utilisation de la technique de la **pierre polie,** qui s'oppose aux microlithes. Dans cette définition du Néolithique, l'apparition de la pierre polie s'accompagne d'une autre innovation technologique, la céramique, et une partie de l'alimentation des Néolithiques provient de l'élevage et de la culture.

Cette image traditionnelle a ensuite été modifiée en plaçant la **production de subsistance,** qu'est l'agriculture, comme le critère déterminant de la définition du Néolithique (Childe, 1947 cité dans Zvelebil, 1998). Le Mésolithique s'oppose donc, à partir de ce moment là, au Néolithique par un mode de subsistance basé sur la chasse et la cueillette. Mais, la périodisation a entraîné une vision chronologique du Mésolithique et du Néolithique et indirectement une idée d'évolution sociale graduelle (Pluciennik, 1998 ; Zvelebil, 1998).

Ainsi, par opposition aux agriculteurs sédentaires et à l'organisation complexe de leur société, leurs prédécesseurs chasseurs-cueilleurs seraient nomades, et leur société égalitaire. Cette vision est fausse et, comme nous le verrons, au fur et à mesure de l'avancée des problématiques archéologiques, certaines des différences décrites entre les derniers Mésolithiques et les premiers Néolithiques s'estompent peu à peu. Ainsi, les **exemples ethnographiques ont énormément modifié l'image du peuple égalitaire, nomade de chasseurs-cueilleurs** par confrontation aux éleveurs agriculteurs (Testart, 1982 ; Zvelebil, 1998, p.7). Testart a, entre autres, observé que 'les **inégalités sociales et économiques** sont déjà très développées dans de nombreuses sociétés de chasseurs-cueilleurs' (Testart, 1982). Zvelebil cite, par exemple, 'the emergence of leaders' chez les populations de chasseurs-cueilleurs Haida et Kwakiutl des côtes nord-ouest de l'Amérique (Zvelebil, 1998, p.7). De même, les Ainu d'Hokkaido possèdent une **organisation logistique** de leur approvisionnement en ressources (Zvelebil, 1998, p.7). 'Les chasseurs-collecteurs peuvent être sédentaires lorsque le territoire utilisé à partir d'un site contient une large variété des ressources biotiques exploitables selon un calendrier annuel comportant très peu de trous' (Testart, 1982, p.28). La même population des Ainu présente, comme d'autres groupes de chasseurs-cueilleurs, une tendance à la **sédentarisation** (Zvelebil, 1998, p.7). Ces quelques exemples ethnographiques, parmi tant d'autres, reflètent, pour les populations de chasseurs-cueilleurs, **des degrés différents de complexité au niveau technologique, économique, social et symbolique**. Ainsi, même si certains décrivent la néolithisation comme une modification de l'un de ces facteurs uniquement (technologique, économique, sociale et symbolique) (Cauvin, 1994, p.273), de plus en plus

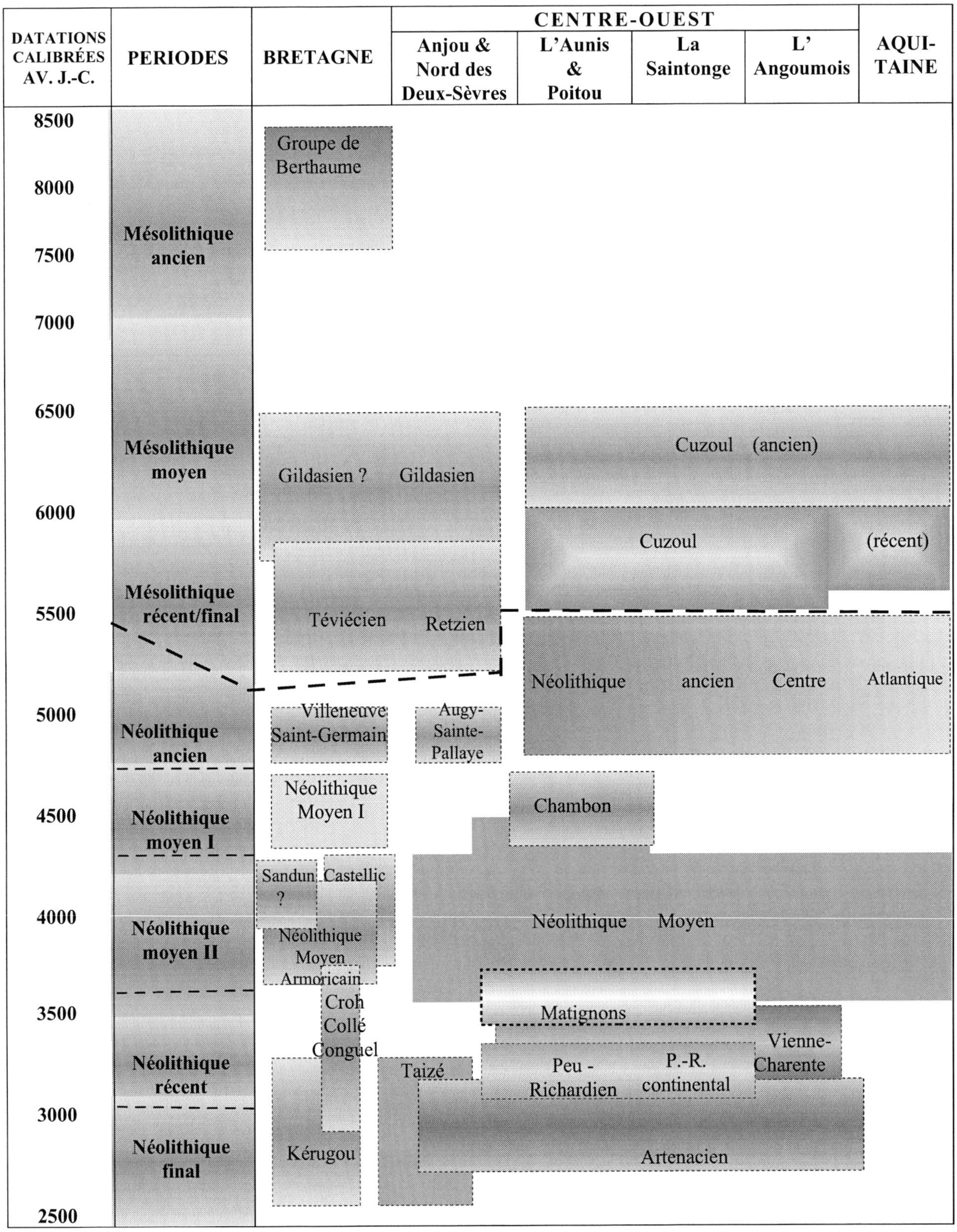

Tableau 2. Enchaînement chrono-culturel au sein de la zone étudiée
(D'après Burnez, 1976 ; Joussaume 1981, 1998-1 ; Pautreau, 1986 ; Cassen, 1987, 1991 ; Vital, 1990 ; Giot *et al.*, 1998 ; Marchand, 2000 ; Laporte, 2001).

d'archéologues mettent en évidence que bien souvent cette transition correspond à une combinaison de plusieurs d'entre eux (Pluciennik, 1998 ; Zvelebil, 1998).

Les exemples ethnographiques montrent toute la diversité que peut refléter le terme de Mésolithique. L'aspect 'buissonnant' présenté par l'ensemble des cultures mésolithiques, rend d'ailleurs difficile l'élaboration d'une définition précise et rigoureuse de cette période (Layton *et al.*, 1991, p.268 ; Philibert, 1991, p.113).

Mais que sait-on des derniers Mésolithiques de la façade atlantique française ? La majorité des habitats connus est représentée par les amas coquilliers bretons. Leur durée d'occupation, même si elle peut paraître prolongée au vu du volume de coquilles rejetées, n'est pas connue (Schulting, 1996, p.347). Par le passé, quelques indices d'animaux domestiques avaient été décrits sur les amas de Beg-an-Dorchenn (Benard Le Pontois, 1929), de Téviec (Péquart *et al.*, 1937) et de Hoëdic (Péquart et Péquart, 1954). Or, la révision de la faune terrestre de nombreux sites bretons du Mésolithique final par A. Tresset a infirmé la présence de ces restes domestiques (Tresset, 2000). Pour constituer leurs menus (qui seront décrits plus en détail dans les études des sites, Partie IV), les Mésolithiques ont utilisé toute la diversité de leur environnement. Le milieu terrestre est représenté par les animaux chassés (dont le cerf, le chevreuil, le sanglier et l'aurochs) et quelques indices de végétaux (restes de noisettes et de pépins de poire) (Péquart *et al.*, 1937 ; Gebhardt et Marguerie, 1993). Les coquillages ne sont pas la seule ressource marine composant les amas coquilliers de la fin du Mésolithique. Des restes de poissons, de crabes, de cétacés et de céphalopodes y ont également été trouvés (Péquart *et al.*, 1937, p.99 ; Kayser, 1991, p.208). À ces animaux d'affinité marine, on peut ajouter la faune avienne, inféodée au littoral, et dont plusieurs espèces ont été identifiées à Téviec, par exemple (Péquart *et al.*, 1937, pp.101-102). Il faut d'ailleurs souligner que la proportion de l'une ou l'autre de ces ressources est peu connue dans les régimes alimentaires. Cependant, de récents travaux montrent qu'une grande proportion de l'alimentation des populations de Téviec et de Hoëdic était basée sur des ressources d'origine marine (Schulting et Richards, 2001). Certaines de ces ressources apportent des indices sur les saisons de fréquentation de ces amas. Un croisement de ces données permettra, dans la partie V, d'évaluer un temps minimum de résidence des populations mésolithiques sur les amas.

Les sépultures sont une source d'information primordiale pour le Mésolithique final de la façade atlantique. À la fin du Mésolithique d'importantes nécropoles y apparaissent (Zvelebil et Rowley-Conwy, 1986, p.67 ; Kayser, 1990-2, p.77). Elles sont largement représentées par de véritables nécropoles associées aux amas coquilliers comme pour la Bretagne à Téviec et à Hoëdic (Péquart *et al.*, 1937 ; Péquart et Péquart, 1954). D'autres pays montrent le même phénomène comme le Portugal (Muge), le Danemark (Vedbaek), la Scandinavie et la Yougoslavie (Lepenski Vir) (Roche, 1972, p.80 ; Zvelebil et Rowley-Conwy, 1986, p.77 ; Hodder, 1993, p.292). La présence de ces concentrations d'individus a souvent été reliée à un processus de sédentarisation voire à une plus grande complexité sociale (Goudineau et Guilaine, 1989, p.382). L'accumulation de déchets alimentaires avant et après les inhumations penche pour cette hypothèse (Schulting, 1996, p.347). Cependant, un temps de résidence prolongé ne nécessite pas qu'il y ait eu continuité du dépôt, il peut également correspondre à la fréquentation saisonnière de ces campements. Des points communs et différences ont été observés pour les tombes de Téviec et de Hoëdic. Dès 1954, les fouilleurs décrivent des tombes plus élaborées à Téviec qu'à Hoëdic (Péquart et Péquart, 1933). R. Schulting propose plusieurs hypothèses pour expliquer ces différences (Schulting, 1996, p.347). En effet, une partie des sites ayant été érodée par la mer, les fouilles peuvent correspondre à des parties différentes des cimetières. D'autre part, en cas de contemporanéité, les deux communautés peuvent posséder une organisation socio-économique différente. Mais ces différences peuvent également correspondre à un diachronisme. De même, au sein de chaque site, certaines tombes semblent plus 'riches' que d'autres (Péquart et Péquart, 1934, p.67). Ainsi, Y. Taborin a montré qu'à Téviec et Hoëdic les parures en coquillages qui dominent seraient différentes selon le sexe de l'inhumé. Les littorines (*Littorina obtusata*) dominent pour les femmes tandis que pour les hommes, ce sont les cyprées (*Trivia monacha*) (Taborin, 1974). De même, Schulting souligne que les sépultures d'adultes qui possèdent des structures en bois de cerf, ont des artefacts plus nombreux que celles qui n'en ont pas (Schulting, 1996, p.347). Cependant, G. Marchand note que ces différences ne sont pas liées à 'un objet exclusif' mais à des quantités d'objets variables (Marchand, 2001, p.35). Malgré tout, cette variabilité quantitative observée pour les objets des tombes pourrait suggérer l'existence de hiérarchies sociales (Zvelebil et Rowley-Conwy, 1986, p.72). Enfin, les caractéristiques des 'nécropoles' bretonnes de Téviec et Hoëdic, sont parfois attribuées à l'origine du mégalithisme par la présence de pierres superposées recouvrant des inhumés (Péquart *et al.*, 1937 ; Large, 1991, p.127 ; Cauwe, 1996).

B - La néolithisation

Il est actuellement admis que les nouvelles acquisitions néolithiques se sont, peu à peu, propagées par deux voies principales, l'une empruntant le Danube pour arriver jusque dans le Bassin Parisien vers 5000 av. J.-C., l'autre suivant la bordure nord de la Méditerranée pour gagner le sud de la France aux alentours de 6000 av. J.-C. puis la péninsule ibérique et nos côtes de l'Ouest atlantique (Lichardus *et al.*, 1985, p.516 ; Joussaume, 1998-1, p.8).

Le passage du Mésolithique au Néolithique apparaît à des moments différents selon la situation géographique des sites. Plusieurs causes ont pu provoquer l'acquisition de l'économie de production. Certains auteurs avancent une cause environnementale sous, par exemples, les termes de 'catchment analysis' ou d''alimentary determinism' (Higgs, 1974 ; Bogucki, 1987, p.4). Ainsi, les modifications climatiques associées à de profonds bouleversements de l'environnement, comme le réchauffement de la température et l'augmentation de la forêt ayant eu lieu au Mésolithique, ont pu provoquer une réadaptation écologique et peuvent de ce fait expliquer des changements dans les habitudes alimentaires (Layton *et al.,* 1991, p.259 ; Beaune, 1995, p.37). Pour d'autres, la néolithisation est la conséquence directe de l'adoption de l'économie de production et correspond à une diffusion démographique. En effet, l'intensification de l'agriculture et la production de ressources plus stables auraient pu entraîner une augmentation de la population. La nécessité d'augmenter le territoire d'exploitation aurait pu amener à une diminution des territoires de chasse des derniers Mésolithiques (Bogucki, 1987, p.105). Certains évoquent également une déstabilisation du système social lié à l'augmentation d'une population plutôt qu'une pénurie des ressources alimentaires (Cauvin, 1994). Ces derniers auraient alors été obligés de se réfugier dans des zones moins attractives pour l'agriculture. Enfin, la dispersion de la néolithisation ne correspond pas forcément à un déplacement de populations mais à une diffusion culturelle. Dans ce cas là, c'est l'économie de production ou son savoir qui sont diffusés (Zvelebil, 1989, p.381). De plus en plus, une combinaison de tous ces processus est évoquée pour expliquer les causes de la néolithisation (Blankholm, 1987 ; Bogucki, 1987 ; Zvelebil, 1989, p.380 ; Layton *et al.,* 1991 ; Hodder, 1993 ; Pluciennik, 1998).

Plusieurs scénarios de cette phase de transition sont proposés selon les auteurs. Pour les uns, le front de néolithisation est une avancée rapide et régulière de la population des premiers agriculteurs, tandis que pour les autres le phénomène est lent et irrégulier et ne correspond pas forcément à un déplacement de populations (Bogucki, 1987, pp.95-105 ; Gregg, 1988, p.1 ; Zvelebil et Zvelebil, 1988, p.578). La première position ou 'the wave of advance' suppose que les populations mésolithiques se soient retirées vers des zones marginales avant l'arrivée des premiers agriculteurs (Bogucki, 1987, p.95 ; Ammerman, 1989). Mais, plusieurs points vont à l'encontre de cette avancée régulière des premiers agriculteurs. Tous d'abord, la diversité des zones géographiques auxquelles ils ont été confrontés (différence de topographie de la nature du sol, de la productivité naturelle) ont fait qu'ils ont dû adapter leur économie de production à des environnements différents (Bogucki, 1987, p.95). Whittle souligne à cet égard, la différence de la colonisation néolithique, entre les sites côtiers, estuariens ou des vallées fluviatiles bien irriguées par rapport aux autres (Whittle, 1990, p.108). D'autre part, Zvelebil argumente que le taux de dispersion régulier est basé sur des assemblages osseux aux proportions différentes de restes domestiques (Zvelebil, 1989, p.380). Ainsi, l'acquisition de l'économie de production a été décrite pour des sites possédant de rares restes de faune domestique. De même, cette avancée d'une population avait été appuyée par l'anthropologie physique. Or, il a été avéré que certaines des différences physiques étaient liées à des adaptations environnementales et non à des facteurs génétiques (Zvelebil et Zvelebil, 1988, p.578).

De même, l'observation des témoins archéologiques montre la lenteur du phénomène de néolithisation qui a duré plusieurs millénaires en Europe (Bogucki, 1987, p.48 ; Giot *et al.,* 1998, p.462 ; Pluciennik, 1998, p.75). Ainsi, certaines régions, comme la Scandinavie, adoptent l'agriculture 4000 à 5000 ans après la Grèce, soit au IIème millénaire av. J.-C. (Zvelebil et Rowley-Conwy, 1986 ; Zvelebil et Zvelebil, 1988, p.578).

L'hétérogénéité du processus de néolithisation est appuyée par de multiples preuves de contact entre les derniers chasseurs-cueilleurs et les premiers agriculteurs (Zvelebil, 1989, p.380). 'Lorsque nous trouvons l'homme en possession d'un progrès, il est probable qu'il l'a accompli depuis longtemps' (Joussaume et Tessier, 1991, p.35). L'adoption de l'économie de production a pu se faire non seulement lentement, mais aussi de façon hétérogène. Le phénomène complexe d'interactions entre les différents courants de populations qu'est la néolithisation a pu permettre l'apparition d'un nombre important de **groupes de transition** (Bogucki, 1987, p.48). Ceux-ci ne sont d'ailleurs sans doute pas étrangers à la difficulté de définir le processus de néolithisation.

Cette phase de contact entre les derniers Mésolithiques et les premiers Néolithiques a pu être mise en évidence par un synchronisme d'une partie de leurs habitats et sépultures. Par exemple, certaines datations de sites mésolithiques hollandais, allemands ou danois se chevauchent durant une longue période avec celles de sites néolithiques (Zvelebil et Rowley-Conwy, 1986).

Si des stratégies **d'évitement** sont évoquées par certains, il existe de multiples exemples ethnographiques et indices archéologiques de la façade atlantique d'**interactions entre des chasseurs-cueilleurs et des agriculteurs** (Bogucki, 1987, p.105 ; Gregg, 1988, p.1).

Les principes d'une **acculturation** des populations mésolithiques par les arrivants Néolithiques sont basés sur l'idée qu'une meilleure alimentation néolithique rendait leur mode de vie plus attractif (Gregg, 1988, p.3). Cependant, la viabilité et la densité des populations indigènes mésolithiques semblent avoir été sous-estimées par le passé (Blankholm, 1987, p.156 ; Zvelebil et Zvelebil, 1988, p.579). P. Bogucki souligne également qu'après plusieurs millénaires, les Mésolithiques ont développé tout un éventail d'adaptations complexes aux forêts européennes (Bogucki, 1987, p.48). Ainsi, l'adoption de l'élevage, de la culture et de la céramique ont pu intervenir à des moments et à des taux différents (Zvelebil, 1989, p.380). Le contact avec les arrivants néolithiques a pu se traduire par **des échanges** de la culture matérielle et de ressources matérielles avec ou sans adoption d'une économie de production par les derniers Mésolithiques (Blankholm, 1987, p.156 ; Bogucki, 1987, p.100 ; Gregg, 1988, p.1 ; Zvelebil et Zvelebil, 1988, p.578). L'échange de biens matériels entre chasseurs-cueilleurs est attesté par des exemples ethnographiques. Zvelebil expose l'exemple des esquimaux de sites permanents qui échangent à des nomades des poteries qu'ils confectionnent (Zvelebil et Rowley-Conwy, 1986, p.77). Ces derniers ne fabriquent pas eux-mêmes ces récipients. Cet exemple montre la possibilité de l'échange de biens matériels sans celui de la culture matérielle qui comprend les techniques de confection de ces poteries. Ainsi, la présence de biens matériels typiques du Néolithique dans un site attribué au Mésolithique ne signifie pas obligatoirement que les Mésolithiques ont acquis les techniques de confection de ces biens. Aux Pays-Bas, des outils lithiques néolithiques et des céramiques ont été trouvés dans des sites mésolithiques (Zvelebil et Rowley-Conwy, 1986). De même, des céramiques ont été mises en évidence dans l'amas coquillier mésolithique d'Ertebølle (Zvelebil et Rowley-Conwy, 1986, p.77). Des outils lithiques, typiques du Mésolithique, ont été trouvés en contexte néolithique (Gregg, 1988, p.6). De même, en France, des techniques de débitage typiques du Mésolithique ont été utilisées pour confectionner des outils néolithiques (Kayser, 1991). Ici, il y a eu échange d'un savoir sans celui du bien matériel.

L'application d'une économie de production dans un nouvel environnement a pu être peu rentable dans un premier temps (Bogucki, 1987, p.94). Pour palier un éventuel manque de nourriture, ces premiers **agriculteurs ont pu copier les Mésolithiques et faire appel à la prédation** (Layton *et al.,* 1991, p.257). Ainsi, les populations immigrantes d'agriculteurs ont pu utiliser les ressources d'origine sauvage pour compléter leur régime alimentaire (Zvelebil et Zvelebil, 1988, p.579). De même, des populations indigènes de chasseurs-cueilleurs ont pu adopter, en partie seulement, l'agriculture (Zvelebil et Zvelebil, 1988, p.579). C'est ce qui semble se passer dans certaines régions du Danemark, où l'acquisition de la culture et de l'élevage semble se faire progressivement (Andersen, 1993). Pour Whittle, les populations indigènes du Mésolithique final des îles britanniques ont développé sur place, à des taux différents, une nouvelle économie et de pratiques sociales qui peuvent être appelées néolithiques (Whittle, 1990, p.101). De même, sur la côte cantabrique espagnole, au début de l'adoption de l'économie de production, les coquillages ont pu représenter une ressource alimentaire supplémentaire (Zvelebil et Rowley-Conwy, 1986). Le recours à ce complément alimentaire aurait pu diminuer au fur et à mesure de l'augmentation des ressources liées à la production (Zvelebil et Rowley-Conwy, 1986).

Des économies **mixtes** ont donc pu exister dans le front de néolithisation (Gregg, 1988, p.1 ; Layton *et al.,* 1991). Pour certains auteurs les économies mixtes seraient instables (Zvelebil et Rowley-Conwy, 1986). En effet, l'exercice de plusieurs activités pourrait entraîner la baisse de leur rentabilité (Zvelebil et Rowley-Conwy, 1986). Ainsi, l'une des deux économies prend rapidement l'ascendant et l'autre peut intervenir uniquement comme apport secondaire dans le régime alimentaire. De telles économies sont attestées par des exemples ethnographiques (Gregg, 1988, p.1). Les Lega de la forêt tropicale du Zaïre combinent pour se nourrir, la chasse, la cueillette, la pêche et l'horticulture (Layton *et al.,* 1991, p.260). Gregg et Claassen évoquent la possibilité de l'application d'une économie de prédation pendant une partie de l'année et de production le reste du temps (Gregg, 1988, p.1 ; Claassen, 1991, p.269). Cet aspect cyclique des activités pourrait, en effet, permettre un investissement total de l'économie choisie pendant un laps de temps défini.

D'autre part, certains auteurs évoquent le passage possible d'une économie de production à celle de prédation dans des environnements particulièrement hostiles (Layton *et al.,* 1991, p.256). La détérioration climatique ayant eu lieu autour de 3000 av. J.-C. aurait pu entraîner la conversion d'agriculteurs à la chasse (Layton *et al.,* 1991, p.260). Ainsi, une première introduction de l'agriculture en Suède aurait échoué suite à une détérioration climatique autour de 2700 av. J.-C. Seuls les Mésolithiques bien adaptés à l'exploitation de l'environnement marin y auraient survécu (Zvelebil et Rowley-Conwy, 1986). Cette observation va à l'encontre du phénomène linéaire que proposait l'ancienne vision de la néolithisation.

Les données archéologiques sont à prendre avec précaution. En effet, la présence d'ossements de mammifères domestiques et sauvages dans des assemblages archéologiques n'est pas forcément le reflet d'une économie mixte. Les exemples ethnographiques permettent d'évoquer l'existence d'autres groupes de transition. Ainsi, les Bantu et les Mbuti, qui **cohabitent** dans la forêt tropicale du Zaïre, complètent leur alimentation par des échanges de ressources alimentaires (Gregg, 1988, p.51 ; Layton *et al.,* 1991, p.260). La présence à la fois d'animaux domestiques et sauvages peut donc correspondre à un échange de ressources alimentaires entre chasseurs-cueilleurs et agriculteurs (Gregg, 1988, p.2). De tels scénarios ne sont pas rares et persistent en Afrique, en Inde, dans le nord de l'Amérique et en Asie du sud (Gregg, 1988, pp.51-52).
Ces hypothèses montrent toute la complexité du phénomène de néolithisation par la diversité des stades du mode de subsistance qui peuvent exister.

La dichotomie entre les sites de l'intérieur des terres et ceux de la côte ou près de fleuves est souvent évoquée (Bogucki, 1987, p.107 ; Gregg, 1988 ; Kimball, 2000, p.33). En effet, de nombreux sites tardifs du Mésolithique et plusieurs témoins des contacts entre les derniers Mésolithiques et les arrivants Néolithiques se trouvent près du littoral ou à proximité de fleuves (Bogucki, 1987, p.107 ; Whittle, 1990, p.108). Cette observation peut être liée à la lenteur de la néolithisation dans ces zones (Lichardus *et al.,* 1985, p.572 ; Zvelebil et Rowley-Conwy, 1986 ; Zvelebil, 1989, p.380 ; Zvelebil, 1998, pp.11-12). Ainsi, des populations côtières tardives sont observées sur la façade atlantique en Espagne, au Portugal, en Angleterre, en Irlande, en France, aux Pays-

Bas, au Danemark et en Suède ou près du Danube et du Rhin (Arnaud, 1982 ; Zvelebil et Rowley-Conwy, 1986, p.68 ; Bogucki, 1987, p.107 ; Cooney, 1987).

L'apport alimentaire riche, varié et régulier des écosystèmes aquatiques est souvent avancé pour expliquer ce phénomène (Bogucki, 1987, p.107 ; Gregg, 1988 ; Kimball, 2000). Cependant, Whittle souligne que la présence d'environnements productifs n'est sans doute pas le seul facteur ayant entraîné le développement d'économies basées sur les ressources marines à la fin du Mésolithique (Whittle, 1990). Comme pour le passage d'une économie de prédation à celle de production, les modifications environnementales et l'augmentation des populations mésolithiques ont pu intervenir dans l'adoption d'une économie plus intensive qu'a permis le domaine côtier (Layton *et al.,* 1991, p.256). Plusieurs causes ont donc pu encourager les Mésolithiques à exploiter les ressources aquatiques.

Cette économie de prédation, basée sur des ressources marines, a pu apporter une stabilité des modes de subsistance des populations mésolithiques (Bogucki, 1987, p.107 ; Gregg, 1988 ; Kimball, 2000). À l'inverse, des ressources moins abondantes et plus dispersées auraient induit une stratégie de plus grande mobilité (Gregg, 1988, p.1). La stabilité des écosystèmes aquatiques a pu se répercuter par une sédentarisation de la résidence, voire une augmentation de la population (Zvelebil et Rowley-Conwy, 1986, p.68 ; Zvelebil, 1989, p.381 ; Zvelebil, 1998, p.12). De plus, une sédentarisation prolongée a pu entraîner le développement d'une organisation socio-économique complexe (Zvelebil, Rowley-Conwy, 1986, p.68). De tels phénomènes sont d'ailleurs confirmés chez des populations côtières par des exemples ethnographiques. Ainsi, Zvelebil cite chez des populations de chasseurs-collecteurs de la côte nord-ouest de l'Amérique une densification de la population ainsi qu'un développement socio-économique complexe (Zvelebil, 1989, p.381). L'adaptation des populations mésolithiques côtières et leur investissement technologique ont pu être tels que cette économie de prédation a pu être intensive et concurrencer celle de production (Armit et Finlayson, 1992, p.665). Les Mésolithiques des amas coquilliers ont donc pu être réfractaires à l'adoption de production (Cooney, 1987, p.7 ; Hodder, 1993, p.170). D'autres échanges ont, malgré tout, été possibles. Des situations proches ont pu provoquer des réactions différentes (Zvelebil et Rowley-Conwy, 1986). Ainsi, le développement socio-économique provoqué par la stabilité de résidence des populations côtières a pu les conduire à adopter plus rapidement l'économie de production (Boronéant, 1990, p.121 ; Soares, 1996, p.109).

Les raisons de l'abandon des économies basées sur les ressources marines au profit de l'économie de production ne sont pas toujours connues (Zvelebil et Rowley-Conwy, 1986). Seuls quelques-uns nous proposent un début de réponse.

Ainsi, l'amas coquillier mésolithique côtier d'Ertebølle (Danemark) a perduré durant plusieurs millénaires (Zvelebil et Rowley-Conwy, 1986). Les chasseurs-cueilleurs y étaient sédentaires et, malgré la présence des premiers agriculteurs, leur mode de subsistance était basé sur les ressources sauvages. Ce site représente un des seuls, où la raison de l'abandon d'une économie basée sur les ressources marines au profit d'une économie de production est, en partie, connue. En effet, plusieurs auteurs y évoquent une modification des conditions environnementales (Rowley-Conwy, 1985, p.188). L'économie des derniers Mésolithiques était basée sur l'exploitation des ressources marines et celle, intensive, de l'huître. Or, il semble qu'une baisse de la salinité dans l'environnement proche du site ait provoqué la diminution de l'accessibilité de l'huître, rendant la côte moins attractive. Ainsi, les Mésolithiques semblent avoir adopté l'agriculture pour suppléer, dans un premier temps, cette diminution des ressources marines. Ce basant sur l'instabilité des économies mixtes, M. Zvelebil et P. Rowley-Conwy évoquent une adoption rapide majoritaire de l'économie de production, la chasse et la collecte jouant alors un rôle secondaire (Zvelebil et Rowley-Conwy, 1986). Cependant, dans le cas d'Ertebølle, même si les conditions environnementales semblent la cause de la modification de l'économie, d'autres causes, aujourd'hui inconnues, ont pu s'y ajouter (Armit et Finlayson, 1992, p.664).

En Écosse ou pour d'autres sites au Danemark, le déclin des ressources alimentaires ne semble pas avoir directement provoqué l'abandon de l'économie de prédation par les habitants des amas coquilliers de la fin du Mésolithique. En effet, la stratigraphie de certains amas, montre qu'il semble exister une continuité locale avec une adoption progressive des systèmes de production (Andersen, 1989 ; Armit et Finlayson, 1992, p.667).

Comme beaucoup de ces sites côtiers de la façade atlantique, ceux de la France sont tardifs et persistent jusqu'à la fin du Vème millénaire av. J.-C. Au vu des datations, ils ont donc pu être contemporains des premiers paysans néolithiques. Mais malgré la présence tardive des amas coquilliers de Beg-an-Dorchenn, de Téviec, de Hoëdic et de Beg-er-Vil, la présence d'animaux domestiques n'y est pas prouvée. Un tel phénomène a cependant été observé à Locmariaquer (Morbihan) dont les datations (5300 à 5000 av. J.-C. calibré) correspondent localement au Mésolithique final (Tresset, 2000, p.24). D'autre part, la morphologie de ces animaux est domestique (Tresset, 2000, p.24). Deux sources potentielles de domestication sont souvent évoquées pour le nord-ouest de la France : le sud de l'estuaire de la Loire, où des éléments d'affinité cardiale datés de la fin du VIème millénaire av. J.-C. ont été reconnus, et la partie est de la Bretagne, où la présence du Danubien (culture de Villeneuve-Saint-Germain) est attestée au début du Vème millénaire av. J.-C. (Lichardus *et al.,* 1985, pp.531-535 ; Joussaume *et al.,* 1987 ;

Tresset, 2000 ; 2003). Un courant de néolithisation provenant du sud de la façade atlantique française a été évoqué par R. Joussaume sous deux principales hypothèses. Elles comprennent d'une part 'une acculturation de groupes en place ou plus probable une colonisation littorale par des peuples ayant suivi la côte et étant remonté par des plaines calcaires dans le seuil du Poitou assimilant peu à peu les groupes mésolithiques locaux dont certains ont pu subsister longtemps dans des zones moins favorables à l'élevage et à l'agriculture' (Joussaume et Tessier, 1991). L'industrie lithique semble d'ailleurs refléter de possibles échanges techniques entre les derniers Mésolithiques et les premiers Néolithiques venant du sud de la Loire (Marchand, 2000, p.400). Ainsi, O. Kayser remarque la persistance au Néolithique d'une technique déjà utilisée à la fin du Mésolithique, 'la retouche abrupte' avec la flèche tranchante (Kayser, 1991, p.209).

Dans le Centre-Ouest et le sud-ouest de la façade atlantique de la France, les économies de subsistance de la fin du Mésolithique et du début du Néolithique ne sont pas connues (Lichardus *et al.,* 1985). Plusieurs sites côtiers ou submergés du Centre-Ouest et du sud-ouest ont livré des céramiques à impressions pivotantes au *Cardium* (Lichardus *et al.*, 1985, pp.534-535). Ces éléments confèrent une affinité méridionale au front de néolithisation de cette partie de la façade atlantique française (Joussaume, 1998-1, p.9 ; Laporte, 1998-1 ; Poissonnier *et al.,* 1998, p.40).

Quelques indices du courant de néolithisation sont donc observés sur la façade atlantique de la France. Les amas coquilliers du Mésolithique final étudiés ont donc pu être contemporains, comme dans d'autres pays de la façade atlantique, des premiers Néolithiques.

C - Le Néolithique

1 – Le Néolithique ancien

Au Néolithique ancien, les hommes commenceraient à se sédentariser pour pratiquer l'élevage et l'agriculture, mais la part de la chasse et de la cueillette reste encore importante (Joussaume et Courteau, 1998, p.50). La présence de la culture de Villeneuve-Saint-Germain a récemment été décrite pour ce début du VIème millénaire av. J.-C. à l'est de la Bretagne, sur le site de Saint-Etienne-en-Coglès (Ille-et-Villaine) (Cassen *et al.,* 1998) (Tableau 2).

Les plus anciennes traces d'élevage répertoriées sur la façade atlantique en France datent du début du VIème millénaire av. J.-C. (Laporte, 1998-1, p.4 ; Tresset, 2000, p.24). De telles données sur le mode de subsistance des populations du Néolithique ancien y sont très rares (Burnez, 1976, p.89 ; Joussaume, 1981, p.22 ; Large, 1998-2, p.25). Le site de la Pointe du Grouin-du-Cou en est un des seuls témoins. Des restes d'animaux domestiques (mouton, bœuf, chèvre et porc) y sont bien représentés et dominent par rapport à la faune sauvage (Joussaume et Tessier, 1991, p.175 ; Poissonnier *et al.,* 1998, p.48). Cet assemblage faunique est associé à une production céramique d'obédience méridionale, citée plus haut. Ainsi, le site de la Pointe du Grouin-du-Cou, avec de la céramique à facture plutôt grossière impressionnée au doigt ou à la baguette, a servi de référence pour définir un Néolithique ancien Centre Atlantique (Tableau 2). Ce type de décor existe sur d'autres sites (Île de Ré, Amélie, Lède du Gurp, Bâtard, Bellefonds) et se trouve associé à des céramiques à décor pivotant à la coquille (Joussaume *et al.,* 1979 ; Joussaume et Tessier, 1991 ; Large, 1991, p.126). Le mobilier lithique, qui accompagne parfois ces céramiques, est en rupture avec celui utilisé par les derniers Mésolithiques (Large, 1998-2, p.25).

Comme nous l'avons déjà vu, plusieurs sites du Néolithique ancien sont submergés actuellement à environ 0 mètre N.G.F. (Joussaume, 1981, p.238). Si les variations du niveau marin sont prises en compte, les gens devaient donc être 'installés en arrière du littoral à quelques distances des points où la mer était accessible et visible' (Joussaume, 1981, p.238). La montée du niveau marin n'est peut-être pas étrangère à la rareté des sites du Néolithique ancien (Zvelebil et Rowley-Conwy, 1986, p.70 ; Large, 1998-2, p.25).

Quelques indices pourraient pencher pour l'utilisation de sépultures collectives au Néolithique ancien tout comme à la fin du Mésolithique (Joussaume, 1981, pp.109-111). Mais, les restes humains du Néolithique ancien de la façade atlantique sont trop rares pour le confirmer (Joussaume, 1981 ; Joussaume et Courteau, 1998, pp.50-53).

2 – Le Néolithique moyen

Les premières manifestations mégalithiques marquent le passage au Néolithique moyen. Elles apparaissent au cours du Vème millénaire av. J.-C. sur la façade atlantique française (Burnez, 1976, p.145 ; Joussaume, 1981, p.121). Contrairement au mouvement général européen, où les enceintes sont plutôt du Néolithique moyen, celles du Centre-Ouest de la France se multiplieront à partir du Néolithique récent (Poissonnier *et al.,* 1998, p.40). Pour beaucoup, le développement du mégalithisme est associé à un essor démographique, à une sédentarisation et à une organisation plus complexe des populations (Joussaume et Courteau, 1998, p.50). Ces trois caractéristiques peuvent être liées à une dépendance moins grande, de la part de ces populations, des pressions de l'environnement (Joussaume et Courteau, 1998). Ainsi, après une phase d'adaptation de l'économie de production dans différentes zones géographiques, celle-ci devient suffisamment rentable pour permettre la stabilité de la subsistance et de la résidence des populations. Ceci va dans le sens, comme cela a déjà été évoqué pour les chasseurs-cueilleurs sédentaires, d'une organisation sociale plus complexe des populations à la résidence permanente. D'autre part, l'organisation sociale des agriculteurs a pu se faire autour de l'allocation de ressources alimentaires (Bogucki, 1987, p.117). Malgré la profusion des monuments funéraires, les restes humains trouvés en contexte fiable sont rares. Cette rareté semble accentuée par une réutilisation des mégalithes postérieure au Néolithique moyen. Les parures qui les accompagnent sont également peu représentées (Laporte, 1994, p.138). Quelques parures en coquillages marins semblent indiquer une relation entre des sites de l'intérieur et la côte atlantique (Burnez, 1976, p.145). Au vu des données disponibles, la pratique funéraire la plus couramment utilisée semble être la sépulture collective, les préhistoriques venant à l'intérieur d'un même espace déposer successivement leurs défunts (Joussaume et Courteau, 1998, p.50).

De même, le nombre important de monuments funéraires au Néolithique moyen contraste avec la rareté des habitats de la façade atlantique de la France (Laporte, 1998-1, p.5). L'occupation du Néolithique moyen semble intense sur le littoral (Joussaume, 1981, p.241). Mais, cette vision peut être biaisée par des prospections plus nombreuses le long de la côte (Joussaume, 1981, p.241). Le site d'Auzay, qui a livré des restes malacofauniques et qui sera étudié plus en détail par la suite (Partie IV, p.205), est un des principaux témoins des modes de subsistance de cette période pour la région concernée. Les premières répercussions d'une économie de production, peut-être plus intensive qu'au Néolithique ancien, commencent à se faire ressentir sur l'environnement. La population d'Auzay a modifié son paysage. La mise en culture des terres y est attestée par la présence de pollens de céréales (blé et orge) et celle du pâturage par ceux de plantes rudérales (Large, 1998-2, pp.26-28). Les restes de nourriture, qui y ont été trouvés, témoignent de la consommation d'animaux élevés (bœufs, cochons, moutons ou chèvres) en grande proportion par rapport à la faune sauvage (Large, 1998-2, p.48). Même si les ressources sauvages sont largement minoritaires, elles ont pu agrémenter le régime alimentaire des Néolithiques. Ainsi, des animaux y ont été chassés (cerfs, chevreuils, sangliers), des mollusques marins et crustacés collectés, des poissons marins pêchés (raies) et des baies sauvages, des noisettes et des prunelles cueillies (Birocheau et Large, 1987, p.417 ; Large, 1998-2). L'application de l'économie de production à Auzay, n'a pas empêché ses habitants d'exploiter toute la diversité que leur proposait leur environnement. Les données sur le mode de subsistance de la population vivant à Auzay sont faibles. Les témoins d'habitats y sont représentés par des dépressions creusées dans le sol jusqu'à 1 mètre 50 de profondeur, mais 'il n'y a pas eu réellement de murs construits' (Large, 1998-2, p.33). La permanence de résidence de ce site au Néolithique moyen n'a pas été prouvée (Large, 1998-2, p.33).

Enfin, la fin du Néolithique moyen se manifeste par des conceptions architecturales des mégalithes qui se différencient et une généralisation des enceintes sur la façade atlantique de la France (Large, 1998-2, p.34).

3 – Le Néolithique récent

Avec le Néolithique récent, les vastes enceintes à fossés interrompus se multiplient dans le Centre-Ouest de la France et le développement du mégalithisme se ralentit (Laporte, 1998-1, p.5 ; Poissonnier *et al.*, 1998, p.40). À l'inverse, au Néolithique récent, le mégalithisme poursuit son essor en Bretagne (Large, 1998-2, p.35). La fonction même des enceintes pose problème. Plusieurs hypothèses en ont été proposées par les archéologues : lieu de défense aménagé, habitat, carrière, cimetière, parc à bétail, champs protégés, lieu cérémoniel (Roussot-Larroque *et al.*, 1987, p.354 ; Laporte, 1998-1, p.5 ; Large, 1998-2, p.35 ; Poissonnier *et al.*, 1998, p.40). Elles sont souvent associées à l'image d'une sédentarité affirmée et sont particulièrement denses le long du littoral actuel, sur le pourtour des marais et le long des axes fluviaux (Large, 1998-2, p.35).

De nombreux déchets alimentaires ont été trouvés dans les fossés de ces enceintes. La faune domestique (bœuf, porc, moutons et chèvres) y est largement majoritaire par rapport à la faune sauvage chassée (cerf, chevreuil et sanglier) (Large, 1998-2, p.37). Les espèces céréalières cultivées deviennent plus diversifiées (Large, 1998-2, p.39). Comme pour le Néolithique moyen, l'application d'une économie de production provoque une modification de l'homme sur son environnement. La forêt régresse au profit des herbages (Large, 1998-2, p.37). La mise en culture des sols s'est peut-être accrue. Les vases de stockage deviennent très nombreux avec des contenances plus importantes qu'à l'époque précédente (Large, 1998-2, p.37). Comme pour la faune, malgré une consommation largement dominante d'espèces domestiques, quelques espèces sauvages viennent compléter les régimes alimentaires des populations du Néolithique récent (noisettes et glands auraient été consommés) (Large, 1998-2, p.37). Pour les habitats proches de la côte, les ressources marines semblent également être intervenues en faible proportion (Laporte, 1998-1, p.5).

Pour les sépultures, 'les tombes à couloir (dolmen) ne sont pas abandonnées mais ne sont plus construites dans le Centre-Ouest' (Joussaume et Courteau, 1998, p.55). Il n'est pas rare d'y 'trouver plusieurs dizaines de squelettes, voire de centaines, entassés dans une chambre funéraire construite au Néolithique Moyen' (Joussaume et Courteau, 1998, p.55). Au même moment, des tombes individuelles ou doubles sont trouvées dans la même région (Joussaume et Courteau, 1998, p.56). À l'inverse, en Bretagne, la construction de mégalithes est toujours bien développée avec des sépultures collectives (Large, 1998-2, p.34). Il faut souligner la variabilité des coutumes funéraires d'une région à l'autre, le long de la façade atlantique. Ceci rend leur généralisation très difficile (Joussaume et Courteau, 1998, p.56).

La parure est mieux représentée que celle du Néolithique moyen. Cependant, ce fait peut être directement lié à la présence de sépultures collectives dans des mégalithes réutilisés au Néolithique récent (Laporte, 1994, p.140). La parure reste, malgré tout, peu abondante si elle est reportée au nombre de squelettes humains trouvés. Elle paraît cependant un peu plus diversifiée qu'au Néolithique moyen (Laporte, 1994, p.142). Cette diversification de la parure touche à la fois 'les types d'objets et les matières premières façonnées' (Laporte, 1994). Ainsi, des perles discoïdes, annulaires ou tubulaires en calcite, quelques perles en os, des dents d'animaux sauvages perforés, quelques dentales et presque toujours des pourpres perforées sont trouvés dans les sépultures collectives du Néolithique récent (Laporte, 1994). Certaines de ces parures en coquillages marins sont fréquemment utilisées et largement diffusées à l'intérieur des terres (Laporte, 1994). Cette large diffusion est, sans doute, le reflet d'échanges entre populations. De même, 'le silex découvert sur le site montre une diversification des ressources premières indiquant des déplacements variés vers des lieux d'échanges' (Large, 1998-2, p.38).

4 - Le Néolithique final

Le Néolithique final de la façade atlantique française correspond au Chalcolithique de la terminologie européenne (Lichardus *et al.*, 1985 ; Laporte, 1994, p.4). J'ai conservé le terme de Néolithique final utilisé par les archéologues qui travaillent sur la zone géographique prise en compte. Il correspond à 'l'intensification des courants d'échanges et la multiplication des centres de production manufacturiers' (Laporte, 1998-1, p.5). Si les premiers objets métalliques sont parvenus dans les sites artenaciens (Tableau 2) par le biais d'échanges (Poissonnier *et al.*, 1998, p.41), ils n'y ont sans doute pas été fabriqués. Cet élément distingue l'Artenacien de la véritable culture Chalcolithique qui suivra (Poissonnier *et al.*, 1998, p.41).

La mise en évidence du passage du Néolithique récent au Néolithique final est très difficile. Il se traduit par un abandon ou une réoccupation avec d'importants réaménagements des sites du Néolithique récent (Large, 1998-2, pp.38-39 ; Poissonnier *et al.*, 1998, p.40). Même si le développement de caractères propres à l'Artenacien est observé, la culture matérielle entre Peu-Richardien et Artenacien semble continue (Large, 1998-2, p.38).
À la différence du Néolithique récent, le passage au Néolithique final semble se traduire par une augmentation de la présence des hommes dans l'arrière-pays au-delà des rivages, des bords de vallée et de marais (Roussot-Larroque *et al.*, 1987, p.382 ; Giot *et al.*, 1998, pp.453-454 ; Large, 1998-2, p.38). Cette intensification de l'occupation humaine se fait sentir en Basse-Loire et en Bretagne dans les diagrammes polliniques (Large, 1998-2, p.39).

De plus, avec le Néolithique final, les structures d'habitat penchent pour une sédentarité permanente (Large, 1998-2, p.39). Les modes de subsistance sont principalement basés sur les ressources domestiques, avec, comme pour le Néolithique récent, un complément apporté par les ressources sauvages. Ainsi, dans certains sites côtiers comme celui de Ponthezières, dont la malacofaune a été étudiée par nos soins (Partie IV, p.276), toutes les potentialités de l'environnement semblent avoir été exploitées. La communauté paysanne y pratiquait l'élevage du bœuf, du mouton et du porc et probablement l'agriculture (Laporte *et al.*, 1998-1, p.228). À ces activités s'ajoutaient la chasse, la pêche (qui pouvait être liée à une installation de pêcheries) et à la collecte de coquillages et de crabes qui fournissaient 'une nourriture d'appoint non négligeable' (Laporte, 1994 ; Laporte *et al.*, 1998-1, p.228). Sur ce site, l'exploitation du littoral ne s'est pas cantonnée aux ressources alimentaires. Elle a également permis la recherche de matière première comme des roches, pour la construction, et de tests coquilliers, pour la confection de parure (Laporte, 1994). L. Laporte a mis en évidence la spécialisation de l'activité qui consiste à confectionner de minuscules perles discoïdes.

Celle-ci participe à un mouvement général, observé lors de cette phase du Néolithique, qui se traduit par 'le développement, notamment pour la parure d'objets à haute valeur ajoutée (emploi de matériaux plus diversifiés et transformation plus complexe des produits finis), ainsi que sur la multiplication de sites dont la vocation essentiellement manufacturière se déduit d'une spécialisation poussée de l'industrie lithique' (Laporte, 1994, p.185). Parallèlement, de nombreux indices témoignent de la présence d'échanges de plus en plus nombreux, impliquant une interrelation étroite entre les sites, voire une spécialisation de certains d'entre eux. D'ailleurs, 'une segmentation des activités économiques ne serait pas incompatible avec l'organisation de la société de cette fin du Néolithique que l'on croit pouvoir deviner' (Laporte, 1994 ; 1998-1, p.5). Ainsi, la spécialisation des sites dans certaines activités pourrait correspondre à la détention pour certaines d'entre eux d'une technologie. L'exportation de produits finis et non du savoir technique leur permettrait un contrôle des réseaux de distribution 'd'objets finis ou semis-finis, souvent qualifiés d'objets de prestige' (Laporte, 1994 ; 1998-1, p.5). De même, les réseaux d'approvisionnement en matière première faisaient peut-être l'objet d'un contrôle. Ces réseaux maîtrisés peuvent correspondre au début des échanges commerciaux sur de longues distances, bien observés en raison d'un savoir-faire très original (Large, 1998-2, p.39 ; Poissonnier *et al.*, 1998, p.40). De plus, le foisonnement des parures au Néolithique final (Tarrête et Joussaume, 1998, p.93), pourrait être directement lié à la présence d'une spécialisation de sa confection qui se fait par grande série. Enfin, la présence d'échanges parfois lointains est confortée par la présence d'objets 'd'origine ou d'inspiration étrangère', du moins pour le Centre-Ouest

(Laporte, 1994, p.147). La diversification des lieux de production pourrait également expliquer la diversité des types rencontrés et des matières premières utilisées (Laporte, 1994, p.147).

L'apparition d'activités spécialisées nécessite l'intervention d'artisans et donc une segmentation de la société (Large, 1998-2, p.39). La découverte de sépultures individuelles accompagnées d'un mobilier riche pourrait d'ailleurs conforter cette idée du renforcement de hiérarchisation sociale (Laporte, 2001, pp.83-84). Même si les sépultures collectives sont toujours utilisées en cette fin du Néolithique, pour certains, les sépultures individuelles observées dans le Centre-Ouest de la France, sont peut-être déjà une coutume funéraire plus en usage au Néolithique récent que les sépultures collectives (Joussaume et Courtaud, 1998, p.56).

Ainsi, comme le démontre L. Laporte, l'importante modification structurelle de la société souvent imputée au contrôle de la métallurgie a pu être antérieure à cette innovation technique (Laporte, 2001). Comme l'économie de production a pu l'être à la fin du Mésolithique, la métallurgie du bronze est peut-être, à la fin du Néolithique, le catalyseur d'un processus déjà en cours.

Les modes de vie et l'organisation sociale des populations ont énormément varié du début du Mésolithique à la fin du Néolithique. Avant de voir si ces modifications ont eu des répercussions sur le rapport entre les hommes et la malacofaune et de présenter les méthodes utilisées pour arriver à cette fin, il paraissait important de présenter les différentes espèces de coquillages qui seront évoquées tout au long de ce travail. De même, la variété de la forme sous laquelle les restes coquilliers peuvent être rencontrés en archéologie est décrite. En effet, de ceux-ci dépendent les méthodes qui pourront y être appliquées et les informations archéologiques qui pourront en être déduites. De plus, une vision d'ensemble des multiples utilisations attestées de la malacofaune est proposée. Elle permet, lors de la découverte de tests en contexte archéologique, de ne pas se cantonner uniquement aux utilisations déjà mises en évidence pour une période et une zone géographique donnée.

Partie II –

La présentation des espèces rencontrées et des utilisations connues de la malacofaune

CHAPITRE I – LA DÉTERMINATION ET PRÉSENTATION DES ESPÈCES

A – LA DÉTERMINATION DE LA MALACOFAUNE

Plusieurs étapes sont nécessaires à la détermination des espèces. Tout d'abord, la forme générale du test permet d'associer une coquille à une classe :

- tube arqué dont le diamètre diminue progressivement : classe des Scaphopodes
- coquille turbinée ou conique : classe des Gastropodes (ou Gastéropodes)
- coquille composée de deux valves : classe des Bivalves.

Ensuite, la morphométrie et les caractéristiques générales du test coquillier (forme, aspect de la charnière, présence et aspect de l'ornementation...) permettent de déterminer l'espèce. Les différents tests coquilliers sont décrits dans la figure 4. Cette dernière étape s'appuie sur la comparaison des tests coquilliers archéologiques à des collections de référence.

B – LA PRÉSENTATION DES ESPÈCES

Différents noms vernaculaires sont utilisés pour une même espèce selon les régions de France. De même, les appellations scientifiques sont parfois révisées par les systématiciens. Ainsi, la coque, autrefois appelée *Cardium edule* a été rebaptisée *Cerastoderma edule*. La méconnaissance de certains des synonymes peut amener des confusions dans la comparaison de spectres malacofauniques. En effet, certains auteurs ont pu s'étonner de la présence d'une espèce uniquement sur un seul site, alors qu'elle était bien présente en d'autres endroits mais nommée différemment. Certaines différences entre les spectres malacofauniques de deux sites peuvent être biaisées par l'utilisation d'appellations variables selon les auteurs et selon l'ouvrage auquel ils se réfèrent pour déterminer les espèces. Un nom commun comme celui de bigorneau peut être appliqué à de multiples espèces comme *Littorina littorea* et *Osilinus lineatus* par exemple (Fig. 5.). Même si leurs formes se rapprochent, elles possèdent des différences au niveau de leur biotope. Il apparaît donc indispensable de préférer une appellation scientifique à un nom commun afin d'éviter toute confusion. Le trouble et la confusion qui règnent au sein de certaines études archéologiques concernant la détermination précise des espèces ont encouragé la réalisation d'une liste de synonymes (Tableau 3). L'appellation scientifique utilisée, choisie dans la suite de ce travail, correspond aux normes du CLEMAM (Check List of European Marine Mollusca) de mai 2002 (Tableau 3, colonne 2) (CLEMAM, 2002). La troisième colonne comprend certains des synonymes cités dans la base Clemam (CLEMAM, 2002) ou dans les ouvrages de Poppe et Goto (Poppe et Goto, 1991, 1993), ainsi que d'autres utilisés par les archéologues.

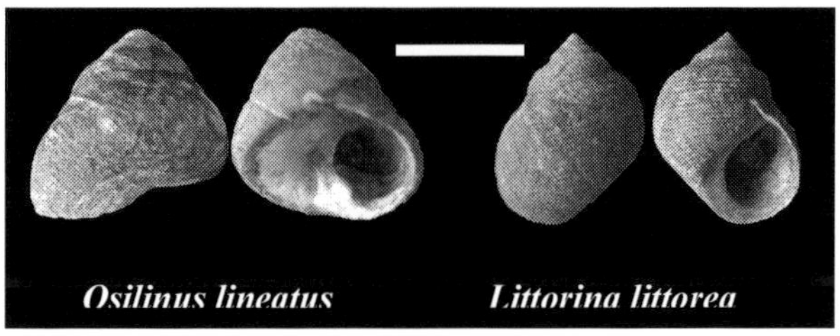

Fig. 5. Les deux espèces *Osilinus lineatus* et *Littorina littorea* sont communément appelées 'bigorneau' (échelle : 1cm)

Enfin, la dernière colonne du Tableau 3 comprend la majorité des noms utilisés en français et en anglais. Des fiches de présentation de chacune des espèces rencontrées tout au long de ce travail complètent le tableau 3. Le but est d'en faire un outil de travail pour les archéologues en facilitant la détermination spécifique et en résumant les informations archéologiques qu'apporte chacune de ces espèces. Les numéros d'ordre des fiches sont indiqués dans le tableau 3 (Tableau 3, colonne 1). Les fiches de présentation des espèces ont été classées, dans un premier temps, en fonction de leur classe (Annexe 1). Les espèces ont ensuite été présentées en ordre alphabétique au sein de chacun de ces trois grands ensembles. Ce classement a été préféré à celui de la systématique afin de faciliter l'utilisation de ce document par les non initiés. Après avoir cité l'espèce et son auteur, les informations ont été présentées en deux grandes catégories, les 'caractéristiques de l'espèce' et 'informations archéologiques'. Les **caractéristiques de l'espèce** correspondent aux données actuelles sur leur biologie et leur écologie. Dans le but de faciliter l'identification, un schéma (Annexe 1) et sept planches photographiques (Fig. 6. à Fig. 12.) ont été associés à la description de l'espèce. L'origine géographique des échantillons photographiés est référencée dans l'annexe 2. Sur les fiches de présentation des espèces, les dimensions sont également citées, car elles présentent une caractéristique importante de la détermination spécifique (Annexe 1). Les 'mesures retenues' correspondent à celles mesurées sur les échantillons archéologiques. La distribution biogéographique actuelle est indiquée. Le biotope permet de connaître les caractéristiques du lieu de collecte. Il permet aussi de savoir si certaines espèces peuvent avoir été collectées mortes. C'est le cas des espèces subtidales strictes, c'est-à-dire celles qui vivent sous le niveau des plus basses mers et qui ne sont pas accessibles à pied sec. Pour la parure, la coloration a pu jouer un rôle important dans l'organisation des éléments de parure les uns par rapport aux autres. Cette caractéristique de l'espèce peut très rarement être utilisée, le test des coquilles ayant perdu sa pigmentation (Dupont, 1998). Pour chaque espèce des références bibliographiques ont également été adjointes à chaque fiche.

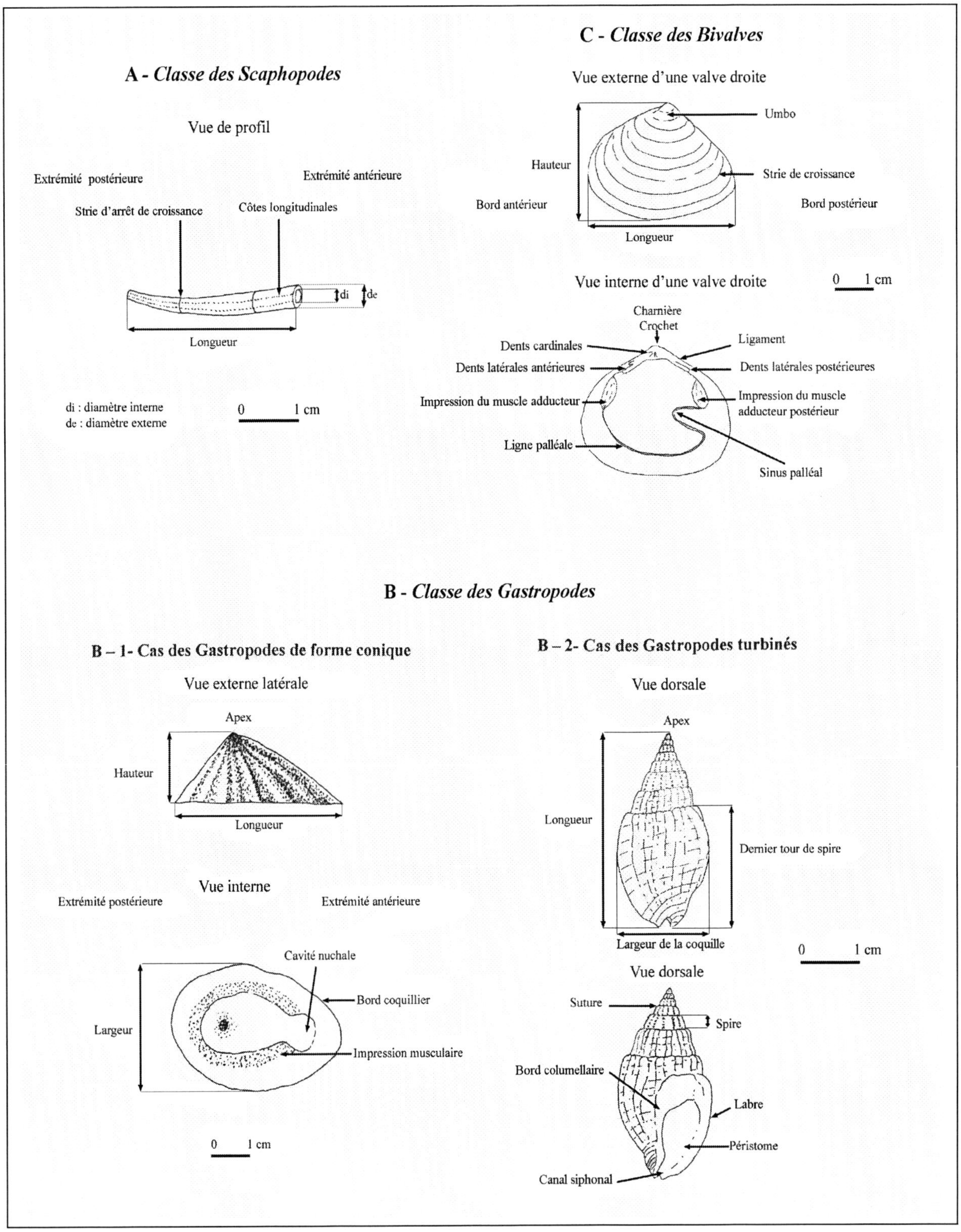

Fig. 4. Caractères morphologiques et biométriques des différentes classes de coquillages rencontrées

Classe des Scaphopodes :

Numéro de fiche	Appellation scientifique utilisée [12]	Synonymes scientifiques ou (et) utilisés en archéologie	Noms français et anglais
1	*Dentalium entalis* Linné, 1758		dentales, tusk shell
2	*Dentalium inaequicostatum* Bucquoy, Dautzenberg & Dollfus, 1891	*Dentalium novemcostatum* Lamarck, 1818 [12]	dentales, tusk shell
3	*Dentalium vulgare* da Costa, 1778	*D. tarentinum* Lamarck, 1818 [12], *D. striolatum* Risso, 1826 [12]	dentales, tusk shell

Classe des Gastropodes :

4	*Ansates pellucida* (Linné, 1758)	*Patella pellucida* Linné, 1758 [12], *Patina pellucida* (Linné, 1758) [5]	helcion, blue-rayed limpet
5	*Bittium reticulatum* (da Costa, 1778)		
6	*Buccinum undatum* Linné, 1758		bulot, buccin ondé, buccin commun, common whelk
7	*Cepaea nemoralis* Linné, 1758 Terrestre	*Helix nemoralis* (Linné, 1758) [12]	hélice des jardins
8	*Cochlicopa lubrica* Müller, 1774 Terrestre		
9	*Diodora gibberula* (Lamarck, 1822)	*Fissurella gibberula* Lamarck, 1822 [12], *F. gibba* Philippi, 1836 [12]	fissurelle, keyhorl limpets
10	*Euspira catena* (da Costa, 1778)	*Natica castanea* Lamarck, 1822 [12], *Euspira monilifera* Lamarck, 1822 [12], *Natica catena* [3]	natice
11	*Euspira pulchella* (Risso, 1826)	*Natica pulchella* Risso, 1826 [12], *N. poliana* delle Chiaje, 1827 [12], *N. alderi* Forbes, 1838 [12]	
12	*Gibbula cineraria* (Linné, 1758)	*Trochus lineolatus* Potiez & Michaud, 1838 [12] ; *T. strigosus* Gmelin, 1791 [12]	gibbule cendrée
13	*Gibbula pennanti* (Philippi, 1846)	*Trochus pennanti* Philippi, 1846 [12]	gibbule
14	*Gibbula umbilicalis* (da Costa, 1778)	*Trochus obliquatus* Gmelin, 1791 [12], *T. umbilicalis* da Costa, 1778 [12]	gibbule ombiliquée
15	*Haliotis tuberculata tuberculata* Linné, 1758	*Haliotis tuberculata* Linné, 1758 [12]	Ormeau, oreille de mer, ormier, ormet,, abalone, ormer
16	*Hydrobia ulvae* (Pennant, 1777)		hydrobie
17	*Hydrobia ventrosa* (Montagu, 1803)		hydrobie
18	*Lacuna pallidula* (da Costa, 1778)	*Lacuna patula* Thorpe, 1844 [12]	
19	*Lacuna parva* (da Costa, 1778)	*Cochlea parva* da Costa, 1778 [12], *Lacuna puteolus* Turton, 1819 [12]	
20	*Littorina littorea* (Linné, 1758)		bigorneau noir, vigneau, brelin, bigorneau commun, littorine, vignot, periwinkle,
21	*Littorina obtusata* (Linné, 1758)	*Turbo obtusatus* Linné, 1758 [12]	periwinkle
22	*Melarhaphe neritoides* (Linné, 1758)	*Turbo neritoides* Linné, 1758 [12], *Helix petraea* Montagu, 1803 [12], *Littorina neritoides* [8]	
23	*Nassarius incrassatus* (Ström, 1768)	*Buccinum incrassatum* Ström, 1768 [12], *Hinia incrassata* [8]	nasse, mud snail
24	*Nassarius pygmaeus* (Lamarck, 1822)	*Ranella pygmaea* Lamarck, 1822 [12], *Nassa pygmaea* [10]	
25	*Nassarius reticulatus* (Linné, 1758)	*Hinia reticulata* [8], *Nassa reticulata* [2]	nasse
26	*Nassarius reticulatus* var. *nitidus* (Linné, 1758)	*Nassarius nitidus* Jeffreys, 1867 [12], *Hinia reticulata* var. *nitida* [8], *Nassa reticulata* var *nitida* [1]	nasse
27	*Neritina fluviatilis* Linné, 1758 eau douce	*Theodoxus fluviatilis, Nerita fluviatilis*	néritine
28	*Nucella lapillus* (Linné, 1758)	*Purpura lapillus* [3]	murex, pourpre, brelin blanc, bigorneau, pourpre petit pierre, violet snail

Numéro de fiche	Appellation scientifique utilisée [12]	Synonymes scientifiques ou (et) utilisés en archéologie	Noms français et anglais
29	*Ocenebra erinaceus* (Linné, 1758)	*Murex erinaceus* Linné, 1758 [12], *Ocenebra erinacea*[9]	murex, cormaillot, perceur
30	*Osilinus lineatus* da Costa, 1778	*Trochus crassus* Pulteney, 1799 [12], *Monodonta lineata* [11], *Trochus crassa*[6], *Trochocochlea lineata* [2]	troche
31	*Patella intermedia* Murray in Knapp, 1857	*P. depressa* Pennant, 1777 [12]	patelle, bernique, blue limpet, iron limpet, lusitanian limpet
32	*Patella ulyssiponensis* Gmelin, 1791	*P. aspera* Lamarck, 1819 [12]	
33	*Patella vulgata* Linné, 1758	*P. conica* Anton, 1839 [12]	
34	*Phalium saburon* (Bruguière, 1792)	*Semicassis saburon inaequalis* Settepassi, 1970 [12], *Cassidea saburon* Bruguière, 1792 [12], *Cassis saburon* [11]	
35	*Rissoa* sp. Fréminville in Desmarest, 1814		
36	*Tricolia pullus pullus* (Linné, 1758)	*Phasianella pullus* Bucquoy, Dautzenberg & Dollfus, 1884	
37	*Trivia monacha* (da Costa, 1778)	*Cypraea monacha* da Costa, 1778 [12], *Cypraea europaea* Montagu, 1808 [12], *Trivia europea* [3]	grain de café, porcelaine, false cowry
38	*Trochus magus* Linné, 1758	*Gibbula magus* var. *turbinosa* Monterosato, 1890 [12]	gibbule magique
39	*Turritella communis* Risso, 1826		turritelle

Classe des Bivalves :

40	*Acanthocardia echinata* (Linné, 1758)	*Cardium flexuosum* Gmelin, 1791[12], *Cardium echinatum* Linné, 1758 [12]	bucarde à papilles
41	*Anomia ephippium* Linné, 1758		anomie
42	*Callista chione (*Linné, 1758)	*Venus chione* Linné, 1758 [12], *Meretrix chione* Bucquoy, Dautzenberg & Dolfus, 1893 [12]	vernis, brown venus
43	*Cerastoderma edule* (Linné, 1758)	*Cardium edule* Linné, 1758 [12]	coque, bucarde comestible, adible cockle, common cockle
44	*Cerastoderma glaucum* (Poiret, 1789)	*Cardium glaucum* Poiret, 1789 [12], *Cardium lamarcki* Reeve, 1844 [12], *Cerastoderma lamarcki* [4]	coque
45	*Chlamys varia* (Linné, 1758)	*Ostrea varia* Linné, 1758 [12], *Pecten monotis* da Costa, 1778 [12]	pétoncle, petite vanne, fan scallop
46	*Clausinella fasciata* (da Costa, 1778)	*Pectunculus fasciata* da Costa, 1778 [12], *Venus fasciata* [9]	
47	*Donax* sp. Linné, 1758		donace, pignon, trialle, donax, donace des canards, olive, bean clam, wedge clam
48	*Gari* sp. Schumacher, 1817		
49	*Gastrana fragilis* (Linné, 1758)	*Tellina fragilis* Linné, 1758 [12], *Psammobia jugosa* Brown, 1827 [12], *Petricola ochroleuca* Lamarck, 1818[12]	
50	*Glycymeris glycymeris* (Linné, 1758)	*Arca glycymeris* Linné, 1758 [12], *Pectunculus glycymeris* var. *globosa* Jeffreys, 1869 [12]	amande de mer, bittersweet
51	*Hiatella* sp. Bosc, 1801		
52	*Laevicardium crassum* (Gmelin, 1791)	*Cardium crassum* Gmelin, 1791 [12], *Cardium norvegicum* Spengler, 1799 [12]	
53	*Lutraria lutraria* (Linné, 1758)	*Mya lutraria* Linné, 1758 [12], *L. elliptica* Lamarck, 1801 [12]	lutraire, lacogne
54	*Mactra glauca* Born, 1778	*M. helvacea* Lamarck, 1819 [12], *M. neapolitana* Poli, 1795 [12]	

Numéro de fiche	Appellation scientifique utilisée [12]	Synonymes scientifiques ou (et) utilisés en archéologie	Noms français et anglais
55	*Mya arenaria* Linné, 1758		mye, clanque, bec-de-jar, soft-shell, long-neck, gaper ou steamer clam
56	*Mytilus edulis* Linné, 1758		moule, mussel,
57	*Ostrea edulis* Linné, 1758		huître plate, belon, flat oyster
58	*Paphia aurea* (Gmelin, 1791)	*Venus aurea* Gmelin, 1791 [12], *Tapes aureus* var. *ovata* Jeffreys1864 [12]	
59	*Pecten maximus* (Linné, 1758)	*Ostrea maxima* Linné, 1758 [12], *Pecten vulgaris* da Costa, 1776 [12]	coquille Saint-Jacques, ricardeau, grande vanne, grande Pèlerine, gofiche, peigne, giant scallop
60	*Pholas dactylus* Linné, 1758		pholade, dail
61	*Scrobicularia plana* (da Costa, 1778)	*Scrobicularia arenaria* Schumacher, 1817 [12], *Scrobicularia piperata* var. *minor* Dolfus, 1883 [12]	scrobiculaire, lavignon, lavagnon
62	*Solen marginatus* Pulteney, 1799		couteau
63	*Spisula* sp. Gray, 1837		spisule
64	*Spisula subtruncata* (da Costa, 1778)	*Trigonella subtruncata* da Costa, 1778 [12]	mactre tronquée
65	*Striarca lactea* (Linné, 1758)	*Arca lactea* Linné, 1758 [12], *Arca crinita* Pulteney, 1799 [12], *Arca striata* Reeve, 1844 [12]	
66	*Tapes decussatus* (Linné, 1758)	*Venus decussata* Linné, 1758 [12]	clovisse, palourde, clam
67	*Venerupis pullastra* (Montagu, 1803)	*Venus pullastra* Montagu, 1803 [12]	
68	*Venus verrucosa* Linné, 1758	*Venus verrucosa* var. *ornata* Bucquoy, Dautzenberg & Dolfus, 1893 [12]	praire

Tableau 3. Liste des synonymes scientifiques et des noms français et anglais ([1] : Roche, 1951 ; [2] : Roche, 1960 ;[3] : Taborin, 1971 ; [4] : Bourget et Brock, 1989 ; [5] : Poppe et Goto, 1991 ;[6] : Garanger, 1992 ; [7] Poppe et Goto, 1993 ; [8] : Taborin, 1993-1 ; [9] : Laporte *et al.*, 1998-2 ; [10] : Soares, 1996 ; [11] : Tavares da Silva, 1996 ; [12] : CLEMAM, 2002)

Puis, une fois cette présentation générale exposée, un court rappel sur les **informations archéologiques** de l'espèce est proposé. Il présente les différentes utilisations anthropiques attestées dans le cadre de ce travail. Le sous-système technique de l'acquisition permet de savoir si l'espèce était facilement accessible ou non, et si sa collecte est volontaire ou non. Puis, une rubrique intitulée 'Apport dans le quotidien des hommes préhistoriques' présente les points qui ont été développés dans ce travail.

Enfin, la liste des sites étudiés, où cette espèce a été rencontrée, vous est proposée. Afin de limiter le nombre de fiches, lorsque seul le genre a pu être déterminé dans un site, il est annoté avec la mention 'sp.'.

Plusieurs utilisations de la malacofaune ont, d'ores et déjà, été mises en évidence sur la façade atlantique française : nourriture, parure et outil. D'autres ont, sans doute, existées mais sont difficiles à prouver. Une synthèse des utilisations rencontrées dans la bibliographie et est proposée après avoir détaillé celles attestées au Mésolithique et au Néolithique le long de la façade atlantique française. Mais, il ne faut pas perdre de vue qu'un dépôt coquillier n'est pas forcément anthropique. Quels critères permettent de séparer un dépôt naturel d'un dépôt anthropique ?

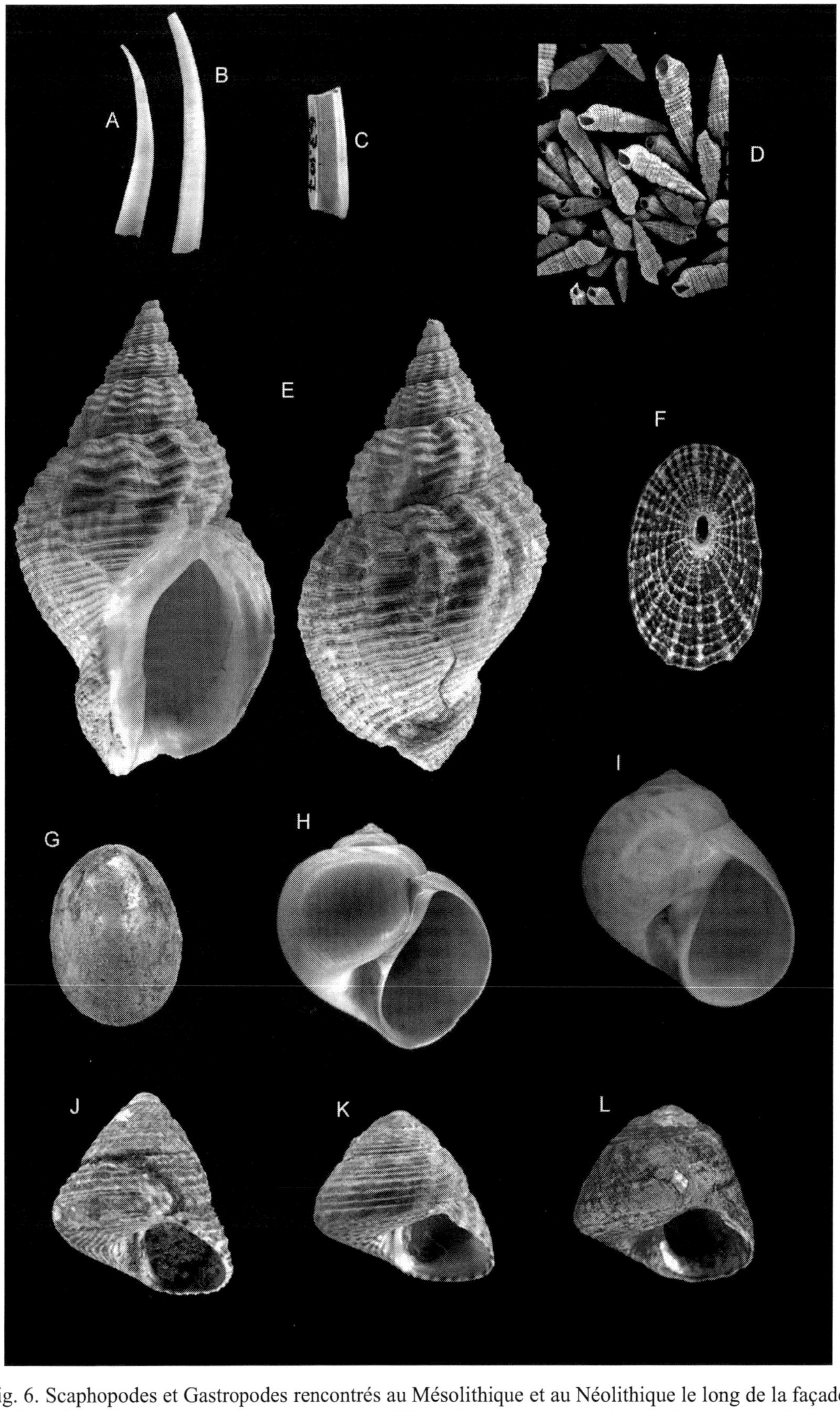

Fig. 6. Scaphopodes et Gastropodes rencontrés au Mésolithique et au Néolithique le long de la façade atlantique française (Photographies P. Lozouet, M.N.H.N., Département systématique et évolution) A : *Dentalium entalis* (L=33mm) ; B : *Dentalium vulgare* (L=37mm) ; C : *Dentalium inaequicostatum* (L=15mm) ; D : *Bittium reticulatum* (coquille au centre L=12mm) ; E : *Buccinum undatum* (L=62mm) ; F : *Diodora gibberula* (L=11mm) ; G : *Ansates pellucida* (L=62mm) ; H : *Euspira catena* (L=20mm) ; I : *Euspira pulchella* (L=15mm) ; J : *Gibbula cineraria* (L=10mm) ; K : *Gibbula pennanti* (L=15mm) ; L : *Gibbula umbilicalis* (L=11mm).

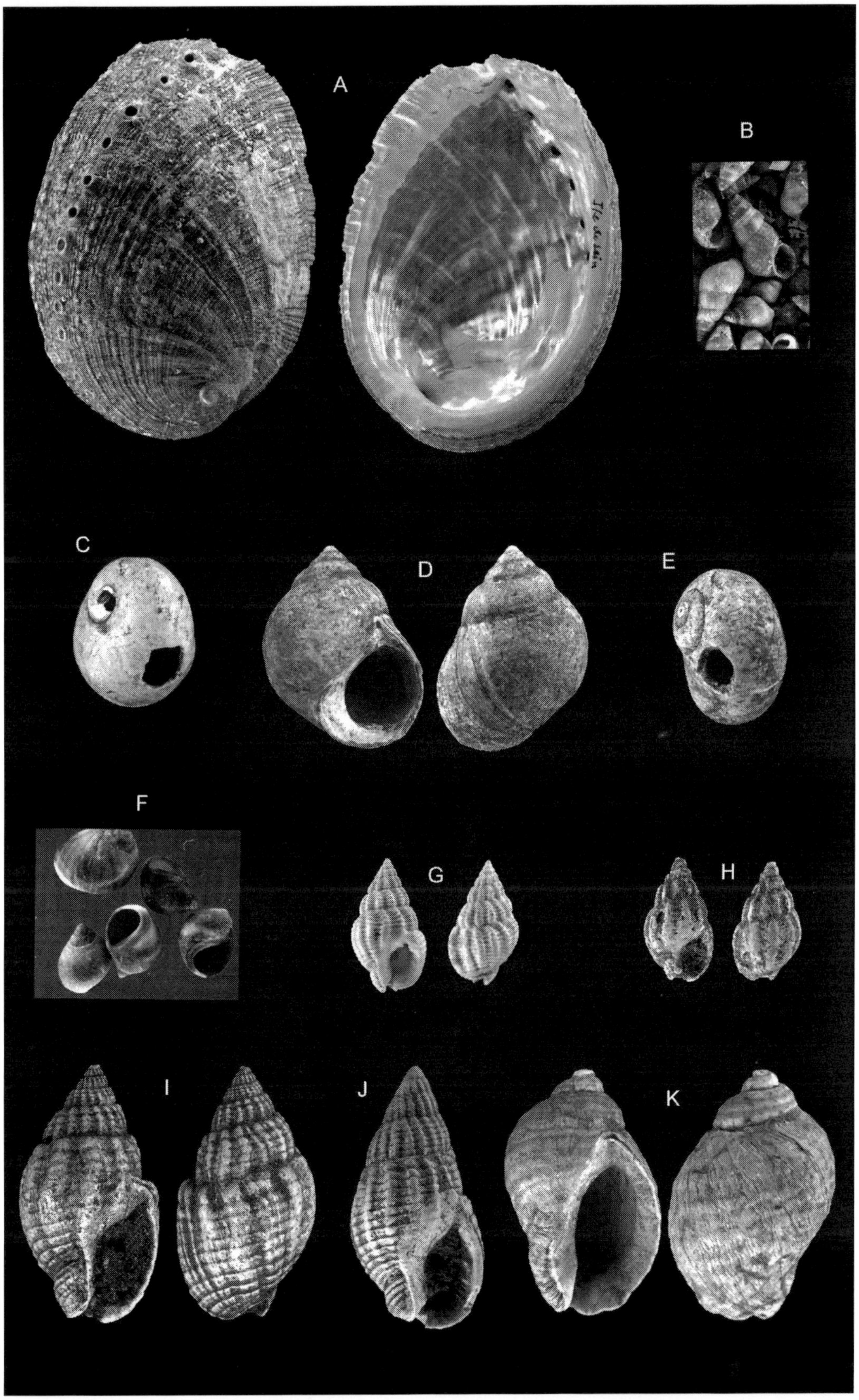

Fig. 7. Gastropodes rencontrés au Mésolithique et au Néolithique le long de la façade atlantique française (Photographies P. Lozouet) A : *Haliotis tuberculata tuberculata* (L=79mm) ; B : *Hydrobia ulvae* (coquille au centre L=7mm) ; C : *Lacuna* sp. (L=8mm) ; D : *Littorina littorea* (L=23mm) ; E : *Littorina obtusata* (L=10mm) ; F : *Melarhaphe neritoides* (L=5mm) ; G : *Nassarius incrassatus* (L=13mm) ; H : *Nassarius pygmaeus* (L=9mm) ; I : *Nassarius reticulatus* var. *nitidus* (L=30mm) ; J : *Nassarius reticulatus* (L=24mm) ; K : *Nucella lapillus* (L=19mm).

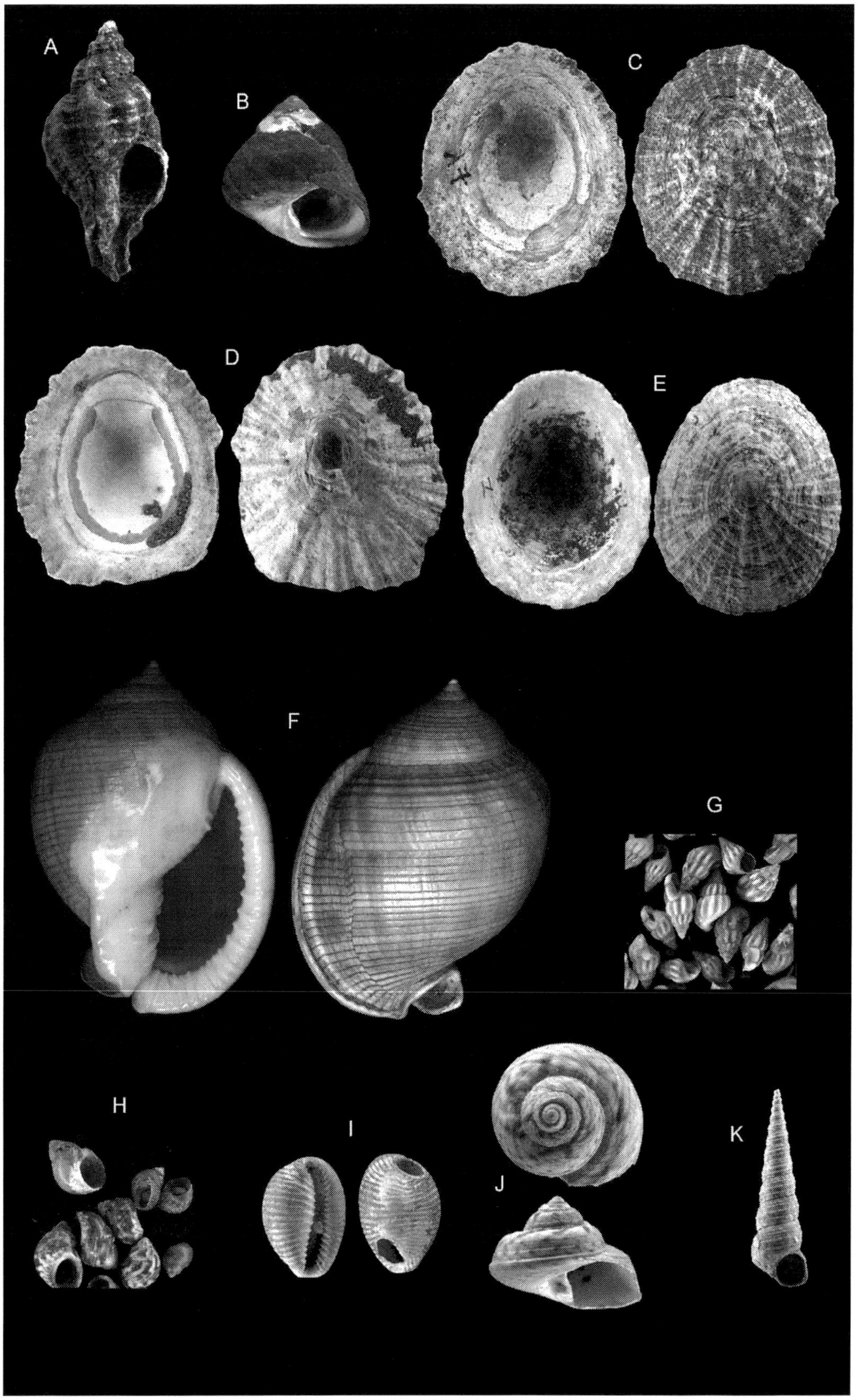

Fig. 8. Gastropodes rencontrés au Mésolithique et au Néolithique le long de la façade atlantique française (Photographies P. Lozouet) A : *Ocenebra erinaceus* (L=35mm) ; B : *Osilinus lineatus* (L=20mm) ; C : *Patella intermedia* (L=38mm) ; D : *Patella ulyssiponensis* (L=43mm) ; E : *Patella vulgata* (L=35mm) ; F : *Phalium saburon* (L=69mm) ; G : *Rissoa* sp. (L=5mm en moyenne) ; H : *Tricolia pullus pullus* (L=7mm : dimension de la plus grande coquille) ; I : *Trivia monacha* (L=10mm) ; J : *Trochus magus* (L=13mm) ; K : *Turritella communis* (L=31mm).

Fig. 9. Bivalves rencontrés au Mésolithique et au Néolithique le long de la façade atlantique française (Photographies P. Lozouet) A : *Acanthocardia echinata* (L=59mm) ; B : *Anomia ephippium* (L=45mm) ; C : *Callista chione* (L=79mm) ;D : *Cerastoderma edule* (L=31mm) ; E : *Cerastoderma glaucum* (L=24mm) ; F : *Chlamys varia* (h=44) ; G : *Clausinella fasciata* (L=27mm)

Fig. 10. Bivalves rencontrés au Mésolithique et au Néolithique le long de la façade atlantique française (Photographies P. Lozouet) A : *Donax* sp. (L=44mm) ; B : *Gari* sp. (L=40mm) ; C : *Gastrana fragilis* (L=37mm) ; D : *Glycymeris glycymeris* (L=55mm) ; E : *Hiatella* sp. ; F : *Laevicardium crassum* (L=38mm) ; G : *Lutraria lutraria* (L=100mm) ; H : *Mactra glauca* (L=94mm).

Fig. 11. Bivalves rencontrés au Mésolithique et au Néolithique le long de la façade atlantique française (Photographies P. Lozouet) A : *Mya arenaria* (L=79mm) ; B : *Mytilus edulis* (L=61mm) ; C : *Ostrea edulis* (h=76mm) ; D : *Ostrea edulis* (h=79mm) ; E : *Paphia aurea* (L=29mm) ; F : *Pecten maximus* (h=66mm).

Fig. 12. Bivalves rencontrés au Mésolithique et au Néolithique le long de la façade atlantique française (Photographies P. Lozouet) A : *Pholas dactylus* (L=117mm) ; B : *Scrobicularia plana* (L=33mm) ; C : *Solen marginatus* (L=139mm) ; D : *Spisula subtruncata* (L=24mm) ; E : *Striarca lactea* (L=15mm) ; F : *Tapes decussatus* (L=55mm) ; G : *Venerupis pullastra* (L=47mm) ; H : *Venus verrucosa* (L=48mm).

Chapitre II - La malacofaune sous tous ses aspects

A – Les dépôts coquilliers naturels

Les amas coquilliers naturels représentent, pour la plupart, soit des coquilles accumulées sur la plage au niveau des laisses de haute mer, soit des coquilles mortes en position de vie (bancs naturels). Plusieurs critères permettent de les différencier de ceux d'origine anthropique. Les **tests coquilliers** peuvent être **orientés** par des facteurs physiques comme la direction des houles lors de leur dépôt après leur mort (Hendersen *et al.*, 2002, p.203). Les bancs naturels fossilisés sur place possèdent également une orientation générale et une organisation des individus les uns par rapport aux autres. Les dépôts naturels sont souvent **associés à un sédiment marin** abondant qui englobe la malacofaune (Hendersen *et al.*, 2002, p.203). Ce type de sédimentation ne formera pas, comme les dépôts anthropiques, de zones de relief très prononcé par rapport au sol voisin. Ce sédiment est associé à des **espèces de toutes les tailles** (Chenorkian, 1988, p.32), dont celles de trop petites tailles pour être consommées (Andersen, 1993 ; Hendersen *et al.*, 2002, p.203). De plus, l'ensemble des espèces inféodées à un milieu précis est représenté, tandis que, pour les amas anthropiques, des espèces provenant de milieux différents peuvent se retrouver ensemble. Au contraire, dans un dépôt naturel, les espèces de petites tailles n'étant pas exclues, le **spectre malacofaunique** obtenu est, en général, **plus diversifié** (Hendersen *et al.*, 2002, p.203). Des coquilles, mortes en position de vie, sont trouvées valves jointes. Parmi ces dépôts d'origine naturelle peuvent être cités ceux accumulés par des animaux, comme certains oiseaux (goéland, huîtrier, pie) qui provoquent des cassures typiques des tests (Claassen, 1998, p.71). Suivant l'avifaune en cause, les coquilles peuvent être brisées en très petits fragments et les tailles des individus sont, comme pour ceux d'accumulation marine, disparates (Cocaign, 1989, p.56 ; Vigié-Chevalier, 1998). L'action du vent n'est pas non plus négligeable dans la formation de certaines accumulations de coquilles (Claassen, 1998, p.71).

Les facteurs présentés ci-dessus ne sont pas forcément tous observés pour chaque dépôt naturel. C'est l'association de plusieurs d'entre eux qui permet de faire la différence vis-à-vis d'un dépôt anthropique. En effet, certains des critères peuvent se retrouver dans des rejets anthropiques. Ainsi, la présence d'espèces de petite taille dans les accumulations anthropiques peut correspondre à une utilisation spécialisée comme appât de la malacofaune (Chenorkian, 1983), ou à une collecte d'animaux fixés sur les coquillages ramassés (Gruet et Prigent, 1986). De même, le ligament retenant les valves après leur consommation, il n'est pas rare de trouver des coquilles valves jointes dans des déchets anthropiques (Gruet et Prigent, 1986 ; Rousseau et *al.*, 2001).

L'origine anthropique de ces 'contre-exemples' sera validée par des stigmates liés à l'ouverture des valves, à la cuisson, à des cassures non naturelles du test ou à la présence de mobilier comme de la céramique

B – Les dépôts et amas coquilliers anthropiques

D'autres termes peuvent définir les dépôts coquilliers anthropiques selon les pays comme 'concheiros, kaizuka, kitchen middens, shell heaps, mounds, shells-mounds, sambaquis' (Céci, 1984, p.63 ; Figuti, 1992, p.24). Les termes de køkkenmødding, kjokkenmödingers, kjökkenmödding ou kjoekkemoeding viennent d'ailleurs du danois kjökken (cuisine) et mödding (détritus)' (Poissonnier, 1997, p.312). Ils y étaient utilisés dès 1851 (Andersen et Johansen, 1986, p.31). Il faut souligner que les amas coquilliers anthropiques ne sont pas uniquement mésolithiques. Volman citait en 1978 un des plus vieux amas coquilliers recensé au sud de l'Afrique entre 70000 et 60000 av. J.-C. (Volman, 1978).

Les dépôts coquilliers ont été définis selon les sites comme des lieux où les populations vivent, où elles pratiquent les activités quotidiennes nécessaires à la survie des groupes, où elles rejettent leurs déchets et où, parfois, elles enterrent leurs morts (Rozoy, 1978 ; Andersen, 1993 ; Armit et Finlayson, 1992, p.669 ; Cauwe, 2001). Ils peuvent se situer aussi bien dans des maisons, sur des aires de consommation ou en dehors des campements (Céci, 1984, p.65). Les zones de rejets ne sont pas les témoins d'une unique activité (Andersen, 1989, p.18 ; Hendersen *et al.*, 2002, p.203). En effet, constituant, en général, une zone de dépotoir tous les sous-produits des activités domestiques peuvent y être associés (Chenorkian, 1986). L'orientation des coquilles y varie et des dépôts successifs y sont parfois décelables (Russell *et al.*, 1995, p.278). À l'inverse d'une accumulation naturelle, des zones de piétinement sont parfois observées (Arnaud, 1987, p.57). Les dépôts coquilliers anthropiques sont caractérisés par la présence d'une à quatre espèces prépondérantes sur les 10 à 30 composant le spectre spécifique (Chenorkian, 1988, p.33). Des espèces marines, lagunaires, dulçaquicoles et terrestres peuvent être mélangées (Chenorkian, 1988, pp.31-35).

Plusieurs essais de classification des amas coquilliers anthropiques ont été tentés. Selon les auteurs le critère entrant dans ce classement est la composition malacofaunique des dépôts ou leur position géographique. Ainsi Andersen propose une classification des sites en fonction de leur position face aux différents milieux aquatiques de la région considérée (Andersen, 1993, p.59) :

- N°1 : Établissement sur des crêtes de plage face aux côtes exposées.
- N°2 : Établissement sur des promontoires face au sud, à proximité de l'ouverture d'un fjord.
- N°3 : Comme le n°2 mais dans la zone centrale du fjord.
- N°4 : Établissement à la sortie des rivières.
- N°5 : Établissement sur des îles : dans des fjords ou dans des eaux plus ouvertes.

Ce même auteur détaillait, en 1990, une classification plus large des sites archéologiques, qu'ils soient côtiers ou de l'intérieur des terres, habitat ou sépulture, composés de coquilles ou non et selon leur composition d'un ou de plusieurs constituants de nature différente (Andersen, 1990, p.23). Claassen a, quant à lui, classé les amas coquilliers en fonction de la présence ou non d'artefacts liés à d'autres activités que celles associées aux coquilles (Claassen, 1991, p.252) :

La première classification a été organisée en fonction de la géomorphologie d'une région particulière et de la distance à différents milieux aquatiques. Elle paraît difficilement applicable aux sites français. La seconde classification est plus adaptée aux sites étudiés, la catégorie n°4 n'ayant toutefois pas été rencontrée. La majorité des dépôts sur la façade atlantique de la France appartient au n°3 de la classification de Claassen. Cependant, cette catégorie ne fait état ni des quantités de coquilles trouvées, ni de la morphologie des dépôts.

- N°1 : 'Shell midden site' : dépôt de coquilles lié à leur consommation. Les tests coquilliers ne sont pas associés à d'autres artefacts.
- N°2 : 'Shell midden' : lentille et dépôt discrets de coquilles uniquement.
- N°3 : 'Shell bearing midden site' : dépôt de coquilles lié à leur consommation. Les tests coquilliers sont associés à d'autres artefacts.
- N°4 : 'Shell bearing habitation site' : coquilles utilisées pour des besoins architecturaux.

Comme le montre Chenorkian la détermination d'amas coquilliers a pu être appliquée à des sites archéologiques tandis que les coquilles représentaient une infime fraction du site (Chenorkian, 1988, p.31). Cet auteur préfère le terme de milieu coquillier à ceux d'amas ou de niveau coquillier (Chenorkian, 1988, p.36). Une autre classification a été élaborée dans le cadre de cette étude en prenant en compte le mode de dépôt, la morphologie de l'ensemble du rejet et le volume des coquillages observés dans notre zone d'étude (Fig. 13.). Les dépôts ont été divisés en deux groupes selon leur position par rapport au substrat. Le terme de 'lit coquillier' a été utilisé quand les coquilles sont déposées sous forme de couches horizontales. Celui de 'dépôt coquillier' souligne un aspect plus massif du rejet. La différenciation entre amas coquillier et dépôt coquillier est seulement liée au volume de ces accumulations. Ce classement a été appliqué aux sites étudiés et les critères utilisés seront décrits dans la présentation des sites (Partie IV). Cette classification n'est pas exhaustive et pourra être complétée.

C – Les différentes utilisations attestées

Les espèces récoltées ont pu varier suivant l'utilisation que les hommes en ont faite. La malacofaune a pu être collectée aussi bien pour ses qualités gustatives que mécaniques (résistance de la matière pour les outils), qu'esthétiques (forme, couleur) ou symboliques (de porte-bonheur)... La sélection des espèces peut également être le reflet de leur abondance et de leur accessibilité sur le rivage. Le choix n'étant sans doute pas guidé par leurs seules qualités fonctionnelles et leur accessibilité, la part culturelle dans la sélection des espèces reste très difficile à définir.

Suivant l'utilisation faite de ces mollusques plusieurs matières premières peuvent être utilisées. En effet, elles sont définies comme 'des productions naturelles qui n'ont pas encore été traitées' (Larousse, 1987, p.328). Pour la malacofaune, elles correspondent à la fois à la chair de l'animal et à la coquille. Les termes de test et de coquille ont été utilisés par la suite, lorsqu'il est fait référence uniquement au squelette. Pour la coquille accompagnée de l'animal, les mots mollusques et malacofaune l'ont été. Enfin, l'ambiguïté de la langue française a été conservée concernant le terme de coquillages. En effet, selon les définitions il représente soit un 'mollusque à coquille', soit 'la coquille elle-même' (Larousse, 1987, p.94). Ce terme a donc été cité quand, dans le contexte, il n'y a pas de confusion possible entre l'animal entier ou la coquille dépourvue de la chair. Rappelons ici que seules trois classes de Mollusques ont été étudiées. Ainsi, même si le squelette externe, représenté par le test, est le seul à être trouvé en contexte archéologique, certaines utilisations, comme la nourriture, correspondent à l'exploitation de la chair. Dans ce cas là, la coquille est un témoin indirect de la consommation de la malacofaune.

1 – L'utilisation de la chair

1.1 - La consommation alimentaire par l'homme

Les rejets liés aux déchets de nourriture se traduisent, comme nous l'avons vu dans la partie B intitulée 'les dépôts coquilliers anthropiques', sous de multiples formes (Andersen, 1990 ; Claassen, 1991). La typologie appliquée aux sites étudiés met en évidence cette variabilité à la fois au niveau du volume et de la morphologie des dépôts (Fig. 13.).

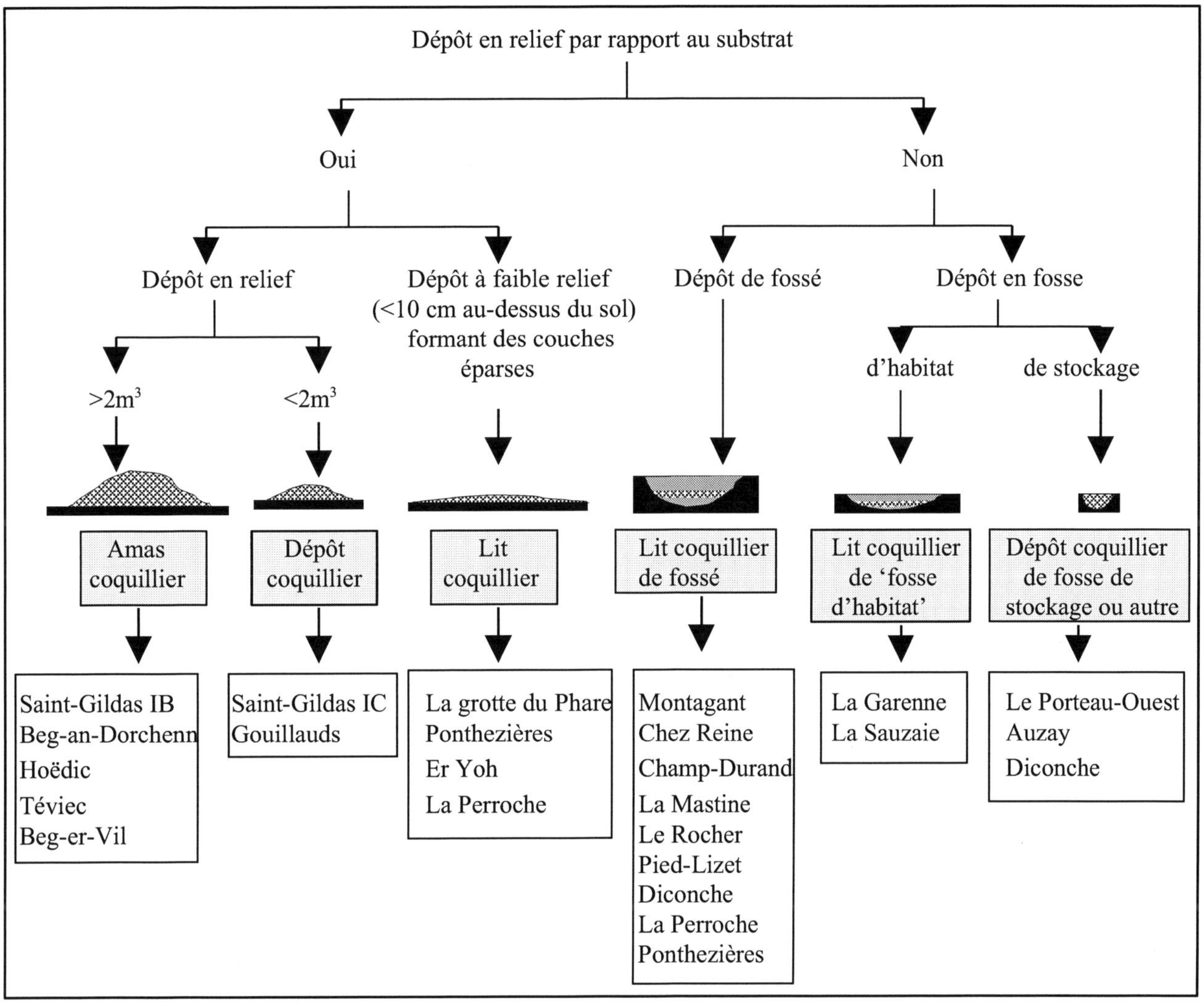

Fig. 13. Classification des dépôts coquilliers mésolithiques et néolithiques étudiés

Ils sont souvent composés d'**espèces encore consommées** de nos jours dans la zone étudiée, comme, par exemple, l'huître (*Ostrea edulis*), la moule (*Mytilus edulis*) et le bigorneau (*Littorina littorea*). D'autre part, beaucoup de rejets coquilliers sont **associés à d'autres déchets alimentaires**. En effet, parmi tous les sites étudiés, seuls ceux de Saint-Gildas IB et IC ne sont pas accompagnés de restes de mammifères (Tessier, 1984). L'action de l'homme dans le choix de coquillages collectés dans un but alimentaire peut entraîner la **sélection des espèces** (Buchanan, 1988, p.90 ; Deith, 1989, p.169) **et de la taille des individus** (Vigne, 1995, p.383 ; Tavares da Silva, 1996, pp.90-91). Des **stigmates liés à la collecte de la malacofaune et à des préparations culinaires** peuvent également être observés comme les impacts pour décoller les coquilles de leur substrat, des traces d'ouverture des bivalves (Gruet, 1993, p.159), de décollement de la chair et du mode de cuisson (Arnaud, 1987, p.58 ; Py, 1992 ; Russell *et al.,* 1995)...

Les modes d'acquisition et de consommation de cette ressource alimentaire seront précisés dans la partie III. Mais, dans l'application, les stigmates liés à la malacofaune mangée restent, comme nous le verrons dans la partie IV, difficiles à identifier. L'observation du témoin indirecte, que représente la coquille pour cette utilisation, n'y est sans doute pas étrangère.

D'autre part, la collecte de coquillages dans un but alimentaire participe à des degrés très différents à l'économie de subsistance des populations côtières. Même si l'impact de cette activité est souvent sous-estimé, les activités de collecte 'sont partie prenante des organisations socio-économiques voire symboliques' (Serrand, 2001, p.63). Ce fait peut se vérifier par la description d'exemples ethnographiques (Testart, 1982 ; Figuti, 1992, p.24), comme celui des Anbarra d'Australie qui sont des chasseurs-cueilleurs-pêcheurs (Meehan, 1983). Ainsi, même si l'abondance de certaines espèces a pu influencer leur sélection par les Anbarra, certaines d'entre elles ne sont collectées qu'à des moments précis de l'année, car elles y posséderaient un meilleur goût (Claassen, 1991, p.280). D'autre part, cette population entretient des liens étroits avec ses voisins qui leur donnent accès temporairement à leur territoire (Meehan, 1983, p.3). De plus, lorsque les femmes décident d'aller collecter des coquillages, elles prévoient à l'avance, pour un jour donné, l'espèce et le lieu collecté (Meehan, 1983, p.9). Elles concentrent ce jour-là toute leur énergie sur cette zone. Claassen note d'ailleurs que la participation à la collecte ou à la pêche et à la consommation de coquillages et de poissons n'est pas équitable au sein des membres de la société des Anbarra (Claassen, 1991, p.270). Meehan souligne, également, l'importance d'une espèce en particulier, la *Tapes hiantina* (Meehan, 1983, p.9). Même si cette espèce est abondante et très productive, les Anbarra évoquent sa sélection pour le bon goût de ce bivalve. De plus, *T. hiantina* est citée dans les chansons des Anbarra et représente un totem (Meehan, 1983, p.9). Ainsi, les activités de collecte des Anbarra apparaissent être régulées par une combinaison de facteurs économiques, sociaux, culturels et écologiques (Meehan, 1983, p.14). Ils sont liés les uns aux autres et la description de l'un sans expliquer l'implication des autres facteurs est souvent chose difficile. Pour cette raison, dans ce travail, ces quatre facteurs n'ont pas été décrits les uns après les autres. Les aspects économiques et écologiques ont été privilégiés dans l'application aux sites (Partie IV) et nous verrons à l'échelle du contexte archéologique qu'elles en sont les implications culturelles et sociales qui en découlent (Partie V). Celles-ci ont d'ores et déjà été effleurées dans la présentation du contexte archéologique (Partie I Chapitre II). En effet, la stabilité de résidence de certaines populations de la fin du Mésolithique peut être liée à l'exploitation et à la consommation de cette ressource marine. L'investissement technique engagé par ces chasseurs-cueilleurs est peut-être à l'origine de cette stabilité. Or, on peut très bien imaginer qu'un tel investissement est lié à un minimum d'organisation sociale. De même, de faibles quantités de coquillages ont pu s'avérer salvatrices en cas de pénurie. D'ailleurs, si la malacofaune n'a pas été utilisée dans l'alimentation des préhistoriques quotidiennement, leur simple présence à proximité des habitats a pu 'rassurer' et donc participer indirectement à la stabilité de certaines populations.

1.2 – D'autres utilisations attestées

Mais la consommation de la chair des mollusques n'est pas uniquement réservée à un usage humain. En effet, un exemple ethnographique breton montre que des 'brenig' ou patelles ont pu être collectées principalement pour nourrir les cochons au XXème siècle (Cocaign, 1999, p.27). Ces coquillages étaient bouillis avant d'être donnés aux animaux pour leur faciliter l'accès à la chair (information orale B. Hallegouët).

La présence de tests coquilliers **fragmentés** a pu amener à des erreurs d'interprétation. En effet, les coquilles ont pu être écrasées pour appâter les poissons (Claassen, 1991, p.253 ; Moss, 1993) comme la moule et la coque pour la pêche du saumon (Claassen, 1998, pp.176-202).

Certaines espèces ont également été utilisées pour **teinter** les étoffes, comme la pourpre *Nucella lapillus* ou d'autres gastropodes (Gruet, 1993, p.158 ; Vicente, 1995, p.100 ; Cardon, 2000).

Mais, la chair de l'animal n'est pas la seule matière première à avoir été exploitée, le test l'a également été sous plusieurs utilisations.

2 – L'UTILISATION DU TEST

2.1. - Les outils

Les tests peuvent être utilisés comme outils soit bruts soit retouchés. Une des premières utilisations mise en évidence de la coquille en tant qu'outil sur la façade atlantique de la France est celle de l'impression de céramique. Les *Cardium* sp. sont même à l'origine du groupe du Cardial dont l'appellation est directement liée au nom scientifique de bivalves à grosses côtes. Des sites de la façade atlantique de la France comme ceux de l'Ile de Ré, L'Amélie, La Lède du Gurp, Le Bâtard et Bellefonds sont datés du Néolithique ancien et possèdent des céramiques à décor pivotant à la coquille (Large, 1991, p.126). Mais il ne faut pas perdre de vu que d'autres coquilles que les *Cardium* sp. ont été à l'origine de décors. Ainsi, le décor de la céramique d'Er Lannic semble avoir été effectué à l'aide d'un apex de 'bigorneau' (Le Cloirec, 1883, p.26). B. Vigié cite la possibilité de la confection des motifs dits 'en flamme' par impression pivotante d'une coquille non dentée (moule marine, *Unio*). Ce décor caractérise la phase évoluée et tardive du Néolithique ancien en Provence centrale et surtout orientale (Vigié, 1986, p.60 ; Vigié-Chevalier, 1998, p.353).

Les coquilles les plus grandes, comme des patelles et des coquilles Saint-Jacques ont pu servir de récipients et d'ustensiles culinaires (Beaune, 1995, p.120). La présence de substances à l'intérieur de celles-ci peut permettre de le confirmer. Elles peuvent renfermer aussi bien des restes alimentaires que des pigments (Kenoyer, 1984, p.54). Ainsi, l'ancienne Égypte atteste de l'utilisation de coquilles recevant des fards (Gruet, 1993, p.158). L'*Unio pictorum* doit son nom scientifique et vernaculaire 'mulette des peintres' à sa fonction de palette de peinture (Gruet, 1993, p.158). Une perforation sur les tests peut correspondre à un emmanchement pour en faire un ustensile culinaire (louche, cuillère) (Malinowski, 1974, p.34 ; Cleyet Merle, 1990, p.50 ; Beaune, 1995, p.174). Certaines moules ont, par exemple, fait office de couteau (Moss, 1993 ; Vigié-Chevalier, 1998, p.353). D'autres tests peuvent être utilisés sans formation de tels stigmates comme certaines grandes coquilles servant de récipient pour écoper les bateaux (Claassen, 1998, pp.176-202). Les grandes valves de *Tridacna* sp. font office de bénitiers à l'entrée des églises (Gruet, 1993, p.158). Les coquilles peuvent être utilisées pour cultiver, par exemple, sous forme de pelle pour travailler la terre (Beaune, 1995, p.117). De nos jours la population des Aïnou au Japon (sur l'île d'Hokkaido) utilise des moules pour moissonner (Cade, 1998, p.348). L'utilisation de coquilles pour confectionner les lames de haches ou d'herminettes est également attestée au Mexique, par exemple (Grunevald, 1936 ; Hands *et al.*, 1989).

D'autres ont servi à transformer certaines matières comme **lisser des poteries** ou **tanner des peaux**. L'ethnologie permet d'en observer divers exemples. Les peuples amérindiens d'Amérique du Nord ont utilisé des coquilles de moule comme grattoir pour tanner les peaux et les débarrasser de la graisse et des poils avant de les fumer (Bocquenet, 1998, pp.268-269). Les *Unio* sp. sont également utilisés pour le lissage des peaux en Afrique du nord (Vigié, 1987). La coquille de moule a servi aux esquimaux Naujamiut du Groenland pour le raclage de peaux de phoques (Cade, 1998, p.347). En Patagonie, des coquilles de moule de petite taille et faible épaisseur servent de grattoir. L'expérimentation s'avère être indispensable pour identifier les stigmates liés à telle ou telle utilisation. Elle permet d'approcher le temps de travail, le geste utilisé, la position de l'outil en fonction de l'emploi et les matériaux travaillés (Vigié, 1987). Elle aide également à déceler la présence de stigmates localisés tels des surfaces d'abrasion, des lustrés, de stries nettes sur des restes de bivalves, des retouches, un poli du tranchant, des ébréchures, des entailles (Taborin, 1971 ; Vigié, 1987)... Le geste du travail peut être retranscrit par la direction des stigmates. Un mouvement de va et vient comme un raclage se traduira par exemple, par la présence de stries presque parallèles. Les progrès réalisés ces dernières années en tracéologie permettent de déceler et d'identifier ces stigmates. De même, la microtracéologie a permis par expérimentation directe de mettre en évidence sur les coquilles les stigmates liés à l'écorçage de végétaux, à l'assouplissement des joncs, et à l'obtention de fibre pour faire un filet (Cleyet Merle, 1990, p.51). Des artisans d'Afrique du Nord utilisent actuellement l'*Unio* pour le lissage de poteries (Cade, 1998, p.348). Des exemples ethnographiques, notamment d'Afrique centrale, montrent des valves servant à la finition des **poteries** par lissage des parois interne et externe (Vigié, 1986, p.60). Cette activité peut être décelée par la présence de résidus de bauxite et d'ocre ou d'argile, piégés dans les replis de la coquille (anneaux de croissance) (Vigié-Chevalier, 1998, p.353).

Les coquilles peuvent entrer dans les activités de **boucherie** (Claassen, 1998, pp.176-202). Ainsi, certaines 'coquilles dentelées ont probablement servi à découper la chair' (Vigié-Chevalier, 1998, p.353). L'utilisation de moules d'eau douce est attestée au sud de la Palestine dans l'écaillage du poisson (Courtin et Vigié, 1987).
La présence de coquilles décorées comme des *cardiums* **à décor** incisé (Cleyet Merle, 1990, p.50), qui ont été utilisées comme outils, a été mise en évidence. Elle indique que ces tests coquilliers n'étaient pas de simples objets fonctionnels que l'on prend, dont on se sert et que l'on jette. Le temps nécessaire à la confection des décors sur certaines coquilles indiquent qu'ils ont sans doute été conservés longtemps.

D'autre part, plusieurs hypothèses peuvent être avancées concernant l'acquisition des tests destinés à l'utilisation en tant qu'outil. En effet, il peut s'agir soit de coquilles collectées spécialement pour cette utilisation, soit de tests qui ont pu être utilisés après consommation de la chair (Py, 1992, p.125).

Contrairement à l'utilisation alimentaire de la malacofaune, les implications culturelles de la 'coquille-matériau' (Serrand, 2001, pp.66-67) sont plus souvent décrites (Boronéant, 1990, p.123 ; Lorblanchet, 1999, p.155). Pour les outils, elles sont basées sur la description de critères technologiques. Mais, les stigmates observés sur les tests permettent également de faire le lien avec une activité (Vigié, 1986, 1987 ; Vigié et Courtin, 1986). Des facteurs économiques peuvent donc également être déduits des outils en coquillages. Comme pour la nourriture, le choix des espèces utilisées est régi par des données écologiques, comme l'abondance de cette matière première proche du site. Cependant, la présence d'outils en coquillages n'est pas toujours liée à la proximité des côtes (Courtin et Vigié, 1987, Gruet *et al.*, 1999). Des facteurs culturels (choix d'un outil pour une activité privilégiée) et sociaux (échanges) ont donc également pu intervenir dans l'utilisation de coquilles comme outil. D'autre part, un éloignement important entre une matière première et son lieu d'origine peut faire d'un bien un objet rare, ce qui peut renforcer sa charge symbolique (Bogucki, 1987, p.126 ; Courtin et Vigié, 1987). Ainsi, comme pour la malacofaune utilisée comme ressource alimentaire, l'utilisation de la coquille comme outil est liée la combinaison de facteurs économiques, sociaux et culturels.

2.2 - La parure

La parure est un **objet d'ornementation possédant un système de suspension tel une perforation ou une gouttière**. Son utilisation peut provoquer des stigmates dus au frottement des coquilles sur un support, des coquilles entre elles et au passage de liens (Taborin, 1972 ; 1993-1). La présence de la malacofaune dans la parure n'est pas anodine. En effet, elle en représente la part majoritaire (Binant, 1991, p.90).

La chaîne opératoire des coquilles utilisées comme parure est composée de différentes étapes qui se succèdent dans le temps : la collecte des tests jusqu'à leur transformation, leur utilisation et leur rejet. Pour un site archéologique où à la fois la consommation de mollusques et la confection de parures sont attestées, deux cas peuvent se poser. Comme pour les coquilles outils, les tests coquilliers peuvent **provenir** soit de mollusques mangés puis secondairement recyclés soit, sélectionnés directement pour servir de parure. Les espèces consommées pour l'alimentation peuvent donc être différentes de celles utilisées pour la confection de parure. La sélection des espèces choisies pour la parure n'est peut-être pas liée à l'abondance des espèces et à leur seule accessibilité. Là encore, d'autres propriétés peuvent jouer sur la sélection comme les qualités physiques, mécaniques, esthétiques ou symboliques (Binant, 1991, p.92)...

Plusieurs aspects du **façonnage** peuvent être mis en évidence. Tout d'abord, la transformation de la **forme** des tests peut être observée par rapport à une coquille brute entière ramassée sur la plage ou en site fossile. Ainsi, 'la difficulté de certains éléments de parure suggère l'importance du rôle social de l'ornementation corporelle' (Taborin, 1988, p.811). Ensuite, **la localisation et le nombre de perforations** peuvent varier. Quelques rares espèces présentent des perforations naturelles. C'est le cas des ormeaux, des fissurelles et d'une espèce abondamment utilisée comme parure, le dentale (Francis, 1989, p.26). L'analyse des usures de la perforation et du test permet de connaître le mode de suspension des coquilles et de savoir si elles étaient plutôt enfilées le long d'un lien ou cousues sur un support. Ce caractère n'est pas non plus à négliger car, dans certains cas, c'est seulement la manière de porter les coquillages en parure qui fait office de marquage culturel (Pétrequin et Pétrequin, 1988, p.93). **Le rejet ou l'abandon** des coquilles issues de la parure dans le monde des vivants peut se traduire de différentes façons. Le rejet peut résulter du devenir non fonctionnel de la parure, provoqué soit par la cassure de la perforation, soit par un changement de statut de l'individu face à la parure. Mais l'altération d'une perforation ne suffit pas à son rejet. En effet, des cas de réparation ont pu être observés, ce qui traduit la grande valeur que représente la parure (Beaune, 1995, p.179). Certaines parures sont déposées en contexte sépulcral soit sous forme d'offrandes funéraires près d'un individu, soit directement au squelette. Dans ce dernier cas, la parure peut correspondre à celle portée lors de la vie de l'individu. La hiérarchisation des individus peut être décelée par les différentes parures portées. En effet, la parure est un 'ornement par lequel l'individu s'identifie et accepte d'entrer dans un système de valeurs vécu par son groupe' (Alix, 1993). Selon l'âge, le sexe ou la fonction des individus, ceux-ci peuvent être parés différemment. Plusieurs études ont mis en évidence des signes d'appartenance de groupe et de l'organisation interne de la structure de sociétés basés sur la parure (Newell *et al.*, 1990, p.463). Ainsi, Bogucki montre, par exemple, que les spondyles trouvés au début du Néolithique en Europe centrale ont pu être reservés à quelques individus seulement (Bogucki, 1987, p.126). Pour cela, il se base sur l'éloignement entre le lieu de découverte de ces tests et celui de leur collecte, qui les rendrait 'exotiques'. Cette importante distance entre l'utilisation et l'approvisionnement pourrait correspondre à un contrôle par des groupes humains de l'acheminement des coquilles. De tels systèmes de valeur ont pu être observés par Malinowski en Nouvelle Guinée (Malinowski, 1974, p.23). La confection et la distribution de la parure en coquillages s'y organisent autour d'un réseau complexe d'échanges symboliques nommé la 'kula' (Malinowski, 1974, p.23).

Cette deuxième utilisation de la coquille comme matière première apporte également des informations sur des implications à la fois économiques, sociales et culturelles. Ces implications seront discutées en fonction du contexte archéologique dans la partie V.

2.3 – Les autres utilisations attestées

D'autres utilisations de la coquille plus ou moins insolites ou spécialisées sont attestées par des exemples ethnographiques.

Certaines résultent d'une **transformation spécialisée** de la matière première pour la confection d'instruments de pêche comme les hameçons (Bocquenet, 1998, pp.268-269) ou d'armes pour chasser le gibier ou se défendre (Hands *et al.*, 1989).
L'utilisation des coquilles en tant que poids de filet est également notée (Chenorkian, 1983, p.318). En Nouvelle Calédonie, la population utilise *Arca scapha* à cet effet (Grunevald, 1936, p.77).

Les plus volumineux ont également servi d'instruments de musique (Beaune, 1995, p.173). Les Tritons ont, par exemple, été utilisés dans l'Antiquité classique et à la Renaissance comme appel sonore (Gruet, 1993, p.158). D'autres ont été utilisés comme ornement 'fixés sur des sacs des panures ou encore sur les parois de la tente' (Beaune, p.173).

Des **incrustations et boutons** ont été réalisés à partir de tests coquilliers (Claassen, 1998, p.1). Ils ont pu être incrustés dans du bois pour faire office d'œil à des statues (Kenoyer, 1984, pp.56-59). Les débris de coquilles ont aussi pu entrer dans la réalisation de mosaïques (Hands *et al.*, 1989). Certaines villas gallo-romaines possèdent ainsi des murs décorés par des coquilles (Cocaign, 1989, p.58). Des éléments **décoratifs pour le bétail** sont également attestés (Claassen, 1998, pp.176-202).

Des coquilles ont pu être utilisées en grande quantité dans les **systèmes agro-pastoraux,** pour amender des terres acides par apport de calcaire (Céci, 1984). Certaines coquilles en Afrique sont un complément important pour les agro-pastoraux (Claassen, 1991, p.253). Les tests coquilliers ont aussi servi de complément alimentaire dans l'élevage. Ainsi, les coquilles sont données aux poules comme source de calcium (Céci, 1984).

Une fois broyé, le test peut également être utilisé comme **matériau** et entrer dans la composition de la pâte de la céramique (Gruet, 1993, p.158 ; Large, 1998-2, p.31). L'inclusion de vase marine dans la constitution de céramique peut être parfois décelée par la présence de petits gastropodes inféodés à ce substrat comme les hydrobies.

Les tests coquilliers ont également pu entrer dans la confection de **matériaux de construction** (matière première, agrégats, chaux, ciment), de renfort, d'isolation ou comme agent caustique (Céci, 1984 ; Claassen, 1991, p.253). L'utilisation de coquilles pour se procurer de la chaux est attestée sur les côtes des Indes (Py, 1992, pp.125-135). Mêlées au sable marin, elles ont pu participer à l'aménagement de sol d'habitat (Py, 1992, pp.125-135). Seules, elles ont pu constituer un pavement avec une fonction décorative (Py, 1992, pp.125-135). D'autres entraient dans des activités privilégiées, 'comme dans la vie politique des grecs (500 av. J.-C.) où les valves d'huîtres plates servaient de bulletins de vote' (Bocquenet, 1998, p.269). Elles pouvaient également servir de **monnaie d'échange** comme les *wampums* en Amérique du Nord composés de coquillages blancs et noirs enfilés en collier qui ont été utilisés jusqu'au XIXème siècle. 'Les amérindiens se faisaient enterrer avec leur wampum qui devenait ainsi une parure pour le défunt' (Bocquenet, 1998, p.269). Les dentales, longtemps utilisés comme parure, l'ont aussi été comme monnaie comme, par exemple, le '*Dentalium pretiosum* en Amérique du Nord dans le Nord-Ouest de la côte pacifique, en Colombie britannique et en Alaska' (Bocquenet, 1998, p.269). Les activités ludiques peuvent également être tributaires des coquilles (Claassen, 1998, pp.176-202). Kenoyer, citait en 1984, des pièces de jeux sous formes de cônes et de cylindres confectionnés en test coquillier ainsi que l'utilisation de ce matériau minéral dans la réalisation de poupées (Kenoyer, 1984, pp.56-59).

La plupart des utilisations citées ci-dessus provoquent des stigmates, mais ce n'est pas le cas d'autres objets comme des éléments de comptage, de monnaie... Ainsi un nombre peu important de coquilles découvert sur un site et sans stigmates peut présenter un caractère domestique et symbolique (Courtin et Vigié, 1987).

D'autres espèces n'ont sans doute pas été volontairement collectées par l'homme, mais sont, malgré tout, trouvées sur les sites archéologiques.

D - La malacofaune accompagnatrice

Selon les auteurs l'appellation de cette catégorie est très variable : 'accessory marine molluscs' (Petersen, 1986), 'accidentals' (Stiner, 1999, p.743), 'accidental prey' (Claassen, 1998, p.111), 'coquilles secondaires' (Russell *et al.*, 1995, p.285), 'faune associée' (Gruet et Prigent, 1986) et 'l'autre malacofaune' (Chenorkian, 1998)...

Dans les assemblages naturels, les coquilles accompagnatrices possèdent une définition plus restreinte. Elles représentent les coquilles qui accompagnent quasi continuellement des coquilles dominantes car elles vivent dans des conditions environnementales proches (Barusseau, 1973, p.280). Une définition plus large a été appliquée dans le cadre de ce travail. Ont été nommées espèces accompagnatrices toutes celles dont la présence n'est pas liée à un transport voulu par l'homme. Les espèces terrestres dont la présence est liée à un biotope proche, ou qui vivent dans des structures anthropiques comme dans des fossés par exemple, n'ont pas été placées parmi les espèces accompagnatrices, c'est ce que Stiner intitule 'co-resident species' (Stiner, 1999, p.736).

Plusieurs hypothèses peuvent expliquer la présence d'espèces accompagnatrices sur le site. Elle peut être liée à l'apport d'autres produits de la mer comme des algues utilisées pour la consommation, la conservation d'une fraîcheur aux coquilles vivantes ou la confection de paillasses (Bocquenet, 1998, p.270). Ainsi, la mise à jour d'une multitude de coquilles de petite taille dans la grotte Lazaret (Nice, Alpes-Maritimes), occupée au Paléolithique inférieur, a montré que ces espèces 'vivaient dans les herbiers marins et qu'ils étaient le témoignage de l'apport d'herbes destinées à la confection de litières' (Vigié-Chevalier, 1998, p.351). Elles ont aussi pu être ramenées par hasard fixées soit à des coquilles d'autres espèces, soit à des rochers eux collectés volontairement par les hommes (Py, 1992, p.125, p.133 ; Pétrequin, 1998). Le transport de matériaux comme la vase ou le sable a également pu entraîner l'apport de coquilles y vivant (Gruet, 1993, p.157 ; Lozouet et Vigne, 1994, pp.156-158). L'action des animaux sauvages n'est pas non plus à négliger.

Les critères amenant à classer les espèces parmi la malacofaune accompagnatrice est leur petite taille (inférieure à 5 millimètres), leur faible représentativité, la présence uniquement de débris coquillier, leur intérêt alimentaire quasi nul, leur toxicité alimentaire, leur biotope à caractère subtidal (et ainsi leur inaccessibilité à pied sec) et la méconnaissance d'une utilisation anthropique de celles-ci. Un seul de ces critères peut suffire à définir une espèce comme accompagnatrice mais il faut prendre garde à certains cas particuliers.

En effet, la présence de multiples coquilles d'une espèce de petite taille peut correspondre à l'utilisation de la chair animale comme appâts pour la pêche (Vigié-Chevalier, 1998, p.351). D'autres débris coquilliers peuvent témoigner de contenus stomacaux d'espèces consommées par les hommes, comme certains oiseaux et poissons marins particulièrement friands des coquillages (Vigié-Chevalier, 1998, p.352).

Ces coquilles n'ont pas été écartées de l'analyse générale de la malacofaune, car elles apportent des indices primordiaux. En effet, certaines peuvent être inféodées à un niveau de l'estran particulier, d'autres posséder des formes typiques d'un mode plus ou moins battu de l'estran et permettent ainsi d'affiner les caractéristiques du lieu de collecte.

Cette partie II montre l'importante variabilité que peuvent présenter des amas et dépôts coquilliers. De même, de multiples utilisations de la malacofaune peuvent être rencontrées de par le monde. Si certaines peuvent être facilement identifiables par des stigmates bien précis, d'autres le sont plus difficilement. Certains des critères présentés ci-dessus ont été recherchés sur les coquilles trouvées sur les sites mésolithiques et néolithiques de la façade atlantique de la France afin d'en déterminer les utilisations. La malacofaune accompagnatrice n'a pas été délaissée des analyses malacofauniques des sites archéologiques. En effet, elle apporte également des indices sur les territoires exploités par les préhistoriques. Plusieurs méthodes adaptées à l'analyse de la malacofaune en contexte archéologique sont, ensuite, présentées.

Partie III –

Les méthodes choisies pour aborder la malacofaune des sites étudiés

Chapitre I – La quantification

Selon les informations recherchées et les techniques de fouille utilisées, la malacofaune peut être quantifiée selon plusieurs variables. Trois d'entre elles ont été appliquées au matériel archéologique étudié : le Nombre de Restes (N.R.), le Nombre Minimum d'Individus (N.M.I.) et la masse. Pour chaque site étudié, les fréquences relatives des taxons ont également été calculées en fonction de chacune de ces variables.

A – Le N.R. (Nombre de Restes)

Le Nombre de Restes correspond au décompte de tous les fragments de coquille et tests entiers, dont la plus grande dimension est supérieure ou égale à une certaine taille, que le test soit entier ou non. La taille minimale prise en référence est fortement tributaire de la technique d'échantillonnage. De plus, le N.R. est très sensible au degré de fragmentation du matériel archéologique (Chaix et Méniel, 1996, p.56). Théoriquement une maille de 1 millimètre est nécessaire à la collecte des plus petites espèces de coquillages. Celle-ci est généralement appliquée à l'étude malacofaunique des sondages paléoenvironnementaux. Cependant, l'utilisation d'un tamisage si fin pour un amas ou un niveau coquillier devient souvent rapidement insurmontable au vu des importantes quantités de débris coquilliers trouvés. Le choix s'est porté sur le décompte des Nombres de Restes des échantillons retenus sur un tamis de maille carrée comprise, selon les fouilles, entre 4 et 6 millimètres (La Vergne, Le Porteau-Ouest, Beg-an-Dorchenn, Hoëdic 2001, Beg-er-Vil, La grotte du Phare). Des fractions inférieures à 4 millimètres ont, quant à elles, fait l'objet soit d'un contrôle visuel, soit d'un tri d'une infime partie de celles-ci afin de vérifier l'absence de distorsions entre celles-ci et les fractions supérieures. Ce contrôle a pu être appliqué uniquement pour les opérations de terrain les plus récentes (La Vergne, Le Porteau-Ouest, Beg-an-Dorchenn, Hoëdic 2001, Beg-er-Vil, Gouillauds, La grotte du Phare, La Perroche, Ponthezières). Certaines des collections étudiées sont issues d'un ramassage à vue. Le N.R. correspond alors à tous les restes supérieurs à 2 millimètres (Saint-Gildas, Téviec, La Garenne, Chez Reine, Diconche, Er Yoh). Enfin, certaines des données reprises à partir de la bibliographie n'ont pas inclu le N.R. (Auzay, Montagant, Champ-Durand, La Mastine, La Sauzaie, Le Rocher, Pied-Lizet).

Le N.R. semble mieux adapté au dénombrement des parures et des coquilles outils. Ces artefacts sont, en effet, très souvent trouvés en nombre limité. Le N.R. de la parure en coquillages peut, par exemple, être rapporté à la surface d'un site. Cela permet de comparer la densité de parure entre sites.

À l'opposé, l'importante quantité de certains déchets de nourriture rend le N.R. très difficile à interpréter en terme de nourriture consommée. De plus, il est fortement tributaire de la fragilité du test coquillier de chaque espèce (Serrand, 2001, pp.135-139). La comparaison des quantités relatives des espèces les unes par rapport aux autres en fonction du N.R. semble, de ce fait, peu adaptée. De même, la variabilité des techniques de fouille rend la comparaison des N.R. entre sites très difficile. Cependant, au sein d'un même site, le N.R. rapporté à un Nombre Minimum d'Individus permet de connaître le degré de fragmentation des coquilles et de mettre en évidence, par exemple, des zones de piétinement (Hesse et Prieur, 1999, p.47).

B – Le N.M.I. (Nombre Minimum d'Individus)

Le Nombre Minimum d'Individus permet de limiter la distorsion apportée par la fragmentation des coquillages dans le décompte de ceux–ci (Chaix et Méniel, 1996, p.56). Pour les Scaphopodes, la présence d'une courbure accentuée de la coquille, typique de la partie postérieure du test, a été utilisée comme critère déterminant du N.M.I. (Fig. 14-A.). Cette classe étant uniquement associée à des éléments de parure, le N.R. lui est, le plus souvent, appliqué. Pour les gastropodes turbinés, le décompte des N.M.I. est associé à la présence du péristome (Fig. 14-B-2.). Pour les gastropodes coniques, a été compté comme un individu, tout test présentant un apex associé à une partie de l'empreinte musculaire. Celle-ci s'observe à l'intérieur du test (Fig. 14-B-1.). Cette précaution se justifie par le délitement possible de l'apex lors de la dégradation dans le sol du test coquillier. Pour les bivalves, un N.M.I. par combinaison est utilisé. Il est obtenu après latéralisation des valves (McCarthy *et al.*, 1999, p.94). Celle-ci est appliquée en fonction, entre autres, de la localisation des dents de la charnière et celle du sinus palléal lorsqu'il est présent (Fig. 14-C.). Ainsi, un échantillon se composant de 20 valves droites et de 18 valves gauches le N.M.I. sera estimé à 20.

Le N.M.I. permet, entre autres, de rapporter une masse totale de coquilles à une masse moyenne d'un individu (Hesse et Prieur, 1999, p.47). Cette valeur de la masse individuelle d'un test coquillier est utilisée pour estimer les masses de chair (Partie III Chapitre IV-A, p.98).

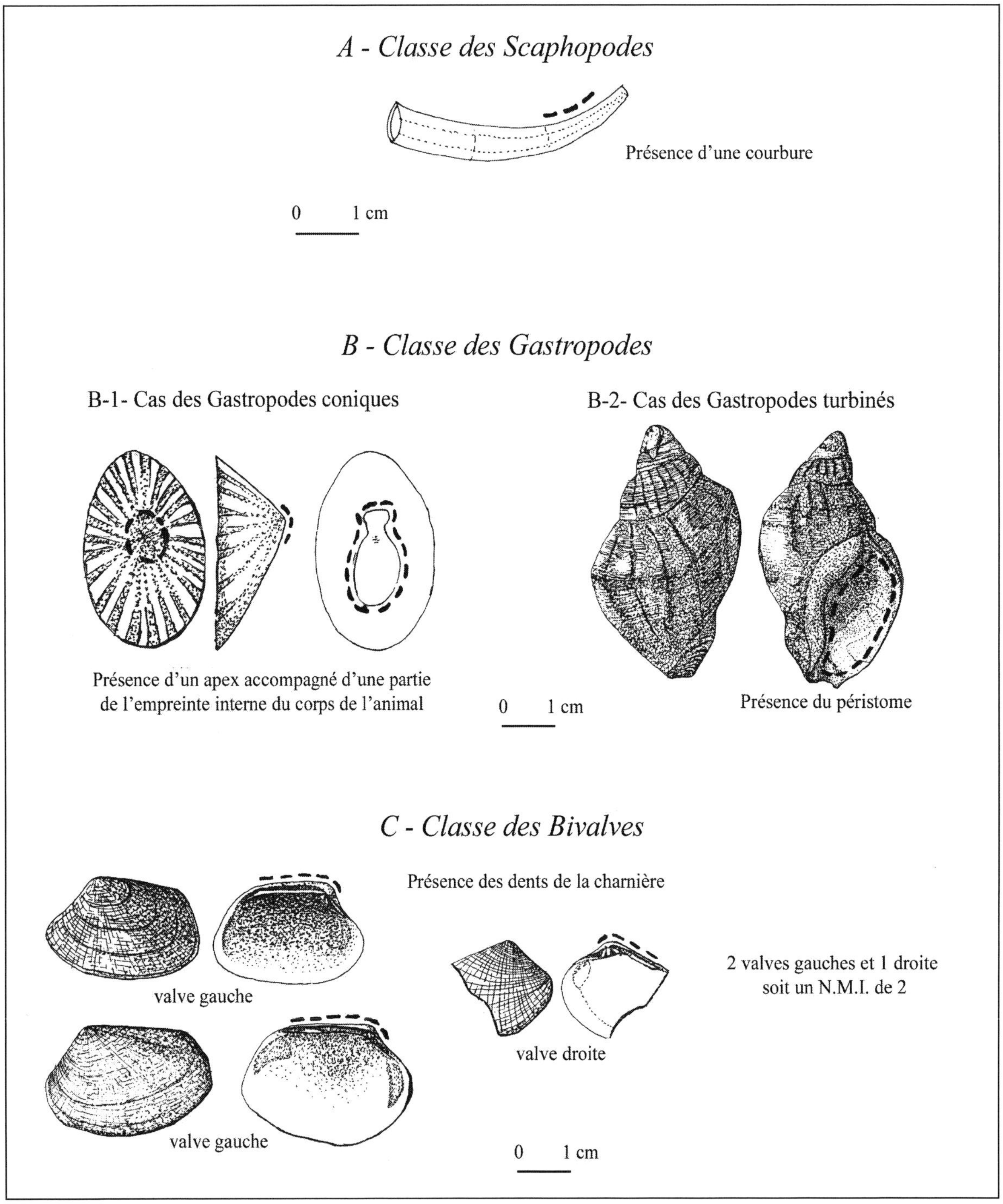

Fig. 14. Zones prises en compte pour le décompte du N.M.I.

C – La masse

La masse de la totalité des restes triés de chaque espèce a été mesurée. Cette unité a été privilégiée pour confronter les quantités relatives des espèces les unes par rapport aux autres. Elle permet de limiter l'importance relative des petites espèces présentes en grande quantité et au faible apport nutritif. Cependant, comme les autres unités, elle présente des distorsions 'introduites par la variété des formes de fractionnement et des poids moyens des espèces' (Hesse et Prieur, 1999, p.50). Elle tend à surestimer certaines espèces à coquille lourde comme l'huître (*Ostrea edulis*) et dont la quantité relative de la chair par rapport à celle de la coquille est beaucoup plus limitée que chez d'autres espèces (Claassen, 1998, p.107). Cette unité présente l'avantage, pour certaines espèces, de pouvoir être évaluée en une masse de chair. Cette unité peut également être comparée à d'autres restes alimentaires ou mobiliers. C'est ce que Stiner a appliqué en 1999 : 'I compare the rates at which various categories of shell were deposited relative to ungulate remains and lithic artefacts (unit : weights)' (Stiner, 1999, p.736).

L'impact de la malacofaune dans le quotidien des populations étant recherché, cette étude ne peut se faire sans retour au monde des mollusques vivants. Les conditions climatiques sont actuellement très proches de celles du Mésolithique et du Néolithique et les spectres malacofauniques trouvés sur les sites archéologiques correspondent globalement à ceux trouvés, de nos jours, le long de la façade atlantique de la France. Partant de l'hypothèse que la malacofaune a peu varié depuis le Mésolithique, la théorie de l'actualisme est appliquée à plusieurs niveaux de l'analyse du lieu de collecte au rejet des coquillages. Malgré 'le problème de la valeur des méthodes actualistes en paléoécologie. La recherche de ces homologies est pourtant la seule voie dont nous disposions pour essayer de concevoir les conditions de milieu dans lesquelles vivait un peuplement ancien' (Babin et Glémarec, 1970, p.10).

CHAPITRE II – LES LIMITES DE L'ÉTUDE MALACOFAUNIQUE

L'analyse des tests malacofauniques trouvés en contexte archéologique est confrontée à plusieurs limites qui se composent à la fois de toutes les dégradations que les tests ont subies avant leur découverte ainsi que de toutes les distorsions induites par les méthodes d'échantillonnage.

A - LA TAPHONOMIE

La taphonomie est l'étude de l'ensemble des processus qui modifient ou transforment un artefact après son abandon (Masset, 1988, p.1023). Pour le test coquillier elle se traduit par des perforations, cassures, fragmentations, abrasions, incrustations, dissolutions et une perte de coloration (Fig. 16.) (Barusseau, 1973, pp.281-282 ; Claassen, 1998, p.54). Ce paragraphe sur la taphonomie des tests coquilliers se justifie, en partie, par la volonté d'axer notre recherche sur les modes d'acquisition des coquillages. Les modifications qui touchent un test avant son acquisition ont également été prises en compte. En effet, certains stigmates permettent de conclure à la collecte de coquilles à l'état mort. Les problèmes liés à la conservation différentielle seront également discutés car les différentes espèces de coquillages, les sites et les différentes zones d'un même site ne sont pas égaux devant les agents taphonomiques.

1 - LES AGENTS DE LA MODIFICATION DU TEST

La modification des tests coquilliers peut avoir débuté bien avant leur enfouissement dans le sédiment (Fig. 15.). Les coquilles peuvent être affectées par des stigmates anthropiques ou naturels de leur milieu de vie, à leur rejet par l'homme, à leur découverte à la fouille des sites archéologiques et même après (Fig. 15.).

1.1 - La mer

Selon l'utilisation que l'homme souhaite faire des coquilles, elles ont pu être ramassées vivantes ou mortes échouées sur la plage. Celles collectées mortes possèdent des stigmates provoqués par les ressacs de la mer comme une modification de la forme générale, de l'ornementation et des reliefs de la coquille (Barusseau, 1973, pp.281-282 ; Taborin, 1993-2, p.260 ; Lozouet et Vigne, 1994). Les parties convexes seront les premières usées par frottement sur le sable. Celles-ci correspondent au crochet, au bord coquillier et aux dents de la charnière des lamellibranches (Fig. 17-A. et B.) à la spire la plus large et à l'apex des gastropodes (Fig. 17-C.).

1.2 - Les organismes marins

1.2.1 - Les 'lithophages'

L'action des 'lithophages' ou plutôt des organismes perceurs (cyanobactéries, champignons, gastropodes, céphalopodes et spongiaires) n'est pas non plus à négliger. Certains gastropodes comme la natice et le murex (Henri-Martin, 1932, p.2) percent les coquilles de mollusques afin de se nourrir de leurs parties molles (Fig. 17-E.). Un percement de l'intégralité de l'épaisseur de la coquille témoigne d'une collecte du test dépourvu de chair. Certaines des perforations obtenues ont pu être réutilisées par les hommes pour confectionner des éléments de parure. Ainsi, l'emplacement et la forme de la perforation d'une spisule trouvée dans les sépultures mésolithiques de La Grande Pièce penchent vers un percement d'origine animale du test (Fig. 17-F.). Des essais ont été réalisés afin de caractériser la forme de telles perforations (d'Errico *et al.*, 1993, p.252 ; Taborin, 1993-1 ; Dupont, 1998). Chaque espèce possède une technique de percement qui lui est propre. La morphologie des perforations variera donc en fonction de l'espèce incriminée (Barge-Mahieu et Taborin, 1991, p.13 ; d'Errico *et al.*, 1993, p.246). Même si F. d'Errico fait de l'emplacement un critère à ne pas 'retenir pour distinguer les perforations dues à des prédateurs de celles qui sont dues à d'autres facteurs' (d'Errico *et al.*, 1993), d'autres auteurs ont montré que les valves de lamellibranches seraient préférentiellement touchées sur le crochet ou au milieu de la valve du lamellibranche et les gastropodes au niveau de la dernière spire (Barge-Mahieu et Taborin, 1991, p.13) 'vers le tiers moyen de la coquille' (Henri-Martin, 1932, p.3). Ce fait a été observé sur des référentiels actuels échoués (Fig. 17-E.).

1.2.2 - Les serpulidés

La modification des coquilles se fait également par fixation sur celles-ci de corps étrangers comme, par exemple, de tubes de serpulidés. Ainsi la présence de *Spirorbis* sp. à l'intérieur d'une valve ou d'un tour de spire apporte la preuve de la collecte du test à l'état mort (Fig. 17-D.) (Russell *et al.*, 1995, p.285). Cette même valve de *Laevicardium crassum* de la figure 17-D a également été attaquée par un spongiaire.

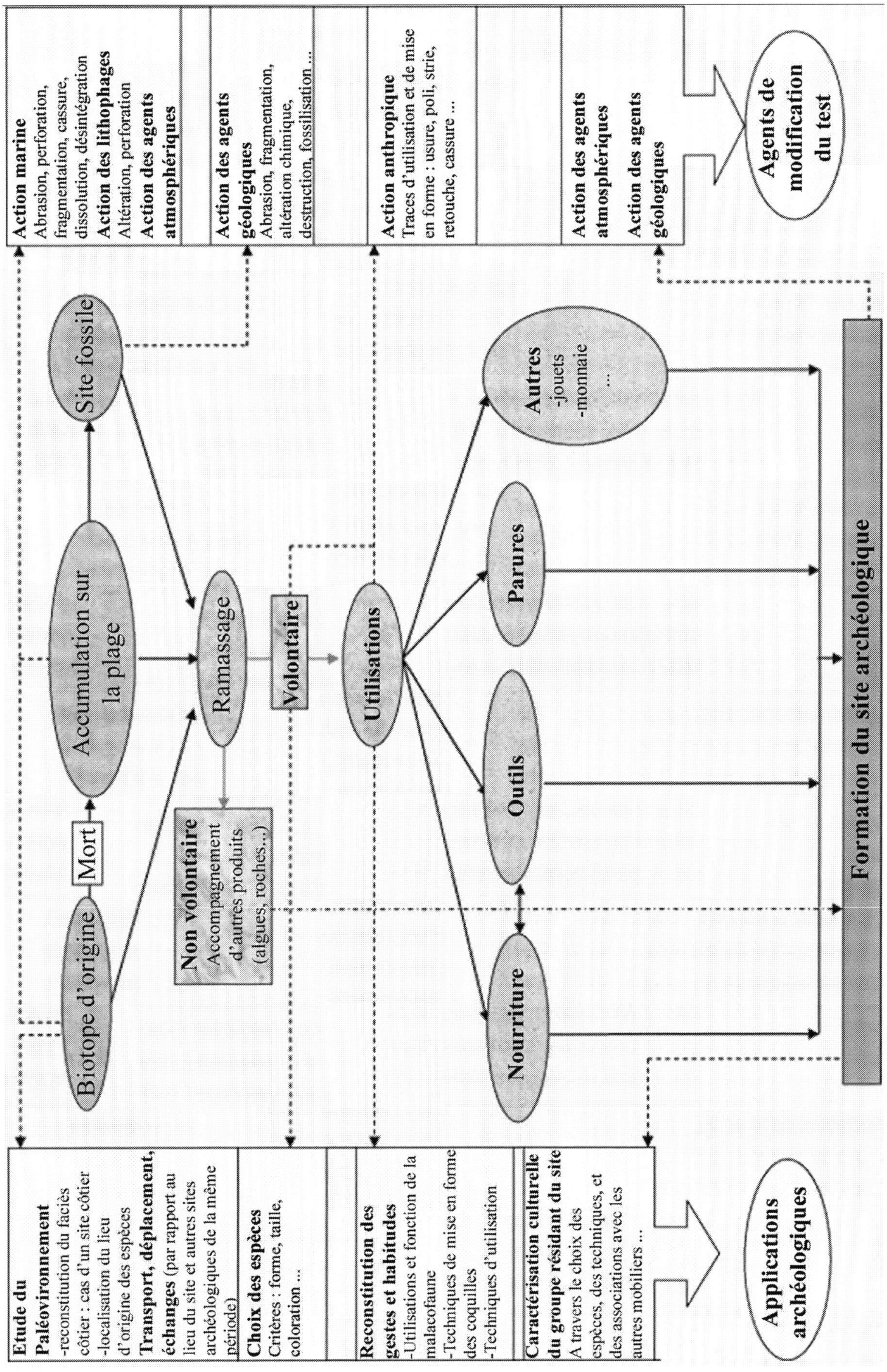

Fig. 15. La malacofaune du biotope d'origine au site archéologique : implications archéologiques et taphonomiques

Fig. 16. Comparaison de la coloration de tests actuels (à droite) avec celle de coquilles utilisées comme parure dans la sépulture de La Grande Pièce (à gauche) : A – Valves de *Glycymeris glycymeris* : échantillon archéologique (L=51mm) ; référentiel actuel (L=48mm) ; B – *Euspira catena* : échantillon archéologique (L=23mm) ; référentiel actuel (L=30mm) ; C – *Neritina fluviatilis* : échantillon archéologique (L=8mm) ; référentiel actuel (L=10mm) (Photographies C. Dupont).

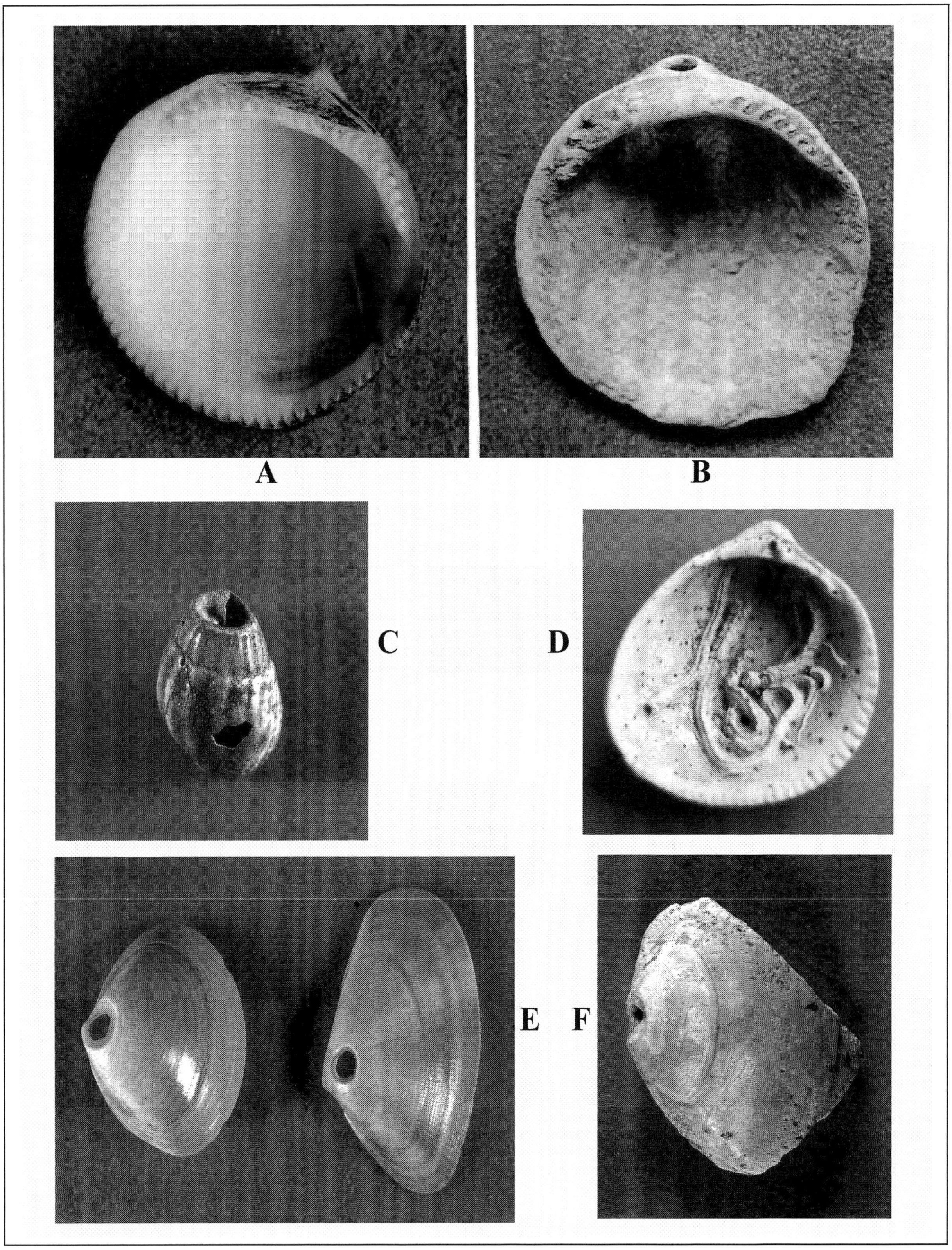

Fig. 17. Modifications du test liées à la taphonomie : A - Valve de *Glycymeris glycymeris* collectée vivante (L=50 mm), B - Valve de *G. glycymeris* de La Grande Pièce (L=52mm), C - Test de *Nassarius reticulatus* collecté échoué (L=16mm), D - Tubes de serpulidés sur la face interne d'une valve de *Laevicardium crassum* (L=49 mm), E - Valves de *Donax* sp. (à droite, L=27mm) et de *Spisula* sp. (à gauche, L=20 mm) par un organisme marin au niveau de l'umbo, F- Valve de spisule de La Grande Pièce (L=29 mm) (Photographies C. Dupont).

1.3 - Les agents atmosphériques, géologiques et pédologiques

Que ce soit à l'air libre, sous les eaux ou dans le sédiment, les coquilles sont continuellement attaquées par les agents extérieurs. Les acteurs de la modification du test coquillier peuvent être aussi bien des facteurs chimiques, physiques que biologiques. Parmi ceux-ci les principaux agissant lors de la formation des dépôts coquilliers sont la porosité, la perméabilité, le tassement, le pH (potentiel Hydrogène), les vers, les racines (Boekschote, 1966 ; Bailey, 1975, p.47 ; Stein, 1992, p.1 ; Lorblanchet, 1999, p.155)...

1.4 - L'homme

Comme pour tout mobilier, la 'résistance au temps et les problèmes de façonnage spécifique à chacun de ces matériaux peuvent expliquer en partie leurs différentes proportions dans la composition de la parure' (Binant, 1991, p.92). L'homme peut agir sur la dégradation du test de sa collecte (utilisation de la percussion pour les espèces fixées sur les rochers), à sa consommation (cuisson) (Arnaud, 1987, p.58 ; Ford, 1989 ; Claassen, 1998, p.54), puis après son rejet (piétinement des zones de rejet) (Arnaud, 1987, p.57 ; Lorblanchet, 1999, p.155 ; Dupont, 2001, p.7).

Pour toute étude, il ne faut pas perdre de vue 'qu'en définitive on travaille sur ce qui a bien pu se conserver jusqu'ici' (Giot et al., *1998, pp.16-17). Les différents agents taphonomiques ne peuvent être énoncés sans évoquer une des conséquences directes de la dégradation des tests coquilliers : la conservation différentielle des restes archéologiques. Celle-ci peut être observée à plusieurs échelles.*

2 – La conservation différentielle

2.1 - Selon les sites

La conservation est loin d'être équitable selon les sites. Elle est étroitement liée aux conditions chimiques (Chenorkian, 1983, p.318 ; Ford, 1989, pp.169-170) ainsi qu'aux processus culturels qui influencent la formation du dépôt (Céci, 1984, p.64). Comme nous l'avons vu dans la répartition des restes coquilliers du Mésolithique et du Néolithique (Partie I), la nature des substrats présente un biais majeur à l'homogénéité des découvertes. L'acidité du sol est, en effet, incriminée dans la disparition des restes osseux (Joussaume, 1985, p.125 ; Demoule, 1990, p.113). Les terrains calcaires du pourtour du marais poitevin présentent, à l'inverse, l'avantage de conserver les ossements (Joussaume, 1981, p.243), ce qui n'est pas le cas pour une grande partie de la Bretagne. Même si l'altération peut être accélérée par le pH du sol dans les substrats acides, l'enfouissement sera dans certains milieux, comme en dépôt coquillier, une garantie contre l'action de ces agents (Barusseau, 1973, p.286). En effet, la présence de coquilles permet de modifier l'acidité du milieu d'origine par dissolution des carbonates de calcium des tests par l'acide carbonique (Péquart *et al.,* 1937, p.5 ; Vigne, 1988, p.272 ; Chenorkian, 1990). Comme le note R. Chenorkian, cet équilibre n'est 'atteint qu'après la destruction d'une certaine quantité de coquilles de mollusques'. 'Les dépôts coquilliers ne regroupent en fait de nos jours qu'une partie des coquilles qui les constituèrent initialement' (Chenorkian, 1990). Ce phénomène se traduit par la dégradation des coquilles présentes à la périphérie des dépôts coquilliers et par une altération prononcée des petits dépôts coquilliers (Chenorkian, 1990). Cette modification du pH, liée à la présence de tests, est sans doute à l'origine de la conservation des sépultures mésolithiques bretonnes de Téviec et de Hoëdic creusées au sein même d'amas coquilliers (Péquart *et al.,* 1937, p.5).

2.2 - Au sein d'un même site

2.2.1 - En fonction des Unités Stratigraphiques

La mise en évidence de différentes Unités Stratigraphiques dans un dépôt coquillier peut s'expliquer de deux façons (Stein, 1992, p.12) : par le dépôt de différents types de matériel ou par l'altération différentielle d'un même matériel. Des phases d'arrêt prolongé de rejets coquilliers peuvent également aboutir à la création de niveaux différenciés (Dupont, 2001, p.8). Ainsi le phénomène précédemment cité de la dissolution des coquilles de la périphérie des amas provoque la formation d'un niveau périphérique plus dégradé. De même, des facteurs climatiques comme des inondations peuvent provoquer une stratification de certains amas coquilliers qui s'ajoute à celle du dépôt initial (Stein, 1992, p.15). L'humidité et la porosité d'un dépôt entraînent également une migration vers le bas par percolation de certaines parties de coquilles (Céci, 1984, p.64 ; Claassen, 1991, p.253 ; Dupont, 2001, p.8). Le site mésolithique de Beg-an-Dorchenn illustre très bien ces problèmes d'hétérogénéité de composition d'un amas coquillier liés, à la fois, à l'action anthropique mais, aussi, à celle de plusieurs agents naturels (Partie IV Chapitre I-B-3, pp.135-155). Ainsi une étude taphonomique pourra mettre en évidence une altération plus prononcée des coquilles pour certaines parties d'un amas.

2.2.2 - Selon les espèces de la malacofaune

De multiples facteurs agissent sur les tests coquilliers. Les différentes espèces de la malacofaune sont plus ou moins sensibles aux agressions des agents extérieurs. Ainsi certaines espèces de petite taille ou au test de faible épaisseur peuvent être peu représentées car plus fragiles (Céci, 1984, p.64). Elles peuvent même, dans certains cas, être intégralement dissoutes (Ford, 1989, pp.169-170). L'extrême fragilité de la moule a d'ailleurs été citée à de multiples reprises (Botkin, 1980, p.129 ; Laporte,

1994, p.82). La structure des coquilles et, de ce fait, leur friabilité entre également en jeu dans la dégradation différentielle de la malacofaune. La disparité de répartition des valves peut également être évoquée. Elle peut être issue d'un choix anthropique mais également à des propriétés physiques différentes selon la latéralisation des valves comme leur épaisseur, leur forme (Claassen, 1998, p.74)...

Ayant exposés les différents agents de la taphonomie et de la conservation différentielle des tests coquilliers en fonction des sites, au sein des sites et parmi les espèces de la malacofaune, il paraissait intéressant d'établir des échelles de dégradation des tests coquilliers.

3 - Vers une typologie de dégradation

Celles-ci permettront de comparer l'état d'altération de sites entre eux et de différentes unités au sein d'un site. Une typologie de dégradation a été appliquée à deux espèces présentes en grande quantité dans les dépôts coquilliers, la monodonte (*Osilinus lineatus*) et la patelle (*Patella* sp.) (Fig. 18.). L'observation de référentiels actuels échoués sur les plages et de restes archéologiques a été requise pour sa mise en place. La typologie de dégradation de la patelle s'inspire directement des travaux d'Y. Gruet 'sur estran et en milieu terrestre' (Gruet, 1991). Cette typologie tient compte des zones de plus grande fragilité du test, c'est-à-dire, la zone de suture entre les tours de spire, puis le péristome pour les gastropodes turbinés et les arrêts de croissance pour les gastropodes coniques. Les pourcentages des différents types obtenus permettront de juger de l'état général de dégradation d'un site. Cette typologie ne peut permettre la comparaison de deux sites uniquement si le tri des restes est effectué à une maille de tamis identique. *Son application est donc tributaire des techniques de fouille utilisées en amont.*

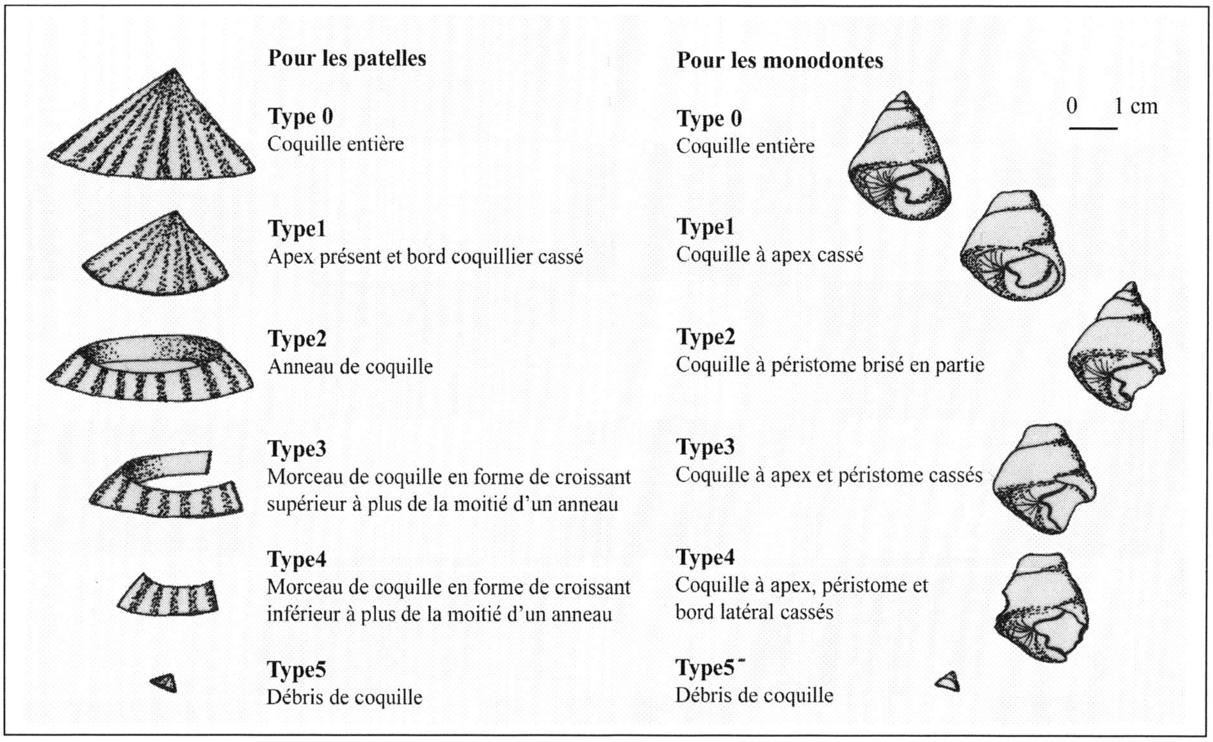

Fig. 18. Typologie de dégradation pour les patelles *Patella* sp. et la monodonte *Osilinus lineatus*

B - Les techniques de fouille

1 - La stratigraphie des dépôts et amas coquilliers

Les conclusions qui seront données sur le matériel archéologique sont étroitement liées aux techniques de fouille (Andersen, 1990, p.23 ; Djindjian, 1991, p.143). Ce sont des critères qui n'ont pas toujours pu être contrôlés pour certains des sites étudiés au vu de l'ancienneté des fouilles, comme celles des amas coquilliers de Téviec et Hoëdic de la première moitié du XXème siècle. Seuls quelques échantillons de coquilles de ces deux sites, sélectionnés par les fouilleurs et sans doute jugés représentatifs de l'amas, ont été déposés au musée de Carnac. Bien des collections attribuées à des immenses amas coquilliers se retrouvent sous la forme d'une vingtaine de tests coquilliers. Chenorkian attribue en partie cette 'non collecte systématique des dépôts coquilliers' à leur apparente inorganisation, liée, entre autres, à des 'accumulations lenticulaires qui sont le fruit de rejets inorganisés' (Chenorkian, 1986, p.1). L'homogénéité apparente des amas coquilliers, liée à ces événements discrets de rejet accumulés horizontalement comme verticalement, peut être renforcée par des facteurs climatiques et des mélanges horizontaux et verticaux

(Russell *et al.*, 1995, p.278). Cependant, leur observation permet la mise en évidence à l'intérieur de l'amas de poches et de lentilles de coquilles d'une seule espèce qui sont sans doute liées à des dépôts individuels (Russell *et al.*, 1995, p.278). Des phases de piétinement par l'homme pourront également être mises en évidence (Arnaud, 1987, p.57 ; Lorblanchet, 1999, p.155). Ce type d'étude nécessite, bien sûr, la conservation d'un niveau assez puissant en épaisseur et étendu en surface. Les opérations engagées durant cette thèse étant pour la plupart des prélèvements en complément de fouilles programmées réalisés sur des reliquats d'amas coquilliers, seules quelques accumulations préférentielles d'espèces de coquillages par lot ont été observées (Partie IV, p.135). Cependant, la taille restreinte de ces accumulations rend leur mise en évidence statistique difficile.

2 - L'ÉCHANTILLONNAGE

Plusieurs aspects de l'échantillonnage ont été abordés en fonction des collections étudiées : le biais d'un ramassage à vue par rapport à un tamisage, le volume minimum à fouiller pour qu'un échantillon soit représentatif de l'ensemble d'un rejet coquillier et la variabilité de la répartition spatiale des rejets.

2.1. – Le ramassage à vue et le tamisage

Un ramassage à vue tend à sélectionner des coquilles de grandes tailles ou remarquées par leur coloration, ou un stigmate tel une perforation. La finesse de l'analyse dépendra étroitement du ramassage à la fouille. Ainsi, certaines faunes aux parties squelettiques très friables ou de petites tailles ne seront pas retenues par un ramassage à vue alors qu'elles ont pu être consommées en grande quantité (Wing and Wing, 1995, p.124 ; Desse, 1985, p.232 ; Grouard, 2001, p.163).

Plusieurs des sites pris en compte dans ce travail n'ont fait l'objet que d'un ramassage à vue (Saint-Gildas IB et IC, Téviec, Auzay, Montagant, La Garenne, La Sauzaie, Champ-Durand, La Mastine, Pied-Lizet, Le Rocher, Chez Reine, Diconche et Er Yoh). Lorsque je disposais de plusieurs sources d'information pour une même collection, celles-ci ont été confrontées dans le but de discuter de la validité des échantillons observés. Ce croisement des données permet, entre autres, de compléter la liste des espèces présentes, de discuter de certaines erreurs de détermination et des proportions relatives des coquillages. Il met en évidence, pour certains sites, le biais important apporté par le ramassage à vue.

Ce biais a pu être quantifié pour quatre sites par comparaison d'échantillons collectés à vue à ceux issus du tamisage : Hoëdic, Beg-er-Vil, Beg-an-Dorchenn et Les Gouillauds. Rappelons que la maille de tamisage utilisée varie selon les cas entre 4 et 6 millimètres (Partie III Chapitre I-A, p.49). Seuls les grands traits de ces comparaisons sont présentés ici. En effet, étant donné l'importante variabilité des rejets coquilliers, la généralisation est impossible. D'autre part, il a été jugé plus judicieux de discuter de la représentativité des échantillons dans la partie IV réservée à l'étude des sites au cas par cas. Cela permet de bien faire le lien entre les résultats obtenus et l'origine des informations.

Ainsi, pour Hoëdic, un petit échantillon de sédiment de 5,5 litres prélevé en 2001 et tamisé à 6 millimètres a été comparé aux coquillages alimentaires étudiés dans la réserve du musée de Carnac (Partie IV Chapitre I-B-4, pp.156-164). Pour Beg-er-Vil, une expérimentation a été effectuée sur 107 litres de sédiments prélevés intégralement à la fouille (Partie IV Chapitre I-B-6, pp.187-192). Dans un premier temps, après étalement des prélèvements, les éléments bien visibles ont été isolés du reste des échantillons. Ils correspondent à un ramassage à vue. Puis, le reste du matériel a été tamisé à 5 millimètres et trié. Ces données, additionnées à celles issues du ramassage à vue, correspondent à un échantillon après tamisage à 5 millimètres. La diversité spécifique ainsi que les quantités relatives de chaque espèce du lot ramassé à vue ont été comparées à celles obtenues après tamisage. Pour Beg-an-Dorchenn, les échantillons collectés à vue lors des fouilles de 1984 ont été comparés à ceux issus du tamisage (maille de 6 millimètres) de 106 litres de sédiments prélevés en 2001 (Partie IV Chapitre I-B-3, p.137-144). Les spectres malacofauniques ainsi que les espèces majoritairement représentées ont été comparées. Enfin, 22 litres de sédiments ont été comparés au matériel collecté par un ramassage à vue lors de la fouille des Gouillauds (Partie IV Chapitre II-A-2, pp.215-217). La diversité spécifique et les proportions relatives des espèces de ces deux échantillons ont également été comparées.

Plusieurs distorsions apportées par le ramassage à vue ont ainsi pu être mises en évidence. Quelques espèces ne sont pas isolées à l'issu d'un ramassage à vue. Il s'agit de celles aux tests les plus fragiles comme, par exemple, *Mytilus edulis* ou *Scrobicularia plana* et de celles de petite taille. Les proportions relatives des espèces sont aussi très variables suivant la technique d'échantillonnage utilisée. Dans certains cas, elle agit également sur les espèces majoritaires identifiées. Une maille de tamis avoisinant les 5 millimètres semble appropriée à la fouille des dépôts rencontrés dans le cadre de ce travail. Le matériel retenu sur une maille de 6 millimètres a été comparé à celui retenu de 2 millimètres à Beg-an-Dorchenn. Hormis la présence de rares espèces de taille inférieure à 6 millimètres, le matériel a été jugé homogène à celui retenu sur la plus grande maille. Un tamisage à 5 millimètres associé d'un rapide contrôle visuel, semble adapté à la fouille des rejets coquilliers rencontrés le long de la façade atlantique française. Cette précaution permet, entre autres, de détecter une concentration anormale de petites espèces. Elles peuvent témoigner, par exemple, du ramassage d'algue ou de sable (Lozouet et Vigne, 1994, p.156 ; Laporte *et al.*, 1998-2).

2.2 - Vers un échantillon représentatif de l'ensemble des dépôts coquilliers.

Que le matériel archéologique soit collecté à vue ou après tamisage, la question du volume à échantillonner se pose. La sélection d'un petit échantillon paraît anecdotique au vu de l'immensité de certains amas coquilliers. Une des premières interrogations posées est la quantité minimale représentative de l'ensemble de la malacofaune. 'Sample size is always a critical issue because samples must be large enough to reflect accurately the nature of the population sampled' (Wing and Wing, 1995, p.125). Hesse et Prieur proposaient en 1999 le décompte des 100 premières coquilles de chaque échantillon sélectionné dans le désordre et en brassant systématiquement les coquilles en cours de sélection (Hesse et Prieur, 1999, pp.48-49). Les pourcentages en nombre obtenus sur chaque espèce sont dans cette méthode considérés comme empiriquement représentatifs de l'ensemble de l'échantillon. Cette méthode apparaît peu adaptée à un matériel déjà fragilisé et à un ramassage d'espèces de petites tailles. Hesse et Prieur ont d'ailleurs complété 'l'expérience en comptant, mais sans tri cette fois, la totalité des fragments sur une quinzaine d'échantillons' (Hesse et Prieur, 1999, p.51). L'échantillonnage de volumes bruts de sédiment a été préféré à celui de coquilles individuelles.

L'échantillonnage peut être testé en prenant différents volumes de sédiments au sein d'une même structure et en observant à partir de quelle quantité les proportions de chaque espèce ne varient plus. Il s'agit de chercher un échantillon statistiquement représentatif de l'ensemble de l'assemblage (Voigt, 1975, p.88 ; Claassen, 1991, p.255 ; Wing and Wing, 1995; Grouard, 2001, p.224 ; Serrand, 2001, pp.93-97). Devant la diversité des dépôts et le temps nécessaire à une telle démarche en cours de fouille, cette expérimentation semble très difficilement applicable pour chaque site. 'Une stratégie d'échantillonnage est à réfléchir au cas par cas basée sur une recherche objective, la stratification du site, la variabilité du contenu, la physionomie de la distribution, de l'origine des dépôts' (Claassen, 1991, p.258)...

Disposant des données nécessaires à une telle démarche pour les amas coquilliers de Beg-er-Vil et de Beg-an-Dorchenn, le volume minimum à partir duquel les proportions des espèces ne varient pas a été recherché (Partie IV Chapitre I, pp.137-144 et pp.187-192). Dans un premier temps, l'évolution de la diversité spécifique a été observée en fonction du sédiment. Ensuite, les proportions relatives des espèces de différents volumes de sédiment ont été comparées à celles obtenues à partir de l'intégralité du matériel étudiée. À cet effet, les pourcentages de chaque espèce présente ont été observés deux à deux en prenant en compte le nombre de cas observés (Schwartz, 1980, p.61). L'application de telles méthodes pour Beg-er-Vil et Beg-an-Dorchenn montre que le volume minimum qui correspond à la stabilisation de la diversité spécifique n'est pas le même que celui que l'on obtient pour la stabilisation des proportions des espèces. De plus, le volume minimum correspondant à la stabilisation des proportions des espèces varie selon le site étudié. D'autre part, il peut être dépendant du volume total de sédiment trié. Ce volume minimum de sédiment doit être calculé pour chaque site.

2.3 - L'échantillonnage spatial

Selon la localisation de l'échantillon prélevé, la vision d'un même site peut être variable. L'utilisation de colonnes d'échantillonnage semble être la méthode la plus appropriée pour des sites de grande envergure. Elles permettent d'avoir une vision ponctuelle des variations relatives des quantités d'espèces. Cependant une unique colonne n'est pas suffisante à une vision globale. La réalisation de colonnes d'échantillonnage en plusieurs points, comme pour des sondages paléoenvironnementaux, permet une compréhension globale des variations observées (Russell *et al.*, 1995, p.278). Il est indispensable d'avoir à la fois une vision spatiale et chronologique par des échantillons représentatifs pour chaque épisode d'occupation (Claassen, 1991, p.255). La prise en compte du volume prélevé au départ est également utile a une bonne caractérisation de dépôts coquilliers.

Au vu de tous ces éléments, la technique de fouille préconisée suit celle proposée par Russell *et al.* (Russell *et al.*, 1995, p.278). Elle consiste en l'obtention de colonnes d'échantillonnage en plusieurs points, avec des carrés de 50 centimètres de côté. Le tamisage sera, ensuite, appliqué à des mailles de 5 et 2 millimètres. Seul le matériel retenu sur la maille de 5 millimètres sera intégralement trié. L'homogénéité entre ce dernier et celui retenu à 2 millimètres sera contrôlée. Ces propositions générales sont ensuite à appliquer au cas par cas en fonction de la dimension de l'amas, de l'extension de la fouille, de l'état de fragmentation des tests coquilliers et des problématiques archéologiques...

CHAPITRE III – LES CARACTÉRISTIQUES DE L'ACQUISITION DE LA MALACOFAUNE MARINE SUR L'ESTRAN

Les recherches fondamentales de la moitié du XXème siècle montrent l'importance des informations que recèle un objet sur l'action de l'homme sur la matière (Leroi-Gourhan, 1943 et 1945). Cette action, la technique, est liée à une composante culturelle au sein d'une société (Mauss, 1947 ; Lévi-Strauss, 1958). 'L'habitude technique est donc aussi devenue un choix culturel' (Pétrequin, 1984, p.65).

Dans le but d'approcher les composantes culturelles d'une technique, les différentes étapes que l'homme devra concevoir et effectuer afin d'atteindre son objectif peuvent être décomposées. Ainsi, les étapes qui permettent la transformation d'un élément naturel en un produit fini peuvent être regroupées sous le terme de 'chaîne opératoire' (Cresswell, 1992). Les différentes chaînes opératoires abordées dans le cadre de cette thèse sont axées autour de trois produits finis : la nourriture, la parure et l'outil. Les chaînes opératoires peuvent être divisées en différentes étapes ou 'sous-systèmes techniques' (Vigne, 1998). Les sous-systèmes de l'acquisition, de la transformation, et de la consommation ont été observés les uns après les autres. L'acquisition est l'étape nécessaire à l'obtention de la matière première, qui est, dans le cadre de cette étude, soit la chair de l'animal, soit le test seul. La transformation, aussi appelée production pour la parure et les outils, consiste à modifier une matière première brute en un produit fini directement utilisable. Enfin, la consommation correspond selon les utilisations observées, à l'absorption d'un aliment, au port de la parure et à l'emploi d'un outil au sein d'une activité.

La figure 19 synthétise les différentes informations qui peuvent être déduites du témoin archéologique, le test, sur le lieu, le moment et les techniques liées à la première étape de l'acquisition. L'utilisation de référentiels actuels permet de déduire, après la détermination spécifique des coquilles trouvées en contexte archéologique, le substrat et la zone altitudinale de l'estran qui ont pu être exploités pour collecter les espèces vivantes. Ces deux éléments permettent de définir les caractéristiques du 'lieu' de collecte (Chapitre III-A). Mais, les coquillages n'ont pas tous été collectés vivants. Certains sont présents dans la zone immergée en permanence (zone subtidale), d'autres possèdent des stigmates sur leur surface typiques de coquilles échouées. Le 'moment' de la collecte peut également être évoqué (Chapitre III-B). La détermination spécifique permet, grâce la distribution altitudinale des espèces, de savoir si les coquillages étaient accessible quotidiennement, et ce, pendant combien de temps. Cette fréquence maximale de collecte est tributaire de la variabilité des coefficients de marée, le marnage maximal étant de 6 mètres dans la zone étudiée. Mais cette fréquence maximale, même si elle traduit l'accessibilité des espèces, ne reflète pas les moments où les espèces ont été effectivement collectées pour la consommation. À cet effet, des études plus précises pourront être réservées à quelques espèces afin de déduire les saisons de collecte de la malacofaune sur un site archéologique. Plusieurs caractéristiques de la 'technique' de collecte pourront, également, être déduites d'après les spectres malacofauniques observés : la localisation du coquillage, le temps de recherche nécessaire et l'utilisation ou non d'un outil (Chapitre III-C). Enfin, les caractéristiques du lieu de collecte permettront, par la comparaison avec le paléoenvironnement, de déduire du territoire potentiel de collecte et indirectement des déplacements des populations et du transport des matières premières (Chapitre III-D).

La malacofaune mangée représentant une grande partie du corpus étudié, l'acquisition de coquillages vivants sera tout particulièrement détaillée. La décomposition des étapes liées à cette activité de collecte permettra de connaître le nombre d'étapes nécessaires à l'aboutissement de l'objectif et le niveau de difficulté de chacune d'entre elles. *La comparaison des degrés de difficulté de l'acquisition de la nourriture, des outils et de la parure peut apporter des précisions sur les différences de statut suivant l'utilisation faite de la malacofaune.*

A – LE LIEU DE COLLECTE

Chaque espèce de la malacofaune est inféodée à un biotope particulier. De multiples facteurs régissent la répartition des espèces. Ils sont aussi bien abiotiques comme la profondeur, le substrat, la température, la salinité, l'humidité et l'exposition aux courants, que biotiques comme la prédation, la compétition et le parasitisme (Babin et Glémarec, 1970, p.3 ; Jérardino *et al.,* 1992 p.44). Les coquillages sont plus ou moins tolérants à la variation de chacun de ces facteurs. Plus une espèce sera ubiquiste moins précise sera la description du territoire de collecte (Chenorkian, 1983, p.325). Dans la figure 20, qui reprend la précédente, les parties grisées représentent celles qui intéressent directement les caractéristiques du lieu de collecte. Le substrat et à la zone littorale ont été définis à partir de l'ensemble du spectre malacofaunique. Le mode d'exposition de la côte pourra également être abordé par l'étude de deux gastropodes (*Nucella lapillus* et *Nassarius reticulatus*). Cette étude n'étant pas appliquée à l'ensemble des espèces identifiées sur les sites étudiés, elle n'a pas été représentée dans la figure 20.

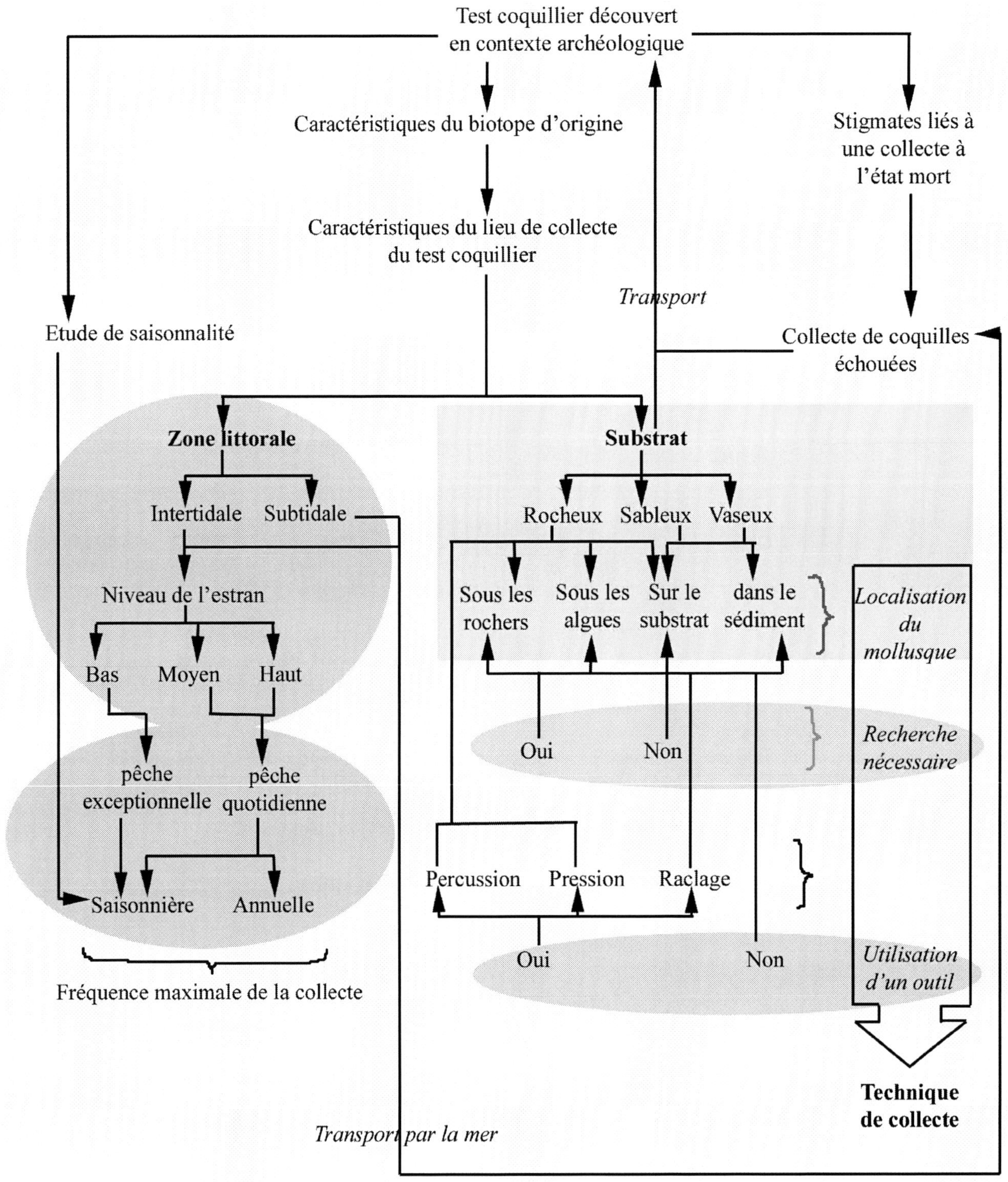

Fig. 19. L'acquisition de la malacofaune marine : le lieu, le moment, la technique. Que peut-on déduire des tests coquilliers découverts sur les sites archéologiques ?

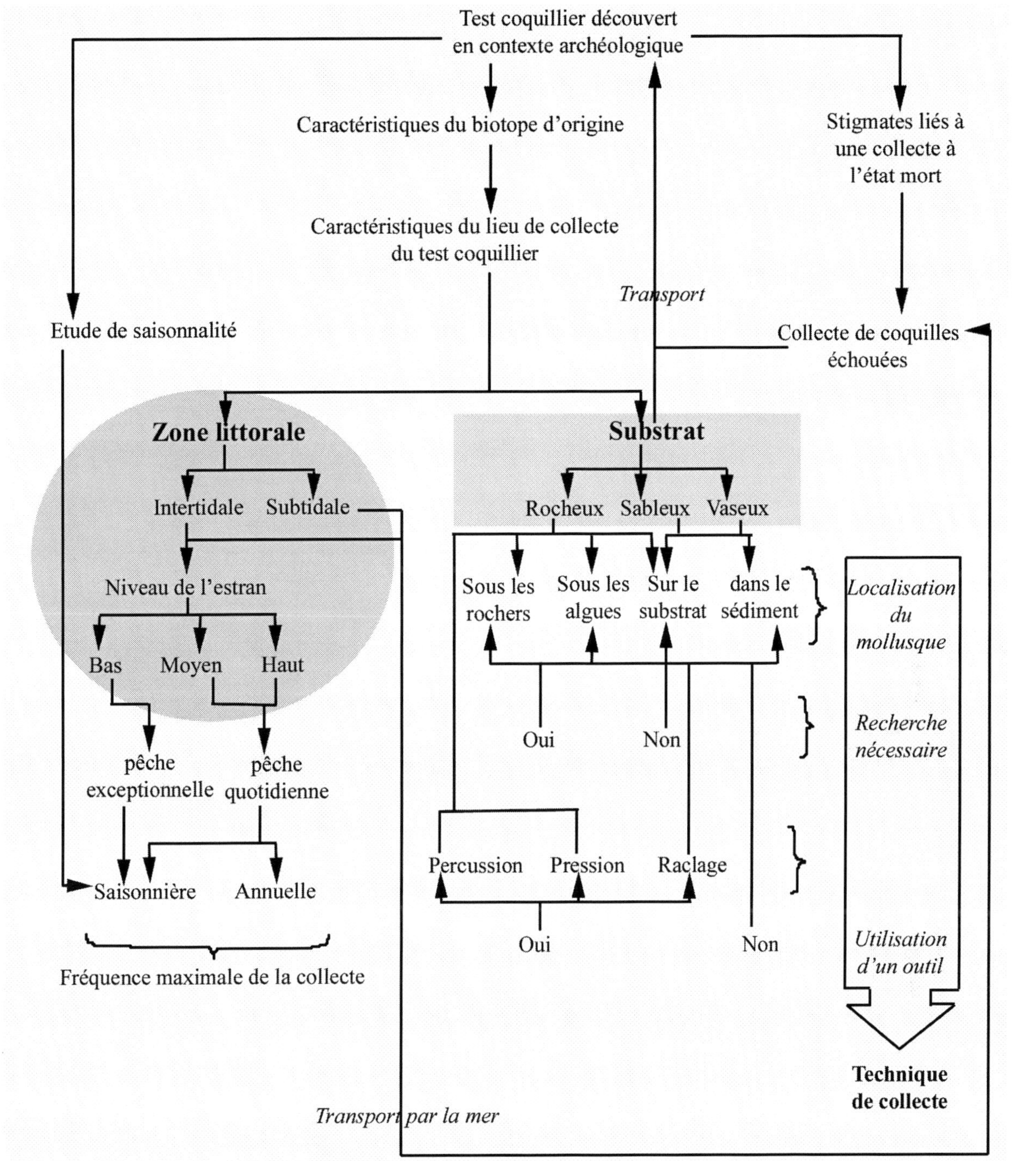

Fig. 20. L'acquisition de la malacofaune marine : le lieu de collecte

1 - Le substrat

1.1 - La classification

La méthode qui consiste en un classement du substrat d'origine des espèces a fait l'objet d'une publication (Gruet et Dupont, 2001). Quelques documents ont été légèrement modifiés depuis. En effet, à la suite de cette publication, d'autres espèces ont été identifiées en contexte mésolithique et néolithique et les déterminations spécifiques ont été rapportées aux normes de CLEMAM de mai 2002 (CLEMAM, 2002). Afin de conserver une homogénéité à ce travail, la méthode associée aux illustrations légèrement modifiées est donc rappelée. Elle consiste, dans un premier temps, à décomposer les substrats, en trois grands ensembles : rocheux, sableux, vaseux (Gruet et Dupont, 2001) (Fig. 21., Tableau 4). La classification des espèces tient compte globalement de leur écologie actuelle dans la zone étudiée. Les espèces n'étant pas toutes inféodées au même titre à un substrat, il paraissait primordial de faire une distinction entre celles strictement inféodées à un milieu et celles plus ubiquistes. Celles strictement inféodées à un substrat ont été placées

Fig. 21. Les trois substrats et les espèces qui leur sont inféodées
A - Estran rocheux, B – *Patella* sp. et *Osilinus lineatus* sont strictement inféodées au substrat rocheux, C - Estran sableux, D – *Cerastoderma edule* est strictement inféodée au substrat sableux, E - Estran vaseux, F – *Scrobicularia plana* est strictement inféodée au substrat vaseux (Photographie A par C. Dupont, Photographies B à F par Y. Gruet).

en tête de l'ensemble auquel elles appartiennent (Tableau 4). Les patelles (*Patella* sp.) et la monodonte (*Osilinus lineatus*) figurent ainsi en début de liste de l'ensemble rocheux, la donace (*Donax* sp.), la nasse (*Nassarius reticulatus*), la spisule (*Spisula* sp.) et la mactre (*Mactra* non *glauca*) pour le substrat sableux et la scrobiculaire (*Scrobicularia plana*) et l'hydrobie (*Hydrobia ulvae*) pour la vase. Les autres espèces ont été classées au sein de chaque ensemble des plus strictes vers les plus ubiquistes. Un numéro d'ordre a ensuite été attribué à chaque espèce (Tableau 4, deuxième colonne).

Espèces	N°	Substrat	Niveau	Ensemble
***Patella* sp.**	1	roche	estran	
Osilinus lineatus	2	roche	haut à moyen estran	
Gibbula umbilicalis et *G. pennanti*	3	roche	moyen estran	
Littorina obtusata ou *L. mariae*	4	roche	moyen estran	
Lacuna sp.	5	roche	moyen estran	
Nucella lapillus	6	roche	moyen estran	
Trivia sp.	7	roche	bas estran	
Nassarius incrassatus et *N. pygmaeus*	8	roche	bas estran	
Haliotis tuberculata	9	roche	bas estran et subtidal	
Ocenebra erinaceus	10	roche	bas estran et subtidal	ROCHEUX
Chlamys varia	11	roche	bas estran et subtidal	
Ostrea edulis	12	roche envasée	roche envasée	
Mytilus edulis ou *M. galloprovincialis*	13	roche envasée	estran	
Littorina littorea	14	roche envasée	estran	
Autres espèces rocheuses (*Anomia ephippium, Ansates pellucida, Barnea* sp., *Bittium* sp., *Diodora gibberula, Gibbula cineraria, Littorina rudis, L. saxatilis, Melarhaphe neritoides, Pholas* sp., *Rissoa* sp., *Striarca lactea, Tricolia pullus, Clausinella fasciata*)	15			
***Donax* sp.**	16	sable	estran et subtidal	
Nassarius reticulatus	17	sable	estran et subtidal	
Spisula* sp. ou *Mactra* non *glauca	18	sable	estran et subtidal	
Venus verrucosa	19	sable	estran et subtidal	
Acanthocardia sp.	20	sable	subtidal	
Glycymeris glycymeris	21	sable	subtidal	
Laevicardium crassum	22	sable	subtidal	
Callista chione	23	sable	subtidal	
Mactra glauca	24	sable	subtidal	
Pecten maximus	25	sable	subtidal	
Dentalium sp.	26	sable envasé	subtidal	SABLEUX
autres *Venerupis*	27	sable	moyen estran à subtidal	
Lutraria sp.	28	sable envasé	bas estran	
Mya sp.	29	sable envasé	bas estran	
Solen marginatus	30	sable envasé	moyen à bas estran	
Cerastoderma edule	31	sable envasé	estran et subtidal	
Tapes decussatus	32	sable envasé	moyen estran à subtidal	
Autres espèces sableuses (*Buccinum undatum, Ensis siliqua, Euspira* sp., *Gari* sp., *Gastrana fragilis, Hiatella* sp., *Phalium saburon,* autres *Solen, Turritella* sp.)	33			
Scrobicularia plana* et *Hydrobia ulvae	34	vase	estran	
Cerastoderma glaucum et *Hydrobia ventrosa*	35	vase	lagune	VASEUX
Autres espèces vaseuses (*Trochus magus*)	36			

Tableau 4. Classement des espèces selon leurs biotopes

Ces numéros d'ordre représentent du plus petit vers le plus grand le passage du milieu rocheux au milieu vaseux par le milieu sableux. Cette évolution correspond à une granulométrie de plus en plus fine et indirectement à un confinement du milieu de plus en plus accru (Guélorget et Perthuisot, 1983). En effet, les milieux rocheux sont ouverts tandis que la vase se trouve dans des configurations plus fermées sous forme de baie ou d'estuaire. Cette classification témoigne également d'un gradient du mode d'exposition aux houles (Lewis, 1964) du plus élevé (espèces 1 à 3) au plus faible (espèces 34 et 35). Elle a ensuite été reportée graphiquement sous forme d'histogramme de distribution et de courbe cumulative.

1.2 - Les représentations graphiques

1.2.1 – L'histogramme de distribution

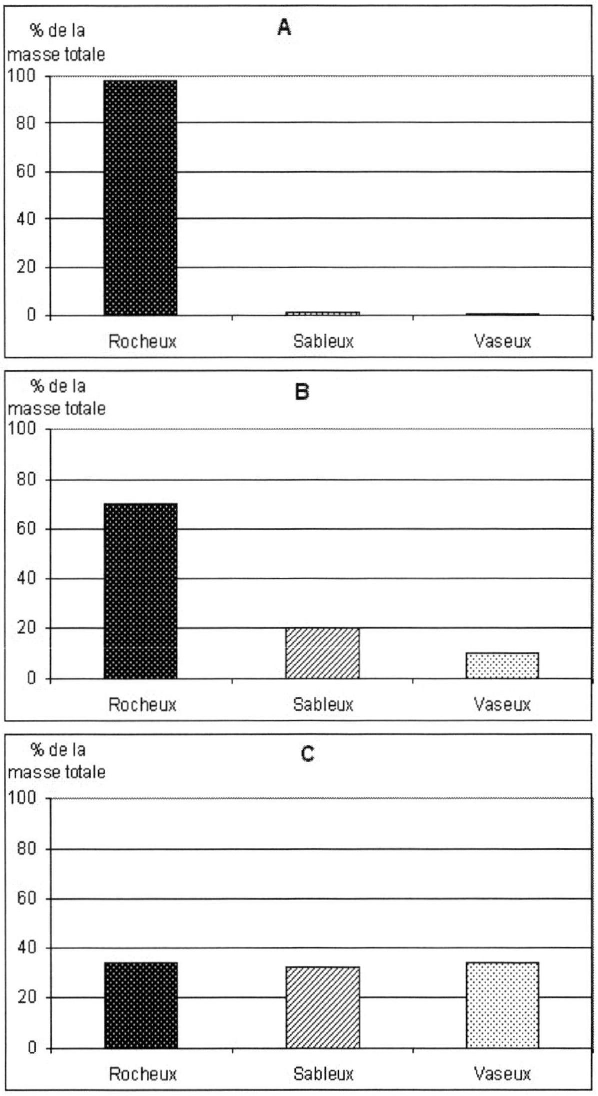

Fig. 22. Histogrammes de distribution des substrats : A - Collecte sur un unique substrat : ensemble rocheux dominant, B - Collecte sur plusieurs substrats : ensemble rocheux dominant, C - Collecte sur plusieurs substrats : pas de substrat dominant

La première représentation graphique consiste à obtenir des histogrammes de distribution des trois substrats. Les masses des espèces de chaque ensemble sont additionnées.

Une fois les masses de coquilles de chaque ensemble obtenues, les pourcentages relatifs de chacun d'entre eux sont calculés et reportés graphiquement sous forme d'histogramme (Fig. 22.). Cette représentation graphique permet de visualiser le substrat dominant ainsi que la présence de l'exploitation d'un ou de plusieurs substrats. La figure 22 en présente des exemples théoriques. La collecte effectuée sur plusieurs substrats pourra traduire une collecte aléatoire de l'ensemble des substrats disponibles à proximité du site (Fig. 22. B. et C.). L'exploitation d'un unique substrat (à plus de 90 %) (Fig. 22. A.) pourra, quant à elle, être le témoin du milieu le plus proche du site, si celui-ci est uniforme, ou d'une collecte sélective par les hommes parmi les espèces mises à disposition par la nature à proximité du site. Avec la multiplication des sites étudiés, cette représentation graphique rend difficile la comparaison entre sites. D'autre part, elle tient compte des substrats uniquement dans leur globalité et ne tient pas compte ni de la diversité spécifique de la malacofaune au sein des assemblages, ni du caractère strict ou intermédiaire du substrat. Pour pallier ces faiblesses, une seconde représentation graphique a été choisie.

1.2.2 – La courbe cumulative des masses

Des courbes cumulatives des pourcentages de la masse de chaque espèce ont été dressées. Les espèces y sont ordonnées en abscisse selon les numéros d'ordre obtenus dans la classification du Tableau 4 (Fig. 23.). Les espèces de 1 à 15 vivent sur une côte rocheuse, de 16 à 33 sur une côte plutôt sableuse et enfin de 34 à 36 sur des vasières. Le gradient de confinement et de l'envasement se retrouve par lecture du graphique de la gauche vers la droite. Cinq courbes théoriques ont été construites montrant les variations de leur forme selon le caractère plus ou moins confiné des biotopes associés assemblages de mollusques (Fig. 23.). La courbe théorique des espèces collectées en milieu **rocheux** présente une forme convexe à palier unique. Elle est typique de la collecte d'espèces strictement inféodées au substrat rocheux comme *Patella* sp. et *Osilinus lineatus.* Lorsque les espèces ont été collectées sur un milieu rocheux plus confiné que le cas précédent (**rocheux-vaseux**), la courbe présente deux paliers et deux fortes pentes. Elle est typique d'espèces de baies plus ou moins envasées (*Mytilus edulis* et *Ostrea edulis*). Une troisième courbe témoigne d'une collecte en milieu **sableux** strict liée à la présence d'une grande quantité de *Donax* sp. et *Nassarius reticulatus.* La courbe de milieu **sablo-vaseux** se superpose en partie à la précédente mais s'en détache par deux montées rapides. Ce deuxième palier traduit l'envasement avec adjonction d'espèces comme *Tapes decussatus*. La dernière courbe typique d'une collecte de scrobiculaires *Scrobicularia plana* dans une **vasière** présente une courbe concave avec une unique forte pente.

Contrairement à la représentation graphique précédente, les courbes de pourcentages cumulés prennent en compte le degré d'envasement et de confinement du territoire où s'est exercée la collecte. Elles permettent la visualisation rapide du substrat dominant se matérialisant sous forme d'inclinaison rapide des courbes. La croissance la plus importante de la courbe permet de connaître l'espèce dominante de l'assemblage étudié. L'exploitation de plusieurs milieux peut également être visualisée et se traduit par la présence d'au moins deux paliers dans des ensembles de biotopes différents. Enfin, cette représentation graphique semble adaptée à la comparaison de plusieurs assemblages archéologiques et permet une visualisation rapide des sites aux territoires de collecte les plus proches en termes de substrat exploité.

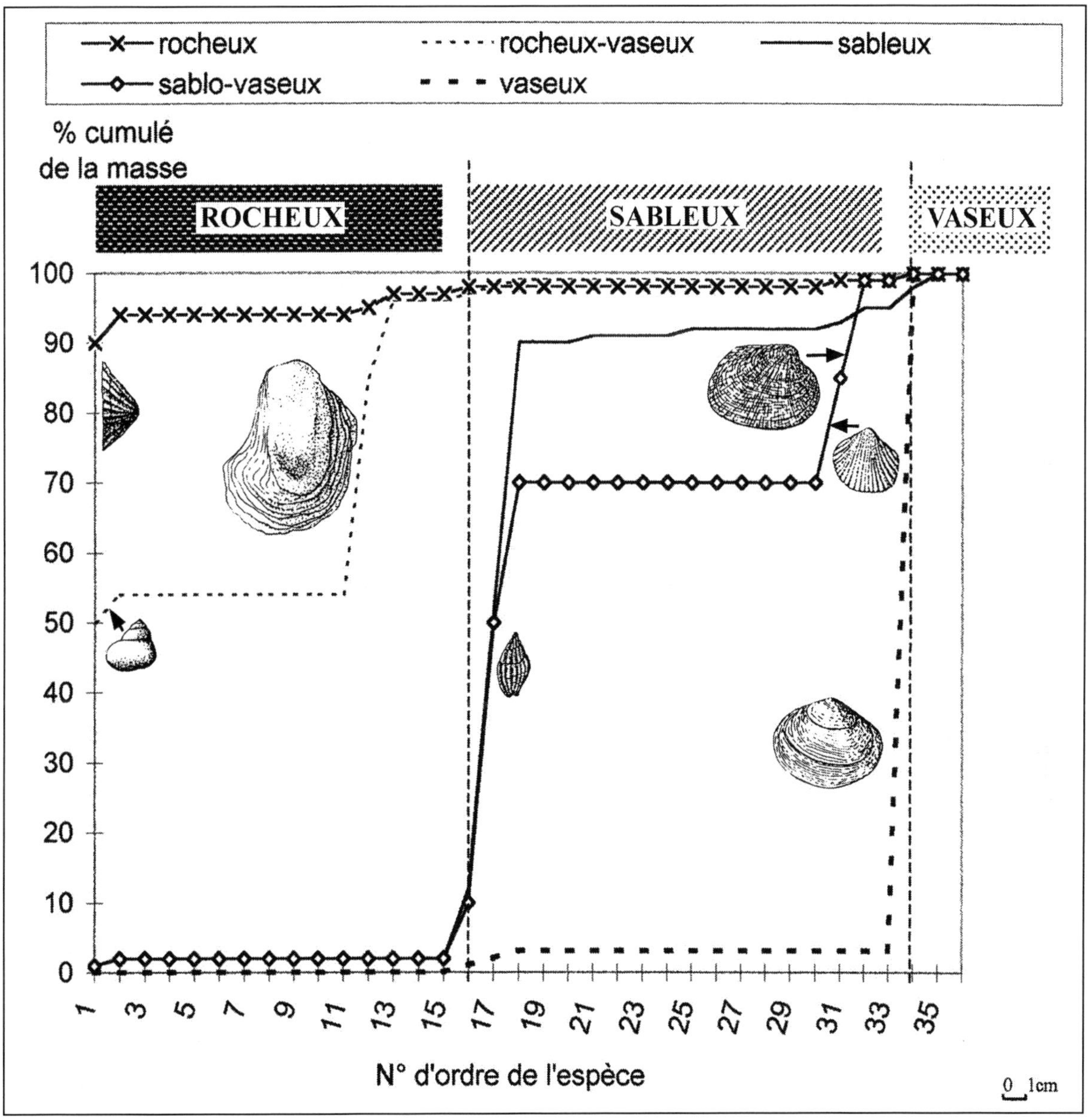

Fig. 23. Forme théorique des diagrammes cumulatifs selon les milieux en fonction des espèces

2 – Le mode d'exposition de la côte

Le caractère plus ou moins agité ou le niveau d'énergie des eaux marines (houle) agit également sur la répartition des espèces le long du littoral. Comme nous l'avons vu, la classification des espèces selon leur substrat d'origine donne aussi des indications sur le degré de confinement de la côte. Au sein d'un même substrat, la forme et la taille de certains taxons peuvent varier en fonction du mode d'exposition de la côte. Ce type d'approche a déjà été effectué sur le bivalve *Venerupis rhomboides* et sur des gastropodes *Littorina irrorata,* les patelles *Patella* sp. et les pourpres *Nucella lapillus* (Claassen, 1991, p.276 ; 1998, p.122).

Ainsi, Russell a observé que, pour une même espèce, *P. vulgata*, les patelles vivant sur les bas estrans sont plus plates et deviennent plus hautes dans les plus hauts estrans en se fondant sur le rapport entre la longueur et la hauteur de la coquille (Russell *et al.*, 1995, pp.280-282). L'hypothèse proposée pour expliquer cette variation de forme est liée à la force d'accroche plus ou moins importante développée par la patelle en fonction du mode d'exposition de l'animal (Russell *et al.*, 1995, p.280). Ainsi le développement plus ou moins important de son muscle agit sur la relation entre leur longueur et leur hauteur. Par confrontation aux référentiels actuels de patelles, les exemplaires d'un site mésolithique de l'Ouest de l'Écosse semblent avoir été collectées dans le moyen et bas estran (Russell *et al.*, 1995, p.287).

La même démarche a été appliquée à deux gastropodes, la pourpre *Nucella lapillus* et la nasse *Nassarius reticulatus* (anciennement appelée *Hinia reticulata*), pour lesquels des variations de forme ont été recherchées en fonction du mode d'exposition de la côte (Dupont et Gruet., 2000). Cette étude est résumée dans ce qui suit.

Les variations morphologiques de **Nucella lapillus** *et de* **Nassarius reticulatus**

Les variations de la forme de *Nucella lapillus* ont déjà fait l'objet de multiples études en biologie (Crothers, 1973, 1974 ; Etter, 1989) et également en archéologie (Andrews *et al,* 1987 ; Mellars, 1987, p.108). Pour *Nassarius reticulatus*, peu d'études ont été réalisées. Cependant, la variété *Nassarius reticulatus* var. *nitidus* a été décrite pour des milieux fermés (Fretter and Graham, 1984). La démarche suivie fait, à nouveau, appel à des référentiels actuels. Le but est de percevoir une variation de forme de ces deux gastropodes selon le mode d'exposition à la houle de stations de référence. Dans ce but, différents paramètres ont été mesurés sur les coquilles (Fig. 24.). Toutes les mesures sont communes aux deux espèces à l'exception de **e** (épaisseur à 4 mm du bord du labre) mesuré uniquement pour la pourpre et de **ct** (nombre total de côtes du dernier tour de spire), **cd** (nombre de côtes dorsales) et **lc** (largeur des trois côtes proches du labre) pour la nasse.

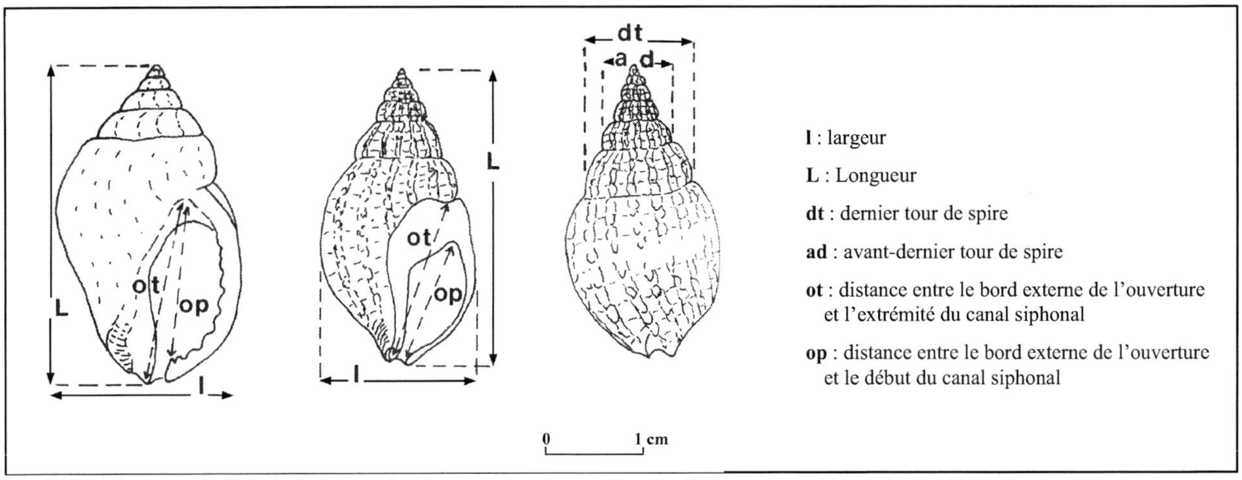

Fig. 24. Mesures effectuées sur les gastropodes de *Nucella lapillus* et de *Nassarius reticulatus* (Dupont et Gruet, 2000)

Différentes stations actuelles ont été échantillonnées et classées en fonction de leur mode d'exposition de la côte (Dupont et Gruet, 2000). La variation de la forme des deux gastropodes a été observée selon le classement obtenu. Dans ce but, différentes variables ont été calculées. Celles déjà établies sur la pourpre en biologie n'ont pas pu être directement utilisées. En effet, elles prennent en compte, pour la plupart, la longueur de la coquille (Crothers, 1974). Or, l'apex est une des zones les plus fragiles des gastropodes et est souvent absent des échantillons archéologiques. La longueur de la coquille a volontairement été écartée dans au moins un des rapports établis pour chaque espèce. Pour *N. lapillus* le rapport longueur totale sur la largeur **L/l** et le rapport largeur du dernier tour sur celle de l'avant dernier tour de spire **dt/ad** ont été observés (Fig. 25.) et pour *N. reticulatus* celui de la largeur de 3 côtes **lc** en mm et du nombre total de côtes sur la largeur **ct/l** (Fig. 26.). Pour les histogrammes proposés, la valeur moyenne est affectée de son intervalle de confiance à 5 % (de risque). Les stations sont classées en abscisse de la plus battue (à gauche) à la plus abritée (à droite) (Schwartz, 1980, p.133).

La forme de *Nucella lapillus* varie progressivement depuis la côte très battue de Penfoul jusqu'aux stations de mode nettement abrité de La Sennetière et de Porspoder (Fig. 25.). En mode exposé les *N. lapillus* sont très 'trapues', alors, qu'en mode abrité, elles seront proportionnellement plus allongées (Dupont et Gruet, 2000). Un tel effet de l'agitation a été mis en évidence sur l'espèce dulcicole *Limnaea palustris* (Chaix, 1986). La variabilité morphologique de *Nassarius reticulatus* ne se remarque qu'à partir des stations les plus abritées et confinées (lagune de Sébastopol) (Fig. 26.).

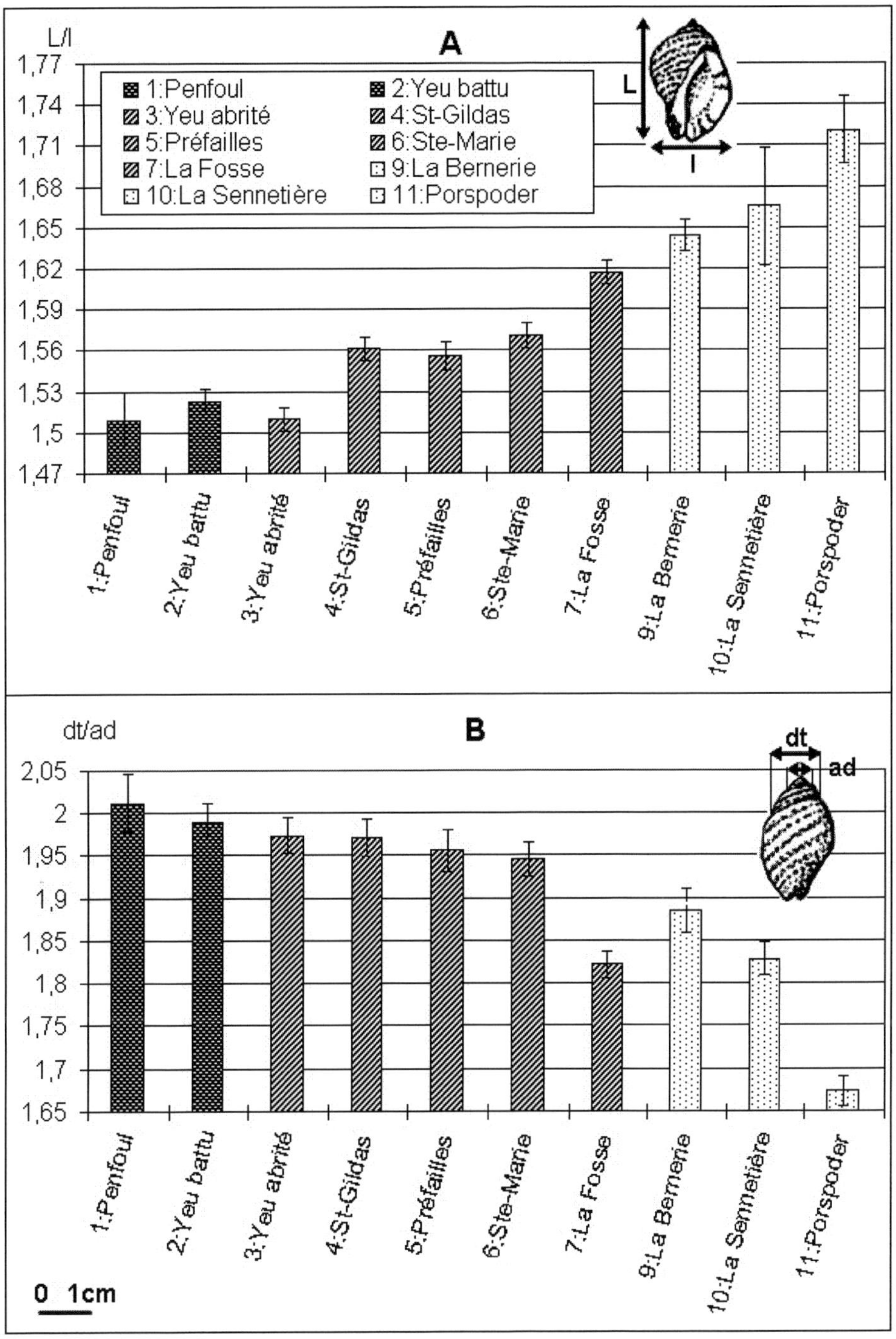

Fig. 25. Variation de la forme de *Nucella lapillus* de la station de référence la plus battue n°1 à la plus abritée n°11 : A - rapport de la longueur sur la largeur en fonction du degré de confinement des sites ; B - rapport de la largeur du dernier tour sur celle de l'avant dernier tour

Dans ces stations la variété *nitidus* de *N. reticulatus* domine nettement avec une coquille 'plus trapue' et surtout aux côtes plus larges, moins nombreuses sur un tour de spire et plus en relief. Cette variété vit en milieu plus calme, plus envasé que la variété *N. reticulatus* typique.

Théoriquement, un raisonnement par récurrence permettra, d'après la forme d'une coquille de pourpre ou de nasse trouvée en contexte archéologique, de savoir à quel pôle de confinement elle appartient et de connaître le biotope où auraient vécu les animaux vivants. Il nécessite, comme corollaire, à la fois un nombre suffisant d'individus ainsi qu'un bon degré de conservation. La connaissance du matériel archéologique est, de ce fait, indispensable. Il a permis de s'affranchir du handicap provoqué par une dégradation partielle du matériel.

La méthode utilisée a ses propres limites, qu'il sera peut-être possible de repousser. Pour une même station de référence, il serait intéressant de vérifier la variabilité de la forme des coquilles en fonction de la position sur l'estran (moyen ou bas estran), en fonction de la mobilité (volontaire) ou non (tempêtes) des espèces. Il semble que l'espèce *Nassarius reticulatus* soit plus mobile que *Nucella lapillus* par exemple. Concernant la mise en place de l'échelle de confinement, seuls quelques critères ont été pris en compte. D'autres pourraient être utilisés, comme la salinité, et permettraient peut-être de différencier et de classer les stations au sein des différents groupements de confinement, comme celui des stations intermédiaires. Cependant l'interaction de certains facteurs rend le classement difficile. D'autre part, le degré de représentativité de l'échantillon archéologique peut freiner l'application. Malgré ces limites, cette méthode apporte des indices importants sur le déplacement des populations au quotidien et permet d'écarter ou de retenir les milieux extrêmes très battus ou très abrités.

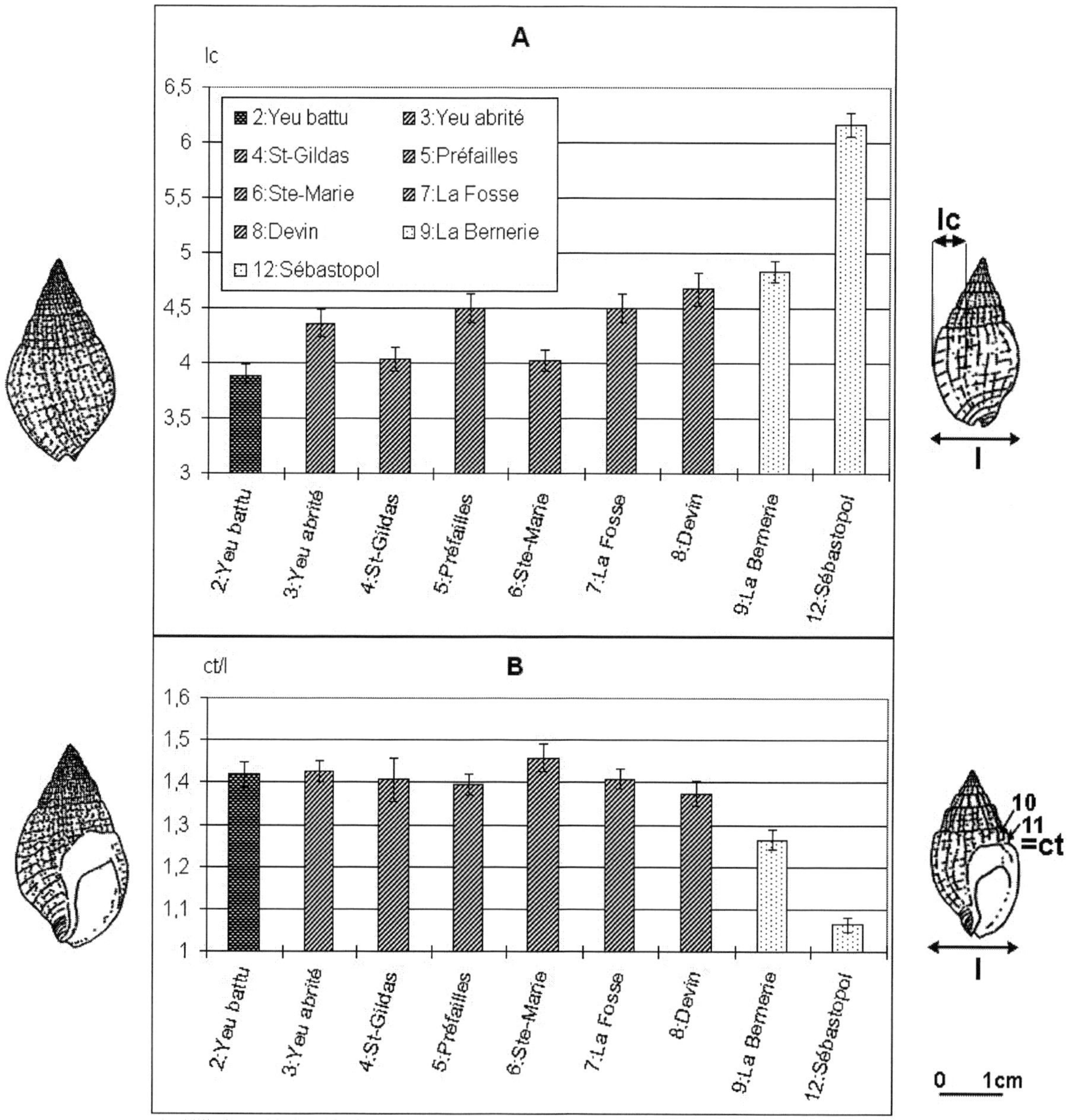

Fig. 26. Variation de la forme de *Nassarius reticulatus* de la station de référence la plus battue n°2 à la plus abritée n°12 : A - largeur des trois côtes les plus proches du labre selon le confinement des stations de référence ; B - rapport des côtes totales sur la largeur

1 – Le niveau de l'estran exploité par l'homme

Comme pour le substrat et le mode d'exposition de la côte, les coquillages sont plus ou moins strictement inféodés à une position altitudinale (Fig. 27.). Dans un premier temps, la côte a été divisée en deux grands ensembles : la zone intertidale et subtidale. La zone intertidale ou estran est la partie de la côte soumise à l'influence des marées (Welsch, 1917, p.345). Dans la région étudiée le marnage (différence entre l'altitude des basses mers de vive eau et celles des hautes mers de vive eau en un point donné) maximal est de 6 mètres. La zone subtidale représente la partie du plateau continental constamment immergée et située sous les plus basses mers de vive eau (B.M.V.E.). Les espèces qui y vivent ne sont donc pas accessibles à pied sec. Leur présence dans un assemblage archéologique témoigne de leur ramassage à l'état mort ou bien d'une collecte les pieds dans l'eau ou en plongée (Fig. 20.). Ensuite la zone intertidale a été divisée en trois parties : bas, moyen et haut estran. Cette subdivision s'appuie sur les coefficients de marée ('proportionnels à l'amplitude de la marée') (Welsch, 1917, p.345) à partir desquels les espèces sont émergées. Le haut estran correspond à la partie émergée lors de basses mers de morte eau (B.M.M.E.), le bas estran à la zone émergée uniquement lors des basses mers de vive eau (B.M.V.E.). Le moyen estran est intermédiaire aux deux zones précédentes. Ce classement permet de préciser le territoire de collecte des populations préhistoriques. Il met en évidence les parties de l'estran qui ont été potentiellement exploitées. La position altitudinale de la malacofaune apporte aussi des indices sur la fréquence de collecte optimale. Ainsi, la présence de coquilles de haut estran témoigne d'une collecte qui peut être quotidienne pendant plusieurs heures. Celles de bas estran ne peuvent être collectées qu'occasionnellement. Selon l'utilisation faite des coquillages l'homme peut être en quête de la chair de l'animal ou du test. Dans le cas où seule la coquille est cherchée, ce classement permet de savoir si les tests coquilliers ont directement été ramassés morts échoués sur la plage ou s'ils ont pu l'être vivants. Dans le second cas, il peut y avoir recyclage des restes alimentaires.

B – La fréquence de la collecte

1 – Les facteurs influant sur la fréquence de la collecte des coquillages

De multiples facteurs peuvent influer sur le moment où la collecte est exercée.

Les qualités gustatives de certaines espèces peuvent varier au cours de l'année. Ainsi, la consommation des huîtres se déroule encore de nos jours le long de la façade atlantique française par les populations littorales lors des 'mois en r', tandis qu'elle est boudée, car jugée trop 'laiteuse', en dehors de cette période. En effet, de mai à août les huîtres se reproduisent et sont pleines de cette substance blanchâtre correspondant aux embryons (Poppe and Goto, 1993, p.78). Poppe et Goto soulignent que cette période coïncide avec l'augmentation des températures de l'eau provoquant un danger d'empoisonnement lié à la prolifération des flagellés à l'intérieur du mollusque. Les moules sont, quant à elles, consommées de mai à septembre car elles sont jugées trop maigres en dehors de cette période (Poppe and Goto, 1993, p.78). En effet, 'les moules ne commencent d'engraisser qu'à la fin du printemps (fin avril, début mai) après avoir perdu de 32 à 48 % de leur poids pendant l'hiver' (Chenorkian, 1989, p.53).

La présence de **tabous alimentaires** n'est pas non plus à négliger, elle peut aussi bien s'appliquer à toute une population qu'à certains individus. Ainsi, la consommation de coquillages est interdite chez les jeunes femmes de certaines populations tant qu'elles ne sont pas mariées afin qu'elles conservent leur pureté. D'autres ne consomment pas les coquillages pendant leurs menstruations, durant 2 à 3 ans pour la même raison (Moss, 1993).

L'absence de consommation des coquillages peut être liée à leur **toxicité saisonnière**. Ainsi, 'les clams peuvent concentrer les toxines qui peuvent provoquer des maladies ou la mort chez l'homme' (Barber, 1982, p.95). Cette toxicité peut entraîner des tabous chez certaines populations. Les Indiens de la côte pacifique du Nord de l'Amérique associaient la coloration rouge de l'eau au poison des moules (*Mytilus californiansis*) (Buchanan, 1988, p.84). En fait, cette couleur s'explique par la présence du dinoflagellé *Gonyaulax catenella.* Il provoque l'asphyxie de la moule après 24 heures (Buchanan, 1988, p.83). La prolifération des algues toxiques à certains moments de l'année est surtout liée aux *blooms* phytoplanctoniques (Mussi *et al.,* 1995 pp.169-189). Des mollusques deviennent, de ce fait, toxiques au printemps. Le clam n'est pas consommé par certaines populations de mars à août (Moss, 1993). Moss cite l'exemple de 'Coastal Tlingït' où la côte semble peu modifiée par rapport aux périodes préhistoriques qu'il étudie. Que ce soit de nos jours où durant la préhistoire, en mars la collecte de coquillages est intense tandis qu'à d'autres saisons elle est boudée pour cause de toxicité (Moss, 1993).

Les facteurs paléoenvironnementaux ont aussi pu agir sur la collecte de certains taxons au cours du temps. En effet, une modification du paléoenvironnement proche du site peut entraîner la disparition de certaines espèces.

Enfin, la pression anthropique a également pu provoquer la diminution de la fréquence de certains coquillages. La variation de la collecte d'une espèce par une population côtière peut être une conséquence d'une mauvaise **gestion des ressources** (surexploitation). La consommation de certaines espèces pourra aussi chercher à compenser l'épuisement d'autres coquillages. Bigalke et Lasiak rapportaient, en 1973, que des populations leur

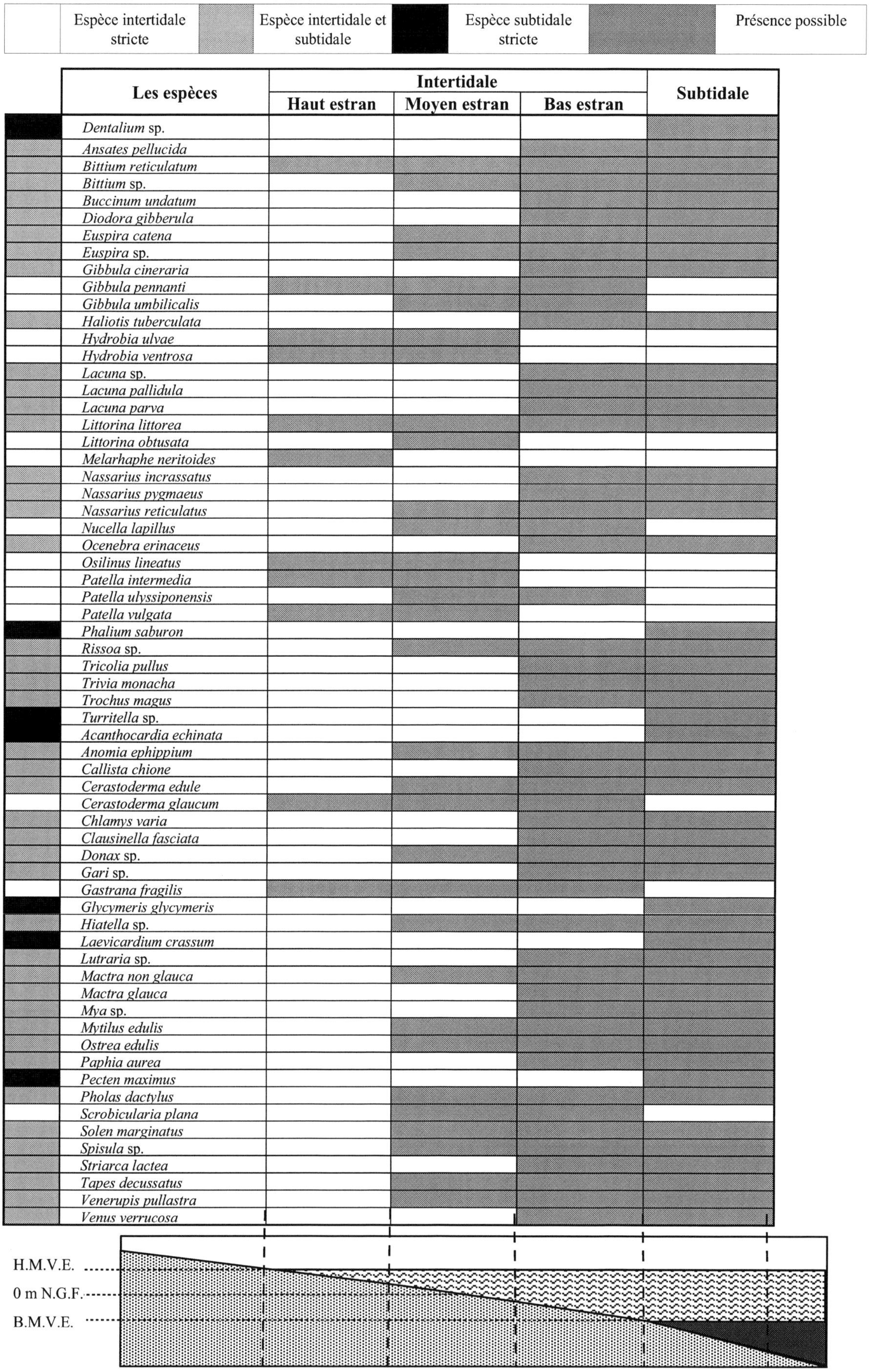

Fig. 27. Position altitudinale des espèces le long de la côte

avaient dit collecter des patelles uniquement lorsque les moules étaient difficiles à ramasser du fait des tempêtes (cité dans Claassen, 1998, p.44). La collecte de coquillages peut être très ponctuelle comme l'illustre l'exemple d'une population indigène de la côte sud africaine qui les collecte seulement durant 1 et 3 jours avec de rares cueillettes accessoires le reste de l'année (Buchanan, 1988, p.81).

Ces quelques exemples montrent toute la diversité qui peut exister dans la fréquence de la collecte de la malacofaune. Une absence de consommation de coquillages durant une partie de l'année ne sera pas forcément synonyme d'un abandon du site. La saison de collecte de la malacofaune sera, de ce fait, équivalente à un temps minimum de résidence.

2 – La collecte quotidienne, saisonnière ou exceptionnelle

La fréquence de la collecte des mollusques peut être quotidienne ou saisonnière. Dans la figure 28, les parties grisées représentent celles qui intéressent directement les caractéristiques du moment de la collecte. La position altitudinale des mollusques apporte des indices sur leur accessibilité. L'analyse de la saison de collecte pourra également être abordée par l'étude du bivalve *Tapes decussatus*. Cette méthode ayant été appliquée à une seule espèce du cortège spécifique observé, elle n'a pas été indiquée dans la figure 28.

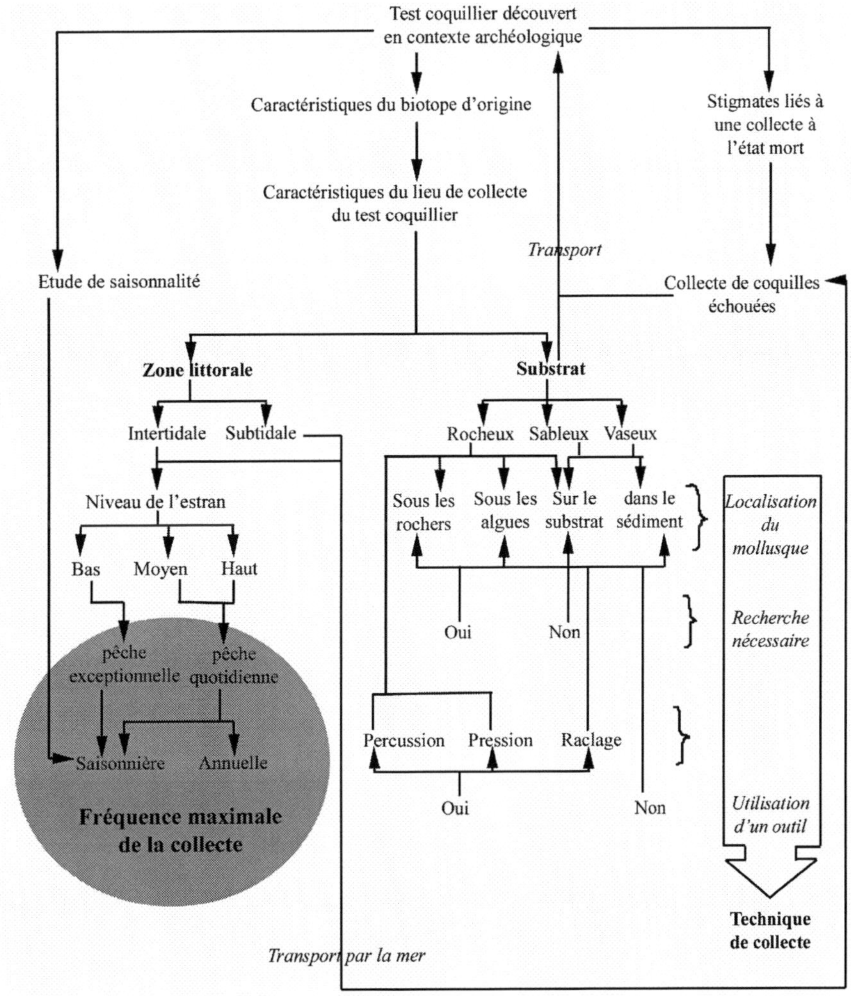

Fig. 28. L'acquisition de la malacofaune marine : le moment de la collecte

2.1 – Le niveau de l'estran exploité par l'homme et la fréquence potentielle de la collecte

La répartition de la malacofaune le long de l'estran permet de savoir si la collecte a pu être effectuée quotidiennement (Chapitre III-A-3). Sous nos latitudes, l'ormeau ne peut être collecté par les populations locales que lors des grandes marées de septembre ou de printemps (Cocaign, 1999, p.29). 'Meehan a observé chez les chasseurs-cueilleurs d'Anbarra du Nord-Ouest de l'Australie que la collecte n'était pas plus fréquente au printemps que dans d'autre partie de l'année, mais elle rapporte que le poids de la collecte se trouvait doublé pendant les grandes marées de printemps' ce qui est probablement dû à l'accès 'aux grandes espèces sublittorales' (cité dans Buchanan, 1988, p.82). De même, la patelle *P. barbara* n'est intertidale que durant des forts coefficients de marée de vive eau, et donc accessible que saisonnièrement (Buchanan, 1988, p.81).

2.2 – La croissance de la malacofaune et le moment de sa collecte

La croissance de la coquille d'un mollusque ne se fait pas de façon linéaire, ni tout au long de sa vie, ni au cours de chaque année de sa vie. Les tests coquilliers enregistrent ces variations de croissance. Il est possible, pour certaines espèces, de lire ces enregistrements et de savoir quand les espèces ont été collectées.

2.2.1 – La théorie de la croissance de la malacofaune

La croissance au cours de la vie d'un individu

Dans ce qui suit, l'étude de la saison de collecte est appliquée à la seule classe des bivalves. Leur croissance est logarithmique. D'abord rapide, elle s'atténue après quelques années pour devenir presque nulle par la suite. Ces variations pluriannuelles s'ajoutent à d'autres perceptibles au cours d'une même année.

La croissance annuelle

Les facteurs environnementaux peuvent agir fortement sur la vitesse de croissance des mollusques (Christensen, 1994, p.201) : la profondeur du substrat, la température, la salinité, les marées, le cycle de reproduction, l'âge des individus et à un degré un peu moins important le débit de l'eau (Panella et Copeland, 1968 ; Chauvaud *et al.*, 1998, p.83). À ceux-ci s'ajoutent des facteurs ponctuels comme les *blooms* de dinoflagellés (Chauvaud *et al.*, 1998, p.83).

La température est un facteur clé de la croissance du coquillage. Elle agit à la fois de façon directe et indirecte sur plusieurs fonctions de l'animal. Plus l'eau est froide et plus la dissolution du carbonate de calcium est réduite. La capacité des lamellibranches à emmagasiner le carbone est, de ce fait, moins importante. La température agit aussi sur la production en phytoplancton dont se nourrissent les bivalves. La croissance annuelle de la coquille se trouve, de ce fait, parallèle aux courbes de température. En mers tempérées, elle commence au début du mois d'avril après un temps de latence hivernal plus ou moins important selon les espèces (Franc, 1960). Ce phénomène est lié à l'accroissement de la température, de la luminosité et du *bloom* de phytoplancton. Puis, la croissance s'accélère pour ralentir en novembre suite à la baisse de la température et de la luminosité. Elle s'annule pour le reste de l'année jusqu'au mois de mars de l'année suivante. Cet arrêt est provoqué par des conditions d'alimentation défavorables (nourriture réduite, tempête, ensablement). De nombreuses espèces suivent ce schéma, d'autres possèdent deux périodes principales de croissance l'une au printemps l'autre à l'automne (*Ostrea edulis*) (Franc, 1960).

2.2.2 – Le matériel

Le choix de l'espèce étudiée : Tapes decussatus

Le choix de la palourde *Tapes decussatus* s'est imposé (Fig. 29-A.). En effet, la lecture de la saison de collecte est plus aisée chez les bivalves que chez les gastropodes. Par ailleurs, cette espèce est trouvée sur de nombreux sites mésolithiques et néolithiques. Enfin, elle a fait l'objet d'études contemporaines variées portant sur sa biologie. La palourde ayant été décrite sur les fiches individuelles, je ne reviendrai pas sur ses caractéristiques mais seulement sur quelques aspects de sa collecte (Annexe 1. Fiche n°66). Les 'pêcheurs à pied' la récoltent encore de nos jours, en France par exemple, en fouillant à basse mer les endroits les plus caillouteux de façon aléatoire au moyen d'un râteau (Fig. 29- C.). Les plus initiés repèrent deux petits trous juxtaposés à la surface du substrat qui correspondent aux extrémités des siphons (Dautzenberg, 1913, p.50) (Fig. 29-B.). Ils y enfoncent un couteau à large lame pour extraire l'animal du sédiment (Fig. 29-D.). Ce bivalve peut-être collecté quasi quotidiennement, sa collecte étant possible pour de faibles coefficients de marée (environ 50).

L'origine des référentiels actuels

Pour mettre au point et tester une méthode, des référentiels actuels de palourde ont été sélectionnés sur l'estran. Trois lots d'une centaine d'individus ont été collectés vivants à trois moments différents de l'année 1999 sur le littoral vendéen à Bouin (Fig. 30.). Ces lots ont tous été pêchés 'au trou' par Daniel, Anne-Marie et Catherine Dupont en avril, en juillet et enfin courant septembre.

2.2.3 – Les méthodes utilisées en archéologie

L'étude de la saison de collecte a pour but 'd'apprécier la part de la dernière année' qu'aura vécue un mollusque avant sa mort (Chenorkian, 1992). Plusieurs techniques ont d'ores et déjà été mises au point pour étudier la saison de collecte des bivalves. Le ralentissement hivernal de l'accroissement des coquilles se traduit par un fort rapprochement des stries de croissance que l'on visualise comme une strie plus marquée ou strie de ralentissement de croissance.

L'observation des ralentissements de croissance peut être facilitée par la **section radiale** des bivalves. Cela a déjà été fait sur la coque *Cerastoderma edule* (Jones *et al.*, 1978 ; Deith, 1983-1, p.428). Une technique appelée 'acetate peels' permet d'observer une fine couche de

Fig. 29. La collecte de la palourde (Photographies C. Dupont)
A - A gauche vue interne d'une valve de *Tapes decussatus* avec l'empreinte du sinus palléal, à droite vue externe avec présence de stries d'arrêt de croissance hivernal ; B - Présence de deux trous juxtaposés séparés d'environ 3 millimètres sur le sédiment; C - Pêcheur à pied à la recherche des trous trahissant la présence de la palourde. Celui-ci est muni d'un petit râteau ; D- Pêcheur à pied extirpant la palourde du sédiment à l'aide d'un couteau à large lame.

cette section au microscope (Kennish et Lutz, 1980 ; Brown, 1986 ; Bourget et Brock, 1989). Elle a été appliquée par C.A. Richardson en 1988 sur des palourdes (*Tapes* sp.) (Richardson, 1988, p.105). 'Un ralentissement de la croissance aboutit au dépôt d'une couche de carbonate de calcium plus sombre, car présentant une plus forte densité de matière organique. Par contre, une plus grande quantité de microcristaux de carbonate de calcium est la conséquence d'une rapide croissance. Les stries de croissance sont expliquées comme le résultat de période de dépôt et de dissolution (Davenzo, 1988, pp.6-7).'

Les **analyses isotopiques** permettent de suivre les variations de températures saisonnières de l'eau de mer (Bailey *et al.*, 1983). Des prélèvements au niveau de la dernière croissance, c'est-à-dire sur le bord de la coquille, permettent ainsi d'évaluer la température de l'eau au moment de la collecte et de ce fait la saison de collecte (Jones et Quitmyer, 1996). Cette technique présente la particularité d'avoir été appliquée sur des gastropodes.

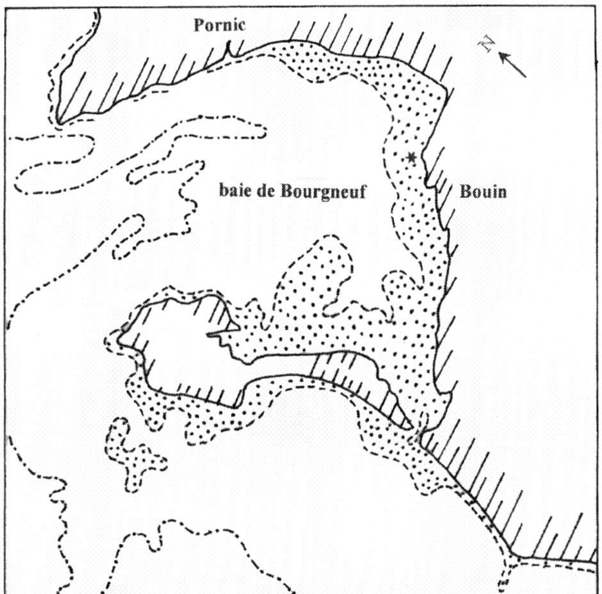

Fig. 30. Localisation de la station actuelle de référence

En effet, elle a, par exemple, été effectuée sur *Osilinus lineatus* à l'aide de l'isotope ^{18}O (Deith, 1986, p.69). L'analyse du profil de l'oxygène ^{18}O ne va pas sans poser des problèmes d'échantillonnage, de temps de latence entre les variations de températures et les variations de taux d'oxygène, de différence de réponse en fonction de l'âge (Killigley, 1983).

Une autre technique consiste à **observer ces stries d'arrêt de croissance hivernal sur** la surface externe de la coquille (Ham et Irvine, 1975, p.365 ; Davenzo, 1988, p.6 ; Toizumi, 1994). Elle a été suggérée dès 1926 par Orton sur *Cardium edule* (devenue *Cerastoderma edule* depuis) (Moutzourides, 1971) et appliquée sur les coquilles Saint-Jacques *Pecten maximus* (Allison et Wilson, 1994).

C'est cette dernière technique qui a été utilisée sur les valves de palourde.

2.2.4 – La méthode choisie

Les mesures prises sur les référentiels actuels

La hauteur et la longueur totale de chaque individu ont été mesurées (Fig. 31.). Pour que les échantillons soient comparables, la même partie de la coquille a été examinée : la zone médiane du bord ventral de la valve (bord opposé à la charnière de la coquille). Deux mesures y ont été effectuées. La distance **n** représente l'accroissement de la coquille du début de l'année jusqu'au moment de la collecte et $\mathbf{n_{-1}}$ la croissance de la coquille durant l'année qui a précédé la collecte. Les mesures ont été réalisées au pied à coulisse au centième de millimètre près. Pour faciliter la lecture systématique des échantillons, n et n_{-1} ont été mesurées sur l'axe médian de chaque valve à l'aide d'une loupe binoculaire (grossissement * 40). D'autre part, certains arrêts de croissance annuels, de lecture difficile, ont été repérés dans un premier temps sur la partie postérieure de la charnière (partie la plus longue de la charnière) car ils y sont plus lisibles. Puis, par prolongement, ils ont ainsi pu être plus facilement retrouvés au niveau de l'axe médian. La courbe de croissance en fonction de l'âge de la palourde étant logarithmique une simple comparaison de la distance entre le bord de la coquille et la strie de croissance ne suffit pas à caractériser la saison de collecte. Des valeurs relatives ont été recherchées afin de limiter les distorsions qu'apporte la taille de la coquille. Connaissant la croissance totale de l'année précédant la collecte (n_{-1}), et la croissance de l'année en cours (n), le rapport de n/n_{-1} indique le taux de croissance par rapport à la croissance prévisible de l'année en cours. $(n/n_{-1})*100$ exprime cette même idée en pourcentage, c'est ce que Ham et Irvine ont décrit comme 'per cent of growth of previous year' (Ham et Irvine, 1975, p.365). Ainsi, une coquille collectée en début d'année possède un faible pourcentage d'accroissement par rapport à sa croissance prévue durant une année et inversement pour des coquilles collectées en fin d'année.

Cette même approche a déjà été appliquée en archéologie sur le site mésolithique de Morton aux États-Unis mais sur d'autres espèces de bivalves (Ham et Irvine, 1975, p.365).

La croissance annuelle théorique de la palourde

Le déroulement de la croissance de la palourde sur une année suit la courbe des températures. Après un arrêt de croissance hivernal, *Tapes decussatus* reprend sa **croissance** en avril (Fig. 32.).

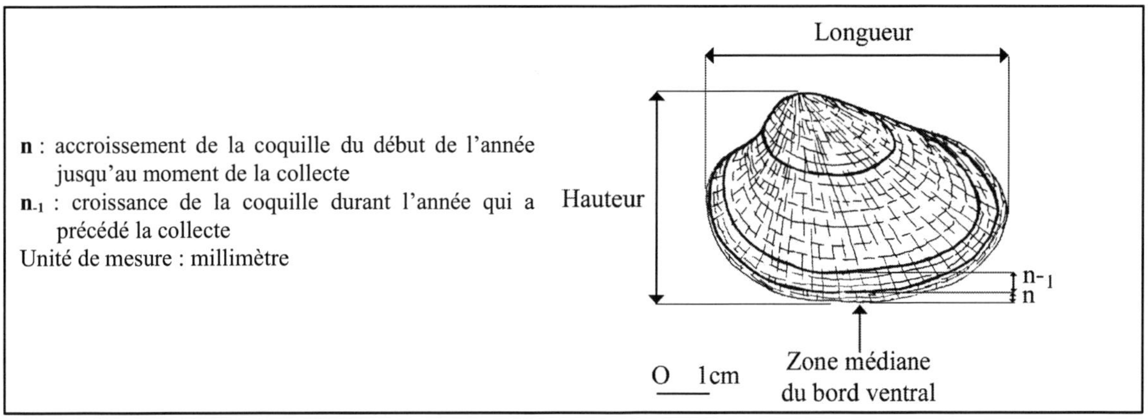

Fig. 31. Mesures effectuées sur la valve de palourde *Tapes decussatus*.

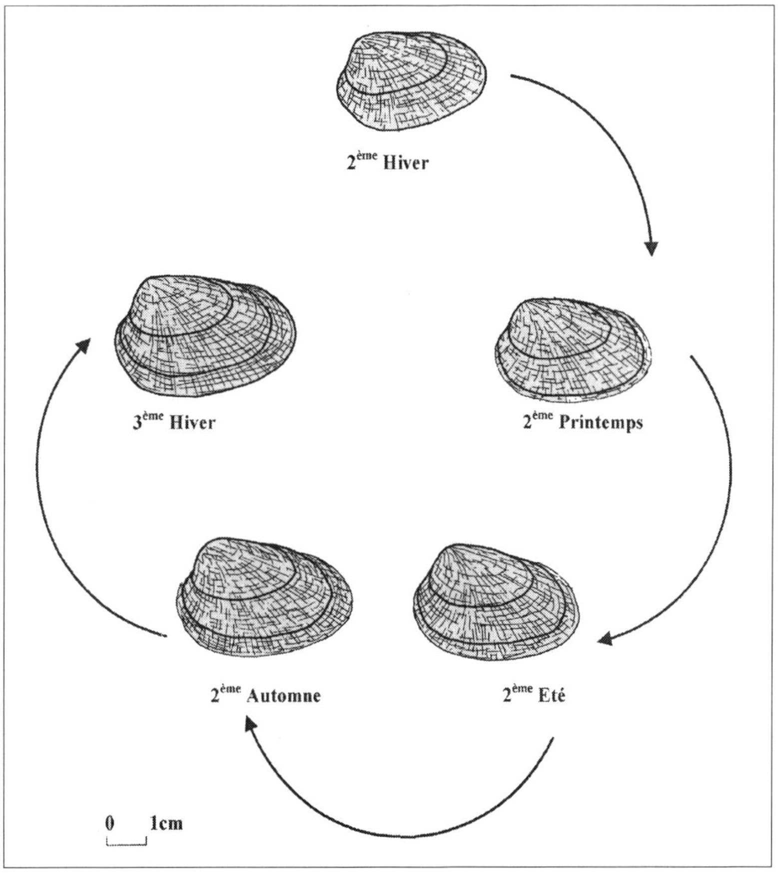

Fig. 32. Schéma théorique de la croissance d'une palourde au cours d'une année

D'avril à juin, cette reprise débute après un léger temps de latence par rapport à l'augmentation des températures (taux de croissance faible) pour **s'accélérer** de juin à août (augmentation du taux de croissance) et diminuer en septembre (stabilisation du taux de croissance). Puis, la palourde présente un **arrêt de croissance automnal** (Goulletquer, 1989, p.129) dû à une baisse de la température et de la luminosité. Quelle que soit la zone de l'estran d'octobre à avril, la croissance est quasi nulle (Goulletquer, 1989, p.45). Ce phénomène est simultané au recrutement automnal de juvéniles benthiques qui s'implantent en fin d'année sur le sable (Guelorget *et al.*, 1980). Les basses températures de **l'hiver** conduisent à un arrêt total de la croissance lié à des conditions d'alimentation plus défavorables (nourriture réduite, tempête, ensablement). Une strie d'arrêt de croissance est alors observée sur la face externe de la coquille.

2.2.5 – Les résultats

La croissance de la hauteur de la palourde au cours de sa vie

Une courbe de croissance a été réalisée à partir des référentiels actuels collectés à Bouin (Vendée, France) dans le but de vérifier qu'ils suivaient bien une croissance logarithmique. Pour chaque année, la distance du crochet à la strie d'arrêt de croissance est mesurée. Ces mesures ont été effectuées sur 35 individus de grande taille pour obtenir une croissance sur un grand nombre d'années. Pour chaque année de vie, la moyenne de la hauteur est calculée et a été associée à son intervalle de confiance pour un risque de 0,05 (Schwartz, 1980, p.133) (Fig. 33.). La courbe obtenue est bien logarithmique. D'après ces observations, les individus les plus âgés atteignent 10 ans. Les travaux de Goulletquer sur des palourdes d'une espèce voisine *Ruditapes philippinarum* montrent que des individus de 2ème année ralentissent déjà très nettement leur croissance (Goulletquer, 1989, p.141).

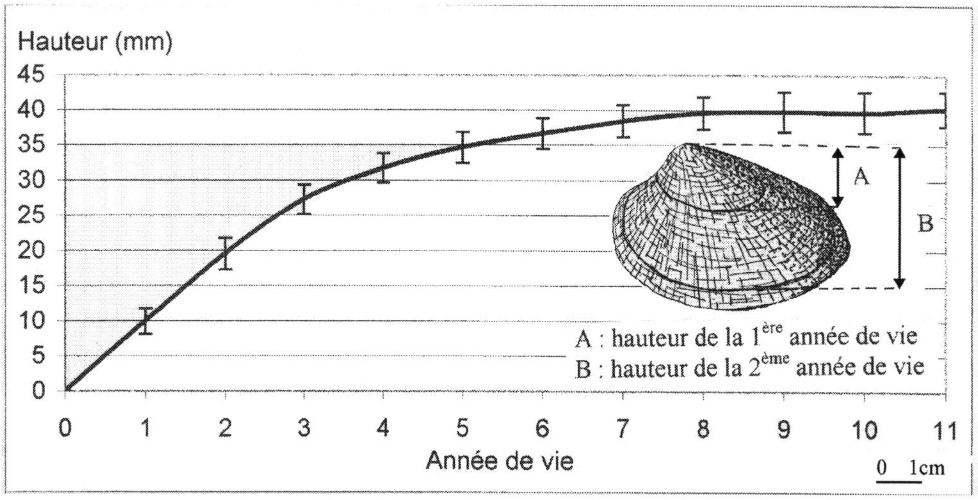

Fig. 33. Courbe de croissance de la palourde *Tapes decussatus* à partir de référentiels actuels de Bouin (Vendée, France).

La croissance annuelle de la palourde

Afin de juger de l'avancement de la croissance de l'année en cours le taux de croissance n/n_{-1} a été calculé et sa répartition observée en fonction de la saison de collecte des lots.

La comparaison des moyennes

Dans un premier temps, la moyenne du rapport n/n_{-1} a été calculée en fonction des mois de collecte (Tableau 5).

La valeur de la moyenne a été associée à l'intervalle de confiance de la moyenne pour un risque de 0,05 (Fig. 34.). Les moyennes du rapport n/n_{-1} retracent parfaitement l'évolution de la croissance sur une année. Pour le mois d'avril, la croissance est en moyenne de 47 % par rapport à celle de l'année précédente, pour le mois de juillet de 63% et pour le mois de septembre de 89 %. Plus l'année est avancée et plus la croissance moyenne de ces trois lots est importante (Fig. 35-A.) par rapport à celle de l'année précédente.

Dans le but de savoir si les moyennes obtenues pour ces trois échantillons d'avril, de juillet et de septembre diffèrent significativement, des tests statistiques leur ont été appliqués. Elles ont été comparées deux à deux.

	Avril	Juillet	Septembre
moyenne	0,47	0,63	0,89
écart-type	0,31	0,34	0,37
min	0,09	0,12	0,14
max	1,85	1,71	1,91
N	108	101	99

Tableau 5. Variables descriptives associées à la moyenne du taux de croissance n/n_{-1} au sein des référentiels actuels (min : valeur minimale obtenue sur l'échantillon ; max : valeur maximale obtenue sur l'échantillon ; N : nombre d'individus observés)

Dans un premier temps, un test F de Fisher-Snedecor a été effectué afin de vérifier l'égalité des variances (Chenorkian, 1996, pp.24-25). Elle a été confirmée entre les lots d'avril et de juillet ($F_{107,100}$ calculé = 1,203) ainsi qu'entre ceux de juillet et de septembre ($F_{100,98}$ calculé = 1,184) pour un risque de 0,05. Si les moyennes sont comparées deux à deux, elles sont significativement différentes (test de Student entre avril et juillet : t = 3,55 ; d.d.l. = 207, puis entre juillet et septembre : t = 5,17 ;

d.d.l. = 198 au seuil de 0,05) (Chenorkian, 1996, pp.30-32).

L'application du test F aux lots d'avril et de septembre montre qu'ils possèdent, quant à eux, des variances significativement différentes ($F_{107,98}$ calculé = 1,425) pour un risque de 0,05. Le test de Cochran est alors appliqué entre les moyennes du lot d'avril et de septembre (t calculé = 8,810 ; t' = 1,987 ; d.d.l. = 205 au seuil de 0,05). Il montre que les moyennes du rapport n/n_{-1} de ces deux mois sont également significativement différentes pour un risque de 0,05.

Le taux de croissance semble être un bon critère de différenciation du moment de la collecte.

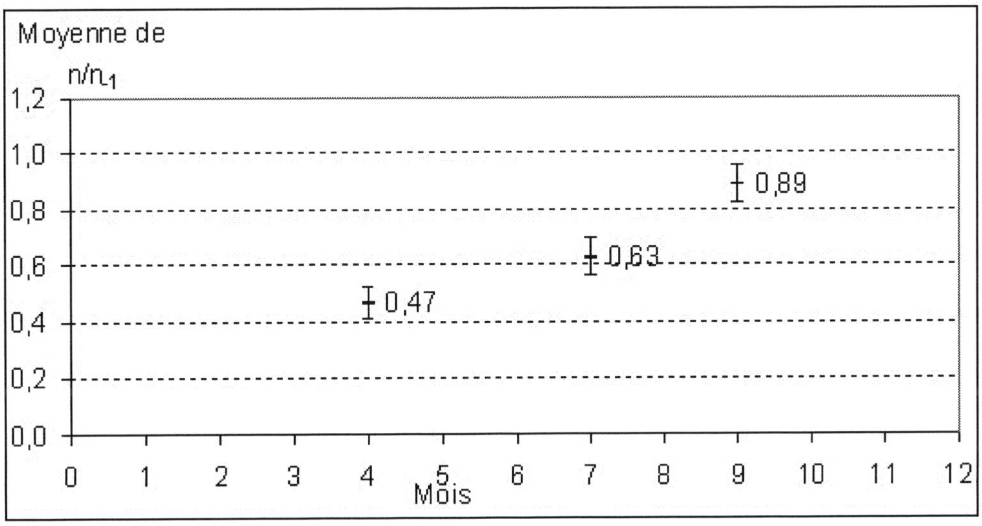

Fig. 34. Moyenne et dispersion du taux de croissance des référentiels actuels de palourde en fonction de leur mois de collecte

La comparaison de la distribution de rapport n/n_{-1}

La répartition du rapport n/n_{-1} a été observée en fonction du moment de la collecte (Fig. 36.).

Malgré une superposition des pics des mois d'avril et de juillet pour les valeurs de n/n_{-1} comprises entre 0,3 et 0,6, les valeurs d'avril comprises entre 0 et 0,3 sont plus nombreuses (30 %) que celles du mois de juillet. Une proportion plus importante d'individus a une croissance peu avancée pour le mois d'**avril**.

D'après la biologie de l'espèce, la croissance serait stoppée durant le mois d'octobre. Le rapport n/n_{-1} sera égal à 1 à partir d'octobre. Pour le mois de **septembre** situé en fin d'année et donc en fin de croissance le rapport n/n_{-1} devrait avoisiner la valeur 1 (n_{-1} se rapprochant de n). C'est ce qui est observé sur la répartition de n/n_{-1} avec un pic dominant dans l'intervalle 0,6 à 0,9. Plus la collecte est avancée dans l'année, plus les courbes de répartition du taux de croissance sont décalées vers des grandes valeurs. Globalement, l'observation de la répartition du taux de croissance de l'année en cours par rapport à l'année précédente semble bien traduire une croissance peu avancée pour le mois d'avril, une croissance très avancée en septembre avec une situation intermédiaire au mois de juillet. Cependant, l'étalement des données laisse entrevoir une grande variabilité individuelle. Elle peut être liée à la physiologie.

'Théoriquement tous les individus collectés le même jour doivent posséder les mêmes variations, mais biologiquement les organismes se conforment rarement à la règle' (Deith, 1986, p.71). Le facteur taille, par exemple, a pu agir. D'autre part, le temps de latence avant le début de la croissance peut être très variable selon les individus.

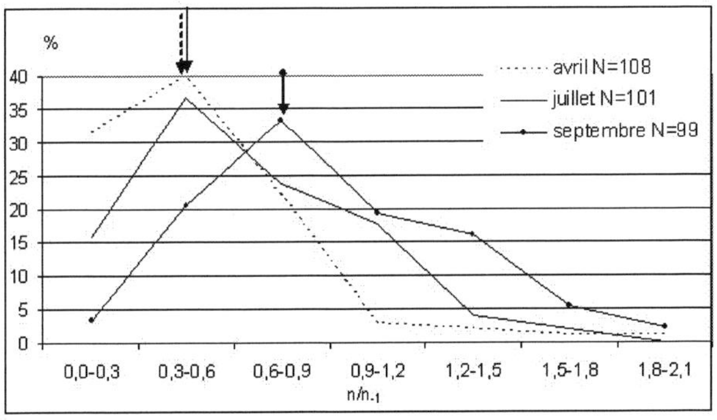

Fig. 36. Répartition du taux de croissance des référentiels actuels en fonction de leur mois de collecte

Dans un premier temps la répartition du taux de croissance est observée en fonction des classes de taille. Puis, les pourcentages des proportions de n/n_{-1} ont été cumulés afin de limiter le facteur individuel du temps de latence.

Fig. 35. La croissance de la palourde A - Plus l'année est avancée plus la distance entre le bord ventral et le dernier arrêt de croissance est importante : avec de gauche à droite des palourdes d'avril, juillet et septembre ; B - Palourde de Diconche, à gauche une valve entière (L=49mm), en haut à droite un reste calciné de coquille ayant servi d'outil (L=27mm), en bas à droite reste calciné de palourde (L=15mm) ; C - Palourde de Diconche ayant servie d'outil, le bord ventral présente une disparition de matière (L=46mm) ; D – Palourde d'Auzay (Photographies A à C par C. Dupont, D par Y. Gruet).

La répartition du taux de croissance en fonction des classes de taille

Les valves ont été divisées en deux classes de longueur : de 20 à 40 et de 40 à 60 millimètres. Il faut noter la rareté des coquilles de 20 à 30 millimètres et de 50 à 60 millimètres.

Pour le mois d'**avril** les pics des courbes sont décalés selon la taille de la valve (Fig. 37-A.). Pour les coquilles de taille supérieure la courbe est décalée vers des valeurs de n/n_{-1} plus forte avec un mode compris entre 0,3 et 0,6. Les individus plus âgés tendent vers une diminution de leur croissance d'année en année. La croissance de l'année précédente, très faible sur des coquilles de très grande taille, rend le rapport n/n_{-1} fort pour une petite distance de n.

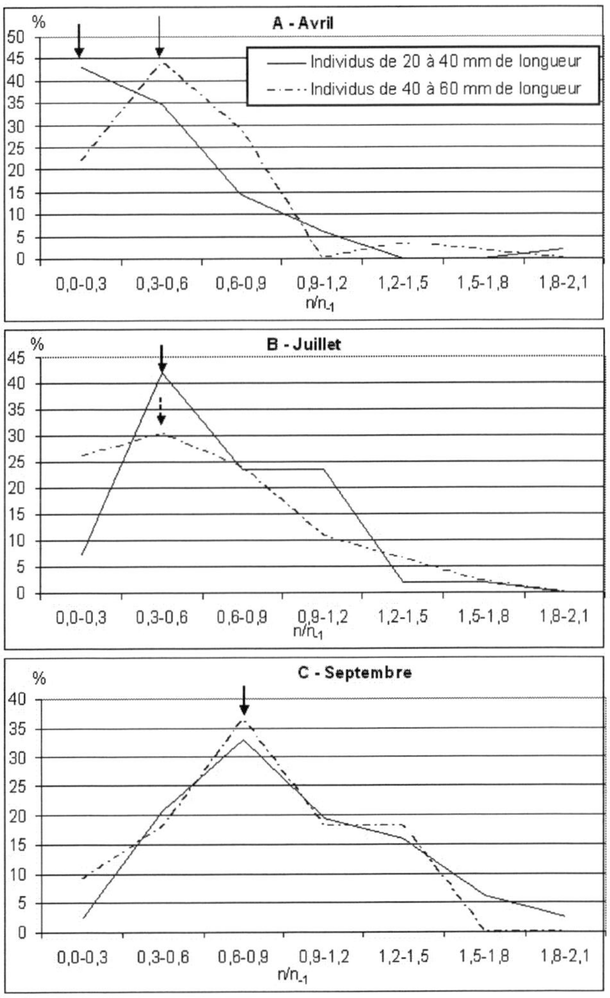

Fig. 37. Répartition du taux de croissance en fonction de la taille de la palourde

Pour le mois de **juillet** les pics se superposent dans l'intervalle 0,3 à 0,6 (Fig. 37-B.). L'étalement des données est cependant plus important pour les petits individus vers les grandes valeurs et inversement pour les grands individus. Ce phénomène peut être rapproché du facteur logarithmique de la croissance de la palourde au cours de sa vie.

Pour le mois de **septembre** les modes sont situés dans l'intervalle 0,6 à 0,9 se superposent et les courbes sont proches (Fig. 37-C.).

Selon la taille des palourdes observées, les classes modales des courbes de répartition du taux de croissance sont légèrement décalées en début de croissance et tendent à se superposer en fin de croissance. Malgré un temps de latence plus ou moins long selon les individus, le taux de croissance final est homogène. La taille des coquilles apparaît être un des facteurs agissant sur la variabilité du rapport n/n_{-1}.

La comparaison des pourcentages cumulés

La répartition du taux de croissance toutes tailles confondues montrait une superposition des modes d'avril et de juillet dans l'intervalle 0,3 à 0,6. Cependant, la proportion des coquilles d'avril au taux de croissance compris entre 0 et 0,3 est plus importante (30 %) que celles du mois de juillet (15 %). Une autre représentation graphique a été recherchée afin de faciliter la comparaison de ces deux lots. Les courbes cumulatives des pourcentages de n/n_{-1} ont été dressées en fonction de leur mois de collecte (Fig. 38.).

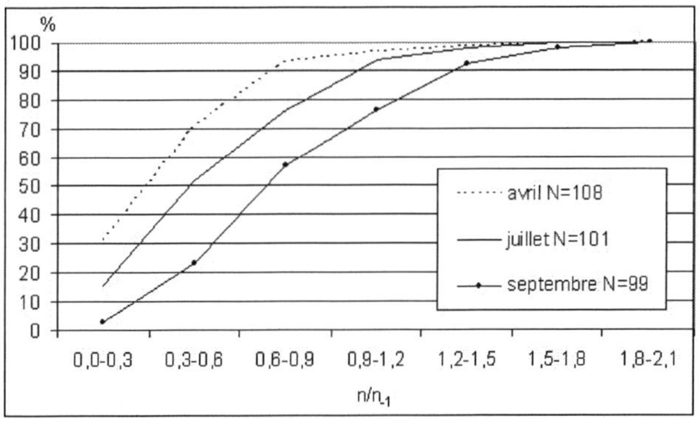

Fig. 38. Pourcentages cumulés des proportions du taux de croissance en fonction des saisons de collecte des référentiels actuels

Les trois courbes se distinguent nettement avec une courbe d'avril décalée vers les petites valeurs de n/n_{-1}, puis une courbe intermédiaire du mois de juillet et enfin un décalage vers les grandes valeurs pour le mois de septembre. 50 % des valeurs du mois d'avril possèdent une croissance inférieure à 30 % de la croissance de l'année précédente (n/n_{-1}*100), pour le mois de juillet elles sont inférieures à 60 % et pour le mois de septembre à 90 %. Cette représentation graphique permet de bien individualiser les saisons de collecte.

2.2.6 – L'application et les limites de la méthode

La lecture des stries d'arrêt de croissance n'est pas aisée et les limites à leur observation ont souvent été énoncées dans la littérature. Tout d'abord, il existe une difficulté à la lecture de la coquille des individus très âgés (Thomas et Larsen, 1979, p.163). En effet, la croissance se ralentissant très fortement sur les individus séniles, les arrêts de croissance deviennent très proches et difficiles à individualiser (Claassen, 1993, pp.55-57). La majorité des coquilles archéologiques étant très dégradée, la longueur et la hauteur sont rarement mesurables (Fig. 35-B.). Le taux de croissance de référence considéré est celui toutes tailles confondues. L'analyse de la saison de collecte sur des référentiels actuels montre la variabilité qu'il peut exister selon les individus et la difficulté qu'un tel domaine pose. L'origine de ces variations peut être multiple et être aussi bien liée à la variation intraspécifique, qu'à des conditions environnementales locales ainsi qu'à des conditions climatiques variables suivant les années.

Le passage de la méthode d'analyse au matériel archéologique requiert certaines conditions comme une quantité de matériel suffisant ainsi que la présence d'un bord coquillier non altéré (Fig. 35-C. et D.). Cette étude souligne aussi l'importance des données stratigraphiques. Les résultats seront d'autant plus nets que la collecte aura été importante à une seule saison. Souvent, il ne reste plus qu'un échantillon de quelques coquilles des espèces jugées représentatives des grands amas coquilliers aujourd'hui disparus. La durée de résidence pour de tels sites restera à jamais posée. De même, certaines fouilles contemporaines tendent à délaisser le matériel coquillier alors que des indices sur la fonction même du site peuvent en être déduits.

Malgré ces limites à la fois liées à la biologie de l'espèce et à l'application aux échantillons archéologiques, l'étude des référentiels actuels met en évidence une différentiation des lots suivant le rapport n/n_{-1}. La moyenne de ce rapport augmente au fil de l'avancement de la collecte dans l'année.

Sans moyens techniques et financiers, cette démarche a néanmoins permis une première approche pour déterminer la saison de collecte des coquillages.

3 - Les conclusions à la fréquence de la collecte des coquillages

L'emplacement de la malacofaune le long de l'estran permet de savoir si cette denrée pouvait entrer dans le menu quotidien des populations. Selon la densité et la répartition des restes, l'analyse de la saison de collecte répond à différentes questions. Appliquée aux amas et aux lits coquilliers, elle détermine un **temps minimum d'occupation** (Deith, 1983-1, p.423). Ainsi elle permet de savoir si certains campements étaient saisonniers ou permanents. L'absence de collecte d'une espèce à un temps donné ne sera pas obligatoirement synonyme d'un abandon du site. D'autres études, **plus restrictives** tendent plus à la compréhension de l'origine et du devenir de petits lots de coquillages et consistent à définir un instantané du quotidien.

C - Les techniques de la collecte

Dans la figure 39, la partie grisée représente les caractéristiques de la technique de collecte. Elles comprennent la localisation du coquillage vivant par un temps de recherche plus ou moins prolongé et l'utilisation ou non d'un outil.

Le terme de collecte a été utilisé pour décrire l'étape de l'acquisition de la malacofaune. Il reprend celui de 'la capture à la main' de Leroi-Gourhan (Leroi-Gourhan, 1945, pp.72-73). 'Elle se pratique pour tous les animaux fixes ou lents, sur terre comme en eau peu profonde' comme les mollusques, crustacés, reptiles, œufs, insectes et, dans certains cas, les oiseaux (Leroi-Gourhan, 1945, p.72). Ce mode d'acquisition se différencie de la chasse et de la pêche par une mobilité réduite de l'animal recherché (Poplin, 1990-1). Les faibles mouvements de la malacofaune la distinguent de 'l'animal vrai' défini par F. Poplin (Poplin, 1990-2). Contrairement à la pêche où on attend l'animal, pour la collecte, c'est l'homme qui va vers lui. À la différence de la chasse, la faible mobilité de l'animal ne nécessite pas, pour la collecte, de poursuite (Poplin, 1990-2). Comme le sous-entend le terme de 'capture à la main', l'utilisation d'un outil n'est pas indispensable à la collecte de la plupart des coquillages. Elle en facilite, malgré tout, l'exploitation. Le terme de ramassage a, quant à lui, été préféré pour l'acquisition de la coquille seule.

1 – La recherche et la localisation de la malacofaune

Une des contraintes de la chasse, que représente le temps de poursuite de l'animal, est, pour la collecte, absente. Ce fait peut représenter un gain d'énergie de la collecte par rapport à la chasse non négligeable, qui doit, cependant, être relativiser, si l'on considère l'apport énergétique que représente un mammifère vis-à-vis d'un mollusque. De plus, les coquillages ne sont pas toujours directement accessibles à la vue de l'homme.

La localisation de la malacofaune est un facteur à ne pas négliger dans son exploitation (Fig. 39.). Anderson en fait même, avec le gain énergétique de la malacofaune, une des deux principales variables de son rendement (Anderson, 1981, p.113). Le temps nécessaire à la localisation des coquillages varie suivant qu'ils peuvent être repérés à 'vue', sans recherche préalable, ou cachés sous les algues, sous les rochers et dans le sédiment (Fig. 39.). Une collecte 'à vue' pourra être aléatoire et se faire au fil de la marche et de la découverte des espèces. Une sélection stricte d'espèces vivant cachées sous les algues, les rochers ou dans le sédiment, nécessite une bonne connaissance de leurs milieux de vie. Elle peut même indiquer une spécialisation de la collecte. La dépense d'énergie varie aussi pour les espèces cachées hors de la vue de l'homme. En effet, certaines d'entre elles peuvent se trouver facilement sous les algues ou peu enfoncées dans le sable (Beaune, 1995). Au contraire, d'autres peuvent être enfouies plus profondément dans le sable ou la vase ou se cacher sous les rochers. Une collecte efficace ne peut alors se faire sans une stratégie développée. Pour la plupart des bivalves fouisseurs, comme la palourde, la coque et le couteau, de petits trous peuvent être repérés à la surface du sédiment (Dautzenberg, 1913, p.75 ; Mazeaud, 1994, p.84). La forme et le nombre de trous peuvent varier en fonction des espèces, des conditions climatiques et du moment de la marée (Mazeaud, 1994)... Certaines espèces, comme les coques, peuvent être repérées à marée descendante par de petits jets d'eau qu'elles rejettent (Mazeaud, 1994, p.76 ; Giraudon, 1999, p.98). La collecte de coquilles localisées sous les rochers nécessite également une dépense d'énergie pour soulever les blocs un à un. Dans le cas de coquilles visibles sans recherche préalable, le temps de recherche peut alors être quasi nul. D'autres facteurs comme la densité des coquilles peuvent influer sur celui-ci (Chenorkian, 1989, p.42).

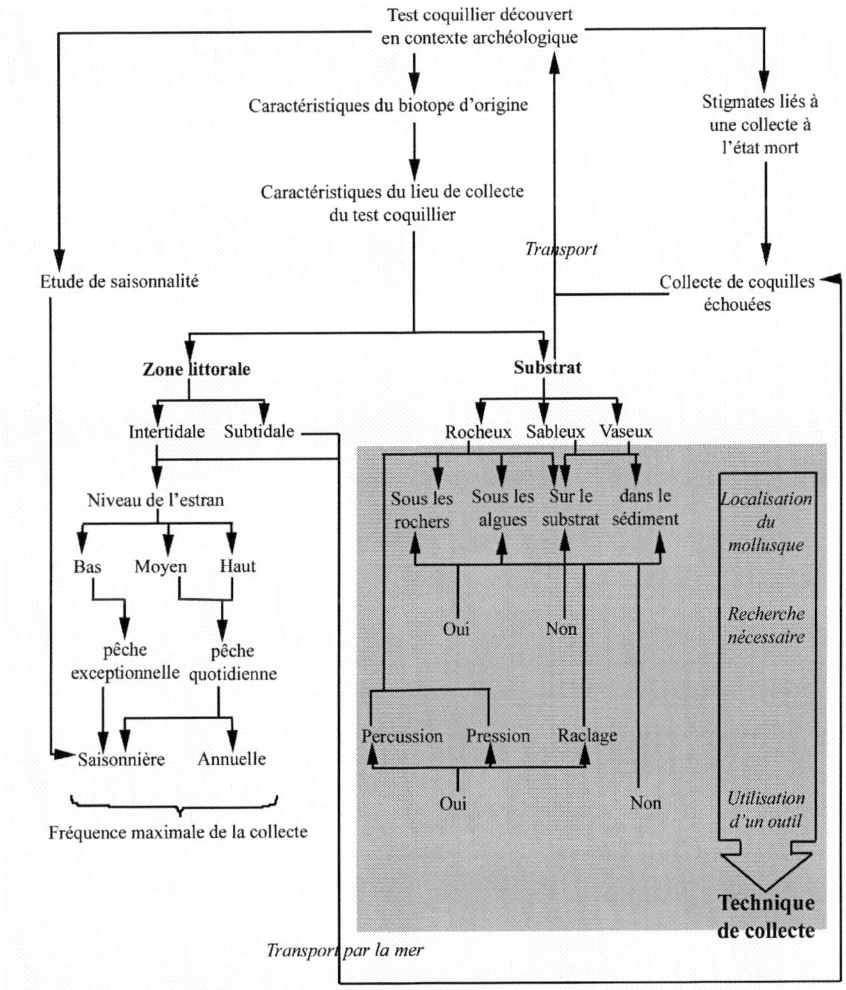

Fig. 39. L'acquisition de la malacofaune marine : la technique de la collecte

2 - La collecte avec ou sans outil

Deux grandes techniques de collecte s'opposent par la difficulté de la tâche, selon qu'elles requièrent ou non un outil.

2.1 - A mains nues

En effet, la technologie requise pour exploiter des gastropodes turbinés comme les pourpres et les bigorneaux est faible. Ces espèces, qui adhèrent peu au substrat, peuvent être simplement collectées à la main (Russell *et al.*, 1995, p.282). De même, la collecte de bivalves enfouis dans un sédiment meuble et fin comme la coque ou la donace, inféodées au sable, ne nécessite pas l'utilisation d'un outil. Pour collecter la coque, certains fouillent le sable avec le gros orteil 'pour éviter de se baisser pour rien' (Giraudon, 1999, p.98). D'autres espèces, qui adhèrent fortement au rocher, comme les huîtres et celles profondément enfouies dans le sédiment meuble plus ou moins graveleux, nécessitent quant à elles l'utilisation d'un outil. Dans certains cas, l'utilisation d'un outil, même si elle n'est pas indispensable, permettra de limiter l'énergie dépensée. Ainsi, la collecte de la patelle sans outil est facilitée dans les flaques d'eau (Russell *et al.,* 1995, p.283). Elle est plus aisée en cet endroit que pour les individus placés hors de l'eau. En effet, ces derniers se fixent plus fortement aux rochers pour limiter leur dessiccation en cas d'émersion prolongée. La collecte semble également facilitée la nuit (Ortea, 1986, p.292 ; Russell *et al.,* 1995, p.283). L'utilisation d'un outil permet donc d'exploiter les patelles de jour et sur toute la partie émergée de l'estran.

2.2 – L'utilisation d'un outil

L'utilisation d'un outil nécessite un schéma conceptuel plus élaboré. Différentes techniques peuvent être utilisées en fonction du mode d'attache ou de la position des coquilles sur ou dans le substrat : la percussion, le grattage, l'arrachage... Pour une même espèce plusieurs hypothèses sont même proposées. Les quelques exemples qui illustrent cette partie, ont été observés sur la façade atlantique de la France.

Pour certains substrats comme la vase et le sable fin, l'utilisation d'un outil permet une acquisition plus rapide des mollusques. Ainsi, des tamis sont actuellement utilisés dans les sédiments meubles et peu rocailleux (Dautzenberg, 1913, pp.75-76).

Certains coquillages adhèrent fortement aux rochers comme l'huître qui s'accroche par un ciment de calcite au rocher (Lindner, 1976, p.101), la patelle ou l'ormeau. Plusieurs hypothèses d'outils ont été proposées par les archéologues et les biologistes pour collecter la patelle. Le décollement de ce gastropode du rocher peut se faire par percussion, par pression à l'aide d'un levier rigide (Beaune, 1995) ou par glissement d'un outil plat (comme un tournevis, au gros manche de bois et à la lame large et solide ou un couteau à forte lame) entre le rocher et le coquillage (Dautzenberg, 1913, p.75 ; Mazeaud, 1994 ; Aubrée et Prigent, 1999, p.108 ; Rivoal, 1999, p.171). Rozoy a proposé l'utilisation des pièces esquillées comme éléments intermédiaires pour détacher les patelles des rochers par percussion indirecte (cité dans Kayser, 1992, p.120). Cependant l'expérimentation de la percussion indirecte montre que les coquilles tombent dans l'eau et ne restent pas en place là où elles sont détachées (Russell *et al.*, 1995, p.283). Pour la percussion directe plusieurs outils ont été proposés par les auteurs : 'un galet ou avec un objet pointu en silex' (Cade, 1998, p.344), 'une pierre' (Russell *et al.*, 1995, p.282) ou un bâton. Certains outils peu élaborés, dont la fréquence statistique demeure minime dans les amas coquilliers, comme les choppers, les pièces biseautées ou esquillées seraient-ils liés à la collecte des coquillages (Kayser, 1992, p.120) ? Beaucoup d'hypothèses sont proposées à cet effet, mais jusqu'alors aucun objet typique de la collecte des patelles n'a été mis à jour à notre connaissance. Cette absence peut être liée, comme certains exemples l'attestent à l'utilisation de pierre brute servant de marteau pour décoller les coquilles (Chenorkian, 1989, p.41). Actuellement, certains 'pêcheurs à pied' n'hésitent pas à utiliser le marteau ou le burin et un tournevis pour décoller les huîtres des rochers (Mazeaud, 1994, p.20).

Selon la dureté du sédiment et la localisation des coquilles plus ou moins près de la surface, le **grattage du sédiment** nécessitera ou non l'utilisation d'un outil. Les bivalves enfouis dans le sable peuvent être collectés à main nue, tandis que ceux de milieu graveleux, requièrent l'utilisation d'un outil pour racler la surface du sédiment comme le râteau ou creuser le substrat comme la pioche, la pelle et la bêche (Dautzenberg, 1913 ; Aubrée et Prigent, 1999, p.105). Pour les bivalves fouisseurs, qui vivent, la plupart du temps, près de la surface du sol, comme la palourde, l'utilisation d'un ciseau de menuisier suffit à la déloger de son milieu (Dautzenberg, 1913, p.75).

D'autres exemples témoignent de l'utilisation d'outils pour faciliter l'**arrachage** des coquilles de leur substrat. La moule peut être collectée à la main, armé d'un objet tranchant (couteau ou faucille) (Cocaign, 1999, p.29) ou d'une fourche (Chenorkian, 1989, p.41).

Même si certaines populations utilisent des objets non spécifiques pour la collecte de coquillages, d'autres exemples attestent d'adaptations technologiques à la capture des espèces marines (Kirch, 1982) comme en Amérique du Nord (Sanger, 1995). Ainsi, sur la façade atlantique française, les couteaux (*Solen*) sont repérés à la surface du sédiment par la présence d'un trou en forme de huit. Pour l'extraire du substrat, un long fil de fer recourbé en crochet à l'extrémité (Dautzenberg, 1913, p.54) ou une baleine de parapluie sont enfoncés dans la longueur du couteau 'et en faisant un quart de tour, on est sûr de récupérer la bête en tirant dessus' (Mazeaud, 1994, p.85 ; Giraudon, 1999, p.99). Certains provoquent également la sortie de ce bivalve du sédiment en déposant une pincée de sel sur l'orifice repéré à la surface du sable. Le piétinement du substrat peut également provoquer la sortie des coquillages du sédiment. Ainsi, P. Dautzenberg en a fait l'expérience à Penbron, près du Croisic (Loire-Atlantique), où le piétinement du sable mouillé a fait sortir 'des légions' de *Donax vittatus* tout autour de lui (Dautzenberg, 1913, p.52)

L'utilisation d'un unique outil peut traduire la spécialisation de la collecte des coquillages par les populations.

Il arrive, également, occasionnellement, que des coquillages soient trouvés échoués vivants sur la plage suite à de fortes tempêtes (Dautzenberg, 1913, p.41, p.56).

3 – La sélection

Outre les différentes caractéristiques précédemment citées dans la chaîne opératoire comme la localisation des espèces sur l'estran et la difficulté de la collecte, d'autres facteurs comme les espèces et la taille des coquilles peuvent influer sur la sélection des coquillages.

3.1 – La sélection des espèces

Les qualités gustatives ont déjà été citées. Elles sont propres à chaque population et apparaissent difficiles à approcher, du fait de leur subjectivité. L'exploitation sélective des ressources est souvent expliquée en termes de préférence culturelle. Or, les contraintes naturelles ne peuvent être écartées (Anderson, 1981). En effet, certaines différences dans la sélection d'espèces entre sites peuvent s'expliquer par l'accessibilité des ressources. L'environnement proche pourrait de ce fait conduire les populations à la consommation de certaines espèces. La sélection d'une espèce plutôt qu'une autre peut également être liée à une dépense d'énergie plus faible. 'Dans certaines régions la moule est collectée par grappe tandis que les *Protothaca* sp. sont collectées individuellement enfouis dans le sédiment. Les moules de ce fait semblent demander une énergie plus faible de collecte' (Botkin, 1980, p.132). La spécialisation de l'activité de collecte de la malacofaune d'une population humaine se traduira par la présence d'une ou de deux espèces à plus de 90 % de la masse totale des coquilles observées sur le site. À l'inverse, une non spécialisation se traduira par la présence de plus de deux espèces à plus de 20 %.

3.2 – La sélection de la taille des individus

3.2.1 – Les facteurs agissant sur la taille des individus

Plusieurs facteurs peuvent influer sur la taille des individus qui sont liés, soit aux conditions naturelles du milieu, soit à une action anthropique.
Ainsi, les conditions climatiques et celles de l'environnement, la saison de collecte, la densité des peuplements, la prédation et la compétition d'animaux marins peuvent influer sur la grandeur des mollusques pouvant être collectés (Choquet, 1968, p.463 ; Chenorkian, 1983, p.329 ; Ortea, 1986 ; Lozouet et Vigne, 1994 ; Russell *et al.,* 1995 ; Tavares da Silva, 1996, pp.89-90). Certaines espèces, comme *Patella ferruginea* en Méditerranée, possèdent des tailles variables suivant le sexe des individus (Vigne, 1995, p.384).

La sélection des coquilles de grande taille a pu amener une limitation des ressources naturelles par leur surexploitation (Buchanan, 1988, pp.86-87 ; Py, 1992, pp.125-133 ; Vigne, 1995, pp.384-385 ; Tavares da Silva, 1996, pp.89-90 ; Claassen, 1998, p.45). De ce fait, les ramasseurs de coquillages 'deviendront progressivement sélectifs dans les modèles de collecte'. Ce cas a, par exemple, été observé sur le site préhistorique de Palliser Bay qui sur 600 ans possède différentes phases de sélection (Anderson, 1981). La rareté de certaines espèces très appréciées par les populations a pu encourager, la collecte de petits individus.

La réalisation d'histogrammes de distribution des tailles de chaque espèce permet la mise en évidence de la sélection des coquilles de grandes tailles. Elle se traduira par un décalage des tailles des coquilles vers les grandes valeurs comparées à celles de populations naturelles et par l'absence des petits individus. La collecte intensive d'une espèce peut amener à une surexploitation. Cette dernière aboutit à une diminution progressive de la taille des coquillages disponibles le long de l'estran et par conséquent de ceux collectés (Ford, 1989, p.157). La comparaison des tailles pourra être effectuée entre sites et également au sein d'un site par l'analyse des variances ANOVA (Jerardino *et al.*, 1992, p.47). La variation de tailles le long d'une stratigraphie peut mettre en évidence une surexploitation de l'estran par l'homme (Claassen, 1998, pp.45-47). À moins de disposer d'un site à stratigraphie suffisamment importante pour observer l'apparition d'un tel phénomène, déduire une surexploitation à partir d'un instantané semble difficile. En effet, les tailles maximales disponibles sans pression anthropique peuvent être variables d'une station à l'autre.

Un autre obstacle s'offre à l'observation des tailles des coquillages collectés : la taphonomie. Celle-ci agit à de nombreux niveaux, avant la découverte des tests en contexte archéologique. Les coquilles sont très rarement trouvées entières. Afin d'effectuer les histogrammes de distribution des tailles des différentes espèces en présence, des reconstitutions de taille sont possibles pour certaines d'entre elles. L'allométrie permet de déterminer des coefficients de corrélation entre deux mesures d'individus d'une même espèce. L'utilisation de droites de régression est la méthode la plus couramment utilisée (Jerardino *et al.*, 1992, p.47).

3.2.2 – La reconstitution de la taille

La reconstitution de la taille des individus peut s'effectuer d'après des référentiels actuels pour les espèces peu polymorphes. Pour celles qui sont très polymorphes une relation peut être recherchée entre une partie de la coquille et sa taille entière sur les individus archéologiques peu altérés. Elle sera ensuite appliquée à des échantillons fragmentés du même site.

*La scrobiculaire (*Scrobicularia plana*)*

La reconstitution de la longueur d'une valve de scrobiculaire (*Scrobicularia plana*) pourra être proposée à partir de la longueur du ligament (Gruet, 1998-2 ; Fig. 40.). L'équation présentée ci-dessous a été établie à l'aide de référentiels actuels collectés au Collet en juin 1986 (Loire-Atlantique ; N = 70, r = 0,965) par Y. Gruet (Gruet, communication personnelle).

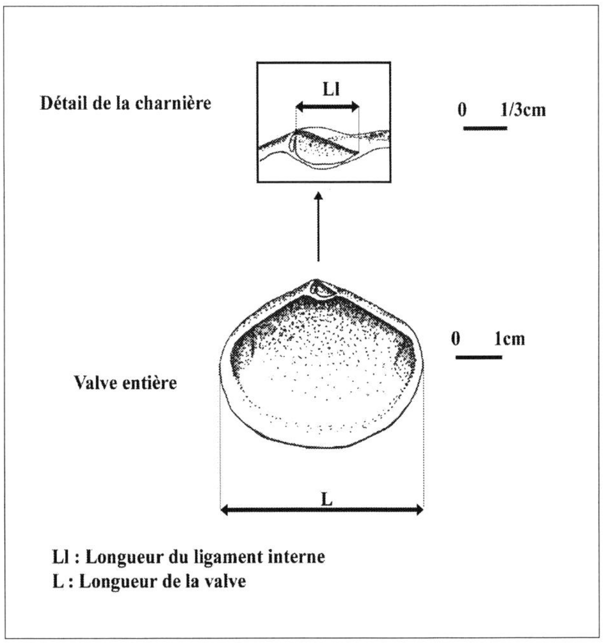

Fig. 40. Mesures biométriques de la scrobiculaire (*Scrobicularia plana*)

L=6,6**Ll**+7,4	**L** : longueur totale de la valve **Ll** : Longueur du ligament

Le buccin (Buccinum undatum)

De même, chez les gastropodes, comme le buccin, une reconstitution de la longueur totale de la coquille est possible à partir de mesures effectuées près de l'ouverture de la coquille (Fig. 41.). Une équation a pu être établie à l'aide de référentiels actuels et montre une corrélation hautement significative de la longueur totale de la coquille en fonction de l'épaisseur du canal siphonal avec un coefficient de corrélation r de 0,915 (t = 12 ; d.d.l. = 28 ; P(t)<0,001) (Fig. 41.) (Chenorkian, 1996, pp.39-44).

L=5,85**e**+10,36	**L** : longueur totale de la coquille **e** : épaisseur du canal siphonal

La moule (Mytilus edulis)

La forme de la moule varie en fonction de son milieu de vie sur des côtes plus ou moins battues. Un mode très battu ralentira sa croissance. Le test y sera donc plus petit, plus épais et sa surface externe plus irrégulière que sur des côtes plus abritées. Il est rare de trouver cette espèce entière en contexte archéologique. Parmi les sites étudiés, seul le dépôt de La grotte du Phare (Biarritz, Pyrénées-Atlantiques), qui sera présenté ultérieurement, a livré un nombre important de valves entières de moule : 48 valves droites pour 53 gauches (= N.M.I.). La longueur de 23 valves droites a pu être mesurée pour 27 valves gauches. Pour d'autres coquilles altérées, seule la hauteur a pu être mesurée. Une relation entre la hauteur et la longueur a été recherchée sur les moules de Biarritz à partir des individus entiers. Elle montre, pour les valves gauches (r = 0,988 ; t = 31,984 ; d.d.l. = 25 ; P(t)<0,001) et droites (r = 0,979 ; t = 22,116 ; d.d.l. = 21 ; P(t)<0,001), une corrélation hautement significative entre la hauteur et la longueur (Fig. 42-A. et B.) (Chenorkian, 1996, pp.39-44).

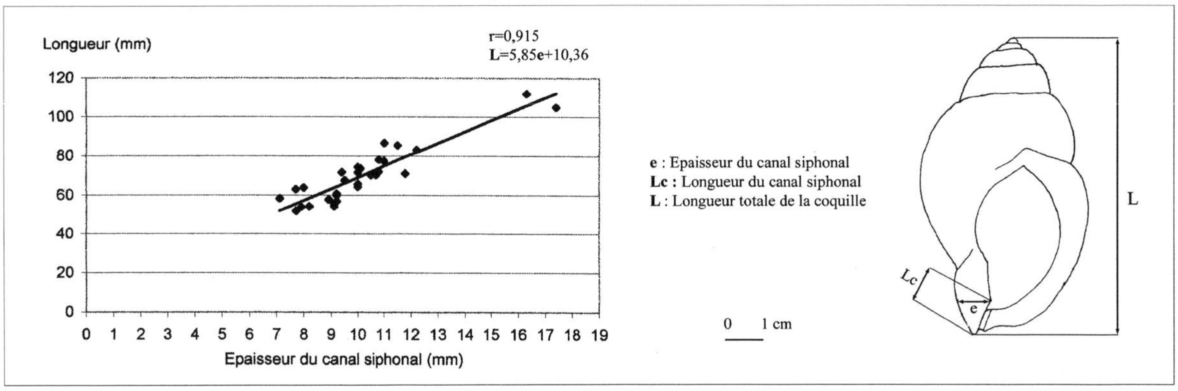

Fig. 41. Relation entre la longueur des buccins *Buccinum undatum* et l'épaisseur du canal siphonal (N = 30 ; r : coefficient de corrélation)

Un test de comparaison de pente a ensuite été appliqué sur les deux équations obtenues pour les valves droites et gauches afin de voir si la différence entre les deux lots est statistiquement différente pour un risque de 0,05 (Schwartz, 1980, p.231). Le t calculé (1,467 pour un d.d.l. de 44) est inférieur au t théorique (2,021 pour un d.d.l. de 40 et 2 pour un d.d.l. de 80) lu sur la table de Student (Chenorkian, 1996). La différence n'est pas significative pour un risque de 0,05, une relation globale toutes valves confondues peut alors être appliquée (Fig. 42-C.) :

L=1,85**H**-0,25	**L** : **L**ongueur totale de la valve **H** : **H**auteur totale de la valve

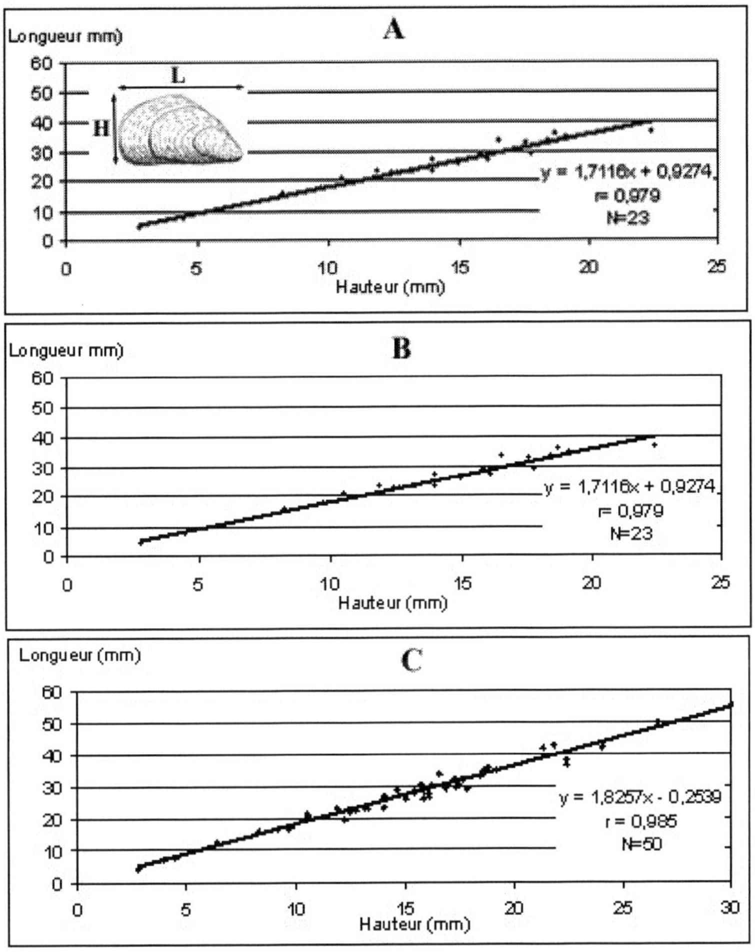

Fig. 42. Relation de la longueur des de moule *Mytilus edulis* de La grotte du Phare en fonction de la hauteur : A - Valves droites ; B – Valves gauches ; C – Toutes valves confondues (r : coefficient de corrélation)

D – Le temps de déplacement et transport

1 – La distance parcourue du lieu de collecte à celui de la consommation

Le temps de déplacement entre également en jeu dans l'**acquisition** de la malacofaune et nécessite une dépense d'énergie d'autant plus importante que la distance entre l'habitat et le territoire de collecte est élevée (Fig. 19.). Celui-ci comprend le déplacement jusqu'au lieu de collecte, puis, jusqu'à chaque mollusque. Ensuite, le trajet devra être effectué à l'inverse, il prend donc également en compte le transport des coquillages du lieu de collecte, vers le lieu de consommation, à moins d'une consommation sur place.

Les exemples ethnographiques témoignent de la **variabilité du déplacement** des populations pour le transport des coquillages destinés à être mangés. Les 'Transkei', vivant sur la côte de l'Afrique du sud, effectuent de 6 à 11 kilomètres pour le transport de l'animal avec la coquille ou décortiqué, tandis que, les 'Kwazulu', parcourent plus de 15 kilomètres (Buchanan, 1988, p.88 ; Claassen, 1991). Pour Bailey, la distance de 10 kilomètres soit 2 heures de marche semble raisonnable pour une exploitation habituelle autour d'un site, celle de plus de 16 kilomètres semble rare pour des chasseurs-cueilleurs (cité dans Buchanan, 1988, p.88). Claassen a, quant à lui, évalué la distance maximale du trajet pour ramasser les coquillages à 11,26 kilomètres (Claassen, 1998, p.43).

Certains sites attestent, cependant, **d'un plus long transport** de la malacofaune, jusqu'à 40 kilomètres dans les terres (Bocquenet, 1998, p.270). Il peut être motivé par des utilisations autres qu'alimentaires. Ainsi, le temps de déplacement peut varier suivant le devenir des coquillages. Le cas de la parure et des coquilles outils souligne également la possibilité des échanges entre groupe. Le transport de la malacofaune sur une certaine distance pose le problème de sa conservation pour les animaux vivants. Certains mollusques, comme les patelles et bigorneaux, ont tendance à se coller les uns aux autres, limitant ainsi leur dessiccation (Beaune, 1995, p.130). Les patelles peuvent rester hors de l'eau pendant 15 à 20 jours et les bigorneaux pendant 23 jours (Beaune,

1995, p.130). D'autre part, cette conservation a pu être aidée par l'utilisation d'algues pour emballer les mollusques et les transporter dans l'humidité et au frais (Beaune, 1995, p.120). Le transport des coquillages sur de longues distances ne va donc pas à l'encontre de leur consommation alimentaire.

2 – L'évaluation de la distance parcourue

Approcher le temps de déplacement consiste également à **évaluer la distance entre le site et les territoires de collecte** potentiels. L'analyse des ressources alimentaires disponibles dans l'aire d'exploitation potentielle de chaque communauté humaine, est une approche développée en Angleterre et dans les années 1970 par E. Higgs et désigné sous le nom de 'catchment analysis' (cité dans Arnaud, 1982, p.74). À cet effet, il énonçait en 1972 des grands principes qui seront confrontés aux résultats obtenus d'après les études individuelles des sites (cité dans Arnaud, 1982, p.74) :

- 'Les chasseurs-cueilleurs n'exploitent pas en général des territoires à plus de 2 heures du camp de base (environ 10 km en terrain plat). Cependant des petits groupes de chasseurs s'éloignent fréquemment du camp pour des parties de chasse de plusieurs jours.'
- 'Les agriculteurs éleveurs n'exploitent pas un territoire à plus d'une heure de chemin (environ 5 kilomètres). En circonstances propices un rayon de 1 à 2 kilomètres suffit pour alimenter une communauté de 10 personnes.'
- 'Il existe une vaste gamme de systèmes d'exploitation entre mobilité totale et sédentarité absolue.'

L'évaluation du temps de déplacement ne peut se faire sans une reconstitution du paléoenvironnement proche du site. Cette reconstitution s'articule autour de deux grands axes : le tracé du trait de côte et la nature des substrats côtiers. Ces données pouvant énormément varier localement et dans le temps, la méthode qui sera appliquée à chaque site archéologique, est décrite. Elle sera ensuite utilisée au cas par cas dans la Partie IV.

Selon les datations obtenues pour chaque site archéologique et sa position géographique, l'altitude du niveau marin a été évaluée d'après les **courbes générales de l'évolution du niveau marin** (Ters, 1973 ; Morzadec-Kerfourn, 1974 ; Pirazzoli, 1991, 1996). Elles ont été établies, selon les cas, à partir de la position des monuments archéologiques immergés ou sur l'estran actuel (Morzadec-Kerfourn, 1969), d'analyses palynologiques (Morzadec-Kerfourn, 1974 ; Visset *et al.*, 1990, 1995), sédimentologiques (Pinot, 1975) et malacologiques... Cependant, ces courbes varient d'un auteur à l'autre. Dans le but de prendre en considération cette marge d'erreur, la valeur la plus haute et la plus basse a été considérée. Par exemple, lors du fonctionnement de l'amas coquillier mésolithique de Beg-an-Dorchenn, la transgression flandrienne se poursuit et la remontée des eaux marines a ralenti. Selon les auteurs, le niveau des plus hautes mers oscille entre – 4,8 à + 0,2 m C.M au début du Vème millénaire av. J.-C. et entre + 0,8 à + 2,6 m C.M. au début du IVème (Ters, 1973 ; Morzadec-Kerfourn, 1974 ; Pinot, 1975 ; Pirazzoli, 1991). Le niveau des plus hautes mers est donc compris, selon les auteurs et la marge de datation de Beg-an-Dorchenn, entre - 4,8 et + 2,6 m C.M. et, pour les plus basses mers, entre – 10 et – 2,6 m C.M.

Le **tracé des isobathes** correspondant permet ainsi d'obtenir l'emplacement d'un trait de côte théorique. Ainsi, lors du fonctionnement de Beg-an-Dorchenn le trait de côte se localisait entre les isobathes des – 5 et des + 2,6 m C.M. (Fig. 43-A.). Si les isobathes, seuls, sont pris en compte, ce site archéologique pouvait être distant de quelques mètres à environ un kilomètre de l'estran. Cette reconstitution reste très approximative car elle ne tient compte, ni des mouvements tectoniques, ni des variations locales de vitesse de sédimentation, ni du tassement des sédiments, ni de l'érosion marine (Ters, 1973 ; Clavé, 2001, p.27).

L'observation **des cartes des fonds marins** apporte un premier élément de réflexion sur les évolutions les plus récentes du trait de côte. Ainsi, le dépôt récent de sédiments meubles peut indiquer une remontée récente des fonds marins. C'est ce qui a été observé au large de Beg-an-Dorchenn, où des sédiments sableux se sont déposés à l'Holocène (de Menorval *et al.*, 1974) (Fig. 43-B.). En supposant que certains de ces dépôts soient postérieurs au Mésolithique, le trait de côte était, sans doute, légèrement plus éloigné de Beg-an-Dorchenn que ne le propose le tracé des isobathes. L'observation de la nature sédimentaire des fonds, même si elle peut permettre de discuter de l'évolution récente du trait de côte, est limitée par la méconnaissance de l'épaisseur des dépôts sédimentaires et du moment de leur formation.

La prise en compte de **sondages paléoenvironnementaux** associés à des datations permet de mieux connaître l'ampleur de ces phénomènes. Malheureusement, ceux-ci manquent pour certaines des zones que j'ai étudiées. C'est le cas de Beg-an-Dorchenn où, ni l'épaisseur des sédiments meubles, ni le moment de leur formation ne sont, à notre connaissance, connus.

3 – La comparaison entre la malacofaune potentiellement disponible dans le paléoenvironnement et celle collectée

Après avoir reconstitué approximativement le trait de côte, la malacofaune utilisée dans les sites archéologiques a été confrontée aux espèces potentiellement disponibles dans le paléoenvironnement voisin des sites.

Les **cartes des fonds marins** peuvent, une nouvelle fois, être utilisées. Elles permettent de savoir si les substrats accessibles sont ou non en adéquation avec ceux dont sont originaires les espèces collectées. À nouveau, l'évolution des dépôts sédimentaires ne peut être écartée d'une telle analyse. Certains phénomènes peuvent être compris à grande échelle, telle l'ensablement puis l'envasement d'une zone abritée et le recul d'une côte battue. La carte de la nature des fonds montre la présence de sables marins fins tout le long de la Baie d'Audierne (de Menorval *et al.,* 1974). Ces derniers correspondent à un confinement actuel de cette zone. Le tracé des - 10 m C.M. suit le trait de côte, observé de nos jours, avec des pointes de Penmarch et du Raz proéminentes par rapport au trait de côte de la Baie d'Audierne (Fig. 43.). Au Mésolithique, cette zone pouvait posséder un fonctionnement proche de ce qui est observé aujourd'hui et, donc, être légèrement confinée. La fréquentation d'un estran sableux par les habitants de Beg-an-Dorchenn pouvait donc se faire près du site. Actuellement, la pointe de La Torche se présente sous la forme d'une barre rocheuse qui semble se prolonger dans les zones plus profondes, comme l'indique la forme des isobathes (Fig. 43-A.). À - 10 m elle était, peut-être, plus large et moins proéminente. Légèrement plus au sud, la ligne des - 10 montre la présence d'une avancée rocheuse (Fig. 43-B.). Les Mésolithiques de Beg-an-Dorchenn avaient donc également un accès important aux rochers. La petite baie au nord de cette avancée rocheuse et au sud de la Pointe de la Torche a éventuellement pu permettre la formation d'une petite vasière, où auraient pu être collectés les scrobiculaires (Fig. 43-B.). Mais l'absence de sondages dans cette zone, aujourd'hui constamment immergée, ne permet pas d'en dire d'avantage.

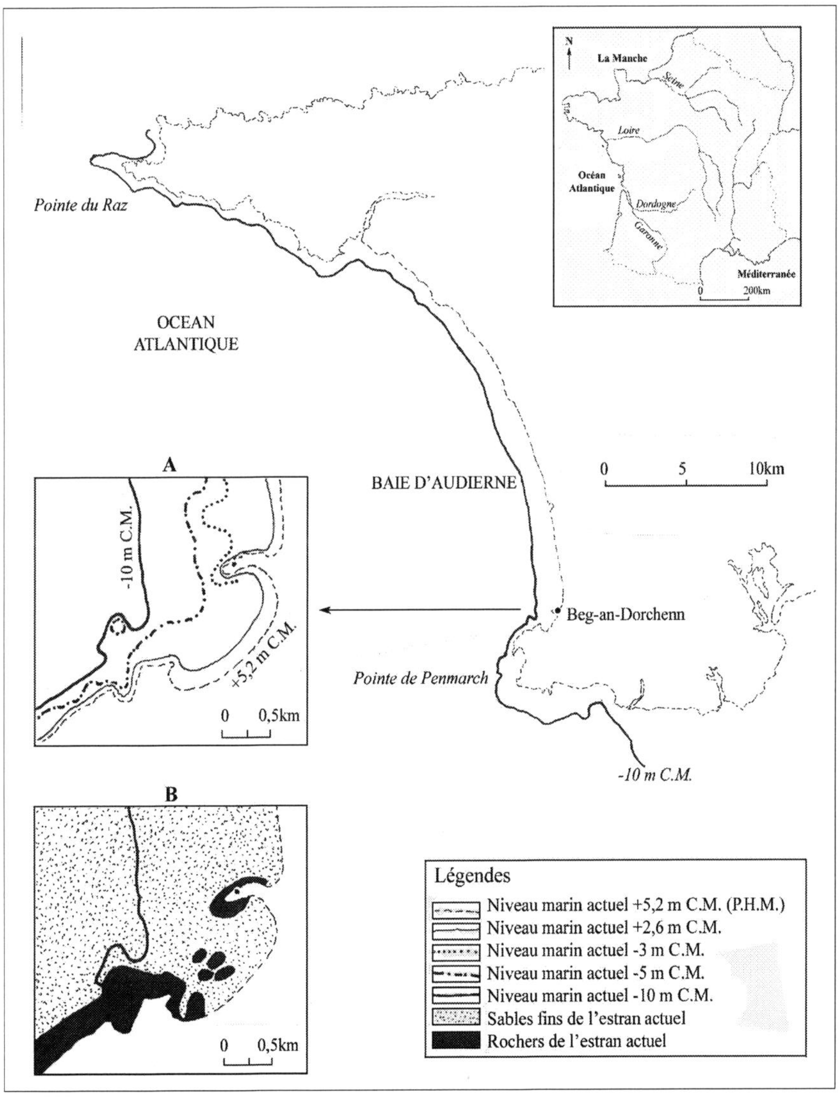

Fig. 43. Reconstitution du trait de côte à proximité de l'amas coquillier mésolithique de Beg-an-Dorchenn : A – Tracés des isobathes ; B – Nature des fonds marins.

À nouveau, l'analyse des **sondages paléoenvironnementaux** reste un des outils les plus fiables pour décrire des phénomènes plus locaux. Elle permet de suivre l'évolution de la côte.

La plupart des sondages paléoenvironnementaux utilisés dans l'application aux sites (Partie IV) sont issus de la bibliographie. La malacofaune d'un unique sondage paléoenvironnemental a fait l'objet d'une étude dans le cadre de cette thèse. La méthode utilisée et les résultats sont présentés.

4 – L'analyse de la malacofaune des sondages paléoenvironnementaux : l'application à La Perroche.

4.1 – La présentation du sondage Life 9906

Le sondage paléoenvironnemental LIFE 9906 étudié se localise dans le marais de La Perroche au sud-ouest de l'île d'Oléron en Charente-Maritime (Fig. 2., p.8 et Fig. 44.). Ce marais présente actuellement une légère dépression et fonctionne en eaux douces. Il est séparé des influences marines par un cordon dunaire (Clavé, 2001, p.138). Le choix de l'étude de ce sondage est lié à sa proximité du site du Néolithique final de La Perroche (Dolus-d'Oléron) (Fig. 44.). Il offre un témoignage direct de l'évolution du paléoenvironnement voisin de ce site archéologique.

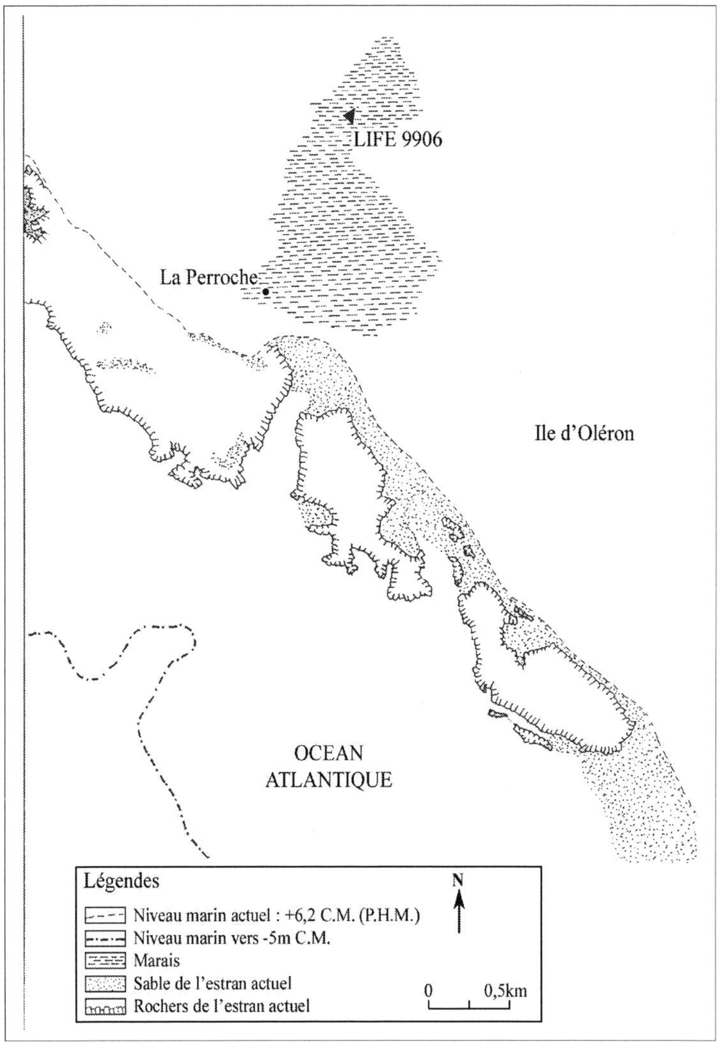

Fig. 44. Localisation du sondage paléoenvironnemental 9906 et du site archéologique de La Perroche

Une dizaine de sondages, de 20 centimètres de diamètre et de longueur comprise entre 1 et 5 mètres, a été effectuée dans le marais de La Perroche (Clavé *et al.*, 2001). Ils ont été réalisés avec un 'carottier à vibration et à percussion' par le Département de Géologie et d'Océanographie de l'Université de Bordeaux I (Clavé, 2001, p.96). Étant donné le temps important que nécessite l'analyse des restes malacologiques, un seul de ces sondages a été étudié. Il a été choisi pour sa longue séquence sédimentaire et la présence de coquilles sur une grande partie de la longueur du carottage. L'analyse malacofaunique complète les études sédimentologiques, des ostracodes, des foraminifères benthiques et des charophytes (Clavé, 2001). Le sommet du sondage se situe à +0,85 m N.G.F. Une datation AMS a été établie à 97 cm sur coquille. Les valeurs de 2830 ± 40 ans B.P. non corrigé, 3170 ± 40 ans B.P. corrigé soit 1515-1390 ans **av. J.-C. calibré ont été obtenues (Clavé *et al.*, 2001).**

4.2 – La vérification de la mort en position de vie de la malacofaune

Un contrôle visuel est, tout d'abord, effectué sur les carottes avant le prélèvement des échantillons. Celles-ci sont ouvertes en deux sous la forme de deux demi-cylindres. Le contrôle visuel permet de repérer si les individus sont en position de vie et si la lithologie correspond bien au milieu de vie des espèces présentes. Ces faits permettent de savoir si les coquilles observées au sein d'un sondage ne sont pas des individus échoués et qu'elles traduisent bien l'environnement du lieu du prélèvement.

Pour le sondage paléoenvironnemental 9906, des sables grossiers à très grossiers stériles en coquilles (Fig. 45-B.) sont, tout d'abord, présents à la base du carottage du substrat (Fig. 45-A.) jusqu'à 123 centimètres.

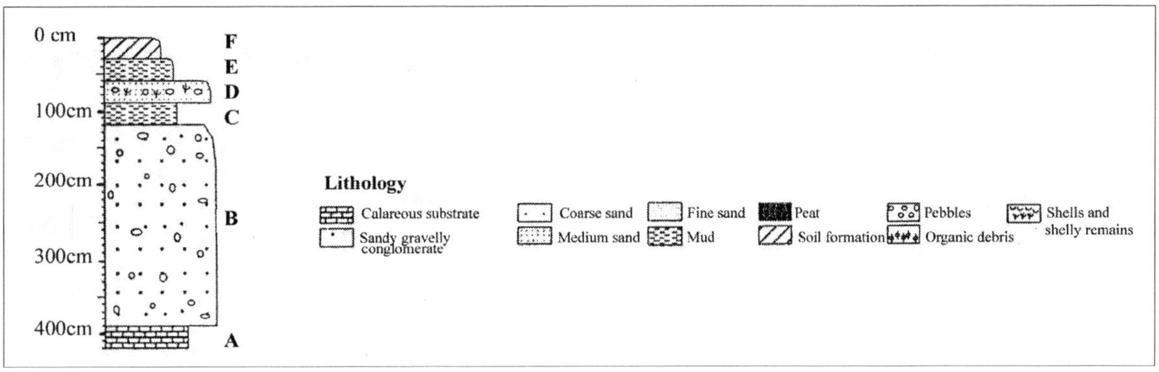

Fig. 45. Lithologie du sondage paléoenvironnemental 9906 (d'après Clavé *et al.*, 2001)

Puis, une argile à coquilles (Fig. 45-C.) et des sables grossiers (Fig. 45-D.) et très fins dans une matrice argileuse (Fig. 45-E.) sont observés. Des espèces typiques d'un milieu envasé y sont présentes : des scrobiculaires (*Scrobicularia plana*) et des coques (*Cerastoderma* sp.), dont certains individus ont été observés en position de vie. L'hydrodynamisme a varié. Tandis qu'il semble plutôt fort à la base, il s'affaiblit vers la surface avec la présence d'argile. Un hiatus en dépôt de coquilles correspond à une argile entre 50 et 62,5 centimètres. Enfin, à la surface, la terre végétale (Fig. 45-F.) se traduit par l'absence de coquillages marins au profit d'une malacofaune de milieu terrestre et dulçaquicole. Les espèces observées correspondent donc bien à la lithologie du sondage paléoenvironnemental 9906.

4.3 – Le traitement des échantillons

Des échantillons sont ensuite prélevés régulièrement le long de la carotte. Les zones plus riches en coquillages sont échantillonnées à des pas plus réduits afin de bien saisir les raisons des variations des spectres malacofauniques le long du carottage.

Pour la carotte 9906 du marais de La Perroche, des prélèvements ont été étudiés tous les 2,5 centimètres dans les zones où les coquilles sont présentes et, pour contrôle, tous les 20 centimètres dans les zones stériles en restes malacofauniques. Les échantillons ont été prélevés par B. Clavé du Département de Géologie et d'Océanographie de l'Université de Bordeaux I. Ils sont compris entre 60 et 200 grammes de poids humide de sédiment.

Les échantillons sont ensuite tamisés sur une maille supérieure à 650 micromètres. Pour la carotte 9906, cette opération a été effectuée au sein du Département de Géologie et d'Océanographie de l'Université de Bordeaux I. Puis le tri est effectué au pinceau à l'aide d'une loupe binoculaire (grossissement * 40), et consiste dans un premier temps à 'regrouper les coquilles possédant les mêmes caractéristiques (couleur, épaisseur, forme et structure de la coquille)' (Ters, 1973). Après détermination spécifique, les coquilles sont dénombrées par espèce, en N.M.I. et pesées. Contrairement au décompte effectué sur les accumulations de coquilles anthropiques, le N.R. n'est pas pris en compte. Il demanderait une dépense importante de temps qui ne se justifie pas ici. Pour certaines coquilles, seul le genre a pu être déterminé ce qui permet de connaître malgré tout, certains facteurs du paléoenvironnement.

4.4 – La description du spectre malacofaunique

4.4.1 - La diversité spécifique des espèces marines et dulçaquicoles

La variation de la diversité spécifique des espèces marines et dulçaquicoles permet de savoir de quel environnement (terrestre ou marin) les espèces dépendent.

La diversité spécifique observée pour la carotte paléoenvironnementale 9906 en fonction de la profondeur du sondage (Fig. 46.), montrent trois grands ensembles.

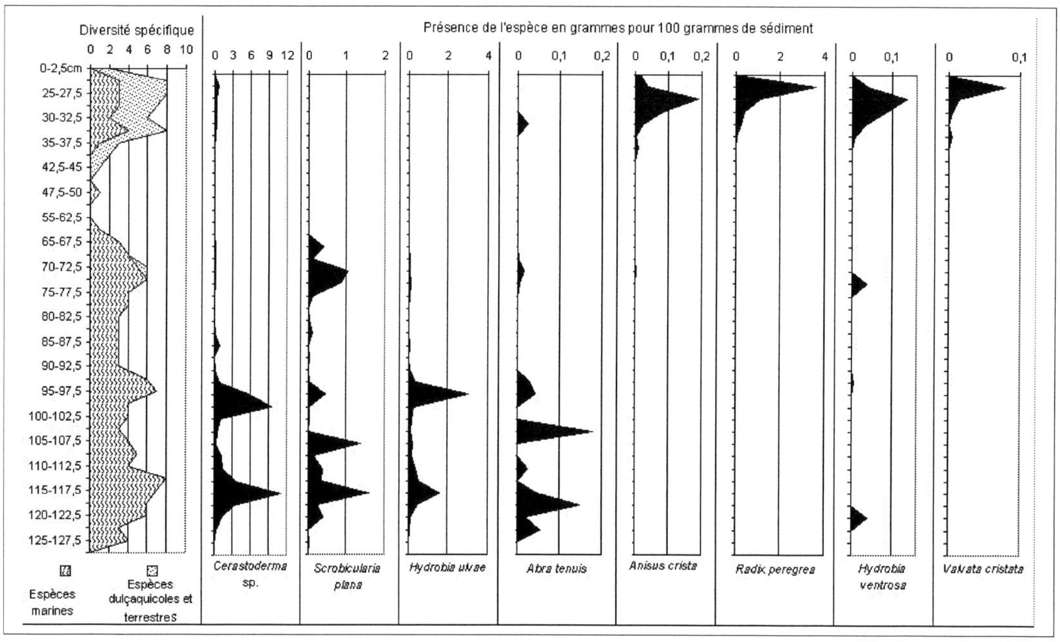

Fig. 46. Évolution de la diversité spécifique et de la masse de chaque espèce pour 100 grammes de sédiment en fonction de la profondeur de la carotte paléoenvironnementale LIFE 9906

Le niveau stérile de la base du sondage n'a pas été représenté sur la figure 46. Le premier ensemble, de 125 à 62,5 cm, est composé d'espèces marines assez variées. Le deuxième, de 62,5 à 45 cm, est caractérisé par une forte diminution du nombre d'espèces avec un début de présence de coquilles dulçaquicoles. Le troisième, de 45 cm à la surface du sondage, se traduit par une domination des coquilles dulçaquicoles sur les espèces d'origine marine. Même si trois ensembles peuvent être mis en évidence ainsi qu'une influence des eaux douces à la surface de la carotte, l'interprétation de la diversité spécifique seule reste difficile. En effet, elle ne tient pas compte des quantités relatives de chaque espèce.

4.4.2 - Le pourcentage relatif de chaque espèce

Afin d'observer les variations de chaque espèce en unité de volume en fonction de la profondeur, la masse de chaque espèce a été calculée pour 100 g de la masse sèche de fraction prélevée. Dans le cadre de l'étude de la carotte paléoenvironnementale de LIFE 9906, seuls les spectres des espèces les plus abondantes sont dressés (Fig. 46.). Les autres seront juste citées.

Quatre espèces (*Cerastoderma* sp., *Scrobicularia plana, Hydrobia ulvae* et *Abra tenuis*) sont associées dans le **premier** ensemble à espèces marines dominantes, mis en évidence par l'évolution de la diversité spécifique (Fig. 46.). Les valves des coques observées possèdent des caractères proches de *Cerastoderma glaucum.* Malgré tout, la majorité des valves sont de trop petites tailles pour pouvoir écarter avec certitude l'absence de *C. edule.* Dans le doute, seul le genre a été indiqué. **De 125 à 107,5 cm,** la scrobiculaire, la coque et *Hydrobia ulvae* sont assez abondantes et sont donc bien implantées dans l'environnement. Elles sont toutes représentatives d'un milieu soumis aux marées et typiques d'un milieu lagunaire (slikke, schorre) ou d'estuaire. Ceci est conforté par la présence d'*Abra tenuis*. Ces quatre espèces représentent en moyenne plus de 91 % en poids des coquilles dans cette tranche de la carotte. La malacofaune, présente en ce niveau, est typique d'une vasière littorale. La zone est intertidale et légèrement confinée. On retrouve d'ailleurs quelques traces de coquilles de milieux plus ouverts sans doute présents à proximité de la zone étudiée à travers quelques débris de crabes, balanes, des restes roulés de coquilles, du couteau, de la palourde et *Bittium reticulatum*. **De 107,5 à 92,5**, l'association de la scrobiculaire, de la coque, et *d'Hydrobia ulvae* se retrouve. Cependant, l'absence de débris coquilliers typiques de milieux marins ouverts, la diminution de la quantité de scrobiculaire au sein du sédiment, et à l'inverse l'augmentation d'*H. ulvae*, semblent converger vers une fermeture progressive et donc à un confinement du paléoenvironnement. La coque et l'*H. ulvae* présentent à elles seules plus de 81 % du poids total en coquilles. **De 92,5 à 80 cm,** la quantité de chaque espèce chute. Cependant, aucune espèce nouvelle n'apparaît. Cette phase de transition est-elle due à une anoxie du milieu ? Quoiqu'il en soit, cette étape ne semble pas anodine, car par la suite les quantités relatives des espèces sont largement modifiées. En effet, **de 80 à 62,5 cm,** les quantités de coque et d'hydrobie sont infimes tandis que celles de la scrobiculaire restent moyennes. C'est d'ailleurs l'espèce majoritaire de ce niveau, avec 65 % du poids des coquilles. On peut également noter des tailles particulièrement importantes des valves de cette espèce.

De 62,5 à 45cm, comme précédemment cité, se trouve un niveau pauvre en coquilles. La malacofaune y est absente. Ce niveau marque une transition dans l'évolution du paléoenvironnement. La scrobiculaire est quasi-absente par la suite, avec 2,78 % au maximum du poids total de la malacofaune.

Enfin, un troisième ensemble se compose de coquilles marines et dulçaquicoles avec domination des espèces d'eaux douces. Il faudra attendre **35 cm** pour trouver des quantités un peu plus importantes en coquilles par espèce, ce qui peut correspondre au temps de mise en place d'un nouveau paléoenvironnement stable. **De 35 à 22,5 cm** les espèces semblent appartenir à un milieu plus fermé et largement saumâtre avec la présence *d'Hydrobia ventrosa*, associée à la coque. Ces deux espèces disparaissent progressivement. Tandis qu'elles représentaient plus de 75 % du poids total de coquilles à 35 cm elles chutent à 17 % vers 25 cm. La présence d'eau à faible courant, voire stagnante est confirmée par la présence de *Radix peregra* qui augmente progressivement vers la surface, elle passe de 14 % à 35 cm à 77 % à 25cm. À ces espèces saumâtres sont associées des coquilles faiblement saumâtres voire dulçaquicoles comme *Anisus crista*. L'influence des eaux de mer, même si elle se fait toujours ressentir, semble très limitée. On ne peut exclure à ce niveau de l'observation la double influence d'eaux à la fois marines et douces. Ceci laisse présager l'étape suivante, c'est-à-dire, l'arrêt de l'influence des eaux marines dans cette zone.

La surface quant à elle possède des espèces marquant une présence d'eau restreinte, riche en végétaux avec *Cochlicella ventricosa*. La tourbe s'est installée. L'influence marine est désormais inexistante.

4.4.3 – Le classement par groupes écologiques

Les coquilles marines offrent des renseignements sur les biotopes où ont vécu les espèces, comme 'la nature du sol, la profondeur relative des fonds marins, la présence de courants plus ou moins violents et le degré de salinité' (Py, 1992, p.125). Comme pour les mollusques marins, les mollusques continentaux sont soumis à de nombreux facteurs agissant sur leur répartition. Si le degré d'humidité et la température sont les principaux facteurs, d'autres comme la nature du sol, du sous-sol, et la couverture peuvent agir. Selon les caractéristiques d'un milieu, on obtient donc des associations d'espèces ou groupes écologiques (Puisségur, 1976, pp.13-19 ; Bohn-Havas, 1986 ; Bernard et Gruet, 1994 ; Claassen, 1998, pp.122-134). Afin d'observer l'évolution générale de l'environnement, la malacofaune a été divisée en cinq grands ensembles. Ce type d'approche rejoint celui déjà proposé dans la partie A de ce même Chapitre. Elle a cependant été modifiée, car cette nouvelle classification prend également en compte les espèces d'eaux douces. Chacun d'entre eux correspond à l'action plus ou moins importante des houles, de la marée et de la salinité de l'eau :

- N°1 : Un faciès marin plutôt ouvert : zone intertidale ouverte.
- N°2 : Un faciès marin soumis à la marée avec un début de confinement : type estuaire.
- N°3 : Une zone légèrement soumise à la marée avec un confinement : type lagune
- N°4 : Une zone à eaux stagnantes et saumâtres : type marais, canaux et fossés
- N°5 : Une zone terrestre

De l'environnement n°1 au n°5, la marée se fait de moins en moins ressentir et le confinement s'accentue. Ce classement permet de connaître l'importance des influences marines par rapport à celle des eaux douces.

En complément des observations précédentes pour la carotte paléoenvironnementale LIFE 9906, l'évolution de la malacofaune a été suivie selon ce classement (Fig. 47.).
Le cas de la coque mérite d'être souligné. En effet, la présence de *Cerastoderma glaucum* tendrait à la placer parmi les espèces lagunaires typiques d'un milieu très confiné à la différence de *C. edule*. Cependant, la distinction entre ces deux espèces reste difficile (présence de coquilles de petites tailles et dégradées). La coque a donc été placée dans l'ensemble n°3 quand elle était associée à *Hydrobia ventrosa* et en n°2 par son association avec *H. ulvae.*

Le milieu est légèrement ouvert vers la base du sondage mais aucune variation majeure ne peut être décrite par l'observation des associations spécifiques mise en place (Fig. 47.). Une des seules variations perceptibles dans cette phase est la présence de quelques restes appartenant au groupe n°1 et de milieu rocheux à la base du sondage. Ceci semble indiquer la présence d'une côte rocheuse à proximité. Puis, après un hiatus dans la sédimentation de restes malacofauniques, le milieu semble avoir fondamentalement changé avec un apport à la fois d'eaux marines et d'eaux douces. Y a-t-il eu gestion anthropique du marais à ce moment là ? Les variations saisonnières ont-elles amené des faunes d'eaux douces et marines à se succéder ? Le milieu est alors largement confiné, les eaux deviennent stagnantes et saumâtres. Seule une légère influence des eaux marines se fait ressentir de 35 à 27,5 cm. Puis, peu à peu, l'influence marine disparaît, laissant place à des mollusques d'eaux douces stagnantes riches en végétaux (groupe n°4).

4.4.4 - Les limites et les résultats de l'application

Le classement par ensembles environnementaux associé au pourcentage des espèces pour 100 grammes de sédiment permet de suivre l'évolution de l'environnement. Les pourcentages permettent l'observation de la disparition progressive d'un milieu au profit d'un autre. Les zones d'établissement d'un nouvel environnement sont également lisibles, ainsi que celles de l'abrasion du sédiment decelées par la présence de hiatus dans l'évolution du milieu. Dans le marais de La Perroche, tandis que l'influence de la mer se faisait ressentir à proximité de la zone d'étude, on assiste au comblement progressif du marais de la Perroche et de ce fait à une régularisation du trait de côte avec comblements des baies devenues des marais.

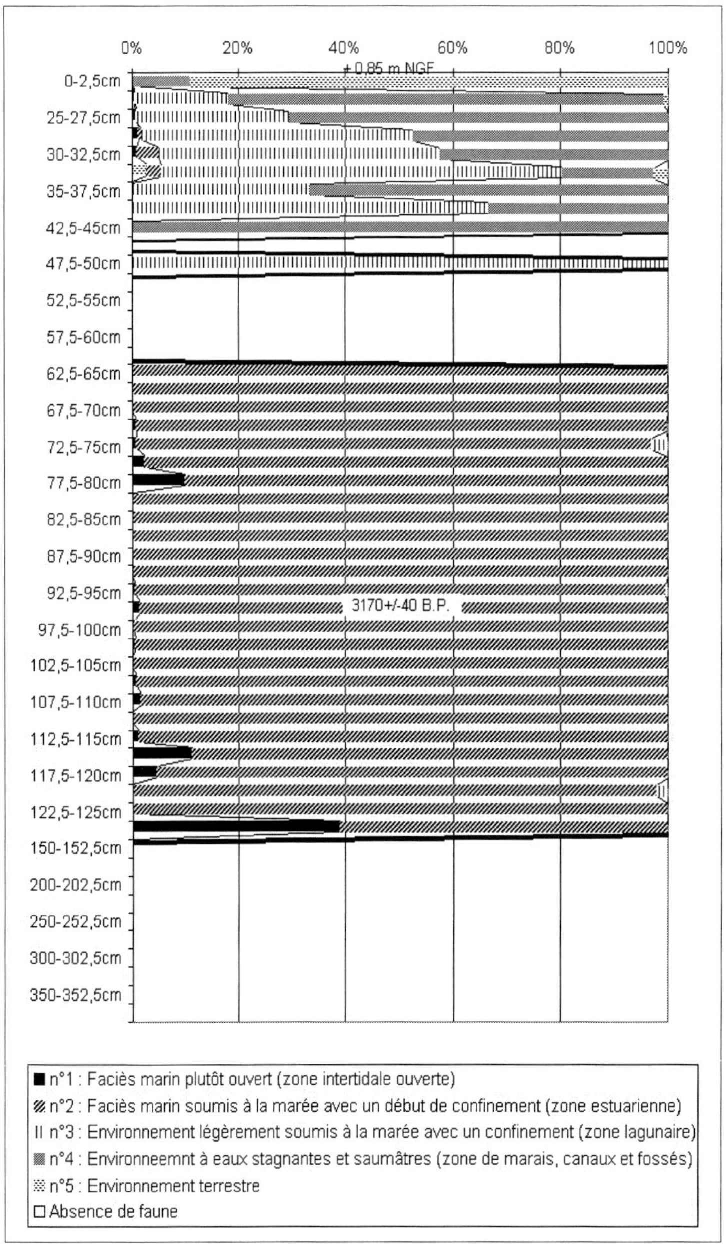

Fig. 47. Évolution des groupes écologiques de la malacofaune en fonction de la profondeur du sondage LIFE 9906

Les caractères dulçaquicoles et marins ainsi que ceux ouverts ou fermés des biotopes des espèces permettent d'apporter des éléments à la variation des niveaux marins (Gruet *et al.,* 1992 ; Gruet et Sauriau, 1994). Par exemple, une baisse des niveaux marins pourra se traduire par le remplacement d'espèces de milieu ouvert strictement marines par d'autres espèces, de milieu plus fermé, puis par l'apparition de coquilles typiques de l'envasement du littoral. Ainsi, en corrélant différents sondages par des datations au radiocarbone, l'évolution du front marin pourra être suivie à l'aide de transects horizontaux et verticaux. Le seul sondage LIFE 9906 ne permet pas de déterminer une variation relative du niveau de la mer. L'altitude des dépôts marins observés dans ce sondage est tout à fait compatible avec le niveau marin actuel. Par contre, même si on suppose un tassement de la tourbe, le niveau de la faune dulcicole se situe dans le domaine de balancement de la marée. Il faut donc supposer une fermeture de cette baie par un cordon auquel a pu être adjoint un ouvrage hydraulique contrôlant la pénétration possible de la mer dans ce marais et surtout l'évacuation des eaux douces.

Enfin, l'étude d'un sondage à proximité d'un site permet par le calage des datations radiocarbone de connaître l'environnement existant au moment du fonctionnement du site. La comparaison des coquilles consommées à celles disponibles sur l'estran proche du site permet d'évaluer la distance parcourue et le temps de déplacement. Ce type d'analyse a été effectué sur le site de Franchthi et a mis en évidence trois phases distinctes dans la collecte des coquillages. Au sein du site l'espèce majoritairement consommée varie. Une première phase montre que les collecteurs de coquillages font d'assez grande distance pour collecter une espèce précise. Ensuite, une deuxième phase montre l'exploitation de l'estran le plus proche et enfin, une situation intermédiaire est observée (Shackleton, 1983, p.84). Les coquilles consommées ne sont pas forcément en phase avec le littoral le plus proche et des gisements de coquilles un peu plus éloignés du site ont pu être choisis par les populations par 'goût des consommateurs' ou à cause de 'contraintes naturelles' (Chenorkian, 1988, p.34). Lors du fonctionnement du site du Néolithique final, le marais de La Perroche correspond, d'après la datation, à une baie aux conditions estuariennes avec un estran rocheux, sans doute, à proximité. Les espèces de vase, comme la scrobiculaire et d'autres de milieu sablo-envasé comme la coque et la palourde y étaient sans doute accessibles. La présence potentielle de ces coquillages sera confrontée dans la partie IV aux espèces collectées par les Néolithiques de La Perroche. *La malacofaune nous donne accès à différentes caractéristiques de son acquisition. Plusieurs des caractéristiques de ses utilisations ont également été détaillées.*

Chapitre IV – Les caractéristiques de la transformation et de la consommation de la malacofaune marine

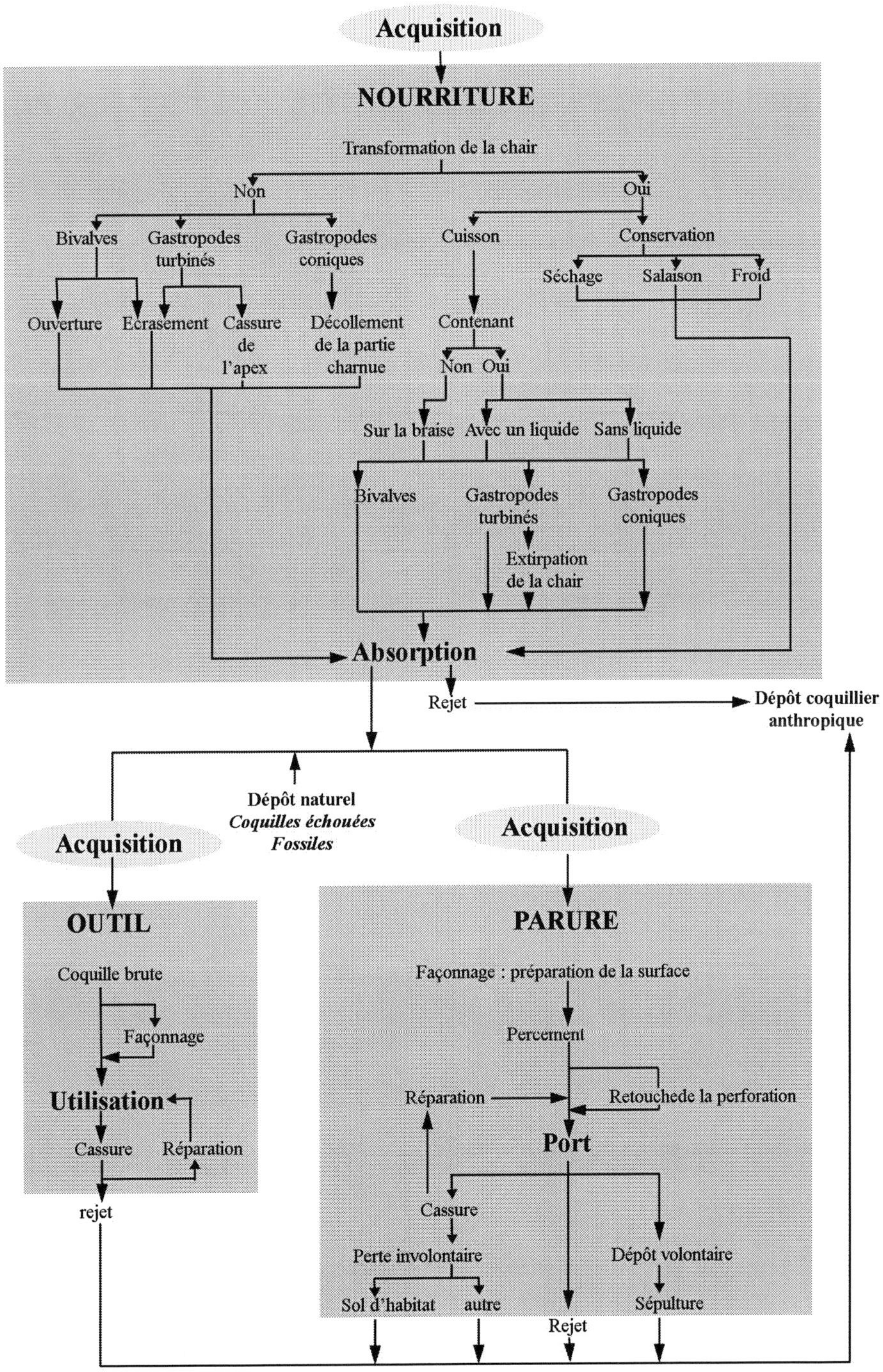

Fig. 48. Les sous-systèmes techniques de la transformation et de la consommation de la malacofaune marine

Les sous-systèmes de la transformation et de la consommation de la malacofaune marine se situent en aval de celui de l'acquisition, décrit dans le chapitre précédent. Ils correspondent à trois catégories d'utilisations identifiées parmi les échantillons étudiés : la nourriture, l'outil et la parure (Fig. 48.). Après avoir transformé les matières premières, le produit fini est absorbé pour la nourriture, utilisé pour travailler une autre matière (pour les outils) et porté pour la parure (Fig. 48.).

A – L'UTILISATION ALIMENTAIRE

Dans le cas d'une utilisation alimentaire de la malacofaune marine, la chair de l'animal peut être consommée, soit crue, soit transformée (Fig. 48.).

1 – LA CONSOMMATION DE LA CHAIR CRUE

Plusieurs techniques peuvent être utilisées pour avoir accès à la chair de l'animal (Fig. 48.). L'ouverture des bivalves vivants nécessite, la plupart du temps, l'utilisation d'un outil pour couper les muscles adducteurs retenant les valves solidaires. La coque peut éventuellement être ouverte en plaçant au moins deux individus contre la paume des deux mains. Une pression des coques les unes contre les autres suffit, alors, à leur ouverture (communication orale Y. Pailler). Plusieurs outils trouvés sur les amas coquilliers comme des perçoirs, des pointeaux (Kayser, 1992, p.120) et des éléments microlithiques (Deith, 1989, p.169) ont pu servir à cet effet. O. Kayser cite également la présence de plusieurs lames tronquées à Beg-an-Dorchenn qui sont peut-être à mettre en relation avec les stigmates d'ouverture constatés sur les huîtres de ce gisement (Kayser, 1992, p.120). L'écrasement peut également être envisagé comme il peut l'être pour les autres classes de mollusques. Mais pour les gastropodes, cette fracturation peut toucher une partie seulement du test. En effet, la cassure de l'apex de ces derniers suffit, en général, à l'extraction du corps de l'animal. Elle a pu être réalisée par pression de l'apex contre un support (le test étant placé sur le côté) ou par percussion directe sur enclume. Des fracturations de l'apex ont été mises en évidence sur des sites mésolithique écossais (Russell *et al.*, 1995, p.283). Jones concluait à une cassure régulière des pourpres sur le site d'Oronsay (Jones, 1984 cité dans Russell *et al.*, 1995, p.283). De même, Fischer citait dès 1932, 'une cassure de l'apex des troches et des pourpres *Purpura lapillus* dans un amas de cuisine néolithique pour ôter les tortillons' (Fischer, 1932). Cependant, dans d'autres sites mésolithiques, comme celui d'Ulva, il apparaît difficile de séparer les cassures postdépositionnelles des cassures volontaires (Russell *et al.*, 1995, p.283). De même, l'usure liée 'aux effets mécaniques des vagues' peut provoquer des perforations apicales (Lozouet et Vigne, 1994). Cependant, dans ce dernier cas, l'usure provoquée par la mer touche tout le test. Cette caractéristique, et parfois la taille du test, permettent d'écarter une cassure anthropique de l'apex pour la consommation de la chair de l'animal (Lozouet et Vigne, 1994, pp.157-158)

2 – LA CONSOMMATION DE LA CHAIR TRANSFORMÉE

La chair, avant consommation, peut subir une cuisson, un séchage, une conservation dans un endroit froid ou une salaison (Fig. 48.). Ces différentes transformations peuvent être liées à une préférence gustative (Beaune, 1995, p.130) ou à la conservation de l'aliment.

2.1 – La cuisson

2.1.1 - Avec un contenant

La cuisson des coquillages par ébullition permet l'ouverture des bivalves, le décollement de la chair du test pour les patelles et l'extraction plus aisée de la chair de certains gastropodes turbinés. Malheureusement cette cuisson ne laisse pas de stigmates macroscopiques, et son utilisation reste à prouver. Py cite le cas de coquilles marron dont la coloration est probablement due à une cuisson dans un liquide avec d'autres coquilles ou, plus sûrement, avec des algues, qui ont teint l'eau et les coquilles elles-mêmes (Py, 1992, p.125, p.134). Une cuisson dans un récipient sans eau est aussi envisageable.

2.1.2 - Sans contenant

Il existe plusieurs techniques de cuisson qui ne nécessitent pas l'utilisation d'un récipient. Des grands coquillages peuvent être chauffés à la vapeur après avoir été enveloppés dans les algues (Beaune, 1995, p.131 ; Russell *et al.*, 1995, p.285). Ils peuvent être placés en contact direct avec la braise (Chenorkian, 1983, p.324). Ce type de cuisson laisse une coloration grise sur les tests coquilliers liée à la calcination. Cependant, en présence de coquilles calcinées dans les assemblages archéologiques il est difficile de savoir si cette coloration grise a été provoquée à la cuisson ou si elle est due à un abandon de la coquille dans la braise après consommation. Les Anbarra d'Australie consomment le bivalve *Tapes hiantina* en disposant les coquilles sur un lit de sable propre et en faisant un petit feu rapide par dessus. 'Les cendres et les débris sont ensuite balayés à l'aide d'une branche, puis les coquillages sont placés sur un lit d'herbe fraîche pour les laisser refroidir avant de les consommer' (Meehan, 1977, p.366, cité dans Chenorkian, 1986, p.11).

2.2 – La conservation : par le froid, par séchage, par salaison

Le maintien des mollusques à des températures froides augmente la durée de leur survie. Les algues, par exemple, ont pu être utilisées pour maintenir les coquillages au frais (Vigié, 1986, p.60 ; Bocquenet, 1998, p.270).

La transformation de la chair par séchage ou salaison est plus élaborée. Elle est souvent liée à une spécialisation de l'exportation malacofaunique en vue de l'échange ou du stockage de denrées. L'exploitation du sel est attestée sur la façade atlantique de la France depuis l'Âge du Fer avec les premiers briquetages. Elle a, cependant, pu commencer bien avant, 'sans doute au Néolithique moyen, peut-être même plus tôt' (Gouletquer, 1999, pp.19-20). L'utilisation de saumures ou de vinaigre pour conserver les aliments l'est, au moins, dès la période Gallo-Romaine (André, 1981). Pour la malacofaune, l'intégralité du test a pu être séparée de l'animal vivant pour faciliter le transport (Chenorkian, 1989, p.43). Mais la salaison des coquillages ne nécessite pas obligatoirement une dissociation entière de l'animal et de sa coquille. Pour les bivalves, le retrait d'une des deux valves est nécessaire. Une telle pratique a été observée à l'époque Gallo-Romaine, où des amphores ont été découvertes amplies de coquillages représentés par une seule des deux valves (Benoit, 1962). Dans le cas de la dissociation entière de la chair de la coquille, la transformation de la chair est difficile à mettre en évidence car elle ne laisse pas de témoin là où la chair transformée a été transportée, à moins d'un décoquillage partiel. Certains lieux de décoquillage peuvent être parfois décelés par une accumulation importante de coquilles d'une même espèce à proximité du littoral. Les buttes coquillières de Saint-Michel-en-L'Herm (Vendée) en présentent un exemple. Elles culminaient, avant leur exploitation pour la chaux, à 11 mètres N.G.F. (Guilcher, 1969, p.38) et leur volume varie suivant les auteurs entre 200000 m^3 et 712000 m^3 (Gruet et Prigent, 1986, p.5). L'huître y domine largement. Les valves sont encore jointives pour 22 à 40 % des individus (Gruet et Prigent, 1986, p.3). Ce critère avait amené certains auteurs à les considérer comme des accumulations naturelles. Or, des traces d'ouvertures anthropiques (Ters et Verger, 1958) montrent que ces huîtres ont bien été exploitées par l'homme au Moyen-Âge et décoquillées après un faible transport (Gruet et Prigent, 1986). La chair a, ensuite, pu être expédiée vers l'intérieur des terres à sec dans des paniers de paille, marinée ou conservée dans le sel (Gruet et Prigent, 1986, p.14).

Outre la consommation des coquillages dans les sites eux-mêmes, le développement des échanges et de la spécialisation des sites qui semble intervenir au Néolithique, a pu mener à des techniques de stockage de la chair de ces mollusques comme cela semble être le cas sur le site de la transition mésolithique-néolithique de Norsminde au Danemark. En effet, ce kjökkenmödding a été interprété comme une zone d'activité spécifique côtière spécialisée, qui était principalement utilisée pour la cuisson, le fumage et le séchage des coquilles (Andersen, 1989, p.23). De même dans le site de Muskeeta Cova les auteurs ont suggéré l'utilisation de séchoirs pour sécher les coquillages. Le temps court de recherche, la stabilité et l'abondance des *Mya arenaria* (clams) la rendent idéale pour une exploitation spécialisée. Le temps de préparation, long à l'origine, peut être réduit par la redéfinition des techniques et technologies par des spécialistes (Barber, 1982, pp.96-98). Le stockage de cette denrée permet sa conservation et son absorption en cas de disette.

3 – La reconstitution de la masse de chair consommée

Les témoins des activités liées à l'exploitation des ressources littorales varient au sein du matériel archéologique. Le volume important des amas coquilliers, pour la plupart mésolithiques, n'est jamais passé inaperçu (Garanger, 1992). Mais leur apport, en terme de ressource alimentaire, n'est pas connu dans le quotidien des préhistoriques. Il ne faut pas perdre de vue que certains coquillages comme les bivalves une fois consommés occupent souvent un volume supérieur (Py, 1992, p.125). Les spectres malacologiques sont souvent quantifiés en nombre d'individus ou en masse de coquilles. Ces variables de fréquence possèdent l'inconvénient majeur de surévaluer les coquilles de grande taille (Claassen, 1998, p.107). La comparaison des masses de chair consommables semble mieux retranscrire l'impact des espèces les unes par rapport aux autres dans le régime alimentaire des populations. Plusieurs relations ont déjà été établies dans le but de reconstituer la masse chair consommable. Certains auteurs ont recherché des relations entre la taille de certaines parties des tests et la masse de chair qu'ils renferment. Ainsi, R. Barber a mis en évidence une relation entre la longueur du chondrophore d'une valve gauche de clam par rapport au poids de chair à l'aide d'une régression (Barber, 1982, p.87). De même, L.M. Raab a établi une relation entre la longueur de la coquille et la masse de chair fraîche sur les ormeaux ou 'abalones' (Raab, 1992, p.63, p.73).

$$\log \mathbf{M} = 3{,}465 \log \mathbf{L} - 4{,}668$$

M : Masse de chair fraîche en gramme

L : Longueur de la coquille en millimètre

Pour cette étude, le choix a été fait de reconstituer la masse de chair à partir de la masse des coquilles trouvée dans les échantillons archéologiques. Ce travail a fait l'objet d'une publication (Dupont et Gruet, 2002), dont les principaux résultats sont rappelés.

L'application à **Osilinus lineatus** (= **Monodonta lineata**) *et aux patelles* **Patella** *sp.*

La méthode consiste à rechercher, à partir de référentiels actuels, une relation mathématique entre la masse d'une coquille et la chair fraîche qu'elle contient. Ces relations peuvent varier suivant les taxons. Elles doivent donc être recherchées pour chaque espèce. Les patelles *Patella* sp. et la monodonte *Osilinus lineatus* ont été choisies à la fois pour leur occurrence et leur abondance relative dans de nombreux sites archéologiques. La détermination spécifique étant difficile pour les échantillons archéologiques de patelles, une relation a été recherchée pour l'ensemble des espèces du genre *Patella* rencontrées sur la façade atlantique française. Plusieurs séries biométriques de référentiels actuels ont été échantillonnées entre l'estuaire de la Vilaine et le Pays Basque à différents moments de l'année. Les individus frais, la chair fraîche de l'animal et la coquille ont été pesés.

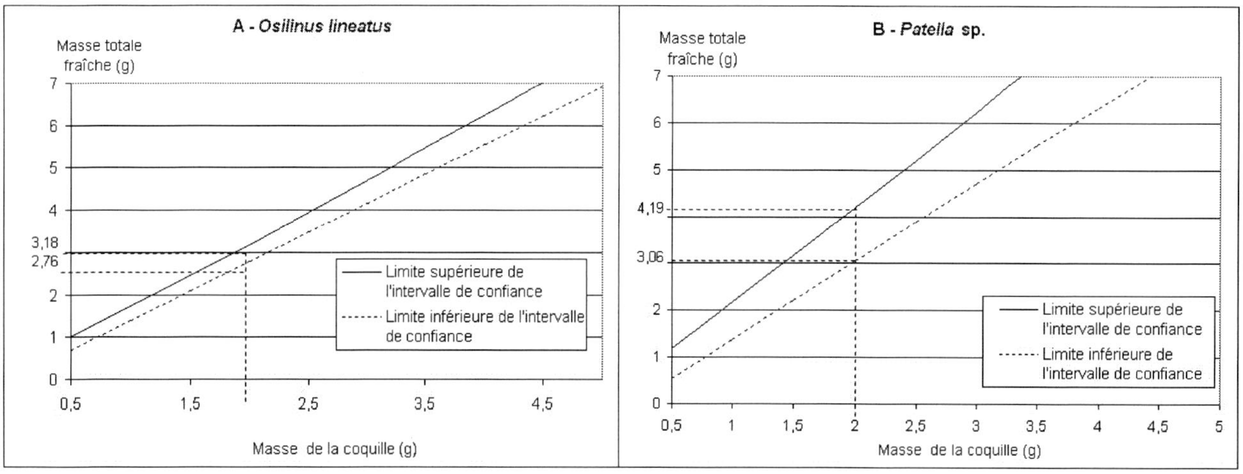

Fig. 49. Limites des intervalles de confiance de la masse totale des individus en fonction de la masse de la coquille tous référentiels actuels confondus : A - *Osilinus lineatus* (Limite supérieure de l'intervalle de confiance = y_{ch} + 2,080 * $\sqrt{}$[0,011 * [1/23+(x_{ch} - 1,952)^2 / 13,92]] ; Limite inférieure de l'intervalle de confiance = y_{ch} - 2,021 * $\sqrt{}$[0,005 * [1/50+(x_{ch} – 0,772)^2 / 14,789]]) ; B – *Patella* sp. (Limite supérieure de l'intervalle de confiance = y_{ch} + 1,96 * $\sqrt{}$[0,600 * [1/166+(x_{ch} – 2,512)^2 / 506,556]] ; Limite inférieure de l'intervalle de confiance = y_{ch} - 2,021* $\sqrt{}$[0,222 * [1/38+(x_{ch} – 2,905)^2 / 161,504]])

Ces référentiels actuels témoignent d'une bonne corrélation, pour chaque station, entre d'une part, la masse de la coquille et la masse totale de l'individu frais et, d'autre part, entre la masse de la coquille et celle de la chair qu'elle contient. Des intervalles de confiance ont été utilisés dans le but de prendre en compte à la fois la variabilité individuelle des gastropodes et celle liée à des lieux ou moments différents de collecte (Fig. 49. et 50.).

Une fois les relations obtenues à partir des référentiels actuels, elles sont appliquées aux échantillons archéologiques. Les équations étant établies à partir d'individus, l'application aux échantillons archéologiques passe par une estimation d'une masse moyenne de coquille par individu. Le N.M.I. et la masse totale de coquilles pesée pour chaque site archéologique y donnent accès. Ainsi, pour une masse moyenne d'une coquille de 2 grammes, la masse totale de l'individu frais de monodonte sera comprise entre 2,76 et 3,18 grammes et celui de la patelle entre 3,06 et 4,19 grammes (Fig. 49.).

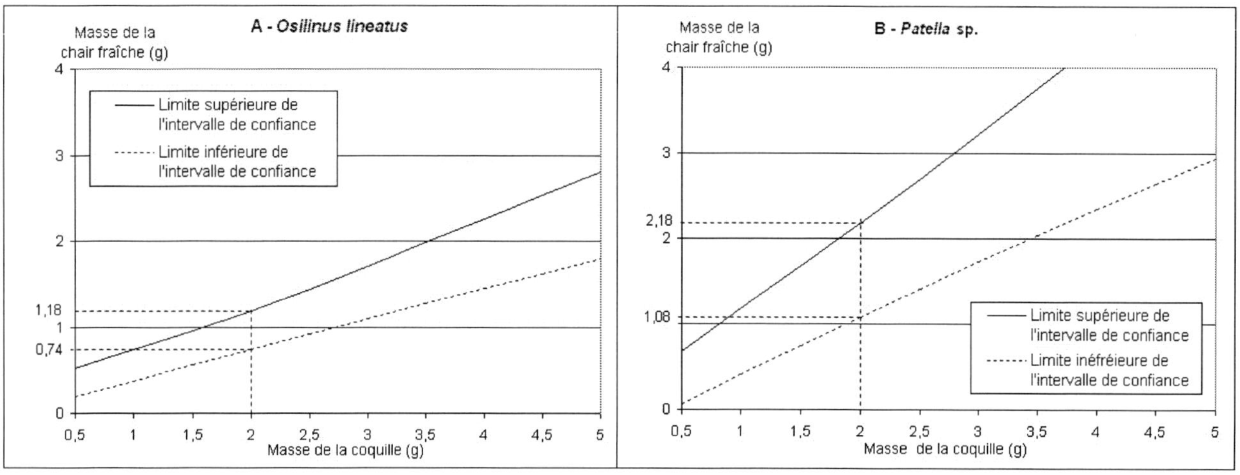

Fig. 50. Limites des intervalles de confiance de la masse de chair fraîche des individus en fonction de la masse de la coquille tous référentiels actuels confondus : A - *Osilinus lineatus* (Limite supérieure de l'intervalle de confiance = y_{ch} + 2,080 * $\sqrt{}$[0,011 * [1/23+(x_{ch} - 1,952)^2 / 13,92]] ; Limite inférieure de l'intervalle de confiance = y_{ch} - 2,021 * $\sqrt{}$[0,006 * [1/55+(x_{ch} - 1,991)^2 / 67,351]]) ; B – *Patella* sp. (Limite supérieure de l'intervalle de confiance = y_{ch} + 1,96 * $\sqrt{}$[0,600 * [1/166+(x_{ch} – 2,512)^2 / 506,556]] ; Limite inférieure de l'intervalle de confiance = y_{ch} - 2,021* $\sqrt{}$[0,222 * [1/38+(x_{ch} – 2,905)^2 / 161,504]])

De même, une coquille de 2 grammes pourra contenir pour la monodonte entre 0,74 et 1,18 grammes de chair fraîche et pour la patelle entre 1,08 et 2,18 grammes (Fig. 50). Le retour à l'ensemble du matériel fouillé passe par la multiplication des valeurs de la masse moyenne totale fraîche et de chair fraîche avec le N.M.I.

Les rendements des deux espèces étudiées et leur abondance relative peuvent ainsi être discutés en fonction de l'unité de mesure. Le rendement de la masse de chair par rapport à la masse totale individuelle appelé le 'rapport optimal' par R. Chenorkian (Chenorkian, 1989, pp.40-41) a ensuite été calculé en prenant en compte les deux limites de l'intervalle de confiance :

> *Rendement associé à* L_{inf} = L_{inf} *masse chair fraîche individuelle * 100 /* L_{inf} *masse totale fraîche individuelle.*

Les deux genres *Patella* sp. et *Osilinus lineatus* ont été choisis car ils sont tous deux de milieu rocheux et abondent ensemble sur certains sites mésolithiques et néolithiques. Il sera ainsi possible, pour un même site archéologique, de discuter du rendement de la chair fraîche par rapport à la masse totale fraîche de l'individu. Le rendement des patelles est compris entre 46 et 60 % et celui de la monodonte entre 28 et 36 %. Celui des patelles, 1,7 fois supérieur, s'explique essentiellement par la grande différence morphologique entre ces deux espèces. En effet, les *Patella* sont de forme conique et possèdent un pied musculeux très grand, tandis que les *Osilinus* ont une coquille turbinée et un pied moins grand. Cette caractéristique de la patelle a été notée par Buchanan comme un des facteurs ayant influencés la collecte de cette espèce par les préhistoriques (Buchanan, 1988, p.80). Certaines espèces de grandes tailles comme les huîtres voient souvent leur quantité surestimée par rapport aux autres espèces par comparaison de la masse de coquilles. Ainsi, l'abondance relative des espèces intervenant dans l'alimentation des populations côtières n'est pas la même selon l'unité de comparaison choisie (la masse de coquilles ou la masse de chair fraîche consommable). La masse de chair consommable calculée apporte une meilleure vision de l'impact de chaque espèce marine dans l'alimentation des préhistoriques. Cette variable aboutit, par rapport à la masse de coquilles, à une augmentation de la proportion de patelles par rapport à celle des monodontes.

Cette méthode consiste en une estimation de la masse de chair consommable et possède des limites. Si certaines variables liées à la variabilité individuelle, à celle du lieu et du moment de collecte sont accessibles à partir des référentiels actuels, d'autres, liées aux caractéristiques des échantillons archéologiques, comme la dégradation taphonomique, restent difficiles à estimer.

B – L'utilisation comme parure

Dans cette étude, les techniques de transformation, qui ont fait (Laporte, 1994) et font l'objet d'études en parallèle (Dupont et Laporte, *en cours*), ne seront pas détaillées. Le degré de transformation du test est décrit. Il sert 'de cadre à une analyse des développements technologiques, des variations régionales et de la stratification des systèmes socio-économiques' (Kenoyer, 1984). Les fréquences relatives des coquilles entières sont comparées à celles des minuscules perles plates et circulaires en fonction de la période étudiée. Le nombre et la position des perforations ont aussi été décrits au cours de la chronologie, dans le but de mettre en évidence et de tenter d'expliquer d'éventuelles similitudes ou différences. Les perforations ont été observées une à une afin de voir si les coquilles ont été portées dans le monde des vivants. Ainsi, pour les parures découvertes en sépultures, nous pourrons savoir si elles possédaient une unique fonction sépulcrale. De même, pour celles trouvées dans des habitats, nous pourrons, peut-être, savoir si elles ont été volontairement rejetées car non fonctionnelles ou si elles ont pu être perdues lors de leur port...

C – L'utilisation comme outil

Je ne reviendrai pas sur les différentes fonctions possibles des outils (Partie II, Chapitre II-C-2). Le test peut être utilisé soit brut, soit façonné (Fig. 48., p.97). Le façonnage a pu être réalisé à différentes fins. Celui-ci peut rendre le test fonctionnel pour une utilisation particulière ou faciliter la préhension du test. Différentes hypothèses quant à l'utilisation possible des coquilles seront élaborées à partir des stigmates observés. Tout comme la parure, la présence de test transformé pour être utilisé comme outil peut être le reflet d'une activité spécialisée.

Parmi les méthodes décrites, certaines dépendent des espèces découvertes sur les sites archéologiques. Elles ne pourront donc pas toutes être appliquées à l'ensemble des sites étudiés. Chacune apporte à son niveau des indices sur la relation qui lie les populations et la malacofaune marine de son acquisition à son rejet en passant par sa transformation et sa consommation.

Partie IV –

L'acquisition et la consommation de la malacofaune marine par les populations mésolithiques et néolithiques de la façade atlantique française

L'origine des dépôts, leur distribution spatiale, leur stratification étant propre à chaque site, leur comparaison ne peut être envisagée sans une approche préalable au cas par cas (Claassen, 1998, p.100). Les méthodes présentées dans la partie III, pour certaines inédites, ont été appliquées à 23 sites du Mésolithique et du Néolithique.

Les données brutes utilisées dans ce but sont issues :

- de mes propres décomptes par observation direct du matériel pour 12 sites (La Grande Pièce, Saint-Gildas IB, Porteau-Ouest, Beg-an-Dorchenn, Hoëdic, Téviec, Beg-er-Vil, Gouillauds, La Garenne, La grotte du Phare, La Perroche, Er Yoh)
- de sources bibliographiques uniquement pour 2 sites (Saint-Gildas IC et Chez Reine)
- des décomptes d'Y. Gruet, pour certains inédits, pour 9 sites (Auzay, Montagant, Champ-Durand, La Mastine, La Sauzaie, Le Rocher, Pied-Lizet, Diconche, Ponthezières). Y. Gruet m'ayant formée à cette discipline, nous avons, tous deux, utilisé la même méthode pour dénombrer le N.M.I. La principale différence entre nos décomptes est l'absence du décompte du N.R. par Y. Gruet. D'autre part, celui-ci m'a permis de reprendre certaines des collections pour y réaliser des études complémentaires sur la saison de collecte de la malacofaune et sur la variation des formes des nasses et des pourpres.

Les techniques de fouille ont précédemment été détaillées (Partie III Chapitre I-A, p.49 et Chapitre II-B, pp.58-60). Rappelons que les deux collections étudiées uniquement à partir de la bibliographie sont issues d'un ramassage à vue. Il en est de même pour tout le matériel étudié par Y. Gruet, à l'exception du site de Ponthezières. Un tamisage fin (maille de 2 millimètres) de contrôle y a été appliqué sur le terrain sur l'initiative de l'archéologue L. Laporte. Parmi les 12 sites étudiés que j'ai directement observés, 9 ont été, en partie, tamisés. Le site de La Perroche, également fouillé par L. Laporte, a subi le même traitement que celui de Ponthezières. L'absence de tamisage pour trois de ces sites (Saint-Gildas, Téviec, Er Yoh) est liée à des fouilles anciennes (de 1926 à 1954). À l'exception des sites de Ponthezières et de la Perroche, tamisés sur le terrain par les équipes de fouille, les autres tamisages et tris ont été effectués par mes soins en laboratoire.

Parmi les sites tamisés, il faut distinguer ceux où le tamisage entre en complément d'un ramassage à vue (Ponthezières, La Perroche, Hoëdic, Les Gouillauds) et ceux dont le matériel étudié provient de prélèvements sédimentaires intégralement tamisés (La Grande Pièce, Le Porteau-Ouest, Beg-an-Dorchenn, Beg-er-Vil, La grotte du Phare).

J'ai pu participer activement à certaines des opérations de terrain qui ont eu lieu pendant cette thèse (Porteau-Ouest, Beg-an-Dorchenn, La Perroche). Ces participations sont à encourager car elles ont permis l'observation d'accumulations préférentielles de certaines espèces difficiles à repérer lors de la post-fouille. Enfin, quelques visites de sites ont également été faites (Hoëdic, Saint-Gildas, La Grande Pièce, Ponthezières, Er Yoh). Elles ont permis pour Hoëdic, de récupérer un petit lambeau de couche coquillière qui tombait à la mer.

Toutes les datations présentées dans ce qui suit ont été calibrées. L'effet réservoir a été pris en compte losque celles-ci ont été réalisées sur coquilles. D'autre part, plusieurs échantillons de différentes espèces de Beg-er-Vil, de Beg-an-Dorchenn, de Ponthezières et de La Perroche ont été remis à C. Oberlin pour essayer de connaître la variabilité de cet effet réservoir suivant les coquillages qui sont datés.

Chapitre I – Le Mésolithique

A – Le Mésolithique ancien

Un seul site du Mésolithique ancien a livré des coquillages sur la façade atlantique de la France. Les tests ont été utilisés comme parure et aucun témoin de la consommation alimentaire de la malacofaune n'a été trouvé dans la zone d'étude considérée.

1 - La Grande Pièce (La Vergne, Charente-Maritime)

1.1 – La présentation du site

La nécropole mésolithique de 'La Grande Pièce' est située sur la commune de La Vergne en Charente-Maritime près de Saint-Jean-d'Angély (Fig. 3., p.11). Suite à un aménagement routier, elle a fait l'objet d'une fouille de sauvetage en 1995 par H. Duday, P. Courtaud, V. Dujardin, H. Martin et K. Robin (Duday *et al.*, 1996). Toutes les tombes mésolithiques mises au jour ont été plus ou moins endommagées dès l'époque gauloise ou, plus récemment, par les engins mécaniques, lors de travaux routiers. Plusieurs structures ont été identifiées (Fig. 51.). Elles sont, soit de nature funéraire, soit liées à l'extraction d'argile par les Gaulois (Fig. 51.). (Duday et Courtaud, 1998). Les datations radiocarbone réalisées sur les ossements humains ont permis de dater le site dans la seconde moitié du IXème millénaire av. J.-C. (Mésolithique ancien). Pour la structure n°3 un ossement humain Ly-368 (Oxa-6075) a été daté à 9075 ± 65 B.P. soit [8309-7992] av. J.-C. (cal.), pour la structure n°7, Ly-369 (Oxa-6699) à 9070 ± 70B.P. soit [8313-7981] av. J.-C. (cal.) et la structure n°10, Ly-370 (Oxa-6700) à 9215 ± 65B.P. soit [8377-8090] av. J.-C. (cal.) (Duday *et al.,* 1998). L'industrie lithique qui accompagnait les squelettes montre également une appartenance de ce site au Mésolithique ancien (Gouraud, 1997).

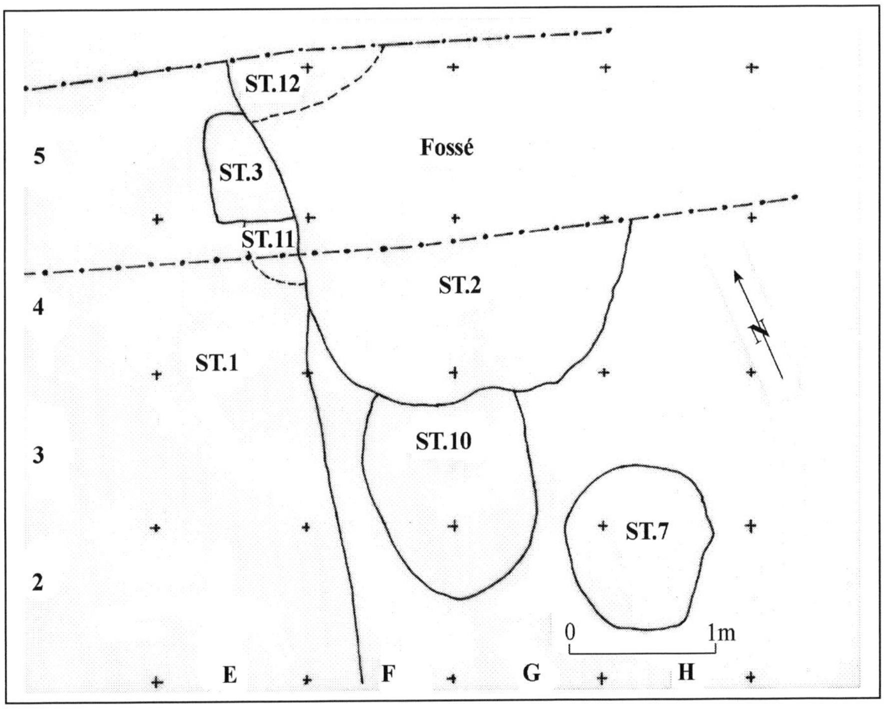

Fig. 51. Emplacement des structures funéraires et du fossé de La Grande Pièce (Duday *et al.,* 1998)

Description des structures de 'La Grande Pièce'

- *Structure 1 : grand fossé*

Les vestiges y sont épars. Ce sont, sans doute, d'anciennes sépultures remaniées issues de l'effondrement des dépôts de l'ouest de la structure 3.

- *Structure 2 : fosse d'extraction d'argile*

Les vestiges y sont remaniés et sont recoupés avec la sépulture 3. Cette partie du site semble issue de l'effondrement de la structure 3, mais, comme pour la structure précédente, un enfant surnuméraire a été observé par rapport à la troisième structure.

- *Structure 3 : sépulture* (Fig. 52-A.)

Cette structure, comprise entre le creusement de la fosse d'extraction St 2 et le grand fossé St 1 apparaît incomplète. Elle est composée à la fois de sépultures primaires et secondaires. Celles-ci se différencient par la répartition de l'ocre. La sépulture primaire possède des dépôts d'ocre homogènes de teinte rouge brique. Une abondante parure (825 coquilles marines) entoure les restes d'une femme accompagnée d'un fœtus. Un enfant de 12 à 15 ans constitue également ce dépôt primaire. La sépulture secondaire présente dans la moitié sud de la structure 3 est, quant à elle, dépourvue d'ocre et d'éléments de parure. Les restes épars sont ceux d'un individu relativement âgé.

- *Structure 7 : sépulture* (Fig. 53.)

La St. 7 est située au sud-est du site. Deux fragments de bois de cerfs y ont été déposés. La moitié nord de cette sépulture possède les dépôts primaires de deux squelettes adultes. Au sud reposent les restes d'un enfant de 1 à 2 ans. Ces derniers ont été recouverts par des os issus d'une incinération secondaire. Les coquilles marines sont abondantes dans cette sépulture avec plus de 1900 pièces. *Dentalium* sp. et *Nassarius reticulatus* y sont majoritaires.

- *Structure 10 : sépulture*

À l'ouest de la sépulture 7, la St. 10 est divisée en deux parties. La moitié sud, dépourvue d'ocre, est occupée par deux massacres d'aurochs (Fig. 52-B.). Le secteur Nord fortement ocré est lui associé à des dépôts humains composés des restes d'un homme et de ceux d'un enfant de 1 à 2 ans. Parmi les 435 coquillages marins trouvés dans cette sépulture de gros tests (*Patella* sp., *Phalium saburon, Glycymeris glycymeris* et *Laevicardium crassum*) sont situés près du menton de l'adulte (Fig. 54.).

- *Structure 11 : dépôts funéraires*

Surmontant la structure 3, ce dépôt dépourvu d'ocre est composé du squelette d'un homme amputé par la St. 1 et la St. 2 et de deux os, l'un appartenant à un enfant de 5 à 10 ans, l'autre à un enfant mort en période périnatale. Ces restes appartiennent à des individus différents de la structure 3, vu l'incompatibilité des âges de ces deux structures.

- *Structure 12 : fosse gauloise*

Au nord de 'La Grande Pièce', cet ensemble est fortement remanié. Les restes humains se rapportent à 2 sujets au moins, un adulte et un enfant de 2 à 5 ans. Bien que la St. 12 soit en contrebas de la structure voisine St. 3, les restes d'un individu plus jeune que ceux de la structure 3 ont été déterminés.

Les zones des St. 1, 2 et 12 possèdent des restes sépulcraux remaniés issus d'effondrements de structures funéraires, tandis que les St. 3, 7, 10 et 11 sont des dépôts en place. De nombreux éléments de parure composés de canines de loup et de renard, de craches de cerf, de quelques dents humaines et de coquilles ont été trouvés en quantité plus ou moins importante dans chacune d'entre elles. Les tests sont au nombre de 19 dans la St. 1, de 4 dans la St. 2, de 825 dans la St. 3, de 1961 dans la St. 7, de 435 dans la St. 10, de 5 dans la St. 11 et de 30 dans la St. 12. Les structures funéraires se dégagent largement par la présence de plus de 400 restes chacune, à l'exception de la St. 11. La nature de cette dernière structure peut l'expliquer. En effet, il s'agit d'un dépôt tardif constitué par les restes d'un unique squelette d'homme qui est de plus amputé par St. 1 et 2. Les quelques coquilles trouvées dans les structures gauloises proviennent d'apports extérieurs provoqués par le recreusement de structures funéraires voisines. La parure en coquillages de ce site ayant fait l'objet d'un mémoire de D.E.A. (Dupont, 1998), seules les données correspondant au mode d'acquisition et au façonnage de ces parures sont reprises dans ce qui suit. Le spectre malacofaunique est décrit dans sa totalité. La comparaison des spectres malacofauniques en fonction des structures (Dupont, *en cours*), les techniques de percement et la reconstitution des éléments de parure font l'objet d'autres travaux (Dupont et Laporte, *en cours*).

1.2 - La représentativité de l'échantillon et les techniques de fouille

Il faut souligner la précision de la fouille de ces sépultures. Chaque objet de parure a été situé dans l'espace. Les déblais de fouille ont, quant à eux, été tamisés. D'autre part, les fosses renfermant les squelettes ont pu être bien délimitées ce qui permet d'assimiler ces sépultures à des ensembles clos.

1.3 - La composition du spectre malacofaunique

L'utilisation des coquilles comme parure est étayée par la présence constante d'au moins une perforation sur chacune d'entre elles, à l'exception des dentales naturellement percés, et par leur dépôt dans les structures funéraires, sur ou à proximité des squelettes. Elles ont pu être portées soit enfilées le long d'un lien, soit fixées à des vêtements ou sur des objets accompagnant les dépouilles (Dupont et Laporte, *en cours*).

Le spectre malacofaunique de La Grande Pièce est composé de 15 espèces pour environ 2 kilos de coquilles découvertes (Tableau 6, Fig. 55.). Pour le tableau 6 et pour tous ceux qui suivront, les espèces sont ordonnées selon leur substrat d'origine.

Toutes sont d'origine marine à l'exception d'une, qui vit en eau douce, *Neritina fluviatilis* (Fig. 55. n°4). Seuls deux exemplaires de cette espèce ont été trouvés. Les proportions des espèces diffèrent selon qu'elles sont calculées en fonction de la masse ou du nombre de restes (Fig. 56.).

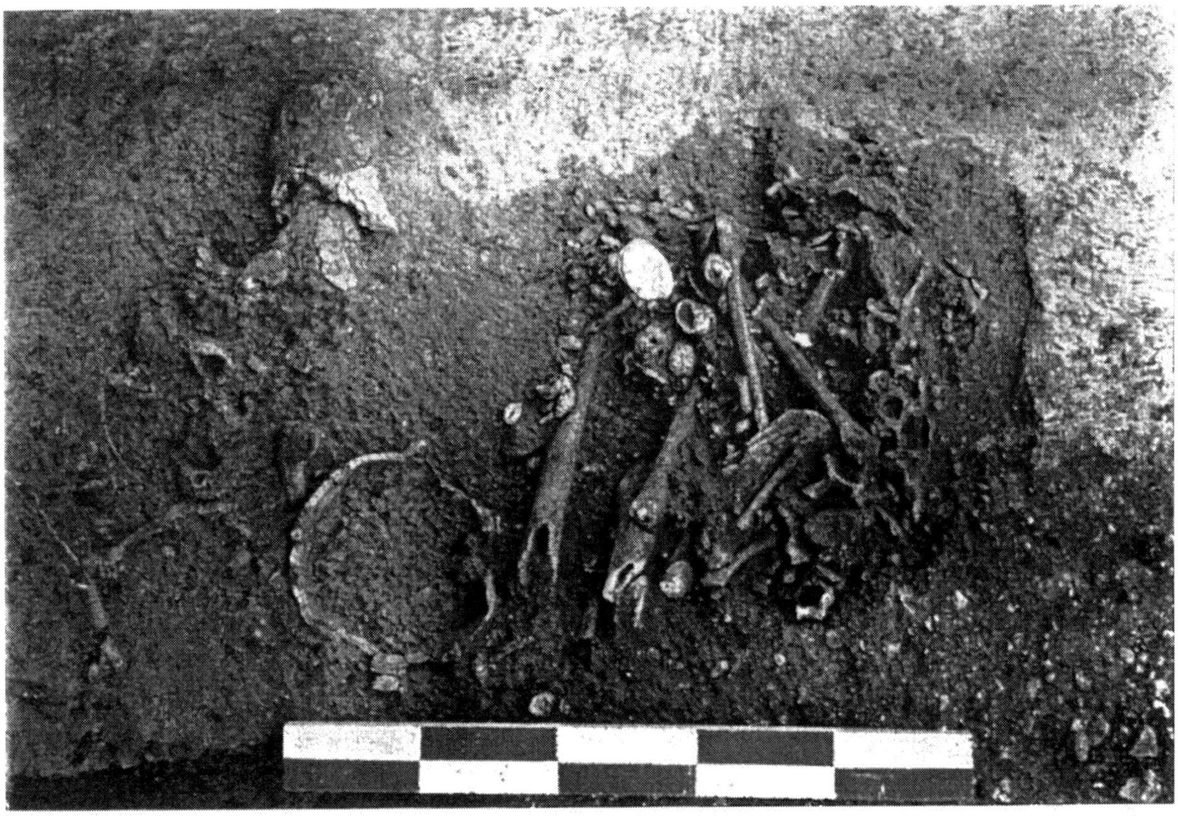

A

B

Fig. 52. Vue générale des sépultures de La Grande Pièce (Photographies par P. Courtaud et H. Duday)
A – Structure 3 ; B – Structure 10.

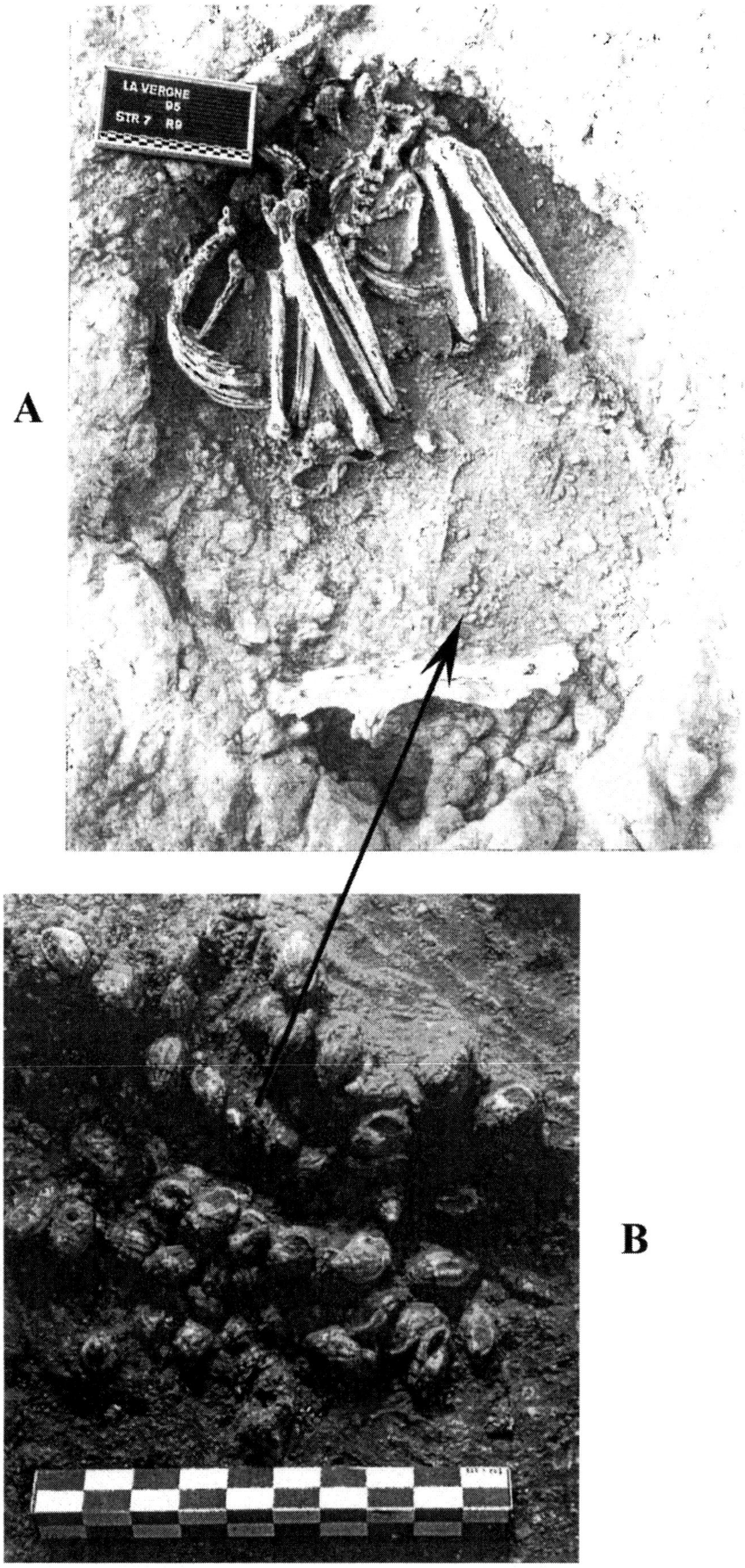

Fig. 53. Structure 7 des sépultures de La Grande Pièce (Photographies par P. Courtaud et H. Duday)
A – Vue générale de la structure ; B – Détail de l'alignement de plusieurs séries de *Nassarius reticulatus*.

A

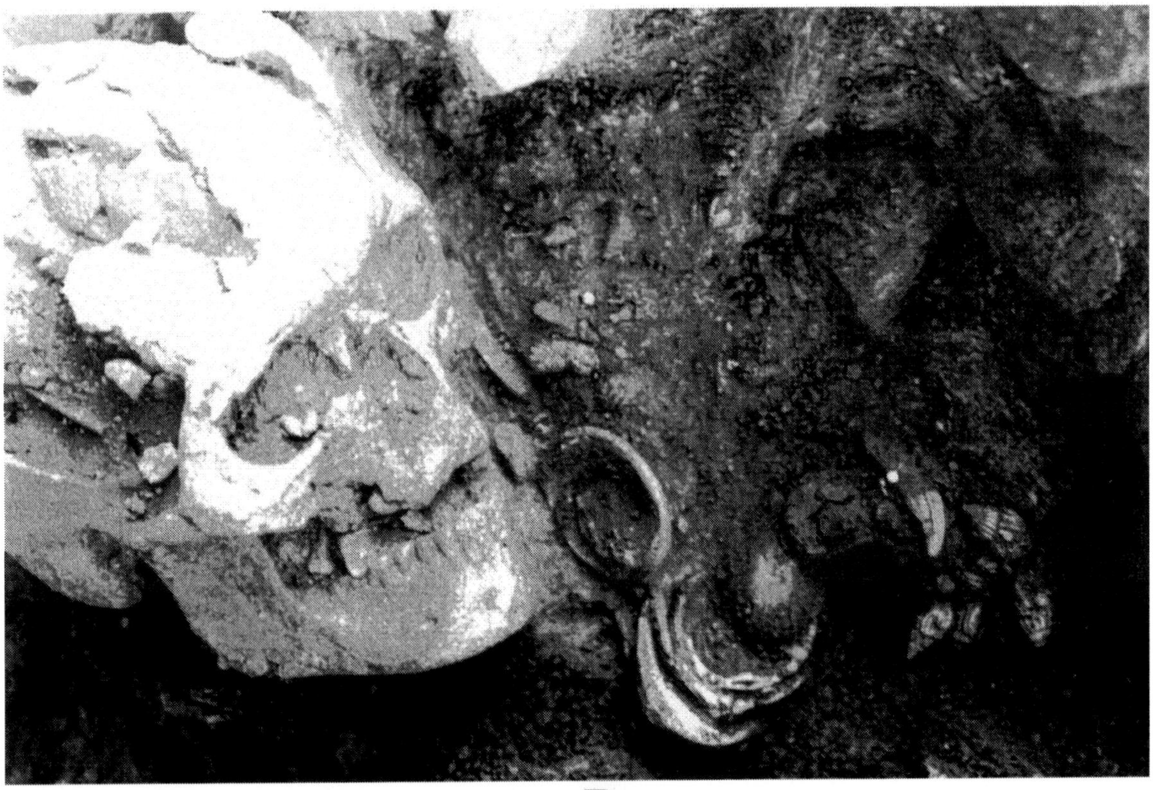

B

Fig. 54. Structure 10 des sépultures de La Grande Pièce (Photographies par P. Courtaud et H. Duday)
A – Vue générale d'un stade de dégagement du sujet adulte ; B – Détail des coquillages marins présents autour du crâne.

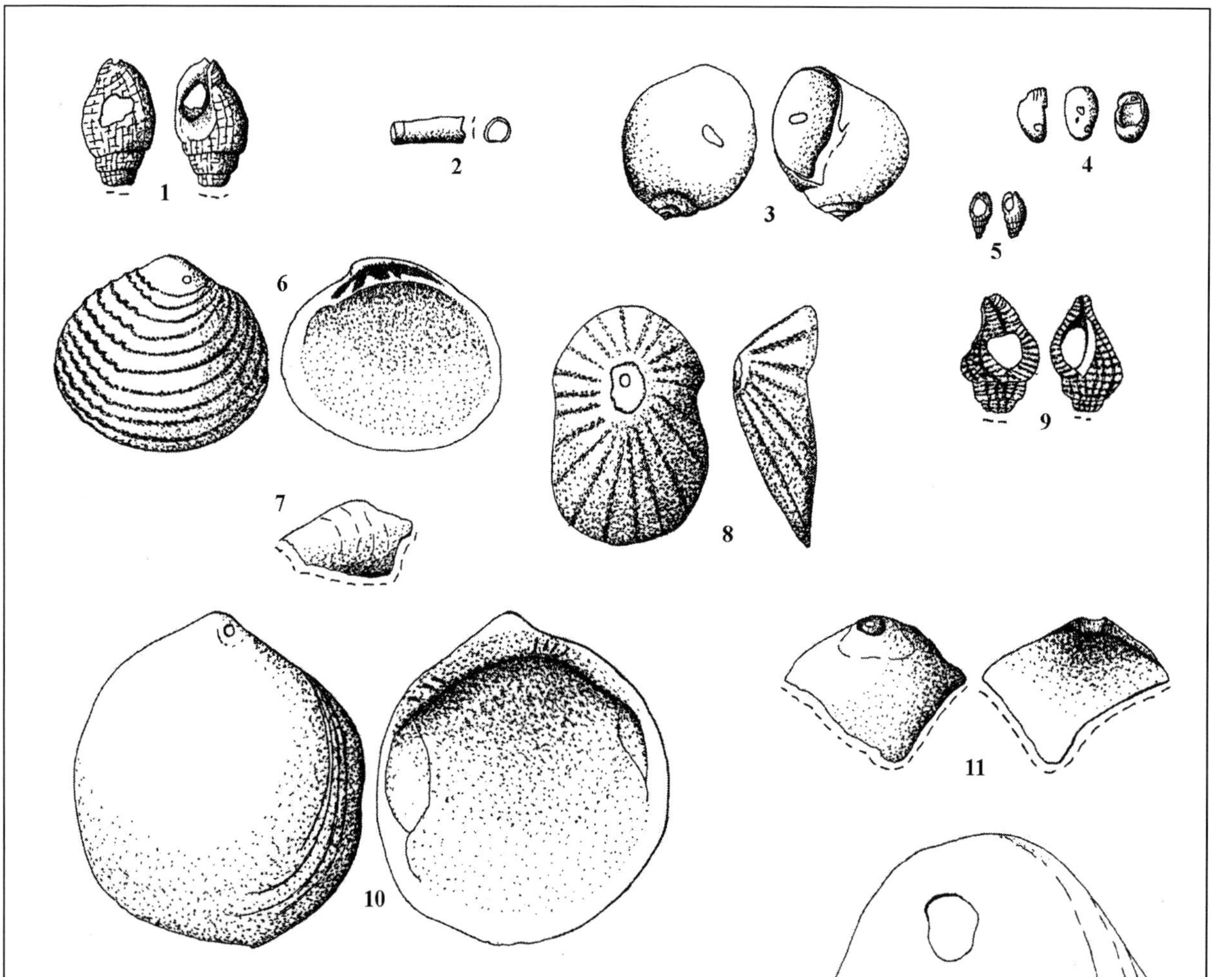

Fig. 55. La malacofaune de La Grande Pièce (La Vergne, Charente-Maritime)
1 : *Nassarius reticulatus* ; 2 : *Dentalium* sp. ; 3 : *Euspira catena* ; 4 : *Neritina fluviatilis* ; 5 : *Nassarius incrassatus* ; 6 : *Venus verrucosa* ; 7 : *Mytilus edulis* ; 8 : *Patella* sp. ; 9 : *Ocenebra erinaceus* ; 10 : *Glycymeris glycymeris* ; 11 : *Spisula* sp. ; 12 : *Cerastoderma edule* ; 13 : *Ostrea edulis* ; 14 : *Phalium saburon* ; 15 : *Laevicardium crassum* (Dessin : C. Dupont).

Liste des espèces	Masse (g)	% Masse	N.M.I.	% N.M.I.	N.R.	% N.R.
Patella sp.	69,56	3,5	11	0,3	11	0,3
Nassarius incrassatus	26,69	1,4	34	1,0	34	1,0
Ocenebra erinaceus	0,98	0,0	1	0,0	1	0,0
Ostrea edulis	27,49	1,4	1	0,0	1	0,0
Mytilus edulis	1,13	0,1	2	0,1	2	0,1
Nassarius reticulatus	949,10	48,1	2194	66,5	2194	66,5
Spisula sp.	6,55	0,3	2	0,1	2	0,1
Venus verrucosa	5,83	0,3	1	0,0	1	0,0
Glycymeris glycymeris	105,84	5,4	5	0,2	5	0,2
Laevicardium crassum	430,03	21,8	14	0,4	14	0,4
Dentalium sp.	93,82	4,8	1012	30,7	1012	30,7
Cerastoderma edule	3,89	0,2	1	0,0	1	0,0
Euspira catena	111,84	5,7	15	0,5	15	0,5
Phalium saburon	141,25	7,2	2	0,1	2	0,1
Neritina fluviatilis	0,19	0,0	2	0,1	2	0,1
Total	**1974,1875**		**3297**		**3297**	

Parure

Tableau 6. Bilan quantitatif de la malacofaune de La Grande Pièce

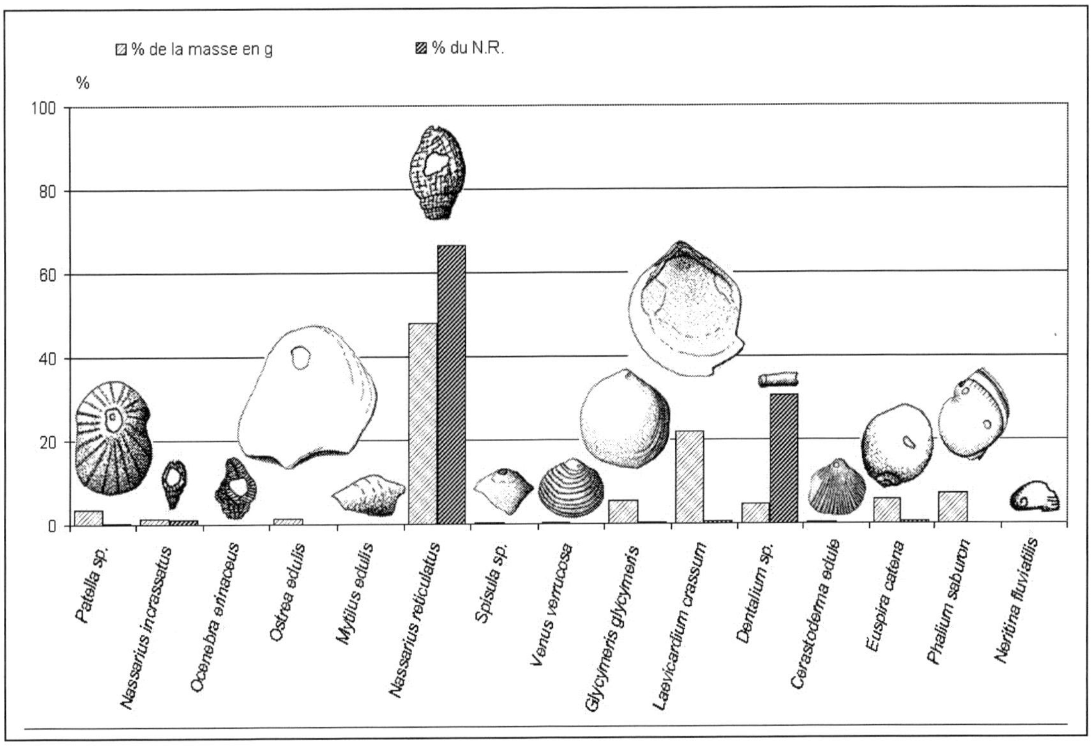

Fig. 56. Histogramme de distribution de la malacofaune de La Grande Pièce en masse (M=2kg) et en nombre de restes (N.R.=3297).

La nasse *Nassarius reticulatus* domine quelle que soit l'unité choisie (67 % en N.R. et 48 % en masse). Le dentale *Dentalium* sp. se détache en deuxième position avec plus de 30 % du nombre total de restes. Sa proportion passe à 5 % seulement si la masse est prise en compte. Quelques espèces de grande taille comme *Laevicardium crassum, Phalium saburon, Euspira catena* et *Glycymeris glycymeris* sont mieux représentées en masse qu'en N.R. Même si leur faible nombre pourrait inciter à les négliger, l'encombrement des coquilles par la masse et le volume ont pu agir sur leur choix.

Cependant, chaque coquille ayant pu être façonnée individuellement par l'homme, le nombre de restes semble mieux transcrire l'investissement humain dans la confection de la parure.

L'abondance des deux petites espèces *Dentalium* sp. et *N. reticulatus* (97 % du N.R.) s'oppose à la rareté des autres parures en coquillages. En effet, parmi les quinze espèces déterminées, huit sont présentes à un ou deux exemplaires (Tableau 6) et seule *N. incrassatus* dépasse 1 % du nombre total de restes en plus des deux espèces majoritaires. Plusieurs hypothèses peuvent être émises concernant cette répartition très hétérogène des espèces. Les contraintes biologique et culturelle peuvent agir sur les quantités relatives de chaque espèce (Fischer, 1995, p.284). Dans le cas de contraintes biologiques, la liste des espèces présentes peut rendre compte de la faune locale, de la proximité et de l'éloignement de la mer (Taborin, 1974, p.155). La rareté des espèces, présentes uniquement par quelques exemplaires, peut s'expliquer par l'absence de leurs biotopes à proximité du site. Elles ont pu être trouvées échouées. Cela peut être le cas par exemple de *G. glycymeris* et de *P. saburon*. La dégradation post-dépositionnelle des coquilles les plus fragiles (Dyke, 1996, p.134), comme la moule *Mytilus edulis* au test très fin et la petite espèce fluviatile *Neritina fluviatilis*, n'est pas non plus à écarter.

1.4 – Les caractéristiques de l'acquisition de la malacofaune marine

1.4.1 - Le lieu de collecte

Le classement des espèces présenté dans la partie III a été utilisé dans le but de définir les caractéristiques du territoire de collecte de la malacofaune marine (Tableau 4, p.91). La même méthode a été appliquée qu'elle que soit l'utilisation des coquillages. Pour la parure et les outils, elle permet de définir l'origine des coquilles dans le cas où celles-ci auraient été collectées échouées mortes.

Le substrat

Le substrat sableux domine avec 98 % du nombre de restes de coquilles (Fig. 57-A.).

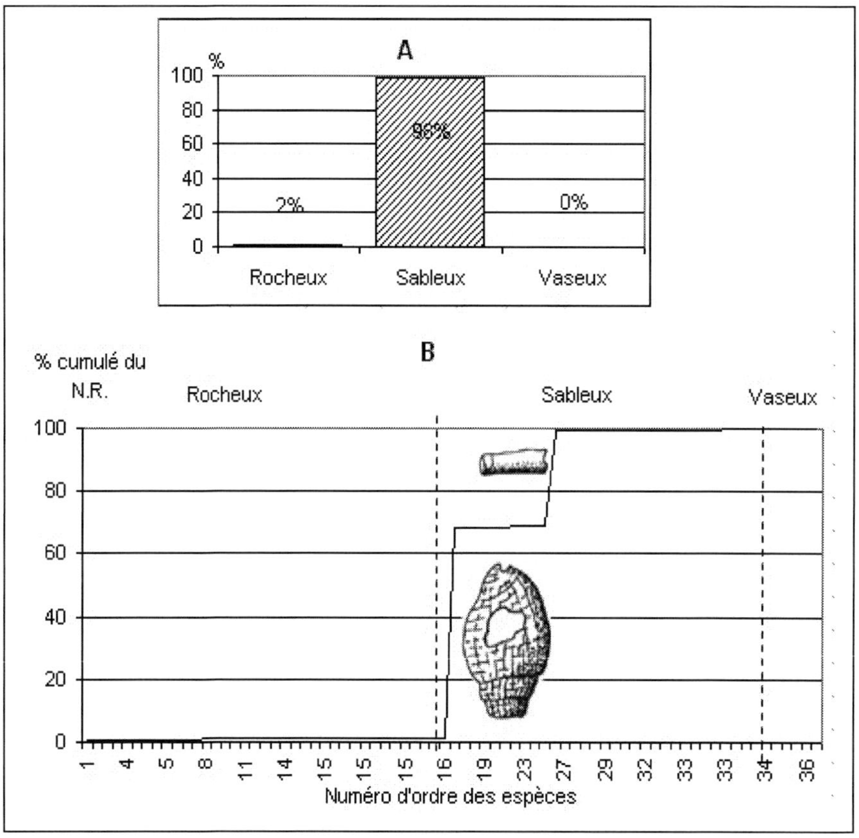

Fig. 57. Substrats d'origine de la malacofaune marine de La Grande Pièce (N.R.=3295) : A - Histogramme de distribution, B - Diagramme des pourcentages cumulés du N.R.

Seules trois taxons de substrat rocheux sont représentés, et ce, très faiblement : *Mytilus edulis, Ostrea edulis, Patella* sp. La patelle est un des coquillages les plus consommés au Mésolithique (Rozoy, 1978, p.786 ; Taborin, 1974, p.397). Sa rareté à La Grande Pièce est liée, soit à sa faible présence dans le territoire proche du site, soit à son délaissement par l'homme malgré son abondance. Le diagramme cumulé montre la domination, déjà observée plus haut, de la nasse et du dentale, qui vivent sur le même substrat (Fig. 57-B.).

Le mode d'exposition de la côte

Comme citées dans l'exposé des méthodes, les variations morphologiques de deux gastropodes, la nasse *Nassarius reticulatus* et la pourpre *Nucella lapillus,* permettent de connaître le mode plus ou moins battu de la côte où ils ont vécu.

La parure de La Grande Pièce étant majoritairement composée de nasses, un échantillonnage de 34 individus appartenant à la structure 7 a été examiné. La présence de la perforation près du péristome a amené à écarter le paramètre lc correspondant à la largeur des trois côtes présentes près du labre. De plus, l'usure liée au lien a pu affecter cette zone. Le rapport du nombre de côtes totales sur la largeur est compris entre 0,79 et 1,45, pour une moyenne de 1,14 (écart type de 0,14). L'intervalle de confiance est, quant à lui, compris entre 1,09 et 1,19 pour un risque de 5 % (Schwartz, 1980, pp.134-135) (Fig. 58.).

Ces valeurs correspondent aux stations de référence 12 (Sébastopol) et 9 (La Bernerie) ce qui indique un milieu très abrité. Cela confirme une collecte des nasses de La Grande Pièce en fond de baie, en estuaire ou en lagune.

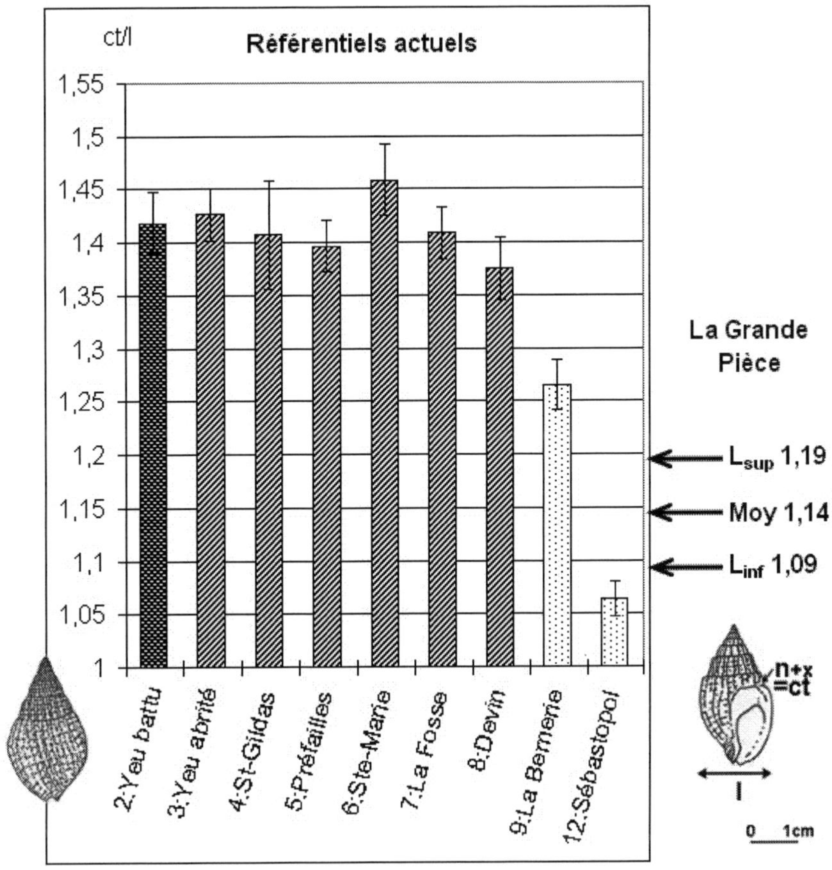

Fig. 58. *Nassarius reticulatus* : côtes totales sur la largeur, application à La Grande Pièce ; L_{sup} : Limite supérieure de l'intervalle de confiance de la moyenne, Moy : Moyenne, L_{inf} : Limite inférieure de l'intervalle de confiance de la moyenne.

Le niveau de l'estran exploité par l'homme

La répartition altitudinale des espèces montre que la moitié appartient au bas niveau de la zone intertidale et à la zone subtidale (Fig. 59.). Pour les subtidales, qui représentent 31 % de la masse des coquilles identifiées à La Grande Pièce, leur collecte n'a pu être effectuée qu'à l'état mort, hors de leur milieu de vie, après échouage des tests (Fig. 60.).

1.4.2 - Les techniques de la collecte

La consommation alimentaire de la nasse n'est pas attestée par l'homme de la préhistoire à nos jours. Même après ébullition, l'extraction de la chair de l'animal du test est difficile. Dans la majorité des cas, de la chair reste coincée dans les premiers tours de spire et devient rapidement malodorante. La difficulté de cette étape peut donc plaider pour un ramassage de l'espèce majoritaire à l'état d'épave.

C'est également le cas du dentale qui vit sous la limite des plus basses mers de vive eau. D'autre part, la morphologie de ces parures mésolithiques confirme leur collecte à l'état d'échouage. Un des deux *Phalium saburon* possède une usure de ses parties convexes. Elle se traduit par une disparition des côtes d'ornementation décelables uniquement au niveau de son labre (Fig. 55., n°14). De même, tous les apex de patelles (soit 11) présentent une desquamation progressive typique de l'action marine (Fig. 55., n°8). Sur les bivalves, comme l'amande de mer *Glycymeris glycymeris* la réduction du relief des dents de la charnière a été observée (Fig. 55., n°10 ; Fig. 17-B., p.56). Certains bords des valves sont cassés suivant les arrêts de croissance (Fig. 55., n°15). Toutes ces caractéristiques sont des témoins de l'usure des coquillages de La Grande Pièce par le ressac de la mer. La forme conique et l'emplacement au niveau du crochet d'une des perforations de spisule est typique de l'action de gastropodes perceurs. Ces derniers perforent le test pour se nourrir de la chair du bivalve (Fig. 55., n°11 ; Fig. 17-B., p.56). Tous ces éléments penchent vers un ramassage à main nue des coquilles dépourvues de la chair.

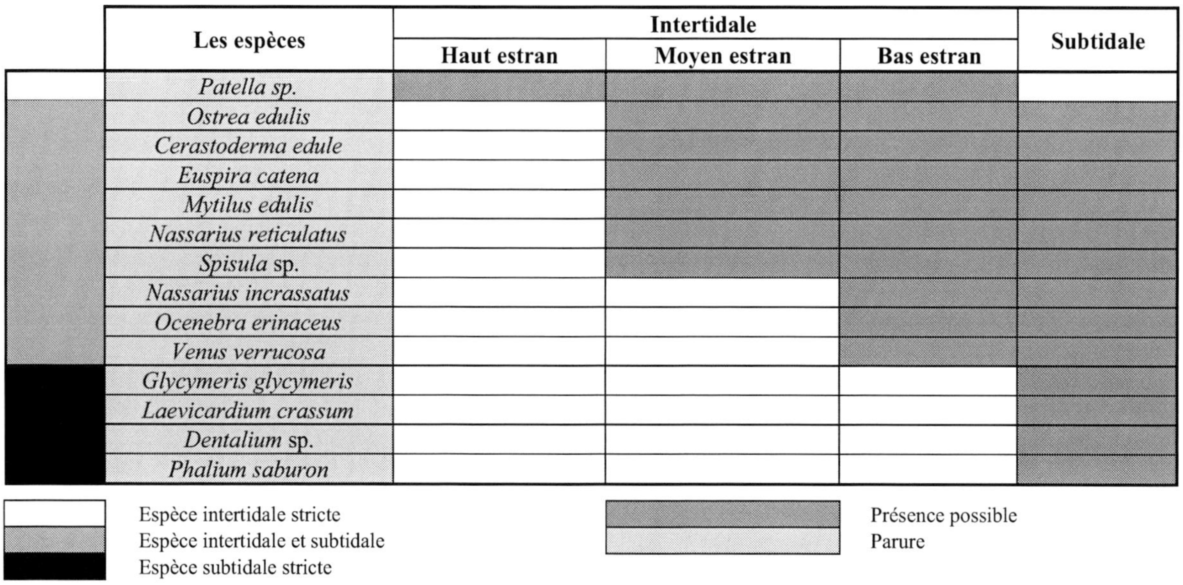

Fig. 59. Position altitudinale des espèces le long de la côte : La Grande Pièce

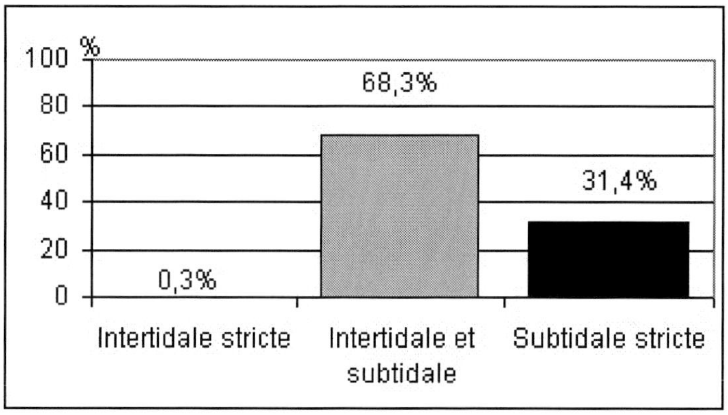

Fig. 60. Histogramme de distribution du niveau de l'estran d'origine de la malacofaune marine : La Grande Pièce (N.R.=3295)

1.4.3 - Le temps de déplacement et le transport

Plusieurs caractéristiques du territoire de collecte ont été identifiées. Connaître les lieux potentiels d'approvisionnement correspond, dans un premier temps, à connaître l'avancée de l'influence marine dans les terres au Mésolithique ancien. Après un niveau marin au plus bas du XXIème au XIXème millénaire av. J.-C. (-120 à –130 mètres sous la position actuelle), la transgression holocène s'amorce et se poursuit au VIIIème millénaire av. J.-C. (Barusseau *et al.,* 1976, p.28).

Le niveau des plus hautes mers varie selon les références bibliographiques entre – 42 m et – 23 m N.G.F. (soit – 39 m à – 20 m C.M. en Charente-Maritime) au début du VIIIème millénaire av. J.-C. (André, 1986, p.25 ; Pirazzoli, 1991 ; Magny, 1995). Même si cet intervalle de valeur est reconnu par beaucoup d'auteurs, de nombreux biais comme les mouvements tectoniques régionaux, la variation du taux de sédimentation différente de celle du taux de remontée eustatique du niveau marin, et la modification morphologique du trait de côte s'opposent à la reconstitution de la ligne de rivage par simple altitude (André, 1986, pp.26-27 ; Clavé, 2001, p.27). Aucun de

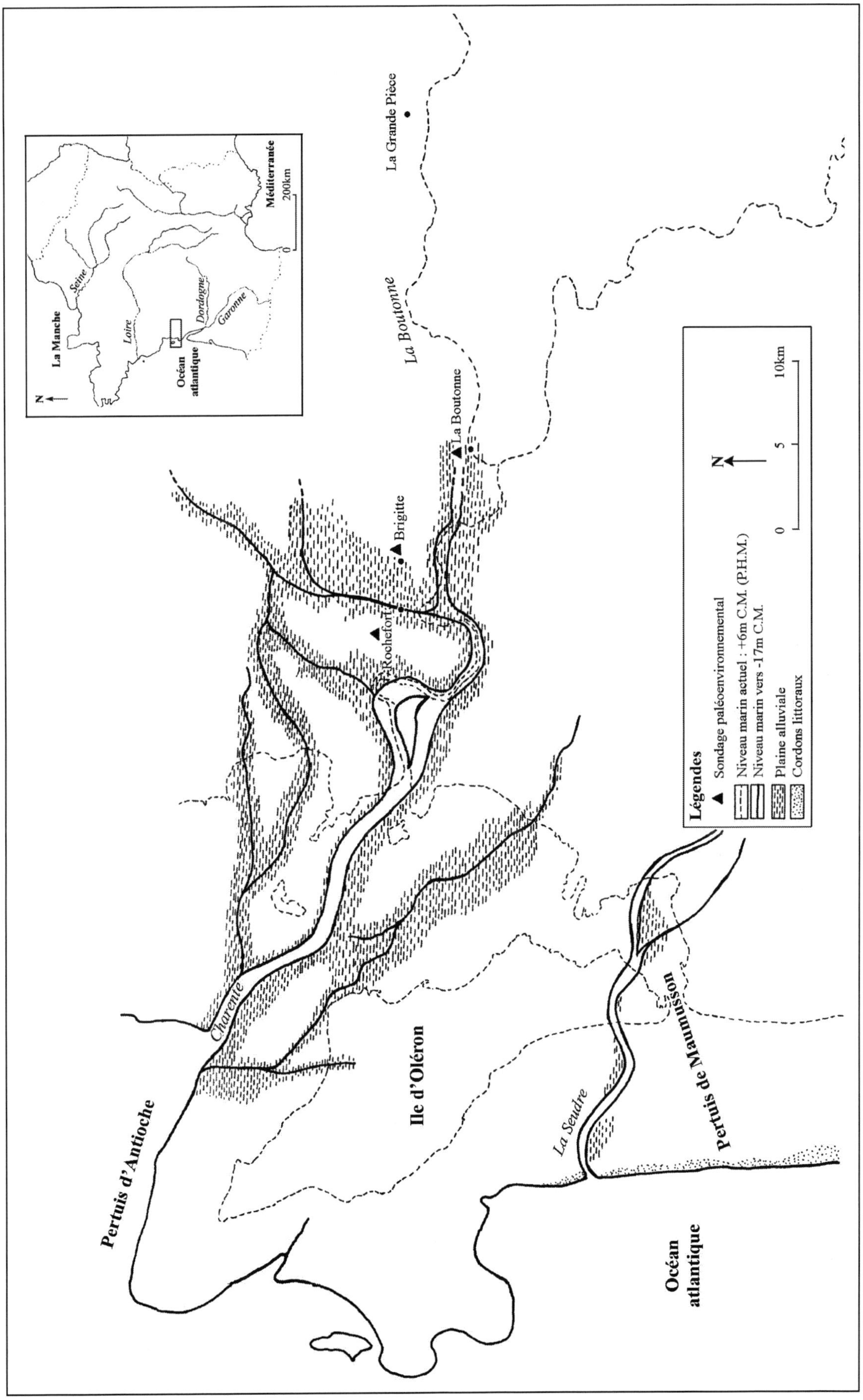

Fig. 61. Localisation du niveau marin autour de -17 mètres C.M. autour de l'estuaire de la Charente (d'après André 1986).

ces paramètres n'est maîtrisé. Une reconstitution du paléoenvironnement a, malgré tout, été tentée. Celle-ci s'appuie sur les travaux d'André (André, 1986). Ce dernier a retracé la tendance générale du rivage en considérant des traces d'anciennes lignes de rivage, l'existence d'un bas niveau marin et le revêtement de sédiments fossiles (André, 1986, p.28). Une carte a été réalisée présentant le trait de côte du littoral charentais autour de - 17 m C.M (Fig. 61.). Le trait de côte était sans doute légèrement plus éloigné au Mésolithique ancien. Une carte d'André retraçant le niveau marin de – 50 m N.G.F. (ou – 47 m C.M.) montre un tracé de la Paléo-Charente longeant le Pertuis d'Antioche (André, 1986, p.90). De même, les différentes hypothèses avancées concernant le tracé de la Paléo-Charente montrent un cheminement probable voisin de l'actuel (André, 1986 ; Barusseau, 1973 ; Pinot, 1973 ; Vigneaux et *al.*, 1975). Toutes les espèces collectées à La Grande Pièce sont marines à l'exception de *Neritina fluviatilis* qui vit en eau douce. Cette espèce a pu être collectée dans les nombreux affluents de la Charente près du site (Fig. 61.). À - 17 m C.M., ce qui correspond au niveau de la mi-marée le plus haut possible, lors du fonctionnement du site de La Grande Pièce le trait de côte était situé à 65 km de la nécropole (André, 1986) (Fig. 61.). La Paléo-Charente était plus encaissée que la Charente actuelle, elle subissait donc, malgré un niveau marin plus bas, une influence marine plus loin dans les terres que de nos jours. Ce fleuve était en contact direct avec la mer, son estuaire subissait l'influence marine et toute modification du fleuve provoque des conséquences sur les déplacements des masses d'eau et de la salinité. D'anciens rivages ont été mis en évidence à partir de sondages effectués à Rochefort (Regrain, 1980, p. 83 ; Carbonel *et al.*, 1998) (Fig. 61.). Ceux-ci correspondent à une importante influence marine encore perceptible au VIIème millénaire av. J.-C. (Carbonel *et al.*, 1998). Une plus faible influence marine de type 'estuaire ou baie ouverte' est encore observée autour du VIIème millénaire av. J.-C. pour le sondage de la Boutonne actuellement à proximité de La Grande Pièce (Carbonel *et al.*, 1998) (Fig. 61.). Ce type de milieu 'estuarien ou laguno-estuarien' a également été mis en évidence à la base du sondage de la coupe Brigitte (Carbonel *et al.*, 1998) (Fig. 61.). La présence de l'estuaire de la Paléo-Charente permettait à l'influence marine d'avancer à l'intérieur des terres au Mésolithique ancien. Les coquilles subtidales, une fois échouées, ont pu y être transportées par les flux marins. Elles pouvaient être accessibles à moins de 65 km du site. Cependant, il est difficile de savoir jusqu'où l'énergie des flots marins a pu les faire pénétrer. D'autre part, la forme des individus de nasse présents dans les sépultures de La Grande Pièce témoigne d'un estran de mode abrité. L'homme a pu les récolter le long de l'estuaire de la Paléo-Charente, soit à moins de 20 kilomètres du site selon les données obtenues pour le sondage de La Boutonne.

1.5 – Les caractéristiques de la transformation et de la consommation de la malacofaune marine

La forme d'origine des coquilles n'a pas été modifiée. Les seuls façonnages observés sont le raccourcissement des dentales et un unique percement sur les autres tests. Celui-ci se localise pour les gastropodes turbinés au niveau du dernier tour de spire, pour les gastropodes coniques près de l'apex (9 cas pour 2 perforations antérieures) et pour les bivalves près du crochet ou de l'umbo.

D'autres études (Dupont, 1998 ; Dupont et Laporte, *en cours*) montrent des usures liées au port de ces parures. Ces coquilles ont, avant tout, été portées dans le monde des vivants. Aucun élément de type bracelet ou collier n'a été trouvé près des articulations des squelettes. La dispersion des coquilles et les traces d'usure font penser, pour certaines d'entre elles, à des éléments cousus sur un support et à des objets.

La description des structures composant cette nécropole témoigne d'un dépôt volontaire de la parure en contact direct avec les corps. Plusieurs hypothèses peuvent être avancées quant à la relation entre les corps et la parure les accompagnant. La parure correspond, soit à celle portée par les individus avant leur décès, soit à celle utilisée uniquement lors d'événements précis et a été associée aux dépouilles des individus. Dans le deuxième cas, il n'y a pas forcément correspondance entre la parure portée dans le monde des vivants et celle associée aux morts. Les tests proches des enfants présentant des stigmates liés à un port prolongé, une passation de la parure de génération en génération n'est pas, non plus, à écarter.

1.6 – Résumé de l'étude malacofaunique de La Grande Pièce

La parure en coquillages de La Grande Pièce se traduit par la domination de deux espèces de petite taille. La majeure partie provient du substrat sableux. Au Mésolithique, le paléoestuaire de la Charente était plus profond que de nos jours. Contrairement à ce qui est observé actuellement, l'influence marine pénétrait plus loin dans les terres. Les coquillages étaient donc accessibles à l'issue de plus courts déplacements que ne le nécessite la côte actuelle. L'échange avec d'autres groupes humains n'a donc pas obligatoirement eu lieu. L'analyse de la morphomètrie de l'espèce majoritaire, la nasse, permet de conclure qu'elle a vécu dans un environnement marin abrité. De petites baies aux conditions estuariennes ont pu permettre son développement à moins de 65 km du site.

Plusieurs éléments témoignent d'une collecte de la malacofaune, non pas vivante, mais échouée sur la grève. Leur collecte s'est donc effectuée à main nue, sans qu'un outil soit nécessaire.

Certains tests étaient percés lors de leur ramassage, d'autres l'ont été par l'homme. Une unique perforation représente le façonnage des tests coquilliers. Elle se localise au niveau du dernier tour de spire pour les gastropodes turbinés, à l'apex pour les patelles et près du crochet pour les bivalves. L'observation des perforations atteste du port de la parure dans le monde des vivants. Elle n'était donc pas destinée uniquement à une fonction sépulcrale.

B – Le Mésolithique récent / final

Les sites archéologiques ayant livré des restes malacofauniques, rares au Mésolithique ancien sont mieux représentés à la fin du Mésolithique sur la façade atlantique de la France. À la différence du site de La Grande Pièce, d'autres utilisations sont observées à la fin du Mésolithique, en plus de la parure. Les premiers sites du Mésolithique récent / final présentés se localisent à une dizaine de kilomètres au sud de l'estuaire de la Loire, suivis du seul site du Finistère, Beg-an-Dorchenn. Enfin, cette présentation des restes coquilliers de la fin du Mésolithique comprend l'étude de trois sites morbihannais présents dans un rayon d'une trentaine de kilomètres que sont Hoëdic, Téviec et Beg-er-Vil.

1 - Saint-Gildas IB et IC (Préfailles, Loire-Atlantique)

1.1 - La présentation du site

Attribués au Mésolithique récent, les sites de Saint-Gildas IB et IC se localisent sur la pointe du même nom, dans la commune de Préfailles en Loire-Atlantique (Fig. 3., p.11 ; Fig. 62.).

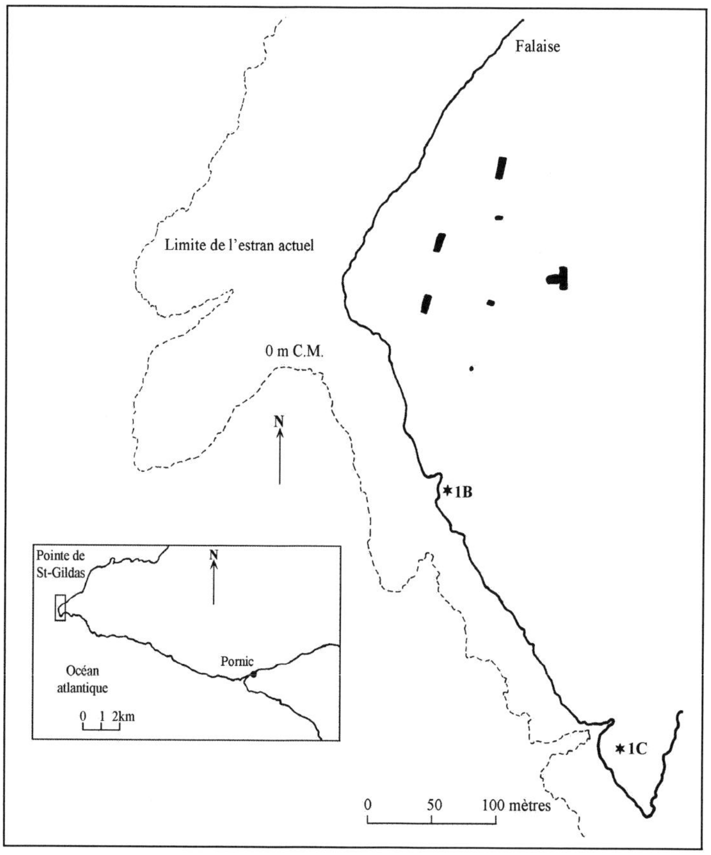

Fig. 62. Localisation des dépôts coquilliers de Saint-Gildas IB et IC (Préfailles, Loire-Atlantique) (D'après G. Marchand, 1999)

G. Reffe y a découvert en 1954 'un amas de charbons d'où sortaient des quantités de coquilles de patelles et de petits silex blancs' (Bellancourt, 1980, p.7). L'amas coquillier (IB) mesurait alors 20 mètres de long, 6 mètres de large et 0,50 mètre de haut. M. Tessier y a réalisé des décomptes de coquilles (Tessier, 1984, p.81). Il prit également le soin d'y prélever un échantillon qu'il déposa au Musée Dobrée, avant que le site ne soit détruit par l'érosion marine. Une datation C^{14} sur coquilles a donné la valeur de 7520 ± 140 B.P. (Gif-3531) (Tessier, 1984, p.84) soit 6293 à 5687 av. J.-C. après calibration (cal. 2 sigmas) (Marchand, 1999). 'En 1978, une tempête ayant délavé la falaise mit au jour un petit débris de cuisine que' M. Tessier a 'examiné en entier' (Tessier, 1984, p.78). Ses dimensions lors de la découverte étaient d'environ de 2,50 mètres de long par 0,80 mètre de large et de 0,25 mètre au-dessus du sol (Rozoy, 1978, p.767). Le décompte de toutes les coquilles a été effectué par M. Tessier (Tessier, 1984, p.78). Ce dépôt coquillier d'un volume d'un mètre cube correspondrait au dépôt référencé sous le terme de Saint-Gildas IC par M. Tessier (Tessier, 1984, p.78). Rien ne subsiste des coquilles de celui-ci à l'exception d'un bilan quantitatif des espèces le composant, effectué par M. Tessier (Tessier, 1984). La datation obtenue sur les coquilles de cet amas du Mésolithique récent est de 6790 ± 90 B.P. (Gif-4847) (Tessier, 1984, p.81) soit 5486-5142 av. J.-C. après calibration (cal. 2 sigmas) (Marchand, 1999). L'espèce utilisée pour effectuer les datations est la scrobiculaire (information M. Tessier).

Ces stations mésolithiques de la Pointe Saint-Gildas, auxquelles on peut ajouter un troisième locus à microlithes sans coquilles (IA), représentent un cas exceptionnel dans l'industrie lithique. En effet, ce sont les seuls sites intervenant après le Mésolithique moyen et qui s'en dégagent par l'abandon de l'hypermicrolithisme et l'acquisition d'industries à grands triangles, à pointes et à trapèze à retouches abruptes (Marchand, 2000, p.380).

1.2 - La représentativité de l'échantillon et les techniques de fouille

Deux sources d'information étaient disponibles pour l'amas de Saint-Gildas IB : les bilans quantitatifs de M. Tessier (Tessier, 1984, p.78) et l'échantillon déposé au musée Dobrée. Elles ont été confrontées dans le but de voir s'il existait des distorsions en passant de l'une à l'autre. Quelques confusions de détermination sont présentes dans la liste de M. Tessier. Il avait noté la présence de '*littorina sexatilis*' (Tessier, 1984, p.78) ou *Littorina saxatilis* (Poppe et Goto, 1991) (Tableau 7).

Liste des espèces	**Appellations** (Tessier, 1984)	**Saint-Gildas IB** (Tessier, 1984)	**Saint-Gildas IB** Musée Dobrée
Patella sp.	'patella'	+	+
Osilinus lineatus	'trochocochlea crassa'	+	+
Gibbula umbilicalis		-	+
Littorina obtusata		+	-
Nucella lapillus	'purpurea lapilus'	+	+
Ocenebra erinaceus	'ocinebra'	-	-
Ostrea edulis	'ostrea'	+	+
Mytilus edulis	'mytilus édulis'	+	+
Littorina littorea	'littorina sexatilis'	+	+
Pholas dactylus	'pholas'	+	+
Tapes decussatus	'tapes'	+	+
Scrobicularia plana	'scrobicularia piperata'	+	+
Cerastoderma glaucum	'cardium edule'	+	+
Diversité spécifique		11	11

Tableau 7. Comparaison des spectres malacofauniques de Saint-Gildas selon les sources d'information ; + : présence ; - : absence

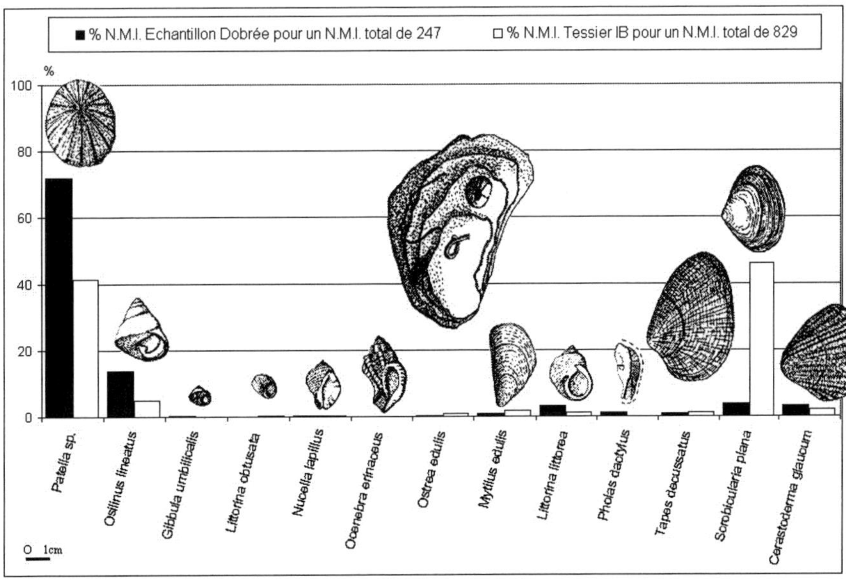

Fig. 63. Histogramme de la répartition des N.M.I. de la malacofaune marine de Saint-Gildas en fonction des sources d'information

Elle était absente de l'échantillon déposé en musée. Cette espèce de forme proche de *L. littorea* a pu être confondue avec cette dernière. Quant à la coque, *Cerastoderma glaucum,* elle a, sans doute, été confondue avec l'espèce proche *C. edule* anciennement appelée *Cardium edule.* Des synonymies expliquent les autres différences pour la monodonte (*Osilinus lineatus*), la pourpre (*Nucella lapillus*) et la scrobiculaire (*Scrobicularia plana*).

Quelques erreurs d'orthographe se sont glissées dans la liste de M. Tessier. Les termes de 'purpurea lapilus''ocinebra''mytilus édulis''littorina sexatilis' utilisés par ce dernier se rapprochent des appellations *Purpura lapillus, Ocenebra, Mytilus edulis* et *Littorina saxatilis*. Pour certains taxons, seul le nom de genre a été indiqué par M. Tessier. Uniquement deux espèces de petite taille (la gibbule et la littorine obtuse) différencient la composition spécifique des deux échantillons de Saint-Gildas IB (Tableau 7). Elles ne sont pas consommées et sont régulièrement trouvées en petit nombre parmi la malacofaune accompagnatrice. La composition spécifique des deux sources d'information est proche. Cependant, la comparaison de la répartition des N.M.I. montre une importante distorsion apportée par l'échantillonnage (Fig. 63.). Le lot observé par M. Tessier possède une proportion importante de scrobiculaires alors que la patelle, la monodonte et le bigorneau dominent pour l'échantillon du musée. Ce dernier compte seulement 9 individus de scrobiculaire. Son test étant extrêmement friable, l'échantillonnage a pu écarter cette espèce.

Le lot de coquilles observé en musée apparaît ainsi peu représentatif de la composition du dépôt d'origine.

Dans ce qui suit, les bilans quantitatifs de M. Tessier ont donc été pris en compte pour les deux amas (IB et IC) de Saint-Gildas (Tessier, 1984). La masse est, en général, préférée pour discuter des proportions des espèces des assemblages alimentaires. Cependant, dans ce cas, seuls les N.M.I. sont disponibles. La distorsion qu'ils peuvent apporter par rapport à la masse sera toutefois discutée. En l'absence d'un tamisage, les espèces accompagnatrices ont, sans doute, été écartées des décomptes.

1.3 - La composition du spectre malacofaunique

Douze espèces ont été identifiées dans le rejet alimentaire de Saint-Gildas IB et six pour celui de Saint-Gildas IC (Fig. 64. ; Tableau 8). La gibbule trouvée dans l'échantillon du Musée Dobrée a été rajoutée au décompte de M. Tessier.

Quels que soient les échantillons pris en compte, deux espèces se démarquent du lot (Fig. 65.). La patelle et la scrobiculaire représentent à elles seules 88 % et 92 % du N.M.I. total pour les échantillons IB et IC. La scrobiculaire domine légèrement avec 46 % pour l'amas coquillier IB, tandis que pour le dépôt IC elle atteint 69 %. La gibbule et la littorine obtuse, de petites tailles, ont, quant à elles, pu être collectées sur les rochers en même temps que d'autres espèces. La gibbule peut être confondue avec des petits bigorneaux ou monodontes tout comme la littorine obtuse. Les autres espèces ont pu entrer secondairement dans le spectre alimentaire. Seule la monodonte se démarque légèrement sur le site de Saint-Gildas IB avec 5 % et le bigorneau noir avec 6 % pour Saint-Gildas IC.

Liste des espèces	**Appellations** (Tessier, 1984)	**Saint-Gildas IB** (Tessier, 1984)		**Saint-Gildas IC** (Tessier, 1984)		**Saint-Gildas Musée Dobrée**	
		N.M.I.	**% N.M.I.**	**N.M.I.**	**% N.M.I.**	**N.M.I.**	**% N.M.I.**
Patella sp.	'patella'	343	41,4	40	23,3	178	72,1
Osilinus lineatus	'trochocochlea crassa'	41	4,9	-	-	34	13,8
Gibbula umbilicalis		-	-	-	-	1	0,4
Littorina obtusata		2	0,2	-	-	-	-
Nucella lapillus	'purpurea lapilus'	2	0,2	-	-	1	0,4
Ocenebra erinaceus	'ocinebra'	-	-	1	0,6	-	-
Ostrea edulis	'ostrea'	(16 valves) 8	1,0	-	-	1	0,4
Mytilus edulis	'mytilus édulis'	(30 valves) 15	1,8	-	-	2	0,8
Littorina littorea	'littorina sexatilis'	9	1,1	10	5,8	8	3,2
Pholas dactylus	'pholas'	(2 valves) 1	0,1	(2 valves) 1	0,6	3	1,2
Tapes decussatus	'tapes'	(18 valves) 9	1,1	-	-	2	0,8
Scrobicularia plana	'scrobicularia piperata'	(763 valves) 382	46,1	(235 valves) 118	68,6	9	3,6
Cerastoderma glaucum	'cardium edule'	(33 valves) 17	2,1	(3 valves) 2	1,2	8	3,2
Total		829		172		247	

Tableau 8. Bilan quantitatif de la malacofaune de Saint-Gildas IB et IC ; - : absence

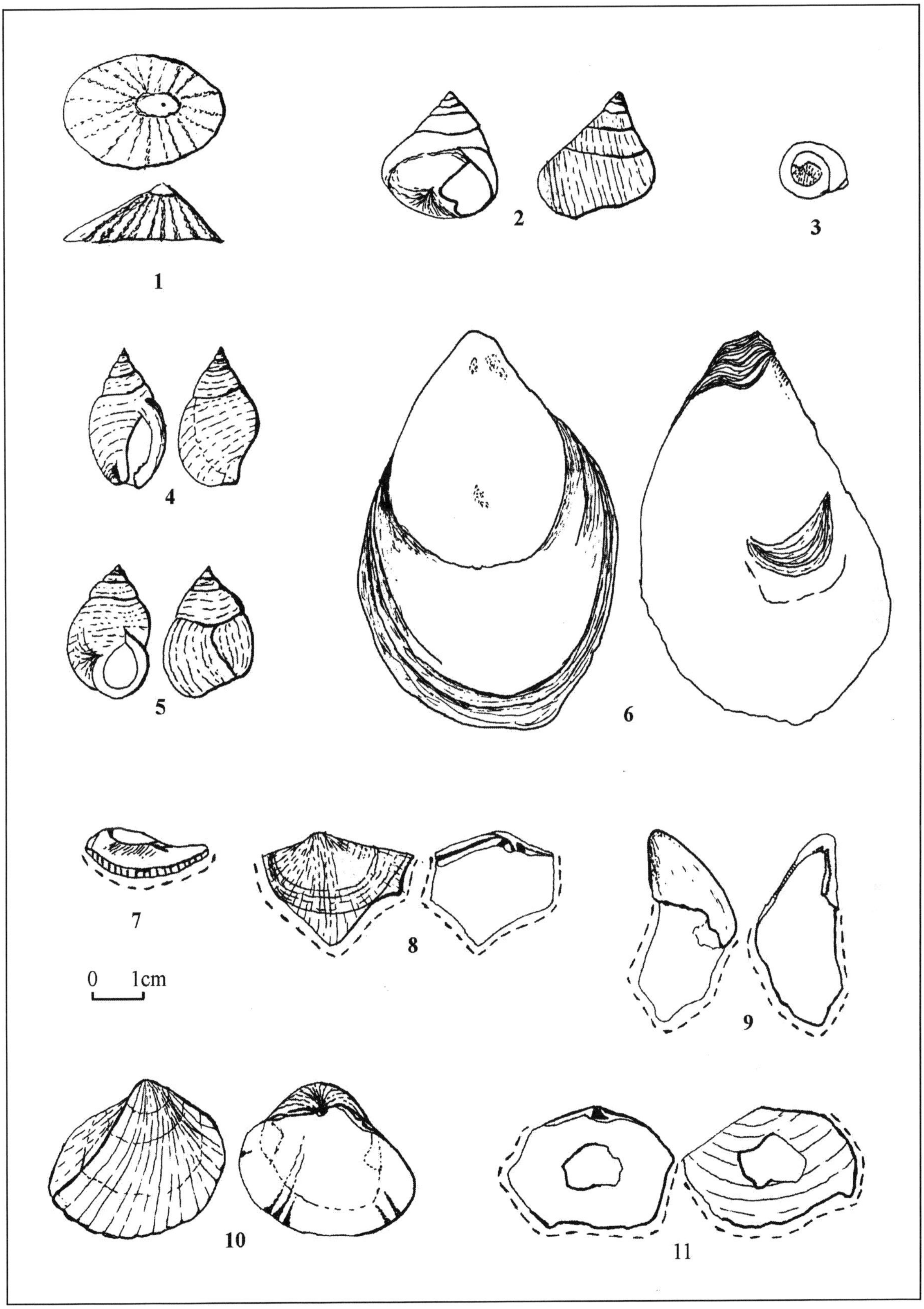

Fig. 64. La malacofaune marine de Saint-Gildas IB, Échantillon Musée Dobrée (Préfailles, Loire-Atlantique)

1 : *Patella* sp. ; 2 : *Osilinus lineatus* ; 3 : *Gibbula* sp. ; 4 : *Nucella lapillus* ; 5 : *Littorina littorea* ; 6 : *Ostrea edulis* 7 : *Pholas dactylus* ; 8 : *Tapes decussatus* ; 9 : *Mytilus edulis* ; 10 : *Cerastoderma glaucum* ; 11 : *Scrobicularia plana* (Dessin : C. Dupont).

La proportion de la scrobiculaire serait sans doute légèrement inférieure si la masse avait été prise en compte. En effet, le test fin de cette espèce est très friable et de faible densité. Quoiqu'il en soit, l'importante quantité de scrobiculaire ne peut amener à la négliger.

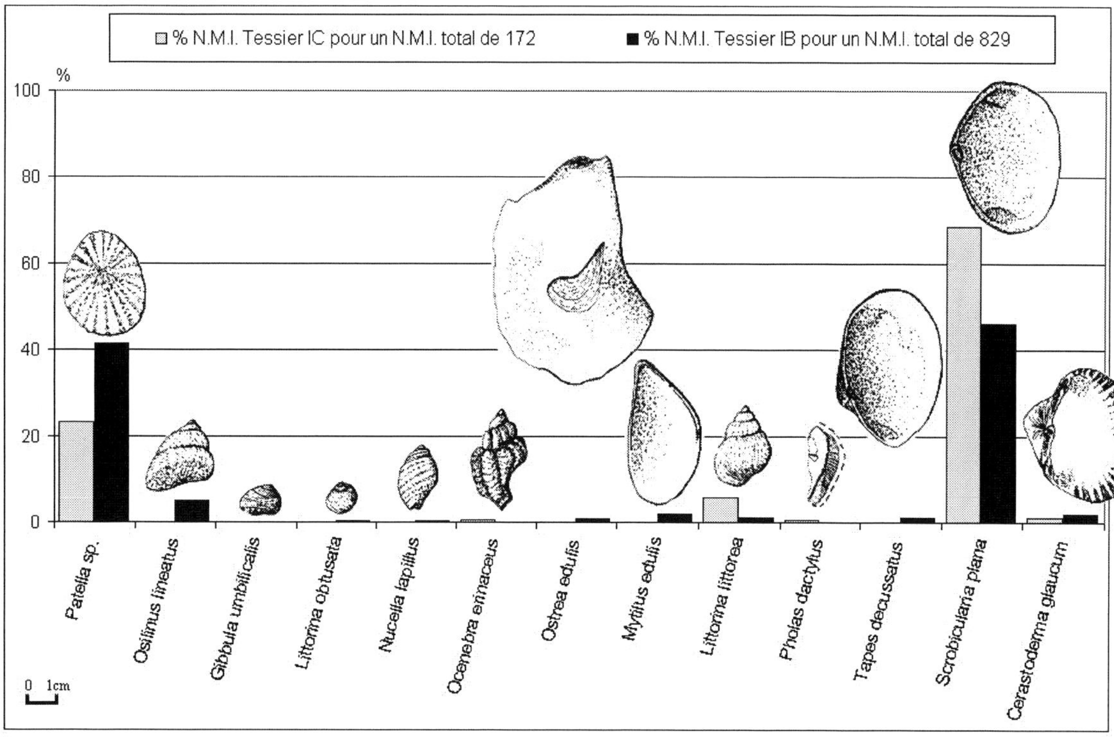

Fig. 65. Histogramme de distribution de la malacofaune de Saint-Gildas IB et IC en nombre minimum d'individus

1.4 – Les caractéristiques de l'acquisition de la malacofaune marine

1.4.1 - Le lieu de collecte

Le substrat

Deux substrats ont été exploités : les rochers et la vase (Fig. 66-A. et B.). La collecte en milieu sableux est anecdotique. Elle correspond à la présence de la palourde, qui a très bien pu être trouvée à proximité du milieu rocheux au niveau de chenaux ensablés. Les profils de la courbe cumulée en N.M.I. de ces deux sites sont voisins (Fig. 66-C.). Ils témoignent d'une collecte en deux zones *différentes du littoral.*

Le mode d'exposition de la côte

Les espèces collectées en milieu vaseux indiquent un confinement d'une partie du territoire exploité par l'homme. La présence de la patelle plaide, quant à elle, pour l'exploitation d'une côte plus ouverte.

Le niveau de l'estran exploité par l'homme

La localisation des espèces en fonction de leur position altitudinale sur la côte montre qu'elles sont toutes accessibles dans la zone intertidale (Fig. 67.). Entre 23 et 46 % du N.M.I. proviennent d'espèces strictement intertidales (Fig. 68.). La prise en compte de la répartition de tous les coquillages collectés à Saint-Gildas montre que tous les niveaux de l'estran ont été exploités.

1.4.2 - La fréquence de la collecte

Parmi les 13 espèces présentes sur le site de Saint-Gildas IB et IC, 4 sont accessibles dès le haut estran et 8 à partir du moyen estran. Le coefficient de marée nécessaire est faible. La collecte des coquillages présents à Saint-Gildas IC a pu être quotidienne.

1.4.3 - Les techniques de la collecte

Une partie de la malacofaune marine a pu être collectée à main nue après un temps de recherche court. C'est le cas des gastropodes turbinés comme la monodonte, la gibbule, la pourpre et le bigorneau noir. La patelle et l'huître sont plus difficiles à collecter. Un outil est nécessaire pour les désolidariser du rocher. Pour certains bivalves la collecte peut se faire à main nue ou à l'aide d'un outil selon leur degré d'adhérence au support comme la moule. Les bivalves fouisseurs peuvent être collectés à main nue comme la scrobiculaire et la coque ou à l'aide d'un outil comme la palourde, qui vit dans un sédiment plus rocailleux que les deux précédentes. Le ramassage de ces bivalves nécessite un temps de recherche plus important par rapport aux espèces fixées sur les rochers. Plusieurs techniques de collecte ont donc été utilisées à Saint-Gildas.

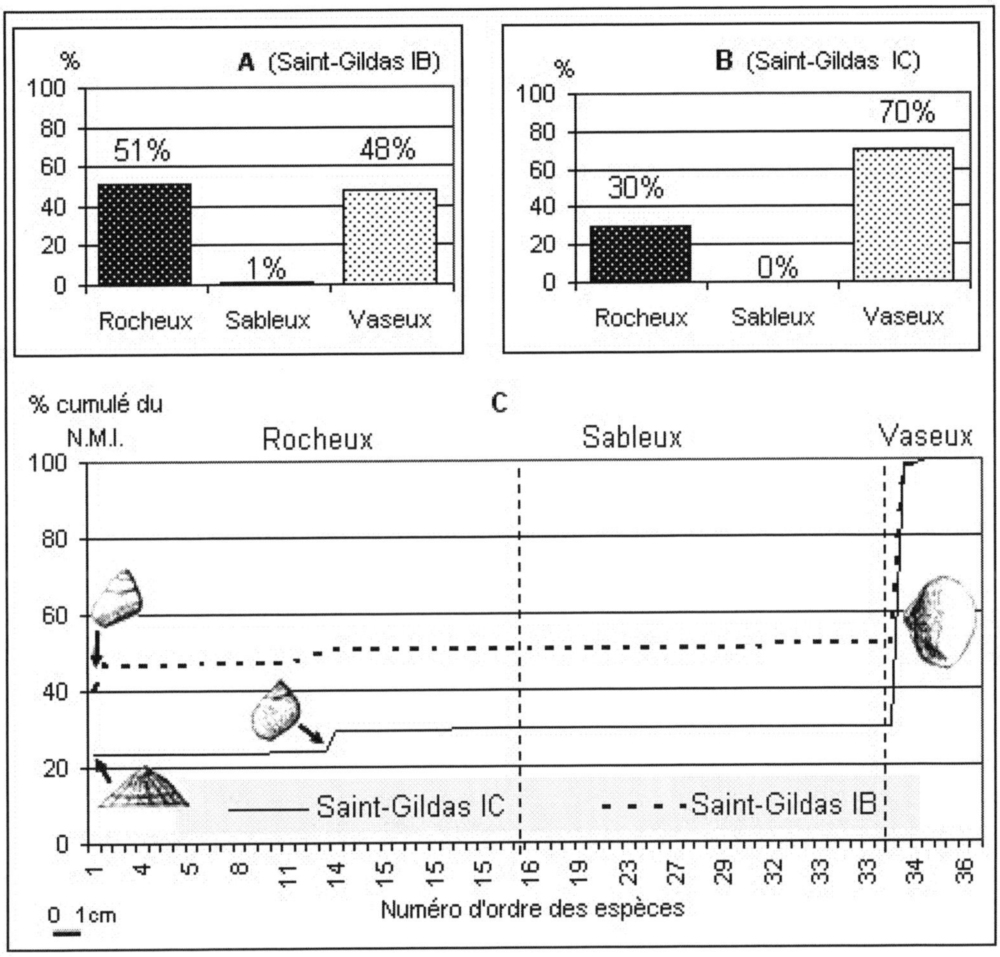

Fig. 66. Substrats d'origine de la malacofaune marine de Saint-Gildas : A - Histogramme de distribution de Saint-Gildas IB (N.M.I.=829), B - Histogramme de distribution de Saint-Gildas IC (N.M.I.=172), C - Diagramme des pourcentages cumulés des N.M.I.

Catégorie	Les espèces	Intertidale – Haut estran	Intertidale – Moyen estran	Intertidale – Bas estran	Subtidale	Présence sur les sites de Saint-Gildas
Espèce intertidale stricte	*Osilinus lineatus*	Présence possible	Présence possible			IB
Espèce intertidale stricte	*Patella* sp.	Présence possible	Présence possible	Présence possible		IB & IC
Espèce intertidale stricte	*Cerastoderma glaucum*	Présence possible	Présence possible	Présence possible		IB & IC
Espèce intertidale stricte	*Littorina obtusata*		Présence possible			IB
Espèce intertidale stricte	*Gibbula umbilicalis*		Présence possible	Présence possible		IB & IC
Espèce intertidale et subtidale	*Nucella lapillus*		Présence possible	Présence possible		IB & IC
Espèce intertidale et subtidale	*Scrobicularia plana*		Présence possible	Présence possible		IB & IC
Espèce intertidale et subtidale	*Mytilus edulis*		Présence possible	Présence possible	Présence possible	IB & IC
Espèce intertidale et subtidale	*Pholas dactylus*		Présence possible	Présence possible	Présence possible	IB & IC
Espèce intertidale et subtidale	*Tapes decussatus*		Présence possible	Présence possible	Présence possible	IB & IC
Espèce intertidale et subtidale	*Ostrea edulis*		Présence possible	Présence possible	Présence possible	IB & IC
Espèce intertidale et subtidale	*Littorina littorea*	Présence possible	Présence possible	Présence possible	Présence possible	IB & IC
Espèce subtidale stricte	*Ocenebra erinaceus*			Présence possible	Présence possible	IC

Espèce intertidale stricte
Espèce intertidale et subtidale
Espèce subtidale stricte
Présence possible

Fig. 67. Position altitudinale des espèces le long de la côte : Saint-Gildas

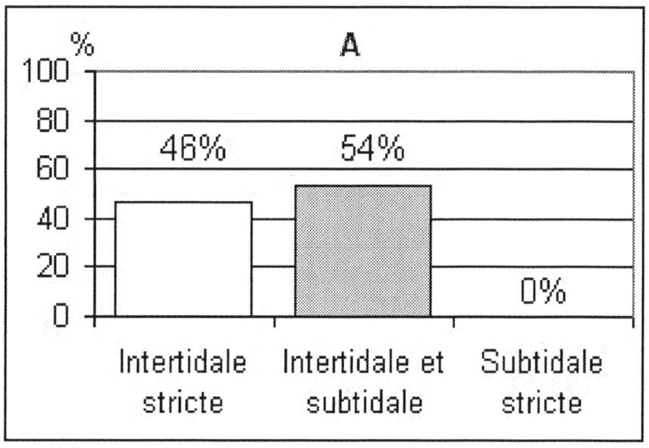

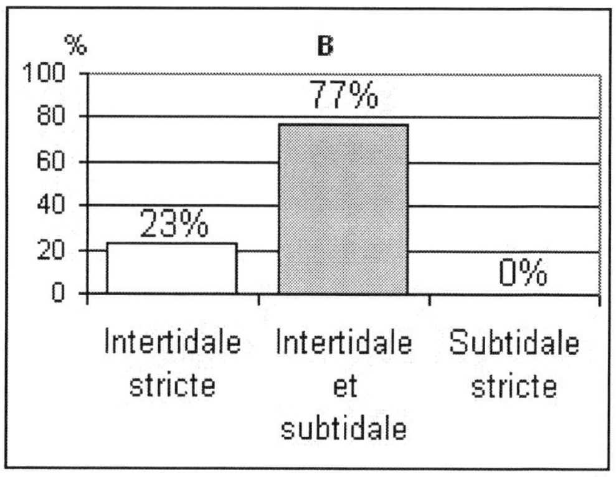

Fig. 68. Histogramme de distribution du niveau de l'estran d'origine de la malacofaune marine : A - Saint-Gildas IB (N.M.I.=829) ; B – Saint-Gildas IC (N.M.I.=172).

1.4.4 - Le temps de déplacement et le transport

Après une rapide remontée du niveau marin, celle-ci ralentit au VIIème millénaire av. J.-C. (Delibrias et Morzadec-Kerfourn, 1975 ; Pirazzoli, 1991). Selon les auteurs, le niveau des plus hautes mers varie entre – 9 et – 4 m N.G.F. (soit de – 12 à – 7 m C.M. pour cette région) au début du VIIème millénaire av. J.-C. (Ters, 1973 ; Morzadec-Kerfourn, 1974 ; Pinot, 1975 ; Pirazzoli, 1991).

Dans un premier temps, le tracé de la ligne des –10 mètres C.M. a été dressé à partir de la carte marine (SHOM, 1952, Klingebiel et Larsonneur, 1980, p.142) (Fig. 69.). Celui-ci met en évidence la présence d'une paléovallée à proximité du site de Saint-Gildas, celle du chenal de Pornic dans le prolongement naturel de la Ria de Pornic. Les multiples études sur le remplissage de la Baie de Bourgneuf montrent que le simple tracé des -10 mètres C.M. ne suffit pas à reconstituer le trait de côte approximatif du Mésolithique (Gouleau, 1968 et 1971 ; Delanoe *et al.,* 1971 et 1974). L'observation des fonds de la Baie de Bourgneuf à partir des cartes marines montre une épaisseur d'environ 3,6 mètres de vase au niveau du chenal de Pornic (Gouleau, 1968 et 1971). Le thalweg de ce chenal a été décelé 'à la cote de - 25 mètres C.M. à la hauteur de Sainte-Marie' (près de Porteau-Ouest) 'et de moins de –35 C.M. au Nord du Banc de Kérouars' (Delanoe *et al.,* 1971). La paléovallée de Pornic devait donc être plus large et se prolonger plus vers l'intérieur des terres que le contour obtenu par la reconstitution de la cote des –10 mètres. Le banc de Kérouars, composé de roches dures comme le gneiss et le granite, formait alors sans doute un relief continu relié aux roches de Basse Notre Dame (Delanoe *et al.*, 1974, p.1681) (Fig. 69.). Il représentait un tracé parallèle à la rive sud de l'estuaire débouchant sur le chenal de Pornic, sa rive nord longeant le trait de côte actuel. Enfin, d'après Delanoe *et al.,* 'seuls les chenaux de Pornic et de la Pierre peuvent être raccordés au réseau hydrographique actuel' (Delanoe *et al.*, 1971).

La présence de graviers dans certains carottages montre que l'action marine et donc l'érosion a pu être très puissante à certaines phases du remplissage du chenal de Pornic (Gouleau, 1971). Une partie des sédiments déposés au Mésolithique a, ainsi, pu être érodée et n'est plus observable dans le chenal de Pornic. Cependant, le milieu vaseux et donc le fonctionnement du chenal de Pornic en estuaire est tout à fait possible au regard des sondages de D. Gouleau (Gouleau, 1971). Les sites de Saint-Gildas étaient situés à environ un kilomètre de l'influence marine à proximité de l'estuaire de Pornic. Ceci est compatible avec les espèces de vasière dont la scrobiculaire découverte sur les sites de la Pointe Saint-Gildas (Tessier, 1984). L'estuaire du chenal de Pornic constitue alors un milieu envasé à proximité de l'occupation mésolithique. Le substratum situé face à Saint-Gildas devait constituer une côte rocheuse. Il peut être à l'origine de la collecte de la patelle, bien représentée à Saint-Gildas.

1.5 – Les caractéristiques de la transformation et de la consommation de la malacofaune marine

Aucun stigmate ne témoigne de la transformation de la chair avant consommation. De tous les modes de cuisson, la chauffe de la malacofaune marine par contact direct avec la braise semble à exclure. Aucun de ces tests ne présente, en effet, de traces de calcination. La cuisson dans un contenant n'est pas à écarter, ni la consommation crue des deux espèces majoritaires. Hormis le fait que l'extirpation de la chair des gastropodes ne s'est pas faite par cassure des apex, aucun stigmate n'a permis de retrouver l'action visant à séparer la chair de la coquille. Les coquilles semblent avoir été abandonnées juste après leur consommation.

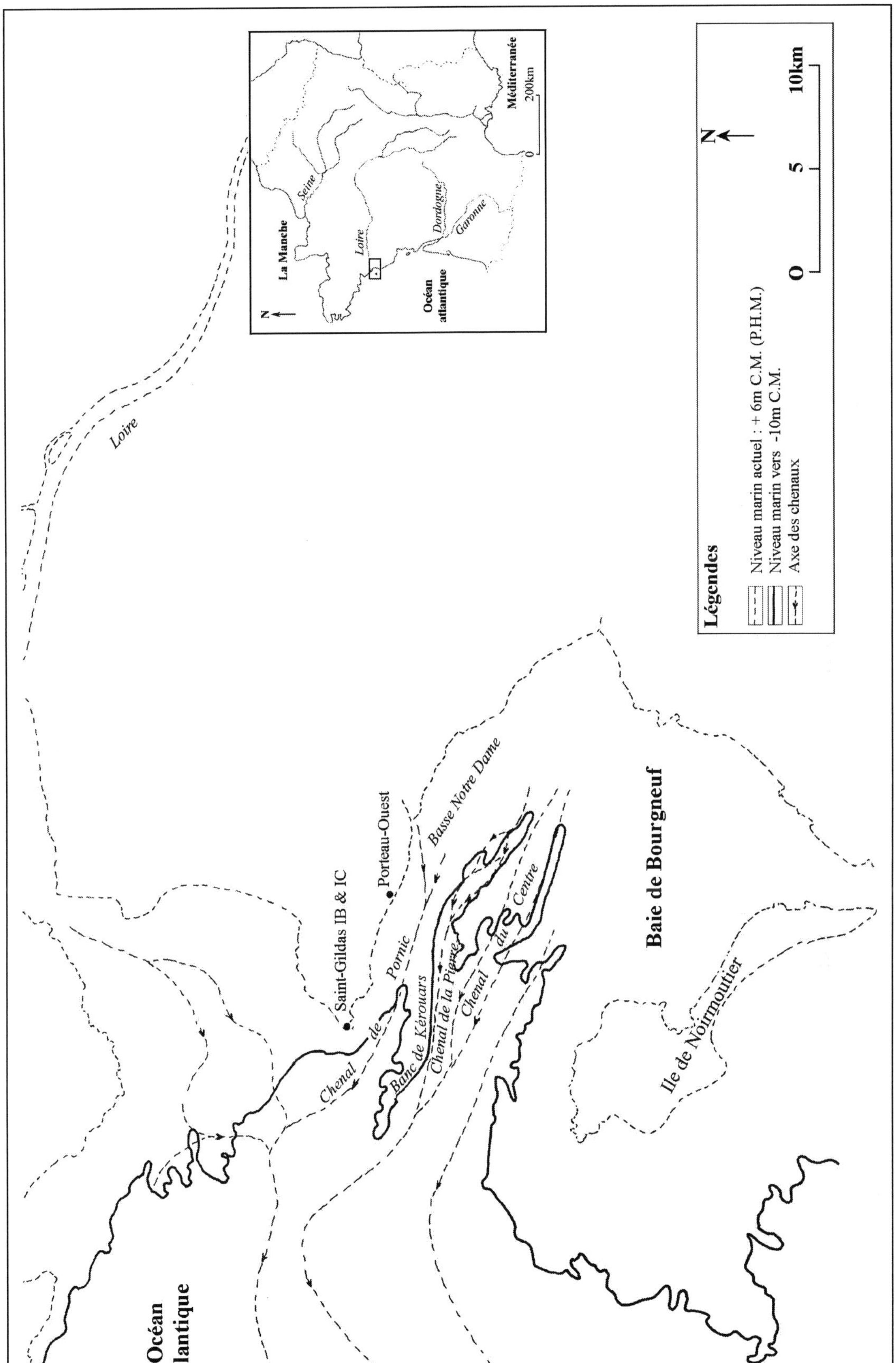

Fig. 69. Localisation du niveau marin autour de -10 mètres C.M. de l'estuaire de la Loire au sud de l'île de Noirmoutier (d'après SHOM, 1952 et Klingebiel et Larsonneur, 1980)

1.6 – Résumé de l'étude malacofaunique de Saint-Gildas IB et IC

L'étude des rejets alimentaires de Saint-Gildas montre l'importance à apporter à l'échantillonnage. En effet, les espèces à la coquille friable sont rapidement évincées des ramassages à vue. Deux espèces dominent ces restes de nourriture : la patelle et la scrobiculaire. Une spécialisation de la collecte aurait pu être déduite de cet unique résultat. Cependant, les caractéristiques des territoires exploités par l'homme montrent que la collecte a été réalisée à la fois sur les substrats vaseux et rocheux. Ils étaient tous deux accessibles à environ 1 kilomètre au vu de l'analyse du paléoenvironnement. De même, les techniques de collecte sont diversifiées. Elles s'opposent pour les deux espèces majoritaires à la fois au niveau du temps de recherche et de leur mode de préhension. L'accessibilité de la malacofaune semble être un des facteurs majeurs de leur sélection. Douze espèces parmi les treize déterminées peuvent être collectées dès le niveau moyen de l'estran, c'est-à-dire, quotidiennement. Le faible volume du dépôt coquillier de Saint-Gildas IC correspond à un rejet limité dans le temps. Ce pourrait être un instantané d'une population vivant sur ou à proximité du promontoire de la Pointe de Saint-Gildas. Ce seul élément peut aussi bien s'expliquer par une halte d'une population en transit. La présence d'un amas d'une vingtaine de mètres de long témoigne, quant à lui, d'une association de plusieurs rejets. Les données sur la saisonnalité de la consommation de ces mollusques n'ont pas été établies. Il est donc difficile de savoir si cette accumulation, où seuls des coquillages marins ont été consommés, est liée à une activité saisonnière des populations mésolithiques ou à une résidence plus prolongée dans le temps.

2 - Le Porteau-Ouest (Pornic, Loire-Atlantique)

2.1 - La présentation du site

Porteau-Ouest se localise au sud du site de Saint-Gildas sur la commune de Pornic en Loire-Atlantique. Il a été découvert dans les années 70 par M. Tessier au cours de ses prospections (Fig. 3., p.11). Il 's'étend en front de falaise sur une quinzaine de mètres' (Tessier, 1984, p.99). Peu après la découverte, une fouille non autorisée de F. Quatrehomme a abîmé la station sur une surface de 16 m² environ. Le matériel lithique, alors recueilli, a été étudié en complément de la collection de M. Tessier par J.-G Rozoy (Rozoy, 1978). Au début des années 70, l'industrie lithique du Porteau-Ouest a servi de référence à la définition du Retzien du Mésolithique final (Marchand, 2000, pp.383-384). En été 2000, la découverte d'une petite poche de coquilles par M. Tessier a encouragé un retour sur le terrain (Fig. 70-A.) (Marchand *et al.,* 2001). Deux sondages, bordant au sud et au sud-ouest la zone préservée, ont été ouverts en janvier 2001 par C. Dupont, Y. Gruet, G. Marchand et M. Tessier (Fig. 71.).

Les unités stratigraphiques (U.S.) du sondage 1 sont, de haut en bas (Description G. Marchand) :

U.S. 1.01 : terre végétale, d'une épaisseur de 0,05 mètre environ avec un réseau dense de racines.

U.S. 1.02 : limon brun clair, peu compact, sans fragments schisteux ou quartzeux, d'une épaisseur de 0,05 à 0,10 mètre.

U.S. 1.03 : argile brun-sombre compacte, aux limites diffuses, peu de fragments schisteux et quartzeux, très forte humidité.

U.S. 1.04 : matrice de limon argileux noir, très nombreuses plaquettes de schiste brûlées avec un pendage désordonné (souvent vertical), silex et fragments d'augets.

U.S. 1.05 : idem à la précédente, mais les dimensions des plaquettes de schiste brûlé et des fragments de quartz amorphes sont plus importantes, silex et augets plus rares.

La poche de coquilles associée à un limon argileux brun sombre n'est présente qu'au sud-est du sondage 1, au milieu du chemin côtier, en contact avec le rocher (Fig. 70-B.). Son état de dégradation avancée n'a pas permis de préciser s'il s'agissait d'une fosse ou d'un dépôt coquillier bloqué dans une anfractuosité. Ses dimensions sont d'environ de 1,80 mètres de long, 0,80 de large et 0,15 d'épaisseur. Sa position, vis-à-vis des unités stratigraphiques du sondage 1, est difficile à déterminer. Même si elle apparaît postérieure en stratigraphie aux U.S. 1.04 et 1.05, plusieurs éléments doivent être pris en compte. Les deux sondages du Porteau-Ouest présentent une couche archéologique à la fois très anthropisée et très bouleversée (U.S. 1.04 et 1.05 du sondage 1). Le fort pendage laisse penser à des colluvionnements ayant entraîné les vestiges le long de

A

B

Fig. 70. Prélèvement sur le site de Porteau-Ouest en 2001 : A - Promontoire du Porteau-Ouest en cours de fouille ; B – Sondage 1. Coupe à travers le chemin côtier et découverte d'une poche de coquilles (à gauche de l'échelle) (Photographies G. Marchand).

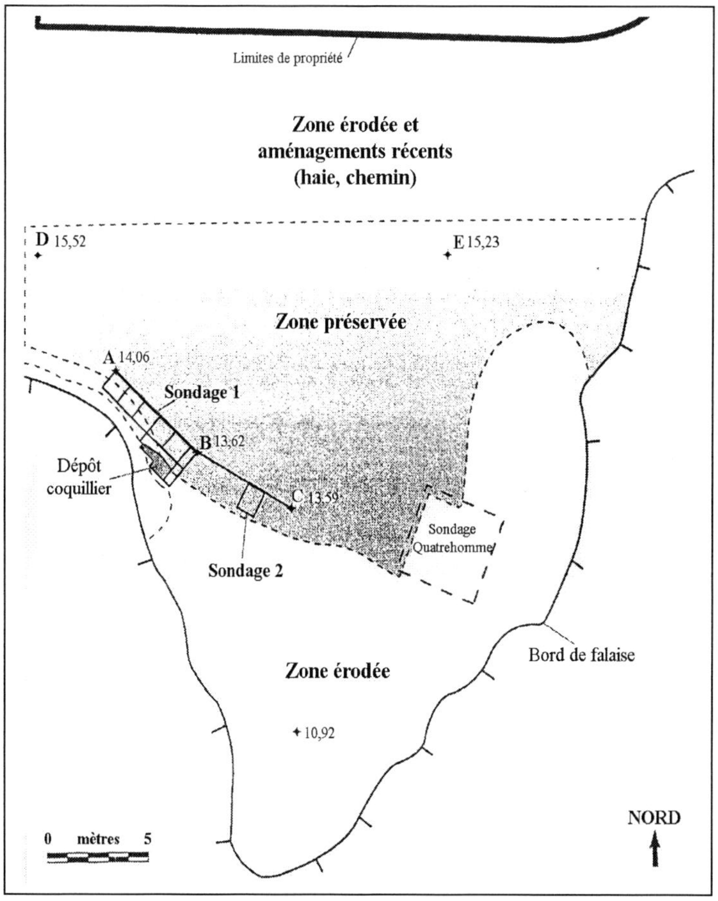

Fig. 71. Plan du site du Porteau-Ouest (G. Marchand)

la pente. 'À sa base, la formation de l'U.S. 1.03 pourrait être liée à la circulation de l'eau, qui sourd en permanence de la partie préservée du site pour s'étendre sur la partie érodée en contrebas' (Marchand *et al.,* 2001, p.11). Paradoxalement, même si les vestiges archéologiques du Porteau-Ouest apparaissent bien protégés par des dépôts postérieurs épais, la couche archéologique semble totalement perturbée. Dans ce contexte, en l'absence de datations, l'attribution chronologique de l'accumulation de coquilles ne peut être déterminée. L'industrie lithique est faible dans le sédiment associé aux coquilles. Cependant, un indice de parure, peut-être mésolithique, a encouragé son étude. Elle n'entrera toutefois pas dans les conclusions générales de ce travail, étant donné le caractère très critique de sa position stratigraphique. Le sondage 1 étant le plus proche de la poche de coquilles, seul celui-ci est décrit (Fig. 72.).

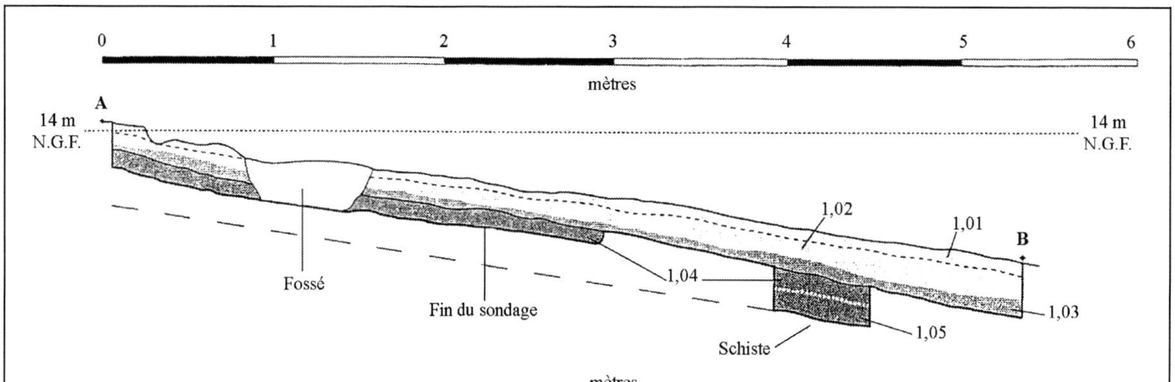

Fig. 72. Coupe nord-est du sondage 1 (G. Marchand)

2.2 - La représentativité de l'échantillon et les techniques de fouille

Vingt et un litres de sédiment ont été prélevés sur le terrain à l'emplacement de la poche de coquilles et tamisés sous l'eau avec des tamis de mailles de 4, 3, 2 et 1 millimètres. Étant donné la quantité importante du matériel recueilli pour la maille de 4 millimètres, seul ce dernier a fait l'objet d'un tri exhaustif. Le matériel recueilli à partir des mailles de plus petite taille ont, quant à elles, fait l'objet d'un contrôle visuel.

2.3 - La composition du spectre malacofaunique

Un total de 0,6 kg de restes coquillers a été retenu sur le tamis à maille de 4 millimètres et a permis d'identifier 10 espèces. (Fig. 73. ; Tableau 9).

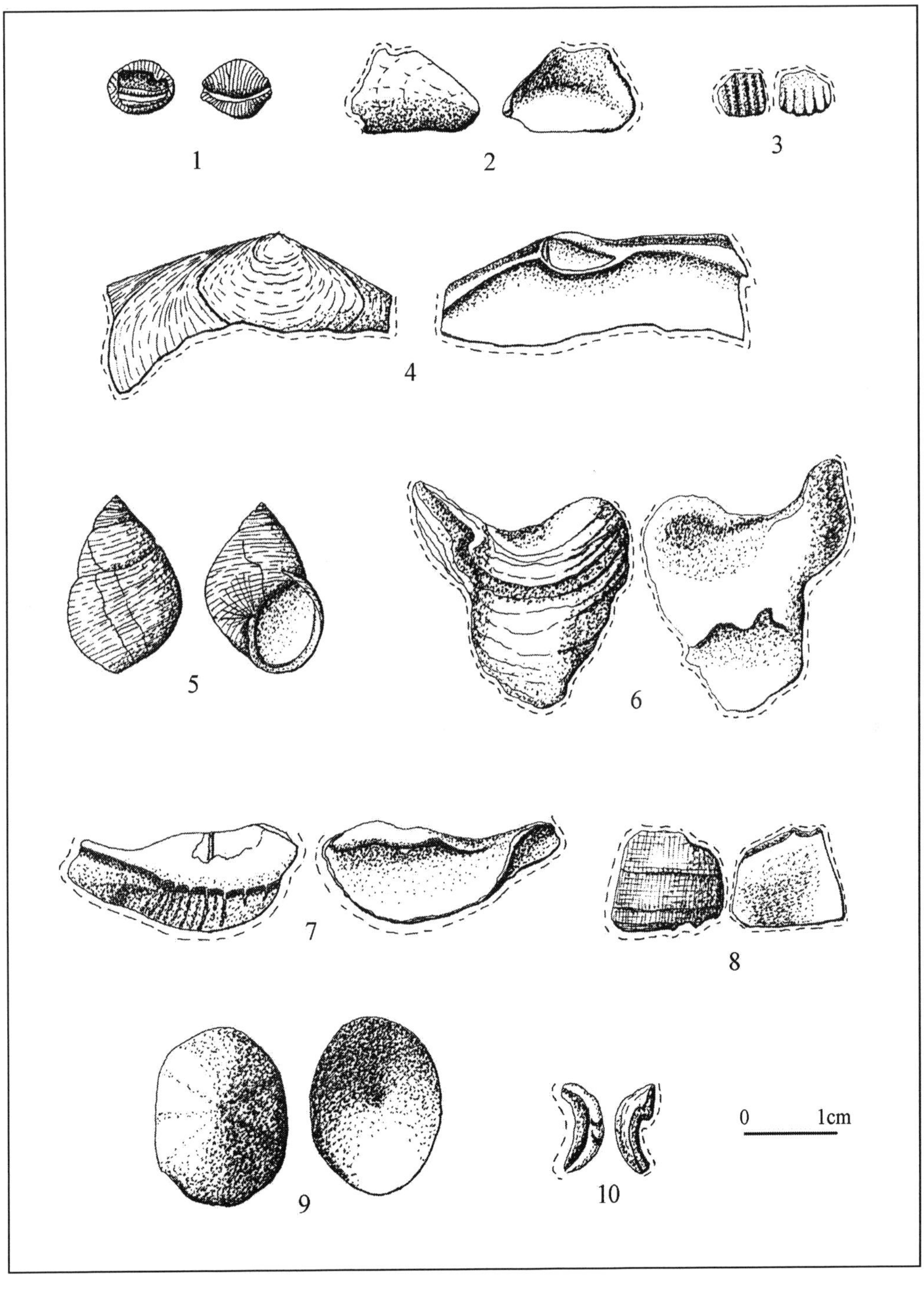

Fig. 73. La malacofaune marine du Porteau-Ouest (Pornic ; Loire-Atlantique)
1 : *Trivia monacha* ; 2 : *Mytilus edulis* ; 3 : *Cerastoderma* sp. ; 4 : *Scrobicularia plana* ; 5 : *Littorina littorea* ; 6 : *Ostrea edulis* ; 7 : *Pholas dactylus* ; 8 : *Tapes decussatus* ; 9 : *Patella* sp. ; 10 : *Osilinus lineatus* (Dessin : C. Dupont).

Liste des espèces	Masse (g)	% Masse	N.M.I.	% N.M.I.	N.R.	% N.R.
Patella sp.	0,91	0,1	2	0,3	2	<1
Osilinus lineatus	0,15	0,0	0	0,0	1	<1
Trivia monacha	0,06	0,0	1	0,1	1	<1
Ostrea edulis	2,02	0,3	0	0,0	19	<2
Mytilus edulis	2,17	0,3	4	0,5	38	<3
Littorina littorea	11,55	1,9	10	1,4	21	<2
Pholas dactylus	4,07	0,7	2	0,3	2	<1
Cerastoderma edule	0,07	0,0	0	0,0	3	<1
Tapes decussatus	0,6	0,1	0	0,0	6	<1
Scrobicularia plana	599,25	96,5	718	97,4	> 1436	>94
Total	**620,85**		**737**		**>1529**	

Parure

Tableau 9. Bilan quantitatif de la malacofaune du Porteau-Ouest

La scrobiculaire ou lavignon est majoritaire. Elle représente plus de 94 % du nombre de restes toutes espèces confondues et 97 % de la masse totale des coquilles déterminées (Fig. 74.) La présence d'un exemplaire de *T. monacha* percé sur sa face dorsale a retenu notre attention. Malgré sa cassure, deux amorces ovales ont été observées aux deux extrémités. Elles pourraient correspondre, à l'origine, à la périphérie des deux perforations (Fig. 73., n°1). Cette espèce a abondamment été utilisée au cours du Mésolithique en Bretagne dans la confection de parure. Est-ce un indice du passage des Mésolithiques sur le promontoire de Porteau-Ouest ? Même si ce test présente de grandes affinités avec les parures du Mésolithique, les mêmes critères peuvent être observés en plus petite quantité à d'autres périodes, comme au Néolithique. D'autre part, il serait illusoire d'arriver à une telle conclusion d'après un unique exemplaire.

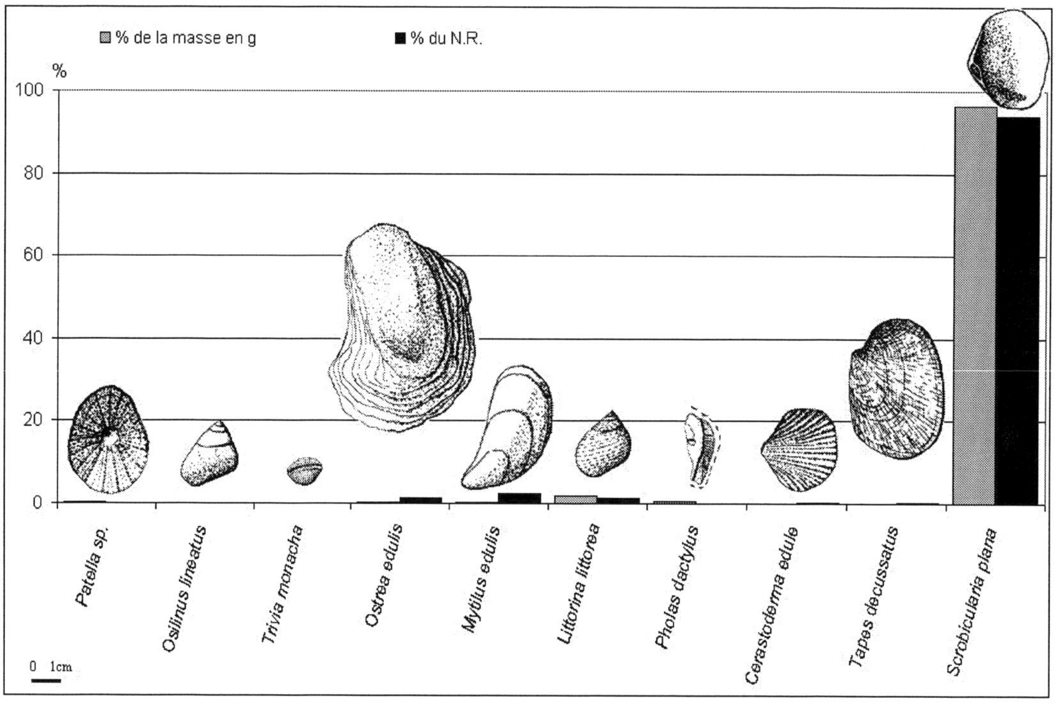

Fig. 74. Histogramme de distribution de la malacofaune du Porteau-Ouest en masse (M=0.6kg) et en nombre de restes (N.R.=1529)

Les autres espèces, toutes comestibles, ont pu entrer en jeu dans l'alimentation mais leur faible proportion en font des espèces secondaires. Seul le bigorneau *Littorina littorea* dépasse les 1 % de la masse totale des coquilles.

Étant donné la confusion qui règne au sein de la stratigraphie, plusieurs hypothèses peuvent être avancées sur l'origine de la présence de ce dépôt sur le promontoire du Porteau-Ouest :

- de la vase a été prélevée en bloc avec tous les coquillages pour entrer dans la confection d'augets ou pour en extraire le sel.

- les mollusques ont été collectés un à un pour être consommés.

La première hypothèse suppose un prélèvement en bloc de la vase sans sélection des coquilles. Les populations de coquillages ainsi collectées devraient présenter une distribution des tailles normale avec toutes les catégories de tailles représentées des plus petites aux plus grandes. Qu'en est-il sur le site du Porteau ?

Les valves de scrobiculaires étant très fragmentées, la mesure de la longueur du ligament interne a été effectuée sur 225 valves droites et 277 valves gauches. Une corrélation existant entre la longueur du ligament (Ll) et la longueur de la valve (L), celle-ci a été appliquée afin d'obtenir des longueurs calculées des valves d'origine : L=6,6 Ll+7,4 (Gruet, 1998-2) (Tableau 10).

Longueur du ligament (mm)	Longueur de la valve calculée (mm)	Nombre de valve gauche	Nombre de valve droite	Pourcentage de valves gauches	Pourcentage de valves droites
2,5 à 3	23,9 à 27,2	2	3	0,7	1,3
3 à 3,5	27,2 à 30,5	10	11	3,6	4,9
3,5 à 4	30,5 à 33,8	18	34	6,5	15,1
4 à 4,5	33,8 à 37,1	50	53	18,1	23,6
4,5 à 5	37,1 à 40,4	49	59	17,7	26,2
5 à 5,5	40,4 à 43,7	49	31	17,7	13,8
5,5 à 6	43,7 à 47	48	16	17,3	7,1
6 à 6,5	47 à 50,3	35	9	12,6	4,0
6,5 à 7	50,3 à 53,6	10	8	3,6	3,6
7 à 7,5	53,6 à 56,9	3	1	1,1	0,4
7,5 à 8	56,9 à 60,2	1	0	0,4	0,0
8 à 8,5	60,2 à 63,5	1	0	0,4	0,0
8,5 à 9	63,5 à 66,8	1	0	0,4	0,0

Tableau 10. Répartition de la longueur des valves de *Scrobicularia plana* au Porteau-Ouest.

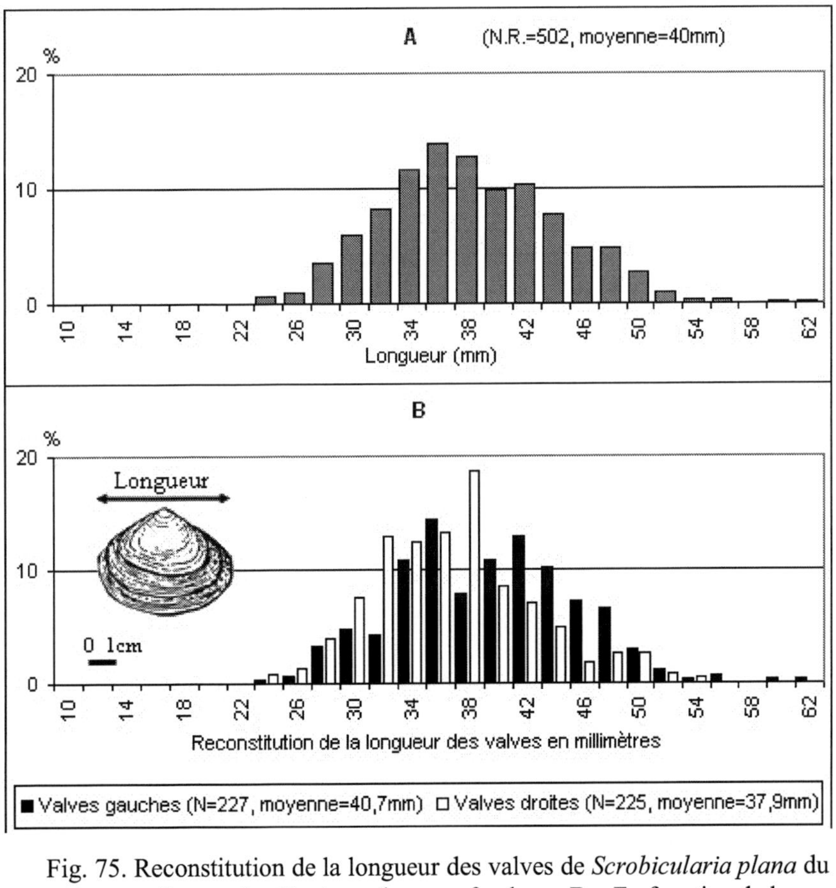

Fig. 75. Reconstitution de la longueur des valves de *Scrobicularia plana* du Porteau-Ouest : A – Toutes valves confondues ; B – En fonction de leur latéralisation

Aucune des valves n'est inférieure à 24 millimètres et la moyenne de la longueur des valves de scrobiculaires est de 40 millimètres (Fig. 75-A.). Il y a donc eu sélection de la taille des individus collectés. La répartition des valves droites et gauches montre une relative similitude (Fig. 75-B.). Un test de Chi-deux a été appliqué à la distribution des valves droites et gauches de scrobiculaires. La probabilité associée à la valeur du χ^2 calculé (37,3) est inférieure à 0,001 pour un d.d.l. de 7. La différence de répartition entre les valves droites et valves gauches est donc significative. La scrobiculaire étant légèrement asymétrique, l'application d'une équation pour chaque côté permettrait peut-être d'affiner ce résultat. L'absence d'espèces accompagnatrices est un critère qui s'ajoute à une possible collecte des scrobiculaires un par un. Les taxons de petites tailles inféodés à la vase, comme les hydrobies, sont très souvent trouvés en cas de prélèvement en bloc de vase. D'autre part, aucun indice n'a démontré la collecte de certaines des valves de scrobiculaires à l'état mort. Les mollusques ont donc été sélectionnés et collectés vivants indépendamment de leur substrat.

2.4– Les caractéristiques de l'acquisition de la malacofaune marine

2.4.1 - Le lieu de collecte

Le substrat

Malgré la présence de 7 espèces de milieu rocheux, la proportion de collecte sur ce substrat ne dépasse pas 4 % de la masse totale de coquilles (Fig. 76-A.). En effet, l'abondance de la scrobiculaire se traduit par une exploitation quasi exclusive du substrat vaseux (Fig.76-B.).

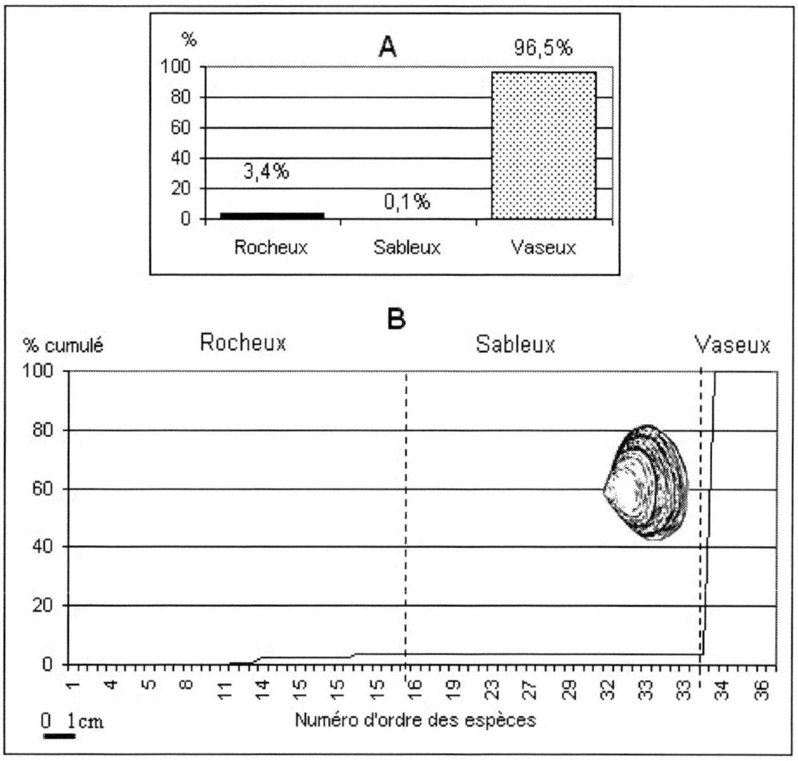

Fig. 76. Substrats d'origine de la malacofaune marine du Porteau-Ouest (M=0,6kg) : A - Histogrammes de distribution, B - Diagramme des pourcentages cumulés de la masse.

Le mode d'exposition de la côte

La collecte de la majeure partie des coquillages présents dans le dépôt coquillier du Porteau-Ouest, en milieu vaseux, plaide pour un confinement du territoire de collecte.

Le niveau de l'estran exploité par l'homme

L'intégralité de la malacofaune marine du Porteau-Ouest est accessible dans la zone de balancement des marées (Fig. 77.). Toutes peuvent être collectées vivantes dès le niveau moyen de l'estran à l'exception de l'unique élément de parure représenté par *Trivia monacha* (Fig. 78.). Cette dernière a pu être aussi bien ramassée vivante que morte. Comme pour le site de Saint-Gildas, la quête de nourriture a pu intéresser uniquement le niveau moyen de l'estran mais celle des plus bas niveaux n'est pas à exclure.

2.4.2 - La fréquence de la collecte

La position sur l'estran des espèces consommées montre que leur collecte a donc pu s'exercer quotidiennement. La collecte de la *Trivia monacha,* si cette espèce a été collectée vivante, n'a pu se faire que lors de grandes marées de vive eau.

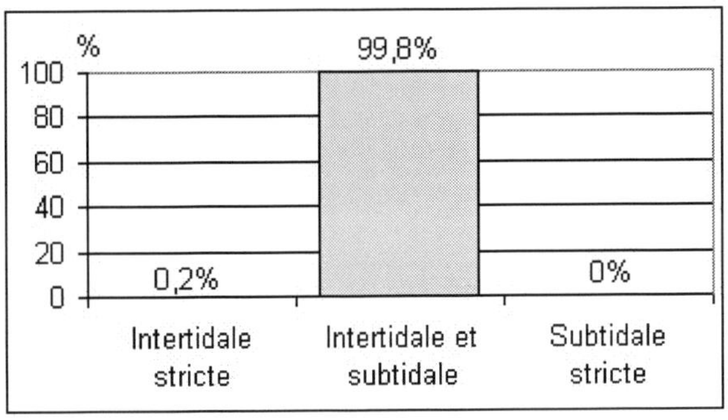

Fig. 77. Répartition du caractère intertidal et subtidal de la malacofaune marine : Porteau-Ouest (M=0.6kg)

2.4.3 - Les techniques de la collecte

L'espèce majoritaire, représentée par la scrobiculaire, vit enfouie dans la vase. Sa collecte nécessite une recherche préalable. Elle peut être collectée à main nue ou à l'aide d'un outil pour fouir le sédiment. Les autres espèces étant très minoritaires, leur technique de collecte n'est entrée que très secondairement dans l'énergie dépensée pour l'acquisition de la malacofaune.

2.4.4 - Le temps de déplacement et le transport

Le site du Porteau-Ouest étant proche de celui de Saint-Gildas, la même carte peut être utilisée pour décrire le paléoenvironnement proche de ce site (Fig. 69., p.125). Tout comme Saint-Gildas, le site du Porteau-Ouest était situé à un peu plus d'un kilomètre de l'influence marine (Marchand *et al.,* 2002). L'estuaire du chenal de Pornic constitue alors un milieu envasé à proximité de l'occupation mésolithique. La reconstitution du paléoenvironnement est compatible avec une collecte de scrobiculaires à proximité du Porteau-Ouest.

2.5 – Les caractéristiques de la transformation et de la consommation de la malacofaune marine

Pour la parure, le façonnage de l'exemplaire de *Trivia monacha* consiste seulement en un percement du test (Fig. 73., n°1). La forme d'origine de la coquille n'a pas été modifiée. Malgré son altération, la cassure de sa face dorsale montre la présence de deux anciennes perforations opposées latéralement. Le test de cette espèce étant altéré sur sa face dorsale, il est difficile de savoir s'il a été porté ou si la cassure est intervenue au cours de sa fabrication (Fig. 73. n°1).

Quant aux espèces utilisées comme aliments, 4 % du nombre de restes du Porteau-Ouest présente des traces de calcination. Ces stigmates peuvent aussi bien être liés à la cuisson des coquillages par contact direct avec la source de chaleur, qu'à un rejet dans les cendres après leur consommation. À nouveau le mode de cuisson reste difficile à définir.

La position stratigraphique de ce dépôt rend difficile l'interprétation du rejet de ces coquilles.

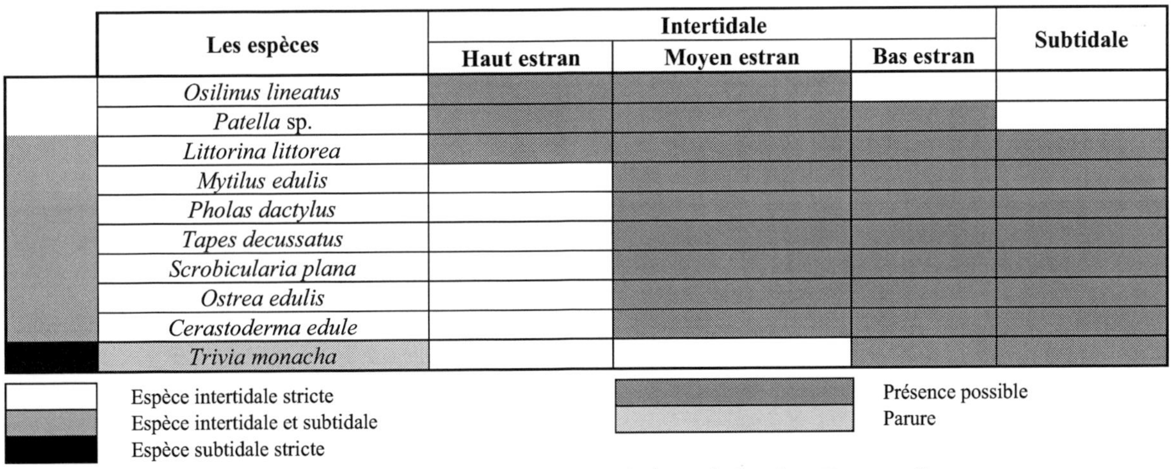

Fig. 78. Position altitudinale des espèces le long de la côte : Porteau-Ouest

2.6 – Résumé de l'étude malacofaunique du Porteau-Ouest

Le site du Porteau-Ouest se présente sous la forme d'une petite poche où seuls des coquillages ont été identifiés. Son attribution au Mésolithique n'a pas pu être confirmée. En effet, seul l'indice d'une parure en coquille penche pour cette hypothèse. Le trouble qui existe autour de l'attribution chronologique de ce site a amené à l'écarter de la synthèse. Les caractéristiques de ce dépôt sont, malgré tout, résumées.

Une seule espèce a été majoritairement consommée : la scrobiculaire. Son pourcentage dépasse les 90 % du N.R. et de la masse totale. Cette domination se traduit par une spécialisation du territoire exploité par l'homme et de la technique de collecte. Le ramassage de la scrobiculaire s'est effectué sur un estran vaseux.

Le confinement du chenal de Pornic au Mésolithique en fait un lieu potentiel de collecte à environ un kilomètre du site. La malacofaune du Porteau se compose d'espèces faciles d'accès. Elles peuvent être collectées quotidiennement dans la zone de balancement des marées à l'exception de Trivia monacha. Cette dernière a pu être collectée échouée morte ou vivante lors de basses mers de vive eau. Cet élément de parure possédait sans doute deux perforations sur sa face dorsale.

3 - Beg-an-Dorchenn (Plomeur, Finistère)

3.1 - La présentation du site

Situé au sud du Finistère, sur la commune de Plomeur, l'amas coquillier mésolithique final de Beg-an-Dorchenn se localise sur un éperon rocheux, à la pointe de la Torche (Fig. 79-A.). Cette dernière interrompt au sud-est la continuité de l'immense arc de la baie d'Audierne (Fig. 3., p.11). L'amas s'étendait jusqu'au sommet du promontoire, ensuite occupé par un mégalithe. Il repose, soit sur le Pléistocène, soit directement sur une ancienne plate-forme rocheuse (Giot et Guilcher, 1947, p.2). Plusieurs campagnes de fouille y furent entreprises dès la fin du XIXème siècle par P. du Châtellier (Du Châtellier, 1881), puis entre 1920 et 1926 par le Commandant Bénard Le Pontois (Bénard Le Pontois, 1929), entre 1946 et 1950 par P.-R. Giot (Giot, 1947) et enfin, de 1984 à 1988 par O. Kayser (Kayser, 1985). Avec des datations de 6370 ± 70 B.P. sur coquillages (Gif-6857) soit de 5061 à 4706 av. J.-C. (cal. 2 sigmas), de 7580 ± 80 B.P. sur coquillages (Gif-6858) soit de 6212 à 5866 av. J.-C. (cal. 2 sigmas) et de 6590 ± 110 B.P. sur charbon (Gif-6859) soit de 5662 à 5866 av. J.-C., (Marchand, 1999), c'est l'un des sites clé de la néolithisation. Le matériel utilisé pour réaliser les deux premières datations n'ayant pas été précisé dans la publication, elles n'ont pas été calibrées. Des restes d'animaux domestiques y auraient été identifiés dans la première moitié du XXème siècle (Du Châtellier, 1881 ; Bénard Le Pontois, 1929, Giot, 1947). Cependant, la révision des collections par A. Tresset montre que ces restes domestiques sont liés à la fois à la provenance de certains d'entre eux d'un site de l'âge du fer surplombant l'amas coquillier, ainsi qu'à l'identification de restes osseux de 'petit bœuf' trop fragmentés pour pouvoir différencier ce dernier de l'aurochs (Tresset, 2000, p.24). Appartenant au Téviécien, les armatures de l'industrie lithique de Beg-an-Dorchenn sont composées de 'trapèzes symétriques, trapèzes de Téviec et de triangles scalènes larges, tous à retouches abruptes' (Marchand, 2000, p.389). À cette domination des armatures trapézoïdales s'ajoute la présence de lames et lamelles denticulées dites lames de Montbani, caractéristiques de la fin du Mésolithique (Kayser, 1985, p.89). Du Châtellier estimait la surface du gisement à environ 100 m² (Du Châtellier, 1881). Les attaques marines dégradent constamment cet amas, qui était, en mai 2001, visible le long d'une coupe naturelle qui fait front à la mer sur 22,50 mètres de longueur. Le recul de la côte à cet endroit est de 'plusieurs dizaines de mètres en moins de cent ans' (Gouletquer *et al.,* 1997, pp.297-299).

La dernière intervention d'O. Kayser avait permis la fouille de l'amas sur une surface de 53 m². Malheureusement, malgré un tamisage effectué par ce dernier, peu de restes coquilliers ont été conservés. L'analyse malacofaunique était, au vu des documents disponibles, impossible à réaliser en terme de quantités relatives des espèces. Le retour au terrain s'est avéré indispensable. Dans le but de détruire au minimum ce reliquat d'amas, un prélèvement total a été réalisé sur une petite surface (1m²) en mai 2001 par C. Dupont, Y. Gruet et G. Marchand.

Opération de prélèvement en mai 2001

L'amas coquillier mésolithique de Beg-an-Dorchenn est une zone de rejet alimentaire, qui se présente sous la forme d'une couche coquillière de 30 centimètres d'épaisseur. O. Kayser note que 'la puissance de la couche était de 0,35 mètre en moyenne contre 0,80 à 1 mètre d'épaisseur dans les zones anciennement fouillées' (Kayser, 1985, p.84). Une bâche de protection posée par O. Kayser sur une structure empierrée bordait notre sondage à l'ouest (Fig. 79-B.). L'emplacement de notre prélèvement correspondrait approximativement aux carrés CIII-203 / CIII-204 des fouilles d'O. Kayser (Fig. 80.). L'angle le plus proche de l'immense blockhaus qui ferme la presqu'île à l'ouest se situe à 23,50 mètres de distance de notre sondage. Ce dernier, a été ouvert le long de la partie visible de l'amas sur 2 mètres de longueur pour 0,50 mètre de largeur (Fig. 81.).

Fig. 79. Prélèvement 2001 de Beg-an-Dorchenn : A – Localisation du site sur la pointe de la Torche ; B – Stratigraphie du prélèvement avec emplacement des fouilles Kayser à droite ; C - Vue de la couche en place avec concentration de coques. Certaines, encore jointives, témoignent de la bonne conservation du niveau archéologique

Les prélèvements ont été faits tous les 5 centimètres pour des carrés (A, B, C et D) de 0,50 mètre de côté. Dans le but de détruire au minimum l'amas, le prélèvement a été réalisé le long de sa partie visible. La coupe n'étant pas verticale les volumes varient légèrement selon les passes. La taille de la surface de chaque passe ayant été relevée, des volumes théoriques ont été calculés pour chacune d'entre elles (Tableau 11).

La stratigraphie observée est identique a celle observée par O. Kayser (Kayser, 1985). La couche de coquilles est scellée par plusieurs niveaux de sables (Fig. 81.). Le niveau sous-jacent (Fig. 81. n°12), de couleur jaune à orange, est un peu plus sombre et composé de quelques galets ronds et de rares restes coquilliers marins.

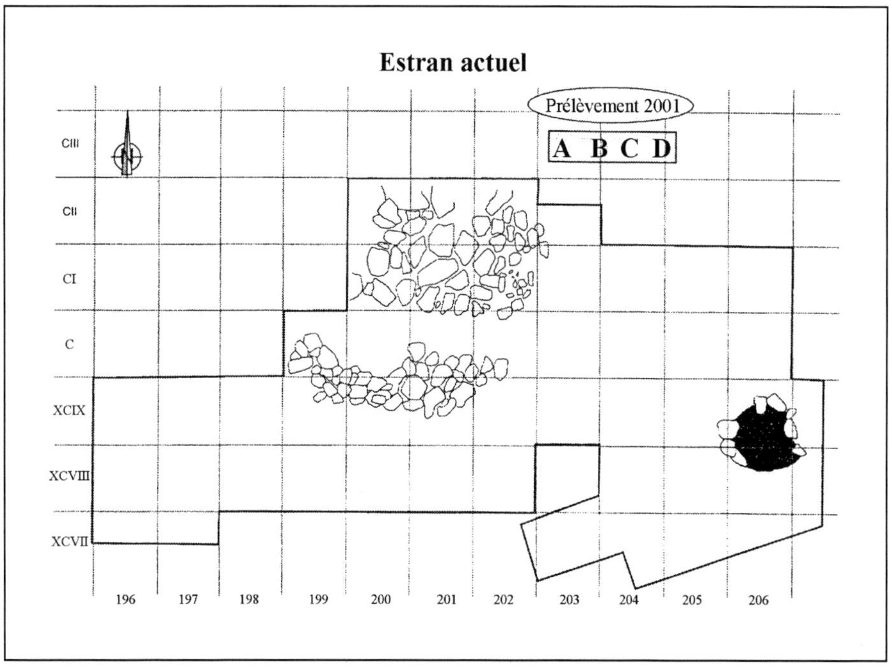

Fig. 80. Emplacement du prélèvement 2001 (A, B, C, D) par rapport aux fouilles (encadré) menées par O. Kayser d'après le plan original de 1987 d'O. Kayser (D.A.O., G. Marchand). Carrés de 1 m sur 1 m.

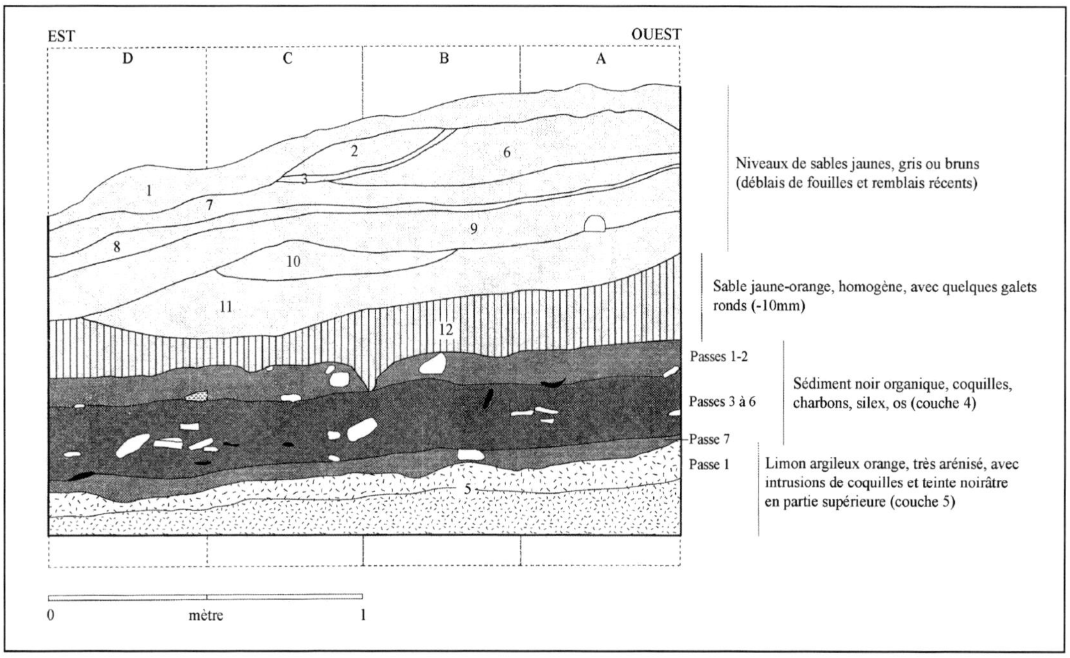

Fig. 81. Beg-an-Dorchenn, coupe du sondage 2001 (G. Marchand)

La transition entre ce niveau et la couche coquillière a été identifiée par la présence d'un petit lit de cailloux compris entre 5 et 30 millimètres de diamètre et localisé à environ 60 et 65 centimètres de la surface du sol.

	D	C	B	A
Passe1	8,3	8,1	9	7,9
Passe2	8,3	8,1	9	7,9
Passe3	5,7	7,5	8,4	8
Passe4	5,7	7,5	8,4	8
Passe5	5,7	7,5	8,4	8
Passe6	5,7	7,5	8,4	8
Passe7	5,7	22,6	25,1	23,9

Tableau 11. Volume calculé de la couche en place en litres (C. Dupont)

L'amas coquillier a été divisé en passes, de 1 à 7, et se démarque des autres niveaux par une coloration noire liée à un sédiment organique (Fig. 79-B.). Il possède un faible pendage qui diminue légèrement vers le continent. Une gradation de la densité des restes archéologiques a été observée. Les passes 4 et 5 sont les plus riches en matériel faunique, puis la densité diminue régulièrement à la fois vers le haut et la base de l'amas. Ce phénomène est, sans doute, lié à l'éparpillement des bords du rejet auquel ont pu s'ajouter un phénomène de contact avec les couches sous- et sus-jacentes ainsi que l'attaque progressive par des agents taphonomiques des zones périphériques de l'amas et la percolation de petites particules... Quelques concentrations ont été observées à la fouille comme en passe 4 une accumulation préférentielle de la patelle en B, du bigorneau noir en C et de la coque en D (Fig. 79-C.). Malgré une densité plus faible en coquilles de la passe 7, plusieurs restes ichtyologiques et charbons y ont été trouvés. Cette observation peut être liée à la percolation de ces petits éléments vers la base de l'amas.

Le traitement du matériel prélevé a, ensuite, été traité par l'un de nous (C. Dupont) à temps plein en laboratoire. P. Bougeant, Y. Gruet, G. Marchand et A. Tresset ont, quant à eux, participé sporadiquement à cette étape. L'intégralité du prélèvement a été tamisée à l'eau à l'aide d'une colonne composée de deux tamis de mailles carrées de 6 et de 1,6 millimètres. La fraction la plus grosse a été intégralement triée et a livré des crustacés, de l'ichtyofaune, de la malacofaune, des mammifères terrestres, des silex et des charbons... Le tri de la fraction fine (comprise entre 1,6 et 6 millimètres) a fait l'objet d'un échantillonnage. Seuls 50 millilitres de chaque passe de la colonne A ont été triés. Ce qui reste de la fraction fine a été intégralement conservé et pourra éventuellement faire l'objet d'un nouveau tri si cela est jugé utile.

3.2 - La représentativité de l'échantillon et les techniques de fouille

3.2.1 - La comparaison des sources d'information

Dans le but de mettre en évidence les atouts du tamisage, les informations obtenues à partir des fouilles d'Olivier Kayser (Kayser, 1985 et 1991) et du prélèvement réalisé en mai 2001 ont été confrontées.

Quatre sources d'information ont ainsi été comparées :

1 - une source bibliographique présentant une description générale du matériel avec une note présentant les premiers résultats de la fouille (Kayser, 1985).

2 - l'échantillon n°1 (Fig. 82. n°1 à 8) correspondant à un petit prélèvement sélectionné à vue par les fouilleurs et jugé 'représentatif' de l'ensemble de l'amas coquillier composé de 59 restes coquilliers pour un N.M.I. de 39.

3 - l'échantillon n°2 (Fig. 82. n°9 à 15) ayant, comme le précédent, été rassemblé lors de la fouille de 1984. Les coquilles ont été sélectionnées pour leurs caractères remarquables comme une usure générale des tests et la présence de perforation. Il est composé de 56 restes pour un N.M.I. de 45. L'observation de certaines des perforations des coquilles de l'échantillon n°2 a permis d'éliminer *Patella* sp., *Littorina littorea, Cerastoderma edule* et *Scrobicularia plana* des espèces représentatives de la parure. En effet, les perforations de ces tests semblent être dues à une altération à la fouille ou à une dégradation naturelle. La scrobiculaire avait été détectée grâce à la présence d'une perforation. Même si elle a pu être mangée, elle n'avait pas été repérée parmi les espèces alimentaires (Fig. 82. n°9).

4 - le dernier échantillon (Fig. 83. à 85.) est issu du prélèvement total réalisé en 2001. Concernant la malacofaune seule une partie de deux des colonnes, la A et la C (33 %), a été étudiée. Les quantités totales et triées sont indiquées dans le tableau 12.

	C		A	
	Fraction triée	**Fraction totale**	**Fraction triée**	**Fraction totale**
Passe1	400	856	709	709
Passe2	400	886	756	888
Passe3	400	2779	400	1402
Passe4	400	1372	400	1256
Passe5	400	3372	400	2113
Passe6	400	1339	400	1180
Passe7	400	448	400	461
Total par Colonne	2800	11052	3465	8009

Tableau 12. Quantités totales et triées en gramme des colonnes A et C du prélèvement 2001

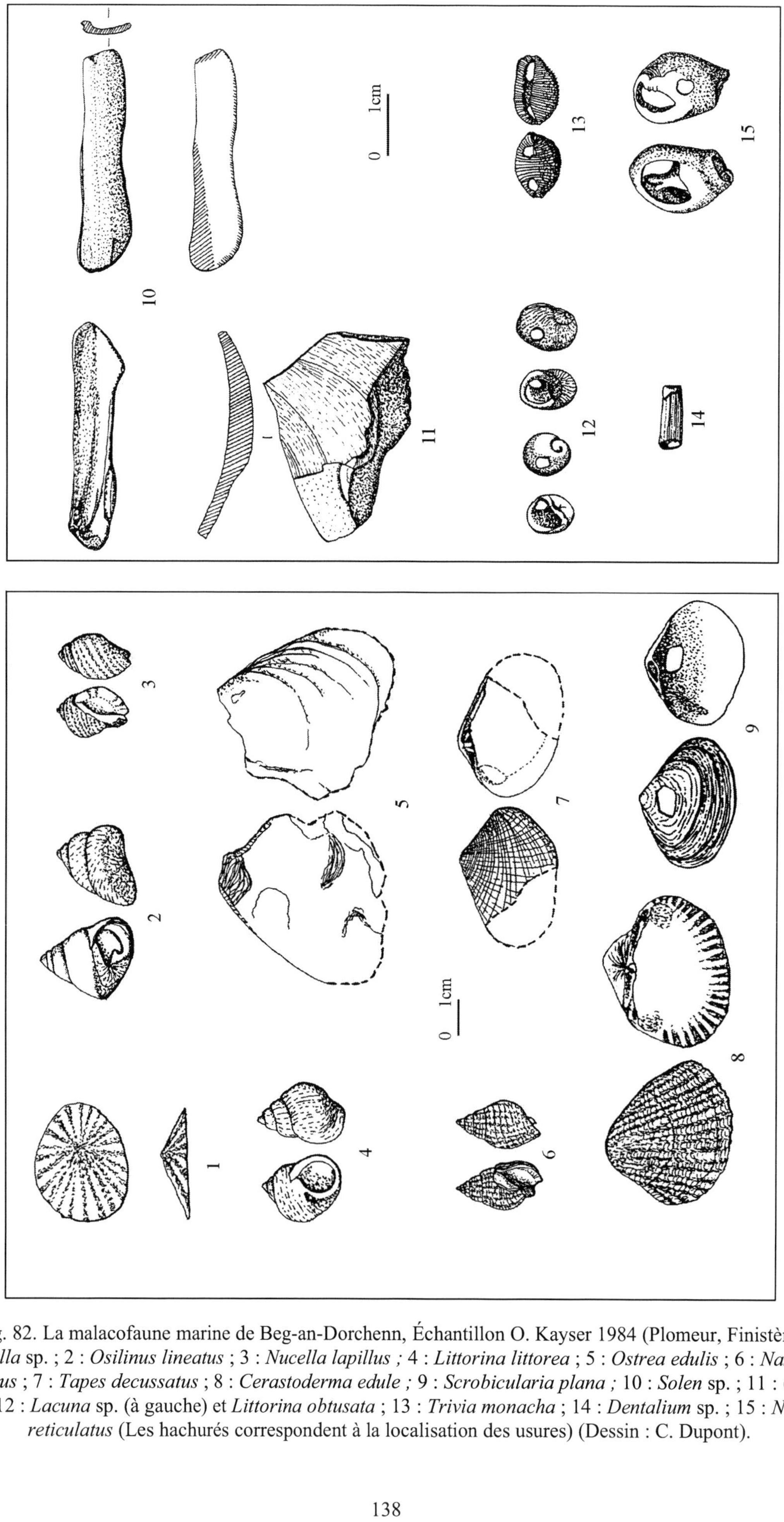

Fig. 82. La malacofaune marine de Beg-an-Dorchenn, Échantillon O. Kayser 1984 (Plomeur, Finistère)
1 : *Patella* sp. ; 2 : *Osilinus lineatus* ; 3 : *Nucella lapillus ;* 4 : *Littorina littorea* ; 5 : *Ostrea edulis* ; 6 : *Nassarius reticulatus* ; 7 : *Tapes decussatus* ; 8 : *Cerastoderma edule ;* 9 : *Scrobicularia plana ;* 10 : *Solen* sp. ; 11 : *Callista chione* ; 12 : *Lacuna* sp. (à gauche) et *Littorina obtusata* ; 13 : *Trivia monacha* ; 14 : *Dentalium* sp. ; 15 : *Nassarius reticulatus* (Les hachurés correspondent à la localisation des usures) (Dessin : C. Dupont).

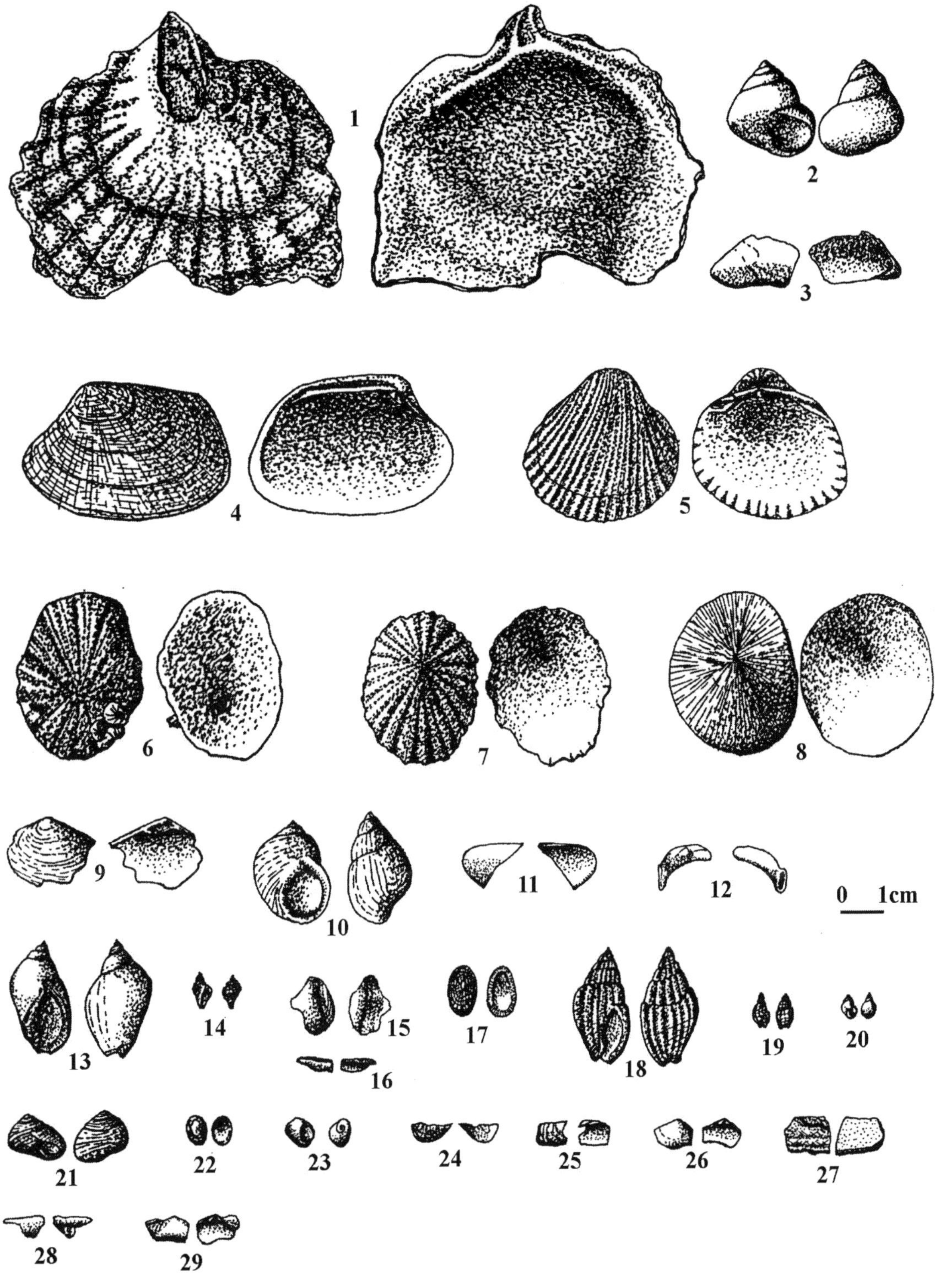

Fig. 83. La malacofaune marine de Beg-an-Dorchenn, Prélèvement 2001[1] (Plomeur, Finistère)
1 : *Ostrea edulis* ; 2 : *Osilinus lineatus* ; 3 : *Mytilus edulis* ; 4 : *Tapes decussatus* ; 5 : *Cerastoderma edule* ; 6 : *Patella intermedia* ; 7 : *P. ulyssiponensis ;* 8 : *P. vulgata* ; 9 : *Scrobicularia plana* ; 10 : *Littorina obtusata* ; 11 *: Donax* sp. ; 12 : *Haliotis tuberculata* ; 13 et 14 : *Nucella lapillus* ; 15 et 16 : *Solen marginatus* ; 17 : *Diodora gibberula* ; 18 : *Nassarius reticulatus* ; 19 : *Nassarius pygmaeus* ; 20 : *Lacuna* sp. ; 21 : *Gibbula umbilicalis* ; 22 : *Ansates pellucida* ; 23 : *Littorina obtusata ;* 24 : indéterminé ; 25 : *Hiatella* sp. ? ; 26 : *Donax* sp. ; 27 : *Lutraria* sp. ; 28 : Mactridae (*Lutraria sp.* ?) 29 : *Gari* sp. ? (Dessin : C. Dupont).

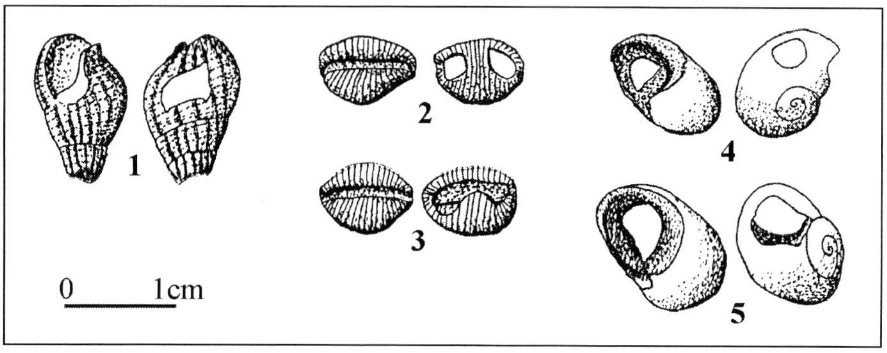

Fig. 84. La parure en coquillage de Beg-an-Dorchenn, Prélèvement 2001[2] (Plomeur, Finistère) 1 : *Nassarius reticulatus* ; 2 et 3 : *Trivia monacha* ; 4 et 5 : *Littorina obtusata* (Dessin : C. Dupont)

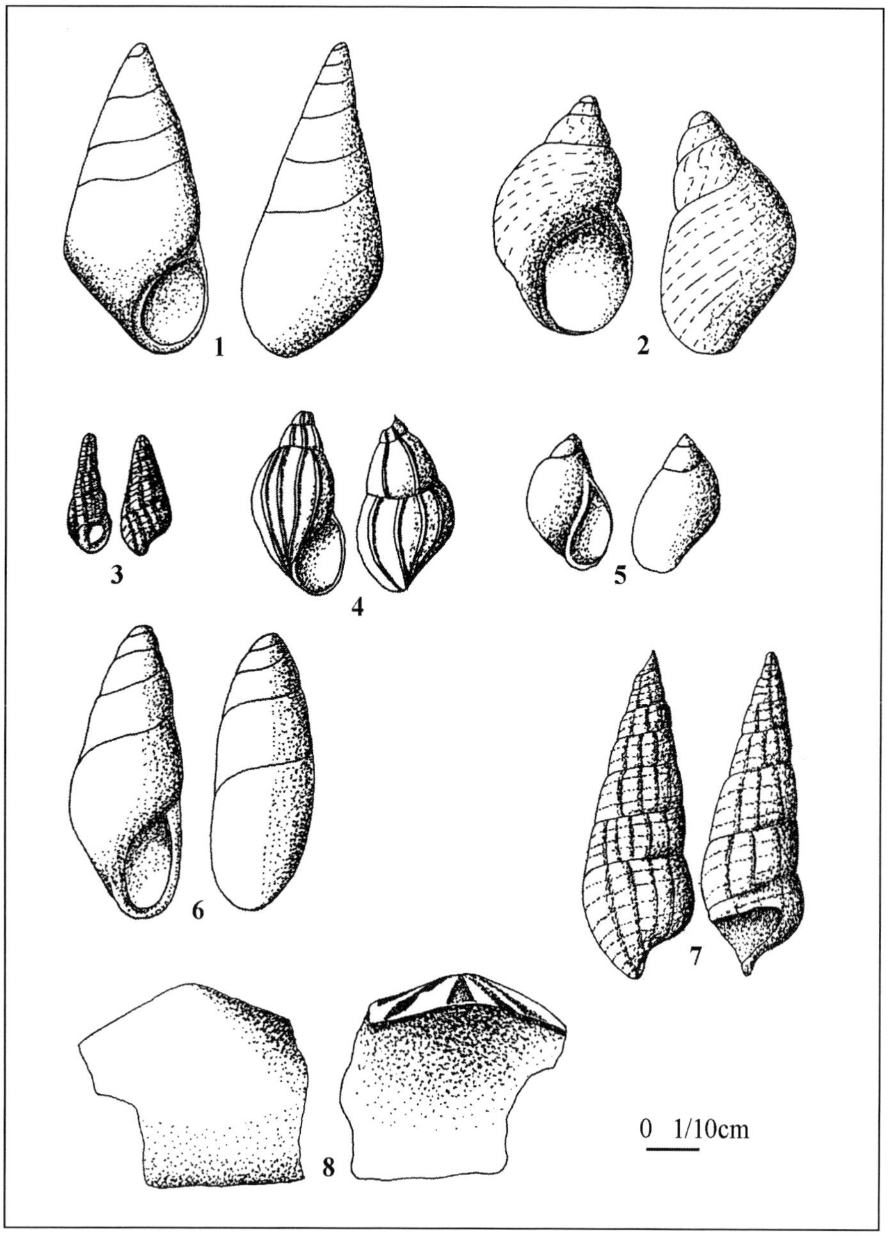

Fig. 85. La malacofaune marine de Beg-an-Dorchenn, Prélèvement 2001[3] (Plomeur, Finistère) 1 : *Hydrobia ulvae* ; 2 : *Tricolia pullus ;* 3 et 7 : *Bittium* sp. ; 4 : *Striarca lactea ;* 5 *: Melarhaphe neritoides* ; 6 *: Cochlicopa lubrica* ; 8 : *Donax* sp. (Dessin : C. Dupont).

Le retour aux quantités de départ s'est fait à l'aide d'une règle de trois, les échantillons ayant été jugés homogènes. La fraction fine comprise entre 1,6 et 6 millimètres a, quant à elle, fait l'objet d'un contrôle visuel afin de juger de son homogénéité par rapport à la fraction des éléments supérieurs à 6 millimètres.

Il ne s'agit en aucun cas d'émettre un jugement sur l'article utilisé pour cette comparaison où, à la fois, la présence de coquilles et un premier bilan qualitatif ont été cités. La même remarque peut-être faite pour les échantillons, qui, malgré le caractère restrictif qu'ils présentent, ont l'avantage d'exister, ce qui n'est pas toujours le cas. Les différentes sources d'information ont été regroupées sous la forme d'un tableau (Tableau 13).

Liste des espèces		**Source bibliographique (Kayser, 1985)**	**Échantillon n°1 Kayser, 1984**	**Échantillon n°2 Kayser, 1984**	**Prélèvement 2001**
Appellation scientifique	**Nom vernaculaire**				
Patella ulyssiponensis	La patelle, bernique, 'brenik'	+	+	+	+
P. vulgata					+
P. intermedia					+
Osilinus lineatus	La monodonte	-	+	-	+
Gibbula umbilicalis	La gibbule ombiliquée	-	-	-	+
Littorina obtusata	La littorine obtuse	+	-	+	+
Lacuna sp.		-	-	-	+
Nucella lapillus	La pourpre	+	+	-	+
Trivia monacha	La cyprée	-	-	+	+
Nassarius pygmaeus		-	-	-	+
Haliotis tuberculata	L'ormeau	-	-	-	+
Ostrea edulis	L'huître	+	+	-	+
Mytilus edulis	La moule	+	-	-	+
Littorina littorea	Le bigorneau noir	+	+	+	+
Bittium sp.		-	-	-	+
Diodora gibberula	La fissurelle	-	-	-	+
Melarhaphe neritoides		-	-	-	+
Ansates pellucida	L'helcion	-	-	-	+
Striarca lactea		-	-	-	+
Tricolia pullus		-	-	-	+
Donax sp.	Le pignon ou le donax	-	-	-	+
Nassarius reticulatus	La nasse	-	+	+	+
Callista chione	Le vernis	-	-	+	-
Pecten maximus	La coquille Saint-Jacques	+	-	-	-
Dentalium sp.	Le dentale	-	-	+	-
Lutraria sp.	La lutraire	-	-	-	+
Solen marginatus	Le couteau	-	-	+	+
Cerastoderma edule	La coque	+	+	+	+
Tapes decussatus	La palourde	+	+	-	+
Gari sp.		-	-	-	+
Hiatella sp.		-	-	-	+
Hydrobia ulvae	L'hydrobie	-	-	-	+
Scrobicularia plana	La scrobiculaire ou le lavignon	-	-	+	+
Cochlicopa lubrica		-	-	-	+
Diversité spécifique		**9**	**8**	**10**	**31**

(gris clair) Espèces non retenues par le prélèvement de 2001

(gris foncé) Espèces retenues par le tamisage mais absentes des sources d'information de 1984-85

Tableau 13. Diversité spécifique de la malacofaune de Beg-an-Dorchenn selon les sources d'information ; +, présence ; -, absence.

La diversité spécifique est de 34 si tous les échantillons sont pris en compte. Elle est de 31 pour le prélèvement de 2001 et est largement sous-estimée par les autres sources d'information (de 8 à 10). Le fait qu'elle soit légèrement supérieure pour l'échantillon n°2 par rapport au n°1 de 1984 peut être dû à une plus grande précision du ramassage avec des éléments de toute petite taille. La faible diversité spécifique de l'échantillon n°1 peut être liée à la volonté du fouilleur de sélectionner uniquement les espèces majoritaires de l'amas.

La comparaison des espèces entre la note préliminaire et l'échantillon jugé représentatif (le n°1) ne va pas sans poser de problèmes. La nasse *Nassarius reticulatus* et la monodonte *Osilinus lineatus* ont été observées dans l'échantillon n°1 mais n'avaient pas été citées lors de la publication. L'hypothèse d'une confusion d'espèces peut l'expliquer. En effet, la nasse a très bien pu être confondue avec la pourpre *Nucella lapillus* (Fig. 82. n°3 et n°6) et *O. lineatus* avec le bigorneau noir *Littorina littorea* (Fig. 82. n°2 et n°4). L'absence de la moule et de la coquille Saint-Jacques de l'échantillon jugé représentatif peut paraître surprenante du fait de la citation de ces espèces lors de la publication de la note préliminaire. L'extrême fragilité du test coquillier de la moule et la collecte de coquilles Saint-Jacques uniquement sous forme d'échouage (et de ce fait en nombre restreint) peuvent expliquer leurs absences.

Les trois espèces non retenues par le prélèvement de 2001 (sur fond gris clair du Tableau 13) sont toutes subtidales, et donc exceptionnellement collectées vivantes. Leur absence après tamisage peut être liée à leurs faibles quantités présentes dans l'amas.

Seize espèces ont, quant à elles, été retenues par le tamisage et étaient absentes des sources d'information de 1984-85 (sur fond gris foncé du Tableau 13). Ce sont toutes soit des espèces de petite taille, soit des espèces à grande coquille mais identifiées uniquement à partir de débris (Fig. 83. à 85.).

Les 8 espèces majoritaires ont ensuite été comparées entre l'échantillon n°1 jugé représentatif de l'amas, et le prélèvement fait en 2001, afin de voir si la distorsion entrevue se répercute au niveau des proportions relatives. Elles sont présentées selon leur représentativité décroissante en fonction de leur masse (Fig. 86.).

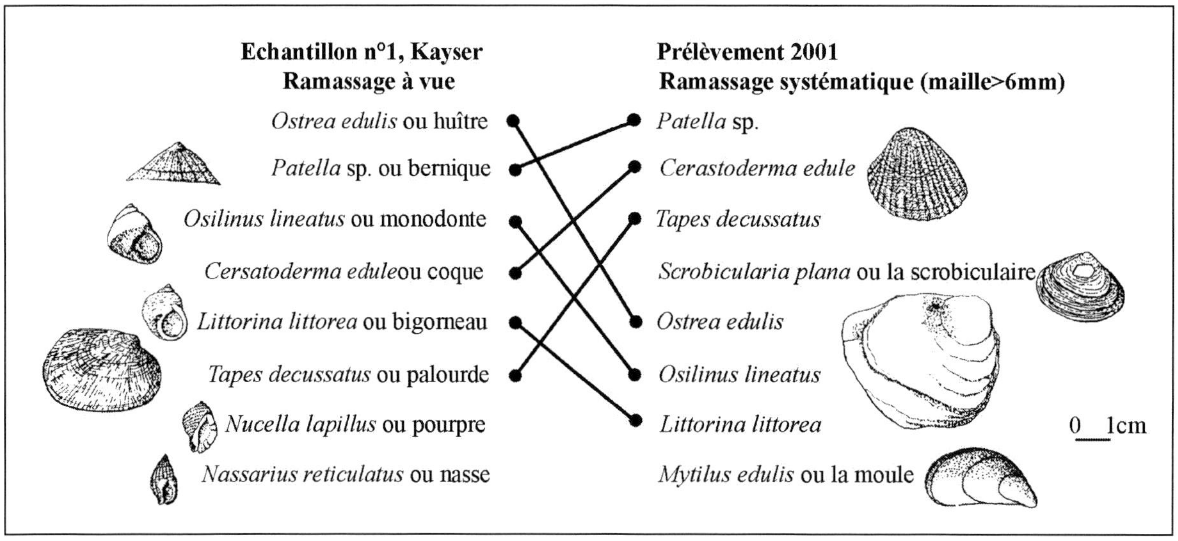

Fig. 86. Composition spécifique de la malacofaune de Beg-an-Dorchenn en ordre décroissant de la masse en fonction des échantillons

Deux espèces sont absentes de l'échantillon n°1 : la moule et la scrobiculaire. Leur sous-estimation peut très bien s'expliquer du fait de leur extrême fragilité. L'huître de grande taille tend à être majorée dans l'échantillon n°1. La pourpre et la nasse bien que présentes dans le prélèvement 2001, n'apparaissent pas parmi les espèces les plus abondantes alors qu'elles le sont dans l'échantillon n°1. La présence d'individus entiers a pu amener leur sélection par les fouilleurs sur le terrain.

Les proportions relatives des espèces semblent donc biaisées par un ramassage à vue.

3.2.2 - Vers un échantillon représentatif de l'ensemble des dépôts coquilliers

Dans un premier temps, la diversité spécifique a été calculée en fonction du volume de sédiment trié (Fig. 87.). Cette méthode apparentée à la courbe cumulative consiste à additionner les volumes jusqu'à obtenir la stabilité du nombre d'espèces déterminées. La diversité spécifique augmente fortement jusqu'à 10 litres, puis elle croit progressivement jusqu'à 30 litres, volume au-delà duquel la diversité spécifique est constante (Fig. 87.).

Le volume minimum de sédiment nécessaire à l'obtention de l'ensemble du spectre malacofaunique de Beg-an-Dorchenn est proche de 30 litres.

Ensuite, j'ai recherché le volume à partir duquel les proportions des différentes espèces ne varie pas de façon significative. Il consiste à comparer la distribution des espèces de l'ensemble des sédiments triés à des volumes de plus en plus grands. Il permet de savoir à partir de quel volume la composition des différents dépôts qui forment le rejet est gommé par les caractéristiques générales de l'amas. Le volume total de sédiment trié et donc, celui qui servira de référence, est, de 106 litres. La distribution des espèces de ce volume, qui sert de référence, est comparée pas à pas à celle de volumes de sédiment de plus en plus importants. L'unité choisie pour ce test est la masse. Le test du Chi-deux (χ^2) ne peut être appliqué, certaines valeurs étant pour les espèces accompagnatrices inférieures à 5 grammes (Chenorkian, 1996, p.36). Le choix a donc été fait de comparer des pourcentages observés deux à deux de chaque espèce présente en prenant en compte le nombre de cas observés (Schwartz, 1980, p.61). Cette 'comparaison entre deux pourcentages P_A et P_B observés sur n_A et n_B cas respectivement est basée sur l'écart-réduit' (Schwartz, 1980, p.58). Les écarts-réduits sont calculés pour chaque espèce en fonction de différents volumes. Les valeurs obtenues pour les plus grands volumes sont présentées dans le Tableau 14. Les volumes inférieurs à 80 litres n'ont pas été représentés dans ce tableau. Ils possèdent tous au moins une espèce à la proportion significativement différente de celle de l'échantillon de référence (écart-réduit>1,96 pour un risque de 0,05).

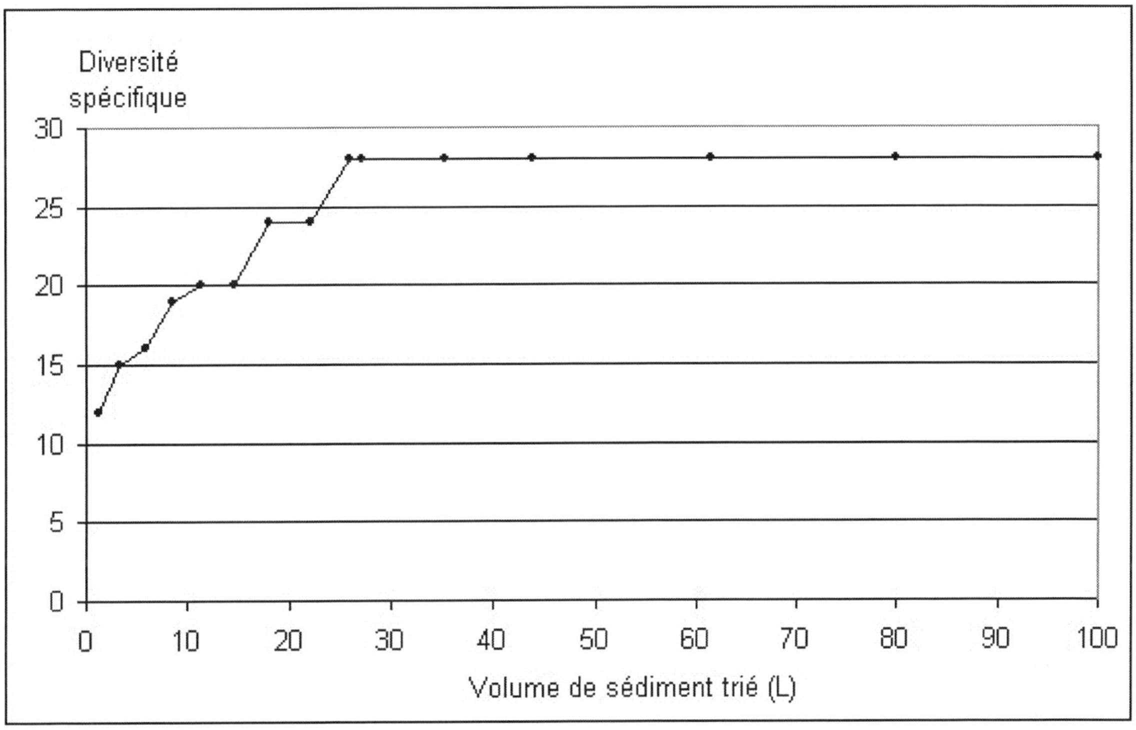

Fig. 87. Évolution de la diversité spécifique de Beg-an-Dorchenn en fonction du volume de sédiment trié

L'ensemble des proportions des espèces n'est pas significativement différent de l'échantillon de référence pour un risque de 0,05 et un volume minimum de 88 litres de sédiment (Tableau 14).

Ce résultat doit être pris avec précaution car ce test dépend du volume pris pour référence.

3.3 - La composition du spectre malacofaunique

Les vingt-six kg de coquilles retenus sur le tamis à maille de 6 millimètres ont permis d'identifier 33 espèces. (Fig. 83. à 85. ; Tableau 15). Elles témoignent de plusieurs utilisations. Le nombre de restes indéterminés sur ce site est de 38.

Deux éléments trouvés par O. Kayser ont pu être utilisés comme outil : un reste de couteau *Solen* sp. et de *Callista chione* (Fig. 82. n°10 et n°11). Tous deux présentent une usure accentuée de l'intégralité de leur surface externe ainsi que des bords pour le couteau. Plusieurs coquilles percées avaient été identifiées par O. Kayser dans l'échantillon de 1984.

L'observation à la loupe binoculaire de ce lot montre que certaines des perforations ne sont pas liées à un percement anthropique volontaire. Une des patelles semble altérée par l'outil d'un fouilleur (cassure rectiligne et récente). Des coques avaient été sélectionnées par la présence d'une perforation près du crochet des valves.

Volume de sédiment tamisé (L)	80		84		85		88		106
Espèces	**Masse (g)**	**ε**	**Masse (g)**	**ε**	**Masse (g)**	**ε**	**Masse (g)**	**ε**	**Référentiel (g)**
Patella sp.	1979	8,278	2426	5,528	2839	2,196	3170	0,365	3348
Osilinus lineatus	93,5	0,182	112,5	0,2	116,2	0,232	131,2	0,146	135,2
Gibbula umbilicalis	1,77	0,88	1,77	1,049	2,27	0,927	5,27	0,078	5,27
Littorina obtusata	0,85	0,541	1,35	0,321	1,35	0,403	2,35	0,052	2,35
Lacuna sp.	0,22	0,115	0,22	0,069	0,22	0,041	0,22	0,016	0,22
Nucella lapillus	4,61	0,886	7,61	0,26	8,61	0,189	10,61	0,11	10,61
Trivia monacha	0,4	0,155	0,4	0,094	0,4	0,055	0,4	0,021	0,4
Nassarius pygmaeus	0,23	0,117	0,23	0,071	0,23	0,042	0,23	0,016	0,23
Haliotis tuberculata	0,2	0,11	0,2	0,066	0,2	0,039	0,2	0,015	0,2
Ostrea edulis	176	2,231	257	0,437	289	0,832	304,5	0,561	305,5
Mytilus edulis	37	0,293	37,5	0,27	38	0,612	43	0,398	49
Littorina littorea	109,5	1,176	120,5	0,886	124	0,423	128	0,077	133
Bittium sp.	0,01	0,024	0,01	0,015	0,01	0,009	0,01	0,003	0,01
Diodora gibberula	0,02	0,035	0,02	0,021	0,02	0,012	0,02	0,005	0,02
Melarhaphe neritoides	0,01	0,024	0,01	0,015	0,01	0,009	0,01	0,003	0,01
Ansates pellucida	0	0,188	0	0,201	0	0,21	0,05	0,008	0,05
Striarca lactea	0,2	0,11	0,2	0,066	0,2	0,039	0,2	0,015	0,2
Tricolia pullus	0,2	0,11	0,2	0,066	0,2	0,039	0,2	0,015	0,2
Donax sp.	3	0,068	3,5	0,097	4	0,166	4	0,061	4,02
Nassarius reticulatus	2,32	0,623	5,32	0,342	5,32	0,2	5,32	0,078	5,32
Lutraria sp.	5	0,548	5	0,331	5	0,194	5	0,076	5
Solen marginatus	4,58	0,22	5,08	0,174	5,13	0,048	5,13	0,074	5,63
Cerastoderma edule	1565,5	6,281	1653,5	3,582	1696,5	1,507	1755,5	0,13	1834,5
Tapes decussatus	1205,5	4,245	1307,5	2,732	1354,5	1,229	1415,5	0,33	1468,5
Gari sp..	0,03	0,042	0,03	0,026	0,03	0,015	0,03	0,006	0,03
Hiatella sp.	0,2	0,11	0,2	0,066	0,2	0,039	0,2	0,015	0,2
Hydrobia ulvae	0,55	0,182	0,55	0,11	0,55	0,064	0,55	0,025	0,55
Scrobicularia plana	296,5	0,372	336,52	0,511	361,07	0,756	395,07	0,547	430,07
n	**5486,9**		**6282,92**		**6852,22**		**7382,77**		**7744,29**

Tableau 14. Calcul de l'écart-réduit en fonction du volume de sédiment trié de Beg-an-Dorchenn

Là encore, aucune trace d'action anthropique n'est visible. D'autre part, l'emplacement des perforations correspond aux zones couramment altérées dans la nature. C'est également le cas d'une valve de scrobiculaire qui possède une cassure large et irrégulière au niveau de l'umbo (Fig. 82. n°9). Un seul exemplaire du bigorneau *Littorina littorea* avait été isolé. L'origine naturelle de cette perforation ne fait pas de doute. Son contour apparaissait irrégulier et effrité avec un décollement de la partie superficielle du test. Certaines coquilles de l'échantillon d'O. Kayser de 1984 présentent des stigmates dus à leur utilisation comme parure : une nasse *Nassarius reticulatus*, sept *Trivia monacha*, cinq *Littorina obtusata* et un dentale (Fig. 82. n°12 à 15). À ces éléments une nasse (*Nassarius reticulatus*), trois cyprées (*Trivia monacha*) et huit *Littorina obtusata*, découverts dans le prélèvement de 2001, peuvent s'ajouter (Fig. 83. à 85.). Le nombre de parures découvert dans le prélèvement de 2001 est proche de celui de 1984 pour une surface 53 fois plus petite. Le ramassage des coquilles dans les refus de tamis pour la plus récente opération est sans doute à l'origine de cette différence.

Le reste de la malacofaune a sans doute été collecté dans le but d'être mangé. La répartition de la longueur de quatre espèces *Patella* sp., *Littorina littorea, Cerastoderma edule* et *Scrobicularia plana* (longueurs reconstituées d'après la longueur du ligament) montre que les petits individus n'ont pas été sélectionnés (Fig. 88.). La moyenne des longueurs est respectivement pour chaque espèce de 27 ; 20 ; 26 et 40 millimètres.

La proportion de la masse des patelles est proche de 50 % (Tableau 15.). Quelle que soit l'unité choisie, cette espèce est largement majoritaire (Fig. 89.). Ensuite, la coque et la palourde sont bien représentées avec 21 % et 16 % de la masse totale des coquilles. Puis, seules la scrobiculaire et l'huître se détachent des autres espèces avec chacune près de 5 %. Malgré des valeurs proches en pourcentage de la masse totale de coquilles, leurs proportions en nombre de restes diffèrent nettement. Cette distorsion est liée à la très grande fragilité de la scrobiculaire associée à la très grande taille de l'huître plate.

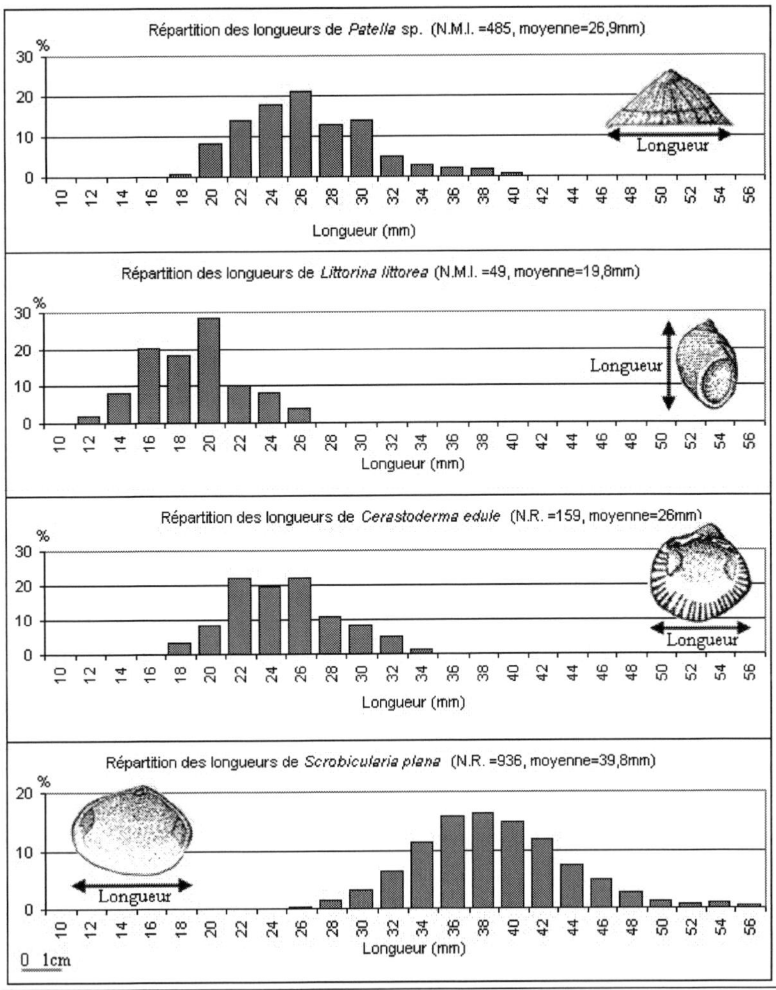

Fig. 88. Répartition des longueurs de quatre espèces de Beg-an-Dorchenn

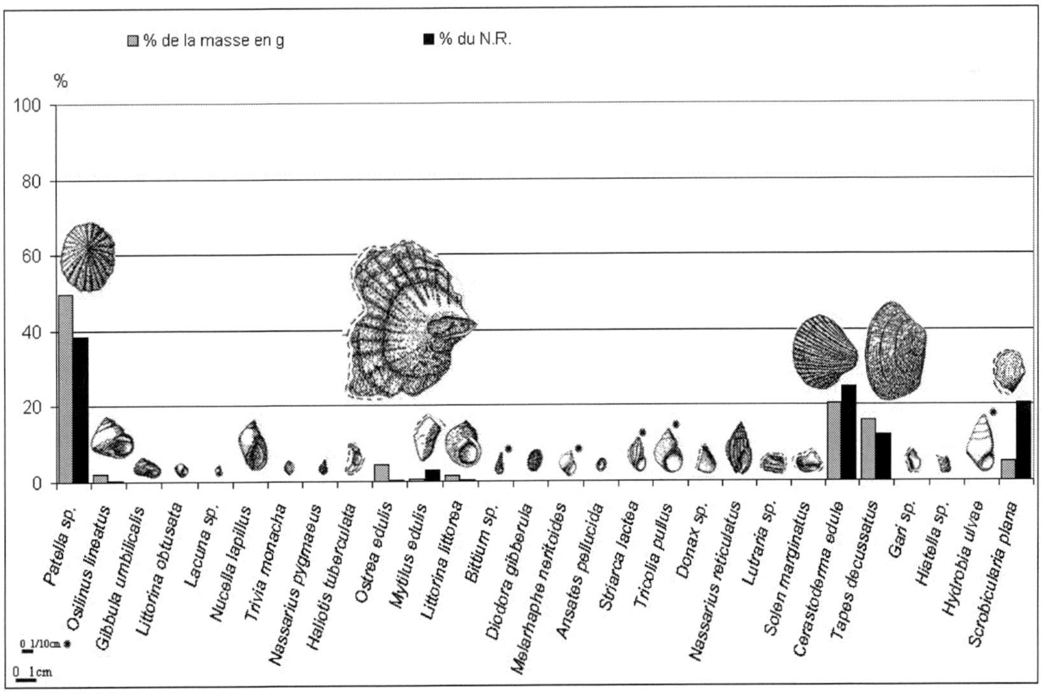

Fig. 89. Histogramme de distribution de la malacofaune de Beg-an-Dorchenn en masse (M =26kg) et en nombre de restes (N.R. =170958).

Liste des espèces	Masse (g)	% Masse	N.M.I.	% N.M.I.	N.R.	% N.R.
Patella vulgata *P. intermedia* *P. ulyssiponensis*	12869	49,6	8321	62,5	65621	38,4
Osilinus lineatus	509,7	2,0	138	1,0	468	0,3
Gibbula umbilicalis	9,14	0,0	13	0,1	15	0,0
Littorina obtusata	3,58	0,0	15	0,1	15	0,1
Lacuna sp.	0,2	0,0	1	0,0	1	0,0
Nucella lapillus	33,35	0,1	19	0,1	42	0,0
Trivia monacha	0,43	0,0	1	0,0	2	0,0
Nassarius pygmaeus	0,25	0,0	2	0,0	5	0,0
Haliotis tuberculata	1,06	0,0	0	0,0	5	0,0
Ostrea edulis	1169	4,5	44	0,3	507	0,3
Mytilus edulis	143,9	0,6	79	0,6	5164	3,0
Littorina littorea	390,9	1,5	188	1,4	567	0,3
Bittium sp.	0,05	0,0	2	0,0	2	0,0
Diodora gibberula	0,02	0,0	1	0,0	1	0,0
Melarhaphe neritoides	0,02	0,0	1	0,0	1	0,0
Ansates pellucida	0,02	0,0	1	0,0	1	0,0
Striarca lactea	0,02	0,0	1	0,0	1	0,0
Tricolia pullus	0,02	0,0	1	0,0	1	0,0
Donax sp.	10,62	0,0	8	0,1	76	0,0
Nassarius reticulatus	7,82	0,0	4	0,0	12	0,0
Lutraria sp.	5	0,0	0	0,0	4	0,0
Solen marginatus	11,99	0,1	15	0,1	124	0,1
Cerastoderma edule	5314	20,5	1234	9,3	42344	24,8
Tapes decussatus	4116	15,9	878	6,6	20980	12,3
Gari sp.	0,05	0,0	1	0,0	1	0,0
Hiatella sp.	0,2	0,0	0	0,0	1	0,0
Hydrobia ulvae	0,07	0,0	2	0,0	2	0,0
Scrobicularia plana	1331	5,1	2341	17,6	34960	20,5
Cochlicopa lubrica	0,05	0,0	1	0,0	1	0,0
Total	**25934**		**13321**		**170958**	

Parure

Tableau 15. Bilan quantitatif de la malacofaune de Beg-an-Dorchenn

L'histogramme des proportions des espèces en fonction de la stratigraphie montre une situation proche pour les deux quarts de mètre carré étudiés A et C (Fig. 90.). Le pourcentage de représentation de la patelle est maximal dans la passe 5 et tend à diminuer régulièrement vers la base de l'amas et la surface. Une surexploitation de la patelle ou une modification environnementale pourrait expliquer un abandon relatif de sa collecte au profit des autres coquillages. Cependant, la faible épaisseur de la stratigraphie au niveau du prélèvement (30 centimètres) permet de douter de la possibilité de l'observation d'un tel phénomène. Les essais réalisés dans ce domaine n'ont pu aboutir étant donné le nombre limité d'individus mesurés pour certaines passes. La proportion de la patelle est légèrement supérieure en C qu'en A. Or, le carré A jouxtait le sondage d'O. Kayser et était moins confiné que le C. Cette variation de la proportion de la patelle à la fois au sein de la stratigraphie et des carrés du prélèvement peut-elle s'expliquer par une dégradation différentielle de la patelle ? La typologie des restes de patelle en fonction de son degré d'altération a été appliquée (Fig. 91.). Une altération plus prononcée de la patelle vers la surface et la base est effectivement observée en C.

Cependant, en A, la situation est plus confuse. La patelle est légèrement plus dégradée qu'en C. Elle ne montre pas de grande différence selon les passes.

Les observations faites en A et en C montre que les zones placées en périphérie de l'amas sont plus dégradées. L'altération différentielle de la patelle a pu agir sur sa représentativité.

En plus de l'altération différentielle des espèces, plusieurs facteurs peuvent agir localement sur leurs proportions relatives. En effet, il y a pu avoir une migration différentielle des tests selon leur forme et leur densité, ainsi que des dépôts ponctuels monospécifiques.

Outre les espèces bien représentées, d'autres ont pu être consommées secondairement comme *Nucella lapillus, Mytilus edulis, Donax* sp. et *Solen marginatus*. D'autres, accompagnatrices, ont, sans doute, été collectées involontairement par les hommes. La taille très réduite et le faible nombre de restes semblent le confirmer. C'est le cas de *Gibbula umbilicalis* (largeur de 12 mm), *Littorina obtusata* (quelques individus non perforés d'une longueur inférieure à 10mm), *Lacuna* sp. (longueur de 6 mm), *Nassarius pygmaeus* (longueur de 7 mm), *Haliotis tuberculata* (un seul reste extrêmement fragmenté), *Bittium* sp. (longueur de 6 mm), *Diodora gibberula* (longueur de 11mm), *Melarhaphe neritoides* (longueur de 2,4 mm), *Ansates pellucida* (1 exemplaire de taille inférieure à 10 mm), *Striarca lactea* (longueur de 3,2 mm), *Tricolia pullus* (longueur de 4,4 mm), *Lutraria* sp. (4 restes très fragmentés), *Gari* sp. (1 reste de 10 mm), *Hiatella* sp. (1 reste de 10 mm) et *Hydrobia ulvae* (longueur de 6 mm).

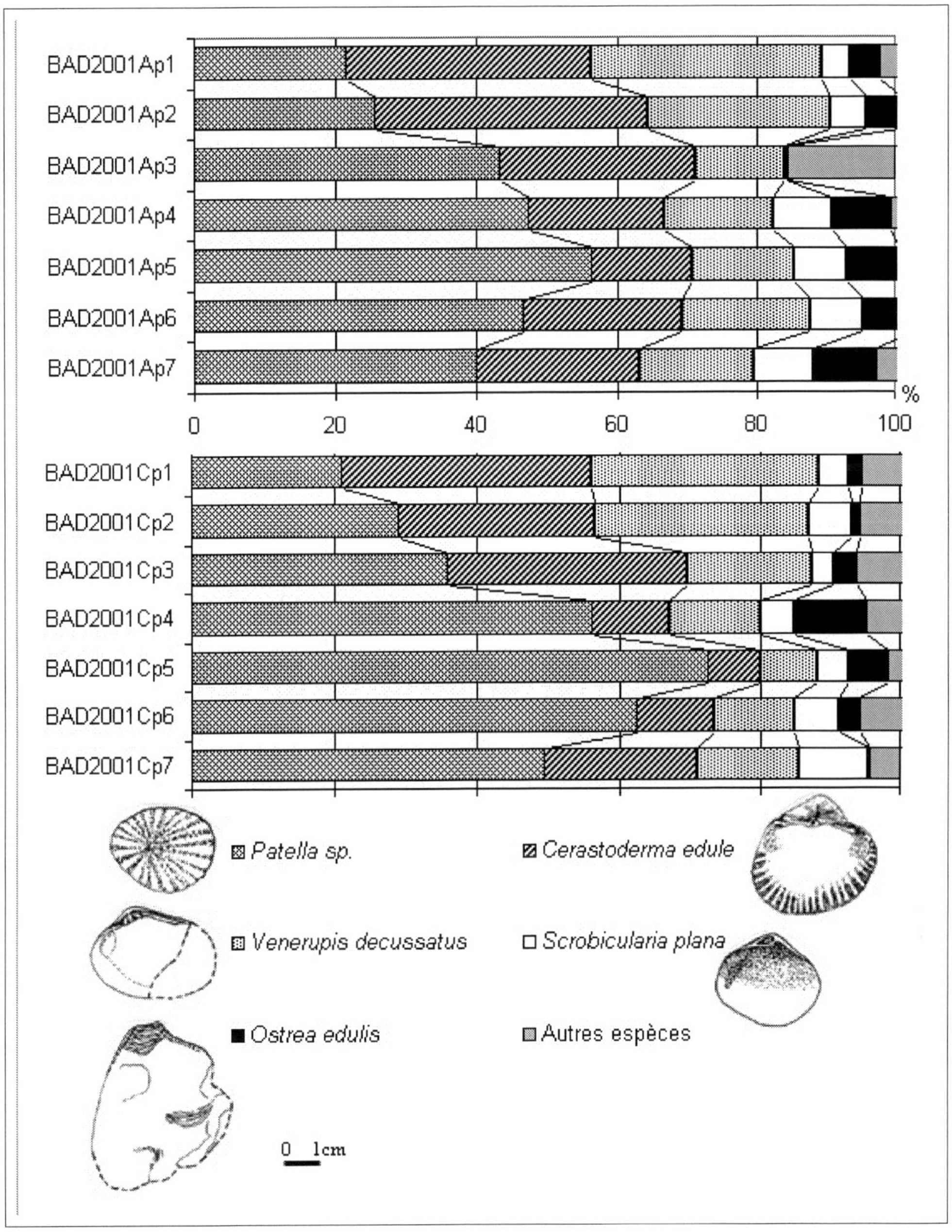

Fig. 90. Proportions des espèces selon de la stratigraphie de Beg-an-Dorchenn en fonction de la masse (M=26kg)

Si certaines ont pu être confondues avec de petits individus d'espèces consommables comme la gibbule, d'autres ont, sans doute, été ramenées involontairement avec d'autres produits de la mer. Ainsi l'hydrobie, qui vit dans la vase a bien pu être ramenée avec les scrobiculaires inféodées au même milieu. D'autres espèces ont pu être acheminées en même temps que des blocs de rocher plus ou moins imposants comme *Lacuna* sp., *Bittium* sp., *D. gibberula, S. lactea, Hiatella* sp. ou fixées sur des algues ou des coquillages, eux collectés volontairement, comme *N. pygmaeus, Bittium* sp., *P. pellucida, S. lactea* et *T. pullus*. O. Kayser souligne d'ailleurs la présence de 'grosses pierres roulées et de galets pouvant dépasser les 50 cm de long' (O. Kayser, 1985, p.84). Certains de ces petits coquillages sont strictement inféodés à une algue, comme par exemple *P. pellucida* aux laminaires ou *T. pullus* aux algues rouges situées juste au-dessus des laminaires. Cependant, aucune accumulation préférentielle d'une de ces espèces ne permet de trancher sur la nature du support ayant entraîné son acheminement sur l'amas coquillier de Beg-an-Dorchenn.

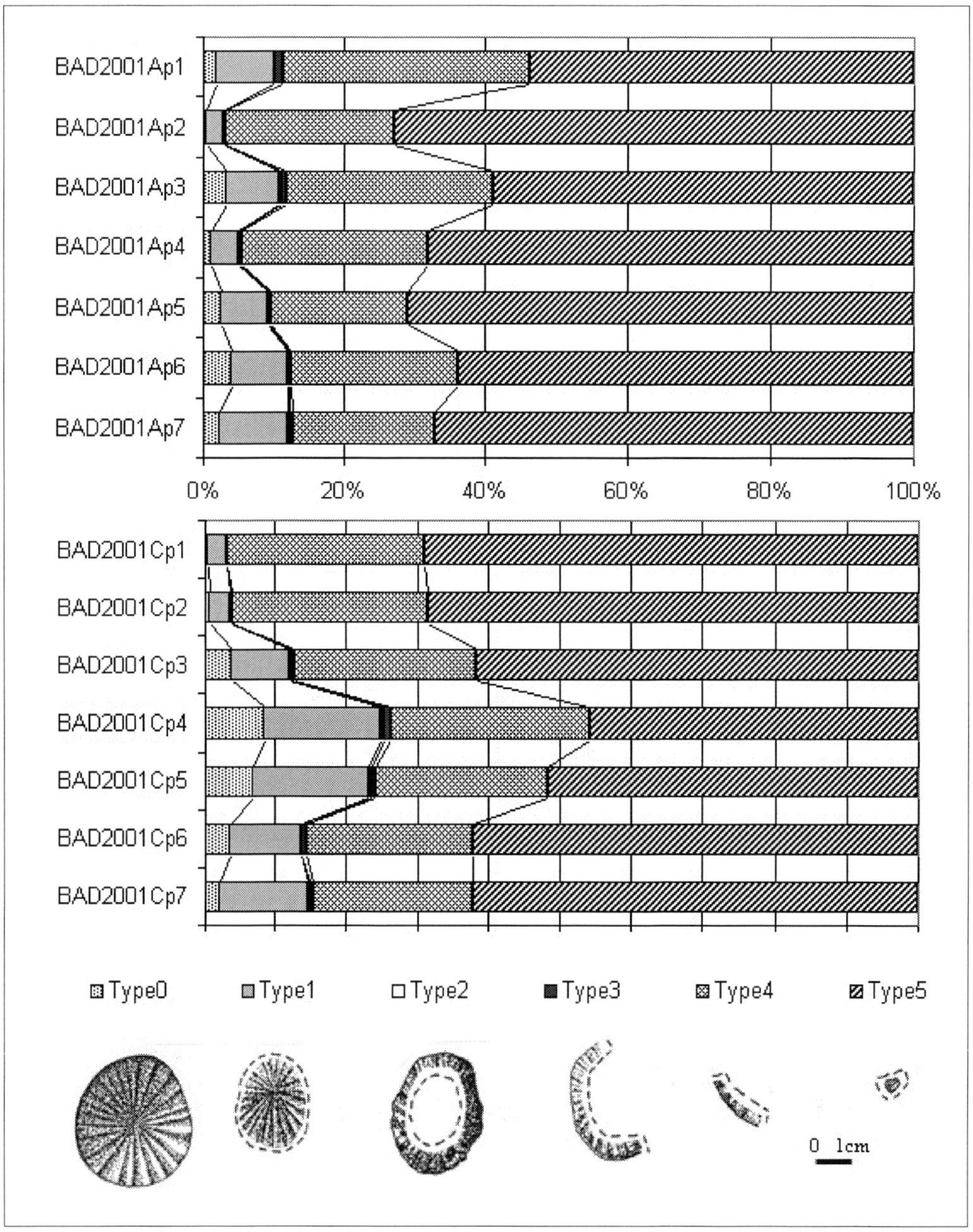

Fig. 91. Évolution de la dégradation de la patelle selon de la stratigraphie de Beg-an-Dorchenn

3.4 – Les caractéristiques de l'acquisition de la malacofaune marine

3.4.1 - Le lieu de collecte

Le substrat

Le substrat rocheux domine avec 58 %, le milieu sableux n'a pas non plus été délaissé avec 37 %, enfin le substrat vaseux représente seulement 5 % de la masse des coquillages collectées (Fig. 92-A.).

La courbe des pourcentages cumulés des masses de coquilles montre que la patelle représente la quasi-totalité des espèces collectées sur les rochers, la palourde et la coque celles de milieu sableux et enfin le milieu vaseux est représenté par la scrobiculaire (Fig. 92-B.). Les coquilles utilisées pour la parure proviennent majoritairement du milieu rocheux, et seuls deux exemplaires de *Nassarius reticulatus* proviennent du milieu sableux. Les indices d'outils sont trop limités pour discuter de leur substrat d'origine.

Le mode d'exposition de la côte

Seuls 9 exemplaires de pourpres ont pu être mesurés sur l'amas coquillier de Beg-an-Dorchenn.

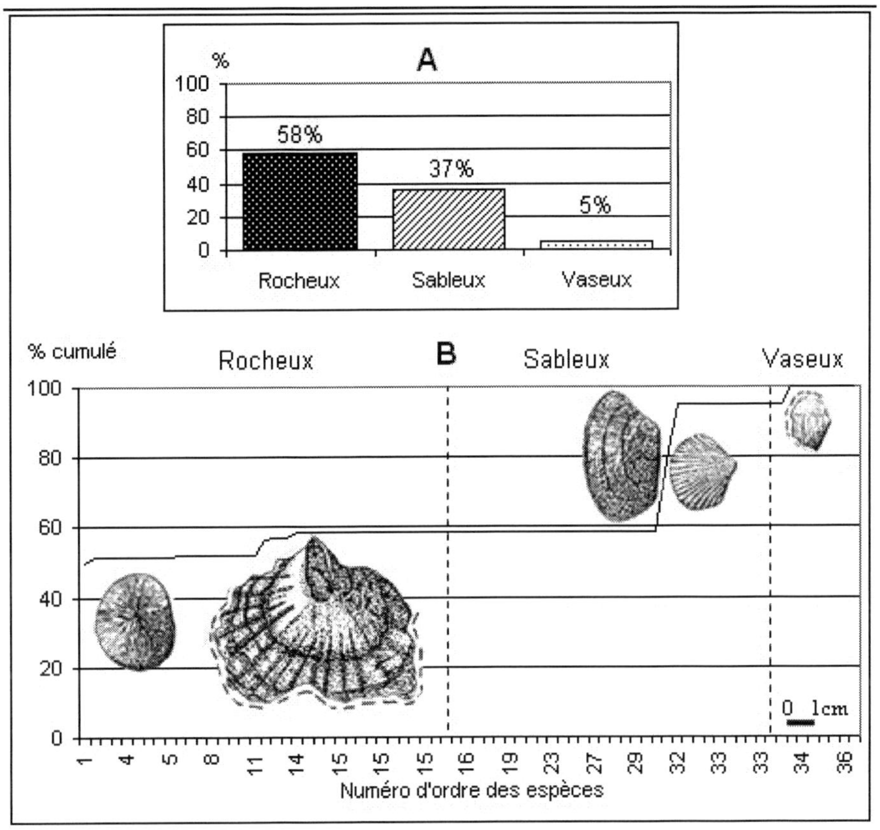

Fig. 92. Substrats d'origine de la malacofaune marine de Beg-an-Dorchenn (M=26kg) : A - Histogramme de distribution, B - Diagramme des pourcentages cumulés de la masse.

Le rapport de la longueur sur la largeur est compris entre 1,44 et 1,64, pour une moyenne de 1,55 (écart-type calculé de 0,078). L'échantillon observé étant réduit, l'intervalle de confiance pour les petits échantillons a été calculé (Schwartz, 1980, pp.153-154). Il est compris entre 1,53 et 1,57 pour un risque de 5 %. La comparaison avec les échantillons de référence montre que les individus de pourpres ont été collectés sur une côte plutôt battue (Fig. 93-A.). Seules trois nasses ont pu être mesurées. Un des exemplaires (individu n°3) tend, comme pour les échantillons de pourpres vers un lieu de vie plutôt battu tandis que les deux autres (individus n°1 et 2) se rapprochent d'un milieu très abrité du type de Sébastopol (Fig. 93-B.). Les fortes valeurs obtenues pour les individus n°1 et 2 entrent, même si elles sont en dehors de l'intervalle de confiance de Sébastopol, dans la variabilité de l'échantillon de référence 12. En effet, la valeur maximale de lc obtenue pour cette station est de 8,4 millimètres. Malheureusement, le nombre limité de nasses ne permet pas de certifier la provenance de cette espèce en deux lieux différents, l'un moyennement abrité proche de celui des pourpres (comme des chenaux de sable présents entre les rochers), l'autre de type lagunaire. D'autre part, la nasse ayant pu être ramassée échouée le long de la plage comme en témoigne l'usure d'un des exemplaires (Fig. 82. n°15), une provenance différente, ne signifie pas obligatoirement un lieu de collecte distinct. Malgré les problèmes de représentativité de l'échantillon, les résultats obtenus d'après la forme de ces deux gastropodes confirment ceux des substrats. En effet, ceux-ci sont variés et indiquent une collecte en des lieux battus à abrités.

Le niveau de l'estran exploité par l'homme

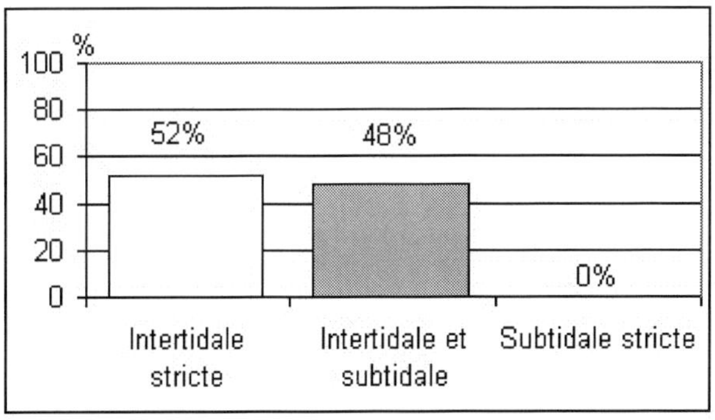

Fig. 94. Répartition du caractère intertidal et subtidal de la malacofaune marine : Beg-an-Dorchenn (M=26kg)

Les proportions des espèces strictement intertidales ou à la fois intertidales et subtidales sont quasi identiques (Fig. 94.).

La localisation des espèces le long de l'estran montre qu'elles sont toutes accessibles dans la zone intertidale à l'exception d'un élément de parure, le dentale (Fig. 95.). De même, les espèces présentes uniquement en bas estran ne participent pas directement au régime alimentaire des habitants de Beg-an-Dorchenn. Les espèces les plus représentées dans le spectre malacofaunique sont toutes accessibles dès le moyen estran. Cependant, la présence des trois espèces de patelles (*Patella ulyssiponensis, P. intermedia, P. vulgata*) (Fig. 83. n°6 à 8) et de l'helcion *Ansates pellucida* confirme une fréquentation des plus bas niveaux lors de marées de vive eau (Fig. 83. n°22).

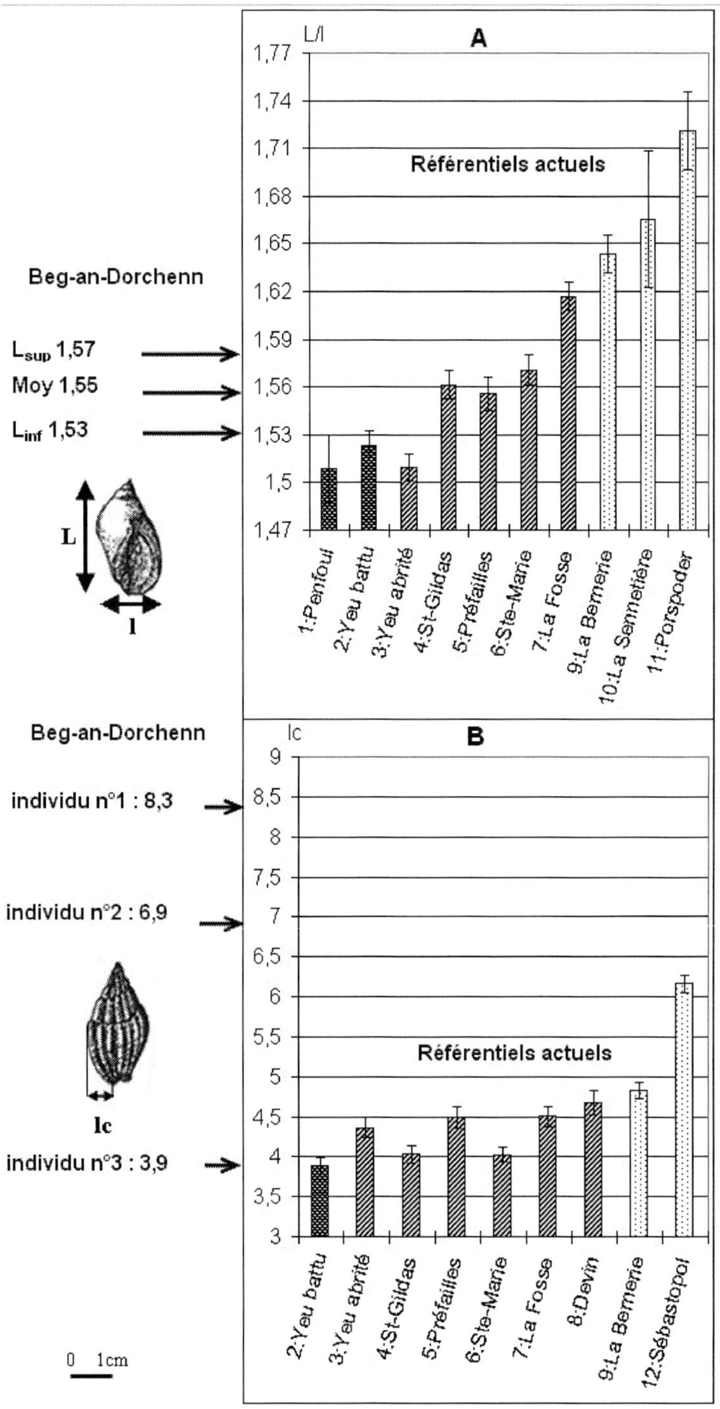

Fig. 93. Localisation des individus de Beg-an-Dorchenn en fonction du mode plus ou moins battu des échantillons de référence : A - Répartition du rapport de la longueur sur la largeur des pourpres, B - Répartition de la largeur des trois dernières côtes des nasses ; L_{sup} : Limite supérieure de l'intervalle de confiance de la moyenne, Moy : Moyenne, L_{inf} : Limite inférieure de l'intervalle de confiance de la moyenne.

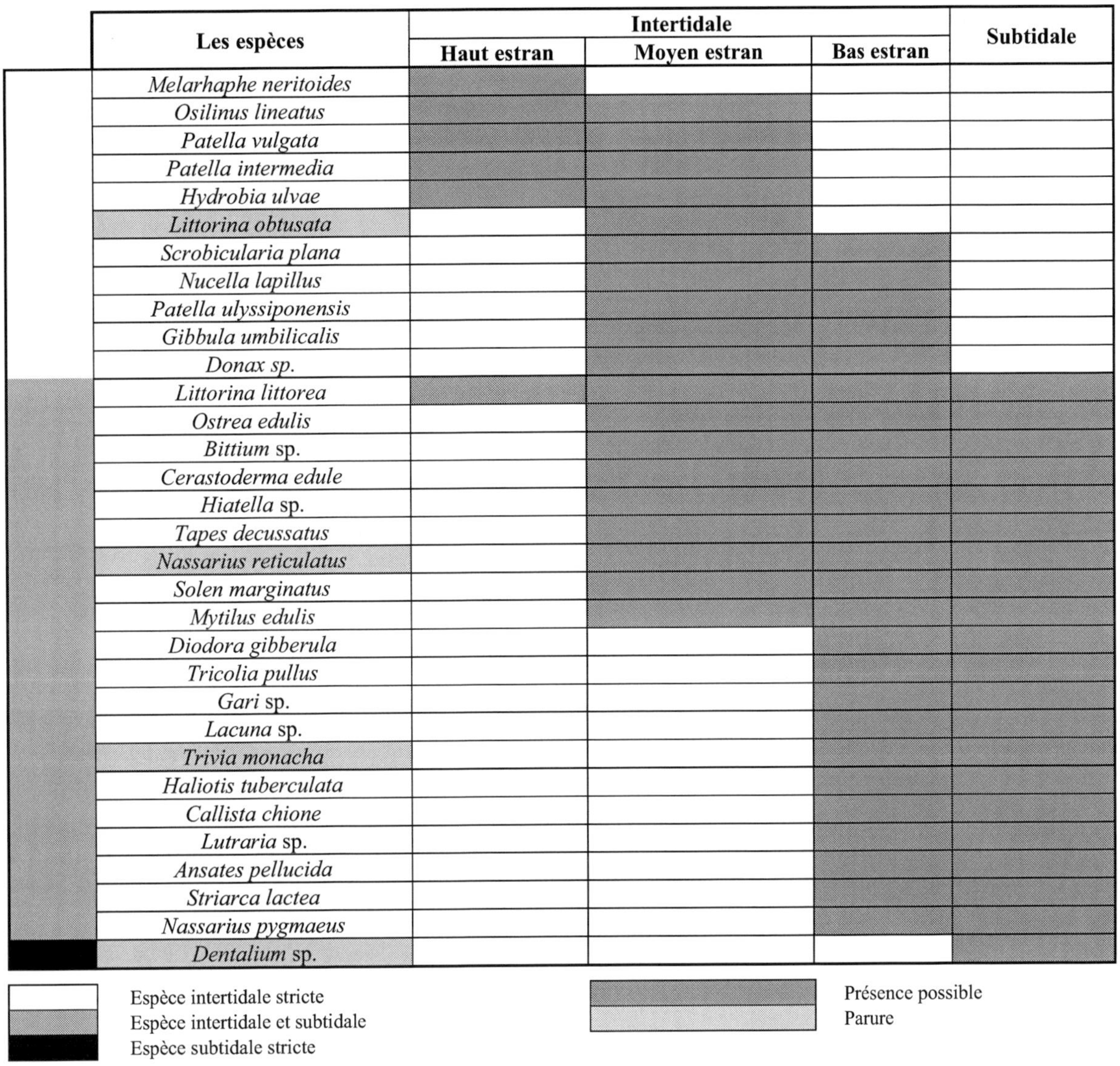

Fig. 95. Position altitudinale des espèces le long de la côte : Beg-an-Dorchenn.

3.4.2 - La fréquence de la collecte

L'intégralité des espèces entrant dans le régime alimentaire des Mésolithiques de Beg-an-Dorchenn sont accessibles quotidiennement. Le ramassage d'espèces accompagnatrices vivant dans les bas niveaux témoigne de la fréquentation de l'estran lors des grands coefficients de marée. L'étude de la saison de collecte des palourdes provenant du prélèvement de 2001 met en évidence une collecte préférentielle en début d'année, à la fin de l'hiver avec une moyenne du taux de croissance n/n_{-1} de 0,355 (Fig. 96.). L'observation de ce taux de croissance par passe et par carré montre des variations sans doute liées à des rejets non simultanés dans le temps de cette espèce (Fig. 97.). Ainsi la collecte de la palourde semble s'étaler entre le début et la moitié de l'année en cet endroit de l'amas. La faible épaisseur de la couche coquillière et la possibilité de dépôts à la fois horizontaux et verticaux rendent difficiles l'interprétation des variations observées. Cependant, le temps minimum de résidence peut, malgré tout, être évalué à, au moins, la moitié de l'année.

3.4.3 - Les techniques de collecte

La patelle est collectée sans que le temps consacré à sa recherche ne soit élevé. Une percussion directe à l'aide d'un galet suffit à la décoller de son support. Pour la palourde, la coque et la scrobiculaire, le temps de recherche est plus important, celles-ci étant enfouies dans le sédiment. Elles peuvent toutes trois être collectées, soit en raclant de façon aléatoire le substrat, soit en repérant des trous à la surface du sédiment. Il faut noter la présence du *Donax* qui vit dans le sable et qui jusqu'à maintenant n'avait jamais été trouvé sur des sites mésolithiques de la façade atlantique de la France : sa détection est sans doute liée au tamisage. Il a très bien pu être collecté en même temps que la coque. D'autres espèces peu représentées, ont pu être collectées à main nue sur les rochers comme le bigorneau et la monodonte. Certaines parures ou outils ont pu être ramassées échouées au niveau des laisses de haute mer, comme une des nasses extrêmement usée (Fig. 82. n°15).

3.4.4 - Le temps de déplacement et le transport

Lors du fonctionnement du site, la transgression flandrienne se poursuit et la remontée des eaux marines a ralenti.

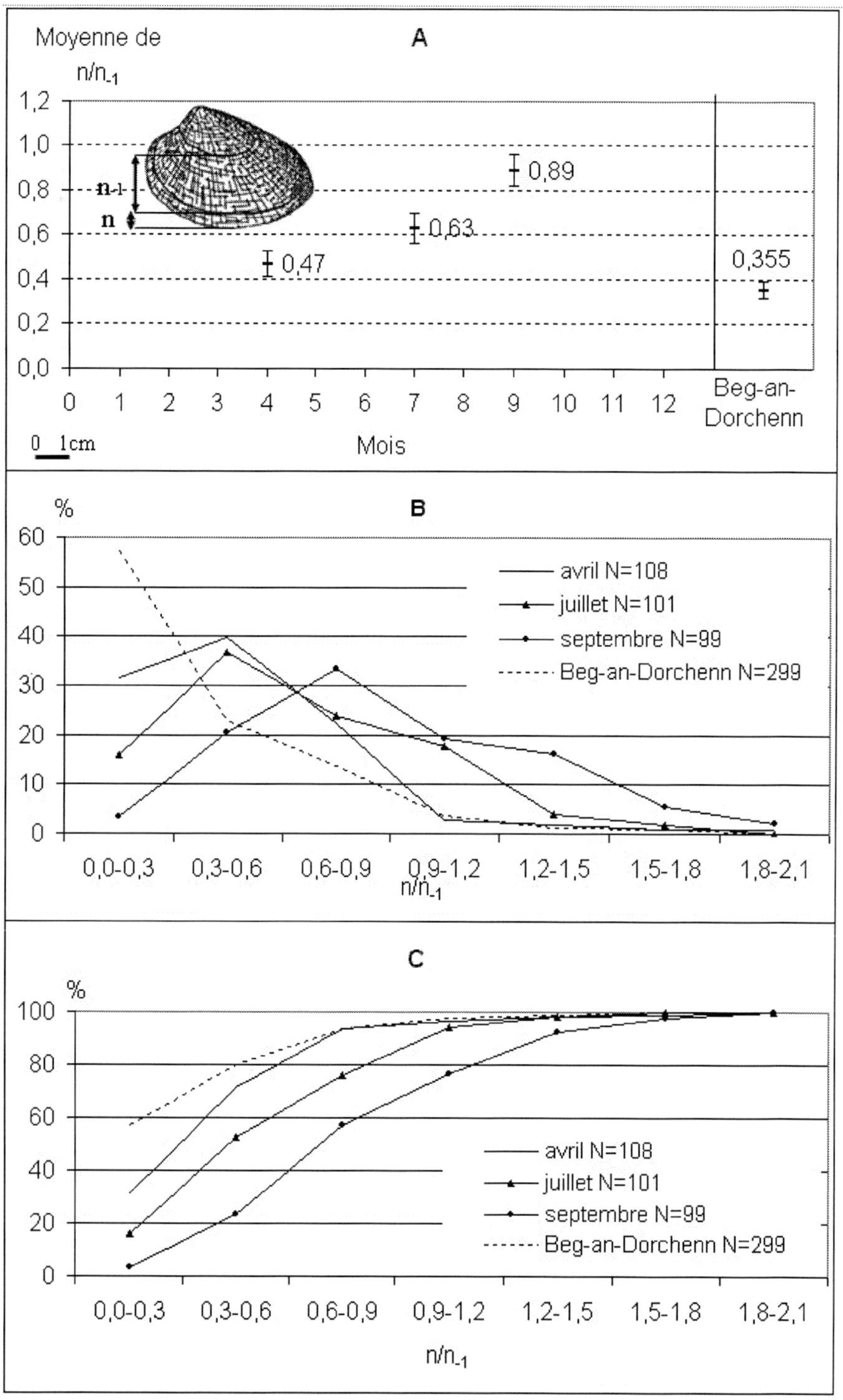

Fig. 96. Saison de collecte des palourdes de Beg-an-Dorchenn ; A - Moyenne de n/n_{-1} et dispersion ; B - Répartition de n/n_{-1} ; C - Pourcentages cumulés des proportions du rapport n/n_{-1}

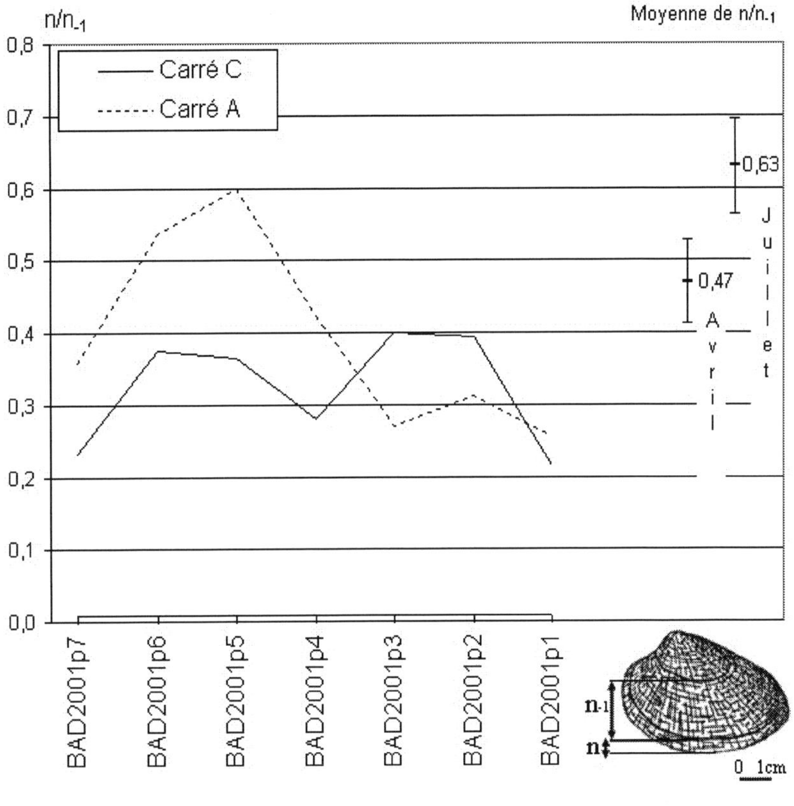

Fig. 97. Variations du taux de croissance de la palourde en fonction des passes des carrés A et C du prélèvement 2001 de Beg-an-Dorchenn

Selon les auteurs, le niveau des plus hautes mers oscille entre – 7,4 et - 2,4 m N.G.F. (soit – 4,8 à + 0,2 m C.M.) au début du Vème millénaire av. J.-C. et entre - 1,8 et 0 m N.G.F. (soit + 0,8 à + 2,6 m C.M.) au début du IVème (Ters, 1973 ; Morzadec-Kerfourn, 1974 ; Pinot, 1975 ; Pirazzoli, 1991). Le niveau des plus hautes mers se rapproche alors de la mi-marée actuelle. Selon les auteurs et la marge de datation du site de Beg-an-Dorchenn, le niveau des plus hautes mers est compris entre – 4,8 et + 2,6 m C.M. et entre – 10 et – 2,6 m C.M. pour les plus basses mers. Le tracé des – 10 et des – 5 m C.M. ont été dressés à partir de la carte I.G.N. (Fig. 98.).

Les plus hautes mers ont pu fluctuer d'un niveau proche de l'isobathe des – 5 m C.M. jusqu'à celui correspondant à la mi-marée actuelle. Si seule cette donnée est prise en compte, la côte se serait située à moins de 500 mètres de l'amas au Mésolithique. Cependant, le tracé des isobathes ne prend pas en compte l'épaisseur des remplissages sédimentaires. La carte de la nature des fonds montre la présence de sédiment meuble au large de la Pointe de la Torche (SHOM, 1999). Ceux-ci se sont déposés à l'Holocène (de Menorval *et al.,* 1974). En supposant que certains de ces dépôts soient postérieurs au Mésolithique, le trait de côte était, sans doute, légèrement plus éloigné de Beg-an-Dorchenn que ne le propose le tracé des isobathes.

La carte de la nature des fonds montre la présence de dépôts de sables marins fins le long de la Baie d'Audierne (de Menorval *et al.,* 1974). Cette caractéristique va dans le sens d'un confinement actuel de cette zone. Le tracé des - 10 m C.M. propose une situation proche de ce qui est observé aujourd'hui avec une Pointe de Penmarch et une Pointe du Raz proéminentes par rapport au trait de côte de la Baie d'Audierne (Fig. 98.). Au Mésolithique, en supposant des profondeurs pas trop éloignées de l'actuel, cette zone pouvait posséder un fonctionnement proche de ce qui est observé aujourd'hui et, donc, être légèrement confinée. La fréquentation d'un estran sableux par les habitants de Beg-an-Dorchenn pouvait donc se faire près du site. Actuellement, la pointe de La Torche se présente sous la forme d'une barre rocheuse. La forme des isobathes face à cette pointe suggère son prolongement pour des zones plus profondes (Fig. 98. point *A). À - 10 m elle était peut-être plus large et moins proéminente. Légèrement plus au sud, la ligne des - 10 montre la présence d'une avancée rocheuse (Fig. 98. point *B). Les Mésolithiques de Beg-an-Dorchenn avaient donc un accès important aux rochers. La petite baie au nord de cette avancée rocheuse et au sud de la Pointe de la Torche a éventuellement pu permettre la formation d'une petite vasière, où auraient pu être collectés les scrobiculaires (Fig. 98. point *C).

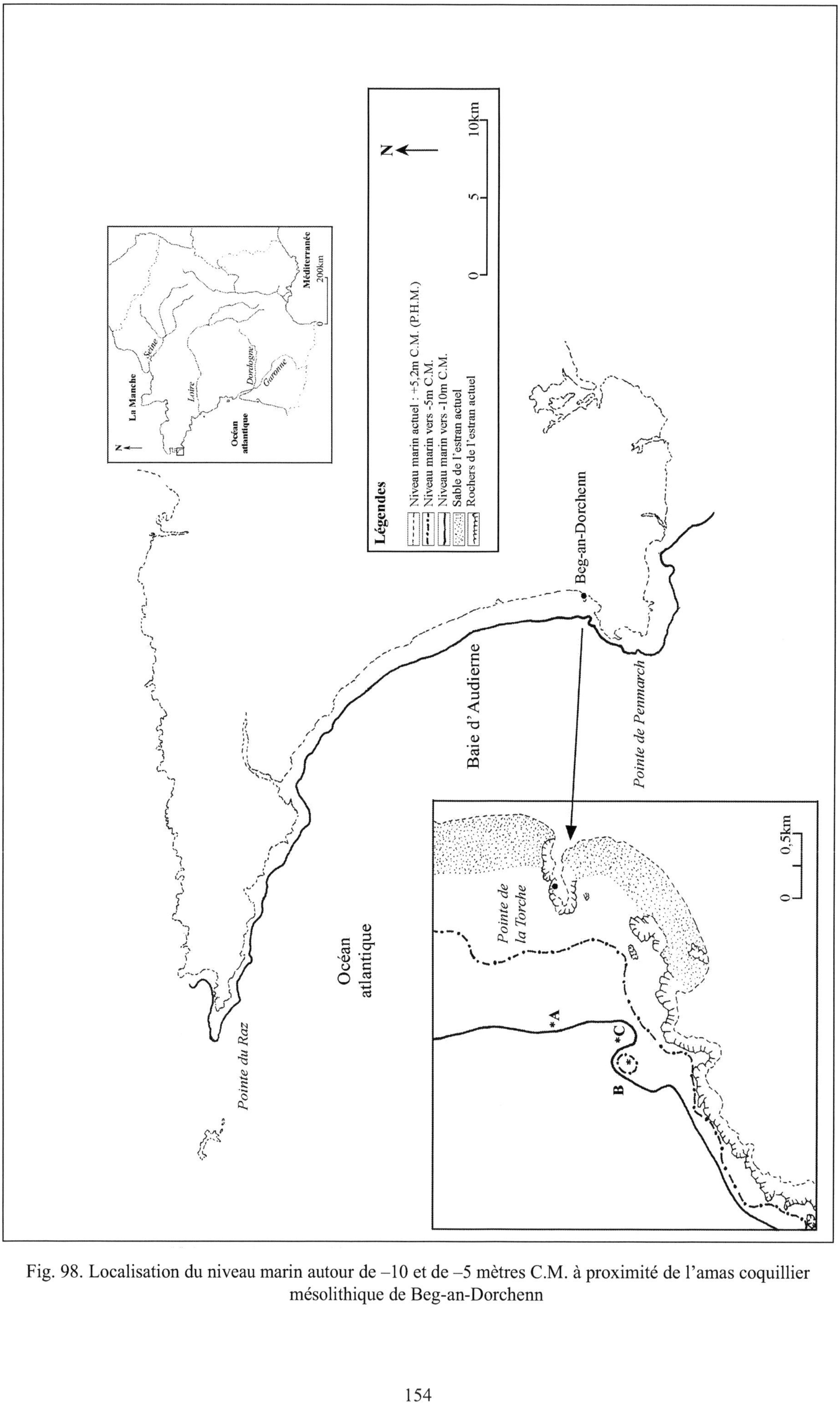

Fig. 98. Localisation du niveau marin autour de –10 et de –5 mètres C.M. à proximité de l'amas coquillier mésolithique de Beg-an-Dorchenn

Mais l'absence de sondages dans cette zone, aujourd'hui constamment immergée, ne permet pas d'en dire d'avantage. De plus, tous les sondages réalisés jusqu'à ce jour sur estran n'ont pas livré de vase (communication orale B. Hallegouët). Malgré tout, les grandes lignes de la reconstitution du paléoenvironnement montre que tous les substrats exploités étaient potentiellement accessibles à un peu plus d'un kilomètre du site.

3.5 – Les caractéristiques de la transformation et de la consommation de la malacofaune marine

Les deux coquilles ayant pu être utilisées comme outil ont pu servir sans façonnage préalable de ces objets. La cassure de *Callista chione* peut très bien être liée à son altération pendant ou après son abandon (Fig. 82. n°10 à 11). L'usure de la *C. chione* se localise au niveau d'un des tranchants perpendiculaires à la concavité de la valve d'origine (Fig. 82. n°11). Pour l'exemplaire de couteau, (Fig. 82. n°10) elle est présente à la fois sur une petite partie de la périphérie de la partie convexe du test ainsi que sur tout son contour, avec une légère inclinaison du tranchant du côté concave du test. Ces deux coquilles possèdent une usure régulière sans aucune strie grossière. Cette caractéristique suggère un frottement de l'outil sur une surface peu abrasante comme une matière organique (végétaux ou des peaux de bêtes...).

Toutes les espèces, qui composent la parure, ont été perforées en conservant leur forme d'origine. Pour les gastropodes turbinés, *Nassarius reticulatus* et *Littorina obtusata*, une unique perforation est présente sur le dernier tour de spire à l'aplomb du péristome (Fig. 82. n°12, n°15). Les *Trivia* sont, quant à elles, perforées deux fois au niveau du dos (Fig. 82. n°13). Des stigmates liés au port des littorines ont été observés. Ils se traduisent selon les cas : par une déformation de forme ovale de la perforation avec des plages d'usure du côté de l'étirement de la perforation ou par des surfaces aplanies au niveau du bord columellaire et du labre (Fig. 82. n°12, Fig. 84. n°4 et 5). Un cas de réparation a été observé (Fig. 84. n°4). Il se traduit par un décalage de la perforation plus vers l'avant-dernier tour de spire et une incurvation du tracé du labre. Deux usures de directions différentes ont été observées sur un même test : une localisée au niveau du bord columellaire et l'autre présente sur une partie du labre. Un système de double passage d'un ou de plusieurs liens en est peut-être à l'origine. Si pour certaines coquilles, la cassure de la perforation peut être liée à leur abandon, d'autres ont pu être perdues suite à la dégradation d'un lien. Cependant, aucune concentration ne témoigne d'un rejet de coquilles assemblées (en collier par exemple) lors du dépôt. Quoiqu'il en soit, ces éléments de parure ont, pour la plupart, été portés.

Comme pour les sites précédemment étudiés, le mode de cuisson de la malacofaune consommée reste difficile à définir. Moins de 1 % du nombre de restes de Beg-an-Dorchenn présente des traces de calcination. Aucune cassure systématique ne témoigne de la dégradation volontaire du test pour en extraire la chair. Des stigmates liés à l'ouverture des huîtres ont été identifiés. Des cassures du test forment des entailles près du muscle. Elles sont parfois accompagnées, dans leur prolongement, de stries localisées sur l'empreinte musculaire (Fig. 83. n°1) et peuvent correspondre à l'attaque du muscle adducteur qui relie les deux valves.

L'amas de Beg-an-Dorchenn témoigne d'une zone de rejet bien identifiée où à la fois des restes de poissons, de crustacés, de mammifères marins et des déchets de taille lithiques ont été observés. La puissance observée de l'amas semble diminuer au fur et à mesure des années, ce qui est sans doute lié à la destruction continue de l'amas. Ainsi, O. Kayser cite une épaisseur de '0,35 mètre en moyenne contre 0,80 à 1 mètre d'épaisseur dans les zones anciennement fouillées' (Kayser, 1985, p.84) tandis que la puissance du prélèvement de 2001 était, quant à elle de 0,30 mètre. L'épaisseur de l'amas peut être estimée en moyenne à 0,60 mètre et une surface de près de 100 m² observée par Du Châtellier (Du Châtellier, 1881). Si la composition de l'amas est considérée comme homogène les 26 kg de coquilles prélevées en mai 2001 peuvent être évalués à 5 tonnes de coquilles accumulées. Ces calculs sont bien sûrs approximatifs et ont pour unique but de savoir si l'amas représente une accumulation de plusieurs tonnes de masse de chair consommable ou d'un rejet anecdotique. De même, les 13 kg de coquilles de patelles prélevées en mai 2001 correspondraient à 2 tonnes 6 sur la totalité de l'amas, soit à une masse totale fraîche de 4 tonnes 6 ou encore une masse totale de chair fraîche de 2 tonnes 4 pour cette espèce majoritaire de l'amas. Pour la monodonte, minoritaire à Beg-an-Dorchenn, les 510 grammes de coquilles prélevées en mai 2001 pourraient être évalué à 102 kg sur la totalité de l'amas, soit une masse totale de 149 kg de coquillages fraîchement collectés pour 48 kg de chair consommable. Cet amas résulte donc d'une longue accumulation, soit constante dans le temps, soit saisonnière.

3.6 – Résumé de l'étude malacofaunique de Beg-an-Dorchenn

L'opération de prélèvement effectuée en mai 2001 sur l'amas coquillier de Beg-an-Dorchenn a permis de préciser certains aspects de la méthodologie liés à l'échantillonnage. Un ramassage à vue, même s'il permet de repérer les espèces dominantes, biaise les pourcentages de représentativité des espèces. Le volume minimum de sédiment nécessaire à l'obtention de l'ensemble du spectre malacofaunique est de 30 litres pour cet amas. Les proportions des espèces ne varient pas de façon significative à partir de 88 litres. Ce résultat doit être manié avec précaution, car il est dépendant du volume maximum de sédiment utilisé comme référence. Il va dans le sens d'une hétérogénéité de l'amas et souligne l'importance de fouiller un amas sur des parties assez étendues.

L'observation de terrain a permis la mise en évidence d'accumulations monospécifiques. L'amas est donc formé de plusieurs rejets successifs, qui ne possèdent pas tous la même composition. L'analyse de la stratigraphie de la zone prélevée montre une légère variation des proportions des espèces de la base vers la surface de l'amas. L'application de la typologie des restes de la patelle montre que la taphonomie est sans doute un facteur ayant entraîné ces variations. Les différences observées dans la composition de l'amas sont associées à la fois à son mode de dépôt et à des processus post-dépositionnels.

Trois utilisations ont été mises en évidence, avec en ordre croissant de représentativité : l'outil, la parure et la nourriture. 33 espèces ont été déterminées mais, seulement 5 sont bien représentées. La patelle domine avec un pourcentage de la masse totale des coquilles de plus de 50 %. La coque, la palourde, la scrobiculaire et l'huître ont été secondairement consommées. Le substrat rocheux a été le plus exploité. Les estrans sableux et vaseux n'ont pas été délaissés. Malgré le peu d'individus de nasses et de pourpres trouvés sur le site, les différents degrés de confinement déduits de l'étude morphométrique de ces gastropodes témoignent de cette diversité du territoire de collecte. L'étude paléoenvironnementale montre que tous les substrats étaient accessibles à une faible distance du site (environ 1 kilomètre). Le niveau des plus hautes mers était distant du site entre 500 mètres et le niveau de mi-marée actuel. L'environnement marin proche semble avoir été intégralement exploité. Tous les niveaux de l'estran ont été exploités par l'homme. Plusieurs techniques de collecte ont été requises. Le succès de la patelle peut être lié à son accessibilité rendue aisée par un temps de recherche quasi nul.

La collecte de coquilles mortes échouées est attestée pour certaines des parures. Le façonnage résulte du percement des tests. Des stigmates témoignent du port de quelques-unes d'entre elles.

Quant aux outils, ils ont, sans doute, été utilisés pour travailler une matière tendre par frottement. Quelques huîtres présentent, quant à elles, des traces d'ouverture.

D'après le volume observé de l'amas, la reconstitution de la masse de chair consommable a été évaluée à environ 2,4 tonnes. La consommation de la malacofaune a donc pu se faire sur une période assez prolongée. L'analyse de la saison de collecte de la palourde montre une consommation du début à la moitié d'une année. La présence de noisettes témoigne, quant à elle, d'une possible fréquentation du site en automne (Gebhardt et Marguerie, 1993). Ces trois éléments tendent pour au moins une semi-permanence de ce site. La mise en évidence par O. Kayser de structures en pierre (structures d'habitat ?) pourrait également étayer cette hypothèse.

Le régime alimentaire de ces Mésolithiques semble dépendant de l'environnement marin. En effet, les ossements de mammifères terrestres chassés (cerf, sanglier, aurochs) apparaissent faiblement représentés par rapport à la diversité des ressources marines consommées (poissons, crabes et coquillages). Les analyses de ces différentes denrées sont en cours (A. Tresset pour la faune mammalienne, N. Desse-Berset pour l'icthyofaune et Y. Gruet pour les crustacés). Leur mise en commun permettra peut-être de compléter les données sur le temps minimum de résidence de cette population, ainsi que sur la part de chacune de ces denrées dans le régime alimentaire des habitants de Beg-an-Dorchenn.

4 – Hoëdic (Quiberon, Morbihan)

4.1 - La présentation du site

L'île de Hoëdic constitue le 'point extrême Est de tout le chapelet de récifs, d'îlots et d'îles fermant au sud, la baie de Quiberon' (Péquart et Péquart, 1954, p.1). Elle est longue de 2 km et large de 0,7 à 1 km et sa superficie a été évaluée à 203 hectares' (Péquart et Péquart, 1954, p.1). Une prospection effectuée par M. et S.-J. Péquart en 1923 avait permis l'observation au nord-ouest de l'île, 'en bordure de la côte, d'amas de coquilles et de pierres rougies par le feu' (Péquart et Péquart, 1935, pp.1-4). Puis, après la fouille d'une autre station mésolithique, Téviec, ils décidèrent à partir de 1931 de retourner sur l'île de Hoëdic pour y étudier l'amas coquillier repéré quelques années auparavant (Péquart et Péquart, 1935, p.1). Les surfaces fouillées durant les différentes campagnes de fouille sont présentées dans la figure 99.

La superficie du site a été évaluée à 200 m² par M. et S.-J. Péquart. Cependant, ceux-ci soulignent qu'une 'portion impossible à déterminer en a disparu' (Péquart et Péquart, 1954, p.10). L'amas coquillier était scellé par un niveau de dune de sable éolien atteignant 2 mètres environ dans sa plus grande hauteur (Péquart et Péquart, 1933, p.359). Son épaisseur 'ne dépasse guère 25 à 30 cm, sauf dans les dénivellations de la roche où elle est un peu plus forte, 40 à 50 cm au maximum' (Péquart et Péquart, 1954, p.12) (Fig. 100.).

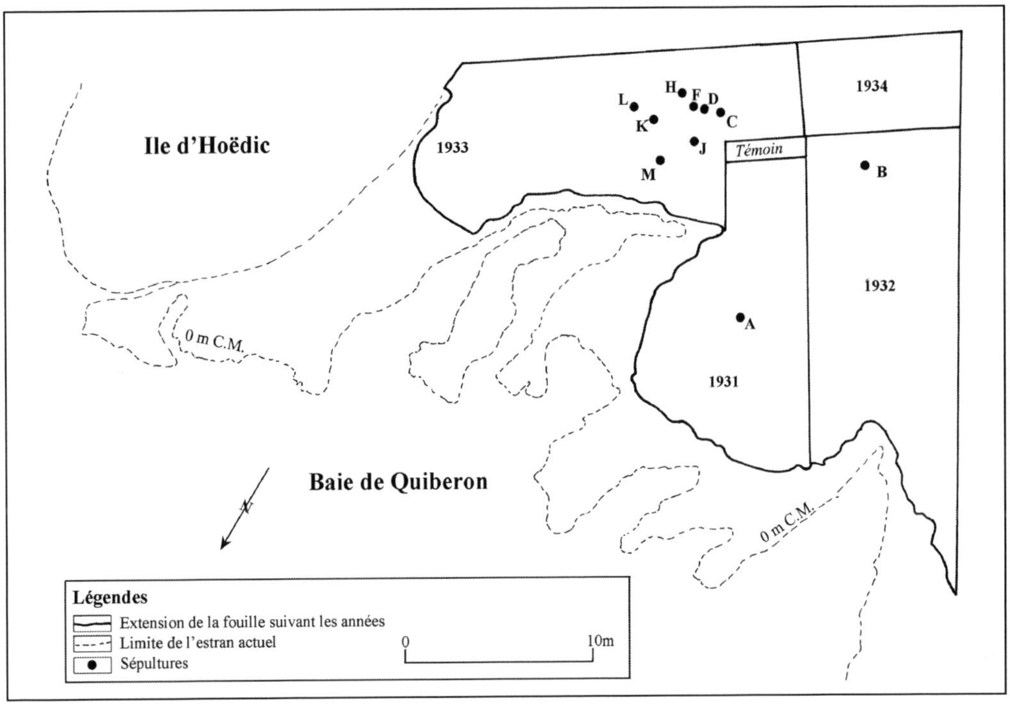

Fig. 99. Plan général des fouilles de l'amas coquillier de Hoëdic effectuées entre 1931 et 1934 par les Péquarts (d'après Péquart et Péquart, 1954, Fig. 42)

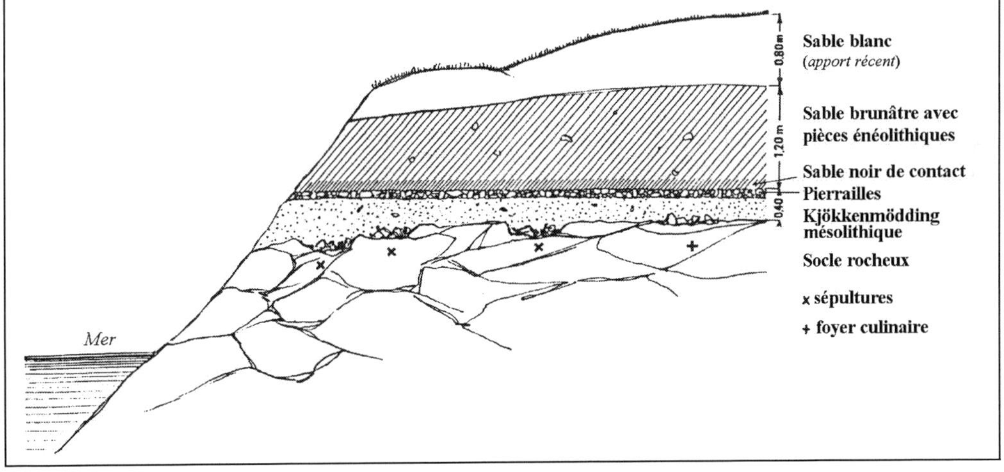

Fig. 100. Coupe schématique de la stratigraphie du site d'Hoëdic (Péquart M. et S.J., 1954, p.11)

Cette zone de rejet, majoritairement composée de coquilles, possède aussi quelques restes de poissons, de crustacés et de faune mammalogique (Péquart et Péquart, 1954, p.13). Des accumulations plus denses de coquilles étaient apparemment localisées en amas surtout aux abords de foyers grossiers à peine aménagés 'reconnaissables aux traces de feu violent qui ont rougi les pierres, comme aux charbons qu'ils contiennent' (Péquart et Péquart, 1933, p.359 ; 1954, pp.15-16). Enfin, 9 sépultures pour 14 individus inhumés ont également été trouvées au sein de l'amas (Péquart et Péquart, 1954, pp.28-29). Elles étaient accompagnées de parure en coquillages, d'une crache de cerf et de deux boucles de raie et se composent comme suit (Péquart et Péquart, 1954, p.75) :

Composition des sépultures de Hoëdic (Péquart et Péquart, 1934, p.4-20, 1954, p.29) :

A : débris crâniens et dents d'enfant recueillis près d'un foyer avec absence de toute construction. Pas de parure en coquillages.

B : 1 adulte (femme) placé dans un creux de roche peu profond de 1,10 m sur 0,80 m, délimité sur les bords par un cordon circulaire de petites pierres, le mort y avait été maintenu en place par quatre petites dalles posées à plat sur le crâne, le thorax et l'abdomen. Pas de parure en coquillages.

C : 1 adulte (homme) – débris d'enfant très jeune : 2 enfants. Les ossements de l'adulte avaient été repoussés et mis en tas. Les squelettes des deux enfants sont bien en place et situés à 0,50 m environ l'un de l'autre. Ils ont été écrasés par le poids des pierres ayant servi à les maintenir. Seuls les enfants étaient accompagnés de parure avec 2900 coquilles percées (Littorines).

D : 1 adulte (homme). La fosse contenant la dépouille est constituée par un creux de roche peu profond de 0,90 m de long sur 0,65 m de large. De petites dalles maintiennent le corps en place. Pas de parure en coquillages.

F : 2 adultes (hommes). La sépulture F est séparée de la précédente par un parement de petits blocs. Un des deux squelettes a été bouleversé pour permettre l'inhumation de l'autre. Pas de parure en coquillages.

H : 1 adulte (femme). La fosse est constituée par un creux naturel relativement profond, mesurant 0,50 m de haut, 0,90 m de long et 0,70 m de large. L'excavation est garnie, sur les deux tiers de son pourtour de petites pierres posées à plat, tandis que le dernier tiers en contact avec la sépulture voisine est rehaussé d'un muret de petits blocs servant de parement mitoyen. Les sépultures F et H quoique délimitées par un muret et parfaitement distincts l'une de l'autre, ont été recouvertes d'un commun lit de pierrailles dessinant une aire de 2 mètres environ de diamètre. 'Les doigts étreignent un *Cardium* perforé' et beaucoup de littorines sont dispersées autour du crâne, sous le menton, sur la poitrine et dans le bassin.

J : 1 adulte (femme), 1 enfant. La sépulture J abrite la dépouille d'un adulte inhumé avec un enfant dans les bras. Elle mesure entre 1,50 m sur 0,80 m et ne comporte pas de fosse à proprement parler, la roche, présentant à cet endroit qu'une dénivellation très peu marquée. L'emplacement du cadavre a été aménagé dans l'épaisseur du kjökkenmödding. Cet emplacement est délimité sur la majeure partie de son pourtour par un entourage de petites pierres. Le corps était maintenu par plusieurs dalles échelonnées le long du corps. Ont été trouvées associées à ces squelettes 600 littorines et cyprées accompagnées de gros bivalves, 5 patelles et de deux ormeaux.

K : 1 adulte (homme). Cette sépulture est la seule qui possède un rudiment de construction édifié au-dessus. C'est une sorte de coffre constitué par deux dalles mises à plat en superposition avec une troisième placée de champ. Des coquilles ont été trouvées près des deux poignets et d'autres sont éparses.

L : 1 adulte (femme). L'ensevelissement très rudimentaire du sujet s'est fait, à même le roc, sans adjonction de dalles pour maintenir le corps. Cette sépulture a livré un total de 248 littorines percées.

M : vide (enfant ?). Cette sépulture est présumée par la présence d'un creux de roche et de coquilles percées (159 littorines).

Des animaux domestiques avaient été identifiés d'après des fragments osseux de petits bœufs (Péquart et Péquart, 1954, p.14). Cependant, la collection de Hoëdic a été dispersée entre plusieurs laboratoires (Tresset, 2000, p.24) et 'la distinction entre les aurochs et les bovins domestiques réclame l'observation d'une large gamme d'os longs peu fragmentés absents' (Marchand, 2000, p.394). Ces déterminations n'ont, donc, pas pu être récemment confirmées, et avec elles, la domestication.

Une datation C_{14} 6575 ± 350 B.P. (Gif-227) (Delibrias *et al.,* 1966) soit de 6300 à 4700 av. J.-C. (cal.) (Ramsey, 2000) faite sur charbon situe l'amas de Hoëdic au Mésolithique final (Kayser, 1985, p.80). De nouvelles datations AMS comprises entre 7165 ± 60 et 5080 B.P. ± 55 soit de 6120 à 3750 av. J.-C. (cal.) (Ramsey, 2000) ont été obtenues par R. Schulting sur les ossements humains (Schulting, 1999). Les armatures lithiques sont composées, comme pour Beg-an-Dorchenn, de 'trapèzes symétriques, trapèzes de Téviec et des triangles scalènes larges, toutes à retouches abruptes' (Marchand, 2000, p.389). Un échantillon de 5 kilos de coquilles composant l'amas et quelques parures en coquillages ont été sélectionnés par M. et S.-J. Péquart et observés au musée de Carnac. Lors d'un repérage du site, en juin 2001, en compagnie G. Marchand et Y. Gruet, une infime partie de l'amas encore en place a été observée en bord de falaise (Fig. 101.). La couche coquillière de faible puissance (20 cm) était scellée comme l'avait décrit M. et S.-J. Péquart, par un niveau de pierres. Un lambeau de cette couche qui partait à la mer a été ramassé par l'un de nous (C. Dupont) pour étude en laboratoire.

Fig. 101. Observation de l'amas coquillier mésolithique de Hoëdic en juin 2001 : A – Délimitation d'une des campagnes de fouille des Péquarts (1933 ?) ; B – Morphologie de la côte actuelle ; C – Reliquat de la couche coquillière tombant à la mer ; D – Vue de détail de l'amas en coupe de falaise (Photographies C. Dupont)

4.2 - La représentativité de l'échantillon et les techniques de fouille

Disposant de plusieurs sources d'information à la fois pour la parure et la nourriture de Hoëdic, celles-ci ont été confrontées dans le but de préciser au maximum la composition spécifique de la malacofaune. À cet effet, la parure et la nourriture ont été étudiées l'une après l'autre.

4.2.1 - La parure

Trois sources d'information ont été confrontées pour la parure de Hoëdic.

> ***Les différentes sources d'information de la parure de Hoëdic***
>
> - Les coquilles observées dans la réserve, à travers les vitrines et celles citées dans le registre des collections du Musée de Carnac.
>
> Une planche de photographie des parures en coquillages publiée par M. et S.-J. Péquart (Péquart et Péquart, 1954, Pl. VIII).
>
> - Deux listes d'Y. Taborin présentant le bilan de la parure en coquillages de Hoëdic trouvée lors des différentes campagnes de fouille (Taborin, 1971, p.162 ; 1974, p.391).

Selon les sources d'informations, la diversité spécifique varie de 14 à 9 (Tableau 16). La plus faible diversité observée est liée à la nature même du document, qui est une photographie destinée à présenter uniquement quelques éléments de la parure de Hoëdic. Elle a été associée à ce tableau récapitulatif car deux *Ocenebra erinaceus* y sont présents, pour un observé au Musée de Carnac et aucun cité dans les liste d'Y. Taborin (Taborin, 1971, p.162, 1974, p.391). La sous-estimation du nombre de restes compté à Carnac semble liée à la dispersion de cette collection en plusieurs lieux. Parmi les espèces observées à Carnac, étaient absentes des listes d'Y. Taborin en plus d'*Ocenebra erinaceus, Ostrea edulis* (coquille non observée mais citée dans le registre du musée), *Acanthocardia echinata* et *Euspira* sp. *Acanthocardia echinata* a pu être confondue avec *Laevicardium crassum* et *Euspira* sp. avec *Littorina obtusata.* Y. Taborin évoque également la confusion possible de *Fusus* sp. 'avec *Trophon,* buccin ou *Sipho*' (Taborin, 1971, p.162). La présence de *Littorina littorea,* citée en 4 exemplaires par Y. Taborin, n'a pas pu être confirmée (Taborin, 1971, p.162). Devant cette variabilité des informations, le choix a été fait de garder le N.R. le plus important toutes sources d'information confondues. Ce bilan est présenté dans la colonne 'croisement des données' (Tableau 16).

Espèces	**Échantillon de Carnac**	**Planche de photographies VIII** (Péquart et Péquart, 1954)	**Liste** (Taborin, 1971, 1974)	**Croisement des données**
Patella sp.	5	3	11	11
Littorina obtusata	>741	10	4391	4391
Fusus sp. ?	0	0	1?	1 ?
Trivia sp.	>268	6	616	616
Haliotis tuberculata	2	0	2	2
Ocenebra erinaceus	1	2	0	2
Chlamys varia	1	1	2	2
Ostrea edulis	1	0	0	1
Littorina littorea	0	0	4	4
Nassarius reticulatus	6	4	8	8
Acanthocardia echinata	8	1	0	8
Glycymeris glycymeris	1	1	1	1
Laevicardium crassum	1	1	3	3
Pecten maximus	2	0	3	3
Dentalium sp.	1	0	>1	1
Cerastoderma edule			12	12
Euspira sp.	2	0	0	2
Diversité spécifique	**14**	**9**	**13**	**17**

Tableau 16. Diversité spécifique de la parure en coquillages de Hoëdic selon les sources d'information (unité : N.M.I.).

4.2.2 - La nourriture

À nouveau plusieurs sources d'information ont été confrontées :

> ***Les différentes sources d'information de la nourriture de Hoëdic***
>
> - Un échantillon sélectionné par M. et S.-J. Péquart de 5 kg et déposé dans la réserve du Musée de Carnac.

Le prélèvement de 1,6 kg de coquilles de juin 2001 est issu de 5,5 litres de sédiment tamisé à l'aide d'une maille carré de 6 millimètres.

- Deux publications rédigées par M. et S.-J. Péquart en 1934 et 1954 (Péquart et Péquart, 1934, 1954).

L'huître portugaise *Gryphaea angulata* avait été notée comme présente (Péquart, 1954, p.14). Cependant, les petites dents caractéristiques de l'huître plate *Ostrea edulis* ont été trouvées sur chacune des charnières observées. De plus, M. et S.-J. Péquart notent 'l'opinion généralement admise d'une accumulation récente de l'huître portugaise sur nos côtes' (Péquart, 1954, p.14). Celle-ci aurait été introduite à l'embouchure de la Gironde en 1857 après le rejet d'une cargaison en provenance du Portugal (Welsch, 1917, pp.348-349). La présence de *Gryphaea angulata* dans les listes de détermination de M. et S.-J. Péquart peut donc être attribuée à une erreur de détermination.

Selon la source d'information observée, la diversité spécifique varie entre 10 et 14 pour un total de 20 espèces représentées (Tableau 17).

Espèces	**Échantillon de Carnac**	**Prélèvement 2001**	**Sources bibliographiques** (Péquart et Péquart, 1934, 1954)
Patella sp.	+	+	+
Osilinus lineatus	+	+	+
Gibbula umbilicalis	+	-	-
Lacuna sp.	-	+	-
Nucella lapillus	+	-	-
Haliotis tuberculata	+	-	-
Ocenebra erinaceus	+	-	-
Chlamys varia	+	+	+
Ostrea edulis	+	+	+
Mytilus edulis	+	+	+
Littorina littorea	+	+	+
Pholas sp.	-	+	-
Nassarius reticulatus	+	-	-
Spisula sp.	-	+	-
Laevicardium crassum	-	-	+
Pecten maximus	+	-	+
Lutraria sp.	+	-	+
Mya sp.	-	+	-
Cerastoderma edule	-	+	+
Tapes decussatus	+	+	-
Diversité spécifique	**12**	**14**	**10**

Tableau 17. Diversité spécifique de la malacofaune composant l'amas coquillier de Hoëdic selon les sources d'information ; présence, + ; absence, -.

Toutes les espèces citées par M. et S.-J. Péquart ont été identifiées parmi au moins un des échantillons observés à l'exception du *Laevicardium crassum*. La révision de la collection de Carnac et le prélèvement 2001 ont permis d'en ajouter 10 à la diversité spécifique citée par ces auteurs. Sept espèces déterminées dans l'échantillon de Carnac sont absentes du prélèvement 2001. Le volume réduit du prélèvement effectué en juin 2001 peut en être la cause. Cependant, le tamisage a permis l'observation de 4 espèces non identifiées à Carnac. Il s'agit d'une petite espèce (*Lacuna* sp.) et de deux autres rarement trouvées entières en contexte archéologique (*Pholas* sp., *Spisula* sp.). Le ramassage à vue de l'échantillon de Carnac limite la vision des proportions des espèces mais, le volume fouillé offre une importante diversité spécifique. Le tamisage du prélèvement 2001 permet une bonne vision des proportions des espèces composant l'amas là où elles ont été prélevés. Cependant, la faible quantité observée limite la diversité spécifique. Le choix a donc été fait, par la suite, de traiter ces deux échantillons en parallèle afin de confronter les conclusions qui peuvent en être déduites.

4.3 - La composition du spectre malacofaunique

4.3.1 – Les indices d'outils

Le mauvais état de conservation des coquilles rend l'observation de leur surface très difficile. Seules deux valves droites et trois gauches de *Lutraria lutraria* parmi les sept valves observées au Musée de Carnac ont pu être utilisées comme outils. Elles présentent une usure préférentielle de la partie la plus bombée (Fig. 103. n°26).

4.3.2 – La parure

Les parures en coquillages possèdent toutes des perforations. Elles ont été trouvées associées aux

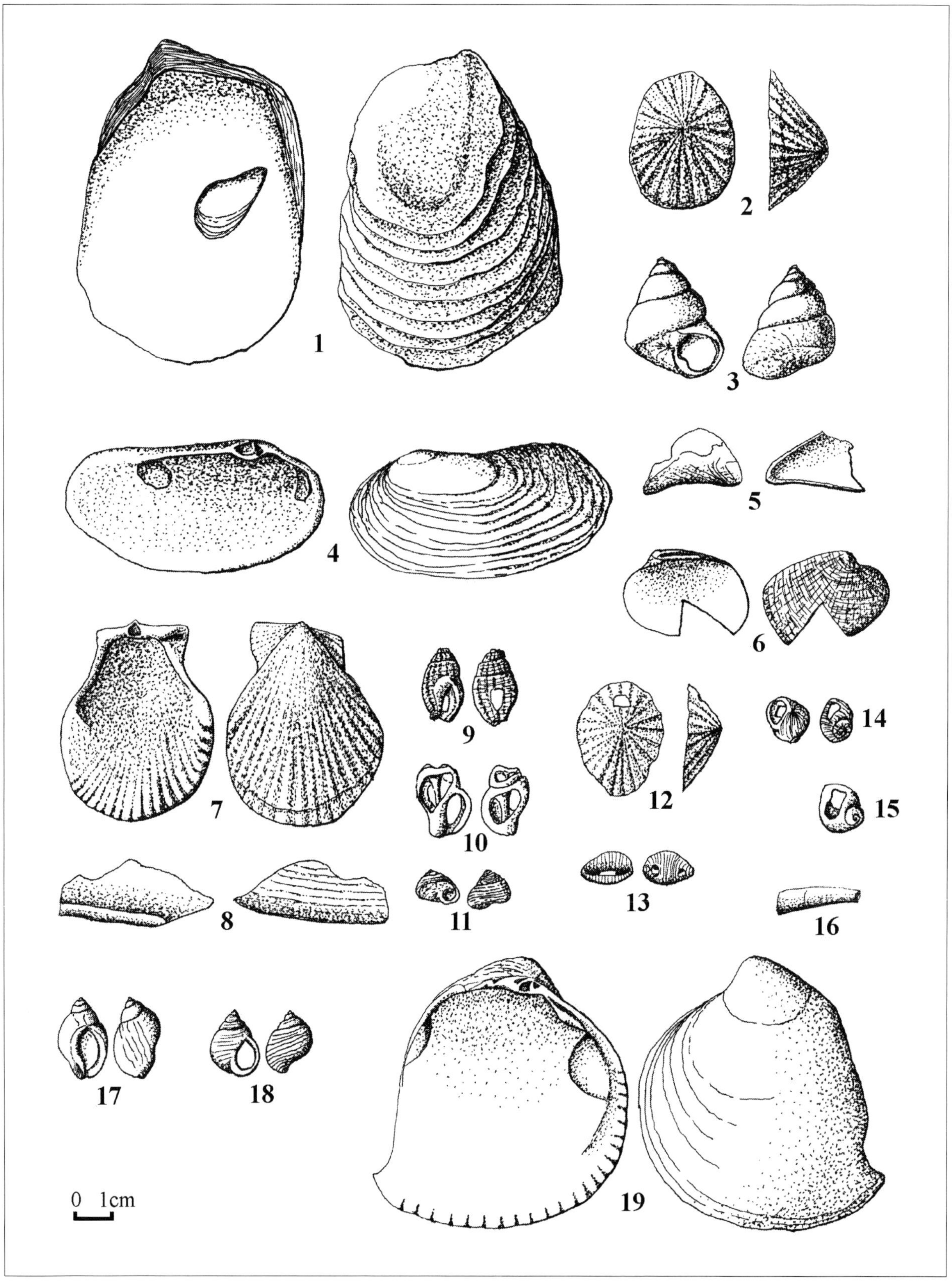

Fig. 102. La malacofaune marine de Hoëdic, Échantillon Musée de Carnac[1] (Hoëdic, Morbihan)
1 : *Ostrea edulis ;* 2 : *Patella* sp. *;* 3 : *Osilinus lineatus ;* 4 : *Lutraria lutraria ;* 5 : *Mytilus edulis ;* 6 : *Tapes decussatus ;* 7 : *Chlamys varia ;* 8 : *Haliotis tuberculata ;* 9 : *Nassarius reticulatus ;* 10 : *Ocenebra erinaceus ;* 11 : *Gibbula umbilicalis ;* 12 : *Patella* sp. *;* 13 : *Trivia monacha ;* 14 : *Lacuna parva ;* 15 : *Littorina obtusata ;* 16 : *Dentalium* sp. *;* 17 : *Nucella lapillus ;* 18 : *Littorina littorea ;* 19 : *Laevicardium crassum* (Dessin : C. Dupont).

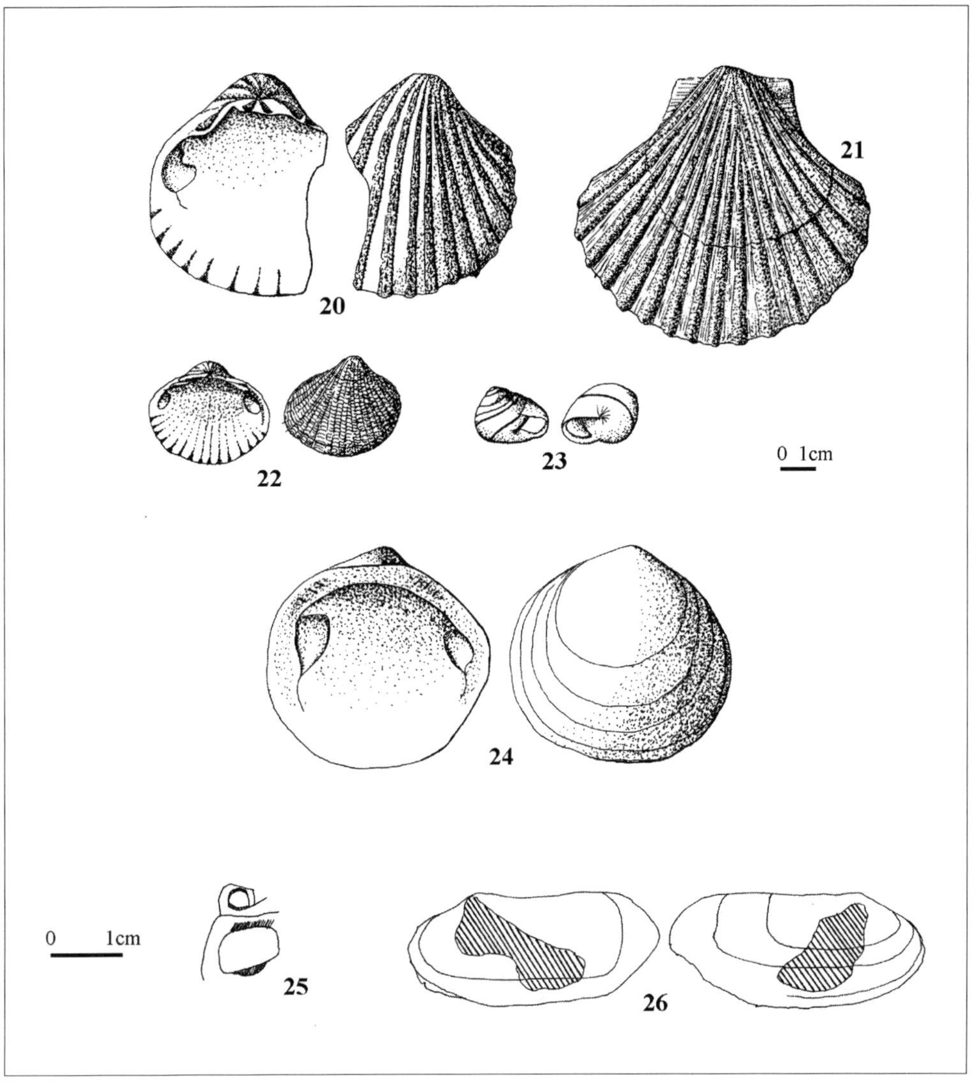

Fig. 103. La malacofaune marine de Hoëdic, Échantillon Musée de Carnac[2] (Hoëdic, Morbihan) 20 : *Acanthocardia echinata ;* 21 : *Pecten maximus ;* 22 : *Cerastoderma edule ;* 23 : *Cepaea nemoralis* ; 24 : *Glycymeris glycymeris* ; 25 : *Ocenebra erinaceus* ; 26 : *Lutraria lutraria* (Les hachurés correspondent à la localisation des usures, Dessin : C. Dupont).

sépultures (Péquart et Péquart, 1954) (Fig. 102. n°9, 10, 12 à 16). Les quantités trouvées sont importantes et permettent une vision générale du spectre malacofaunique. Contrairement au site précédent, la parure est décrite indépendamment de la nourriture. Le N.M.I. étant la seule unité accessible, il a été utilisé pour décrire ce lot (Tableau 18). En effet, malgré la présence de 14 espèces, qui constituent la parure, deux espèces *Littorina obtusata* et *Trivia monacha* représentent à elles seules 99 % (Tableau 18). *L. obtusata* atteint quasiment 87 % du N.M.I. total des coquilles identifiées comme parure. Il faut noter que les proportions des grands bivalves seraient légèrement supérieures si le spectre avait été observé en fonction de la masse des coquilles.

La présence de deux espèces majoritaires ressort du nombre important des éléments de parure (N.M.I. de 5066) (Fig. 104.).

Liste des espèces	N.M.I.	% N.M.I.
Patella sp.	11	0,2
Littorina obtusata	4391	86,7
Trivia monacha	616	12,2
Haliotis tuberculata	2	0,0
Ocenebra erinaceus	2	0,0
Chlamys varia	2	0,0
Ostrea edulis	1	0,0
Littorina littorea	4	0,1
Nassarius reticulatus	8	0,2
Acanthocardia echinata	8	0,2
Glycymeris glycymeris	1	0,0
Laevicardium crassum	3	0,1
Cerastoderma edule	12	0,2
Pecten maximus	3	0,1
Total	**5066**	

Tableau 18. Bilan quantitatif de la parure en coquillages de Hoëdic

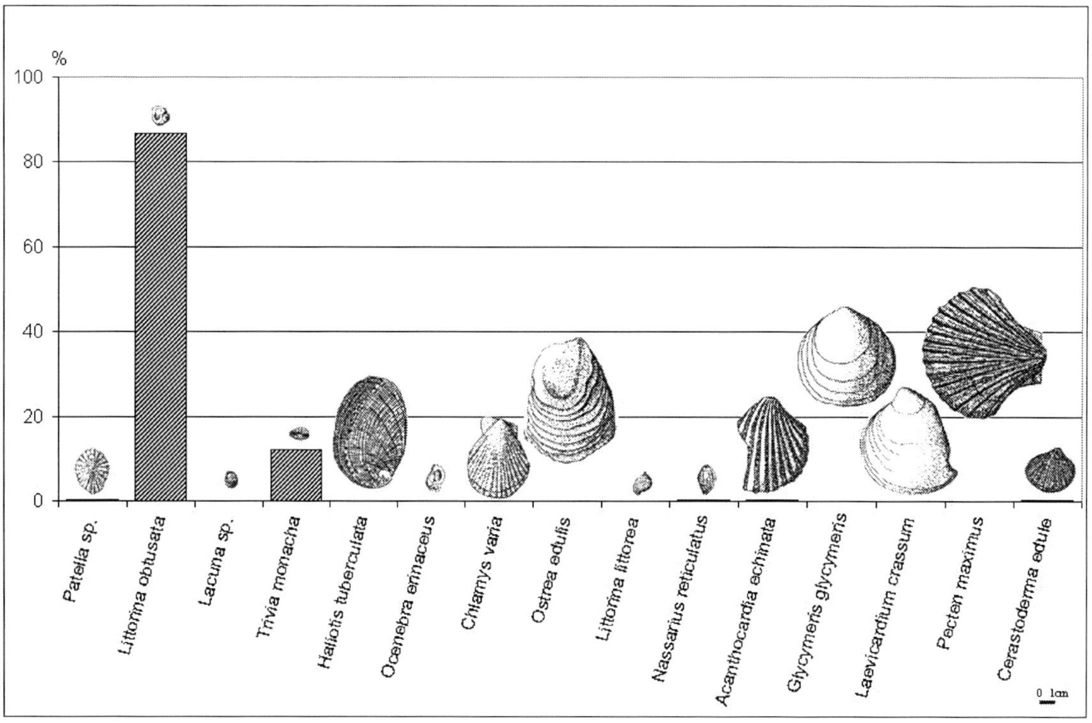

Fig. 104. Histogramme de distribution de la parure en coquillages de Hoëdic en nombre minimum d'individus (N.M.I. =5066)

4.3.3 – La nourriture

Une grande partie de la malacofaunes trouvée dans l'amas coquillier a participé à l'alimentation des Mésolithiques de Hoëdic. À ces coquillages, en majorité, consommables, étaient associés d'autres restes alimentaires d'origine marine et terrestre. Seuls les individus d'*Osilinus lineatus* recueillis dans le prélèvement 2001 étaient en nombre suffisant pour pouvoir en observer la répartition de la longueur (Fig. 105.). La taille des monodontes confirme également la nature anthropique de l'accumulation de Hoëdic. Les petits individus sont absents et la moyenne des individus collectés est de 17,6 mm.

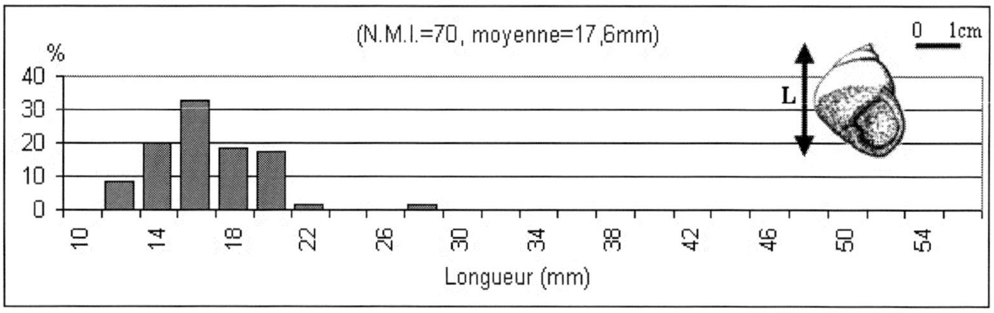

Fig. 105. Répartition des longueurs d'*Osilinus lineatus* de Hoëdic

Les lots observés représentent au total 7 kg de coquilles pour 20 espèces identifiées (Fig. 102., Fig. 103., Tableau 19). Les proportions des espèces varient suivant l'échantillon considéré. Ainsi, l'huître plate *Ostrea edulis* représente plus de 80 % de la masse totale des coquilles de l'échantillon de Carnac. Elle n'atteint qu'environ 20 % dans le prélèvement de 2001 (Fig. 106.). La grande taille de cette espèce a pu amener sa sélection par les fouilleurs. Seule la patelle avec 10 % et la lutraire avec 6 % de la masse totale de l'échantillon de Carnac se démarquent du spectre malacofaunique. Pour le prélèvement de 2001, la situation est plus équilibrée. La moule domine légèrement avec 38 % de la masse totale des coquilles puis la monodonte, l'huître plate et la patelle avec 23 %, 21 % et 16 %. Ces mollusques semblent également participer au régime alimentaire des Mésolithiques de Hoëdic. La domination de la moule peut être liée à un dépôt de cette espèce au lieu du prélèvement. Il n'est pas non plus impossible que l'absence de tamisage pour l'obtention de l'échantillon de Carnac ait amené à négliger cette espèce. En conclusion, l'huître plate, la moule, la patelle et la monodonte seraient les espèces les plus consommées à Hoëdic.

Parmi les espèces minoritaires, certaines de petite taille comme *Gibbula umbilicalis, Lacuna* sp., *Ocenebra erinaceus* et *Nassarius reticulatus* ont sans doute été collectées par hasard, les autres ont pu être consommées de façon anecdotique.

Liste des espèces	Échantillon de Carnac						Prélèvement 2001					
	Masse (g)	% Masse	N.M.I.	% N.M.I.	N.R.	% N.R.	Masse (g)	% Masse	N.M.I.	% N.M.I.	N.R.	% N.R.
Patella sp.	530	9,9	143	54,0	143	43,7	260	16,1	31	2,5	1051	34,4
Osilinus lineatus	31	0,6	72	27,2	72	22,0	366	22,7	131	10,7	287	9,4
Gibbula umbilicalis	2	0,0	2	0,8	2	0,6	0	0,0	0	0,0	0	0,0
Lacuna sp.	0	0,0	0	0,0	0	0,0	0,5	0,0	1	0,1	1	0,0
Nucella lapillus	6	0,1	3	1,1	3	0,9	0	0,0	0	0,0	0	0,0
Haliotis tuberculata	2	0,0	0	0,0	2	0,6	0	0,0	0	0,0	0	0,0
Ocenebra erinaceus	8	0,1	4	1,5	4	1,2	0	0,0	0	0,0	0	0,0
Chlamys varia	15	0,3	4	1,5	7	2,1	20	1,2	3	0,2	24	0,8
Ostrea edulis	4429	82,8	27	10,2	74	22,6	334	20,7	9	0,7	121	4,0
Mytilus edulis	3	0,1	1	0,4	7	2,1	614	38,0	1041	85,2	1484	48,6
Littorina littorea	3	0,1	1	0,4	1	0,3	1	0,1	1	0,1	6	0,2
Pholas dactylus	0	0,0	0	0,0	0	0,0	0,5	0,0	0	0,0	3	0,1
Nassarius reticulatus	2	0,0	1	0,4	1	0,3	0	0,0	0	0,0	0	0,0
Spisula sp.	0	0,0	0	0,0	0	0,0	0,5	0,0	1	0,1	1	0,0
Pecten maximus	10	0,2	1	0,4	1	0,3	0	0,0	0	0,0	0	0,0
Lutraria sp.	307	5,7	5	1,9	9	2,8	0	0,0	0	0,0	0	0,0
Mya sp.	0	0,0	0	0,0	0	0,0	13,5	0,8	3	0,2	30	1,0
Cerastoderma edule	0	0,0	0	0,0	0	0,0	1	0,1	0	0,0	23	0,8
Tapes decussatus	2	0,0	1	0,4	1	0,3	3,5	0,2	1	0,1	24	0,8
Total	**5350**		**265**		**327**		**1614,5**		**1222**		**3055**	

Tableau 19. Bilan quantitatif de la malacofaune utilisée en tant que nourriture à Hoëdic

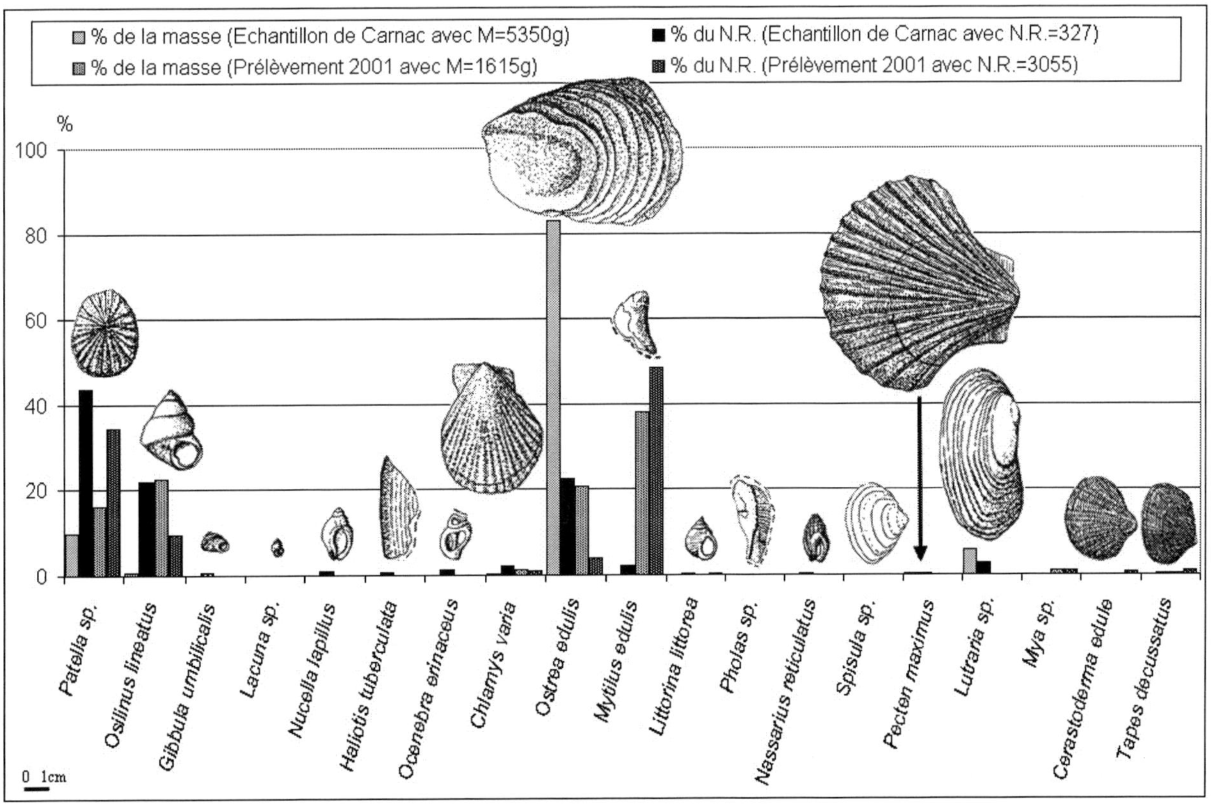

Fig. 106. Histogramme de distribution de la malacofaune utilisée en tant que nourriture à Hoëdic en masse et en nombre de restes

4.4 – Les caractéristiques de l'acquisition de la malacofaune marine

4.4.1 - Le lieu de collecte

Le substrat

Quels que soient les échantillons pris en compte et l'utilisation faite des coquillages par les Mésolithiques de Hoëdic, la côte rocheuse a été majoritairement exploitée par l'homme. L'estran vaseux a, quant à lui, été délaissé. Cette observation peut être liée, soit à un choix par les Mésolithiques, soit à l'absence de vase à proximité du site (Fig. 107-A.). Seul l'échantillon observé à Carnac se distingue des deux autres par la présence de 6 % de la masse des coquilles provenant de l'estran sableux. Les courbes en pourcentages cumulés mettent en évidence, malgré cette apparente homogénéité, des variations de la composition malacofaunique au sein de chaque substrat (Fig. 107-B.).

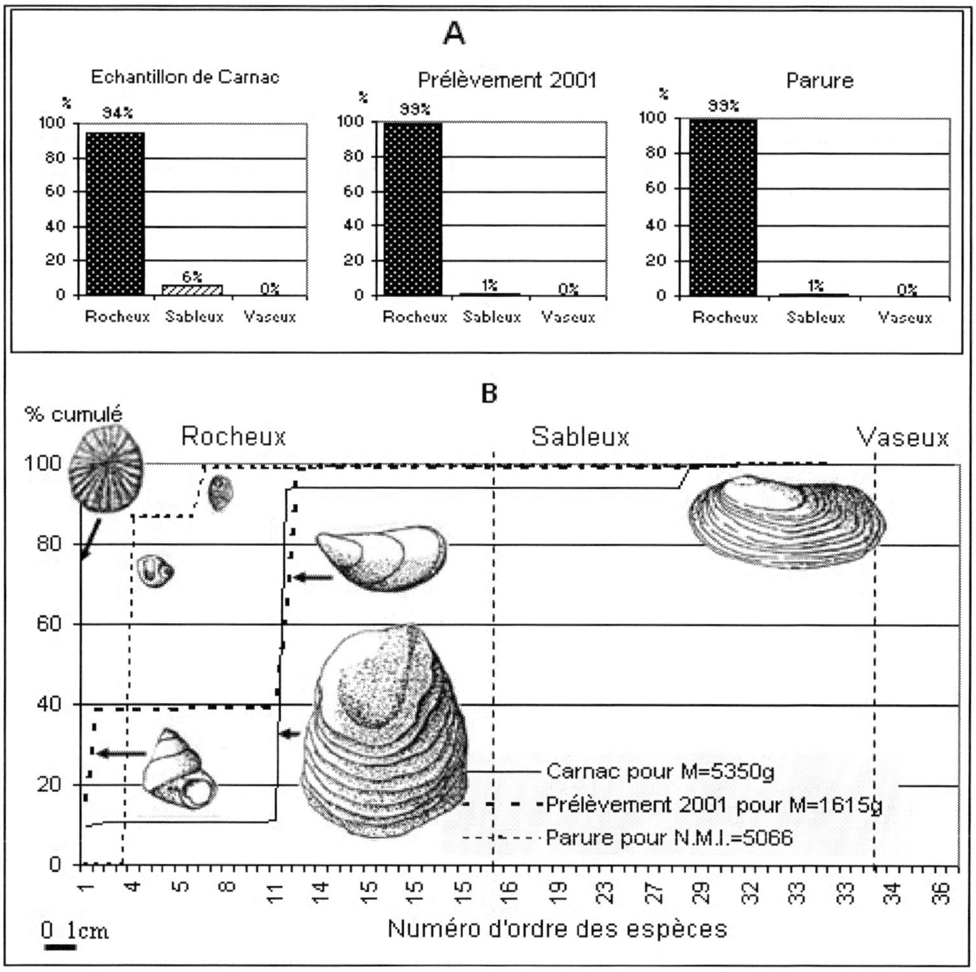

Fig. 107. Substrats d'origine de la malacofaune marine de Hoëdic : A - Histogramme de distribution, Échantillon de Carnac (M=5,4kg), Prélèvement 2001 (M=1,6kg) et Parure (N.M.I.=5067), B - Diagramme des pourcentages cumulés de la masse ou du N.M.I.

Le mode d'exposition de la côte

Seul l'état de conservation de quatre *Nassarius reticulatus* a permis l'accès aux mesures nécessaires à l'étude du mode d'exposition. Un si faible échantillon donne seulement une tendance mais ne peut permettre d'assurer statistiquement la provenance de cette espèce. Ainsi, parmi ces quatre nasses trois ont vécu dans un milieu abrité (Fig. 108). Cependant, les quatre valeurs obtenues diffèrent et témoignent de la variabilité du mode d'exposition des côtes autour d'une presqu'île ou d'une île comme Hoëdic. D'autre part, l'usure générale de la plupart d'entre elles est très prononcée et semble liée à l'action du ressac de la mer. Elles ont pu être ramassées échouées peut-être loin de leur lieu de vie. D'autre part, l'exploitation majoritaire du substrat rocheux témoigne de la présence d'une côte moyennement battue sans doute à proximité du site.

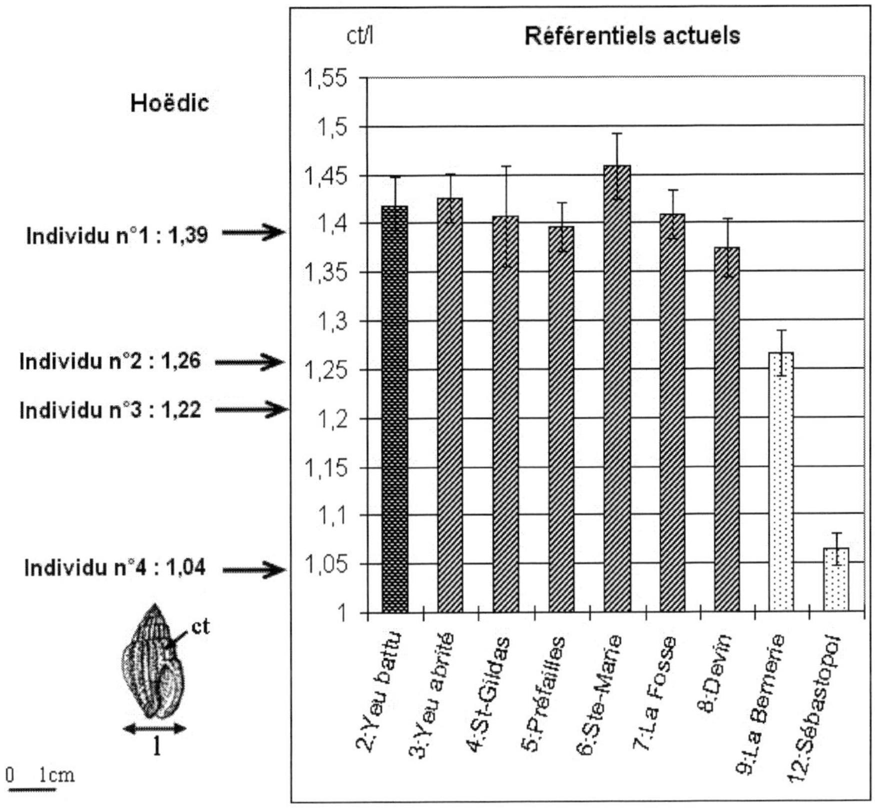

Fig. 108. Localisation des individus de Hoëdic en fonction du mode plus ou moins battu des échantillons de référence : Répartition du rapport du nombre de côtes totales sur la largeur des nasses

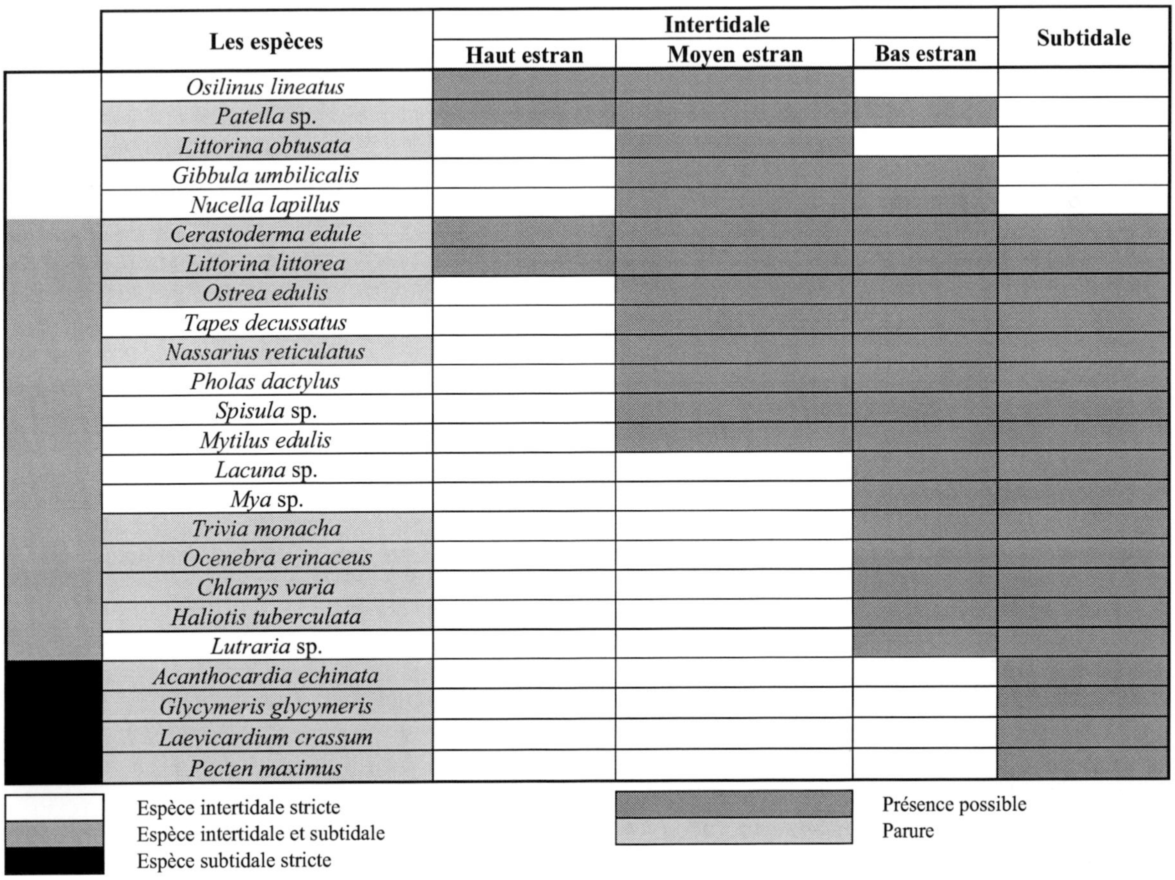

Fig. 109. Position altitudinale des espèces le long de la côte : Hoëdic

Le niveau de l'estran exploité par l'homme

Les espèces bien représentées dans la nourriture de Hoëdic sont accessibles dès le niveau moyen de l'estran (Fig. 109.).

Les proportions des espèces présentes dès les hauts niveaux de l'estran varient, pour les espèces consommées, entre 11 et 39 % de la masse des tests coquilliers tandis qu'elles représentent uniquement 0,3 % du N.M.I. de la parure (Fig. 110.). Celles accessibles uniquement à partir du bas niveau ont été très peu consommées. L'unique espèce strictement subtidale représentée par le dentale est une parure.

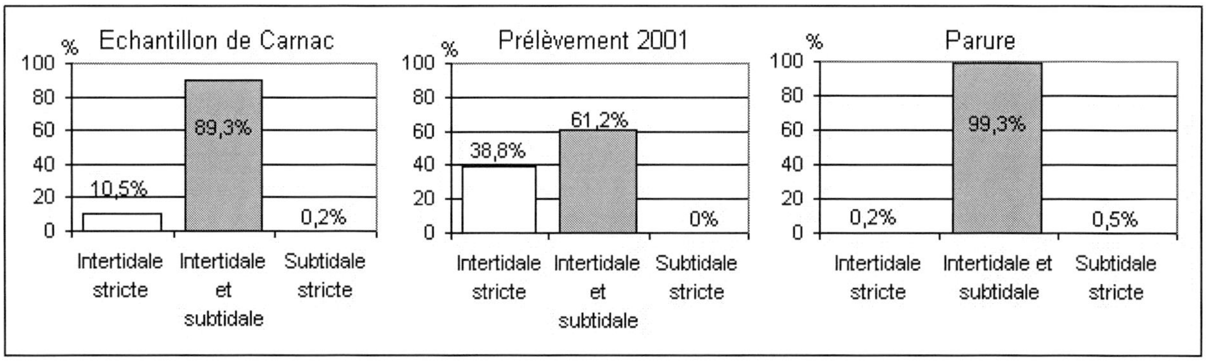

Fig. 110. Répartition du caractère intertidal et subtidal de la malacofaune marine de Hoëdic : Échantillon de Carnac (M=5,4kg), Prélèvement 2001 (M=1,6kg) et Parure (N.M.I.=5066)

4.4.2 - La fréquence de la collecte

L'intégralité de la malacofaune entrant dans le régime alimentaire des Mésolithiques de Hoëdic est accessible quotidiennement. La présence d'espèces accompagnatrices vivant dans les bas niveaux témoigne d'une collecte quel que soit le coefficient de marée. Quelques parures sont de bas niveau ou strictement subtidales. Elles n'ont donc probablement pas été collectées vivantes mais échouées le long de la plage. L'usure uniforme des parties convexes des tests le confirme. Ainsi, tous les exemplaires de *Nassarius reticulatus* possèdent une réduction progressive de leurs côtes, un exemplaire d'*Ocenebra erinaceus* présente un arrondi du canal siphonal (Fig. 102. n°10) et le contour d'une petite valve *d'Acanthocardia echinata* est intégralement arrondi. La cassure de certaines valves le long des stries d'arrêts de croissance vont également dans ce sens (Fig. 102. n°19, Fig. 103. n°20).

4.4.3 - Les techniques de collecte

Les espèces majoritairement collectées sont toutes accessibles sur les rochers. Le temps nécessaire à leur localisation est faible. Elles ont pu être collectées à main nue pour le bigorneau, la monodonte et la moule ou à l'aide d'un outil par percussion pour décoller patelles et huîtres de leur support. L'utilisation d'un outil comme levier n'est pas non plus exclue dans le cas de la collecte de la moule et de l'huître.

Les caractéristiques des milieux de vie de certaines des espèces composant la parure de Hoëdic ont mis en évidence leur ramassage à main nue en zone supralittorale.

4.4.4 - Le temps de déplacement et le transport

Le site de Hoëdic se rapproche chronologiquement de celui de Beg-an-Dorchenn. Certaines datations sont cependant plus anciennes. Du début du VIème au IVème millénaire av. J.-C. le niveau des plus hautes mers oscille entre - 12,4 et 0 m N.G.F. (soit - 9,8 à + 2,6 m C.M.) selon les auteurs (Ters, 1973 ; Morzadec-Kerfourn, 1974 ; Pinot, 1975 ; Pirazzoli, 1991). Pour les plus basses mers, l'intervalle obtenu est compris entre - 17,6 et - 5,2 m N.G.F. (soit - 15 à - 2,6 m C.M.). Des fonds de -6 m C.M. séparent actuellement les îles de Hoëdic et de Houat. La carte géologique du Quaternaire et des formations superficielles montre que ces deux îles appartiennent au même ensemble rocheux de direction nord-ouest sud-est (de Menorval *et al.,* 1974). Au début du VIème millénaire av. J.-C., ces îles pouvaient être rattachées l'une à l'autre (Fig. 111.). Si ce n'était pas le cas, le passage de l'une à l'autre pouvait se faire à marée basse jusqu'à la fin du Vème millénaire av. J.-C. Les plus basses mers indiquent un passage possible des populations de Hoëdic vers la presqu'île de Rhuys (Rozoy, 1978, p.778 ; Giot *et al.*, 1998, pp.194-198). Cependant, il faudrait connaître l'épaisseur du remplissage sédimentaire de la baie de Quiberon en cet endroit pour le confirmer. Des fonds de plus de 30 mètres séparent, quant à eux, l'ensemble Houat Hoëdic de la presqu'île de Quiberon (SHOM, 2002). Le passage à pied sec au continent par cet endroit semble donc difficile au Mésolithique. L'isobathe des - 10 m C.M. est proche du plus bas niveau des hautes mers potentielles du site de Hoëdic (Fig. 112.). L'irrégularité de cet isobathe au nord du site de Hoëdic est liée à la présence d'une remontée du substrat rocheux en cet endroit. La mer était donc

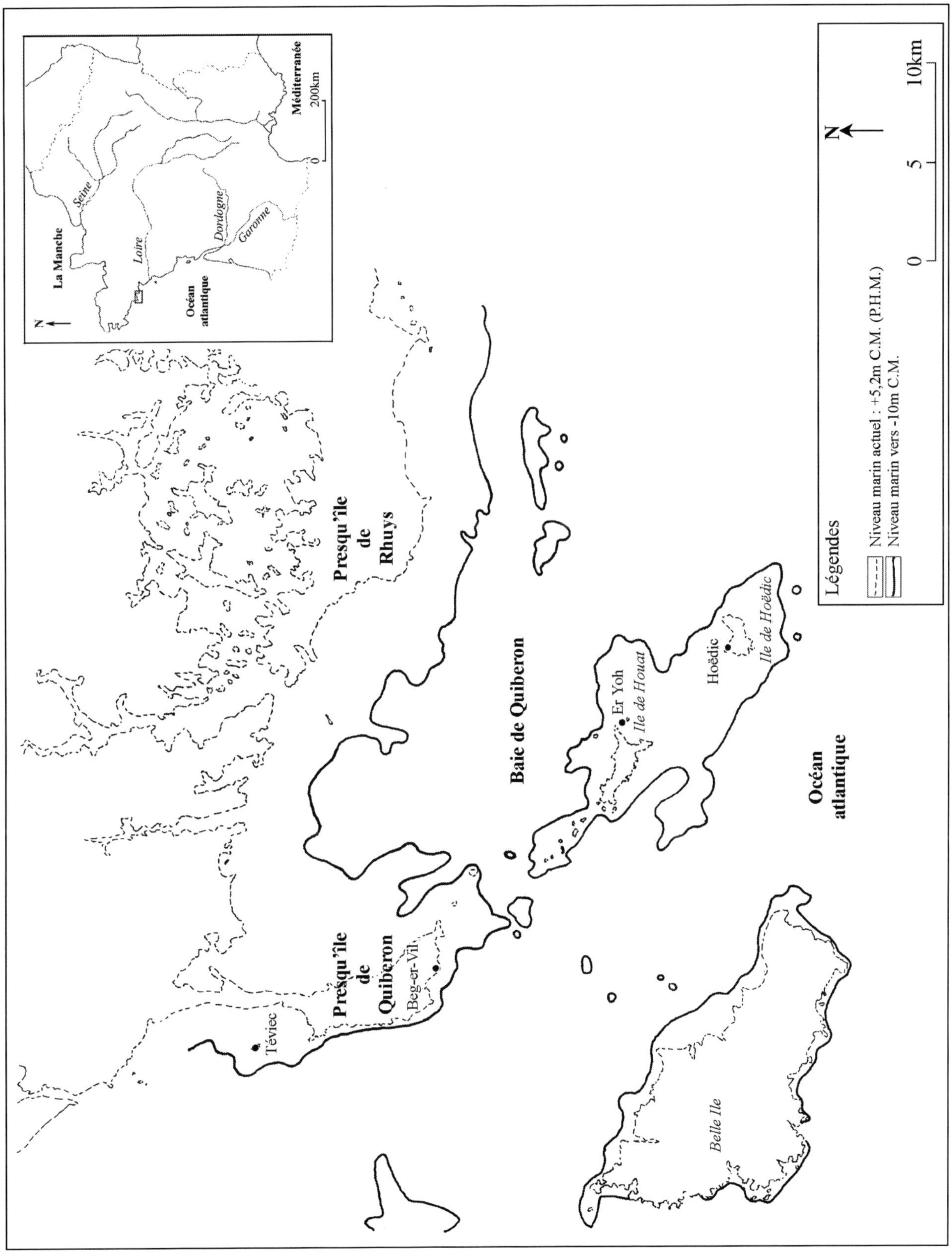

Fig. 111. Localisation du niveau marin autour de –10 mètres C.M. dans la baie de Quiberon (d'après SHOM, 1986)

accessible à moins d'un kilomètre du site durant tout le temps de son fonctionnement, voire à quelques mètres, au niveau de la mi-marée actuel, pour le niveau marin potentiel le plus haut. La zone comprise entre la presqu'île de Rhuys et l'île de Hoëdic est constituée en sa zone médiane par un dépôt de vase (Fig. 111.). Le remplissage au sud de ce dépôt est constitué de sables fins. Ces derniers sont assez éloignés de la côte actuelle de Hoëdic et ont pu se déposer pour certains durant et après le Mésolithique. La morphologie de la côte de

Hoëdic pouvait être proche de ce qui est observée actuellement. En effet, la faible distance de l'estran au site de Hoëdic au Mésolithique est liée à la présence de falaises rocheuses sur le pourtour de l'île. Les anfractuosités des rochers permettent un confinement rendant possible l'installation de petites accumulations sableuses. La collecte majoritaire d'espèces rocheuses de l'amas mésolithique de Hoëdic a pu être possible tout autour de l'île. On ne peut pas exclure la provenance des espèces sableuses lors de basses mers de vive eau au nord de l'île de Hoëdic.

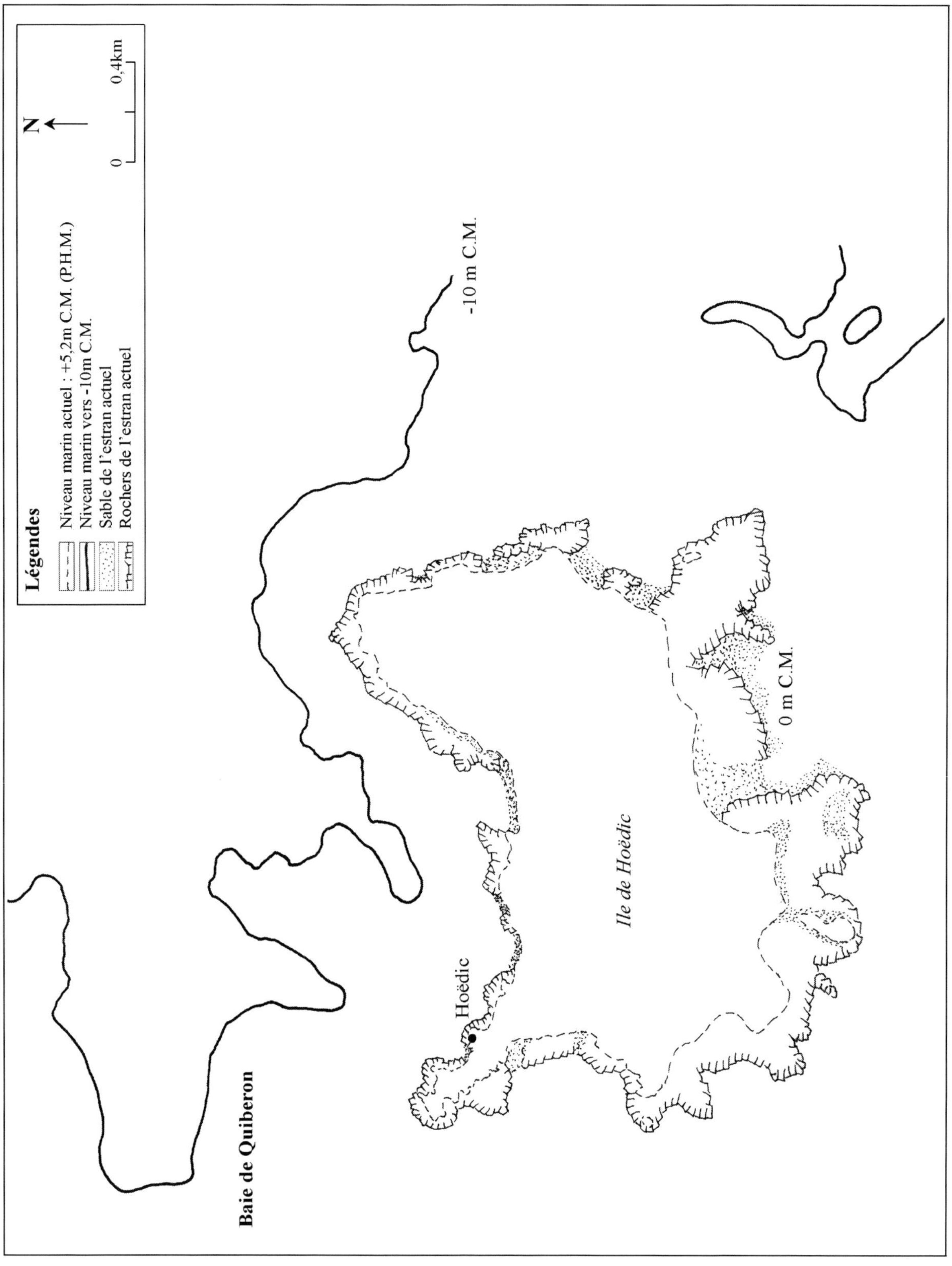

Fig. 112. Localisation des niveaux des plus hautes mers au Mésolithique près du site de Hoëdic
(d'après SHOM, 2001-1)

4.5 – Les caractéristiques de la transformation et de la consommation de la malacofaune marine

Pour les outils, les cinq valves de lutraires semblent avoir été utilisées entières. Elles présentent une usure régulière de leur partie bombée allant jusqu'à un léger aplanissement (Fig. 103. n°26). Comme pour Beg-an-Dorchenn aucune strie grossière n'a été observée. L'outil a été frotté contre une surface peu abrasante comme une matière organique pour son lissage.

Le dentale et l'ormeau possèdent des orifices naturels. À l'exception de ces deux espèces, toutes les autres parures en coquillages de Hoëdic étaient perforées. La forme d'origine d'aucune d'entre elles n'a pas été modifiée. La perforation se localise pour les gastropodes turbinés au niveau du dernier tour de spire, pour les gastropodes coniques latéralement et pour les bivalves près du crochet ou de l'umbo (Fig. 102. n°9 à n°10, n°12, n°14 et 15). Seul le gastropode *Trivia monacha* a deux perforations (Fig. 102. n°13). Elles sont localisées sur le bord dorsal et sont opposées. Malgré un état de dégradation avancé de la collection de Hoëdic, certaines coquilles témoignent d'un port prolongé par la présence de plages de polis localisés sur le pourtour des perforations (Fig. 102. n°14, Fig. 103 n°25). Ces observations ne font que confirmer celles faites par Y. Taborin, qui a associé certaines usures et cassures des coquilles à leur port dans le vivant 'pendant de longues années' (Taborin, 1974, p.179). Beaucoup de coquilles ont été associées à des 'bijoux' par M. et S.-J. Péquart comme des colliers qui 's'agrémentent en général de grosses pendeloques constituées par des cardium, pétoncles, patelles, pecten...', des 'bracelets et anneaux de jambes' ou une 'sorte de résille faite de coquilles assemblées' 'tout auprès et sous le crâne' (Péquart et Péquart, 1954, p.75). Deux ormeaux ont également été trouvés 'posés ou plus vraisemblablement attachés, concavité nacrée vers l'extérieur, à chaque épaule de l'inhumé' dans la sépulture J (Péquart et Péquart, 1954, p.75). Au moins trois cas (sépultures H, K et L) de littorines éparses sous le menton, la poitrine et dans le bassin ont été associés par M. et S.-J. Péquart à des colliers (Péquart et Péquart, 1934, pp.12-20). Cette hypothèse est tout à fait plausible, mais, le cas de coquilles cousues sur un habit comme il a été évoqué pour les deux ormeaux n'est pas, non plus, à exclure. Les mêmes hypothèses que pour La Grande Pièce peuvent être émises quant au lien existant entre le squelette et la parure dont il est orné dans le monde des morts. Les parures en coquillages ont été dénombrées en fonction des squelettes par Y. Taborin (Taborin, 1971, p.162). Celle-ci note que, pour Téviec et Hoëdic, contrairement à ce qui a été décrit par les fouilleurs, les enfants semblent plus faiblement parés en coquillages que les adultes (Taborin, 1971, p.162 ; 1974, pp.170-179). Les craches de cerf semblent, quant à elles, plus nombreuses chez les jeunes sujets. Pour les individus adultes, les colliers pectoraux et les bracelets sont plus nombreux chez les hommes que chez les femmes. À l'inverse, la parure de tête en coquilles semble plus fréquente chez la femme. Enfin, l'espèce majoritaire varie suivant le sexe des individus. Pour les femmes adultes *Littorina obtusata* est plus nombreuse tandis que pour les hommes *Trivia monacha* domine.

Quant aux coquillages utilisés dans l'alimentation, aucun stigmate lié à la transformation de leur chair n'a été observé. Comme pour Beg-an-Dorchenn, l'amas coquillier de Hoëdic témoigne d'une zone de rejet bien identifiée, où ont été observés à la fois quelques restes de poissons, de crustacés et de rares restes de mammifères. Le volume minimum de l'amas observé par M. et S.-J. Péquart peut être grossièrement évalué à 50 m^3 soit 50000 litres de sédiments coquilliers. Si les 1,6 kg de coquilles trouvées dans les 5,5 litres de sédiment sont rapportés au volume total de l'amas, la quantité de coquilles composant l'amas est évalué à 14,7 tonnes. De même, les 0,26 kg de coquilles de patelles prélevés en juin 2001 correspondraient à 2 tonnes 4 sur la totalité de l'amas, soit une masse totale fraîche de 4 tonnes 3 pour une masse de chair fraîche de 2 tonnes pour cette espèce représentant uniquement 16 % de la masse totale des coquilles du prélèvement. Pour la monodonte qui est présente à 23 % par rapport à la masse totale de coquilles, les 0,36 kg de coquilles prélevés en juin 2001 pourraient correspondre à 3,3 tonnes de tests sur la totalité de l'amas, soit une masse totale de 4,9 tonnes de mollusques fraîchement collectés pour 1,6 tonnes de chair consommable. Ces calculs ne sont qu'indicatifs et ne prétendent en aucun cas retranscrire la réalité. Malgré tout, ils semblent indiquer que cet amas correspond à une longue accumulation dans le temps, mais peut-être saisonnière.

4.6 – Résumé de l'étude malacofaunique de Hoëdic

La variabilité de la composition des différentes sources d'information connues pour le site de Hoëdic, m'a amené à croiser ces données dans le but de perdre le moins d'informations possibles. Quelle que soit l'utilisation faite des coquillages, ils proviennent majoritairement de la côte rocheuse. Celle-ci était accessible pour les plus hauts niveaux à moins d'un kilomètre du dépôt coquillier, voire à quelques mètres. L'huître, la patelle, la monodonte et la moule sont les principales espèces utilisées dans l'alimentation. Elles sont toutes accessibles dès le niveau moyen de l'estran et peuvent donc être collectées quotidiennement. Toutes étant des espèces fixées sur les rochers, leur collecte se fait après un temps de recherche peu prolongé. Leur préhension nécessite, selon les cas, l'utilisation d'un outil pour les décoller du substrat. La proportion des espèces de haut estran est plus importante pour la malacofaune qui compose la nourriture que pour celle qui a été utilisée comme parure. La seule espèce subtidale, le dentale, appartient d'ailleurs à cette dernière utilisation. De multiples stigmates liés à l'échouage des parures témoignent de leur collecte à l'état mort.

Les stigmates observés sur les coquilles utilisées comme outil témoignent de leur frottement contre une matière peu abrasante. La parure présente également des usures témoignant de son utilisation avant leur dépôt dans les sépultures. Sa composition est binaire (*Littorina obtusata* et *Trivia monacha*) et la majorité des coquilles est de petite taille. La forme d'origine de ces tests n'a pas été modifiée. Les localisations des perforations sont identiques aux précédents sites mésolithiques. Seule la *Trivia* possède deux perforations opposées sur son bord dorsal. Les gastropodes turbinés sont percés au niveau de leur dernier tour de spire, les bivalves près de l'umbo ou du crochet et les quelques patelles latéralement.

La reconstitution de la masse de coquilles et de chair de quelques espèces rapportée à la plus grande surface de l'amas coquillier de Hoëdic montre que ce dépôt correspond à une longue accumulation dans le temps. De même, la présence d'une nécropole au sein de l'amas peut correspondre, soit à la permanence de l'habitat, soit à une fréquentation saisonnière du site. La construction d'aires dallées peut être mise en relation avec des aires d'habitat (Marchand, 2000) et ainsi avec une certaine permanence de résidence. Malheureusement, aucun élément n'a permis de savoir si cette résidence s'est effectuée de façon saisonnière ou continue dans le temps.

Les fouilleurs ont souligné la faible abondance des animaux chassés par rapport aux différentes ressources marines représentées (poissons, crustacés, coquillages, cétacé). Ce fait est confirmé par les analyses isotopiques qui montrent la domination des ressources marines vis-à-vis de celles d'origine terrestre dans les régimes alimentaires de Hoëdic (Schulting et Richards, 2001). Cette population tournée vers la mer a également ramassé les rognons de silex rejetés par la mer (Péquart et Péquart, 1954).

5 – Téviec (Saint-Pierre-de-Quiberon, Morbihan)

5.1 - La présentation du site

L'île de Téviec est située à trente kilomètres à vol d'oiseau de celle de Hoëdic (Péquart et Péquart, 1954, p.1). Elle mesure 400 mètres de long sur 200 mètres de large et se localise à l'ouest de la presqu'île de Quiberon en Saint-Pierre-Quiberon (Péquart et Péquart, 1930, p.35). En 1883, F. Gaillard remarqua au nord-ouest de l'île 'une zone d'environ 15 mètres de longueur où des débris de cuisine étaient très apparents' (Gaillard, 1884, cité dans Péquart et Péquart, 1930, p.35). Après vérification de cette description en 1926 par M. et S.-J. Péquart, ces derniers décidèrent de débuter les fouille de ce kjökkenmödding en 1928. La superficie du site a été évaluée à 260 m², tout en sachant qu'une partie de l'amas est partie à la mer (Fig. 113.).

Il se localise comme pour Hoëdic en front de falaise. La couche archéologique recouverte par un niveau de dune est épaisse de 0,6 à 1 mètre (Péquart *et al.,* 1937, p.18) et est composée 'en majeure partie de coquillages marins, avec quelques escargots et une faible proportion de faune terrestre' (Péquart et Péquart, 1930, p.35) auxquels peuvent être rajouté quelques restes de poissons, de crustacés, d'oiseaux marins et de mammifères marins (phoques, cétacés) (Giot *et al*., 1998, pp.191-193) (Fig. 114.). Outre ces déchets de cuisine, l'amas coquillier a livré de l'outillage lithique et en os ou bois de cerf, des foyers culinaires liés à l'amas de coquilles, d'autres foyers, sans doute rituels, placés sur les tombes et des sépultures associées à des 'monuments funéraires' (Rozoy, 1978, p.785).

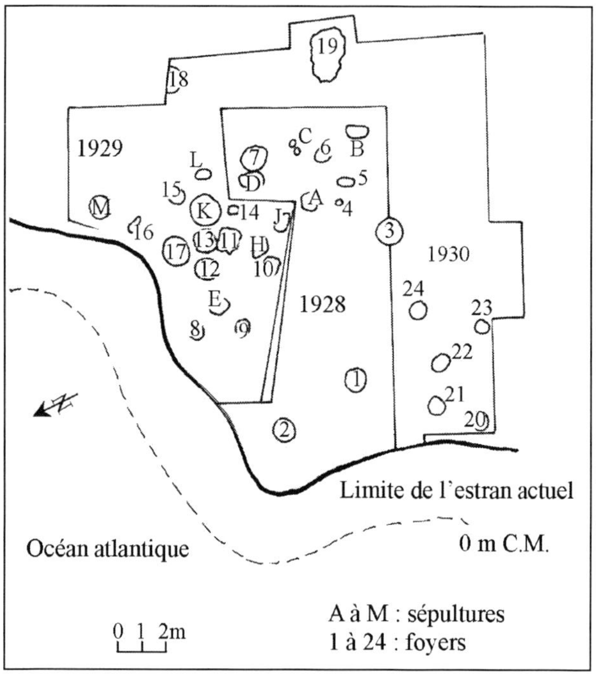

Fig. 113. Plan général des fouilles de Téviec de M. et S. J. Péquart (Péquart *et al.,* 1937)

Comme pour Hoëdic, l'outillage lithique confirme l'attribution de ce site au Mésolithique final avec présence des mêmes armatures (Marchand, 2000, p.389). Ce site est d'ailleurs à l'origine de la culture dite du 'Téviécien' (Marchand, 2000, p.382). Les sépultures plongées dans la masse de l'amas sont associées à une 'parure nombreuse surtout composée d'incisives ou de phalanges de cerf ou encore de coquilles' (Giot *et al.*, 1998, pp.191-193).

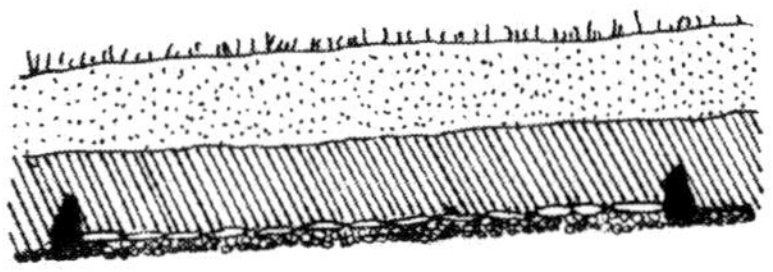

Fig. 114. Stratigraphie au niveau de l'aire du foyer n°1 de Téviec (Péquart *et al.*, 1937)

Composition des sépultures de Téviec (Rozoy, 1978, p.789-790 ; Péquart* et al., *1937, pp.25-58) :

A : 2 adultes (1 homme et 1 femme). L'homme a été découvert sous des bois de cerf. Les squelettes se trouvaient sous une dalle dans un coffrage recouvert par un foyer rituel. Un collier et un bracelet en coquillages ont été décrits pour l'homme et un collier pour la femme dont une grosse valve de *Cardium*. Deux gros buccins sont notés près de l'oreille gauche de la femme.

B : 1 adulte. Le squelette était situé sous trois dalles. Un collier de coquilles était composé de 187 cyprées, 7 littorines et 1 dentale.

C : 3 enfants ont été découverts sous un massif de pierres. Un était accompagné de 4 cyprées et de 4 nasses, tandis que les deux autres étaient associés à 32 littorines perforées.

D : 1 adulte (femme), 1 enfant de 2 mois. Les squelettes étaient situés sous des bois de cerf et à proximité de plusieurs grands foyers. La parure en coquillages associée à ces deux individus était composée de 38 littorines, 24 cyprées, 9 nasses et 1 dentale.

E : 1 adulte (homme) et 1 enfant. Cette sépulture était localisée sous un massif de pierre et une dalle entourée de plusieurs foyers à aires plates. 3 bracelets et collier et 'probablement un pagne' était associé à un des hommes et une résille composée de littorines et de cyprées à un enfant. Au total, cette sépulture a livré 1130 cyprées, 520 littorines, 30 nasses réticulées, 2 murex, gros *cardium* et 5 patelles.

H : 2 adultes (hommes) et un enfant. Cette sépulture était placée sous un massif de pierres et un foyer. Une des femmes et l'enfant étaient associés à 64 littorines et 1 cyprée. Un des squelettes était également associé à 527 littorines, 15 cyprées, 4 dentales, 3 nasses et 2 *Cardium.*

J : 1 adulte (femme) et un enfant (fœtus ?). Cette sépulture était recouverte d'un massif de pierres très détérioré.

K : 6 adultes (3 femmes et 3 hommes). À nouveau, cette sépulture est recouverte par un massif de pierres de 1,80 mètres de diamètre pour une hauteur de 1,30 mètres. Ce massif couvrait un foyer rituel associé à des mandibules de sanglier, à une extrémité de bois de cerf, plusieurs outils en schiste et 4 mandibules de cerf. Les 6 corps semblent avoir été déposés successivement. Un homme (n°1) est associé à un gros *Pecten.* La parure d'un homme (n°2) et de deux femmes (n°3 et 4) se compose d'environ 3000 coquilles dont 1180 littorines, 770 cyprées, 75 *Nassa,* 1 *Purpura,* 2 *cardiums*, 2 *pectens* et 3 patelles. La femme n°4, peut-être de jeune âge, était associée à 4 *Nassa mutabilis*, 7 *Nassa reticulata*, 220 cyprées, 210 littorines et un gros *pecten*. Un collier a été décrit en association avec la femme n°5 composé de 350 cyprées, 212 littorines, 10 nasses et un gros buccin. L'homme n°6, le plus profond de la sépulture est en association à 103 cyprées et 2 littorines composant un bracelet gauche, 5 cyprées et 1 littorine décrit comme un bracelet droit ainsi qu'une résille (149 cyprées, 34 littorines, 3 nasses, 3 dentales et 1 patelle).

L : 1 enfant. Trouvé sous un massif de pierres, cet enfant était associé à 81 littorines et 20 cyprées.

M : 1 adulte (homme). À nouveau enseveli sous un massif de pierres, cet homme était près d'un collier et de deux bracelets composés de 300 cyprées, 11 nasses, 1 littorine et 1 patelle.

Des datations ont récemment été effectuées par R. Schulting par AMS sur ossements humains (Schulting, 1999). Elles sont comprises entre 6740 ± 60 (OxA-6665) et 5680 ± 50 B.P. (OxA-6662) soit entre 5740 et 4440 av. J.-C. (cal.) (Ramsey, 2000). Elles s'étendent entre VIème et le Vème millénaire av. J.-C. Là encore, les indices de domestication sont pauvres. Ils s'appuient sur un unique exemplaire de molaire de mouton ou de chèvre aujourd'hui introuvable (Péquart *et al.*, 1937).
Un échantillon de 1,5 kg de coquilles sélectionnées par le couple Péquart au sein de l'amas a été étudié au musée de Carnac, ainsi que quelques-unes des coquilles parures. Un collier de littorines et de cyprées a également été repéré au Musée de Vannes mais les grains étant enfilés, leur observation reste limitée.

5.2 - La représentativité de l'échantillon et les techniques de fouille

La parure a été trouvée associée aux sépultures tandis que la nourriture en coquillages compose l'amas coquillier. Ces deux utilisations ont été décrites séparément.

5.2.1 - La parure

Seules deux sources d'information ont été confrontées :

- la parure en coquillages déposée à Carnac, comprenant quelques exemplaires en réserve et une plus grande partie en vitrine.
- une liste dressée par Y. Taborin à partir des publications des fouilleurs et de son observation au musée de Carnac.

La diversité spécifique et les espèces représentées varient peu d'un échantillon à l'autre (Tableau 20).

Espèces	**Échantillon de Carnac**	**Liste** (Taborin, 1971)	**Croisement des données**
Patella sp.	4	21	21
Littorina obtusata	419	2934	2934
Nucella lapillus	4	35	35
Trivia monacha	280	3839	3839
Ocenebra erinaceus		2	2
Nassarius reticulatus		126	126
Acanthocardia echinata	1		1
Laevicardium crassum	3	10 *Cardium*	10
Pecten maximus	2	4	4
Dentalium sp.		9	9
Buccinum undatum	1	3	3
Euspira catena	3		3
Diversité spécifique	**9**	**10**	**12**

Tableau 20. Diversité spécifique de la parure en malacofaune de Téviec selon les sources d'information en N.M.I.

Seules trois espèces répertoriées par Y. Taborin n'ont pas été trouvées dans l'échantillon de Carnac : *Ocenebra erinaceus, Nassarius reticulatus* et *Dentalium* sp. Ceci n'a rien d'étonnant car l'échantillon déposé à Carnac ne représente qu'une partie de la parure de Téviec. Les nombres de restes sont tout à fait parlant à cet égard. De plus, les collections de ce site ont subi le même sort que celles de Hoëdic, à savoir, une multiplication des lieux de dépôt. Dix *Cardium* avaient été répertoriés par Y. Taborin. Celle-ci s'est appuyée en partie sur les publications de M. et S.-J. Péquart. Or, on y trouve le terme de *Cardium norvegicum* (= *Laevicardium crassum*) (Péquart et Péquart, 1954). De plus, une photographie du mobilier d'une des sépultures ainsi que 3 exemplaires observés à Carnac confirment la présence du *L. crassum.* Les *Cardium* répertoriés par Y. Taborin ont donc été associés au *L. crassum*. D'autre part, deux espèces ont été identifiées au Musée de Carnac qui sont *Acanthocardia echinata* et *Lacuna parva.* Il peut y avoir une confusion possible entre la première et les *Cardium* d'Y. Taborin et entre la deuxième et *Littorina obtusata.* Comme pour Hoëdic, un croisement des données a été effectué et sera utilisé pour décrire par la suite le spectre malacofaunique de la parure de Téviec.

5.2.2 - La nourriture

Toutes les espèces citées par le couple Péquart dans le déchet de cuisine :*'Mytilus edulis, Cardium edule'* (ou *Cerastoderma edule*), *'Littorina littorea, Patella vulgata, Ostrea edulis, Gryphae angulata, Trochus'* (ou *Osilinus lineatus*), *'Murex'* (ou *Ocenebra erinaceus*), *'Purpura lapillus'* (ou *Nucella lapillus*) 'et des mollusques délaissés actuellement' (Péquart *et al.,* 1937), ont été trouvées au sein de l'échantillon de Carnac de 1,5 kg, à l'exception de l'huître portugaise *Gryphaea angulata* (Tableau 21). Comme pour Hoëdic cette espèce a été confondue avec *Ostrea.* Disposant uniquement de l'échantillon de Carnac, seul celui-ci a été pris en compte, par la suite, malgré les problèmes de représentativité qu'il pose. En effet, il a été sélectionné arbitrairement par les fouilleurs et il est difficile de savoir si les proportions des espèces composant l'amas sont bien représentées dans cet échantillon.

Espèces	**Échantillon de Carnac**	**Sources bibliographiques** (Péquart *et al.*, 1937)
Patella vulgata	+	+
P. intermedia	+	-
P. ulyssiponensis	+	-
Osilinus lineatus	+	+
Nucella lapillus	+	+
Ocenebra erinaceus	+	+
Ostrea edulis	+	+
Mytilus edulis	+	+
Littorina littorea	+	+
Nassarius reticulatus	+	-
Laevicardium crassum	+	-
Pecten maximus	+	-
Lutraria lutraria	+	-
Cerastoderma edule	+	+
Tapes decussatus	+	-
Trochus magus	+	-
Diversité spécifique	**16**	**10**

Tableau 21. Diversité spécifique de la malacofaune composant l'amas coquillier de Téviec selon les sources d'information ; présence, + ; absence, -.

5.3 - La composition du spectre malacofaunique

5.3.1 – La parure

Comme pour Hoëdic, l'intégralité de la parure en coquillages trouvée dans les sépultures est percée (Péquart *et al.,* 1937) (Fig. 116. n°12 à n°21, Fig. 117. n°26). Les quantités relativement importantes (6987 parures) permettent une bonne vision des proportions de chaque espèce au sein de la parure. Comme l'avaient déjà souligné les fouilleurs (Péquart *et al.*, 1937) et Y. Taborin (Taborin, 1974, p.158) deux espèces *Littorina obtusata* et *Trivia monacha* dominent largement et représentent à elles seules plus de 97 % du N.M.I. de la parure en coquillages de Téviec (Tableau 22, Fig. 118.). Les proportions entre ces deux espèces tendent à s'équilibrer avec 42 % de *L. obtusata* pour 55 % de *T. monacha* tandis que seule *Nassarius reticulatus* dépasse les 1 %.

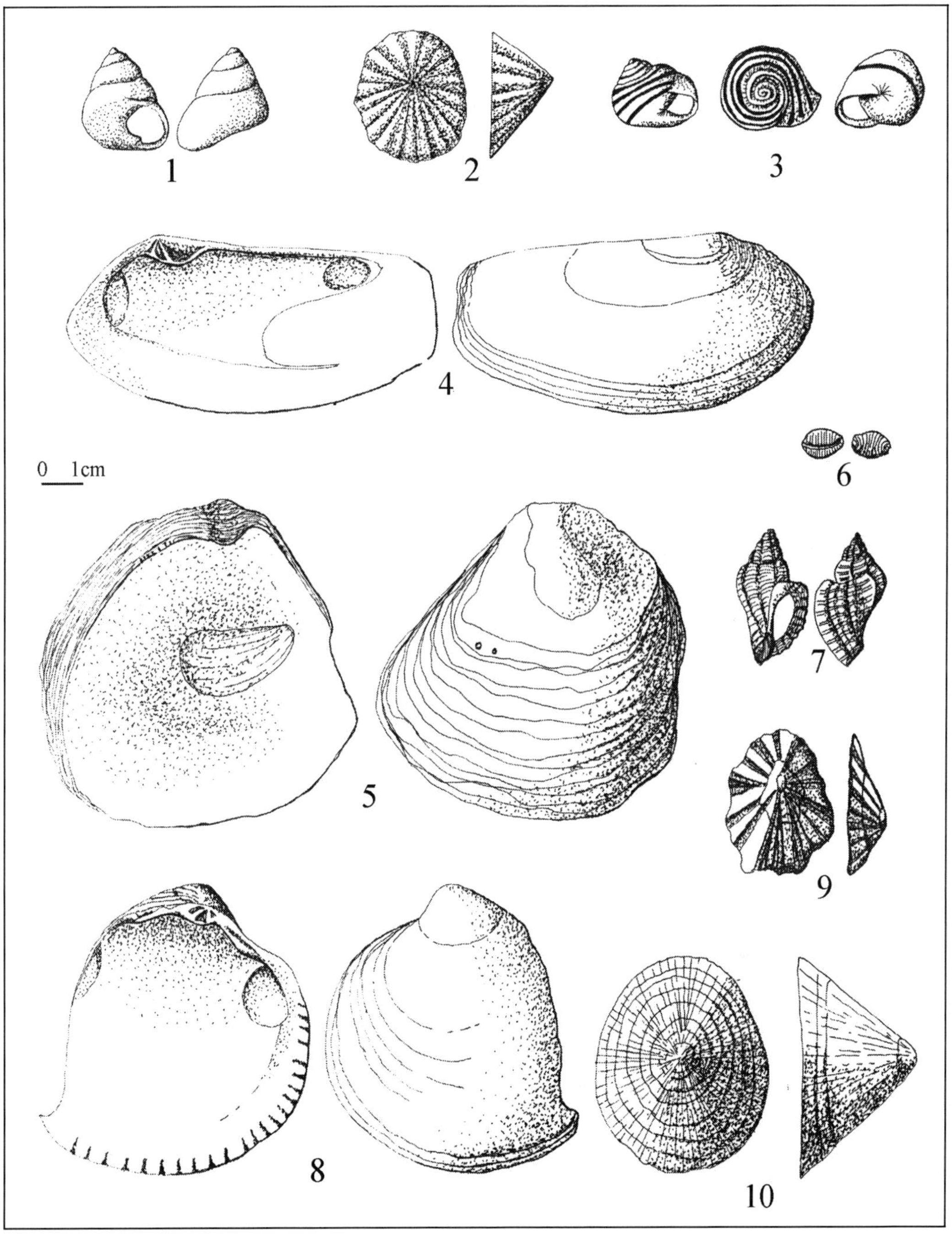

Fig. 115. La malacofaune marine de Téviec, Échantillon du Musée de Carnac[1] (Saint-Pierre-Quiberon, Morbihan) - 1 : *Osilinus lineatus ;* 2 : *Patella intermedia ;* 3 : *Cepaea nemoralis ;* 4 : *Lutraria lutraria ;* 5 : *Ostrea edulis ;* 6 : *Trivia monacha ;* 7 : *Ocenebra erinaceus ;* 8 : *Laevicardium crassum ;* 9 : *P. ulyssiponensis ;* 10 : *P. vulgata.* (Dessin : C. Dupont).

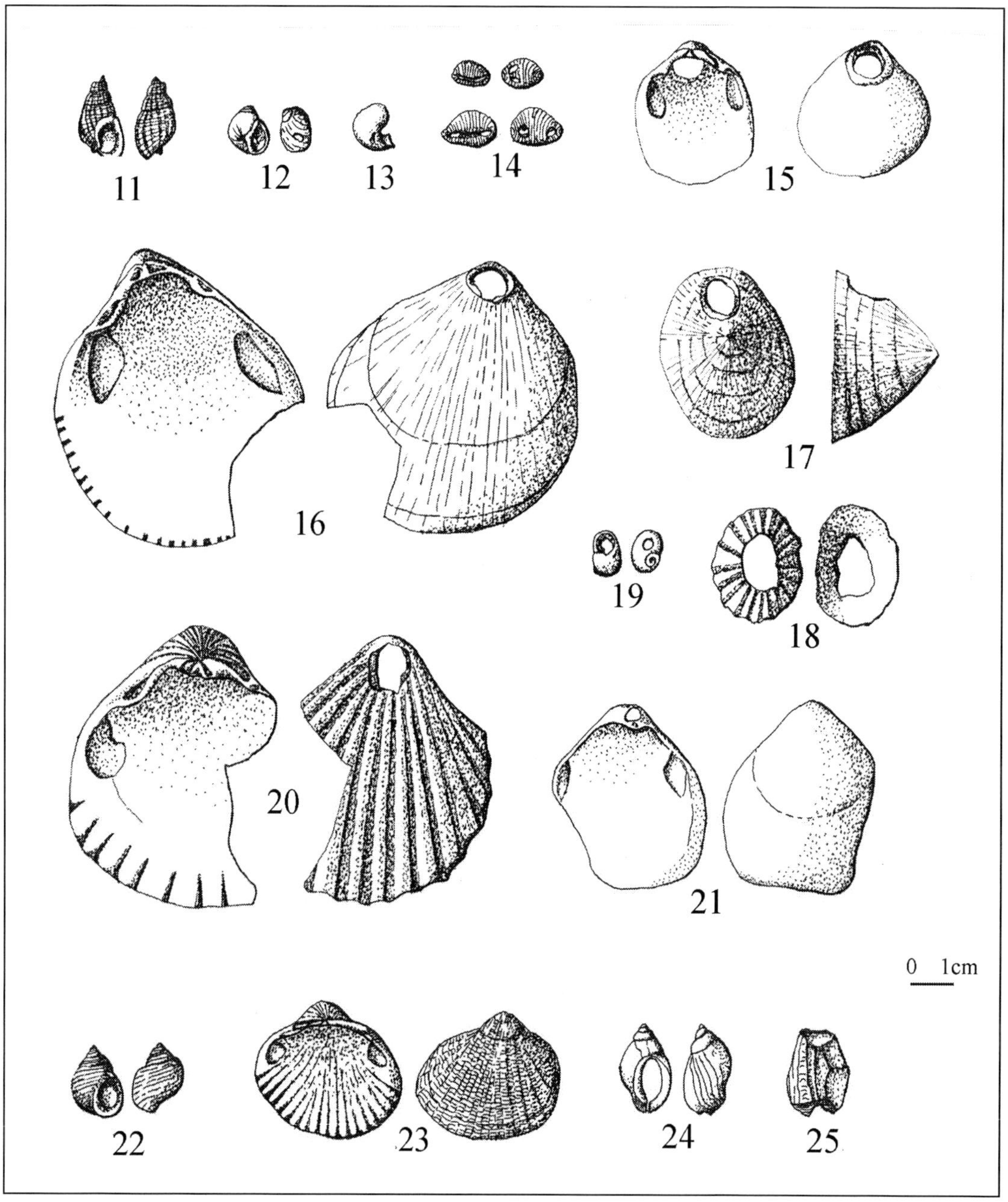

Fig. 116. La malacofaune marine de Téviec, Échantillon du Musée de Carnac[2] (Saint-Pierre-Quiberon, Morbihan) - 11 : *Nassarius reticulatus ;* 12 et 13 : *Lacuna parva ;* 14 : *Trivia monacha ;* 15 et 16 : *Laevicardium crassum ;* 17 : *Patella vulgata ;* 18 : *P. intermedia ;* 19 : *Littorina obtusata* ; 20 : *Acanthocardia echinata ;* 21 : *Laevicardium crassum ;* 22 : *Littorina littorea ;* 23 : *Cerastoderma edule* ; 24 : *Nucella lapillus ;* 25 : *Balanus perforatus* (Dessin : C. Dupont).

5.3.2 – La nourriture

La majorité de la malacofaune trouvée dans l'amas coquillier est consommable. Ces coquilles étaient associées à d'autres restes alimentaires d'origine marine et terrestre. Malheureusement, le nombre limité de tests conservés à Carnac n'a pas permis d'étudier la répartition de la taille des coquilles. Seize espèces ont été déterminées pour 1,5 kg de matériel observé (Fig. 115. à 117., Tableau 23).

Seules deux espèces se démarquent en proportions pondérales : la patelle qui domine avec 60 % puis l'huître plate avec 27 % (Fig. 119.). La lutraire et la monodonte ont participé secondairement à l'alimentation des Mésolithiques de Hoëdic avec chacune 5 et 4 % de la masse totale des coquilles. D'autres espèces comme la pourpre, la moule, *Laevicardium crassum*, la coquille Saint-Jacques, la coque et la palourde ont pu être consommées de façon plus anecdotique. Quant au murex, à la nasse et la gibbule, ils peuvent être placés parmi les accompagnatrices. Leur faible nombre peut être lié à la technique de fouille ayant sans doute écarté les toutes petites espèces.

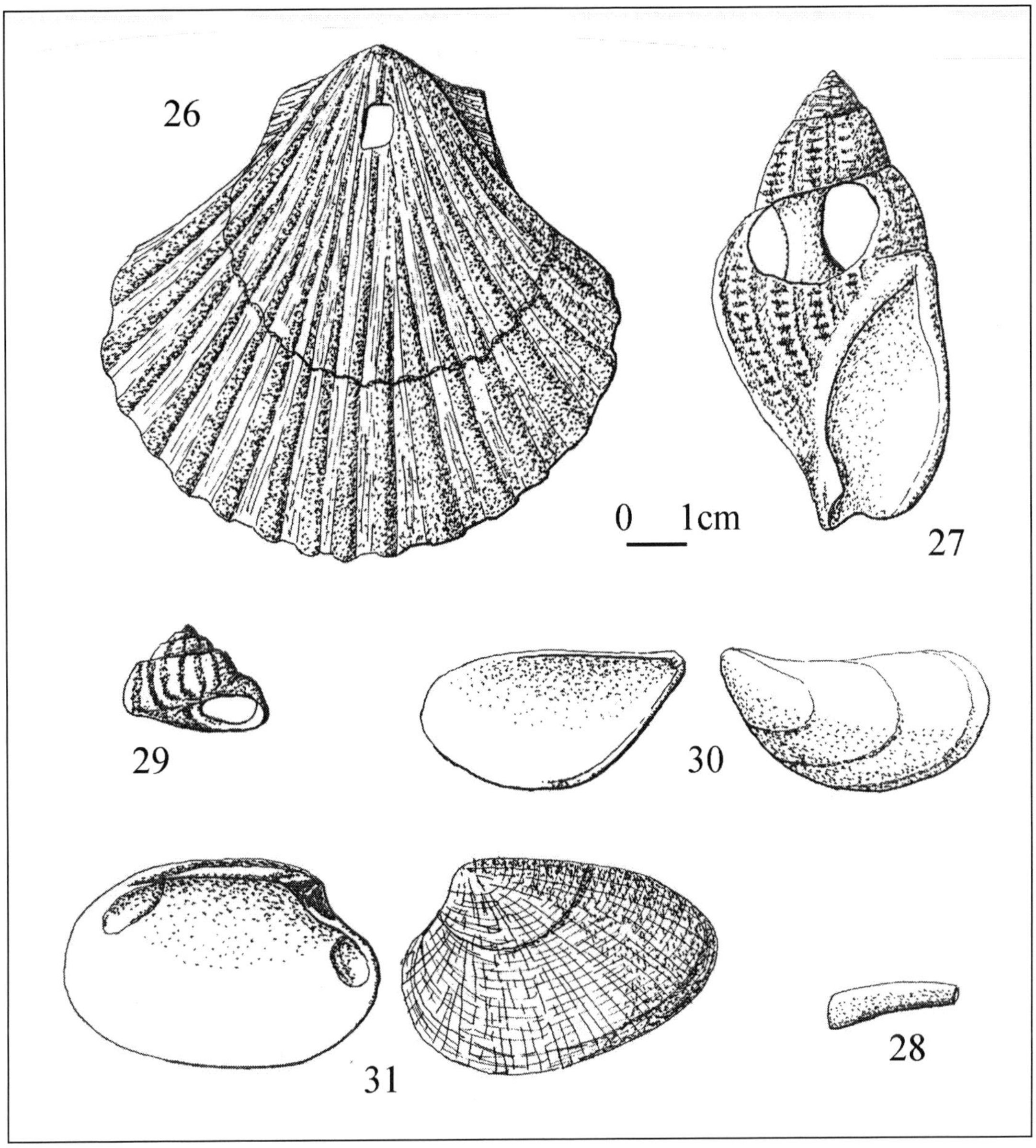

Fig. 117. La malacofaune marine de Téviec, Échantillon du Musée de Carnac[3] (Saint-Pierre-Quiberon, Morbihan) - 26 : *Pecten maximus ;* 27 : *Buccinum undatum ;* 28 : *Dentalium* sp. ; 29 : *Trochus magus ;* 30 : *Mytilus edulis ; 31 : Tapes decussatus* (Dessin : C. Dupont).

Liste des espèces	N.M.I.	% N.M.I.
Patella sp.	21	0,3
Littorina obtusata	2934	42,0
Nucella lapillus	35	0,5
Trivia monacha	3839	54,9
Ocenebra erinaceus	2	0,0
Nassarius reticulatus	126	1,8
Acanthocardia echinata	1	0,0
Laevicardium crassum	10	0,1
Pecten maximus	4	0,1
Dentalium sp.	9	0,1
Buccinum undatum	3	0,0
Lacuna parva	3	0,0
Total	**6987**	

Tableau 22. Bilan quantitatif de la parure en coquillages de Téviec

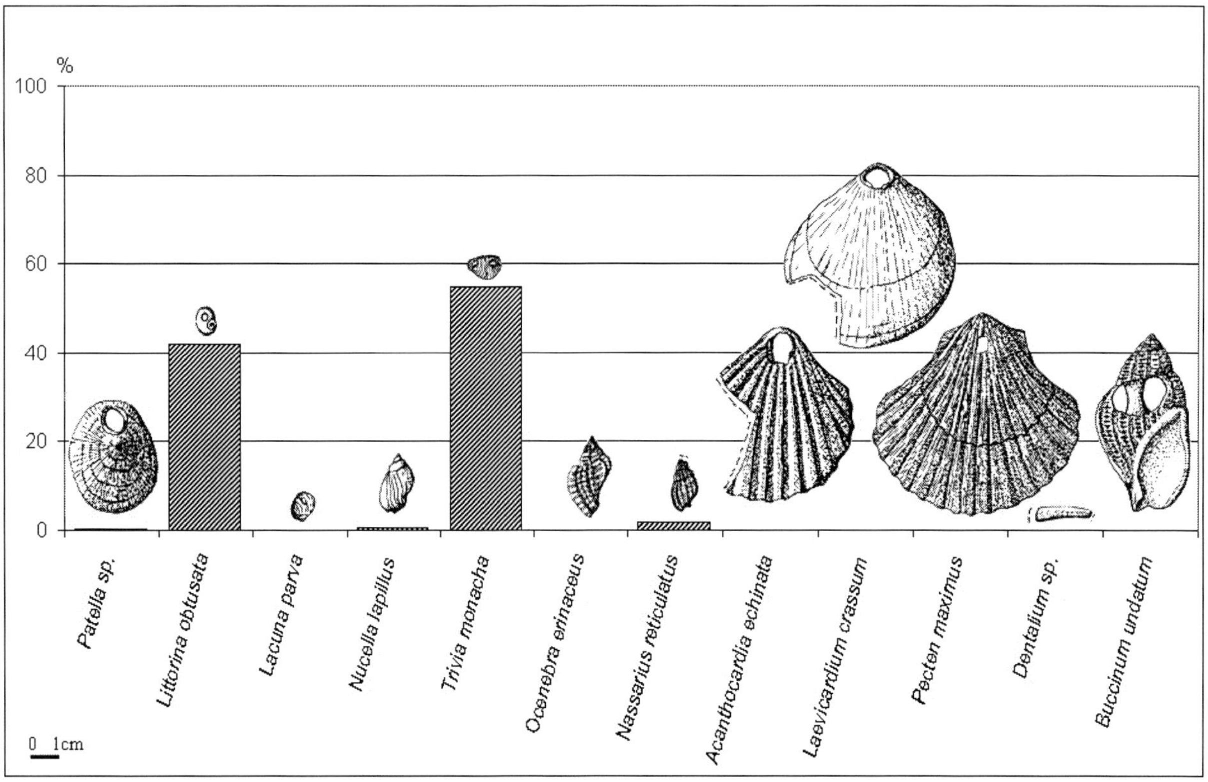

Fig. 118. Histogramme de distribution de la parure en coquillages de Téviec en nombre minimum d'individus (N.M.I. =6987)

Liste des espèces	Masse (g)	% Masse	N.M.I.	% N.M.I.	N.R.	% N.R.
Patella sp.	897	60,2	80	61,5	84	56,4
Osilinus lineatus	65	4,4	14	10,8	14	9,4
Nucella lapillus	3	0,2	2	1,5	2	1,3
Ocenebra erinaceus	10	0,7	2	1,5	2	1,3
Ostrea edulis	400	26,8	5	3,8	10	6,7
Mytilus edulis	2	0,1	2	1,5	2	1,3
Littorina littorea	18	1,2	9	6,9	9	6,0
Nassarius reticulatus	3	0,2	1	0,8	1	0,7
Laevicardium crassum	2	0,1	1	0,8	1	0,7
Pecten maximus	3	0,2	1	0,8	1	0,7
Lutraria sp.	70	4,7	3	2,3	5	3,4
Cerastoderma edule	12	0,8	7	5,4	14	9,4
Tapes decussatus	3	0,2	2	1,5	3	2,0
Trochus magus	2	0,1	1	0,8	1	0,7
Total	**1490**		**130**		**149**	

Tableau 23. Bilan quantitatif de la malacofaune utilisée comme nourriture à Téviec

5.4 – Les caractéristiques de l'acquisition de la malacofaune marine

5.4.1 - Le lieu de collecte

Le substrat

Quelle que soit l'utilisation faite de la malacofaune par les Mésolithiques de Téviec l'estran rocheux a été majoritairement exploité par l'homme, tandis que l'estran vaseux n'est pas représenté (Fig. 120-A. et B.). Le pourcentage du substrat sableux est légèrement supérieur pour la malacofaune consommée que pour celle ayant été utilisée dans la parure avec respectivement 6 et 2 %.

Malgré des substrats d'origine proches, les courbes en pourcentages cumulés mettent en évidence la présence d'espèces majoritaires différentes selon l'utilisation qui en est faite (Fig. 120-C.).

Le mode d'exposition de la côte

Les valeurs obtenues sur les deux seuls individus de pourpres qui ont pu être mesurés n'ont pas permis de préciser le mode d'exposition de leur biotope. En effet, les valeurs du rapport de la longueur du test sur la

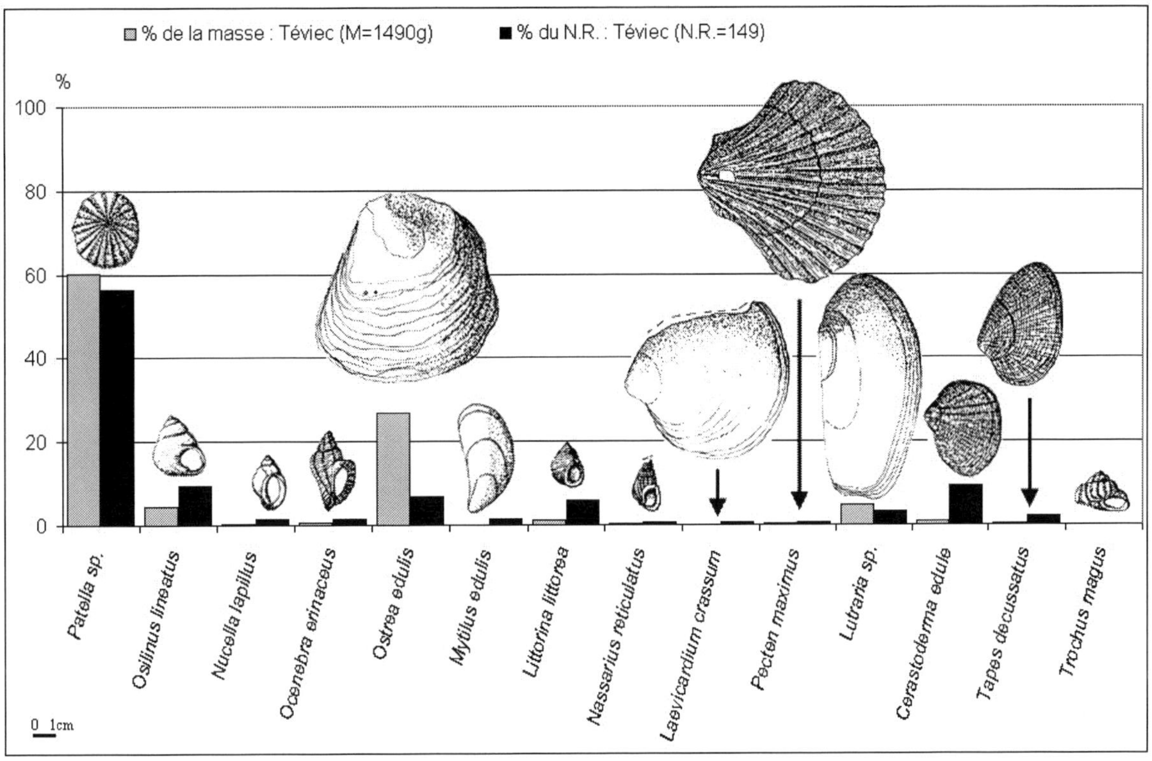

Fig. 119. Histogramme de distribution de la malacofaune utilisée comme nourriture à Téviec en masse et en nombre de restes

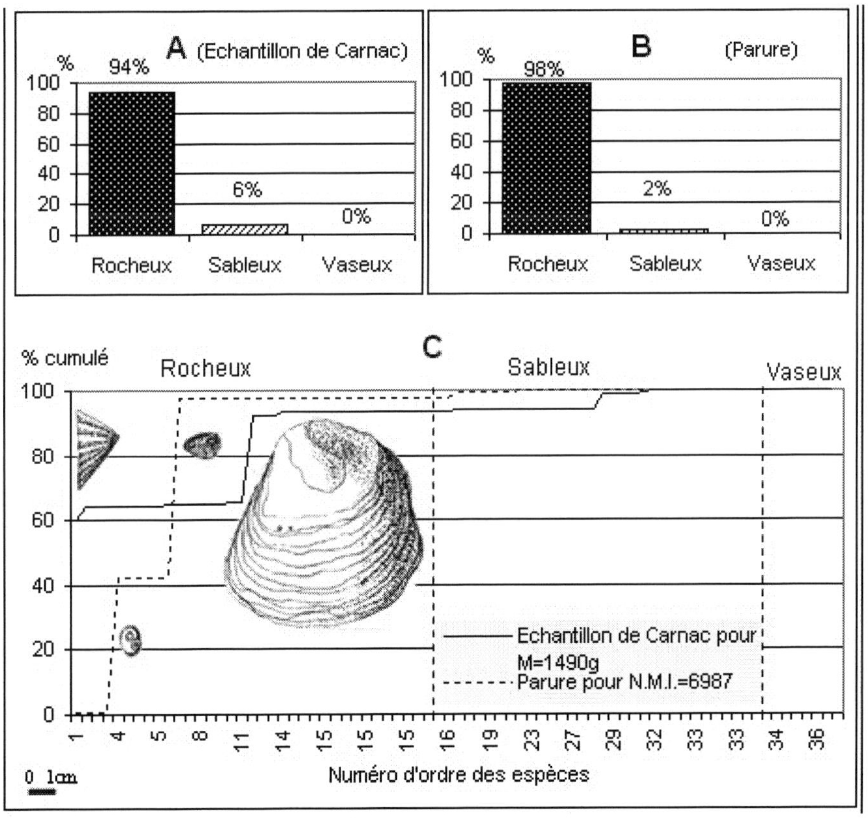

Fig. 120. Substrats d'origine de la malacofaune marine de Téviec : Histogrammes de distribution : A - Échantillon de Carnac (M=1,4kg), B - Parure (N.M.I.=6987), C - Diagramme des pourcentages cumulés de la masse ou du N.M.I.

largeur oscillent entre le milieu très battu et le très abrité (Fig. 121-A.). Une collecte en plusieurs endroits de la côte n'est pas non plus à exclure. À titre indicatif, l'unique nasse mesurée semble provenir d'un milieu moyennement abrité (Fig. 121-B.). Malheureusement, le nombre limité des pourpres et des nasses de ce site ne permettent pas d'identifier les modes d'exposition de leur lieu de vie.

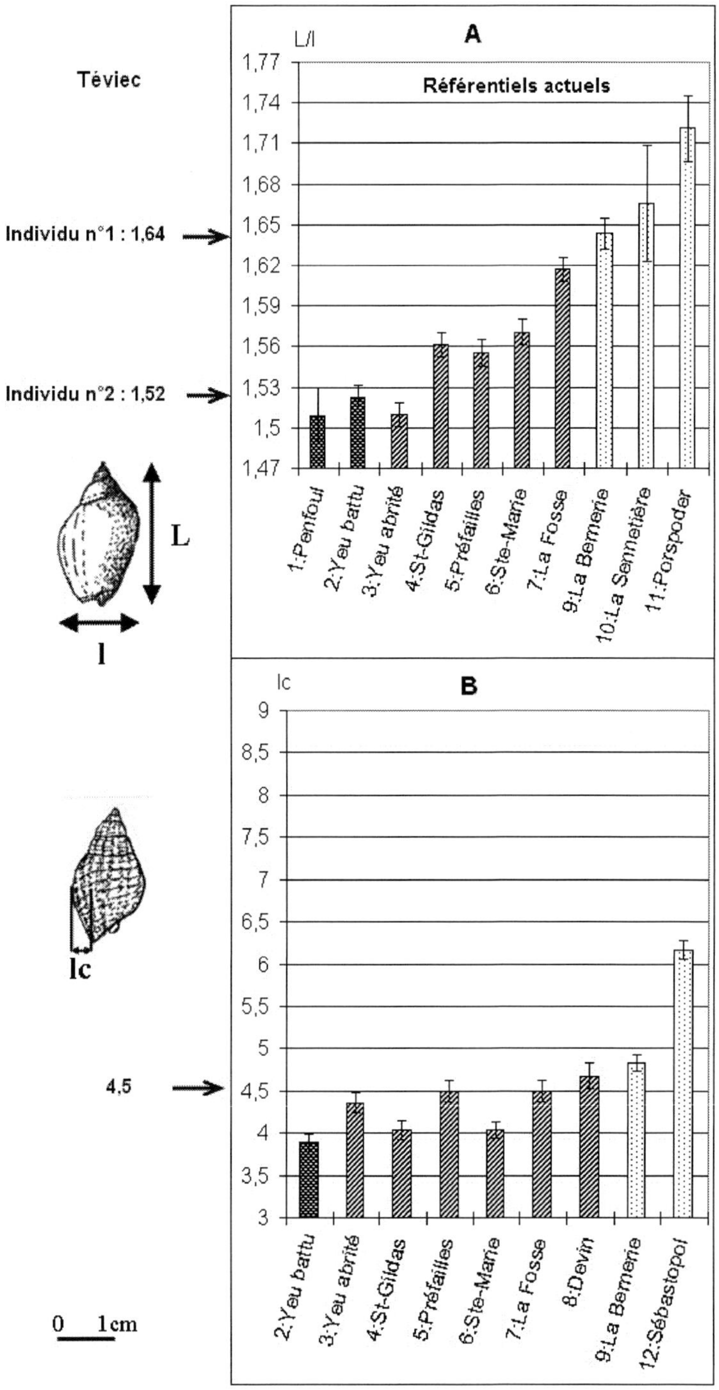

Fig. 121. Localisation des individus de Téviec en fonction du mode plus ou moins battu des échantillons de référence ; A – Répartition du rapport de la longueur sur la largeur des pourpres, B - Répartition de la largeur des trois dernières côtes des nasses.

Le niveau de l'estran exploité par l'homme

Les deux espèces majoritaires de l'alimentation de Téviec sont accessibles dès le haut niveau de l'estran tandis que celles de la parure le sont à partir du moyen et bas niveau (Fig. 122.). Cette observation se traduit par une proportion plus importante d'espèces strictement intertidales pour la nourriture (64,7 %) que pour la parure (0,3 %) (Fig. 123.).

Pour la nourriture, si les hauts niveaux de l'estran ont été exploités par l'homme, les bas niveaux l'ont aussi été. En effet, la présence de la lutraire le confirme ainsi que l'identification des trois espèces de patelles *Patella vulgata, P. ulyssiponensis* et *P. intermedia* (Fig. 115. n°2, n°9 et 10), de deux perforations du bigorneau perceur *Ocenebra erinaceus* sur une valve d'huître (Fig. 115. n°5), et de restes de balane (Fig. 116. n°25) . De plus, toutes les espèces consommées se répartissent jusqu'à la limite des plus basses mers à l'exception de la monodonte. Pour la parure, même si les deux principales espèces *Trivia monacha* et *Littorina obtusata* ont pu être collectées vivantes, 4 d'entre elles sont strictement subtidales.

Fig. 122. Position altitudinale des espèces le long de la côte : Téviec

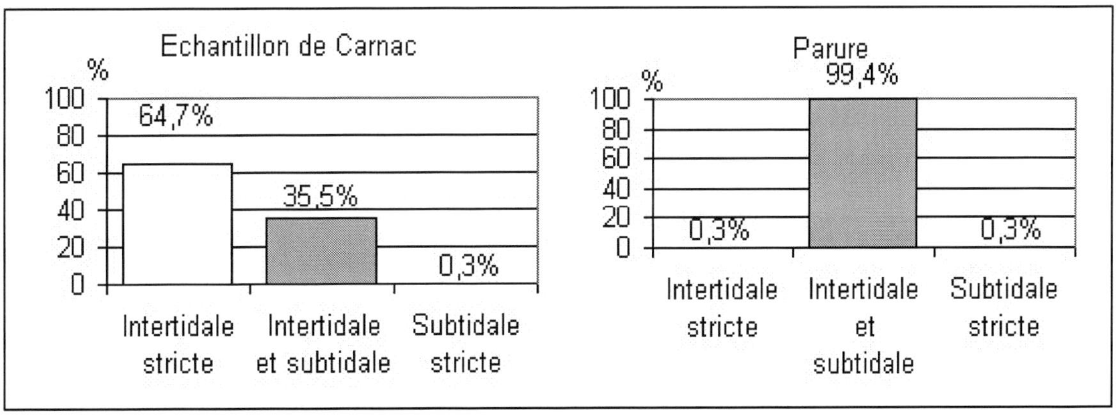

Fig. 123. Répartition du caractère intertidal et subtidal de la malacofaune marine de Téviec : Échantillon de Carnac (M=1,5kg) et Parure (N.M.I.=6987)

5.4.2 - La fréquence de la collecte

Des remarques similaires à celles exposées pour le site proche, à la fois géographiquement et chronologiquement, de Hoëdic peuvent être faites. Les coquillages alimentaires semblent accessibles quotidiennement à l'exception de la lutraire. Ceux composant la majorité de la parure le sont également. Cependant, la présence d'espèces strictement subtidales dans la composition de la parure, permet d'émettre l'hypothèse que les deux espèces majoritaires de la parure ont aussi pu être collectées échouées sur la plage.

5.4.3 - Les techniques de la collecte

Les deux espèces majoritaires, la patelle et l'huître plate, qui composent la nourriture, ont pu être collectées avec la même technique. En effet, le temps nécessaire à leur localisation est rapide. La désolidarisation de ces coquillages de leur support nécessite une dépense importante d'énergie et, souvent, l'utilisation d'un outil.

Des stigmates observés sur les tests confirment une collecte à l'état mort des éléments de parure. Ainsi, certaines valves présentent des cassures typiques concentriques qui suivent les lignes de croissance (Fig. 115. n°8 ; Fig. 116. n°16, n°20 et n°21). Elles sont localisées soit près du bord antérieur ou postérieur. Certains bords coquilliers présentent des lèvres arrondis par le ressac de la mer comme celui opposé à la charnière de la valve n°21 (Fig. 116.) ainsi que le labre et le canal siphonal du buccin n°27 (Fig. 117.). Cette usure marine semble d'ailleurs être pour ces deux cas à l'origine de la perforation du test.

5.4.4 - Le temps de déplacement et le transport

Selon les auteurs les plus hautes mers oscillaient entre – 12,4 et –2,4 m N.G.F. (soit entre – 9,8 et + 0,2 m C.M.) et les plus basses mers entre – 17,6 et –7,6 m N.G.F. (soit entre – 15 et – 5 m C.M.) sur la période que couvrent les datations obtenues à Téviec (Ters, 1973 ; Morzadec-Kerfourn, 1974 ; Pinot, 1975 ; Pirazzoli, 1991). Le tracé des – 10 m C.M. dans la baie de Quiberon représente le trait de côte potentiellement le plus éloigné à marée haute lors du fonctionnement du site (Fig.111., p.204). Il se localise actuellement à un kilomètre du site. Son opposé, le niveau des plus hautes mers le plus proche de la situation actuelle, placerait le trait de côte au niveau des plus basses mers actuelles. Il correspond grossièrement à la limite de l'estran actuel (Fig. 124.). Vers la fin du fonctionnement du site, la mer pouvait être distante de 50 mètres de l'amas coquillier. Le pourtour de l'île de Téviec étant rocheux, les remplissages sédimentaires ne biaisent pas la distance obtenue. Pour les datations les plus anciennes de Téviec, cette île pouvait être rattachée au continent même à marée haute (Rozoy, 1978 ; Demoule, 1990, p.113, ; Giot *et al.*, 1998, pp.191-193). Ce n'est peut être pas le cas pour les dates les plus récentes obtenues sur ce site. L'île de Téviec était alors largement rattachée au continent à marée basse comme en témoigne le tracé des - 5 m C.M. Les fonds actuels au large de Téviec sont rocheux. Cette zone est soumise directement à l'influence marine. La collecte d'espèces rocheuses pouvait donc se faire tout le long de l'estran à l'ouest du site. La zone présente entre l'île de Téviec et la presqu'île de Quiberon est sableuse. Elle pouvait être plus limitée au Mésolithique. Elle a, malgré tout, pu permettre l'installation d'espèces sableuses. Celles-ci ont pu être collectées au Mésolithique à marée basse. Enfin, la zone comprise entre l'île et la presqu'île de Quiberon pouvait être moins confinée qu'elle ne l'est actuellement, car peut-être plus profonde. Actuellement, aucune vasière n'est observée à proximité de l'île de Téviec. L'absence de collecte d'espèces de vase est, au vu de ces éléments, sans doute liée à l'absence de ce substrat à proximité de Téviec.

5.5 - Les caractéristiques de la transformation et de la consommation de la malacofaune marine

Comme pour Hoëdic, toutes les espèces composant la parure ont été perforées à l'exception du dentale percé naturellement à ces deux extrémités. Les bivalves et les gastropodes possèdent une unique perforation comme seul façonnage, sauf *Trivia monacha* ornée sur la face dorsale de deux perforations, en général, opposées mais pour 6 exemplaires du même côté (Fig. 116. n°14). Les gastropodes turbinés utilisés dans la parure sont tous perforés au niveau du dernier tour de spire à l'aplomb du péristome (Fig. 16. n°12 et n°19) et les bivalves soit au niveau du crochet, soit à l'umbo (Fig. 116. n°15, n°16, n°20 et n°21 ; Fig. 117. n°26). Les gastropodes coniques sont perforés soit latéralement ou au niveau de l'apex (Fig. 116. n°17 et n°18). L'ouverture large de l'exemplaire n°18 et son contour irrégulier permettent de douter de son utilisation en tant que parure. Plusieurs éléments de parure associés aux squelettes ont été évoqués par les fouilleurs : des résilles de tête, des colliers, des bracelets et des pendeloques (Péquart et Péquart, 1930). Même si, pour certains auteurs, l'encombrement des coquilles fait qu'elles n'ont sans doute pas été portées toute la journée (Rozoy, 1978, p.789), Y. Taborin souligne les traces 'd'usage montrant qu'il ne s'agit pas d'objets exclusivement funéraires' (Taborin, 1974). Ce caractère a pu être vérifié sur les quelques coquilles observées au Musée de Carnac, où à la fois des aplanissements de certaines zones de la coquille comme le bord columellaire et des étirements des perforations liés à la traction du lien ont été observés. Même si les fouilleurs n'ont pas évoqué la possibilité de parures cousues sur un support, cette hypothèse n'est pas à écarter. En effet, ils décrivent 'sur la poitrine et le bassin, une centaine de Littorines et Cyprées perforées' qu'ils associent à de probables colliers (Péquart et Péquart, 1930, p.30) mais ils auraient également pu correspondre à des éléments cousus sur un support. L'usure ventrale d'une des cyprées observées au Musée de Carnac va dans ce sens. Comme pour Hoëdic, Y. Taborin a décompté le nombre de parures en coquillages et les espèces en fonction des squelettes (Taborin, 1971, p.162). Elle note comme pour Hoëdic, une parure en coquillages moins

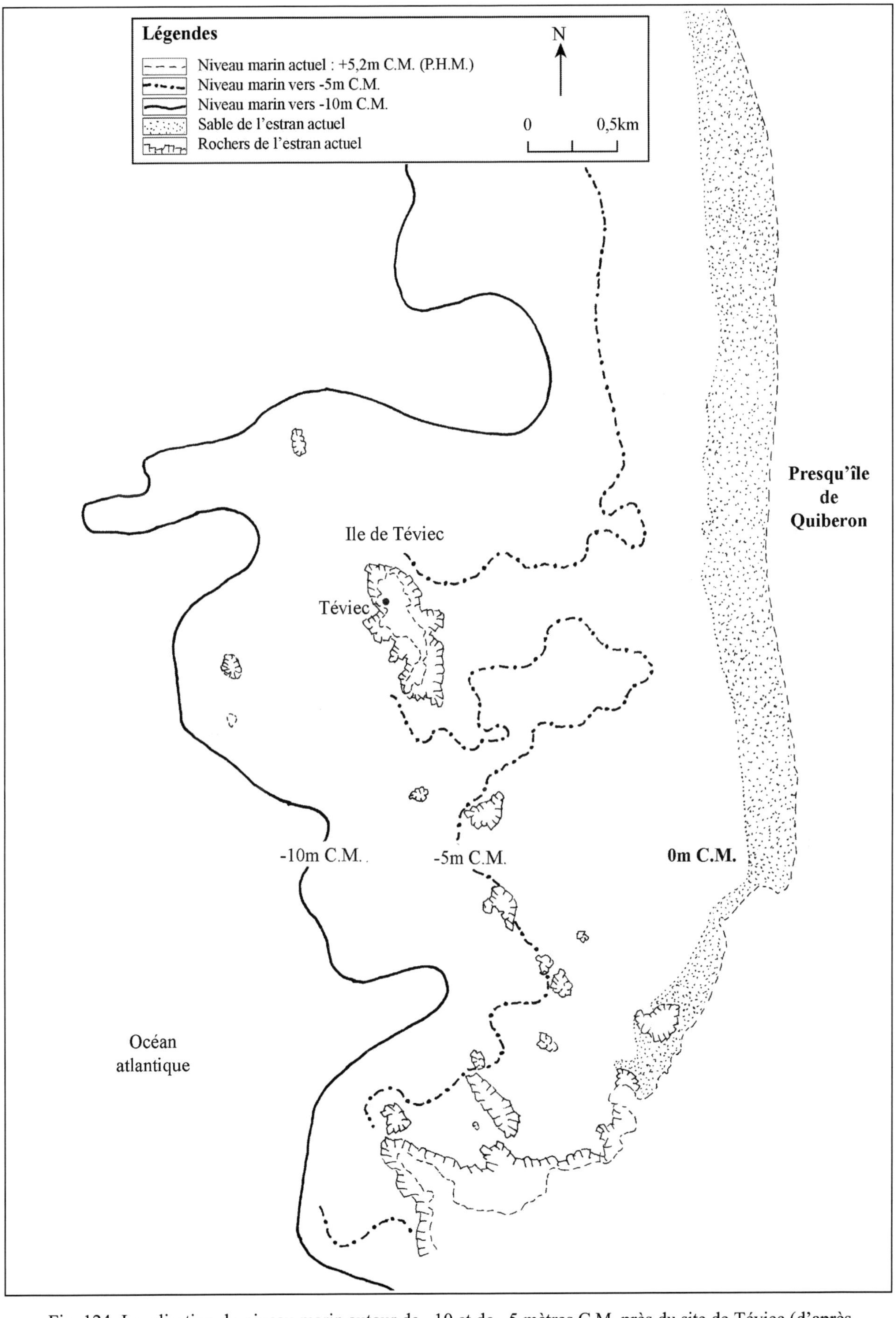

Fig. 124. Localisation du niveau marin autour de –10 et de –5 mètres C.M. près du site de Téviec (d'après S.H.O.M., 2001-2)

nombreuse pour les enfants. Les mêmes différences des ornements coquilliers (composition et organisation) ont été décrits entre les sujets adultes de sexe féminin et masculin pour Téviec qu'à Hoëdic (Taborin, 1974) (PartieIV-ChapitreI-B-4-5, p.171).

Comme pour Hoëdic le caractère limité de l'échantillon ne permet pas l'observation de stigmates liés à une utilisation alimentaire. L'amas coquillier de Téviec représente une zone de rejet alimentaire bien identifiée de 260 m² environ pour une épaisseur de 50 à 60 centimètres, dans lequel étaient associés, d'autres restes fauniques. La faible représentativité de l'échantillon déposé à Carnac ne permet pas la reconstitution d'une masse totale théorique des restes coquilliers composant l'amas.

5.6 – Résumé de l'étude malacofaunique de Téviec

Comme pour Hoëdic, les résultats présentés pour la malacofaune sont issus du croisement de plusieurs sources d'information. Deux espèces ont été majoritairement mangées et constituent plus de 87 % de la masse totale de coquilles composant l'amas coquillier de Téviec : l'huître et la patelle. La parure possède une composition binaire avec plus de 97 % du N.M.I. représentés par deux petites espèces : *Trivia monacha* et *Littorina obtusata*. Quelle que soit l'utilisation des tests, leur origine est majoritairement rocheuse. Le substrat rocheux était accessible à 1 km du site pour les plus bas niveaux potentiels et à 50 m pour les plus hauts. Les espèces d'origine sableuse sont, en proportions, très réduites (entre 2 et 6 %) et celles de vase sont inexistantes. L'absence de ce dernier substrat à proximité du site explique ce résultat. L'étude de la position de la malacofaune le long de l'estran montre que les espèces consommées sont accessibles dès les hauts niveaux tandis que les parures le sont à partir des moyens niveaux. Cette dernière utilisation se compose également d'espèces subtidales. De nombreux indices vont dans le sens d'un ramassage de tests échoués pour confectionner la parure. La collecte destinée à l'alimentation a pu s'exercer quotidiennement sur les rochers à l'aide d'une principale technique de collecte. Aucun stigmate de cette dernière utilisation n'a pu être directement observé. Pour la parure, on retrouve les mêmes caractéristiques que celles des précédents sites mésolithiques. La seule transformation apportée par les Mésolithiques est le percement du test. À nouveau, ces ornements ne sont pas uniquement destinés à une fonction sépulcrale mais ont été portés dans le monde du vivant.

Comme pour Hoëdic, les analyses isotopiques montrent une alimentation d'origine marine fortement marquée par rapport aux mammifères chassés (Schulting et Richards, 2001). Celle-ci ne se compose pas uniquement de coquillages. Des crustacés, des poissons, des cétacés et des oiseaux inféodés au milieu marin ont participé au régime alimentaire de ces Mésolithiques (Péquart *et al.*, 1937). Toute la diversité fournie par l'environnement marin a été exploitée. Les poissons pêchés témoignent de leur acquisition à proximité du rivage et les cétacés ont, sans doute, été ramassés échoués. La malacofaune n'a pas permis d'approfondir le mode de résidence de cette population. La présence de foyers aménagés et d'une nécropole plaident pour un temps de résidence prolongé de façon continue dans le temps ou de façon saisonnière. La faune et la flore consommées apportent des éléments dans ce domaine. En effet, certains oiseaux comme le guillemot et la cigogne peuvent témoigner de la fréquentation du site au printemps (Schulting, 1996). D'autres, comme le canard sauvage et siffleur, ont pu être chassés en hiver (Kayser, 1991). La présence d'animaux ayant pu être exploités pour leur fourrure comme la martre, le chat, le renard et le castor peuvent également concorder avec une fréquentation du site durant la période hivernale. Enfin, des restes de poires sauvages (Péquart *et al.*, 1937, p.12) indiqueraient la cueillette de ce fruit à l'automne. Tous ces éléments cumulés peuvent correspondre à une résidence prolongée de cette population. Si les témoins alimentaires strictement inféodés à la période estivale sont absents le spectre faunique est composé de plusieurs espèces accessibles toute l'année. Si une résidence continue de ce site ne peut être affirmée, une semi-permanence durant plus de la moitié d'une année peut l'être.

6 - Beg-er-Vil (Quiberon, Morbihan)

6.1 - La présentation du site

L'amas coquillier de Beg-er-Vil, situé sur la commune de Quiberon, a été repéré dans les années 1970 en coupe de falaise par G. Bernier (Bernier, 1970 cité dans Kayser, 1987) (Fig. 3., p.11). Après une fouille 'de reconnaissance' en 1985 correspondant à un sondage de 2 m de large sur 2,5 de long, O. Kayser décide d'y engager en 1987 une fouille programmée. Le site se présente sous la forme d'une couche de débris de cuisine épaisse de 50 centimètres environ, posée en partie sur le substrat rocheux, en partie sur une plage fossile et surmontée d'un sable dunaire de 20 à 30 centimètres d'épaisseurs (Fig. 125., Fig. 126-A et B.) (Kayser, 1987, p.2).

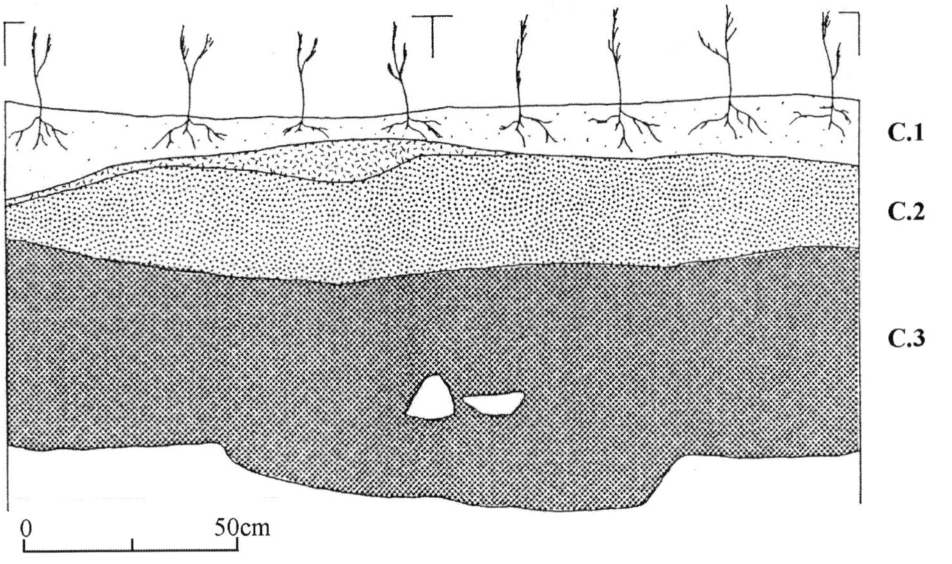

C.1 : Couche végétale, épaisseur: 0,10 à 0,15m; couleur gris très foncé.
C.2 : Couche dunaire, épaisseur: 0,10 à 0,30m; couleur rose.
C.3 : Amas coquillier, épaisseur: 0,50 à 0,60m; couleur brun gris très foncé.

Fig. 125. Stratigraphie de l'amas coquillier de Beg-er-Vil (d'après Kayser, 1987)

La surface alors ouverte en 1987, contiguë au sondage de 1985 est de 3 m de large sur 4 de long (Kayser, 1987, p.1). Ce site étant en progressive érosion, sa surface d'origine est bien difficile à évaluer, 100 m² en auraient été observés. Dans cette zone de rejet, plusieurs foyers plats non construits 'mais recouverts d'un lit de cailloux brûlés et d'huîtres mêlées à de nombreux débris fauniques et d'un fragment de mandibule humaine' et fosses dépotoir ont été identifiées (Kayser, 1990-1). Dans une de ces fosses de forme 'subrectangulaire de 1 m de large sur 1,5m' creusée à la base de l'amas des restes d'un grand bivalve ornés de croisillons ont été trouvés (Kayser et Bernier, 1988, p.45) (Fig. 126-C.). À sa surface, 'des vestiges osseux, pour la plupart carbonisée, étaient nombreux' (Kayser, 1990-1). L'amas majoritairement composé de coquilles possédait également des restes de faune terrestre, d'ichtyofaune et de crustacés marins (Kayser, 1990-1). La révision de la faune terrestre par A. Tresset a montré la présence uniquement d'animaux sauvages (Tresset, 2000). La domestication est donc absente de cet amas coquillier du Mésolithique final dont l'unique date effectuée sur coquille le place à 6020 ± 80 B.P. (Gif-7180) (Marchand, 2000, p.389) soit entre 4700 et 4315 av. J.-C. (cal. 2 sigmas) (Marchand, 1999). Ce site est le plus tardif de ceux pris en compte dans le Mésolithique final, au regard de la datation radiocarbone. Il se différencie des autres sites du téviécien par un usage exclusif des trapèzes symétriques (Marchand, 2000, p.389). Le matériel coquillier étudié par la suite correspond à un échantillon de la fouille de 1987. La méthode de fouille appliquée par O. Kayser consiste en des décapages réguliers (ou niveaux) fixés arbitrairement à 5 centimètres de la couche coquillière (Kayser, 1987) (Fig. 127.).

Les échantillons ont ainsi été référencés sous forme de quart de mètre carré du niveau 1 au 9, de la surface de l'amas vers la base de celui-ci. 'Chaque seau de sédiment a été tamisé à sec, puis le refus de tamis conservé dans des sachets' (Kayser, 1987, pp.1-2). Malheureusement, la maille du tamis n'est pas indiquée dans le rapport de fouille. J'ai étudié les refus de tamis de quatre quarts de mètre carré. Les colonnes AE20B, AE23B, AF21B et AG23B ont été sélectionnées pour la présence de séquences du niveau 1 à 9 les plus complètes parmi les échantillons conservés. Certains échantillons référencés sous le terme de 'fosse' (AE20 fosse, AE21-22 fosse, AE23 fosse, AF20 fosse, AG20 fosse et AG21 fosse) ont également été étudiés. J'ai trié le sédiment de ces quatre colonnes et des 'fosses' sous l'eau sur des tamis de mailles carrées de 1 et 5 millimètres de côté. La plus petite fraction a fait l'objet d'un contrôle visuel tandis que la plus grosse a été triée en partie.

A

B

C

Fig. 126. Observation de l'amas coquillier mésolithique de Beg-er-Vil en juin 2001 : A – Vue générale de l'amas en coupe ; B – Vue de détail de l'amas ; C – Bord du bivalve à décor en croisillons (Photographies A à B par Y. Gruet, C par C. Dupont)

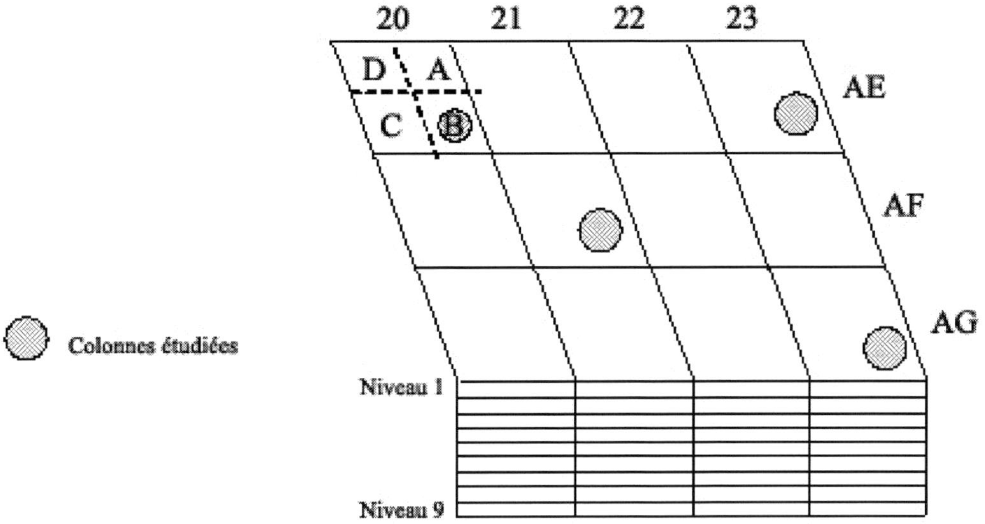

Fig. 127. Schéma synthétique de la fouille (d'après Kayser, 1987)

6.2 - La représentativité de l'échantillon et les techniques de fouille

6.2.1 - La comparaison des sources d'information

La distorsion que pourrait apporter un ramassage à vue par rapport à un tamisage a été recherchée sur du matériel de Beg-er-Vil. Après étalement du contenu des sachets de sédiment, les éléments bien visibles ont, dans un premier temps, été isolés du reste des échantillons. La totalité du matériel étant recouverte d'un sédiment noirâtre le critère de la taille a largement motivé ce ramassage à vue. Dans un second temps, ce qui reste de chaque échantillon a été passé sous l'eau à l'aide d'une colonne de tamis de mailles carrées de 5 et 1 millimètres. Étant donné l'extrême dégradation et l'abondance du matériel, seuls les éléments supérieurs à 5 millimètres ont été comptés. Le nombre de coquilles après tamisage comprend celles issues du ramassage à vue additionnées de celles de taille supérieure à 5 millimètres.

La diversité spécifique ainsi que les quantités relatives de chaque espèce du lot ramassé à vue ont été comparées à celles obtenues après tamisage (Tableau 24). Les espèces qui n'avaient pas été identifiées à vue (fond grisé dans le Tableau 24), sont au nombre de dix. La diversité spécifique passe de 13 espèces repérées à vue à 23 après un tamisage. La taille réduite de certaines espèces peut expliquer leur absence lors du ramassage à vue. C'est sans doute le cas de *Gibbula umbilicalis* (Fig. 128. n°11), *Lacuna parva* (Fig. 128. n°19), *Trivia monacha* (Fig. 128. n°20) et de *Hiatella* sp. (Fig. 128. n°22). Ces petites espèces ont pu être amenées par hasard fixées à d'autres produits marins, collectées volontairement par les hommes. D'autres espèces de grandes tailles ont également été identifiées, uniquement après tamisage, sous forme de rares débris comme *Callista chione* (Fig. 128. n°13), *Lutraria lutraria* (Fig. 128. n°23) et *Pecten maximus* (Fig. 128. n°21). Tandis que *P. maximus* est inaccessible à pied sec, *Callista chione* et *Lutraria lutraria* ne peuvent être collectées que lors de très basses mers de vive-eau. Leur faible présence dans l'amas peut s'expliquer par cet accès limité. La dernière catégorie, qui a été écartée par le ramassage à vue, comprend les tests d'une extrême fragilité : *Solen marginatus* (Fig. 128. n°15) et *Scrobicularia plana* (Fig. 128. n°18). Le cas de la scrobiculaire est tout à fait parlant. Aucun reste de ce bivalve n'avait été repéré par un ramassage à vue. Après tamisage, plus de 700 restes ont, cependant, été dénombrés.

De même, le faible nombre de restes de la moule *Mytilus edulis* (Fig. 128. n°12) détecté après un ramassage à vue faisait de celle-ci une espèce minoritairement collectée voire ramassée par hasard. Le tamisage démontre le contraire avec plus de 13000 restes. Les proportions relatives de chaque espèce par rapport à l'ensemble de la malacofaune ont été calculées en N.R. et en N.M.I. avant et après tamisage dans le but de voir si les espèces majoritaires étaient variables selon la technique de fouille (Tableau 25). D'un ramassage à vue à un tamisage les proportions de la moule sont multipliées par un coefficient de 77 en N.M.I. passant de 0,4 à 29 %. Selon la technique de collecte, les proportions et l'ordre des cinq espèces majoritaires sont variables (Fig. 129.). Ainsi, la moule est, après tamisage, au premier rang des espèces en N.M.I. La vision des territoires de collecte exploités peut donc se trouver biaisée en l'absence d'un tamisage.

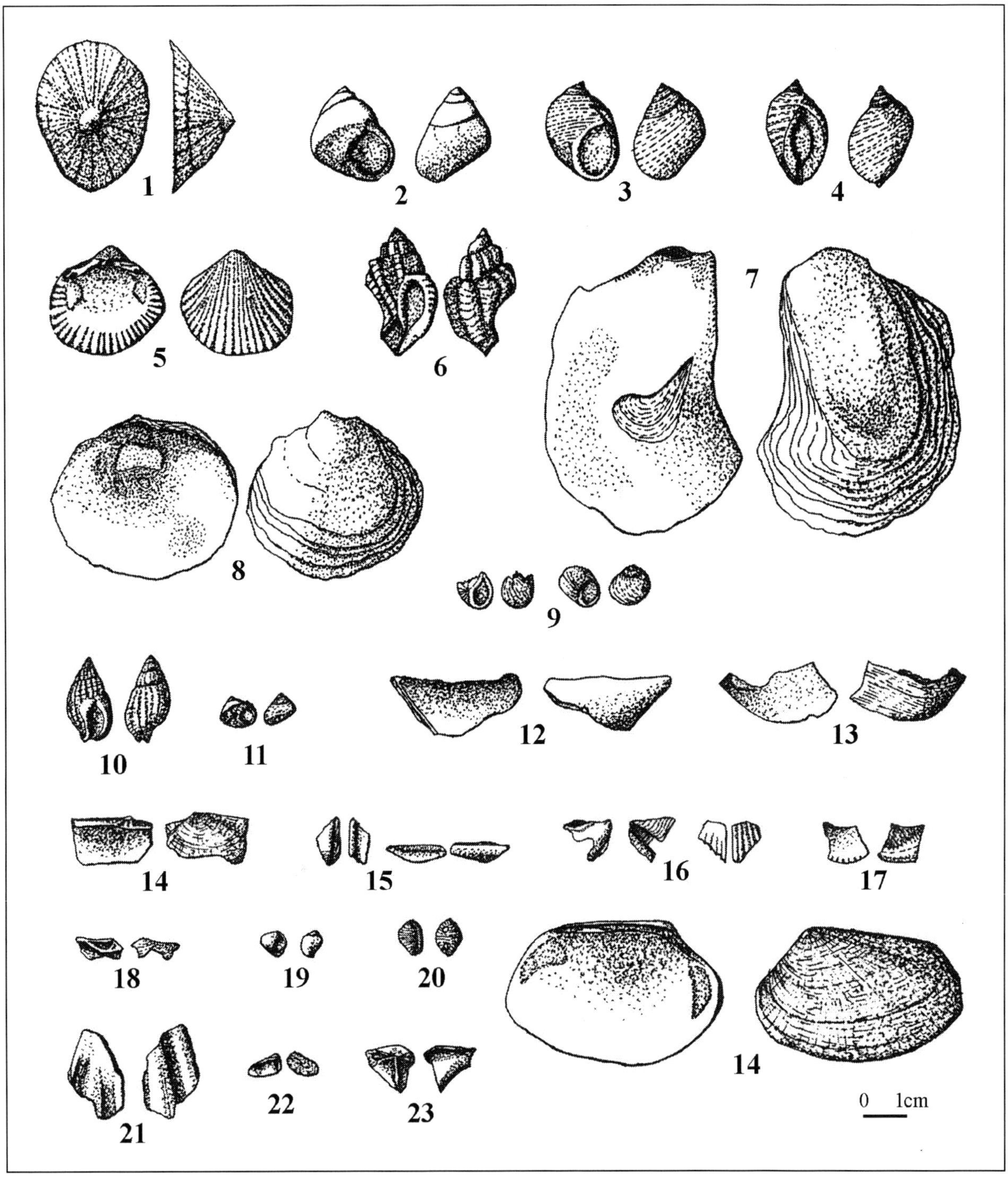

Fig. 128. La malacofaune marine de Beg-er-Vil (Quiberon, Morbihan) - 1 : *Patella* sp. ; 2 : *Osilinus lineatus* ; 3 : *Littorina littorea ;* 4 : *Nucella lapillus ;* 5 : *Cerastoderma edule ;* 6 : *Ocenebra erinaceus* ; 7 : *Ostrea edulis* ; 8 : *Anomia ephippium ;* 9 : *Littorina obtusata ;* 10 : *Nassarius reticulatus ;* 11 : *Gibbula umbilicalis ;* 12 : *Mytilus edulis ;* 13 : *Callista chione ;* 14 : *Tapes decussatus ;* 15 : *Solen marginatus ;* 16 : *Chlamys varia ;* 17 : *Glycymeris glycymeris ;* 18 : *Scrobicularia plana ;* 19 : *Lacuna parva ;* 20 : *Trivia monacha ;* 21 : *Pecten maximus ;* 22 : *Hiatella* sp. *;* 23 : *Lutraria* sp. (Dessin : C. Dupont).

Liste des espèces		N.R.	N.R.	%	N.M.I.	N.M.I.	%
Appellation scientifique	**Nom vernaculaire**	**V**	**T**	**N.R.V/N.R.T**	**V**	**T**	**N.M.I.V/N.M.I.T**
Patella sp.	La patelle	678	42321	1,6	507	1027	49,4
Osilinus lineatus	La monodonte	234	3076	7,6	140	251	55,8
Gibbula umbilicalis	La gibbule	0	9	0,0	0	8	0,0
Littorina obtusata	La littorine obtuse	5	11	45,5	4	11	36,4
Lacuna parva		0	2	0,0	0	2	0,0
Nucella lapillus	La pourpre	48	168	28,6	46	65	70,8
Trivia monacha	La cyprée	0	5	0,0	0	4	0,0
Ocenebra erinaceus	Le murex	2	9	22,2	2	5	40,0
Chlamys varia	Le vanneau	7	46	15,2	1	2	50,0
Ostrea edulis	L'huître plate	399	4288	9,3	50	50	100,0
Mytilus edulis	La moule	11	13176	0,1	5	1113	0,4
Littorina littorea	Le bigorneau	482	1883	25,6	435	633	68,7
Anomia ephippium	L'anomie	1	6	16,7	1	5	20,0
Hiatella sp.			1	0,0		1	0,0
Nassarius reticulatus	La nasse	3	12	25,0	2	5	40,0
Glycymeris glycymeris	L'amande	0	1	0,0	0	0	
Callista chione	Le vernis	0	4	0,0	0	0	
Pecten maximus	La coquille Saint-Jacques	0	1	0,0	0	0	
Lutraria sp.	La lutraire	0	4	0,0	0	2	0,0
Solen marginatus	Le couteau	0	30	0,0	0	2	0,0
Cerastoderma edule	La coque	308	17595	1,8	112	316	35,4
Tapes decussatus	La palourde	29	2963	1,0	4	218	1,8
Scrobicularia plana	La scrobiculaire	0	753	0,0	0	64	0,0
Indéterminé		0	116	0,0	3	3	100,0
Diversité spécifique		**13**	**23**		**13**	**20**	

N.R. V	*Nombre de **R**estes obtenus à vue*
N.R. T	*Nombre de **R**estes total obtenu après tamisage*
N.M.I. V	*Nombre **M**inimum d'**I**ndividus obtenu à vue*
N.M.I. T	*Nombre **M**inimum d'**I**ndividus total obtenu après tamisage*
(grisé)	*Espèces non identifiées à vue mais après tamisage*

% : Pourcentage du matériel reconnu à vue par rapport à celui décompté après tamisage

Tableau 24. Comparaison du nombre de restes et du nombre minimum d'individus à vue et après tamisage au sein du site mésolithique de Beg-er-Vil

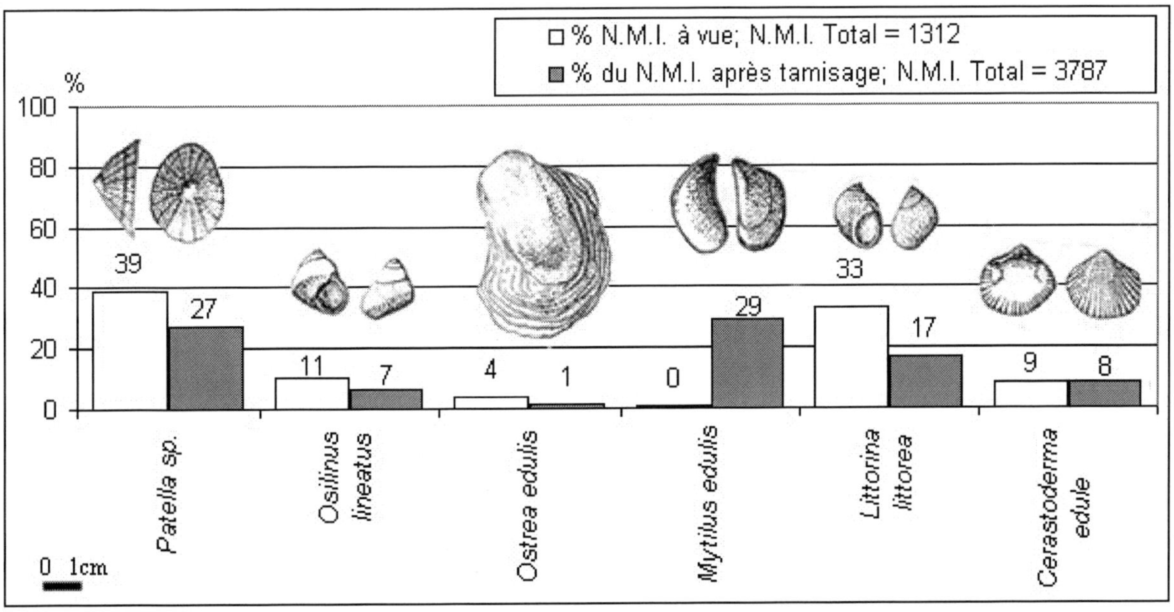

Fig. 129. Comparaison des spectres malacofauniques de Beg-er-Vil selon la technique de ramassage

Liste des espèces	N.R. V		N.R. T		N.M.I. V		N.M.I. T	
	%	N°	%	N°	%	N°	%	N°
Patella sp.	30,7	1	48,9	1	38,6	1	27,1	2
Osilinus lineatus	10,6	5	3,6	4	10,7	3	6,6	5
Gibbula umbilicalis	0,0		0,0		0,0		0,2	
Littorina obtusata	0,2		0,0		0,3		0,3	
Lacuna parva	0,0		0,0		0,0		0,1	
Nucella lapillus	2,2		0,2		3,5		1,7	
Trivia monacha	0,0		0,0		0,0		0,1	
Ocenebra erinaceus	0,1		0,0		0,2		0,1	
Chlamys varia	0,3		0,1		0,1		0,1	
Ostrea edulis	18,1	3	5,0		3,8	5	1,3	
Mytilus edulis	0,5		15,2	3	0,4		29,4	1
Littorina littorea	21,8	2	2,2		33,2	2	16,7	3
Anomia ephippium	0,0		0,0		0,1		0,1	
Hiatella sp.	0,0		0,0		0,0		0,0	
Nassarius reticulatus	0,1		0,0		0,2		0,1	
Glycymeris glycymeris	0,0		0,0		0,0		0,0	
Callista chione	0,0		0,0		0,0		0,0	
Pecten maximus	0,0		0,0		0,0		0,0	
Lutraria sp.	0,0		0,0		0,0		0,1	
Solen marginatus	0,0		0,0		0,0		0,1	
Cerastoderma edule	14,0	4	20,3	2	8,5	4	8,3	4
Tapes decussatus	1,3		3,4	5	0,3		5,8	
Scrobicularia plana	0,0		0,9		0,0		1,7	
Indéterminé	0,0		0,1		0,2		0,1	

% : Pourcentage de chaque espèce selon l'unité de décompte avec au total :
N.R. V = 2207 *N.M.I. V = 1312*
N.R. T = 86480 *N.M.I. T = 3787*
N° : Numéro d'ordre des cinq espèces majoritaires en fonction de l'unité choisie en ordre décroissant

Tableau 25. Proportion de chaque espèce selon la méthode de ramassage au sein du site de Beg-er-Vil

Les deux distributions obtenues avant et après tamisage ont été comparées en N.M.I. Afin de pouvoir appliquer un test du Chi-Deux (χ^2) à ces deux répartitions seules les espèces représentées par un N.M.I. égal à 5 ou supérieur ont été retenues (Tableau 26).

Après avoir calculé les effectifs théoriques, le Chi-Deux (χ^2) calculé est comparé à celui de la table du χ^2 pour un degré de liberté égal à 6 (Schwartz, 1980, pp.74-88). La valeur lue est de 12,59 au seuil de 0,05 (Schwartz, 1980, p.284). La différence entre les deux distributions est statistiquement significative.

Selon la technique de prélèvement utilisée à la fouille, la vision du spectre de la malacofaune ou, du moins, les proportions des espèces les plus abondantes sont significativement différentes.

Effectifs observés

Liste des espèces	N.M.I. V	N.M.I. T	Total lignes
Patella sp.	507	1027	**1534**
Osilinus lineatus	140	251	**391**
Nucella lapillus	46	65	**111**
Ostrea edulis	50	50	**100**
Mytilus edulis	5	1113	**1118**
Littorina littorea	435	633	**1068**
Cerastoderma edule	112	316	**428**
Total colonnes	**1295**	**3455**	**4750**

Effectifs théoriques

Liste des espèces	N.M.I. V	N.M.I. T
Patella sp.	418	747
Osilinus lineatus	107	183
Nucella lapillus	30	47
Ostrea edulis	27	36
Mytilus edulis	305	810
Littorina littorea	291	460
Cerastoderma edule	117	230

Chi-Deux	*: 580,97*
d.d.l.	*: 6*
Chi-Deux lue dans la table à un risque de 0,05	*: 12,59*

Tableau 26. Tableau de contingence de la répartition des espèces de Beg-er-Vil avant et après tamisage

6.2.2 - Vers un échantillon représentatif de l'ensemble des dépôts coquilliers

Les mêmes méthodes utilisées pour le site de Beg-an-Dorchenn ont été appliquées à l'amas coquillier de Beg-er-Vil.

Dans un premier temps, la diversité spécifique a été calculée en fonction du volume de sédiment trié (Fig. 130.). Elle augmente fortement jusqu'à 15 litres de sédiment triés. Elle croit plus lentement jusqu'à 50 litres, puis, tend ensuite à se stabiliser. L'apport d'une espèce vers 80 litres de sédiment trié est sans doute lié à la présence d'une espèce accompagnatrice. Le volume minimum de sédiment nécessaire à l'obtention de l'ensemble du spectre malacofaunique est proche de 50 litres.

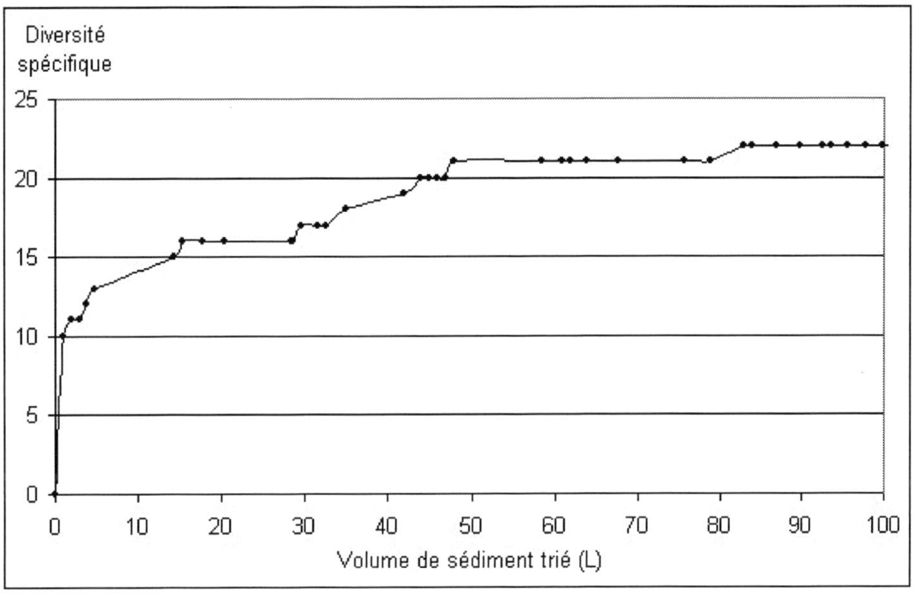

Fig. 130. Évolution de la diversité spécifique de Beg-er-Vil en fonction du sédiment trié

Volume de sédiment tamisé (L)	87		90		93		94		102		107
Espèces	Masse (g)	ε	Masse (g)	ε	Masse (g)	ε	Masse (g)	ε	Masse (g)	ε	Référentiel (g)
Patella sp.	4143,17	0,802	4379,17	0,08	4608,74	0,56	4697,24	0,54	5189,45	0,493	5404,36
Osilinus lineatus	746,66	0,576	776,56	0,67	788,47	1,22	831,11	0,512	942,99	0,298	987,34
Gibbula umbilicalis	1,6	0,249	1,6	0,29	1,6	0,33	2,54	0,126	2,54	0,007	2,64
Littorina obtusata	1,15	0,192	1,15	0,16	1,15	0,13	1,15	0,113	1,15	0,025	1,15
Lacuna sp.	0,21	0,082	0,21	0,07	0,21	0,05	0,21	0,048	0,21	0,011	0,21
Nucella lapillus	120,97	0,866	121,15	0,53	121,26	0,21	123,79	0,216	137,8	0,148	139,9
Trivia monacha	0,55	0,124	0,55	0,1	0,55	0,08	0,55	0,069	0,55	0,008	0,56
Ocenebra erinaceus	13,07	0,025	16,82	0,58	16,82	0,46	16,82	0,406	16,98	0,096	16,98
Chlamys varia	2,86	0,064	2,86	0,12	2,86	0,17	2,86	0,197	3,87	0,046	3,87
Ostrea edulis	1914,2	3,049	1952,22	2,23	1958,36	0,91	1970,81	0,453	2149,73	0,584	2257,93
Mytilus edulis	903,93	2,859	923,48	2,37	931,96	1,65	941,39	1,443	1010,27	0,406	1025,99
Littorina littorea	720,93	5,635	811,24	4,13	1000,64	0,28	1019,37	0,307	1153,71	0,122	1197,99
Autres espèces rocheuses	8,94	0,535	8,94	0,44	8,94	0,36	8,94	0,315	8,94	0,069	8,94
Nassarius reticulatus	4,42	0,125	5,97	0,31	5,97	0,24	5,97	0,208	6,15	0,058	6,15
Glycymeris glycymeris	0,12	0,062	0,12	0,05	0,12	0,04	0,12	0,037	0,12	0,008	0,12
Callista chione	0,65	0,487	0,65	0,52	0,65	0,55	0,65	0,563	1,68	0,03	1,68
Pecten maximus	0,83	0,163	0,83	0,13	0,83	0,11	0,83	0,096	0,83	0,021	0,83
Lutraria sp.	0,17	0,699	0,17	0,72	0,17	0,74	0,17	0,754	1,12	0,025	1,12
Solen marginatus	2,59	0,267	2,59	0,22	2,59	0,17	2,59	0,149	2,64	0,038	2,64
Cerastoderma edule	2948,16	0,212	3057,66	0,54	3132,6	1,33	3202,14	1,215	3746,5	0,782	3811,64
Tapes decussatus	459,51	0,868	462,18	0,26	462,9	0,37	473,24	0,333	556,79	0,445	560,55
Scrobicularia plana	28,91	0,552	29,78	0,61	30,17	0,73	31,57	0,632	41,11	$8*10^{-4}$	42,49
n	**12023,6**		**12555,9**		**13077,6**		**13334,1**		**14975,1**		**15475,1**

Tableau 27. Calcul de l'écart-réduit en fonction du sédiment trié de Beg-er-Vil

Le volume à partir duquel les proportions des différentes espèces ne varie pas de façon significative a été recherché. Comme précédemment, des pourcentages observés ont été comparés deux à deux pour chaque espèce présente. Pour l'amas coquillier de Beg-er-Vil le volume total de sédiment trié est, cette fois-ci, de 107 litres. Les valeurs obtenues pour les différents volumes sont présentées dans le Tableau 27.

Les volumes inférieurs à 87 litres n'ont pas été représentés dans ce tableau, ils présentent tous au moins un écart-réduit supérieur à 1,96. Au moins une espèce possède une proportion significativement différente de l'échantillon de référence. L'ensemble des proportions des espèces n'est pas significativement différent de l'échantillon de référence pour un risque de 0,05 pour un volume minimum de 93 litres de sédiment (Tableau 27). Ce résultat doit être pris avec précaution car ce test dépend du volume pris comme référence.

6.3 - La composition du spectre malacofaunique

Les 15 kilos de coquilles triées à Beg-er-Vil ont permis l'identification de 23 espèces (Fig. 128., Tableau 28) auxquelles il faut rajouter le *Laevicardium crassum* dont deux restes avaient été isolés lors de la campagne de fouille de 1985.

Les éléments de parure identifiés étant présents en nombre restreint, ils ont été pris en compte avec l'ensemble du spectre malacofaunique de l'amas coquillier. Seuls cinq parures en coquillages ont été identifiées du fait de la présence d'une ou de deux perforations sur ces tests : 3 *Trivia monacha* et 2 *Littorina obtusata* (Fig. 128., n°20, p.188). Quant aux restes de bivalves décorés de croisillons rencontrés carbonisés et éparpillés dans une fosse (Kayser et Bernier, 1988), il est difficile de savoir si cet objet appartenait à la parure ou à un autre objet de la vie courante.

La majeure partie des coquillages a, sans doute, été collectée dans le but d'être mangée. La répartition de la longueur de cinq espèces *Patella* sp., *Littorina littorea, Osilinus lineatus, Nucella lapillus* et *Cerastoderma edule* montre une sélection de grands individus (Fig. 131.). La moyenne des longueurs est respectivement pour chaque espèce de 26 ; 19 ; 18 ; 21 et 28 millimètres.

Liste des espèces	Masse (g)	% Masse	N.M.I.	% N.M.I.	N.R.	% N.R.
Patella sp.	5404,36	34,9	1027	27,2	42321	49,0
Osilinus lineatus	987,34	6,4	251	6,6	3076	3,6
Gibbula umbilicalis	2,64	0,0	8	0,2	9	0,0
Littorina obtusata	1,15	0,0	4	0,1	5	0,0
Lacuna parva	0,21	0,0	2	0,1	2	0,0
Nucella lapillus	139,9	0,9	65	1,7	168	0,2
Trivia monacha	0,56	0,0	4	0,1	5	0,0
Ocenebra erinaceus	16,98	0,1	5	0,1	9	0,0
Chlamys varia	3,87	0,0	2	0,1	46	0,1
Ostrea edulis	2257,93	14,6	50	1,3	4288	5,0
Mytilus edulis	1025,99	6,6	1113	29,5	13176	15,3
Littorina littorea	1197,99	7,7	633	16,8	1883	2,2
Anomia ephippium	8,81	0,1	5	0,1	6	0,0
Nassarius reticulatus	6,15	0,0	5	0,1	12	0,0
Glycymeris glycymeris	0,12	0,0			1	0,0
Callista chione	1,68	0,0			4	0,0
Pecten maximus	0,83	0,0			1	0,0
Lutraria sp.	1,12	0,0	2	0,1	4	0,0
Solen marginatus	2,64	0,0	2	0,1	30	0,0
Cerastoderma edule	3811,64	24,6	316	8,4	17595	20,4
Tapes decussatus	560,55	3,6	218	5,8	2963	3,4
Hiatella sp.	0,13	0,0	1	0,0	1	0,0
Scrobicularia plana	42,49	0,3	64	1,7	753	0,9
Total	**15475**		**3777**		**86360**	

Parure

Tableau 28. Bilan quantitatif de la malacofaune à Beg-er-Vil

La patelle est majoritaire avec 35 % de la masse totale de coquilles, puis la coque avec 25 % (Tableau 28, Fig. 132.). L'huître plate se démarque également avec 15 %. Seules trois autres espèces sont représentées à plus de 5 % avec en ordre décroissant : le bigorneau noir, la moule et la monodonte. Les pourcentages de certaines espèces sont variables selon l'unité choisie. Ainsi la grande taille de l'huître tend à la surestimer en masse par rapport à son nombre de restes. Au contraire, pour une espèce au test très fin et friable comme la moule, son pourcentage est plus important si on considère le N.R. que la masse. Cependant, quelle que soit l'unité choisie, les espèces majoritaires restent les mêmes. À celles-ci, s'ajoutent *Nucella lapillus* (Fig. 128. n°4, p.188), *Solen marginatus* (Fig. 128. n°15, p.188) et *Scrobicularia plana* (Fig. 128. n°18, p.188) qui ont pu être consommés secondairement.

La taille très réduite de *Gibbula umbilicalis, Littorina obtusata, Lacuna parva, Trivia monacha, Nassarius reticulatus, Hiatella* sp. (Fig. 128. n°9 à 11, n°19, n°20 et n°22, p.188) et le faible nombre de restes d'*Ocenebra erinaceus, Glycymeris glycymeris, Anomia ephippium, Callista chione, Pecten maximus* et *Lutraria* sp. (Fig. 128. n°6, n°13, n°16, n°17, n°21 et n°23, p.188) tendent à placer ces espèces dans cette catégorie des accompagnatrices.

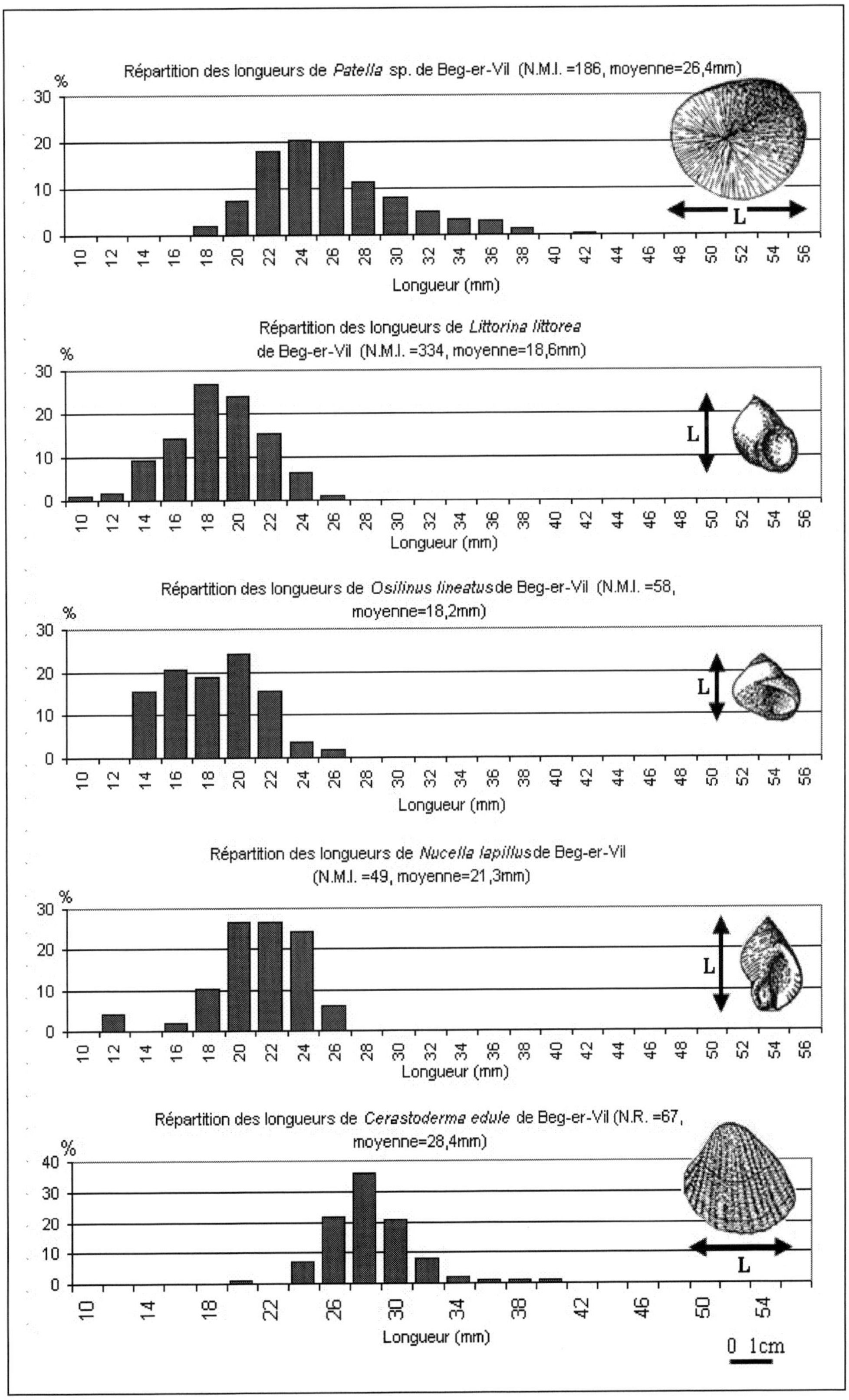

Fig. 131. Répartition des longueurs de cinq espèces de Beg-er-Vil

Les données ayant été enregistrées par quart de mètre carré sur des niveaux de 5 centimètres d'épaisseur, il paraissait intéressant de vérifier si les proportions des espèces majoritaires variaient de la même façon selon l'emplacement du prélèvement au sein de l'amas. Quatre colonnes, parmi le matériel étudié permettent une telle observation (Fig. 133.). La variabilité observée peut être liée à la formation du dépôt à la fois horizontalement et verticalement ainsi qu'à une succession de petites accumulations parfois monospécifiques. Ce fait montre la difficulté des fouilles à niveaux horizontaux où un même niveau en des endroits différents de l'amas ne correspond pas à des dépôts simultanés dans le temps.

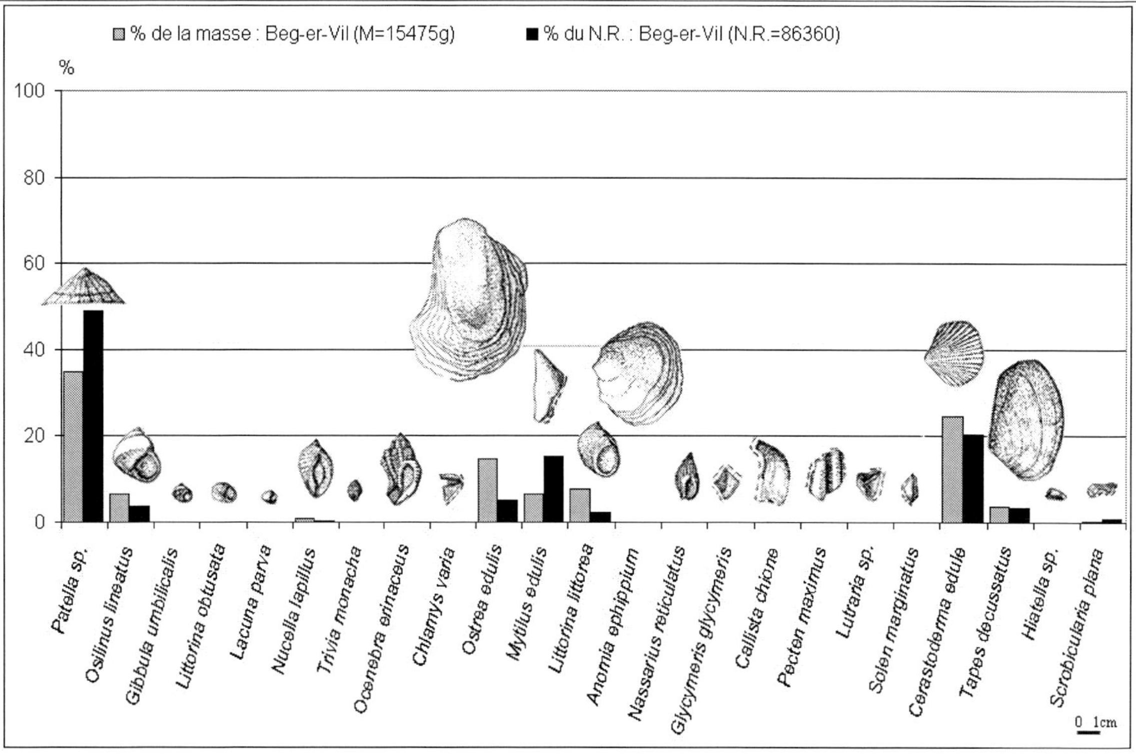

Fig. 132. Histogramme de distribution de la malacofaune de Beg-er-Vil en masse (M =15,5kg) et en nombre de restes (N.R. =86360)

La proportion de l'huître plate semble, malgré tous ces problèmes de méthode de fouille, légèrement plus abondante dans le niveau 6 et plus limitée en surface. Est-ce un phénomène lié à une exploitation plus intensive de l'huître ou à la taphonomie ? Le faible nombre de coquilles intactes de cette espèce (seulement 7 dans le niveau 6) ne permet pas de conclure (Tableau 29).

De même, les variations de la taille des espèces en fonction des niveaux ne traduisent pas de nette évolution (Fig. 134.). Le nombre limité d'individus par passe, malgré un regroupement des données de tous les carrés étudiés, limite l'interprétation.

	niveau2		**niveau3**		**niveau4**		**niveau5**		**niveau6**		**niveau7**		**niveau8**		**niveau9**	
	Moy	**N**	**Moy**	**N**	**Moy**	**N**	**Moy**	**N**	**Moy**	**N**	**Moy**	**N**	**Moy**	**N**	**Moy**	**N**
***Patella* sp.**							26,7	2	26,3	1	27	13			27,4	21
Osilinus lineatus	18,3	7	19,8	12	16,4	7	16,7	6	19,3	2	17,4	6	18	2	18,3	7
Ostrea edulis							57,9	4	84,1	7	59,3	3	69,7	3	61,2	7
Littorina littorea	18,2	8	17,2	43	17,3	22	17,4	31	18,1	36	18,5	68	17,4	12	19,4	59
Cerastoderma edule	31,8	2	29,6	9	27,7	14	29,6	14	28	11	28,1	14	28,2	4	28	8
Nucella lapillus	23,5	3	21,3	6	22,5	5	22,2	6	20,2	3	20,6	16	21,3	2	19,2	4

Tableau 29. Moyenne de la taille observée (Moy) et nombre de coquilles mesurées (N) selon les niveaux de fouille de Beg-er-Vil.

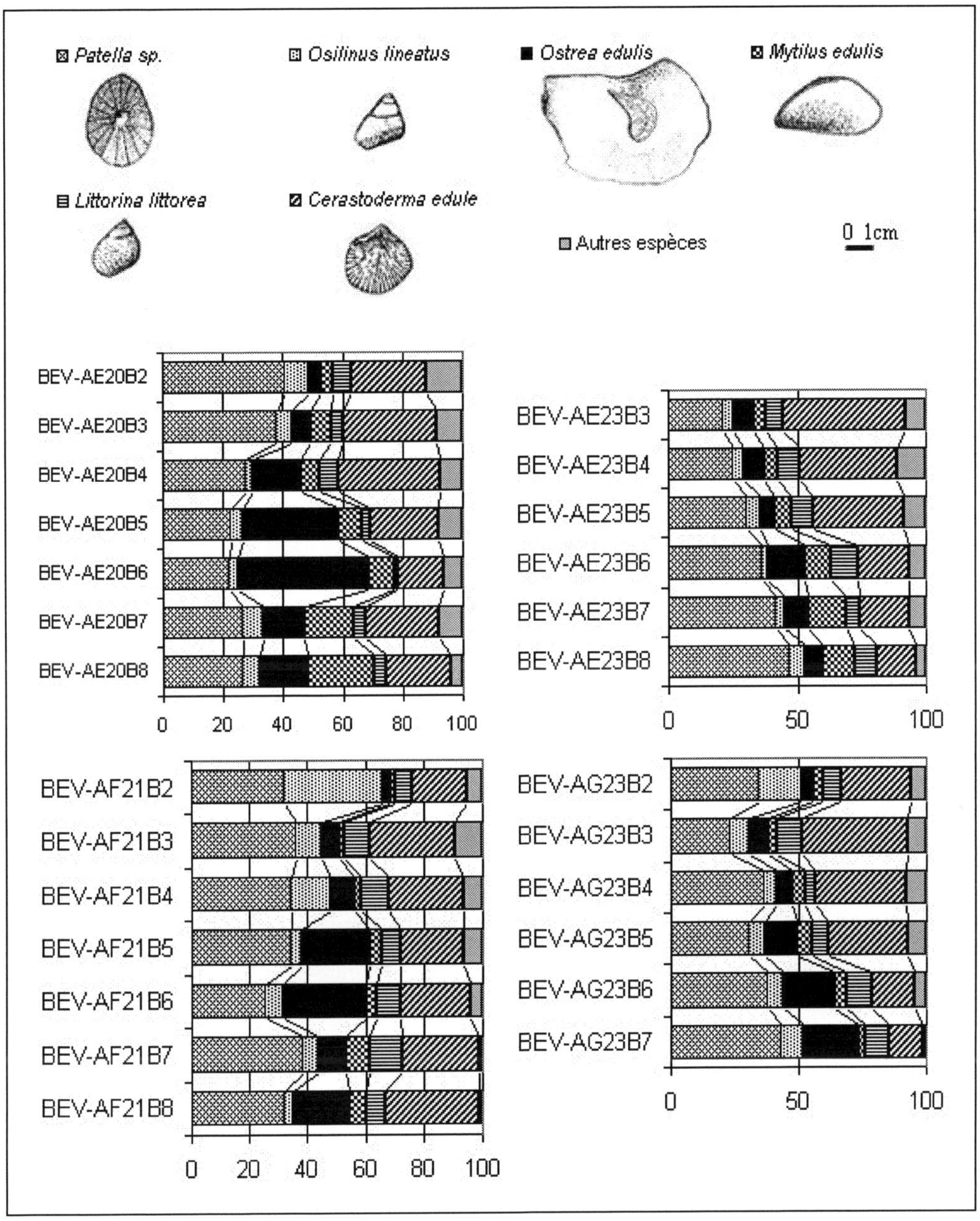

Fig. 133. Proportions des espèces selon de la stratigraphie de Beg-er-Vil en fonction de la masse (M=15,5kg)

Enfin, plusieurs fosses avaient été repérées à la fouille. Elles se distinguaient du reste de l'amas par un remplissage de sédiment sableux et ont été interprétées comme un 'réemploi comme dépotoir d'une fosse de stockage' (Kayser, 1987, p.7). Il me paraissait intéressant de vérifier si au sein de ces structures les coquilles présentaient ou non le même état de dégradation que celles trouvées sur le reste de l'amas (Fig. 135.). Ces fosses creusées dans l'amas présentent une plus faible dégradation des coquilles avec une proportion du type 5 plus faible par rapport aux autres aires de l'amas et inversement un type 0 plus important qu'ailleurs. Cette meilleure conservation des coquilles dans ces structures peut être due à une absence de piétinement de ces zones de l'amas, à un remplissage sableux et à un agencement de blocs de pierres délimitant ces fosses. Elles ont donc très bien pu avoir une fonction de stockage.

6.4 – Les caractéristiques de l'acquisition de la malacofaune marine

6.4.1 - Le lieu de collecte

Le substrat.

Comme l'avait déjà souligné O. Kayser (Kayser, 1990-1, p.64), le substrat rocheux a été majoritairement exploité avec 71 %, puis le substrat sableux avec 28 % de la masse totale des coquilles (Fig. 136-A.). Même si l'huître peut s'installer sur des fonds de galets intermédiaires aux substrats rocheux et sableux, la patelle et la monodonte strictement inféodées au milieu rocheux représentent, à elles seules, plus de 60 %. Le substrat vaseux n'est que très faiblement représenté. La courbe des pourcentages cumulés des espèces par rapport à la masse de coquilles retenues à la fouille montre bien la dualité entre les deux substrats exploités (Fig. 136-B.). Tandis que l'exploitation du milieu sableux est basée sur la sélection de la coque, celle du milieu rocheux est plus diversifiée.

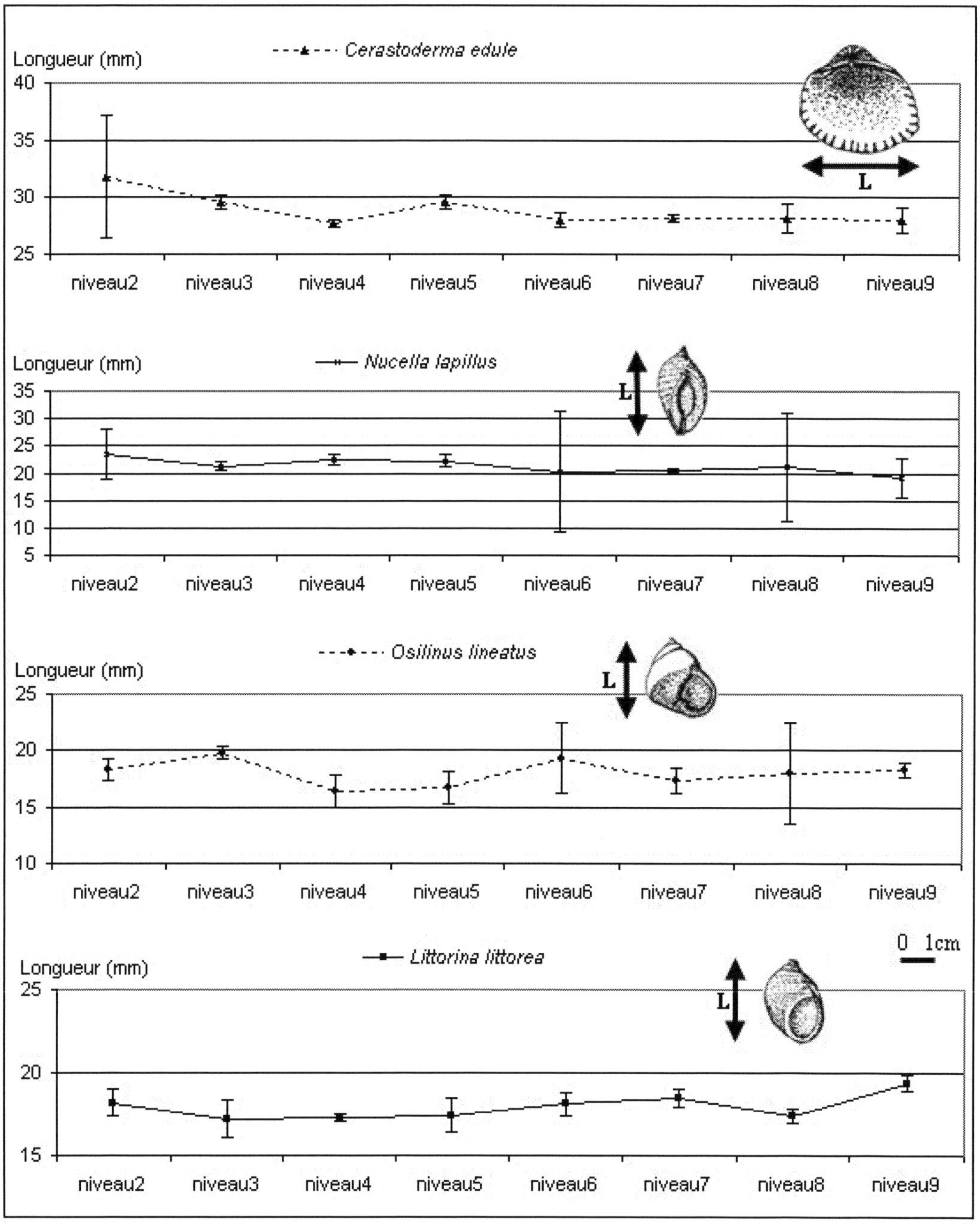

Fig. 134. Variations de la moyenne de la longueur de quatre espèces selon la stratigraphie de Beg-er-Vil

Le mode d'exposition de la côte

Pour le site de Beg-er-Vil 49 individus de pourpres ont été mesurés. La variabilité du rapport de la longueur sur la largeur de la coquille comprise entre 1,54 et 1,58 pour un risque de 0,05 avec une moyenne de 1,56 témoigne d'une collecte de ces individus en un milieu moyennement à assez battu (Fig. 137-A.). Quant à la nasse, le nombre limité d'individus mesurés (seulement 5) ne permet pas de définir le caractère plus ou moins battu de leur biotope (Fig. 137-B.). D'autre part, le faible pourcentage de coquilles provenant du substrat vaseux peut indiquer l'absence d'un confinement important de la côte proche de Beg-er-Vil.

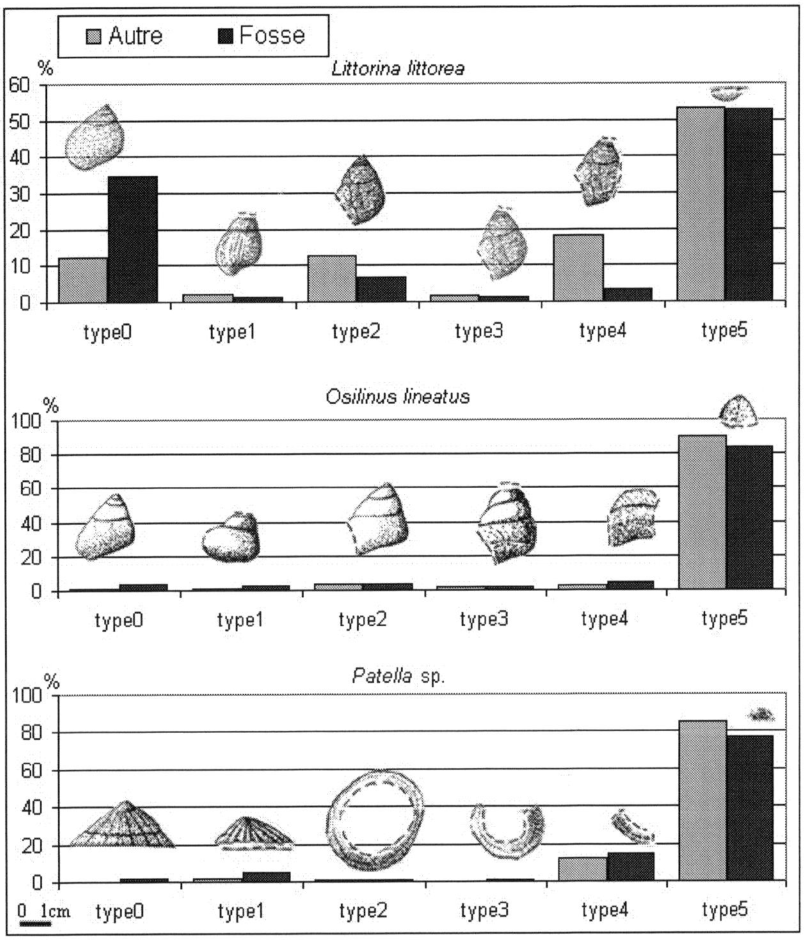

Fig. 135. Comparaison de l'état de dégradation de trois espèces en fonction de leur position dans ou à l'extérieur des 'fosses' identifiées à la fouille de Beg-er-Vil

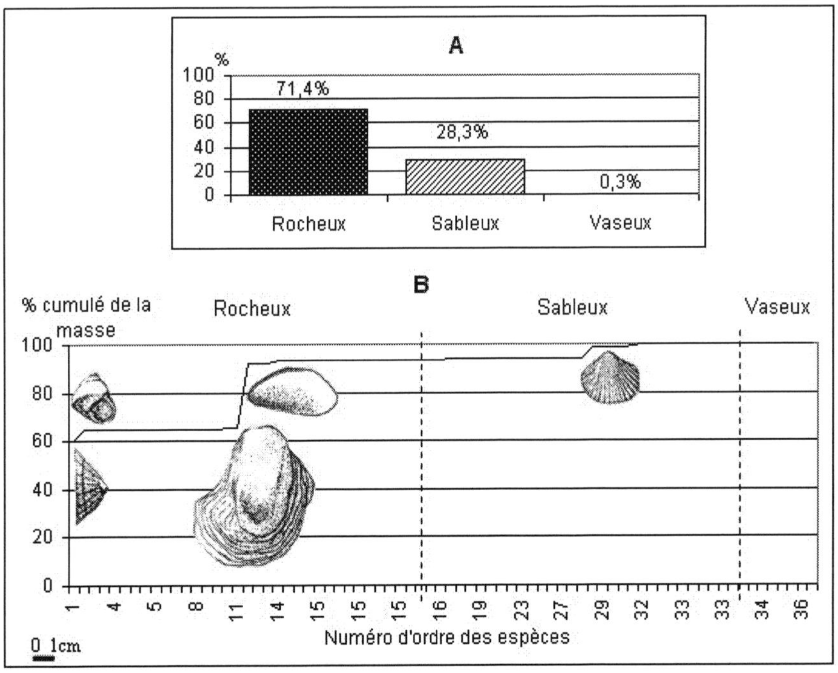

Fig. 136. Substrats d'origine de la malacofaune marine de Beg-er-Vil (M =15,5kg) : A - Histogramme de distribution, B - Diagramme des pourcentages cumulés de la masse

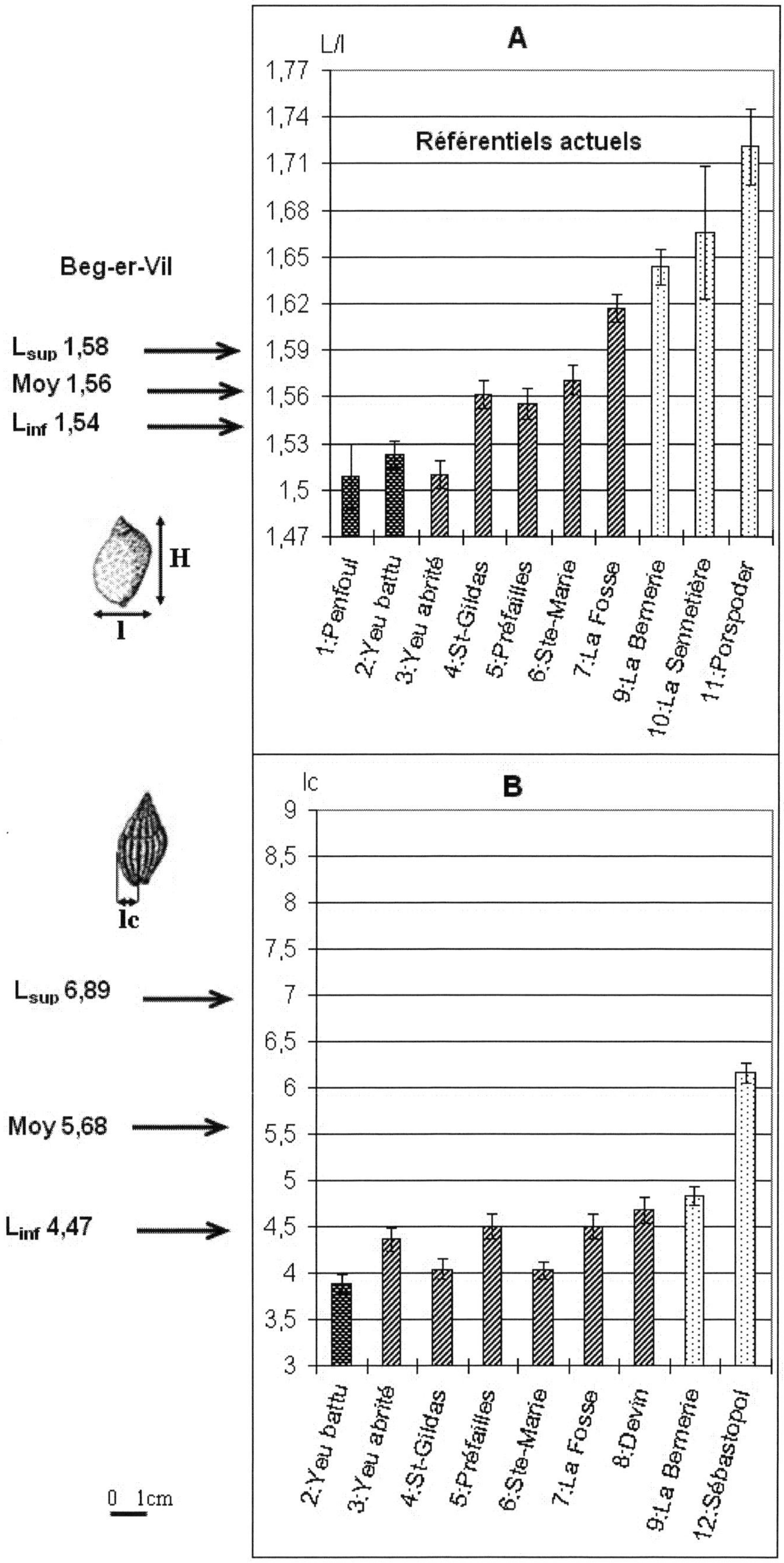

Fig. 137. Localisation des individus de Beg-er-Vil en fonction du mode plus ou moins battu des échantillons de référence : A - Répartition du rapport de la longueur sur la largeur des pourpres, B - Répartition de la largeur des trois dernières côtes des nasses ; L_{sup} : Limite supérieure de l'intervalle de confiance de la moyenne, Moy : Moyenne, L_{inf} : Limite inférieure de l'intervalle de confiance de la moyenne.

Le niveau de l'estran exploité par l'homme

La proportion d'espèces strictement subtidales est minime (Fig. 138). Elle se compose de deux espèces représentées chacune par un unique reste et appartenant à la malacofaune accompagnatrice (Fig. 139.).

Toutes les espèces consommées majoritairement ou secondairement sont intertidales. Parmi celles-ci, la patelle est accessible dès le haut niveau de l'estran tandis que la coque et la moule le sont à partir du niveau moyen. On peut donc conclure à une collecte au moins du haut au moyen niveau de l'estran, l'exploitation des plus bas niveaux de la zone intertidale n'étant pas exclue.

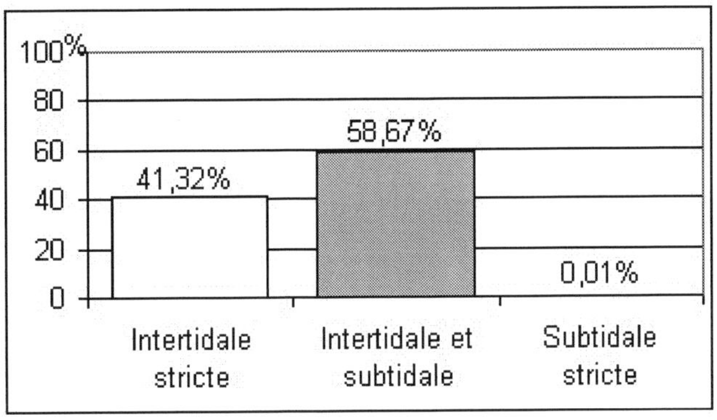

Fig. 138. Répartition du caractère intertidal et subtidal de la malacofaune marine : Beg-er-Vil (M =15,5kg)

Fig. 139. Position altitudinale des espèces le long de la côte : Beg-er-Vil

6.4.2 - La fréquence de la collecte

Sur l'ensemble du matériel observé à Beg-er-Vil, 77 restes de palourdes ont pu être mesurés. La moyenne, se rapproche de celle des référentiels du mois d'avril (Fig. 140-A.). Elle s'en écarte cependant par un intervalle de confiance légèrement supérieur. La répartition du taux de croissance des coquilles lors de leur collecte montre un étalement plus important de la collecte que ne le suggérait la moyenne (Fig. 140-B.). En effet, deux pics traduisent une collecte intense du tout début du printemps au début de l'automne. Le pourcentage de palourde est légèrement plus faible pour le taux de croissance entre 0,3 et 0,6. Cela se traduit par l'apparition d'un palier au niveau de la courbe cumulée du rapport n/n_{-1} et peut correspondre à une collecte légèrement plus faible et momentanée de cette espèce à la fin du printemps (Fig. 140-C.). Ces données prouveraient une collecte de la palourde pendant au moins la moitié de l'année. La moyenne associée à son intervalle de confiance montre une différence de variabilité suivant les niveaux identifiés à la fouille (Fig. 141.).

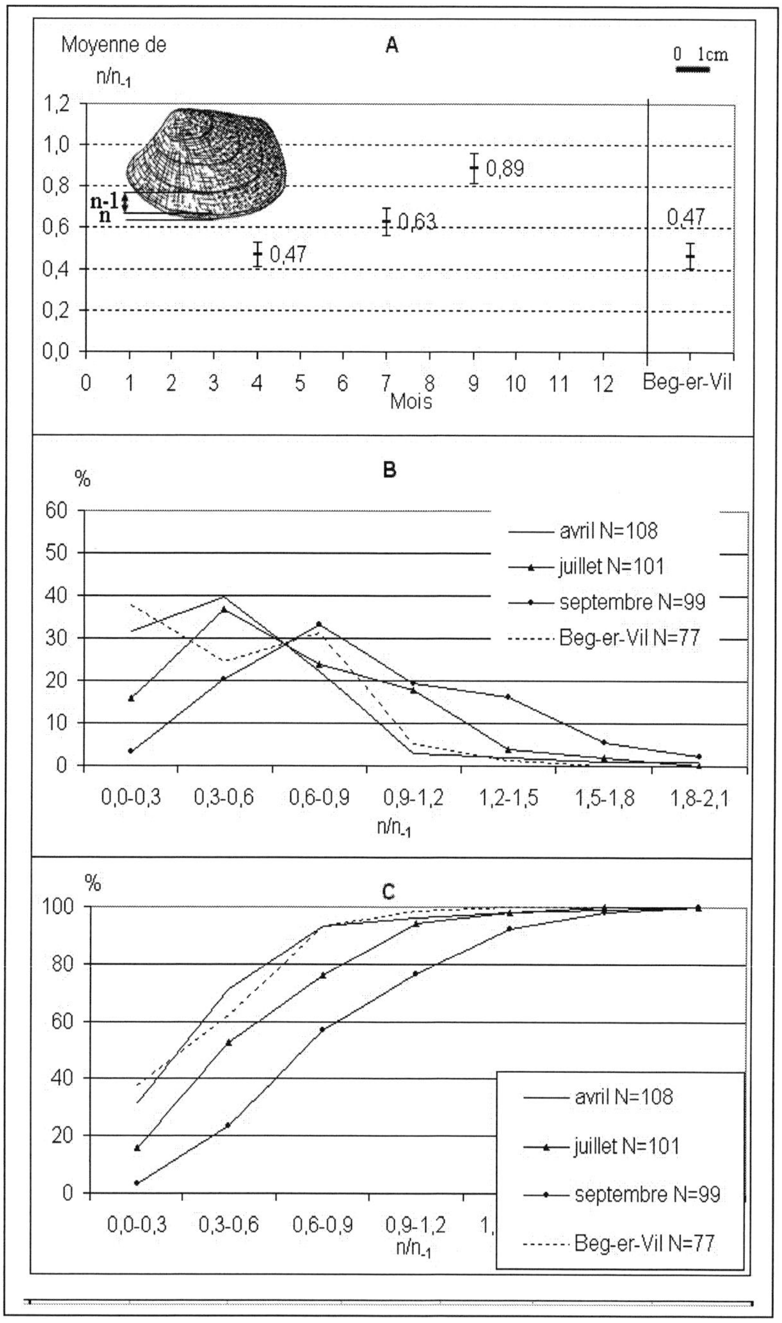

Fig. 140. Saison de collecte des palourdes de Beg-er-Vil; A - Moyenne de n/n_{-1} et dispersion ; B - Répartition de n/n_{-1} ; C - Pourcentages cumulés des proportions du rapport n/n_{-1}

Le niveau 5 est le plus homogène. Cette observation semble liée à une accumulation préférentielle de la palourde dans le carré AF21B (Tableau 30). Les valeurs montrent que les plus grands intervalles de confiance par niveau sont étroitement liés au faible nombre d'observations. Le nombre trop limité d'échantillons prélevés à la fouille est un frein majeur à une telle analyse.

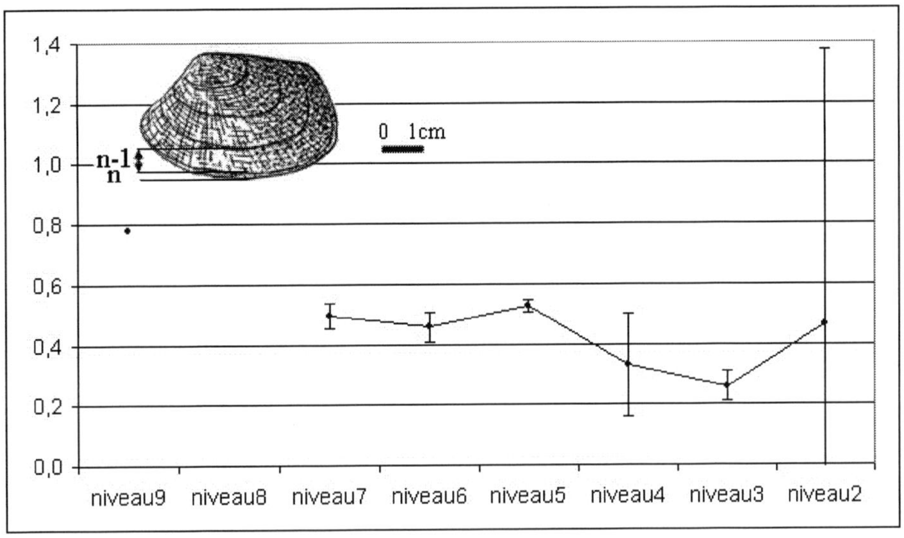

Fig. 141. Évolution de la moyenne du taux de croissance n/n-1 des palourdes de Beg-er-Vil en fonction de la stratigraphie

	niveau9	niveau8	niveau7	niveau6	niveau5	niveau4	niveau3	niveau2
Total								
N	1	0	17	11	32	5	9	2
Moyenne	0,78		0,50	0,46	0,53	0,33	0,26	0,46
Ecart-type			0,33	0,25	0,31	0,31	0,19	0,15
AE20B								
N			2	8	3	1	1	2
Moyenne			0,18	0,47	0,29	0,27	0,61	0,46
Ecart-type			0,02	0,25	0,43			0,15
AE23B								
N	1		8	1	5		1	
Moyenne	0,78		0,60	0,78	0,41		0,109	
Ecart-type			0,41		0,33			
AF21B								
N				2	22	2	4	
Moyenne				0,25	0,57	0,52	0,20	
Ecart-type				0,02	0,27	0,49	0,11	
AG23B								
N					2	2	2	
Moyenne					0,62	0,17	0,14	
Ecart-type					0,54	0,11	0,02	

Tableau 30. Nombre d'échantillons observés et variabilité du taux de croissance de la palourde en fonction de la stratigraphie de Beg-er-Vil (N : Nombre d'observations)

6.4.3 - Les techniques de la collecte

La diversité entrevue au niveau du spectre malacofaunique se retrouve pour les techniques de collecte. Celles des deux espèces majoritaires, la patelle et la coque, s'opposent par leur temps de recherche et leur mode d'acquisition. La collecte de l'huître plate se rapproche de la patelle par l'utilisation d'un outil pour les décoller du substrat. Elle est attestée par la présence d'au moins deux valves d'huîtres associées à un morceau de schiste témoignant d'un impact de forte énergie. De même, la collecte de la palourde, qui vit hors de la vue de l'homme, est proche de celle de la coque.

6.4.4 - Le temps de déplacement et le transport

La datation obtenue sur Beg-er-Vil situe son occupation entre la fin du VIème et le début du Vème millénaire av. J.-C. À cette date, les niveaux marins sont situés pour les plus hautes mers entre – 7,4 et – 2,4 m N.G.F. (soit entre – 4,8 et + 0,2 m C.M.) et pour les plus basses mers entre – 12,6 et – 7,6 m N.G.F. (soit entre – 10 et –5 m

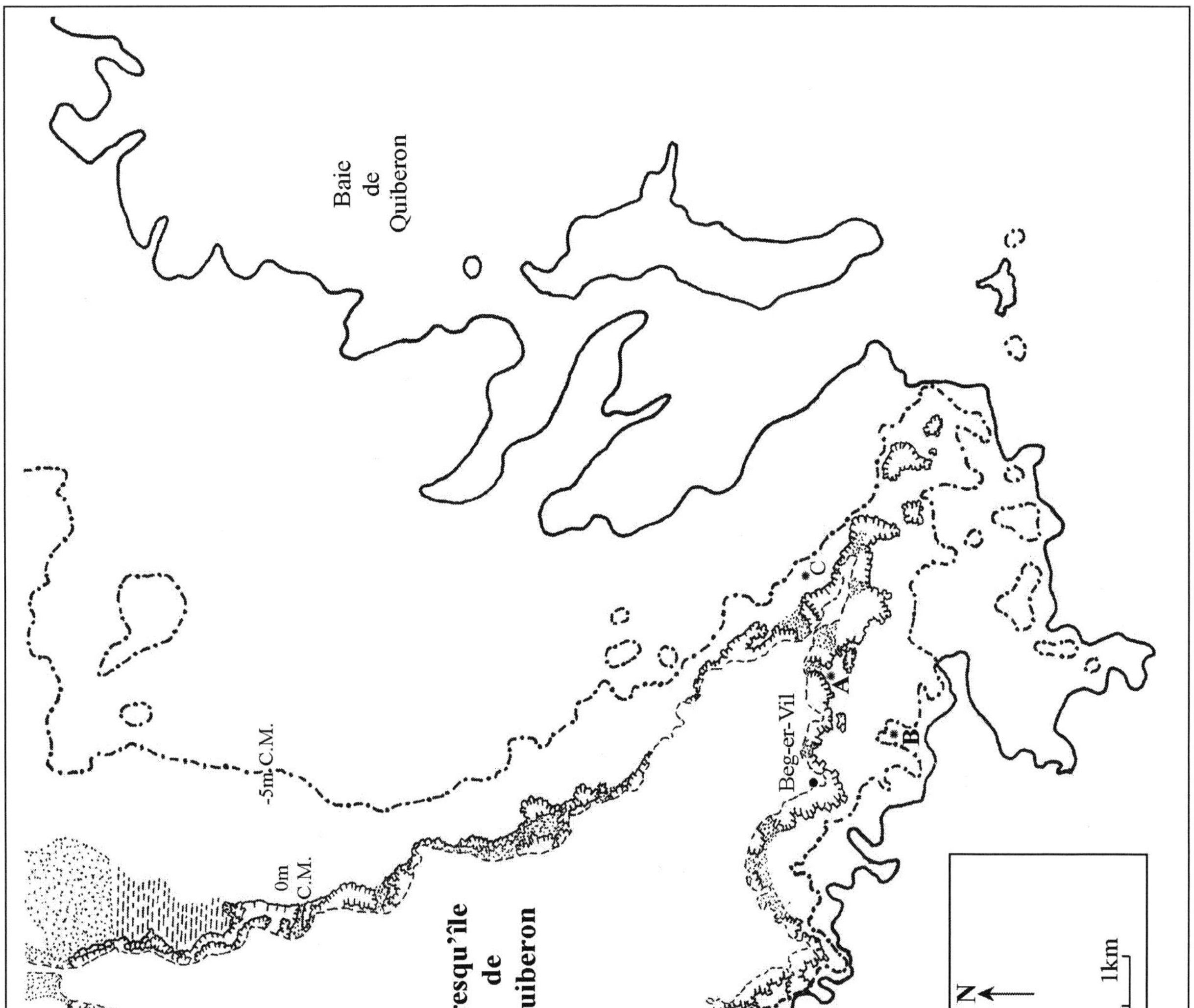

Fig. 142. Localisation du niveau marin autour de -10 et –5 mètres C.M. près de l'amas coquillier mésolithique de Beg-er-Vil (SHOM, 2001-2)

C.M.). Si le niveau des plus basses mers est considéré, le trait de côte était distant à moins de 500 mètres de l'amas lors de sa formation (Fig. 142.). La carte de la nature des fonds montre que ceux qui se poursuivent au-delà de la pointe de la presqu'île de Quiberon sont rocheux. (SHOM, 2001-2). Le substrat le plus collecté au Mésolithique était donc accessible tout près du site. D'autre part, la présence de fonds rocheux à proximité du site limite le biais apporté par l'épaisseur d'un dépôt sédimentaire meuble. La reconstitution du paléoenvironnement proposée par les isobathes, au sud de la pointe de la presqu'île du Quiberon, peut donc être proche de la situation ayant eu lieu au Mésolithique. Des espèces provenant du milieu sableux ont également été collectées à Beg-er-Vil. Les Mésolithiques avaient donc accès à un milieu légèrement confiné. Le sable observé à l'est du site (Fig. 142. *A) appartient à un banc qui se poursuit en profondeur dans la direction sud-ouest. Cet axe suit une irrégularité de la courbe bathymétrique des – 5 m C.M. (Fig. 142. *B) et se prolonge au-delà des – 10 m C.M. Une exploitation de ce banc sableux par les Mésolithiques pouvait se faire à moins d'un kilomètre du site de Beg-er-Vil. Enfin, les quelques indices de fréquentation de vasières peuvent correspondre à une collecte de l'autre côté de la presqu'île de Quiberon au nord-est du site (Fig. 142. *C). En effet, la côte orientale de cette dernière est très confinée.

6.5– Les caractéristiques de la transformation et de la consommation de la malacofaune marine

Les tests utilisés comme parure ont conservé leur forme d'origine. Pour le gastropode turbiné *Littorina obtusata*, une unique perforation est présente sur le dernier tour de spire à l'aplomb du péristome. Les cyprées possèdent deux perforations opposées au niveau du dos (Fig. 128. n°20). Le nombre limité d'éléments de parure sur ce site n'a pas permis d'en observer les stigmates liés à un éventuel usage. Ils ne sont pas tous cassés. Leur présence au sein de l'amas peut s'expliquer soit par une perte involontaire, soit par un rejet d'élément non fonctionnel. Leur faible nombre dans l'amas tend vers la première hypothèse.

À Beg-er-Vil, 26 % des restes coquilliers trouvés possèdent des stigmates liés à la calcination. Des foyers ayant été identifiés au sein de l'amas, il est difficile de savoir s'ils sont liés au mode de cuisson des coquillages ou postérieur à leur rejet.

Comme à Beg-an-Dorchenn, le site de Beg-er-Vil témoigne d'une zone de rejet bien identifiée où des restes fauniques de différentes natures sont mêlés à des déchets de taille lithique. La surface totale de cet amas n'est malheureusement pas connue et était sans doute supérieure à 100 m². Le seul élément fiable que nous ayons est la surface des sondages réalisés par O. Kayser qui s'évaluent à un total de 23 m² fouillés (Kayser, 1987 ; Marchand, 1999). Si la composition de l'amas est considérée comme homogène, les 15,5 kg de coquilles étudiées peuvent être évalués à 356 kg sur l'ensemble de la fouille d'O. Kayser. De même, les 5 kg de patelles correspondraient à 124 kg sur la totalité de la fouille d'O. Kayser, soit une masse totale fraîche de 210 kg pour une masse totale de chair fraîche de 112 kg. Pour la monodonte, minoritairement consommée à Beg-er-Vil, les 987 grammes de coquilles étudiées pourraient correspondre à 23 kg sur la totalité de la fouille d'O. Kayser soit une masse totale de 33 kg de coquillages fraîchement collectés pour 11 kg de chair consommable. Multiplier toutes ces valeurs par un facteur 4 voire 10 pourrait correspondre à la totalité de l'amas et aboutirait à plusieurs tonnes de coquillages consommés comme pour Beg-an-Dorchenn. La même conclusion peut être émise de cette accumulation : il ne s'agit pas d'un rejet isolé mais d'une longue accumulation dans le temps, peut-être saisonnière. Cependant, la monotonie des armatures traduit, quant à elle, plutôt une 'phase courte' à l'échelle de l'évolution des techniques (informations, G. Marchand).

6.6 – Résumé de l'étude malacofaunique de Beg-er-Vil

Comme pour Beg-an-Dorchenn, l'analyse de la composition de Beg-er-Vil montre que le tamisage est indispensable à la quantification relative de chaque coquillage. L'application d'un ramassage à vue, seul, amène à négliger à la fois les espèces au test fragile comme la moule, la scrobiculaire et celles de petites tailles sans doute collectées involontairement. Appliquée aux deux amas coquilliers mésolithiques de Beg-er-Vil et de Beg-an-Dorchenn la recherche du volume minimum, au-delà duquel les proportions des espèces ne varient pas significativement, confirme la nécessité d'aborder ce type d'étude au cas par cas. Ainsi, pour Beg-er-Vil, la diversité spécifique est atteinte à partir de 50 litres de sédiment tamisés. Les proportions des espèces se stabilisent pour un volume de 93 litres. L'application de la typologie des restes au bigorneau noir, à la monodonte et à la patelle montre que les tests présents dans des 'fosses' sont moins dégradés. Ces zones étaient peut-être exemptes de piétinement.

À nouveau, le façonnage de la parure se limite au percement du test, les coquilles conservant leur forme d'origine.

L'addition des pourcentages de 6 espèces est nécessaire à l'obtention de 90 % de la masse des coquilles trouvées dans la partie de l'amas fouillée. La diversité observée au niveau du spectre malacofaunique est liée à des caractéristiques d'acquisition diverses. De même, tous les niveaux de l'estran et plusieurs substrats ont été exploités. Tous ces éléments tendent vers une exploitation de toutes les potentialités de l'environnement marin voisin. L'absence d'espèces vivant dans la vase indique l'éloignement d'un estran très abrité. Elle peut être liée à un mode assez battu de la côte exploitée. Le faible confinement de la côte, d'où proviennent les nasses et les pourpres, le confirme.

Les coquillages mangés ont pu être collectés quotidiennement. L'analyse de la saison de collecte de la palourde montre que le site a été habité au moins au début de l'automne et au début du printemps. Cette seule analyse ne permet pas, à partir de l'échantillon étudié, de savoir s'il y a une continuité de la consommation de la palourde entre ces deux moments de l'année. Cette fréquentation du site à l'automne est d'ailleurs confirmée par la présence de pépins de poire sur le site (Gebhardt et Marguerie, 1993). La révision de la faune terrestre en cours par A. Tresset permettra de compléter les données sur le temps minimum de résidence. Aucune structure d'habitat n'a été décrite pour ce site. Les proportions de la faune d'origine terrestre vis-à-vis des ressources marines ne sont pas connues. Cependant, la faune liée à l'environnement marin est diversifiée : crabes (Gruet, sous presse), poissons (étude en cours par N. Desse-Berset), phoques et oiseaux marins. L'exploitation de l'estran a également fourni les silex à Beg-er-Vil.

Des coquillages, comme la scrobiculaire, la palourde, la patelle et la moule pour les plus abondants, auraient également été consommés à 'La Pierre Saint-Louis' (Geay, Charente-Maritime) au Mésolithique et peut-être également au Néolithique (information Y. Gruet) (Fig.2, p.8). Mais, ces données n'étant pas publiées, elles n'ont pas pu être détaillées dans ce chapitre.

CHAPITRE II – LE NÉOLITHIQUE

A – LE NÉOLITHIQUE ANCIEN

Les restes coquilliers alimentaires sont rares le long de la façade atlantique de la France au Néolithique ancien. Une récente publication témoigne de leur consommation sur le site des Ouchettes (Plassay, Charente-Maritime) fouillé par L. Laporte (Fig.2, p.8) (Laporte, 2002). Ce site domine 'ce qui constituait sans doute l'estuaire de la Charente' lors de son fonctionnement (Laporte, 2002. Les coquilles étudiées par Y. Gruet, ont été trouvées dans une structure de combustion et éparpillées autour de celle-ci (Gruet, 2002). Quarante-cinq charnières de scrobiculaires, 'un morceau de *Tellina (tenuis* ?)' et 'probablement un morceau de *Littorina* sp.' ont été déterminés. Malgré les faibles quantités observées (7,39 g) la reconstitution de la taille des valves de scrobiculaires par Y. Gruet a montré 'qu'il s'agit bien d'un prélèvement intentionnel d'individus vivants dans la vasière salée du littoral' avec des 'tailles supérieures à 2 cm et en général voisines et supérieures à 3 cm' (Gruet, 2002).

B – LE NÉOLITHIQUE MOYEN

Deux sites attribués au Néolithique moyen ont été détaillés, dont l'un localisé au nord du marais poitevin (Auzay) et l'autre sur l'île de Ré (Gouillauds).

1 - AUZAY (AUZAY, VENDÉE)

1.1 - La présentation du site

Les Châtelliers du Vieil-Auzay se situe sur un éperon naturel dominant la vallée de la Vendée de 25 mètres (Large, 1998-1). Actuellement au nord du marais poitevin, à environ 27 kilomètres de la mer (Gruet et Dupont, 2001, p.184), cette vallée formait autrefois un large estuaire avant de déboucher dans le golfe des Pictons (Fig. 3., p.11) (Large *et al.,* 1998, p.86). À la fin du XIXème siècle, un laboureur découvrit un sarcophage mérovingien à la limite est de la station (Joussaume, 1981, p.161). Pas moins de sept équipes de fouille se sont succcédées sur ce site (Joussaume, 1981, p.161). La présence de coquillages y a été mentionnée dès 1939 par le docteur Guérin (Joussaume, 1972, p.419). Malheureusement le mobilier y a été recueilli sans stratigraphie (Joussaume, 1972, p.419). Les dernières fouilles en date ont été entreprises par P. Birocheau et J.-M. Large (Birocheau et Large, 1987). Elles ont mis en évidence la succession d'occupations allant du Néolithique moyen au Bronze final (Large *et al.,* 1998, p.86).

Les coquillages marins étudiés à Auzay appartiennent au niveau du Néolithique moyen des fouilles de P. Birocheau et J.-M. Large. Seuls ces derniers sont décrits dans ce qui suit. Trois zones d'habitat y ont été repérées (Large, 1998-2, p.29) (Fig. 143., locus 1 à 3).

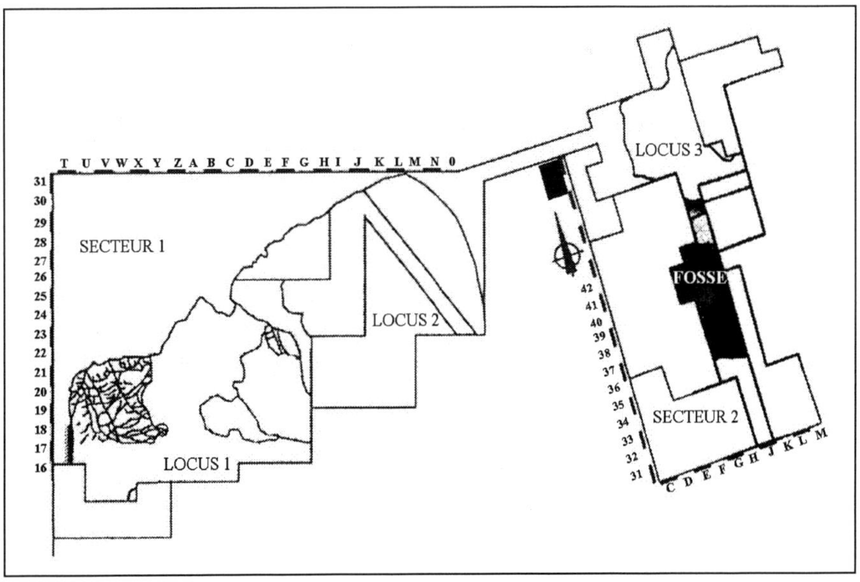

Fig. 143. Plan des fouilles effectuées aux Châtelliers du Vieil-Auzay (situation en 1992 d'après Large, 1998-1, p.40)

La majorité des coquilles a été trouvée dans l'une de ces zones appelée locus 1 par les fouilleurs (Fig. 144.). Il s'agit d'une vaste cuvette quadrangulaire de 9 mètres sur 13 creusée dans le substrat (Large, 1998-2, p.29). Ce locus présente un espace qui semble organisé en 3 parties :

- 'la zone nucléaire 1 est une zone culinaire et / ou une zone artisanale (cuisson des céramiques)' (foyers 2 et 5 de la Fig. 144.)
- 'la zone nucléaire 2 est une zone culinaire (cuisson de coquillages ?)' (foyer 1 et fosse la plus proche de la Fig. 144.) et était 'associée à une fosse remplie de palourdes'
- 'la zone 3 est une zone artisanale (réaffûtage des outils en silex)' (foyer 6 et fosse avec coquillages de la Fig. 144.) (Large, 1998-2, p.31).

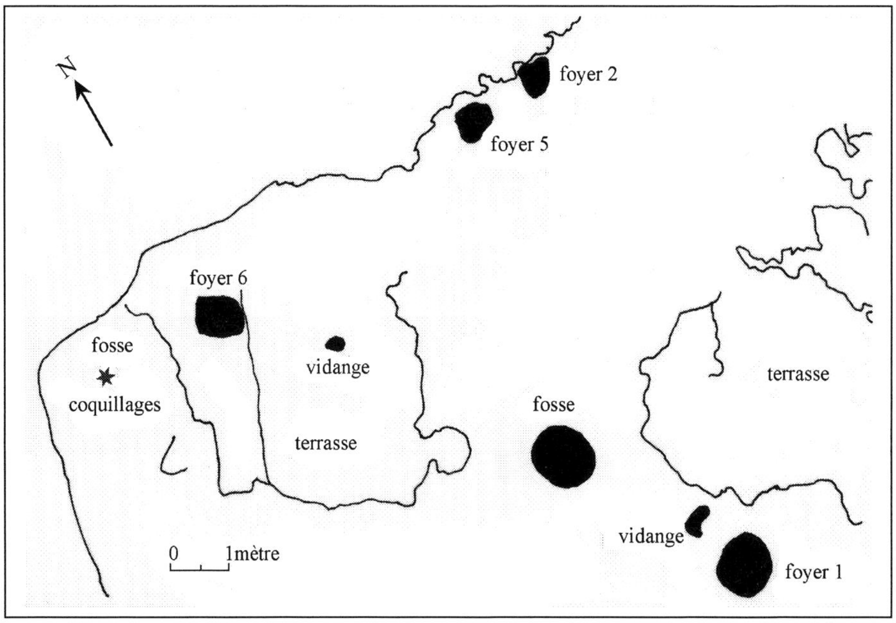

Fig. 144. Plan du locus 1 et localisation de la fosse remplie de coquillages des Châtelliers du Vieil-Auzay (Auzay, Vendée) (d'après Large, 1998-2, p.30)

Le niveau archéologique de base y est peu épais et traduit une brève occupation. Les formes des céramiques ont permis l'attribution de ce site au Néolithique moyen (Birocheau et Large, 1987, p.408). Elle a été confirmée par une datation sur charbon de bois à 5200 ± 110 B.P. (Gif-5717) (Joussaume, 1981) soit de 4350 à 3750 av. J.-C. (cal.) (Ramsey, 2000). Les restes de nourriture qui y ont été recueillis témoignent de la consommation d'animaux élevés (bœufs, cochons, moutons ou chèvres) mais aussi chassés (cerfs, chevreuils, sangliers). D'autres ressources marines, en plus des coquillages, ont aussi été observées (poissons, crabes). L'agriculture a permis de compléter leur alimentation (blé et orge) (Birocheau et Large, 1987, p.417).

L'étude de la malacofaune d'Auzay, à l'exception de l'analyse de la saison de collecte de la palourde, est basée sur les décomptes d'Y. Gruet (Gruet, 1993 ; Large *et al.,* 1998 ; Gruet et Dupont, 2001, p.194). Ceux-ci nous donnent accès au N.M.I. et à la masse des coquilles, le N.R. n'ayant pas été comptabilisé.

1.2 - La composition du spectre malacofaunique

Y. Gruet a déterminé 9 espèces sur le site d'Auzay pour 2533 grammes de coquilles (Gruet et Dupont, 2001, p.194) (Fig. 145., Tableau 31).

Liste des espèces	Masse (g)	% Masse	N.M.I.	% N.M.I.
Patella sp.	18	0,7	3	0,9
Ostrea edulis	54	2,1	4	1,2
Mytilus edulis	5	0,2	1	0,3
Littorina littorea	75	3,0	42	12,4
Venus verrucosa	1,6	0,1	0	0,0
Dentalium sp.	1,6	0,1	6	1,8
Solen marginatus	4	0,2	4	1,2
Tapes decussatus	2279	90,0	235	69,5
Scrobicularia plana	95	3,8	43	12,7
Total	**2533**		**338**	

Tableau 31. Bilan quantitatif de la malacofaune d'Auzay

Trois utilisations de la malacofaune ont été mises en évidence (Large, 1998-2, p.25). Les dentales ont été classés parmi les parures.

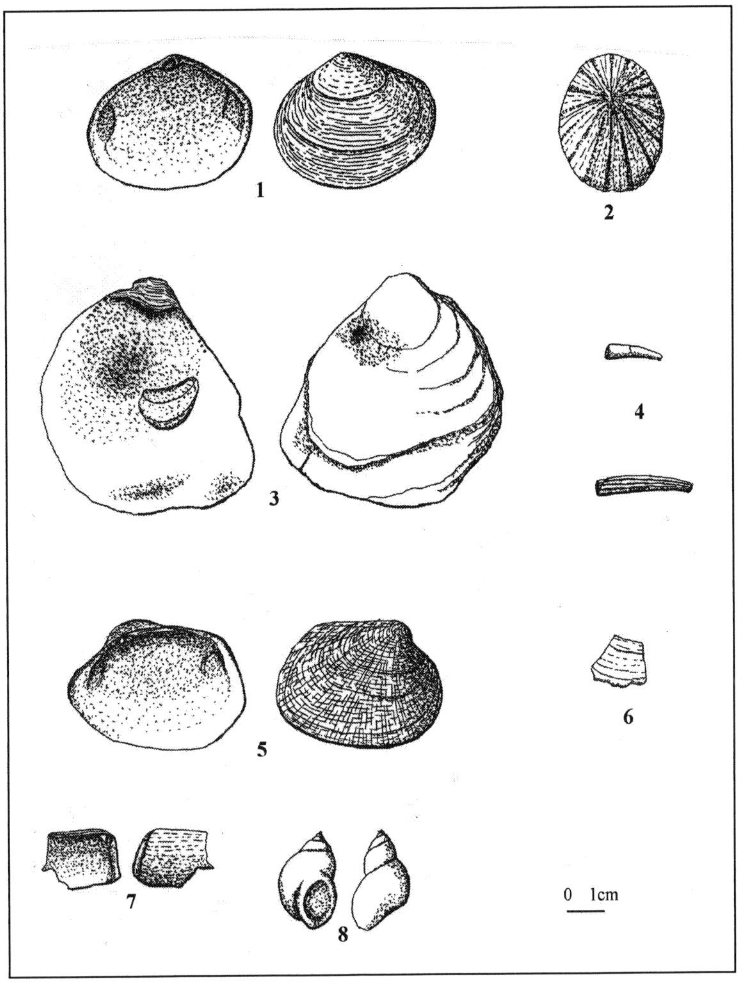

Fig. 145. La malacofaune marine des Châtelliers du Vieil-Auzay (Auzay, Vendée) - 1 : *Scrobicularia plana* ; 2 : *Patella* sp. ; 3 : *Ostrea edulis*; 4 : *Dentalium* sp. ; 5 : *Tapes decussatus* ; 6 : *Mytilus edulis* ; 7 : *Solen marginatus* ; 8 : *Littorina littorea* (Dessin : C. Dupont).

Des stigmates anthropiques trouvés sur une valve de moule témoignent de son utilisation comme outil (Fig. 146-B.). Des décors de céramiques ont également pu être réalisés à la coquille (Birocheau et Large, 1987, p.416). Le couteau et la praire ont aussi pu être utilisés comme outil, mais aucun stigmate n'a pu le confirmer. Enfin, les autres espèces étaient sans doute destinées à être mangées. Les quantités de parure et d'outil trouvées sur ce site étant très réduites, le spectre malacofaunique a été décrit toutes utilisations confondues (Fig. 147.).

La palourde domine nettement (Gruet et Dupont, 2001, p.197). Elle représente, à elle seule, près de 90 % de la masse totale de coquilles. La scrobiculaire (3,8 % de la masse) et le bigorneau noir (3 % de la masse) font également partie de l'alimentation. La patelle, l'huître, la moule et la praire ont pu être consommées secondairement. Des débris de coquilles de scrobiculaires sont aussi dans la composition de la pâte de la céramique comme dégraissant (Large, 1998-2, p.31). Ils ont pu être ajoutés, soit à part, soit déjà contenus dans l'argile.

1.3 – Les caractéristiques de l'acquisition de la malacofaune marine

1.3.1 - Le lieu de collecte

Le substrat

La domination de la palourde dans le spectre malacofaunique se répercute sur les substrats exploités (Fig. 148.). Ainsi, 90 % des coquilles sont d'origine sableuse.

Le mode d'exposition de la côte

Les coquilles de milieu rocheux, sont représentées par des espèces supportant un léger confinement du substrat (Fig. 148-B.). La domination d'espèces en provenance de milieu sableux envasé (palourde) à vaseux (scrobiculaire) traduit une collecte en un milieu abrité de type estuaire ou fond de baie (Gruet et Dupont, 2001, p.197).

Fig. 146. A – Les coquilles outils de Diconche ; B – La coquille outil de moule du site d'Auzay ; C- Couche coquillière du site de Ponthezières ; D – Vue générale de l'îlot de Houat où se localise le site néolithique d'Er Yoh (Photographies A et C : Y. Gruet, B : R. Le Neuthiec et D : C. Dupont)

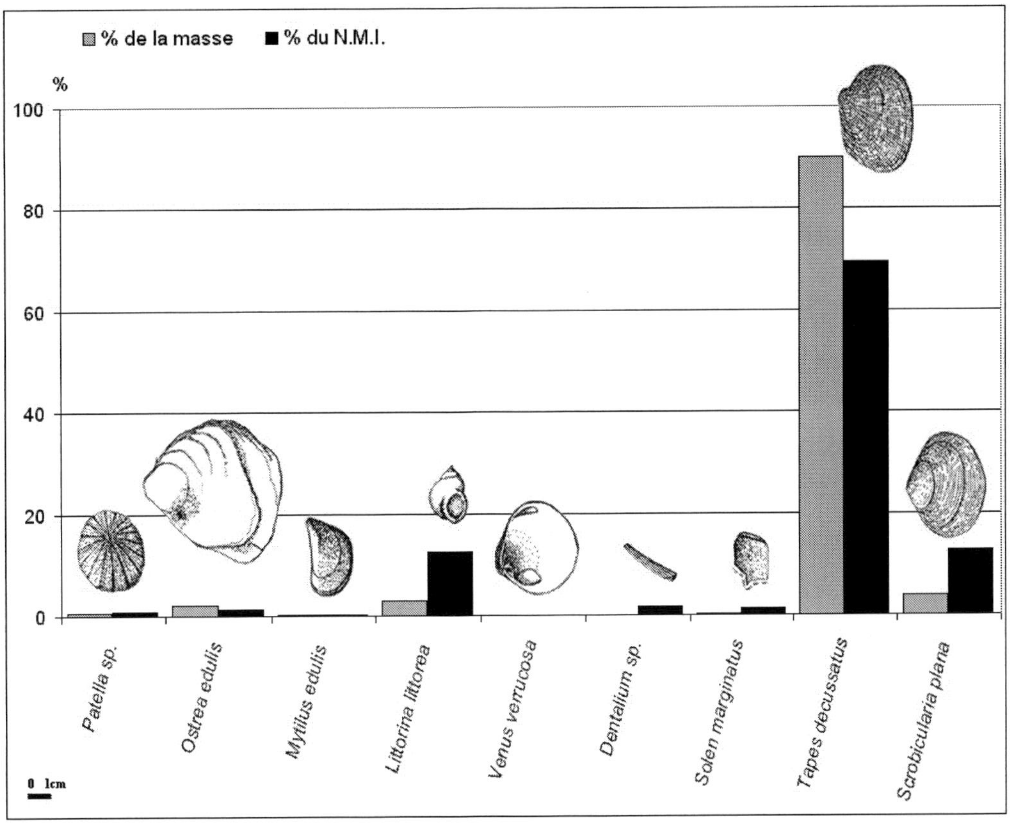

Fig. 147. Histogramme de distribution de la malacofaune d'Auzay en masse (M =2,5kg) et en nombre minimum d'individus (N.M.I. =338)

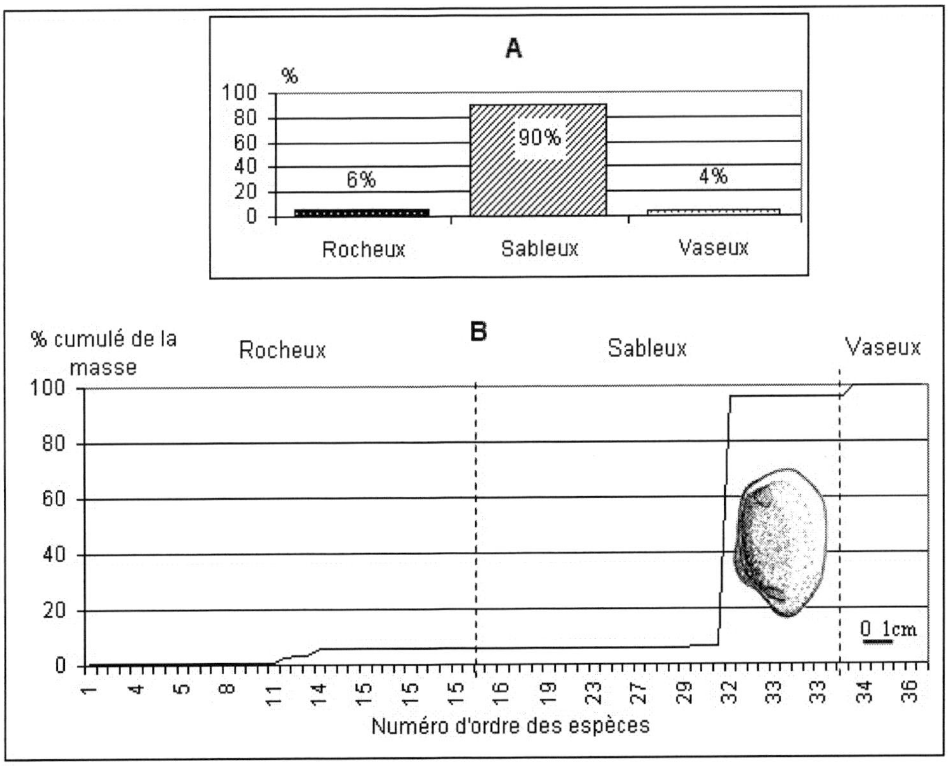

Fig. 148. Substrats d'origine de la malacofaune marine d'Auzay (M =2,5kg) : A - Histogramme de distribution, B - Diagramme des pourcentages cumulés de la masse

Le niveau de l'estran exploité par l'homme

Les taxons entrant dans la composition du spectre alimentaire peuvent toutes être collectés dès le moyen estran (Fig. 149.). Seule le dentale, utilisé comme parure, n'est pas accessible à pied sec (Fig. 150.).

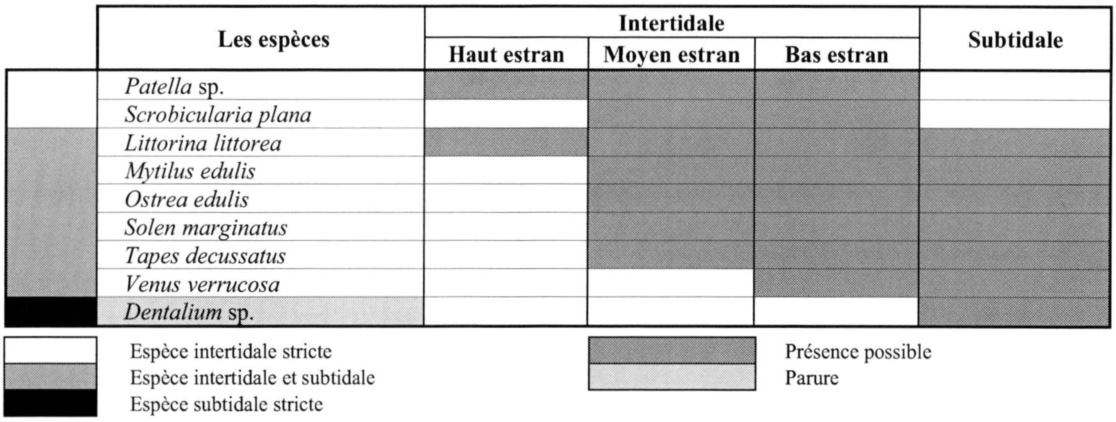

Fig. 149. Position altitudinale des espèces le long de la côte : Auzay

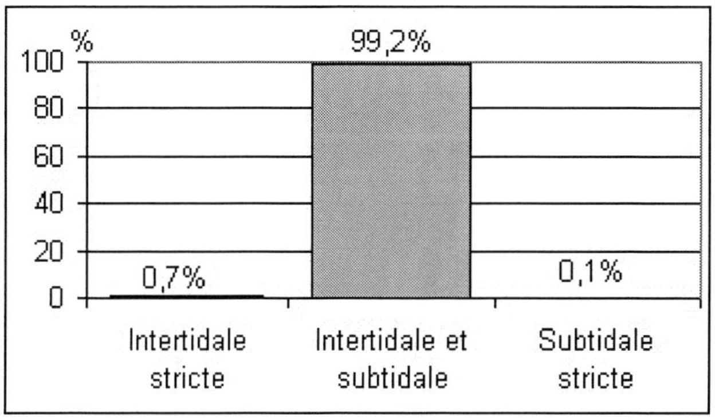

Fig. 150. Répartition du caractère intertidal et subtidal de la malacofaune marine d'Auzay (M =2,5kg)

1.3.2 - La fréquence de la collecte

La position des espèces le long de l'estran montre qu'elles sont, pour la majorité, accessibles quotidiennement. J'ai pu analyser 178 restes de palourde dans le but d'en définir la saison de collecte. Une grande partie des valves de palourdes étudiées provient d'une fosse. J.-M. Large avait évoqué, d'après une information donnée par Y. Gruet, la possibilité d'un dépôt correspondant à une ou deux collectes (Large, 1998-1). L'écart-type de la moyenne de la croissance en cours (n/n_{-1}) est faible (Fig. 151-A.). Un pic est observé à plus de 60 % dans l'intervalle du taux de croissance compris entre 0,3 et 0,6 (Fig. 151-B.). La courbe des pourcentages ne possède pas de paliers intermédiaires (Fig. 151-C.). Ces trois éléments sont en accord avec une collecte peu espacée dans le temps.

La moyenne de la croissance en cours est inférieure à celle du mois d'avril et la courbe des pourcentages cumulés se situe au-dessus de celle des référentiels du mois d'avril (Fig. 151-A. et C.). Le ramassage de ces palourdes a pu se faire au début du printemps. Elles peuvent correspondre à plusieurs 'pêches' d'une même personne ou à celles de plusieurs personnes peu espacées dans le temps. Il n'est pas possible de déduire, au vu de la consommation peut-être ponctuelle de cette seule ressource alimentaire, une occupation saisonnière du site.

1.3.3 - Les techniques de collecte

La collecte de la palourde nécessite une dépense d'énergie assez importante. En effet, la principale difficulté de son acquisition correspond à sa recherche. Ce bivalve étant fouisseur, il peut être collecté en grattant le sédiment soit de façon aléatoire, soit après avoir repéré à la surface du substrat de petits trous. Cette dernière technique nécessite une très bonne connaissance du milieu de vie du coquillage. La scrobiculaire proche de par son mode de vie a pu être collectée de la même façon.

L'unique espèce représentant la parure, le dentale, est subtidale. Elle n'a pu être ramassée qu'échouée morte dans la laisse de haute mer.

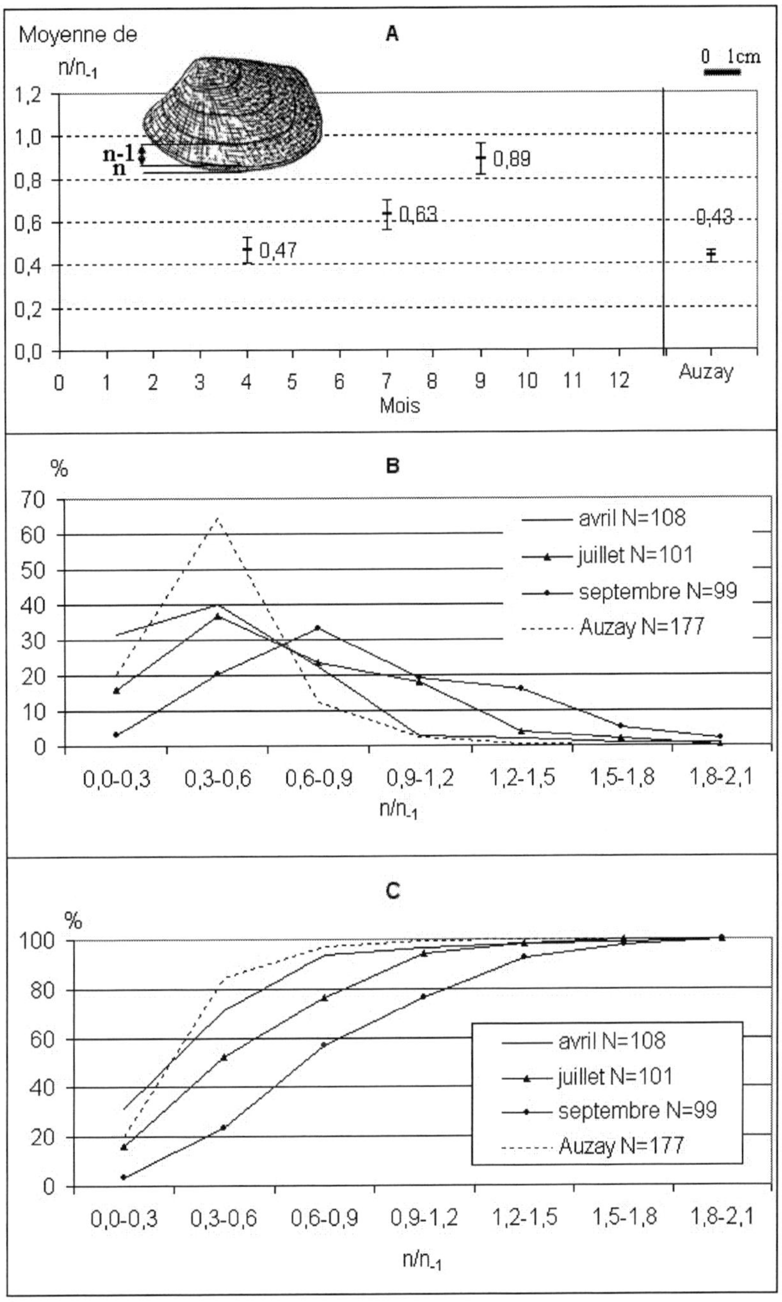

Fig. 151. Saison de collecte des palourdes d'Auzay ; A - Moyenne de n/n_{-1} et dispersion ; B - Répartition de n/n_{-1} ; C - Pourcentages cumulés des proportions du rapport n/n_{-1}

1.3.4 - Le temps de déplacement et le transport

Contrairement aux sites du Mésolithique qui subissent de nos jours les assauts de la mer, Auzay est situé actuellement plus en retrait de la côte, au fond du marais poitevin (Fig. 152.). Au IVème millénaire av. J.-C. le niveau des plus hautes mers varie selon les auteurs entre – 0,1 m N.G.F. et – 4,8 m N.G.F. (soit entre + 3 et - 1,7 m C.M.) (Pirazzoli, 1991). La reconstitution du trait de côte d'après les isobathes n'est pas possible. En effet, le marais est comblé par un dépôt de bri. Son épaisseur et le moment de sa formation ne sont connus que ponctuellement au hasard de sondages. Au moment du fonctionnement du site d'Auzay le niveau marin monte très lentement. Cette remontée ne s'est pas obligatoirement faite de façon continue. En effet, des oscillations du niveau marin sont parfois observées (Pirazzoli, 1991 ; Laporte *et al.,* 1998-3, p.15). Il est

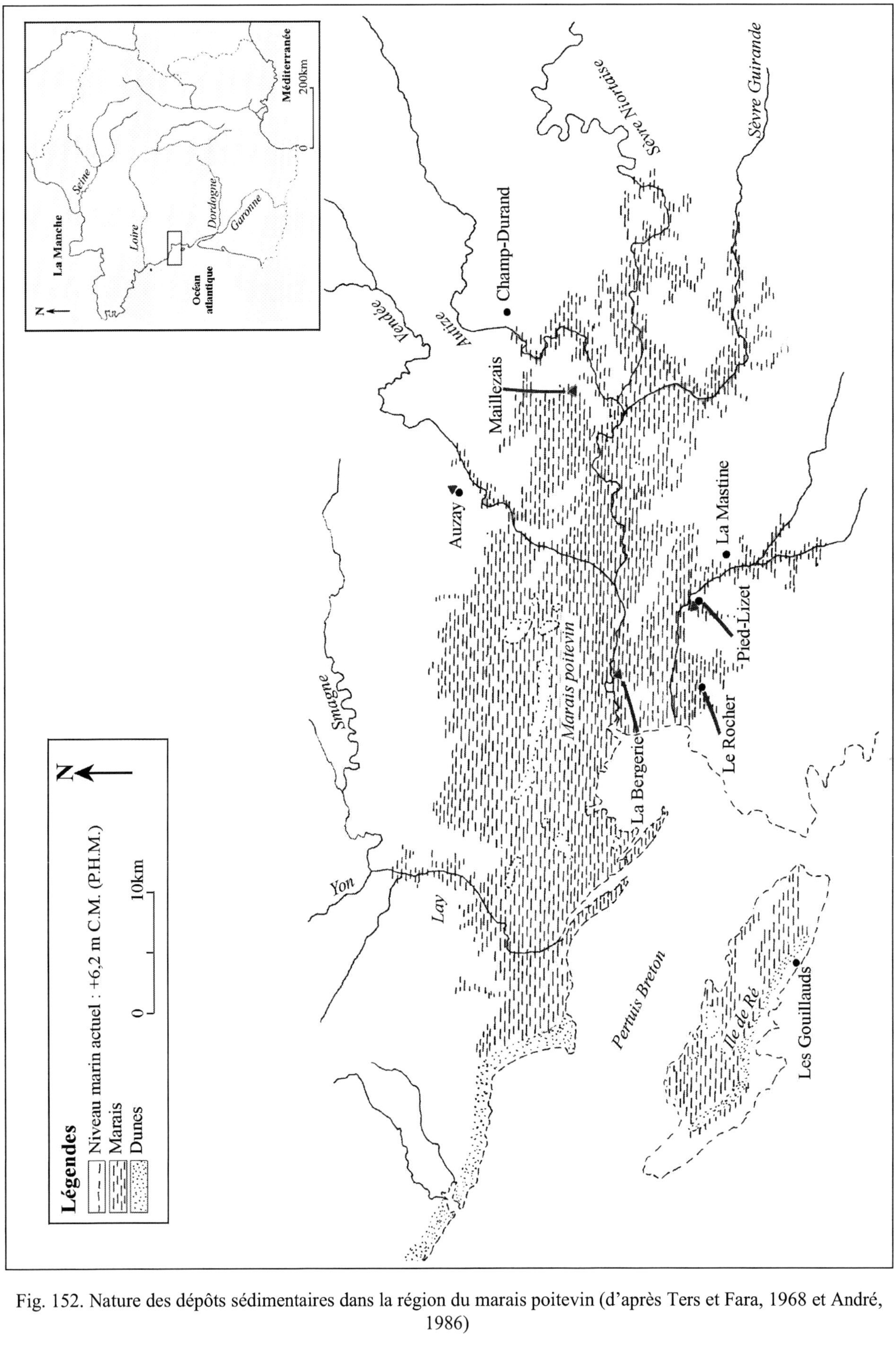

Fig. 152. Nature des dépôts sédimentaires dans la région du marais poitevin (d'après Ters et Fara, 1968 et André, 1986)

probable que, bien qu'en phase de colmatage, le marais poitevin fonctionne encore comme un golfe soumis directement aux influences marines. Auzay se localise sur un éperon naturel dominant la vallée de la Vendée. Celle-ci 'formait autrefois un large estuaire avant de déboucher dans le golfe des Pictons' (Large *et al.,* 1998) et son lit devait être légèrement plus bas (Joussaume et Pautreau, 1990). Trois sondages paléoenvironnementaux ont été réalisés à proximité du site dans la vallée de la Vendée (Large *et al.,* 1998, p.87). L'analyse de la malacofaune de l'un d'entre eux montre qu'aucun indice d'eau salée n'a été détecté lors du fonctionnement du site d'Auzay. Les influences d'eaux douces à l'amont de l'estuaire de la Vendée ne permettaient pas, à proximité du site, l'implantation d'espèces marines (Gruet et Dupont, 2001). L'étude des pollens prouve 'que les courants de marée atteignent aux plus hautes mers de vives eaux le pied des falaises sur lesquelles habitent les Néolithiques' (Visset *et al.,* 1989 et 1990 ; Laporte *et al.,* 1998-3, p.17). L. Visset indique également que 'les plantes qui bordent les rives de la vallée, sur le site ou quelque peu en aval, montrent bien le caractère très atténué des eaux qui coulent au pied de la falaise des Châtelliers' (Large *et al.,* 1998). Un possible transport des pollens par voie fluviale peut être pris en compte. Si les données de la malacofaune et des pollens sont croisées, on peut conclure que même si la marée dynamique s'est faite ressentir près du site au Néolithique moyen, celle-ci n'était pas puissante pour permettre aux eaux marines de remonter jusqu'au pied de l'habitat néolithique. Les coquilles consommées à Auzay n'étaient donc pas directement accessibles au pied du site. Elles 'furent très probablement transportées sur une assez longue distance de 5 à 10 km environ' (Gruet et Dupont, 2001). Ce n'est d'ailleurs pas le seul indice de transport sur ce site. En effet, l'origine du silex utilisé à Auzay pourrait correspondre à une zone d'extraction de blocs qui serait située dans la vallée de la Charente à, au moins, 120 km (Poissonnier *et al.*, 1998). La malacofaune trouvée sur ce site montre un confinement de leur lieu de collecte. Le mode abrité des rives du marais poitevin, pas encore comblé, est en adéquation avec la possible implantation des coquillages consommés à Auzay.

1.4 – Les caractéristiques de la transformation et de la consommation de la malacofaune marine

Aucun des stigmates observés sur les palourdes n'a permis de savoir si elles ont été cuites avant leur consommation. Elles ont très bien pu être consommées après ébullition ou crues. Lors des fouilles du docteur Guérin, celui-ci note la présence 'd'un lot de palourdes entières de grande taille' où 'se trouvaient des couteaux dont l'un était encore engagé entre les deux valves d'un de ces mollusques' (Joussaume, 1972, p.419). L'observation des tests n'a pas permis de confirmer l'utilisation de ces outils pour ouvrir le bivalve. La majorité des palourdes a été trouvée regroupée dans une fosse. Cette accumulation peut correspondre au rejet d'un repas.

Quant à la parure, l'unique façonnage observé est un raccourcissement de la plus petite extrémité du dentale. Cette étape permet le passage d'un lien par les deux extrémités en augmentant leur diamètre.

L'utilisation d'un fragment de moule se manifeste par 'une striation plus ou moins entrecroisée par endroits' (Fig. 146-B.) (Gruet, 1993, pp.158-159). Y. Gruet souligne qu''à Auzay, certains morceaux de moules *Mytilus edulis* ont des épaisseurs et des lignes de contour telles que l'on peut estimer leur taille à plus de 6 centimètres (entre 6 et 9) d'après des relations biométriques de référence. Ces très grandes valves devaient probablement être sélectionnées pour leur grande taille et servir d'outils' (Gruet, 1993, pp.158-159). 'Elles ont servi soit pour racler et préparer des peaux, soit pour lisser des poteries modelées' (Large, 1998-2, p.29).

1.5 – Résumé de l'étude malacofaunique d'Auzay

Le mode de résidence des habitants du site du Néolithique moyen d'Auzay n'est pas connu. La malacofaune y a été trouvée dans des fosses. Parmi les neuf espèces identifiées, trois utilisations sont observées.

Les restes de dentales ont été attribués à de la parure. Ils semblent avoir été raccourcis pour pouvoir être enfilés le long d'un lien. D'autre part, leur origine subtidale permet de conclure à leur collecte, échoués morts, sur une plage.

Des exemplaires de moules, présentent, quant à eux, des striations sur leur surface. Ces stigmates confirment leur utilisation comme outil soit pour lisser des céramiques, soit pour travailler des peaux de bête... Pour cette dernière hypothèse, les stries observées sur les tests peuvent être liées à l'adjonction de sable pour faciliter la suppression de la graisse.

Enfin, la majorité des coquilles a été attribuée à un rejet alimentaire. La palourde en représente la plus grande partie (90 % de la masse des restes). Cette domination se répercute à plusieurs niveaux de l'acquisition de la malacofaune. Ainsi, le substrat sableux a majoritairement été exploité. De même, une principale technique de collecte a été utilisée. On peut souligner, ici, que la recherche de la palourde n'est pas aisée pour les non initiés. Celle-ci vivant cachée de la vue de l'homme, sa collecte nécessite, soit une importante dépense d'énergie pour racler le sédiment (en général à gravillons), soit une très bonne connaissance de son milieu de vie (par repérage de petits trous à la surface du sédiment). Ce second cas peut correspondre à une spécialisation de l'homme dans cette activité. Les caractéristiques du territoire exploité pour l'acquisition de la malacofaune montrent une collecte en un milieu assez abrité. Elle n'était pas accessible au pied du site, mais pouvait l'être à une distance de 5 à 10 km sur les rives du marais poitevin, encore soumis aux influences marines au Néolithique moyen. La position des coquilles consommées sur l'estran ne donne pas d'informations précises sur le moment de la collecte de ces mollusques, ceux-ci ayant pu être ramassés quotidiennement. L'analyse de la saison de collecte de la palourde donne plus d'information. Elle permet de conclure à une acquisition très limitée dans le temps qui a pu avoir lieu au début du printemps. Les remplissages des fosses peuvent correspondre à un rejet ponctuel de quelques 'pêches'. Les restes de faune mammalienne sont beaucoup plus nombreux que les tests (Large *et al.*, 1998). Les coquillages sont venus en complément des ressources terrestres mais ne semblent pas avoir constitué le menu quotidien des Néolithiques d'Auzay. Malgré un complément apporté par les ressources marines (poissons, crabes, coquillages), le régime alimentaire des habitants d'Auzay semble basé sur l'exploitation de l'environnement terrestre (élevage et culture).

2 – Gouillauds (Bois-en-Ré, Charente-Maritime)

2.1 - La présentation du site

Le site des Gouillauds est placé sur l'estran sud de l'île de Ré dans la commune du Bois-en-Ré en Charente-Maritime (Pautreau, Robert, 1980, p.123) (Fig. 3., p.11). Les découvertes archéologiques sont guidées par les grandes marées et tempêtes, qui régulièrement depuis 1978, dégagent le pied de la dune. C'est en 1978 que P.-P. Robert y découvre un foyer associé à de la céramique, de l'outillage lithique et d'une unique coquille de patelle (Pautreau, Robert, 1980, p.123 ; Joussaume, 1981, p.60). Les datations obtenues à partir de charbons de bois de ce foyer, sont de 5950 ± 120 B.P. (Gif-4878) (Pautreau, Robert, 1980, p.127), soit 5250 à 4500 av. J.-C. (cal.) (Ramsey, 2000), le situent au Néolithique ancien. En 1982, un second foyer est découvert à l'est du précédent. Une nouvelle datation radiocarbone sur charbons de bois a donné la valeur de 5360 ± 60 B.P., soit 4425-3885 av. J.-C. (cal.). Elle permet de l'attribuer au Néolithique moyen (Robert, 1998, p.61). En 1999, toujours à la base des dunes, 3 autres foyers furent découverts. Cette même année, à soixante-dix mètres à l'ouest de la zone à foyer 'les vestiges de coquilles brisées sur une petite surface dégagée par les flots indiquaient un probable amas coquillier' (Rousseau *et al.*, 2000) (Fig. 153.).

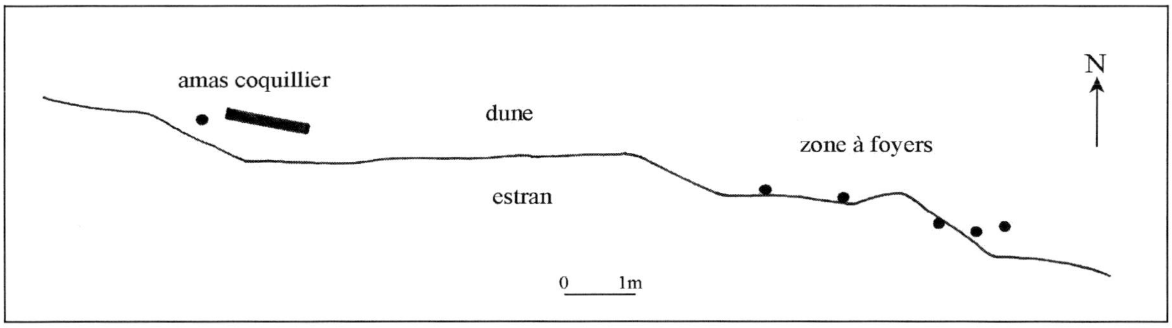

Fig. 153. Localisation du dépôt coquillier par rapport à la zone à foyers (d'après Rousseau, 2000).

En 2000, une fouille y fut engagée par J. Rousseau sur une bande de 12 mètres longeant la dune pour un peu moins de 1,50 mètres de large (Rousseau *et al.*, 2000, 2001) (Fig. 154-A.). Malheureusement, la superficie totale du dépôt coquillier reste inconnue. Ses dimensions semblent augmenter sous les dunes avec une largeur maximale en pied de dune de 4,50 mètres (Fig. 154-A.). Sa puissance au niveau de la zone fouillée oscille entre 10 et 13 centimètres (Rousseau *et al.*, 2000) (Fig. 154-B.). Cette faible épaisseur peut être rapprochée de la position de la fouille sans doute en périphérie du dépôt coquillier. La couche coquillière, qui repose directement sur le substrat calcaire, est composée d'un sédiment brun organique parfois charbonneux. Du mobilier céramique et lithique a été trouvé à la fois dans et à proximité de l'amas coquillier. Les tessons confirment 'une occupation au Néolithique moyen caractérisés par la finesse des poteries, une carène et un décor incisé qui pourrait appartenir à une coupe à socle' (Rousseau *et al.*, 2000). Une datation sur un charbon prélevé parmi les nombreuses valves de coques a donné une valeur de 4870

± 65 B.P. (LY-10862) (Rousseau *et al.*, 2001), soit 3800-3500 av. J.-C. (cal.) (Ramsey, 2000).
Les prélèvements ont été effectués à vue par passes de 5 centimètres d'épaisseur. À ma demande, 22 litres de sédiment ont été prélevés dans le but de compléter l'analyse malacofaunique et vérifier l'absence de restes ichtyologiques par un tamisage fin.

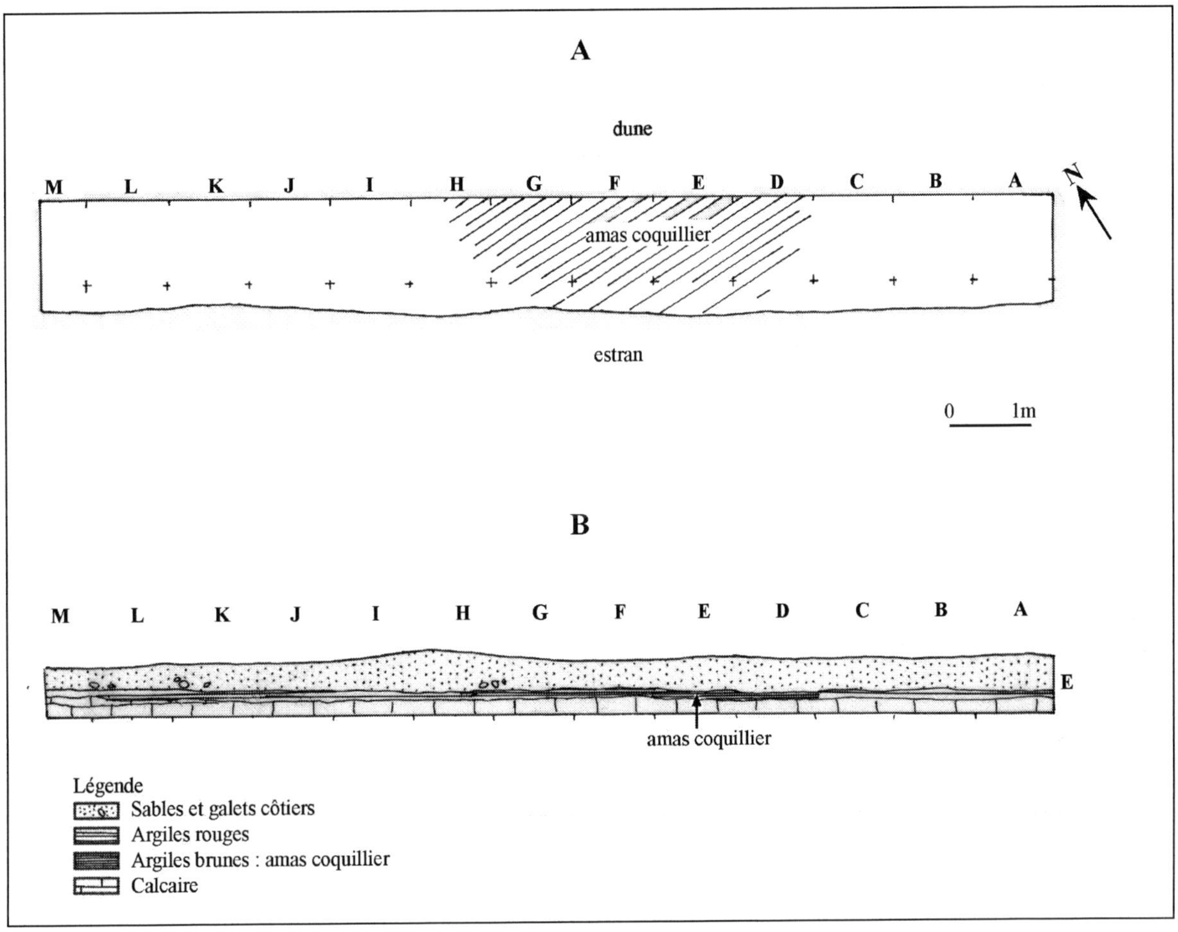

Fig. 154. Le dépôt coquillier des Gouillauds A - Planimétrie du secteur de fouille ; B - Coupe stratigraphique ouest-est du dépôt coquillier des Gouillauds (d'après Rousseau, 2000)

2.2 - La représentativité de l'échantillon et les techniques de fouille

La malacofaune étudiée est issue à la fois du matériel collecté à vue lors de la fouille et de 22 litres de sédiment, que j'ai tamisés à l'eau sur une maille de 1 millimètre. Le matériel collecté à vue n'a pas été rapporté aux volumes de sédiment fouillés. Il n'a donc pas été possible d'observer l'évolution de la diversité spécifique en fonction du volume fouillé. Parmi le sédiment tamisé, j'ai trié seulement 12 litres. Le tri coûteux en temps justifie ce choix. D'autre part, un contrôle visuel a été effectué sur la fraction non triée et celle-ci a été jugée homogène comparée au reste du matériel trié. Le tamisage a permis de compléter la diversité spécifique de deux espèces *Gibbula umbilicalis* et *Chlamys* sp. Les histogrammes représentant les proportions des espèces de la malacofaune pour l'échantillon tamisé et celui fouillé à vue montrent quelques différences (Fig. 155.).

Si pour la coque, *Cerastoderma edule* et pour la palourde *Tapes decussatus*, les proportions tendent à s'équilibrer quel que soit l'échantillon observé, les différences apparaissent nettes pour la patelle, la monodonte et la moule. Dans le but de confirmer ces variations, une comparaison basée sur l'écart-réduit a été effectuée. Elle vise à comparer le pourcentage d'une espèce obtenu par un ramassage à vue et celui obtenu par tamisage (Schwartz, 1984, p.41). Cette méthode a déjà été utilisée pour les sites mésolithiques de Beg-an-Dorchenn et Beg-er-Vil. Les proportions de la monodonte trop faibles, n'ont pas permis l'application de ce test pour cette espèce. Seule la proportion de la coque ne diffère pas significativement pour un risque de 0,05 (Tableau 32). Les autres valeurs de l'écart-réduit sont supérieures à 1,96, pour les trois autres espèces. Les proportions sont donc significativement différentes pour celles-ci selon que le sédiment a été ou non tamisé. Les variations observées peuvent être aussi bien liées à la technique d'échantillonnage qu'à une composition non homogène de l'amas. Cependant, la plus grande différence est observée pour la moule avec un écart-réduit proche de 52. Ce bivalve est particulièrement friable et voit sa proportion augmenter par l'application du tamisage. La technique d'échantillonnage est très probablement, pour ce dernier, le plus grand facteur agissant sur ses proportions au sein des deux échantillons. Elle peut également être à l'origine des variations observées sur les deux autres espèces.

	Proportions des espèces		**ε**
Liste des espèces	**A vue**	**Tamisage**	
Patella sp.	0,122	0,083	11,310
Mytilus edulis	0,009	0,046	51,993
Cerastoderma edule	0,841	0,847	0,219
Tapes decussatus	0,021	0,023	2,155
Masse totale (g)	**7035,11**	**933,77**	

Tableau 32. Calcul de l'écart-réduit ε pour les espèces majoritaires des Gouillauds

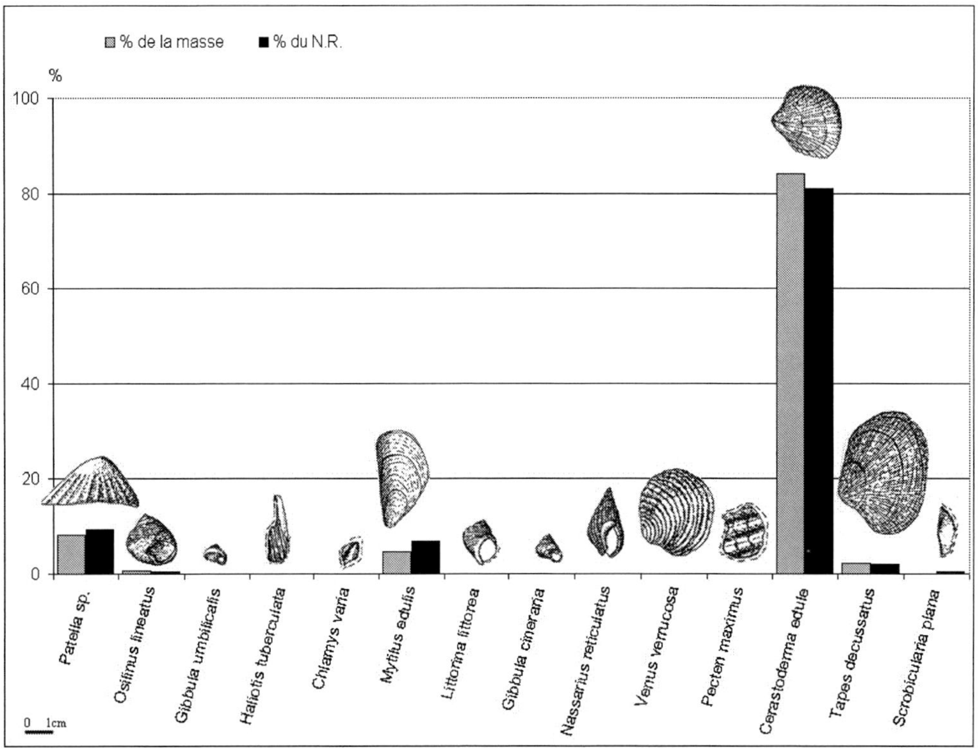

Fig. 155. Comparaison de la composition des spectres malacofauniques des Gouillauds en fonction de la technique de fouille utilisée

Liste des espèces	A vue (g)	Tamisage (g)	Quantités évaluées (g)
Patella sp.	858,82	77	580,49
Osilinus lineatus	49,2	1,2	49,2
Gibbula umbilicalis	0	0,5	0,50
Haliotis tuberculata	0,05	0	0,05
Chlamys varia	0	0,02	0,02
Mytilus edulis	63,8	43	324,17
Littorina littorea	0,42	0,02	0,42
Gibbula cineraria	0,2	0	0,20
Nassarius reticulatus	0,8	0	0,80
Venus verrucosa	1	0	1,00
Pecten maximus	0,9	0	0,90
Cerastoderma edule	5912,14	790	5912,14
Tapes decussatus	146,91	21	158,32
Scrobicularia plana	1,21	0,33	1,21
Masse totale (g)	**7034,23**	**933,07**	**7029,47**

Tableau 33. Évaluation de la masse des espèces composant le spectre malacofaunique des Gouillauds (en grisé : quantités retenues)

Devant ce constat, les différences observées sur *Patella* sp. , *Mytilus edulis* et *Tapes decussatus* ont été prises en compte. Leurs quantités ont été évaluées à l'aide d'une règle de trois se basant sur les proportions obtenues à partir du tamisage (Tableau 33). Pour les autres espèces les masses obtenues sur l'échantillon à vue ont été conservées. *Gibbula umbilicalis* et *Chlamys varia* détectés uniquement d'après le tamisage complètent également le spectre malacofaunique. Dans ce qui suit, le spectre malacofaunique a été décrit en fonction des quantités évaluées pour la masse. Pour le N.R. et le N.M.I. les valeurs observées ont été conservées, la masse servant de base à notre description.

2.3 - La composition du spectre malacofaunique

Au total, 14 espèces ont été déterminées dans le dépôt coquillier des Gouillauds (Fig. 156., Tableau 34).

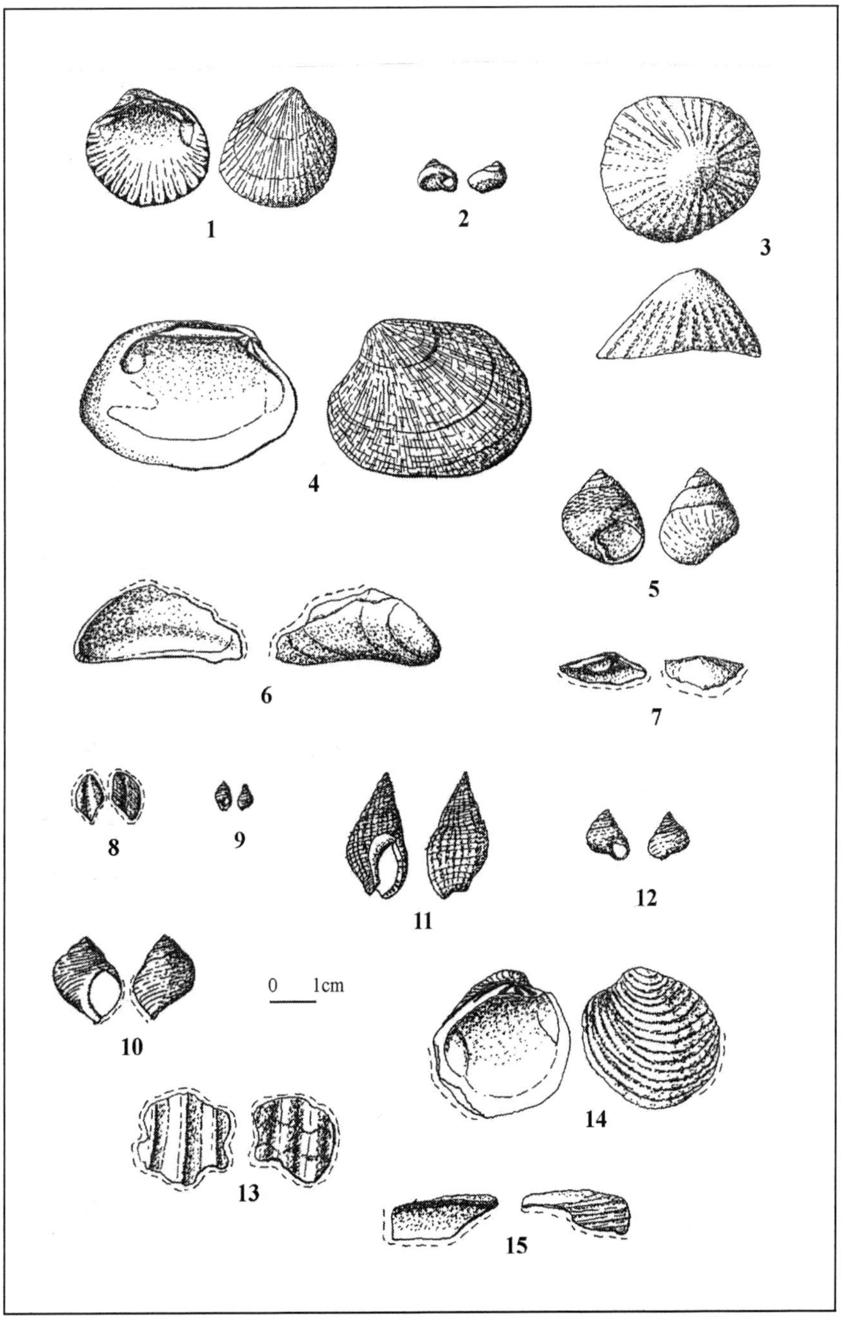

Fig. 156. La malacofaune marine des Gouillauds (Bois-Plage-en-Ré, Charente-Maritime) 1 : *Cerastoderma edule* ; 2 : *Gibbula umbilicalis* ; 3 : *Patella* sp. ; 4 : *Tapes decussatus* ; 5 : *Osilinus lineatus* ; 6 : *Mytilus edulis* ; 7 : *Scrobicularia plana* ; 8 : *Chlamys* sp. ; 9 et 10 : *Littorina littorea* ; 11 : *Nassarius reticulatus* ; 12 : *Gibbula cineraria ;* 13 : *Pecten* sp. ; 14 : *Venus verrucosa* ; 15 : *Haliotis tuberculata* (Dessin : C. Dupont).

Liste des espèces	Masse (g)	% Masse	N.M.I.	% N.M.I.	N.R.	% N.R.
Patella sp.	580,49	8,3	394	35,5	1028	9,3
Osilinus lineatus	49,2	0,7	21	1,9	40	0,4
Gibbula umbilicalis	0,5	0,0			1	0,0
Haliotis tuberculata	0,05	0,0			1	0,0
Chlamys varia	0,02	0,0			1	0,0
Mytilus edulis	324,17	4,6	33	3,0	759	6,9
Littorina littorea	0,42	0,0	1	0,1	1	0,0
Gibbula cineraria	0,2	0,0	1	0,1	1	0,0
Nassarius reticulatus	0,8	0,0	1	0,1	1	0,0
Venus verrucosa	1	0,0	1	0,1	1	0,0
Pecten maximus	0,9	0,0			8	0,1
Cerastoderma edule	5912,14	84,1	604	54,4	8979	81,0
Tapes decussatus	158,32	2,3	48	4,3	225	2,0
Scrobicularia plana	1,21	0,0	6	0,5	41	0,4
Total	**7029,42**		**1110**		**11087**	

Tableau 34. Bilan quantitatif de la malacofaune des Gouillauds

La coque est majoritaire (Tableau 34). L'histogramme de répartition de sa taille toutes valves confondues montre une distribution unimodale avec absence des petits individus (Fig. 157-A.).

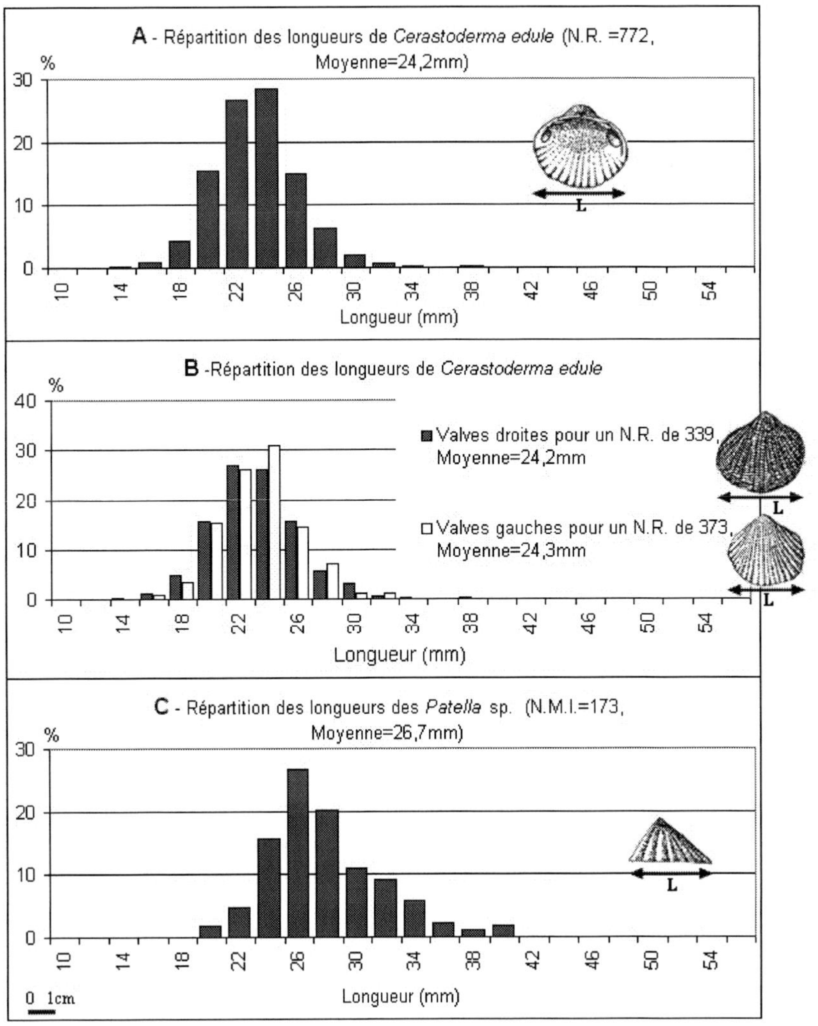

Fig. 157. Répartition des longueurs de la malacofaune des Gouillauds, A - *Cerastoderma edule* toutes valves confondues ; B - Répartition des longueurs des valves droites et gauches de *Cerastoderma edule* des Gouillauds ; C - Répartition des longueurs des *Patella* sp.

La moyenne de la longueur des valves avoisine les 24 millimètres. D'autre part, 31 coques ont été trouvées valves jointes à la fouille. Cette observation va dans le sens d'une collecte d'individus vivants. L'histogramme de répartition de la longueur des valves droites confrontées aux gauches montre des distributions quasi identiques (Fig. 157-B.).

Un test du χ^2 a été appliqué dans le but de comparer la répartition de la longueur des valves droites et gauches (Chenorkian, 1996, pp.36-39). Le χ^2 obtenu est de 10,16 avec un nombre de degrés de liberté de 12. D'après la table des χ^2, la probabilité est de 0,05 pour un χ^2 de 11,34 (Chenorkian, 1996, p.150). La distribution des valves gauches ne diffère pas significativement de celle des droites pour un risque de 0,05. Ce caractère, associé à l'absence de stigmates liés à un échouage, renforce l'idée d'une collecte à l'état vivant des coques.

La distribution de la longueur de la patelle a également été observée (Fig. 157-C.). La taille minimale est supérieure à 20 millimètres. Les individus les plus jeunes ou les plus petits ont été écartés de la collecte. L'histogramme présente une dissymétrie vers les individus de plus grandes tailles. De plus la moyenne du lot collecté atteint quasiment de 27 millimètres. La collecte des patelles a entraîné la sélection des individus de plus grandes tailles. Tous ces éléments vont dans le sens d'une collecte d'individus vivants et en l'absence de stigmates liés à une autre utilisation, la collecte dans un but alimentaire reste le plus probable pour le site des Gouillauds.

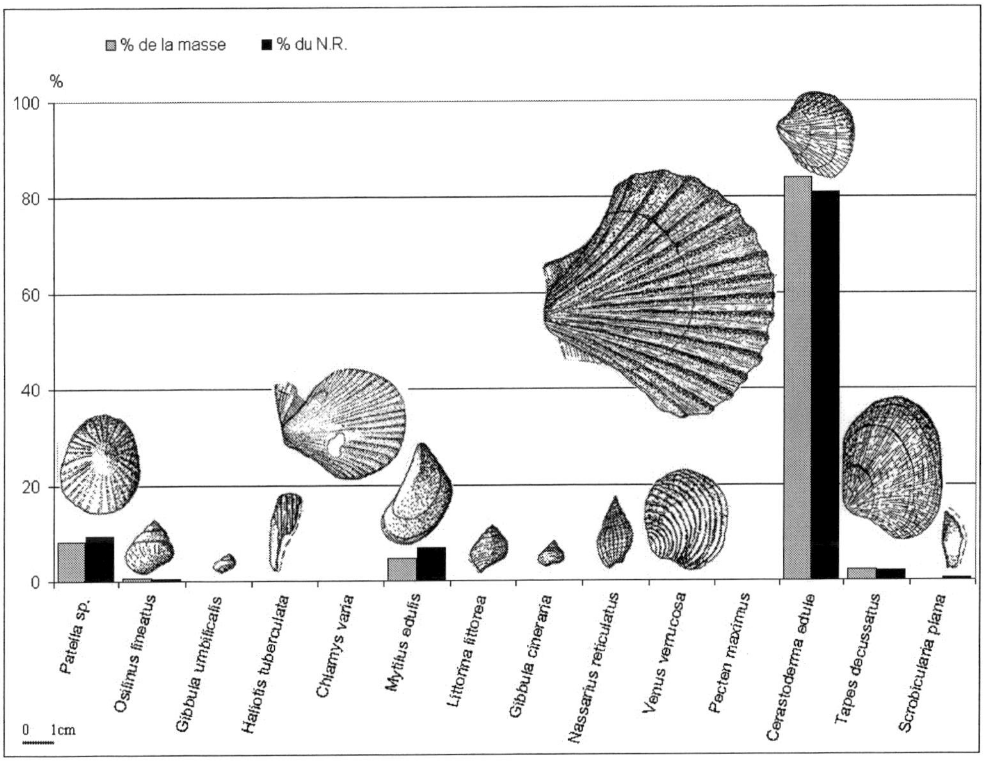

Fig. 158. Histogramme de distribution de la malacofaune des Gouillauds en masse (M =7kg) et en nombre de restes (N.R. =11087)

L'histogramme de répartition des espèces montre la large domination de la coque avec plus de 84 % de la masse totale des coquilles (Fig. 158.). Ensuite, la patelle, la moule et la palourde se détachent du lot avec respectivement 8 %, 5 % et 2 %. Neuf espèces sont représentées par environ 1 gramme de coquilles (Tableau 34). Certaines de toute petite taille comme *Gibbula umbilicalis* et *G. cineraria* sont sans doute des accompagnatrices. La nasse peut être associée à cette dernière catégorie. En effet, la consommation humaine de la nasse *Nassarius reticulatus* n'est pas attestée.

Pour d'autres espèces de grande taille dont seuls quelques débris subsistent, aucun indice ne permet de conclure à une quelconque utilisation de ces tests. C'est le cas d'*Haliotis tuberculata, Chlamys varia, Pecten maximus*.

2.4 – Les caractéristiques de l'acquisition de la malacofaune marine

2.4.1 - Le lieu de collecte

Le substrat

L'histogramme de répartition de la masse des coquilles en fonction de leur substrat d'origine montre une nette domination de l'exploitation du milieu sableux (Fig. 159-A.). Celui d'origine rocheuse l'a été en plus faible proportion (13 %) tandis que la collecte en milieu vaseux paraît anecdotique. Le fort pourcentage obtenu par le substrat sableux est en adéquation avec l'abondance de la coque au sein des Gouillauds (Fig. 159-B.). La palourde vit en milieu vaseux ou sableux à graviers. Il arrive de trouver quelques palourdes en collectant les coques, mais jamais en très grande quantité, ces deux espèces étant de milieu proche. Pour le substrat rocheux, la patelle a pu être collectée en même temps que la moule et la monodonte.

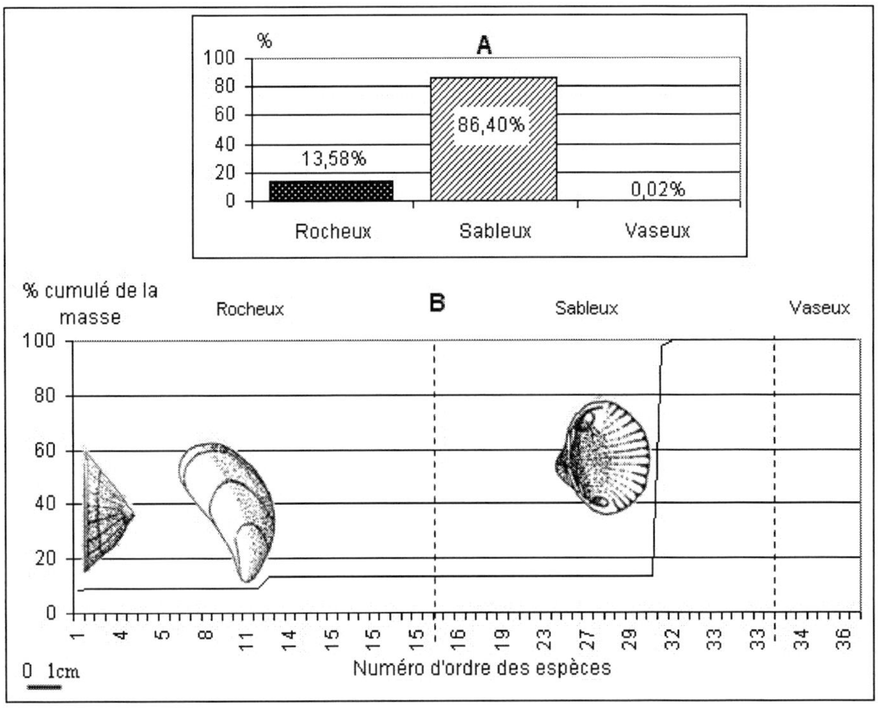

Fig. 159. Substrats d'origine de la malacofaune marine des Gouillauds (M =7kg) : A - Histogramme de distribution, B - Diagramme des pourcentages cumulés de la masse

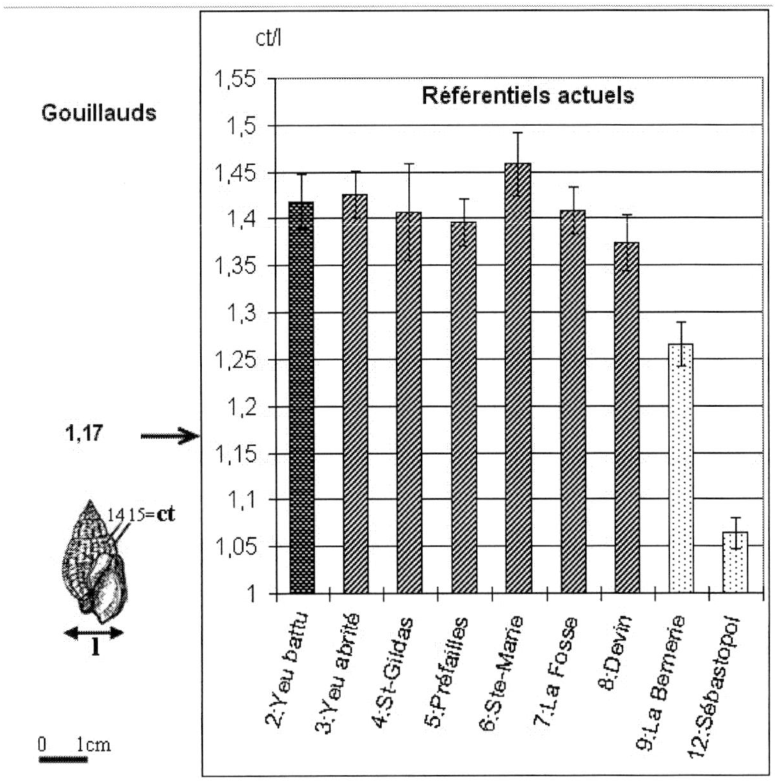

Fig. 160. Localisation de la nasse des Gouillauds en fonction du mode plus ou moins battu des échantillons de référence : Répartition du rapport des côtes totales sur la largeur.

Le mode d'exposition de la côte

L'unique individu de nasse trouvé dans le dépôt coquillier des Gouillauds tend vers un mode abrité de son biotope (Fig. 160.). Cette espèce, n'étant pas consommée, elle a pu être ramassée morte. Ce critère ajouté à la faible représentativité de l'échantillon rend toute conclusion difficile. Cependant, un léger confinement du territoire de collecte correspond à une exploitation majoritaire du substrat sableux.

Le niveau de l'estran exploité par l'homme

La coque, majoritaire sur ce site, est accessible dès le moyen niveau de l'estran (Fig. 161.).

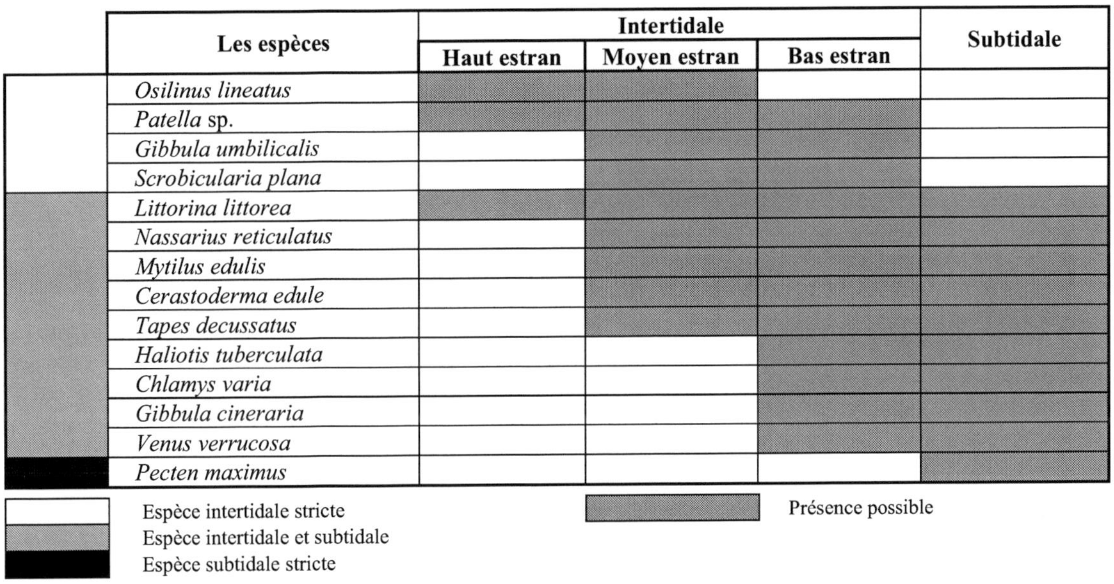

Fig. 161. Position altitudinale des espèces le long de la côte : des Gouillauds (M =7kg)

C'est également le cas de la moule et de la palourde. La monodonte, la patelle et le bigorneau le sont dès le haut niveau. Cela n'exclut pas la possibilité d'une collecte en bas estran. Les 5 espèces qui sont inféodées au bas niveau de l'estran, voire à la zone subtidale pour la coquille Saint-Jacques, sont toutes très peu représentées aux Gouillauds. Leur présence peut être liée soit à un échouage de ces coquilles, soit à une très faible exploitation des plus bas niveaux de l'estran, ces dernières étant émergées occasionnellement.

Enfin, l'histogramme de répartition du caractère intertidal et subtidal montre que toute la malacofaune marine des Gouillauds à destination alimentaire est accessible dans la zone intertidale (Fig. 162.).

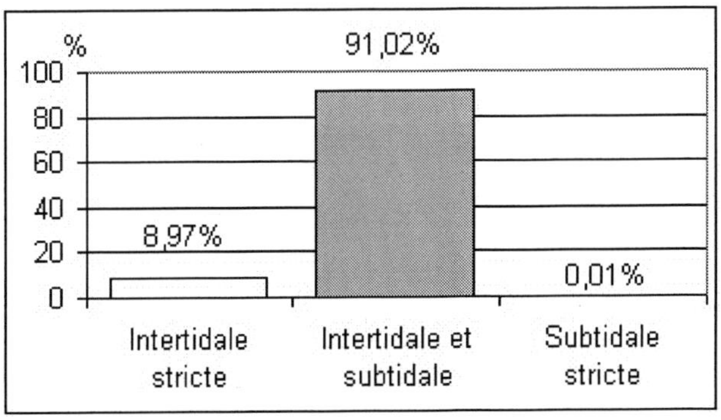

Fig. 162. Répartition du caractère intertidal et subtidal de la malacofaune marine des Gouillauds (M =7kg)

2.4.2 - La fréquence de la collecte

La majorité des coquillages composant le spectre malacofaunique peut donc être collectée quotidiennement. J'ai aussi pu analyser 45 restes de palourde dans le but d'en définir la saison de collecte. La moyenne de la croissance en cours (n/n_{-1}) semble intermédiaire aux données d'avril à juillet (Fig. 163-A.). L'importance de l'écart-type, qui lui est associé, penche pour une collecte étalée dans le temps. Ceci se retranscrit au niveau de la répartition du taux de croissance des palourdes des Gouillauds. En effet, les proportions des trois premiers intervalles du taux de croissance s'équilibrent plus que ce qui est observé pour les échantillons de référence (Fig. 163-B.). Les palourdes des Gouillauds ont pu être collectées au moins du printemps à l'automne (Fig. 163-B.).

2.4.3 - Les techniques de la collecte

Les espèces les plus collectées ne sont pas celles qui demandent le temps de recherche le moins important. En effet, la coque vit légèrement enfouie hors de la vue de l'homme. Sa collecte peut se faire soit de façon aléatoire en grattant le sable (à main nue ou avec un outil), soit par repérage de petits trous à la surface du sédiment trahissant la présence de l'espèce. La faible représentation de la palourde peut indiquer une collecte 'passive' de celle-ci. En effet, un ramassage volontaire des coques a pu amener celui de quelques exemplaires de palourde, ces deux espèces possédant un biotope proche.

D'autres techniques de collecte ont été utilisées, mais, secondairement. Ainsi, les espèces rocheuses sont facilement repérées à vue. Leur collecte nécessite pour certaines un outil (patelle), pour d'autres elles peuvent être ramassées à main nue (monodonte, moule). Les espèces les plus visibles ne sont pas celles qui ont été collectées en majorité. Le ramassage des coques a pu être favorisé soit pour ses qualités gustatives, soit par leur abondance naturelle près du site.

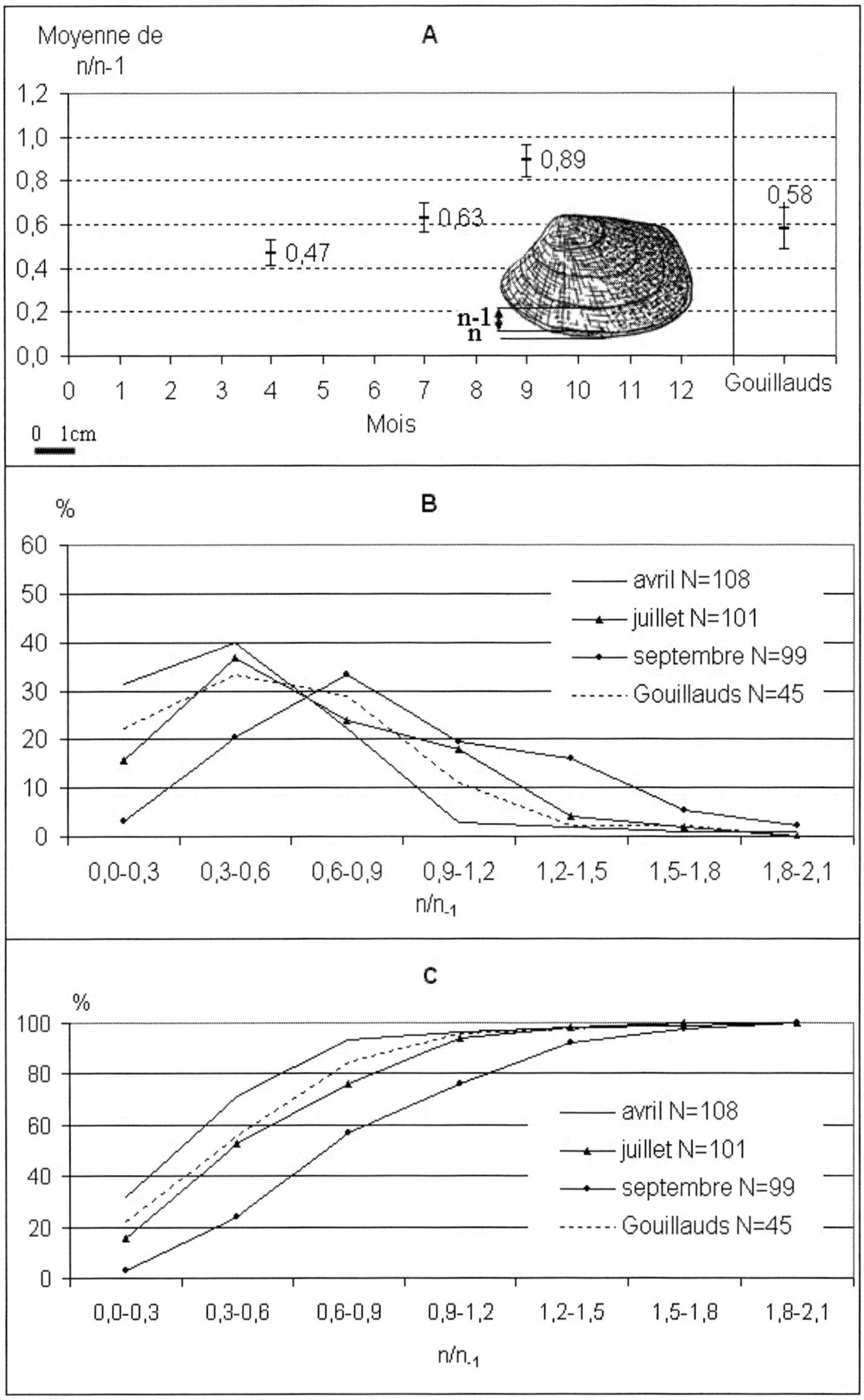

Fig. 163. Saison de collecte des palourdes des Gouillauds ; A - Moyenne de n/n_{-1} et dispersion ; B - Répartition de n/n_{-1} ; C - Pourcentages cumulés des proportions du rapport n/n_{-1}

2.4.4 - Le temps de déplacement et le transport

Les datations radiocarbones obtenues pour le Néolithique moyen des Gouillauds se rapprochent de celles d'Auzay. Les valeurs du niveau des plus hautes mers au IVème millénaire av. J.-C. sont reprises. Selon les auteurs elles varient entre – 0,1 m N.G.F. et – 4,8 m N.G.F. (soit entre + 3 et - 1,7 m C.M.) (Pirazzoli, 1991). L'île de Ré était alors déjà détachée du continent (André, 1986). La présence du substrat rocheux à proximité du site permet une approximation de sa distance à la côte au Néolithique moyen à partir des isobathes. La population insulaire des Gouillauds avait accès à la côte à un peu moins d'un kilomètre (Fig. 164.). Les caractéristiques du territoire de collecte exploitées correspondent aux substrats accessibles à proximité du site. En effet, le site est face à une plage sableuse qui se prolonge vers le large. D'autre part, une dune surmonte aujourd'hui le site. Cette accumulation sableuse pouvait être située plus en avant du site et alimenter l'estran.

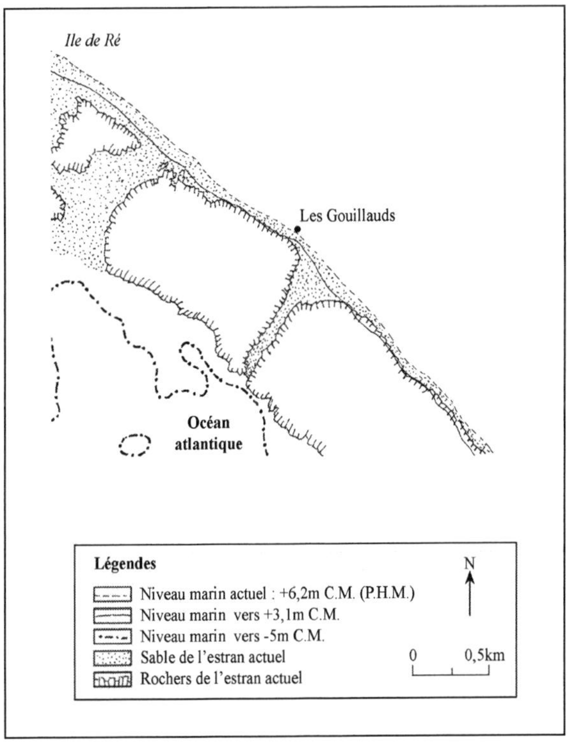

Fig. 164. Localisation des niveaux marins à proximité du dépôt coquillier néolithique des Gouillauds

2.5 – Les caractéristiques de la transformation et de la consommation de la malacofaune marine

Seules la coque et la patelle présentent des stigmates liés à l'action directe du feu sur leurs tests. Le nombre de restes touché par ce phénomène apparaît très faible confronté au nombre total de restes : 8 % pour *Patella* sp. et 1 % pour *Cerastoderma edule.* De plus, l'action du feu sur les tests coquilliers a très bien pu avoir lieu après consommation. Les traces de carbonisation observées ne permettent donc pas de déduire du mode de cuisson utilisé au Gouillauds. D'autre part, une cuisson en contact indirect avec la flamme, comme la préparation par ébullition, ne laisse, d'après nos observations, aucun stigmate observable à l'œil nu. Sans cuisson, l'extraction de la chair des gastropodes turbinés comme le bigorneau ou la monodonte est difficile. Leur consommation crue peut éventuellement se faire par fracturation de l'apex. Parmi les 21 monodontes seules 13 sont cassées au niveau de l'apex. La cassure de l'apex n'est donc pas systématique. Les gastropodes turbinés ont peut-être été consommés après ébullition. Quant aux autres espèces il semble difficile de trancher entre une consommation crue et une cuisson préalable par ébullition. D'autre part, la présence de valves de coque encore associées témoignent d'un transport limité après leur consommation vers la zone de rejet.

2.6 – Résumé de l'étude malacofaunique des Gouillauds

Le site des Gouillauds étant en partie recouvert par une dune, son extension n'est pas connue. Le terme de dépôt coquillier a donc été préféré à celui d'amas coquillier. La comparaison entre un ramassage à vue et un tamisage montre que la première technique d'échantillonnage a entraîné la sous-représentation de certaines espèces. À nouveau, la fragilité de la moule est mise en évidence.

L'analyse de la taille des espèces les mieux représentées montre une sélection des plus grands individus. D'autre part, la répartition des valves droites et gauches des coques confirme leur collecte à l'état vivant. Cet élément ajouté à la présence de valves encore jointives à la fouille témoigne d'un dépôt de ce bivalve juste après sa consommation. Le ligament maintenait sans doute encore les valves jointes lors de leur rejet.

Cerastoderma edule a largement été consommée. La patelle, la moule et la palourde l'ont été secondairement. La domination de la coque se répercute au niveau d'une spécialisation des techniques de collecte et du territoire exploité par l'homme. Ainsi, le mode de collecte majoritairement utilisé ne correspond pas à un ramassage des espèces les plus visibles dans l'environnement marin. L'étude du paléoenvironnement montre que le succès de la coque peut être lié à une plus grande accessibilité du substrat sableux. En effet, l'environnement marin pouvait être similaire à l'actuel. Le substrat rocheux était sans doute accessible pour des niveaux plus bas de l'estran que ne l'était celui de nature sableuse présent dès le haut niveau. La population insulaire avait accès à l'estran à moins d'un kilomètre du dépôt coquillier.

Plusieurs éléments s'opposent à un rejet limité dans le temps aux Gouillauds. L'amas s'élargissant au pied de la dune, ses dimensions peuvent correspondre à une accumulation prolongée dans le temps. D'autre part, l'étude de la saison de collecte de la palourde montre que sa collecte a eu lieu au moins du début du printemps jusqu'à l'automne. La vision restreinte de ce site ne permet pas de savoir si les coquillages étaient la base de l'alimentation de ces Néolithiques ou s'ils étaient complémentaires d'autres ressources.

C – Le Néolithique récent

La majorité des restes coquilliers étudiés pour le Néolithique récent a été trouvée dans des fossés d'enceinte. Les sites sont regroupés en fonction de leur position géographique (Fig. 3., p.11). Le premier site, Montagant, est celui localisé le plus à l'intérieur des terres. La Garenne et La Sauzaie se rapprochent l'un de l'autre au nord du marais de Brouage à proximité de la Charente. Quatre enceintes situées sur le pourtour du marais poitevin sont ensuite présentées avec de l'est à l'ouest : Champ-Durand, La Mastine, Pied-Lizet et Le Rocher. Celle de Chez Reine est, quant à elle, située au nord de l'estuaire de la Gironde.

1 – Montagant (Mainxe, Charente)

1.1 - La présentation du site

Le site de Montagant se localise sur la commune de Mainxe en Charente (Fig. 3., p.11). Cette enceinte à fossés a été découverte par C. Burnez 'en 1966 sur le front de taille d'une carrière à ciel ouvert en pleine activité' (Cassen, 1987, p.60) et 'a fait l'objet de deux fouilles autorisées en 1979 et 1984' (Boujot *et al.*, 1996, p.63) (Fig. 165.).

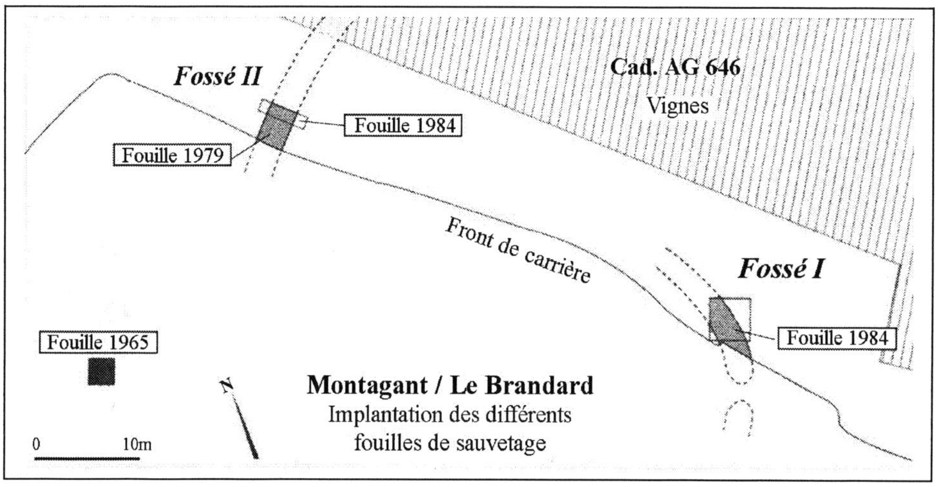

Fig. 165. Plan d'ensemble de la partie nord de la carrière du Brandard, Mainxe, Charente. Implantations des chantiers de fouille (Boujot *et al.*, 1996)

Les coquilles étudiées par Y. Gruet provenant de la seconde campagne de fouille, seuls les résultats de cette dernière sont présentés dans ce qui suit. Elles ont été associées au Néolithique récent. Deux portions de fossés ont été fouillées par C. Boujot et C. Cassen en 1984 et ont permis d'associer le creusement du fossé I à une étape ancienne du 'Matignon charentais, de celle du fossé II datée du Moulin-de-Vent' (Boujot *et al.*, 1996, p.63). Leur étude montre ainsi la longue occupation de cette enceinte à fossés. 'Plusieurs restes de coquilles ont pu être récoltés dans la couche détritique n°3 du fossé I' auxquels étaient associées de la céramique de l'industrie lithique et osseuse (Fig. 166.). De nature noire et cendreuse, cette couche mêlée de quelques dalles semble remplir le fossé 'de manière homogène et de façon volontaire' (Boujot *et al.*, 1996, p.67). Une datation radiocarbone réalisée sur os date la couche 3 à 4560 ± 60 B.P. (Ly-5286) (Boujot *et al.*, 1996, p.67) soit de 3380 à 3080 av. J.-C. (cal.) (Ramsey, 2000).

1.2 - La représentativité de l'échantillon et les techniques de fouille

L'analyse de la malacofaune reprend les données d'Y. Gruet. Celles-ci ne donnent accès qu'au N.M.I. (Boujot *et al.*, 1996, p.67). L'échantillon de coquilles trouvé sur ce site, avec un N.M.I. total de 20, peut paraître limité. La position géographique du site par rapport à la côte est, sans doute, un facteur qui a pu jouer sur le faible nombre de tests coquilliers qui y a été trouvé. D'autre part, la faible représentativité d'espèces friables comme la scrobiculaire et le couteau peut être liée à l'absence de tamisage.

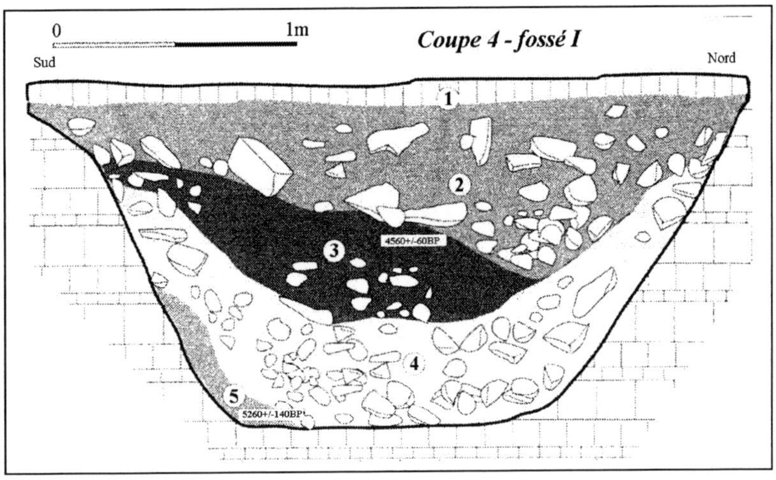

Fig. 166. Coupe stratigraphique du fossé I Montagant / Le Brandard 1984 (Boujot *et al.,* 1996)

1.3 - La composition du spectre malacofaunique

Seules trois espèces ont été déterminées sur ce site par Y. Gruet (Tableau 35, Fig. 167., Fig. 168.).

La palourde est majoritaire. La scrobiculaire *Scrobicularia plana* et le couteau *Solen marginatus* sont, quant à elles, faiblement représentées.

Les conclusions d'Y Gruet sur l'utilisation des coquilles sont reprises (Gruet et Dupont, 2001, p.197). La présence de 6 valves droites et gauches jointives de palourdes (Boujot *et al.,* 1996, p.72) peut pencher dans le sens du transport de cette espèce vivante. Même si, ces espèces ont pu participer à l'alimentation, il n'est pas exclu qu'elles aient pu servir d'outil après consommation (Gruet et Dupont, 2001, p.197). Cependant, Y. Gruet note que les coquilles n'offrent pas de traces d'utilisation. Seule la collecte du *Solen marginatus* à l'état échouage pencherait vers l'usage de ces coquilles en tant qu'outil.

Liste des espèces	N.M.I.	% N.M.I.	N.R.
Solen marginatus	1	5	>1
Tapes decussatus	18	90	29
Scrobicularia plana	1	5	1

Tableau 35. Bilan quantitatif de la malacofaune de Montagant

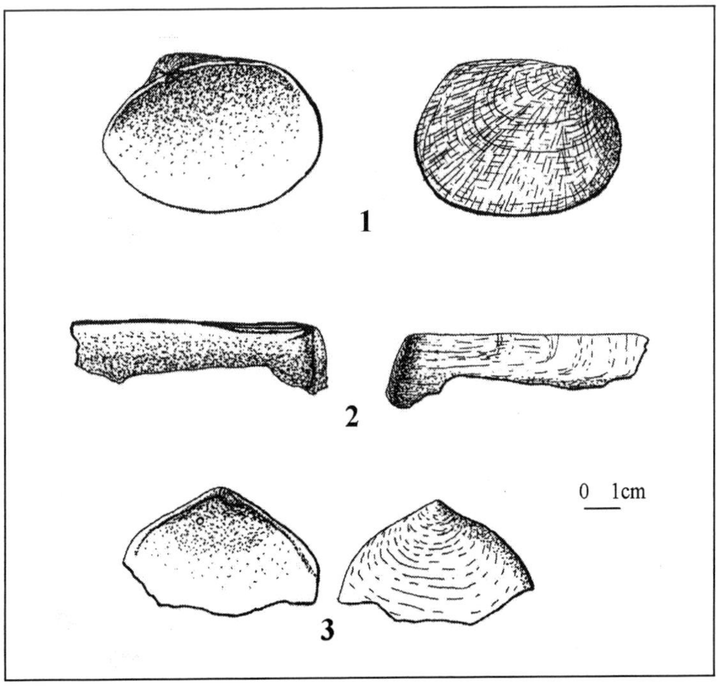

Fig. 167. La malacofaune marine de Montagant (Mainxe, Charente)
1 : *Tapes decussatus* ; 2 : *Solen marginatus* ; 3 : *Scrobicularia plana* ;
4 : *Glycymeris glycymeris* ; 5 : *Callista chione* (Dessin : C. Dupont).

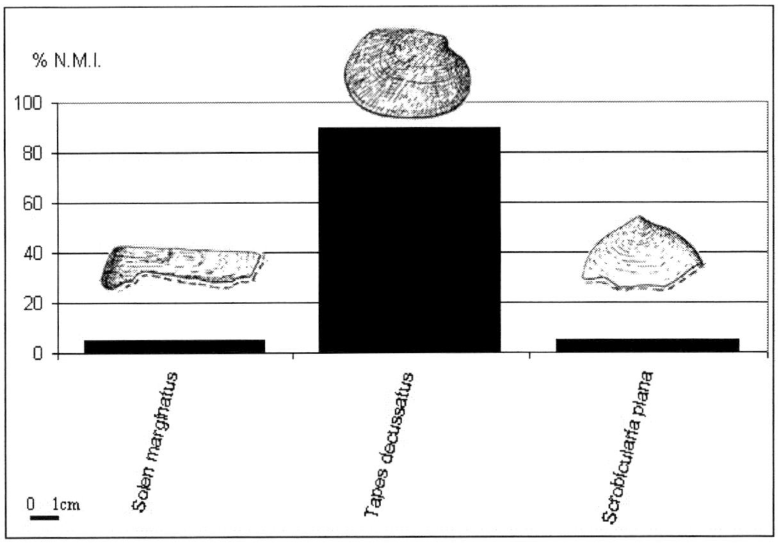

Fig. 168. Histogramme de distribution de la malacofaune de Montagant en nombre minimum d'individus (N.M.I. =20)

1.4 – Les caractéristiques de l'acquisition de la malacofaune marine

1.4.1 - Le lieu de collecte

Le substrat

Le substrat sableux a été majoritairement exploité tandis que le vaseux l'a été en moindre proportion (Fig. 167-A.). Aucune espèce de roche n'est représentée.
La courbe cumulée montre que la forte proportion obtenue pour le milieu sableux est principalement liée à la présence de la palourde (Fig. 169-B.).

Le mode d'exposition de la côte

Les substrats exploités témoignent d'un confinement du territoire de collecte (Fig. 169-B.).

Le niveau de l'estran exploité par l'homme

Toutes les espèces sont accessibles dès le niveau moyen de l'estran (Fig. 170.). Le haut niveau n'a, quant à lui, pas été exploité. La malacofaune peut être collectée à pied sec (Fig. 171.).

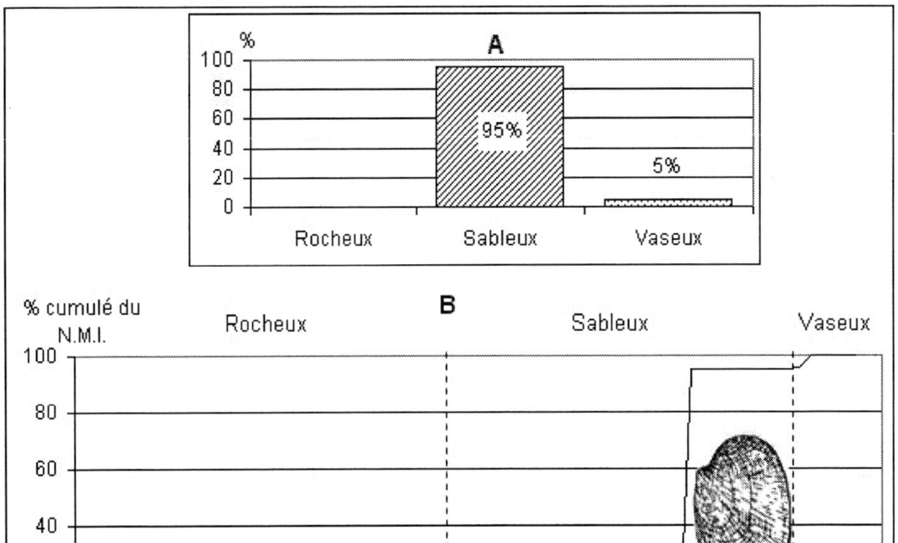

Fig. 169. Substrats d'origine de la malacofaune marine de Montagant (N.M.I.=20) : A - Histogramme de distribution, B - Diagramme des pourcentages cumulés du N.M.I.

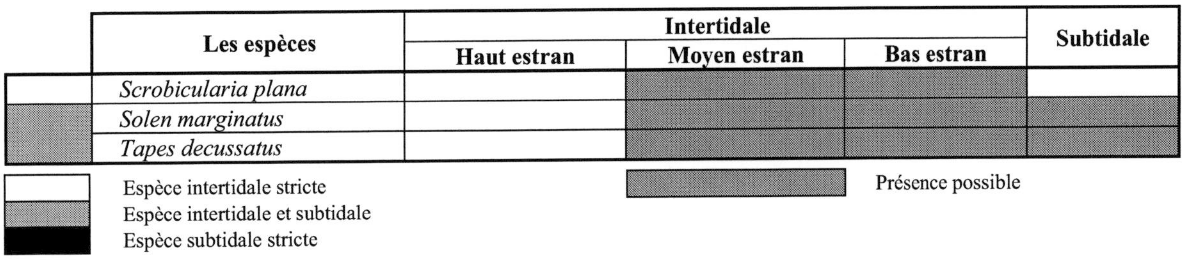

Fig. 170. Position altitudinale des espèces le long de la côte : Montagant

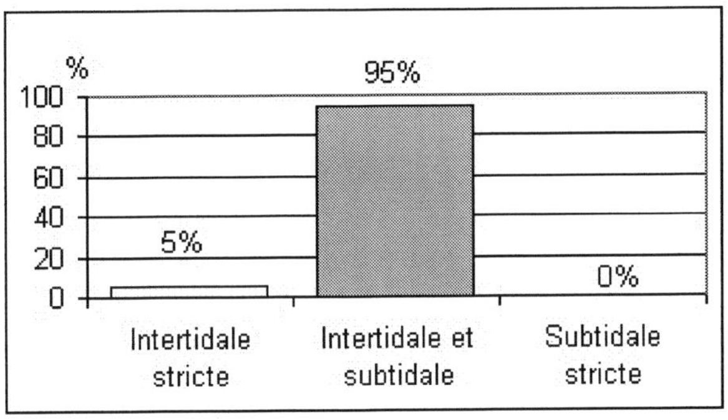

Fig. 171. Répartition du caractère intertidal et subtidal de la malacofaune marine de Montagant (N.M.I.=20)

1.4.2 - La fréquence de la collecte

La malacofaune du fossé de Montagant est accessible quotidiennement. J'ai pu faire la lecture du taux de croissance sur 23 valves de palourde. La moyenne du rapport de la croissance en cours sur celle de l'année précédente (n/n_{-1}), de 0,48, est proche du référentiel actuel du mois d'avril (Fig. 172-A. et B.). L'importante valeur de l'écart-type de Montagant vis-à-vis des référentiels actuels peut être liée au faible nombre d'exemplaires observés. La répartition du taux de croissance témoigne d'une collecte peu prolongée dans le temps avec plus de 40 % des restes étudiés compris dans l'intervalle 0,3-0,6 (Fig. 172-B.). La forte inclinaison de la courbe cumulée traduit également l'homogénéité du lot (Fig. 172-C.). Cette courbe et la répartition du taux de croissance semblent intermédiaires à celles du mois d'avril et de juillet (Fig. 172-B. et C.). Malgré, un échantillon restreint, l'analyse du taux de croissance des palourdes de Montagant montre que la collecte a pu être limitée dans le temps entre la moitié du printemps et le début de l'été.

1.4.3 - Les techniques de collecte

La même technique de collecte a pu être utilisée pour les trois espèces déterminées à Montagant. S'agissant de trois bivalves fouisseurs, ils peuvent aussi bien être collectés à main nue qu'à l'aide d'un outil pour racler le sédiment.

1.4.4 - Le temps de déplacement et le transport

Montagant se localise à l'intérieur des terres (Fig. 173.). La population du Néolithique récent qui y a vécu n'avait pas de contact direct avec l'environnement marin. Son accès aux ressources marines a pu se faire par l'estuaire de la Charente. Sa remontée est, par ailleurs, facilitée par la marée dynamique qui pouvait se faire sentir jusqu'à l'amont de Saintes (Boujot *et al.,* 1996, p.72).

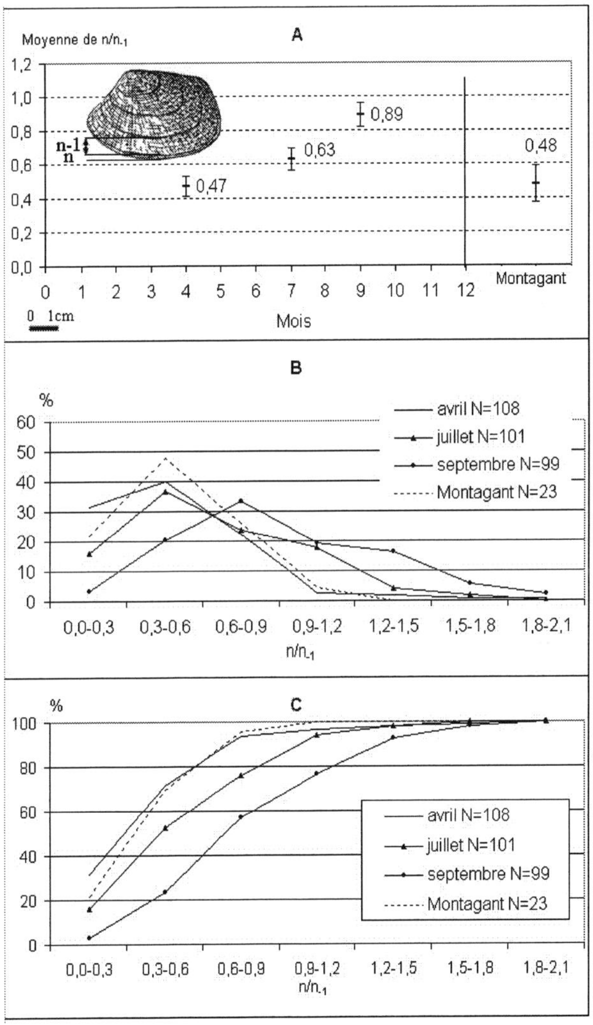

Fig. 172. Saison de collecte des palourdes de Montagant ; A - Moyenne de n/n_{-1} et dispersion ; B - Répartition de n/n_{-1} ; C - Pourcentages cumulés des proportions du rapport n/n_{-1}

La côte la plus proche du site correspond aux marais littoraux, aujourd'hui comblés. Quelques sondages paléoenvironnementaux permettent de décrire leurs différentes phases de comblement (Carbonel *et al.,* 1998).

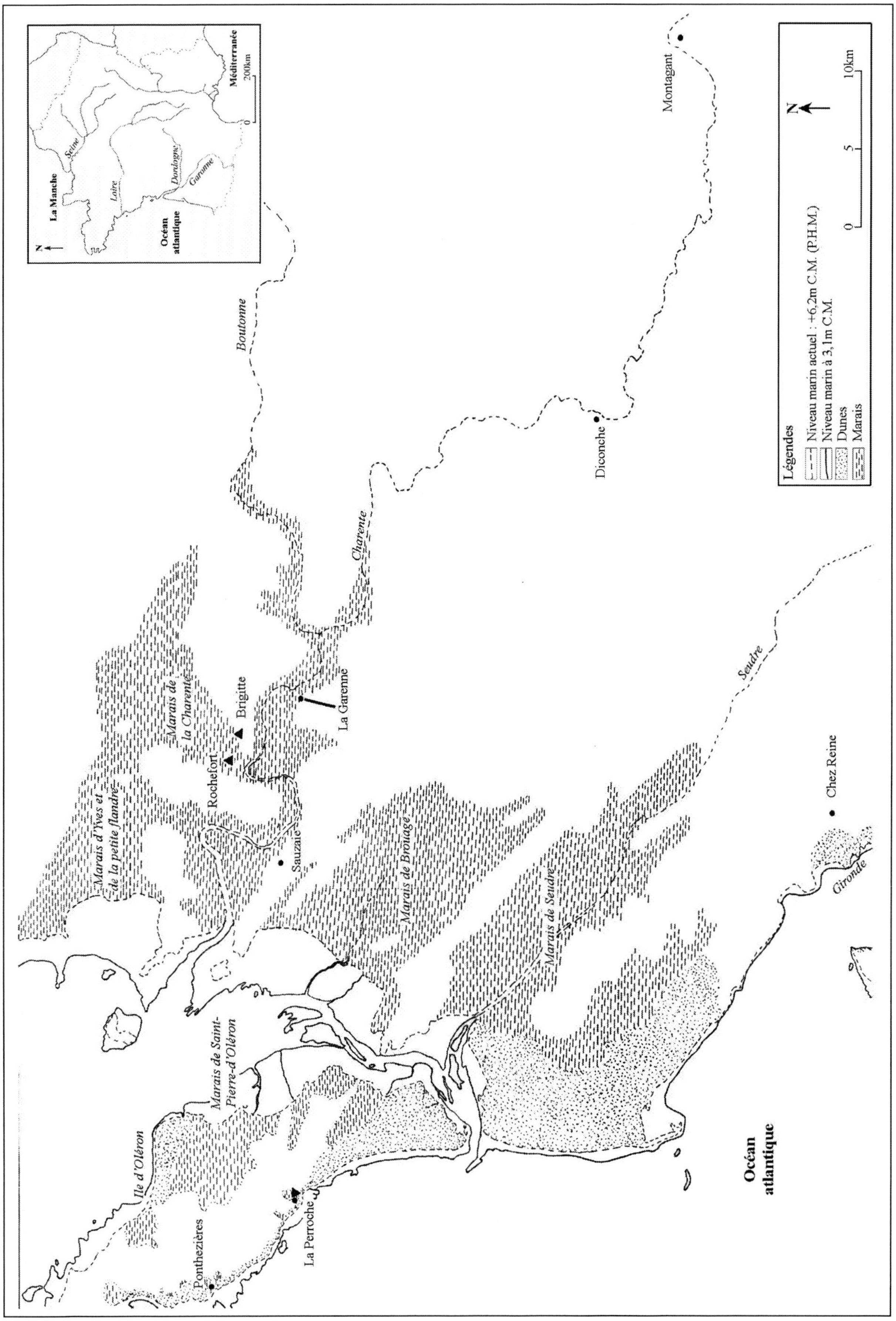

Fig. 173. Localisation des formations récentes du sud de la Rochelle à l'estuaire de la Gironde

Vers 3000 av. J.-C. le niveau des plus hautes mers avoisine le 0 mètre N.G.F. (soit + 3 m C.M.) (Carbonel *et al.,* 1998). Après des influences marines bien marquées dans ces zones, celles-ci diminuent. Au Néolithique récent les marais sont déjà en cours de comblement. Ils correspondent, alors, à des zones estuariennes ou lagunaires. L'influence marine devait être située plus à l'ouest que la délimitation des remplissages des marais. Mais la limite exacte de la pénétration des eaux marines dans les terres n'est connue que ponctuellement, à partir de sondages. Ainsi, les indices d'influence marine au Néolithique récent sont présents dans le marais de la Charente sur le sondage de Rochefort et de la coupe Brigitte (Fig. 174.). Même si le même phénomène a été décrit pour la plupart des marais littoraux, comme celui de Brouage, rares sont les datations permettant de caler chronologiquement les différentes phases observées. La malacofaune trouvée à Montagant témoigne d'un confinement du milieu. Les palourdes ont du être collectées dans ces zones estuariennes à plus de 50 kilomètres du site. Cette distance ne s'oppose pas à la consommation de ces bivalves vivants sur le site. D'autre part, la saison de collecte des palourdes montre une collecte en un moment pas encore très chaud de l'année. Enfin, un échange avec d'autres habitats néolithiques n'est pas non plus exclu.

1.5 – Les caractéristiques de la transformation et de la consommation de la malacofaune marine

Un nombre limité de coquilles a été trouvé dans les deux portions de fossé ouvertes en 1984. Cela peut paraître peu par rapport à la surface fouillée. Celle-ci peut être évaluée à environ 81 m² d'après les plans publiés en 1996 (Boujot *et al.,* 1996, p.63). La distance importante entre le site et le rivage peut y être liée. Les coquillages sont alors une ressource entrant exceptionnellement dans le régime alimentaire des Néolithiques de Montagant. Aucun stigmate associé au mode d'ouverture et de cuisson de ces bivalves n'a pu être observé. La présence de 6 valves droites et gauches jointives (Boujot *et al.* , 1996, p.72) témoignent d'un déplacement peu important des coquilles après leur rejet.

1.6 – Résumé de l'étude malacofaunique de Montagant

La malacofaune de Montagant provient d'un fossé. La couche détritique, dans laquelle elle a été découverte, a été datée du Néolithique récent. Le faible nombre de tests observés est sans doute lié à la distance séparant le site de l'estran au Néolithique récent. Le trait de côte était sans doute plus proche du site qu'il ne l'est actuellement. Cependant, les marais étaient déjà en phase de comblement et l'environnement marin était accessible à plus de 50 km de Montagant. Les actuels marais étaient déjà confinés et se présentaient sous la forme de zones estuariennes ou lagunaires. Ce paléoenvironnement concorde avec les espèces consommées à Montagant. En effet, la palourde, le couteau et la scrobiculaire sont toutes trois de milieu abrité. *Tapes decussatus* domine avec 90 % du N.M.I. La distance sur laquelle elle a été transportée soit par les habitants de Montagant, soit par échange avec un autre habitat néolithique, ne s'oppose pas à sa consommation. En effet, hors de l'eau, ce bivalve maintient ses valves fermées évitant ainsi sa dessiccation. Plusieurs éléments penchent pour une consommation vivante de cette espèce à Montagant. En effet, 6 valves sont jointives. D'autre part, la saison de collecte ne correspond pas aux grandes chaleurs estivales. Enfin, une collecte simultanée de ces bivalves est possible. Comme pour le site précédemment étudié, les espèces collectées ne sont pas directement visibles à la surface de l'estran. Leur collecte nécessite soit une dépense d'énergie importante, soit une bonne connaissance de l'environnement marin. Enfin, le faible nombre de restes malacofauniques et l'absence d'autres témoins marins confrontés à la présence à la fois d'animaux domestiques et de céréales donne l'image d'une population largement dépendante de l'environnement terrestre. Malgré cette caractéristique, l'analyse de la malacofaune marine a permis de mettre en évidence des liens entre ce groupe continental et les milieux littoraux que ne laissaient pas soupçonner les autres composants de la culture matérielle.

2 - La Garenne (Saint-Hippolyte, Charente-Maritime)

2.1- La présentation du site

Le site de La Garenne à Saint-Hippolyte (Charente-Maritime) a été découvert dans les années 1930 (Burgaud, 1937) (Fig. 3., p.11). Il se localise à une centaine de mètres au sud-ouest de la Charente. M. Burgaud y déblaya 'un fond de cabane qui affectait une forme ovale de 5,50 mètres sur 5 mètres et 0,70 mètre de profondeur maxima' (Garenne 1) (Burgaud, 1937) (Fig. 174.).

La couche archéologique de 0,15 à 0,28 mètre d'épaisseur était recouverte d'environ 0,20 mètre de terre arable. 'De nombreux outils en silex, quelques outils en os et une abondante céramique' y ont été découverts (Burgaud, 1937). Les décors céramiques sont associés au peu-richardien. Près de 100 kg d'ossements d'animaux jonchaient le fond de cabane auxquels étaient associées des coquilles. En 1963, des travaux réalisés sur une parcelle voisine incitèrent Gabet et Massaud à y réaliser une opération de sauvetage (Gabet et Massaud, 1965). Leur prospection de surface montre l'extension du site sur 2 ou 3 hectares. Plusieurs dépressions naturelles (Garenne 2) semblent avoir été utilisées comme habitat. Elles se présentent sous la forme de 'cuvettes très irrégulières de 2 mètres de rayon environ et de 0,70 mètre au maximum de profondeur' (Gabet et Massaud, 1965). La partie centrale, la plus basse, est occupée par un foyer de 0,10 mètre d'épaisseur sur 0,70 mètre de diamètre. Gabet et Massaud notent qu'une des stratigraphies les plus fréquemment rencontrées présentaient 'à la base une couche épaisse de tests coquilliers parfois entiers, le plus souvent écrasés, où dominaient les patelles' (Gabet et Massaud, 1965). Deux datations radiocarbones 4790 ± 250 B.P. (Gif-313), soit 4300-2800 av. J.-C. (cal.) et 4560 ± 250 B.P. (Gif-417), soit de 4000 à 2500 av. J.-C. (cal.) sont signalées à La Garenne 2 (Burnez, 1976, p.373 ; Ramsey, 2000).

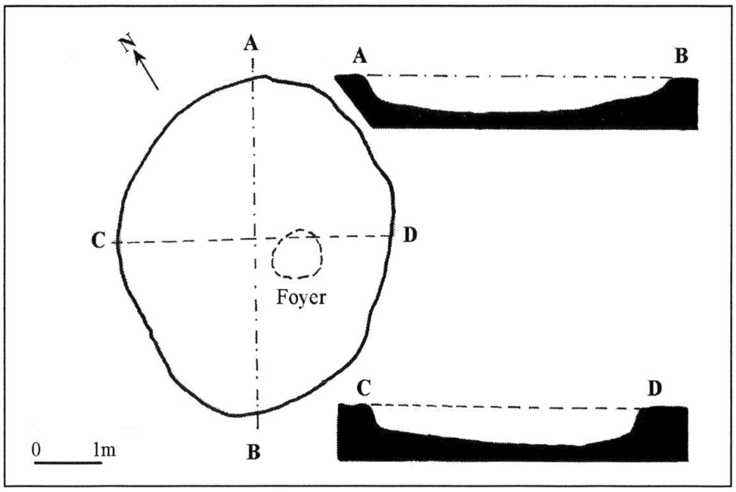

Fig. 174. Plan et coupes d'un fond de cabane de La Garenne (d'après Burgaud, 1937)

2.2 - La représentativité de l'échantillon et les techniques de fouille

Le matériel que j'ai étudié pour La Garenne correspond à la collection déposée au Musée de La Vieille Paroisse à Rochefort. La seule indication apportée par le marquage du matériel étudié est son appartenance à La Garenne 2, donc à la deuxième série de fouille. Un petit lot a été ramassé en surface mais pour le reste du matériel aucun élément de sa position stratigraphique n'a été indiqué. L'ensemble de ces coquilles a été regroupé dans l'analyse de la malacofaune. L'absence de données stratigraphiques amène à prendre avec précaution les informations de cette analyse.

2.3 - La composition du spectre malacofaunique

Les coquilles retrouvées au Musée de La Vieille Paroisse ont permis la détermination de 9 espèces pour 677 grammes de matériel (Tableau 36, Fig. 175.).

Liste des espèces	Masse (g)	% Masse	N.M.I.	% N.M.I.	N.R.	% N.R.
Patella sp.	475,5	70,2	105	83,3	123	75,9
Nucella lapillus	3	0,4	2	1,6	2	1,2
Ostrea edulis	165,5	24,4	10	7,9	25	15,4
Mytilus edulis	4	0,6	2	1,6	3	1,9
Littorina littorea	5	0,7	2	1,6	3	1,9
Acanthocardia echinata	12	1,8	2	1,6	2	1,2
Mya sp.	9	1,3	0	0,0	1	0,6
Tapes decussatus	2	0,3	1	0,8	1	0,6
Scrobicularia plana	1	0,1	2	1,6	2	1,2
Total	**677**		**126**		**162**	

Tableau 36. Bilan quantitatif de la malacofaune de La Garenne 2

La majorité des coquilles a sans doute été consommée. Cependant, certaines d'entre elles présentes des stigmates liés à leur mort avant leur collecte par l'homme. Ainsi, au moins deux valves d'huîtres (Fig. 175. n°2) ont des indices de fixation d'animaux marins sur leur face interne. Certains stigmates, comme des polis des zones les plus bombées et des bords coquilliers, présents sur les grands bivalves (*Mya arenaria* et *Acanthocardia echinata*) pourraient correspondre à leur utilisation comme outil. Cependant, ils ne sont pas assez prononcés pour pouvoir les dissocier avec certitude des usures naturelles.

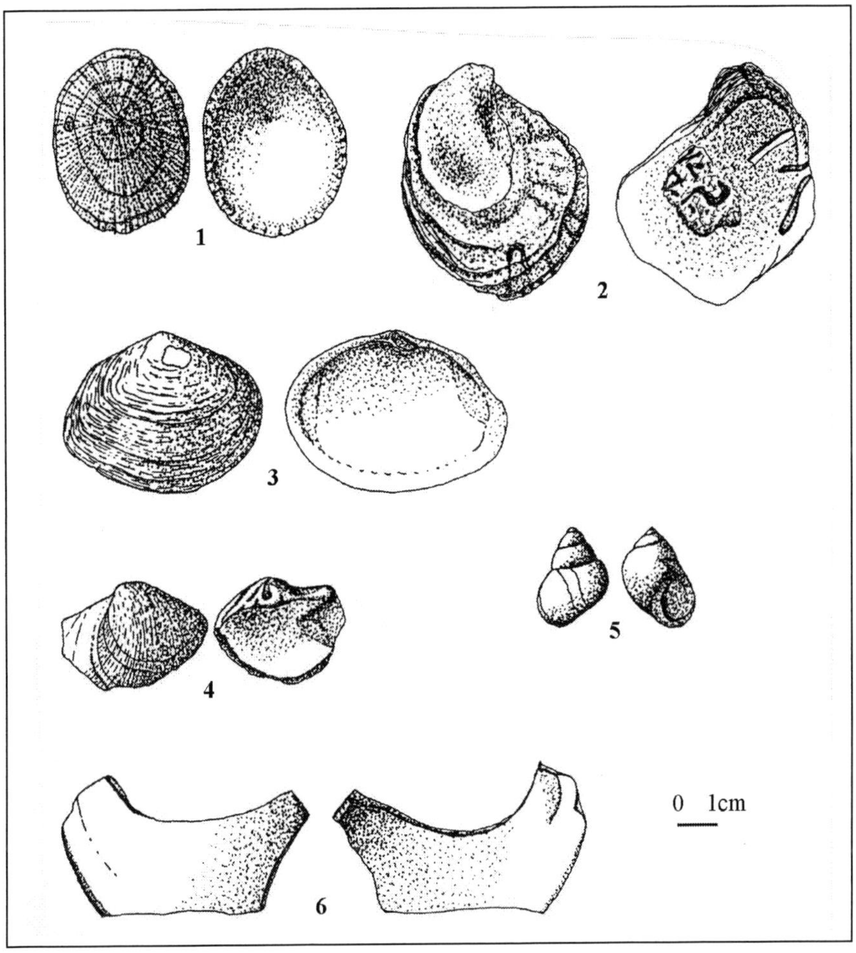

Fig. 175. La malacofaune marine de La Garenne 2, Échantillon Musée de la Vieille Paroisse (Saint-Hippolyte, Charente-Maritime) 1 : *Patella vulgata* ; 2 : *Ostrea edulis* ; 3 : *Scrobicularia plana* ; 4 : *Acanthocardia echinata.* ; 5 : *Littorina littorea* ; 6 : *Mya arenaria* (Dessin : C. Dupont).

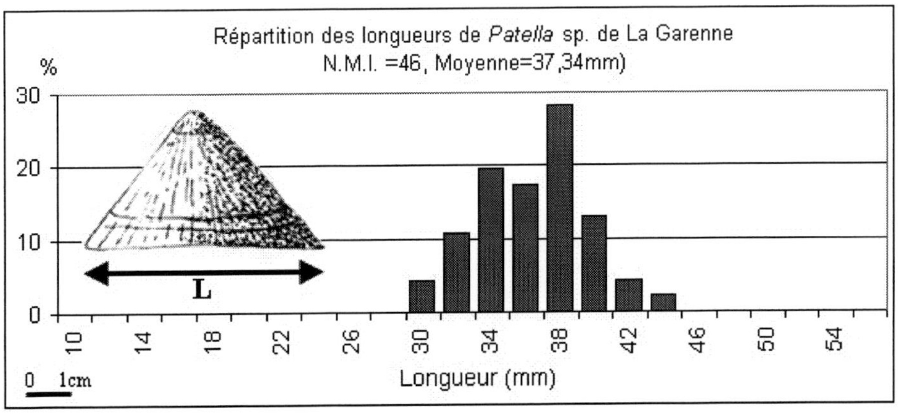

Fig. 176. Histogramme de distribution de la taille des *Patella* sp. de La Garenne 2

La taille des patelles avec une moyenne de 37 millimètres de longueur confirme une sélection des individus de grande taille (Fig. 176.).

Cependant, le ramassage ayant sans doute été effectué à vue lors de la fouille, on ne peut pas exclure la sélection des plus grandes coquilles à ce moment-là.

La patelle domine nettement sur ce site avec 70 % de la masse totale des coquilles, puis seule l'huître se dissocie du lot avec 24 % (Fig. 177.).

Ces proportions ne sont pas trop éloignées de celles qui avaient été observées par M. Burgaud. En effet, celui souligne l'abondance des *Patella vulgata*, la présence de 4 *Ostrea edulis,* de 2 *Mytilus gallo-provincialis* et d'un *Littorina littorea* (Burgaud, 1937).

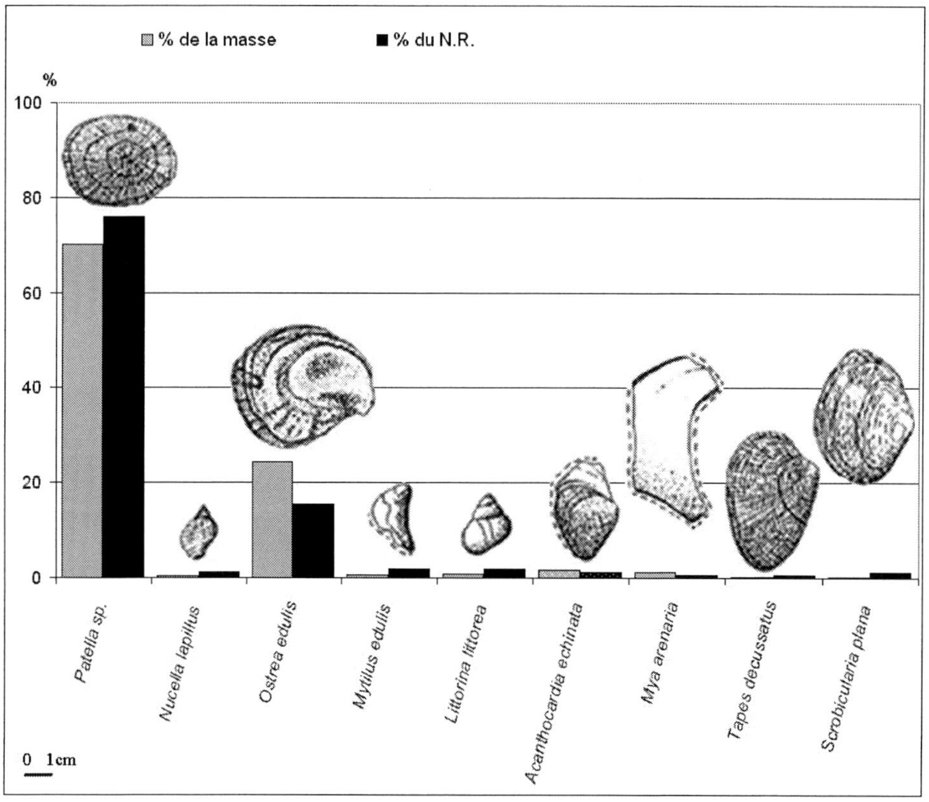

Fig. 177. Histogramme de distribution de la malacofaune de La Garenne 2 en masse (M =677g) et en nombre de restes (N.R. =162)

2.4 – Les caractéristiques de l'acquisition de la malacofaune marine

2.4.1 - Le lieu de collecte

Le substrat

Le substrat rocheux a été majoritairement exploité. Il représente environ 97 % de la masse totale de coquilles étudiée à La Garenne 2 (Fig. 178-A.). La courbe cumulée montre que le milieu rocheux strict a été le plus exploité par l'homme (Fig. 178-B.). Elle met également en évidence l'importante sélection des espèces. La patelle et l'huître plate représentent à elles seules plus de 90 % de la masse de la malacofaune.

Le mode d'exposition de la côte

La présence à 70 % de *Patella* sp. de milieu rocheux strict indique une collecte de cette espèce sur une côte assez ouverte.

Le niveau de l'estran exploité par l'homme

Toutes les patelles qui ont pu être déterminées appartiennent à *Patella vulgata*. Par précaution le genre *Patella* sp. a été indiqué dans la figure 179.

P. vulgata, majoritaire à La Garenne 2, est accessible dès le haut estran (Fig. 179.). L'huître plate, secondairement représentée, peut être, quant à elle, collectée à partir du moyen estran. La grande accessibilité des espèces de La Garenne 2 est confirmée par la présence de 98 % de la masse totale des coquilles ayant pu être collectée dans la zone intertidale (Fig. 180.). Seule *Acanthocardia echinata* est, normalement, inaccessible à pied sec (Fig. 180.).

2.4.2 - La fréquence de la collecte

Les espèces majoritairement représentées à La Garenne 2 ont pu être collectées quotidiennement en haut et moyen estran.

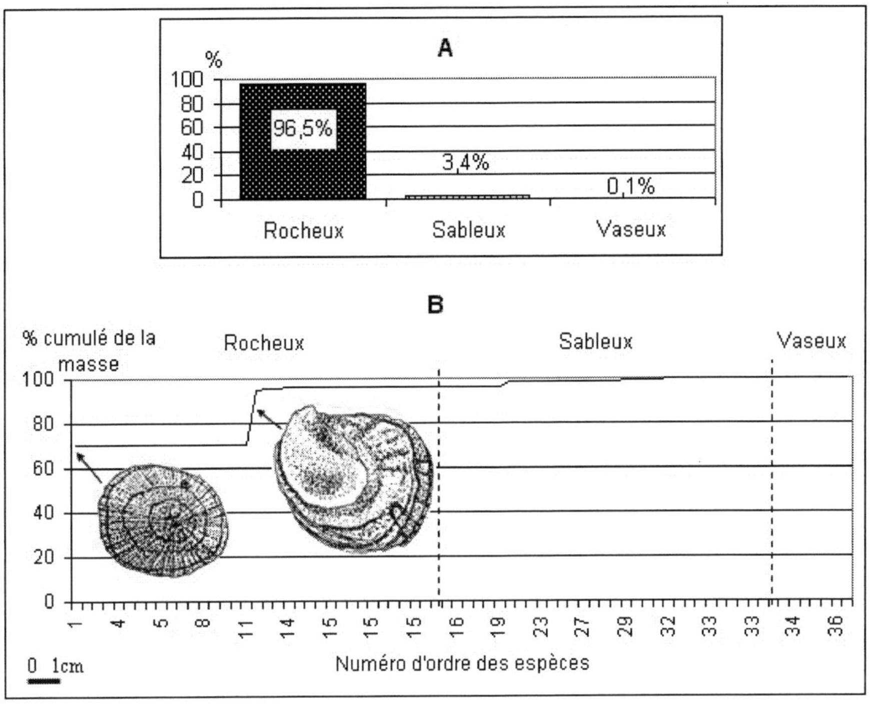

Fig. 178. Substrats d'origine de la malacofaune marine de La Garenne 2 (M =677g) : A - Histogramme de distribution, B - Diagramme des pourcentages cumulés de la masse

Catégorie	Les espèces	Intertidale – Haut estran	Intertidale – Moyen estran	Intertidale – Bas estran	Subtidale
Espèce intertidale stricte	*Patella vulgata*	■	■		
Espèce intertidale stricte	*Patella* sp.	■	■	■	
Espèce intertidale stricte	*Nucella lapillus*		■	■	
Espèce intertidale stricte	*Scrobicularia plana*		■	■	
Espèce intertidale et subtidale	*Littorina littorea*	■	■	■	■
Espèce intertidale et subtidale	*Mytilus edulis*		■	■	■
Espèce intertidale et subtidale	*Ostrea edulis*		■	■	■
Espèce intertidale et subtidale	*Tapes decussatus*		■	■	■
Espèce intertidale et subtidale	*Mya sp.*			■	■
Espèce subtidale stricte	*Acanthocardia echinata*				■

Espèce intertidale stricte
Espèce intertidale et subtidale
Espèce subtidale stricte

■ Présence possible

Fig. 179. Position altitudinale des espèces le long de la côte : La Garenne 2

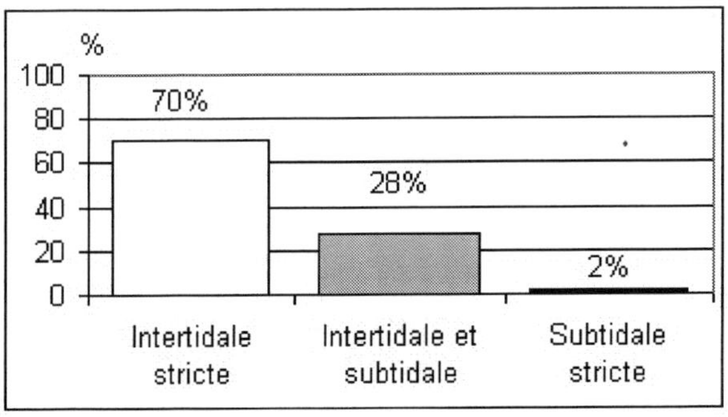

Fig. 180. Répartition du caractère intertidal et subtidal de la malacofaune marine de La Garenne 2 en masse (M =677g)

2.4.3 - Les techniques de collecte

La patelle et l'huître ont pu être collectées par des techniques proches. Elles sont facilement repérables sur les rochers sans un temps de recherche très prolongé. La principale difficulté de leur ramassage est associée à leur décollement du substrat. En effet, l'utilisation d'un outil est souvent indispensable pour les dissocier du rocher.

2.4.4 - Le temps de déplacement et le transport

Les différentes phases du comblement du marais de la Charente ont été décrites pour le site précédent. Les datations radiocarbones obtenues pour La Garenne 2 se situent lors de la phase de comblement du marais. L'huître plate peut supporter la dessalure. Elle a pu être collectée à moins de 5 kilomètres du site. En effet, les conditions estuariennes observées au niveau du sondage de Rochefort, peuvent correspondre à l'implantation de l'huître (Fig. 173., p.228). La patelle est de milieu strictement rocheux et peu confiné. Elle a pu cohabiter avec la précédente dans la partie la plus ouverte d'un estuaire. Une étude dans le marais de la Charente montre que vers 3000 av. J.-C. le niveau des plus hautes mers avoisine le 0 mètre N.G.F. (soit + 3 m C.M.) (Carbonel *et al.,* 1998). En supposant un estuaire de la Charente plus large et un lit plus profond, la mer pouvait pénétrer plus loin vers l'intérieur des terres que ce qui est observé actuellement. La remontée du substrat rocheux, à l'ouest de Rochefort, pouvait être soumise directement à l'influence marine. La patelle pouvait alors être accessible à moins d'une dizaine de kilomètres du site avec l'huître plate.

2.5 – Les caractéristiques de la transformation et de la consommationde la malacofaune marine

Aucune cassure anormale des tests n'a été détectée. Un faible nombre de gastropodes turbinés a été observé sur ce site. Toutes les autres espèces ont pu être consommées aussi bien crues que cuites.
Les coquilles trouvées à La Garenne étaient déposées en couche dans les 'fonds de cabane', à la périphérie d'un foyer central. Elles ont pu être rejetées juste après leur consommation et étaient associées à d'autres déchets alimentaires. La présence de tests 'le plus souvent écrasées' (Gabet et Massaud, 1965) peut indiquer leur piétinement après le rejet.

2.6 – Résumé de l'étude malacofaunique de La Garenne

La malacofaune découverte dans le fond de cabane de La Garenne 2 a été attribuée au Néolithique récent. La patelle y a été consommée majoritairement. Elle est suivie de l'huître. Malgré une diversité spécifique de neuf, les deux espèces majoritaires représentent, à elles seules, plus de 90 % de la masse de coquilles trouvée sur le site. Cette étroite sélection se traduit au niveau d'une 'spécialisation' du substrat collecté et de la technique de collecte. En effet, plus de 95 % des coquilles proviennent du milieu rocheux. À l'exception d'*Acanthocardia echinata*, l'intégralité de la malacofaune est intertidale. Les coquillages sont, pour la plupart, accessibles dès le niveau moyen de l'estran. Ils ont donc pu être collectés quotidiennement. Retrouver les lieux potentiels de collecte n'est pas aisé en cette zone. En supposant une influence marine pénétrant plus loin que de nos jours par la Charente, les huîtres plates et la patelle ont pu être collectées à moins de 10 kilomètres du site.
Les coquillages semblent être la seule ressource d'origine marine sur ce site. Les mammifères consommés sont en majorité des espèces domestiques (92 % de la faune terrestre est composée de bovins et de porcins). Les données présentes en bibliographie ne permettent pas de savoir quelle proportion la malacofaune représentait dans le régime alimentaire de cette population.

3 - La Sauzaie (Soubise, Charente-Maritime)

3.1 - La présentation du site

L'habitat de la Sauzaie fut découvert, suite à une fouille de sauvetage de monuments mégalithiques sur la commune de Soubise (Charente-Maritime) (Fig. 3., p.11). Il se trouve 'légèrement au sud de l'estuaire de la Charente' (Joussaume, 1981, p.348) à 7 kilomètres de la mer actuelle (Gruet et Dupont, 2001, p.184). Plusieurs fouilleurs dont Gabet, Gachina et Pautreau se sont succédés sur ce site (Cassen, 1987, pp.15-33). La malacofaune présentée correspond à un échantillon étudié par Y. Gruet (Gruet, 1999-2, inédit) et provenant des niveaux 2, 3 et 4 des fouilles 1974 de J.-P. Pautreau (Pautreau, 1976). 'Les fouilles ont été pratiquées sur des fosses considérées comme fosse d'habitat' (Joussaume, 1981, p.348).

J.-P. Pautreau y a décrit (Joussaume, 1981, p.348) :

Niveau 1 : 30 à 50 cm de niveau remanié

Niveau 2 : 10 à 25 cm d'épaisseur. Il est moins remanié que le précédent

Niveau 3 : 30 à 40 cm d'épaisseur. C'est une couche humique sombre contenant un riche matériel archéologique.

Niveau 4 : 10 à 15 cm d'épaisseur. Terre jaune cendreuse au centre de la fosse.

Niveau 5 : Zone cendreuse compacte. Matériel archéologique semblable à la couche 4.

J. Gachina avait daté la base de sa couche II (niveaux Pautreau 2 et 3) à 4360 ± 120 ans B.P. (Gif-2610) soit entre 3400 et 2600 av. J.-C. (cal.) et le dessous de sa couche III (niveaux Pautreau 4 et 5) à 4410 ± 120 ans B.P. (Gif-2608) soit entre 3500 et 2650 av. J.-C. (cal.)

(Joussaume, 1981, p.348 ; Ramsey, 2000). Les décors des céramiques sont associés au style matignon et peu-richardien et permettent l'appartenance de ce site au Néolithique récent (Joussaume, 1981, p.351). L'usage du tamisage n'est pas cité dans les publications de site (Pautreau, 1976 ; Joussaume, 1981, Cassen, 1987). On peut noter la description de '10 cm d'accumulation de coquillages (patelles et scrobiculaire)' dans la couche 4 de la fouille Gabet 1969 et de '5 cm d'un dépôt de coquillages' dans la couche III des fouilles de Gachina 1970 (Cassen, 1987, p.19, p.23).

3.2 - La représentativité de l'échantillon et les techniques de fouille

Les décomptes d'Y. Gruet ont, à nouveau, été utilisés (Gruet, 1999-2, inédit ; Gruet et Dupont, 2001, p.195). Seul le N.R. n'y est pas détaillé. Ils regroupent les couches 2, 3 et 4, la couche 2 ayant fourni peu de coquilles (Gruet, 1999-2, inédit). D'autres échantillons, provenant notamment des fouilles de Gachina, ont récemment été trouvés au Musée de la Vieille Paroisse de Rochefort-sur-Mer. Ils sont en cours d'étude par Y. Gruet.

3.3 - La composition du spectre malacofaunique

La fouille de J.-P. Pautreau a livré 5,2 kg de coquilles parmi lesquelles 18 espèces ont été déterminées par Y. Gruet (Gruet et Dupont, 2001, p.193) (Tableau 37).

D'après les observations d'Y. Gruet, 'les coquillages les plus abondants et suffisamment gros ont pu servir de nourriture' (Gruet, 1999-2, inédit, p.6). C'est le cas de l'espèce majoritaire, la patelle, présente à 52 % de la masse totale de coquilles et de l'huître (24 %), la monodonte (14 %), la moule (4 %), le bigorneau (3 %) et la scrobiculaire (2 %) (Fig. 181.).

Liste des espèces	Masse (g)	% Masse	N.M.I.	% N.M.I.
Patella sp.	2744,89	52,4	942	65,6
Osilinus lineatus	714,66	13,6	195	13,6
Littorina obtusata	0,7	0,0	1	0,1
Nucella lapillus	18,07	0,3	4	0,3
Ostrea edulis	1229,22	23,5	76	5,3
Mytilus edulis	186,08	3,6	87	6,1
Littorina littorea	134,68	2,6	56	3,9
Nassarius reticulatus	2,8	0,1	2	0,1
Acanthocardia sp.	1,97	0,0	0	0,0
Glycymeris glycymeris	2,34	0,0	0	0,0
Laevicardium crassum	22,02	0,4	1	0,1
Callista chione	14,21	0,3	2	0,1
Pecten maximus	8,65	0,2	0	0,0
Solen marginatus	0,26	0,0	1	0,1
Cerastoderma edule	4,13	0,1	2	0,1
Tapes decussatus	33,78	0,6	7	0,5
Scrobicularia plana	120,1	2,3	58	4,
Hydrobia ulvae	0,05	0,0	1	0,1
Total	**5238,61**		**1435**	

Tableau 37. Bilan quantitatif de la malacofaune de La Sauzaie (d'après Gruet, 1999-2, inédit ; *id.* et Dupont, 2001)

D'autres espèces, comme *Laevicardium, Pecten, Callista, Glycymeris* et *Solen,* ont été utilisées dans d'autres sites néolithiques comme outils (Gruet *et al.*, 1999). Elles ne sont, pour certaines d'entre elles, pas accessibles à pied sec. Malgré l'absence de stigmates macroscopiques liés à une utilisation autre qu'alimentaire leur nombre, très restreint, permet de douter d'une recherche motivée de ces espèces pour l'alimentation. La coque et la palourde ont, quant à elles, été mangées secondairement. Ce n'est sans doute pas le cas de *Littorina obtusata, Nucella lapillus, Nassarius reticulatus* non consommées de nos jours. Elles peuvent être classées parmi les accompagnatrices tout comme *Hydrobia ulvae,* de trop petite taille pour avoir été collectées volontairement (Gruet, 1999-2, inédit, p.6).

3.4 – Les caractéristiques de l'acquisition de la malacofaune marine

3.4.1 - Le lieu de collecte

Le substrat

Le substrat rocheux domine nettement avec plus de 96 % de la masse totale des coquilles vivant dans ce milieu (Fig. 182-A.). L'exploitation des deux autres substrats est peu représentée. La collecte des coquillages à La Sauzaie est spécialisée dans l'exploitation de l'estran rocheux strict à abrité (Fig. 182-B.).

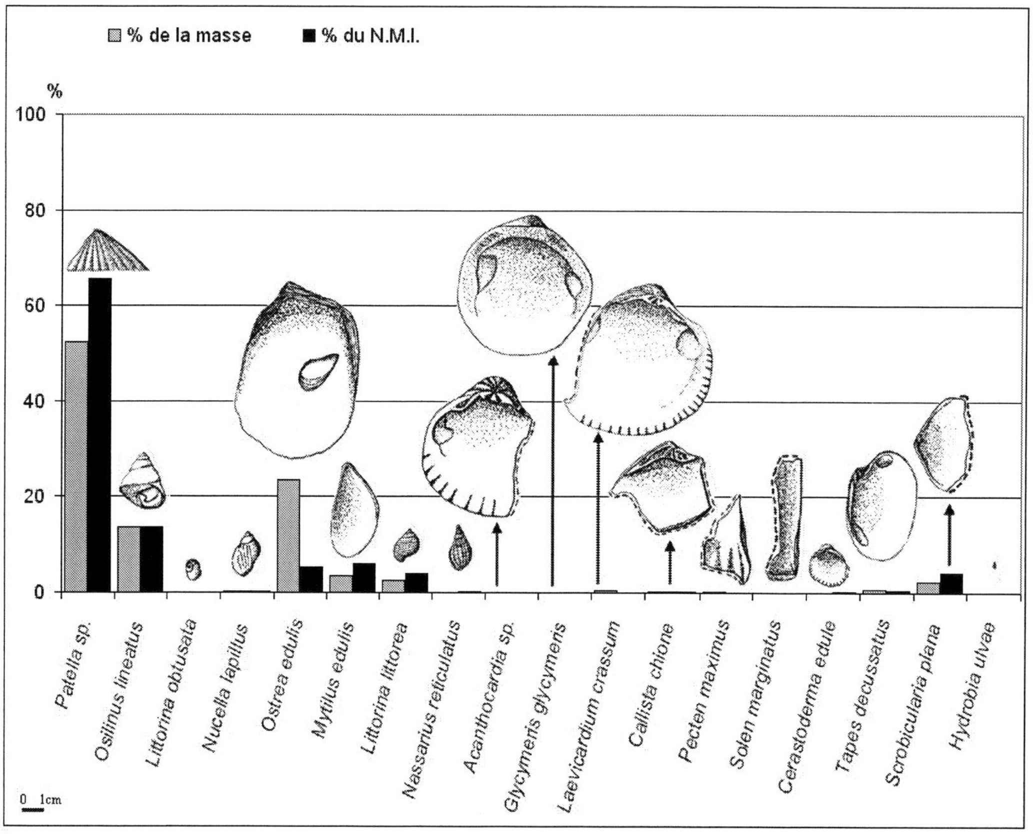

Fig. 181. Histogramme de distribution de la malacofaune de La Sauzaie en masse (M =5,2kg) et en nombre minimum d'individus (N.M.I. =1435)

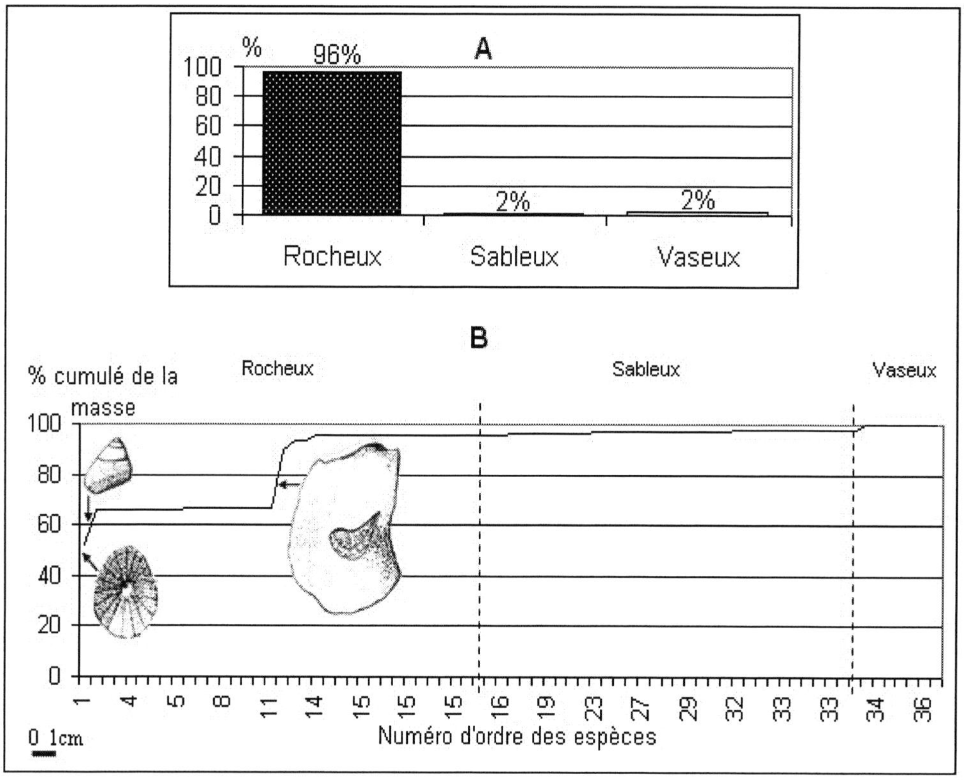

Fig. 182. Substrats d'origine de la malacofaune marine de La Sauzaie (M =5,2kg) : A - Histogramme de distribution, B - Diagramme des pourcentages cumulés de la masse

Le mode d'exposition de la côte

Plusieurs modes d'exposition de la côte semblent représentés. 'La courbe cumulative indique bien l'origine rocheuse stricte des espèces (*Patella*) mais avec une part non négligeable d'espèces de baies ou d'estuaires salés (*Ostrea* et *Mytilus* : 35 %)' (Gruet et Dupont, 2001, p.197) (Fig. 182-B.). Y. Gruet, note également que la moule 'par son accroissement (rapide) et son épaisseur (faible) suggère ici un milieu peu battu' (Gruet, 1999-2, inédit).

Le niveau de l'estran exploité par l'homme

Treize espèces parmi les dix-huit observées à La Sauzaie sont accessibles dès le niveau moyen de l'estran (Fig. 183.).

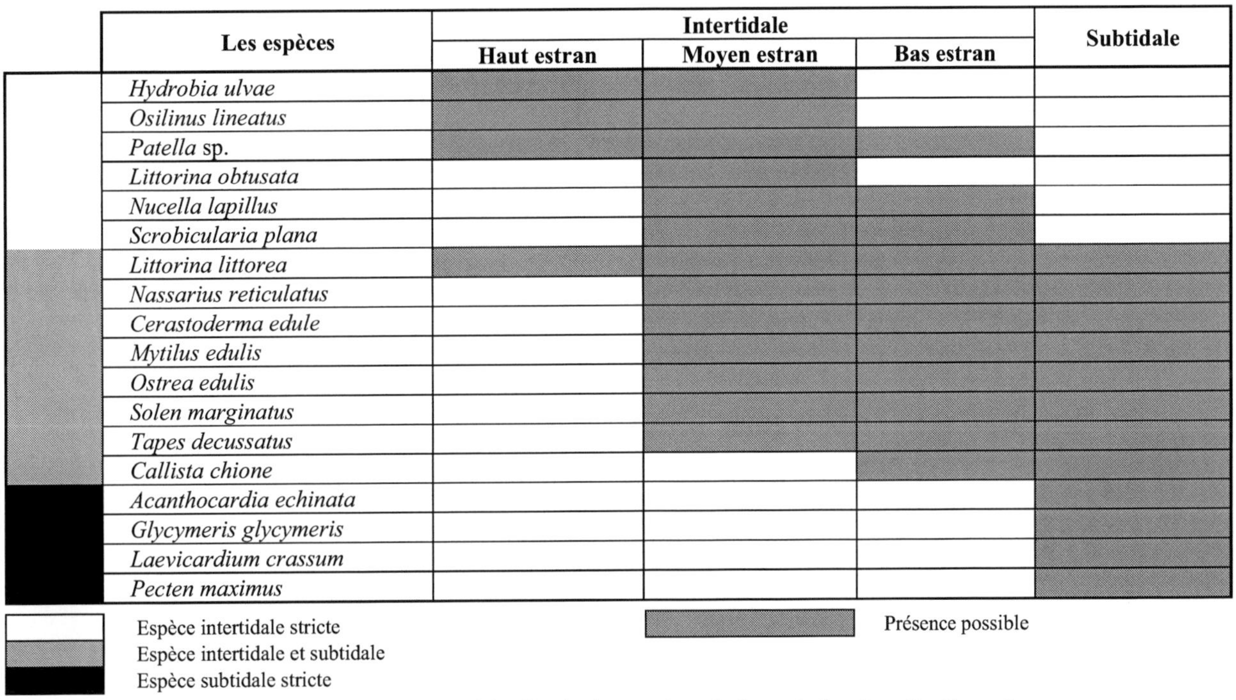

Fig. 183. Position altitudinale des espèces le long de la côte : La Sauzaie

Elles peuvent être ramassées quel que soit le coefficient de marée. *Callista chione* n'est, quant à elle, accessible vivante que quelques jours dans l'année. 99 % de la masse totale des coquilles ont pu être collectés à pied sec (Fig. 184.).

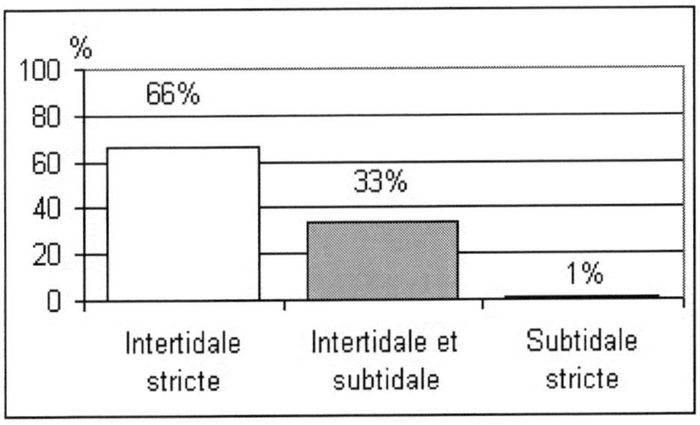

Fig. 184. Répartition du caractère intertidal et subtidal de la malacofaune marine de La Sauzaie (M =5,2kg)

Le 1 % restant correspond à quatre espèces strictement subtidales. Elles n'ont pu être collectées vivantes mais ont, sans doute, été ramassées échouées (Gruet, 1999-2, inédit).

3.4.2 - La fréquence de la collecte

La localisation de la malacofaune le long de l'estran montre qu'une très grande majorité a pu être collectée quotidiennement.

3.4.3 - Les techniques de la collecte

La majorité des espèces collectées à La Sauzaie étant fixée sur les rochers, elles sont toutes accessibles après un temps de recherche très court. Elles ont été collectées soit à main nue (monodonte, moule et bigorneau), soit avec l'aide d'un outil (patelle et huître). La scrobiculaire, qui vit enfouie dans la vase, est représentée sur ce site à seulement 2 %. Sa collecte nécessite une recherche avant d'être collectée à main nue. On notera également sur ce site la présence, en faible quantité, d'espèces ayant pu être collectées uniquement mortes échouées le long de l'estran.

3.4.4 - Le temps de déplacement et le transport

Le site de La Sauzaie est situé au sud de l'estuaire de la Charente (Fig. 173., p.228). Il est distant, actuellement, d'environ 7 km de la mer, mais était en contact direct avec la mer au Néolithique. Le sondage de Rochefort est alors situé en zone estuarienne ou lagunaire (Carbonel *et al.,* 1998, p.17). Cet élément indique un estuaire de la Charente largement ouvert aux influences marines. Les espèces d'origine rocheuse, comme la patelle, étaient donc accessibles près du site de La Sauzaie. De plus, la présence 'd'une part non négligeable d'espèces de baies ou d'estuaires (*Ostrea* et *Mytilus,* 35 %)' à La Sauzaie correspond bien aux zones abritées au sud et au nord du site (Gruet et Dupont, 2001, p.197). 'La faible abondance des *Scrobicularia* indique qu'au nord de ce site (la Charente) comme au sud (marais actuel), la roche devait dominer' (Gruet et Dupont, 2001, p.197).

3.5 – Les caractéristiques de la transformation et de la consommation de la malacofaune marine

La même remarque que pour le site précédent peut être faite. Les observations publiées ne permettent pas de discuter des stigmates liés à la consommation des coquilles. D'autre part, l'analyse des restes alimentaires des autres sites montre que cette utilisation laisse peu de stigmates. Le manque d'observations à ce sujet peut donc être lié à leur absence.

Les coquilles ont été trouvées dans des 'fosses d'habitat' (Joussaume, 1981, p.348). D'après R. Joussaume, ces fosses peuvent aussi bien correspondre à des lieux d'habitat qu'à des dépressions où ont été accumulés les déchets quotidiens (Joussaume, 1981, p.348).

3.6 – Résumé de l'étude malacofaunique de La Sauzaie

Les coquillages du site néolithique de La Sauzaie ont été trouvés dans des fosses d'habitat. Si la majeure partie des restes coquilliers peut être attribuée à des rejets de nourriture, le doute subsiste quant à l'utilisation d'une faible proportion (1 %) d'entre eux. En effet, parmi les 18 espèces déterminées, 4 sont subtidales et n'ont pu être collectées qu'échouées mortes le long de la grève. Pour les autres coquillages, la majorité a été collectée sur des rochers. Plusieurs techniques de collecte y ont été appliquées. Cette diversité semble correspondre à une exploitation de toute la frange littorale de nature rocheuse voisine du site. D'autre part, les espèces collectées semblent accessibles dans le temps et dans l'espace. En effet, les niveaux de l'estran exploités indiquent un accès potentiel quotidien des coquilles consommées. De plus, une des particularités des espèces de milieu rocheux est un temps de recherche peu prolongé. Enfin, l'étude du paléoenvironnement indique une distance de transport limitée du site au lieu de collecte. Le territoire de collecte près du site correspond à une zone rocheuse confinée en de nombreux endroits.

Les proportions de la faune terrestre par rapport à la malacofaune ne sont pas connues. Cependant, ces coquillages semblent être intervenus régulièrement dans le menu de ces Néolithiques. En effet, les différentes campagnes de fouille réalisées sur ce site ont toutes livré des coquillages bien identifiés en stratigraphie. Les habitants de La Sauzaie semblent avoir tourné une partie de leur économie sur l'environnement marin.

4 - Champ-Durand (Nieul-sur-l'Autize, Vendée)

4.1 - La présentation du site

Le site de Champ-Durand se localise sur la commune de Nieul-sur-l'Autize en Vendée en bordure de la vallée sèche des Maléons qui rejoint la rivière de l'Autize et le marais poitevin (Joussaume, 1981, p.252) (Fig. 3., p.11). Actuellement, il est situé à 38 km du rivage (Gruet et Dupont, 2001, p.184). Une triple enceinte de fossés interrompus d'environ 250 mètres de diamètre y fut découverte en 1971 par M. Marsac d'après des photographies aériennes (Fig. 185.) (Joussaume, 1998-2, p.112). R. Joussaume y entreprit plusieurs campagnes de fouilles entre 1975 et 1986. D'après la bibliographie, les coquillages semblent être présents uniquement dans le fossé intérieur (I) du site (Joussaume, 1998-2, p.112) (Fig. 185.). 'Au moment des fouilles, ce fossé atteignait 5 à 7 mètres de large à l'ouverture et 2,30 à 2,60 mètres de profondeur, creusé dans le calcaire' (Joussaume, 1998-2, p.112).

Trois niveaux de comblement sont décrits pour ce fossé. 'La couche de base correspond à une période d'uniformisation en berceau, tendant à donner au fossé son « profil d'équilibre »' (Joussaume, 1986, p.273). 'Au-dessus et de manière régulière se trouve une couche noirâtre qui parfois atteint une vingtaine de centimètres d'épaisseur au milieu de fossé' (Joussaume, 1998-2, p.112). Elle est riche en vestiges archéologiques qui consistent en ossements d'animaux dont certains d'origine domestique, en tessons de poteries, en silex, en coquillages. La présence de la seiche a également été détectée dans ce niveau (Joussaume, 1981, p.286). 'Le troisième niveau de comblement est formé d'une poche de pierres qui appartenait à un édifice construit sur les bords du fossé et plus particulièrement du côté interne du site' (Joussaume, 1986, p.273-274). Les coquilles étudiées sont issues d'un ramassage à vue. Les phases d'occupation des enceintes ont été définies d'après l'analyse des céramiques. Ainsi, le site aurait été occupé au Néolithique récent, où semblent se succéder Matignons et Peu-Richardiens (Cassen, 1987, p.80). Les datations réalisées sur ce site sont comprises entre 4110 ± 130 B.P. (Gif-3675) et 3400 ± 150 B.P. (Gif-4027) (Joussaume, 1981) soit entre 3050 et 1300 av. J.-C. (cal.) (Ramsey, 2000). Trois sépultures doubles, deux sépultures simples et d'assez nombreux restes osseux épars à divers niveaux du remplissage des fossés ont également été découverts, principalement au sein du fossé II (Joussaume, 1986, p.271).

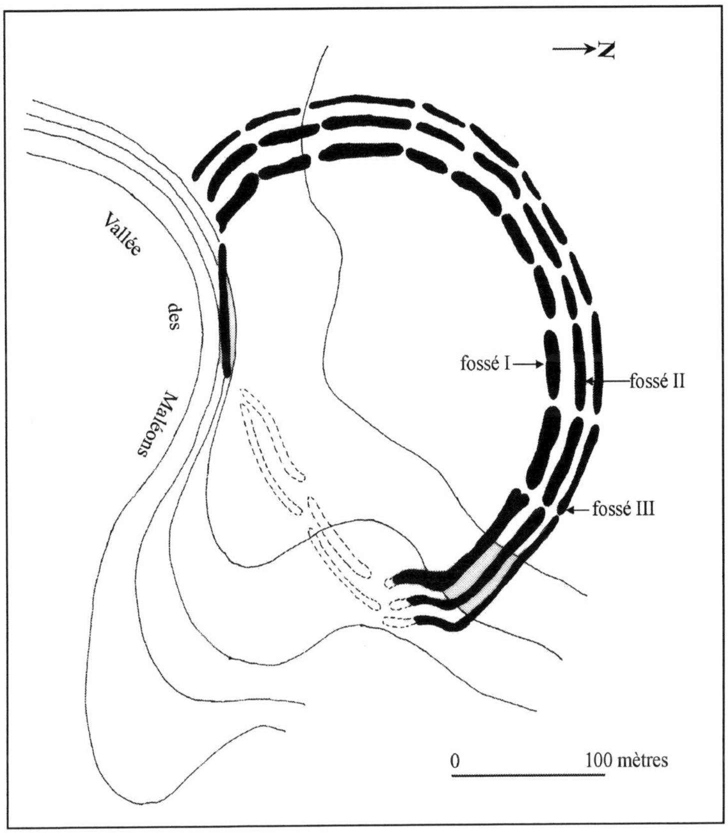

Fig. 185. Plan de Champ-Durand (d'après Joussaume, 1981, p.253)

4.2 - La représentativité de l'échantillon et les techniques de fouille

L'étude de la malacofaune de Champ-Durand est basée sur les données d'Y. Gruet (Gruet, 1999-1, inédit ; Gruet et Dupont, 2001, p.194). Celles-ci donnent accès au N.M.I. et à la masse des coquilles, le N.R. n'ayant pas été comptabilisé. La faible quantité de coquilles trouvée sur le site peut être liée à la position du site par rapport à l'estran. D'autre part, l'absence de tamisage et le ramassage des plus gros restes à la fouille (information R. Joussaume) a pu amener la sous-représentation des espèces les plus fragiles.

4.3 - La composition du spectre malacofaunique

Y. Gruet a déterminé 5 espèces à partir des 830 grammes de coquilles trouvés à la fouille (Gruet et Dupont, 2001, p.194) (Tableau 38).

Liste des espèces	Masse (g)	% Masse	N.M.I.	% N.M.I.
Patella sp.	0,75	0,9	1	0,5
Mytilus edulis	7,46	0,1	1	0,5
Cerastoderma edule	1,02	0,1	1	0,5
Tapes decussatus	177,47	21,4	18	8,7
Scrobicularia plana	643,19	77,5	185	89,8
Total	**829,89**		**206**	

Tableau 38. Bilan quantitatif de la malacofaune de Champ-Durand

Les tailles des valves de scrobiculaires ont été reconstituées par Y. Gruet, 'd'après les ligaments internes des populations actuelles' (Gruet, 1999-1, inédit, p.3). Il en déduit une collecte à vue de cette espèce, tous les individus présentant une taille supérieure à 2 centimètres (Fig. 186-A.).

D'autre part, 'il y a presque autant de valves droites que de gauches et elles sont de tailles très proches. Cela correspond bien à un ensemble de bivalves collectés valves jointes et donc vivants' (Fig. 186-B.) (Gruet, 1999-1, inédit, p.3). Le test de Chi-deux que j'ai appliqué à la distribution des valves droites et gauches de scrobiculaires le confirme. En effet, la probabilité associée à la valeur du χ^2 calculé (3,069) est comprise entre 0,9 et 0,5 pour un d.d.l. de 7. La différence de répartition entre les valves droites et valves gauches n'est donc pas significative. Ce fait appuie la destination alimentaire de la malacofaune marine de Champ-Durand.

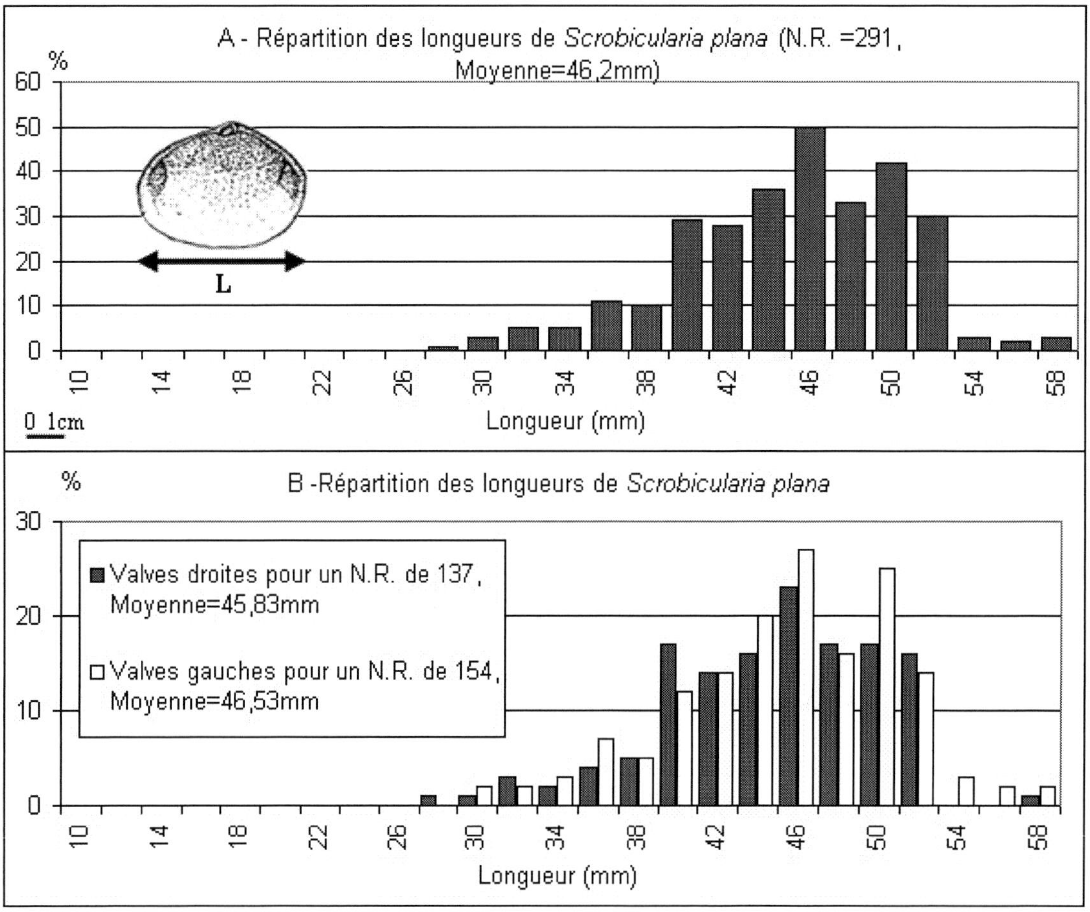

Fig. 186. Histogramme de distribution de la taille des scrobiculaires *Scrobicularia plana* de Champ-Durand : A - Répartition des longueurs toutes valves confondues ; B- Répartition des longueurs des valves droites et gauches

Deux espèces se démarquent du spectre malacofaunique de ce site (Fig. 187.). La scrobiculaire domine largement avec plus de 77 % de la masse totale des coquilles. La palourde est, quant à elle, présente à 21 %. Elles représentent donc, toutes les deux plus, de 98 % de la masse des coquilles rejetées dans les enceintes de Champ-Durand. Les trois autres espèces sont présentes à moins de 1 % chacune. Elles ont été secondairement consommées. D'autres échantillons ont récemment été remis par R. Joussaume à Y. Gruet. Ils confirment la forte domination des scrobiculaires (Y. Gruet, communication orale).

4.4 – Les caractéristiques de l'acquisition de la malacofaune marine

4.4.1 - Le lieu de collecte

Le substrat

Le substrat vaseux a été le plus exploité (Fig. 188-A.). Puis, le substrat sablo-vaseux représente 22 % de la masse totale de coquilles, tandis que le substrat rocheux a été délaissé. La courbe cumulée montre que l'estran vaseux est majoritairement représenté par la scrobiculaire et celui de milieu sableux, par la palourde. Cette espèce assez ubiquiste vit du milieu sableux à gravier à un milieu assez envasé. Supportant une nette dessalure, elle a très bien pu être trouvée en faible quantité avec la scrobiculaire (Fig. 188-B.).

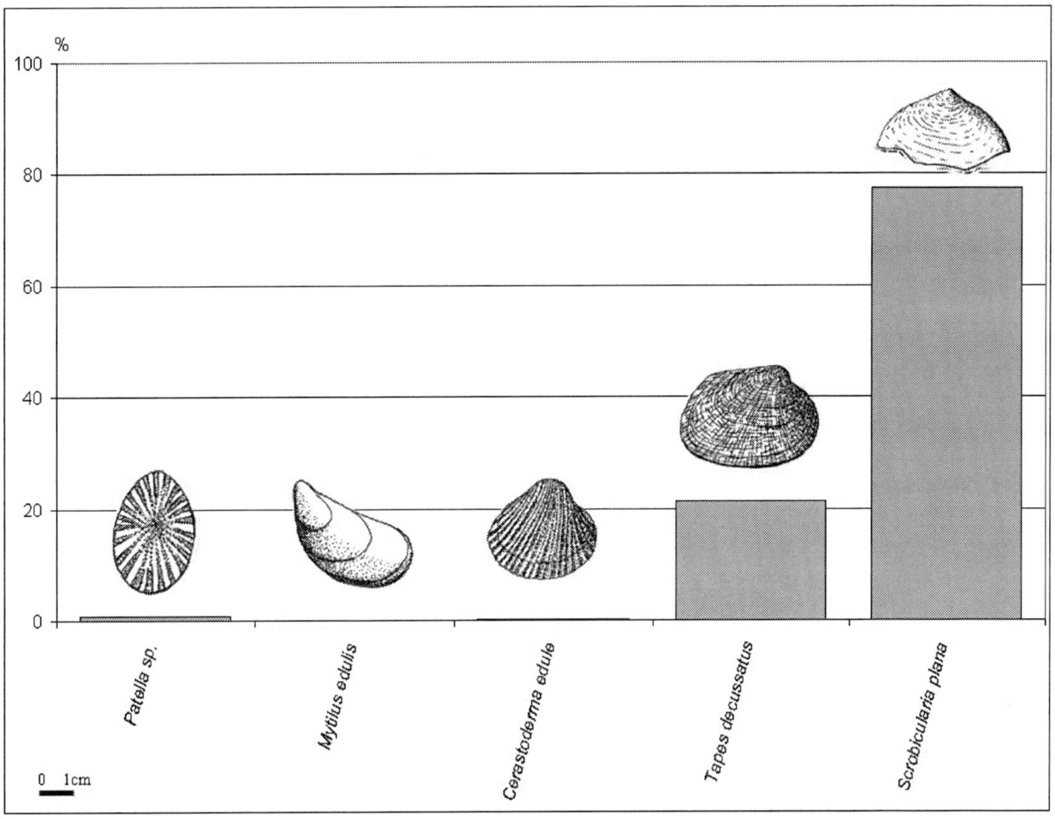

Fig. 187. Histogramme de distribution de la malacofaune de Champ-Durand en masse (M =830g)

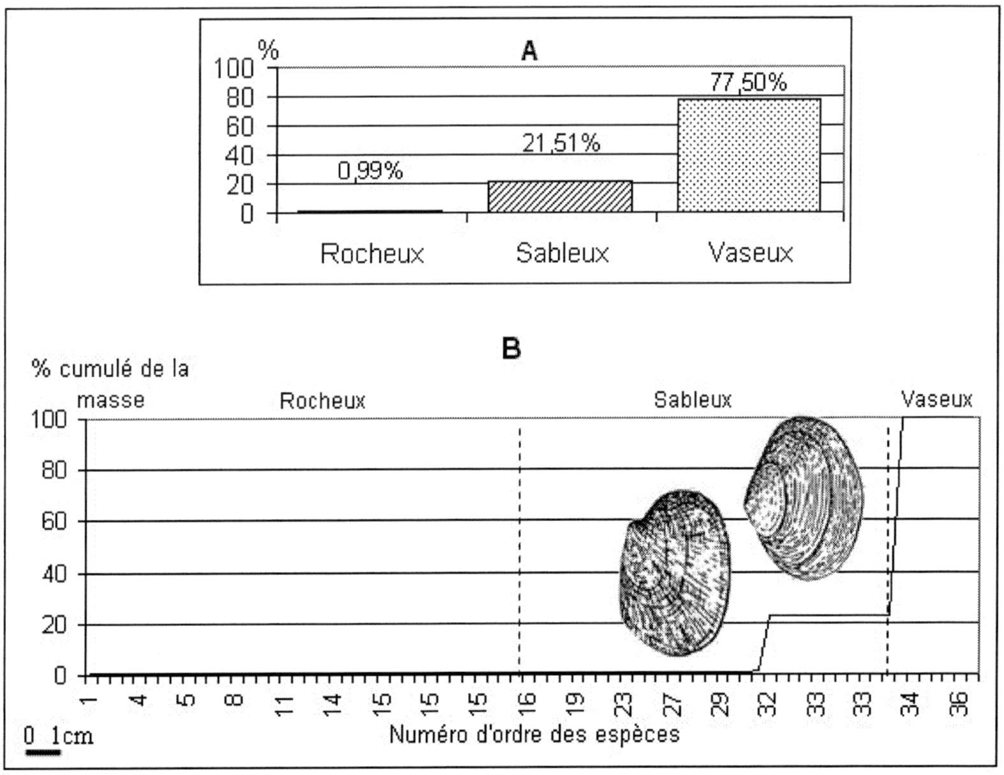

Fig. 188. Substrats d'origine de la malacofaune marine de Champ-Durand (M =830g) : A - Histogramme de distribution, B - Diagramme des pourcentages cumulés de la masse

Le mode d'exposition de la côte

Les observations d'Y. Gruet, sur la moule montre que son rapide accroissement et sa faible épaisseur suggère un milieu peu battu (Gruet, 1999-1, inédit, p.2). De même, la courbe des pourcentages cumulés de la masse montre un territoire de collecte en milieu confiné (Fig. 188-B.).

Le niveau de l'estran exploité par l'homme

Toutes les espèces sont accessibles dès le niveau moyen de l'estran. Elles ont pu être collectées vivantes quel que soit le coefficient de marée (Fig. 189.).

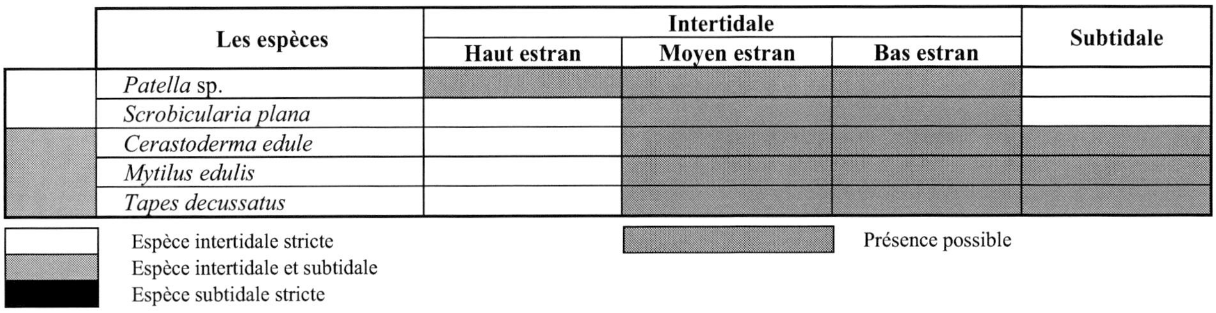

Fig. 189. Position altitudinale des espèces le long de la côte : Champ-Durand

Leur large répartition ne permet pas de savoir si un des niveaux de l'estran a été plus exploité que les autres (Fig. 190.).

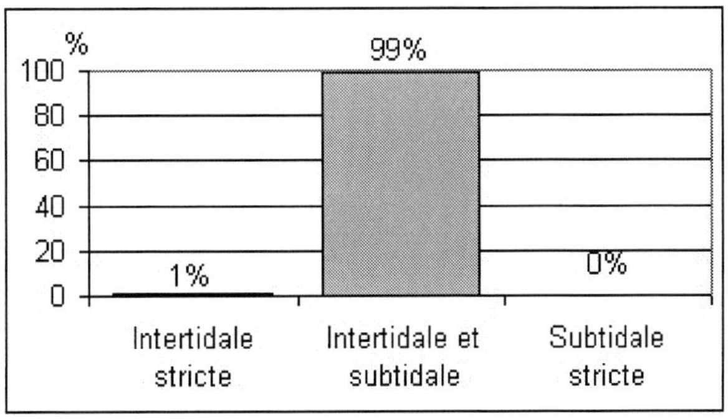

Fig. 190. Répartition du caractère intertidal et subtidal de la malacofaune marine de Champ-Durand en masse (M =830g)

4.4.2 - La fréquence de la collecte

Comme le montrent les niveaux de l'estran exploités, la malacofaune de Champ-Durand a pu être collectée quotidiennement. Cependant, le nombre limité de coquilles trouvées sur le site laisse penser à une collecte exceptionnelle plutôt qu'à une consommation quotidienne.

4.4.3 - Les techniques de la collecte

Une seule et même technique a été utilisée pour collecter la scrobiculaire et la palourde. Elles sont majoritairement représentées à Champ-Durand et sont toutes deux des bivalves fouisseurs. Leur collecte nécessite donc une recherche préalable. Elles peuvent être ramassées à main nue ou avec un outil, soit par un raclage aveugle du sédiment, soit par observation de trous caractéristiques à la surface du sédiment et par grattage du substrat en ce point précis. Il ne nous est pas possible de pencher pour l'une ou l'autre des stratégies de collecte. On remarquera cependant, que la collecte de l'espèce majoritaire, la scrobiculaire, a très bien pu amener à collecter la palourde. En effet, comme nous l'avons déjà signalé, ces deux espèces vivent en des biotopes proches. Les coquillages qui ne nécessitent pas de recherche, comme la patelle et la moule, ont été peu collectés. Plusieurs hypothèses peuvent expliquer la sélection de bivalves fouisseurs plutôt que des gastropodes de milieu rocheux. Les qualités gustatives des uns ont pu être préférées à celles des autres. Une plus grande accessibilité de milieux meubles à proximité du site par rapport aux substrats durs a également pu entrer en compte.

4.4.4 - Le temps de déplacement et le transport

Le sondage de Maillezais, permet de suivre l'évolution du marais poitevin au sud-ouest de Champ-Durand (Visset *et al.,* 1990 ; Gruet et Sauriau, 1994) (Fig. 152., p.212). Comme nous l'avons vu pour le site d'Auzay, ce marais est soumis aux influences marines au Néolithique. À la fin de cette période, il est en phase de comblement et les parties situées vers l'intérieur des terres sont les plus confinées. Ce phénomène est observé à Maillezais. Il s'y manifeste par la formation d'une vasière intertidale à scrobiculaires. Celle-ci disparaît à une date inconnue au profit d'une faune dulcicole (Gruet et Sauriau, 1994). Cette dernière est attestée au IIème millénaire av. J.-C. (Gruet et Sauriau, 1994). Mais, le faible nombre de dates radiocarbones réalisées sur ce sondage ne permet pas, non plus, de savoir quand elle est apparue. Cependant, la position altitudinale du milieu lagunaire de – 5 à – 2 mètres N.G.F. (Gruet et Sauriau, 1994) permet de penser qu'il était en fonctionnement lors de la phase d'habitation considérée. En effet, dans la deuxième moitié du IVème millénaire av. J.-C., le niveau des plus hautes mers était proche du 0 m N.G.F. Ce substrat typique de milieu confiné correspond aux espèces majoritaires qui ont été collectées à Champ-Durand. En l'absence de sondage plus près de ce site, on peut conclure que les coquilles qui y ont été consommées étaient accessibles à moins de 9 kilomètres. L'Autize, proche du site a permis le déplacement des habitants de Champ-Durand vers la mer (Gruet et Dupont, 2001).

4.5 – Les caractéristiques de la transformation et de la consommation de la malacofaune marine.

Aucun stigmate ne permet de conclure à une transformation de la chair avant consommation. Les bivalves étant majoritaires sur ce site, ils ont pu aussi bien être consommés crus que cuits. De même aucun stigmate lié à l'ouverture des bivalves n'a été observé. L'entrebâillement des valves a pu se faire aussi bien par exposition des coquilles à une source de chaleur que par l'insertion d'un outil tranchant assez fin sur des individus frais.

Les coquilles ont été trouvées dans certaines parties des fossés destinées au rejet alimentaire. Le peu d'éléments coquilliers observés semble traduire un rejet occasionnel de cette denrée alimentaire vis-à-vis de la faune d'origine terrestre.

4.6 – Résumé de l'étude malacofaunique de Champ-Durand

La malacofaune consommée à Champ-Durand se présente sous la forme d'un rejet localisé. En effet, elle a été trouvée uniquement dans le fossé interne de cette triple enceinte du Néolithique récent. D'autre part, les tests coquilliers sont rares par rapport aux autres témoins de nourriture. Cette ressource marine semble avoir participé de façon infime au régime alimentaire des habitants de Champ-Durand. Cette rareté s'oppose à son accès potentiellement quotidien, comme en témoigne sa position sur l'estran. En effet, le coefficient de marée n'a pas freiné l'accessibilité des espèces collectées de Champ-Durand.

La diversité spécifique est faible (5) sur ce site. La scrobiculaire et la palourde représentent, toutes deux, plus de 95 % de la masse totale de coquilles trouvées sur le site. La sélection des plus grands individus et les distributions statistiquement peu différentes des valves droites et gauches témoignent d'une collecte à vue de bivalves vivants destinés, sans doute, à être mangés. L'importante proportion représentée par les deux espèces majoritaires se traduit par l'utilisation d'une seule technique de collecte et la fréquentation d'un même territoire. La similarité des techniques de collecte des deux espèces majoritaires est liée à leurs modes de vie proches. Ces bivalves fouisseurs ne correspondent pas aux espèces les plus aisées à collecter. La proximité du substrat vaseux et l'homogénéité du territoire de collecte accessible près du site semble être un facteur déterminant dans la sélection des coquillages. En effet, ce fond de marais semble avoir uniquement permis l'installation des espèces supportant un grand confinement de leur biotope.

5 - La Mastine (Nuaillé-d'Aunis, Charente-Maritime)

5.1 - La présentation du site

L'enceinte néolithique de La Mastine se localise sur une petite 'île' au sud du marais poitevin sur la commune de Nuaillé-d'Aunis en Charente-Maritime (Joussaume, 1981, p.310) (Fig. 3., p.11). Elle a été découverte par prospection aérienne en 1976 par M. Marsac et présente 'l'aspect d'un fossé interrompu par une entrée du type « pince de crabe »' (Cassen et Scarre, 1987, p.319) (Fig. 191.).

Les sondages réalisés à partir de 1984 sur ce site (en chiffre romain sur le plan d'ensemble de la fouille de La Mastine) entrent dans le cadre d'un programme de recherche dirigé par S. Cassen et C. Scarre. La faible altitude de ce site fait que le marais borde ses parties basses (Cassen et Visset, 1998, p.70).

La coupe réalisée dans le sondage II (Fig. 192.) a été décrite comme suit (Cassen et Scarre, 1987, p.322) :

1. Mince couche humifère (+3m N.G.F.) en surface du marais.
2. Couche brun-gris où se mêlent des pierres plates provenant en grande partie du rocher creusé à l'époque médiévale pour la construction du chenal et dont les débris furent rejetés sur les côtés.
3. La puissante couverture de bri qui repose de part et d'autre du fossé sur un cailloutis faible, voire sur le bed-rock. Quelques inter-strates de pierres reflètent d'anciens mouvements dans la vase.
4. Un horizon basal de bri, complexe, où se remarquent des galets gris exotiques et des galets blancs du substrat jurassique en place. L'ensemble du poudingue a comblé une dépression à l'emplacement du fossé en vis de disparition.

5. Cet ensemble archéostratigraphique lie une matrice verte, symptôme des phénomènes d'hydromorphie, à des blocs en fort pendage en provenance de l'intérieur de l'enceinte.
6. Couche brun-noir, charbonneuse, plus sableuse, recelant des vestiges archéologiques sur toute son étendue mais de façon plus dense en son contact ouest avec le rocher.
7. Ce niveau basal d'argile verte renoue avec l'ambiance aquatique décrite précédemment.

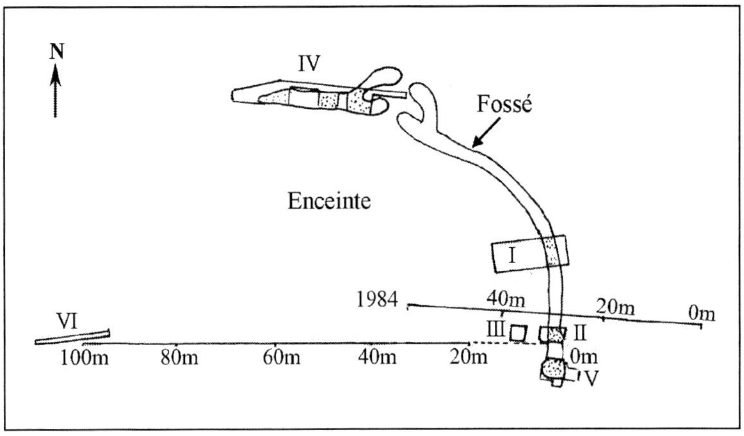

Fig. 191. Plan d'ensemble des fouilles réalisées sur le site de La Mastine, Cassen et Scarre, 1987, p.320

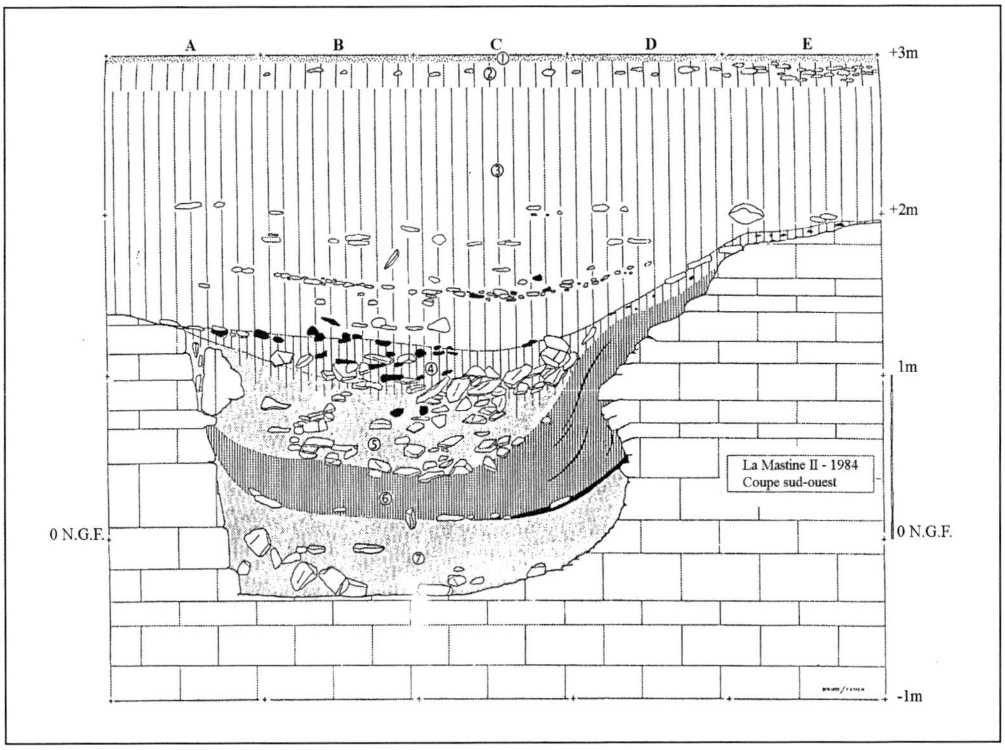

Fig. 192. La Mastine, 1984, coupe sud-ouest du sondage II, (Cassen, 1987, Fig.26)

La malacofaune a, sans doute, été trouvée dans la couche n°6. L'interprétation des formes céramiques a permis la mise en évidence, dans un premier temps, 'd'une présence Matignons, peut-être à l'origine du creusement de la première enceinte', suivit de celle 'du Néolithique récent des marges du marais poitevin, sous influence manifeste des groupes peu-richardiens de la Saintonge' (Cassen et Visset, 1998, p.70). Les datations radiocarbones sont pour la plupart comprises entre 3300 et 2700 av. J.-C. (cal.) (Cassen et Visset, 1998, p.70). L'utilisation du tamisage n'est pas citée dans les publications réservées à ce site (Cassen, 1987, pp.74-80, *id.* et Scarre, 1987, p.319, *id.* et Visset, 1998).

5.2 - La représentativité de l'échantillon et les techniques de fouille

L'étude de la malacofaune de La Mastine est basée sur les données d'Y. Gruet (Gruet et Dupont, 2001, p.194). Celles-ci donnent accès au N.M.I. et à la masse des coquilles, le N.R. n'ayant pas été comptabilisé. Seulement 53 grammes de restes coquilliers ont été observés. Plusieurs hypothèses peuvent expliquer les faibles quantités étudiées. L'action des agents taphonomiques a pu entraîner la disparition d'une grande partie du matériel. La méconnaissance de l'état de conservation des tests trouvés à la fouille ne permet pas de discuter de ce point. Les dépôts coquilliers peuvent être localisés en d'autres endroits du site que ceux sondés à la fouille. D'autre part, on ne peut pas non plus exclure que ces faibles quantités retranscrivent l'impact de cette ressource marine dans le quotidien des Néolithiques de La Mastine. En effet, ces coquillages ont pu participer de façon anecdotique dans le quotidien des habitants de cette enceinte.

5.3 - La composition du spectre malacofaunique

Y. Gruet a déterminé 5 espèces pour les 53 grammes de coquilles trouvés à la fouille (Gruet et Dupont, 2001, p.193) (Tableau 39).

Liste des espèces	Masse (g)	% Masse	N.M.I.	% N.M.I.
Patella sp.	22,3	42,0	8	61,5
Ostrea edulis	14	26,4	2	15,4
Pecten maximus	3,5	6,6	0	0,0
Cerastoderma edule	8	15,1	1	7,7
Scrobicularia plana	5,3	10,0	2	15,4
Total	**53**		**13**	

Tableau 39. Bilan quantitatif de la malacofaune de La Mastine

Aucune des coquilles ne présente de stigmates liés à une utilisation comme parure ou comme outil. Une grande valve de *C. edule,* en cours d'étude, aurait pu servir à décorer des céramiques (Y. Gruet, communication orale). Par élimination, ces tests coquilliers peuvent être considérés comme des déchets alimentaires. Les faibles quantités observées rendent très aléatoires les proportions observées pour chaque espèce. Ainsi, la coque atteint 15 % de la masse totale des coquilles pour un N.M.I. de 1 seulement. Il est alors très difficile de savoir quelles sont les espèces secondairement consommées. La patelle domine à 42 % de la masse totale de coquilles avec seulement 8 individus (Tableau 39 ; Fig. 193.).

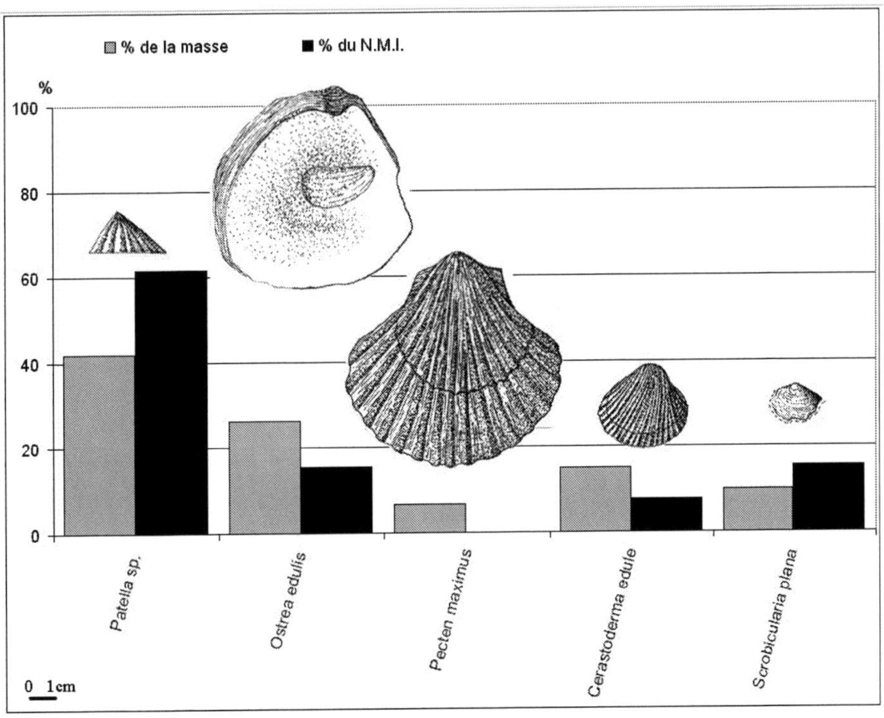

Fig. 193. Histogramme de distribution de la malacofaune de La Mastine en masse (M =53g) et en nombre minimum d'individus (N.M.I. =13)

5.4 – Les caractéristiques de l'acquisition de la malacofaune marine

5.4.1 - Le lieu de collecte

Le substrat

Le substrat rocheux domine avec 68 % de la masse totale des coquilles. Puis celui de nature sableuse est présent en seconde position et, enfin, le substrat vaseux n'a pas non plus été délaissé (Fig. 194-A.).

'La faune marine offre un mélange avec plusieurs paliers en substrat rocheux typique (*Patella*) ou envasé (*Ostrea*), des espèces de sable (*Cerastoderma edule*) et de vase (*Scrobicularia*)' (Gruet et Dupont, 2001, p.190) (Fig. 194-B.). Il faut noter que les paliers associés à chaque espèce présente sur le site sont liés à la faible quantité de coquilles trouvées. Différents endroits de l'estran semblent avoir été exploités. Ce résultat peut paraître surprenant étant donné le faible nombre de restes observé.

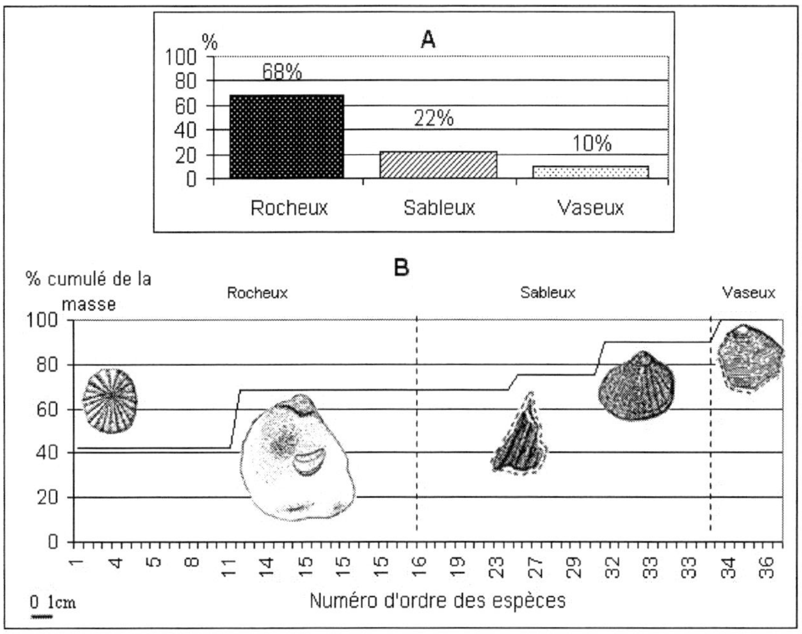

Fig. 194. Substrats d'origine de la malacofaune marine de La Mastine (M =53g) : A - Histogramme de distribution, B - Diagramme des pourcentages cumulés de la masse

Le mode d'exposition de la côte

La présence à la fois d'espèce de substrat rocheux ouvert comme la patelle et de milieu abrité comme la scrobiculaire indique la présence de côtes plus ou moins exposées à proximité du site.

Le niveau de l'estran exploité par l'homme

La majorité des espèces est accessible dès le niveau moyen de l'estran (Fig. 195.). Elles ont donc pu être collectées quel que soit le coefficient de marée, à l'exception de la coquille Saint-Jacques (Fig. 196.). En effet, cette dernière n'est pas accessible à pied sec et représente les 7 % de coquilles subtidales à La Mastine.

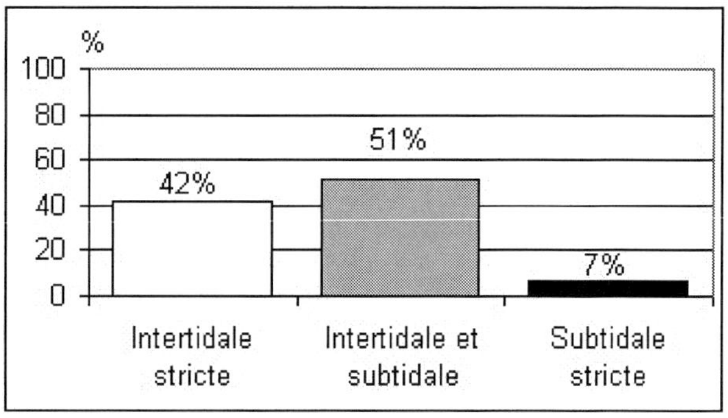

Fig. 196. Répartition du caractère intertidal et subtidal de la malacofaune marine de La Mastine (M =53g)

	Les espèces	**Intertidale**			**Subtidale**
		Haut estran	**Moyen estran**	**Bas estran**	
	Patella intermedia				
	Scrobicularia plana				
	Cerastoderma edule				
	Ostrea edulis				
	Pecten maximus				

Espèce intertidale stricte
Espèce intertidale et subtidale
Espèce subtidale stricte
Présence possible

Fig. 195. Position altitudinale des espèces le long de la côte : La Mastine

5.4.2 - La fréquence de la collecte

Comme le montre les niveaux de l'estran exploité, les espèces étaient toutes accessibles quotidiennement à l'exception de la coquille Saint-Jacques. Cependant, le nombre limité de coquilles ramassées sur ce site ne permet pas de savoir quelle place tenait cette denrée dans le quotidien des Néolithiques de La Mastine.

5.4.3 - Les techniques de la collecte

Deux techniques de collecte sont représentées sur ce site : celle avec un outil pour les coquillages observés sur les rochers et celle des bivalves fouisseurs hors de la vue de l'homme. Cette diversité va de pair avec celle observée pour les substrats exploités. Elle contraste avec les faibles quantités de l'échantillon. Les rares restes de Saint-Jacques ont pu être collectés échoués le long de l'estran.

5.4.4 - Le temps de déplacement et le transport

La Mastine se situe plus à l'ouest du marais poitevin que les précédents sites étudiés dans cette zone (Fig. 152., p.212). Elle est actuellement distante de 14 kilomètres de la mer. Mais l'influence marine était plus proche de cette enceinte qu'elle ne l'est actuellement. Le site se trouvait alors à proximité d'une zone estuarienne. Le sondage réalisé à Pied-Lizet, permet de décrire le paléoenvironnement marin lors du fonctionnement des enceintes de La Mastine. Plusieurs peuplements marins coexistent au Néolithique indiquant la proximité de plusieurs substrats (Gruet et Sauriau, 1994). Ainsi, au Néolithique, les trois milieux exploités à La Mastine sont à proximité du sondage étudié. L'huître est abondante à Pied-Lizet tandis que la scrobiculaire était accessible plus à l'amont du sondage. Toutes les espèces trouvées à La Mastine ont pu être collectées à moins de 5 kilomètres du site. La Mastine étant situé à l'amont du sondage de Pied-Lizet, la scrobiculaire était sans doute très proche du site.

5.5 – Les caractéristiques de la transformation et de la consommation de la malacofaune marine

Comme pour la plupart des sites, les sous-systèmes techniques de la consommation et de la transformation sont difficiles à préciser. Les coquilles ont, sans doute, été trouvées dans les fossés de ce site, associées à d'autres rejets alimentaires.

5.6 – Résumé de l'étude malacofaunique de La Mastine

Les quantités de restes coquilliers trouvés dans les fossés de l'enceinte de La Mastine sont faibles (53g). Ce fait peut s'expliquer, dans un premier temps, par une faible représentativité de l'échantillon découvert pas rapport à ce qui a été consommé à La Mastine. La taphonomie et les problèmes d'échantillonnage liés à la fouille pourraient être des facteurs ayant agi dans ce sens. à l'inverse, si ces facteurs ne sont que très faiblement intervenus, les quelques restes observés peuvent tout aussi bien refléter une faible consommation de ressources marines à La Mastine. Ce fait peut alors être lié à un accès limité des coquillages par les habitants de cette enceinte. Or, la reconstitution du paléoenvironnement et la position de la malacofaune sur l'estran montrent que la majorité des espèces trouvées à La Mastine est accessible quotidiennement et à moins de 5 kilomètres. D'autre part, la diversité des substrats exploités reflète celle du paléoenvironnement marin voisin du site. Une faible consommation des coquillages par les Néolithiques de La Mastine ne peut alors pas être exclue malgré la proximité des influences marines. La concurrence du milieu terrestre peut expliquer la faible part que représente l'alimentation marine. La population de La Mastine donne l'image de gens tournés vers les terres faisant dos à la mer.

6 – Pied-Lizet (Longèves, Charente-Maritime)

6.1 - La présentation du site

L'enceinte de Pied-Lizet (Fig. 197.) est située en bordure du marais poitevin à Longèves en Charente-Maritime à moins d'un kilomètre du site de La Mastine (Joussaume, 1981, p.310) (Fig. 3., p.11).

'Une partie de l'habitat est masquée par les bâtiments d'une exploitation agricole' (Joussaume, 1981, p.310). Elle fut découverte 1976 par M. Marsac au cours d'une prospection aérienne autour du marais poitevin (Scarre *et al.,* 1998, p.68).

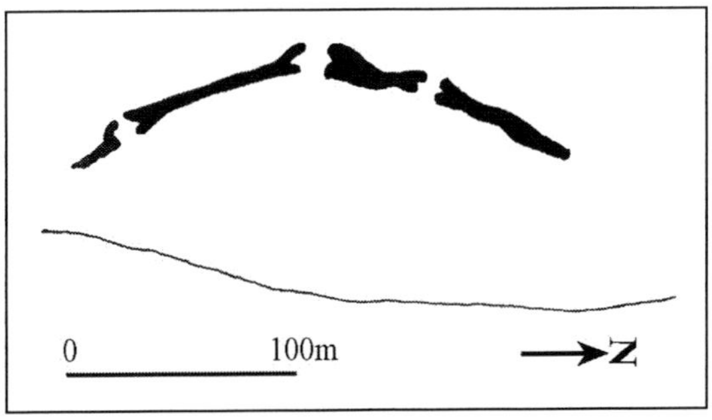

Fig. 197. Plan de l'enceinte de Pied-Lizet (d'après Cassen, 1987, fig.107)

Ces clichés 'montrent un simple fossé incurvé interrompu par deux entrées' dont au moins une est une 'pince de crabe' (Scarre *et al.,* 1998, p.68). Des fouilles, dirigées par C. Scarre, ont été réalisées en 1988. Une céramique du Bronze moyen a été découverte à la surface du remplissage du fossé (Scarre *et al.,* 1998, p.68). Les vestiges plus nombreux en fond de fossé, ont été associés au Néolithique récent d'après les décors de céramique (Scarre *et al.,* 1998, p.68). Deux datations radiocarbones réalisées sur os (4280 ± 55 B.P. et 4310 ± 60 B.P.) (Scarre *et al.,* 1998, p.68) donnent une fourchette chronologique entre 3030 et 2700 av. J.-C. (cal.) (Ramsey, 2000).

6.2 - La représentativité de l'échantillon et les techniques de fouille

L'étude de la malacofaune de Pied-Lizet repose sur les données d'Y. Gruet (Gruet et Dupont, 2001, p.190). Le N.M.I. a été compté et les coquilles pesées. Les échantillons observés étaient regroupés au fond du fossé. Ils ont été ramassés à vue lors de la fouille.

6.3 - La composition du spectre malacofaunique

L'analyse de la malacofaune a permis d'identifier 5 espèces parmi les 302 g de restes coquilliers ramassés à la fouille (Gruet et Dupont, 2001, p.11) (Tableau 40).

Liste des espèces	Masse (g)	% Masse	N.M.I.	% N.M.I.
Patella sp.	12	4,0	1	4,5
Ostrea edulis	235	77,9	10	45,5
Cerastoderma edule	1	0,3	0	0,0
Tapes decussatus	41,5	13,8	4	18,2
Scrobicularia plana	12,3	4,1	7	31,8
Total	**301,8**		**22**	

Tableau 40. Bilan quantitatif de la malacofaune de Pied-Lizet

L'huître domine avec 78 % de la masse totale des coquilles, puis la palourde intervient en deuxième position avec 14 % (Fig. 198.).

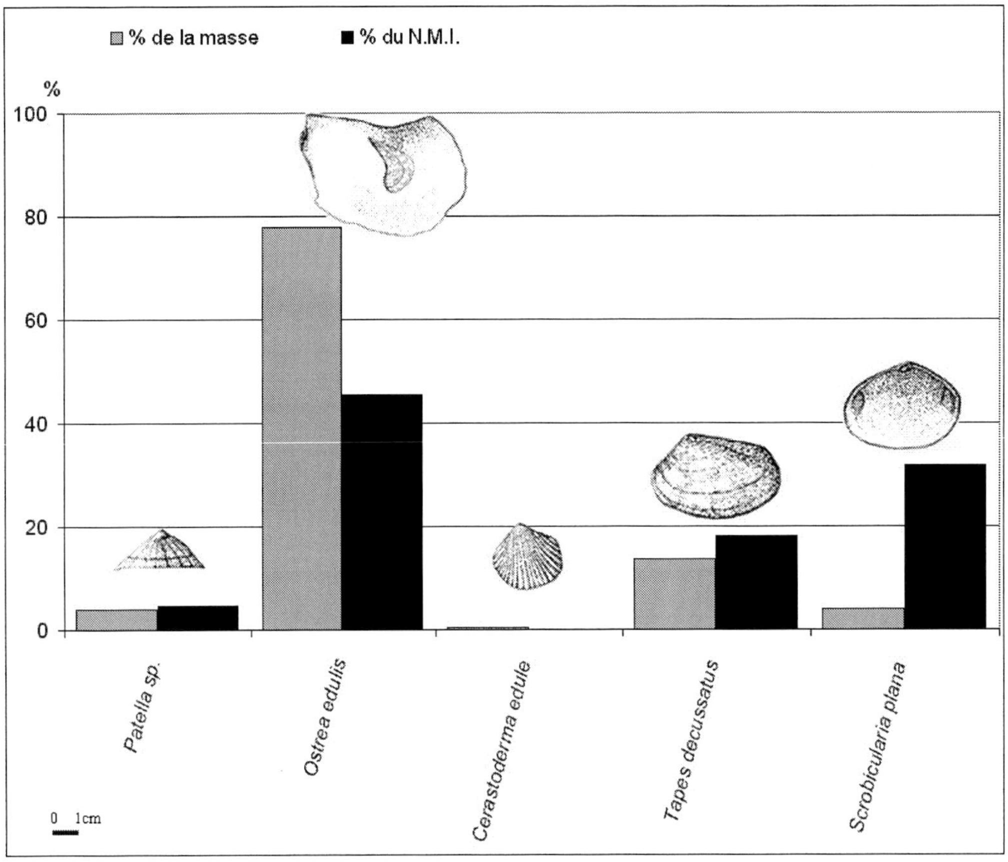

Fig. 198. Histogramme de distribution de la malacofaune de Pied-Lizet en masse (M =302g) et en nombre minimum d'individus (N.M.I. =22)

La proportion plus importante de la scrobiculaire en fonction du N.M.I. est liée à la légèreté des fines valves de cette espèce. Malgré le nombre limité de coquilles trouvées à Pied-Lizet et devant l'absence de stigmates liés à une collecte morte de la malacofaune, celles-ci ont été considérées comme des déchets alimentaires.

6.4 – Les caractéristiques de l'acquisition de la malacofaune marine

6.4.1 - Le lieu de collecte

Le substrat

Le substrat rocheux domine avec 82 % de la masse totale des coquilles vivant dans ce milieu (Fig. 199-A.). Puis, le substrat sableux intervient à 14 % et enfin la vase a été peu exploitée avec une valeur proche de 4 %. La courbe cumulative montre que les trois substrats sont chacun majoritairement représentés par une espèce (Fig. 199-B.).

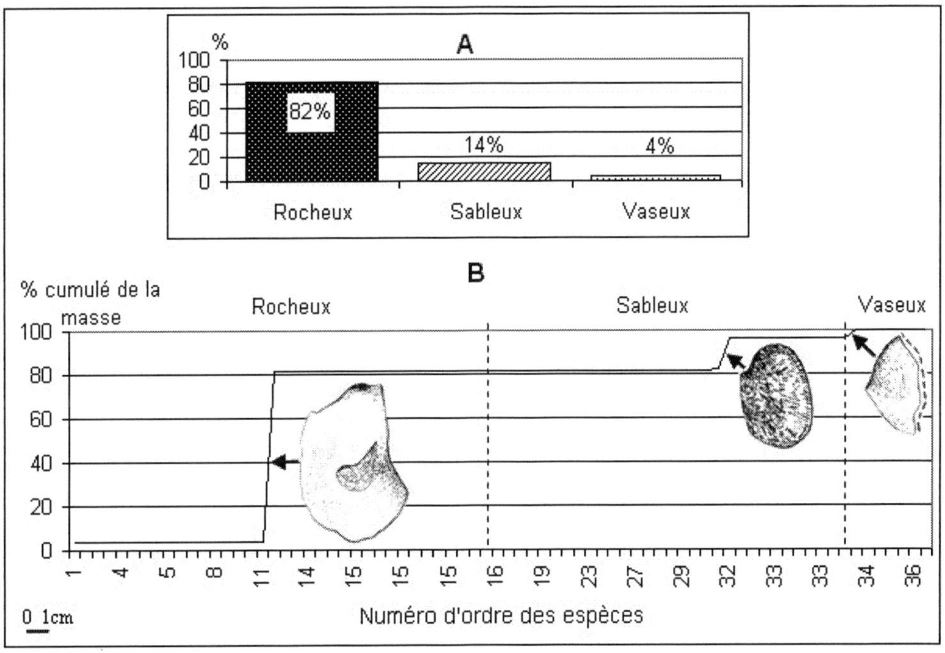

Fig. 199. Substrats d'origine de la malacofaune marine de Pied-Lizet (M =302g) : A - Histogramme de distribution, B - Diagramme des pourcentages cumulés de la masse

Le mode d'exposition de la côte

La courbe des pourcentages cumulés montre pour les trois substrats collectés, un confinement du milieu (Fig. 199-B.). Le territoire de collecte exploité se situe sur une côte abritée.

Le niveau de l'estran exploité par l'homme

Toutes les espèces consommées à Pied-Lizet sont accessibles dès le niveau moyen (Fig. 200.). Aucune n'est subtidale (Fig. 201.). Elles sont donc toutes accessibles vivantes quel que soit le coefficient de marée du jour.

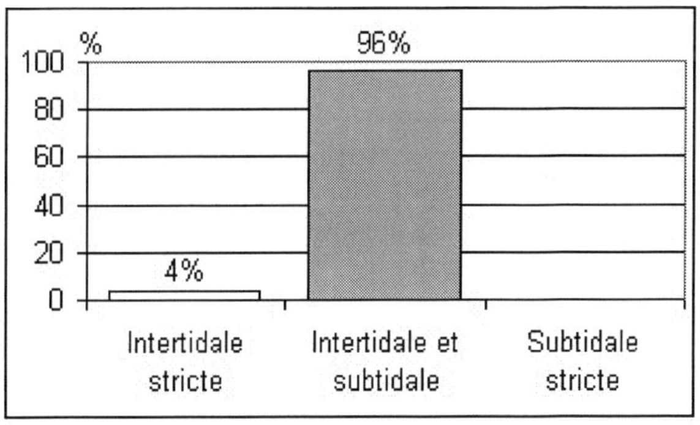

Fig. 201. Répartition du caractère intertidal et subtidal de la malacofaune marine de Pied-Lizet (M =302g)

	Les espèces	Intertidale – Haut estran	Intertidale – Moyen estran	Intertidale – Bas estran	Subtidale
	Patella sp.	▒	▒	▒	
	Scrobicularia plana		▒	▒	
▒	*Cerastoderma edule*		▒	▒	▒
▒	*Ostrea edulis*		▒	▒	▒
▒	*Tapes decussatus*		▒	▒	▒

□ Espèce intertidale stricte
▒ Espèce intertidale et subtidale
■ Espèce subtidale stricte
▒ Présence possible

Fig. 200. Position altitudinale des espèces le long de la côte : Pied-Lizet

6.4.2 - La fréquence de la collecte

La répartition de la malacofaune de Pied-Lizet le long de l'estran montre que toutes les espèces ont potentiellement pu être collectées quotidiennement.

6.4.3 - Les techniques de la collecte

Deux techniques de collecte ont été utilisées et correspondent à la nature des substrats exploités. Ainsi, les deux coquillages vivant dans les rochers, la patelle et l'huître plate sont accessibles sans un temps de recherche prolongé. Un outil est nécessaire pour les décoller de leur substrat. Quant aux autres espèces, elles sont toutes trois des bivalves fouisseurs. Elles ne sont pas directement visibles à la surface du sédiment. Elles peuvent être collectées soit après avoir repéré de petits trous à la surface du sédiment, soit en raclant au hasard le sédiment.

6.4.4 - Le temps de déplacement et le transport

Le sondage réalisé à Pied-Lizet, et déjà cité pour le paléoenvironnement de La Mastine, montre, qu'au Néolithique, plusieurs substrats coexistent à proximité du carottage (Gruet et Sauriau, 1994) (Fig. 152., p.212). L'huître y est abondante tandis que la scrobiculaire était accessible plus à l'amont du sondage (Gruet et Sauriau, 1994). Ces deux espèces peuvent supporter une forte dessalure et la scrobiculaire est de milieu plus confiné que ne l'est l'huître. Ces éléments et la morphologie de la vallée indiquent la présence d'un estuaire à proximité 'aux eaux salées mais avec des apports d'eau douce' (Gruet et Dupont, 2001). Les indices obtenus sur les substrats voisins du sondage de Pied-Lizet montrent une bonne adéquation entre l'environnement marin et les coquilles trouvées dans le site archéologique. Actuellement situé à 10 kilomètres de la côte, l'enceinte de Pied-Lizet était séparée de moins de 1 kilomètre de l'influence marine au Néolithique récent.

6.5 – Les caractéristiques de la transformation et de la consommation de la malacofaune marine

Aucun stigmate lié à la consommation de ces coquillages n'a été observé. Après avoir été mangés, ils ont été rejetés dans le fond d'un fossé (Scarre *et al.*, 1998).

6.6 – Résumé de l'étude malacofaunique de Pied-Lizet

Les restes coquilliers de l'enceinte néolithique de Pied-Lizet ont été trouvés dans le fond de fossés. La diversité spécifique y est faible. Elle s'oppose à celle des substrats exploités. Malgré une domination du substrat rocheux (82 %), celui d'origine sableuse n'a pas non plus été délaissé (14 %), tandis que les vasières ont été peu exploitées. La scrobiculaire en représente 4 %. Malgré la variété des milieux exploités, tous pouvaient être proches. En effet, l'huître plate, majoritaire à Pied-Lizet, peut vivre en zone abritée. Le confinement est un point commun aux trois substrats exploités. Cette caractéristique coïncide avec le paléoenvironnement voisin du site. L'enceinte de Pied-Lizet était proche, au Néolithique, d'une zone estuarienne. Les coquillages mangés étaient accessibles à la fois de par leur faible distance au site mais aussi de par leur position sur l'estran. En effet, tous peuvent être collectés, quotidiennement et ce, durant plusieurs heures, dès le niveau moyen de l'estran. D'autre part, la majorité était directement visible sur les rochers sans que la dépense d'énergie nécessaire à leur recherche ne soit importante. Malgré les faibles contraintes que représente l'exercice de la collecte à Pied-Lizet, les quantités de coquillages y sont restreintes. Cet élément est comparable avec ce qui est observé pour l'enceinte contemporaine de La Mastine. Elle donne à nouveau l'image d'une population à l'économie fondée sur les ressources terrestres malgré un accès potentiellement aisé à l'environnement marin.

7 - Le Rocher (Villedoux, Charente-Maritime)

7.1 - La présentation du site

Le Rocher 'se situe en bordure sud du marais poitevin à environ 3 km de l'actuel rivage de l'Anse de l'Aiguillon' (Fouéré, 1998, p.74) (Fig. 3., p.11).

Il a été repéré en 1970 à partir de clichés aériens effectués par M. Marsac sur la commune de Villedoux en Charente-Maritime (Fouéré, 1998, p.74). C'est en 1995, suite à des travaux routiers que P. Fouéré y entreprit des fouilles (Fouéré et *al.,* 1996). Cette opération a permis la mise en évidence d'un habitat présentant une enceinte à trois fossés interrompus (Fig. 202.). Les céramiques permettent l'attribution de ce site au Néolithique récent, les décors se rapprochant du style du Matignon et du Peu-Richard (Fouéré, 1998). Les mammifères terrestres, étudiée par S. Baguier, présente un 'échantillon très largement dominé par les animaux domestiques' (Fouéré *et al.,* 1996). La malacofaune étudiée par Y. Gruet provient de fossés. Deux phases de comblement ont été observées dans le fossé interne. La plus ancienne, à la base est attribuée au Matignon, tandis que le comblement principal, en surface, appartient au Peu-Richard (Fouéré, 1998). Le fossé médian a, lui aussi, été comblé en deux fois mais les deux phases observées sont attribuées au Peu-Richard. Une tranchée a également été réalisée au nord du site et pourra permettre d'expliquer l'évolution des paléoenvironnements marins (Gruet et Sauriau, 1994) (Fig. 202.).

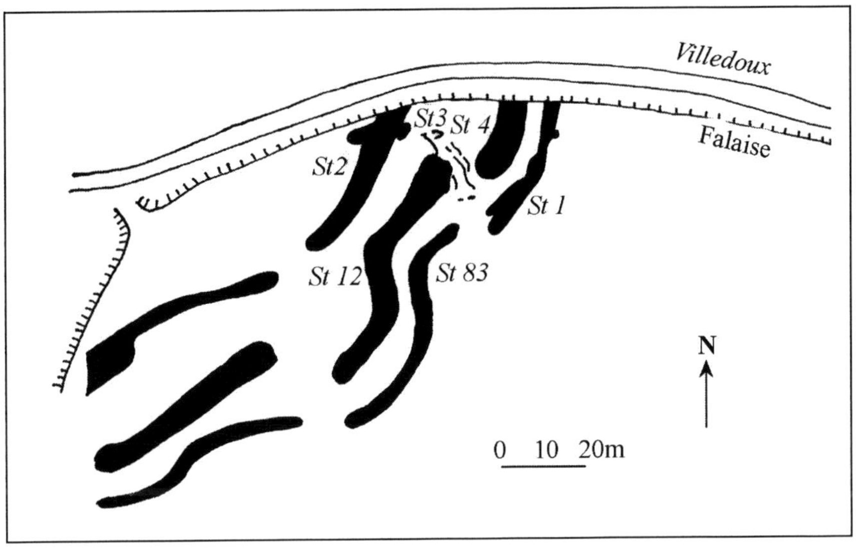

Fig. 202. Plan de l'enceinte du Rocher à Villedoux, Charente-Maritime (d'après Fouéré, 1998)

7.2 - *La représentativité de l'échantillon et les techniques de fouille*

L'étude de la malacofaune du Rocher a été possible à partir des décomptes d'Y. Gruet, qui comprennent le N.M.I. et la pesée des coquilles (Gruet et Dupont, 2001, p.190). La malacofaune étudiée regroupe les données des fossés interne (St 2) et médian (St 12) (Gruet et Dupont, 2001). Elles ont été ramassées à vue lors de la fouille.

7.3 - *La composition du spectre malacofaunique*

La fouille de P. Fouéré a livré 15,6 kg de restes coquilliers parmi lesquels 15 espèces ont été déterminées par Y. Gruet (Gruet et Dupont, 2001, p.193) (Tableau 41).

Les observations d'Y. Gruet montrent que la majorité des espèces trouvées au Rocher a été consommée (Fouéré et *al.*, 1996). Il classe dans cette catégorie la patelle, la monodonte, l'huître, le bigorneau, la palourde, la scrobiculaire, la coque et la moule (Fouéré et *al.*, 1996). D'autres espèces sont présentes en peu de nombre de restes. C'est le cas du dentale qui a pu être utilisé comme parure (Fouéré et *al.*, 1996). Y. Gruet n'exclut pas, non plus, l'utilisation des quelques restes de coquille Saint-Jacques, d'ormeau ou de cardium 'comme matière première' pour des outils (Fouéré et *al.*, 1996). Aucun stigmate n'a permis de conforter cette hypothèse. Les grandes espèces présentes en 1 ou 2 restes peuvent alors tout aussi bien avoir été ramassées involontairement avec du sable, par exemple. Elles seront alors considérées comme accompagnatrices tout comme la gibbule sans doute collectée avec d'autres espèces rocheuses. L'histogramme de distribution des différentes espèces du Rocher montre la domination de la patelle avec 88 % de la masse totale de coquilles (Fig. 203.).

Liste des espèces	Masse (g)	% Masse	N.M.I.	% N.M.I.
Patella sp.	13772,13	88,3	3919	93,2
Osilinus lineatus	86,15	0,6	21	0,5
Gibbula umbilicalis	0,12	0,0	1	0,0
Haliotis tuberculata	0,43	0,0		
Chlamys varia	0,42	0,0		
Ostrea edulis	1200	7,7	30	0,7
Mytilus edulis	12,3	0,1	12	0,3
Littorina littorea	40,89	0,3	15	0,4
Laevicardium crassum	3,1	0,0		
Pecten maximus	10,97	0,1	1	0,0
Dentalium sp.	0,39	0,0	1	0,0
Solen marginatus	0,36	0,0	1	0,0
Cerastoderma edule	45,7	0,3	13	0,3
Tapes decussatus	156,63	1,0	15	0,4
Scrobicularia plana	269,13	1,7	174	4,1
Total	**15598,72**		**4203**	
Parure				

Tableau 41. Bilan quantitatif de la malacofaune du Rocher (d'après Gruet, 1995 inédit ; *id.* et Dupont, 2001)

Seule l'huître plate se démarque ensuite du lot en seconde position avec près de 8 % de la masse totale de coquilles.

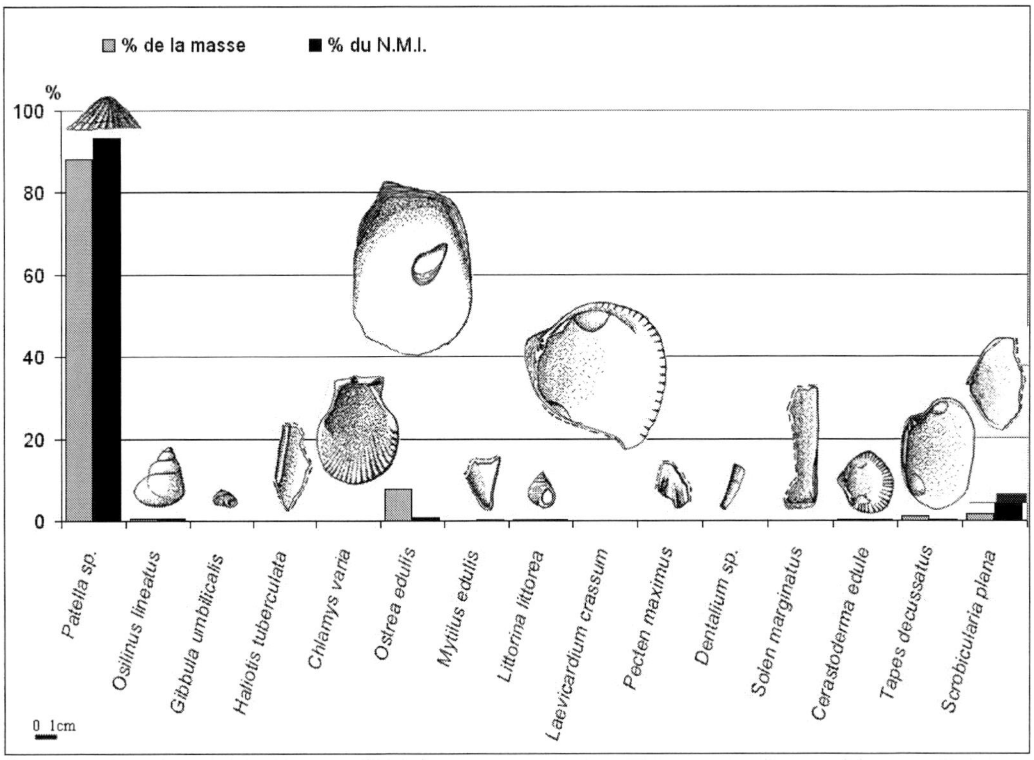

Fig. 203. Histogramme de distribution de la malacofaune du Rocher en masse (M = 15,6 kg) et en nombre minimum d'individus (N.M.I. = 4203)

La taille imposante de cette espèce semble aboutir à sa surestimation. En effet, elle est présente à moins de 1 % du N.M.I. des coquilles du Rocher. Le phénomène inverse est observé pour la scrobiculaire. En effet, la finesse de son test amène à la sous-estimer en pourcentage de la masse totale de coquilles tandis qu'elle atteint 4 % du N.M.I. total. La fragilité de cette espèce associée à l'absence de tamisage a pu accentuer sa sous-estimation.

7.4 – Les caractéristiques de l'acquisition de la malacofaune marine

7.4.1 - Le lieu de collecte

Le substrat

Le substrat rocheux domine nettement avec plus de 97 % de la masse totale des coquilles vivant dans ce milieu (Fig. 204-A.). Les deux autres substrats présentent une très faible exploitation. 'La courbe cumulative a une forme convexe mais avec un deuxième palier dû aux *Ostrea edulis* de milieu rocheux pouvant être envasé' (Gruet et Dupont, 2001, p.190) (Fig. 204-B.).

Le mode d'exposition de la côte

Malgré une collecte majoritaire sur un substrat rocheux strict, comme en témoigne la présence de la patelle et de la monodonte sur ce site, la fréquentation d'une côte rocheuse légèrement abritée n'est pas non plus exclue. En effet, la présence de l'huître plate à 8 % de la masse totale de coquilles au Rocher, peut indiquer la fréquentation par ces Néolithiques d'une zone plus abritée voire légèrement envasée. L'exploitation de l'estran vaseux est, d'ailleurs, confirmée par la présence de scrobiculaires.

Le niveau de l'estran exploité par l'homme

Parmi les 15 espèces déterminées au Rocher, 10 sont accessibles dès le niveau moyen de l'estran (Fig. 205.). La patelle, majoritaire au Rocher, l'est dès le haut niveau de l'estran. Sa collecte ne nécessite donc pas de gros coefficients de marée. Les espèces accessibles uniquement à partir de bas niveau ne sont représentées au Rocher que par quelques restes.

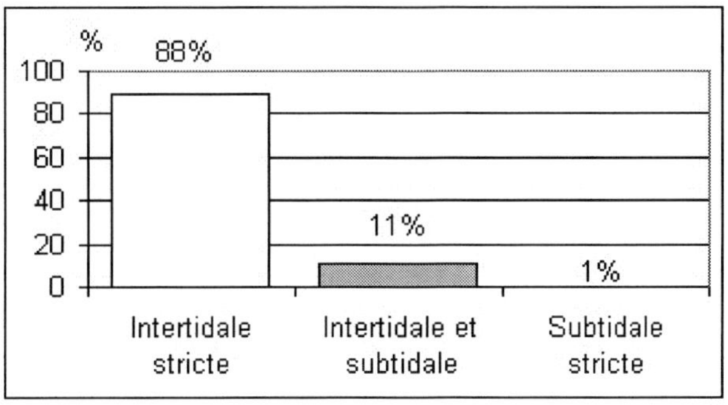

Fig. 206. Répartition du caractère intertidal et subtidal de la malacofaune marine du Rocher (M =15,6kg)

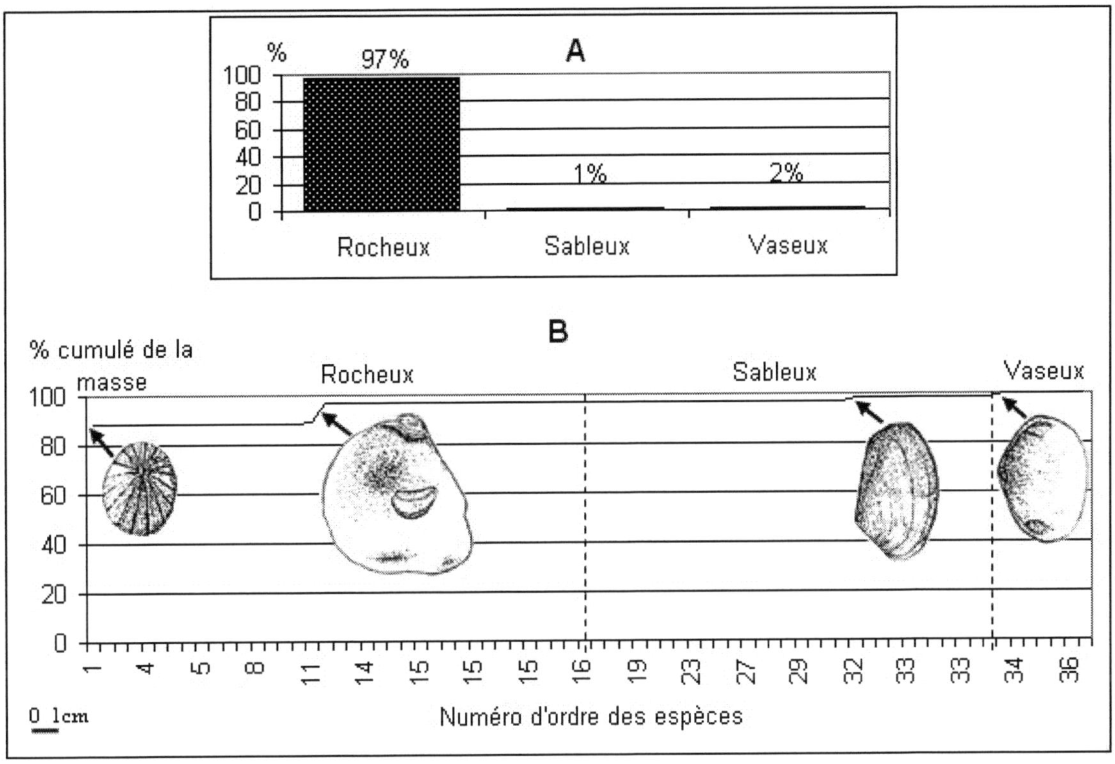

Fig. 204. Substrats d'origine de la malacofaune marine du Rocher (M =15,6kg) : A - Histogramme de distribution, B - Diagramme des pourcentages cumulés de la masse

Catégorie	Les espèces	Intertidale – Haut estran	Intertidale – Moyen estran	Intertidale – Bas estran	Subtidale
Espèce intertidale stricte	*Osilinus lineatus*	■	■		
Espèce intertidale stricte	*Patella* sp.	■	■	■	
Espèce intertidale stricte	*Gibbula umbilicalis*		■	■	
Espèce intertidale stricte	*Scrobicularia plana*		■	■	
Espèce intertidale et subtidale	*Littorina littorea*	■	■	■	■
Espèce intertidale et subtidale	*Cerastoderma edule*		■	■	■
Espèce intertidale et subtidale	*Mytilus edulis*		■	■	■
Espèce intertidale et subtidale	*Ostrea edulis*		■	■	■
Espèce intertidale et subtidale	*Solen marginatus*		■	■	■
Espèce intertidale et subtidale	*Tapes decussatus*		■	■	■
Espèce intertidale et subtidale	*Chlamys varia*			■	■
Espèce intertidale et subtidale	*Haliotis tuberculata*			■	■
Espèce subtidale stricte	*Dentalium* sp. (Parure)				■
Espèce subtidale stricte	*Laevicardium crassum*				■
Espèce subtidale stricte	*Pecten maximus*				■

Espèce intertidale stricte
Espèce intertidale et subtidale
Espèce subtidale stricte

■ Présence possible
Parure

Fig. 205. Position altitudinale des espèces le long de la côte : Le Rocher

Seulement 1 % de la masse totale des coquilles ne peuvent être ramassées vivantes à pied sec (Fig. 206.). Les proportions des espèces semblent liées à leur accessibilité sur l'estran.

7.4.2 - La fréquence de la collecte

Les coquillages majoritairement consommés au Rocher sont tous d'accès aisé. La fréquence maximale de la collecte des coquillages au Rocher a pu être quotidienne.

7.4.3 - Les techniques de la collecte

Les deux espèces majoritaires (99 % de la masse de coquilles à elles seules) la patelle et l'huître plate ont pu être collectées avec des techniques très proches. Elles sont toutes deux solidement fixées au rocher. L'utilisation d'un outil facilite leur ramassage et elles sont rapidement repérables sur les rochers. La dépense importante d'énergie nécessaire au décollement des coquilles de leur support est contrebalancée par une localisation rapide

7.4.4 - Le temps de déplacement et le transport

Le Rocher est le site néolithique étudié le plus à l'ouest du marais poitevin (Fig. 152., p.212). Si nombres de sites placés plus à l'est, comme Pied-Lizet, La Mastine et Champ-Durand, ressentent déjà le comblement du marais via un envasement, les côtes voisines du Rocher étaient encore largement ouvertes à l'influence marine. L'huître plate, représentée en deuxième position au Rocher, vivait à proximité du site comme le confirme le sondage de La Bergerie (Gruet et Dupont, 2001, p.190). Cette espèce peut indiquer une collecte sur des roches légèrement abritées. D'autre part, 'la présence d'une côte rocheuse a été confirmée par une coupe réalisée à proximité immédiate du site indiquant clairement que l'envasement date de la période gallo-romaine' (Gruet et Dupont, 2001, p.190). La majorité des coquillages consommés au Rocher était donc accessible à proximité immédiate du site. La scrobiculaire, typique des vasières, a pu être collectée légèrement plus à l'est du site (Gruet et Dupont, 2001, p.190).

7.5 – Les caractéristiques de la transformation et de la consommation de la malacofaune marine

Là encore, peu d'éléments apportent des informations sur les sous-systèmes techniques de la consommation et de la transformation de la malacofaune. D'autre part, la désolidarisation de la chair de la patelle de sa coquille est aisée crue comme cuite et peut très bien ne laisser aucun stigmate sur le test.

La malacofaune du Rocher était localisée avec d'autres déchets alimentaires dans les fossés de l'enceinte (Fouéré et *al.*, 1996). Les proportions des restes coquilliers vis-à-vis des autres déchets ne sont pas connues.

7.6 – Résumé de l'étude malacofaunique du Rocher

Le Rocher est, parmi les sites étudiés, celui placé le plus à l'ouest du marais poitevin. Comme pour les autres enceintes, les coquillages ont été rejetés avec d'autres déchets dans les fossés.

De même, chez la plupart des sites où la collecte de coquillages destinés à l'alimentation domine, une très faible proportion (1 %) de la malacofaune est subtidale. C'est aussi le cas au Rocher. Si le dentale peut être associé à de la parure, les grands bivalves ont pu être utilisés comme outils. Leur présence, associée à quelques restes, peut également être liée à l'apport d'autres produits marins sur le site. Ces bivalves pourraient alors être des accompagnatrices.

Malgré un spectre malacofaunique assez diversifié (15 espèces), la collecte des coquillages du Rocher a entraîné la sélection de la patelle (88 % de la masse de coquilles). Cette étroite sélection se répercute au niveau des caractéristiques du territoire exploité et des techniques de collecte utilisées. Ainsi, 96 % de la malacofaune du Rocher, directement visibles sur les roches, ont été décollés de leur substrat à l'aide d'un outil. De plus, le succès du substrat exploité peut être lié à sa proximité immédiate du site comme le montre l'étude paléoenvironnementale. Toutes les espèces majoritairement collectées ont pu l'être quotidiennement. L'accessibilité dans l'espace et dans le temps peut expliquer l'attrait des Néolithiques du Rocher pour les coquillages. Le contour du marais actuel montre que seule la partie sud du site était ouverte sur les terres. Cette population se rapproche de celles d'origine insulaire par sa position géographique. Elle donne l'image de gens largement influencés par l'environnement marin.

8 - Chez Reine (Semussac, Charente-Maritime)

8.1 - La présentation du site

L'enceinte à fossés de Chez Reine a été découverte en 1956 sur la commune de Semussac (Charente-Maritime) par M. Colle (Mohen, 1967, p.469) (Fig. 3., p.11, Fig. 207.).

Elle est située à trois kilomètres de la Gironde et à une dizaine de kilomètres de la côte atlantique (Mohen, 1967, p.469). Elle surplombe une petite rivière à la vallée légèrement encaissée : La Reine (Mohen, 1967, p.469). Plusieurs campagnes de fouille y ont été organisées J.-P. Mohen entre 1965 et 1971 (Mohen et Bergougnan, 1984). Trois phases d'occupation ont été décrites par les fouilleurs à partir des styles céramiques (Mohen et Bergougnan, 1984). Les datations C_{14} ont été réalisées sur des échantillons de coquilles marines et sont comprises entre 4400 ± 135 B.P. (Gif-1717) et 4720 ± 110 B.P. (Gif-1718) (Joussaume, 1981) soit entre 3750 et 2600 av. J.-C. (cal.) (Ramsey, 2000). Les quantités de coquillages trouvés dans les fossés semblent très faibles par rapport aux ossements d'animaux. Ainsi, à 'Chez Reine à Semussac, seuls 160 fragments de valves de coquilles ont été recueillis pour plus de 15000 fragments osseux associés' (Debénath *et al.*, 1984).

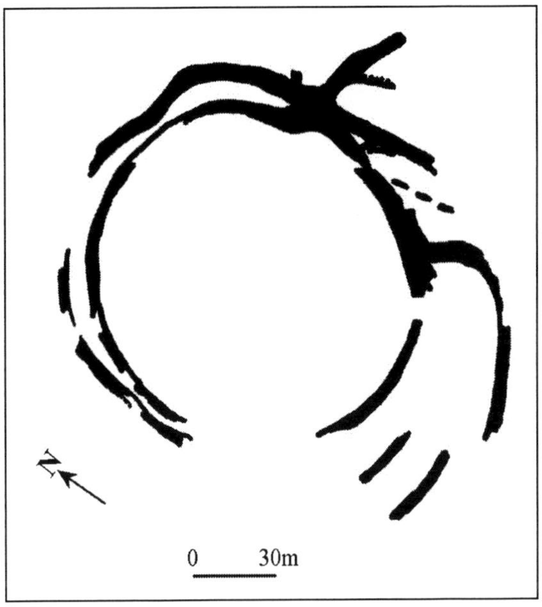

Fig. 207. Plan du camp néolithique de Chez Reine, d'après Mohen, 1967

8.2 - La représentativité de l'échantillon et les techniques de fouille

Les décomptes utilisés pour décrire les coquillages de Chez Reine sont ceux publiés par T. Poulain (Debénath *et al.,* 1984, p.65). Ils donnent accès aux N.R. et au N.M.I. Les coquilles ont, sans doute, été ramassées, comme la plupart de celles trouvées dans les enceintes de cette période, à vue à la fouille, sans tamisage.

8.3 - La composition du spectre malacofaunique

T. Poulain a déterminé 8 espèces à partir des 173 restes de coquilles trouvés à la fouille (Debénath, 1984, p.65) (Fig. 208, Tableau 42). Que ce soit en N.R. ou en N.M.I., les proportions des espèces sont proches (Fig. 208). Cet élément semble confirmer l'application d'un ramassage à vue lors de fouille. En effet, la moule, qui est très friable, possède une faible distorsion entre son N.R. et son N.M.I. La patelle domine et représente 46 % du N.M.I. Puis l'huître est présente à 23 %, la mye à 16 % et la moule à 11 %. Trouvées avec des ossements d'animaux, elles ont pu participer au régime alimentaire de cette population du Néolithique récent. Les quatre autres espèces possèdent un nombre de restes restreint. Parmi celles-ci, la palourde a également pu être consommée.

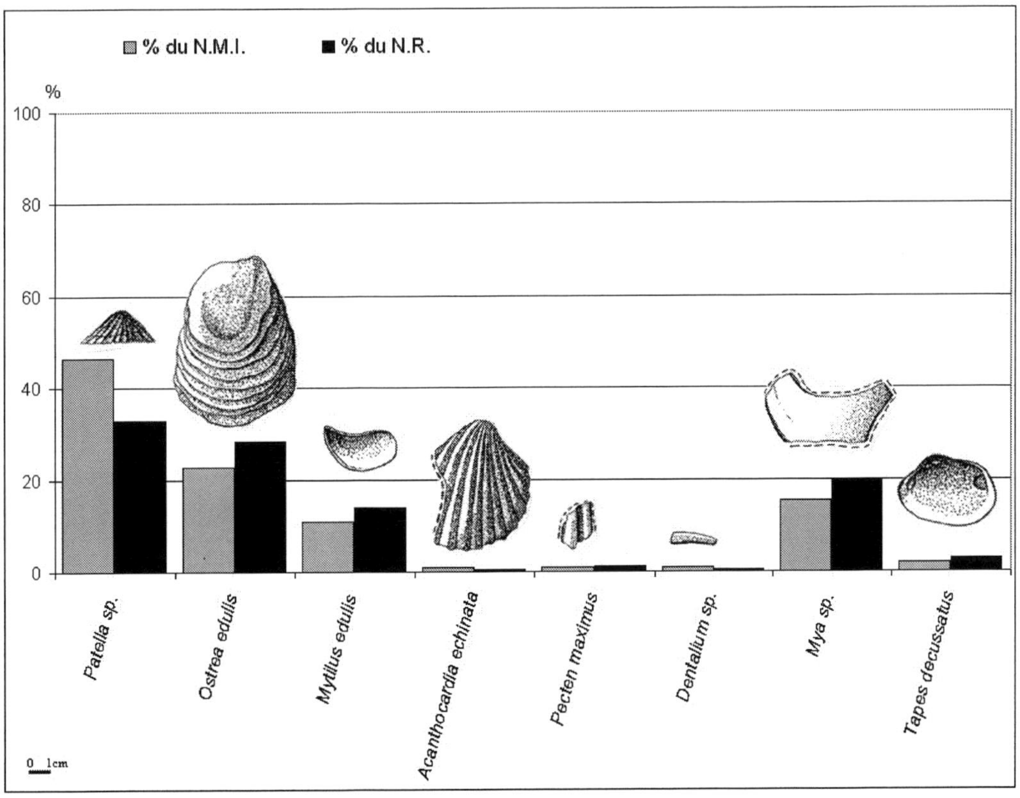

Fig. 208. Histogramme de distribution de la malacofaune de Chez Reine en nombre minimum d'individus (N.M.I. =110) et en nombre de restes (N.R. =173)

Quant aux autres, les caractéristiques de leur lieu de collecte, qui sont décrits par la suite, témoignent de la difficulté de leur acquisition à l'état vivant. Le dentale, peut être associée à de la parure.

Aucun indice ne permet de trancher sur les éventuelles utilisations des autres tests trouvés à Chez Reine.

Liste des espèces	N.M.I.	% N.M.I.	N.R.	% N.R.
Patella sp.	51	46,4	57	32,9
Ostrea edulis	25	22,7	49	28,3
Mytilus edulis	12	10,9	24	13,9
Acanthocardia echinata	1	0,9	1	0,6
Pecten maximus	1	0,9	2	1,2
Dentalium sp.	1	0,9	1	0,6
Mya sp.	17	15,5	34	19,7
Tapes decussatus	2	1,8	5	2,9
Total	**110**		**173**	

Tableau 42. Bilan quantitatif de la malacofaune de Chez Reine

8.4 – Les caractéristiques de l'acquisition de la malacofaune marine

8.4.1 - Le lieu de collecte

Le substrat

Quatre-vingt % du N.M.I. des tests trouvés à Chez Reine sont d'origine rocheuse (Fig. 209-A.). Le substrat sableux a été secondairement exploité. Aucune coquille n'a été collectée dans la vase. La courbe de la masse cumulée montre que le milieu rocheux est représenté par plusieurs espèces tandis que le substrat sableux est principalement représenté par une espèce, la mye (Fig. 209-B.).

Le mode d'exposition de la côte

Les observations faites sur la courbe cumulée montre une collecte en deux points différents de la côte. En effet, celle-ci a eu lieu à la fois sur une côte assez battue et sur une autre, légèrement abritée.

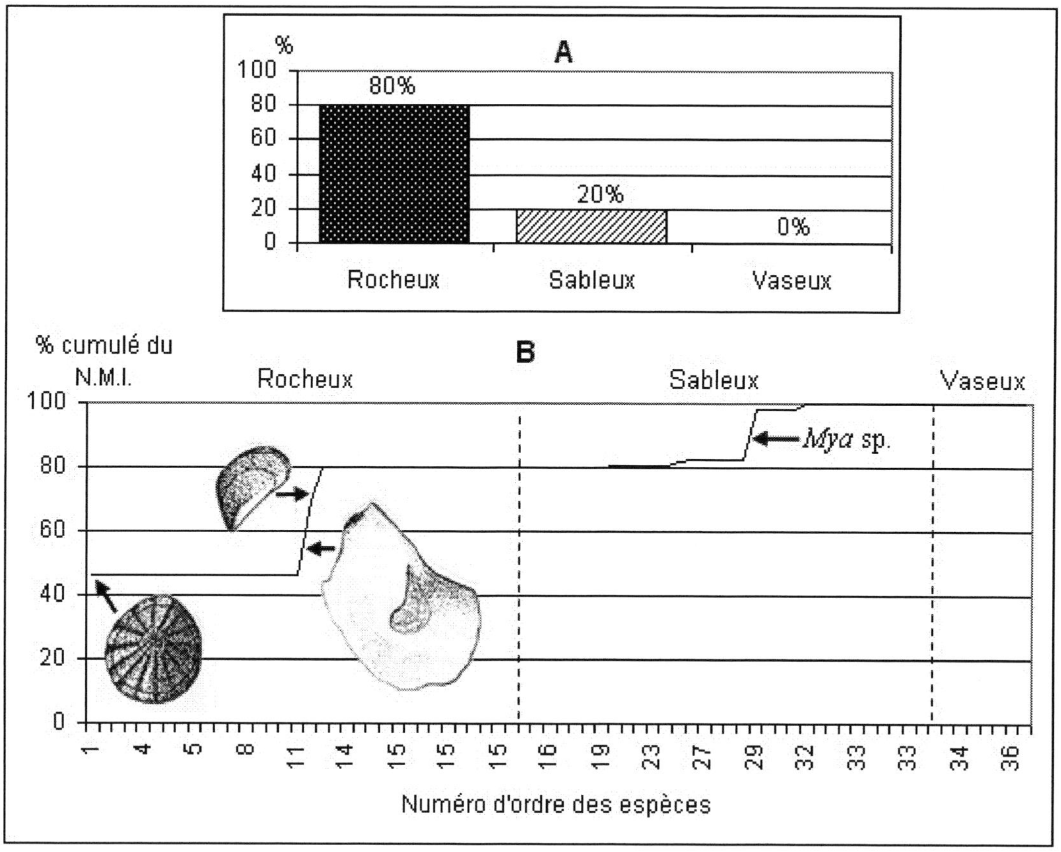

Fig. 209. Substrats d'origine de la malacofaune marine de Chez Reine (N.M.I. =110) : A - Histogramme de distribution, B - Diagramme des pourcentages cumulés du N.M.I.

Le niveau de l'estran exploité par l'homme

Les quatre coquillages majoritaires de ce site sont accessibles du haut au bas estran (Fig. 210.).
La collecte de la mye, espèce bien représentée à Chez Reine, n'est accessible que dans le plus bas niveau de l'estran. Sa présence à Chez Reine, indique une exploitation du substrat sableux lors de basses mers de vive eau. D'autre part, trois espèces n'ont pu être collectées à pied sec. Elles sont présentes en petit nombre sur le site et ont pu être ramassées échouées dans les laisses de haute mer. Cette dernière catégorie est faible. Elle représente seulement 2 % du N.M.I. total (Fig. 211.).

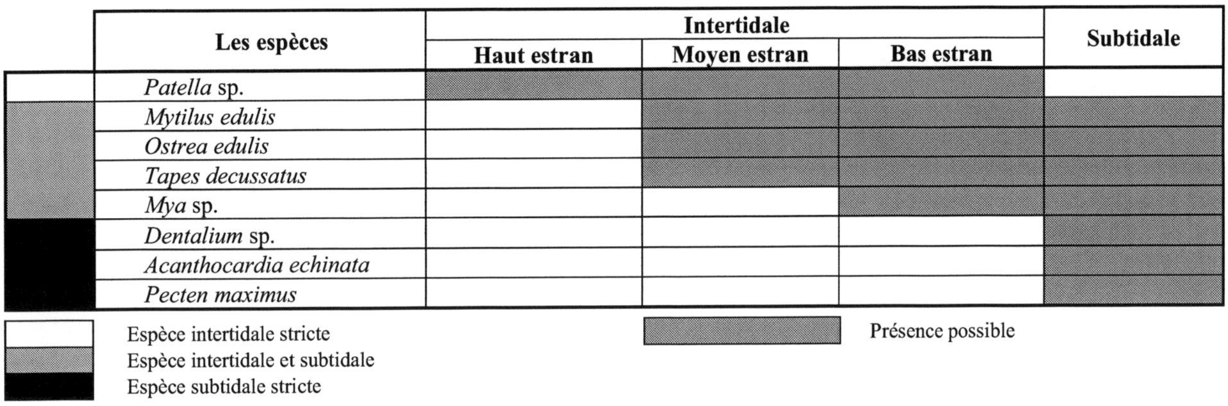

Fig. 210. Position altitudinale des espèces le long de la côte : Chez Reine

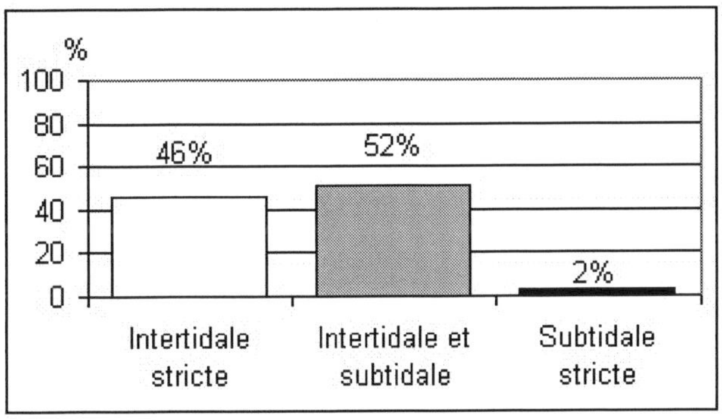

Fig. 211. Répartition du caractère intertidal et subtidal de la malacofaune marine de Chez Reine en nombre minimal d'individus (N.M.I. =110)

8.4.2 - La fréquence de la collecte

La collecte de la mye nécessite un grand coefficient de marée. Les autres espèces, qui sont bien représentées, sont toutes accessibles dès le moyen estran. Elles ont donc pu être potentiellement collectées quotidiennement.

8.4.3 - Les techniques de la collecte

La patelle, majoritaire sur ce site, a pu être rapidement repérée sur les rochers, avant sa collecte. C'est également le cas de l'huître plate et de la moule. Ces trois espèces ont pu être collectées avec des techniques similaires, à savoir un décollement ou un arrachage des tests de leur substrat à l'aide d'un outil. Il faut noter la rareté des gastropodes turbinés présents à Chez Reine. Or, nombre d'entre eux partagent le biotope des trois espèces rocheuses citées précédemment. De plus, la collecte des gastropodes est plus aisée car elle ne nécessite pas l'utilisation d'un outil. Il semble donc que les espèces rocheuses sélectionnées à Chez Reine ne sont pas les plus faciles à ramasser. De même, la collecte de la mye et la palourde, qui sont des bivalves fouisseurs, n'est pas des plus aisées.

8.4.4 - Le temps de déplacement et le transport

Le site de Chez Reine est actuellement situé à 3 kilomètres de la Garonne (Fig. 173, p.228). Le niveau des plus hautes mers, même s'il est variable selon les auteurs, se rapproche du niveau de la mi-marée actuelle au IIIème millénaire av. J.-C. Ainsi, le niveau des plus hautes mers varie entre -3 et + 0 mètres N.G.F. (Pirazzoli, 1991). Le trait de côte était sans doute proche de l'actuel. Aujourd'hui, un milieu dunaire fait face au site. Cet élément peut indiquer un possible accès de cette population néolithique au substrat sableux. Les dunes étant très mobiles, leur position pouvait être différente au Néolithique. De petites pointes rocheuses sont également observées face au site. L'estuaire de la Gironde étant large, les influences marines s'y font ressentir. Les espèces de roches ont pu y être collectées à environ 3 kilomètres du site.

8.5 – Les caractéristiques de la transformation et de la consommation de la malacofaune marine

Aucun élément descriptif concernant le mode de consommation des coquillages n'a été trouvé dans la publication utilisée pour cette étude (Débénath *et al.*, 1984). Cependant, on peut noter la difficulté de consommer vivant les gastropodes turbinés. En effet, le tortillon de chair est difficile à extraire du test, même après cuisson. La faible représentation de cette classe de mollusques peut être liée à la difficulté de leur consommation. Toutes les autres espèces ont pu être consommées crues.

Quant au rejet, les restes coquilliers accompagnaient d'autres déchets de la vie quotidienne. Ils ont été trouvés dans les différents niveaux d'occupation de ce site. Cependant, le faible nombre de restes décrit n'a pas permis une description de la variation du spectre malacofaunique en fonction de la stratigraphie.

8.6 – Résumé de l'étude malacofaunique de Chez Reine

Peu de restes coquilliers ont été trouvés au sein des couches détritiques des fossés des enceintes de Chez Reine. La patelle a été majoritairement consommée. L'huître, la mye et la moule ont aussi participé aux repas de ces Néolithiques. Toutes ont été collectées sur l'estran rocheux, à l'exception de la mye, qui vit dans le sable. Ces deux milieux pouvaient être accessibles à environ 3 kilomètres du site. En effet, près de l'embouchure de la Garonne, l'influence marin se fait ressentir. Face au site, une baie abritée a pu permettre la rétention du sable, tandis que les avancées rocheuses, plus directement soumises au courant marin, ont pu favoriser l'installation d'espèces de milieu moins confiné. Tous les niveaux de l'estran ont été exploités. La présence de la mye, inféodée au bas niveau indique une fréquentation de l'estran lors de marées de grand coefficient. La plupart étant accessible à partir du moyen estran, elles ont pu être collectées quotidiennement. Cependant, les faibles quantités de coquillages trouvées à la fouille par rapport aux autres restes de nourriture permettent de douter de l'intervention, au quotidien, de cette source de nourriture. De plus, la malacofaune est le seul témoin de l'exploitation de l'environnement marin sur ce site. Elle s'oppose aux nombreux artefacts liés aux activités agricoles et de domestication. Les habitants de Chez Reine ont une économie largement tournée vers les terres.

Une principale technique de collecte a été utilisée. Elle nécessite un outil. Mais, des espèces fouisseuses ont également été collectées. Le mode d'acquisition le plus facile, à savoir une collecte à main nue d'espèces visibles sans recherche préalable, n'a pas été utilisé. Le faible succès des gastropodes turbinés peut être en partie lié à un sous-système technique de consommation plus complexe que celui des espèces choisies à Chez Reine. Les qualités gustatives ne peuvent pas non plus être exclues dans cette sélection. Enfin, un faible lot de coquilles, d'origine subtidale, a été ramassé échoué. Le dentale a pu être utilisé dans la parure. Mais pour les autres, l'absence de stigmates décrits ne permet pas de déduire de leur utilisation pour ce site.

D – Le Néolithique final

Parmi les sites du Néolithique final ayant livré de la malacofaune, seuls ceux de La Perroche et de Ponthezières, tous deux situés sur l'île d'Oléron, se rapprochent géographiquement. Celui de Diconche est, quant à lui, celui qui se localise le plus à l'intérieur des terres. La grotte du Phare est isolée des autres sites du Néolithique final dans le sud de la France, tout comme Er Yoh, localisé au nord de la façade atlantique française, dans le golfe du Morbihan.

1 – Diconche

1.1 - La présentation du site

Les enceintes à fossés interrompus de Diconche se localisent sur la commune de Saintes en Charente-Maritime (Fig. 3., p.11, Fig. 212). Elles surplombent légèrement (4 mètres N.G.F.) la Charente sur sa rive gauche et sont actuellement distantes de la mer de 30 à 50 kilomètres (Gruet et Dupont, 2001, p.184). Les fouilles ont été réalisées entre 1987 et 1991 par C. Burnez et par la suite durant une année par P. Fouéré (Burnez et Fouéré, 1999). Les enceintes ont été utilisées en contexte peu-richardien et artenacien. 'Il semble que les « Inconnus de Diconche » n'aient, quant à eux, pas utilisé les enceintes à fossés' (Burnez et Fouéré, 1993). 'Toutes les coquilles proviennent de la fosse du chantier 4 et des fossés du chantier 3. Elles sont situées dans des couches stratigraphiques datées du Néolithique final' (Gruet *et al.,* 1999, p.130) appartenant à la fois au peu-richardien et à l'artenacien (Gruet *et al.,* 1999, p.145 et p.343).

1.2 - La représentativité de l'échantillon et les techniques de fouille

L'étude de la malacofaune de Diconche reprend les données publiées par M. Gruet, L. Lemonnier et Y. Gruet (Gruet *et al.,* 1999). Celles-ci donnent accès au N.R. et à la masse des coquilles. Le N.M.I. a volontairement été écarté par les auteurs. En effet, la consommation des coquillages n'a pas été démontrée sur ce site. 'Le nombre de bivalves n'a guère de signification ici car l'on ne sait pas si les coquilles ont été récoltées valves jointes ou non car la fonction de ces coquilles ne le justifiait pas' (Gruet *et al.,* 1999, p.130).

1.3 - La composition du spectre malacofaunique

Quatorze espèces ont été déterminées par M. Gruet, L. Lemonnier et Y. Gruet pour 208 grammes de coquilles trouvés à la fouille (Gruet *et al.*, 1999) (Tableau 43).

Deux utilisations de la malacofaune ont été mises en évidence sur ce site (Gruet *et al.*, 1999). Les tests perforés ont été classés parmi la parure. C'est le cas de la *Littorina obtusata* dont un seul des deux exemplaires est percé, d'un *Ocenebra erinaceus.* Des dentales lisses et costulés ont également été trouvés à Diconche. Malgré l'absence de perforation sur les individus de nasse de Diconche, cette espèce a également été associée à cette utilisation. Ce choix se justifie par sa non consommation actuelle et sa fonction de parure sur d'autres sites du Néolithique.

Liste des espèces	Masse (g)	% Masse	N.R.	% N.R.
Littorina obtusata	1,07	0,5	2	3,2
Ocenebra erinaceus	3,56	1,7	1	1,6
Ostrea edulis	4,025	1,9	2	3,2
Nassarius reticulatus	3,17	1,5	2	3,2
Spisula subtruncata	0,66	0,3	1	1,6
Acanthocardia sp.	11,32	5,4	2	3,2
Laevicardium sp.	7,05	3,4	2	3,2
Callista chione	18,42	8,8	3	4,8
Mactra glauca	19,48	9,4	7	11,1
Pecten maximus	17,24	8,3	1	1,6
Dentalium sp.	0,4	0,2	2	3,2
Lutraria lutraria	31,47	15,1	11	17,5
Cerastoderma edule	6,88	3,3	2	3,2
Tapes decussatus	83,715	40,2	25	39,7
Total	**208**		**63**	

Parure

Tableau 43. Bilan quantitatif de la malacofaune de Diconche

Les autres espèces représentées à Diconche ont été décrites comme outils (Gruet *et al.*, 1999) (Fig. 146-A., p.208). De nombreux stigmates, largement décrits dans la publication dédiée à cette collection, confirment cette utilisation (Gruet *et al.*, 1999). Ils ont pu être observés directement sur la palourde, la lutraire, la mactre, le vernis, la coquille Saint-Jacques et l'huître plate. Les trois Cardiidae et la spisule ont également été associés aux outils. Pour certaines, elles n'ont pas pu être collectées vivantes, ce qui justifie leur association à cette fonction. De plus, les Cardiidae ont pu être utilisés sans laisser de stigmates bien visibles à l'œil nu comme, par exemple, pour décorer des poteries. La faible quantité de coquilles trouvée à la fouille et le pourcentage important de coquilles présentant des traces d'utilisation (environ 50 %) comme outil ou comme parure permet d'écarter une collecte intensive de ces coquilles pour la nourriture. Seule la palourde aurait éventuellement pu être mangée avant que le test ne soit utilisé (Gruet *et al.*, 1999, p.135). Les gastropodes s'opposent, par leur utilisation, aux bivalves trouvés à Diconche. Les grandes valves offrent une meilleure préhension et semblent plus adaptées à des mouvements répétitifs.

'Les coquilles les plus utilisées sont les palourdes *Tapes decussatus*, les lutraires *Lutraria lutraria*, les mactres *Mactra glauca* et les vernis *Callista chione'* (Gruet *et al.*, 1999, p.135). La palourde domine avec un pourcentage de 40 % de la masse totale de coquilles (Fig. 213).

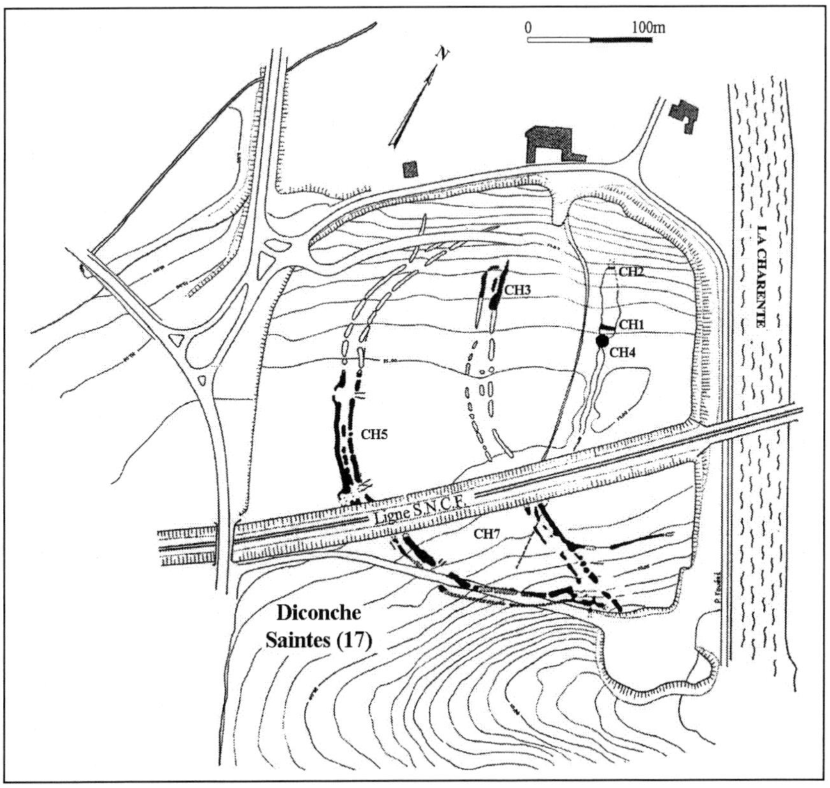

Fig. 212. Plan général des enceintes de Diconche (Burnez et Fouéré, 1993).

Plusieurs espèces possèdent un pourcentage de la masse supérieur à 8 %. Il n'y a donc pas eu de spécialisation de l'utilisation d'une seule espèce comme outil, mais une exploitation de tous les grands bivalves disponibles.

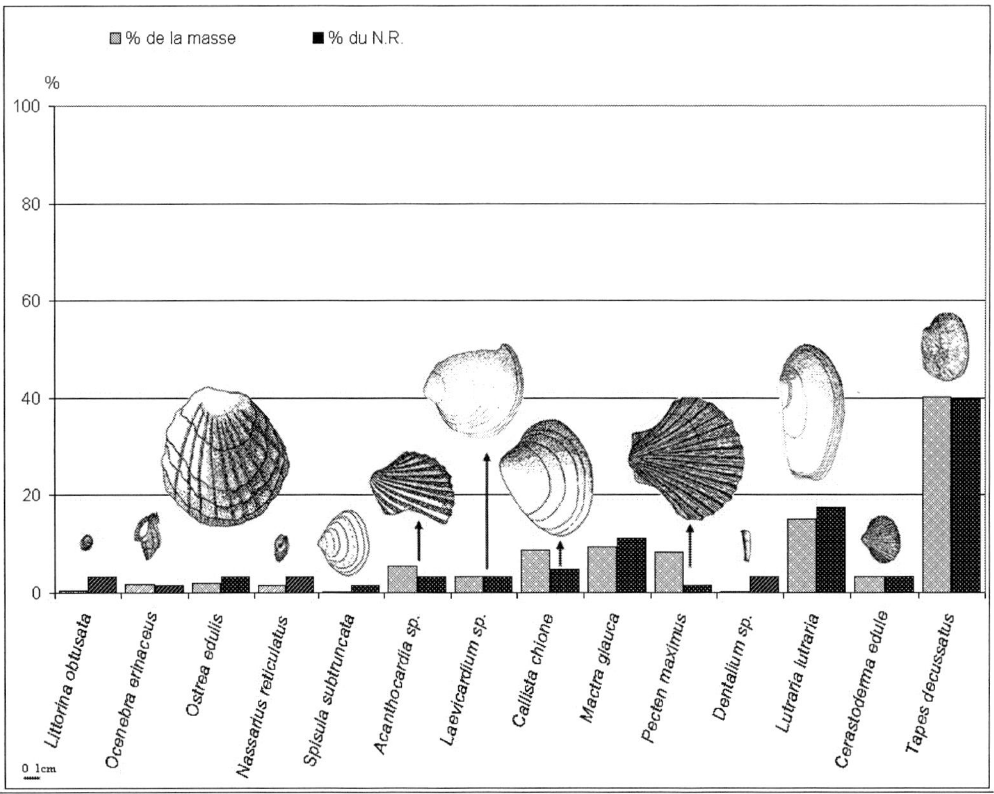

Fig. 213. Histogramme de distribution de la malacofaune de Diconche en masse (M =208g) et en nombre de restes (N.R. =63)

1.4 – Les caractéristiques de l'acquisition de la malacofaune marine

1.4.1 - Le lieu de collecte

Le substrat

Le substrat sableux a été majoritairement exploité (96 % de la masse totale de coquilles) (Fig. 214-A.). Seul 4 % des tests proviennent du milieu rocheux. Les espèces de vase, ont quant à elles, été délaissées. La courbe cumulée montre une origine de ces coquilles du milieu sableux strict à envasé (Fig. 214-B.). Même si la palourde est majoritaire, les différents paliers de la courbe des pourcentages cumulés témoignent de la présence d'autres espèces en assez grande proportion.

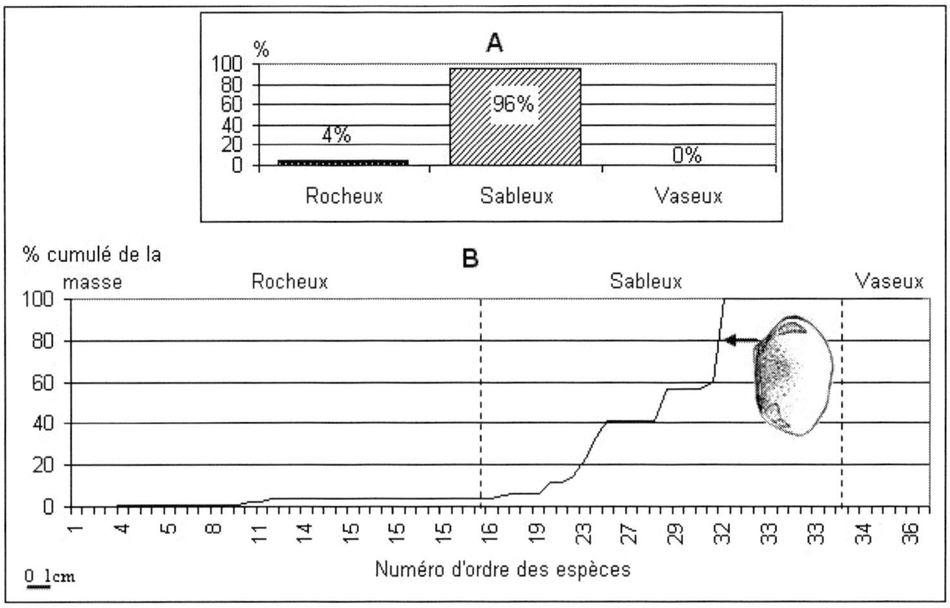

Fig. 214. Substrats d'origine de la malacofaune marine de Diconche (M =208g) : A - Histogramme de distribution, B - Diagramme des pourcentages cumulés de la masse.

Le mode d'exposition de la côte

La forme de la courbe cumulée montre que la côte, d'où proviennent les tests utilisés à Diconche, devait être moyennement abritée.

Le niveau de l'estran exploité par l'homme

Plus de la moitié des espèces (8 sur 14) n'est accessible qu'à partir des bas niveaux de l'estran (Fig. 215.).

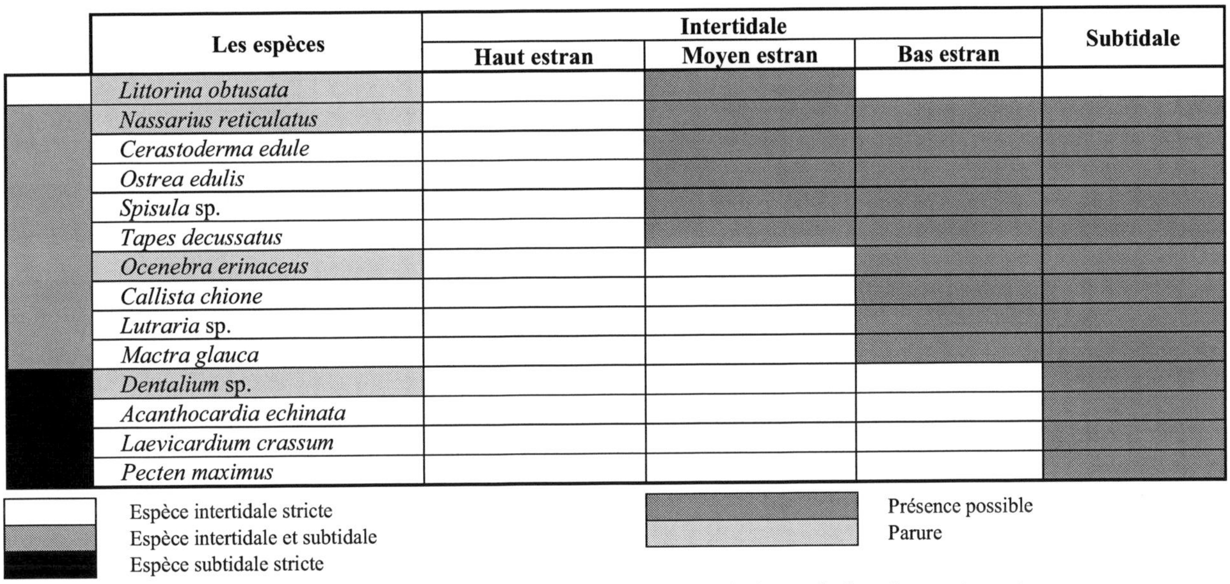

Fig. 215. Position altitudinale des espèces le long de la côte : Diconche

Ce fait témoigne d'un accès limité sur l'estran de ces coquillages vivants. La collecte à l'état mort d'au moins 17 % des coquilles (pourcentage sur la masse totale des coquilles trouvées à Diconche) est confirmée par le caractère strictement subtidale de certaines d'entre elles (Fig. 216.). Que les coquilles aient été utilisées comme parure ou comme outil, leur position sur l'estran montre qu'une grande partie d'entre-elles n'a pu être ramassée qu'échouée le long des plages.

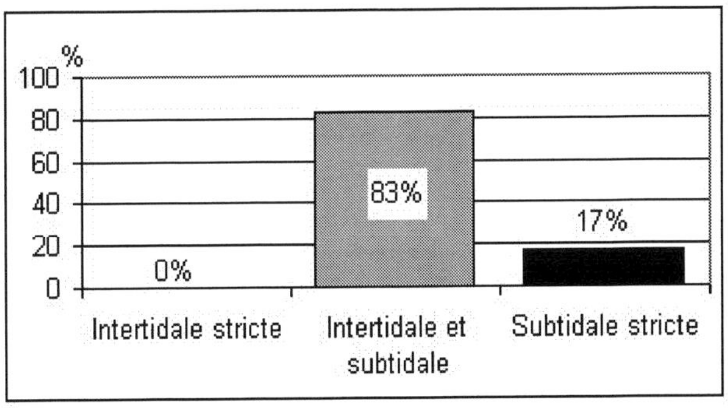

Fig. 216. Répartition du caractère intertidal et subtidal de la malacofaune marine de Diconche en masse (M =208g)

1.4.2 - La fréquence de la collecte

Les six coquillages de niveau moyen de l'estran ont pu être collectés quotidiennement. L'accès limité de certaines espèces vivantes se répercute au niveau du temps maximal potentiel de collecte. Ainsi, les quatre espèces de bas estran ont pu être collectées uniquement lors de grandes marées de vive eau. Les autres ont été ramassées mortes échouées le long du littoral. Elles étaient alors accessibles constamment dans des laisses de hautes mers. Le nombre de valves de palourde permettant une observation de la croissance en cours est trop limité (11) pour pouvoir en tirer des informations sur la fréquence de leur collecte.

1.4.3 - Les techniques de la collecte

Le ramassage de quelques-uns des tests rencontrés à Diconche s'est sans doute faite à main nue dans les laisses de hautes mers. Ce fait est confirmé par les observations de M. Gruet, L. Lemonnier et Y. Gruet qui notent 'la présence de tubes de serpulidés à l'intérieur d'une valve de lutraire' qui 'prouve que cette coquille au moins a été ramassée sur la plage' (Gruet *et al.*, 1999, p.130). Quant à la palourde aucun élément ne permet de savoir si elle a également été ramassée échouée. Dans le cas où elle aurait été collectée vivante son ramassage nécessite une dépense de temps assez importante pour la localiser.

1.4.4 - Le temps de déplacement et le transport

Diconche est actuellement séparée de plus de 40 kilomètres de la côte atlantique (Fig. 173, p.228). À la fin du Néolithique, les influences marines les plus proches du site remontaient plus à l'amont, et l'actuel marais de la Charente était immergé. Le sondage de Rochefort présente encore des conditions estuariennes à ce moment de la chronologie (Carbonel *et al.*, 1998, p.17). Le déplacement des habitants des enceintes de Diconche a pu se faire par la Charente. La marée dynamique remonte d'ailleurs à l'amont de Saintes, commune où est localisé ce site néolithique (Boujot *et al.,* 1996, p.72). Elle a pu faciliter la navigation. Le contexte paléoenvironnemental régnant près du sondage de Rochefort montre une collecte potentielle de la palourde à proximité. Cette espèce, majoritaire à Diconche, a donc pu être collectée vivante à environ 35 kilomètres du site. Beaucoup de coquillages ont été ramassés morts. Ils ont pu l'être là où le courant était assez fort pour permettre le transport de grandes valves et leur échouage sur l'estran, sans doute à plus de 35 kilomètres du site. Les tests trouvés à Diconche témoignent donc d'un transport sur d'assez longues distances. La collecte sélective de certains tests déjà dénués de chair témoigne d'une anticipation de leur utilisation précédant leur ramassage. Le mode d'acquisition de ces tests par échange n'est pas non plus exclu.

1.5 – Les caractéristiques de la transformation et de la consommation de la malacofaune marine

Les parures en gastropodes turbinés, *Littorina obtusata* et *Ocenebra erinaceus,* possèdent comme façonnage une unique perforation. Elle se localise sur le dernier tour de spire (Gruet *et al.*,1999). Quant aux dentales, ils sont naturellement percés à leurs deux extrémités et ont pu être écourtés. Aucune indication n'a été donnée sur le port éventuel de ces parures (Gruet *et al.,* 1999).

Pour les outils, des stigmates d'utilisation sont placés sur le bord et les parties bombées des valves. Les tests ont été utilisés entiers, sans façonnage préalable. Les usures ont abondamment été décrites (Gruet *et al.,* 1999). Leurs principales caractéristiques sont reprises dans ce qui suit. Les stigmates localisés sur la partie la plus bombée des valves, l'umbo, sont des stries entrecroisées. Selon les cas l'umbo est poli ou abrasé. La périphérie des coquilles a également été utilisée et possède des stries d'abrasion perpendiculaires aux bords. Plusieurs utilisations peuvent en être déduites. 'Les stigmates sur le bord ventral des bivalves suggèrent un mouvement de raclage. La surface externe concentrée sur la partie arrondie de l'umbo plaident en faveur d'une utilisation de la coquille à plat, plus ou moins parallèlement à l'objet. Nous pensons surtout à des lissoirs pour les céramiques. Usage possible de coquilles pour tanner ou gratter les peaux. La valve creuse de coquille Saint-Jacques paraît devoir être rattachée à ce type d'utilisation sur des matières souples et grasses. Il faut aussi penser que certaines utilisations ne laissent peu ou pas de traces : coquilles récipient ou pour décorer les céramiques. Pour ce dernier usage le *Cardium* est mieux connu dans le campaniforme du sud Finistère' (Gruet *et al.,* 1999).

Les coquilles ont été trouvées dans une fosse et un fossé. Elles ont, sans doute, été volontairement rejetées après usage. Elles ont d'ailleurs pu être réutilisées plusieurs fois et être stockées entre chaque utilisation dans une fosse. Certains tests ne présentant pas de stigmate d'utilisation, l'hypothèse d'un stockage avant utilisation dans une des fosses n'est pas, non plus, à écarter.

1.6 – Résumé de l'étude malacofaunique de Diconche

La malacofaune des enceintes du Néolithique final de Diconche a été trouvée dans une fosse et des fossés. Sur ce site, éloigné de la côte, deux principales utilisations ont été identifiées : la parure ou l'outil. Seule la palourde, majoritaire sur ce site, aurait pu être collectée vivante. Cependant, sa participation à l'alimentation des habitants de Diconche n'a pu être confirmée. Le mode d'acquisition des deux principales utilisations possède des points communs. En effet, la position des espèces le long de l'estran témoigne de leur accès limité à l'état vivant. Ainsi, quatre coquillages de bas estran ne peuvent être collectés que lors de grandes marées de vive eau. Quatre autres, subtidaux, n'ont d'ailleurs pu être ramassés qu'échoués morts le long de l'estran. Enfin, l'acquisition de ces tests coquilliers dépourvus de leur chair est confirmée par la présence d'animaux marins fixés sur la face interne des valves. Cette caractéristique témoigne de la connaissance par ces Néolithiques de l'utilisation de la coquille comme matière première avant sa collecte. La présence de la malacofaune à Diconche plaide pour un transport sur de longues distances (au moins 35 kilomètres). Il a pu s'effectuer par échange avec d'autres sites plus proches du littoral. L'axe de la Charente a aussi pu permettre le déplacement des habitants de ce site vers le lieu de collecte. Ce long acheminement des tests coquilliers témoigne de leur valeur, sans doute importante à Diconche. Celle-ci est peut être liée à une activité spécialisée pour laquelle la coquille serait l'outil privilégié. S'il y a eu une spécialisation de l'activité dans laquelle sont intervenues les coquilles, celle-ci ne se répercute pas au niveau des espèces sélectionnées. En effet, plusieurs d'entre elles sont représentées à plus de 8 %. Cependant, le choix de la forme des coquilles semble être un des principaux éléments de leur choix selon leur utilisation. Ainsi, tous les tests attestés comme outil sont des grands bivalves. Leur morphologie facilite leur prise en main pour un geste peut-être répétitif. à l'inverse les parures sont de petite taille. Le choix de la matière première semble donc principalement basée sur la morphologie et la taille des tests.

L'économie de subsistance de cette enceinte de l'intérieur des terres est intégralement basée sur le milieu terrestre. L'environnement marin semble participer à des activités spécialisées pour ce site. Les tests coquilliers sont d'ailleurs les seuls représentants de cet écosystème. Des échanges avec d'autres groupes de produits finis et de matière première ne sont pas exclus.

2 - La Perroche (Dolus-d'Oléron, Charente-Maritime)

2.1 - La présentation du site

Le site néolithique de La Perroche se localise sur la côte occidentale de l'île d'Oléron, sur la commune de Dolus-d'Oléron, en Charente-Maritime. Il est situé en bordure d'une zone marécageuse sur une avancée rocheuse (Laporte *et al.,* 1998-1, p.219) et est protégé des incursions marines par un cordon dunaire (Clavé, 2001, p.138) (Fig. 3., p.11). Sa découverte a eu lieu en 1987 lors du 'recalibrage du fossé principal qui draine le marais' (Laporte, 1994, p.44, Laporte *et al.,* 1998-1, p.219). 'De nombreuses structures en creux' étaient alors observées en coupe (Laporte *et al.,* 1998-1, p.219). Trois campagnes de fouille y furent organisées par L. Laporte entre 1996 et 2000. 'La couche archéologique, en place, affleure sur plus d'une centaine de mètres' (Laporte *et al.,* 1998-1, p.219). 'Elle est progressivement recouverte par des sédiments argileux' (Laporte *et al.,* 1998-1, p.219) liés au fonctionnement du marais après l'abandon du site par les Néolithiques. Les céramiques, l'industrie lithique, les ossements et les coquillages abondent dans la couche archéologique (Laporte *et al.,* 1998-1, p.219). Des restes ichtyologiques y ont également été observés. Les décors observés sur les céramiques ont permis d'attribuer la couche en place à l'Artenacien (Laporte *et al.,* 1998-1, p.222). La confection de petites perles est attestée à La Perroche (Laporte, 1994, *id. et al.,* 1998-1). Cependant, en l'état actuel des fouilles, seuls quelques indices de cette activité ont été décelés : présence à la fois de matière première en coquille, d'outils (perçoirs fusiformes), et de déchets d'ébauches de perles. Plusieurs sondages ont été réalisés par L. Laporte (Fig. 217.).

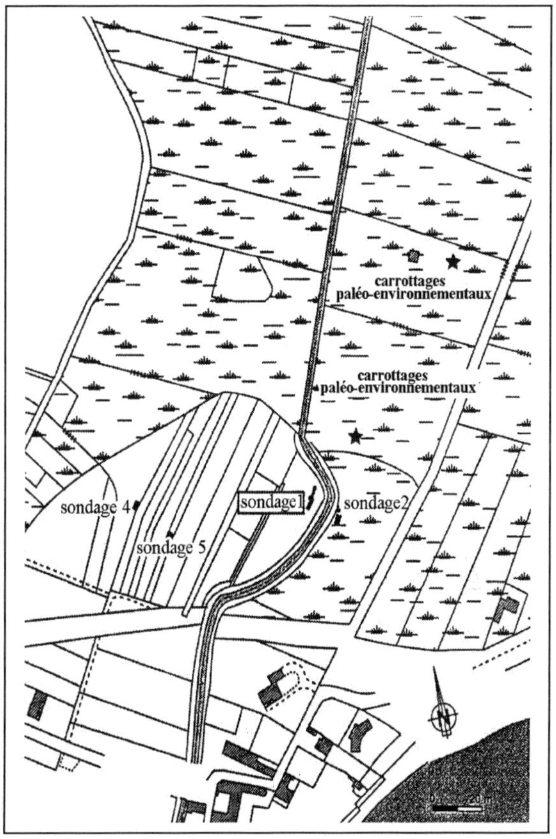

Fig. 217. Plan de situation des fouilles de la Perroche (Laporte, 2000, Fig. 2)

Le sondage 1 a été ouvert sur une plus grande surface et les coquilles étudiées à la Perroche ont été trouvées, pour la majorité, dans ce sondage. La fouille a été effectuée par m² après une surface de décapage de 30 centimètres. La stratigraphie fouillée est épaisse de 50 à 70 centimètres. Un peu plus d'un seau sur 4 a été tamisé à l'aide d'une maille carrée de 2 millimètres. Faute de temps, tous les carrés n'ont pas été fouillés jusqu'à la base de leur remplissage.

Plusieurs sondages ont été pratiqués de 1996 à 2000 (Laporte *et al.,* 1996, 1997 ; Laporte, 2000). Certaines études liées à ce site sont en cours. Les données qui lui sont liées n'ayant, à notre connaissance, pas encore été publiées seules les principales unités stratigraphiques, d'où provient la malacofaune étudiée, ont été décrites (Fig. 218.).

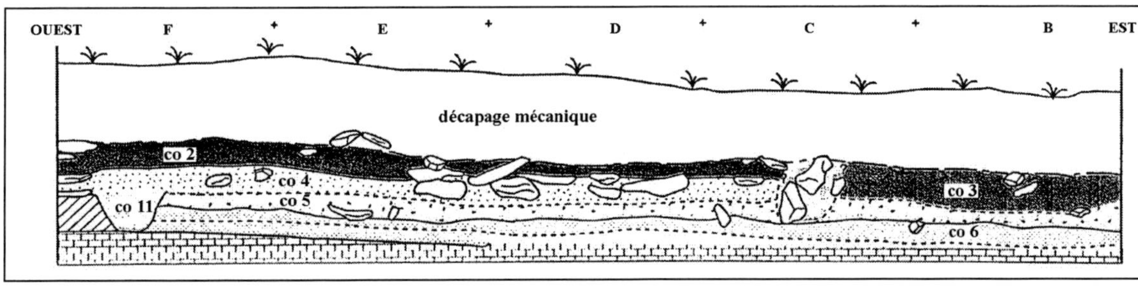

Fig. 218. Coupe Nord du sondage 1 (1997) (Laporte, 2000, Fig. 4)

Les couches CO10 et CO11 ont été décrites comme des fosses. CO1, CO2 et CO3 appartiennent toutes trois à la même couche. Elles sont caractérisées par un riche mobilier. CO4, de couleur gris clair, est plus pauvre en mobilier archéologique. Elle possède de très nombreuses coquilles avec quelques lentilles de cendre. CO5 possède de nombreuses coquilles et présente, au sommet, des charbons de bois. En CO6 le mobilier est rare. En CO9 on observe deux lits de pierres calcaires superposées. Pour les coquilles seul le matériel en 1996 et 1997 a, à ce jour, été étudié.

L'étude de la malacofaune de ce site est couplée à un programme d'approche paléoenvironnementale. Plusieurs carottages ont été réalisés sur l'ensemble du marais de la Perroche (Clavé *et al.,* 2001). Les ostracodes et les sédiments y ont été étudiés. La malacofaune y a été analysée seulement pour l'un d'entre eux (PER9906). Cette étude est reprise dans la partie sur le paléoenvironnement de La Perroche.

2.2 - La représentativité de l'échantillon et les techniques de fouille

La technique de fouille utilisée par L. Laporte semble bien adaptée à la bonne représentativité des espèces majoritaires composant ce site. Un premier ramassage à vue des coquilles est effectué dans les niveaux coquilliers. Il est ensuite suivi d'un tamisage à 2 millimètres d'un quart des sédiments prélevés (Laporte., 2000).

Ayant participée activement à la campagne de fouille de 2000, quelques pistes me paraissent intéressantes à approfondir pour tenter d'affiner les techniques de fouille mises en œuvre. Mon but n'est pas de remettre en cause les techniques utilisées à la Perroche qui sont, au vu de l'ensemble des sites néolithiques étudiés, parmi les plus précises et à appliquer pour tous les sites mis au jour.
Un des principaux biais apporté par l'échantillonnage semble être lié à l'inexpérience de certains fouilleurs. Celle-ci se répercute au tamisage, pour la malacofaune, par l'absence du ramassage des petites espèces accompagnatrices et des tests altérés des plus grandes espèces. La même remarque peut d'ailleurs être faite pour l'ichtyofaune pour laquelle la forme des dents de sparidés et des otolithes n'est pas connue des fouilleurs non accoutumés aux fouilles des sites associés aux ressources marines.

> Il pourrait d'ailleurs être intéressant à l'avenir, pour les fouilles de sites en contexte côtier, de réaliser une petite collection de référence des restes de faune marine (ichtyofaune, crustacés, échinodermes, malacofaune, céphalopodes...). Celle-ci permettrait aux fouilleurs de mettre en relation les restes trouvés avec les animaux vivants. De même, la présentation de l'intérêt du ramassage de tels restes pendant la fouille permet l'instauration d'une dynamique au sein des fouilleurs. La présence 'des spécialistes' sur le terrain me semble en ce point très utile. Elle peut, en partie, contrebalancer la lassitude que peut apporter la fouille de tel milieu, qui, sans un minimum de connaissance, paraît bien uniforme.

D'autre part, le principal but du tamisage sur cette opération étant l'observation d'ébauches ou de perles discoïdes, les autres restes coquilliers ont souvent été délaissés. Enfin, la saturation rapide du tamis en débris de coquilles complique et ralentit beaucoup cette étape de la fouille. L'utilisation de deux tamis superposés de maille de 5 et de 2 mm, par exemple, pourrait peut-être accélérer cette étape. L'intégralité du plus gros tamis pourrait alors être intégralement triée. Ce système permet aussi de désengorger le tamis le plus fin et faciliter l'observation du refus.

Les biais présentés sont sans doute minimes par rapport à la qualité des fouilles effectuées à la Perroche. L. Laporte a d'ailleurs pris la précaution de conserver quelques refus de tamis et sacs de terre non tamisés afin de pouvoir contrôler ces biais. Il faut souligner que, parmi tous les sites du Néolithique pris en compte dans cette thèse, celui de la Perroche est un des seuls (avec Ponthezières et La grotte du Phare) a avoir été tamisé à la fouille. C'est en ce point un des sites où la distorsion de la représentativité des coquilles étudiées par rapport à celles découvertes à la fouille avant leur ramassage ne peut pas être mise en cause. A la différence des nombreux sites où les coquilles ont été ramassées à vue, les techniques de fouille appliquées à la Perroche ont permis de vérifier l'absence de tests de petite taille et d'espèces aux coquilles très friables en grand nombre.

2.3 - La composition du spectre malacofaunique

Parmi les 22 kg de coquilles isolés lors des campagnes de fouille de 1996 et 1997, j'ai identifié 19 espèces (Fig. 219., Tableau 44). Au moins deux ont servi à la fabrication de perles discoïdes : *Cerastoderma edule* et *Nucella lapillus* (Fig. 220.).

Quant aux indices d'utilisation en tant qu'outil, seul un reste de *Laevicardium crassum* (PER96B2CO4) possède des stries localisées sur un de ses bords. Enfin, la majorité des coquillages de La Perroche a été identifiée comme des rejets alimentaires.

Le spectre malacofaunique a ensuite été décrit toute utilisation confondue, le nombre d'ébauches ou de perles finies étant trop limité (1 pour la coque et 7 pour la pourpre). La même remarque peut être faite pour les outils au nombre et aux indices trop ténus.

La patelle et la monodonte dominent largement et représentent à elles seules 97 % de la masse totale des coquilles (Fig. 221.).

La proportion de la patelle est de 10 % supérieure à celle de la monodonte. La distribution de la longueur des patelles et monodontes a été observée (Fig. 222.).

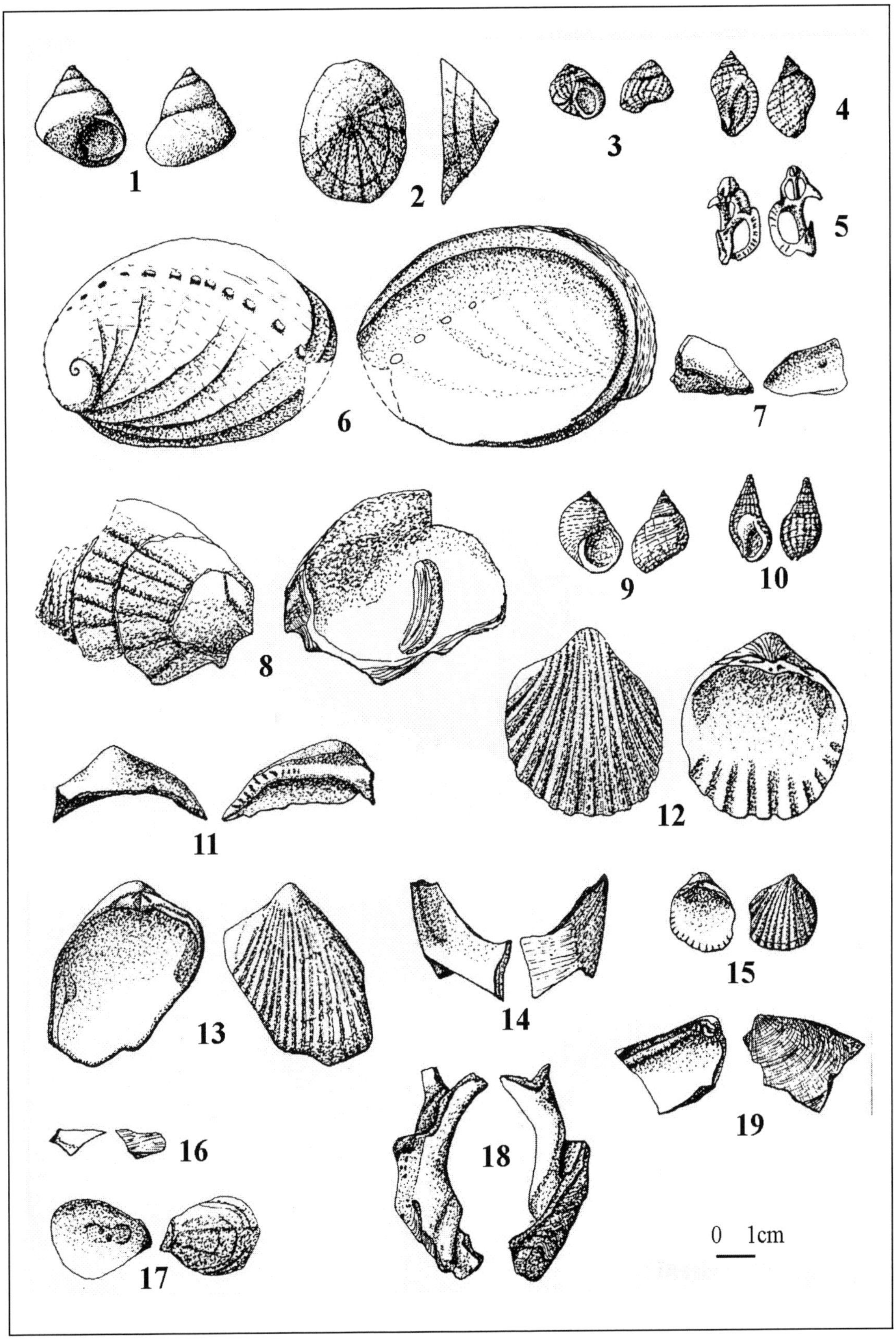

Fig. 219. La malacofaune marine de La Perroche (Dolus-d'Oléron, Charente-Maritime) 1 : *Osilinus lineatus ;* 2 : *Patella* sp. *;* 3 : *Gibbula umbilicalis ;* 4 : *Nucella lapillus* ; 5 : *Ocenebra erinaceus ;* 6 : *Haliotis tuberculata ;* 7 : *Mytilus edulis ;* 8 : *Ostrea edulis ;* 9 : *Littorina littorea ;* 10 : *Nassarius reticulatus ;* 11 : *Glycymeris glycymeris* ; 12 : *Acanthocardia* sp. *;* 13 : *Laevicardium crassum ;* 14 *: Callista chione ;* 15 : *Cerastoderma edule* ; 16 : *Scrobicularia plana ;* 17 : *Anomia ephippium ;* 18 : *Buccinum undatum* ; 19 : *Tapes decussatus* (Dessin : C. Dupont).

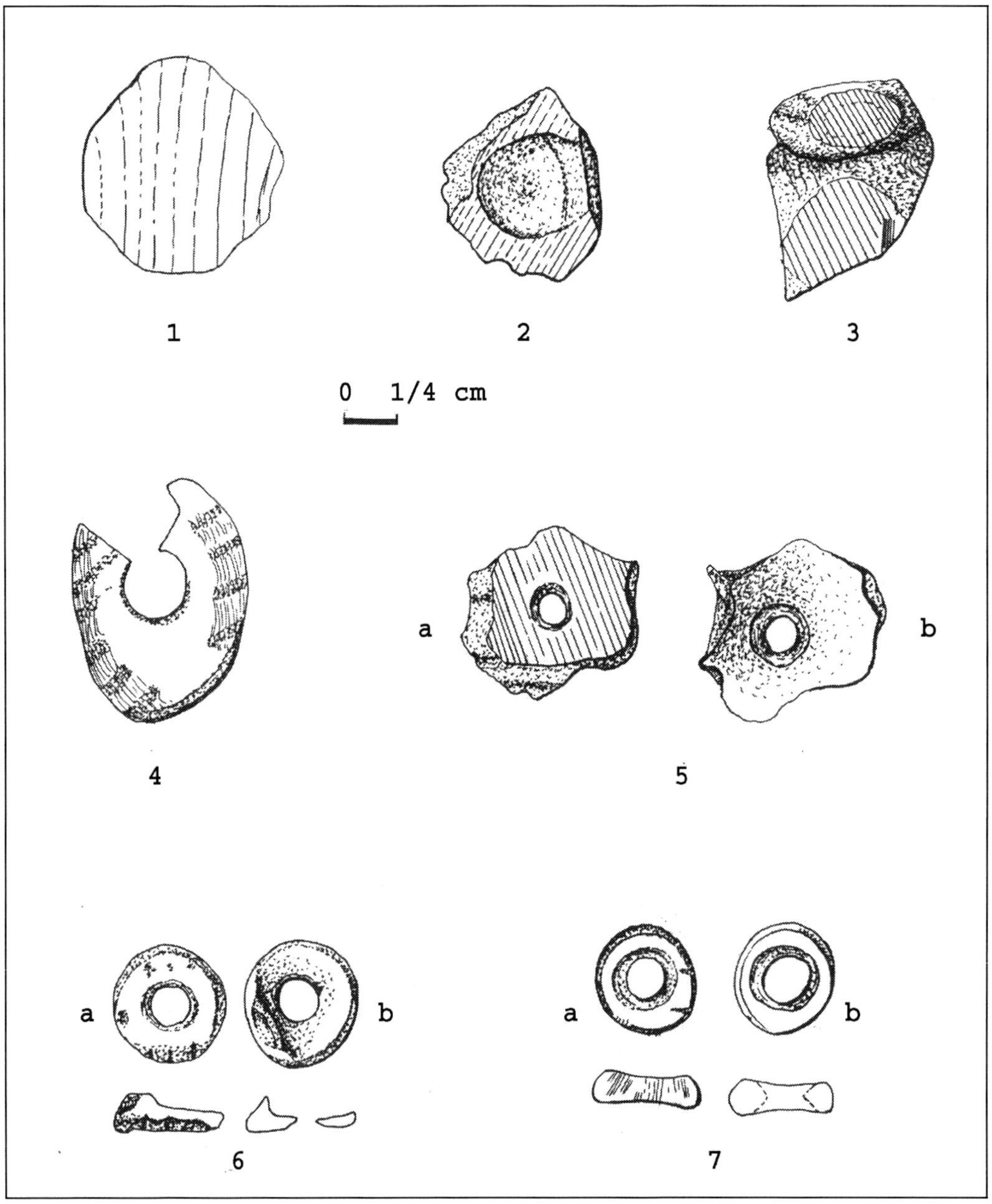

Fig. 220. La parure en coquillage de La Perroche (Dolus-d'Oléron, Charente-Maritime) (a : face externe, b : face interne externe)

Cerastoderma edule	1 : Fragment hexagonal de coque : ébauche de perle ?	
Nucella lapillus	2 : Abrasion de la face interne	3 : Abrasion de la face externe
	4 : Échec en cours de percement	5 : Percement par rotation
	6 : Régularisation du contour	7 : Obtention d'une perle circulaire

Liste des espèces	Masse (g)	% Masse	N.M.I.	% N.M.I.	N.R.	% N.R.
Patella sp.	11566,19	51,9	4050	54,4	13409	73,2
Osilinus lineatus	10272,45	46,1	3303	44,4	4451	24,3
Gibbula umbilicalis	26,41	0,1	27	0,4	27	0,1
Nucella lapillus	6,99	0,0	6	0,1	16	0,1
Haliotis tuberculata	264,05	1,2	19	0,3	325	1,8
Ocenebra erinaceus	2,50	0,0	2	0,0	3	0,0
Ostrea edulis	26,14	0,1	2	0,0	3	0,0
Mytilus edulis	5,04	0,0	2	0,0	11	0,1
Littorina littorea	28,55	0,1	20	0,3	20	0,1
Anomia ephippium	1,17	0,0	1	0,0	1	0,0
Nassarius reticulatus	0,72	0,0	3	0,0	3	0,0
Acanthocardia sp.	31,81	0,1	2	0,0	8	0,0
Glycymeris glycymeris	6,68	0,0	1	0,0	2	0,0
Laevicardium sp.	24,97	0,1	3	0,0	6	0,0
Callista chione	6,48	0,0			3	0,0
Cerastoderma edule	6,19	0,0	3	0,0	7	0,0
Tapes decussatus	8,12	0,0	0	0,0	19	0,1
Buccinum undatum	12,53	0,1	0	0,0	9	0,0
Scrobicularia plana	0,36	0,0	0	0,0	7	0,0
Total	**22297,35**		**7444**		**18330**	

Parure

Tableau 44. Bilan quantitatif de la malacofaune marine de La Perroche

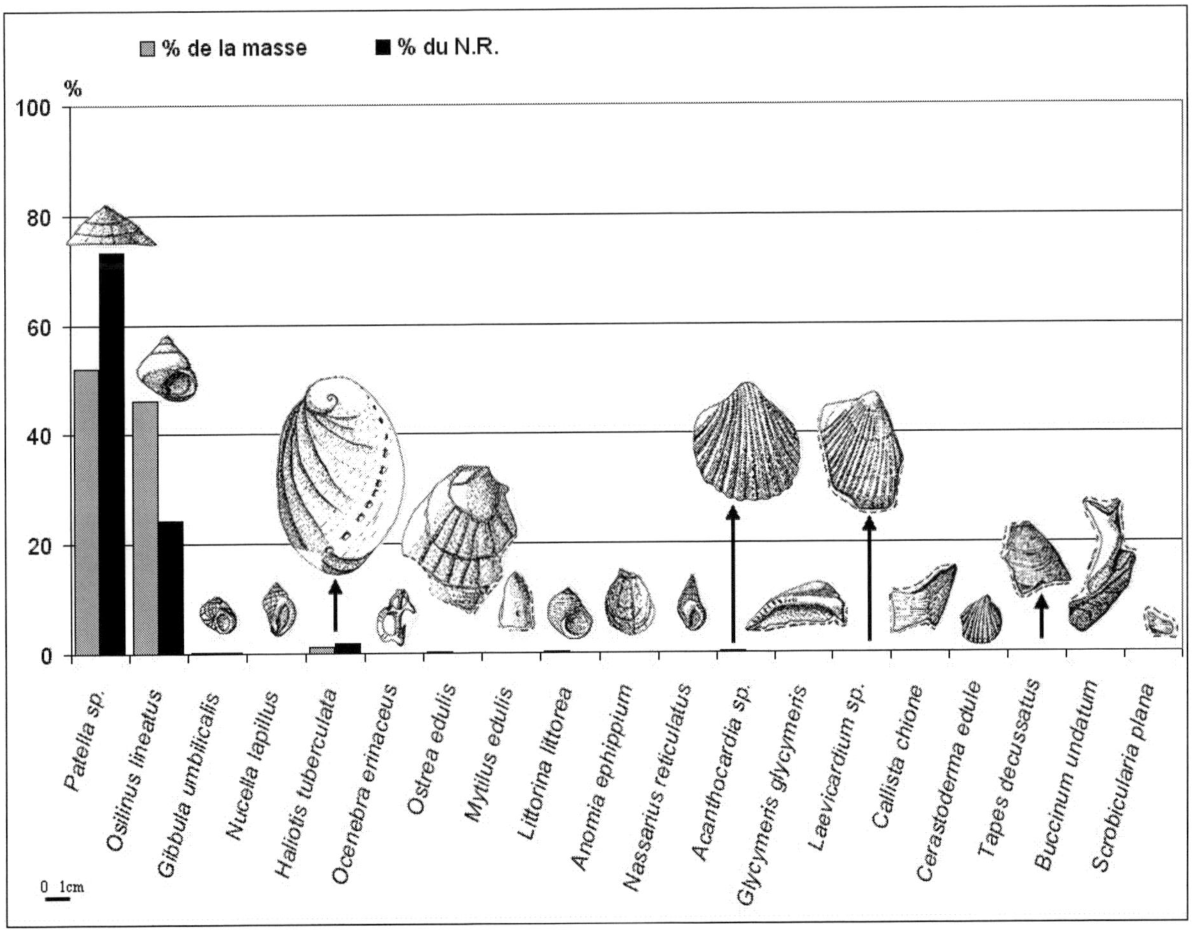

Fig. 221. Histogramme de distribution de la malacofaune de La Perroche en masse (M =22kg) et en nombre de restes (N.R. =18330)

Elle est unimodale pour ces deux espèces et correspond à la sélection des plus grands individus avec une moyenne de 34 millimètres pour la patelle et de 20 millimètres pour la monodonte. Quant aux autres espèces, seul l'ormeau en troisième position dépasse le 1 % de la masse totale des coquilles. Il est entré secondairement dans l'alimentation des Néolithiques de La Perroche (Tableau 44).

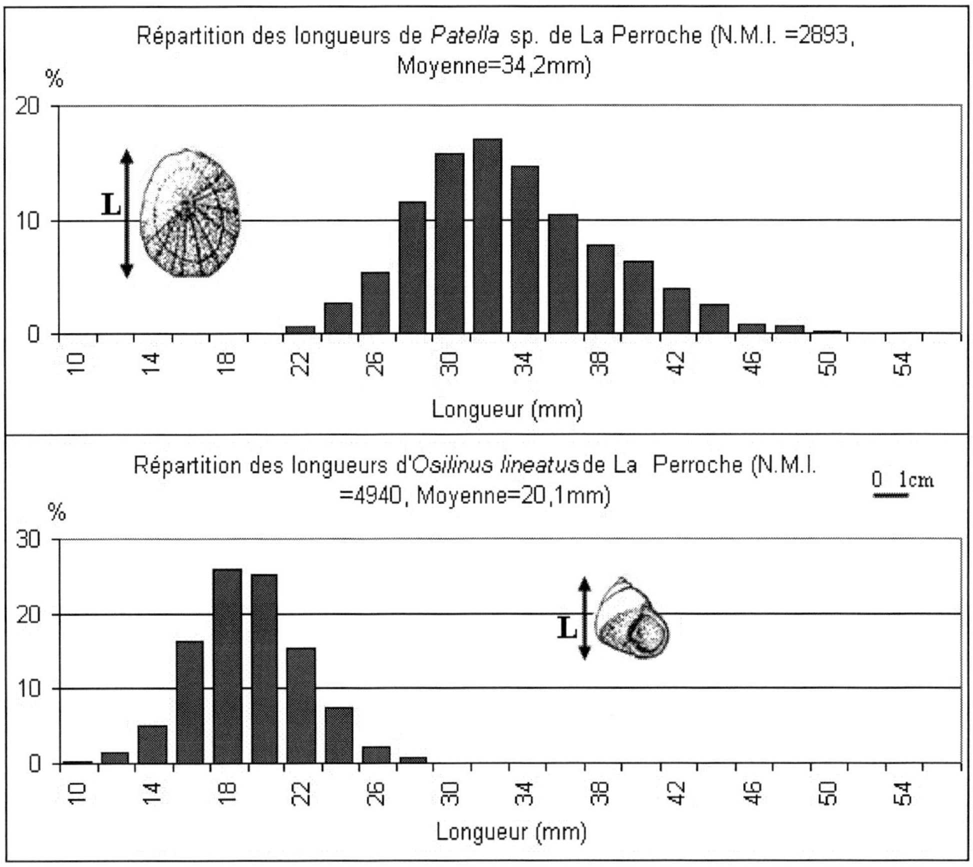

Fig. 222. Répartition de la taille de deux espèces de La Perroche

La consommation de l'huître plate *Ostrea edulis*, de la moule *Mytilus edulis*, du bigorneau noir *Littorina littorea*, de la palourde *Tapes decussatus* et de la scrobiculaire *Scrobicularia plana* semble plus anecdotique au vu des faibles quantités trouvées à ce jour sur le site. La pourpre *Nucella lapillus* et la coque *Cerastoderma edule* ont également pu être mangées. Ces deux espèces ayant été utilisées dans la confection de la parure, il est difficile, en l'état actuel des recherches, de savoir si elles ont ou non été consommées avant de participer à la matière première des perles. Les autres espèces peuvent être placées dans la catégorie des accompagnatrices. Elles ne sont pas consommées et ont pu être collectées par hasard soit par un ramassage direct, soit par un transport d'objets du littoral (pierres, algues...).

Certaines espèces de petite taille comme la gibbule *Gibbula umbilicalis*, le murex *Ocenebra erinaceus* et la nasse *Nassarius reticulatus* ont pu appartenir aux espèces accompagnatrices. D'autres, de plus grande taille mais difficilement collectées vivantes, comme la coque épineuse *Acanthocardia echinata*, l'amande *Glycymeris glycymeris*, *Laevicardium crassum*, *Callista chione* et le buccin ou bulot *Buccinum undatum,* auraient pu servir d'outil mais aucun stigmate n'a permis de confirmer cette hypothèse.

Les variations des proportions des espèces en fonction de la stratigraphie ont été observées pour quatre mètres carrés : B1, C1, B2 et C2 (Fig. 223.). La monodonte y domine dans toute la stratigraphie. Ce fait s'oppose aux proportions obtenues sur l'ensemble du matériel et est lié aux variations spatiales qui peuvent exister au sein du site. D'un carré à l'autre la proportion de la monodonte augmente régulièrement de la couche 5 à la surface au dépend de la patelle (Fig. 223.). L'observation des différents types de dégradation montre que cette diminution de la proportion de la patelle vers la surface n'est pas liée à sa plus grande altération (Fig. 224.). Et inversement, la plus grande proportion de monodonte dans la couche 5 n'est pas liée à sa meilleure conservation dans ce niveau. Les variations des proportions de ces deux espèces peuvent correspondre à une accessibilité plus ou moins aisée de l'une ou de l'autre au cours du temps. Ainsi, une surexploitation de l'une aurait pu entraîner la diminution de la taille des individus et la collecte d'un autre coquillage.

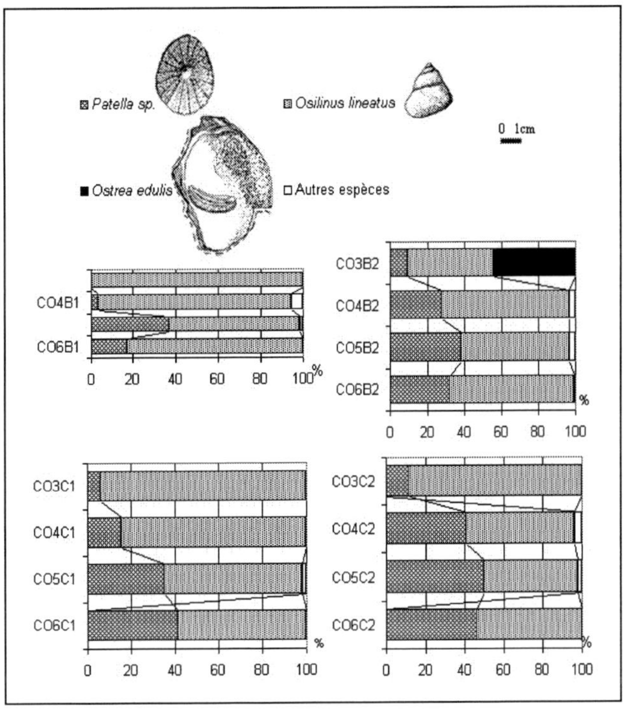

Fig. 223. Proportions des espèces majoritaires en fonction de la masse de coquilles selon la stratigraphie de La Perroche

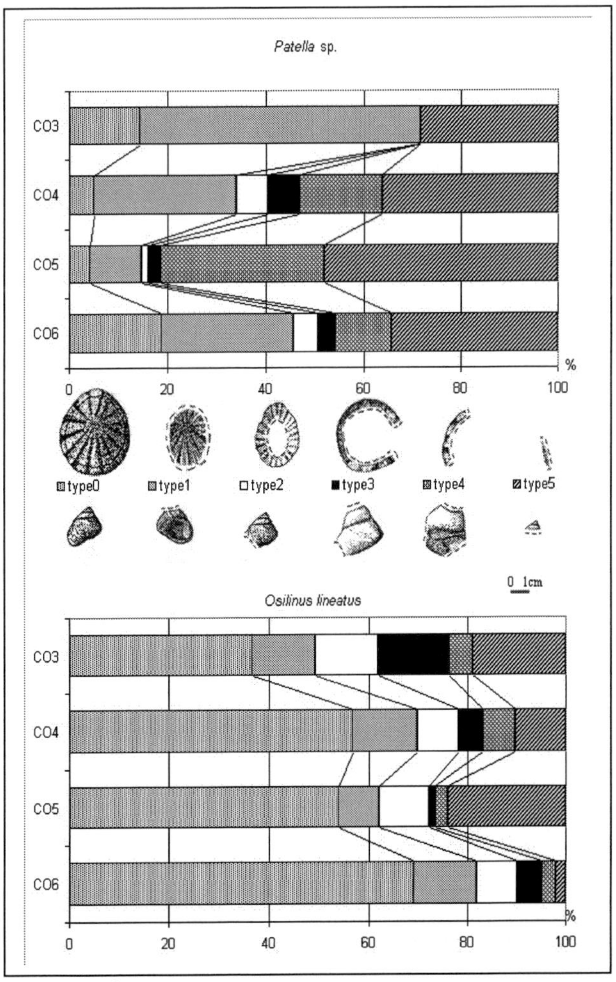

Fig. 224. Évolution de la dégradation de la patelle et de la monodonte selon de la stratigraphie de La Perroche (les données des carrés B1, B2, C1 et C2 ont été réunies)

Les variations de la taille montrent, pour les couches concernées, une légère diminution de la taille des monodontes vers la surface de la couche archéologique (CO1) (Tableau 45, Fig. 225.).

Pour la patelle, la variabilité de l'échantillon est telle que la longueur selon les couches n'est pas très différente. Seule la couche 4 présente peut-être une légère diminution de la taille. Ces variations dans les proportions de patelle et de monodonte collectées sont, peut-être, liées à la pression anthropique agissant sur la taille de la proie. Cependant, les différences des tailles des patelles et monodontes en fonction de la stratigraphie ne sont pas assez prononcées pour pouvoir en être certain.

	CO1	CO2	CO3	CO4	CO5	CO6	CO7	CO9	CO10	CO11
					Osilinus lineatus					
N	8	68	29	322	1735	234	12	24	133	4
Moy	18,4	19,4	19,7	19,9	20,3	20,1	20,3	20,7	19,6	21,7
Ecartype	1,89	3,04	3,12	3,51	2,91	2,45	3,70	3,17	3,00	2,11
					***Patella* sp.**					
N		4	100	188	1113	115	1		55	5
Moy		35,1	34,4	33,8	34,1	34,6	32		35,2	35,7
Ecartype		7,46	3,47	5,34	4,99	5,22			5,33	8,39

Tableau 45. Nombre d'individus observés (N), moyenne (Moy) et écart-type (Ecartype) associés à la longueur des monodontes et patelles des campagnes 1996 et 1997 de La Perroche

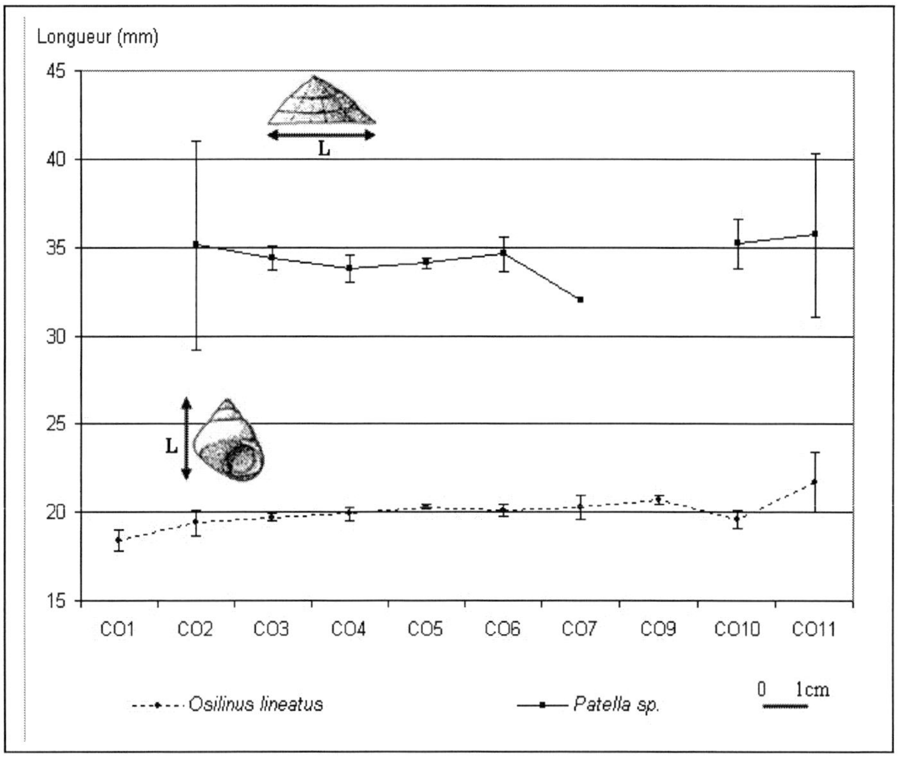

Fig. 225. Évolution de la taille de la patelle et de la monodonte selon de la stratigraphie de La Perroche pour l'ensemble du matériel collecté en 1996 et 1997

Malgré un spectre de la malacofaune marine assez diversifié, la domination à plus de 99 % de deux espèces, la patelle et la monodonte, laisse entrevoir une sélection étroite des coquillages consommés par cette population. Les quelques ébauches de parure trouvées en pourpre et en coque correspondent peut-être à une spécialisation dans cette autre utilisation.

2.4 – Les caractéristiques de l'acquisition de la malacofaune marine

2.4.1 - Le lieu de collecte

Le substrat

La majorité des coquilles appartient au milieu rocheux strict : c'est le cas des patelles, des monodontes, des gibbules, des pourpres, de l'ormeau et du murex (Fig.

226-A. et B.). Les espèces comme l'huître, la moule et le bigorneau, même si elles sont moins strictement inféodées à ce milieu, ont également pu y être collectées. Les deux autres substrats ont très faiblement été exploités (Fig. 226-A.). La plupart des espèces sableuses présentent des stigmates d'échouage. La côte sableuse a donc été peu ou pas exploitée.

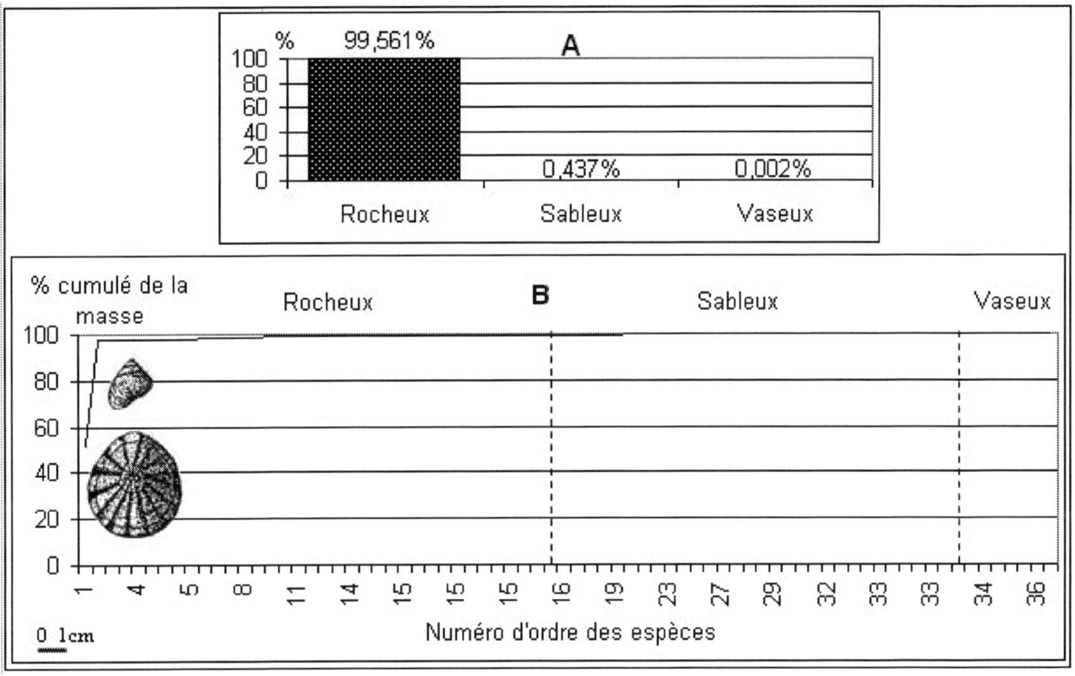

Fig. 226. Substrats d'origine de la malacofaune marine de La Perroche (M =22kg) : A - Histogramme de distribution, B - Diagramme des pourcentages cumulés de la masse

Ainsi, un reste de columelle de buccin présente un aspect roulé par la mer (Fig. 219. n°18). De même, la perforation d'une nasse associée à l'usure très accentuée du test, ne permet pas de douter de l'origine naturelle de cette perforation.

L'étroite sélection des espèces consommées penche pour une spécialisation du substrat du territoire de collecte exploité.

Le mode d'exposition de la côte

Seuls trois individus de pourpres ont pu être mesurés pour une unique nasse. Malgré la présence d'un échantillon très limité, les trois pourpres montrent une grande homogénéité du rapport de la longueur sur la largeur avec une moyenne de 1,49 pour un intervalle de confiance compris entre 1,48 et 1,50 avec un risque de 0,05 (Fig. 227.). Elles ont pu être collectées au même endroit dans un milieu très battu. La largeur des trois dernières côtes de l'unique exemplaire de nasse avoisine celles observées pour la station de référence la plus agitée (Fig. 227.). La forme de ces deux gastropodes montre donc la fréquentation par les Néolithiques de La Perroche d'une côte assez agitée. Cet élément coïncide avec le milieu de vie des espèces majoritairement collectées sur ce site. La coque et la scrobiculaire, même si elles sont présentes en petit nombre, sont typiques de milieu vaseux type baie, estuaire, slikke ou schorre.

Les pourpres et les nasses ont pu être collectées proches les unes des autres sur une côte très battue. Cependant, la présence d'une baie abritée des vents dominants à proximité du site n'est pas non plus exclue. À moins que la coque et la scrobiculaire, qui représentent ce milieu confiné, n'aient été ramassées mortes.

Le niveau de l'estran exploité par l'homme

Les deux espèces majoritaires *Patella* sp. et *Osilinus lineatus* sont toutes deux intertidales strictes (Fig. 228.). Ainsi, plus de 98 % des coquillages collectés à La Perroche sont strictement intertidaux (Fig. 229.). Le spectre malacofaunique témoigne de l'exploitation de tous les niveaux de l'estran. Ainsi, l'ormeau situé en troisième position de la masse de coquilles n'est accessible que dans les bas niveaux. Quant aux trois coquilles subtidales, elles ont sans doute été collectées mortes dans les laisses de haute mer.

L'intégralité de la zone intertidale a été exploitée. Les pourcentages des espèces correspondent peut être à leur accessibilité le long de l'estran.

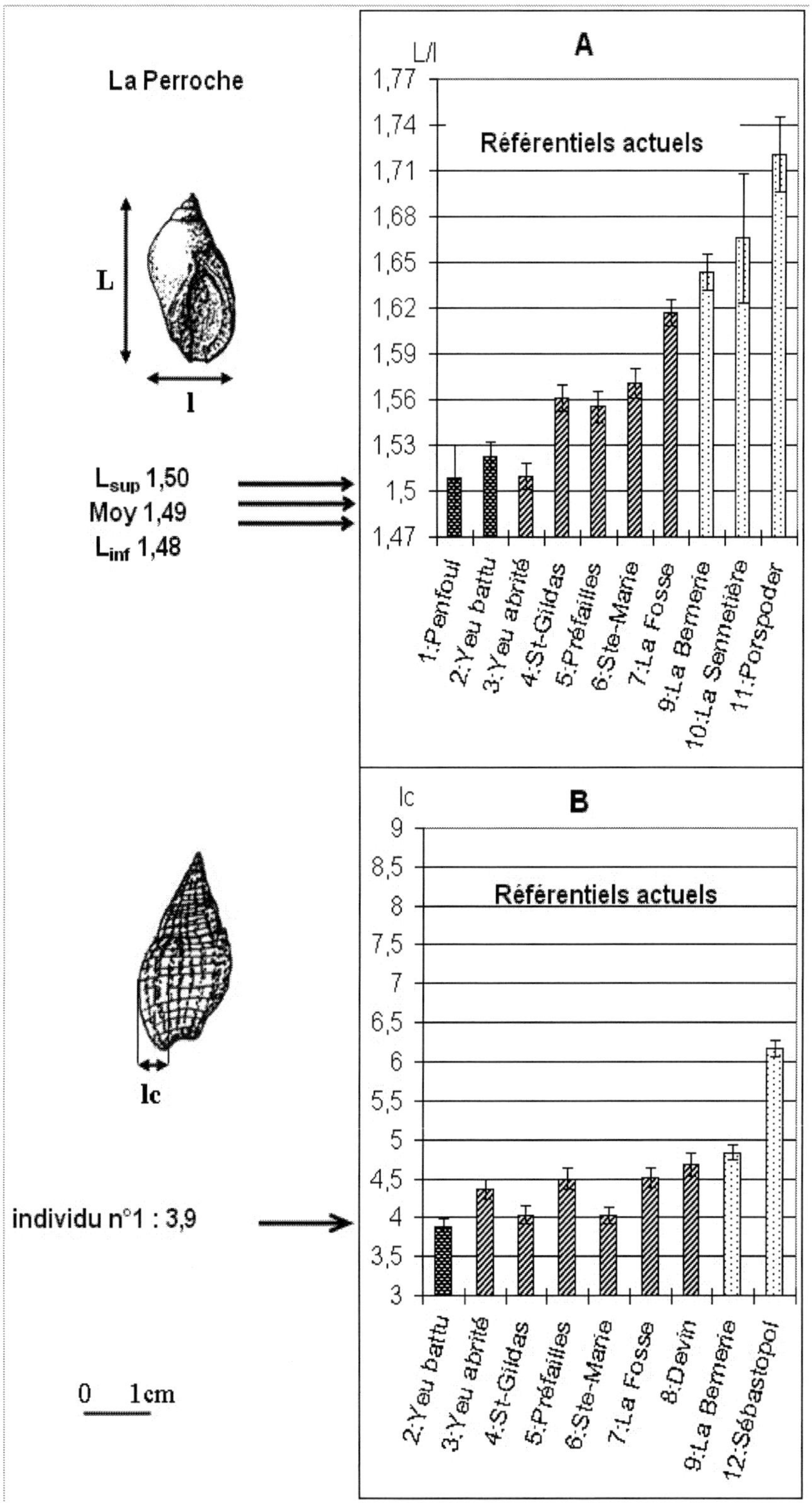

Fig. 227. Localisation des individus de La Perroche en fonction du mode plus ou moins battu des échantillons de éférence : A - Répartition du rapport de la longueur sur la largeur des pourpres, B - Répartition de la largeur des trois dernières côtes des nasses ; L_{sup} : Limite supérieure de l'intervalle de confiance de la moyenne, Moy : Moyenne, L_{inf} : Limite inférieure de l'intervalle de confiance de la moyenne.

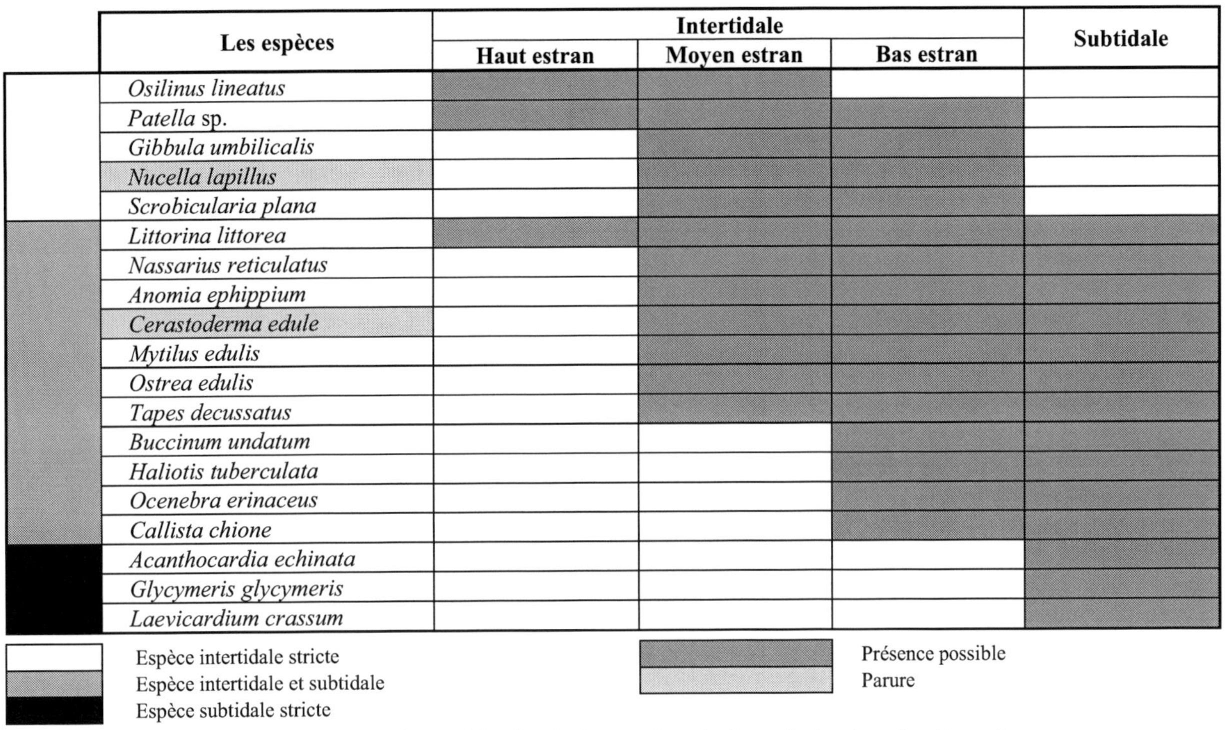

Fig. 228. Position altitudinale des espèces le long de la côte : La Perroche

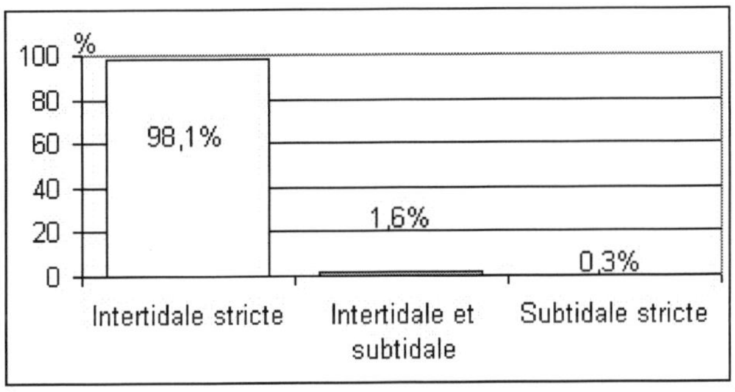

Fig. 229. Répartition du caractère intertidal et subtidal de la malacofaune marine de La Perroche (M =22kg)

2.4.2 - La fréquence de la collecte

La majorité des coquillages peut être collectée dans les hauts niveaux de l'estran. Elle est donc accessible quotidiennement, et ce, durant plusieurs heures. Cette collecte a pu être journalière et a pu amener, selon le coefficient de marée, l'exploitation d'une partie ou de la totalité de la zone intertidale. Le nombre de restes de palourde est trop faible pour pouvoir y étudier la saisonnalité.

2.4.3 - Les techniques de la collecte

La plupart des espèces a pu être collectée à vue sur les rochers ou éventuellement cachée sous les algues. La monodonte peut être collectée à mains nues comme les autres gastropodes turbinés présents dans ce site. Le ramassage des patelles nécessite une dépense d'énergie plus importante et l'utilisation d'un outil pour les décoller du substrat. C'est également le cas pour l'ormeau et l'huître. Là encore, *Haliotis tuberculata* représente une exception vis-à-vis de l'ensemble. En effet, celui-ci vit caché sous les rochers. Sa collecte nécessite donc une recherche préalable. Le soulèvement des blocs de pierre est indispensable et requiert une grande quantité d'énergie. Quant à la palourde, la scrobiculaire et la coque, si elles ont été ramassées vivantes, leur collecte nécessite une recherche dans le sédiment soit au hasard, soit par localisation de petits trous à la surface du substrat. La collecte de la moule peut, elle aussi, nécessiter l'utilisation d'un outil pour les dissocier de leur support.

Plusieurs techniques de collecte sont utilisées. Elles requièrent soit une faible énergie et consiste en une collecte à main nue de la proie (la monodonte, le bigorneau noir et la pourpre), soit un outil indispensable pour décoller le mollusque de son substrat (la patelle, l'huître plate). À cette dépense d'énergie peut s'ajouter celle de la recherche de l'ormeau qui peut nécessiter le soulèvement de gros blocs. Même si l'accessibilité apparaît être un des principaux facteurs agissant sur la sélection des espèces, la dépense d'énergie requise pour la collecte des coquilles a également pu intervenir.

2.4.4 - Le temps de déplacement et le transport

La majorité des coquillages trouvés à La Perroche a été collectée sur un estran rocheux. Celui-ci devait être accessible à moins d'un kilomètre du site. En effet, cette partie de la côte de l'île est battue et les rochers y dominent largement (Fig. 44., p.90). D'autre part, l'observation actuelle de la côte face au site montre que la patelle et la monodonte y dominent largement. Ces éléments penchent pour un faible transport des coquilles par les habitants de La Perroche. Quelques coquilles de nasse, espèce sableuse, sont actuellement trouvées sur les rochers, à proximité des patelles et des monodontes, après avoir été colonisées par des pagures.

Plusieurs sondages ont été effectués dans le marais, du même nom que le site étudié, dans le but d'en décrire les différentes phases de remplissage (Clavé *et al.*, 2001, Clavé, 2001). L'analyse de la malacofaune a pu être réalisée sur celui situé le plus en retrait de la côte, le sondage LIFE 9906 (Fig. 47., p.94). La méthode utilisée pour l'analyse malacofaunique et l'application à ce sondage paléoenvironnemental ont été décrites dans la partie III (Chapitre III-D-4, p.90). Les principaux résultats sont rappelés. Dans un premier temps, une baie ouverte aux influences largement marines est observée (Fig. 47., p.94). La proximité d'une côte rocheuse est décelée. Des conditions estuariennes ou de baie envasée pouvaient être présentes sur cette zone à cette époque. Ensuite, à la datation de 3170 ± 40 B.P. (soit de 1515 à 1390 av. J.-C.), le milieu était confiné bien que toujours soumis à l'action des marées. Puis, après un arrêt brutal du dépôt de la malacofaune, une double influence des eaux salines et douces est observée. L'action marine disparaît peu à peu. On assiste à un colmatage naturel et peut-être anthropique (à la fin de la séquence) du marais de la Perroche. Tandis que l'influence de la mer se faisait ressentir à proximité de la zone d'étude, on assiste au comblement progressif du marais de la Perroche et de ce fait à une régularisation du trait de côte avec comblements des baies devenues des marais.

Le fonctionnement du site néolithique correspond à la première phase décrite. À savoir que le site était sans doute situé à proximité d'une baie aux conditions estuariennes. Les prospections géophysiques ont confirmé l'existence d'une petite crique abritée des vents dominants, au pied du site archéologique (Laporte *et al.*, 1996). Les espèces de vase, comme la scrobiculaire et d'autres de milieu sablo-envasé comme la coque et la palourde y étaient sans doute accessibles. Leur faible consommation à La Perroche semble donc plus être liée à un choix anthropique qu'à leur absence dans l'environnement marin proche du site. La scrobiculaire et la palourde sont d'ailleurs fréquentes dans le sondage paléoenvironnemental 9906.

Ce seul sondage ne permet pas de déterminer une variation relative du niveau de la mer. L'altitude des dépôts marins observés dans ce sondage est tout à fait compatible avec le niveau marin actuel. Par contre, même si on suppose un tassement de la tourbe le niveau de la faune dulcicole se situe dans le domaine de balancement de la marée. Il faut donc supposer une fermeture de cette baie par un cordon auquel a pu être adjoint un ouvrage hydraulique contrôlant la pénétration possible de la mer dans ce marais et surtout l'évacuation des eaux douces.

2.5 – Les caractéristiques de la transformation et de la consommation de la malacofaune marine

Pour la parure, un test de *Nassarius reticulatus* et un autre d'*Ocenebra erinaceus* présentent une perforation au niveau de leur dernier tour de spire. Leur état d'usure général permet d'associer leur percement à une action naturelle d'origine marine. En l'absence de stigmates liés à leur utilisation, il reste difficile de savoir s'ils étaient ou non utilisés comme parure par les Néolithiques de La Perroche. À ces coquilles 'entières' s'opposent la découverte de sept ébauches de petites perles discoïdes d'un diamètre proche du demi-centimètre (Fig. 220.). À partir de ces ébauches, la décomposition de quelques étapes de la fabrication de perle est possible : découpe d'un morceau de coquille, aplanissement d'une des faces, percement de la coquille par rotation, régularisation du contour par abrasion perpendiculaire à la surface de la perle. Ces étapes semblent avoir été utilisées toujours dans le même ordre et aboutissent à la standardisation de minuscules perles plates circulaires à la perforation grossièrement centrale. Mais cela reste à vérifier pour un plus grand échantillon. L'abandon de la majorité des ébauches de perles semble lié à une défection de chacune d'entre elles lors de leur confection. Elles ont pour certaines été façonnées dans des zones trop en relief pour pouvoir effectuer deux surfaces planes parallèles (Fig. 220. n°2 et n°3). La n°6 a, quant à elle, été effectuée à la limite de deux tours de spire. D'autres se sont cassées pendant leur percement (Fig. 220. n°4). L'abandon des ébauches n°5 et n°7 (Fig. 220.) reste, à ce jour, inexpliqué.

Le peu d'indice obtenu sur une éventuelle utilisation des tests de La Perroche comme outil, ne permet de discuter ni de leur façonnage avant utilisation, ni de leur fonction. Pour les restes alimentaires moins de 1 % des tests trouvés à La Perroche lors des campagnes 1996 et 1997 présente des traces liées à une chauffe en contact direct avec le feu. Ils représentent 5,3 % des restes de patelles, 0,8 % des monodontes auxquels s'accompagnent deux restes d'ormeau et un de cardidés. Aucun individu entier n'a été trouvé calciné. La cuisson des coquillages en contact direct avec la braise semble peu probable. Pour les patelles, ormeaux et bivalves, il n'est pas possible de savoir s'ils ont ou non été consommés cuits. Quant aux gastropodes turbinés, la difficulté d'en retirer la chair sans une chauffe préalable laisse supposer qu'ils ont sans doute été consommés cuits par ébullition. Ce fait semble confirmé par l'absence de cassure systématique de leurs apex.

En l'état actuel des fouilles, l'extension du dépôt coquillier reste inconnue. L'évaluation de la quantité totale de coquillages consommée par les Néolithiques de La Perroche n'a pu être appliquée. Les 11,6 kg de patelles correspondraient à une masse totale fraîche de 19,5 kg pour une masse totale de chair fraîche de 10,5 kg. Pour la monodonte, deuxième espèce consommée à La Perroche, les 10,3 kg de coquilles étudiées pourraient correspondre à une masse totale de 15,1 kg de coquilles fraîchement collectées pour 4,9 kg de chair consommable. Cette conversion tend à accroître la domination de la patelle. En effet, cette espèce représente 53 % de la masse de coquilles si on considère *Patella* et *Osilinus* et sa proportion passe à 68 % de la masse de chair consommable.

2.6 – Résumé de l'étude malacofaunique de La Perroche

Le site néolithique final de La Perroche se localise en bordure d'une zone marécageuse. Les opérations de fouille, qui y ont été menées, en offrent une vision très partielle. La majorité des coquillages trouvés dans la couche archéologique a été attribuée à des rejets alimentaires. Ils étaient associés à d'autres ressources marines (ichtyofaune) ainsi qu'à de la faune terrestre chassée et domestique. La proportion des uns par rapport aux autres dans le régime alimentaire des habitants de La Perroche n'est pas encore connue à ce jour. Le faible nombre d'éléments de parure s'oppose aux importantes quantités de restes coquilliers mangés. Ce fait peut-être lié à l'emplacement des opérations de terrain. En effet, le site proche de Ponthezières a permis la fouille de postes de confection de parure. De telles structures n'ont pas été observées à La Perroche et les ébauches de parure ont été trouvées mêlées aux autres déchets. La grande diversité spécifique obtenue pour la malacofaune de La Perroche est en partie liée aux techniques d'échantillonnage qui y ont été appliquées. Celle-ci s'oppose à une étroite sélection des espèces. En effet, la patelle et la monodonte représentent, à elles seules, plus de 97 % de la masse totale de coquilles étudiée. Puis, seul l'ormeau possède une proportion supérieure à 1 %. L'accessibilité des deux espèces majoritaires peut être liée à leur 'succès'. En effet, elles sont toutes deux strictement intertidales et peuvent être collectées dès le haut niveau de l'estran. Ainsi, elles peuvent être collectées quotidiennement, et ce, durant plusieurs heures. De même, leur position sur les rochers permet leur rapide détection. Ces deux caractéristiques s'opposent à l'acquisition de l'ormeau. En effet, ce dernier n'est accessible que lors de grandes marées de vive eau. De plus, ce gastropode vit sous les roches. Sa collecte nécessite donc une recherche préalable et une dépense d'énergie importante pour retourner les cailloux. Les proportions des trois espèces majoritaires semblent liées à leur accessibilité.

Malgré l'homogénéité apparente du spectre malacofaunique, quelques variations des proportions des espèces ont été observées en fonction de la stratigraphie. Les différences de pourcentages pour la monodonte et la patelle restent difficiles à expliquer.

D'autre part, l'étroite sélection du spectre malacofaunique correspond à l'exploitation quasi exclusive du substrat rocheux. La patelle et la monodonte sont strictement inféodés à ce milieu. Cet élément, ajouté à la forme des pourpres et des nasses, penche pour une exploitation d'une côte assez battue. Parmi les quelques espèces sableuses, plusieurs sont subtidales. Certaines d'entre elles présentent des stigmates liés à leur échouage dans les laisses de haute mer (*Acanthocardia* sp., *Buccinum undatum, Nassarius reticulatus*). La collecte de coquillages, vivants, sur une côte sableuse est très faiblement représentée. De même, les espèces de vase comme la scrobiculaire ont été peu collectées. Cependant, l'étude paléoenvironnementale montre que le site de la Perroche se localisait pendant son fonctionnement au bord d'une baie abritée. Elle témoigne également de la proximité de la côte rocheuse. La sélection des espèces de roches semble donc plus liée à un choix anthropique qu'à leur accessibilité.

Quant au sous-système technique de la consommation, comme pour les autres sites étudiés, peu d'éléments en sont connus. Le peu de restes calcinés permet d'exclure une chauffe en contact direct avec la braise des tests. La présence en grande quantité de la monodonte penche pour une cuisson par ébullition dans un liquide. En effet, l'extirpation de la chair de ce gastropode turbiné est difficile crue. Elle est éventuellement possible par cassure de l'apex. Hors, l'analyse des restes de cette espèce ne montre pas de cassure systématique.

Enfin, les quelques ébauches de perles montrent une grande transformation de la parure. Ces minuscules perles plates ne rappellent plus la forme d'origine de la coquille. La chronologie des étapes observées sur les ébauches semble retranscrire une systématisation des étapes. Malheureusement ces éléments sont trop faiblement représentés pour le confirmer. Nous reviendrons plus en détail sur cette activité pour le site de Ponthezières mieux documenté à ce sujet.

3 – Ponthezières (Saint-Georges-d'Oléron, Charente-Maritime)

3.1 - La présentation du site

Ce site du Néolithique final se localise dans le marais de Ponthezières sur la commune de Saint-Georges-d'Oléron en Charente-Maritime sur la côte occidentale de l'île d'Oléron (Fig. 3., p.11). Découvert dans les années 1960 par R. Joussaume (Joussaume, 1981, p.379), il est actuellement distant de 2 kilomètres du littoral, en arrière d'un cordon dunaire, en bordure d'un marais doux (Laporte *et al.,* 1998-2, p.240). De 1988 à 1991, L. Laporte y engage quatre campagnes de fouilles (Laporte, 1994, p.46). 500 m² de la couche en place ont été fouillés pour un site qui s'étend sur 1 à 2 hectares (Laporte *et al.,* 1998-2, p.240). Le niveau archéologique en place d'une épaisseur de 5 centimètres, est conservé sous 40 centimètres de terre arable et présente des structures fines d'habitat et des céramiques écrasées sur le sol (Laporte *et al.,* 1998-2, p.240). 'De nombreuses structures d'habitat ont été dégagées qui s'organisent selon un plan cohérent de part et d'autre d'un petit fossé de 2 mètres de large et d'un mètre de profondeur' (Fig. 230.) (Laporte *et al.,* 1998-2, p.242). Un poste de travail de coquillages utilisés pour la confection de parures a également été trouvé et se matérialise par un empierrement (Laporte *et al.,* 1998-2, p.243). Ce n'est pas là l'unique utilisation de la malacofaune marine. En effet, celle-ci a aussi été utilisée dans le régime alimentaire avec plus de 330 kg de coquilles (Gruet, Dupont, 2001). D'autres ressources marines comme les poissons et les crabes participaient secondairement à l'alimentation de ces Néolithiques (Gruet et Laporte, 1996 ; Laporte *et al.,* 1998-2, p.253). 'En l'absence de données sur l'alimentation végétale, l'élevage constitue la principale et presque unique source de nourriture carnée pour ces populations' (Laporte *et al.,* 1998-2, p.253). La forme et les décors de la céramique ainsi que les éléments lithiques ont permis l'attribution de ce site à l'Artenacien (Laporte *et al.,* 1998-2, p.240). 'L'enregistrement des objets situés dans la couche en place s'est fait par carrés de cinquante centimètres de côté' (Laporte, 1994, p.68). La même méthode d'échantillonnage que celle utilisée à La Perroche a été appliquée à Ponthezières. Un tamisage a été effectué sur 'à peu près un quart de volume de la couche archéologique avec des tamis de maille de deux millimètres' (Laporte, 1994, p.68).

3.2 - La représentativité de l'échantillon et les techniques de fouille

Pour faire le bilan de la composition des niveaux coquilliers de Ponthezières les analyses réalisées par Y. Gruet ont été utilisées (Laporte *et al.*, 1998-1, 1998-2 ; Gruet et Dupont 2001). J'avais étudié, dans le cadre de ma maîtrise, 7,8 kg de coquilles trouvées à Ponthezières. La bonne représentativité des coquillages étudiés sur ce site est liée à la quantité étudiée et à un tamisage de contrôle de 2 millimètres d'environ ¼ de la couche archéologique (Laporte, 1994, p.68). Que ce soit les rejets alimentaires ou les déchets de taille en coquillages, ils ont été trouvés à la fois dans le grand fossé (Fig. 230.) et dans le niveau archéologique en place nommé couche 3 à la fouille (Laporte, 1994, p.80) (Fig. 146-C., p.208).

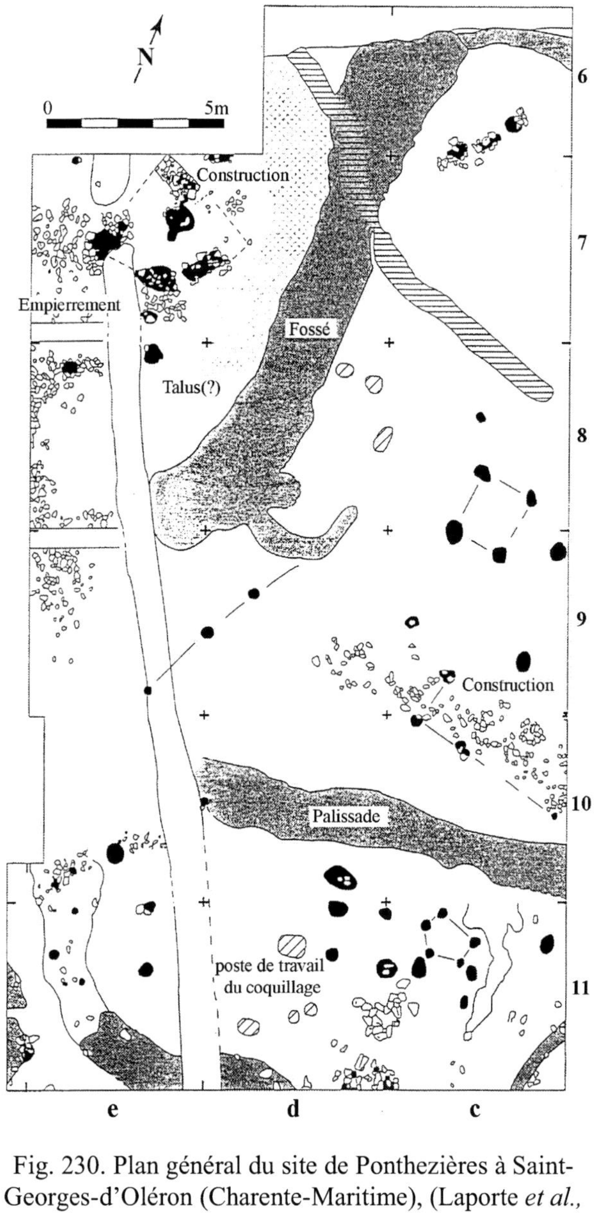

Fig. 230. Plan général du site de Ponthezières à Saint-Georges-d'Oléron (Charente-Maritime), (Laporte *et al.,* 1998-2, p.240)

3.3 - La composition du spectre malacofaunique

Au total, 38 espèces ont été déterminées par Y. Gruet parmi les 332 kg de coquilles isolés à la fouille (Fig. 231., Tableau 46 et 47) (Laporte, 1994, p.82 ; *id. et al.* 1998-2, p.247). 'L'énorme majorité a été transportée volontairement par les hommes à des fins alimentaires, ou pour la fabrication de perles et parures, ou comme outils' (Laporte *et al.,* 1998-2, p.249).

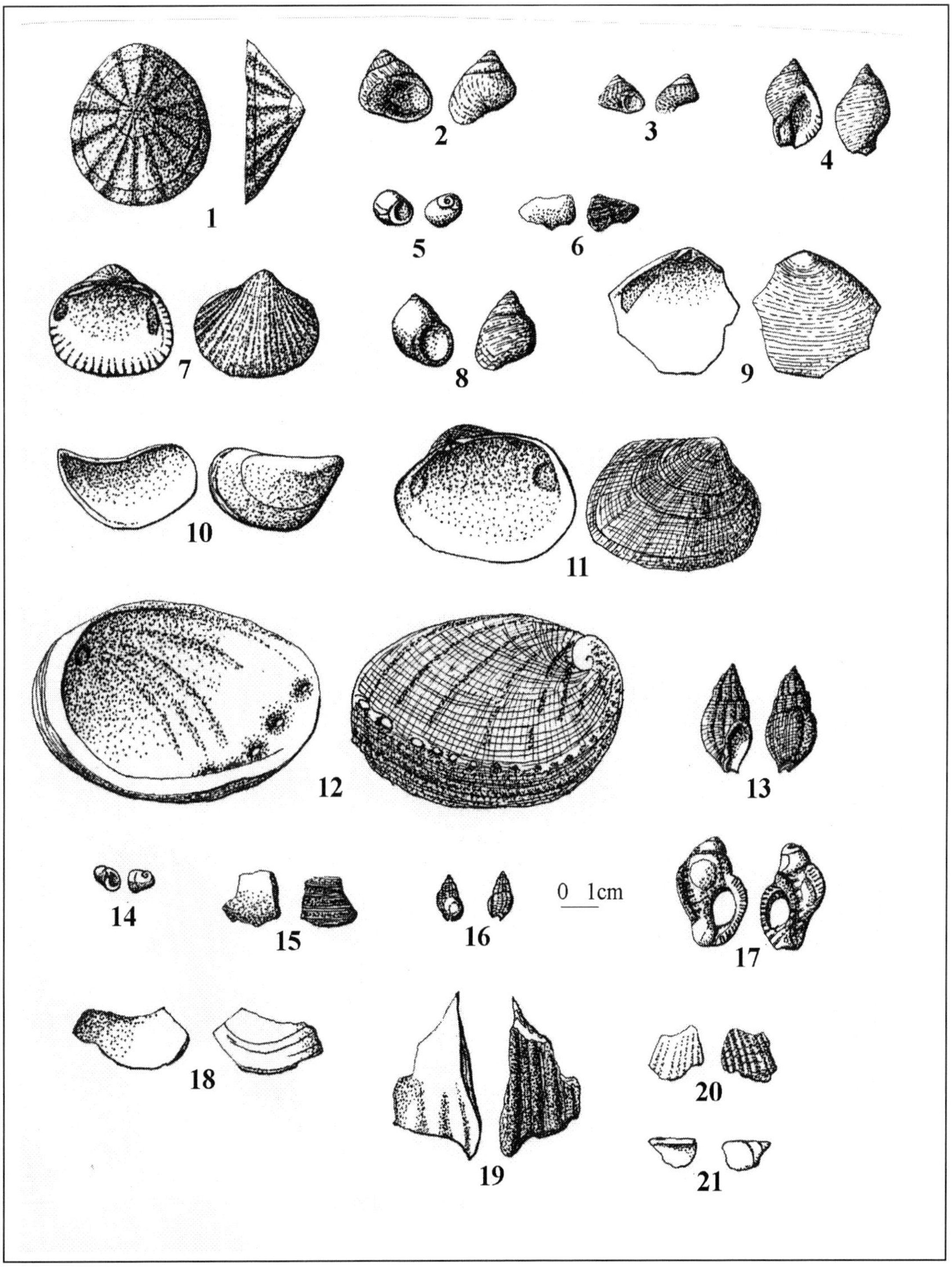

Fig. 231. La malacofaune marine de Ponthezières (Saint-Georges-d'Oléron, Charente-Maritime) 1 : *Patella* sp. ; 2 : *Osilinus lineatus ;* 3 : *Gibbula umbilicalis ;* 4 : *Nucella lapillus ;* 5 : *Littorina obtusata ;* 6 : *Ostrea edulis ;* 7 : *Cerastoderma edule ;* 8 : *Littorina littorea ;* 9 : *Scrobicularia plana* ; 10 : *Mytilus edulis ;* 11 : *Tapes decussatus* ; 12 : *Haliotis tuberculata* ; 13 : *Nassarius reticulatus ;* 14 : *Lacuna pallidula ;* 15 : *Venus verrucosa* ; 16 : *Nassarius pygmaeus ;* 17 : *Ocenebra erinaceus* 18 : *Callista chione ;* 19 : *Pecten maximus ;* 20 : *Chlamys varia ;* 21 : *Spisula* sp. (Dessin : C. Dupont)

Liste des espèces	N.R.	% N.R.
Littorina obtusata	1	0,1
Nucella lapillus	49	3,0
Trivia sp.	5	0,3
Mytilus edulis	11	0,7
Dentalium sp.	20	1,2
Cerastoderma edule	1551	94,7
Total	**1637**	

Parure

Tableau 47. Bilan quantitatif de la parure en coquillages de Ponthezières

Liste des espèces	Masse (g)	% Masse	N.M.I.	% N.M.I.
Patella sp.	234036	70,5	70219	72,0
Osilinus lineatus	89319,2	26,9	24799	25,4
Gibbula umbilicalis et *G. pennanti*	617,1	0,2	597	0,6
Littorina obtusata	8,88	0,0	16	0,0
Lacuna pallidula	1,9	0,0	4	0,0
Lacuna sp.	0,23	0,0	1	0,0
Nucella lapillus	178,58	0,1	115	0,1
Trivia sp.	0,15	0,0	1	0,0
Nassarius incrassatus et *N. pygmaeus*	1,52	0,0	5	0,0
Haliotis tuberculata	2008,69	0,6	108	0,1
Ocenebra erinaceus	10,73	0,0	6	0,0
Chlamys varia	2,03	0,0	1	0,0
Ostrea edulis	233,01	0,1	22	0,0
Mytilus edulis	284,951	0,1	239	0,2
Littorina littorea	668,51	0,2	368	0,4
Bittium reticulatum	1,22	0,0	11	0,0
Gibbula cineraria	1,64	0,0	3	0,0
Pholas sp.	0,16	0,0	1	0,0
Rissoa sp.	0,01	0,0	1	0,0
Striarca lactea	0,1	0,0	1	0,0
Clausinella fasciata	0,07	0,0	1	0,0
Nassarius reticulatus	20,82	0,0	16	0,0
Spisula sp.	0,18	0,0	1	0,0
Venus verrucosa	6,24	0,0	1	0,0
Acanthocardia sp.	9,12	0,0	1	0,0
Glycymeris glycymeris	33,7	0,0	1	0,0
Callista chione	11,65	0,0	1	0,0
Dentalium sp.	0,13	0,0	1	0,0
Paphia aurea et *Venerupis pullastra*	1,5	0,0	1	0,0
Solen sp.	2,14	0,0	1	0,0
Cerastoderma edule	3194,59	1,0	743	0,8
Tapes decussatus	1101,74	0,3	153	0,2
Turritella sp.	2,5	0,0	1	0,0
Scrobicularia plana	54,39	0,0	82	0,1
Hydrobia ulvae	0,04	0,0	9	0,0
Gastrana fragilis	0,44	0,0	1	0,0
Total	**331814**		**97531**	

Parure

Tableau 46. Bilan quantitatif de la malacofaune de Ponthezières

Deux critères ont été utilisés pour classer les espèces parmi la parure. Certaines présentent des stigmates anthropiques liés à cette utilisation : c'est le cas de la coque, la moule, la pourpre, la littorine obtuse, *Lacuna* sp. et *Trivia* sp. D'autres, ne possèdent pas de traces directes liées à leur fonction d'ornement. Elles ont été associées à cette catégorie par déduction comme *Dentalium* sp. 'et probablement aussi *Nassarius* et *Ocenebra'* (Gruet, 1993, p.159 ; Laporte, 1994, p.82 ; *id. et al.,* 1998-2, p.249). En effet, ces trois espèces ne sont pas consommées de nos jours et l'une d'entre elles ne peut être collectée vivante.

Comme cité dans la présentation, le site de Ponthezières est un lieu de production de parure. Le tableau 47 ne prend en compte que les espèces qui ont des stigmates liés à cette utilisation. Il comprend à la fois les tests utilisés dans la confection de perles discoïdes comme *Cerastoderma edule, Mytilus edulis* et *Nucella lapillus* et les coquilles entières possédant comme unique façonnage, une ou deux perforations (la littorine obtuse, *Lacuna* sp. et *Trivia* sp.) (Tableau 47). Les chiffres avancés pour décrire la parure représentent à la fois 'les perles finies et leurs ébauches' (Laporte, 1994, p.82 ; *id. et al.,* 1998-2, p.249). Pour *Littorina obtusata* et *Trivia* sp., les nombres de restes correspondent au nombre de tests coquilliers présentant une ou deux perforations. *Dentalium* sp. est, quant à lui, naturellement percé.

Dans ce qui suit, les spectres malacofauniques de la parure et de la nourriture ont été décrits indépendamment les uns des autres.

3.3.1 – Les indices d'outils

Quant aux indices d'outils, nous reprendrons ici les observations d'Y. Gruet. 'Quelques rares coquilles ont également été utilisées à titre d'outils de récipient ou pour une autre fonction. Seule une coquille de *Pectunculus glycymeris* (= *Glycymeris glycymeris*) offre des traces assez convaincantes. Des grandes coquilles usées comme *Meretrix chione* (= *Callista chione*), *Acanthocardia, Solen, Venus* ? sont à rapprocher de cette catégorie' (Laporte *et al.,* 1998-2, p.249).

3.3.2 - La parure

Seules 6 espèces ont été utilisées comme parure (Fig. 232.).

La matière première est majoritairement représentée par *Cerastoderma edule* avec 95 % (Laporte, 1998-2, id. *et al.,* 1998-2, p.247) du nombre de restes de parure finie et en cours de fabrication. Concernant la confection de perles discoïdes, les proportions de pourpre et de moule sont plus restreintes avec chacune 3 et 0,7 % de représentativité. 'La rareté des objets réalisés en moule peut s'expliquer partiellement, mais en partie seulement par la fragilité de ces vestiges' (Laporte, 1994, p.82). L'utilisation de fossile a également été observée (Laporte *et al.,* 1998-2, p.247). Les autres espèces simplement

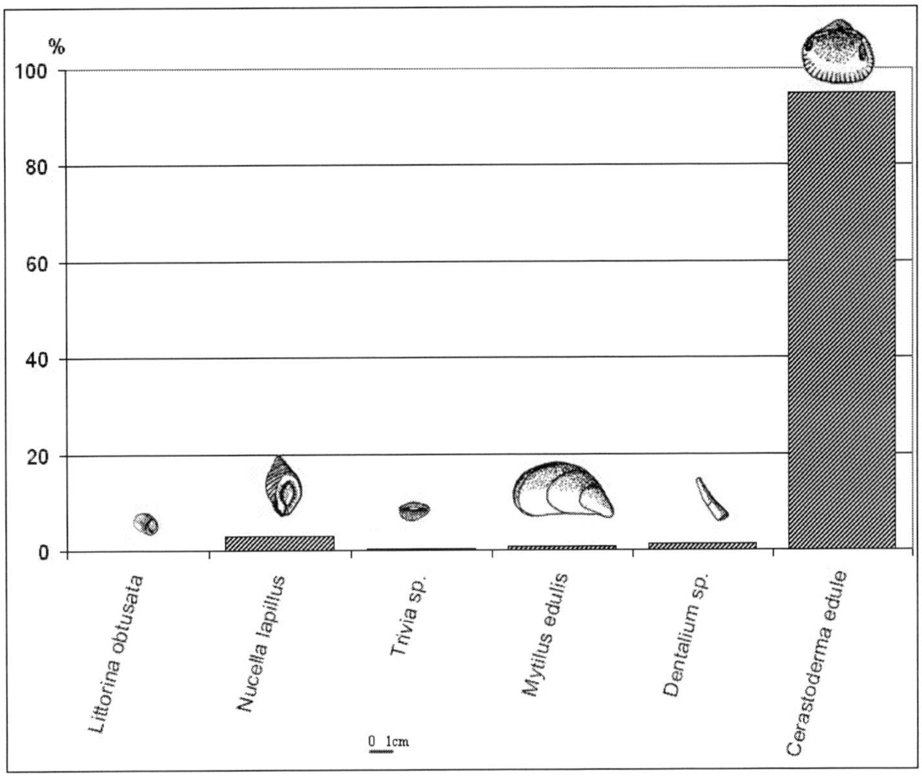

Fig. 232. Histogramme de distribution de la malacofaune utilisée comme parure à Ponthezières en nombre de restes (N.R. =1637)

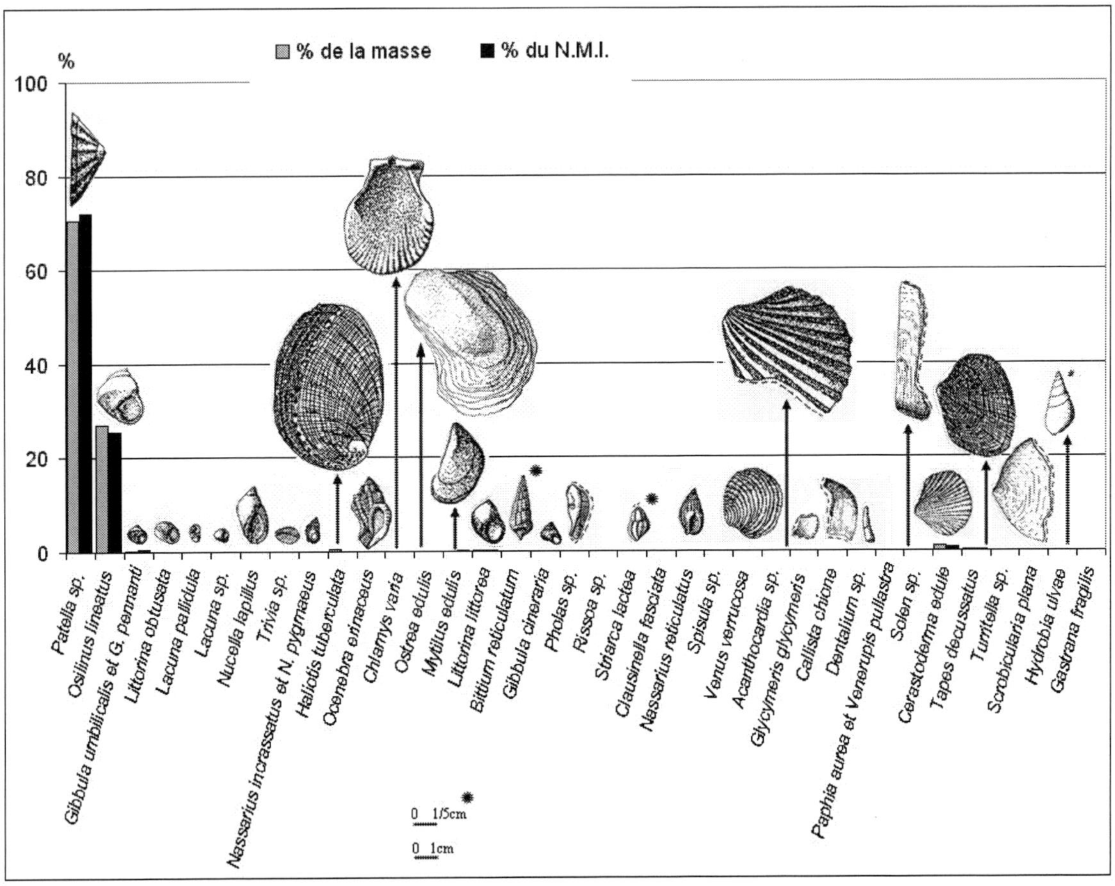

Fig. 233. Histogramme de distribution de la malacofaune de Ponthezières en masse (M =332kg) et en nombre minimum d'individus (N.M.I. =97531)

perforées sont, quant à elles, présentes en peu d'exemplaires.

3.3.3 - La nourriture

Le spectre des restes alimentaires est plus diversifié que celui observé pour la parure. Il montre une domination de la patelle accompagnée d'une très bonne représentation de la monodonte (Laporte, 1998-2, id. *et al.*, 1998-2, p.249). Ces deux espèces représentent à elles seules 97 % de la masse totale de coquilles (Fig. 233.).

Cerastoderma edule, en troisième position, représente à elle seule moins de 1 % de la masse totale des coquilles (Laporte, 1994, p.121). Celle-ci a pu participer secondairement à la consommation des Néolithiques de Ponthezières tout comme *Haliotis tuberculata, Ostrea edulis, Mytilus edulis, Littorina littorea, Tapes decussatus, Scrobicularia plana* et peut-être aussi *Nucella lapillus.* 'Les coquilles involontairement transportées sur le site sont peu abondantes. Des coquilles de *Gastrana fragilis* ou *Arca* (= *Striarca) lactea,* peut-être même *Venerupis (pullastra* ou *saxatilis* ?) ont dû arriver avec des blocs de calcaire de l'estran.' *Pholas* peut également être rajouté à cette catégorie. 'D'autres ont pu venir avec du sable ou des algues comme les petits *Rissoa', Spisula* sp., *Bittium reticulatum, Nassarius incrassatus* et *Lacuna* sp. 'Le cas du Gastéropode *Hydrobia ulvae* trouvé dans une valve de *Cerastoderma edule* indique que cette coque proviendrait d'une vasière abritée' (Laporte *et al.*, 1998-2, p.249). Les gibbules sont de forme proche des monodontes et des bigorneaux noirs, avec lesquelles elles partagent le même biotope. Malgré leur plus petite taille, elles ont très bien pu être confondues avec ces deux espèces, elles volontairement collectées pour la consommation.

> La faible diversité spécifique observée pour la parure montre une étroite sélection des coquilles destinées à cette utilisation parmi celles disponibles aux alentours. Les espèces majoritairement utilisées dans l'alimentation ne sont pas les mêmes que celles utilisées dans la confection de parure. Que ce soit pour la nourriture ou la parure une à deux espèces représentent à elles seules plus de 90 % de l'ensemble des coquilles destinées à ces utilisations. Cette étroite sélection va dans sens d'une 'spécialisation' de ces deux activités.

3.4 – Les caractéristiques de l'acquisition de la malacofaune marine

3.4.1 - Le lieu de collecte

Le substrat

Les espèces consommées proviennent, en majorité (plus de 98 %), en provenance du substrat rocheux (Fig. 234-A.). À l'inverse, pour la parure, c'est le substrat sableux qui domine avec 96 %.

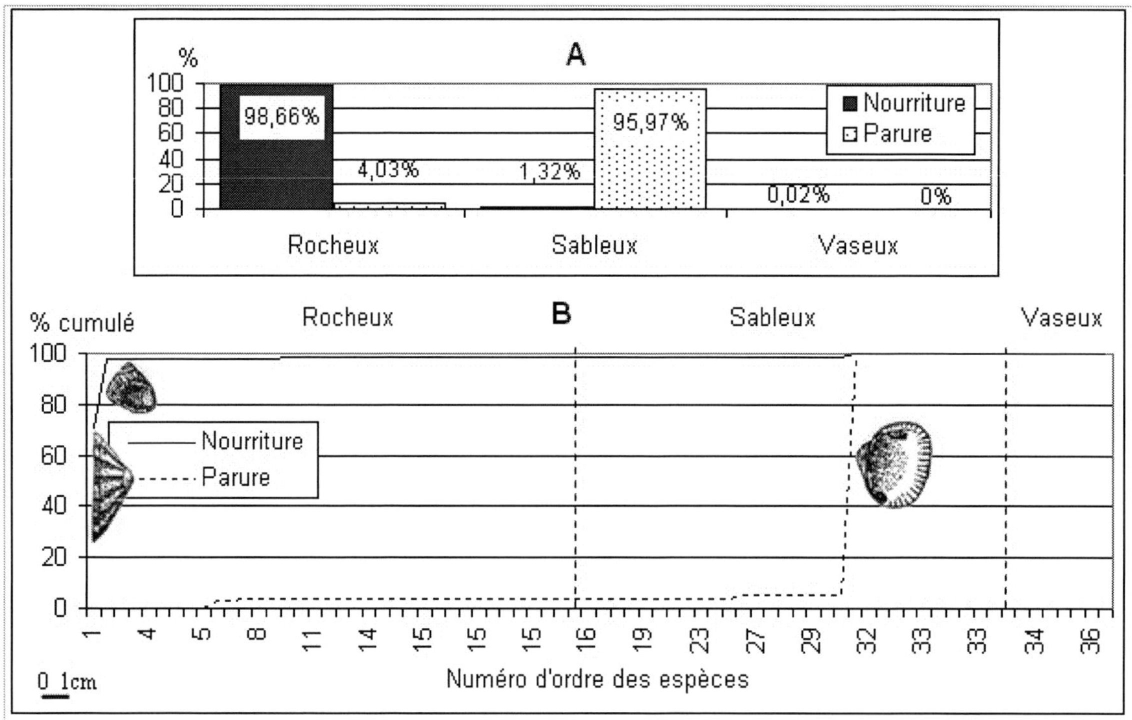

Fig. 234. Substrats d'origine de la malacofaune marine de Ponthezières pour la nourriture (M =332kg) et la parure (N.R.=1637) : A - Histogramme de distribution, B - Diagramme des pourcentages cumulés de la masse

Les courbes cumulées montrent que ces dominations sont étroitement liées aux espèces majoritaires (Fig. 134-B.).

Selon l'utilisation qui est faite de la malacofaune marine, il existe une nette opposition des territoires de collecte exploités. Les fortes proportions du substrat dominant (96 et 99 %) vont dans le sens d'une spécialisation du lieu de collecte.

Le mode d'exposition de la côte

Le nombre trop limité de nasses (8) ne permet pas de connaître le mode d'exposition de leur lieu d'origine (Fig. 235-B.). La variabilité observée peut s'expliquer par le faible nombre d'individus pris en compte. Cependant, il peut aussi être le reflet de la présence de côtes battues à abritées à proximité du site de Ponthezières.

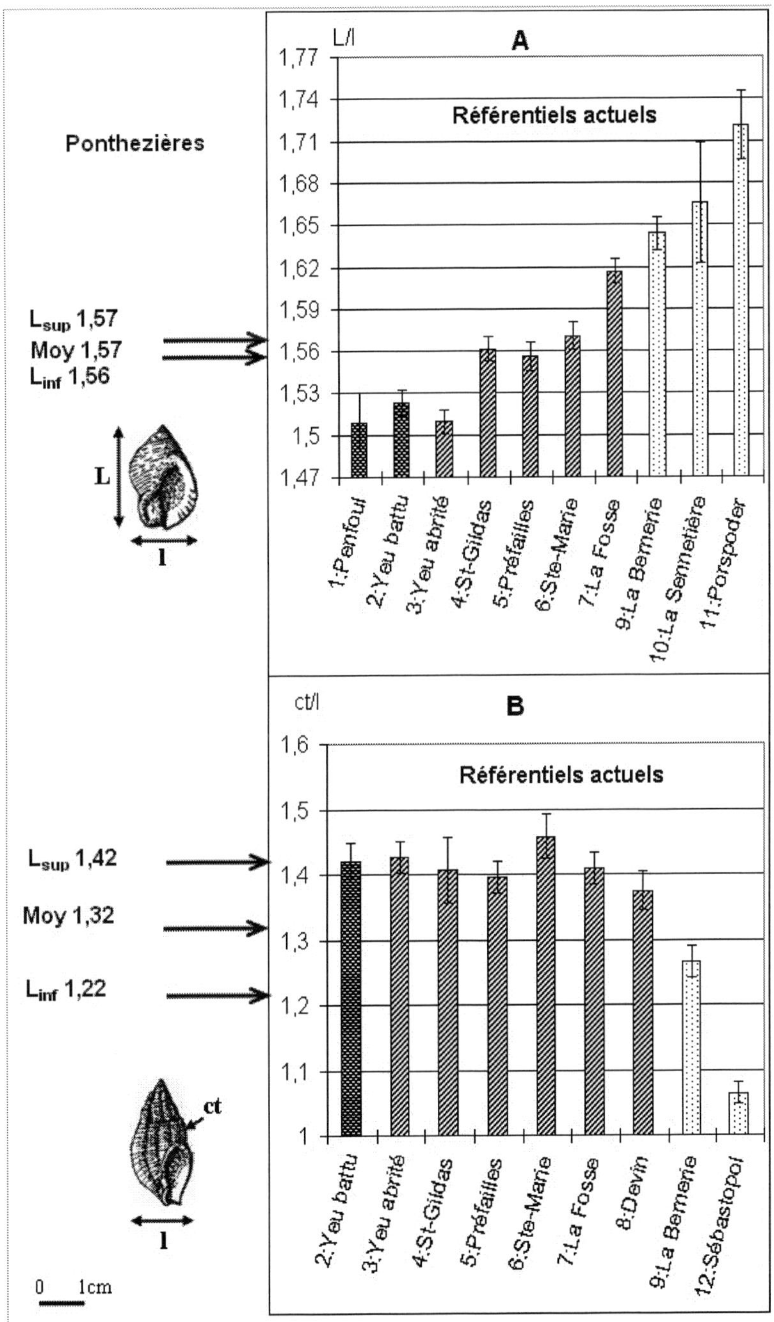

Fig. 235. Localisation des individus de Ponthezières en fonction du mode plus ou moins battu des échantillons de référence : A - Répartition du rapport de la longueur sur la largeur des pourpres, B - Répartition du rapport du nombre de côtes du dernier tour de spire sur la largeur de la coquille des nasses ; L_{sup} : Limite supérieure de l'intervalle de confiance de la moyenne, Moy : Moyenne, L_{inf} : Limite inférieure de l'intervalle de confiance de la moyenne.

Pour la pourpre, les 29 individus observés témoignent d'une grande homogénéité et d'un biotope assez battu. 'Cela confirme une seule source de collecte des *Nucella* de Ponthezières' (Dupont et Gruet, 2000, p.58) (Fig. 235-A.). Pour l'alimentation, la courbe cumulée 'est typique d'un milieu rocheux ouvert' (Gruet et Dupont, 2001, p.197) tandis que pour la parure, elle, tend vers une zone sableuse abritée (Fig. 234-B.). La présence de la scrobiculaire témoigne également de la présence d'une côte très abritée non loin du site.

La compilation des différentes informations du mode d'exposition de l'estran exploité montre que la côte rocheuse, majoritairement exploitée à Ponthezières, était assez battue. Cependant, la présence de la scrobiculaire indique également qu'un milieu confiné était accessible non loin du site.

Le niveau de l'estran exploité par l'homme

Les deux espèces majoritairement consommées dans l'alimentation sont toutes deux accessibles dès les hauts niveaux de l'estran (Fig. 236.). Elles ont pu être collectées quotidiennement durant de nombreuses heures. Les autres coquillages alimentaires sont, en majorité, accessibles dès le moyen niveau de l'estran. Quelques-uns ne le sont qu'à partir des bas niveaux. C'est le cas de l'ormeau représenté à moins de 1 % à Ponthezières. Sa présence indique, quant à elle, une collecte lors de grands coefficients de marée (Laporte *et al.*, 1998-2, p.249).

Fig. 236. Position altitudinale des espèces le long de la côte : Ponthezières

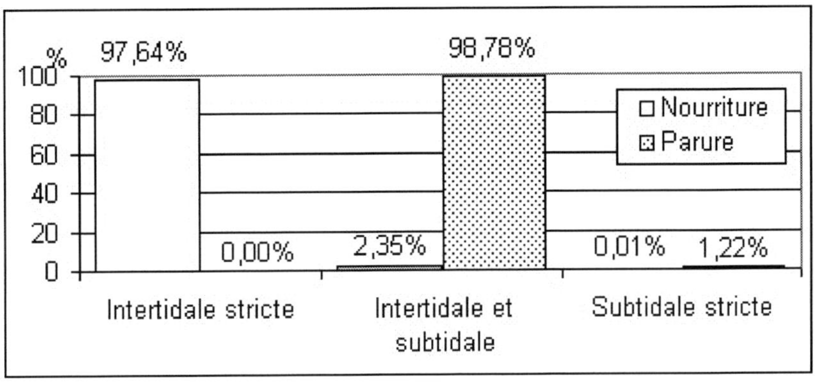

Fig. 237. Répartition du caractère intertidal et subtidal de la malacofaune marine de Ponthezières pour la nourriture (M =332kg) et la parure (N.R.=1637)

La fréquentation des bas niveaux est renforcée par la présence de plusieurs espèces accompagnatrices côtoyant le même biotope que l'ormeau. Les espèces strictement subtidales sont présentes en faible nombre. Elles ont été placées par Y. Gruet soit parmi les parures, soit comme outils. L'histogramme de répartition du caractère intertidal et subtidal de la malacofaune montre des différences selon l'utilisation qui a été faite des espèces (Fig. 237). En effet, la nourriture est composée, en majorité, d'espèces strictement intertidales tandis que les coquilles utilisées comme parures sont pour la plupart à la fois intertidales et subtidales. Pour cette deuxième utilisation les espèces ont pu être aussi bien collectées mortes que vivantes. La collecte a l'état mort des coquilles destinées à la parure ne peut être affirmée que pour les 1,2 % d'entre elles (Fig. 237.). La différence observée montre également que les coquillages mangés étaient accessibles vivants plus longtemps que ceux utilisés comme parure.

Les espèces destinées à la parure peuvent être collectées dans des plus bas niveaux que celles majoritairement consommées. Cette observation peut être liée à l'absence de la nécessité de collecter des individus vivants pour les tests servant à l'ornementation.

3.4.2 - La fréquence de la collecte

La majorité des coquillages trouvée à Ponthezières a pu être collectée quotidiennement. Lors des grandes marées *Haliotis tuberculata* a pu compléter la 'pêche'. Quelques exemplaires de parure n'ont pu être ramassés qu'échoués. L'analyse de la croissance de la palourde témoigne d'une collecte majoritaire de coquilles ayant tout juste commencée leur croissance avec une moyenne du taux de croissance de 0,37 ± 0,07 (risque de 0,05) (Fig. 238-A.).

Cependant, la distribution de ce taux montre que d'autres ont pu être collectées du début du printemps à la moitié de l'été (Fig. 238-B.). La courbe cumulée permet de trouver cette majorité de palourdes collectées en début d'année (Fig. 238-C.).

Aucun élément ne s'oppose à la collecte quotidiennement de la malacofaune destinée à l'alimentation. Suivant les coefficients de marée, certaines espèces seront plus ou moins accessibles. L'analyse du taux de croissance de la palourde montre une collecte majoritaire de cette espèce au début du printemps.

3.4.3 - Les techniques de la collecte

La collecte de la patelle et de la monodonte ne nécessite pas un temps de recherche très long. En effet, elles vivent toutes deux sur les rochers et peuvent être plus ou moins masquées par les algues. La monodonte, tout comme le bigorneau noir et la pourpre, peut être collectée à main nue. Le ramassage de la patelle nécessite, quant à lui, l'utilisation d'un outil pour la décoller des rochers par percussion. Cette technique peut également être requise pour l'huître et l'ormeau. La collecte de ce dernier nécessite également une grande dépense d'énergie pour soulever de gros blocs sous lesquels vivent les *Haliotis* (Laporte, 1994, p.121). Les bivalves fouisseurs comme la coque, la palourde et la scrobiculaire peuvent être collectés soit au hasard, soit par observation de petits trous trahissant leur présence à la surface du sédiment. Selon la nature du sédiment, le grattage du sédiment peut se faire soit à main nue, soit à l'aide d'un outil.

Les espèces majoritaires varient selon l'utilisation qui en est faite et requièrent des techniques de collecte différentes. Les coquillages les plus faciles à collecter comme la monodonte ne sont pas forcément les plus abondantes. Ce fait peut être rapproché soit de leur plus faible fréquence sur l'estran, soit de la difficulté de leur consommation.

3.4.4 - Le temps de déplacement et le transport

Les sites de la Perroche et de Ponthezières sont tous deux placés en bordure d'actuelles tourbières. Ils devaient donc se trouver un peu en arrière du cordon dunaire, sur le bord du marais ou de petits lacs (Laporte *et al.,* 1998-1, p.227). Cependant, à la différence de La Perroche, le marais de Ponthezières ne semble présenter, au Néolithique, aucune communication avec la mer.

Le sondage réalisé à 400 mètres du site dans le marais actuel montre que ce plan d'eau est fermé des influences marines dès le Néolithique, sans doute, par un cordon dunaire (Bernard et Gruet, 1994) (Fig. 239.). Il fonctionnait en eau douce au Néolithique. La côte rocheuse, majoritairement exploitée à Ponthezières, était présente à proximité immédiate du site. 'Cette faune, où domine *Patella* et *Monodonta*, correspond bien à la faune actuelle de la côte rocheuse occidentale de l'île' (Gruet et Dupont, 2001, p.197). Le transport fut probablement faible (environ 2 kilomètres), 'même si l'on peut supposer suite à l'érosion marine et à une légère variation du niveau marin une côte néolithique un peu plus éloignée que l'actuelle' (Gruet et Dupont, 2001, p.197).

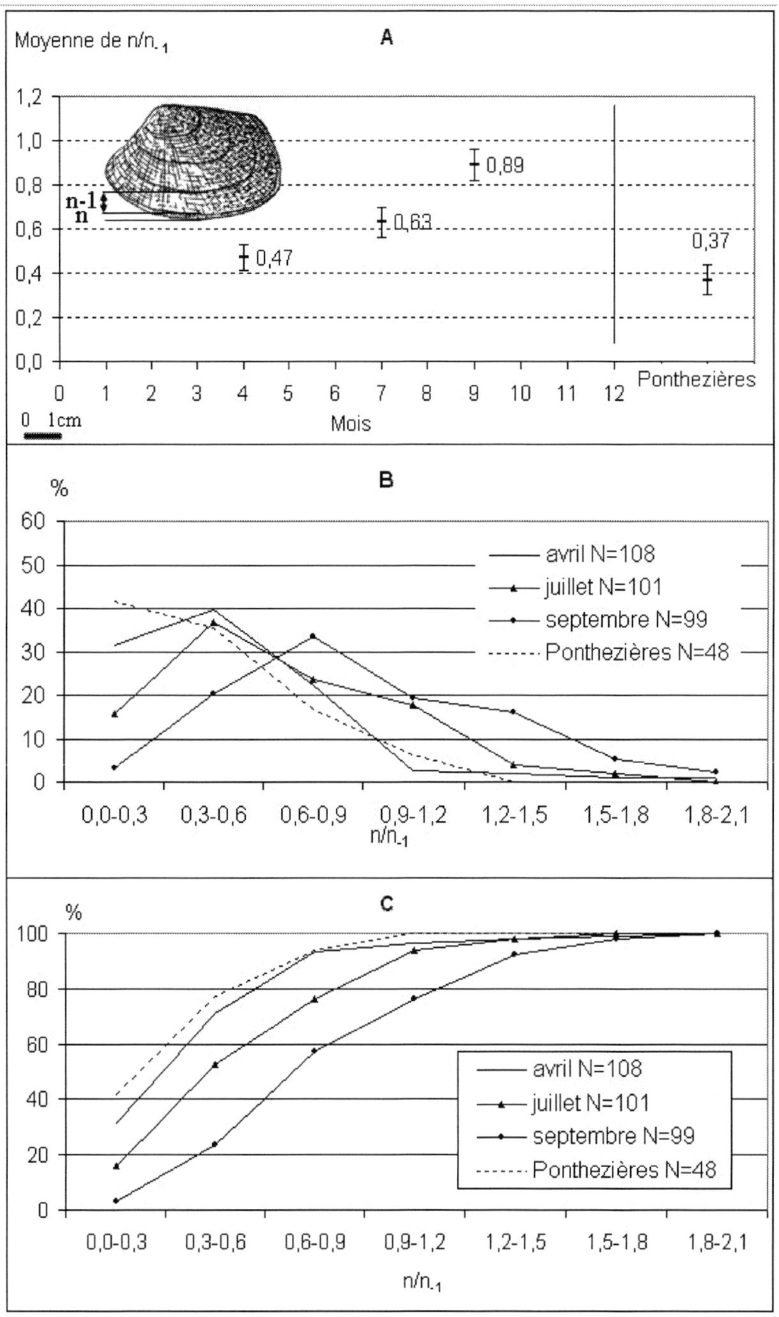

Fig. 238. Saison de collecte des palourdes de Ponthezières ; A - Moyenne de n/n_{-1} et dispersion ; B - Répartition de n/n_{-1} ; C - Pourcentages cumulés des proportions du rapport n/n_{-1}

L'identification du territoire de collecte est plus complexe pour les espèces de milieux plus abrités comme le sable ou la vase. Certaines espèces, comme la palourde, ont pu être collectées dans les chenaux d'écoulement plus sableux qui sillonnent les rochers. La scrobiculaire et la coque ne sont pas actuellement accessibles sur la côte la plus proche du site. La scrobiculaire a sans doute été collectée vivante comme en témoigne la présence d'un sac rempli de cette espèce sur le site (Laporte, 1994). Plusieurs marais sont présents sur la côte occidentale de l'île, mais leur mode de fonctionnement n'est pas toujours connu. Cependant, certaines tourbières littorales de la côte ouest de l'île d'Oléron auraient pu se développer sur d'anciens marais maritimes, comme ce qui a été observé pour le marais de La Perroche (Laporte, 1994, pp.21-25). Mais, en l'état actuel des recherches, les tourbières proches de Ponthezières ont fonctionné en eau douce. L'utilisation de la coque principalement comme matière première pour confectionner de la parure peut être liée à une collecte morte de cette dernière. Pour Y. Gruet, 'une partie de ce matériel a sûrement été collectée morte et des *Cardium* doivent provenir de la côte orientale' (Laporte *et al.*, 1998-2, p.249). Cependant, aucun stigmate n'a apparemment pu le confirmer. L'utilisation de fossiles à Ponthezières pourrait être un élément allant dans ce sens. D'autre part un petit nombre de tests de cette espèce est actuellement trouvé échoué sur la côte proche du site (Laporte, 1994, p.121). En l'état actuel des recherches, il ne nous est donc pas possible de savoir si la coque a été collectée morte ou vivante. Cependant, on peut noter un accès légèrement plus éloigné de ce bivalve utilisé comme parure que les espèces entrant dans le régime alimentaire de ces Néolithiques.

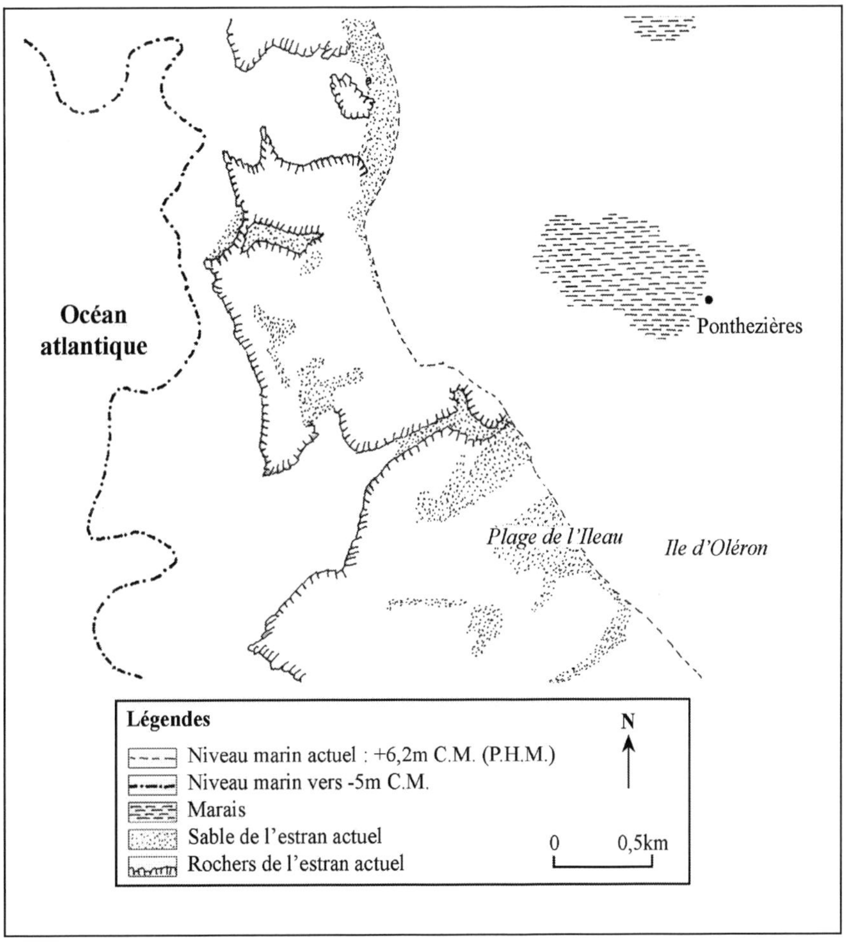

Fig. 239. Substrats actuels présents à proximité du site de Ponthezières

3.5 – Les caractéristiques de la transformation et de la consommation de la malacofaune marine

3.5.1 – Les indices d'outils

Les stigmates observés sur la coquille de *Glycymerie glycymeris* n'ont pas été décrits dans les publications de ce site.

3.5.2 - La parure

Les éléments de parure peuvent être divisés en deux catégories.

La minorité est composée de coquilles entières (7 tests dont 1 *Cerastoderma edule*). À l'exception du *Trivia* qui est biforée, elles possèdent toutes une unique perforation soit au niveau du dernier tour de spire pour les gastropodes, soit à l'umbo pour la valve de coque. Les deux perforations sont, pour la *Trivia*, dorsales et latérale. Contrairement à la majorité des exemplaires de cette espèce déjà cités, les deux perforations sont effectuées sur la largeur et non sur la longueur de la coquille. La vingtaine de dentales, simplement écourtée, peut être rapprochée de la première catégorie. 'Y. Gruet signale à ce propos que l'extrémité postérieure des animaux entiers présente un diamètre inférieur au millimètre. Il en découle que les dentales qui n'auraient pas été recueillis cassés sur l'estran, ont volontairement été cassés sur le site' (Laporte, 1994, p.79, note5).

La majorité est en relation directe avec une des activités de ce site : la fabrication de minuscules perles discoïdes standardisées d'un diamètre compris entre 4 et 6 millimètres (Laporte *et al.,* 1998, p.247). Je ne reviendrai pas sur les différentes étapes de réalisation de ces parures publiées par L. Laporte (Laporte, 1998-2, id. *et al.*, 1998, p.247). Il conclut à une 'chaîne opératoire' 'particulièrement standardisée' et 'très répétitive comportant un nombre d'opération relativement réduit' (Laporte *et al.,* 1998, p.247). Tous les stades de confection des perles discoïdes en coquillage ont été trouvés, ce qui est lié à leur abandon en cours de confection. 'La principale cause d'abandon identifiable, toutes phases opératoires réunies, semble être la cassure de l'ébauche en deux ou trois fragments' (Laporte, 1994, p.87). L. Laporte note que 'dans 90 % des cas cette cassure intervient au cours de la perforation de la préforme. Les 10 % restant correspondent aux phases ultérieures de finition' (Laporte, 1994, p.87).

3.5.3 - La nourriture

Aucun stigmate lié au mode de cuisson des mollusques n'a été décrit dans les publications dédiées à ce site. Les espèces majoritaires étant les mêmes qu'à La Perroche, les mêmes remarques peuvent être faites sur les sous-systèmes techniques de la transformation et de la consommation. Rien ne s'oppose à ce que les gastropodes coniques et les Bivalves aient été mangés aussi bien crus ou cuits. Une consommation crue des gastropodes turbinés, comme la monodonte, semble plus difficile. Son apex n'ayant pas subi de cassure systématique une consommation après ébullition de cette espèce semble l'hypothèse la plus probable.

Les coquillages consommés ont été rejetés à la fois à la surface du sol et dans le fossé. Les masses de coquilles étudiées par Y. Gruet ont été converties en masse de chair consommable. L'agencement des rejets coquilliers n'étant pas connu au-delà de la zone fouillée, l'évaluation de la quantité totale de coquilles consommée par les Néolithiques de Ponthezières n'a pu être appliquée. Les 234 kg de patelles correspondraient à une masse totale fraîche de 395 kg pour une masse totale de chair fraîche de 212 kg (Dupont et Gruet, 2002). Pour la monodonte, deuxième espèce consommée à Ponthezières, les 89 kg de coquilles étudiées pourraient correspondre à une masse totale de coquilles fraîchement collectées de 131 kg pour 42 kg de chair consommable. Cette conversion tend à accroître, comme à La Perroche, la domination de la patelle. En effet, cette espèce représente 72 % de la masse de coquilles si on considère *Patella* et *Monodonta.* Sa proportion atteint 83 % de la masse de chair consommable. La conversion des données en masse de chair consommable tend à limiter l'impact de la monodonte dans le régime alimentaire de cette population.

3.6 – Résumé de l'étude malacofaunique de Ponthezières

La malacofaune du site du Néolithique final de Ponthezières a été trouvée à la fois dans un grand fossé ainsi que dans la couche archéologique en place. Des postes de travail y ont également été identifiés. Ils sont spécialisés dans la production de minuscules perles en coquillages. Deux principales utilisations de la malacofaune y ont été étudiées : la nourriture et la parure. Malgré la présence d'un spectre malacofaunique assez diversifié sur Ponthezières, chacune des utilisations traduit une étroite sélection. En effet, la coque représente, à elle seule, 95 % du nombre de restes de la parure, tandis que la patelle et la monodonte atteignent 97 % de la masse de coquilles issues de l'alimentation. Malgré ce point commun entre les tests associés à la parure et à la nourriture, plusieurs éléments les opposent. La coque est d'ailleurs présente à moins de 1 % chez les restes coquilliers associés à l'alimentation. La différence observée au niveau des espèces majoritaires reflète divers territoires de collecte. Ainsi, la collecte des coquillages destinés à être mangés s'est pratiquée sur un estran rocheux moyennement battu. à l'inverse, ceux utilisés comme parure vivent dans un substrat plus abrité, le sable. De plus, la position des coquillages sur l'estran montre que ceux définis comme alimentaires étaient accessibles vivants plus longtemps que ceux utilisés pour la confection de la parure. En effet, la patelle et la monodonte sont strictement intertidales. Elles peuvent être collectées du début à la fin de chaque marée, et ce, deux fois dans une journée. C'est également le cas pour la coque, mais durant une plus courte durée, ce bivalve n'étant accessible qu'à partir du niveau moyen de l'estran. Les techniques de collecte les opposent également. Tandis que le temps à investir dans la recherche des coquillages est faible pour les deux espèces rocheuses, il nécessite une plus grande dépense d'énergie pour la coque. En effet, cette espèce, même si elle est parfois légèrement visible en surface, peut vivre hors de la vue de l'homme. On peut également noter que malgré un accès plus aisé (collecte à main nue) de la monodonte, celle-ci a eu un plus faible succès que la patelle. Cette caractéristique peut être liée à une plus faible présence de cette espèce sur les rochers proches de

Ponthezières, à une préférence gustative, à un plus faible rendement en terme alimentaire ou à un sous-système technique plus complexe que nécessite la consommation de ce gastropode turbiné. Enfin, la distance à parcourir pour collecter les coquillages pouvait être variable selon l'utilisation prévue. Ainsi, la côte rocheuse était accessible à environ 2 kilomètres du site, tandis qu'une vasière était peut-être accessible sur la côte orientale de l'île d'Oléron plus abritée. De plus, ni la consommation alimentaire de la coque, ni sa collecte à l'état mort avant sa confection comme parure n'ont pu être identifiées. Le ramassage de tests échoués n'est donc pas non plus exclu. Si les sous-systèmes techniques de la transformation et de la consommation sont bien documentés pour la parure, elle l'est beaucoup moins, comme pour tous les autres sites étudiés, pour la nourriture. Ainsi, les gestes utilisés pour la confection de perles sont standardisés et répétitifs. Elle se traduit par un nombre réduit d'étapes. Les Néolithiques de Ponthezières sont des gens largement tournés vers la mer. Que la malacofaune soit considérée comme une ressource alimentaire ou comme une matière première, plusieurs éléments penchent pour une spécialisation de ces deux activités, sans doute, bien distinctes dans le quotidien de ces Néolithiques. D'autre part, il ne faut pas perdre de vue que les coquillages représentent un élément marin exploité parmi tant d'autres à Ponthezières. Les crustacés, les poissons et en moindre proportion les céphalopodes rejetés à la côte ont également participé aux régimes alimentaires de ces Néolithiques. La consommation des algues par les troupeaux et la consommation de coquillages par les suidés n'est pas non plus exclue. Mais, la mer ne représente pas, pour ce site, uniquement un garde-manger. Elle a aussi servi de carrière comme en témoignent les pierres calcaires utilisées comme matériaux de construction et provenant de l'estran. Certains rognons de silex ont également été ramassés sur l'estran (Laporte, 1994, p.127). Enfin, même si les ressources marines pouvaient intervenir quotidiennement dans les régimes alimentaires de ces Néolithiques, les denrées carnées issues de l'élevage devaient présenter la base de l'alimentation (Laporte, 1994, p.126).

4 - La grotte du Phare (Biarritz, Pyrénées-Atlantiques)

4.1 - La présentation du site

La grotte du Phare s'ouvre actuellement directement sur l'estran, sur la falaise du cap Saint-Martin, à Biarritz en Pyrénées-Atlantiques (Chauchat, 1984, p.343) (Fig. 3., p.11 ; Fig. 240.). Elle mesure plus de 100 mètres de long. Après quelques sondages dans les années 1960, C. Chauchat y dirigea des fouilles de 1973 et 1983 (Chauchat, 1984).

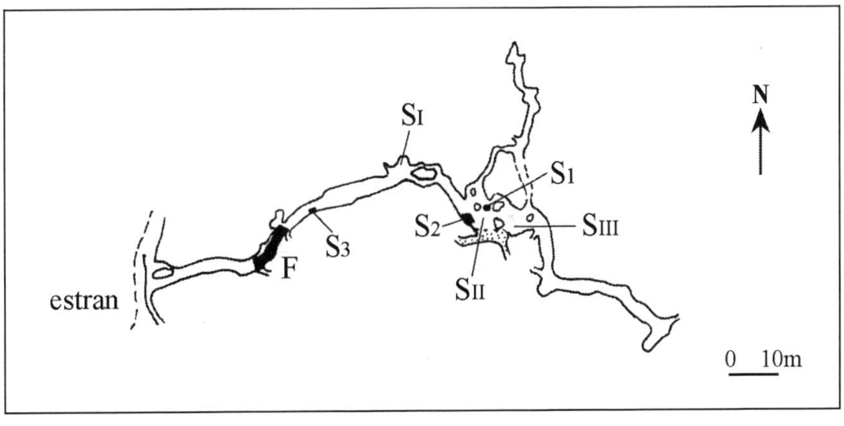

Fig. 240. Plan général de la grotte du Phare ; F : Fouilles Chauchat (1973-83) ; S_1, S_2 et S_3 : Sondages Chauchat ; S_I, S_{II} et S_{III} : Salles (d'après Chauchat, 1984)

Puis, en 1998, une nouvelle campagne de fouille fut engagée par F. Marembert et P. Dumontier (Marembert, 1999). 'La grotte est constituée essentiellement d'une galerie assez étroite (1 à 3 mètres de large) qui ne s'élargit que vers les deux tiers du parcours pour former un ensemble de petites salles' (Chauchat, 1984, p.344). La galerie Chauchat est accessible après quelques mètres de l'entrée située à l'ouest. Elle est longue de 70 mètres et permet l'accès à une première salle de 30 m² environ (salle I). De cette salle partent plusieurs diverticules dont deux débouchent vers les salles II et III (Marembert, 1999). Les différentes campagnes de fouille ont permis la mise en évidence de deux phases principales d'occupation : l'une du Néolithique final, l'autre du Bronze. La malacofaune étudiée correspond au matériel découvert par F. Marembert dans la salle II. Seules les coquilles associées aux niveaux archéologiques du Néolithique final ont été prises en compte. Les datations ont été effectuées sur des *Patella* sp., *Osilinus lineatus, Mytilus edulis, Nassarius reticulatus,* sur quelques gastropodes terrestres et un crustacé Cirripède, la balane. La date obtenue a confirmé l'attribution de ce niveau au Néolithique final (Information de F. Marembert).

4.2 - La représentativité de l'échantillon et les techniques de fouille

Les coquilles décrites ont toutes été trouvées dans les niveaux stratigraphiques attribués au Néolithique final : les niveaux 5b et 6 de la salle II (Marembert, 1999, p.79, p.82). Cinq nasses et deux murex percés ont été trouvés dans un rayon de 30 centimètres (Marembert, 1999, p.82). À ces coquilles ayant fait office de parure s'ajoutent des tests de moules et de patelles trouvées dans les foyers néolithiques sans doute sous forme de restes culinaires. De petites perles plates et cylindriques ont également été décrites à la fouille. Certaines ont été façonnées en coquillages. Malheureusement, une partie du matériel étant encore en cours de dépouillement, leur nombre et la nature des espèces utilisées ne m'ont pas été communiqués. Il faut souligner que le tamisage a été appliqué systématiquement à toute cette fouille.

4.3 - La composition du spectre malacofaunique

Sept espèces ont été déterminées pour 191 grammes de coquilles trouvées durant les campagnes de fouille de F. Marembert (Tableau 48, Fig. 241., Fig. 242.).

Liste des espèces	Masse (g)	% Masse	N.M.I.	% N.M.I.	N.R.	% N.R.
Patella ulyssiponensis et *P. intermedia*	32,14	16,9	28	24,3	167	11,0
Osilinus lineatus	63,50	33,3	20	17,4	418	27,4
Ocenebra erinaceus	4,19	2,2	2	1,7	2	0,1
Mytilus edulis	85,92	45,0	55	47,8	926	60,8
Nassarius reticulatus	4,71	2,5	6	5,2	6	0,4
Dentalium sp.	0,04	0,0	1	0,9	1	0,1
Dentalium novemcostatum	0,22	0,1	3	2,6	3	0,2
Total	**190,72**		**115**		**1523**	

Parure

Tableau 48. Bilan quantitatif de la malacofaune de La grotte du Phare

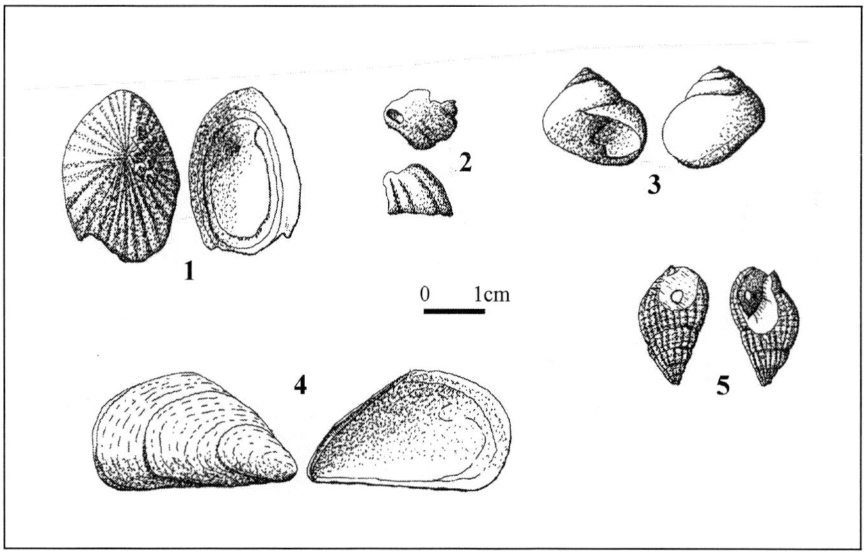

Fig. 241. La malacofaune marine de La grotte du Phare (Biarritz, Pyrénées-Atlantiques)
1 : *Patella* sp. associée à des chtamales ; 2 : *Balanus* sp. (crustacé) ; 3 : *Osilinus lineatus* ;
4 : *Mytilus edulis* ; 5 : Parure en *Nassarius reticulatus* (Dessin : C. Dupont).

Parmi celles-ci, deux utilisations ont été identifiées. Les coquilles percées ont été associées à de la parure. Les autres, qui sont encore consommées de nos jours, ont été placées parmi l'alimentation.

Ces dernières étaient d'ailleurs associées à des foyers. Le dépôt en grotte, à l'abri de la lumière, est un des rares contextes permettant la conservation de la coloration des tests coquilliers. C'est le cas à La grotte du Phare où quelques exemplaires de *P. ulyssiponensis* et *P. intermedia* ont été identifiés.

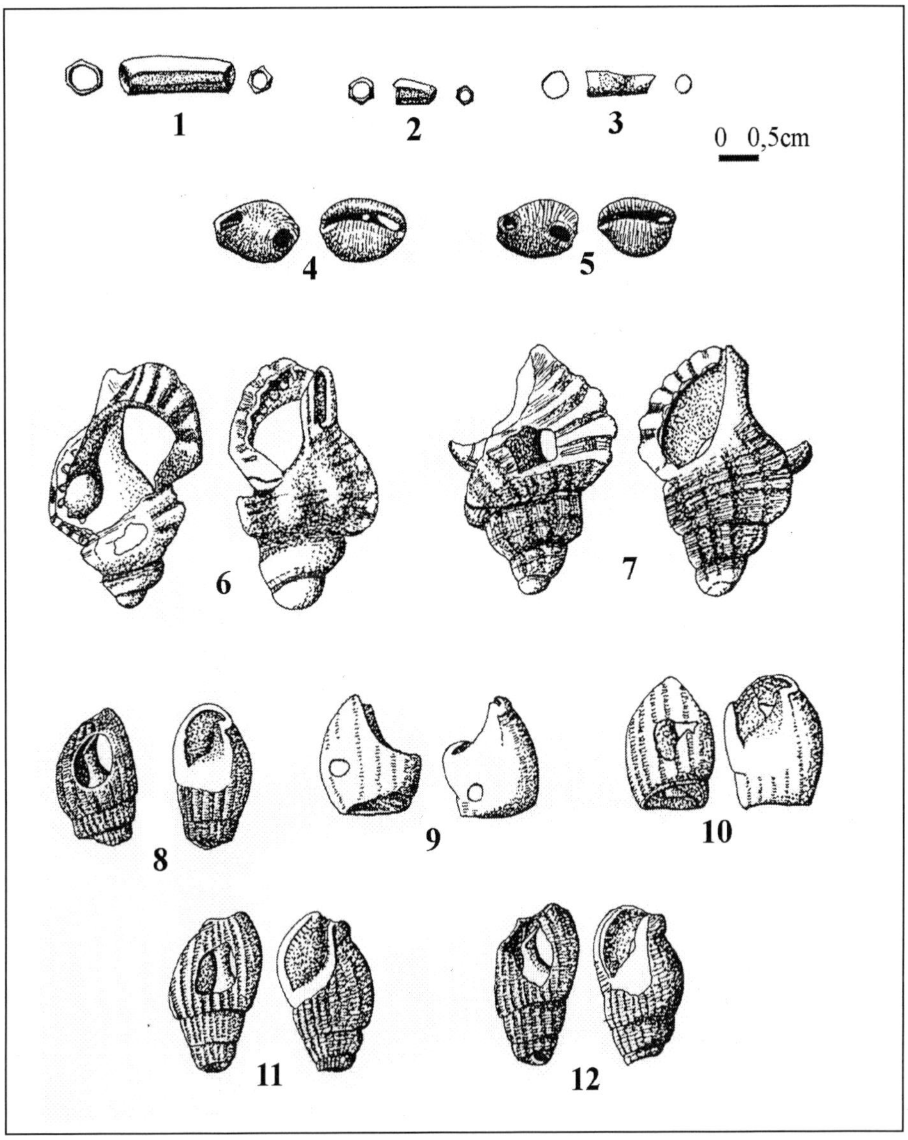

Fig. 242. La parure en coquillage de La grotte du Phare (Biarritz, Pyrénées-Atlantiques) 1 et 2 : *Dentalium novemcostatum ;* 3 : *Dentalium* sp. *;* 4 et 5 : *Trivia monacha* ; 6 et 7 : *Ocenebra erinaceus ;* 8 à 12 : *Nassarius reticulatus* (Dessin : C. Dupont).

L'histogramme de distribution des espèces en fonction de la masse des coquilles montre que la moule domine avec un pourcentage de 45 % (Fig. 243.).

Parmi tous les sites pris en compte dans ce travail, La grotte du Phare est le seul site où la moule est majoritaire. La monodonte intervient en seconde position (33 %), puis la patelle (17 %). Les autres espèces sont présentes en moindre quantité et participent toutes à la parure. Comme nous l'avons vu dans la partie consacrée à la méthodologie (Partie III, Chapitre III, C-3, p.85), les valves de moule intactes de La grotte du Phare étaient suffisamment nombreuses pour y établir une relation entre la largeur des valves et leur longueur. La mise en place d'une équation de corrélation a permis de reconstituer 2 largeurs et une longueur de valves gauches ainsi que 5 longueurs de valves droites. L'histogramme de répartition de la longueur des valves de moule peut ainsi être proposé (Fig. 244.).

La répartition des longueurs de moule suit celle d'une population naturelle avec une distribution normale et la présence de petits individus (Fig. 244-B.). La moyenne obtenue en prenant tous les échantillons en compte est de 28 millimètres de long. Si la latéralisation des valves est prise en compte les distributions suivent ce même schéma (Fig. 244-A.). Un test du χ^2 appliqué à ces deux distributions montre qu'elles ne sont pas significativement différentes pour un seuil de 0.05, ce qui va dans le sens d'une collecte vivante des individus de moule (Chenorkian, 1996, pp.36-37).

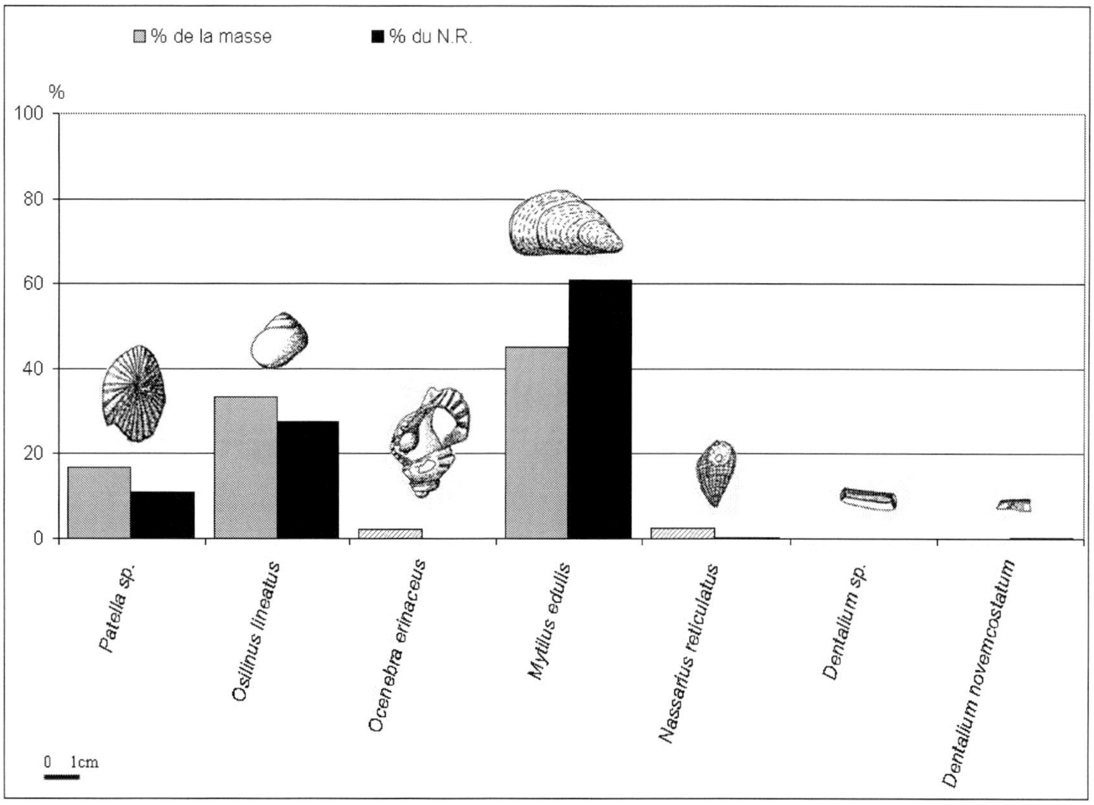

Fig. 243. Histogramme de distribution de la malacofaune de La grotte du Phare en masse (M =191g) et en nombre de restes (N.R. =1523)

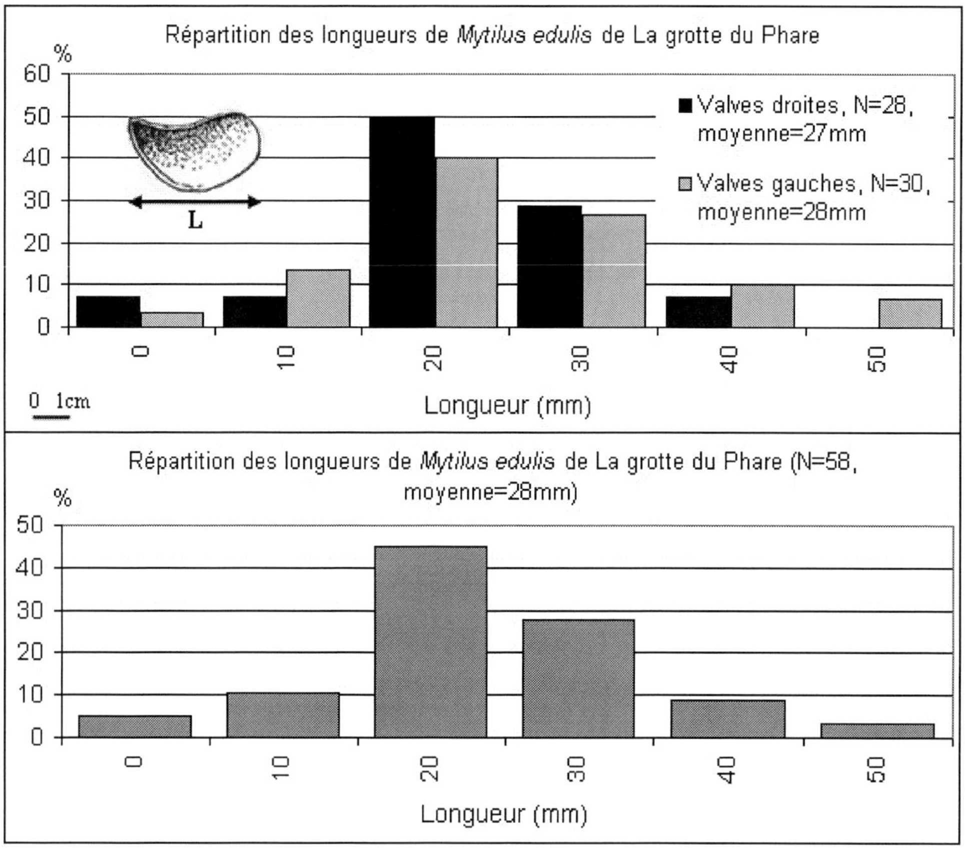

Fig. 244. Histogramme de répartition des longueurs de *Mytilus edulis* de La grotte du Phare : A – En fonction de la latéralisation des valves ; B – toutes valves confondues.

La présence de petits individus peut correspondre à une collecte non sélective des moules. En effet, cette espèce peut être ramassée 'en grappe', les individus vivant parfois attachés les uns aux autres comme actuellement à proximité immédiate du site (Y. Gruet, communication orale).

4.4 – Les caractéristiques de l'acquisition de la malacofaune marine

4.4.1 - Le lieu de collecte

Le substrat

Selon l'utilisation qui est faite des coquilles, les substrats collectés ne sont pas les mêmes. La malacofaune mangée provient à 100 % du milieu rocheux (Fig. 245-A.).

Pour la parure, 46 % de la masse des coquilles proviennent d'un estran rocheux et 54 % du substrat sableux. Étant donné, les faibles quantités qui représentent cette dernière utilisation, ces pourcentages ne sont qu'indicatifs. Il indique seulement une collecte d'espèces provenant de deux substrats différents. Que ce soit pour la parure ou pour la nourriture, les espèces de vase ont été délaissées. L'absence de ce substrat à proximité du site ou un choix anthropique peuvent l'expliquer à ce stade de l'étude. Les courbes de la masse cumulée montrent bien la différence des espèces choisies selon l'utilisation qui en est faite (Fig. 245-B.). Le murex peut avoir été collecté avec les restes alimentaires au regard de ce seul résultat.

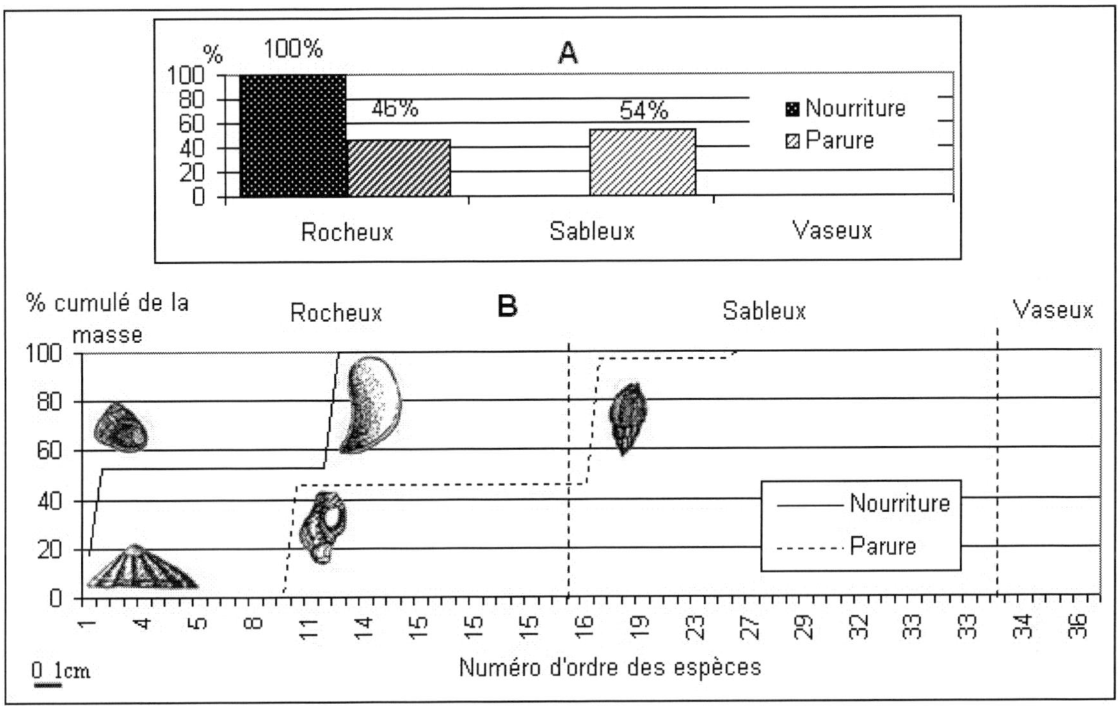

Fig. 245. Substrats d'origine de la malacofaune marine de La grotte du Phare utilisée comme nourriture (M=182g) et comme parure (M=9g) : A - Histogramme de distribution, B - Diagramme des pourcentages cumulés de la masse

Le mode d'exposition de la côte

La courbe cumulative de la masse montre une majorité de coquilles destinées à l'alimentation, donc collectées vivantes, en provenance du milieu rocheux strict. La côte proche devait donc être au moins moyennement battue. Les mesures effectuées sur six individus de nasses vont dans ce sens et se distribuent d'un milieu moyennement à très battu (Fig. 246.).

Le niveau de l'estran exploité par l'homme

Toutes les espèces intervenant dans le régime alimentaire des occupants de la grotte du Phare sont accessibles dans la zone intertidale, dès l'estran moyen (Fig. 247., Fig. 248.). Ils ont pu être collectés quel que soit le coefficient de marée.

L'intégralité de l'estran rocheux a pu être exploitée. La monodonte est accessible dès le haut niveau. Elle peut être accompagnée de *P. intermedia* (Fig. 248.). Cette patelle, qui vit également dans les niveaux moyens, peut y être collectée avec *P. ulyssiponensis.* Cette dernière espèce vit entre le niveau moyen et bas de l'estran. De même, les crustacés témoignent de la collecte de l'exploitation d'une grande partie du substrat rocheux. *Chtamalus* sp. de haut et moyen niveau a, sans doute, été ramassé par hasard fixé à des patelles, tandis que les restes d'une balane (*Balanus perforatus*), inféodée au bas niveau, ont été trouvés sur une coquille de moule (Fig. 241. n°1 et 2). Elles sont donc toutes accessibles vivantes.

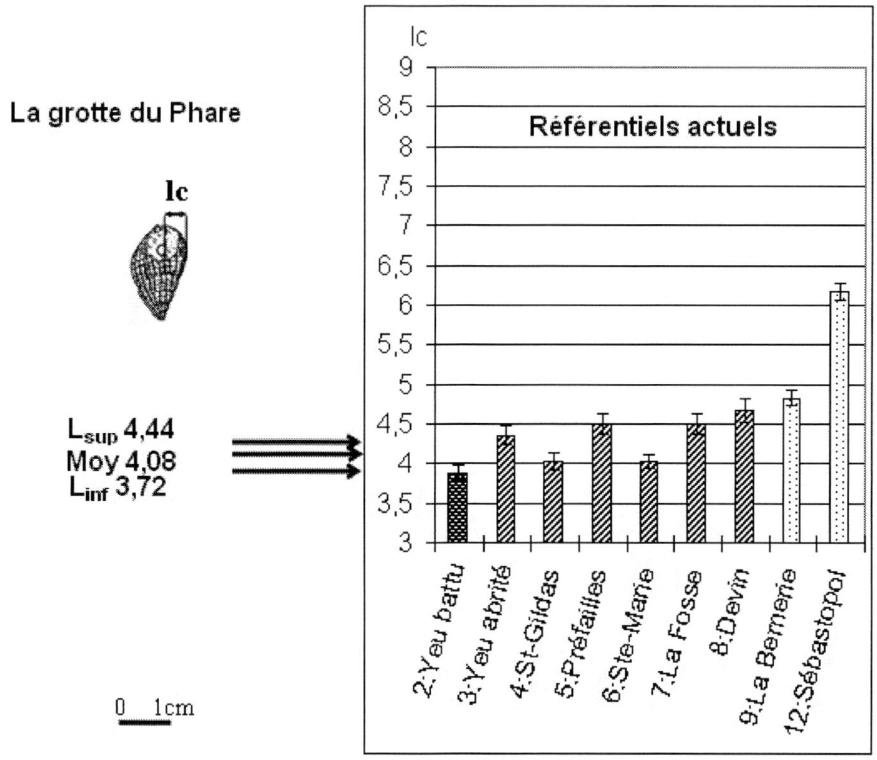

Fig. 246. Localisation des individus de nasse La grotte du Phare en fonction du mode plus ou moins battu des échantillons de référence : Répartition de la largeur des trois dernières côtes des nasses ; L_{sup} : Limite supérieure de l'intervalle de confiance de la moyenne, Moy : Moyenne, L_{inf} : Limite inférieure de l'intervalle de confiance de la moyenne.

Les espèces	Intertidale			Subtidale
	Haut estran	Moyen estran	Bas estran	
Osilinus lineatus				
Patella intermedia				
Patella ulyssiponensis				
Mytilus edulis				
Nassarius reticulatus				
Ocenebra erinaceus				
Dentalium sp.				

Espèce intertidale stricte
Espèce intertidale et subtidale
Espèce subtidale stricte
Présence possible
Parure

Fig. 247. Position altitudinale des espèces le long de la côte : La grotte du Phare

Quant aux espèces composant la parure : la nasse est accessible dès le niveau moyen de l'estran, le murex à partir des bas niveaux de l'estran et n'est accessible que lors de grande marée, tandis que le dentale ne peut être collecté qu'échoué le long des plages.

4.4.2 - La fréquence de la collecte

La répartition des espèces le long de l'estran montre une opposition entre les coquilles consommées et celles qui composent la parure. Toutes celles qui interviennent dans l'alimentation ont pu être collectées quotidiennement et vivantes. Quant à la parure, seule la nasse peut être ramassée vivante quotidiennement ce qui n'est pas le cas pour le murex et le dentale. D'autre part, leur utilisation ne nécessitant pas leur collecte à l'état vivant, elles ont pu être collectées dans les laisses de haute mer. Ce fait semble confirmé par l'usure des murex et le caractère subtidal du dentale.

4.4.3 - Les techniques de la collecte

Plusieurs techniques de collecte ont été utilisées. Les rares exemplaires de monodontes ont pu être ramassés à main nue. La collecte de la patelle nécessite, quant à elle, l'utilisation d'un objet pour la décoller du rocher soit par pression soit par percussion. Quant à l'espèce majoritaire, la moule, elle a pu être collectée à l'aide d'un outil ou non. La distribution de la longueur des valves ramassées à La grotte du Phare confirme sa collecte 'en grappes' sans sélection de la taille des individus.

Pour la parure, même si la nasse a pu être collectée vivante, plusieurs stigmates témoignent de son ramassage à l'état mort échoué sur une plage. Ainsi, pour deux exemplaires, seul le dernier tour de spire subsiste (Fig. 242. n°7 et 8). La cassure suit la ligne de suture et l'intégralité de la face externe est usée de façon régulière. Les zones les plus convexes sont les plus polies et les labres sont altérés. De même, les murex présentent des indices de collecte à l'état d'échouage : poli prononcé de l'apex ainsi que la disparition des côtes d'ornementation à ce niveau, additionnés d'une usure provoquant le raccourcissement du canal siphonal (Fig. 242. n°4 et 5) et la présence d'un grain de quartz arrondi et ovale dans la coquille (Fig. 242. n°4). L'usure des deux tests de murex touche toutes les parties convexes. Ces stigmates associés au caractère subtidal du dentale font que la majorité des parures en coquillages a été collectée morte échouée.

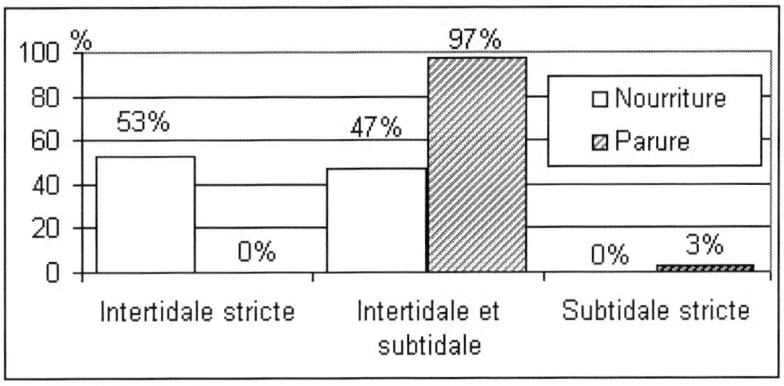

Fig. 248. Répartition du caractère intertidal et subtidal de la malacofaune marine de La grotte du Phare utilisée comme nourriture (M=182g) et comme parure (M=9g)

4.4.4 - Le temps de déplacement et le transport

Même si une partie des rochers sur lesquels se trouve la grotte du Phare a pu reculer (Chauchat, 1984, p.353), ils devaient déjà se présenter sous la forme d'une avancée au Néolithique (Fig. 249.). Les parties présentent entre chaque avancée rocheuse étant plus abritée, elles ont permis l'installation de plage sableuse. L'estran voisin actuel de La grotte du Phare a fait l'objet d'une étude par Y. Gruet (Gruet, 2001, inédit). La majeure partie des espèces rocheuses qui y est actuellement observée se trouve dans le niveau néolithique de La grotte du Phare. La patelle *Patella vulgata* actuellement plutôt rare au Pays basque n'a pas été trouvée sur le site archéologique. De même, il faut remarquer l'absence à la fois de l'estran actuel et du contexte archéologique, de *Nucella lapillus* et *Littorina obtusata* qui ont largement été utilisées sur d'autres sites pour confectionner de la parure au cours de la préhistoire (Laporte, 1994 ; Taborin, 1971). Les coquilles d'origine sableuse n'ont pas été trouvées vivantes actuellement près du site. Elles ont très bien pu s'échouer à proximité de la grotte. La malacofaune trouvée à La grotte du Phare a pu être collectée à moins d'un kilomètre du site.

4.5 – Les caractéristiques de la transformation et de la consommation de la malacofaune marine

Pour les coquillages consommés seul un reste de patelle porte des traces de calcination. Étant lié aux cendres de foyer, il a pu être calciné postérieurement à sa consommation. En l'absence d'autre stigmate, il reste très difficile de trancher entre une consommation crue ou cuite de ces mollusques.

Pour la parure, les dentales sont cylindriques et ont, sans doute, été raccourcis (Fig. 242. n°1 à 3). Les gastropodes turbinés (Fig. 242. n°4 à 10 et Fig. 241. n°5) présentent, tous, une unique perforation fonctionnelle à l'aplomb du péristome à l'exception d'un exemplaire de nasse, où la perforation est légèrement décalée (Fig. 242. n°7). La cassure du labre dans ce dernier cas peut être liée à ce décalage. Une réparation de cet élément de parure ne peut être écartée. Plusieurs stigmates témoignent de l'utilisation de ces ornements. Les murex présentent des abrasions de petites dents à l'intérieur du péristome. Des usures ont été observées dans le sens d'étirement de la perforation. Le port de la coquille a très bien pu modifier la forme d'origine de celle-ci. L'observation des différentes abrasions du test et de la perforation elle-même est en relation avec le passage d'un lien très large (type ruban) passant par l'intérieur du péristome venant abraser les dents et user la zone interne de la perforation pour ressortir et frotter l'extérieur de cette dernière. La légère abrasion du bord ventral du test peut être liée à son frottement contre un support, le ruban le maintenant fixe contre ce dernier. De même un des deux restes de dentale possède un poli et une usure irrégulière de sa surface (Fig. 242. n°1). Son extrémité antérieure (la plus large) apparaît irrégulière voire altérée tandis que l'extrémité antérieure possède une usure et un poli de sa face externe. Pour les nasses, hormis un exemplaire aux stigmates de façonnage encore nets (Fig. 242. n°5), les autres individus présentent des stigmates liés à leur port plus ou moins prononcés. Ainsi, dans certains cas, la

forme ovale de la perforation est couplée à des usures internes et externes du test dans le sens de l'allongement de cette dernière.
Les restes alimentaires ont été trouvés près des foyers. Dans ce lot de coquilles, une nasse semble avoir été abandonnée juste après son percement. D'autres parures ont été trouvées dans un rayon de 30 centimètres. Celles-ci présentent des stigmates liés à leur utilisation. Un élément de parure, tel un collier, a pu se briser près de cet endroit.

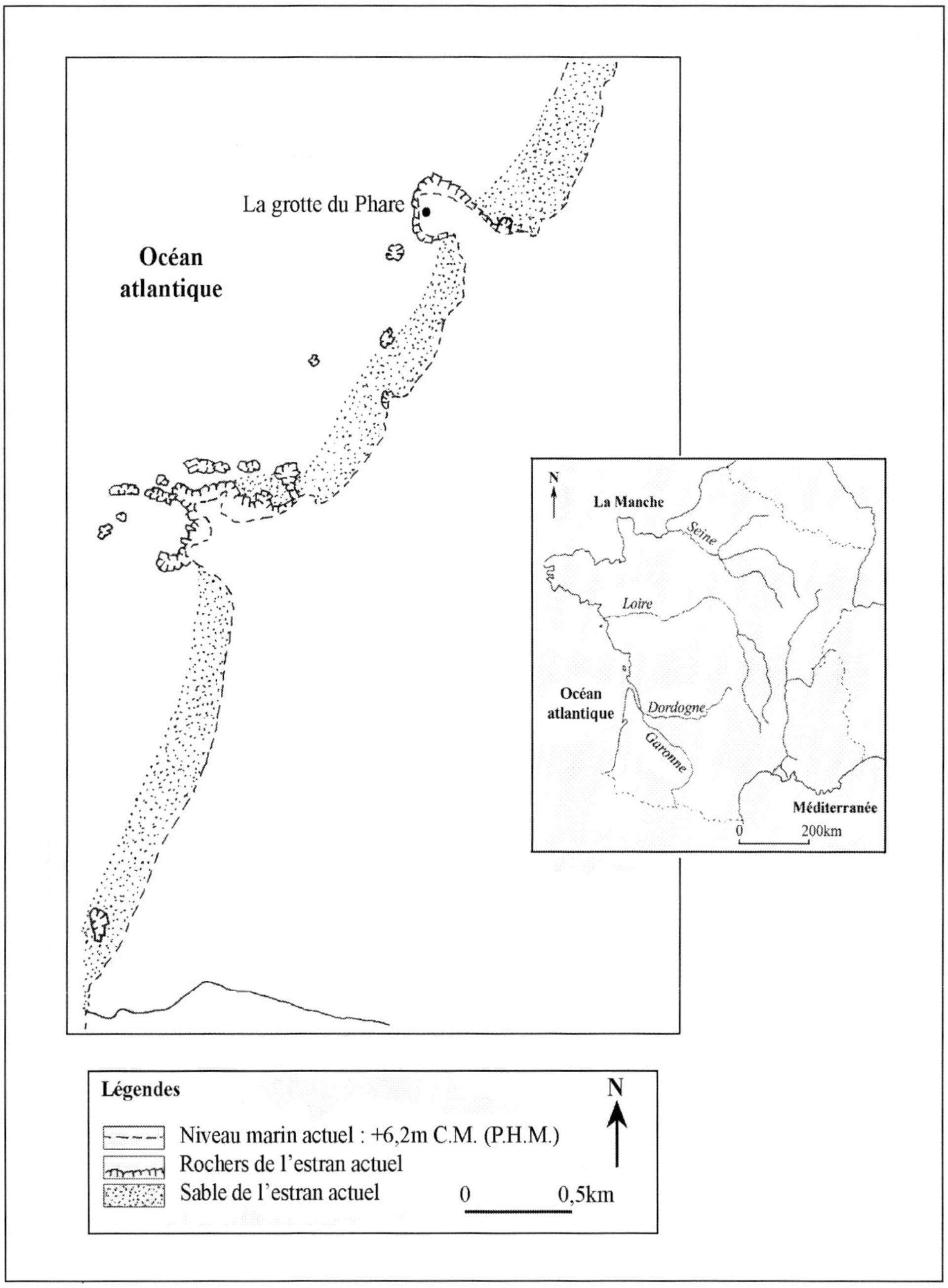

Fig. 249. Substrats actuels présents autour de La grotte du Phare (Biarritz, Pyrénées-Atlantiques)

4.6 – Résumé de l'étude malacofaunique de La grotte du Phare

Le site de Biarritz représente le seul dépôt en grotte étudié dans le cadre de cette thèse. C'est d'ailleurs, un des seuls témoins de la consommation de coquillages dans le sud-ouest de la France. Les résultats des anciennes fouilles n'excluaient pas la possibilité d'un temps de résidence assez prolongé. Les nouvelles opérations de terrain permettront peut-être d'approfondir cet aspect. Cependant, la plupart des études liées à cette grotte étant en cours, seuls les résultats issus de l'analyse malacofaunique sont présentés.

Les récentes campagnes de fouille ont permis la découverte de rejets alimentaires associés à des foyers, ainsi que celle de parure dans l'unité stratigraphique attribuée au Néolithique final. Ces deux utilisations s'opposent par leurs compositions spécifiques. En effet, les espèces majoritairement consommées telle, la moule, la patelle et la monodonte sont absentes de la parure. Cette différence se répercute au niveau des substrats d'origine des espèces et de leur mode d'acquisition. Ainsi, les coquilles entrant dans le régime alimentaire des occupants de La grotte du Phare vivent toutes sur des rochers. L'étude du paléoenvironnement montre qu'elles étaient sans doute toutes accessibles à proximité du site. Le mode battu de la côte rocheuse exploitée semble confirmé par les espèces rocheuses identifiées ainsi que par la forme des nasses trouvées sur ce site. L'analyse plus détaillée de l'espèce majoritaire, la moule, montre qu'elle a été collectée vivante. L'accessibilité des coquillages consommés va dans ce sens, tous pouvant être collectés quotidiennement durant plusieurs heures. De plus, la reconstitution de la taille des valves permet de déduire une collecte 'en grappe' de la moule. L'accès à l'état vivant des coquillages utilisés comme parure semble plus limité. En effet, même si le murex peut être collecté vivant, sa position en bas estran, ne le permet pas quotidiennement et uniquement lors de basses marées de vive eau. De plus le dentale, subtidal, ne peut être collecté vivant. À la position de l'estran, s'ajoutent des stigmates liés à l'échouage des tests. à la différence des espèces mangées, les tests servant de matière première à la confection de la parure ont été collectés, en majorité, morts. Certains proviennent d'ailleurs de l'estran sableux. Une grande partie de ces éléments d'ornement ont été portés. Des traces d'usure liées au passage d'un lien et au frottement des coquilles sur un support en témoignent. Le regroupement de plusieurs d'entre eux peut être lié à la dégradation involontaire d'un petit ensemble de parure comme un collier. Une autre coquille semble avoir été abandonnée ou perdue juste après son façonnage à proximité d'un foyer. Malheureusement, les perles en coquillage n'ont pas pu être associées à cette étude. Elles témoignent d'un sous-système technique de transformation bien plus complexe que celle des éléments décrits où le percement représente le seul façonnage.

5 - Er Yoh (Île de Houat, Morbihan)

5.1 - La présentation du site

Er Yoh est un petit îlot situé au nord-est de l'île de Houat dans le Morbihan (Péquart et Péquart, 1926) (Fig. 3., p.11 ; Fig. 146-D., p.208). Il y est relié par une chaussée basse formée de gros galets et de sable 'au moment de la basse mer des grandes marées' (Le Rouzic, 1930). Il 'mesure 80 mètres de longueur orientée nord-sud et 30 mètres de large'. Sa hauteur est de 16 mètres environ au-dessus du niveau de la mer' (Le Rouzic, 1930). Il avait été signalé à la société Polymathique du Morbihan dès 1886 par l'Abbé Lavenot recteur de l'île sous la forme d'un 'îlot de coquillages, de débris d'os et de poterie et d'éclats de silex' (Lavenot, 1886 cité dans Le Rouzic, 1930). Il fut ensuite exploré dans la première moitié du XXème siècle par Z. Le Rouzic, M. et S.-J. Péquart. Plusieurs tranchées avaient été réalisées par Le Rouzic. Il mit au jour 'dans les creux de roches une série de foyers formés de pierres placées sur champs qui tous avaient subi l'action d'un feu violent et autour desquels la terre était noire parsemée de débris de charbon de bois' (Le Rouzic, 1930). La majorité des coquillages provient d'une couche de terre sablonneuse où étaient présents des restes de mammifères terrestres et marins, d'oiseaux de mer, de poissons et de la céramique ainsi que des outils lithiques. 'Ces couches de terre sablonneuse étaient plus ou moins épaisses et recouvertes de pierres plates et de galets, formant un pavage assez régulier qui semblait être fait pour niveler le sommet de la plate forme'. Autour des habitats installés sur ce pavage étaient jetés les restes de cuisine (Le Rouzic, 1930). Des empierrements et des éléments de murette protégeaient les creux des rochers (Monnier 1991, p.110). Les céramiques ont permis l'attribution de ce site au Néolithique final (Le Rouzic, 1930). Elle est confirmée par l'analyse lithique de J.-N. Guyodo (Guyodo, 1997). Des espèces domestiques ont été identifiées parmi le large spectre des mammifères (28 espèces) (Reverdin, 1932). Une des particularités de ce site est la présence d'une industrie lithique 'de petites dimensions qui semble assez spécialisée pour un éventuel travail de matières plutôt tendres' (Guyodo, 1997, p.13). Elle a aussi bien pu servir au travail de la peau, de l'os ou à la confection de parure... (Guyodo, 1997, p.13). Mais pour l'heure, aucune d'entre elles n'a été prouvée. L'absence de tamisage en est peut-être la cause. En effet, Le Rouzic lors de ces fouilles avait constaté de très nombreux perçoirs dans la même structure qui auraient pu servir à la confection de petites perles.

5.2 - La représentativité de l'échantillon et les techniques de fouille

Les coquilles que j'ai étudiées pour ce site correspondent au matériel déposé par Le Rouzic au Musée de Carnac. La détermination spécifique des coquillages d'Er Yoh avait déjà été faite par MM. Ph. Dautzenberg et P.-H.

Fischer et la liste a été publiée en 1926 (Péquart et Péquart, 1926, p.5). Elle a été comparée au matériel déposé au Musée de Carnac (Tableau 49).

Liste des espèces	Er Yoh (Péquart et Péquart, 1926)	Er Yoh Musée de Carnac
Acanthocardia echinata	+ (*Cardium echinatum*)	+
Buccinum undatum	+	+
Callista chione	+ (*Meretrix chione*)	+
Cerastoderma edule	-	+
Trivia monacha	-	+
Glycymeris glycymeris	-	+
Haliotis tuberculata	-	+
Hiatella sp.	-	+
Nassarius reticulatus	-	+
Hydrobia sp.	-	+
Laevicardium crassum	+ (*Cardium crassum*)	+
Littorina littorea	-	+
Lutraria lutraria	-	+
Mactra glauca	+	-
Osilinus lineatus	+ (*Trochocochlea lineata*)	+
Mytilus edulis	+	+
Nucella lapillus	+ (*Purpura lapillus*)	+
Ostrea edulis	+	+
Patella sp.	+ (*Patella* et *P. depressa*)	+
Pecten maximus	-	+
Turritella communis	-	+
Tapes decussatus	+ (*Tapes decussatus*)	+
Venus verrucosa	+	+
Diversité spécifique	**13**	**22**

Tableau 49. Comparaison des spectres malacofauniques d'Er Yoh selon les sources d'information

Toutes les espèces répertoriées dans la publication des Péquarts ont été trouvées dans l'échantillon de Carnac à l'exception de *Mactra glauca*. La diversité spécifique est plus faible pour la publication que celle qui a été observée à Carnac. Cela peut être lié à la volonté des auteurs de citer uniquement les espèces majoritaires du dépôt coquillier d'Er Yoh. Selon les publications sont citées comme abondantes la patelle et la monodonte (Péquart et Péquart, 1926, p.5) ou la patelle, les moules et les palourdes (Le Rouzic, 1930). Le matériel déposé à Carnac ayant été ramassé à vue les proportions relatives des espèces ne sont sans doute pas fidèles à ce qu'elles étaient dans le dépôt.

5.3 - La composition du spectre malacofaunique

Au total, 5,3 kg de restes coquilliers ont été observés au musée de Carnac. Ils ont permis l'identification de 22 espèces (Fig. 250. et Fig. 251). Plusieurs utilisations de ces coquillages ont été mises en évidence à partir de l'observation directe de stigmates : la parure et l'outil. Le reste du matériel se divise en deux catégories. La première est composée d'espèces encore consommées de nos jours et qui ne possèdent aucun stigmate associé à leur mort avant la collecte par l'homme. Elle a été associée aux déchets alimentaires. La deuxième différencie le matériel d'Er Yoh de tous les assemblages étudiés. En effet, il se compose d'une quantité non négligeable de tests ne présentant aucune trace directe d'utilisation mais dont la collecte à l'état mort a été identifiée. Le problème d'une possible accumulation naturelle venant se rajouter au dépôt anthropique peut être posé. La position altitudinale du site, à 22 mètres N.G.F., permet de rejeter l'accumulation marine de type laisses de haute mer. D'autre part, un dépôt d'origine animale reste difficile à expliquer. En effet, ce type de rejet est connu pour des oiseaux comme les goélands ou les huîtriers (Cocaign, 1989, p.56)... Ils amènent souvent des coquillages frais pour les casser sur les rochers à l'aide de leur bec dans le but d'en consommer la chair. De même, les pelotes de réjection des goélands correspondent à de petites accumulations de fragments de tests. Or, ici, les coquillages ne présentent pas de cassures systématiques et ils n'ont pu être collectés vivants. Les oiseaux auraient aussi pu transporter des tests pour confectionner leurs nids. Or la présence de gros gastropodes comme le buccin permet difficilement de conforter cette hypothèse. D'autre part, la présence de nombreux perçoirs en silex et d'une industrie osseuse abondante penchent pour une spécialisation des activités exercées sur le site d'Er Yoh. Le ramassage de tests échoués pour procurer de la matière première n'est à ce

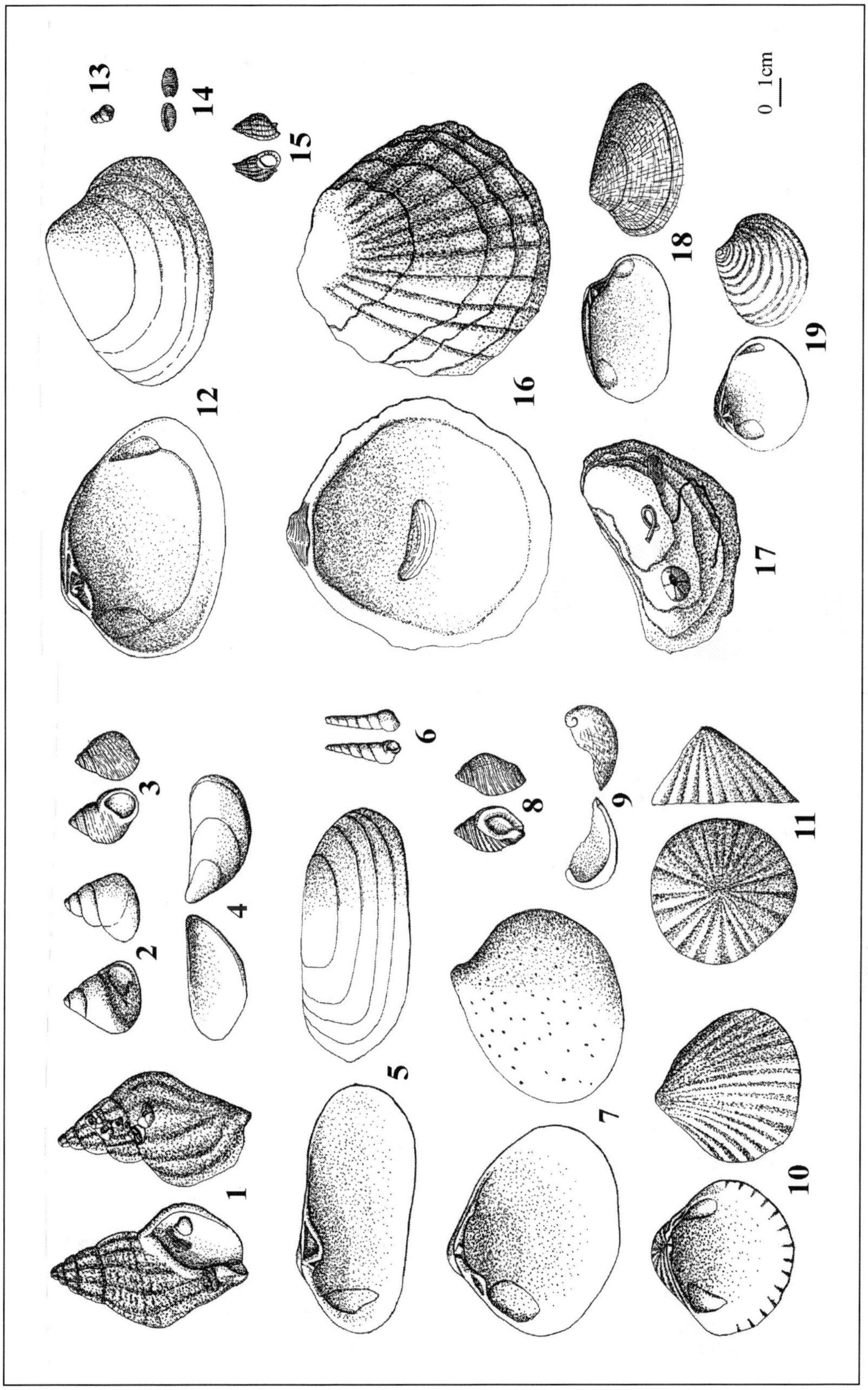

Fig. 250. La malacofaune marine d'Er Yoh, Échantillon du Musée de Carnac[1] (Ile-de-Houat, Morbihan) 1 : *Buccinum undatum* ; 2 : *Osilinus lineatus* ; 3 : *Littorina littorea* ; 4 : *Mytilus edulis* ; 5 : *Lutraria lutraria* ; 6 : *Turritella communis* ; 7 : *Laevicardium crassum* ; 8 : *Nucella lapillus* ; 9 : *Haliotis tuberculata* ; 10 : *Acanthocardia echinata* ; 11 : *Patella* sp. ; 12 : *Callista chione* ; 13 : *Hydrobia ulvae* ; 14 : *Trivia monacha* ; 15 : *Nassarius reticulatus* ; 16 : *Ostrea edulis* ; 17 : *Ostrea edulis (Hiatella* sp.) ; 18 : *Tapes decussatus* ; 19 : *Venus verrucosa* (Dessin : C. Dupont).

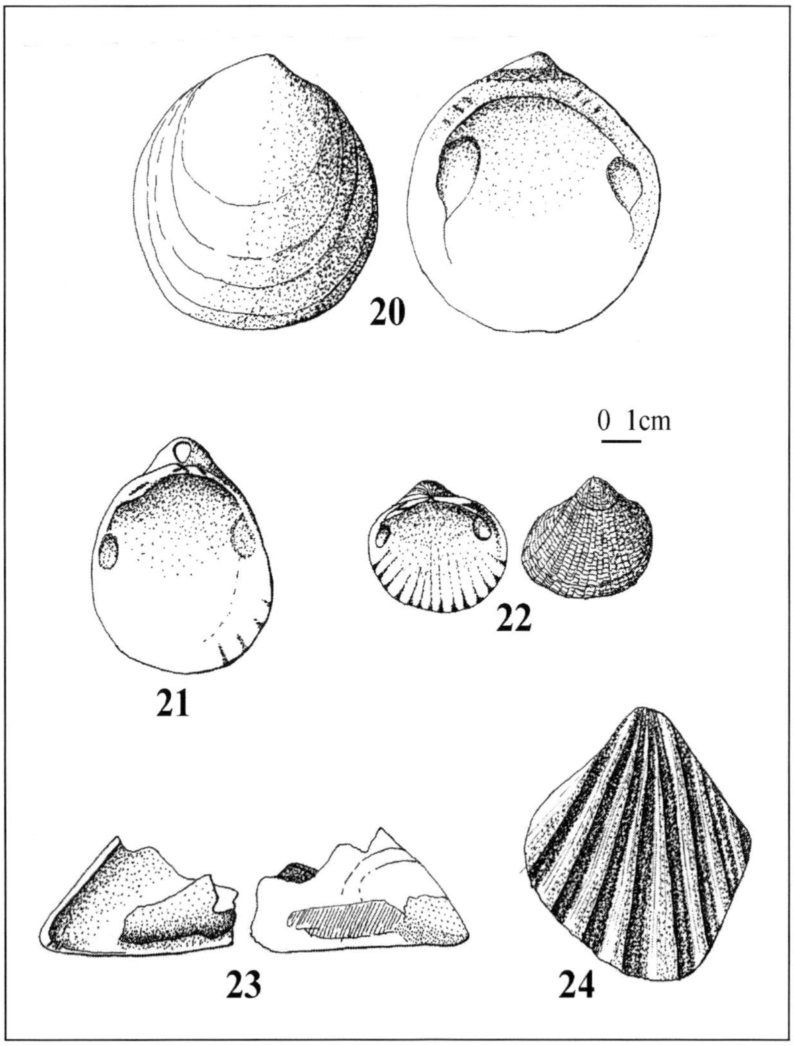

Fig. 251. La malacofaune marine d'Er Yoh, Échantillon du Musée de Carnac[2] (Ile-de-Houat, Morbihan) 20 : *Glycymeris glycymeris ;* 21 : *Acanthocardia echinata ;* 22 : *Cerastoderma edule ;* 23 : *Mytilus edulis* ; 24 : *Pecten maximus* (Dessin : C. Dupont).

stade de l'étude pas exclue. Enfin, l'observation par A. Tresset d'une importante quantité d'ailes d'oiseaux sur ce site pose les mêmes questions. Celle-ci peut être liée tout aussi bien à une accumulation naturelle qu'à une activité spécialisée des habitants d'Er Yoh. Malheureusement, l'absence de tamisage freine pour ce site beaucoup les interprétations. En l'état actuel des recherches, la présence d'indices liés à une spécialisation des activités m'ont amenée à considérer ces tests ramassés échoués comme de la matière première par les Néolithiques d'Er Yoh. Ils ont donc, par la suite, été placés à la fois parmi les coquilles utilisées comme parure et outil. Cependant, ce choix n'est pas définitif et pourra être révisé par l'analyse d'accumulations actuelles d'oiseaux de mer.

5.3.1 – Les outils

Des stigmates liés à une utilisation anthropique de coquilles comme outils ont été directement observés sur *Mytilus edulis, Callista chione* et *Pecten maximus* (Tableau 50).

Liste des espèces	**Masse (g)**	**% Masse**	**N.R.**	**% N.R.**
Mytilus edulis	6	0,2	3	2,6
Venus verrucosa	30	1,0	3	2,6
Acanthocardia echinata	778	26,7	22	19,3
Glycymeris glycymeris	30	1,0	1	0,9
Laevicardium crassum	22	0,8	2	1,8
Callista chione	1083	37,2	42	36,8
Pecten maximus	640	22,0	32	28,1
Buccinum undatum	324	11,1	9	7,9
Total	**2913**		**114**	

Tableau 50. Bilan quantitatif de la malacofaune ayant pu être utilisée comme outil à Er Yoh

Le Rouzic cite deux coquilles de *Cardium* et une de Saint-Jacques 'très usées sur leur bord et percées' (Le Rouzic, 1930). Les autres espèces répertoriées dans le tableau 50 possèdent, quant à elles, des stigmates liés à une collecte à l'état mort. Huit espèces auraient donc pu être utilisées comme outil (Fig. 252.).

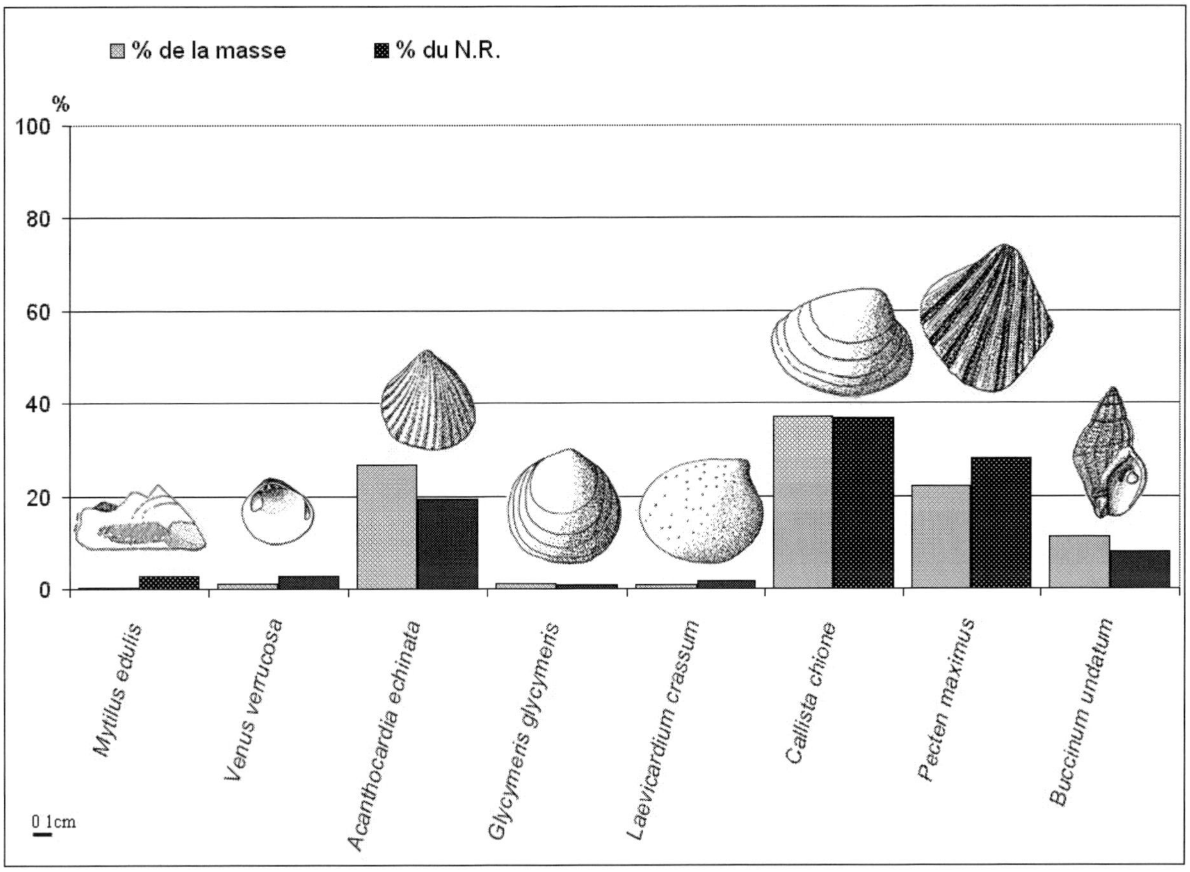

Fig. 252. Histogramme de distribution de la malacofaune ayant pu être utilisée comme outil à Er Yoh en masse (M =2,9kg) et en nombre de restes (N.R. =114)

Les nombres de restes présentés sous la forme d'un histogramme noir sans pointillés représentent les espèces dont aucun stigmate n'a permis la confirmation de cette utilisation. Les stigmates ont été observés sur des bivalves. La majorité sont de grande taille.

5.3.2 - La parure

Certaines coquilles ont été trouvées percées comme *Pecten maximus, Acanthocardia echinata, Cerastoderma edule* et *Nassarius reticulatus*. Les autres espèces, indiquées dans le Tableau 51, ont, sans doute, été collectées échouées mortes le long de la côte. Là encore, les grands bivalves dominent (Fig. 253.). À la différence des coquilles outils, l'utilisation d'un petit gastropode, *Nassarius reticulatus,* est attestée pour la parure.

Il faut noter que tous ces tests ont très bien pu être utilisés comme matière première dans la confection de petites perles discoïdes. La présence de perçoirs pourrait pencher pour cette hypothèse. Mais, en l'absence de tamisage, cette hypothèse n'a pu être confirmée.

Liste des espèces	**Masse (g)**	**% Masse**	**N.R.**	**% N.R.**
Trivia monacha	1	0,0	1	0,9
Nassarius reticulatus	4	0,2	2	1,9
Venus verrucosa	30	1,2	3	2,8
Acanthocardia echinata	778	29,9	22	20,4
Glycymeris glycymeris	30	1,2	1	0,9
Laevicardium crassum	22	0,8	2	1,9
Callista chione	1083	41,6	42	38,9
Pecten maximus	640	24,56	32	29,6
Cerastoderma edule	15	0,6	3	2,8
Total	**2603**		**108**	
Parure				

Tableau 51. Bilan quantitatif de la malacofaune ayant pu être utilisée comme parure à Er Yoh

5.3.3 - La nourriture

Les espèces placées parmi les restes alimentaires sont celles qui ne présentent pas de stigmates liés à un ramassage à l'état mort (Tableau 52).

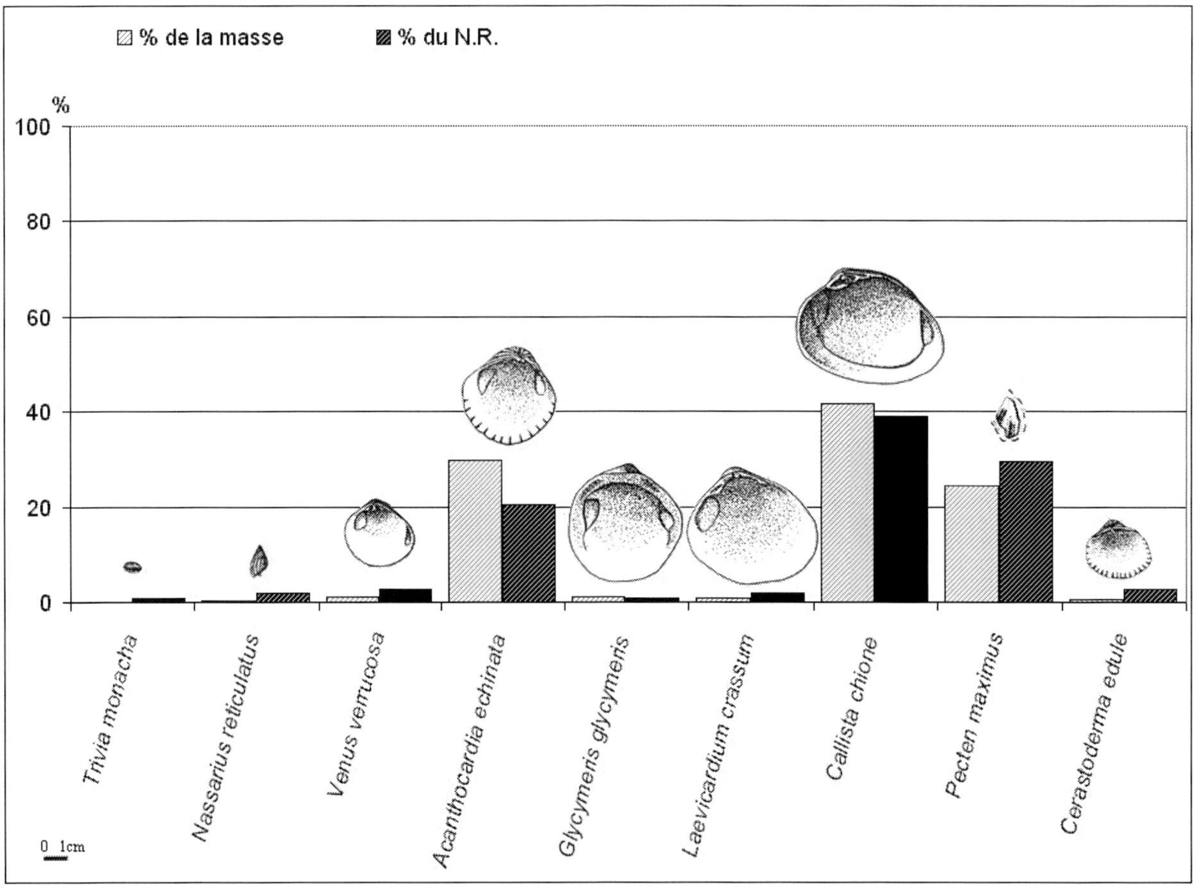

Fig. 253. Histogramme de distribution de la malacofaune ayant pu être utilisée comme parure à Er Yoh en masse (M =2,6kg) et en nombre de restes (N.R. =108)

Liste des espèces	Masse (g)	% Masse	N.M.I.	% N.M.I.
Patella sp.	678	28,5	69	38,5
Osilinus lineatus	337	14,2	61	34,1
Nucella lapillus	33	1,4	11	6,1
Haliotis tuberculata	2	0,1	1	0,6
Ostrea edulis	1046	44,0	14	7,8
Mytilus edulis	6	0,3	3	1,7
Littorina littorea	16	0,7	7	3,9
Lutraria lutraria	234	9,8	8	4,5
Tapes decussatus	20	0,8	2	1,1
Hiatella sp.	1	0,0	1	0,6
Hydrobia ulvae	1	0,0	1	0,6
Turritella communis	2	0,1	1	0,6
Total	**2370**		**176**	

Tableau 52. Bilan quantitatif de la malacofaune utilisée comme nourriture à Er Yoh

La moule avait été placée parmi les outils. Aucun stigmate lié à un échouage de cette espèce n'a été détecté. Elle a très bien pu être consommée avant d'être utilisée et a donc également été associée au spectre alimentaire. La distribution de la longueur des patelles et monodontes a été observée (Fig. 254.).

Les plus grands individus semblent avoir été sélectionnés avec une moyenne de 45 millimètres pour la patelle et de 25 millimètres pour la monodonte. La large répartition des longueurs de ces deux espèces peut être due au nombre assez limité d'individus ayant pu être mesurés. Une sélection des plus grandes coquilles, liée au ramassage à vue lors de la fouille, n'est pas, non plus, exclue. La patelle et la monodonte dominent en pourcentages des N.M.I. (72 %) (Fig. 255.). Elles interviennent en deuxième et troisième position si la masse est prise en compte. La présence de l'huître plate à 44 % de la masse totale de coquilles est liée à la grande taille de ce bivalve. Si à la fois la masse et le N.M.I. sont observés, la patelle, la monodonte, l'huître plate et la lutraire ont majoritairement été consommées. D'autres ont pu l'être secondairement comme la pourpre, l'ormeau, la moule, le bigorneau noir, la palourde... Au vu de la technique de fouille appliquée, il est difficile de savoir si elles ont ou non été collectées volontairement. À savoir, que, même rare dans le dépôt coquillier, elles ont pu être volontairement sélectionnées par les fouilleurs. Les quantités relatives des espèces restent à considérer avec précaution.

Enfin, *Hiatella* sp., *Hydrobia ulvae* et *Turritella communis,* de trop petite taille pour avoir été consommées, ont sans doute été ramassées par hasard.

Elles peuvent être classées parmi les accompagnatrices. Leur condition de découverte le confirme. En effet, une hydrobie a été trouvée associée à un lot de lutraires et une *Hiatella* valves jointes sur la face externe d'une valve d'huître plate (Fig. 250. n°17).

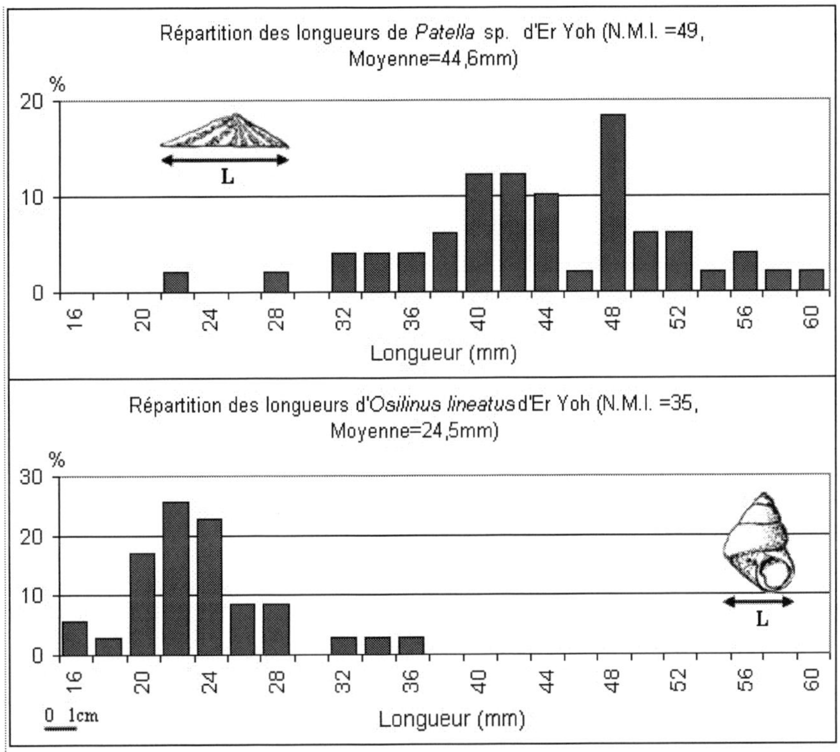

Fig. 254. Répartition de la taille de deux espèces d'Er Yoh

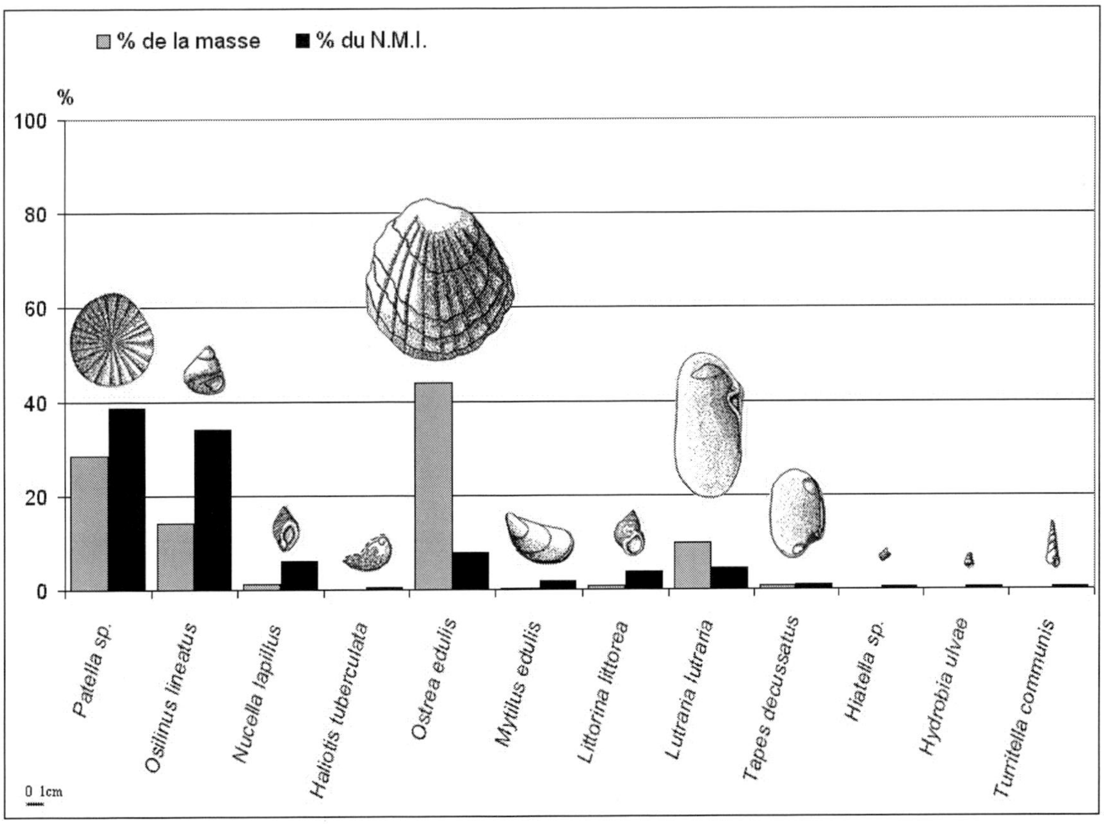

Fig. 255. Histogramme de distribution de la malacofaune ayant pu être utilisée comme nourriture et espèces accompagnatrices d'Er Yoh en masse (M =2,4kg) et en nombre minimum d'individus (N.M.I. =176)

5.4 – Les caractéristiques de l'acquisition de la malacofaune marine

5.4.1 - Le lieu de collecte

Le substrat

Le substrat d'origine des coquilles d'Er Yoh est très variable selon leurs utilisations supposées (Fig. 256-A.). Ainsi, le substrat rocheux domine nettement pour les espèces associées à la nourriture, suivi du substrat sableux exploité secondairement (11 % de la masse). La parure et les outils présentent une toute autre situation. Pour ces deux utilisations, seul le substrat sableux a été majoritairement exploité à plus de 99 %. L'observation des courbes cumulées retranscrit cette opposition entre les coquilles consommées et les autres (Fig. 256-B.). Même si le substrat sableux était sans doute accessible près du site, le substrat rocheux a été majoritairement exploité pour la nourriture. La forme différente des coquilles en fonction de leur milieu d'origine peut, en partie, expliquer l'opposition des substrats exploités en fonction de l'utilisation prévue des tests.

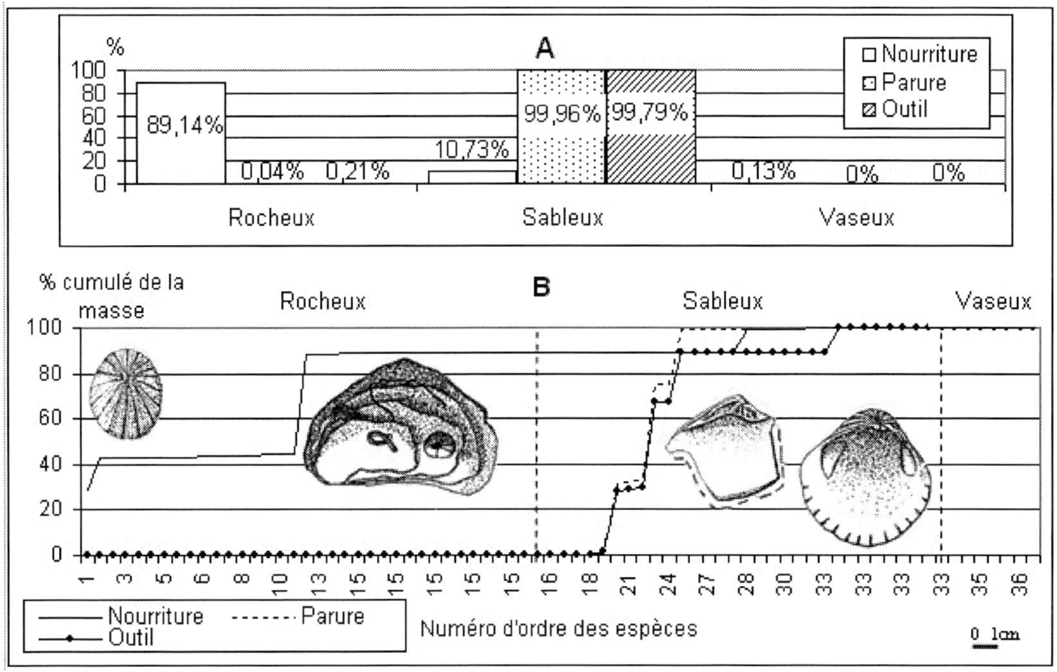

Fig. 256. Substrats d'origine de la malacofaune marine d'Er Yoh pour la nourriture (M=2,4kg), la parure (2,6kg) et l'outil (M=2,9kg) : A - Histogramme de distribution, B - Diagramme des pourcentages cumulés de la masse

Le mode d'exposition de la côte

Neuf individus de pourpres ont pu être mesurés. Malgré la présence d'un échantillon très limité, une grande homogénéité du rapport de la longueur sur la largeur est observée avec une moyenne de 1,54 pour un intervalle de confiance compris entre 1,53 et 1,55 avec un risque de 0,05 (Fig. 257.).

Elles ont pu être collectées au même endroit dans un milieu assez battu. La rareté des espèces de vase parmi celles consommées plaide pour cette hypothèse.

Le niveau de l'estran exploité par l'homme

La majeure partie des coquilles consommées est accessible dès le moyen niveau de l'estran (Fig. 258.). Celles qui sont associées à cette utilisation et qui doivent être ramassées à de plus bas niveaux n'ont pas été dénombrées en grande quantité à Er Yoh, à l'exception de la lutraire. Ce bivalve témoigne de l'exercice de la collecte à pied lors de grandes marées de vive eau.

Toutes les autres espèces vivant à partir des bas niveaux de l'estran sont soit accompagnatrices (*Turritella* sp.), soit des coquilles intervenant en très faible quantité dans le spectre alimentaire (*Haliotis tubercula*), soit de la parure ou de l'outil. Il existe donc une nette opposition entre la zonation des espèces le long de l'estran et leur utilisation. Elle est confirmée par les pourcentages de la masse des substrats d'origine en fonction de l'utilisation supposée de la malacofaune (Fig. 259.).

En effet, près de la moitié des espèces est inaccessible à pied sec pour la parure et pour les outils. À l'inverse 99 % de la masse des coquilles associés au spectre alimentaire peuvent provenir dans la zone intertidale.

5.4.2 - La fréquence de la collecte

La position des espèces sur l'estran a permis de montrer que les coquilles consommées ont pu l'être quotidiennement à l'exception de la lutraire. La malacofaune utilisée pour la confection d'outil ou de parure n'est pas entièrement accessible à l'état vivant. Elle a pu être collectée échouée morte et ce quotidiennement. La quantité des palourdes conservée sur ce site est trop faible pour y appliquer une étude de la saisonnalité.

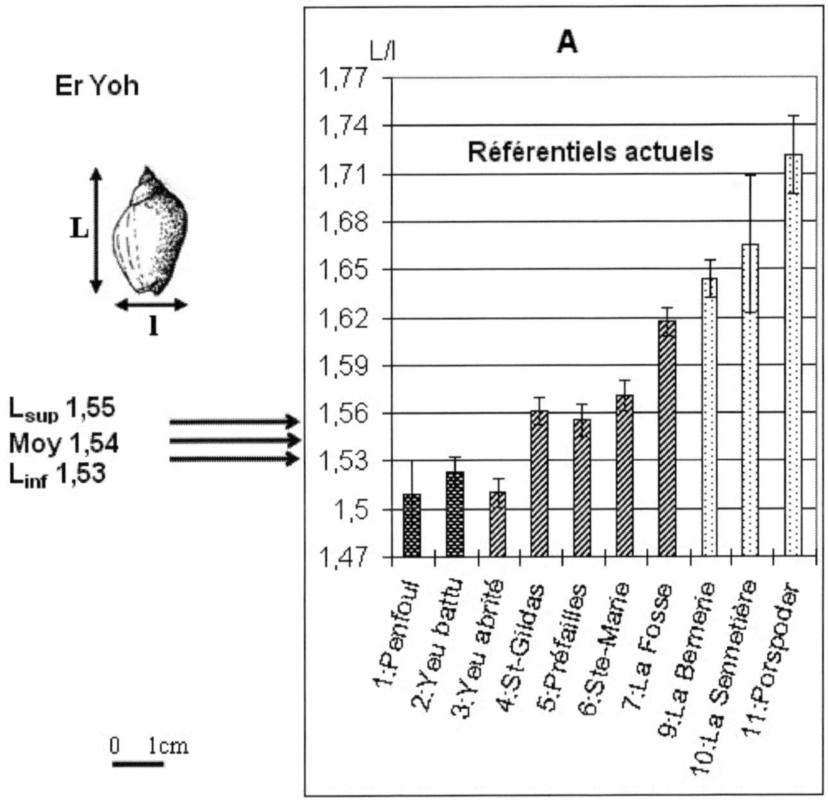

Fig. 257. Localisation des pourpres d'Er Yoh en fonction du mode plus ou moins battu des échantillons de référence : Répartition du rapport de la longueur sur la largeur des pourpres ; L_{sup} : Limite supérieure de l'intervalle de confiance de la moyenne, Moy : Moyenne, L_{inf} : Limite inférieure de l'intervalle de confiance de la moyenne.

5.4.3 - Les techniques de la collecte

La plupart des espèces mangées a pu être collectée à vue sur les rochers ou éventuellement cachée sous les algues. La monodonte peut être collectée à mains nues, comme les autres gastropodes turbinés présents à Er Yoh. Le ramassage des patelles et des huîtres nécessite une dépense d'énergie plus importante et l'utilisation d'un outil pour les décoller du substrat. À cet effet, M. l'abbé Breuil avait observé des 'pièces extrêmement grossières, simples quartzites éclatés', ayant pu servir, à la collecte des coquillages (Péquart et Péquart, 1926, p.6). Le ramassage de la moule peut, lui aussi, nécessiter l'utilisation d'un outil pour les détacher des rochers. Quant à la lutraire et la palourde, leur collecte nécessite une recherche dans le sédiment, soit au hasard, soit par localisation de petits trous à la surface du substrat.

Les coquilles ayant pu être utilisées comme outil ou (et) parure ont, quant à elles, été en grande partie ramassées à main nue une fois échouées sur la côte. Plusieurs stigmates témoignent de leur ramassage à l'état mort. Certains organismes marins se sont fixés à l'intérieur des tests après la mort de leur occupant d'origine. Ainsi, un buccin a été réoccupé par des serpulidés, des bryozoaires, des naissains d'huîtres et des balanes (Fig. 250. n°1). D'autres tests ont subi l'action de perforants marins sur toute l'épaisseur de la coquille. Ainsi, une valve d'*Acanthocardia echinata* et plusieurs valves de *Callista chione* possèdent à la fois des perforations liées à l'action d'une éponge comme la clione et des tubes de vers serpulidés sur leurs faces internes. D'autres valves, comme une de *Laevicardium crassum,* possèdent uniquement l'un de ces stigmates (Fig. 250. n°7). La collecte à l'état d'échouage de certaines coquilles a également été confirmée par une modification de leur forme d'origine. Ainsi, un exemplaire d'*Acanthocardia echinata* possède les stigmates typiques de coquilles échouées sur la plage à savoir : un arrondi du contour de la valve, une usure de la charnière se traduisant par une diminution du relief des dents et la réduction du bord de la valve entraînant le positionnement des empreintes musculaires plus près du bord de la valve qu'une coquille fraîche (Fig. 251. n°21). La coquille n°21 représentée sur la figure 251 possède également une perforation au niveau du crochet à contour irrégulier typique d'une valve échouée.

Plusieurs techniques de collecte ont donc été utilisées. Les espèces rocheuses, plus faciles à repérer sur le substrat, ont été majoritairement collectées pour la consommation. Les tests intervenant dans la confection de la parure et des outils ont été ramassés après leur échouage à l'état mort le long de la grève. Ils ont pu l'être sur l'étage supralittoral d'une zone rocheuse.

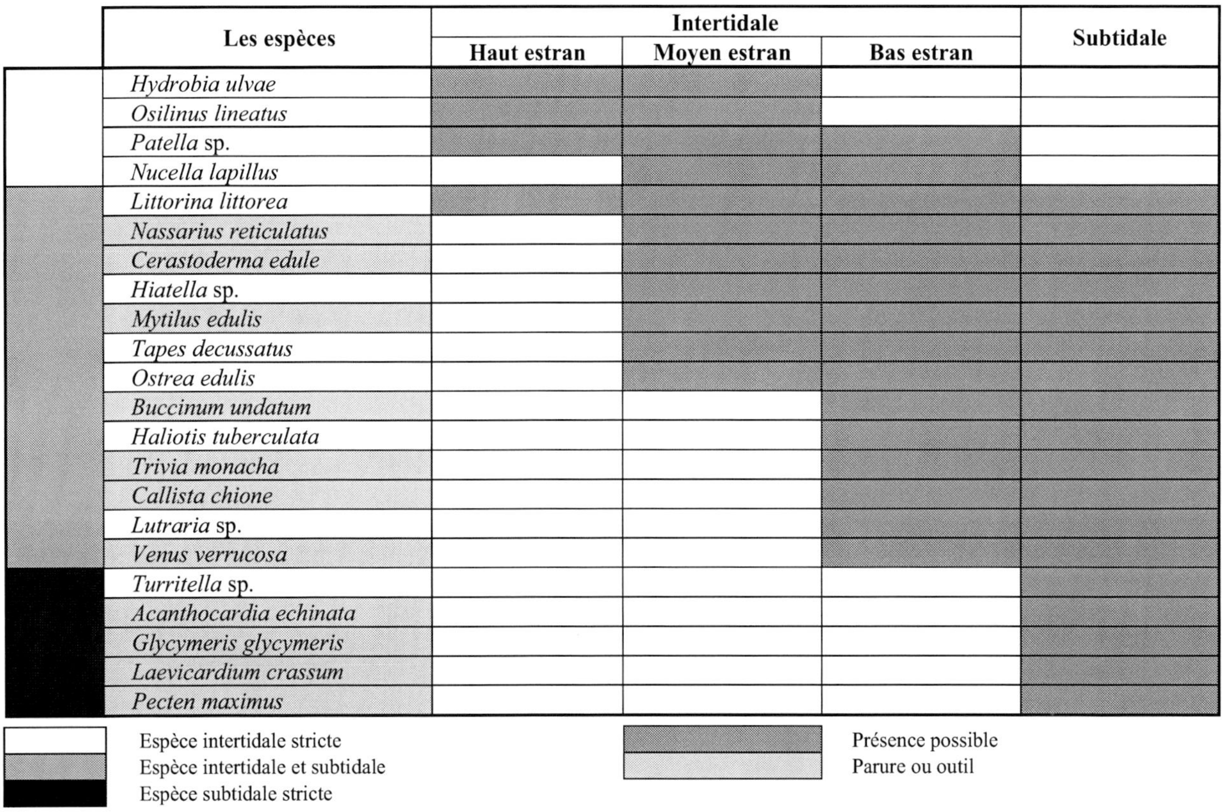

Fig. 258. Position altitudinale des espèces le long de la côte : Er Yoh

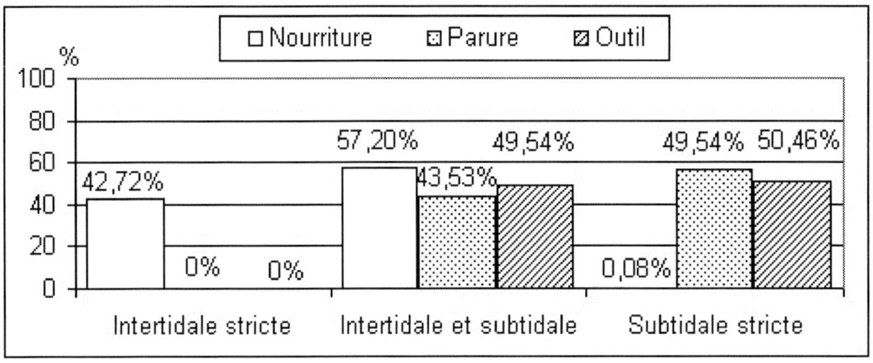

Fig. 259. Répartition du caractère intertidal et subtidal de la malacofaune marine d'Er Yoh pour la nourriture (M=2,4kg), la parure (2,6kg) et l'outil (M=2,9kg)

5.4.4 - Le temps de déplacement et le transport

L'îlot d'Er Yoh est actuellement séparé de l'île de Houat par une chaussée formée de sable qui se découvre à marée basse (Fig. 111, p.169 ; Fig. 260.). Selon les auteurs, le niveau de la mer était de – 3 à – 7 mètres sous l'actuel (Pirazzoli, 1991) au IIIème millénaire avant J.-C. La première valeur est en adéquation avec les observations faite dans les marais poitevin et de Rochefort. Le site devait donc être relié à Houat même à marée haute. Le substrat étant de nature rocheuse entre Houat et Hoëdic, les remplissages sédimentaires meubles ne viennent pas biaiser les profondeurs des fonds marins en cet endroit. Selon les valeurs du niveau marin données par les auteurs, ces deux îles pouvaient, au Néolithique final, communiquer à marée basse uniquement pour les niveaux estimés les plus bas. Actuellement, la périphérie de l'îlot d'Er Yoh est composée d'une côte rocheuse. Celle-ci est rapidement masquée de nos jours par une sédimentation sableuse. Cette côte rocheuse a pu être exploitée au Néolithique. Il est donc difficile de savoir jusqu'où elle s'étendait à marée basse. De même, la localisation des bancs sableux n'est pas aisée. A plus grande échelle, la baie de Quiberon a, sans doute, permis le confinement du milieu et des coquilles d'origine sableuse ont pu s'échouer au nord de Houat et d'Er Yoh (Fig. 111, p.204). Les multiples bancs sableux au nord et à l'est de Houat étaient peut-être déjà en formation grâce à la présence de plusieurs bancs rocheux de faible altitude permettant le confinement de la côte. Les deux substrats collectés étaient accessibles à moins de 500 mètres du site.

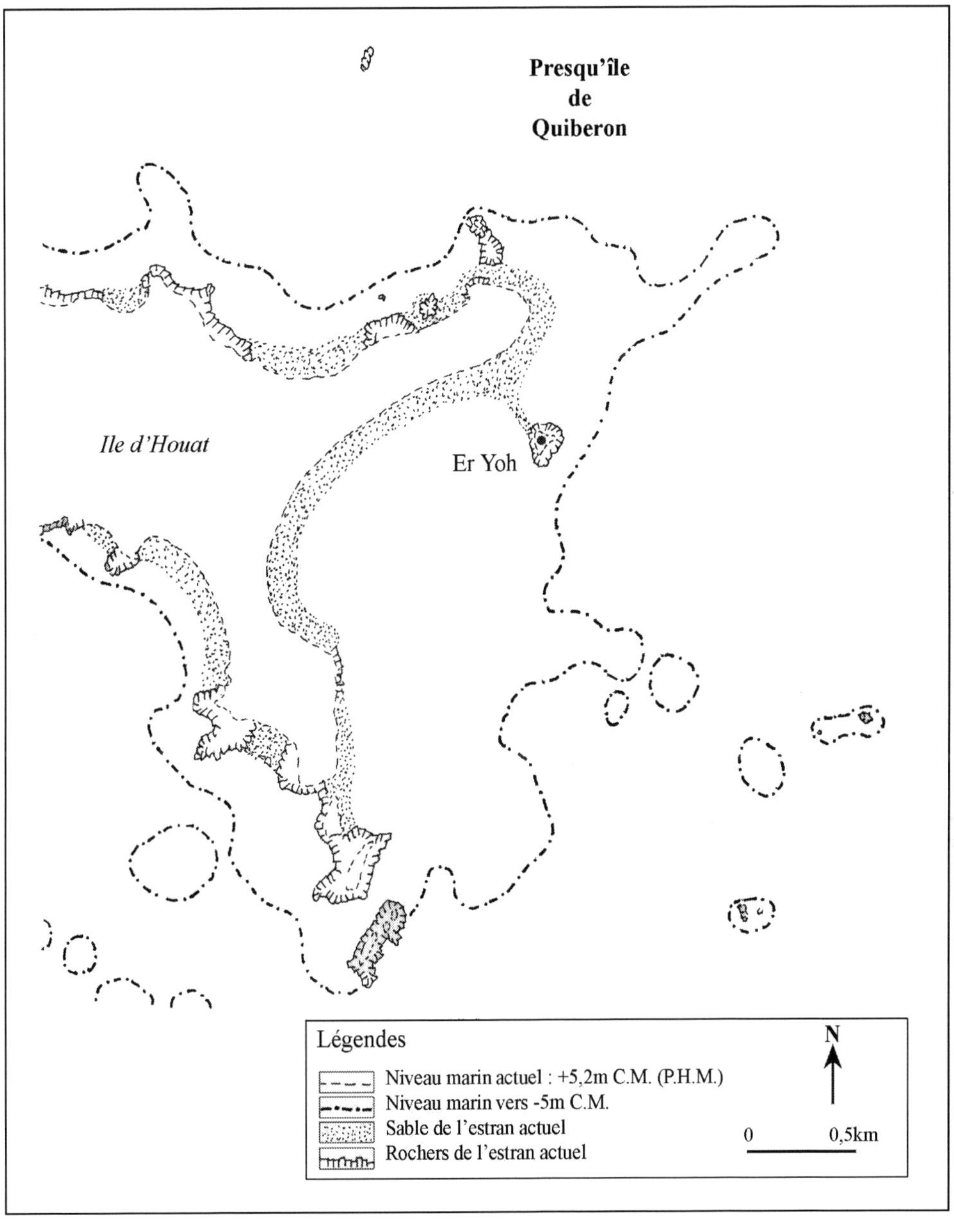

Fig. 260. Substrats actuels présents à proximité du site d'Er Yoh (île de Houat, Morbihan)

5.5 – Les caractéristiques de la transformation et de la consommation de la malacofaune marine

Pour la nourriture, aucun stigmate n'a pu être associé à la transformation de la chair des coquillages consommés. Certaines coquilles ont, sans doute, été calcinées après leur consommation car 4 % des restes possèdent une coloration grise typique d'un feu. De même, aucune cassure systématique n'a pu être associée à la consommation des coquillages. L'ébullition des gastropodes turbinés a, sans doute, été appliquée. En effet, sans cette étape il est très difficile d'extraire la chair des coquilles turbinées. Le Rouzic propose la possibilité de l'utilisation de 'pointes retouchées sur 2 côtés, sortes de perçoirs', pour 'vider les bigorneaux' (Le Rouzic, 1930, p.13).

Les éléments de parures trouvés sur ce site possèdent comme unique stigmate une perforation. La forme générale du test n'est pas modifiée. Plusieurs perforations de bivalves présentent un contour irrégulier au niveau du crochet associé à des stigmates liés à un échouage. Ils ne permettent pas d'exclure une collecte de tests déjà percés par le ressac de la mer. Parmi les gastropodes turbinés, deux nasses sont percées au niveau de leur dernier tour de spire. Aucun stigmate n'a permis d'observer un port prolongé de ces coquillages en suspension. Ils pouvaient être associés à des objets et étaient suffisamment fixes pour ne pas laissés de traces d'usure. La fonction même du site pose beaucoup de questions. La plupart des artefacts, et surtout l'industrie lithique, tendent vers une spécialisation de ce site. Les valves retrouvées perforées étaient peut-être destinées à être utilisées en un autre lieu à moins qu'elles aient été abandonnées car jugées de trop mauvaise qualité pour pouvoir être exploitées.

Enfin, les valves associées à une utilisation d'outil semblent avoir été employées brutes. En effet, les stigmates anthropiques se trouvent sur la face la plus bombée des tests et sur les bords de certaines coquilles. Plusieurs indices directs d'utilisation de la malacofaune sur ce site comme outil ont été observés. Une valve de moule (Fig. 251., n°23) possède une surface abrasée en sa zone la plus bombée. Cette partie présente un aspect lisse et gras de la surface sans stries apparentes malgré une réduction de la surface du test. À cette surface aplanie, une usure progressive de l'apex a également été observée. Ces stigmates anthropiques correspondent à un raclage intensif de cette valve contre une matière abrasive mais au grain suffisamment fin pour ne pas laisser de stries visibles à l'œil nu. Plusieurs valves de coquilles Saint-Jacques ont également été utilisées comme outil (Fig. 251., n°24). Ainsi, deux fragments de valves plates possèdent une usure importante de leurs bords. Ces stigmates ne peuvent être associés à une usure naturelle car la surface plane de la valve n'a pas été modifiée. Les mêmes stigmates ont été repérés sur les contours d'une valve creuse qui était également perforée. Cette usure des bords ne présente pas d'orientation. Ces coquilles n'ont donc pas été utilisées pour travailler une matière abrasante. Pour la valve creuse, elle a pu être utilisée emmanchée sur un bâton de bois pour être utilisée comme ustensile de cuisine comme le proposait Le Rouzic (Le Rouzic, 1930) ou comme petite pelle. Les valves plates ont pu servir, par exemple, à racler le sédiment. Les stigmates observés sur les différents outils en coquille d'Er Yoh sont associés à plusieurs utilisations.

5.6 – Résumé de l'étude malacofaunique d'Er Yoh

Malgré la présence de structures d'habitat (trous de poteaux, murettes, zones pavées), la permanence de la résidence des habitants d'Er Yoh n'est pas prouvée. Les coquilles ont été trouvées associées à des ossements de mammifères terrestres dans différentes structures du site (trous de poteaux, couche de rejet culinaire stratifiée...). Les quantités de ces zones de rejet semblent faibles. Elles ont été évaluées à environ 2 m^3 (Péquart et Péquart, 1926). L'interprétation de l'utilisation des restes coquilliers ne va pas sans poser de problème. En effet, une partie a, sans doute, participé au régime alimentaire de cette population. Mais, une autre, non négligeable, a été collectée morte. Le site d'Er Yoh est à ce titre une exception parmi tous les sites étudiés localisés près de l'estran. Le manque de données stratigraphiques concernant l'origine des tests trouvés à Er Yoh ne permet pas de répondre à une éventuelle origine naturelle d'une partie des rejets étudiés. Cependant, en l'état actuel de l'étude, les multiples indices qui penchent pour une spécialisation des activités de ce site, m'ont amené à considérer ces coquilles collectées mortes comme de la matière première volontairement ramassée par l'homme. Malheureusement, l'absence de tamisage ne permet ni de confirmer, ni d'écarter, la confection de perles en coquillages sur ce site. De même, les proportions relatives des espèces obtenues restent indicatives et ne prétendent en rien représenter ce qui a été rejeté par les Néolithiques d'Er Yoh.

L'utilisation de coquilles comme outil est attesté pour la moule, le vernis, la coquille Saint-Jacques et des Cardiums. La parure l'est pour la nasse, la bucarde à papilles, et la coquille Saint-Jacques. Enfin, la patelle, la monodonte et l'huître plate ont pu participer à l'alimentation de ces Néolithiques. De plus, la consommation alimentaire de la moule avant son utilisation comme outil n'est pas exclue.

Selon les utilisations proposées, plusieurs éléments différencient les espèces entrant en jeu. Ainsi, le milieu rocheux semble avoir été majoritairement exploité pour la nourriture. Même si celui d'origine sableuse l'a également été, une plus grande proportion d'espèces utilisées pour la parure et l'outil provient de ce substrat meuble. Ce constat peut être lié à une plus grande accessibilité (temps de recherche court, durée potentielle de la collecte longue et fréquence quotidienne) des coquillages vivants de milieu rocheux. La recherche de la ressource alimentaire s'opposerait alors à celle de la matière première. Elles pouvaient même représenter deux activités différentes selon l'utilisation prévue des tests. En effet, les multiples stigmates liés à l'échouage des coquilles et la présence de certaines espèces subtidales confirment qu'une partie des tests utilisés pour la matière première n'ont pas été mangés au préalable. De plus, les grands bivalves qui vivent en substrat meuble possèdent une morphologie facilitant leur prise en main. Malgré la domination de l'exploitation du milieu rocheux, le substrat sableux a été également exploité pour la nourriture. L'étude paléoenvironnentale montre que ces substrats étaient distants de moins de 500 mètres du site. Cet élément associé à la fréquentation de l'intégralité de la frange du littoral penche pour l'exploitation de tout l'environnement marin voisin du site.

Enfin, les informations apportées par les sous-systèmes techniques de la transformation et de la consommation s'avèrent, à nouveau, très décevantes pour la nourriture. Pour la parure, le doute reste quant à une éventuelle confection de perles. Les objets percés ne présentent pas de façonnage élaboré. Les tests entiers possèdent une unique perforation. Enfin, la révision du matériel d'Er Yoh a permis l'identification d'une coquille outil de moule non décrite jusque là. Les différents outils observés ont pu être utilisés dans des activités spécialisées exercées à Er Yoh : travail de la plume, de l'os, de la peau ? Mais, à nouveau, les problèmes liés aux fouilles anciennes limitent les interprétations.

Toute la diversité de l'environnement marin proche du site a été exploitée comme en témoignent les restes de poissons, d'oiseaux marins, de phoques, de crabes et de coquilles. Cependant, malgré cette importante exploitation du milieu marin, les habitants d'Er Yoh n'en sont pas entièrement dépendants. En effet, une partie de leur alimentation provient d'animaux domestiques. Des silex proviennent également de territoires éloignés. Cette population, même si elle a su tirer partie de la diversité des produits marins, maintenait de nombreux contacts avec le domaine continental.

Le corpus des restes coquilliers découverts en contexte Néolithique n'est pas exhaustif et peut être complété au fur et à mesure des découvertes. Ayant cloturé la liste des analyses malacofauniques détaillées en février 2002, je souhaitais, malgré tout, faire état de la découverte récente de quelques restes malacofauniques que j'ai étudiés courant 2002 sur le site du Jardinet (Fig. 2, p.8).

Cette enceinte fossoyée attribuée au Néolithique récent / final se localise sur la commune de Magnils-Reigniers en Vendée en bordure nord du marais poitevin (Sicard *et al.*, 2003). L'opération de terrain a été dirigée par S. Sicard. Les coquilles étudiées comprennent celles trouvées à la fouille et celles que j'ai isolées après avoir tamisé à l'eau 108 litres de sédiment prélevés intégralement à la fouille. Le matériel retenu sur le tamis de maille carrée de 4 millimètres a été intégralement trié. Au total neuf espèces et genres ont été déterminées pour 148 grammes de coquilles : *Patella* sp., *Osilinus lineatus, Ostrea edulis, Mytilus edulis, Pecten* sp., *Cerastoderma* sp., *Tapes decussatus, Scrobicularia plana* et *Assiminea grayana.* La quantité de restes malacofauniques apparaissent faibles par rapport à la zone fouillée soit 'près de soixante-dix mètres de fossé externe, vingt mètres de l'appendice, sept mètres du fossé interrompu ainsi que la totalité du fossé palissadé' (Sicard *et al.*, 2003). La faible quantité de la malacofaune marine trouvée dans les fossés du Jardinet semble, en partie, être liée à l'état de conservation du matériel. En effet, plusieurs stigmates témoignent d'une altération avancée du matériel coquillier. Une valve d'huître présente de multiples petites perforations dans lesquelles sont logées de petites racines. Celles-ci se sont également insérées entre les différentes couches du test. L'ornementation externe des restes de palourde (*Venerupis decussatus*) est, sur certains échantillons, effacée. De même, aucune valve de scrobiculaire ou de moule n'a été trouvée entière. La finesse et la fragilité de ces deux espèces peuvent expliquer leur importante fragmentation. La moule n'a, d'ailleurs, pas été repérée à la fouille et seule l'application du tamisage a permis son identification. De même, plus de 70 % des restes de scrobiculaires identifiés sont issus du tamisage. La disproportion obtenue entre le N.M.I. de la scrobiculaire (5) et son N.R. (369) suggère également sa très grande fragmentation.

Plusieurs éléments penchent pour une collecte de ces espèces à proximité du site. En effet, la majorité des espèces a pu supporter des conditions estuariennes. C'est le cas de l'huître et de la moule, qui, même si elles sont inféodées au milieu rocheux, peuvent vivre sur une côte abritée. De même, la présence de la palourde et de la scrobiculaire correspondent à un milieu très confiné. Malgré un accès potentiel à la mer journalier, la malacofaune marine ne semble pas être intervenue quotidiennement au menu des Néolithiques. En effet, le site du Jardinet était situé plus près des influences marines qu'il ne l'est actuellement. Les différents sondages paléoenvironnementaux effectués dans le marais poitevin montrent, qu'à la fin du Néolithique, le marais est en cours de colmatage mais encore en fonctionnement (Visset *et al.,* 1990 ; Gruet et Sauriau, 1994 ; Large *et al.,* 1998, p.87).

Partie V –

Synthèse

Les données obtenues à partir de l'analyse de la malacofaune marine des sites (Partie IV) sont, synthétisées dans cette cinquième partie pour tenter de mettre en évidence les variations et les constantes de l'exploitation de l'environnement marin du Mésolithique à la fin du Néolithique.

Mon discours est basé sur la relation entre les populations et la mer. Celle-ci peut varier selon la position des sites par rapport à la côte. Une brève synthèse de la position des sites archéologiques étudiés par rapport au paléoenvironnement marin est donc proposée, à partir des informations obtenues dans la partie IV, afin de préciser le biais apporté par la transgression flandrienne à notre vision de la répartition des rejets alimentaires coquilliers anthropiques au Mésolithique et au Néolithique.

Ensuite, un aparté est réservé aux espèces collectées par les Mésolithiques et les Néolithiques.

Dans la présentation du contexte archéologique de cette étude, l'accent a été mis sur les importants changements intervenus au cours de la néolithisation dans l'économie de subsistance des populations et sur les nombreuses répercussions aussi bien économiques et culturelles que sociales qui les accompagnent. J'ai essayé de voir si ces répercussions ont eu un impact sur les différentes activités liées à l'exploitation de la malacofaune marine. Tout d'abord, les caractéristiques des sous-systèmes techniques de l'acquisition, de la transformation et de la consommation des différentes utilisations de la malacofaune marine seront synthétisées pour le Mésolithique. Le degré d'investissement dans l'exploitation de l'environnement marin de ces Mésolithiques sera cherché dans une logique du moindre coût. L'organisation dans le temps et dans l'espace des activités liées à la malacofaune sera également discutée. Ces données seront ensuite confrontées à celles déduites des analyses malacofauniques du Néolithique. Les différences et points communs observés entre le Mésolithique et le Néolithique ont été analysées en fonction du contexte archéologique.

Enfin, l'adoption d'une économie de production par les Néolithiques a pu amener à exploiter autrement l'environnement marin, voire à le délaisser. Qu'en est-il pour notre zone d'étude ? De plus, cette deuxième phase de la chronologie abordée est celle de la spécialisation croissante des activités. J'essayerai de voir si elle se manifeste sur l'exploitation de la malacofaune.

Avertissement : pour une meilleure comparaison des sites

Plusieurs obstacles, déjà exposés dans la partie III, s'opposent à la comparaison des sites : la conservation différentielle (selon les sites, en fonction des unités stratigraphiques d'un même site et en fonction des espèces de la malacofaune), les techniques de fouille (maille de tamisage) (Tableau 53) et la surface fouillée du site (Partie III Chapitre II). Comme nous l'avons vu au début de la partie IV, tous les décomptes ne sont pas issus de ma propre observation (Tableau 53).

	Coquilles ramassée par rapport à la zone fouillée		**Techniques de fouille**		**Origine des décomptes**		**Variable connue**		
Sites	**Une partie**	**La totalité**	**À vue**	**Tamisage**	**Bibliographie**	**Observation directe**	**Masse**	**N.R.**	**N.M.I.**
La Grande Pièce		+		+		+	+	+	+
Saint-Gildas IB	+		+		+	+			+
Saint-Gildas IC		+	+		+				+
Beg-an-Dorchenn : Kayser, 1984	+		+			+	+	+	+
Beg-an-Dorchenn : Prélèvement, 2001		+		+		+	+	+	+
Hoëdic : nourriture	+		+		+	+	+	+	+
Hoëdic : parure		+		+	+	+			+
Téviec : nourriture	+		+		+	+	+	+	+
Téviec : parure		+		+	+	+			+
Beg-er-Vil	+			+		+	+	+	+
Auzay : Birocheau et Large, 1987		+	+		+ (Y. Gruet)	+	+		+
Les Gouillauds	+		+	+		+	+	+	+
Montagant		+	+		+ (Y. Gruet)	+		+	+
La Garenne	+		+			+	+	+	+
Chez Reine		+	+		+			+	+
Champ-Durand	+		+		+ (Y. Gruet)		+		+
La Mastine		+	+		+ (Y. Gruet)		+		+
La Sauzaie Pautreau, 1974		+	+		+ (Y. Gruet)		+		+
Le Rocher		+	+		+ (Y. Gruet)		+		+
Pied-Lizet		+	+		+ (Y. Gruet)		+		+
La grotte du Phare	+			+		+	+	+	+
Diconche		+	+		+ (Y. Gruet)	+	+		+
La Perroche		+		+		+	+	+	+
Ponthezières		+		+	+ (Y. Gruet)	+	+	+	+
Er Yoh	+		+			+	+	+	+

Tableau 53. Les principales caractéristiques (+) de l'échantillonnage, de l'origine des décomptes et des variables quantitatives de la malacofaune des sites mésolithiques et néolithiques étudiés

Si la méthode utilisée par Y. Gruet se rapproche de la mienne, les décomptes issus des autres sources bibliographiques peuvent présenter des distorsions par rapport à ceux que j'ai effectué. Les zones prises en compte pour le décompte des N.M.I. ne sont, par exemple, pas toujours précisées dans les textes (Debénath, 1984). La disparité de la taille des assemblages dépend également des quantités de coquilles rejetées, perdues ou déposées par les hommes. Tous ces paramètres, ont été discutés pour chacun des sites et sont variables au sein du corpus étudié (Partie IV).

Afin de faciliter la comparaison des données obtenues à partir de la malacofaune des sites étudiés, ces dernières ont été regroupées, dans un premier temps, selon les différentes utilisations qui ont été faites des coquillages. Comme nous l'avons vu dans les études de sites (Partie IV), la masse semble mieux adaptée à la quantification de la nourriture alors que le N.R. convient mieux à la parure et aux outils. Cependant, pour certains sites où la malacofaune a été consommée, la masse de coquilles trouvées n'est pas connue. Une variable commune à ces sites sera alors recherchée.

Pour la parure et les outils en coquilles, seules les données présentant un N.R. supérieur à 50 ont été synthétisées :

- La Grande Pièce (N.R.=3295)
- Hoëdic (N.R.=5066)
- Téviec (N.R.=6987)
- Ponthezières (N.R.=1637)
- Er Yoh (N.R.=108)
- Diconche (N.R.=56)

Les techniques de fouille appliquées à ces différents sites sont variables. En effet, un tamisage fin a été utilisé uniquement pour La Grande Pièce et Ponthezières. Les éléments de parure trouvés à Téviec et à Hoëdic étaient associés à des sépultures. Leur association avec des squelettes humains et les descriptions faites des sépultures et des éléments de parure par les fouilleurs suggèrent un ramassage méticuleux de ces ornements (Péquart *et al.,* 1937 ; Péquart et Péquart, 1954). Il a été confirmé par la visualisation d'une bande vidéo réalisée par les époux Péquart montrant le tamisage du remplissage des sépultures. Les grandes quantités de coquillages retenues pour ces quatre premiers sites vont dans le sens d'une bonne représentativité de ces échantillons.

Pour Diconche, le faible nombre de tests retenus s'oppose à une surface fouillée importante. Cependant, la distance importante entre ce site et la mer et la bonne conservation de la surface des tests plaident en faveur d'une bonne représentativité de ce matériel vis-à-vis de l'ensemble de cet habitat. Pour Er Yoh, l'échantillon étudié correspond à celui déposé au Musée de Carnac. Il avait été ramassé à vue par les fouilleurs. Leur nombre reste limité et permet de douter de la validité statistique de cet échantillon par rapport à l'ensemble du site.

Pour quatre sites où la malacofaune a pu être utilisée comme **ressource alimentaire**, la masse des coquilles trouvées à la fouille n'est pas connue (Tableau 53). Le N.M.I. a alors été utilisé, car il représente la catégorie de données accessible commune à ces quatre sites. Les graphiques correspondants ont été rassemblés :

- Saint-Gildas IB (N.M.I.=829)
- Saint-Gildas IC (N.M.I.=172)
- Montagant (N.M.I.=20)
- Chez Reine (N.M.I.=110)

Au vu des données connues sur ces sites, les faibles quantités de coquilles observées pour Saint-Gildas IC, Montagant et Chez Reine semblent liées à leur faible présence sur le site. Pour Saint-Gildas IB, M. Tessier a fait le décompte des coquilles de l'amas (Tessier, 1984). Ses déterminations spécifiques sont conformes à l'échantillon de coquilles de ce site déposé au Musée Dobrée. Cet élément plaide pour une bonne représentativité des décomptes de M. Tessier.

Les autres sites, dont la masse des différentes espèces est connue, ont ensuite été répartis en trois groupes en fonction de la quantité totale observée :

Pour une masse totale supérieure à 10 kg

- Beg-an-Dorchenn (M=25,9 kg)
- Beg-er-Vil (M=15,5 kg)
- Le Rocher (M=15,6 kg)
- La Perroche (M=22,2 kg)
- Ponthezières (M=331,8 kg)

Parmi ces sites, seul Le Rocher n'a pas fait l'objet d'un tamisage. Les coquilles, qui y ont été étudiées, n'étaient pas présentes dans toutes les structures fouillées. Malgré l'importante quantité de coquilles retenues à la fouille, il est fort probable (au vu des expérimentations faites sur Beg-er-Vil et Beg-an-Dorchenn), que l'application d'un ramassage à vue sur ce site aie pu entraîner la sous-estimation de la scrobiculaire et de la moule par rapport aux coquillages de plus grande taille et plus solides.
Les quatre autres sites sont, parmi ceux étudiés, les mieux documentés. Les quantités de coquilles observées dépassent les 15 kilogrammes. Un tamisage à maille fine (de 2 millimètres au moins) a permis d'y contrôler la représentativité des espèces les plus petites et les plus fragiles. Ils sont statistiquement les plus représentatifs des sites où la malacofaune a été consommée en grande quantité.

Pour une masse totale comprise entre 1 et 10 kg

- Téviec (M=1,5 kg)
- Hoëdic (M=1,6 kg)
- Auzay (M=2,5 kg)
- Gouillauds (M=7,0 kg)
- La Sauzaie (M=5,2 kg)
- Er Yoh (M=2,3 kg)

Plusieurs biais réduisent, pour Téviec, Hoëdic et Er Yoh, la bonne représentativité des échantillons de coquilles étudiés par rapport à la totalité des rejets coquilliers. En effet, les quantités observées apparaissent faibles par rapport au volume minimum connu des amas et lits coquilliers (2 m^3 pour Er Yoh, 50 m^3 pour Hoëdic et 156 m^3 pour Téviec). Contrairement aux éléments de parure en coquillages trouvés dans les tombes à Téviec et Hoëdic collectés par tamisage, les restes alimentaires de chacun de sites ont fait l'objet d'un ramassage à vue. Même si les espèces les plus solides, grandes et abondantes ont, sans doute, été retenues, ces deux biais permettent de douter de la représentativité des proportions relatives des espèces.

Pour les Gouillauds, l'extension totale du dépôt coquillier n'est pas connue. Il est donc difficile de savoir si l'échantillon étudié est représentatif de l'ensemble du site.

Plusieurs fouilleurs se sont succédé à la Sauzaie. Le matériel collecté par un seul d'entre eux (J.-P. Pautreau), par un ramassage à vue, a été étudié. Il n'est donc pas possible de savoir si le matériel étudié est représentatif des différentes fosses d'habitat isolées à la fouille. La fragilité du test de la moule et de la scrobiculaire, présentes à la Sauzaie, a pu entraîner une sous-estimation de leurs proportions relatives.

Enfin, la malacofaune trouvée à Auzay était associée à des structures bien délimitées dans l'espace. Là encore, l'identification de la moule et de la scrobiculaire plaide en faveur d'une possible sous-estimation de ces deux espèces.

Pour une masse totale inférieure à 1 kg

- La Garenne (M=0,1 kg)
- Champ-Durand (M=0,8 kg)
- La Mastine (M=0,05 kg)
- Pied-Lizet (M=0,3 kg)
- La grotte du Phare (M=0,2 kg)

Ces petites quantités correspondent, sans doute, pour la plupart, à une faible consommation des coquillages sur ces sites.

Pour La grotte du Phare l'application d'un tamisage systématique et la bonne conservation du matériel plaide pour une bonne représentativité de la proportion des espèces les plus fragiles. D'autre part, ces petites quantités trouvées sont liées à des rejets localisés associés à des foyers.

À La Mastine et à Pied-Lizet, la malacofaune étudiée semble représentative des quantités de coquillages observés dans les fossés. Là encore, il n'est pas impossible que les proportions des espèces les plus fragiles soient sous-estimées.

Le matériel de Champ-Durand correspond seulement à une partie des coquilles observées à la fouille. La proportion de la scrobiculaire y est importante et la technique appliquée à ce site étant le ramassage à vue, seuls les plus grands restes ont été recueillis (information de Roger Joussaume). Cependant, au vu des proportions obtenues pour cette espèce et la description que m'a faite R. Joussaume de ce rejet coquillier, les proportions des espèces obtenues semblent fidèles à ce qui a été observé dans la couche en place.

Enfin, les tests de La Garenne ont été observés dans une couche de 20 centimètres d'épaisseur par les différents fouilleurs qui se sont succédés (Gabet et Massaud, 1965). Le matériel étudié correspond au ramassage d'une partie seulement des coquilles observées à la fouille et les conditions du ramassage de l'échantillon étudié ne sont pas connues. Même si les espèces les plus grandes et les plus solides ont, sans doute, été retenues à la fouille, les informations concernant les proportions et la présence d'espèces de plus petites tailles ou fragiles sont, sans doute, erronées.

Ces différents regroupements des sites, en fonction de l'utilisation faite des coquilles et des quantités étudiées, ont été utilisés dans les représentations graphiques qui suivront. Les biais, qui s'opposent à une bonne représentativité des assemblages, seront rappelés selon les données observées. Les sites y sont également classés dans un ordre globalement chronologique. Pour les histogrammes les barres des sites attribués au Mésolithique sont grises tandis que celles correspondant au Néolithique sont noires. Lorsque les espèces de la malacofaune sont citées, elles le sont selon l'ordre établi d'après leur substrat d'origine.

Ce classement, même s'il est très arbitraire, permet de faciliter la comparaison des sites entre eux selon : l'utilisation des coquilles, les variables d'enregistrement, les quantités observées et la chronologie des sites.

Chapitre I - La position des sites mésolithiques et néolithiques par rapport au trait de côte

La reconstitution du paléoenvironnement a été abordée à l'échelle du site (Partie IV). Ces données permettent de préciser les distorsions apportées par les modifications de la côte à notre vision de la répartition spatiale des sites évoquée dans la Partie I (Chapitre I, C, p.6).

En effet, actuellement, entre la pointe ouest de la Bretagne et le Pays basque, les dépôts alimentaires mésolithiques sont tous insulaires ou proches de l'estran actuel, tandis qu'une partie de ceux du Néolithique sont éloignés du trait de côte, à l'intérieur des terres, parfois de plusieurs dizaine de kilomètres (Champ-Durand, Auzay et La Garenne) (Fig. 261., Tableau 54).

Dans le tableau 54 la distance estimée du site à la mer lors de son fonctionnement correspond à la distance minimale à partir de laquelle la présence d'influences marines est attestée. Cette présence a, dans la majorité des cas, pu être vérifiée à partir de sondages paléoenvironnementaux couplés à des datations radiocarbones. Les marges d'erreur proposées correspondent à la fois à celles liées aux datations du site archéologique et à la prise en compte de la variabilité de l'estimation du niveau marin par les différents auteurs.

		Distance actuelle du site à la mer	**Distance estimée du site à la mer lors de son fonctionnement**
MÉSOLITHIQUE	**La Grande Pièce**	40 km	> 65 km
	Saint-Gildas IB	~ 10 m	~1 km
	Saint-Gildas IC	~ 10 m	~1 km
	Beg-an-Dorchenn	0 m	De 500 m à moins de 10 mètres
	Hoëdic	0 m	De 1 km à moins de 20 mètres
	Téviec	0 m	De 1 km à moins de 20 mètres
	Beg-er-Vil	0 m	De 500 à 150 mètres
NÉOLITHIQUE	**Auzay**	27 km	À moins de 5 km
	Les Gouillauds	0 m	À moins d'un km
	Montagant	84 km	50 km
	La Garenne	15 km	À moins de 5 km
	Chez Reine	3 km	3 km
	Champ-Durand	38 km	À moins de 9 km
	La Mastine	14 km	À moins de 5 km
	La Sauzaie	7 km	À moins de 500 m
	Le Rocher	3 km	À moins de 500 m
	Pied-Lizet	10 km	À moins d'un km
	La grotte du Phare	0 m	À moins d'un km
	Diconche	48 km	35 km
	La Perroche	5 km	À moins d'un km
	Ponthezières	2 km	2 km
	Er Yoh	50 m	À moins de 500 m

Tableau 54. Estimation de la distance entre les sites mésolithiques et néolithiques étudiés et la mer lors du fonctionnement des sites et rappel de la distance actuelle

À la fin de la transgression flandrienne, deux phénomènes sont observés selon la nature sédimentaire de la côte. La ligne du trait de côte tend à reculer vers les terres du fait de l'érosion des pointes rocheuses, tandis que du sédiment vient combler les baies et les estuaires entraînant localement le rehaussement des fonds, voire

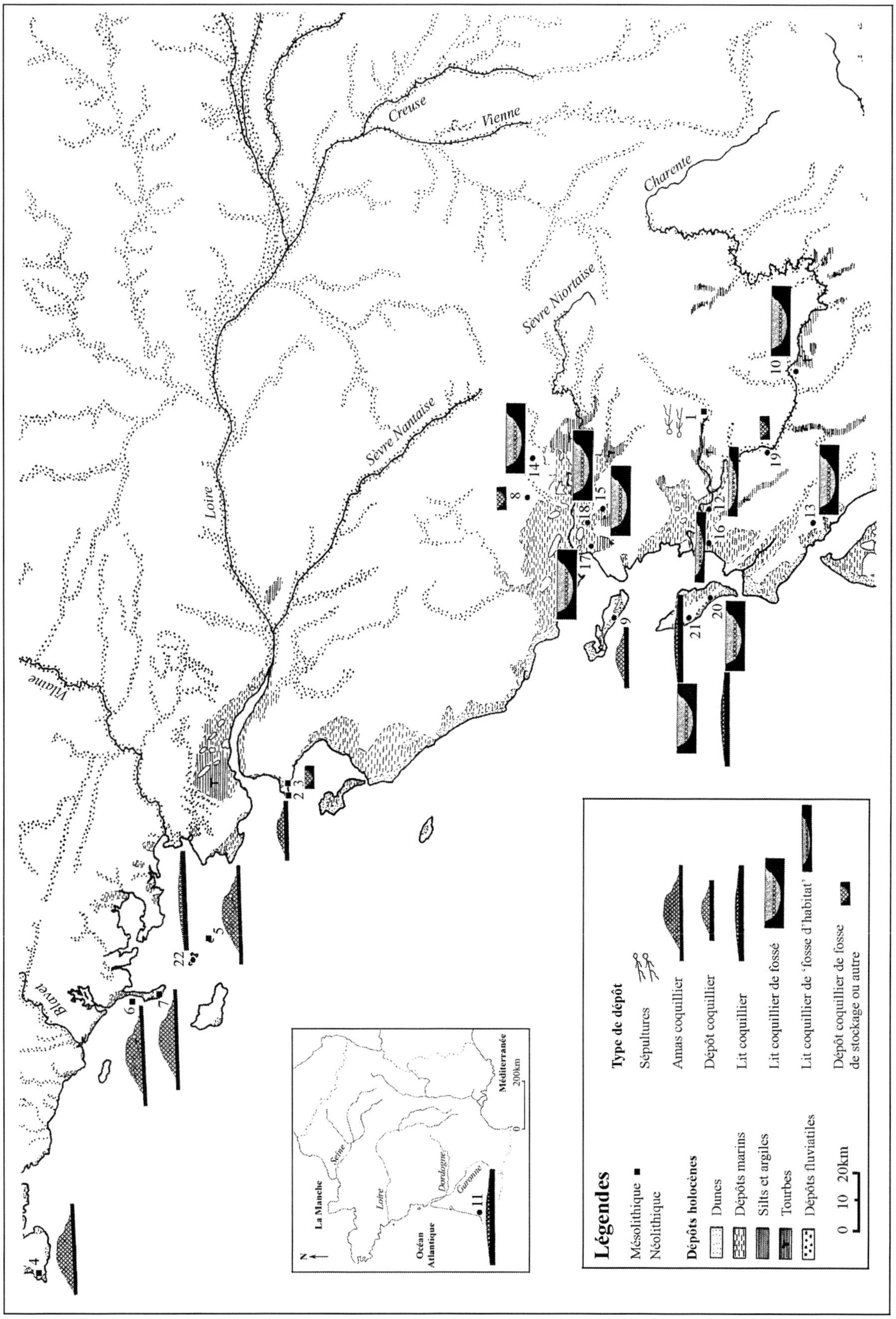

Fig. 261. Carte de répartition des sites mésolithiques et néolithiques en fonction de la morphologie des dépôts (d'après de Menorval *et al.,* 1974) 1 - La Grande Pièce, 2 -Saint-Gildas, 3 - Le Porteau-Ouest, 4 - Beg-an-Dorchenn, 5 - Hoëdic, 6 - Téviec, 7 – Beg-er-Vil, 8 – Auzay, 9 - Les Gouillauds, 10 – Montagant, 11 - La grotte du Phare, 12 – La Garenne, 13 – Chez Reine, 14 – Champ-Durand, 15 - La Mastine, 16 - La Sauzaie, 17 - Le Rocher, 18 - Pied Lizet, 19 – Diconche, 20 – La Perroche, 21 – Ponthezières, 22 - Er Yoh

même, une avancée du trait de côte (Barusseau *et al.*, 1976).
Le niveau de la mer se trouvait pour la fin du Mésolithique quelques mètres plus bas que l'actuel : comme nous l'avons vu, ces valeurs varient selon les auteurs et se situeraient entre 6 et 10 mètres (Ters, 1973 ; Morzadec-Kerfourn, 1974 ; Pinot, 1975 ; André, 1986, p.25 ; Pirazzoli, 1991 ; Magny, 1995). Au milieu du Mésolithique le niveau marin était largement plus bas (de 20 à 30 mètres). Ces variations expliquent qu'aucun site côtier lié à la consommation alimentaire des coquillages n'a été trouvé sur la façade atlantique de la France pour cette période. Actuellement, seuls les sites de la fin du Mésolithique, situés un peu en retrait du trait de côte (entre 1 kilomètre et 10 mètres selon les cas observés) ne seraient pas tous immergés. En effet, les sites placés à quelques mètres en retrait du trait de côte au Mésolithique auraient été, selon les cas, soit ensevelis voire détruits sous les eaux marines pour les côtes battues, soit sous les sédiments pour les zones abritées comme les estuaires et les baies (Berrou et Gouletquer, 1973, p.166 ; Kayser, 1991, p.199). Ce phénomène peut, en partie, expliquer la rareté des sites mésolithiques dans les zones de marais entre La Loire et La Gironde (Fig. 2., p.8).

Au Néolithique, la remontée de la mer s'est poursuivit. Son niveau pouvait encore être situé légèrement plus bas (environ 3 à 5 mètres) que l'actuel à la fin du Néolithique (Pirazzoli, 1991 ; Gruet *et al.*, 1992). Certains des sites, parmi les plus proches de l'estran au Néolithique récent / final, peuvent être actuellement immergés. D'autres, placés sur des côtes rocheuses pouvaient se situer un peu plus en retrait de l'estran qu'ils ne le sont actuellement. Ceux placés près de zones abritées peuvent se trouver, pour les plus bas en altitude, sous de la vase (Laporte *et al.*, 1998-1). Le comblement s'est poursuivi lentement jusqu'à aujourd'hui (Morzadec-Kerfourn, 1969). Ainsi, la reconstitution du paléoenvironnement a montré que la plupart des sites néolithiques actuellement localisés au bord de marais aujourd'hui comblés, étaient placés plus près des influences marines qu'ils le sont de nos jours (Auzay, Champ-Durand, La Mastine, Pied-Lizet, Le Rocher, La Garenne et La Sauzaie) (Fig. 261., Tableau 54). De même, la formation et le déplacement de dunes (Morzadec-Kerfourn, 1969) ont modifié le fonctionnement de marais littoraux (La Perroche) et masqué certains sites (Les Gouillauds) (Fig. 261.). Mais de tels phénomènes n'expliquent pas la rareté des restes coquilliers anthropiques du Néolithique en Bretagne. Certaines accumulations de cette période étaient, peut-être, trop restreintes pour permettre leur conservation sur le substrat acide de cette région. Cependant, de récentes prospections sur l'archipel de Molène, au substrat granitique, montrent la présence de nombreux dépôts coquilliers (Responsable : P. Gouletquer). Ils témoignent du rejet par l'homme de tests coquilliers du Néolithique final à nos jours (Pailler et Sparfel, 2002). Une grande partie d'entre eux, actuellement attaquée par la mer, a été observée le long de coupes naturelles ravivées par l'érosion marine. En l'état actuel des prospections, deux d'entre eux sont attribuables au Néolithique final : Béniguet et Beg-ar-Loued (Île de Molène, Finistère) (Pailler et Sparfel, 2002 ; Dupont *et al.*, 2003) (Fig. 1., p.7).

La domination des sites néolithiques côtiers par rapport à ceux du Mésolithique entre La Loire et La Gironde pourrait donc résulter d'un biais de représentation lié aux modifications constantes du trait de côte. En effet, une plus grande partie des sites mésolithiques peut être ensevelis sous les eaux ou sous des sédiments. Cependant, elle n'explique pas la faible représentation des rejets coquilliers anthropiques néolithiques trouvés en Bretagne. Au vu des résultats de récentes prospections de l'archipel de Molène, la rareté des fouilles liées à des accumulations coquillières peut, en partie, expliquer le faible nombre de dépôts coquilliers attribués au Néolithique. En effet, la prospection de surface ne suffit pas toujours à dater un amas coquillier. Mais, elle n'explique pas tout et les plus petits dépôts coquilliers, toutes périodes confondues, ont pu être dissous par l'acidité du substrat breton.

Chapitre II – Les spectres malacofauniques des espèces collectées au Mésolithique et au Néolithique

Les coquillages collectés dans les sites du Mésolithique et du Néolithique étudiés ont été comparés, dans le but de savoir si les mêmes espèces ont été sélectionnées par les hommes durant ces deux périodes.

La présence des espèces a été observée en ordonnant les sites étudiés de façon grossièrement chronologique du n° 1 au n° 22 (Tableau 55). Les coquillages ont été classés en fonction de leur substrat d'origine (Tableau 55, colonne 1). L'occurrence (O), ou le nombre de sites où chacune d'entre elles a été rencontrée, est signalée en fin de ligne. Dans la mesure du possible, la masse totale étudiée des coquilles, toutes utilisations confondues, sur chaque site a été indiquée en bas de chaque colonne réservée aux sites. Lorsque cela n'a pas été possible, le N.M.I. total des tests étudiés a été rappelé.

Toutes les espèces présentes, dans au moins trois sites, ont été identifiées pour les deux périodes, à l'exception de *Pholas dactylus* qui, avec une occurrence de 4, est absente du Néolithique. Cependant, l'extrême fragilité de son test rend souvent sa détermination spécifique difficile. En effet, elle peut être présente à Ponthezières, mais la dégradation des restes observés n'a permis que l'identification du genre *Pholas*. Les espèces, représentées uniquement au Mésolithique ou au Néolithique (31 au total), sont, pour la plupart, des accompagnatrices. En effet, pour 42 % des taxons représentés dans seulement une de ces périodes, la taille des individus adultes est inférieure au centimètre. *Gibbula pennanti, Lacuna pallidula, Bittium reticulatum, Diodora gibberula, Melarhaphe neritoides, Rissoa* sp., *Tricolia pullus, Hydrobia* sp., *Lacuna parva, Gibbula cineraria, Euspira pulchella,* peuvent, par exemple, être classés parmi cette catégorie. D'autre part, plus de 77 % des espèces, qui n'ont pas été identifiées à la fois au Mésolithique et au Néolithique, sont représentées à moins de 0,1 % de la masse totale des coquilles observées pour un site. Trois espèces (*Euspira catena, Pholas dactylus* et *Trochus magus*) sont, quant à elles, présentes à moins de 1 % sur les quelques sites où elles ont été reconnues. Enfin, les plus fortes proportions obtenues pour les autres espèces trouvées sur moins de trois sites, dont *Mactra glauca* (9,7 % pour une masse totale de 0,2 kg) et *Mya* sp. (15,4 % pour un N.M.I. total de 110), peuvent être liées à leur identification dans des échantillons limités en quantité.

La majorité des espèces qui possèdent une faible occurrence (de 1 à 3) correspondent donc, pour la plupart, à des accompagnatrices. Leur petite taille et le caractère aléatoire de leur présence sur les sites peuvent expliquer leur faible occurrence. Ils peuvent également être à l'origine de leur représentation dans une seule des deux périodes étudiées. Malgré ces différences, les taxons les plus fréquemment exploités, par les hommes entre le Mésolithique et le Néolithique, sont les mêmes. Cette observation peut aller dans le sens d'une relative permanence des cortèges fauniques naturels. Elle peut être rapprochée des faibles variations thermiques observées au cours de la période de l'Atlantique (Magny, 1995). Cependant, ces résultats doivent être considérés avec prudence car les spectres malacofauniques observés résultent en grande partie d'une sélection volontaire de l'homme et non d'une image fidèle de ce qui était disponible dans la nature au Mésolithique et au Néolithique.

N°	Les espèces	Les sites mésolithiques et néolithiques étudiés																						O
		1	2	2'	3	4	5	6	7	8	9	10	11	12	13	14	15	16	17	18	19	20	21	22	
1	*Patella* sp.																								21
2	*Osilinus lineatus*																								14
3	*Gibbula pennanti*																								1
3	*Gibbula umbilicalis*																								9
4	*Littorina obtusata*																								8
5	*Lacuna pallidula*																								1
5	*Lacuna parva*																								2
5	*Lacuna* sp.																								3
6	*Nucella lapillus*																								9
7	*Trivia monacha*																								7
8	*Nassarius incrassatus*																								2
8	*Nassarius pygmaeus*																								2
9	*Haliotis tuberculata*																								7
10	*Ocenebra erinaceus*																								9
11	*Chlamys varia*																								5
12	*Ostrea edulis*																								18
13	*Mytilus edulis*																								18
14	*Littorina littorea*																								14
15	*Ansates pellucida*																								1
15	*Bittium reticulatum*																								1
15	*Bittium* sp.																								1
15	*Diodora gibberula*																								1
15	*Gibbila cineraria*																								2
15	*Melarhaphe neritoides*																								1
15	*Rissoa* sp.																								1
15	*Tricolia pullus*																								1
15	*Anomia ephippium*																								1
15	*Clausinella fasciata*																								1
15	*Pholas dactylus*																								4
15	*Pholas* sp.																								1
15	*Striarca lactea*																								2
16	*Donax* sp.																								1
17	*Nassarius reticulatus*																								12
18	*Spisula* sp.																								3
18	*Spisula subtruncata*																								1
19	*Venus verrucosa*																								5
20	*Acanthocardia echinata*																								9
21	*Glycymeris glycymeris*																								7
22	*Laevicardium crassum*																								9
23	*Callista chione*																								8
24	*Mactra glauca*																								1
25	*Pecten maximus*																								13
26	*Dentalium* sp.																								10
27	*Paphia aurea*																								1
27	*Venerupis pullastra*																								1
28	*Lutrarialutraria*																								6
29	*Mya* sp.																								3
30	*Solen marginatus*																								6
31	*Cerastoderma edule*																								16
32	*Tapes decussatus*																								19
33	*Buccinum undatum*																								3
33	*Euspira pulchella*																								1
33	*Euspira catena*																								1
33	*Phalium saburon*																								1
33	*Turritella communis*																								1
33	*Turritella* sp.																								1
33	*Gari* sp.																								1
33	*Gastrana fragilis*																								1
33	*Hiatella* sp.																								3
33	*Solen* sp.																								1
34	*Hydrobia ulvae*																								4
34	*Hydrobia* sp.																								1
34	*Scrobicularia plana*																								16
35	*Cerastoderma glaucum*																								2
36	*Trochus magus*																								1
	Quantité étudiée	1,97	829	172	0,6	25,9	6,97	1,5	15,5	2,5	7	20	0,1	110	0,8	0,05	5,2	15,6	0,3	0,2	0,2	22,2	331,8	5,3	
	Variable utilisée	M	NMI	NMI	M	M	M	M	M	M	M	NMI	M	NMI	M	M	M	M	M	M	M	M	M	M	

Tableau 55. Présence et occurrence des espèces dans les sites étudiés 1 - La Grande Pièce, 2 -Saint-Gildas IB, 2' -Saint-Gildas IC, 3 - Le Porteau-Ouest, 4 - Beg-an-Dorchenn, 5 - Hoëdic, 6 - Téviec, 7 – Beg-er-Vil, 8 – Auzay, 9 - Les Gouillauds, 10 – Montagant, 11 – La Garenne, 12 – Chez Reine, 13 – Champ-Durand, 14 - La Mastine, 15 - La Sauzaie, 16 - Le Rocher, 17 – Pied-Lizet, 18 - La grotte du Phare, 19 – Diconche, 20 – La Perroche, 21 – Ponthezières, 22 - Er Yoh ; N°: Numéro d'ordre des espèces selon leur biotope ; O : Occurrence de l'espèce ; M : Masse en kilogrammes ; N.M.I. : Nombre Minimum d'Individus

Chapitre III – Les caractéristiques de l'exploitation de la malacofaune marine

Les données obtenues à partir des analyses malacofauniques appliquées à différents sites du Mésolithique et du Néolithique ont été résumées dans les tableaux 56, 57 et 58. Les informations ont été classées selon les utilisations faites de la malacofaune : la ressource alimentaire (Tableau 56), la parure (Tableau 57) et les outils (Tableau 58). Elles décrivent pour chaque utilisation des coquillages, en fonction des sites étudiés, les caractéristiques générales de la composition des spectres malacofauniques et des sous-systèmes techniques de l'acquisition, de la transformation et de la consommation de la malacofaune marine. Selon l'utilisation faite de la malacofaune les informations liées à chacun de ces sous-systèmes sont plus ou moins nombreuses. Ainsi, le sous-système technique de la transformation n'a pas été indiqué pour les restes alimentaires, car aucun indice n'a permis de détailler cette étape pour la malacofaune utilisée comme nourriture (Tableau 56).

De plus, les sites, de natures différentes (sépulture et habitat), n'ont pas tous livré des témoins de ces trois utilisations. Ainsi, pour le Mésolithique, une seule utilisation de la malacofaune marine a été observée à La Grande Pièce, à Saint-Gildas IB et IC. Pour le premier site, de la parure a été découverte tandis que les assemblages des deux autres sites sont composés exclusivement de restes alimentaires. Pour Téviec et Hoëdic, qui comportent à la fois des rejets alimentaires et des sépultures, les coquillages alimentaires et la parure étaient abondants. Pour Beg-er-Vil et Beg-an-Dorchenn, représentés par une zone de rejets, la parure est très faiblement représentée par rapport aux restes alimentaires. Certains critères comme les proportions de l'espèce majoritaire ou la dominance d'un substrat de collecte sont peu représentatifs statistiquement. Ces caractéristiques n'ont donc pas été définies dans le tableau 57 pour les sites de Beg-an-Dorchenn et de Beg-er-Vil. Les indices d'outils sont, quant à eux, très rares pour le Mésolithique (Tableau 58). Au Néolithique, la majeure partie des sites est composée de restes alimentaires (Tableau 56). La parure est souvent faiblement représentée, à l'exception du site de fabrication de perles de Ponthezières (Tableau 57). De même, les outils, même s'ils ont été plus souvent observés au Néolithique qu'au Mésolithique, sont parfois identifiés par un faible nombre de restes pour un site (Tableau 58). Diconche est le site le mieux documenté du Néolithique pour cette utilisation. Toutes les observations présentées dans ces différents tableaux seront donc discutées ci-dessous en fonction de leur taux de représentation.

L'interprétation des informations obtenues à partir de l'analyse malacofaunique a volontairement été limitée dans les tableaux 56, 57 et 58. Ces observations ont servi de base à notre analyse. Les différences et points communs ont été recherchés au sein du Mésolithique et du Néolithique, puis entre ces deux périodes. Celles-ci ont ensuite été interprétées en prenant en compte les sphères économiques, culturelles et sociales de ces populations. Notre but étant d'expliquer comment évolue l'exploitation de la malacofaune en fonction du contexte archéologique et de l'organisation spatiale des territoires du Mésolithique jusqu'à la fin du Néolithique.

A – De l'acquisition des coquillages à leur rejet au Mésolithique

Afin de préciser le degré d'investissement des Mésolithiques dans l'exploitation des coquillages nous avons recherché les choix qu'ils ont faits pour limiter l'énergie dépensée pour les différentes étapes des chaînes opératoires étudiées.

Les deux principales utilisations de la malacofaune observées au Mésolithique sont la nourriture et la parure. Les outils en coquillage sont, quant à eux, attestés par quelques pièces.

1 – La malacofaune : ressource alimentaire

1.1 - Les substrats exploités

Dans la figure 262, qui présente les substrats exploités pour l'acquisition de la malacofaune, les sites ont été ordonnés selon le classement présenté au début de la partie V. Ceux qui correspondent au Mésolithique sont grisés. Parmi les six sites représentés, quatre (Beg-an-Dorchenn, Beg-er-Vil, Saint-Gildas IB et IC) montrent une exploitation diversifiée des substrats (Fig. 262-A-B-D.). En effet, pour ces quatre sites le substrat représenté en seconde position atteint encore entre 28 et 48 %. Comme l'ont montré les différentes reconstitutions paléoenvironnementales appliquées localement, la diversification des milieux exploités est liée à leur proximité. De même, pour Téviec et Hoëdic, la faible représentation des deux milieux meubles (entre 1 et 6 %) semble être influencée par leur accès limité (Fig. 262-B.).

	Sites mésolithiques concernés						Sites néolithiques concernés												
	Saint-Gildas IB	Saint-Gildas IC	Beg-an-Dorchenn	Hoëdic	Téviec	Beg-er-Vil	Auzay	Les Gouillauds	La Garenne	Chez Reine	Champ-Durand	La Mastine	La Sauzaie	Le Rocher	Pied-Lizet	La grotte du Phare	La Perroche	Pontheizières	Er Yoh
Composition de la malacofaune marine																			
Espèce majoritaire																			
La patelle			+		+				+	+		+	+	+					
La scrobiculaire	+	+																	
La palourde							+												
La coque								+											
L'huître															+				
Degré de sélection des espèces																			
Deux espèces atteignent plus de 80 % de la malacofaune consommée	+	+					+	+			+			+	+				
Les espèces consommées sont variées			+	+		+						+				+			+
L'acquisition de la malacofaune marine																			
Substrat dominant																			
Substrat rocheux	+		+	+	+	+			+	+		+	+	+	+	+	+	+	+
Substrat sableux							+	+											
Substrat vaseux		+									+								
Degré de sélection du territoire de collecte exploité																			
Exploitation de différents substrats	+	+	+			+						+			+				
Exploitation de tous les niveaux de l'estran			+	+	+	+	+			+	+	+	+	+	+	+	+	+	+
Fréquentation attestée du bas niveau de l'estran																	+	+	+
Distance au lieu de collecte potentiel																			
à moins de 500 m du site			+			+							+	+					+
à moins d'un km du site	+	+		+	+			+							+	+	+		
à moins de 2 km du site																		+	
à moins de 3 km du site										+									
à moins de 5 km du site							+		+			+							
à moins de 10 km du site											+								
Fréquence potentielle de la collecte																			
Accès potentiellement quotidien des espèces	+	+	+	+	+	+	+	+	+	+	+	+	+	+	+	+	+	+	+
Degré de sélection des techniques de collecte																			
Techniques de collecte variées	+	+	+	+		+						+	+		+	+	+	+	+
Utilisation d'une technique de collecte principale					+		+	+	+	+	+			+					
La consommation de la malacofaune marine																			
Saison minimale de collecte de la palourde																			
Au début du printemps							+												
Collecte majoritaire de cette espèce au début du printemps																		+	
Au début du printemps et de l'automne						+													
Du début à la moitié de l'année			+																
Du début du printemps à l'automne								+											
Reconstitution d'une masse de chair minimale consommée																			
15 kg																	+		
254 kg																		+	
0,12 tonnes						+													
2,4 tonnes			+																
3,8 tonnes				+															

Tableau 56. Résumé des données obtenues sur l'alimentation des Mésolithiques et des Néolithiques d'après l'analyse malacofaunique des sites étudiés

	Sites mésolithiques concernés						Sites néolithiques concernés					
	La Grande Pièce		Beg-an-Dorchenn	Hoëdic	Téviec	Beg-er-Vil	Auzay	La grotte du Phare	Diconche	La Perroche	Ponthezières	Er Yoh
Composition de la malacofaune marine												
L'espèce majoritaire est présente à plus de 90 % du N.R.											+	
Les deux espèces majoritaires représentent plus de 90 % du N.R.	+			+	+							
Les parures en coquillages sont en majorité de petites tailles	+		+	+	+	+	+	+	+	+	+	
L'acquisition de la malacofaune marine												
Substrat dominant												
Substrat rocheux				+	+							
Substrat sableux	+										+	+
Distance au lieu de collecte potentiel												
à moins de 500 m du site			+			+						+
à moins d'un km du site				+	+			+		+		
à moins de 2 km du site											+	
à moins de 5 km du site							+					
à moins de 35 km du site									+			
à moins de 65 km du site	+											
Coquillages morts ou vivants ?												
Ramassage de coquilles mortes échouées	+		+	+	+	+	+	+				+
Présence d'espèces subtidales	+		+	+	+		+	+				+
L'espèce majoritaire est accessible sur l'estran											+	
Certains tests étaient percés lors de leur ramassage	+		+									+
Taille de l'espèce majoritaire												
Inférieure à 15 mm	+		+	+	+	+	+	+	+			
Supérieure à 15 mm											+	
Recyclage possible des tests utilisés après consommation alimentaire											+	
La transformation de la malacofaune marine												
Pas de modification de la forme d'origine des coquillages	+		+	+	+	+	+	+	+	+	+	?
Grande transformation de la forme d'origine du test :								+		+	+	
façonnage de petites perles plates circulaires												
La consommation de la malacofaune marine												
Port de la parure dans le monde du vivant	+		+	+	+			+				
Cas de réparation de la parure	+		+									

Tableau 57. Résumé des données obtenues sur la parure en coquillages des sites mésolithiques et néolithiques étudiés

	Sites mésolithiques concernés		Sites néolithiques concernés			
	Beg-an-Dorchenn	**Hoëdic**	**Auzay**	**Montagant**	**Diconche**	**Er Yoh**
Composition de la malacofaune marine						
Utilisation de grands bivalves	+	+		?	+	+
La palourde est l'espèce majoritaire				+	+	
L'acquisition de la malacofaune marine						
Substrat dominant						
Substrat sableux	+	+		+	+	+
Distance au lieu de collecte potentiel						
à moins de 500 m du site	+					+
à moins d'un km du site		+				
à moins de 5 km du site			+			
à moins de 50 km du site				+		
à au moins 35 km du site					+	
Indices de collecte des coquilles seules						
Présence d'organismes marins sur la surface interne des tests					+	+
Présence d'espèces subtidales					+	+
Fréquence potentielle de la collecte						
Accès potentiellement quotidien des espèces				+		
Technique de collecte						
Utilisation d'une principale technique				+	+	+
La transformation de la malacofaune marine						
Test utilisé brut sans façonnage préalable	+	+	+		+	+
La consommation de la malacofaune marine						
Saison minimale de collecte de la palourde						
Entre la moitié du printemps et le début de l'été				+		
Stigmates d'utilisation						
Présence de stries sur les zones en relief et sur les bords			+		+	+
Zones en relief présentant un poli mais pas de stries visibles à l'œil nu	+	+			+	

Tableau 58. Résumé des données obtenues sur les outils en coquillages observés sur les sites mésolithiques et néolithiques étudiés

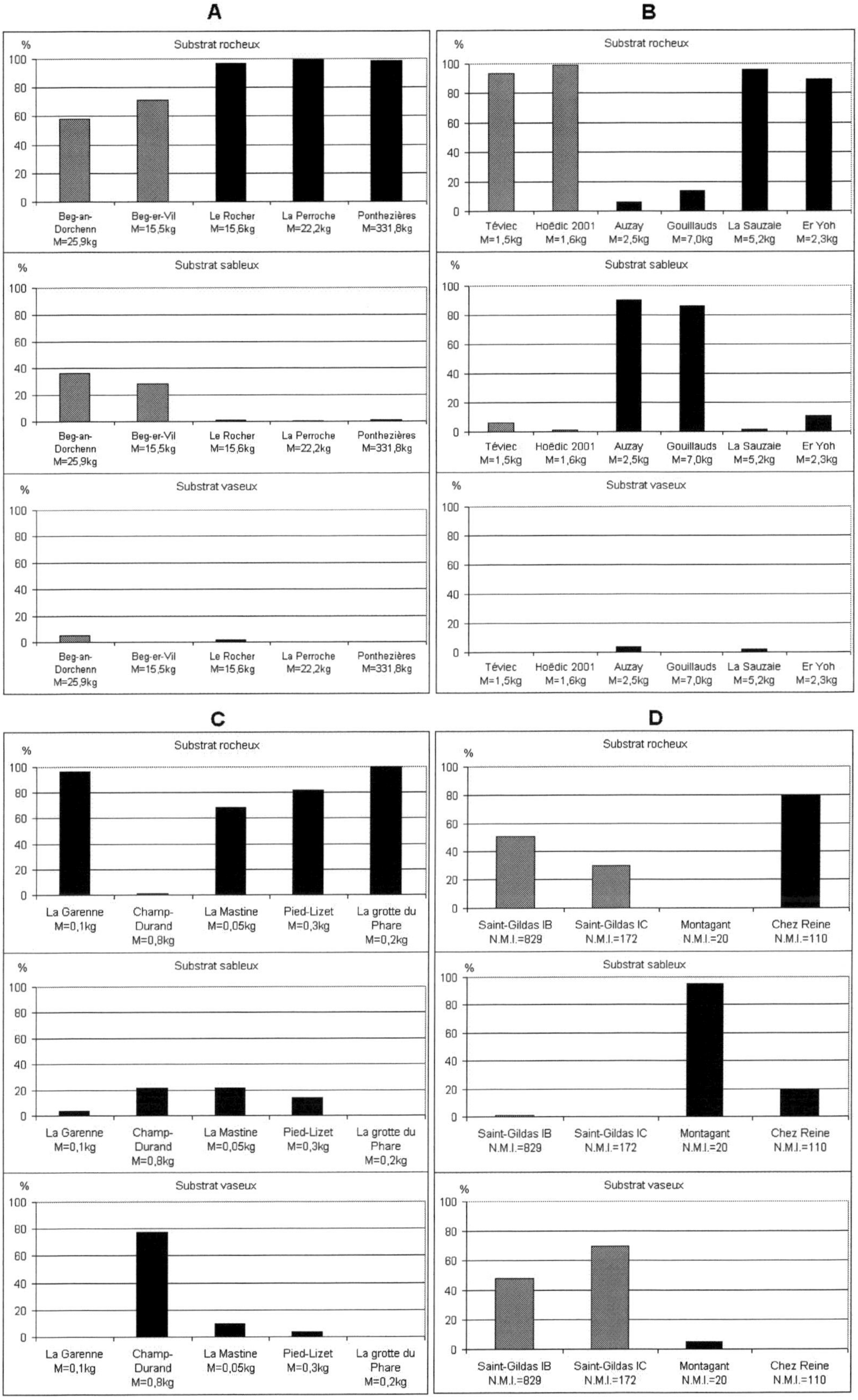

Fig. 262. Histogramme de distribution des substrats d'origine de la malacofaune utilisée comme nourriture A – Pour les sites dont la masse étudiée est supérieure à 10kg ; B – Pour les sites dont la masse étudiée est comprise entre 1 et 10 kg ; C – Pour les sites dont la masse étudiée est inférieure à 1 kg ; D - Pour les autres sites (M : masse).

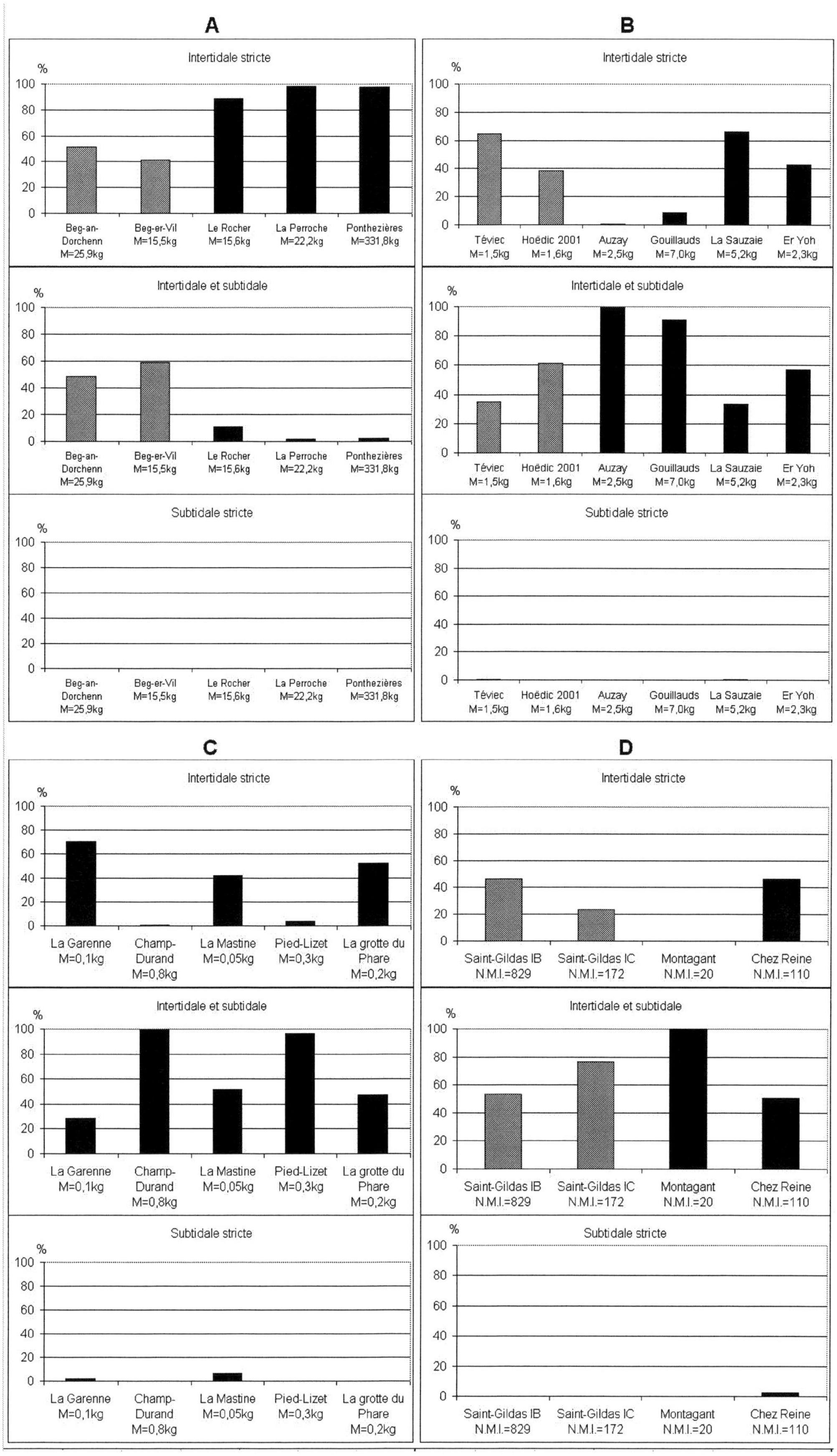

Fig. 263. Histogramme de distribution des niveaux de l'estran d'origine de la malacofaune utilisée comme nourriture A – Pour les sites dont la masse étudiée est supérieure à 10kg ; B – Pour les sites dont la masse étudiée est comprise entre 1 et 10 kg ; C – Pour les sites dont la masse étudiée est inférieure à 1 kg ; D - Pour les autres sites (M : masse).

En effet, le substrat rocheux est majoritaire sur les côtes avoisinant ces deux sites. De même, la proximité d'un estuaire a encouragé l'exploitation du substrat vaseux à Saint-Gildas IB et IC. De plus, les niveaux des estrans exploités pour la quête de nourriture sont ceux qui sont les plus longtemps émergés. Plus de 20 % des espèces collectées au Mésolithique pour la nourriture sont strictement intertidales (Fig. 263-A-B-D.). Elles peuvent être ramassées quotidiennement, et ce, pendant plusieurs heures. Toutes sont d'ailleurs accessibles à pied sec. *Les populations se sont donc adaptées aux ressources accessibles dans leur environnement proche. Au vu de ce seul élément, l'activité de la collecte reflète un comportement opportuniste de ces populations mésolithiques.*

Cependant, malgré la diversité des substrats exploités, le milieu rocheux domine, au Mésolithique, pour 5 sites sur 6 étudiés (Tableau 56, Fig. 262-A-B-D.). Cette préférence pour le substrat rocheux a également été observé sur le site mésolithique irlandais de Ferriter's Cove où le sable était également accessible (Mc Carthy *et al.*, 1999, p.100). Ce fait peut être lié à la présence majoritaire de ce substrat à proximité des sites étudiés. Mais le 'succès' du substrat rocheux, peut aussi être rapproché d'une plus grande accessibilité des espèces qui y vivent. En effet, contrairement aux deux autres substrats (le sable et la vase), les coquilles sont directement repérables à la surface du rocher. Le temps consacré à la recherche de la malacofaune est donc plus limité dans le cas de l'exploitation du milieu rocheux.
Un tel choix par les hommes du Mésolithique est à rapprocher du modèle de l''optimal foraging' (Deith, 1983-2 ; Raab, 1992). Celui-ci consiste en une prévision d'un régime alimentaire optimal basé sur le classement des ressources alimentaires en termes de gain énergétique. Dans ce modèle, les espèces les plus consommées sont les plus abondantes, les plus accessibles et celles qui possèdent un meilleur rendement en terme de 'coût' d'exploitation par rapport au gain énergétique qu'elles apportent. *Globalement, même si le contexte environnemental semble avoir été un des principaux facteurs de représentativité des substrats, la simplification du sous-système technique de l'acquisition pour les espèces de milieu rocheux a pu favoriser l'exploitation de ce dernier. D'autre part, même si les Mésolithiques se sont adaptés à leur environnement, il n'est pas non plus exclu que l'implantation de certains sites ait pu être guidée par la présence de bancs coquilliers faciles d'accès. L'analyse de la malacofaune seule ne permet pas de plaider pour l'une ou l'autre des hypothèses.*

1.2 - Le degré de sélection des espèces

Les proportions des espèces majoritairement consommées ont été analysées dans le but de voir si les degrés de sélection des coquillages observés pour les sites du Mésolithique sont différents d'un site à l'autre. Un indice de richesse aurait pu être utilisé (Chaix et Méniel, 1966, p.55).

Cependant, même si cet indice est peu influencé par la taille des échantillons, il ne tient pas compte de l'abondance relative des taxons. Or, pour les rejets coquilliers alimentaires qui ont été tamisés plusieurs espèces ont été identifiées à partir de peu d'exemplaires. Par exemple, 16 espèces sur les 36 déterminées à Ponthezières sont représentées par un seul individu. Afin de limiter les distorsions apportées par les différentes techniques de fouille, les graphiques de la figure 264 ont été dressés en deux temps. Tout d'abord, toutes les espèces présentes à moins de 1 % sur les sites ont été écartées. Elles sont, pour la plupart, accompagnatrices et n'ont, sans doute, pas été collectées volontairement par l'homme. D'autre part, leur présence est fortement tributaire des techniques de fouille utilisées. Les espèces ont ensuite été classées par ordre de fréquence décroissant. Tout en conservant cet ordre, les pourcentages ont été cumulés et ces cumuls représentés graphiquement (Fig. 264.).

Pour Beg-an-Dorchenn et Beg-er-Vil, qui sont les amas coquilliers les mieux documentés quantitativement, les proportions de 4 à 5 espèces (parmi les 14 les plus abondantes de chaque site) doivent être additionnées pour obtenir plus de 90 % de la masse totale de coquilles consommées (Fig. 264-B.). C'est également le cas de l'échantillon de Hoëdic issu du tamisage, mais dont une plus faible quantité a été observée (Fig. 264-C). L'avertissement présent au début de cette synthèse doit être rappelé. En effet, l'échantillon de Téviec de coquillages alimentaires a été ramassé à vue à la fouille et la quantité étudiée est très réduite par rapport au volume total de l'amas estimé (156 m^3). La sélection apparente peut donc être liée à l'échantillonnage à la fouille (Fig. 264-C.). Pour les deux sites de Saint-Gildas, les deux espèces majoritaires représentent plus de 90 % du N.M.I. (Fig. 264.). *Si on exclut Téviec et Hoëdic, moins fiables du point de vue de la représentativité de l'échantillon prélevé par rapport à l'ensemble du site, la grande diversité spécifique des sites de Beg-an-Dorchenn et de Beg-er-Vil s'oppose à celle réduite des sites de Saint-Gildas.*

Cette différence peut être rapprochée du modèle d'organisation logistique des territoires proposé par Tavares da Silva (1996, p.92). Celui-ci oppose les camps de base semi-permanents de large spectre aux petits sites de courte durée spécialisés dans la collecte d'une variété réduite de ressources (Tavares da Silva, 1996, p.92). Certains sites pourraient d'ailleurs être spécialisés dans la collecte de coquillages (Tavares da Silva, 1996, p.92). *Beg-an-Dorchenn et Beg-er-Vil seraient, d'après ce modèle, des sites de plus grande permanence que ceux, plus spécialisés et de courte durée, de Saint-Gildas.* Nous verrons par la suite si les témoins archéologiques du mode de résidence de ces sites confirment ou non une plus grande permanence des amas de Beg-an-Dorchenn par rapport à ceux de Saint-Gildas.

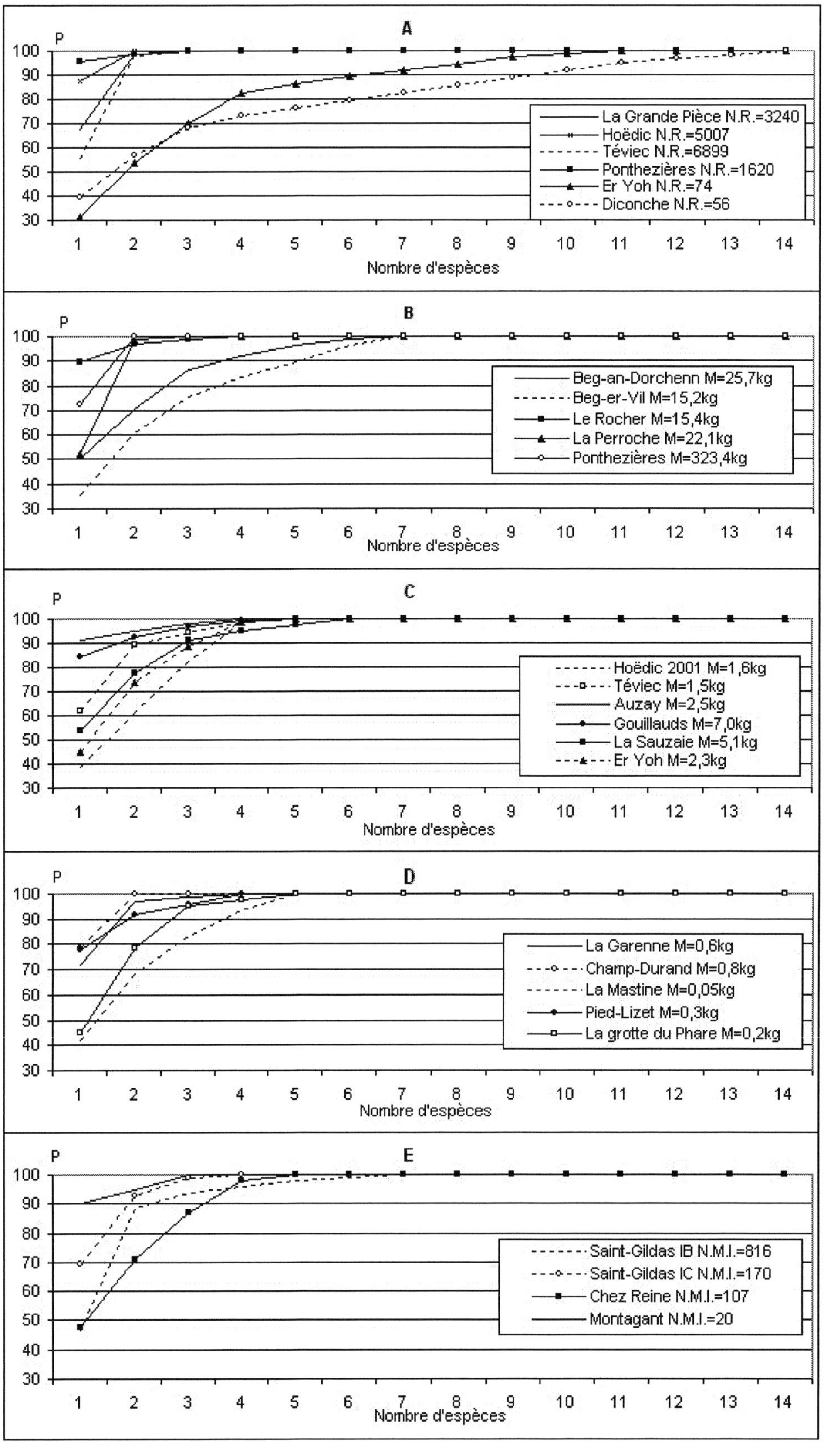

Fig. 264. Pourcentages cumulés des proportions des espèces les mieux représentées des sites en fonction du nombre d'espèces : A – Pourcentages du N.R. de la parure et des outils ; B – Pourcentages de la masse des coquilles consommées pour les sites dont la masse étudiée est supérieure à 10kg ; C – Pourcentages de la masse des coquilles consommées pour les sites dont la masse étudiée est comprise entre 1 et 10 kg ; D – Pourcentages de la masse des coquilles consommées pour les sites dont la masse étudiée est inférieure à 1 kg ; E - Pourcentages du N.M.I. pour les autres sites (P : Pourcentage cumulé des proportions des espèces les mieux représentées, M : masse).

1.3 - Les coquillages majoritaires des régimes alimentaires

La présence des espèces sur l'ensemble des sites a été synthétisée sous la forme d'un tableau (Tableau 59). Les cases grisées indiquent que l'espèce appartient aux deux espèces majoritaires du site où elle a été identifiée. La patelle est présente parmi les deux espèces les plus consommées pour cinq sites parmi les six observés. Cette préférence a également été observée pour la majorité des amas coquilliers de la façade atlantique localisés à proximité de côtes rocheuses comme certains de l'ouest de l'Écosse, de l'Irlande et du Portugal (Mellars, 1978, p.388 ; Russell *et al.*, 1995, p.284 ; Tavares da Silva et Soares, 1997, p.77 ; McCarthy *et al.*, 1999, p.102). Pour d'autres dépôts coquilliers, comme ceux des 'fjords' du Danemark ou ceux des estuaires du Portugal, la configuration de la côte n'a pas permis l'établissement d'un substrat rocheux nécessaire au développement de la patelle. Quelques exceptions, comme le site irlandais de Ferriter's Cove, possèdent une consommation limitée de la patelle (entre 0,66 et 16 % du N.M.I.), malgré la présence de côte rocheuse proche du site (McCarthy *et al.*, 1999). Cette faible représentation peut être liée à une préférence culturelle des habitants de ce site. En effet, les patelles de petite taille et de bas estran ont été préférentiellement collectées pour leur meilleur goût (McCarthy *et al.*, 1999). À l'exception de rares cas, comme Ferriter's Cove, la majorité des sites mésolithiques présente une grande proportion de la patelle là où cette espèce est consommée. Les caractéristiques de sa consommation ajoutées à son accès facile et à son abondance sur les rochers et à sa présence possible dès le haut niveau de l'estran peuvent expliquer son succès. En effet, la consommation de ce gastropode conique ne présente pas de difficulté. Contrairement aux gastropodes turbinés où l'accès à la chair nécessite, soit une ébullition, soit une cassure de l'apex, soit l'écrasement du test, celui de la patelle peut se faire directement (Mellars, 1978, p.388 ; Russell *et al.*, 1995, p.287 ; Vigne, 1995, p.385 ; McCarthy *et al.*, 1999). L'étape de la préparation avant consommation est donc minime pour cette espèce. C'est d'ailleurs un des coquillages les plus rentables de la côte atlantique (Mellars, 1978, p.388) avec une proportion de chair comprise entre 46 et 60 % d'un animal frais (Dupont et Gruet, 2002). De plus, parmi les quatre autres espèces majoritairement consommées, seuls des bivalves sont présents (Tableau 59). Pour les bivalves, leur simple contact avec une source de chaleur est nécessaire à leur ouverture. L'accès à la chair est, ensuite, directement possible. *Le sous-système technique de la consommation va donc, comme pour celui de l'acquisition, dans le sens d'un faible investissement technique et de l'opportunisme.*

Substrat	Classe	Les espèces	La Grande Pièce	Saint-Gildas IB	Saint-Gildas IC	Beg-an-Dorchenn	Hoëdic	Téviec	Beg-er-Vil
Rocheux	G	*Patella* sp.		**+**	**+**	**+**	+	**+**	**+**
	G	*Osilinus lineatus*		+	+	+	+	+	+
	G	*Nucella lapillus*				+			+
	B	*Chlamys varia*					+		+
	B	*Ostrea edulis*		+		+	**+**	**+**	+
	B	*Mytilus edulis*		+		+	**+**	+	+
	G	*Littorina littorea*		+	+	+	+	+	+
	B	*Pholas dactylus*		+	+				
Sableux	B	*Donax* sp.				+			
	B	*Pecten maximus*						+	
	B	*Lutraria lutraria*					+	+	
	B	*Mya* sp.					+		
	B	*Solen marginatus*							+
	B	*Cerastoderma edule*				**+**	+	+	**+**
	B	*Tapes decussatus*		+		+	+	+	+
Vaseux	B	*Scrobicularia plana*		**+**	**+**	+			+
	B	*Cerastoderma glaucum*		+	+				

Tableau 59. Les taxons de la malacofaune marine utilisés au Mésolithique dans l'alimentation
(+ : présence ; + sur fond grisé : présence parmi les deux espèces majoritaires ; G : Gastropode ; B : Bivalve)

2 – La coquille : matière première

2.1 - La parure

2.1.1 – Les caractéristiques des espèces majoritairement utilisées et leur degré de sélection

Les taxons utilisés comme parure sur les sites mésolithiques étudiés ont été synthétisés dans le tableau 60. Les cases grisées de ce tableau correspondent aux deux espèces majoritaires de chaque site (Tableau 60). *Littorina obtusata, Trivia monacha* et *Nassarius reticulatus* sont les mieux représentées. En effet, *Littorina obtusata* domine sur quatre sites pour cinq présentant de la parure en coquillages. *Trivia monacha* a été trouvée sur quatre sites et est majoritaire sur trois d'entre eux. De même, *Nassarius reticulatus* est présente sur quatre sites et domine sur deux d'entre eux. *Dentalium* sp. est, quant à lui, majoritaire sur un site pour une occurrence de trois. Ces espèces se rapprochent par leur petite taille. Elles représentent une grande proportion de la parure. En effet, les courbes des pourcentages du N.R. de la parure de La Grande Pièce, de Téviec et d'Hoëdic montrent que l'addition des pourcentages de deux espèces seulement suffit à atteindre plus de 90 % du N.R. du corpus (Tableau 57, p.321 ; Fig. 264-A.). Cette association de deux petites espèces majoritaires a déjà été remarquée par Y. Taborin et semble constante au Mésolithique (Roche, 1951, 1958 ; Taborin, 1974). *Elle montre une importante sélection des coquillages collectés pour la parure.*

Substrat	Classe	Les espèces	La Grande Pièce	Saint-Gildas IB	Saint-Gildas IC	Beg-an-Dorchenn	Hoëdic	Téviec	Beg-er-Vil
Rocheux	G	*Patella* sp.	+				+	+	
	G	*Littorina obtusata*				+	+	+	+
	G	*Lacuna parva*						+	
	G	*Nucella lapillus*						+	
	G	*Trivia monacha*				+	+	+	+
	G	*Nassarius incrassatus*	+						
	G	*Haliotis tuberculata*					+		
	G	*Ocenebra erinaceus*	+				+	+	
	B	*Chlamys varia*					+		
	B	*Ostrea edulis*	+				+		
	B	*Mytilus edulis*	+						
	G	*Littorina littorea*					+		
Sableux	G	*Nassarius reticulatus*	+			+	+	+	
	B	*Spisula* sp.	+						
	B	*Venus verrucosa*	+						
	B	*Acanthocardia echinata*					+	+	
	B	*Glycymeris glycymeris*	+				+		
	B	*Laevicardium crassum*	+				+	+	
	B	*Pecten maximus*					+	+	
	S	*Dentalium* sp.	+			+		+	
	B	*Cerastoderma edule*	+				+		
	G	*Buccinum undatum*						+	
	G	*Euspira catena*	+						
	G	*Phalium saburon*	+						
		N.R.	**3295**	**0**	**0**	**20**	**5066**	**6987**	**8**

Tableau 60. Les taxons de la malacofaune marine utilisés au Mésolithique dans la parure (+ : présence ; + sur fond grisé : présence parmi les deux espèces majoritaires ; B : Bivalve ; G : Gastropode ; S : Scaphopodes)

2.1.2 – Les espèces majoritaires et minoritaires : des marqueurs culturels et sociaux ?

L'utilisation plus fréquente de coquilles de petite taille (Tableau 57) s'explique par leur faible encombrement et poids. D'autant plus que ces parures n'ont pas servi uniquement à parer les dépouilles des défunts. En effet, de multiples stigmates d'usure attestent de leur port dans le monde des vivants. Cette contrainte n'a cependant pas exclu le port de gros éléments, certes moins nombreux, comme *Haliotis tuberculata, Acanthocardia echinata, Glycymeris glycymeris, Laevicardium crassum, Pecten maximus, Buccinum undatum* et *Phalium saburon*. Il n'est pas exclu que l'appartenance culturelle à un groupe soit marquée par le port de mêmes petites espèces (ou de petites espèces de forme voisine) majoritaires et que l'individu se démarque d'un groupe par le choix et l'association de grands coquillages. Un tel scénario rejoindrait les études qui suggèrent que le facteur présence / absence est un indicateur plus sensible du statut des hommes que les proportions variables d'un même élément (Schulting, 1996, p.341). Ainsi, à La Grande Pièce, les structures se différencient principalement par les espèces les plus volumineuses tandis que le dentale et la nasse (*Nassarius reticulatus*) sont communes à l'ensemble (Dupont, 1998). De plus, les grandes coquilles d'une même espèce ont été trouvées, en majorité, dans les mêmes structures funéraires, ce qui limite le caractère aléatoire de la présence de ces ornements plus volumineux (Dupont, 1998). Y. Taborin a observé, pour Téviec et Hoëdic, des proportions variables des deux espèces majoritaires (*Trivia monacha* et *Littorina obtusata*) selon le sexe attribué aux squelettes (Taborin, 1974, pp.164-174). Ainsi, une plus grande proportion de *L. obtusata* était associée aux hommes, tandis que pour les femmes, c'est *T. monacha* qui domine. La manière dont les hommes et les femmes ont porté la parure semble également différente. Ainsi, les bracelets sont plus nombreux chez les hommes et les ornements de tête plus nombreux chez les femmes (Taborin, 1971, p.160). Enfin, les quantités de parures portées semblent dépendantes de l'âge des sujets (Taborin, 1974). Les tombes des jeunes et des personnes les plus âgées seraient moins fournis en parure que les adultes en âge de procréer. *Cette variabilité de la parure en fonction de l'âge et du sexe pourrait être liée à une symbolique associée à la fécondité.* Ainsi, pour des peuples méditerranéens de l'Antiquité, les porcelaines étaient un symbole de fécondité et, aujourd'hui encore, les jeunes filles arborent une chaîne de *Cauris* à titre de talisman pour se préserver de la stérilité et des maladies vénériennes (Vicente, 1995, p.101). La comparaison des spectres malacofauniques entre sexe et âge des individus de La Grande Pièce n'a pas encore été réalisée. Les données sur les squelettes (étude P. Courtaud et C. Duday) ainsi que l'attribution des parures aux différents squelettes sont en cours de vérification (Dupont et Laporte, *en cours*).

2.1.3 – Les substrats d'origine des espèces et les conditions de collecte de la malacofaune

Les substrats accessibles ont également pu agir sur les espèces sélectionnées pour la confection de la parure. En effet, l'accès limité aux substrats meubles a déjà été souligné à Téviec et Hoëdic. De plus, comme pour la nourriture collectée à Téviec et Hoëdic, la parure de ces deux amas coquilliers provient en majorité (98 et 99 %) du substrat rocheux (Fig. 265.).

Quelques espèces de milieux meubles y ont été observées comme *Acanthocardia echinata, Buccinum undatum, Cerastoderma edule, Dentalium* sp., *Glycymeris glycymeris, Laevicardium crassum, Nassarius reticulatus* et *Pecten maximus*.

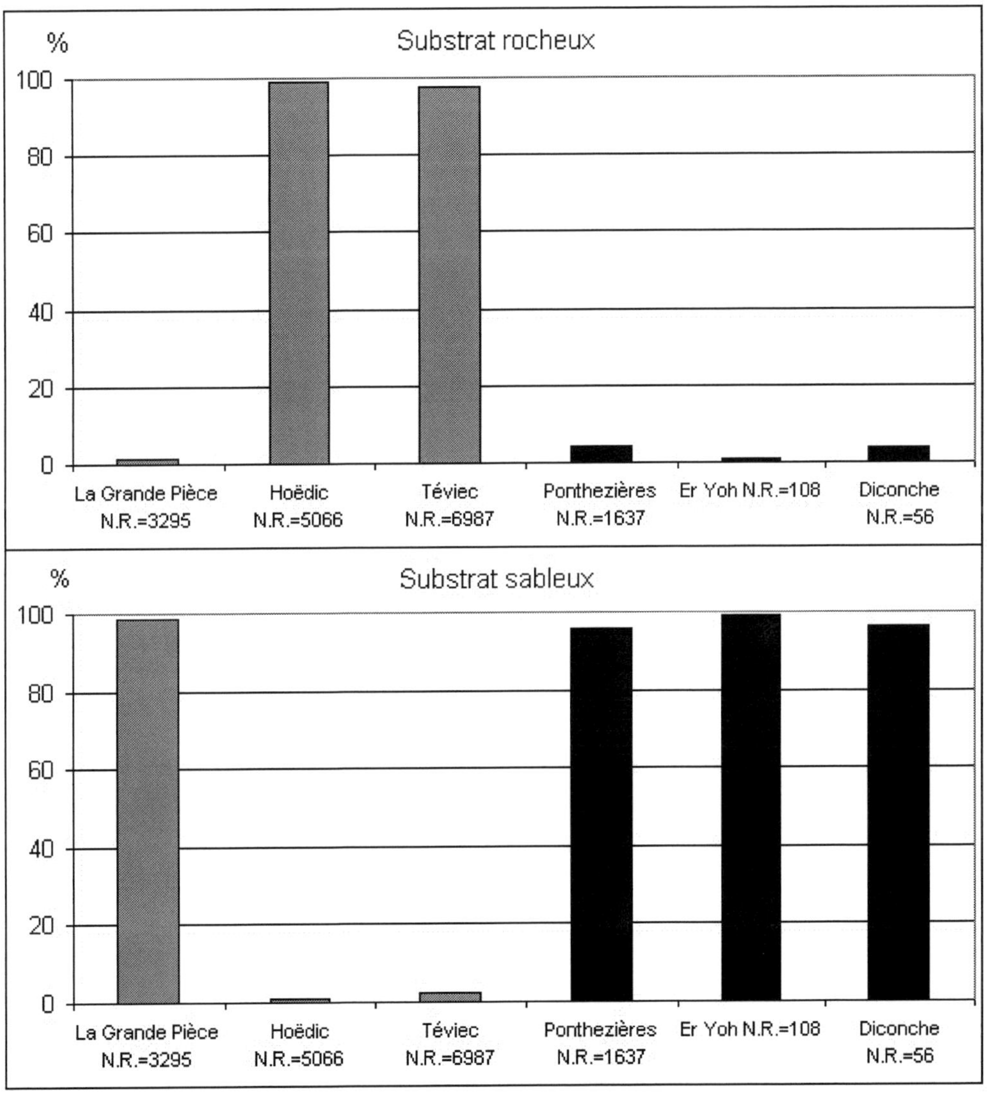

Fig. 265. Histogramme de distribution des substrats d'origine de la malacofaune utilisée comme parure et outil

Elles ont pu être collectées échouées à proximité du site, sur la plage, au même endroit que les espèces rocheuses elles-mêmes échouées. La reconstitution du paléoenvironnement de La Grande Pièce a montré que le substrat sableux était sans doute plus accessible que les rochers (Partie IV Chapitre I A-1, pp.114). *Comme pour la malacofaune collectée à des fins alimentaires, les populations se sont donc adaptées aux ressources accessibles dans leur environnement proche pour choisir la parure.*

Malgré ce point commun dans l'acquisition des coquillages, les espèces majoritairement sélectionnées pour la parure ou pour l'alimentation diffèrent. Dans la figure 266, seuls les taxons présents parmi les deux espèces majoritaires d'un site ont été comptabilisés. Elle montre que les coquillages qui sont dominants dans les régimes alimentaires des Mésolithiques, ne composent pas la majorité de la parure. Les ornements en coquillages sont composés de coquilles ramassées échouées et pour certaines d'origine subtidale. Ainsi, parmi les 24 espèces utilisées comme parure, 12 ne sont pas consommées par les Mésolithiques. La position altitudinale de la malacofaune le long de la côte va dans ce sens. En effet, 30 % sont d'origine subtidale à La Grande Pièce (Fig. 267.). Pour Hoëdic et Téviec les proportions des espèces constamment immergées sont très faibles avec respectivement 0,30 % et 0,34 % (Fig. 267.). Cependant, les parures de ces deux sites sont, malgré tout, plus difficilement accessibles vivantes que la nourriture avec une faible représentation des espèces strictement intertidales (entre 0,22 % et 0,30 %) (Fig. 263-B., p.324). De nombreux stigmates témoignant de l'échouage des tests dans les laisses de haute mer avant leur ramassage. D'autre part, la petite taille observée pour une grande proportion des coquilles utilisées dans la parure rend difficile leur consommation. *La plupart des coquillages utilisés dans la parure est impropre à l'alimentation et a été ramassé morte, échouée sur la côte.*

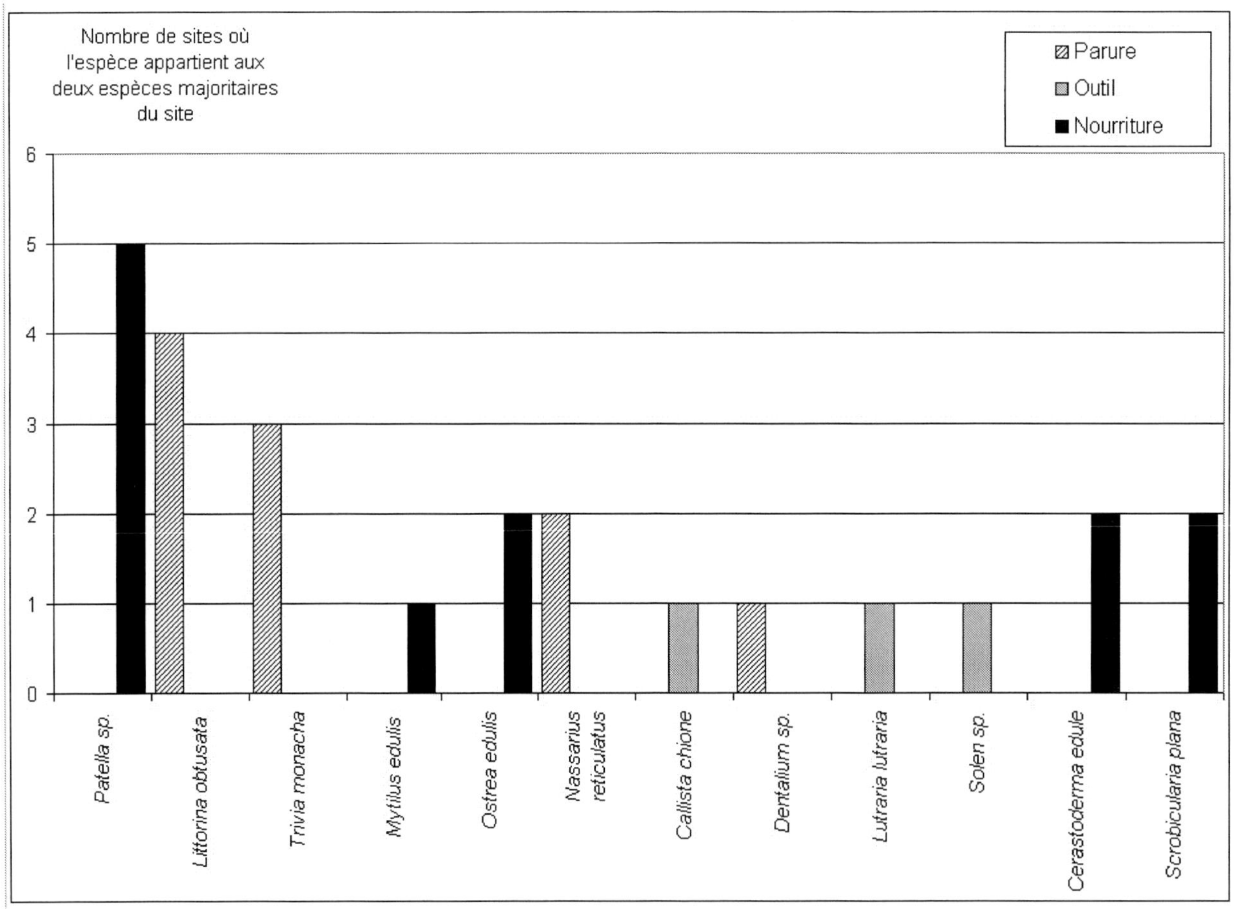

Fig. 266. Nombre de sites mésolithiques où l'espèce est présente parmi les deux taxons majoritaires en fonction des utilisations attestées

2.1.4 – Le percement du test

Le seul façonnage apporté à ces ornements correspond au percement du test (Tableau 57 ; Fig. 55, p.110 ; Fig. 82, p.138 ; Fig. 102., p.162 ; Fig. 116, p.176). Plusieurs techniques de perforation ont été suggérées pour les sépultures de Téviec et de Hoëdic. Les Péquart ont proposé l'utilisation possible de 'pointeaux' pour le perçage des cyprées, des nasses et des littorines par pression (Péquart et Péquart, 1934, p.80). L'emplacement de la perforation à l'aplomb du péristome a parfois été associé à un percement des tests coquilliers par l'intérieur de la coquille. C'est l'hypothèse qu'a proposée Y. Taborin par l'utilisation de la percussion indirecte ou interposée faite à partir de la face interne concave avec un percuteur ou une pointe dure en silex (Barge-Mahieu et Taborin, 1991, p.7). Cette méthode aurait été largement utilisée par les groupes épipaléolithiques et mésolithiques par introduction d'une pointe dans le péristome (Barge-Mahieu et Taborin, 1991, p.7). Elle n'a cependant pas été observée à La Grande Pièce. Sur ce site, le percement du gastropode majoritaire *Nassarius reticulatus* a principalement été obtenu par percussion (Dupont et Laporte, *en cours*). Des stigmates liés à la préparation de la surface du test ont également été observés (abrasion et incision) ainsi qu'une régularisation du contour de la perforation après son percement (Dupont et Laporte, *en cours*).

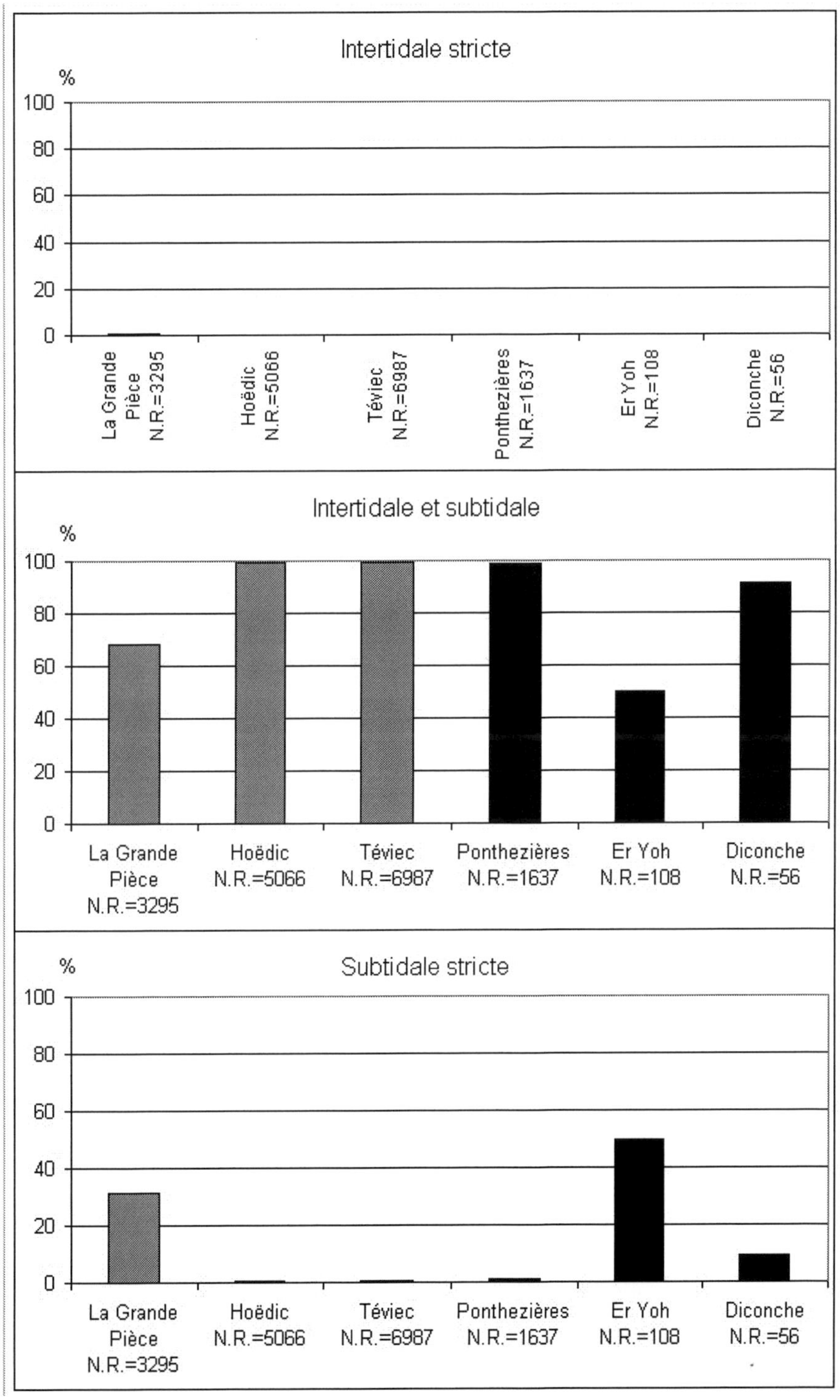

Fig. 267. Histogramme de distribution des niveaux de l'estran d'origine de la malacofaune utilisée comme parure et outil

Les dentales ont, quant à eux, été raccourcis par une simple cassure par flexion du test (Dupont, 1998 ; Dupont et Laporte, *en cours*). Le nombre d'étapes nécessaires à l'obtention d'un produit fini à partir de la matière première, la coquille, est donc limité. L'intervention d'artisans spécialisés dans ce façonnage ne semble pas nécessaire. De plus, aucune aire de ce type n'a été observée sur les sites étudiés. Il faut souligner que les déchets liés au simple percement du test sont réduits et semblent difficiles à identifier. Les seuls témoins de ces déchets observés correspondent aux fragments de test qui ont été piégés dans la coquille au cours du percement. *L'investissement technique nécessaire à la confection de la parure observée au Mésolithique semble faible. La confection de parures n'est donc pas une activité spécialisée au Mésolithique et correspond à une chaîne opératoire simple.*

2.1.5 – La localisation des perforations

La localisation des perforations semble guidée par des contraintes techniques, plutôt que par un choix culturel, pour que le test résiste à la traction du lien ou que la coquille puisse être fixée immobile sur un support. Ainsi, les gastropodes turbinés sont majoritairement percés au niveau du dernier tour de spire, sur la face dorsale du test, un peu en retrait du labre. Les bivalves le sont, soit à l'umbo, soit au niveau du crochet. Les gastropodes coniques représentés par les patelles sont percés soit à l'apex, soit latéralement. Tous possèdent une unique perforation à l'exception du dentale et de l'ormeau, percés naturellement, et du cyprée (*Trivia monacha*). Ce dernier possède deux perforations opposées dans le sens de la plus grande longueur du test sur sa face dorsale, sauf pour au moins six exemplaires de Téviec, où les perforations se trouvent côte à côte. De plus, dans la plupart des sites, quelques perforations naturelles provoquées par l'usure marine ont, sans doute, été utilisées. *Certains tests percés naturellement ramassés sur la plage étaient donc directement fonctionnels.*

2.1.6 – Les indices du rôle culturel de la parure

Quelques cas de réparation (moins de 1 % du N.R.) ont été observés à La Grande Pièce (Dupont, 1998) et un à Beg-an-Dorchenn. Ils correspondent à un investissement important dans le domaine culturel (Beaune, 1995). Cet investissement peut d'ailleurs être souligné par l'abondance des parures en coquillages trouvées dans les sépultures mésolithiques : 3295 à La Grande Pièce, 5066 à Hoëdic et 6987 à Téviec. De plus, même si les coquillages sont simplement percés, les stigmates liés au port des parures montrent qu'elles n'ont pas été juste enfilées le long d'un lien (Dupont et Laporte, *en cours*). Ainsi, le port de la parure se traduit par des déformations des perforations liées à la force de traction du lien. Des usures caractérisées par des polis ont ainsi été identifiées dans l'axe de l'étirement de la perforation. Pour les petits gastropodes comme les nasses et les littorines, de nombreuses plages d'usure provoquant le poli et l'aplanissement du test ont été observées au niveau du labre et du bord columellaire. D'autre part, à La Grande Pièce, des plages d'usure, typiques du passage d'un lien, montrent des directions différentes (Dupont et Laporte, en cours). Un même lien a donc pu être engagé plusieurs fois dans la perforation, à moins qu'un système de double lien n'ait été utilisé (Dupont et Laporte, *en cours).* De plus, sur tous les sites du Mésolithique *Trivia monacha* possède deux perforations opposées et dorsales. Cette constante peut être liée à un mode d'enfilage différent des autres gastropodes qui peut se justifier par la morphologie particulière de son test. Les modes de fixation sont difficiles à identifier et pourraient retranscrire des traits culturels et sociaux. En effet, la façon dont a été fixée une parure peut témoigner de la manière dont elle a été portée. Ainsi, les coquilles ont pu être enfilées le long d'un lien et former des colliers ou des bracelets portés autour du cou, aux poignets, autour de la taille... Elles ont également pu être cousues, soit sur un vêtement, soit sur des objets. *Ainsi, elles peuvent être portées différemment selon des groupes ou les individus d'un même groupe. La manière de présenter et de porter une parure peut donc être un signe culturel qui permet de se différencier des voisins (Pétrequin, 1984).*

Enfin, la forme des tests n'a pas été modifiée. C'est là une caractéristique courante de la parure en coquillages du Mésolithique (Roche, 1951, pp.145-147 ; 1960, p.83 ; Taborin, 1974 ; Newell, 1990). Contrairement à un objet très façonné, le lien entre l'élément de parure et la matière première, la coquille, est conservé. Certaines des espèces, comme les subtidales, n'étaient sans doute pas observées vivantes. *La curiosité qu'elles véhiculent pouvait être associé à des symboliques. Elles auraient pu, par exemple, être portées en guise de protection.*

2.1.7 – La parure au cours du Mésolithique

Malgré des datations plus anciennes obtenues sur les squelettes de la nécropole de la Grande Pièce, les caractéristiques des différents sous-systèmes techniques associés à la parure sont proches des nécropoles de la fin du Mésolithique observées en Bretagne. *Elles témoignent d'une continuité de l'exploitation de la malacofaune marine destinée à la parure et aux rites funéraires des populations côtières pendant le Mésolithique.* Les différences observées au niveau des espèces sélectionnées entre La Grande Pièce et les deux nécropoles bretonnes peuvent très bien correspondre à un accès à des côtes de natures différentes et donc à des taxons différents : l'une abritée, de milieu sableux (La Grande Pièce), et les autres rocheuses, au mode d'exposition plus battu (Téviec et Hoëdic).

Les variations de la composition des parures en coquillages ont parfois étayé l'idée d'une différenciation sociale des populations de la fin du Mésolithique. Au vu de la seule composition de la malacofaune, les gros éléments de parure en coquillages pourraient très bien refléter une différenciation sociale des individus de la Grande Pièce. *Ce phénomène aurait donc pu intervenir bien avant la fin du Mésolithique et est peut-être déjà bien installé avant l'arrivée des premiers Néolithiques.* Cependant, le nombre de sépultures mésolithiques où l'association de la parure en coquillages et des squelettes est fiable manque pour pouvoir le vérifier pour cette période.

2.2 – Les outils

2.2.1 – Les espèces utilisées

Seuls quelques indices d'outils ont été observés : un reste de couteau *Solen* sp. et de *Callista chione* à Beg-an-Dorchenn (Fig. 82. n°10 et 11, p.138) et six valves de *Lutraria lutraria* à Hoëdic (Fig. 103. n°26, p.163). Ces trois grands bivalves n'ont pas été utilisés dans la parure. Cette différenciation des coquillages peut être liée à des contraintes techniques différentes selon l'utilisation qui en a été faite. Par exemple, la structue de ces tests fait qu'ils sont difficiles à percer pour en faire de la parure sans provoquer de longues fissures des coquilles. D'autre part, le choix de grandes valves permet leur bonne préhension. *Des contraintes techniques ont donc pu influencer le choix de ces espèces par l'homme.*

2.2.2 – Les substrats d'origine des espèces et les conditions de collecte de la malacofaune

Ces trois espèces ont pu être collectées vivantes dans le sable. Cependant, *Callista chione* (Fig. 95., p.151) et *Lutraria lutraria* (Fig. 109., p.167), qui appartiennent au plus bas niveau de l'estran, ont pu l'être uniquement quelques jours dans l'année. Même si aucun stigmate n'a permis de le vérifier, elles ont également pu être ramassées échouées, mortes sur la plage.

2.2.3 – Les activités liées à l'utilisation des outils

Des polis accentués sont localisés sur la partie bombée des valves de couteau et de lutraire et également sur le bord du couteau et sur un des bords de *Callista chione* (Fig. 82. n°10 et 11, p.138 ; Fig. 103. n°26, p.163). Ils correspondent à un frottement régulier sur une matière peu abrasive comme une matière organique (végétaux ou des peaux de bêtes...). Plusieurs exemples ethnographiques témoignent de l'utilisation de valves pour travailler des peaux de bête. Ainsi, les peuples amérindiens d'Amérique du Nord ont utilisé des coquilles de moule comme grattoir pour tanner les peaux et les débarrasser de la graisse et des poils avant de les fumer (Bocquenet, 1998, pp.268-269). Les *Unio* sp. sont également utilisés pour le lissage des peaux en Afrique du nord (Vigié, 1987). La coquille de moule a servi aux esquimaux Naujamiut du Groenland pour le raclage de peaux de phoques (Cade, 1998, p.347). La surface irrégulière de l'umbo de la lutraire et le tranchant du reste de *Callista* et de couteau pourraient correspondre à cette utilisation sur des peaux d'animaux.

2.2.4 – L'utilisation des outils en coquille : une activité secondaire ?

Plusieurs causes peuvent expliquer 'l'apparente rareté' de ces outils en coquillage. Le biais apporté par la taphonomie ne peut être écarté. En effet, les stigmates anthropiques localisés sur la surface du test peuvent être effacés par l'attaque de la couche externe de la coquille. D'autre part, des outils en coquillages ont pu être utilisés en un point éloigné de l'amas coquillier et donc avoir été rejetés en dehors de cette zone. De plus, les indices de cette utilisation, qui ont été identifiés, présentent des stigmates, parfois, peu prononcés. Cette caractéristique peut être liée à leur usage court et peut-être pas réservée à une seule activité. Enfin, certaines utilisations comme l'usage de récipient ne laisse pas forcément de stigmates sur la surface du test, à moins qu'une partie du contenu n'ait incrusté le contenant. D'autre part, les outils qui ont été observés semblent avoir été rejetés avec les autres déchets liés aux activités de la vie quotidienne. *Ces deux éléments penchent pour un investissement technique faible des activités liées à l'utilisation de ces outils. D'autre part, ce rejet non différencié des déchets liés aux autres activités de la vie quotidienne va dans le sens d'une charge symbolique et sociale faible de ces objets.* Contrairement aux parures en coquillage qui accompagnent les morts, aucun outil en coquillage n'a été décrit pour les sépultures mésolithiques étudiées dans ce travail. Certaines tombes ayant été creusées dans les amas coquilliers comme Téviec et Hoëdic, de tels outils ne sont pas aisés à identifier. À La Grande Pièce, où les contours de fosses ont été bien identifiés, de tels objets n'ont pas été trouvés.

Enfin, dans la plupart des sites mésolithiques, la découverte de quelques restes de grands bivalves subtidaux est récurrente. Ils sont rarement entiers. Leur présence peut être associée à l'acheminement d'autres produits marins sur le site, comme du sable, par exemple. Ils pourraient alors être des accompagnatrices. Cependant, il n'est pas non plus exclu que des outils aient pu être rejetés après leur utilisation et piétinés dans les zones de rejet. Cela peut être le cas, par exemple, des restes de *Lutraria lutraria* observés à Beg-er-Vil ou de *L. lutraria*, *Solen* sp., *Pecten maximus*, *Callista chione*, *Laevicardium* et de *Glycymeris glycymeris* trouvés à Beg-an-Dorchenn.

2.3 – Les restes d'un bivalve décoré de croisillons

Des restes d'un même élément de *Laevicardium crassum* avaient été isolés lors de la campagne de fouille de 1985 à Beg-er-Vil (Kayser et Bernier, 1988, p.45) (Fig. 126, p.186). Celui-ci était décoré de croisillons sur le bord de la valve. Les restes observés à Beg-er-Vil ne montrent pas de traces d'utilisation et, il est difficile de savoir si cet objet appartenait à la parure ou à un autre objet de la vie courante. Cependant, plusieurs éléments plaident pour son statut 'particulier'. En effet, le temps nécessaire à la confection de tels décors lui confère une valeur différente des autres coquilles trouvées brutes ou simplement percés. D'autre part, cet objet n'a pas été trouvé n'importe où dans l'amas de Beg-er-Vil. En effet, il était associé dans une de ces fosses de forme 'subrectangulaire de 1 m de large sur 1,5 m' creusée à la base de l'amas. 'Trois bois de cerf, dont les andouillers' reposaient à la surface de cette fosse (Kayser et Bernier, 1988). D'autres éléments se distinguent dans cette fosse : un outil gravé en os, un grand poignard en os gravé, trois couteaux à dos, deux lamelles cassées, trois trapèzes et un débris d'armature et des vestiges osseux carbonisés (Kayser et Bernier, 1988). Enfin, les restes de ces éléments ont été trouvés éparpillés et carbonisés dans la fosse. La plupart des objets contenus dans la fosse sont également carbonisés. Cette structure creusée dans l'amas a pu participer à des foyers rituels. De tels phénomènes ont d'ailleurs été décrits à Téviec et à Hoëdic (Péquart et Péquart, 1934 ; Péquart *et al.,* 1937). *Ces différents éléments témoignent de la valeur symbolique de ce test décoré.*

De tels objets en coquillage n'ont pas été trouvés sur les autres sites étudiés. Pour O. Kayser et G. Bernier cet élément se rapproche de la 'la mâchoire de poisson gravée de la sépulture K de Téviec, dont le registre inférieur présente de fortes analogies avec le motif de Beg-er-Vil' (Kayser et Bernier, 1988). Mais en l'absence d'autres témoins on ne peut pas en déduire une même influence culturelle.

B – De l'acquisition des coquillages à leur rejet au Néolithique

Comme pour le Mésolithique, les caractéristiques des différentes utilisations de la malacofaune marine au Néolithique sont synthétisées.

1 – La malacofaune : ressource alimentaire

1.1 - Les substrats exploités

Les pourcentages des différents substrats exploités sont observés pour le Néolithique (Fig. 262., p.323). Pour 12 sites néolithiques sur 14, plus de 80 % des coquilles consommées proviennent du même substrat. La Mastine et Champ-Durand font exception. Pour le premier, la faible quantité de coquilles qui y a été trouvée le rend peu représentatif. Pour Champ-Durand, le milieu le plus exploité (le substrat vaseux) est, quant à lui, représenté à 77 %. Cette étroite sélection pourrait correspondre à une homogénéité de l'environnement marin proche des sites. Cependant, malgré la large domination d'un substrat sur de nombreux sites néolithiques, plusieurs cas montrent qu'un second substrat a été exploité à plus de 10 %, comme aux Gouillauds, à Pied-Lizet et à Chez Reine (Fig. 262.). La sélection majoritaire d'un principal substrat n'est donc pas toujours liée à son unique représentation dans l'environnement des sites. De même, la reconstitution paléoenvironnementale de La Perroche a montré que des milieux abrités y était accessibles. Malgré la présence potentielle de sédiments fins à proximité du site, seuls les rochers ont été exploités. Ces derniers représentent plus de 99 % de l'origine des coquillages qui y ont été consommés. *La sélection des substrats exploités semble étroite pour la majorité des sites néolithiques étudiés. Malgré l'exploitation majoritaire d'un unique substrat à plus de 80 %, l'environnement proche des sites a pu agir sur les milieux exploités.*

Parmi les sites néolithiques étudiés ceux proches du marais de la Charente et du marais poitevin présentent un cadre idéal pour l'étude de l'impact de l'environnement sur la collecte de la malacofaune (Fig. 152., p.212, Fig. 173., p.228). En effet, ces marais fonctionnant comme de larges baies, plus le site sera placé en fond de marais (à l'est pour le cas présent), plus le milieu marin le plus proche sera confiné. Pour des datations proches, l'impact du confinement du marais sur le choix des espèces collectées pourra donc être observé. Pour le marais poitevin, le classement des sites en environnement de plus en plus confiné est : Le Rocher, Pied-Lizet, La Mastine, Auzay et Champ-Durand (Fig. 261., p.314). L'application de la méthode des courbes cumulatives, associée au classement des espèces selon le degré de confinement de leur biotope, montre que globalement plus le milieu marin environnant du site archéologique est confiné, plus les espèces collectées possèdent des affinités avec un milieu abrité (Fig. 268.). Auzay et Champ-Durand sont d'ailleurs les deux seuls sites ayant majoritairement exploité respectivement le milieu sableux (90 % de la masse) et vaseux (78 %) dans le marais poitevin (Fig. 262-B et C.). De même pour la zone proche du marais de la Charente, le classement des sites des environnements de plus en plus confinés est : Ponthezières, La Perroche, La Sauzaie, La Garenne, Diconche et Montagant (Fig. 261, p.314). La courbe cumulative confirme ce qui a été observé pour le marais poitevin : plus le site archéologique est en zone confinée, plus la malacofaune a été collectée en milieu abrité (Fig. 269.). *L'influence de l'environnement proche du site est un facteur primordial dans l'acquisition de la malacofaune marine.*

Malgré cette influence de l'environnement, le substrat rocheux a été le plus exploité au Néolithique. Il domine sur 10 sites parmi les 14 représentant des restes alimentaires avec des pourcentages de la masse des coquilles atteignant 97 % pour Le Rocher, 99,5 % pour La Perroche, 99 % pour Ponthezières, 96 % pour La Sauzaie, 89 % pour Er Yoh, 97 % pour La Garenne, 68 pour La Mastine, 82 % pour Pied-Lizet, 100 % pour La grotte du Phare et un pourcentage du N.M.I. de 88 % pour Chez Reine (Fig. 262.). *Malgré la pression de l'environnement marin proche du site, le substrat rocheux, où les coquillages sont les plus rapidement accessibles, a été le plus exploité. Comme au*

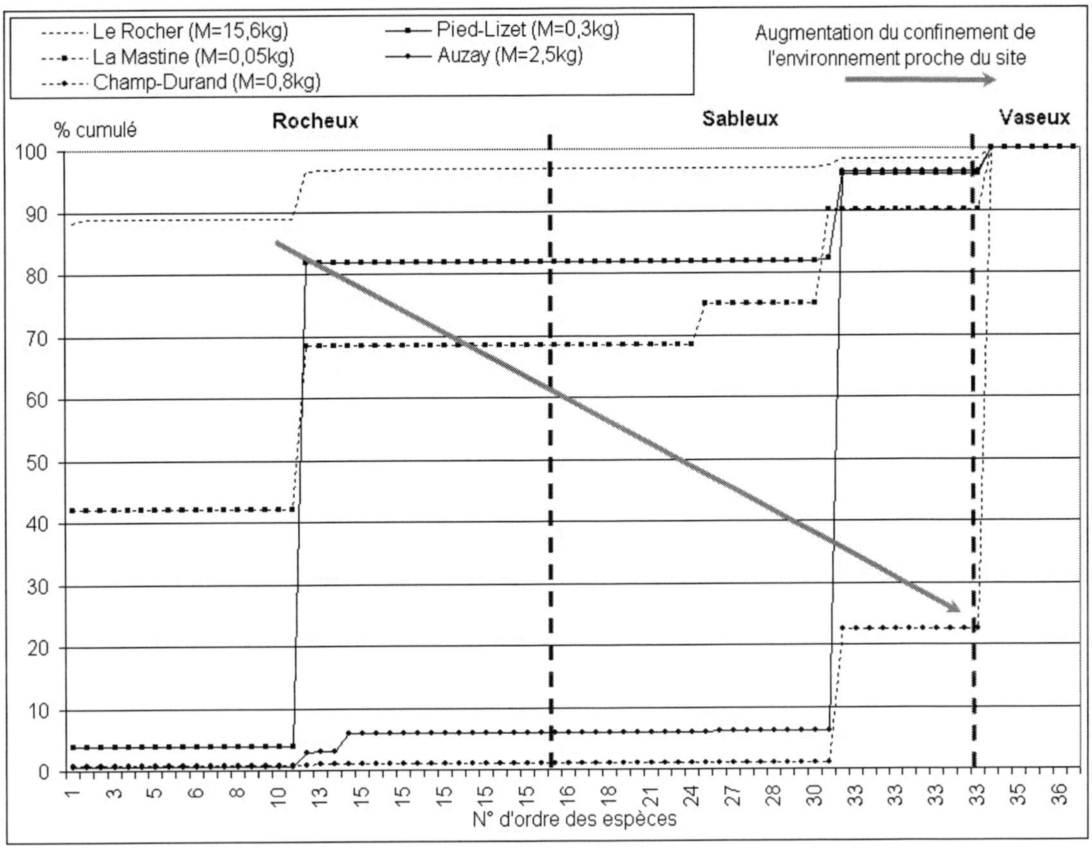

Fig. 268. Diagramme des pourcentages cumulés des quantités des coquillages observés près du marais poitevin

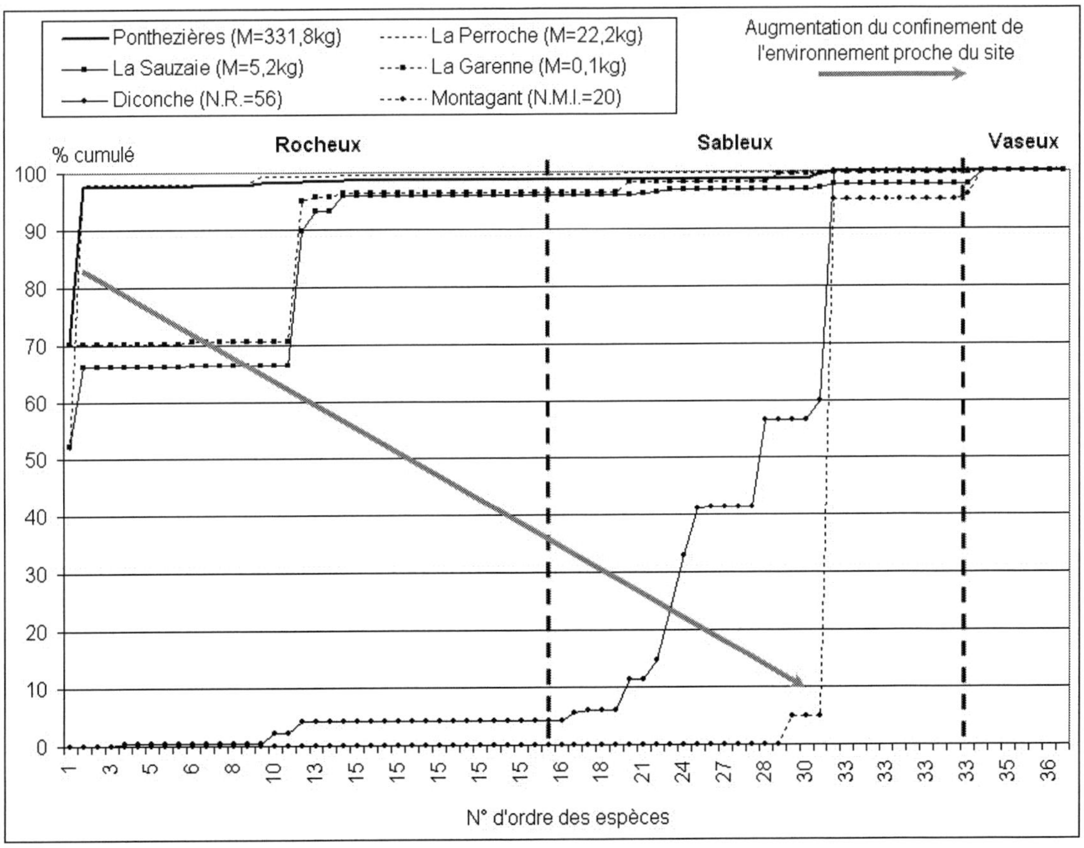

Fig. 269. Diagramme des pourcentages cumulés de la masse des coquillages observés sur l'île d'Oléron et près du marais de la Charente

Mésolithique, c'est l'opportunisme qui l'emporte, du moins en ce qui concerne le lieu de collecte.

1.2 - Le degré de sélection des espèces

Comme pour les sites mésolithiques, les proportions des espèces majoritaires ont été analysées dans le but de voir si leurs degrés de sélection diffèrent pour les sites du Néolithique étudiés (Fig. 264.). Pour 8 sites (Le Rocher, La Perroche, Ponthezières, Gouillauds, Auzay, La Garenne, Pied-Lizet et Champ-Durand) sur 14 l'addition des pourcentages de deux espèces suffit à l'obtention de plus de 90 % de la masse des coquilles de ces sites. Enfin, pour deux sites (La Sauzaie et La grotte du Phare) les pourcentages de la masse de trois espèces et pour deux d'entre eux (Er Yoh, La Mastine) les pourcentages de la masse de quatre espèces doivent être additionnés pour atteindre 90 % de la masse totale. Enfin, pour deux sites (Chez Reine et Montagant), la masse n'étant pas connue, les pourcentages en N.M.I. sont pris en compte. Pour Montagant une seule espèce, tandis que, Chez Reine quatre espèces doivent être prises en compte pour atteindre plus de 90 % du N.M.I. La sélection des espèces, même si elle semble étroite pour la majorité des sites néolithiques, est variable pour l'ensemble des sites étudiés. D'autre part, les deux sites du Néolithique moyen (Auzay et Gouillauds) ne se distinguent pas des autres sites plus tardifs. *Les pourcentages étant étroitement dépendants des quantités trouvées, des techniques de fouille et de la variable observée, ces résultats sont à considérer avec prudence. On notera cependant, une importante sélection des coquillages alimentaires pour les sites les mieux représentés quantitativement (Ponthezières, La Perroche et Le Rocher).*

1.3 - Les coquillages majoritaires des régimes alimentaires

Comme pour les sites mésolithiques, les espèces utilisées comme aliments ont été résumées sous la forme d'un tableau pour le Néolithique (Tableau 61). L'occurrence des espèces a également été synthétisée sous la forme d'un histogramme (Fig. 270.). Cette représentation graphique ne tient compte que des deux espèces majoritaires de chaque utilisation de la malacofaune marine pour chaque site étudié.

			Néolithique moyen		Néolithique récent								Néolithique final				
Substrat	**Classe**	**Les espèces**	**Auzay**	**Gouillauds**	**Montagant**	**La Garenne**	**Chez Reine**	**Champ-Durand**	**La Mastine**	**La Sauzaie**	**Le Rocher**	**Pied-Lizet**	**La grotte du Phare**	**Diconche**	**La Perroche**	**Ponthezières**	**Er Yoh**
Rocheux	G	*Patella* sp.	+	**+**		**+**	**+**	+	**+**	**+**	**+**	+	+		**+**	**+**	**+**
	G	*Osilinus lineatus*		+						+	+		**+**		**+**	**+**	+
	G	*Nucella lapillus*															+
	G	*Haliotis tuberculata*													+	+	+
	B	*Ostrea edulis*	+			**+**	**+**	+	**+**	**+**	**+**	**+**			+	+	**+**
	B	*Mytilus edulis*	+	+		+	+			+	+		**+**		+	+	+
	G	*Littorina littorea*	+	+						+	+				+	+	+
Sableux	B	*Venus verrucosa*	+	+													
	B	*Acanthocardia echinata*					+										
	B	*Callista chione*			+												
	B	*Pecten maximus*				+	+	+									
	B	*Lutraria lutraria*															+
	B	*Mya* sp.					+										
	B	*Solen marginatus*	+		+						+						
	B	*Cerastoderma edule*		**+**				+	+	+		+			+	+	
	B	*Tapes decussatus*	**+**	+	**+**	+	+	**+**		+	+	**+**			+	+	+
Vaseux	B	*Scrobicularia plana*	**+**	+	+			**+**	+	+	+	+				+	

Tableau 61. Les taxons de la malacofaune marine utilisés au Néolithique dans l'alimentation (+ : présence ; + sur fond grisé : présence parmi les deux espèces majoritaires ; G : Gastropode ; B : Bivalve)

La patelle, est l'espèce la mieux représentée de l'alimentation. Elle est majoritaire sur 9 sites néolithiques pour 14, où les coquillages ont participé à l'alimentation. L'accès aisé associé à un sous-système technique de consommation peu complexe ont pu encourager sa collecte. L'huître arrive, quant à elle, en deuxième position. Elle est présente parmi les deux espèces majoritaires pour la moitié des sites étudiés du

Néolithique. Cette espèce peut également être rapidement repérée sur les rochers et a pu être collectée en même temps que la patelle. Parmi les sept espèces appartenant aux deux taxons majoritaires des sites étudiés, cinq sont des bivalves (*Ostrea edulis, Mytilus edulis, Cerastoderma edulis, Tapes decussatus* et *Scrobicularia plana*), un est un gastropode conique (*Patella* sp.) et le seul gastropode turbiné est représenté par *Osilinus lineatus* (Tableau 61). Le nombre de gastropodes turbinés parmi les espèces majoritaires peut paraître faible, du fait de leur collecte aisée, la plupart pouvant être ramassée à main nue. L'accès difficile à la chair de l'animal peut, en partie, expliquer leur faible sélection. Cette caractéristique peut être liée au succès des bivalves dont 6 sont parmi les mieux représentés. L'accès à leur chair se fait aisément après exposition des individus frais à la chaleur. Le faible rendement des gastropodes turbinés peut aussi expliquer leur faible sélection. Pour exemple, la masse de la coquille de la monodonte peut atteindre entre 64 et 72 % de la masse de ce coquillage frais.

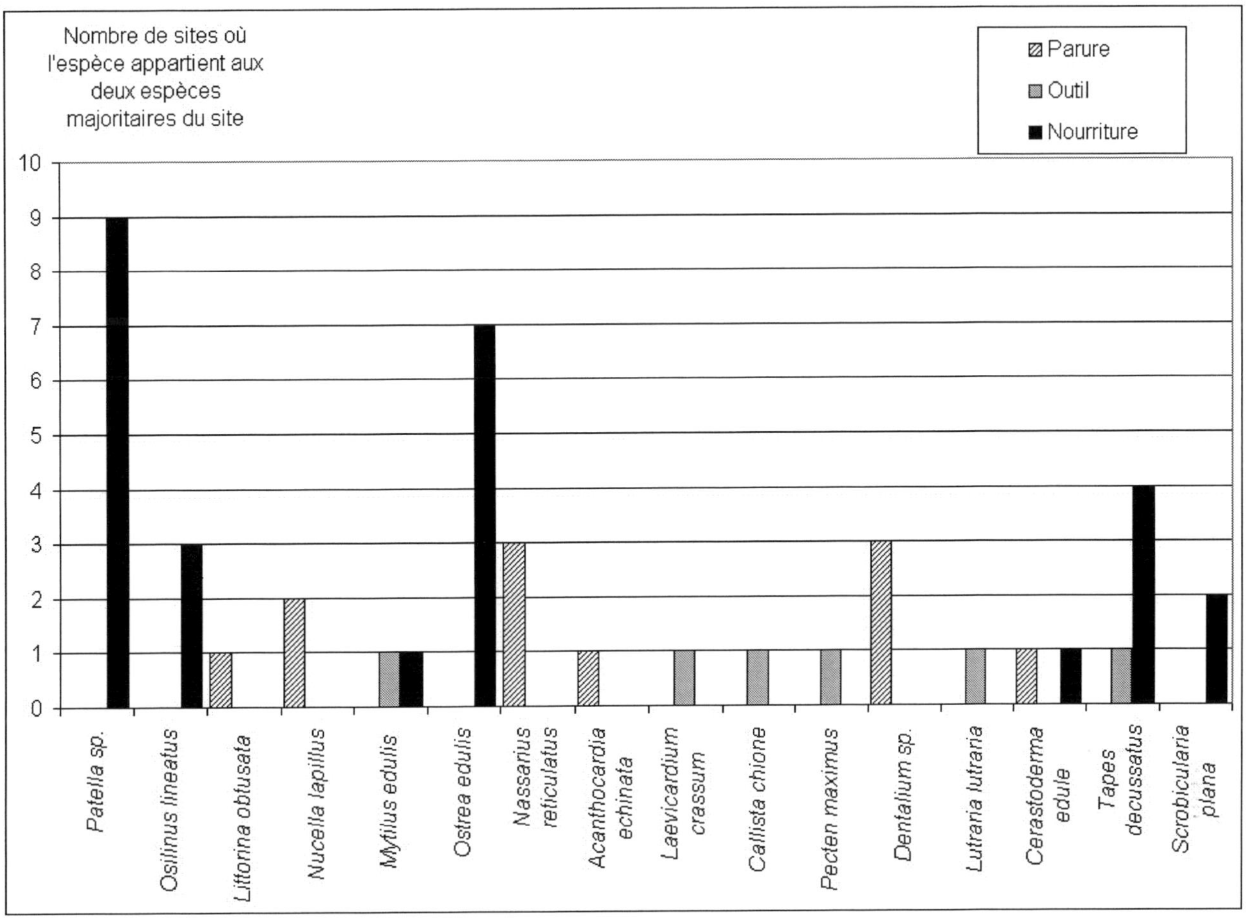

Fig. 270. Nombre de sites néolithiques où l'espèce est présente parmi les deux taxons majoritaires en fonction des utilisations attestées

L'acquisition rapide des espèces les plus consommées au Néolithique, la patelle et l'huître plate, parfois directement visibles sur les rochers, peut être à l'origine de leur sélection par les Néolithiques. La bonne représentation de la patelle et des bivalves peut également être rapprochée d'un sous-système technique de consommation simple. D'autres facteurs, tels une préférence culturelle des qualités gustatives de certains coquillages, sont plus difficiles à mettre en évidence mais ont également pu intervenir dans la sélection des espèces consommées.

Les sites ayant été grossièrement classés chronologiquement dans le tableau 61, aucune variation nette n'a été observée parmi les espèces consommées en fonction de la chronologie.

2 - La coquille : matière première

2.1 - La parure

Comme pour la malacofaune utilisée comme nourriture, les espèces composant la parure des sites néolithiques étudiés sont résumées dans le tableau 62 et l'occurrence des taxons composant les deux espèces majoritaires de chaque site représentée par la figure 270. La variabilité de la taille des échantillons n'est pas prise en compte dans l'identification des espèces majoritaires. Pour pallier ce manque, le N.R. a été ajouté dans la dernière ligne du tableau 62. Les parures en coquillages sont représentées par six exemplaires sur un des deux sites attribués au Néolithique moyen. Ils sont rares au Néolithique récent et un unique exemplaire a été trouvé au Rocher. La rareté des parures observées peut, en partie, être liée à la nature des sites, ceux-ci étant des habitats. Enfin, le nombre de parure en coquillages semble se multiplier à la fin du Néolithique. Cette observation est liée à la confection de parure sur le site de Ponthezières. Dans le but de limiter ces biais apportés par la variabilité de la nature des sites étudiés, les données sur les parures en coquillages ont été complétées par celles découvertes dans les sépultures néolithiques (Laporte, 1994).

2.1.1 – La parure en coquillages au Néolithique ancien

Les habitats du Néolithique ancien, où de la malacofaune marine a été trouvée, sont rares le long de la façade atlantique française. La remontée du niveau marin depuis le début du Néolithique y est sans doute, en partie, liée. La faible représentation des habitats attribués au Néolithique ancien le long de la façade atlantique explique l'absence de parures en coquillages observées pour cette phase du Néolithique dans notre corpus.

			Néolithique moyen		Néolithique récent								Néolithique final				
Substrat	Classe	Les espèces	Auzay	Gouillauds	Montagant	La Garenne	Chez Reine	Champ-Durand	La Mastine	La Sauzaie	Le Rocher	Pied-Lizet	La grotte du Phare	Diconche	La Perroche	Ponthezières	Er Yoh
Rocheux	G	*Littorina obtusata*												+ (grisé)		+	
	G	*Nucella lapillus*													+ (grisé)	+ (grisé)	
	G	*Trivia monacha*														+	+
	G	*Ocenebra erinaceus*											+	+	+		
	B	*Mytilus edulis*														+	
Sableux	G	*Nassarius reticulatus*											+ (grisé)	+ (grisé)	+		+ (grisé)
	B	*Venus verrucosa*															+
	B	*Acanthocardia echinata*															+ (grisé)
	B	*Glycymeris glycymeris*															+
	B	*Laevicardium crassum*															+
	B	*Callista chione*															+
	B	*Pecten maximus*															+
	S	*Dentalium* sp.	+ (grisé)								+ (grisé)		+ (grisé)	+		+	
	B	*Cerastoderma edule*													+ (grisé)	+ (grisé)	+
N.R.			**6**								**1**		**12**	**14**	**8**	**1637**	**108**

Tableau 62. Les taxons de la malacofaune marine utilisés au Néolithique dans la parure (+ : présence ; + sur fond grisé : présence parmi les deux espèces majoritaires ; B : Bivalve ; G : Gastropode ; S : Scaphopodes)

Les sépultures sont également peu représentées au Néolithique ancien sur la façade atlantique française. La sépulture double de Germignac (Charente-Maritime) est la seule dont l'attribution au Néolithique ancien est fiable (Laporte, 2002). Elle s'oppose à la rareté de la parure en coquillages observée pour cette phase du Néolithique avec la découverte de 3288 perles discoïdes en coquillages (Gaillard *et al.,* 1984) (Fig. 2., p._). Celles-ci ont été découpées dans des valves de lamellibranches et possèdent un diamètre compris entre 12 et 16,5 mm (Gaillard *et al.,* 1984) pour une épaisseur la plus souvent comprise entre 3 et 4 mm. Ces parures étant des produits finis, les différentes étapes de sa fabrication ont été présentées sous forme d'hypothèses par Y. Taborin (Gaillard *et al.,* 1984). Elle propose l'utilisation d'un forêt creux pour découper les disques dans la matière première et celui d'un forêt tournant pour percer le disque en son centre. Enfin, la surface des disques ne semble pas avoir été modifiée lors du façonnage. Elle porte encore l'ornementation externe du test d'origine.

La forme des parures en coquillages témoigne donc d'une importante transformation du test d'origine au Néolithique ancien. Malgré la rareté de la parure en coquillages au Néolithique ancien, la seule sépulture attribuée de façon fiable à cette phase du Néolithique possède un nombre important de perles discoïdes.

2.1.2 – La parure en coquillages au Néolithique moyen et au Néolithique récent

Pour le Néolithique moyen et récent (Fig. 145. n°4, p.2àè), la parure en coquillages observée sur les sites étudiés est peu représentée et composée de dentales (Tableau 62). Cette espèce est subtidale et a, sans doute, été collectée échouée morte dans la zone supralittorale. Le seul façonnage appliqué à ces parures est leur raccourcissement. Cette transformation du test permet d'augmenter leur diamètre et de faciliter l'enfilage de la coquille le long d'un lien. Elle modifie également la forme de la coquille en la rendant plus cylindrique et en limitant son aspect conique. Ces parures sont de petite taille et l'espèce qui les compose n'a pas participé au menu des Néolithiques. *Pour le Néolithique moyen et récent, les parures en coquillages ne témoignent pas d'un grand investissement technique. De même, le nombre de parures trouvées est faible et certaines ont pu être collectées dans les laisses de hautes mers, sur les mêmes parties de la côte que les ressources alimentaires marines. Ces éléments montrent que l'acquisition de la parure en coquillages n'était peut-être pas réservée à une seule activité dans le quotidien de ces Néolithiques. Ces tests échoués ont, en effet, très bien pu être collectés au cours d'un déplacement des Néolithiques sur l'estran, motivé par une autre activité que celle du ramassage de la parure. D'après les sites étudiés et le façonnage appliqué à ces parures en coquillages, leur rôle culturel apparaît limité au Néolithique moyen et récent.*

La rareté des parures en coquillages et la présence des dentales est confirmée au Néolithique moyen et récent par les observations faites par L. Laporte en contexte sépulcral (Laporte, 1994, pp.139-142). Il note cependant, pour la parure en coquillages, le développement de l'utilisation des pourpres perforées (*Nucella lapillus*) par abrasion dans les sépultures attribuées au Néolithique récent : 26 à Châteauroux (Charente-Maritime), 23 à Planti (Availlé-sur-Chizé, Deux-Sèvres) et 68 dans le dolmen a de Bougon (Deux-Sèvres) (Fig. 2., p.8). L. Laporte souligne d'ailleurs que cette meilleure représentation peut, en partie, être liée à la présence de sépultures collectives (Laporte, 1994, p.141). Cette observation est basée sur la description d'éléments de parure trouvés dans des mégalithes, pour certains réutilisés au Néolithique récent. Les multiples réutilisations des mégalithes rendent d'ailleurs souvent délicate la description des parures (Laporte, 1994, p.141). À la différence du dentale, aucune pourpre façonnée par abrasion n'a été trouvée sur les sites d'habitat. Cette observation demande donc à être confirmée pour un plus grand nombre de sites. *On peut cependant noter que le façonnage apporté à ces tests de pourpres se rapproche de celui du dentale précédemment décrit. À savoir, que la forme d'origine du test n'a pas été beaucoup modifiée et que le façonnage ne témoigne pas d'un investissement technique très complexe.*

2.1.3 – La parure en coquillages au Néolithique final

La composition de la parure

Dans la partie réservée à la présentation d'Er Yoh (Partie IV), nous avons vu que quelques indices penchent pour l'existence d'une production de perles en coquillages sur ce site (industrie lithique composée à plus de 50 % de perçoirs fusiformes similaires à ceux observés à Ponthezières ; collecte de matière première, la coquille, sans la chair de l'animal). Mais, cette production, en l'absence de tamisage, n'a pas pu être démontrée. D'autre part, la majeure partie des tests qui y ont été observés ont, sans doute, été ramassés morts. Il n'est pas impossible que certains d'entre eux, même s'ils ont été percés par l'usure marine, soient de la matière première brute destinée à être transformée. Devant toutes les interrogations que pose le site d'Er Yoh, il a été écarté de l'analyse des produits finis de la parure du Néolithique final.

Parmi, les quatre autres sites attribués au Néolithique final, la parure en coquillages de Ponthezières, de La Perroche et de La grotte du Phare se compose de tests entiers de petits gastropodes percés (*Littorina obtusata, Ocenebra erinaceus, Trivia monacha* et *Nassarius reticulatus*), des dentales et de petites perles plates circulaires faites en *Nucella lapillus*, en *Mytilus edulis* et en *Cerastoderma edule* (Tableau 57, p.321 ; Tableau 62). Diconche fait exception et sa parure en coquillages ne se compose que de petits gastropodes associés à des dentales. *L'ensemble des produits finis de la parure en coquillages de la fin du Néolithique est représenté par des éléments de petite taille. Pour les sites étudiés, la parure de la fin du Néolithique se compose comme pour les phases plus anciennes de cette période de dentales et de petits tests de gastropodes percés et s'en distingue par l'observation, plus régulière, de petites perles discoïdes.*

Les coquilles utilisées entières simplement percées

Tous ces petits coquillages sont impropres à la consommation alimentaire et sont faiblement représentés sur les sites étudiés (un maximum de 20 dentales a été observé à Ponthezières). Le dentale étant subtidal, il a sans doute été collecté échoué mort dans les laisses de haute mer. Parmi les deux collections que j'ai observées (La grotte du Phare et La Perroche), le ramassage des tests échoués morts a été vérifié par des polis prononcés de l'apex, et une usure des parties convexes allant jusqu'au percement naturel du dernier tour de spire pour une nasse et un murex de La Perroche (Fig. 219. n°5, p.265) et des deux murex de la Grotte du Phare (Fig. 242. n°6 et 7, p.289). Cette usure marine s'est additionnée pour les murex de La grotte du Phare d'un raccourcissement du canal siphonal. *Certains de ces tests témoignent donc de leur collecte à l'état d'épaves dans les laisses de haute mer.*

Pour les sites où des restes alimentaires coquilliers ont été identifiés avec certitude (La grotte du Phare, La Perroche et Ponthezières), certaines de ces parures faiblement représentées s'opposent de par leur substrat d'origine à celui des espèces consommées. Ainsi, à La grotte du Phare, 100 % des coquillages alimentaires proviennent d'un estran rocheux, tandis que les six nasses et les quatre dentales utilisés comme parures proviennent d'un milieu sableux. De même, à la Perroche, plus de 99 % des coquillages mangés proviennent d'un estran rocheux tandis qu'une nasse vivant dans le sable a pu être utilisée comme parure. Enfin, à Ponthezières, 99 % de l'alimentation en coquillages provient d'un estran rocheux tandis que 20 dentales, inféodés au sable, ont pu être confectionnés comme parure. *Cette différence de substrats d'origine ne permet pas de conclure à des lieux de collecte différents. En effet, les faibles quantités de tests de milieu sableux trouvés sur ces sites ont très bien pu être ramassés dans la zone supralittorale d'un estran rocheux. Leur faible nombre montre que leur ramassage n'était peut-être pas réservé à une activité privilégiée dans le quotidien de ces Néolithiques, mais qu'ils ont pu être collectés en parallèle à un déplacement motivé par une activité autre que l'approvisionnement en parure, comme la recherche de nourriture ou de galets, par exemple.*

Le façonnage de ces tests consiste en une unique perforation placée au niveau du dernier tour de spire pour les gastropodes turbinés, à l'exception de *Trivia monacha* percé deux fois sur sa face dorsale, et en un raccourcissement du test pour le dentale. Certains des gastropodes ont d'ailleurs été collectés directement percés par l'action du ressac de la mer. *L'investissement technique de transformation de ces éléments de parure apparaît donc faible.* Les techniques de percement et le mode de port de ces parures restent difficiles à définir sur des échantillons aussi limités. Cependant, l'utilisation de l'abrasion a été observée sur une nasse de La grotte du Phare.

Des stigmates liés au port ont été observés à La grotte du Phare. Un système de double passage d'un lien assez large y a été mis en évidence.

La pérennité de quelques coquilles entières dans la parure de la fin du Néolithique n'est sans doute pas anodine. En effet, *malgré leur faible nombre, leur transport, parfois à des points éloignés de la côte, témoigne de leur importance culturelle.*

Les perles discoïdes

Parmi les autres espèces, la pourpre, la moule et la coque ont également été utilisées comme parure et ont été façonnées en de minuscules perles plates et circulaires. Je n'ai pas pu faire une observation directe de ces éléments de parure pour La grotte du Phare. Pour le site de La Perroche, 7 ébauches de perles en pourpre et une en coque ont été observées. Le site de Ponthezières est, de loin, le mieux documenté avec 49 perles ou ébauches de perles façonnées en pourpre, 11 en moule et 1551 en coque. Il a été utilisé pour la suite de cette partie. Cette disproportion est liée à la fonction même du site de Ponthezières, défini comme un lieu de production de parure, ainsi qu'à la faible surface fouillée à La Perroche et à La grotte du Phare. Pour la suite de cette partie, les données de Ponthezières ont été principalement utilisées. Les perles sont majoritaires (99 % du N.R. des parures en coquillages) et les coquilles uniquement percées semblent participer très secondairement à la parure des Néolithiques de Ponthezières. À la différence des tests simplement percés, ces perles ont été façonnées dans des coquilles d'espèces qui ont pu être consommées au Néolithique. La transformation importante du produit fini fait que sa forme ne rappelle plus celle de la coquille d'origine. *Ainsi, il est probable que le produit fini, comme les autres petits gastropodes utilisés entiers, ne soit pas associé symboliquement à la nourriture.*

La coque, compose à elle seule plus de 90 % de la parure de Ponthezières (Fig. 264., p.326). Le nombre d'espèces choisies pour confectionner de la parure sur ce site est restreint. Les coquillages mangés proviennent majoritairement des rochers (Fig. 262., p.323), tandis que la parure, dont la coque, est majoritairement d'origine sableuse (96 % du N.R.) (Fig. 265., p.329). Comme nous l'avons vu précédemment, des substrats d'origines différentes n'excluent pas l'exploitation d'un même territoire. Cependant, l'abondance des coquilles de substrat sableux utilisées à Ponthezières, sur laquelle est basée la production de perles, permet de douter de l'échouage de quantités suffisantes de cette matière première sur la côte rocheuse proche. C'est d'ailleurs ce qui est observé de nos jours sur la côte proche de Ponthezières, où de rares coquilles de coques sont échouées (Laporte, 1994). L'acquisition de ce bivalve peut correspondre, pour ce site, à l'exploitation d'un lieu de collecte différent de celui utilisé pour la nourriture. Si les lieux de collecte entre la nourriture et la coque, matière première de la parure, de Ponthezières sont peut-être différents, en l'état actuel des recherches, on ne sait pas si ce bivalve a été collecté mort ou vivant. Les deux autres espèces proviennent, quant à elles, de la côte rocheuse. Elles ont pu être collectées aussi bien mortes que vivantes avec les autres coquillages abondamment mangés à Ponthezières. Au vu de la reconstitution paléoenvironnementale de Ponthezières, ces deux espèces étaient sans doute plus accessibles que la coque. D'autres critères que l'accessibilité ont, sans doute, motivé la sélection de la coque. *Pour Ponthezières, l'opposition entre les espèces sélectionnées pour la consommation alimentaire et la coque, sur laquelle est basée la production de parure, peut correspondre à des sous-systèmes techniques d'acquisition différents selon la fonction prévue des coquilles collectées. Elle peut impliquer lors du ramassage des tests coquilliers sur la grève, la connaissance au préalable de l'utilisation qui leur est destinée.*

Tandis que la petite taille des autres tests utilisés bruts a encouragé leur sélection, d'autres critères semblent être intervenus dans la sélection des coquilles dans lesquelles des perles ont été façonnées. Des critères esthétiques ou techniques ont pu intervenir, telle la coloration des coquilles ou la résistance du test au façonnage. La pourpre peut, par exemple, prendre différentes teintes (blanc, rose, blanche rayée de violet)... Parmi les trois taxons utilisés deux sont des bivalves, ce qui contraste également avec les autres parures en test entier. La plus grande surface de test pouvant être travaillée peut, en partie, expliquer le choix des bivalves. Ainsi, dans une valve de *Cardium,* 4 à 5 perles ont pu être façonnées (information Y. Gruet).

La sélection en grande proportion d'une seule espèce, la coque, a permis la systématisation des étapes de la confection de la parure. Le façonnage est composé de quatre étapes (Laporte, 1998-2). Le test est, tout d'abord, fragmenté par percussion directe : on obtient une ébauche de forme polygonale. La seconde étape consiste en une abrasion de la face externe de la coquille pour effacer les côtes d'ornementation d'origine du test. Ensuite, l'ébauche est percée en son centre. Enfin, le contour de l'ébauche est abrasé. Ces différentes étapes de la confection de ces parures ont largement été détaillées dans la thèse de L. Laporte (Laporte, 1994). La spécialisation de l'activité, 'qui laisse peu de place à l'initiative individuelle' (Laporte, 1994), a entraîné la standardisation du produit fini. *Ces minuscules perles, dont le diamètre moyen est de 5,4 mm à Ponthezières (Laporte, 1994, p.151), correspondent à un façonnage poussé de la parure, à un sous-système technique de transformation plus complexe et un investissement de temps plus important que celui des autres tests simplement percés.*

Cette activité se matérialise à Ponthezières par des aires spécialisées dans la production de parure (Laporte, 1998-2) qui témoignent d'une organisation spatiale des activités liées à la malacofaune. *Le degré de difficulté de la confection de ces ornements suggère l'importance du rôle social qu'ils représentent. L'apparition de perles en coquillages correspond à une organisation différente de l'activité de la confection de la parure en coquillages à partir du Néolithique final.*

Les perles discoïdes de Germignac se distinguent de celles de Ponthezières par leur dimension et leurs techniques d'élaboration (Laporte, 1994). Même si la chronologie des différentes étapes de fabrication des perles en coquillages dans la sépulture double de Germignac n'est pas connue (Gaillard *et al.*, 1984), cette parure aux modules standardisés pourrait correspondre à cette nouvelle organisation de l'activité liée au façonnage de la parure en coquillages le long de la façade atlantique dès le Néolithique ancien. Cependant, en l'état actuel des recherches, elle présente un cas isolé sur la façade atlantique au Néolithique ancien et son lieu de fabrication n'est pas connu. Cette tombe a été rattachée aux éléments de traditions danubiennes du bassin parisien (Gaillard *et al.*, 1984). Elle appartient aux sépultures les plus occidentales de l'ensemble culturel du danubien. Elle s'en distingue par la présence de telles parures en coquillages absentes des dépôts funéraires les plus orientaux (Jeunesse, 1995). C. Jeunesse évoque une origine possible de ces parures au sud ou à l'ouest par des échanges de proche en proche ou plus directs avec des populations autochtones (Jeunesse, 1995). La présence de *Trivia monacha* et de *Nucella lapillus* dans les sépultures les plus occidentales de l'ensemble culturel du danubien témoigne d'une origine possible le long de la façade atlantique (Jeunesse, 1995). Cependant, comme le rappelle L. Laporte de telles populations n'ont pas, pour l'instant, été clairement identifiées (Laporte, 2002).

Les recherches de L. Laporte sur les perles discoïdes de Ponthezières ont montré que les parures confectionnées à Ponthezières étaient sans doute destinées à être échangées avec le continent (Laporte, 1994). *Le soin important apporté au produit fini, et donc la maîtrise des techniques utilisées, peuvent également être liés à la qualité du bien échangé.*

2.2 – Les outils

Les outils en coquillages, identifiés au Néolithique, sont plus nombreux que ceux du Mésolithique. Si pour certaines coquilles leur utilisation comme outil ne fait pas de doute, car elles possèdent des stigmates anthropiques bien marqués, pour d'autres les traces observées demandent à être confirmées par une analyse plus poussée. Les cases grisées du tableau 63 correspondent aux deux espèces qui ont majoritairement été utilisées comme outil. Seules celles dont les stigmates sont suffisamment nets ont été grisées. Un seul site attribué au Néolithique moyen a livré des restes de coquilles utilisés comme outil. Cette utilisation de la malacofaune semble se développer à la fin du Néolithique. Il faut cependant manier ce résultat avec précaution étant donné le biais apporté par les agents taphonomiques.

2.2.1 – Les espèces utilisées

Parmi les espèces utilisées comme outil, toutes sont des bivalves (Tableau 63). *Elles ont pu être choisies en partie pour leurs qualités physiques telles leur solidité, leur taille et leur forme qui facilite à la fois le travail d'une autre matière et leur préhension par l'homme.*

Sur l'ensemble des sites attribués au Néolithique, aucun de ces bivalves ne semble avoir été majoritairement sélectionné (Fig. 270., p.337). Mais, cela ne signifie pas que ces espèces n'ont pas pu participer à une seule et même activité. En effet, les valves de deux espèces différentes peuvent posséder des morphologies proches. Elles ont pu participer indifféremment à la même activité. Cette absence de sélection est observée sur le site le mieux documenté pour cette utilisation de la malacofaune marine comme outil, celui de Diconche. Les pourcentages du N.R. de 10 espèces doivent être additionnés pour obtenir 90 % du N.R. total observé sur ce site (Fig. 264-A., p.326).

2.2.2 – Les substrats d'origine des espèces et les conditions de collecte de la malacofaune

Parmi les 14 espèces ayant pu être utilisées comme outil, 12 sont inféodées au substrat sableux. Cette observation est liée au fait que les bivalves sont, en très grande majorité, inféodés au milieu meuble. Seul le site d'Er Yoh présente à la fois des coquilles outils et des restes de nourriture en importante quantité. Dans la figure 265 (p.329), les coquilles utilisées comme parure et comme outil à Er Yoh ont été additionnées. Elles sont en majorité d'origine sableuse (99 % du N.R.), tandis que celles utilisées comme aliments s'opposent par leur origine rocheuse (89 % de la masse) (Fig. 262-B., p.323). *Elles ont, au vu de ce seul résultat, soit été collectées chacune vivante en des lieux différents, soit les coquilles utilisées comme outils ont pu être ramassées échouées dans l'étage supralittoral d'une côte rocheuse.*

La proportion des espèces subtidales d'Er Yoh (57 % du N.R.) peut être liée à cette dernière hypothèse (Fig. 267., p.331). De même, à Diconche, 9 % des parures et outils sont strictement subtidales et ont donc, sans doute, été ramassées dans l'étage supralittoral. Cette situation s'oppose à celle des restes de nourriture où les espèces subtidales sont extrêmement rares (Fig. 263., p.324). La collecte de la matière première représentée par la coquille peut alors se faire par un ramassage à main nue. Cette étape est facilitée par le non-emploi d'un outil et permet d'utiliser le test sans transformation préalable. *Le ramassage de tests échoués amène à éliminer l'étape qui consiste à retirer la chair de l'animal.*

2.2.3 – Les activités liées à l'utilisation des outils

Les stigmates d'utilisation des coquilles sont placés sur le bord et les parties bombées des valves. Les tests ont été utilisés entiers, sans façonnage préalable.

Pour certains tests, leur utilisation se traduit par une nette abrasion de l'umbo additionnée d'une perte de matière. Cet aplanissement de la partie convexe de la valve est associé à des stries visibles à l'œil nu. Ce type de stigmate a, par exemple, été observé sur des restes de moule (*Mytilus edulis*) à Auzay (Fig. 146-B., p.208) et à Er Yoh, et sur plusieurs espèces de Diconche comme la palourde (*Tapes decussatus*) et le vernis (*Callista chione*) (Fig. 146-A., p.208). *Ces stigmates peuvent être liés au frottement de la partie bombée des valves contre une matière abrasive. Ils peuvent résulter du lissage de céramiques.*

Pour d'autres tests, les zones convexes ont été polies mais pas aplanies et ne sont pas associées à des stries visibles à l'œil nu. C'est, par exemple, ce qui a été observé sur un umbo de valve creuse de coquille Saint-Jacques à Diconche (Fig. 146-A. : coquille au centre de la photo, p.208, Fig. 11-F., p.37 ; Fig. 35-B. et C., p.80), sur une autre observée au Rocher, et peut-être sur un reste de couteau de Montagant. *Ces stigmates sont associés au frottement de ces zones bombées contre une matière peu abrasive. Ils ont pu servir, par exemple, à tanner des peaux.*

Enfin, d'autres tests présentent des usures sur les bords coquilliers. Ils ont été utilisés par un mouvement de grattage perpendiculairement à un support. Les bords coquilliers ont pu servir, par exemple, à racler des peaux de bêtes, à travailler des végétaux et à lisser les céramiques...

			Néolithique moyen		Néolithique récent								Néolithique final				
Substrat	Classe	Les espèces	Auzay	Gouillauds	Montagant	La Garenne	Chez Reine	Champ-Durand	La Mastine	La Sauzaie	Le Rocher	Pied-Lizet	La grotte du Phare	Diconche	La Perroche	Ponthezières	Er Yoh
Rocheux	B	*Ostrea edulis*												+			
	B	*Mytilus edulis*	+														+
Sableux	B	*Spisula subtruncata*												+			
	B	*Venus verrucosa*														+	+
	B	*Acanthocardia echinata*												+		+	+
	B	*Glycymeris glycymeris*														+	+
	B	*Laevicardium crassum*												+	+		+
	B	*Callista chione*												+		+	+
	B	*Mactra glauca*												+			
	B	*Pecten maximus*									+			+			+
	B	*Lutraria lutraria*												+			
	B	*Cerastoderma edule*												+			
	B	*Tapes decussatus*												+			
	B	*Solen* sp.			+											+	

Tableau 63. Les taxons de la malacofaune marine utilisés comme outil au Néolithique (+ : présence ; + sur fond grisé : présence parmi les deux espèces majoritaires ; B : Bivalve ; G : Gastropode)

C – L'évolution de l'exploitation de la malacofaune marine du Mésolithique à la fin du Néolithique

Les différentes caractéristiques de l'exploitation de la malacofaune marine ont été confrontées du Mésolithique à la fin du Néolithique dans le but de définir l'évolution de cette activité en fonction de son contexte archéologique.

La figure 271 présente les principales caractéristiques (texte inscrit dans les flèches) des différentes utilisations de la malacofaune marine au Mésolithique et au Néolithique. Celles-ci y ont été regroupées en quatre catégories selon l'utilisation faite de la malacofaune marine : outil, parure, nourriture et autres. À droite de ces flèches quelques-unes des espèces liées à ces caractéristiques sont représentées. L'évolution de ces caractéristiques est décrite selon un axe chronologique du plus ancien vers le plus récent (de gauche à droite). Un trait plein indique que la caractéristique est bien représentée, un pointillé qu'elle est faiblement représentée pour la partie du contexte archéologique concerné. La partie gauche de la figure 271 correspond, quant à elle, à l'altitude de la côte exploitée par l'homme (zone supralittorale ou intertidale). Elle donne des indications sur l'état dans lequel ont été collectés les coquillages : vivants ou à l'état d'épave.

1 – MALACOFAUNE : RESSOURCE ALIMENTAIRE

1.1 – Les points communs

Malgré la pression de l'environnement marin proche des sites pour ces deux périodes le substrat rocheux a été le plus exploité. Il est majoritaire, pour 5 sites sur 6 pour le Mésolithique et pour 10 sites sur 14 au Néolithique (Fig. 262. ; p.376, Fig. 323.). Cette caractéristique est peut-être liée à un accès plus rapide aux espèces vivant dans ce substrat, le temps de recherche y étant limité, à la différence des substrats meubles où les coquillages ne sont pas directement visibles. Un tel choix par les hommes du Mésolithique et du Néolithique est à rapprocher du modèle de l''optimal foraging'.

La patelle typique de ce substrat est l'espèce la mieux représentée de l'alimentation. Elle est présente, parmi les deux espèces majoritaires d'un site, pour 5 sur 6 pour le Mésolithique et pour 9 sites néolithiques sur 14 (Tableau 64, Fig. 271.). Son accès aisé, lié à un sous-système technique de consommation peu complexe, ont pu encourager son exploitation. En effet, une simple ébullition suffit à séparer le test de la chair.

		Mésolithique récent / final						Néolithique moyen		Néolithique récent								Néolithique final				
Classe	Les espèces	Saint-Gildas IB	Saint-Gildas IC	Beg-an-Dorchenn	Hoëdic	Téviec	Beg-er-Vil	Auzay	Gouillauds	Montagant	La Garenne	Chez Reine	Champ-Durand	La Mastine	La Sauzaie	Le Rocher	Pied-Lizet	La grotte du Phare	Diconche	La Perroche	Ponthezières	Er Yoh
G	*Patella* sp.	+	+	+		+	+		+		+	+		+	+	+				+	+	+
G	*Osilinus lineatus*																	+		+	+	
B	*Ostrea edulis*				+	+					+	+		+	+	+	+					+
B	*Mytilus edulis*				+													+				
B	*Cerastoderma edule*			+			+		+													
B	*Tapes decussatus*							+		+			+				+					
B	*Scrobicularia plana*	+	+					+					+									

Tableau 64. Les deux taxons majoritaires de la malacofaune marine alimentaire des sites mésolithiques et néolithiques étudiés (+ : présence ; + sur fond grisé : présence parmi les deux espèces majoritaires ; G : Gastropode ; B : Bivalve)

Les bivalves sont également fréquemment présents parmi les deux espèces majoritaires (Fig. 271). Au Mésolithique, parmi les 5 taxons répertoriés comme une des deux espèces majoritaires sur au moins un des sites (*Patella* sp., *Ostrea edulis, Mytilus edulis, Cerastoderma edule* et *Scrobicularia plana*), 4 sont des bivalves (Tableau 64). Pour le Néolithique, parmi les 7 espèces majoritairement consommées (*Patella* sp., *Osilinus lineatus, Ostrea edulis, Mytilus edulis, Cerastoderma edule, Tapes decussatus* et *Scrobicularia plana*), 5 sont des bivalves (Tableau 64).

Le faible investissement technique, que nécessite le sous-système technique de la consommation des bivalves, a pu encourager leur sélection. En effet, le contact des bivalves à la chaleur suffit à leur ouverture. Il donne directement accès à la chair de l'animal. À l'inverse, les gastropodes sont rarement présents parmi les deux espèces majoritaires malgré leur accès potentiel à

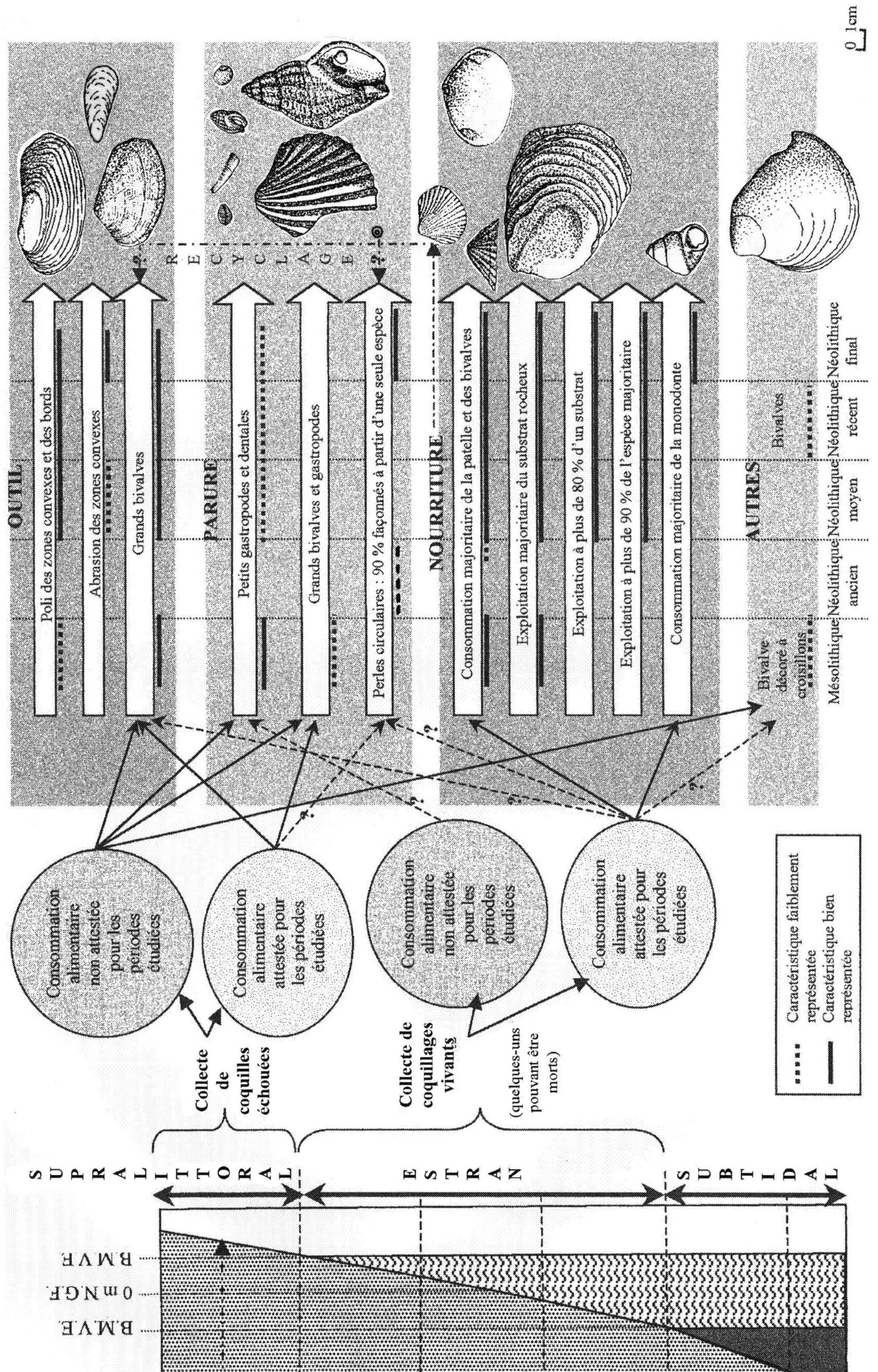

Fig. 271. L'évolution de l'exploitation de la malacofaune marine du Mésolithique à la fin du Néolithique

proximité de la patelle sur les rochers et leur collecte à main nue. Le sous-système technique de consommation plus complexe pour les gastropodes turbinés peut, en partie, expliquer leur faible représentation. On ne peut cependant pas exclure que des préférences gustatives, propres à la sphère culturelle de chacune des populations observées, ont également pu agir sur la sélection de certains mollusques. *Malgré tout, les traits communs au Mésolithique et au Néolithique semblent correspondre à une limitation des contraintes liées à l'accès de l'animal vivant dans son milieu naturel ainsi qu'à celui de la chair de l'animal après la collecte.*

1.2 – Les différences

Pour 12 sites néolithiques sur 14, plus de 80 % des coquilles consommées proviennent du même substrat (Fig. 262, p.323; Fig. 271.). Cette étroite sélection pourrait correspondre, comme pour Téviec et Hoëdic, à une homogénéité de l'environnement marin des sites. Cependant, malgré la large domination d'un substrat sur de nombreux sites néolithiques, plusieurs cas montrent qu'un second substrat a été exploité à plus de 10 %, comme aux Gouillauds, à Pied-Lizet et à Chez Reine (Fig. 262., p.323). La sélection majoritaire d'un unique substrat n'est donc pas toujours liée à son unique représentation dans l'environnement des sites. De même, la reconstitution paléoenvironnementale de La Perroche a montré que des milieux abrités y étaient accessibles. Malgré la présence potentielle de sédiments fins à proximité du site, seuls les rochers ont été exploités. Ces derniers représentent plus de 99 % de l'origine des coquillages qui y ont été consommés. *Même si le substrat rocheux a été le plus souvent exploité au Mésolithique et au Néolithique, la sélection du milieu exploité semble plus étroite au Néolithique. La collecte des coquillages s'est focalisée en majorité à cette période à plus de 80 % sur un unique substrat.*

De même, les rejets les plus volumineux du Néolithique s'opposent à ceux du Mésolithique par une plus grande sélection des espèces. En effet, deux espèces sont nécessaires pour atteindre 90 % de la masse totale au Néolithique tandis qu'il en faudra quatre, voire six, au Mésolithique (Fig. 264-B., p.326 ; Fig. 271.). Cette différence pourrait correspondre à un accès à des biotopes moins variés (et à un nombre de taxons plus limité) pour les sites néolithiques. Or, la position insulaire des sites de La Perroche et de Ponthezières donne accès à une grande diversité des milieux exploitables et donc des espèces. Une plus grande sélection des coquillages par les Néolithiques n'est observée qu'en partie pour les collections étudiées plus réduites. Les techniques d'échantillonnage rendent difficile l'interprétation des sites où les coquilles étudiées sont moins nombreuses. Ainsi, la sélection observée à Téviec et la diversité d'Er Yoh peuvent être le reflet des techniques de fouille (Fig. 264-C.). Le site de Hoëdic, issu en partie du tamisage suit le même schéma que Beg-an-Dorchenn et Beg-er-Vil. Cette étroite sélection est observée pour Auzay et les Gouillauds. Cependant, à la différence de La Perroche et de Ponthezières, qui datent de la fin du Néolithique, ces deux sites du Néolithique moyen semblent correspondre à une consommation plus limitée dans le temps (Auzay) (Tableau 56, p.320) ou exclusivement basée sur les coquillages (Gouillauds). De même, à La Sauzaie et pour tous les autres sites néolithiques, où peu de coquilles ont été ramassées, l'impact des coquillages ne semble pas avoir été quotidien dans l'alimentation. Ainsi, l'exploitation du territoire de collecte a, sans doute, été différente selon que les coquillages ont fait ou non partie des menus quotidiens. *L'exploitation à long terme des coquillages alimentaires est différente au Mésolithique et au Néolithique. Pour les dépôts coquilliers les plus volumineux, correspondant à une accumulation prolongée dans le temps, les Néolithiques ont sélectionné un nombre plus réduit d'espèces qu'au Mésolithique.*

Toutes les espèces majoritairement mangées au Mésolithique (*Patella* sp., *Ostrea edulis, Mytilus edulis, Cerastoderma edule* et *Scrobicularia plana*) l'ont également été sur, au moins, un des sites du Néolithique (Tableau 64.). Par exemple, la coque qui fait partie des deux espèces majoritaires à Beg-an-Dorchenn et Beg-er-Vil, est, aussi, bien représentée sur le site néolithique des Gouillauds. À l'inverse, la palourde et la monodonte ont été abondamment consommées sur certains sites du Néolithique (à La grotte du Phare, à Ponthezières, à La Perroche pour *Osilinus lineatus* et à Auzay, à Montagant, à Champ-Durand et à Pied-Lizet pour *Tapes decussatus*) et pas au Mésolithique (Tableau 64.). L'acquisition de l'une (*Tapes decussatus*) et la consommation de l'autre (*Osilinus lineatus*) se traduisent par une dépense d'énergie plus importante que pour les espèces les plus abondamment consommées au Mésolithique. En effet, la palourde vit cachée dans un sédiment gravillonneux. Elle peut être collectée, soit de façon aléatoire en grattant le sédiment avec l'aide d'un outil, soit par repérage de petits trous à la surface du sédiment. La seconde technique s'avère plus rentable à la fois en termes de quantités collectées et d'énergie dépensée mais nécessite la connaissance du lieu de vie de ce bivalve. À l'inverse, la collecte de la monodonte est aisée. Facilement repérable sur les rochers, elle peut être ramassée à main nue. La complexité de sa consommation a déjà été évoquée. En effet, l'extraction de l'animal frais nécessite la cassure du test. Même après cuisson, un outil pointu est nécessaire pour retirer la chair de la coquille. *Malgré une dépense d'énergie un peu plus importante pour l'acquisition de l'une (la palourde) et pour la consommation de l'autre (la monodonte) vis-à-vis des autres espèces consommées au Mésolithique, 'ces contraintes' n'expliquent peut-être pas, à elles seules, la faible consommation de ces deux espèces au Mésolithique.*

De plus, même si elles n'ont pas été parmi les plus abondamment consommées au Mésolithique, elles ont participé très secondairement à leurs menus. Elles étaient donc accessibles à proximité des sites du Mésolithique.

Cependant, pour la palourde, sa plus faible représentation au Mésolithique peut être liée à un accès plus limité à son biotope (estran abrité vaso-sableux gravillonneux). Cela ne semble pas être le cas pour la monodonte, qui partage le même biotope que la patelle largement représentée au Mésolithique, le milieu rocheux. *L'hypothèse d'une préférence culturelle de la monodonte pour leurs qualités gustatives intervenant au Néolithique, même si elle reste difficile à prouver, ne peut être exclue. Le plus grand attrait de la monodonte se cantonne d'ailleurs au Néolithique final (La grotte du Phare, Ponthezières, La Perroche) (Fig. 271.). Elle a pu s'accompagner d'autres habitudes culinaires au Néolithique comme, par exemple, l'ébullition de la monodonte pour saler et relever le goût d'un bouillon de cuisson...*

2 - La coquille : matière première

2.1 - La parure

2.1.1 - L'évolution de la forme de la parure

L'analyse de la parure au sein des deux périodes étudiées a montré, pour les sites étudiés, une relative homogénéité au Mésolithique, tandis qu'une évolution de son façonnage intervient avec le passage au Néolithique et aussi pendant cette période.

Malgré cette évolution de la parure, les tests entiers uniquement percés pour les gastropodes ou écourtés pour les dentales sont présents du début du Mésolithique à la fin du Néolithique (Tableau 65, Fig. 271.). Ils ne sont cependant pas représentés en même quantité tout au long de la chronologie. Tandis, qu'ils sont abondamment présents au Mésolithique, ils sont rares au Néolithique. Cette différence pourrait être liée à la nature des sites pris en compte. En effet, les importantes quantités de tests entiers trouvées au Mésolithique correspondent aux nécropoles de La Grande Pièce (N.R = 3295), de Téviec (N.R = 6987) et de Hoëdic (N.R = 5068) (Tableau 65). Ces parures sont bien moins abondantes dans les sites où les sépultures sont absentes (N.R = 20 à Beg-an-Dorchenn et N.R = 8 à Beg-er-Vil). Cependant, aucune sépulture située sur la façade atlantique de la France et attribuée au Néolithique n'a, en l'état actuel des recherches, livré des quantités aussi importantes de tests coquilliers simplement percés. *Le nombre plus limité de tests entiers percés à partir du Néolithique ancien peut être lié à une modification du rôle culturel de ce type de parure ou à une diminution, au Néolithique, de l'impact d'une même symbolique. Cette variation de la parure en coquillages sur la sphère culturelle pourrait d'ailleurs être rapprochée de l'évolution de sa forme au Néolithique, où les minuscules perles, qui se développent tout particulièrement au Néolithique final, effacent tout lien avec la forme d'origine de la matière première.*

		Mésolithique ancien	Mésolithique récent / final				Néolithique moyen	Néolithique récent	Néolithique final			
Classe	**Les espèces**	**La Grande Pièce**	**Beg-an-Dorchenn**	**Hoëdic**	**Téviec**	**Beg-er-Vil**	**Auzay**	**Le Rocher**	**La grotte du Phare**	**Diconche**	**La Perroche**	**Ponthezières**
G	*Littorina obtusata*		▒	▒	▒	▒				▒		
G	*Nucella lapillus*										▒	▒
G	*Trivia monacha*			▒	▒	▒						
G	*Nassarius reticulatus*	▒	▒						▒	▒		
S	*Dentalium* sp.	▒					▒	▒	▒			
B	*Cerastoderma edule*										▒	▒
N.R. de tests entier		3295	20	5068	6987	8	6	1	12	14	2	26
N.R. de perles circulaires									?		7	1611
N.R. de parure en coquillages		3295	20	5068	6987	8	6	1	12	14	9	1637

Tableau 65. Les taxons de la malacofaune marine utilisés au Mésolithique et au Néolithique comme parure (+ : présence ; + sur fond grisé : présence parmi les deux espèces majoritaires ; B : Bivalve ; G : Gastropode ; S : Scaphopodes)

2.1.2 – Les coquilles utilisées entières simplement percées

Contrairement à ce qui est observé pour tout le Néolithique, l'utilisation de ces tests entiers percés se démarque, pour le Mésolithique, par l'utilisation de quelques grandes coquilles (comme *Buccinum undatum, Ostrea edulis, Glycymeris glycymeris, Laevicardium crassum...*) en plus des innombrables petits tests. Malgré leur faible nombre par rapport aux petits tests (54 à La Grande Pièce soit 1,6 % du N.R., 42 à Téviec soit 0,6 % du N.R. et 45 à Hoëdic soit 0,9 % du N.R.), ils ont pu servir de marqueurs culturels ou sociaux. Leur absence au Néolithique, leur fort encombrement impliquant des contraintes pour leur port (comme le poids, par exemple) et le regroupement des tests d'une même espèce dans des sépultures de La Grande Pièce peuvent conforter cette hypothèse.

Des cas de passage de double lien ont été observés pour ces deux périodes, ce qui montre que toutes ces parures n'ont pas seulement été enfilées le long d'un lien. Elles ont pu être portées de différentes façons (cousues sur un support, enfilées par un système de simple ou de double passage de lien...). Cette variabilité dans le port des parures en coquillages, même si elle a été peu abordée pour les périodes et la zone géographique concernées, pourrait être le reflet de différences culturelles.

Parmi les espèces représentant majoritairement la parure au Mésolithique la littorine obtuse, la nasse et le dentale sont présents au moins une fois au Néolithique (Tableau 62). Ces coquillages se caractérisent par leur petite taille. Que ce soit au Mésolithique ou au Néolithique, chacun de ces taxons est façonné de manière identique. À savoir que les dentales ont, sans doute, été écourtés. Les deux autres espèces possèdent une unique perforation. Comme au Mésolithique, elle est placée au niveau du dernier tour de spire et est suffisamment éloignée du labre pour que le pont coquillier, entre la perforation et ce dernier, supporte la traction du lien. Elle limite également la cassure du labre lors du percement du test *Cette constante dans l'emplacement des perforations peut être due à des contraintes techniques liées au percement et au port de ces parures. Le faible façonnage apporté aux trois espèces communes au Mésolithique et au Néolithique peut être lié à leur petite taille qui les rend directement utilisables après le percement du test.* Le caractère subtidal de certaines, associées à des stigmates d'échouage, montre qu'un grand nombre de ces coquilles a, sans doute, été ramassé déjà dissocié de la chair (Fig. 271.). Certaines étaient d'ailleurs déjà percées lors de leur ramassage. D'autre part, les différentes analyses malacofauniques ont montré que les espèces utilisées comme parure étaient accessibles dans l'environnement proche du site. *Ces choix correspondent à une simplification des différents sous-systèmes techniques de la chaîne opératoire de la parure.*

D'autre part, toutes ces coquilles utilisées entières pour la parure n'ont pas participé majoritairement à l'alimentation des Mésolithiques et des Néolithiques (Fig. 271.). *Les tests de la malacofaune mangée ne semblent pas avoir été utilisés.* Cette caractéristique peut être liée à leur petite taille. La présence d'espèces mangées au Mésolithique en faible quantité dans la parure ne semble pas correspondre à un recyclage de la coquille après la consommation de l'animal. Par exemple, la valve d'huître plate et la majorité des patelles de La Grande Pièce possèdent des traces d'usure typique de l'action marine, qui montrent que l'animal était déjà mort quand ces coquillages ont été ramassés. *Ainsi, la symbolique des coquillages n'était peut-être pas associée à leur fonction alimentaire.*

2.1.3 – Les perles discoïdes

Les informations qui peuvent découler de la comparaison entre les parures sous forme de tests entiers percés et de perles ont déjà été évoquées dans la partie consacrée au Néolithique (Partie B-2.1.2.). La sélection des espèces semble encore plus importante au Néolithique que celle observée au Mésolithique à La Grande Pièce, à Téviec et à Hoëdic (Fig. 264-A., Fig. 271.). Tandis que l'addition des pourcentages de deux espèces est nécessaire pour obtenir plus de 90 % de représentation du N.R. des parures mésolithiques, la coque, compose à elle seule plus de 90 % de la parure de Ponthezières. Ce pourcentage est légèrement supérieur à ce qui a été obtenu pour les collections du Mésolithique, mais cette tendance demande à être confirmée par la multiplication des sites étudiés.

Comme nous l'avons vu dans la partie consacrée aux perles discoïdes en coquillages du Néolithique, celles-ci s'opposent, en de nombreux points, aux tests percés. *Les différentes caractéristiques de l'acquisition et de la transformation (ou de la production) de ces perles s'opposent à celles des tests entiers par une technicité évoluée se traduisant par une spécialisation de la confection de la parure basée sur une seule espèce, la coque. Cette activité subit un bouleversement important dans son organisation au moins dès le Néolithique final et peut-être même dès le Néolithique ancien. D'autre part, l'importante modification de la forme du test utilisé comme matière première peut correspondre comme la diminution du nombre de tests entiers percés composant la parure, à une diminution de l'impact de l'environnement marin dans la sphère culturelle des populations littorales du Néolithique.*

D'autre part, l'importante quantité de perles discoïdes du Néolithique ancien trouvée à Germignac s'oppose à leur faible nombre dans les sépultures attribuées au Néolithique final. L'abondance de cette parure en coquillages au début du Néolithique pourrait correspondre comme le propose L. Laporte à 'l'indice d'une certaine forme de continuité, cette fois-ci dans le domaine des pratiques funéraires, entre les différents groupes de chasseurs-cueilleurs puis d'agriculteurs' (Laporte, 2002). Cependant, comme il le souligne la distance chronologique et la modification de la forme de la parure sont telles que cette ressemblance quantitative peut tout aussi bien correspondre à une simple convergence.

2.2 - Les outils

Parmi les sites mésolithiques et néolithiques étudiés, 88 % des outils en coquillages ont été identifiés pour le Néolithique pour un N.R. total d'outils en coquillages de 65. Étaient-ils pour autant moins utilisés au quotidien par les Mésolithiques ? Une des principales difficultés de l'identification des coquilles outils du Mésolithique est le manque de lisibilité des stigmates associés à leur utilisation. Même si la taphonomie a pu modifier la surface, elle n'explique pas tout. En effet, certains des stigmates d'utilisation semblent plus prononcés au Néolithique. Parmi les trois types de modifications apportées par l'utilisation des tests au Néolithique comme outil, les usures des zones convexes et des bords coquilliers se rapprochent de celles observée au Mésolithique. Elles se matérialisent par un poli de la partie de la coquille utilisée. À l'inverse, les usures qui se traduisent par une modification importante de la surface de l'outil en coquillage, comme une abrasion, n'ont été observées qu'au Néolithique (Fig. 271.). *L'observation de ces stigmates uniquement au Néolithique peut être le reflet de gestes plus répétitifs que ceux du Mésolithique, voire d'une activité nouvelle apparue, au moins, dès le Néolithique moyen avec la moule utilisée comme outil à Auzay. Les stries observées sur les plages d'usure peuvent, par exemple, correspondre au lissage des céramiques.*

D'autre part, 86 % des outils en coquillages identifiés pour le Néolithique appartiennent au site de Diconche. La concentration de leur rejet observée sur le site du Néolithique final de Diconche (Gruet *et al.*, 1999, p.130) peut être le reflet d'aires spécialisées liées à l'utilisation de ces outils. *Ce regroupement des coquilles outils au Néolithique a également pu faciliter leur identification tandis qu'au Mésolithique les outils en coquillages se trouvent mêlés aux rejets alimentaires.*

3 - Conclusion

Tous les traits communs des sous-systèmes de l'acquisition et de la consommation de la malacofaune marine observés entre le Mésolithique et le Néolithique tendent vers un meilleur rendement des activités en limitant le nombre d'étapes obligatoires participant aux sous-systèmes techniques de l'acquisition, de la transformation et de la consommation. Pour ces deux périodes, l'adaptation à l'exploitation de cette ressource marine et de l'environnement proche des sites a provoqué des réactions similaires.

Malgré les points communs observés pour les trois utilisations de la malacofaune mises en évidence, celles-ci varient du Mésolithique à la fin du Néolithique. Ainsi, une plus grande sélection des substrats pour la majeure partie des sites attribués au Néolithique et des espèces pour les plus grands rejets alimentaires coquilliers a été observée par rapport au Mésolithique. Cet élément semble correspondre à un comportement plus opportuniste des populations mésolithiques ayant mangé d'importantes quantités de coquillages. Le Néolithique se démarque également du Mésolithique par une consommation plus importante de la palourde et de la monodonte. La difficulté de l'acquisition de l'une (la palourde) et de la consommation de l'autre (la monodonte) peuvent en partie expliquer leur désintérêt au Mésolithique. L'hypothèse d'une préférence culturelle liée à leur qualité gustative peut être proposée, au moins pour la monodonte qui partage le même biotope que la patelle, abondamment consommée pour les deux périodes étudiées. La préférence de la monodonte intervient à partir du Néolithique final.

L'opposition au Mésolithique et au Néolithique des coquillages entrant dans les spectres alimentaires et de ceux utilisés en parure penche pour une symbolique de la parure peut-être indépendante de la nourriture. Plusieurs modifications du façonnage et de la composition de la parure sont observées. L'importance du rôle culturel de cette parure est marquée, au Mésolithique, par l'abondance des coquilles entières façonnées de la main de l'homme (ou par la mer) par une unique perforation. Celles-ci sont en majorité de petite taille à l'exception d'une faible proportion de grands tests percés qui aurait pu servir de marqueur social au Mésolithique. Même si les petits tests entiers percés perdurent jusqu'à la fin du Néolithique, ils sont présents en très faible quantité dès le début de cette période. Cette diminution des quantités des coquillages utilisés bruts sans modification de leur forme d'origine peut correspondre à une plus faible importance de la symbolique qu'elle véhicule au Néolithique. Cette rupture avec l'environnement marin semble d'ailleurs confirmée au Néolithique par un façonnage important de la matière première en minuscules perles circulaires, qui ne rappellent en rien le coquillage. L'organisation de l'activité de confection de la parure est d'ailleurs bouleversée au moins à partir du Néolithique final et devient spécialisée. Comme pour la nourriture, la parure est marquée pour la fin du Néolithique par une sélection accrue des espèces utilisées. La complexité des techniques utilisées pour la confection de ces minuscules perles témoigne de l'importance économique de cette parure destinée à être échangée avec le continent.

Enfin, les outils en coquillages sont les témoins d'une nouvelle activité au Néolithique sans doute liée à la confection de céramiques.

CHAPITRE IV – L'IMPACT DE LA MALACOFAUNE MARINE DANS LE QUOTIDIEN DES HOMMES DU MÉSOLITHIQUE ET DU NÉOLITHIQUE

L'analyse de la malacofaune a mis en évidence des modifications de son exploitation du Mésolithique à la fin du Néolithique. Les coquillages ne sont pas la seule ressource alimentaire à avoir été consommée pour les sites étudiés. Dans ce chapitre, nous avons essayé de voir si l'impact des ressources marines a varié au fil de la chronologie dans les régimes alimentaires et s'il était le même pour les sites étudiés d'une même période. Nous avons également essayé de voir comment l'exploitation de la malacofaune marine s'articulait sur une année et en fonction de la position géographique des sites.

A – AU MÉSOLITHIQUE

1 - LOCALISATION DES SITES À MALACOFAUNE MARINE PAR RAPPORT À LA CÔTE

Nous avons vu que les sites mésolithiques les plus proches de l'estran d'alors ont sans doute disparu. La figure 272 représente la variation de la masse des coquilles étudiées (exprimée en Log) en fonction de la distance maximale des sites à la côte estimée lors de leur fonctionnement. Les sites mésolithiques de Saint-Gildas IB et IC et néolithiques de Montagant et de Chez Reine n'ont pas pu être placés sur cette figure, la masse de coquilles décrites en bibliographie n'ayant pas été citée (Debenath *et al.,* 1984 ; Tessier, 1984 ; Boujot *et al.,* 1996). Les sites du Mésolithique, où de la malacofaune a été consommée (Fig. 272., Ensemble en pointillés), sont cantonnés dans une zone d'un kilomètre à la mer tandis que la répartition des sites néolithiques est plus étendue. D'autre part, le Mésolithique est marqué par l'absence de petits rejets coquilliers isolés plus éloignés de la mer. En effet, aucune mention n'est faite de rejets alimentaires coquilliers sur les sites mésolithiques de l'intérieur des terres en Bretagne (Kayser, 1991 ; Gouletquer et *al.,* 1997) et plus au sud de la façade atlantique de la France (Roussot-Larroque, 1977 ; Rozoy, 1978 ; Cassen, 1984 ; Joussaume, 1984 ; Marchand, 1999). On pourrait penser que les quelques coquilles trouvées à La Pierre-Saint-Louis (Geay, Charente-Maritime) (Fig. 2., p.27) font exception. Malgré sa position actuellement dans l'intérieur des terres, ce site devait être proche des influences marines par l'intermédiaire de la paléocharente. La Pierre-Saint-Louis pouvait, comme les autres sites du Mésolithique, être situé à moins d'un kilomètre des influences marines.

Cette répartition des sites mésolithiques à coquillages alimentaires proche de la côte pourrait suggérer un isolement des habitats côtiers vis-à-vis de ceux de l'intérieur des terres. Cependant, la présence de parures en coquilles abondantes sur le site de La Grande Pièce pour le Mésolithique témoigne du transport de produits marins hors de la zone côtière. De même, les schémas d'exploitation de la matière première de l'industrie lithique montrent, pour la Bretagne, des déplacements possibles des Mésolithiques sur la côte pour recueillir des galets côtiers (Kayser, 1984). Ces derniers sont ensuite débités un peu plus loin vers l'intérieur des terres (Kayser, 1984). Mais, la présence de galets côtiers à l'intérieur des terres n'est pas forcément liée au déplacement de populations et peut être le résultat d'échanges de proche en proche. La circulation des matières premières ne s'est pas faite à sens unique. En effet, si 'le silex importé depuis les côtes est le flux majeur de cette économie', des matériaux concurrents qui sont utilisés à l'intérieur sont arrivés sur les côtes comme 'les quartzites de Montbert en Loire-Atlantique ou les ultramylonites de Tréméven en Finistère' (Marchand, 2000, p.395). L'acidité des terres bretonnes a très bien pu biaiser la répartition des dépôts coquilliers en dissolvant les petits rejets coquilliers, trop réduits pour stabiliser le pH du sol. D'autre part, les dépôts coquilliers étant peu fouillés, il se peut que ceux du Mésolithique, qui ne possèdent pas directement, le long des coupes naturelles, d'artefacts permettant leur attribution à cette période, ne soient pas connus. Malgré le biais apporté par la taphonomie et la prospection, les grandes accumulations de coquilles semblent cantonnées à une faible distance de la bandes côtière. *La malacofaune semble avoir été consommée en abondance au Mésolithique uniquement à proximité de ses zones d'approvisionnement.*

La conservation de la chair n'est pas la seule explication à l'origine de cette faible dispersion de cette source de nourriture. En effet, des patelles et bigorneaux peuvent se conserver vivants pendant plusieurs jours (Beaune, 1995). L'encombrement et le poids de coquilles pleines ont pu limiter leur transport. Des exemples

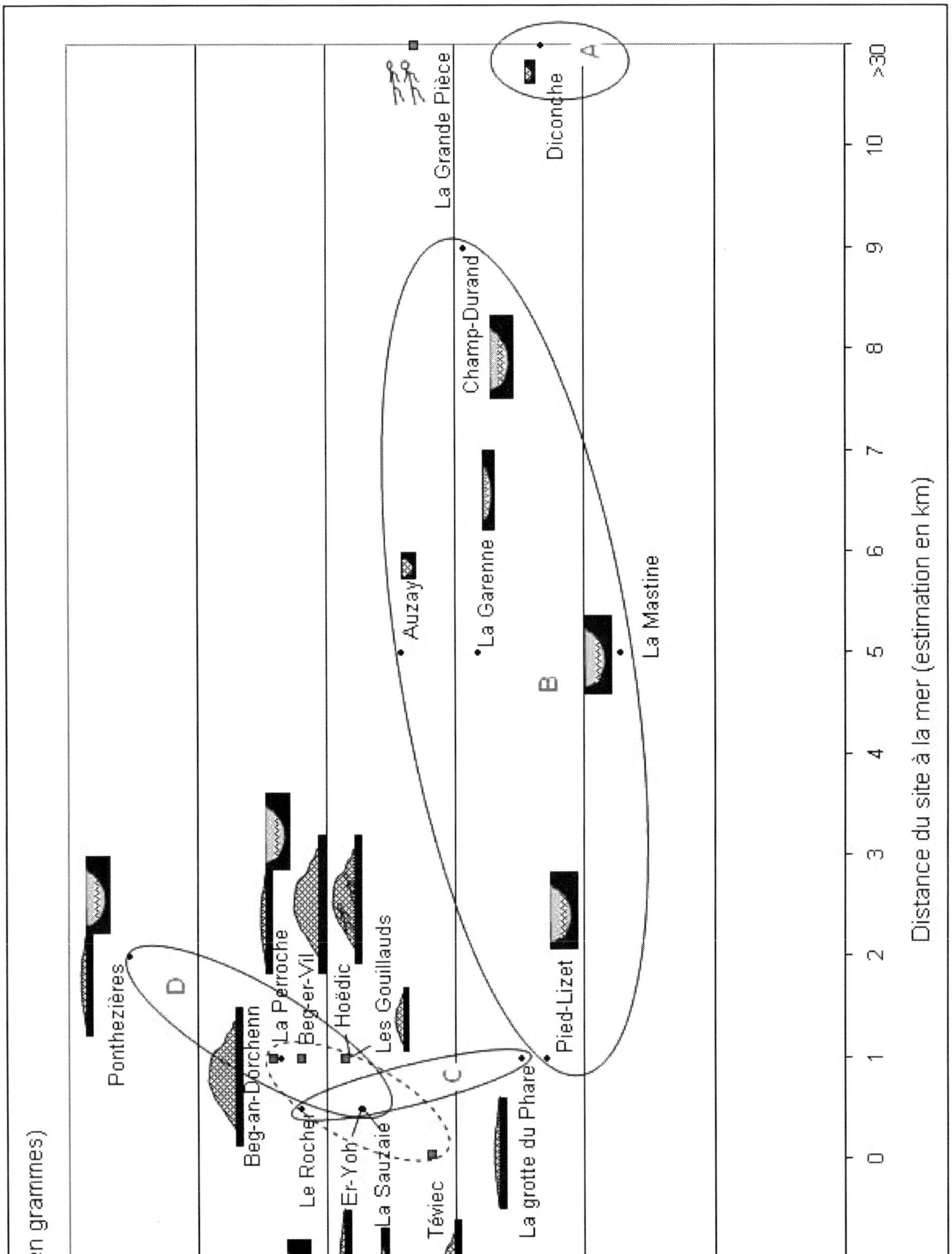

Fig. 272. Quantités de coquilles étudiées en fonction du mode de dépôt et de la distance estimée du site à la mer lors de son fonctionnement (■ : Mésolithique ; ● : Néolithique)

ethnographiques d'Afrique du sud montrent cependant que les Transkei transportent les coquillages sur 6 à 8 kilomètres et le peuple Kwazulu sur plus de 15 kilomètres (Buchanan, 1988, p.88). Mais, dans le cas des sites mésolithiques bretons, le transport des coquilles représente, peut-être, une dépense d'énergie trop importante pour rentabiliser leur exploitation au-delà d'un kilomètre de la mer. L'hypothèse d'un transport de la chair des mollusques dépourvue des tests ne peut pas, non plus, être exclue. Mais, nous ne disposons d'aucun élément pour étayer cette hypothèse. D'autre part, les ressources terrestres, de meilleur rendement (Tavares da Silva, 1996, p.91), ont pu prendre le relais à l'intérieur des terres. *L'exploitation de l'environnement marin semble donc compétitive vis-à-vis de l'environnement terrestre et rentable uniquement jusqu'à une distance d'environ un kilomètre de la côte au Mésolithique.*

Malgré le faible nombre de sites étudiés pour le Mésolithique, le transport sur une plus longue distance de la parure mérite d'être souligné. À La Grande Pièce il a, sans doute, été fait sur plus d'une trentaine de kilomètres. D'autres sites Mésolithiques de l'intérieur des terres en Europe indiquent également un transport de ces parures sur plus d'une centaine de kilomètres (Newell *et al.*, 1990 ; Jeunesse, 1995). *Ce long transport plaide en faveur d'un rôle important de la parure en coquillages dans la sphère culturelle de cette population.* D'autre part, nous avons déjà vu que les coquillages utilisés sont, pour la plupart, non consommés au Mésolithique, ce qui leur confèrent une symbolique peut-être étrangère à l'alimentation. Malheureusement, le lieu d'habitat de la population de La Grande Pièce n'est pas connu. Mais, il est possible, au vu de la distribution des rejets alimentaires coquilliers discutée plus haut, que si l'habitat était situé à proximité des sépultures, cette population n'ait pas consommé de nourriture d'origine marine. Ce fait a d'ailleurs été récemment confirmé par des analyses isotopiques (Schulting and Richards, 2001). *Les quelques indices d'outils en coquillages ont, quant à eux, été trouvés uniquement près de la côte en association avec les déchets de la vie quotidienne. Ils semblent posséder, à la différence de la parure, un impact culturel limité.*

2 – Les deux catégories de rejets alimentaires mésolithiques

Malgré une homogénéité dans la localisation géographique des dépôts coquilliers alimentaires, deux types de sites ont été mis en évidence à la fin du Mésolithique (Fig. 273.). En effet, dans la partie III A-1.2 (p.374), parmi les sites dont les données sont les moins biaisées par les méthodes d'échantillonnage, nous avons vu que la grande diversité spécifique des sites de Beg-an-Dorchenn et de Beg-er-Vil s'oppose à celle réduite des sites de Saint-Gildas. D'autres éléments permettent d'opposer ces deux types de sites.

2.1 - Les sites à faible diversité spécifique

En effet, les sites à faible diversité malacofaunique se composent de rejets où les coquilles sont les seuls restes de faune identifiés (Saint-Gildas IB et IC) (Fig. 273., cercle en pointillé des sites à malacofaune) (Tessier, 1984). La sélection importante des espèces qui y ont été consommées pourrait correspondre à une exploitation ponctuelle dans le temps du territoire accessible. En effet, la collecte d'un nombre d'espèces restreint a pu rapidement entraîner l'épuisement des bancs naturels les plus proches du site. Le volume de Saint-Gildas IC, estimé à 1 m^3, suggère également une courte fréquentation du lieu. Celui de Saint-Gildas IB est plus volumineux. Il a été estimé à 60 m^3. Il pourrait traduire une résidence un peu plus longue. Cependant, en l'absence de données stratigraphiques pour cet amas, l'accumulation de dépôts successifs espacés dans le temps ne peut pas être écartée. D'autre part, aucune structure (foyer, sol d'habitation) n'a été observée dans ou à proximité de ces rejets. Ces deux sites, séparés dans le temps au vu des datations radiocarbones, pourraient donc être le reflet d'une fréquentation régulière, mais courte dans le temps, du promontoire de Saint-Gildas. Ces sites peuvent correspondre à des expéditions saisonnières d'un petit groupe d'une population pour exploiter une ressource naturelle. L'exploitation de la malacofaune aurait pu être le but de ces déplacements. Mais, plusieurs éléments permettent d'en douter. En effet, bien qu'il y ait un biais lié à la taphonomie, en l'état actuel des recherches, aucun site de l'intérieur des terres n'a été trouvé associé à des quantités importantes de coquilles. La pratique du 'décoquillage' est, malgré tout, possible. Cependant, la légèreté du test de la scrobiculaire limite le gain apporté par le détachement de la chair de l'animal de son test (diminution du poids à transporter) vis-à-vis du coût (temps de préparation) que cette étape demande. De plus, les rejets observés, peuvent tout aussi bien correspondre uniquement au repas de ces expéditions. La reconstitution du paléoenvironnement montre que ces stations étaient placées à proximité d'un large estuaire. Or, l'écosystème estuarien est au centre de nombreuses migrations (poissons, oiseaux). Les Mésolithiques ont pu exploiter une de ces ressources, plus abondante, à certains moments de l'année, et consommer des coquillages le temps de leur halte. L'absence de restes de faune autres que les coquilles sur les sites de Saint-Gildas peut correspondre au transport du produit recherché vers un camp de base. Le rejet de restes de poissons sur leur lieu de pêche, à quelques dizaines de mètres des coquilles, n'est pas non plus exclu. Les biais liés à une conservation différentielle ne peuvent cependant pas être exclus. Malheureusement, le régime alimentaire d'éventuels camps de base situés à proximité de Saint-Gildas n'est pas connu.

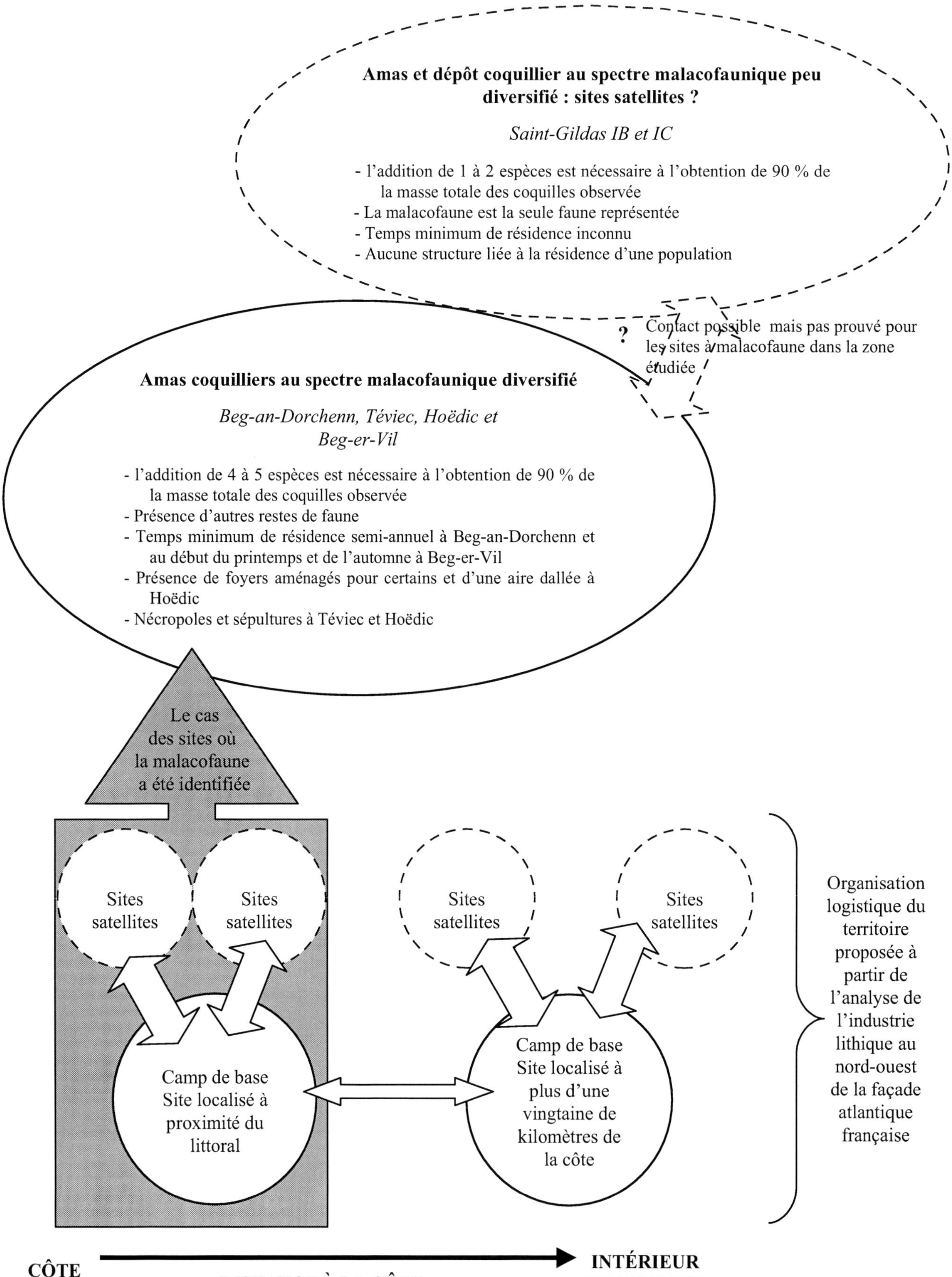

Fig. 273. La place des rejets coquilliers dans l'organisation logistique du territoire à la fin du Mésolithique dans le nord-ouest de la France

2.2 - Les sites à grande diversité spécifique

Le second ensemble de sites de la fin du Mésolithique observé correspond à ceux de plus large spectre malacofaunique, ceux de Beg-an-Dorchenn et de Beg-er-Vil (Fig. 273., cercle à contour plein des sites à malacofaune). À la différence des sites à faible diversité spécifique, les amas coquilliers de Beg-an-Dorchenn et de Beg-er-Vil, sont associés à des restes de faune terrestre chassée, d'oiseaux inféodés au milieu marin, de cétacés, de poissons et de crustacés (Kayser, 1990-1 ; Tresset, 2000), Les coquilles étaient associées à d'autres restes fauniques. Cet élément permet d'associer Téviec et Hoëdic à cet ensemble. Ces deux sites avaient été écartés de l'analyse des spectres malacofauniques du fait de leur faible représentativité (Du Châtellier, 1881 ; Péquart et Péquart, 1934 ; Péquart *et al.*, 1937). Contrairement à ce qui a été observé à Saint-Gildas, plusieurs structures témoignent des activités quotidiennes d'une population sur ces sites. Tous les amas sont associés à des foyers culinaires, pour certains aménagés (Péquart *et al.*, 1937 ; Péquart et Péquart, 1954 ; Kayser, 1985 ; Kayser, 1990-1). À Beg-an-Dorchenn 'une structure de pierres a été mise en évidence sur 8 m^2' (Kayser, 1985, p.84). De gros blocs rubéfiés étaient placés dans sa partie sud et pouvaient être une zone de combustion (Giot *et al.*, 1998). Cette structure peut être interprétée comme la base d'une habitation, tout comme l'aire dallée observée à Hoëdic (Marchand, 2000, p.395). Ces différentes structures liées aux activités quotidiennes montrent une fréquentation, sans doute, plus longue de ces amas que ce qui a été observé à Saint-Gildas.

Aucune organisation spatiale n'a été observée pour ces différents rejets mésolithiques au sein même des sites. Les zones dépotoirs semblent communes à l'ensemble des habitants de chaque station. L'étude seule de la malacofaune ne permet pas de savoir s'il existait des différences sociales dans la consommation de ces mollusques.

2.2.1 – L'impact des ressources marines dans les régimes alimentaires

Pour les principaux amas coquilliers mésolithiques, les observations faites sur le terrain par les fouilleurs témoignent de la faible représentation des ressources d'origine terrestre vis-à-vis de celles d'origine marine (Péquart et Péquart, 1930, p.35 ; 1954, p.13). Malheureusement, les conditions d'échantillonnage sont telles que ces observations n'ont pu être confirmées par des données quantitatives. Si l'alimentation terrestre carnée a bien été identifiée (cerf *Cervus elaphus*, chevreuil *Capreolus capreolus,* sanglier *Sus scrofa*, aurochs *Bos primigenius* en sont les principaux composants), celle d'origine végétale n'est connue que par de minces indices (restes de noisettes et de pépins de poire *Pirus cordata* ; Péquart *et al.*, 1937 ; Gebhardt et Marguerie, 1993). La diversité offerte par la frange littorale a été exploitée comme en témoignent les restes de poissons (Labridés, Gadidés, Sapridés, petits requins hâ *Galeorhinus galeus*, raie *Raja* sp., l'analyse en cours de N. Desse-Berset montre qu'au moins 6 espèces ont été pêchées à Beg-an-Dorchenn), de céphalopodes (seiche *Sepia officinalis*), de crabes (au moins quatre espèces en ont été identifiées à Beg-an-Dorchenn et Beg-er-Vil) (Dupont et Gruet, sous presse-2 ; Gruet, sous presse), de coquillages et de cétacés (phoques et baleine sans doute ramassés après leur échouage) (Péquart *et al.*, 1937, p.99 ; Gruet, sous presse). D'autre part, une partie de la faune chassée doit sa présence à son affinité avec l'environnement marin. C'est le cas des oiseaux marins, bien représentés à Téviec (Péquart *et al.*, 1937, pp.101-102). L'évaluation approximative de la masse totale de coquilles accumulées à Beg-an-Dorchenn pourrait représenter plus de 5 tonnes de coquilles rejetées en cet amas. À Hoëdic, ces quantités pourraient dépasser les 14 tonnes et plus de 3 tonnes à Beg-er-Vil. À Beg-an-Dorchenn et à Hoëdic, plus de 2 tonnes de chair de patelles auraient ainsi pu y être mangées. *Comme pour les coquillages, l'impact des crustacés et des poissons dans l'alimentation de ces populations côtières est, sans doute, sous-estimé. Le faible volume de déchets, qu'ils représentent tous deux, y est lié. Il va de pair avec le très bon rendement de ces ressources alimentaires marines. La part importante des ressources marines dans les régimes alimentaires des derniers Mésolithiques est suggérée par les immenses zones de déchets que leurs parties squelettiques représentent.*

La proportion importante des produits marins dans l'alimentation de ces Mésolithiques a été confirmée à Téviec et Hoëdic par des analyses isotopiques (Schulting et Richards, 2001). Celles-ci ont d'ailleurs mis en évidence une consommation des produits marins différents selon le sexe des individus (Schulting et Richards, 2001). Ainsi, les femmes auraient consommé moins de produits marins que les hommes. Certains exemples attestent de l'existence du tabou alimentaire de la consommation des coquillages chez la femme. Ainsi, à 'Coastal Tlingit' sur la côte nord-ouest de l'Amérique, les femmes consomment moins les coquillages car ils limiteraient leur fécondité (Moss, 1993). Chez les Transkei de la côte de l'Afrique du sud, les jeunes femmes justes mariées sont frappées d'une interdiction de consommer des huîtres ou écrevisses car cela freinerait leur appétit sexuel (Claassen, 1991, p.280). Un tel phénomène pourrait être le reflet d'une inégalité des hommes et des femmes face à la consommation de produits marins et d'une charge symbolique importante de la malacofaune dans le domaine de la fécondité. D'autre part, des contacts ayant été établis entre les sites du littoral et de l'intérieur des terres, des échanges de femmes de l'intérieur des terres vers ceux du littoral ne sont pas impossibles. L'analyse de la malacofaune ne permet pas de conforter l'une ou l'autre de ces deux hypothèses.

Pour les sites au large spectre malacofaunique, l'exploitation de l'environnement marin correspond donc à une activité prédominante chez les populations qui l'ont adoptée à la fin du Mésolithique. Plusieurs éléments des sous-systèmes techniques de l'acquisition et de l'utilisation montrent des choix dirigés vers un meilleur rendement des activités. Les caractéristiques observées pour la malacofaune se retrouvent d'ailleurs pour d'autres ressources marines. Leur économie de prédation est adaptée à l'exploitation de la diversité des ressources marines. Cette adaptation a-t-elle été assez rentable pour apporter une stabilité de résidence à ces populations ?

2.2.2 –Le temps de résidence des populations côtières de la fin du Mésolithique

Pour Téviec et Hoëdic, les sépultures collectives sont placées dans l'habitat même. Elles ont été creusées dans l'amas coquillier et le rejet de coquilles s'est poursuivi après les inhumations. Le lieu a donc été fréquenté sur un laps de temps assez prolongé mais pas forcément continu. Plusieurs sépultures multiples sont connues à La Grande Pièce, à Téviec et à Hoëdic (Péquart *et al.*, 1937 ; Péquart et Péquart, 1954 ; Duday et Courtaud, 1998). À moins d'une épidémie ayant provoquée des morts proches dans le temps, les sépultures multiples peuvent correspondre à l'ouverture d'une fosse ou à son réemploi sur un certain laps de temps. Dans le cas de retours successifs sur ce site la durée de résidence de chaque passage a donc pu être assez prolongée. Mais, nous ne pouvons pas, à ce stade de l'observation, chiffrer le temps minimum de résidence lié à chacun de ces passages ou à une occupation continue de cet habitat.

Le volume des rejets (entre 130 et 60 m^3) peut suggérer un temps de résidence assez prolongé sur les sites. Cependant, si aucun autre élément de saisonnalité n'est considéré, ils peuvent aussi bien correspondre à des accumulations continues ou au cumul de dépôts saisonniers successifs.

La faune terrestre et les végétaux apportent quelques éléments de réponse. Téviec est le mieux documenté à ce sujet.

Pour les oiseaux, les moments les plus propices à leur capture sont présentés dans le tableau 66 et ont été établis par A. Tresset et Y. Pailler (étude en cours). Certains sont des migrateurs et ne sont donc pas présents toute l'année. Parmi les migrateurs et ceux qui sont sédentaires, certains sont plus accessibles durant la période de nidification. Ils n'excluent pas une possible capture en dehors de la période définie pour certains oiseaux sédentaires. Ces moments les plus propices à leur capture (Tableau 66) ont été établis en fonction de l'observation des aires géographiques de reproduction et des saisons de migration actuelles des oiseaux. Or, certaines d'entre elles ont pu varier, comme l'attestent certains cas de modifications d'aire de nidification à l'échelle d'une vie humaine (Grayson, 1984, p.174 ; Harrison, 1995). L'établissement d'un temps minimum de résidence à partir de l'avifaune est donc à considérer avec prudence. D'autre part, certaines déterminations s'appuient sur un nombre de restes parfois très faible : un reste pour la cigogne et pour le colvert (information A. Tresset).

Plusieurs taxons d'oiseaux ont été déterminés à Téviec (Péquart *et al.,* 1937). Ainsi, les canards (le colvert, le siffleur et le pilet, et peut-être de la sarcelle d'hiver) pourraient être plus facilement chassés en hiver. Le macareux moine, la bécasse des bois, le guillemot de Troïl, le pingouin torda et la cigogne blanche ont également pu être chassés au printemps, mais ont aussi pu l'être à la fin de l'hiver et au début de l'été pour certains d'entre eux.

Le renard et la martre auraient également pu être chassés en hiver pour leur fourrure (Kayser, 1991). De la poire sauvage et des noisettes ont pu être consommées à l'automne (Péquart *et al.,* 1937 ; Kayser, 1991). Les données obtenues sur le moment de fréquentation de Téviec à partir de l'avifaune, des mammifères et des végétaux montrent que le site a pu être fréquenté durant toute une année, mais elles ne sont pas une image fidèle de la présence des habitants de Téviec.

La chasse du renard et de la martre ont été associée à une chasse d'hiver, car ces animaux ont une fourrure plus fournie durant cette saison. Ce n'est là qu'une hypothèse et pas un fait. En effet, ces deux espèces sont accessibles toute l'année. Le nombre de restes à l'origine des déterminations de ces deux espèces peut d'ailleurs être faible. Elles ont pu être chassées pour les nuisances apportées à l'habitat (consommation de nourriture).

Pour les végétaux, le moment de leur cueillette ne correspond pas obligatoirement à celui de leur consommation. Même si pour la poire, sa conservation est limitée à quelques mois après sa cueillette, la noisette peut être conservée dans de bonnes conditions plus d'une année. Ces différentes composantes des régimes alimentaires nous donnent les moments de capture et de collecte les plus probables mais ils ne suffisent pas à établir le temps minimum de résidence de ces populations.

L'étude de la saison de collecte de la malacofaune possède également ses limites (Partie III – Chapitre III - B). Cependant, à la différence des autres restes alimentaires, les coquillages ont, sans doute, été consommés et les coquilles rejetées sur le site juste après leur acquisition. En effet, à moins d'une transformation de la chair, celle-ci se conserve hors de l'eau moins d'un mois après la collecte. Ainsi, la malacofaune donne directement accès au moment de la fréquentation du site sur une année. Malheureusement, les restes malacofauniques conservés pour Téviec, comme pour Hoëdic, sont trop faiblement représentés pour compléter ces données.

Seuls les sites de Beg-an-Dorchenn et de Beg-er-Vil présentent un matériel malacofaunique suffisamment abondant pour permettre l'étude de la saisonnalité. Pour Beg-an-Dorchenn, la zone fouillée correspondrait à une collecte de la palourde au moins de la fin de l'hiver au milieu de l'année et pour Beg-er-Vil au début du printemps et de l'automne (Tableau 66). Ce ne sont là que des temps minimums de collecte de ces mollusques. Comme nous l'avons vu dans les études de site (Partie IV), l'analyse de la saison de collecte de la malacofaune est fortement dépendante de la zone prélevée dans les amas. La présence de noisettes à Beg-an-Dorchenn, même si elle indique leur cueillette à l'automne, est un mauvais marqueur du moment de sa consommation et donc de son rejet (indirectement de la présence des habitants de Beg-an-Dorchenn). La poire sauvage trouvée à Beg-er-Vil pourrait confirmer la fréquentation de ce site à l'automne (Kayser, 1991). La détermination des oiseaux de Beg-er-Vil s'appuie, quant à elle, sur un nombre réduit de restes. Elle montre une possible fréquentation du site de l'hiver au printemps voire à l'été (Tableau 66). *La présence des habitants de Beg-an-Dorchenn est attestée de la fin de l'hiver au printemps inclus et en automne. Pour Beg-er-Vil, elle l'est au début du printemps et en automne. Enfin, à Téviec, les indices directs d'une fréquentation du site manquent pour la saison estivale. Les restes de poire et l'avifaune plaident pour une présence potentielle des habitants de l'automne au printemps. Ces périodes de fréquentation du site n'ont pu être confirmées par la saison de collecte des mollusques. La permanence de la résidence de ces différents sites de la fin du Mésolithique n'a pu être prouvée. Cependant, le croisement des données obtenues à partir de leurs ressources alimentaires témoigne d'un temps de résidence sans doute plus long que sur les sites de Saint-Gildas.*

Les données disponibles sur les modes de subsistance du Mésolithique ancien et moyen de la façade atlantique française sont rares. Il ne nous est donc pas possible d'affirmer que cette fréquentation assez prolongée des sites côtiers à malacofaune ne s'est accentuée qu'à partir de la fin du Mésolithique. La remontée du niveau marin rend la comparaison très difficile. D'autre part, la présence de la nécropole de La Grande Pièce avec des sépultures multiples dès le Mésolithique ancien montre qu'une fréquentation régulière d'un même lieu a pu exister avant la fin du Mésolithique.

Sites		Espèces	Moments d'acquisition le plus favorable			
			Printemps	Été	Automne	Hiver
Beg-an-Dorchenn	Végétaux	La noisette			——	
	Malacofaune	La palourde *Tapes decussatus*	——			——
Téviec	Avifaune	Le guillemot de Troïl *Uria aalgae*	· — · —			– – – – ·
		Le pingouin torda *Alca torda*	· — · —			– –
		Le macareux moine *Fratercula arctica*	· — · —	– –		
		La bécasse des bois *Scolopax rusticola*	· — · —			· ——
		Le colvert *Anas platyrhyncos*				– – – – ·
		Le siffleur *A. penelope*				– – – – ·
		Le pilet *A. acuta*				– – – – ·
		La sarcelle d'hiver *A. crecca*				– – – – ·
		La cigogne *Ciconia ciconia*	· — · —	· — · —		
	Mammifère	Le renard *Vulpes vulgaris*				– – – – ·
		La martre *Mustela martes*				– – – – ·
	Végétaux	La noisette			——	
		La poire sauvage *Pirus cordata*			——	
Beg-er-Vil	Avifaune	Le guillemot de Troïl *Uria aalgae*	· — · —			– – – – ·
		La bécasse des bois *Scolopax rusticola*	· — · —			——
		Le colvert *Anas platyrhyncos ?*				– – – – ·
		La cigogne *Ciconia ciconia ?*	· — · —	· — · —		
	Végétaux	La poire sauvage *Pirus cordata*			——	
	Malacofaune	La palourde *Tapes decussatus*	——		——	

Tableau 66. Les indices du moment de l'acquisition des ressources alimentaires des sites de la fin du Mésolithique (—— : moment où la ressource a été acquise ; · — : moment où la ressource est la plus accessible ; – – : moment où la ressource est accessible mais plus faiblement pour que le cas précédent)

2.3 – Une organisation logistique du territoire proche du littoral au Mésolithique ?

2.3.1 – La vision des restes coquilliers étudiés

Quelques indices plaident pour une résidence plus durable des populations de Beg-an-Dorchenn, Téviec, Hoëdic et Beg-er-Vil que celles de Saint-Gildas IB et IC. Dans l'hypothèse où ils auraient fonctionné simultanément, des sites permanents aux activités de prédation diversifiées peuvent être opposé à de petites stations. Ces dernières peuvent correspondre à des haltes de courte durée, peut-être liées à des activités saisonnières. *La complémentarité entre les camps de base à malacofaune et les stations satellites à malacofaune n'est pas prouvée. Les sites de large spectre malacofaunique à la résidence plus prolongée étaient peut-être complémentaires de stations plus légères liées à des expéditions ponctuelles dissociées de l'exploitation de la malacofaune marine (Fig. 273.).*

2.3.2 – D'autres exemples de modèles d'organisation du territoire près du littoral

Une situation proche est observée à la fin du Mésolithique dans le sud-ouest du Portugal. Des camps de base au large spectre et à la résidence prolongée s'opposent à des petits sites temporaires à la malacofaune peu diversifiée (Soares, 1996, 1997). Comme pour Saint-Gildas, ces sites de courte durée d'occupation possèdent un spectre étroit (une à deux espèces majoritaires), composé uniquement d'invertébrés marins (Tavares da Silva, 1996). Les auteurs expliquent la plus grande stabilité de résidence des camps de base par leur localisation en des zones très productives (Soares, 1996). Leur relation avec des sites spécialisés y est décrite en termes de mobilité logistique (Soares, 1996). Celle-ci correspond au déplacement de petits groupes faisant l'aller-retour à un camp de base (Kelly, 1992, p.44). Les petits sites seraient économiquement spécialisés dans des activités comme l'acquisition de silex ou l'exploitation de mollusques et ce, durant une courte période (Soares, 1996). De même, au Danemark, le Mésolithique final se traduit par de grands sites annuels et plusieurs sites saisonniers de petites surfaces (Hodder, 1993, p.178 ; Andersen, 1995). Des exemples ethnographiques témoignent également de la possibilité d'une logistique résidentielle pour des populations côtières. Dans ce cas là, c'est tout le groupe qui bouge (Kelly, 1992, p.44). En effet, Thomson a décrit des nomades du nord de l'Australie qui occupent des positions différentes selon les saisons (Thomson, 1939). Un groupe peut passer plusieurs mois comme chasseurs nomades en mangeant mollusques, petits mammifères et ressources végétales. Puis, quelques mois plus tard, il pourra se fixer dans un camp côtier possédant une apparence de camp permanent ou semi-permanent. *La consommation exclusive des coquillages à Saint-Gildas et la résidence plus durable de certains amas coquilliers suggèrent plutôt une mobilité logistique des derniers Mésolithiques de la façade atlantique française.*

Pour les sites de la façade atlantique étudiés, on peut imaginer qu'une station satellite complémentaire d'un camp de base du littoral était destinée à fournir des ressources autres que celles marines facilement accessibles près du camp de base. La faune terrestre chassée déterminée à Téviec, Hoëdic, Beg-an-Dorchenn et Beg-er-Vil pourrait provenir de ces expéditions. De même, les stations satellites du littoral étaient peut-être destinées à des camps de base n'ayant pas un accès quotidien à la côte. Même si ces scénarios peuvent expliquer l'absence de rejets coquilliers de large spectre proches de ceux de faible diversité spécifique, le nombre limité de sites étudiés ne permet pas de les valider.

Les dépôts coquilliers mésolithiques ne sont pas assez nombreux le long de la façade atlantique française et les stations trop distantes les unes des autres pour élaborer un modèle d'occupation de la zone côtière. Le biais taphonomique rencontré dans cette zone rend le modèle proposé difficile à tester. Il gênera, par la suite, la comparaison avec les sites néolithiques du Centre-Ouest. Les petites stations à la consommation exclusive de coquilles peuvent, malgré tout, être opposées aux grands amas coquilliers aux activités diversifiées et basées sur l'exploitation des différentes ressources alimentaires et matière première d'origine marine.

2.3.3 –Le modèle établi à partir de l'industrie lithique

Les indices de sites basés sur l'analyse lithique sont plus nombreux. Les mêmes caractéristiques que celles observées sur la malacofaune ont été mises en évidence pour l'industrie lithique. Les amas coquilliers traduisent une plus grande diversité des activités que 'les stations littorales légères' (Marchand, 2000, p.394). Ils tendent vers un 'système liant quelques grands sites à coquilles et les petites stations, plus nombreuses' (Marchand, 2000, p.394). En bas de la figure 272, l'organisation logistique déduite de l'industrie lithique dans le nord-ouest de la France a été synthétisée. Les grands sites d'habitat semblent s'y répartir en deux principaux ensembles (Gouletquer *et al.*, 1996 ; Marchand, 2000, 2001). Le premier est localisé à proximité du littoral, le second à une vingtaine de kilomètres des rivages. Cette répartition hétérogène des sites les plus grands et la concentration du premier ensemble sur la zone côtière peuvent être mises en relation avec l'attrait procuré par l'exploitation de l'environnement marin. De plus, ces grands sites 'sont entourés de sites plus restreints dont l'outillage est orienté vers la fabrication d'armes de chasse' (Marchand, 2001, p.32). En Bretagne, les grands sites du littoral sont représentés par les amas coquilliers. Les petites stations sont plus nombreuses que les grands sites et ont été rapprochées de ce qui a été observé pour le Mésolithique final du Danemark (Marchand, 2001). Plusieurs sites 'aux séjours successifs' de petite surface sont complémentaires de grands sites annuels (Hodder, 1993, p.178 ; Andersen, 1995 ; Marchand, 2000, p.394). La même occupation du territoire proche du littoral a également été proposée pour le Mésolithique final et le Néolithique ancien du Portugal (Soares, 1996 ; Tavares da Silva, 1996, p.92). Cette répartition des sites traduit donc une organisation 'logistique' du territoire. Ainsi, G. Marchand note que, comme pour le Danemark, 'les kjökkenmöddinger sont installés à proximité de bancs de coquillages, ce que l'on n'a pu vérifier pour la Bretagne' (Marchand, 2001, p.32).

Cependant, la malacofaune n'est qu'une des composantes des multiples ressources produites par la mer. En plus des poissons et crustacés, le littoral est également rendu attractif par la présence d'oiseaux et de mammifères concentrés en cette zone. Ainsi, comme nous l'avons vu, les expéditions des Mésolithiques sur le promontoire de Saint-Gildas ont pu être guidées par l'exploitation de ressources marines autres que la malacofaune. D'autre part, l'emplacement des sites a également pu être guidé par l'organisation des activités de la vie quotidienne des sites les uns par rapport aux autres. *Plusieurs composantes ont donc pu agir sur l'emplacement des habitats à proximité du littoral. L'une, économique a été guidée par un environnement productif (proximité de bancs coquilliers et de multiples matières premières), l'autre, culturelle est liée à l'organisation logistique du territoire (contact entre les différents sites).*

B – Au Néolithique

La classification des modes de dépôts coquilliers appliquée au Néolithique, montre que ceux-ci sont plus variés que ceux du Mésolithique (Fig. 261., p.314). Les problèmes liés à la conservation différentielle peuvent être invoqués. Pour les sites à enceintes, seules les structures en creux sont conservées à la différence des couches de surface. Malgré ce biais, *la majorité des dépôts néolithiques connus est, en partie, creusée dans le sol contrairement à ceux du Mésolithique qui forment des reliefs à la surface du sol.*

Comme nous l'avons déjà observé, les habitats néolithiques possèdent une répartition géographique plus étendue par rapport au littoral, tandis que, les sites du Mésolithique, où de la malacofaune a été consommée, sont distants d'un kilomètre au maximum de la mer (Fig. 261, p.314 ; Fig. 272., p.350). *Les variations observées entre la morphologie des rejets coquilliers mésolithiques et néolithiques et la position géographique des sites plus variée pour la période plus récente peuvent correspondre à des réactions différentes des Néolithiques, face à l'environnement marin.*

Parmi les sites au temps de résidence prolongé, le site de Pied-Lizet, malgré sa position proche de l'estran, possède une faible quantité de restes coquilliers (Fig. 272.). Les quantités de coquilles trouvées sont dépendantes de la surface fouillée, des techniques de fouille et une grande partie des tests a pu être dissoute par l'acidité des terres. Cependant, la récente opération sur l'enceinte fossoyée du Jardinet, attribuée au Néolithique récent / final, en bordure nord du marais poitevin (Sicard *et al.*, 2003), a montré que même si les agents taphonomiques ont détruit une grande partie des coquilles présentes dans les fossés, les quantités de départ déposées n'étaient sans doute pas suffisamment importantes pour limiter les effets de l'acidité du sol. D'autre part, les techniques de fouille utilisées (108 litres de sédiment intégralement tamisés) et les surfaces fouillées sur ce site ('près de soixante-dix mètres de fossé externe, vingt mètres de l'appendice, sept mètres du fossé interrompu ainsi que la totalité du fossé palissadé' ; Sicard *et al.*, 2003) montrent que les faibles quantités de coquilles trouvées sur les enceintes ne sont, sans doute, pas toutes liées aux méthodes de fouille et surfaces fouillées. D'autre part, le graphique présenté dans la figure 272 est bien sûr approximatif. Les distances présentées en abscisse sont celles maximales entre la mer et le site lors de son fonctionnement. De même, les masses de coquilles sont celles qui ont été étudiées et non celles composant le dépôt. *Malgré tous ces biais, la distance des sites à la mer ne suffit pas, à elle seule, à expliquer l'impact différent de la malacofaune dans les régimes alimentaires des Néolithiques.*

Ainsi, si la localisation du site par rapport à la mer, les substrats accessibles, les modes de dépôts, les quantités consommées, les ressources marines autres que la malacofaune et les ressources alimentaires issues de l'économie de production sont pris en compte, différentes relations avec l'environnement marin sont observées.

1 – Les sites de l'intérieur des terres localisés à plus de 10 kilomètres des influences marines lors de leur fonctionnement

La première concerne les sites présents à l'intérieur des terres situés à plus de 10 kilomètres de la mer lors de leur fonctionnement : c'est le cas de Montagant et de Diconche (Fig. 272. Ensemble A). Rappelons que Montagant n'a pas pu être placé sur la figure 272, la masse des coquilles trouvées n'ayant pas été indiquée dans l'article réservé à l'analyse de la malacofaune de ce site (Boujot *et al.*, 1996). Cependant, sa localisation à plus de trente kilomètres de la côte au Néolithique et le faible nombre de coquilles trouvées sur ce site (une trentaine) permettent de l'associer au même ensemble que le site de Diconche. La consommation de coquillages n'est pas prouvée ni à Montagant, ni à Diconche. À moins d'un décoquillage, les nombres de restes coquilliers d'une trentaine à Montagant et d'une soixantaine à Diconche sont trop faibles pour que cette ressource marine ait participé quotidiennement au régime alimentaire de ces populations. D'autre part, la surface des tests utilisés comme outils à Diconche témoigne de la bonne conservation des coquilles, au moins pour ce site. Aucun autre produit marin n'a été décrit sur ces sites. Cependant, la fouille a été réalisée à vue. Malgré la bonne conservation du matériel archéologique, il n'est pas impossible que les restes de poissons aient pu être écartés de l'échantillonnage. *Au vu des informations connues sur ces sites, l'économie de ces populations est principalement basée sur la production et est entièrement tournée vers l'exploitation de l'environnement terrestre.*

Les coquilles ont pu être acheminées sur les habitats par un déplacement des habitants de ces deux sites, par navigation ou par échange avec d'autres populations. Si la participation de ces coquillages n'est pas prouvée dans l'alimentation, le site de Diconche au Néolithique final a livré des outils et des parures. L'importation de produits éloignés de leur lieu d'origine (environ 35 km) peut être le reflet d'un statut particulier. D'ailleurs le transport des coquilles sous forme de matière première semble se faire sur un plus large rayon que celui des coquillages alimentaires. Certains éléments de parure pénètrent jusqu'à plus de 200 kilomètres (Laporte, 1994, p.161 ; Jeunesse, 1995). Le transport des outils semble moins important, avec un transport maximum de 35 km en retrait du trait de côte actuel (Diconche). *Ces variations peuvent correspondre à des statuts différents de la malacofaune selon son utilisation.*

Le transport sur une longue distance de la parure peut refléter son importance dans la sphère culturelle voire sociale. *En effet, la dispersion de la parure induit qu'elle est le vecteur d'une symbolique forte perçue loin de son lieu d'origine.* Elle est, peut-être, un bien de luxe ou de prestige pour ces populations. Ce phénomène peut être rapproché de ce qui est observé pour les coquilles de spondyles en Europe centrale au début du Néolithique, où elles sont associées à un 'model of prestige-item exchange' (Shackleton et Renfew, 1970 cité dans Bogucki, 1987). Cependant, le manque de données concernant les parures en coquillages associées à des sépultures sur la façade atlantique de la France ne permettent pas de le démontrer.

L'utilisation des coquilles pour travailler d'autres produits, dans un milieu où d'autres matières premières étaient sans doute plus accessibles, peut correspondre à un statut d'outil de qualité pour ces populations. C'est sans doute le cas à Diconche, où plus de la moitié des tests possèdent des stigmates d'utilisation comme outil. La plus grande détection des outils en coquilles à partir du Néolithique moyen peut être le reflet de leur utilisation dans des activités précises telles la mise en forme et le lissage des céramiques. Cette vision est, bien sûr, dépendante des surfaces et nombre de sites fouillés en fonction des contextes archéologiques. *L'association de ces informations peut être le reflet de l'importance économique et culturelle des activités liées à ces coquilles outils, tel le façonnage de la céramique mis en évidence au moins à partir du Néolithique moyen.*

Enfin, à Montagant, les coquilles n'offrent pas de traces d'utilisation, à l'exception peut-être d'une seule coquille de *Solen marginatus*. Le faible nombre de tests trouvés sur ce site (N.M.I.=20), et l'absence de nets stigmates d'utilisation peuvent être liés à une fonction autre qu'économique de ces outils. Tout comme la parure, ils peuvent posséder un caractère symbolique. Leur transport sur plus de 50 kilomètres peut confirmer leur importance dans la sphère culturelle. Cette observation rejoint celle de Courtin et Vigié qui mettent en relation un faible nombre de coquilles non utilisées et un caractère domestique ou symbolique (Courtin et Vigié, 1987).

Pour les sites continentaux de Montagant et de Diconche qui sont situés loin de la mer, les ressources alimentaires marines ne semblent présenter aucun attrait. Cet élément confirme l'opposition observée entre les spectres malacofauniques alimentaires et ceux des espèces utilisées pour leur coquille uniquement. Le transport important de ces coquilles vers l'intérieur des terres reflète un statut complètement différent de celui de la nourriture d'origine marine. Pour la parure et les coquilles trouvées à Montagant ils pourraient être associés à une fonction symbolique, tels des totems. Pour les outils ils peuvent correspondre à des matériaux de qualité (leurs caractéristiques physiques les rendent directement utilisables à l'emploi) peut-être même réservés à quelques activités bien précises.

2 – Les sites continentaux en contact avec des influences marines confinées

La deuxième relation observée entre l'homme néolithique et la mer pourrait être liée à des sites continentaux ayant un contact avec des zones marines confinées comme Pied-Lizet, La Mastine, Auzay, Champ-Durand, Chez Reine et La Garenne (Fig. 272. Ensemble B). La masse de coquilles étudiée à Chez Reine n'étant pas connue, ce site n'a pu être placé sur le graphique. Tous sont des enceintes à fossés du Néolithique récent / final, à l'exception d'Auzay daté du Néolithique moyen. À nouveau, les biais liés à la taphonomie et aux techniques de fouille doivent être rappelés. Tous ces sites ayant été fouillés à vue, il n'est pas impossible que les plus petits restes, comme ceux des poissons, soient passés inaperçus. Malgré ces biais et la variabilité des surfaces fouillées pour ces différents sites, les faibles quantités de coquilles observées contrastent avec des plus grandes proportions des restes de mammifères terrestres.

L'unique site du Néolithique moyen de cet ensemble, Auzay, se différencie légèrement des autres par une quantité plus importante de coquilles trouvées sur le site et une consommation de produits marins autres que des coquillages (poissons et crabes). Des restes de seiches sont également signalés à Champ-Durand (Joussaume, 1980, p.13). Malgré cette diversité légèrement plus grande, des produits marins consommés, les ressources marines sont, comme pour les autres sites, largement inférieures à celles d'origine terrestre. *Elles ne semblent être intervenues que très secondairement au menu des Néolithiques malgré la proximité de la mer, à moins d'un décoquillage des mollusques avant leur transport vers le site. D'autre part, le mode de subsistance de ces populations est principalement basé sur la culture et l'élevage. Le milieu marin ne semble pas concurrencer cette économie malgré sa proximité. De plus, que le site soit à un ou à neuf kilomètres des influences marines, l'impact de l'environnement marin semble le même (Fig. 272.). Le comportement de ces populations vis-à-vis des ressources marines semble être guidé non pas, par la distance des sites à la mer, mais par la plus grande proximité d'un estran abrité. En effet, l'accessibilité du milieu rocheux et le moindre effort que représente son exploitation vis-à-vis des sédiments meubles ont été maintes fois soulignés dans ce travail. Ainsi, la rentabilité de la collecte des estrans les plus proches des sites ne semble pas suffisante pour concurrencer l'exploitation du milieu terrestre.*

Enfin, les outils et parures ne sont pas uniquement réservés aux sites éloignés de la mer, comme en témoignent les artefacts trouvés à Auzay.

3 – Les sites continentaux en contact avec des influences marines peu confinées

La troisième situation proposée est celle de sites continentaux situés près de la côte comme La Sauzaie, le Rocher et La grotte du Phare (Fig. 272. Ensemble C). L'analyse de la faune de La grotte du Phare étant en cours, ce site n'a pas été pris en compte pour la description qui suit. Le reste de l'analyse de ce groupe est donc basé uniquement sur les données du Rocher et de la Sauzaie, où, à nouveau, l'absence de tamisage ne permet pas de confirmer avec certitude l'absence de consommation de poissons sur ces sites. Les quantités de coquillages observées y sont plus nombreuses que pour les sites des ensembles A et B (Fig. 272.). Les restes coquilliers y sont les seuls témoins d'une origine marine des ressources alimentaires. Malheureusement, aucune mention n'est faite, dans les textes réservés à ces sites, des proportions de la nourriture terrestre par rapport à celle d'origine marine. Même si cette denrée est intervenue secondairement dans le régime alimentaire de ces populations, elle semble avoir été consommée plus régulièrement que sur les sites plus 'continentaux'. La description de la malacofaune par tous les fouilleurs qui se sont succédé à La Sauzaie plaide pour cette hypothèse (Cassen, 1987, pp.19-23).

La proximité d'un estran ouvert aux influences marines a permis la consommation régulière des coquillages sur ces sites. La présence de milieux rocheux largement battus a, sans doute, permis une exploitation plus rentable de l'environnement marin que pour les sites proches de zones marines abritées. Malgré tout, la mer ne semble pas entrer en concurrence directe avec les produits issus de l'économie de production. Les ressources marines complètent secondairement le menu quotidien de ces Néolithiques. Elles ont pu intervenir dans les phases les plus critiques des régimes alimentaires des Néolithiques mais aucun élément lié à la saisonnalité de la consommation des différentes ressources n'a permis d'approfondir cette problématique. De même, il est très difficile de savoir si la collecte des coquillages était réservée à une partie ou à l'ensemble de la population.

4 – Les sites insulaires

Enfin, la dernière réaction observée est celles des sites insulaires des Gouillauds, de Ponthezières, de La Perroche et d'Er Yoh (Fig. 272. Ensemble D). À la différence des habitats continentaux, tous possèdent au moins une partie de leur rejet en relief par rapport au substrat. Cette différence peut, en partie, être liée à la dégradation plus prononcée des couches de surface des sites à enceintes étudiés et peut-être aussi à des rejets coquilliers trop restreints pour permettre la stabilisation du pH, à la différence des sites insulaires étudiés.

Les quantités de coquillages qui ont été étudiées sur les sites insulaires et donc accumulées sont les plus volumineuses du Néolithique. Sont-elles pour autant aussi importantes en termes quantitatifs que celles du Mésolithique ? Si seule la malacofaune est prise en compte, la domination des quantités de coquilles trouvées au Mésolithique vis-à-vis de celles du Néolithique n'est pas flagrante pour les rejets les plus volumineux. Ces quantités de coquilles ont été rapportées à un mètre cube fouillé : 2kg pour La Perroche (information L. Laporte), 3 kg pour Ponthezières (information L. Laporte), 6 kg pour Beg-er-Vil et plus de 29 kg pour Beg-an-Dorchenn. Même si ces valeurs sont très approximatives, elles montrent *une plus grande densité des restes coquilliers dans les déchets associés au Mésolithique.*

Le seul site du Néolithique moyen représenté dans cet ensemble est celui des Gouillauds. Il se distingue des trois autres sites insulaires par sa composition exclusive de coquillages. Peut-on pour autant conclure à la consommation de cette seule ressource marine par cette population du Néolithique moyen ? La vision de ce site est, pour l'instant, trop partielle pour pouvoir le conclure. En effet, aucun élément ne nous a permis de connaître la durée de résidence de cette population. D'autre part, si quelques foyers ont été trouvés à proximité de cet amas, aucune structure d'habitat n'y est associée. Les caractéristiques de cet amas méritent d'être soulignées. En effet, 84 % de la masse des coquilles est représentée par la coque. Plusieurs coques ont été trouvées valves jointes à la fouille et la répartition des valves droites et gauches ne diffère pas significativement (risque de 0,05) (Partie IV, p.219). Les individus de l'espèce majoritaire semblent avoir été abandonnés juste après leur ouverture. *Ces caractéristiques pourraient correspondre à un lieu de décoquillage de la coque.* Aucun stigmate lié à l'ouverture de ces bivalves n'a été observé. Elles ont très bien pu être exposées indirectement à la chaleur de foyers, bouillies ou dans des algues, par exemple, avant d'être décoquillées. Les foyers proches de cet amas peuvent plaider pour cette utilisation mais, la contemporanéité du dépôt coquillier et du fonctionnement de certains des foyers proches reste hypothétique.

Les trois autres sites (Er Yoh, La Perroche, Ponthezières) ont, quant à eux, livré des indices de la permanence de leur résidence : présence de structure d'habitat (Le Rouzic, 1930 ; Laporte *et al.*, 1998-2), exploitation annuelle des poissons (Laporte *et al.*, 1998-2). Cependant, même si ces éléments plaident pour une permanence prolongée de la résidence de ces populations, la sédentarité n'est pas prouvée.

Les proportions relatives entre l'apport alimentaire des coquillages et de la faune domestique ne sont pas connues. Il est cependant probable pour un site comme

Ponthezières 'que la pêche à pied n'ait constitué qu'un appoint alimentaire secondaire par rapport aux produits de l'élevage' (Laporte, 1994, p.121). Cela n'exclut pas que ce complément alimentaire ait pu être quotidien. De même que les populations continentales ont pu agrémenter leur repas par la cueillette de végétaux, celles des îles ont pu le faire par la collecte de fruits de mer.

Le choix de résidence de ces populations sur les îles ne va d'ailleurs pas à l'encontre de l'élevage. 'Les grandes schorres à halophytes étaient favorables aux troupeaux' (Cassen, 1997, p.145). D'autre part, des exemples montrent l'utilisation de la patelle pour nourrir les cochons (Cocaign, 1999). Celles-ci sont d'ailleurs décoquillées par ébullition en Bretagne avant d'être données aux cochons. Ainsi, il n'est pas exclu qu'une partie des coquilles de patelles trouvées sur des sites néolithiques aient pu être destinées à cette utilisation et non à une consommation humaine. À la différence de la plupart des sites continentaux, la malacofaune n'est pas la seule ressource marine à avoir été exploitée. Les poissons ont également été pêchés, les crabes collectés et les cétacés sans doute ramassés échoués sur la plage. Cette différence doit cependant être relativisée pour les plus petits restes (poissons et crabes) car leur découverte peut être dépendante des techniques de fouille utilisées et, en l'absence de tamisage, il est souvent difficile de détecter leur présence. L'estran attire également des animaux sauvages comme les oiseaux... L'absence de pêche hauturière peut d'ailleurs renforcer l'idée que les ressources alimentaires de l'environnement marin ne sont rentables en complément de l'économie de production que si le risque lié à son acquisition est limité. L'attrait du milieu marin ne s'est d'ailleurs pas cantonné à la ressource alimentaire. Il fournit aussi des matériaux de construction. Des pierres calcaires ont été utilisées à Ponthezières (Laporte, 1994, p.124).

Les habitants de Ponthezières, de La Perroche et peut-être d'Er Yoh ont même fait du test coquillier la matière première de base d'une activité spécialisée, la confection de perles. La haute valeur ajoutée que présente le produit fini n'est d'ailleurs peut-être pas étrangère à l'installation de ces populations en milieu insulaire. En effet, dans une économie de production déjà bien établie l'attrait seul du milieu marin n'a peut-être pas été suffisant à l'installation des populations néolithiques. Seule la multiplication des fouilles des sites du Néolithique en contexte insulaire permettrait de le vérifier. De plus, à Er Yoh, les nombreuses coquilles collectées mortes sur ce site correspondent peut-être à un stockage de tests destinés à l'exportation pour être utilisés comme outils sur le continent. Le choix d'une position insulaire plutôt que continentale côtière peut être lié à une volonté de contrôler l'accès et la distribution du produit fini.

Un tel scénario a déjà été observé pour les Mélanésiens où le contrôle de la distribution de coquillages a permis d'en faire un objet rare, limité à certains individus (Bogucki, 1987, p.126). À Indus Valley, l'utilisation spécifique d'espèces de coquillages selon des sites différents reflète leur proximité aux sources d'approvisionnement et leur contrôle aux accès et à la distribution du matériel (Kenoyer, 1984, p.61). De même, Malinowski (1974, p.23) a décrit au nord-est de la Nouvelle Guinée un réseau d'échange nommé la 'kula'. Différents villages de pêcheurs étaient spécialisés chacun dans une industrie notamment celle des disques et brassards de coquillages et celle de pierre polie. L'activité spécialisée réalisée dans chaque village semble fortement dépendante de l'accès aux matières premières. Comme pour les autres exemples, le réseau de distribution de la 'kula' ne consiste pas en un simple troc mais, il fait intervenir un système complexe d'échanges symboliques passant par de multiples intermédiaires. Ainsi, les travaux de L. Laporte montrent que la production de perles discoïdes à Ponthezières a pu participer 'à un réseau d'échange généralisé où les productions métalliques auraient pu constituer l'une des contreparties' (Laporte, 1994, 2001).

Même si la consommation des coquillages des populations insulaires du Néolithique se rapproche le plus en termes quantitatifs de celles des derniers Mésolithiques, leur résidence près de la mer n'est peut-être pas liée aux mêmes raisons. Si pour les Mésolithiques, l'environnement marin est le vecteur de leur stabilité de subsistance, pour les Néolithiques insulaires observés, il semble plus celui d'une activité spécialisée dans la confection d'un bien à haute valeur ajoutée.

L'économie de subsistance des populations néolithiques du littoral s'est donc appuyée sur une économie de subsistance plus tournée vers l'environnement terrestre que pour celles du Mésolithique côtier qui ont été étudiés dans cette thèse. L'impact de la consommation des coquillages dans les régimes alimentaires des Néolithiques semble plus lié à l'accès aux ressources sur l'estran qu'à la distance entre un site et les influences marines. La résidence des Néolithiques à proximité du littoral ne semble pas avoir été directement guidée par l'attrait des ressources marines comme aliment, mais plus par la matière première que représente la coquille. À la différence des coquillages alimentaires, les parures et les outils en tests semblent posséder un statut de bien de qualité. Toutes ces conclusions restent bien sûr à vérifier sur les sites côtiers et insulaires où la malacofaune n'a pas été trouvée et qui ne font pas partie de notre échantillon.

C - La consommation de la malacofaune marine et la néolithisation

Dans la présentation du contexte archéologique, nous avons insisté sur le fait que la définition de la néolithisation était fondée sur l'apparition d'un nouveau mode de subsistance, celui de la production. Il paraissait donc intéressant de voir comment l'exploitation de la malacofaune marine a évolué de la fin du Mésolithique au Néolithique.

1 – La Bretagne

Pour la Bretagne, les amas coquilliers du Mésolithique récent / final de Beg-an-Dorchenn, Beg-er-Vil, Téviec et Hoëdic sont les derniers témoins des modes de subsistance des Mésolithiques. Ils témoignent d'un régime alimentaire largement tourné vers la mer ainsi que d'une exploitation variée de toutes les ressources disponibles à proximité du site. Quelques expéditions ponctuelles basées sur des sites satellites auraient pu permettre de compléter leur menu par la chasse de mammifères sauvages et d'oiseaux, par la pêche de poissons ou la cueillette de végétaux... D'après la révision du matériel faunique par A. Tresset, aucun reste d'animal domestique n'a été observé sur ces sites (Tresset, 2000). Même si quelques indices plaident pour une fréquentation de certains de ces sites sur plus d'une saison, la permanence de leur résidence n'a pas pu être établie sur une année. On peut, malgré tout, émettre l'hypothèse d'un faible mobilité résidentielle, plusieurs camps de base ayant pu être habités pendant plus d'une saison, pour certains. Le cantonnement à moins d'un kilomètre de la côte des amas coquilliers et l'existence, établie d'après les analyses lithiques, d'un premier ensemble de camps de base près du littoral, montrent que la mer est sans doute le moteur de ces installations. L'accès quotidien aux coquillages peut d'ailleurs être une composante parmi bien d'autres (accès aux matières premières lithiques, aux poissons...) de l'établissement de ces sites. Même, si comme nous l'avons vu, la symbolique véhiculée par la parure n'est pas forcément liée aux ressources alimentaires, les milliers de coquilles trouvées dans les sépultures de Téviec et de Hoëdic témoignent d'une composante culturelle importante de l'environnement marin chez ces derniers Mésolithiques.

Cette importance de la mer dans la sphère économique et culturelle des derniers Mésolithiques, présents jusqu'à la première moitié du Vème millénaire av. J.-C., contraste avec la rareté de restes coquilliers associés à un contexte néolithique en Bretagne. En effet, le seul site fouillé ayant livré de la malacofaune est celui d'Er Yoh daté du Néolithique final. Plusieurs hypothèses peuvent expliquer ce hiatus dans la consommation de la malacofaune.

Dans l'hypothèse de la présence des premiers Néolithiques contemporains et à proximité des derniers Mésolithiques, ce hiatus peut être lié à une participation très secondaire voire inexistante de la malacofaune aux menus des Néolithiques. Ainsi, une faible consommation de coquillages sur ces terres acides correspond à une rapide disparition des restes. En effet, les restes coquilliers ne sont trouvés que si le dépôt initial était suffisamment important pour qu'une partie soit dissoute pour augmenter et stabiliser le pH et permettre la conservation de ce qui reste. En tout cas, une importante consommation de coquillages au Néolithique ancien semble exclue dans cette zone. Si les premiers Néolithiques étaient voisins des derniers Mésolithiques, ils auraient donc exploité un territoire différent de celui des Mésolithiques. Ce type de comportement ne s'oppose d'ailleurs pas à ce que nous avons observé dans le Centre-Ouest de la France pour des phases plus récentes du Néolithique. En effet, les modes de subsistance des sites côtiers restent largement tournés vers l'environnement terrestre, malgré un accès rapide à la mer.

Quelles informations nous apportent les mammifères terrestres sur une éventuelle présence concomitante des derniers Mésolithiques avec les premiers Néolithiques ? Pour le Mésolithique et le Néolithique, les habitats ayant livré des restes alimentaires sont les mêmes pour la faune terrestre et marine. Les mauvaises conditions de conservation des ossements sur les terres acides doivent à nouveau être soulignées. Elles ne sont d'ailleurs peut-être pas étrangères à la conservation des ossements principalement en association avec les coquilles, celles-ci limitant l'acidité des sols. Cependant, les restes de deux bovins de morphologie domestique ont été identifiés sous le cairn secondaire d'Er Grah (Locmariquer, Morbihan) (Tresset et Vigne, sous presse cité par Tresset, 2000, p.24). Des datations sur des charbons, contenus dans la même fosse que ces squelettes, situeraient la découverte à la charnière des VIème et Vème millénaire av. J.-C. Elles pourraient indiquer la présence des Néolithiques sur les côtes bretonnes en même temps que les derniers Mésolithiques. Mais, ces animaux domestiques n'en sont pas la preuve. En effet, nous avons souligné dans la présentation du contexte archéologique de la néolithisation (Partie I, pp.17-21) de possibles échanges de biens matériels et de la culture matérielle entre Mésolithiques et Néolithiques. Ils ne sont cependant pas obligatoirement liés à l'adoption d'une économie de production. Ainsi, la présence de ces animaux domestiques peut tout aussi bien correspondre à un échange entre les Néolithiques et les Mésolithiques. D'autre part, les manipulations opérées sur les carcasses de ces deux animaux suggèrent un rituel proche de celui des chasseurs-cueilleurs (Tresset et Vigne, sous presse cité par Tresset, 2000, p.24). Ainsi, si des échanges entre les derniers Mésolithiques et les Néolithiques sont bien attestés, la maîtrise des techniques liées à l'élevage ne l'est pas sur les côtes bretonnes avant Er Yoh (Tresset, 2002). Aucun élément lié au mode de subsistance ne permet donc de conclure à une présence concomitante des derniers Mésolithiques et des Néolithiques sur les côtes bretonnes.

Le hiatus observé entre la disparition des derniers Mésolithiques et la présence des Néolithiques d'Er Yoh peut donc tout aussi bien correspondre à une arrivée tardive des Néolithiques sur les côtes bretonnes.

Aucun indice du mode de subsistance de populations du Néolithique moyen, vivant proche de la côte, n'est connu en Bretagne. Leur présence en zone côtière est, cependant, attestée par quelques monuments mégalithiques attribués au Néolithique moyen actuellement situés dans la zone de balancement des marées. L'évocation du 'bétail à corne' dans l'art mégalithique de cette période peut suggérer qu'il 'tenait une place de choix dans l'univers mental des premiers paysans bretons' à partir du Vème et au début du IVème millénaire (Tresset, 2002). Mais, aucun élément ne permet de préciser si l'élevage était exercé dans la région côtière de la Bretagne à ce moment-là. D'autre part, l'absence de restes coquilliers au Néolithique moyen en Bretagne peut à nouveau s'expliquer par leur faible participation aux régimes alimentaires de ces populations, par des biais taphonomiques ou par l'absence de sites d'habitat attribués au Néolithique moyen à proximité du littoral.

Pour le Néolithique final, la position insulaire d'Er Yoh, lors de son occupation mérite d'être soulignée. Aucun rejet coquillier n'a été trouvé sur le continent pour cette même période. À la différence des Mésolithiques, où les ressources marines sont en partie à l'origine de l'implantation des habitats près de la côte, le régime alimentaire des habitants d'Er Yoh semble moins dépendants des produits marins. Cette caractéristique, semble d'ailleurs vraie pour la plupart des sites néolithiques étudiés. Ainsi, l'absence de rejets coquilliers néolithiques sur le continent peut très bien correspondre à une faible participation de la malacofaune dans le régime alimentaire des Néolithiques. De plus, nous avons vu que cette position insulaire était peut-être liée à un contrôle de la diffusion des produits finis ou de la matière première exportés vers le continent. Ainsi, au regard de l'analyse malacofaunique, l'implantation des sites mésolithiques et néolithiques près de la côte semble correspondre à deux réactions différentes des hommes vis-à-vis de la mer. Elles peuvent être rapprochées d'une organisation différente des activités au Néolithique final par rapport à celles des Mésolithiques.

Ainsi, même si la présence concomitante des Néolithiques avec les derniers Mésolithiques n'est pas prouvée en Bretagne et que les premiers habitats néolithiques ont pu se localiser à l'intérieur des terres, l'analyse malacofaunique montre un changement important de l'impact des coquillages dans les régimes alimentaires. Au Néolithique, cette ressource marine a été secondairement exploitée ou délaissée. Elle n'a cependant pas été exclue des activités des Néolithiques et l'exploitation de sa coquille semble avoir évolué parallèlement à une nouvelle organisation des activités au Néolithique.

2 – Le Centre-Ouest

Pour le Centre-Ouest, les habitats mésolithiques ayant livré de la malacofaune marine font défaut. La remontée du niveau marin et l'importante sédimentation des marais et estuaire de cette zone en sont sans doute, en partie, la cause. Les quelques coquilles de scrobiculaires (informations Y. Gruet) trouvées à La Pierre Saint-Louis à Geay en Charente-Maritime pourraient se rapprocher de cette partie de la chronologie. Malheureusement, ce site ayant été fréquenté à de multiples reprises, du Mésolithique moyen au Néolithique ancien, l'attribution chronologique de ces restes coquilliers n'est, à notre connaissance, pas connue. Décrire les modifications de l'exploitation alimentaire de la malacofaune dans cette zone est donc très difficile pour la fin du Mésolithique. Cette absence n'est pas obligatoirement liée à une faible participation des coquillages dans les régimes alimentaires de ces populations car les restes de mammifères connaissent le même sort. D'autre part, l'industrie lithique associées au Mésolithique final est abondamment décrite. Ces populations de la fin du Mésolithique seraient donc bien présentes, mais jusqu'à quand ? À ma connaissance aucun élément n'a pu être daté par le radiocarbone pour cette phase du Mésolithique sur la façade atlantique pour le Centre-Ouest.

Les plus anciennes traces d'élevage répertoriées sur la façade atlantique française, dateraient de la seconde moitié du VIème millénaire av. J.-C., avec le site sur estran de la Pointe du Grouin-du-Cou (La Tranche-sur-Mer, Vendée ; Joussaume *et al.,* 1979). Cet assemblage faunique, qui est composé d'une grande proportion d'animaux domestiques, est associé à une production céramique d'obédience méridionale. Il faut malgré tout rester prudent quant à l'association de ces datations à la faune domestique. En effet, la position sur estran de ce site rend son observation difficile par l'intermédiaire de 'points découverts temporairement' (Joussaume *et al.,* 1979). D'autre part, les datations ont été réalisées sur des charbons et pas directement sur la faune.

Plusieurs sites du Néolithique ancien qui présentent des décors de céramiques proches sont submergés actuellement à environ 0 mètre N.G.F. (Joussaume, 1981, p.238). L'arrivée des premiers Néolithiques sur la façade atlantique serait donc attestée dans le Centre-Ouest avant celle de la Bretagne. Elle pourrait correspondre à une disparition plus précoce des derniers Mésolithiques du Centre-Ouest vis-à-vis de ceux de Bretagne. Or, si ces populations ont disparu chronologiquement avant les derniers Mésolithiques bretons pour une position identiques, c'est-à-dire à moins d'un kilomètre de la côte, ces sites peuvent être sous les eaux tandis que ceux qui ont pu perdurer plus de 500 ou 1000 ans plus tard sont aujourd'hui sur l'estran. En effet, selon les auteurs entre le début du VIème et le début du Vème millénaire av. J.-C., le niveau de la mer a pu monter de 2 à 4 mètres (Pirazzoli, 1991). Un même phénomène, la néolithisation a donc pu intervenir à des moments différents sur la façade atlantique de la France.

Les sites du Néolithique du Centre-Ouest ayant livré de la malacofaune sont plus nombreux qu'en Bretagne. À quelques centaines de mètres en amont de la Charente de La Pierre-Saint-Louis, le site des Ouchettes a également livré quelques restes de scrobiculaires. Ce sont les seuls coquillages alimentaires ayant été attribués au

Néolithique ancien (Laporte, 2002) pour la façade atlantique de la France. Les différentes structures de combustion témoignent 'd'occupations répétées tout au long du Vème millénaire av. J.-C.' (Laporte, 2002). Ces scrobiculaires ont très probablement été collectés à des fins alimentaires (Gruet, 2002) et peuvent correspondre à un repas (45 charnières ont été comptabilisées par Y. Gruet). Aucune autre ressource alimentaire n'ayant été trouvée sur le site, l'impact de ces coquillages dans les régimes alimentaires de ces Néolithiques n'est, de ce fait, pas connu. Cependant, la position de ce site en fond d'estuaire pourrait, comme pour les autres sites près d'influences marines confinées, correspondre à une exploitation limitée des coquillages. Parmi les sites étudiés, deux sont attribués au Néolithique moyen (Les Gouillauds, Auzay), puis ces rejets coquilliers sont plus nombreux à partir du Néolithique récent. Cette observation pourrait être synchrone à la stabilisation du niveau de la mer. À la différence des derniers Mésolithiques bretons, les coquillages sont une ressource secondaire dans le régime alimentaire de ces populations. Si comme nous l'avons vu, les espèces exploitées sont dépendantes de la position géographique des sites par rapport aux influences marines, l'implantation des sites ne semble pas, au vu des données malacofauniques, avoir été guidée par un accès rapide à cette ressource alimentaire.

En supposant que les biais taphonomiques ne modifient pas trop l'image de la répartition des sites du Néolithique du Centre-Ouest et de Bretagne, il semble que l'implantation des Néolithiques dans les zones côtières ait été réalisée plus tôt dans le Centre-Ouest qu'en Bretagne.

Au Néolithique final la situation observée dans le Centre-Ouest rejoint celle de la Bretagne. Les sites insulaires de la Perroche et de Ponthezières présentent des caractéristiques similaires au site d'Er Yoh. L'implantation des sites a pu être guidée par un accès à des matières premières autres qu'alimentaires. Une nouvelle organisation des activités apparaît. Ainsi, pour Ponthezières la confection de parure devient une activité spécialisée. De même, le contrôle des produits, qui y sont manufacturés, a pu être facilité par leur position insulaire.

Tous ces éléments semblent converger vers une disparition des Mésolithiques côtiers plus tôt et une arrivée plus précoce des premiers Néolithiques dans le Centre-Ouest sur la façade atlantique par rapport à ce qui est observé, plus au nord, sur les côtes de Bretagne. Pour un même phénomène, la néolithisation, des processus différents pour la Bretagne et le Centre-Ouest sont mis en évidence d'après l'analyse malacofaunique. Malgré la perception de cette variabilité, actuellement, aucun élément ne nous permet d'expliquer les processus ayant entraîné la disparition des derniers Mésolithiques.

Puis, au Néolithique final, l'exploitation des ressources marines présente des caractéristiques proches entre le Centre-Ouest et la Bretagne.

Conclusion

Dans le but de décrire l'évolution, sur la façade atlantique de la France, des différentes activités liées à l'exploitation de la malacofaune marine du Mésolithique à la fin du Néolithique, plusieurs méthodes, pour certaines inédites, ont été appliquées au matériel archéologique de 23 sites (dont 8 attribués au Mésolithique et 15 au Néolithique).

• L'étude de la malacofaune débutant dès la fouille, les problèmes d'échantillonnage et de représentativité mériteraient d'être soulignés. Les différentes comparaisons faites entre un matériel ramassé à vue et avec tamisage, pour un même site archéologique, montrent une forte distorsion de notre vision des espèces présentes et de leurs proportions relatives suivant la méthode de prélèvement utilisée. Ainsi, sur certains sites comme Beg-an-Dorchenn et Beg-er-Vil, cette comparaison met clairement en évidence que des espèces très fragiles, comme la moule (*Mytilus edulis*) et la scrobiculaire (*Scrobicularia plana*), peuvent être écartées d'un ramassage à vue. Le tamisage permet également la collecte de petites espèces accompagnatrices. De même, la comparaison entre sites peut être biaisée par l'utilisation de mailles de tamisage différentes. Un tamisage à 5 millimètres, associé à un rapide contrôle visuel de la maille des 2 millimètres, semble adapté à la collecte des rejets coquilliers rencontrés le long de la façade atlantique française. Certains échantillons retenus sur la maille de 2 millimètres pouvant être conservés pour un meilleur contrôle en laboratoire. La saturation rapide du tamis en débris de coquilles complique et ralentit beaucoup cette étape de la fouille. L'utilisation de deux tamis superposés de maille de 5 et de 2 mm, par exemple, pourrait peut-être accélérer cette étape. En effet, ce système permet de désengorger le tamis le plus fin et de faciliter l'observation des refus de tamis. L'intégralité du matériel retenu sur le tamis de plus grande maille pourrait alors être triée.

La question du volume minimum à tamiser pour que l'échantillon soit représentatif du dépôt coquillier revient souvent. La réponse est difficile car les volumes et le degré de conservation du matériel sont très variables d'un site à l'autre. Ainsi, pour les sites où les restes malacofauniques sont peu nombreux, un tamisage de contrôle peut être appliqué régulièrement avec une maille de 5 millimètres pour vérifier la présence de la malacofaune et, par la même occasion, des autres restes de petite taille comme l'icthyofaune. Si la présence de coquilles est détectée, un tamisage de la totalité du sédiment, là où elle est détectée, pourrait être appliqué. Le volume de départ de sédiment tamisé est une donnée importante qui ne m'a pas toujours été communiquée. Pour les rejets les plus volumineux et les plus denses en coquilles, les essais d'estimation d'un volume minimum au-delà duquel les proportions des espèces ne varient pas significativement montre que ce volume est différent selon les sites. Par exemple, pour Beg-er-Vil, il est de 93 litres tandis que, pour Beg-an-Dorchenn, il est de 88 litres. La prudence doit malgré tout être de mise car, ce volume dépend du volume maximum pris comme référence. L'idéal serait de pouvoir suivre l'évolution des proportions des espèces au cours de la fouille, ce qui reste très difficile. Mais, cela peut être intéressant à vérifier au fur et à mesure des campagnes de fouille. Pour les grands dépôts, une collecte à vue de tout le matériel peut être complétée par le tamisage de l'intégralité du sédiment de quelques colonnes. Cette méthode permet de comparer le matériel collecté à vue à celui tamisé au même endroit et de voir si spatialement les espèces observées et leurs proportions varient.

L'application d'une méthode d'échantillonnage à une même maille facilitera la comparaison de l'état de fragmentation du matériel. À cet effet, une typologie du degré d'altération des restes est proposée pour les gastropodes turbinés et les patelles.

Enfin, un autre aspect, pas toujours évoqué, me paraît de la plus grande importance : celui de la participation des différents spécialistes aux opérations de terrain. En effet, celles auxquelles j'ai participé m'ont permis d'observer des petites concentrations d'une même espèce, de détecter au tamisage des espèces non retenues par les fouilleurs, des variations du degré d'altération du matériel à la périphérie de dépôts coquilliers, des migrations verticales et de sensibiliser les fouilleurs à ce matériel souvent austère pour les non initiés. Les premiers points permettent d'orienter certaines des analyses à réaliser par la suite. Pour le dernier point évoqué, il pourrait être intéressant de réaliser une petite collection de référence des restes de faune marine (ichtyofaune, crustacés, échinodermes, malacofaune, céphalopodes...). Celle-ci permettrait aux fouilleurs de mettre en relation les restes trouvés avec les animaux vivants.

D'autre part, la mise en place de nouvelles méthodes, comme l'analyse de la variation de la forme des nasses et des pourpres et l'étude de la saison de collecte de la palourde, montre tout l'intérêt qui existe dans le ramassage de quantités importantes de coquilles sur les sites archéologiques, sans lesquelles les résultats obtenus restent difficiles à valider.

• La méthode utilisée a été appliquée à toutes les utilisations de la malacofaune rencontrées. Elle consiste à détailler pour chaque site l'un après l'autre les sous-systèmes techniques de l'acquisition, de la transformation et de la consommation.

- Pour **l'acquisition,** le lieu, la fréquence, les techniques de la collecte ont été détaillés.

Les caractéristiques du territoire exploité ont été établies d'après des référentiels actuels. Ainsi, les espèces déterminées ont été classées en trois principaux substrats (rocheux, sableux, vaseux). De ces substrats découlent un mode d'exposition de la côte. En effet, un gradient du mode d'exposition du littoral est observé du milieu rocheux très battu au substrat vaseux confiné. Pour préciser ce degré de confinement de la partie de l'estran exploité par l'homme, une méthode a été mise au point pour deux gastropodes turbinés, la pourpre *Nucella lapillus* et la nasse *Nassarius reticulatus*. À partir de référentiels actuels, une corrélation a été établie entre la forme plus ou moins allongée du test et le mode d'exposition de la côte où les coquillages ont vécu. Un raisonnement par récurrence permet, d'après la forme des gastropodes trouvés en contexte archéologique, de préciser le mode d'exposition de la côte exploitée par l'homme. Ces différentes données sur le lieu de collecte ont, ensuite, été comparées au paléoenvironnement de chacun des sites archéologiques, dans le but de définir les zones du littoral qui ont pu être exploitées par les Mésolithiques et les Néolithiques. À cet effet, les informations bibliographiques sur le paléoenvironnement apportées par les différentes disciplines (palynologie, malacologie, sédimentologie...) ont été synthétisées. J'ai pu les compléter pour le site de la Perroche, par l'étude malacologique d'un sondage paléoenvironnemental.

Les espèces nous donnent également des renseignements sur leur position altitudinale sur estran. Cette information permet de connaître les parties de l'estran exploitées par l'homme et ainsi, de savoir si la malacofaune était accessible à pied sec. Pour ce dernier aspect, les taxons ont été répartis en fonction de leur caractère strictement intertidale, intertidale et subtidale et strictement subtidale. Les espèces strictement subtidales étant constamment immergées, leurs coquilles ont été ramassées échouées sur la plage.

La position altitudinale de ces mollusques donne aussi des informations sur la fréquence potentielle de leur collecte. Ainsi, plus une espèce sera inféodée au haut niveau de l'estran, plus longtemps elle sera accessible et ce, quotidiennement. À l'inverse les taxons qui vivent uniquement en bas estran ne peuvent être collectés que quelques jours de l'année lors de basses mers de vive eau. Cette fréquence potentielle de l'exploitation de la malacofaune a pu être précisée, pour certains sites, par l'analyse de la saison de collecte d'un bivalve, la palourde *Tapes decussatus*. Dans ce but, des référentiels actuels de palourdes ont été échantillonnés. La méthode consiste à comparer la croissance de l'année en cours à celle de l'année précédente. Ainsi, les référentiels actuels montre une différence significative pour un risque de 5 % entre le taux de croissance des mois d'avril, de juillet et de septembre. À nouveau, le raisonnement par récurrence permet, à partir du taux de croissance mesuré sur les échantillons archéologiques, de savoir si la collecte s'est faite sur une courte période de l'année et globalement à quelles saisons.

Les techniques de collecte nécessaires à l'acquisition des différentes espèces présentes sur un site ont aussi été résumées. Elles permettent de savoir si une ou plusieurs techniques ont été utilisées et si les espèces les plus accessibles ont été collectées. L'observation de stigmates d'usure marine associée au caractère subtidal de certaines espèces ont permis de déduire de leur collecte échouées mortes en laisse de haute mer.

- Le deuxième sous-système technique détaillé dans l'exploitation de la malacofaune est celui de la **transformation.** Les informations apportées par la malacofaune sont très inégales selon l'utilisation qui en a été faite. Ainsi, les coquillages alimentaires apportent peu d'indices sur cette étape de l'exploitation de la malacofaune. Les coquilles outil ont, quant à elles, été utilisées brutes. Aucun façonnage de ces outils avant utilisation n'a pu être détectée. À l'inverse, les parures montrent des évolutions de leur façonnage au fil de la chronologie. Les principaux critères utilisés pour la description du sous-système technique de la transformation de la parure sont la localisation et le nombre de perforations ainsi que le degré de façonnage du test.

- Enfin, le sous-système technique de la **consommation** a été abordé. Comme pour le précédent, les informations apportées par ce sous-système sont très variables selon l'utilisation faite de la malacofaune.

Pour les outils, les stigmates d'utilisation ont été décrits. Des hypothèses ont ensuite été proposées quant aux activités auxquelles ont participé ces outils.

Pour la parure, les usures du test ont été observées dans le but de savoir si les coquilles ont été portées dans le monde du vivant. Elles ont également confirmé que toutes ces parures en coquilles n'ont pas toutes été simplement enfilées le long d'un lien.

Enfin, pour les coquillages alimentaires une nouvelle méthode est proposée afin d'évaluer la quantité de chair que représentent les masses de coquilles trouvées à la fouille. La relation entre la masse de la coquille et la masse de chair de l'animal varie d'une espèce à l'autre. Elle a été établie uniquement pour les patelles et les monodontes à partir de référentiels actuels. Ces relations montrent la variabilité qui existe selon les taxons. En effet, le rendement de la patelle, compris entre 46 et 60 %, est de 1,7 fois supérieur à celui de la monodonte, compris entre 28 et 36 %. L'estimation des masses de chair consommées nous donne une autre vision des proportions relatives des espèces. Enfin, par extrapolation elles permettent une approximation de la masse totale de coquillages transportée sur un site et de la masse de chair consommable.

• Ces méthodes ont été appliquées aux échantillons archéologiques et permettent de décrire des constantes et des variations dans l'exploitation de la malacofaune en fonction des contextes archéologiques et des utilisations qui en ont été faites.

Ainsi, l'exploitation de la malacofaune marine correspond pour le Mésolithique, comme pour le Néolithique, à une adaptation à l'environnement proche des sites. Plusieurs points communs, observés au Mésolithique et au Néolithique, pour les sous-systèmes de l'acquisition et de la consommation de la malacofaune marine tendent vers un meilleur rendement des activités. Pour les coquillages alimentaires, le milieu rocheux, là où les espèces sont le plus rapidement accessibles vivantes, sans recherche préalable, a été le plus exploité par l'homme. En plus de son accès aisé, le succès de la patelle peut aussi s'expliquer par un décoquillage facile de l'animal. Ce dernier point peut également avoir encouragé, en partie, une consommation plus importante des bivalves par rapport aux gastropodes turbinés. De même, pour la parure, la collecte de coquilles échouées mortes a pu les rendre directement utilisables, en supprimant l'étape qui consiste à séparer l'animal de son test. Certaines ont d'ailleurs été trouvées sur la plage déjà percées par l'action de la mer. Les espèces de petites tailles simplement percées sont constantes, bien qu'en proportions différentes, tout au long de la chronologie. Leur petite taille et leur faible encombrement a également pu entraîner leur sélection pour la confection de parure. Enfin, les grands bivalves ont servi d'outils au Mésolithique et au Néolithique. Leur morphologie facilite leur préhension et les rend directement utilisables sans façonnage préalable.

Malgré ces points communs, des variations sont observées dans l'exploitation de la malacofaune du Mésolithique au Néolithique et également au cours du Néolithique.

Ainsi, au cours du Néolithique la malacofaune marine témoigne d'une plus grande sélection, à la fois des substrats exploités et des espèces utilisées, au moins pour la nourriture et la parure. Cette caractéristique peut correspondre à un comportement plus opportuniste des Mésolithiques, qui semblent avoir exploité toute la diversité de leur environnement.

Tandis que les régimes alimentaires des derniers Mésolithiques côtiers sont fortement dépendants de l'environnement marin, ceux des Néolithiques sont largement tournés vers l'environnement terrestre. Même si, les espèces majoritairement consommées sont les mêmes pour les deux périodes étudiées, le Néolithique se démarque également du Mésolithique par une consommation plus importante de la palourde à partir du Néolithique moyen et de la monodonte à partir du Néolithique final. L'accès plus difficile de l'animal dans son biotope pour la palourde et de la chair dans son test turbiné pour la monodonte peut, en partie, être lié à leur faible consommation à la fin du Mésolithique. Mais, cet argument n'explique sans doute pas tout à lui seul. En effet, cette différence peut aussi être liée à un accès à des biotopes en des proportions différentes des derniers Mésolithiques bretons par rapport à ceux du Néolithique. C'est peut-être le cas de la palourde, qui vit en milieu sablo-vaseux. Mais, cette différence d'accès au substrat reste difficile à valider pour la monodonte. En effet, cette espèce est, comme la patelle qui a été majoritairement consommée au Mésolithique, inféodée au substrat rocheux. Les Mésolithiques avaient donc accès à son biotope. La monodonte était donc potentiellement accessible près des sites mésolithiques. On ne peut cependant pas exclure que des facteurs biologiques, difficiles à contrôler, tels une compétition avec d'autres espèces, aient amené la faible présence de la monodonte à proximité des sites mésolithiques étudiés. L'hypothèse d'une préférence culturelle de la monodonte au Néolithique final, liée par exemple à ses qualités gustatives, peut également être proposée.

Pour les deux périodes étudiées, les espèces de la malacofaune destinées à l'alimentation sont, pour la majorité, différentes de celles utilisées pour la parure. La coquille des mollusques mangés n'a donc pas, pour la plupart, été recyclée comme parure. La seule utilisation importante d'une espèce consommable dans la confection de la parure est celle de la coque *Cerastoderma edule* au Néolithique final à Ponthezières. En l'état actuel des recherches, on ne sait pas si cette espèce a été mangée avant que sa coquille soit utilisée à Ponthezières. La forme d'origine des valves de coque n'a pas été conservée. Elles ont été façonnées en de petites perles circulaires.

Plusieurs modifications du façonnage et de la composition de la parure ont été observées du Mésolithique à la fin du Néolithique. L'importance du rôle culturel de cette parure est marquée au Mésolithique par l'abondance des coquilles entières façonnées de la main de l'homme (ou par la mer pour quelques-unes d'entre elles) par une unique perforation. Celles-ci sont en majorité de petite taille à l'exception d'une faible proportion de grands tests percés qui aurait pu servir de marqueur social. Même si les petits tests entiers percés perdurent jusqu'à la fin du Néolithique, ils sont présents en très faible quantité dès le début de cette période. Cette diminution de l'importance des coquillages utilisés bruts sans modification de leur forme d'origine peut correspondre à une plus faible importance de l'environnement marin dans la sphère culturelle ou de la symbolique qu'elle véhicule au Néolithique. Cette rupture avec l'environnement marin semble d'ailleurs confirmée au Néolithique ancien et final par un façonnage important de la matière première de bivalves en minuscules perles circulaires qui ne rappelle en rien le coquillage. L'organisation de l'activité de confection de la parure est d'ailleurs bouleversée au Néolithique final et devient spécialisée avec l'apparition d'aires d'activité, la standardisation des étapes du sous-système technique de la transformation et de la forme de la parure.

La plus grande sélection des espèces destinées à l'alimentation et à la parure au Néolithique n'a pas été observée pour les tests utilisés comme outil. Cette absence de sélection montre que des coquilles de formes proches, bien qu'appartenant à des espèces différentes, ont pu participer à la même activité. Cependant, les outils en coquillages sont les témoins d'une nouvelle activité, sans doute liée à la confection de céramiques, au moins à partir du Néolithique moyen.

Les distances entre le lieu d'origine des restes coquilliers et celui de leur découverte semblent dépendantes de leur utilisation. En effet, si les restes alimentaires sont peu éloignés de la côte, les outils et la parure ont été transportés sur plusieurs dizaines de kilomètres. Cette différence peut être liée à leurs statuts différents dans le quotidien des populations préhistoriques. Ainsi, pour la parure au Mésolithique et au Néolithique, elle plaide pour l'importance du rôle culturel des coquilles. Pour les outils, au Néolithique, elle peut être le reflet de leur statut de biens de qualité destinés à des activités précises. La sélection de coquilles comme outils est, sans doute, également liée à la sphère culturelle de ces populations néolithiques. Enfin, pour d'autre reste isolé acheminé loin du littoral, les coquilles peuvent également être le vecteur d'une symbolique. Leur condition de découverte ne permet pas de savoir s'ils ont un statut de biens de prestige ou de luxe.

L'analyse de la répartition géographique des sites et des quantités de coquilles trouvées montre une organisation différente des activités liées à la malacofaune du Mésolithique à la fin du Néolithique. Tandis que les sites mésolithiques à malacofaune se cantonne à moins d'un kilomètre de la côte, ceux du Néolithique témoignent d'une répartition plus diversifiée.

Au Mésolithique, les petites stations à la consommation exclusive de coquilles peuvent être opposées aux grands amas coquilliers aux activités diversifiées et basées sur l'exploitation des différentes ressources alimentaires et matières premières d'origine marine. Le premier type de sites peut être lié à des expéditions ponctuelles sur le littoral. Les plus volumineux témoignent, quant à eux, d'une exploitation variée de toutes les ressources disponibles à proximité du site. Même si quelques indices penchent pour une fréquentation de certains de ces sites sur plus d'une saison, la permanence de leur résidence n'a pas pu être établie sur une année. L'hypothèse d'une faible mobilité résidentielle peut, cependant, être proposée, plusieurs camps de base ayant pu être habités pendant plus d'une saison. Le cantonnement à moins d'un kilomètre de la côte des amas coquilliers et l'existence, établie d'après les analyses lithiques, d'un premier ensemble de camps de base près du littoral, montrent que la mer est sans doute un des facteurs ayant entraîné l'installation des habitats des derniers Mésolithiques bretons à proximité du littoral. La part importante des ressources d'origine marine dans les régimes alimentaires des derniers Mésolithiques bretons montre leur rôle majeur dans l'économie de subsistance de ces populations. D'autre part, même si la symbolique véhiculée par la parure n'est pas forcément liée aux ressources alimentaires, les milliers de coquilles trouvées dans les sépultures de Téviec et de Hoëdic témoignent d'une composante culturelle importante de l'environnement marin chez ces derniers Mésolithiques.

À la différence des Mésolithiques côtiers, les ressources marines ne participent que très secondairement au régime alimentaire des Néolithiques. D'autre part, si au Mésolithique l'accès rapide aux ressources marines (poissons, malacofaune...) a pu influencer l'établissement des sites dans la zone côtière, cela ne semble pas être le cas au Néolithique. En effet, les Néolithiques semblent avoir collecté les espèces les plus accessibles de leur environnement proche. Ainsi, ceux établis à proximité d'estran abrité aux sédiments meubles, où les espèces sont plus difficilement accessibles, semblent avoir moins exploité la malacofaune que ceux qui sont situés près des côtes directement soumises aux influences marines comme les estrans rocheux. Des raisons autres que l'accès aux ressources alimentaires marines ont pu encourager l'implantation de sites au Néolithique à proximité du littoral. Le cas des sites insulaires du Néolithique final en est un témoin. En effet, pour les sites à malacofaune, le test y devient le centre de la confection de minuscules perles. La complexité des techniques utilisées pour cette activité témoigne de l'importance économique de cette parure destinée à être échangée avec le continent. D'autre part, leur position insulaire est peut être liée à un plus grand contrôle de la distribution de ce bien à haute valeur ajoutée.

Ainsi, les différentes utilisations de la malacofaune observées montrent des variations de leur exploitation du Mésolithique au Néolithique et également au cours du Néolithique.

Même si les biais taphonomiques peuvent, en partie, accentuer la distorsion qui existe dans la répartition des sites à malacofaune du Mésolithique et du Néolithique en Bretagne et dans le Centre-Ouest, la variabilité dans l'espace et dans le temps d'un même processus, la néolithisation, peut également y être liée.

Perspectives

Plusieurs méthodes inédites ont été développées. Une des perspectives logiques de ce travail est d'augmenter leur degré de précision.

La détermination de la saison de collecte appliquée à la palourde pourra être précisée en diminuant le pas de l'échantillonnage des référentiels actuels. Le prélèvement de palourdes actuelles est donc envisagé pour chaque mois de l'année. D'autre part, nous avons vu que la taille de la palourde pouvait influer sur le taux de croissance observé. Or, la majorité des échantillons archéologiques est fragmentée. L'établissement de relation biométrique permettrait à partir d'une partie de la coquille (comme la longueur d'une dent cardinale) de connaître la longueur de la valve. La comparaison du taux de croissance des échantillons archéologiques aux référentiels actuels pourra alors se faire pour des tailles proches.

D'autres méthodes, plus précises sont également envisagées comme l'observation de coupes radiales ou des analyses isotopiques. Par exemple, une technique appelée 'acetate peels' permet d'observer une fine couche de cette section radiale au microscope. Le rapport $^{16}O/^{18}O$ ($\delta^{18}O$) du carbonate de calcium de la coquille varie en fonction des températures saisonnières de l'eau de mer. Des prélèvements au niveau de la dernière croissance, c'est-à-dire sur le bord du test, permettent ainsi d'évaluer la température de l'eau au moment de la collecte et de ce fait la saison de l'acquisition de la malacofaune.

L'étude de la saison de collecte pourra également être élargie à d'autres bivalves comme la coque et la scrobiculaire, plus nombreuses sur certains sites archéologiques que la palourde. D'autre part, des expérimentations montrent des résultats prometteurs de l'application de la saison de collecte sur le gastropode *Osilinus lineatus* à partir des analyses isotopiques (Deith, 1983-2). La consommation de certaines espèces a pu se cantonner, comme de nos jours, sur une partie de l'année seulement. Ainsi, l'analyse de la saison de collecte d'une seule espèce peut biaiser l'image que nous avons du temps de résidence d'une population. Le croisement des saisons de collecte de plusieurs espèces sur un même site permettra de préciser le temps minimum de résidence d'une population sur un site.

La permanence du temps de résidence des sites attribués au Néolithique est souvent avancée. Les arguments concrets de cette sédentarité ne sont pas toujours explicités. Malgré les bais apportés par le croisement des données obtenues à partir de la faune consommée, cette méthode pourrait être appliquée à un plus grand nombre de sites.

Les premiers résultats de reconstitution de la masse de chair obtenus sur *Patella* sp. et *Osilinus lineatus* encouragent l'application de la méthode à d'autres espèces de la malacofaune qu'ils soient gastropodes ou lamellibranches. Elle est envisagée pour *Cerastoderma edule, Mytilus edulis, Ostrea edulis, Scrobicularia plana* et *Tapes decussatus* qui font partie des espèces consommées majoritairement sur les sites étudiés. Les rendements en chair fraîche pourront ainsi être estimés. Ils apporteront une meilleure vision des quantités relatives des espèces consommées.

Étant donné le temps important que nécessite la mise en place de ces relations pour chaque espèce, l'établissement d'une relation générale applicable à plusieurs espèces, de forme et de densité proches, est également envisagé. Même s'il apporte, sans doute, une marge d'erreur plus importante, il permettra d'appliquer cette méthode à l'ensemble du spectre malacofaunique.

Comme nous l'avons vu, les proportions relatives entre les ressources marines et terrestres sont souvent qualitatives. À plus long terme, l'objectif visé est la comparaison des masses de chair consommables d'origine terrestre par rapport à celles d'origine marine.

Plusieurs outils en coquillages ont été identifiés. Différentes hypothèses ont été émises quant à leurs utilisations d'après l'observation des stigmates à la loupe binoculaire. Ces hypothèses demandent à être confirmées par une analyse plus poussée. Des expérimentations permettront de vérifier la validité des hypothèses d'utilisation proposées vis-à-vis des stigmates observés. L'analyse tracéologique assistée de l'observation au microscope électronique à balayage permettra de mieux définir les stigmates et de vérifier l'utilisation des coquilles identifiées comme indices d'outils.

Les échantillons malacofauniques conservés sont très différents (quantité et maille de tamisage) d'un site à l'autre. Cette variabilité représente un frein majeur à la comparaison des sites. L'extension du corpus par de nouvelles opérations sur le terrain effectuées avec des techniques de fouille adaptées, qui ont été présentées au début de la conclusion, permettra une meilleure confrontation des données.

Il serait d'ailleurs intéressant de limiter les hiatus qui existent entre le Mésolithique final de la Bretagne et le Néolithique moyen de la Vendée et de la Charente-

Maritime afin de mieux décrire, pour chacune de ces zones, les différentes phases de l'évolution de l'exploitation de la malacofaune de la fin du Mésolithique au début du Néolithique. Les prospections de terrain sur estran, en bord d'estuaire et dans les marais sont à encourager. Celles, en cours, sur l'archipel de Molène ont permis la découverte de plusieurs dépôts et de lits coquilliers. Leur extension et leur attribution chronologique ne sont pas toujours connues. Les opérations de prélèvements totaux mais limités en volume pourraient être multipliées pour faire des diagnostics plus précis de chacun d'entre eux.

Pour la parure, les observations faites à partir de notre corpus d'étude demandent à être complétées par la révision des collections déposées en musée.

Enfin, pour certains des sites étudiés, les données paléoenvironnementales sont rares. La marge d'erreur obtenue pour la reconstitution du trait de côte est, en partie, liée à cette rareté. Le développement de sondages paléoenvironnementaux près de certains des sites étudiés, comme Beg-an-Dorchenn et Beg-er-Vil, permettra également de préciser la localisation des lieux de collecte potentiels de la malacofaune.

Bibliographie

ADAM W., 1960 - *Faune de Belgique. T. 1 : Mollusques terrestres et dulcicoles.* Bruxelles, Éditions de l'Institut royal des sciences naturelles de Belgique, 402 p.

AKASAWA T., 1981 - Maritime adaptation of prehistoric hunter-gatherers and their transition to agriculture in Japan. *In : Koyama S., et Thomas D.H. (eds.), Affluent foragers, Pacific coast east and west, 3ème Symposium International*, National museum of ethnology, Osaka, 1979, pp.213-257.

ALIX C., 1993 - *Etude des ornements du site Thuléen OdPp-2, Ile Victoria-Arctique Central Canadien.* Mémoire de maîtrise, Université de Paris I, Panthéon Sorbonne, 111 p.

ALLISON E.H., WILSON U. A.W., 1994 - Age determination and the first growth ring in North Irish Sea populations of the scallop, *Pecten maximus* (L.). *Journal Moll. Stud.*, 60, pp.91-95.

AMMERMAN A.J., 1989 - On the Neolithic transition in Europe : a comment on Zvelebil & Zvelebil (1988), *Antiquity,* 63, pp.162-165.

ANDERSEN S.H., 1989 – Norsminde, A "Køkkenmødding" with Late Mesolithic and Early Neolithic Occupation. *Journal of Danish Archaeology,* 8, pp.13-40.

ANDERSEN S.H., 1990 - Making Cultural Ecology Relevant to Mesolithic Research. I. A Data Base of 413 Mesolithic Fauna Assemblage. *In : Vermeersch P.M. and Van Leer P. (eds.), Contributions to the Mesolithic in Europe,* Leuven University Press, pp.23-51.

ANDERSEN S.H., 1993 - Bjornsholm. A stratified køkkenmødding on the central Limjford, North Jutland. *Journal of Danish Archaeology*, 10, pp.59-96.

ANDERSEN S.H., 1995 - Coastal adaptation and marine exploitation in Late Mesolithic Denmark- with special emphasis on the Limfjord region. *In : Fischer A. (dir.), Man and sea in Mesolithic. Coastal settlement above and below present sea level.* Proceedings of the International Symposium Kalundborg, Denmark, Oxbow Oxford Monograph 53, pp.41-66.

ANDERSEN S.H., JOHANSEN E., 1986 - Ertebølle Revisited. *Journal of Danish Archaeology,* 5, pp.31-61.

ANDERSON A.J., 1981 - A model of prehistoric collecting on the rocky shore. *Journal of Archaeological Science*, 8, pp.109-120.

ANDRE J., 1979 - Étude malacologique du gisement néolithique de l'abri de Jean Cros. *In : Guilaine* et al., *L'Abri Jean Cros. Essai d'approche d'un groupe humain du Néolithique ancien dans son environnement,* Toulouse, Monographie du Centre d'Anthropologie des Sociétés Rurales, pp.253-278.

ANDRÉ J., 1981 – *L'alimentation et la cuisine à Rome.* Paris, Coll. Études Anciennes, Les belles lettres d'études anciennes, 252 p.

ANDRE X., 1986 - *Élaboration et analyse des cartes bathymétriques détaillées du proche plateau vendéo-charentais. Reconstitution des paléorivages de la transgression holocène.* Bordeaux I, Thèse de 3ème cycle, 274 p.

ANDREWS M.V., GILBERTSON D.D., KENT M., 1987 - Storm Frequencies along the Mesolithic Coastline. *In : Mellars P. (ed.), Excavations on Oronsay : prehistoric human ecology on a small island,* Edinburgh University, pp.108-114.

ARAÙJO A.C., 1998 -O concheiro de Toledo (Lourinhã) no quadro das adaptações humanas do Pos-Glaciar no litoral da Estramadura. *Revista portuguesa de Arqueologia*, 1 (2), pp.19-38.

ARMIT I., FINLAYSON B., 1992 - Hunter-gatherers transformed : the transition to agriculture in northern and western Europe. *Antiquity,* 66, pp.664-676.

ARNAUD J.M., 1982 - Le Néolithique ancien et le processus de néolithisation au Portugal. *Le Néolithique ancien méditerranéen* 1981, pp.29-48.

ARNAUD J.M., 1987 - Os concheiros mesolithicos dos vales do Tejo e Sado : semelhanças e differenças. *Arqueologia*, 15, pp.53-64.

ATTENBROW V., 1992 - Shell Bed or Shell Midden. *Australian Archaeology,* 34. pp.3-21.

AUBRÉE M., PRIGENT G., 1999 – Pêche à pied dans l'estuaire de la Rance. *In : Prigent G. (dir.), Pêche à pied et usages de l'estran.* Rennes, Éditions Apogée, pp.105-108.

BABIN C., GLÉMAREC M., 1970 – Écologie et paléoécologie des bivalves marins. *Société française de Malacologie*, Caen, 33 p.

BAILEY G.N., 1975 - The role of molluscs in coastal economies : the results of midden analysis in

Australia. *Journal of Archaeological Science,* 2, pp.45-62.

BAILEY G.N., DEITH M., SHACKELTON N., 1983 - Oxygen isotope analysis and seasonality determinations. *American Antiquity*, 48 (2), pp.390-398.

BAILEY G., PARKINGTON J., 1988 - The archaeology of prehistoric coastlines : an introduction. *In : Bailey G. and Parkington J. (eds.), The archaeology of prehistoric coastlines,* Cambridge University Press, Chap.1, pp.1-20.

BARBER R., 1982 - The Wheeler's site : A Specialized Shellfish Processing Station on The Merrimack River, Harvard University (Cambridge, Massachusetts, Peabody Museum), *Peabody Museum Monograph*, 7.

BARGE H., 1982 - *Les parures du Néolithique ancien au début de l'âge des métaux en Languedoc.* Marseille, CNRS, 366 p.

BARGE-MAHIEU H., TABORIN Y., 1991 - Cahier. IV-0: Objets de parure : Fiche générale des objets de parure. *In : Barge-Mahieu H., Bellier C., Camps-Fabrer H., Cattelain P., Provenzano M., Taborin Y., Bidart P., Bott S., Choï S.-Y., Fiches typologiques de l'industrie osseuse préhistorique*, Aix-en-Provence, Université de Provence.

BARUSSEAU J.P., 1973 - *Evolution du Plateau continental rochelais (Golfe de Gascogne) au cours du Pléistocène terminal et de l'Holocène.* Bordeaux, Thèse d'état, 99 Fig., 4 Annexes, 23 Tab., 363 p.

BARUSSEAU J.P., KLINGEBIEL A., LATOUCHE C., 1976 – La sédimentation sous-marine : les fonds du proche atlantique. *In : de Lumley H. (ed.), La Préhistoire Française, IXème congrès de l'Union Internationale des Sciences Préhistoriques et Protohistoriques, Nice, Septembre 1976*, Paris, CNRS, pp.23-30.

BAR-YOSEF D.E., 1991 - Changes in selection of marine shells from the Natufian to the Neolithic. *In : Bar-Yosef D.E. & Valla F.R. (eds.), The Natufian Culture of the Levant,* Ann Arbor, International Monographs, pp.629-636.

BEAUNE S.A., 1995 - *Les hommes au temps de Lascaux 40000-10000 av. J.-C.* Paris, Hachette, 316 p.

BELLANCOURT G., 1980 - Le kjökkenmödding de la pointe Saint-Gildas et les sociétés à microlithes de l'intérieur et des rivages de Loire-Atlantique. *Société Nantaise de Préhistoire*, Études 1980, Bulletin n°2, pp.5-28

BENARD LE PONTOIS C, 1929 - Le Finistère Préhistorique. Paris, *Publications de l'Institut International d'Anthropologie,* 3, 337 p.

BENOIT F., 1962 – Nouvelles épaves de Provence (III). *Gallia,* 20 (15), pp.148-164.

BERNARD J., GRUET Y., 1994 - Analyse pollinique et malacologique de la tourbe de Ponthezières, île d'Oléron (Saint-Georges-d'Oléron, Charente-Maritime). *Bulletin de la Société de Sciences Naturelles de l'Ouest de la France,* 16 (1) Nelle Série, pp.1-9.

BERNIER G., 1970 – Gisement de Beg-er-Vil Nord, *Bulletin mensuel de la Société Polymathique du Morbihan*, 15, p.15.

BERROU P., GOULETQUER P., 1973 - L'épipaléolithique de la région de Plovan (Finistère). *Bulletin de la Société Préhistorique Française*, 70 (6), pp.166-172.

BINANT P., 1991 - *La préhistoire de la mort. Les premières sépultures en Europe.* Paris, Éditions Errance, 170 p.

BISHOP A.H., 1914 - An Oronsay shell-mound-a Scottish Pre-Neolithic site. *Proceedings of the Society of Antiquaries of Scotland*, 48, (1913-1914), pp.52-108.

BIROCHEAU P., LARGE J.-M., 1987 - L'éperon des Châtelliers du Vieil-Auzay (Auzay, 85). *In : Préhistoire de Poitou-Charente : problèmes actuels, 111ème congrès national des sociétés savantes, Poitiers 1986*, Paris, Éditions du Comité des travaux historiques et scientifiques, pp.399-432.

BLANKHOLM H.P., 1987 - Late Mesolithic Hunter-Gatherers and the transition to farming in Southern Scandinavia. *In : Rowley-Conwey P., Zvelebil M. and Blankholm HP. (eds.), Mesolithic Northwest Europe. Recent Trends*. Sheffield, pp.155-162.

BOCQUENET J.-P., 1998 - Les ateliers de perles en coquillages marins des Pyrénées méditerranéennes. L'exemple de l'atelier de perles du 'Moulin' à Durban-Corbières (Aude). *In :Camps G. (dir.), L'homme préhistorique et la mer*, Actes du 120ème congrès des Sociétés savantes, Aix en Provence, 23-26 oct. 1995, Paris, Éditions du Comité des travaux historiques et scientifiques, pp.259-272.

BOEKSCHOTE N., 1966 - Shell borings of sessile epibiontic organisms as paleological guides. *In : Paleogeography, Paleoclimats, Paleoecology,* Groningen, 2, pp.33-379.

BOGUCKI P.I., 1987 – *Forest farmers and Stockherders. Early Agriculture and its Consequence in North-Central Europe.* Cambridge University Press, 247 p.

BOHN-HAVAS M., 1986 – Reconstruction of the paleoenvironment of a Miocene area in Hungary based on molluscs. *Proceedings of the 8th international malacological congress, Budapest, 1983,* pp.31-36.

BORONÉANT V., 1990 - Les enterrements de Schela Cladevei : nouvelles données. *In : Vermeersch P.M.*

and Van Leer P. (eds.), Contributions to the Mesolithic in Europe, Leuven University Press, pp.121-125.

BOTKIN S., 1980 - Effects of human exploitation on shellfish populations at Malibu Creek, California. *In : Earle T.K. and Christenson A. (eds.), Studies in archaeology,* Academic Press, pp.121-137.

BOUJOT C., CASSEN S., CHAMBON Ph., GRUET Y., 1996 - Matignons et Moulin-de-Vent à Montagant (Le Brandard, Mainxe, Charente). *Bulletin de la Société Préhistorique Française*, 93 (1), pp.63-83.

BOURGET E., BROCK V., 1989 - Analyses of shell increment and microgowth band formation to establish seasonality of Mesolithic shellfish collection. *Journal of Danish Archaeology*, 8, pp.7-12.

BROWN R.J., 1986 - Research methods papers : SEM examination of carbonate microfacies using acetate peels. *Journal of Sedimentary Petrology*, 56 (4), pp.538-568.

BUCHANAN W.F., 1988 - Shellfish in prehistoric diet, Elands bay, SW Cape coast south Africa. Cambridge Monographs in african Archaeology 31, *British Archaeological Report International Series,* 455, 257 p.

BURGAUD P., 1937 - Un fond de cabane à la Garenne à Saint-Hippolyte (Charente-Inférieure). *Bulletin de la Société Préhistorique française*, 34, pp.132-140.

BURNEZ C., 1976 - Le Néolithique et le Chalcolithique dans le Centre-Ouest de la France. Éditions CNRS, *Mémoires de la Société Préhistorique française,* 12, 373 p.

BURNEZ C. et FOUÉRÉ P., 1993 – Les enceintes du Néolithique récent et final de Diconche à Saintes (Charente-Maritime). *In : Actes du XVIe Colloque interrégional sur le Néolithique : Le Néolithique au quotidien, dAf,* 39, pp.106-119.

BURNEZ C., FOUÉRÉ P. (dir.), 1999 - Les enceintes néolithiques de Diconche à Saintes (Charente-Maritime). Poitiers, *Mémoire de la Société Préhistorique Française*, XV, 2 vol., 1998, 830 p.

CADE C., 1998 - Les coquillages marins dans les gisements préhistoriques du midi méditerranéen française. *In :Camps G. (dir.), L'homme préhistorique et la mer*, Actes du 120ème congrès des Sociétés savantes, Aix en Provence, 23-26 oct. 1995, Paris, Éditions du Comité des travaux historiques et scientifiques, pp.339-349.

CAMPS G., 1982 - *À la recherche du paradis perdu.* Paris, Librairie Académique, Perrin, 302 p.

CARBONEL P., DARTEVELLE H., EVIN J., GRUET Y., LAPORTE L., MARAMBAT L., TASTET J.-P., VELLA C., WEBER O., 1998 – Évolution paléogéographique de l'estuaire de la Charente au cours de l'Holocène. *In : Laporte L. (dir.), L'estuaire de la Charente de la Protohistoire au Moyen Âge.* Paris, Éditions de la maison des sciences de l'homme, *dAf,* 72 (série Grands Travaux), pp.15-25.

CARDON D. (*dir.*), 2000 – *Teintures précieuses de la Méditerranée Pourpres–Kermes-Pastel.* Éditions Musée des Beaux-arts de Carcassonne, 182 p.

CASSEN S., 1984 - Les sites à microlithes dans le choltais *Les sites à microlithes entre Loire et Vilaine, Étude préhistorique et protohistorique dans les pays de la Loire,* 7, pp.201-203.

CASSEN S., 1987 - Le Centre-Ouest de la France IVème millénaire avant J.-C. *British Archaeological Report Internatinal Series*, Oxford Series, n°342, 395 p.

CASSEN S., 1991 - Les débuts du IVème millénaire en Centre Ouest, l'hypothèse du matignon ancien. *In : Identité du chasséen. Actes du colloque international de Nemours, Nemours 1989, Mémoire du musée de préhistoire d'Ile de France*, 4, pp.111-120.

CASSEN S., 1997 - Les enceintes néolithiques de la Mastine et Pied-Lizet. Fouilles archéologiques et études paléoenvironnementales dans le marais poitevin (1984-88). Chauvigny, *Association de publications chauvinoises*, Mémoire XIII1, 96 p.

CASSEN S., AUDREN C., HINGUANT S., LANNUZEL G., MARCHAND G., 1998 - L'habitat Villeneuve-Saint-Germain du Haut-Mée (Saint-Etienne-en-Coglès, Ille-et-Vilaine). *Bulletin de la Société Préhistorique Française*, 95 (1), pp.41-75.

CASSEN S., SCARRE C., 1987 - Introduction à l'enceinte néolithique de la Mastine à Nuaillé-d'Aunis. *In : Actes du 111ème Congrès national des sociétés savantes préhistoriques du Poitou-Charente.* Poitiers 1986, Paris, Éditions du Comité des travaux historiques et scientifiques, pp.319-334.

CASSEN S., VISSET L., 1998 - L'enceinte de La Mastine à Nuaillé-d'Aunis. *In : Joussaume R. (dir.), Les paysans du Golfe. Le Néolithique dans le Marais poitevin,* Chauray : France, Éditions Patrimoine et Médias, pp.70-71.

CAUVIN J., 1994 - *Naissance des divinités, naissance de l'agriculture.* Paris, CNRS, 304 p.

CAUWE N., 1996 - Les sépultures collectives dans le temps et l'espace. *Bulletin de la Société Préhistorique Française,* 93, 3, pp.342-352.

CAUWE N., 2001 – *L'Héritage des Chasseurs-cueilleurs dans le Nord-Ouest de l'Europe 10000-3000 avant notre ère.* Paris, Éditions Errance, Collection des Hesperides, 207 p.

CÉCI L., 1984 - Shell midden deposits as coastal resources. *World archaeology,* 16 (1), pp.62-73.

CHAIX L., 1986 - Les Mollusques continentaux. Apports à la paléoécologie et à la chronologie du Quaternaire. Rennes, *Revue d'Archéométrie*, 10, pp.33-38.

CHAIX L., MÉNIEL P., 1996 – *Éléments d'archéozoologie*, Éditions Errance, Paris, 112 p.

CHAUCHAT C., 1984 – La grotte du Phare – Premiers résultats. *Bulletin de la Société Préhistorique Française*, 81 (10-12), pp.343-354.

CHAUVAUD L., THOUZEAU G., PAULET Y.-M., 1998 - Effects of environmental factors on the daily growth rate of *Pecten maximus* juveniles in the Bay of Brest (France). *Journal of experimental marine biology and ecology*, 227, pp.83-111.

CHENORKIAN R., 1983 - Contribution d'une étude de malacofaune à la connaissance des amas coquilliers et de la paléoécologie des lagunes de Basse Côte-d'Ivoire. *In : 1er Symposium " Archéologie africaine et sciences de la nature appliquées à l'archéologie "*, Bordeaux, 1983, pp.315-338.

CHENORKIAN R., 1986 - Caractères spécifiques et modalités d'étude des amas coquilliers anthropiques. Aix-en-Provence, *Travaux du Laboratoire d'anthropologie et de Préhistoire des Pays de la Méditerranée Occidentale*, 1986, 33 p., 14pl.

CHENORKIAN R., 1988 - Fouilles des dépôts coquilliers anthropiques. Aix-en-Provence, *Travaux du Laboratoire d'anthropologie et de Préhistoire des Pays de la Méditerranée Occidentale,* pp.31-38.

CHENORKIAN R., 1989 - Mollusques testacés et diètes préhistoriques. Aix-en-Provence, *Travaux du Laboratoire d'anthropologie et de Préhistoire des Pays de la Méditerranée Occidentale*, pp.29-57.

CHENORKIAN R., 1990 - Conservation en milieu coquillier et reconstitution des diètes préhistoriques. Aix-en-Provence, *Travaux du Laboratoire d'anthropologie et de Préhistoire des Pays de la Méditerranée Occidentale*, pp.133-146.

CHENORKIAN R., 1992 - Saisonnalisation et malacofaune. Méthodes et possibilités Méditerranéennes. *Préhistoire Anthropologie Méditerranéennes 1992,* pp.143-168.

CHENORKIAN R., 1996 - *Pratique archéologique statistique et graphique*. Paris, Éditions Errance, 62 p.

CHENORKIAN R., 1998 - Les amas coquilliers anthropiques : l'autre malacofaune. *In :Camps G. (dir.), L'homme préhistorique et la mer*, Actes du 120ème congrès des Sociétés savantes, Aix en Provence, 23-26 oct. 1995, Paris, Éditions du Comité des travaux historiques et scientifiques, pp.151-161.

CHILDE V.G., 1947 – *The Dawn of European Civilisation*. Londres, Kegan Paul. 4ème édition, 362 p.

CHOQUET M., 1968 – Croissance et longévité de *Patella vulgata* L. (Gastéropode Prosobranche) dans le Boulonnais. *Cahiers de Biologie Marine*, IX, pp.449-468.

CHRISTENSEN T.J., 1994 - Growth and growth studies. *Phuket mar. Biol. Cent. Spec. Publ.,* 13, pp.201-204.

CLAASSEN C., 1991 - Normative thinking and shell-bearing sites. *Archaeology Method Theory,* 3, pp.249-298.

CLAASSEN C., 1993 - Problems and choices in shell seasonality studies and their impact on results. *Archaeozoologia*, V (2), pp.55-76.

CLAASSEN C., 1998 - *Shells. Cambridge manuals in archaeology*, 263 p.

CLARKE L.R., CLARKE A.H., 1980 - Zooarchaeological analysis of molluscs remains *Canada history and archaelogy from Yogust,* British Columbia, 43, pp.37-57.

CLAVE B., 2001 – *Évolution des paléoenvironnements côtiers à l'holocène : exemple de l'Aquitaine septentrionale.* Thèse de l'Université de Bordeaux I, Spécialité : Océanographie, Paléo-océanographie, 297 p.

CLAVE B., MASSE L., CARBONEL P., TASTET J.-P., 2001 – Holocene coastal changes and infilling of the La Perroche marsh (French Atlantic coast). *Oceanologica Acta*, .24 (4), pp.377-389.

CLEMAM, 2002 - *Check List of European Marine Mollusca*, http://www.mnhn.fr/base/malaco.html.

CLEYET MERLE J.J., 1990 - *Préhistoire de la pêche.* Paris, Éditions Errance, 195 p.

COCAIGN J.-Y., 1989 - Diversité des dépôts coquilliers l'exemple de la côte nord-est de la Bretagne. *AMARAI,* 2, pp.47-59.

COCAIGN J.Y., 1999 – Aux origines du peuplement littoral. *In : Prigent G. (dir.), Pêche à pied et usages de l'estran*. Rennes, Éditions Apogée, pp.15-18.

COONEY G., 1987 - Irish neolithic settlement and its european context. *The journal of Irish Archaeology*, IV 87/8, pp.7-11.

COURTIN J., VIGIÉ B., 1987 - Le problème des coquilles à bord dentelé dans la préhistoire du Midi de la France. *Mésogée*, 47, pp.93-98.

CRESSWELL R., 1992 – Technologie. *In : Bonte P. et Izard M. (dir.), Dictionnaire de l'ethnologie et de l'anthropologie.* Paris, Presse Universitaire de France, pp.698-701.

CROTHERS J.H., 1973 - On variation in *Nucella lapillus* (L.) : shell shape in populations from pembrokeshire, south wales. London, *Proc. Malaco. Soc.,* 40, pp.319-320.

CROTHERS J.H., 1974 - On variation in *Nucella lapillus* (L.) : shell shape in populations from the

Bristol channel. London, *Proc. Malaco.* Soc., 41, pp.15-17.

de MENORVAL B., THÉOBALD M.N. *et al.*, 1974 – Carte géologique du quaternaire et des formations superficielles de la France, *Annales Scientifiques de l'Université de Besançon* avec le concours du CNRS, 1 : 1 000 000.

de MONTAUDOUIN X., SAURIAU P.-G., 2000 – Contribution to a synopsis of marine species richness in the Pertuis Charentais Sea with new insights in soft-bottom macrofauna of the Marennes-Oléron Bay. *Cah. Biol. Mar.*, 41, pp.181-222.

d'ERRICO F., JARDON-GINER P., SOLER-MAYER B., 1993 - Critères à base expérimentale pour l'étude des perforations naturelles et intentionnelles sur coquillages. *In : Traces et fonction : gestes retrouvés, Colloque international de Liège,* ERAUL, 50, pp.243-254.

DAUTZENBERG P., 1913 - *Atlas de poche des coquilles des côtes de France (Manche, Océan, Méditerranée), communes, pittoresques ou comestibles.* Librairie du Muséum de Paris, LHOMME, Paris 5ème, 152 p.

DAVENZO F., 1988 - *Les stries de croissance de la coquille des bivalves : comparaison des différents types d'environnements littoraux.* Thèse doctorale Paléontologie, Université de Lyon I, 421 p.

DAVID L., 1982 - Ecologie et sélection, quelques réflexions. *Géochronique*, 4, pp.8-12.

DEBENATH A., WIMBLEBY B.-W., LENOIR M., TENSORIER J.-M., POULAIN T., 1984 - Le camp néolithique de Chez Reine à Semussac (*Charente-Maritime) ; II le milieu. *Gallia Préhistoire*, 27 (I), pp.41-65.

DEITH M.R., 1983-1 - Molluscan Calendars : The use of Growth-line Analysis to Establish Seasonality of Shellfish Collection at the Mesolithic Site of Morton, Fife. *Journal of Archaeological Science,* 10, pp.423-440.

DEITH M.R., 1983-2 - Seasonality of shell collecting, determined by oxygen isotope analysis of marine shells from asturian sites in Cantabria. *In : Animals and archaeology, 2 shell middens, fishes and birds,* Cambridge 1983, Edited by royal Society of New Zealand, Wellington. *British Archaeological Report International Series*, 183, pp.189-193.

DEITH M.R., 1986 - Subsistence Strategies at a Mesolithic Camp Site : Evidence from Stable Isotope analyses of Shells. *Journal of Archaeological Science*, 13, pp.61-78.

DEITH M.R., 1989 - Shellfish gathering and site function : a case study from Neolithic Apulia. *Archaeozoologia,* III (1-2), pp.163-176.

DELANOE Y., DIEUCHO A., GOULEAU D., 1971 – Géophysique marine : structure et formations sédimentaires de la Baie de Bourgneuf (Loire-Atlantique) étudiées par sondages sismiques réflexion. *C.R. Acad. Sc. Paris*, 272 (Série D), pp.797-799.

DELANOE Y., GALLENNE B., MARCHAND J., 1974 – Reconnaissance par carottage sous-marin de la nature pétrographique des pointements rocheux de la Baie de Bourgneuf (Bretagne méridionale). Extension des affleurements de 'porphyroïdes', de gneiss catazonaux et des formations granitiques. *C.R. Acad. Sc. Paris*, 278 (Série D), pp.1681-1684.

DELIBRIAS G., GUILLIER M.-T., LABEYRIE J., 1966 – GIF natural radiocarbon measurements II. *Radiocarbon,* 8, pp.74-95.

DELIBRIAS G., MORZADEC-KERFOURN M.-T., 1975 – Évolution du marais de Dol-de-Bretagne au flandrien (Ille-et-Vilaine, France). *Bulletin de l'Association française pour l'étude du Quaternaire*, 2, pp.59-70.

DEMOULE J.P., 1990 - *La France de la préhistoire.* Paris, Nathan, 195 p.

DESSE J., 1985 – Les poissons des sites archéologiques les données factuelles ; Applications au domaine méditerranéen. *In : Vème rencontre internationale d'archéologie et d'histoire d'Antibe. L'exploitation de la mer de l'Antiquité à nos jours. I : La mer, lieu de production.* Actes du colloque 24-25-26 octobre 1984, pp.229-242.

DEVILLERS C., MAHE J., 1980 - *Mécanismes de l'évolution animale.* Paris, Masson, 150 p.

DJINDJIAN F., 1991 - *Méthodes pour l'archéologie*, Paris, Armand Colin, ill., 397 p.

DU CHATELLIER P., 1881 - Exploration des tumulus de Run-Aour et de la Torche en Plomeur (Finistère) et du Kjökkenmödding de la Torche. *Mémoires de la Société d'Émulation de Côtes-du-Nord,* XIX, pp.175-182.

DUDAY H., COURTAUD P., 1998 - La nécropole mésolithique de La Vergne (Charente-Maritime). *In : Guilaine J. (dir.), Sépultures d'Occident et genèses des mégalithismes (9000-3500 avant notre ère), Séminaire du Collège de France,* Éditions Errance, pp.27-37.

DUDAY H., COURTAUD P., DUJARDIN V., MARTIN H., ROBIN K., 1996 - *La Vergne : La Grande Pièce (Charente-Maritime)* (17.405.002 AH-17.465.501 AP) 1995. Complément au D.F.S. de sauvetage urgent (du 10.06.95 au 04.07.95) URA 376 CNRS ; Laboratoire d'Anthropologie de l'Université de Bordeaux I, SRA Poitou-Charente, A.F.A.N, annexes et figs., 32 p.

DUDAY H., COURTAUD P., ROBIN K., DUJARDIN V., GRUET Y., GOURAND G., MARTIN H., SAN JUAN-FOUCHER C, 1998 - La Vergne : La Grande Pièce (Déviation de Saint-Jean-d'Angély, Charente-Maritime). *Bulletin de la Société Préhistorique Française*, 95 (3), pp.423-435.

DUPONT C., 1998 – La *malacofaune des sépultures de la " Grande Pièce " (La Vergne ; Charente-Maritime).* Mémoire de D'Études Approfondies., Université de Bordeaux I, 100 p.

DUPONT C., 2001 – La malacofaune des amas coquilliers de Dankalelo. *In : Poisblaud B., Bernard R., Cros J.P., Dupont C. et Joussaume R., Mission archéologique dans LE GHOUBBET (DJIBOUTI).* Mission 2000, pp.6-16.

DUPONT C., *en cours – Composition de la malacofaune des sépultures de la " Grande Pièce " (La Vergne ; Charente-Maritime).*

DUPONT C., GRUET Y., 2000 - Variations morphologiques de mollusques gastropodes (*Nucella lapillus* et *Hinia reticulata*) : Intérêts pour l'archéologie. Rennes, *Revue d'Archéométrie,* 24, pp.53-61.

DUPONT C., GRUET Y., 2002 - Du test coquillier à la ressource alimentaire : applications aux berniques *Patella* sp. et aux bigorneaux *Monodonta lineata* de sites mésolithiques et néolithiques. Rennes, *Revue d'Archéométrie*, 26, pp.93-112.

DUPONT C, GRUET Y., 2005– Malacofaune et crustacés marins des amas coquilliers mésolithiques de Beg-an-Dorchenn (Plomeur, Finistère) et de Beg-er-Vil (Quiberon, Morbihan), *In : G. Marchand, & A. Tresset (eds.) Unité et diversité des processus de néolithisation sur la façade atlantique de l'Europe (6ᵉ-4ᵉ millénaires avant J.-C.), Table ronde de Nantes 26-27 avril 2002, Mémoire de la Société Préhistorique Française,* 36, pp.139-161.

DUPONT C., GRUET Y., LEROY A., MARCHAND G., PAILLER Y., SPARFEL Y., 2003 - Le site préhistorique de Beniget-3 (Le Conquet, Finistère). *Bulletin de l'A.M.A.R.A.I.*, 16, pp.5-24.

DUPONT C., LAPORTE L., *en cours – Les techniques de percement et la reconstitution des éléments de parure de la malacofaune des sépultures de la " Grande Pièce " (La Vergne ; Charente-Maritime).*

DYKE S., 1996 - Marine molluscs as indications of environmental change in glaciated north America and Greenland during the last 18000 years. *Géographie et quaternaire*, 50 (2), pp.125-184.

ETTER R.J., 1989 - Life history variation in the intertidal snail *Nucella lapillus* across a wave exposure gradient. *Ecology*, 70 (6), pp.1857-1876.

FIGUTI L., 1992 - Poissons, coquillages et préhistoire. *Les Dossiers d'Archéologie*, 169, pp.24-27.

FISCHER P., 1932 - Coquilles provenant de gisements archéologiques espagnols. *Journal de conchyliologie*, LXXVI, pp.335-338.

FISCHER A., 1995 - *Man and Sea in the Mesolithic.* Oxbow books, pp.273-288.

FORD J.P., 1989 - Molluscan assemblages from archaeological deposits. *Geoarchaeology : an international journal*, 4 (2), pp.157-173.

FOUÉRÉ P., 1998 - L'enceinte néolithique du Rocher à Villedoux. *In : Joussaume R. (dir.), Les paysans du Golfe. Le Néolithique dans le Marais poitevin,* Chauray : France, Éditions Patrimoine et Médias, pp.74-75.

FOUERE P., BRAGUIER S., BURNEZ C., FERRIER C., GRUET Y., 1996 - L'enceinte du Rocher à Villedoux. *In : Actes du Colloque INTERNEO-I*, Paris, pp.191-205, 5 Fig.

FRANC A., 1960 – Classe des bivalves. *In : Grassé P.P., Traité de zoologie anatomie - systématique biologie*, Tome V, 2ème fascicule, Éditions Masson.

FRANCIS P., 1989 - The manufacture of beads from shell. *Proceedings of the 1986 Shell Bead Conference,* pp.25-35.

FRETTER V. and GRAHAM A., 1976 - The prosobranch molluscs of Britain and Danmark, Part.1-Pleurotomariacea, Fissurelacea and Patellacea. Department of zoology, University of reading, Supplement.1, *The journal of molluscan studies.*

FRETTER V. and GRAHAM A., 1978 - The prosobranch molluscs of Britain and Danmark, Part.3-Neritacea, Viviparacea, Valvatacea, terrestrial and freshwater Littorinacea and Rissoacea. Department of zoology, University of reading, Supplement.5, *The journal of molluscan studies*, pp.101-152.

FRETTER V. and GRAHAM A., 1981 - The prosobranch molluscs of Britain and Danmark, Part.6-Cerithiacea, Stombacea, Hipponicacea, Lamellariacea, Cyperaeacea, Naticacea, Tonnacea, Heteropoda. Department of zoology, University of reading, Supplement.9, *The journal of molluscan studies.*

FRETTER V. and GRAHAM A., 1984 - The prosobranch molluscs of Britain and Danmark, Part.8-Neogasteropoda. Department of zoology, University of reading, *The journal of molluscan studies,* Supplement.15.

GABET C., MASSAUD J., 1965 - Le gisement peu-richardien de la Garenne, commune de Saint-Hippolyte (Charente-Maritime). *Bulletin de la Société Préhistorique Française*, LXII, 1, pp.159-195.

GAILLARD F., 1884 - Les deux cists du Mané Groh et de Bovelane. Une exploration archéologique à l'île Téviec. Les cists des Bois du Puco, Vannes.

GAILLARD J, TABORIN Y., GOMEZ de SOTO J., 1984 - La tombe néolithique de Germignac. *Gallia Préhistoire*, 27 (1), pp. 97-119.

GAGNIÈRE S., 1969 – La faune de l'abri d'Araguina-Sennola à Bonifacio (Corse). *Livret-guide de l'excursion C17 (Corse),* du VIIIème Congrès de l'INQUA (Paris, 1969), p.90.

GAGNIÈRE S., LANFRANCHI F. de, MISKOVSKY J.-C., RENAULT- MISKOVSKY J. et WEISS M.-C., 1969 – L'abri d'Araguina-Sennola à Bonifacio (Corse). *Bulletin de la Société Préhistorique Française*, 66, pp.385-418.

GARANGER J., 1992 - *La préhistoire dans le monde*. Éditions Presse Universitaire de France, Paris, 837 p.

GEBHARDT A., MARGUERIE D., 1993 – La transformation du paysage armoricain sous l'influence de l'Homme. *Actes du XVIe colloque interrégional sur le Néolithique : Le Néolithique au quotidien Paris, 5 et 6 novembre 1989, dAf,* 39, Paris, Éditions de la Maison des Sciences de l'Homme, pp.19-24.

GIOT P.R., 1947 - Le tumulus mégalithique de Beg-an-Dorchenn en Plomeur (Finistère). *Gallia*, V-1, pp.167-170.

GIOT P.R., GUILCHER A., 1947 - Essai de chronologie des successions pré- et protohistorique de la baie d'Audierne (Finistère). *Extrait de la Société Préhistorique Française,* 3-4, pp.1-6.

GIOT P.R., MONNIER J.-L., L'HELGOUAC'H J., 1998 - *Préhistoire de la Bretagne*, Rennes, Éditions Ouest-France, 577 p.

GIRAUDON D., 1999 – Souvenirs d'enfance d'un petit pêcheur de la baie de Saint-Brieuc (1950-1960). *In : Prigent G. (dir.), Pêche à pied et usages de l'estran.* Rennes, Éditions Apogée, pp.98-101.

GOUDINEAU C., GUILAINE J., 1989 - *De Lascaux au Grand Louvre*. Archéologie et histoire en France. Éditions Errance, 565 p.

GOULEAU D., 1968 – Géologie marine. Sur la morphologie des fosses de la Baie de Bourgneuf et leur remplissage sédimentaire. *C.R. Acad. Sc. Paris*, 266 (Série D), pp.2143-2146.

GOULEAU D., 1971 –Le remplissage sédimentaire de la Baie de Bourgneuf. *Bull. B.R.G.M.*, IV (2), 1-1971.

GOULETQUER P., 1999 – Sel et préhistoire. *In : Prigent G. (dir.), Pêche à pied et usages de l'estran.* Rennes, Éditions Apogée, pp.19-20.

GOULETQUER P., KAYSER O., LE GOFFIC M., MARCHAND G. et MOULLEC J.-M., 1996 – Où sont passés les Mésolithiques côtiers bretons ? Bilan 1985-1995 des prospections de surface dans le Finistère. Rennes, *Revue Archéologique de l'Ouest*, 13, pp.5-30.

GOULETQUER P., KAYSER O., LE GOFFIC M., MARCHAND G., 1997 - Éléments pour une esquisse géographique du Mésolithique en Bretagne occidentale. *In : Fagnard J.-P., Thévenin A., (dir.), Le tardiglaciaire en Europe du nord-est.* Actes du 119ème Congrès National des Sociétés Historiques et Scientifiques, Amiens 1994, Éditions du Comité des travaux historiques et scientifiques, pp.293-307.

GOULLETQUER P., 1989 - *Etude des facteurs environnementaux intervenant sur la production de la palourde japonaise d'élevage* Ruditapes philippinarum. Université de Bretagne Occidentale, Faculté des Sciences Brest, 347 p.

GOURAUD G., 1997 (Rapport non publié) - *Étude du mobilier lithique des sépultures de la "Grande Pièce"* Commune de La Vergne Charente Maritime.

GRAYSON D.K., 1984 – *Quantitative Zooarchaeology*. London, Academic Press, Inc., 197 p.

GREGG S.A., 1988 – Foragers and Farmers. Population Interaction and Agricultural Expansion in Prehistoric Europe. *In : Butzer K.W. and Freeman L.G. (eds.), Prehistoric Archaeology and Ecology Series,* Chicago and London, The University of Chicago Press, 275 p.

GROUARD S., 2001 – *Subsistance, systèmes techniques et gestion territoriale en milieu insulaire antillais précolombien – Exploitation des Vertébrés et des Crustacés aux époques Saladoïdes et Troumassoïdes de Guadeloupe (400 av. J.-C. à 1500 ap. J.-C.).* Thèse de doctorat de Préhistoire, Université de Paris X , Nanterre, 3 volumes, 1073 p.

GRUET M., LEMONNIER L., GRUET Y., 1999 – VIII- Les coquilles marines. *In : Burnez C., Fouéré P. (dir.) : Les enceintes néolithiques de Diconche à Saintes (Charente-Maritime).* Mémoire de la Société Préhistorique Française XXV, Mémoire de l'Association des Publications Chauvinoises XV, 1999, vol.1, pp.139-145 et pp.343-345.

GRUET Y., 1991 - Stades de destruction des coquilles de *Patella* sur l'estran et en milieu terrestre. *Actes de colloque n°13 de la Société française de Malacologie : Aspects récents de la biologie des mollusques,* Brest 7 et 8 novembre 1990, IFREMER, p.183.

GRUET Y., 1993 - Les coquillages marins : objets archéologiques à ne pas négliger : Quelques exemples d'exploitation et d'utilisation dans l'Ouest de la France. *Revue Archéologique de l'Ouest*, 10, pp.57-161.

GRUET Y., 1995 *(inédit) - Rapport de la malacofaune marine du site du Rocher (Villedoux, 17).* Non publié. Disponible au SRA Poitou-Charentes. Poitiers, 10p.

GRUET Y., 1998-1 – L'homme et les ressources marines du 'golfe poitevin' au Néolithique. *In : Joussaume R. (dir.), Les paysans du Golfe. Le Néolithique dans le*

Marais poitevin, Chauray : France, Éditions Patrimoine et Médias, pp.19-21.

GRUET Y., 1998-2 – La cueillette des coquillages (Mortantambe). *In : Laporte L. (dir.), L'estuaire de la Charente de la Protohistoire au Moyen Âge*. Paris, Éditions de la Maison des Sciences de l'Homme, *dAf*, 72 (série Grands Travaux), pp.130-134.

GRUET Y., 1999-1 *(inédit) - Rapport de la malacofaune du site de Champ-Durand (Commune de Nieul-sur-l'Autize, Vendée).* Non publié. 8p.

GRUET Y., 1999-2 *(inédit) - Rapport de la malacofaune du site de La Sauzaie (Commune de Soubise, Charente-Maritime).* Non publié. 8p.

GRUET Y., 2001 (*inédit*) – La faune marine actuelle des Mollusques et des Crustacés au Pays Basque : intérêt pour l'archéologue, 5p.

GRUET Y., 2002 – Données malacologiques. *In : Laporte L. (dir.), Les occupations néolithiques du vallon des Ouchettes (Plassay, Charente-Maritime). Gallia Préhistoire*, Paris.

GRUET Y., 2002 – Reconnaissance de quelques espèces communes de Crustacés (balanes et crabes) : application au site Mésolithique de Beg-er-Vil (Morbihan, France). Rennes, Revue d'*Archéométrie*, 26, pp.125-139.

GRUET Y., BERNIER P., MÉON H., MARGEREL J.-P., 1992 - Une vasière intertidale du subboréale en l'île de Noirmoutier (Vendée, France). *Quaternaire*, 3 (1), pp.23-30.

GRUET Y., DUPONT C., 2001 - Au Néolithique dans le Centre-Ouest de la France, la pêche des coquillages reflète-t-elle l'environnement marin ? *In : L'Helgouach J., Briard J. (dir.), Systèmes fluviaux, estuaires et implantations humaines de la préhistoire aux grandes invasions, Actes des congrès nationaux des sociétés historiques et scientifiques. 124e Nantes 1999,* Paris, Éditions du Comité des travaux historiques et scientifiques, pp.183-199.

GRUET Y., LAPORTE L., 1996 - Crabes pêchés au Néolithique Final à Ponthezières : Identification des modes de pêche et application de la métrique. *In : Actes du colloque de Périgueux, 1995, Supplément de la revue d'Archéométrie*, pp.197-201.

GRUET Y., PRIGENT D., 1986 - Les buttes de Saint-Michel-en-l'Herm (Vendée) : caractère de la population d'huîtres (*Ostrea edulis*, Linné) et sa faune associée. *Haliotis*, 15, pp.3-6.

GRUET Y., SAURIAU P.-G., 1994 - Paléoenvironnements holocènes du marais poitevin (littoral atlantique, France). Reconstitution d'après les peuplements malacologiques. *Quaternaire,* 5 (2), pp.85-96.

GRUNEVALD R., 1936 - Une utilisation des coquilles perforées. *Bulletin de la Société Préhistorique Française*, XXXIII (1), pp.76-77.

GUELORGET O., MAYERE C, AMANIEU M., 1980 - Croissance, biomasse et production de *Venerupis decussata* et *V. aurea* dans une lagune méditerranéenne, *Vie marine*, 2.

GUÉLORGET O., PERTHUISOT J.-P., 1983 - Le domaine paralique. Expressions géologiques, biologiques et économiques du confinement. *Presse Ecole Normale Supérieure,* Paris, 1983, 16, 136 p.

GUILCHER A., 1969 – Le quaternaire littorale et sous-marin dans l'Atlantique. *VIII° congrès International de l'INQUA,* Paris, Supplément au Bulletin de l'Association Française pour l'Étude du Quaternaire, pp.33-41.

GUYODO J.-N., 1997 - *L'industrie lithique du site d'Er Yoh (île de Houat, Morbihan),* Mémoire de DEA. Année universitaire 1996-1997, Université Paris I Panthéon Sorbonne, 49 p.

HAM L., IRVINE M., 1975 - Molluscan calenders : The use of growth-line analysis to establish seasonality of shellfish collection at the Mesolithic site of Morton, fife. *SYESIS,* .8, pp.362-372.

HANDS A.R, SC. B., A. M., PHIL. M., WALKER D.R., A. M., 1989 - *Conchas prehispanicas en Mexico*. England, Flammarion, *British Archaeological Report*, 257 p.

HARRISON P., 1995 – *Les oiseaux de mer*. Canada, Ottawa, Éditions Broquet Inc., 448 p.

HENDERSEN W.G., ANDERSON L.C., MC GIMSEY C.R., 2002 – Distinguishing Natural and Archaeological Deposits : Stratigraphy, Taxonomy, and Taphonomy of Holocene Shell-Rich Accumulations from the Louisiana Chenier Plain. *PALAIOS*, 17, Research Reports. Society for Sedimentary Geology, pp.192-205.

HENRI-MARTIN Dr., 1932 - Différents modes de perforation de la coquilles chez les mollusques. *Procès verbaux de la Société Linnéenne de Bordeaux*, séance du 26 juin 1932, pp.1-5.

HESSE A., PRIEUR A., 1999 - Compter ou peser... ? Valeurs absolues ou relatives... ? (à propos d'amas coquilliers anthropiques sur la côte ouest de la péninsule d'Oman). *Revue d'Archéométrie*, 23, pp.47-57.

HIGGS S.E., 1974 - La collecte des Arches (*Anadara senilis* L.) dans le Bas-Saloum (Sénégal) : une approche ethnoarchéologique des amas coquilliers. *Travaux du Laboratoire d'anthropologie et de Préhistoire des Pays de la Méditerranée Occidentale*, Aix-en-Provence, pp.131-149.

HODDER I., 1993 - *The domestication of Europe*. Oxford UK § Cambridge USA, Blackwell, 331 p.

JARMAN M.R., BAILEY G.N., JARMAN H.N., 1982 - *Early european agriculture : Its foundations and development*. Cambridge University Press.

JERARDINO A., CASTLLA J.C. *et al.*, 1992 - Early coastal subsistence patterns in central Chile : a systematic study of the marine-invertebrate fauna from the site of Curaumilla-1. Latin. *American Antiquity*, 3 (1), pp.43-62.

JEUNESSE C., 1995 – Les groupes régionaux occidentaux du Rubané (Rhin et Bassin Parisien) à travers les pratiques funéraires. *Gallia Préhistoire*, 37, pp.115-154.

JONES D.A., 1984 - *An Ecological Interpretation of Mesolithic Shellfish Remains on the Island of Oronsay, Inner Hebrides*. Unpublished PhD dissertation, Department of Archaeology, University of Sheffield.

JONES D.S. *et al.*, 1978 - Age and growth rate determinations for the Atlantic Clam *Spisula solidissima* based on internal growth lines in shell cross-sections. *Marine Biology*, 47, pp.63-70.

JONES D.S., QUITMYER I.R., 1996 - Marking Time with Bivalves Shells : Oxygen Isotopes and Season of Annual Increment Formation. Society for Sedimentary Geology, *PALAIOS*, 11, pp.340-346.

JOUSSAUME R., 1972 - Les fouilles du docteur Guérin sur l'éperon des Châtelliers-du-Vieil-Auzay (Vendée). *Bulletin de la Société Préhistorique Française*, 69, Études et Travaux, Fascicule 1, pp.417-429.

JOUSSAUME R., 1980 - Champ-Durand à Nieul sur l'Autize (Vendée). *Groupe vendéen d'Étude préhistorique*, pp.1-18.

JOUSSAUME R., 1981 - *Le Néolithique de L'Aunis et du Poitou occidental dans son cadre atlantique*. Rennes, Travaux du laboratoire d'anthropologie-préhistoire-protohistoire et quaternaire armoricains., Université de Rennes1, 625 p.

JOUSSAUME R., 1984 - Les sites à microlithes entre vilaine et Marais poitevin. *Études préhistoriques et protohistoriques des Pays de la Loire,* 7, 300p.

JOUSSAUME R., 1985 - *Des dolmens pour les morts*. Paris, Hachette, 373 p.

JOUSSAUME R., 1986 - Les sépultures du site à triple enceintes de fossés interrompus de Champ-Durand à Nieul-sur-l'Autize (Vendée). *In : Préhistoire de Poitou-Charente : problèmes actuels, 111ème congrès national des sociétés savantes, Poitiers 1986*, Paris, Éditions du Comité des travaux historiques et scientifiques, pp.271-288.

JOUSSAUME R. *(dir.)*, 1998-1 - *Les premiers paysans du golfe : le Néolithique dans le Marais poitevin.* Chauray : France, Éditions Patrimoine et Médias, 140 p.

JOUSSAUME R., 1998-2 – L'enceinte fossoyée de Champ-Durand à Nieul-sur-l'Autize. *In : Joussaume R. (dir.) Les premiers paysans du golfe : le Néolithique dans le Marais poitevin*, Chauray : France, Éditions Patrimoine et Médias, pp.112-114.

JOUSSAUME R., COURTAUD P., 1998 – Vie et mort au Néolithique autour du Marais poitevin. *In : Joussaume R.. (dir.), Les paysans du Golfe. Le Néolithique dans le Marais poitevin*, Chauray : France, Éditions Patrimoine et Médias, pp.50-56.

JOUSSAUME R., JAUNEAU J.-M., BOIRAL M., ROBIN P. et GACHINA J., 1979 - Néolithique ancien du Centre-Ouest. *Bulletin de la Société Préhistorique Française*, 76 (6), pp.178-183.

JOUSSAUME R., PAUTREAU J.-P., 1990 - *La préhistoire du Poitou.* Rennes, Éditions Ouest-France, 600 p.

JOUSSAUME R., PAUTREAU J.-P., GOMEZ J., 1987 – Le Centre-Ouest au Néolithique Ancien. *In : Premières Communautés Paysannes occidentales, Actes du Colloque International du CNRS Montpellier 1983,* Paris, 1987, pp.693-703.

JOUSSAUME R., TESSIER M., 1991 - Mésolithique et néolithisation entre Loire et marais poitevin. *In : Mésolithique et néolithisation en France et dans les régions limitrophes,* Actes du 113ème Congrès national des Sociétés savantes, Strasbourg 1988, Paris, Éditions du Comité des travaux historiques et scientifiques, pp.173-176.

KAYSER O., 1984 - Autour du Mésolithique en Bretagne. *Revue Archéologique de l'Ouest*, 1, pp.7-13.

KAYSER O., 1985 - A propos de la fin du Mésolithique en Bretagne : l'amas coquillier de Beg-an-Dorchenn (Finistère). Note préliminaire. *Travaux de l'Institut d'art préhistorique*, Université de Toulouse-Le-Mirail, pp.80-92.

KAYSER O., 1987 - *Beg-er-Vil : Quiberon (Morbihan), Campagne 1987*, Sauvetage programmé n°1400 site n°56 186 007, Programme 24, 11 Fig., 27 p.

KAYSER O., 1990-1 - Beg-er-vil, *Gallia information,* p.64.

KAYSER O., 1990-2 - Sur les rites funéraires des chasseurs-collecteurs d'Europe de l'Ouest et du Nord-Ouest à la fin du Mésolithique. Rennes, *Revue Archéologique de l'Ouest*, Supplément n°2, pp.75-80.

KAYSER O., 1991 - Le mésolithique breton : un état des connaissances en 1988. *In : Mésolithique et néolithisation en France et dans les régions limitrophes.* Actes du 113ème Congrès national des Sociétés savantes, Strasbourg 1988, Paris, Éditions du Comité des travaux historiques et scientifiques, pp.197-211.

KAYSER O., 1992 - Les industries lithiques de la fin du Mésolithique en Armorique. *In : Leroux C.T. (dir.), Paysans et bâtisseurs, l'émergence du Néolithique atlantique et les origines du mégalithisme, Actes du XVIIème colloque interrégional sur le Néolithique, Vannes, 1990, Revue Archéologique de l'Ouest,* Suppl. n°5, pp.117-124.

KAYSER O., BERNIER G., 1988 - Nouveaux objets décorés du Mésolithique armoricain. *Bulletin de la Société Préhistorique Française,* 85 (2), pp.45-47.

KELLY R.L., 1992 – Mobility / sedentism : concepts, archaeological measures, and effects. *Annu. Rev. Anthropol,* 21, pp.43-66.

KENNISH M., LUTZ R.A., 1980 - 1 :Preparation of Acetate Peels and fractured sections for observation of Growth Patterns within the Bivalve Shell. *In : Rhoads D.C., Lutz R. A. (eds.), Skeletal Growth of Aquatic Organisms : Biological Records of Environmental Change.* New York and London, Plenium press, Appendix 1, Part A, pp.597-560.

KENOYER J.M., 1984 - Shell working industries of the Indus civilization : A summary. *Paléorient,* 10 (1), pp.49-63.

KERNEY M.P., CAMERON R.A.D., 1979 - *A field guide to the snails of Britain and north-west Europe.* London, Collins, 288 p.

KILLIGLEY J.S., 1983-Seasonnality determination by oxygen isotopic profile : a reply to Bailey *et al. American Antiquity,* 48 (2).

KIMBALL M.J., 2000 – Variation and context : ecology and social evolution in Ireland's later Mesolithic. *In : Desmond A., Johnson G., McCarthy M., Sheehan J. and Shee Twohig E. (eds.), New agendas in Irish prehistory,* Wordwell, pp.31-47.

KIRCH P.V., 1982 - The ecology of marine exploitation in prehistoric Hawaii. *Human Ecology,* 10 (4), pp.455-475.

KLINGEBIEL A., LARSONNEUR C., 1980 - Modèle de sédimentation littorale actuelle en zone tempérée. La façade maritime française de l'Atlantique et de la Manche. Notice de l'excursion 130 A. 26ème Congrès Géologique International, Paris, 1980, *Bulletin de l'Institut de Géologie du Bassin d'Aquitaine,* pp.139-145.

KOIKE H., 1973 - Daily growth lines of the clam, *Meretrix lusoria* – a basic study for the estimation of prehistoric seasonal gathering. *Journal of the Anthropological Society of Nippon,* 81, pp.122-138.

LAPORTE L., 1994 - *Parures et centres de production dans le Centre-Ouest de la France au Néolithique final.* Thèse de doctorat, Université de Paris I, vol. I, 231 p. dactylo, vol. II, ill.

LAPORTE L., 1998-1 - Les occupations néolithiques sur la façade atlantique du Centre-Ouest. *In : Colloque de Rochefort. Mémoire de la Société des antiquaires de l'Ouest,* Éditions GERICO.

LAPORTE L., 1998-2 - Ornament Production Centres along the French. International Atlantic Coast during the late Neolithic. *In : Milliken S., Vidale M. (Eds.), Craft Specialization : Operational Sequences and Beyond, Papers from the EAA Third annual Meeting at Ravenna 1997, Volume IV, British Archaeological Report Series,* 720.

LAPORTE L., (coord.), 1998-3 – L'estuaire de la Charente de la Protohistoire au Moyen Âge. *dAf,* 72 (série Grands Travaux), Paris, Éditions de la Maison des Sciences de l'Homme, 228 p.

LAPORTE L. (et la collaboration de QUESNEL L.), 2000 - *La Perroche, Saint-Pierre-d'Oléron / Dolus (Charente-Maritime) : Fouille programmée.* Rapport de fouille d'avril 1997. 10 p.

LAPORTE L., 2001 – Du Néolithique au Bronze ancien sur la façade atlantique du Centre-Ouest de la France. *Bulletin de la Société Préhistorique Française,* 98 (1), pp.83-101.

LAPORTE L. (dir.), 2002 – Les occupations néolithiques du vallon des Ouchettes (Plassay, Charente-Maritime). *Gallia Préhistoire,* Paris.

LAPORTE L., BOURHIS J.-R., CAEMERLYNCK D., FLORSCH N., GUERIN R., LE MIGNOT Y., et la coll. de HÉNAFF X., OMNÉE Y., VACHÉ C., 1996 - *La Perroche, Dolus / Saint-Pierre-d'Oléron (Charente-Maritime) : sondage.* Rapport de fouille d'avril 1996.

LAPORTE L., CROS J.-P., FONTUGNE M., GEBHARDT A., GRUET Y., MARGUERIE D., OBERLIN C., 1998-1 - Les occupations néolithiques de la côte occidentale de l'île d'Oléron. *In :Camps G. (dir.), L'homme préhistorique et la mer,* Actes du 120ème congrès des Sociétés savantes, Aix en Provence, 23-26 oct. 1995, Paris, Éditions du Comité des travaux historiques et scientifiques, pp.195-238.

LAPORTE L., DESSE-BERSET N., GRUET Y., TRESSET A., 1998-2 - Un lieu de production de parure au Néolithique final et son économie de production : le site de Ponthezières à Saint-Georges-d'Oléron (17). *In : Actes du 21ème Colloque Interrégional sur le Néolithique, Poitiers, oct.1994,* Associations des Publications Chauvinoises, pp.237-255.

LAPORTE L., DELOZE V., GRUET Y., SAURIAU P.-G., VISSET L., 1998-3 – L'évolution du paysage dans le marais poitevin depuis la fin de la dernière glaciation. *In : Joussaume R. (dir.), Les premiers paysans du Golfe : le Néolithique dans le Marais poitevin.* Chauray : France, Éditions Patrimoine et Médias, pp.12-21

LAPORTE L., LE MIGNOT Y., CAEMERLYNCK D., FLORSCH N., GUERIN R., CARBONEL C., TASTET J.-P., et la coll. de HÉNAFF X., ONNÉE Y., 1997 - *La Perroche, Dolus / Saint-Pierre-d'Oléron (Charente-Maritime) : sondage.* Rapport de fouille d'avril 1997.

LARGE J.-M., 1991 - Le Néolithique moyen dans l'ouest de la France. *In : Identité du chasséen, Actes du colloque international de Nemours, Nemours 1989, Mémoire du musée de préhistoire d'Ile de France*, 4, pp.121-147.

LARGE J.-M., 1998-1 - L'habitat néolithique moyen des Châtelliers du Vieil-Auzay (Vendée) : une réflexion sur la structure de la société du Néolithique moyen de l'Ouest de la France. *Groupe vendéen d'études préhistoriques,* 34, 1998, pp.38-51.

LARGE J.-M., 1998-2 – Habitats et actions de l'homme sur le milieu au Néolithique autour du marais poitevin. *In : Joussaume R. (dir.), Les premiers paysans du Golfe : le Néolithique dans le Marais poitevin,* Chauray : France, Éditions Patrimoine et Médias, pp.24-39.

LARGE J.-M., GRUET Y., VISSET L., 1998 – L'éperon des Châtelliers du Vieil-Auzay à Auzay. *In : Joussaume R. (dir.), Les premiers paysans du Golfe : le Néolithique dans le Marais poitevin,* Chauray : France, Éditions Patrimoine et Médias, pp.86-91.

LAROUSSE, 1987 – Larousse de poche. Librairie Larousse, Paris, 543 p.

LAVENOT (M. L'abbé), 1886 - Les îles d'Hoëdic et de Houat. *Bulletin de la Société Polymathique du Morbihan.*

LAYTON R., FOLEY R., WILLIAMS E., 1991 - The transition between Hunting and Gathering and the Specialized Husbandry of Resources. *Current Anthropology*, 32 (3), June 1991.

LECLERC Ph., REYNARD P., 1975 - Neuf coquillères de Basse Côte d'Ivoire : faune malacologique, mode de gisement, matériel archéologique, traditions. *Ann. Univ. Abidjan*, T.3 (Série 1), pp.161-175.

LE CLOIREC R., 1883 - Le décor au bigorneau de la céramique d'Er Lannic. *Bulletin mensuel de la Société Polymathique du Morbihan,* V (n°1474), p.26.

LEONARDI P., 1935 – *I Balzi Rossi : le faune. I molluschi pleistocenici della Barma Grande.* Florence, Instituto Italiano di Paleontologia Umana, Anno XIII.

LEROI-GOURHAN A., 1943 – *Évolution et techniques, I : L'Homme et la Matière.* Paris, Éditions Albin Michel, Paris, collection Sciences d'aujourd'hui, réédition 1973, 368 p.

LEROI-GOURHAN A., 1945 – *Évolution et techniques, II : Milieu et technique.* Paris, Éditions Albin Michel, Paris, collection Sciences d'aujourd'hui, réédition 1973 et 1992, 475 p.

LE ROUZIC Z., 1930 - *Carnac, fouilles faites dans la région de l'îlot d'Er-Yoh (Le Mulon). Commune de Houat 1924-1925.* Vannes, imprimerie Lafolye & J. De Lamarzelle, pp.1-15.

LÉVI-STRAUSS C., 1958 – *Anthropologie structurale.* Paris, Plon, Tome 1, 454 p.

LEWIS J.R., 1964 - *The ecology of rocky shoress.* London, The english Universities press L.T.D., 323 p.

LICHARDUS J., LICHARDUS-ITTEN M., BAILLOUD G., et CAUVIN J., 1985 - *La protohistoire de l'Europe : le néolithique et le chalcolithique.* Paris, Éditions Presse Universitaire de France, 640 p.

LINDNER G., 1976 (réédition 1989) - *Guide des coquillages marins.* Paris, Delachaux et Niestlé, Pl.64, 255 p.

LORBLANCHET M., 1999 - *La naissance de l'art.* Genèse de l'art préhistorique dans le monde. Éditions Errance, 304 p.

LOZOUET P., VIGNE J.-D., 1994 - Les invertébrés. *In : J.-D. Vigne (dir.), L'île de Lavezzi, Hommes, animaux, archéologie et marginalité (XIIIe, XXe s., Bonifacio, Corse),* Monographies du CRA13, Éditions CNRS, Paris, Chapitre 11, pp.155-164.

LOYER B., 1995 – 100 Animaux du littoral atlantiques faciles à voir. Paris, Nathan, 157 p.

MAGNY M., 1995 - *Une histoire du climat : des derniers mammouths au siècle de l'automobile.* Éditions Errance, Collection des Hespérides, 173 p.

MALINOWSKI B., 1974 - *Les jardins de Corail.* Paris, Éditions François Maspero, 354 p.

MARCHAND G., 1999 - La néolithisation de l'ouest de la France : caractérisation des industries lithiques. *British Archaeological Reports, International Series* 748, 487 p.

MARCHAND G., 2000 - La néolithisation de l'ouest de la France : aires culturelles et transferts techniques dans l'industrie lithique. *Bulletin de la Société Préhistorique Française*, 97 (3), pp.377-403.

MARCHAND G., 2001 – Il y a 7000 ans, les derniers chasseurs-cueilleurs en Bretagne. *Penn ar Bed*, 182, pp.27-36.

MARCHAND G. et DUPONT C. *avec la collaboration de* GRUET Y. et TESSIER M., 2001 - *LE PORTEAU-OUEST (Pornic, Loire-Atlantique) :*

analyses archéologiques, lithiques et malacologiques, Avril 2001, Rapport de fouille, 28p.

MARCHAND G., DUPONT C., TESSIER M., 2002 – Complément d'enquête sur la néolithisation : le site du Porteau-Ouest à Pornic (Loire-Atlantique). *Bulletin de l'A.M.A.R.A.I.*, n°15, pp.47-66.

MAREMBERT F., 1999 *(inédit) –La grotte du Phare Biarritz*, Campagne 1999, 119 p.

MASSET C., 1988 – Taphonomie. *In : Leroi-Gourhan A. (dir.), Dictionnaire de la Préhistoire*, Éditions Quadrige / Presses Universitaires de France, p.1023.

MAUSS M., 1947 *–Manuel d'Ethnographie.* Lausanne, Éditions Payot, réédition 1967.

MAZEAUD F., 1994 – La pêche à pied et ses recettes. Paris, Éditions hoëbeke, 139 p.

Mc CARTHY A., FINLAY N., Mc CLEAN O., 1999 – Marine Molluscan Remains. *In : Woodman P.C., Anderson E. and Finlay N. (eds.), Excavations at Ferriter's Cove, 1983-95 : last foragers, first farmers in the Dingle Peninsula.* Wordweil, pp.93-102.

MEEHAN B., 1977 - Hunters by the seashore. *Journal human Evolution,* 6, pp.363-370.

MEEHAN B., 1983 - A matter of choice ? some thoughts on shell gathering strategies in northern Australia. *In : Grigson C. and Clutton-Brock J. (eds.), Animals and archaeology,. shell middens, fishes and birds*, Vol 2, *British Archaeological Report*, 183, pp.3-17.

MELLARS P., 1978 – Excavations and economic analysis of Mesolithic shell middens on the Island of Oronsay (Inner Hebrides). *In : P. Mellars (ed.), The early Postglacial Settlement of Northern Europe, An Ecological Perspective.* London, Duckworth, pp.371-396.

MELLARS P., 1987 - *Oronsay : prehistoric human ecology on a small island.* Edinburgh, Edinburgh University Press, 306 p.

MIENIS H.K., 1977 - Marine molluscs from the Epipaleolithic Natufian and Harifian of the Har Harif, Central Negev. Israel, *In : Marks A.E. (ed.) Prehistory and paleoenvironments in the Central Negev, Israel*, 2, Dallas (TX), Southern Methodist University Press, pp.493-506.

MITCHELL G.F., 1956 - An early kitchen midden at Sutton, Co Dublin. *Journal of the Royal Society of antiquaries of Ireland*, 88, pp.1-26.

MOHEN J.-P., 1967 - Notes préliminaires à propos des fouilles du camp néolithique de 'Chez Reine'. *Bulletin de la Société Préhistorique Française*, LXIV, pp.469-482.

MOHEN J.-P. et BERGOUGNAN D., 1984 - Le camp néolithique de 'Chez Reine', à Semussac (Charente-Maritime). *Gallia Préhistoire,* 27 (1), pp.7-40.

MONNIER J.-L., 1991 - *La Préhistoire de Bretagne et d'Armorique.* Les Universels, 2, Edition Jean-Paul Gisserot, 121 p.

MORZADEC-KERFOURN M.T., 1969 – Variations de la ligne de rivage au cours du post-glaciaire le long de la côte nord du Finistère. Analyse polliniques de tourbes et de dépôts organiques littoraux. *Bulletin de l'Association française pour l'étude du Quaternaire*, 1969-4, pp.285-318.

MORZADEC-KERFOURN M.T., 1974 - Variation de la ligne de rivage armoricain au Quaternaire. *Mémoire de la Société de Géologie et de Minéralogie de Bretagne*, 17, 208 p.

MOSS M.L., 1993 - Shellfish, gender, and status on the Northwest coast : reconciling archaeological, ethnological, and ethnohistorical records of the tlingit. *American anthropologist,* 95 (3), pp.631-652.

MOUTZOURIDES S.G., 1971 - Growth line structure in bivalves. pp.6-8.

MUSSI M., LUBELL D., ARNOLDUS-HUYZENDVELD A., AGOSTINI S., 1995 -Holocene land snail exploitation in the high lands of Central Italy and eastern Algeria : a comparison. *Préhistoire Européenne*, 7, pp.169-189.

NEWELL R.R., 1990 - A Diachronic and Chronological Analysis of Lateralization Manifestations in the Western European Mesolithic Mesolithic Skeletal Sample: a Novel Approach to the Assessment of Social Complexity. *In : Vermeersch P.M. and Van Peer P. (eds.), Contributions to the Mesolithic in Europe,* Leuven University Press, pp.95-120.

NEWELL R.R., KIELMAN D., CONSTANDSE-WESTERMANN T., VAN GIJN A., VAN DER SANDEN W.A.B., 1990 - *An Inquiry into the Ethnic Resolution of Mesolithic Regional Groups.* New York, Brill, 488 p.

ORTEA J., 1986 – The malacology of La Riera Cave, Chapter XV. *In : Straus L & Clark G. (eds.), La Riera Cave Stone Age hunter-gatherer adaptations in northern Spain.* Arizona State University, *Anthropological research papers*, 36, pp.289-298.

PAILLER Y., SPARFEL Y., 2002 – Le patrimoine archéologique de l'archipel de Molène : nouvelle approche. *Penn ar Bed,* 182, pp.13-26.

PANELLA G., COPELAND M.C., 1968 - Biological and environmental rhythms reflected in mollusc shell growth. *Journal of Palaeontology Memoir.* Vol.42, supplement 5, part II of II pp.64-82.

PAUTREAU J.-P., 1976 - *L'habitat peu-richardien de la Sauzaie, commune de Soubise (Charente-Maritime) : fouille de sauvetage, premiers résultats.* Circonscription des antiquités préhistoriques « Poitou-Charentes », Rochefort, 1976, 102 p.

PAUTREAU J.-P., 1986 - *Les temps préhistoriques. La Vienne de la préhistoire à nos jours*. Editions Bordessoules, pp.15-48.

PAUTREAU J.-P., ROBERT P.-P., 1980 - Le foyer néolithique ancien des Gouillauds, au bois, Ile de Ré. *Bulletin de la Société Préhistorique Française*, 77 (4), pp.123-128.

PEQUART M. et S.-J., BOULE M., VALLOIS H., 1937 - Téviec : station nécropole mésolithique du Morbihan. Paris, Masson, *Archives de l'Institut de Paléontologie humaine*, 18, 227 p.

PEQUART M. et S.-J., 1926 – Un kjökkenmödding morbihannais : Er Yoh premier outillage en os découvert dans le Morbihan. *Revue anthropologique*, 4-6, pp.1-6.

PEQUART M. et S.-J., 1930 - La nécropole mésolithique de Téviec. *Bulletin de l'Association Lorraine d'Etudes Anthropologiques*, I, pp.35-46.

PEQUART M. et S.-J., 1933 – La civilisation mésolithique en Bretagne méridionale. Découverte d'une nouvelle station à l'île d'Hoëdic (Morbihan). *Association Française Pour l'Avancement des Sciences*, Chambéry 1933, pp.358-359.

PEQUART M. et S.-J., 1934 - Hoëdic la nécropole mésolithique de l'île d'Hoëdic. *L'Anthropologie* (Paris), 44 (1-2), 20 p.

PEQUART M. et S.-J., 1935 – Kjökkenmödding et les sépultures de l'île d'Hoëdic (Morbihan). *Extrait du Congrès Préhistorique de France*, XIe Session 1934, pp.3-15.

PEQUART M. et S.-J., 1954 – *Hoëdic, deuxième station-nécropole du Mésolithique côtier Armoricain.* Anvers, De Sikkel. 89 p.

PETERSEN K.S., 1986 - The Ertebølle 'køkkenmødding' and Marine Development of the Limfjord with Particular Reference to the Molluscan Fauna. *The journal of Danish Archaeology*, 5, pp.77-84.

PETREQUIN A.M., PETREQUIN P., 1988 - *Le Néolithique des lacs. Préhistoire des lacs de Chalain et Clairveaux.* Éditions Errance, 287 p.

PETREQUIN P., 1984 - *Gens de l'eau, gens de la terre : éthnoarchéologie des communautés lacustres.* Rungis, Hachette, 345 p.

PETREQUIN P., 1998 - Perdus ou jetés ? Les objets de parure du Néolithique de Chalain et Clairvaux (Jura, France). *In : Tradition and Innovation, Festschrift für Christian Strahm, Internationale Archaologie, studia honoraria, 3. Rahden, Verlag Marie Leidorf,* pp.183-200.

PHILIBERT D., 1991 - Mésolithique et néolithisation une même réalité. *In : Mésolithique et néolithisation en France et dans les régions limitrophes,* Actes du 113ème Congrès national des Sociétés savantes, Strasbourg 1988, Paris, Éditions du Comité des travaux historiques et scientifiques, pp.113-125.

PHILLIPS R., 1987 - *Coquillages et algues marins.* Bordas, Paris, 160 p.

PINOT J.-P., 1973 - Morphologie littorale et sous-marine. Nantes, *Igahrun*, 80 p.

PINOT J.-P., 1975 – Littoraux würmiens submergés à l'Ouest de Belle-Ile. *Bulletin de l'Association française pour l'étude du Quaternaire,* 1968-3, pp.197-216.

PIRAZZOLI P.A., 1991 - World atlas of Holocene sea level changes. *Oceanography Series,* 58, Amsterdam, Elsevier, 300 p.

PIRAZZOLI P.A., 1996 - *Sea level changes, the last 20000 years.* John Wiley and Sons, 211 p.

PLUCIENNIK M., 1998 – Deconstructing 'the Neolithic' in the Mesolithic-Neolithic Transition. *In : Edmonds M. & Richards C. (eds.), Understanding the Neolithic of north-western Europe.* Glasgow, Cruithne Press, pp.61-83.

POISBLAUD B., 1999 *–Les sites du Ghoubbet à Djibouti dans le cadre de la Préhistoire récente de l'Afrique de l'Est.* Thèse de l'Université de Paris I Panthéon-Sorbonne, 281 p.

POISSONNIER B., 1997 - *La Vendée Préhistorique.* Geste Éditions, 368 p.

POISSONNIER B., CONVERTINI F., FOUÉRÉ P., LAPORTE L., PAUTREAU J.-P., 1998 – Les cultures matérielles néolithiques sur les bords du marais poitevin. *In : Joussaume R. (dir.), Les paysans du Golfe. Le Néolithique dans le Marais poitevin,* Chauray : France, Éditions Patrimoine et Médias, pp.40-49.

POPLIN F., 1990-1 – Le cheval, le canard et le navire et pourquoi pas le lapin. *Anthropozoologica,* 12, pp.13-33.

POPLIN F., 1990-2 – La vraie chasse et l'animal vrai. *Anthropozoologica,* 13, pp.45-47.

POPPE T. and GOTO Y., 1991 - *European Seashells : Polyplacophora, Caudofoveata, Solenogastra, Gasteropoda.* Germany, Verlag Christa Hemmen, Vol.1, 352 p.

POPPE T. and GOTO Y., 1993 - *European Seashells : Scaphopoda, Bivalvia, Cephalopoda.* Germany, Verlag Christa Hemmen, Vol.2, 221 p.

PUISSEGUR J.J., 1976 - Mollusques continentaux quaternaires de Bourgogne. Significations stratigraphiques et climatiques. Rapports avec d'autres faunes boréales de France. Paris, 3ème Éditions Doin, Thèse université Quaternaire de

Dijon,. *Mémoires géologiques de l'université de Dijon*, 251 p.

PY M. (dir.), 1992 - *Lattara 5. Recherches sur l'économie vivrière des Lattarenses*. Lattes, Éditions de l'Association pour la recherche archéologique en Languedoc Oriental, 5, 343 p.

RAAB L.M., 1992 - An Optimal foraging analysis of prehistoric shellfish collecting on San Clemente Island, California. *Journal of Ethnobiology*, 12 (1), pp.63-80.

RAMSEY B., 2000 – *Oxcal Program : The radiocarbon calibration Program*, Oxcal v 3.5.

REGRAIN R., 1980 - *Géographie physique et télédétection des marais charentais*. Thèse de doctorat, Brest, Abbeville, Paillard, 512 p.

RENOUF M., 1988 - Sedentary coastal hunter-fishers : an example from the Younger Stone Age of northern Norway. *Archaeology of Prehistoric Coastline.*

REVERDIN L., 1932 - Sur la faune du kjokkenmodding morbihannais Er-Yoh, et ses rapports avec celle des stations néolithiques lacustres de suisse. *Archives suisses d'anthropologie générale,* VI (1), 1930-1931, pp.79-86.

RICHARDSON C.A., 1988 - Exogenous and endogenous rhythms of bands formation in the shell of the clam *Tapes philippinarum. J. Exp. Mar Biol. Ecol.,* 122, pp.105-126.

RIVOAL Y., 1999 – Les ormeaux. *In : Prigent G. (dir.), Pêche à pied et usages de l'estran.* Rennes, Éditions Apogée, pp.171-172.

ROBERT P.-P., 1998 – Les foyers des Gouillauds à Bois-Plage-en-Ré. *In : Joussaume R. (dir.), Les paysans du Golfe. Le Néolithique dans le Marais poitevin,* Chauray : France, Éditions Patrimoine et Médias, p.61.

ROCHE J., 1951 – *L'industrie préhistorique du Cabeço d'Amoreira (Muge).* Porto, Éditions Instituto para a Alta Cultura e Centro de Estudos de Etnologia Peninsular, 161 p.

ROCHE J., 1960 - *Le gisement mésolithique de Moita do Sebastião (Muge, Portugal).* I - Archeologia : MCMLXXII, Lisboa, Éditions Instituto de Alta Cultura, 185 p.

ROCHE J., 1972 - Les amas coquilliers (concheiros) mésolithiques de Muge (Portugal). *In : Die anfänge des neolithikums von Orient bis Nordeurpa, B. Fundamenta,* Köln, pp.72-107.

ROUSSEAU J., ROBERT P.-P., *avec la collaboration* de DUPONT C., NERAUDEAU D. et PERRICHOT V., 2000 - Les Gouillauds, Le-Bois-Plage-en-Ré, Rapport de fouille 2000, 23 p.

ROUSSEAU J., ROBERT P., CANTIN N., DUPONT C., GUYODO J.-N., avec la collaboration de GRUET Y., HUET N. et PERRICHOT V., 2001 - Exploitation d'un territoire insulaire au Néolithique moyen d'après la fouille d'un dépôt coquillier Les Gouillauds à Bois-Plage-en-Ré (Charente-Maritime – France). *Revue d'Archéométrie*, 25, pp.225-242.

ROUSSOT-LARROQUE J., BOUCHET J.M., BURNEZ C., GRUET M., VILLES A., 1987 - Sites de hauteur et de vallée dans le bassin de la Charente. *Actes du 111ème Congrès National des Sociétés Savantes, Poitiers 1986,* Paris, Éditions du Comité des travaux historiques et scientifiques, pp.347-384.

ROUSSOT-LARROQUE J., 1977 - Stations aziliennes du Médoc et des Landes de la Gironde. *In : colloques internationaux du CNRS, n°271 : La fin des temps glaciaires*, Léon PALES, pp.387-400.

ROZOY J.G., 1978 - *Les derniers chasseurs. L'Epipaléolithique en France et en Belgique*. Essai de synthèse. Charleville, Éditeur Escalon de Fonton, 2 vol., 1256 p.

ROWLEY-CONWY P., 1985 - The Origin of Agriculture in Denmark : A Review of some Theories. *Journal Anthropological Archaeology*, 4, Odense University Press, pp.188-195.

RUSSELL N.J., BONSALL C., SUTHERLAND D.G., 1995 - The exploitation of marine molluscs in the Mesolithic of western Scotland evidence from Ulva Cave, Inner Hebrides. *In : Fischer A. (ed.) Man and Sea in Mesolithic,* Oxford, Oxbow Books, pp.273-288.

SANGER D., 1995 - Mesolithic maritime adaptations the view from north America. *In : Fischer A. (ed.) Man and Sea in Mesolithic,* Oxford, Oxbow Books, pp.335-349.

SCARRE C., GRUET Y., VISSET L., 1998 – L'enceinte de Pied-Lizet à Longèves. *In : Joussaume R. (dir.), Les paysans du Golfe. Le Néolithique dans le Marais poitevin,* Chauray : France, Éditions Patrimoine et Médias, pp.68-69.

SCHULTING R.J., 1996 - Antlers, bone pins and flint blades : the Mesolithic cemeteries of Téviec and Hoëdic, Brittany. *Antiquity,* 70, pp.335-350.

SCHULTING R.J., 1999 - Nouvelles dates AMS à Téviec et Hoëdic (Quiberon, Morbihan), rapport préliminaire. *Bulletin de la Société Préhistorique Française*, 96 (2), pp.203-207.

SCHWARTZ D., 1980 - *Méthodes statistiques à l'usage des médecins et des biologistes*. Paris VI, Flammarion, 318 p.

SCHULTING R.J., RICHARDS M.P., 2001 – Dating women becoming farmers : new paleodietary and AMS dating evidence from the Breton Mesolithic cemeteries of Téviec and Hoëdic. *Journal of Anthropological Archaeology*, 20, pp.314-344.

SERRAND N., 2001 – *Exploitation des invertébrés marins et terrestres par les populations saladoïdes et post saladoïdes du nord des Petites Antilles* (~500B.C. – 1200 A.D.). Thèse de l'Université de Paris I, Docteur en Archéologie de l'Université de Paris I, 3 volumes, 954 p., annexes.

SHACKLETON J.C., 1983 - An approch to determing prehistoric shellfish collecting patterns. *In : Animals and Archaeology*, Vol.2 : Shell midden, fishes and birds, Cambridge 1983, *British Archaeological Report International Series,* 183, pp.77-85.

SHACKLETON N., RENFEW C., 1970 – Neolithic trade routes realigned by oxygen isotope analysis. *Nature,* 228, pp.1062-1064.

SHOM, 1952 – Pointe Saint-Gildas au Goulet de Fromentine, n°5039, 1 : 46 300.

SHOM, 1986 – Presqu'île de Quiberon Sables d'Olonne, n°7068, 1 : 150 000.

SHOM, 1999 – De la Pointe de Penmarc'h à la Pointe de Trévignon, Carte spéciale 'G', natures des fonds, n°7146 G, 1 : 49 700.

SHOM, 2001-1 – Abords des îles de Houat et Hoëdic, n°7143 S, 1 : 20 000.

SHOM, 2001-2 – De Quiberon à Croisic, Carte spéciale 'G', natures des fonds, n°7033 G, 1 : 50 000.

SHOM, 2002 – Baie de Quiberon, n°7141 S, 1 : 20 000.

SICARD S., BRAGUIER S., DUPONT C., GOIN R., RICHE C., ROUSSEAU R., SELLAMI F. et SIDÉRA I., 2003 – Résultats de la fouille préventive de l'enceinte néolithique du Jardinet aux Magnils-Reigniers (Vendée). *In : Internéo 4 : Actes de la Journée d'information du 16 novembre 2002, Paris,* pp.131-146.

SOARES J., 1996 – Padrões de povoamento e subsistência no mesolitico da costa sudoeste portuguesa. *Zephyrus*, 49, Universidad de Salamanca, pp.109-124.

STEIN J.K., 1992 - *Deciphering a Shell Midden.* Academic Press, Inc. Asn Diego.

STICHMANN-MARNY U., KRETZSCHMAR E., 1997 - *Guide Vigot de la faune et de la flore.* Paris, Éditions, Vigot, 448 p.

STINER M.C., 1999 - Palaeolithic mollusc exploitation at Riparo Mochi (Balzi Rossi, Italy) : food and ornaments from the Aurignacian through Epigravettian. *Antiquity,* 73, pp.773-854.

STRAUS LG., 1979 - Mesolithic adaptations Along the Coast of Northern Spain. *Quaternaria,* 21, pp.305-327.

TABORIN Y., 1971 - *La parure en coquillage de l'Epipaléolithique au Bronze ancien de France,* Thèse de 3ème cycle, Université de Paris I, 554 p. dactylo et ill.

TABORIN Y., 1972 - Les *Cardium* triforés du Placard. *Bulletin de la Société Préhistorique Française,* 69 (9), pp.269-273.

TABORIN Y., 1974 - La parure en coquillage de l'Epipaléolithique au bronze ancien en France. Paris, CNRS, *Gallia Préhistoire,* 17, 17.1 : pp.101-179 et 17.2 : pp.307-417.

TABORIN Y., 1988 – Parure (objets de). *In : Leroi-Gourhan A. (dir.), Dictionnaire de la Préhistoire.* Éditions Quadrige/Presses Universitaires de France, p.811.

TABORIN Y., 1993-1 - La parure en coquillage au Paléolithique. Paris, CNRS, Supplément à *Gallia Préhistoire*, XXIX, 538 p.

TABORIN Y., 1993-2 - Traces de façonnage et d'usage sur les coquilles perforées. *In : Traces et fonction : gestes retrouvés. Colloque international de Liège,* ERAUL, 50, pp.255-267.

TAGLIACOZZO A., 1993 – Archeozoologica della Grotta dell'Uzzo, Sicilia. Supplemento al *Bullettino di Paletnologie Italiana,* 84 (nuova serie II), Roma, Instituto Poligrafico e zecca dello stato, 278 p.

TARRETE J., JOUSSAUME R., 1998 - *La fin du Néolithique dans la moitié nord de la France.* Paris, Éditions la maison des roches, 126 p.

TAVARES DA SILVA C., 1996 – Malacofauna e arqueologia. Especial ciência.Centro de arqueologia de almada. *Al-madan,* 5 (IIème série), Outubro 1996, pp.89-95.

TAVARES DA SILVA C., SOARES J., 1997 – Economias costeiras na Pre-Historia do Sudoeste portugês. O concheiro de Montes de Baixo. *Setùbal Arqueologica*, 11-12, pp.69-108.

TEBBLE N., 1966 - *British Bivalve Seashells. A handbook for identification.* Londres, Trustees of The British Museum Natural History, 213 p.

TERS M., 1973 - Les variations du niveau marin depuis 10000 ans le long du littoral atlantique français. *In : Le Quaternaire Géodynamique, stratigraphie et environnement. 9ème congrès I.N.Q.U.A., Christchurch, déc. 1973,* Comité National de l'I.N.Q.U.A., pp.114-135.

TERS M. et FARA A., 1968 – Sur quelques gisements de haut niveau marin entre la Loire et la Sèvre niortaise. *Bulletin de l'association française pour l'étude du Quaternaire,* 1968-1, pp.19-43.

TERS M. et VERGER F., 1958 – Sur les buttes coquillières de Saint-Michel-en-l'Herm (Vendée).

Bulletin de la Société géologique française, 6 (8), pp.601-606.

TESSIER M., 1984 - Les sites à microlithes entre Vilaine et marais poitevin. *Études préhistoriques et historiques des Pays de la Loire.* Association d'étude préhistorique et protohistorique des pays de la Loire, Vol.7, 300 p.

TESTART A., 1982 - *Les chasseurs-cueilleurs ou l'origine des inégalités.* Paris, Éditions de la Société d'Ethnographie, 254 p.

THILMANS G., DESCAMPS C., 1982 - Amas et tumulus coquilliers du delta du Salouin. *In : Recherches scientifiques dans les parcs nationaux du Sénégal.* Mém. Ins fond Afr Noire, 92, pp.31-50.

THOMAS D.H., LARSEN C.S., 1979 - Seasonal growth variations in the shells of recent and prehistoric specimens of Mercenm from saint Catherines Island 2. The refuge-Depthford mortuary complex, Georgia. *Anthropological papers american museum of natural history,* 56, pp.161-172.

THOMSON D.F., 1939 - The seasonal factor in human culture. Proceed of the prehistory. *New series,* Vol. V, part 2, Ed : Clark JGD : univ. Museum of archaeology and ethnology, Cambridge, N°10, pp.209-215.

TOIZUMI T., 1994 - Seasonality of the Jomon fishery determined from shell midden deposition : a case study at the Ikawa shell midden site, Central Japan. Editions La pensée sauvage, *Archaeozoologia, Journal of the international council for archaeozoo.,* pp.95-110.

TRESSET A., 2000 - Early Husbandry in Atlantic Areas. Animal Introductions, Diffusions of Techniques and Native Acculturation at the North-Western Fringe of Europe. *In : Henderson J.C. (ed.) The Prehistory and Early History of Atlantic Europe. Papers from session held at the European Association of Archaeologists Fourth Annual Meeting in Göteborg 1998. British Archaeological Reports International Series* 861 2000, Oxford, Archaeopress, pp.17-32.

TRESSET A., 2002– De la mer au bétail en domaine atlantique : unité et diversité des processus d'apparition de l'élevage à la marge nord-ouest de l'Europe. *Anthropozoologica,* 36, pp.13-35.TRESSET A., 2003 – French Connections : Of cows and men. *Colloque de la Prehistoric Society, 'Neolithic settlements in Ireland and Western Britain',* Belfast, Avril 2001.

TRESSET A., VIGNE J.-D., sous presse – Le dépôt d'animaux de la structure e4 d'Er Grah : une illustration de la symbolique des bovins à la charnière du Mésolithique et du Néolithique bretons ? *In : Locmariquer (Morbihan, France). Supplément à Gallia Préhistoire,* Paris.

VICENTE N., 1995 - Les mollusques, l'homme et l'imaginaire. *Mémoire de l'Institut d'Océanographie,* Éditions Paul Ricard, pp.99-108.

VIGIÉ B., 1986 - Essai d'étude méthodologique d'outils sur coquillages de la grotte de Camprafaud (Ferrières-Poussarou, Hérault). *Travaux du Laboratoire d'anthropologie et de Préhistoire des Pays de la Méditerranée Occidentale.*

VIGIÉ B., 1987 - Grotte de Camprafaud (Ferrières-Poussarou, Hérault). Paris, *L'Anthropologie,* 91 (1), pp.263-272.

VIGIÉ B., COURTIN J., 1986 - Les outils sur coquillages marins dans le Néolithique du midi de la France. *Mésogée,* 46 (1), pp.51-61.

VIGIÉ-CHEVALIER B., 1998 - Du déchet alimentaire à l'objet coquillier : le statut des coquillages en milieu archéologique. *In :Camps G. (dir.), L'homme préhistorique et la mer,* Actes du 120ème congrès des Sociétés savantes, Aix en Provence, 23-26 oct. 1995, Paris, Éditions du Comité des travaux historiques et scientifiques, pp.351-354.

VIGNE J.-D., 1988 – La faune mammalienne de Terrina IV, huitième partie. *In : Camps G. (dir.), Terrina et le Terrinien, Recherches sur le chalcolithique de la Corse,* Collection de l'école française de Rome, n°109, pp.265-318.

VIGNE J.-D., 1995 - Préhistoire du Cap Corse : les abris de Torre d'Aquila, Pietracorbara (Haute-Corse) - La Faune. *Bulletin de la Société Préhistorique Française,* 92 (3), pp.381-389.

VIGNE J.-D., 1998 – Faciès culturels et sous-système technique de l'acquisition des ressources animales. Application au Néolithique ancien méditerranéen. *In : Rencontres méridionales de Préhistoire récente, Deuxième session, Arles, 1996,* Éditions APDCA, Antibes, 1998, pp.27-45.

VIGNEAUX et *al.,* 1975 - *Guides géologiques régionaux : Aquitaine occidentale.* Paris, Masson, 224 p.

VILHENA-VIALOU A., 1995 - L'art rupestre du Brésil. *L'Archéologue,* n°17, pp.28-32.

VITAL C., 1990 - *150 années de découvertes archéologiques de Vendée.* Éditions l'Albaron, 251 p.

VISSET L., BORNE V., MAISONNEUVE E., NIKODIC J., 1989 – Environnement du site néolithique des Châtelliers-en-Auzay (Vendée). *Bulletin de la Société Préhistorique Française,* 86 (7), pp.203-205.

VISSET L., VOELTZEL D., MAISONNEUVE E., NIKODIC J., MARGEREL J.-P., BORNE V., 1990 – Paléoécologie holocène des « marais du Rocher » en Maillezais (Vendée) dans le marais poitevin (Littoral atlantique – France). *Quaternaire,* 1990, 2, pp.111-121.

VISSET L., SELLIER D., L'HELGOUACH J., 1995 - Le paléoenvironnement de la région de Carnac. Sondage dans le marais de Kerdual, La Trinité-sur-mer (Morbihan). *Revue Archéologique de l'Ouest*, 12, pp.57-71.

VOIGT E.A., 1975 - Studies of marine molluscs from archaeological sites dietary prefer, environment reconstruction. *In :* Clason (ed.) *Archaeological studies*, North Holland publishing, pp.87-98.

VOLMAN T.P., 1978 - Early archaeological Evidence for Shellfish Collecting. *Science,* Vol.201.

VONK E., 1933 - *Les mollusques de Belgique Marins-Fluviatiles-Terrestres.* Bruxelles, Les Naturalistes Belges, 134 p.

WELSCH J., 1917 - Les Ressources de la Zone de Balancement des Marées dans Le Centre-Ouest de la France. Librairie Armand Colin, *Annales de Géographie*, XXVI (143), pp.344-352.

WHITTLE A., 1990 - A model for the Mesolithic-Neolithic Transition in the Upper Kennet Valley, North Wiltshire. *Proceedings of the Prehistoric Society*, 56, pp.101-110.

WING E.S., WING S.R., 1995 –Prehistoric ceramic age adaptation to varying diversity of animal resources along the west indian archipelago. *Journal of Ethnobiology, 15* (1), pp.119-148.

WOODWARD F., 1995 - *Coquillages*. Paris, Nathan, 80 p.

WYE K.R., 1990 - *Coquillages*. Paris, Arthaud, 187 p.

ZVELEBIL M., 1989 - On the transition to farming in Europe, or what was spreading with the Neolithic : A reply to Ammerman (1989). *Antiquity*, 63, pp.379-383.

ZVELEBIL M., 1998 – What's in a name : the Mesolithic, the Neolithic, and Social Change at the Mesolithic-Neolithic Transition. *In : Edmonds M. & Richards C. (eds.), Understanding the Neolithic of north-western Europe.* Glasgow, Cruithne Press, pp.1-27.

ZVELEBIL M., ROWLEY-CONWY P., 1986 – Foragers and farmers in Atlantic Europe. *In : Zvelebil M. (dir.) Hunters in transition.* Cambridge, Cambridge University Press, pp.67-93.

ZVELEBIL M., ZVELEBIL K.V., 1988 – Agricultural transition and Indo-European dispersals. *Antiquity,* 62, pp.574-583.

Table des figures

Table des tableaux

Annexe 1 –

Fiches de présentation des espèces

N°1 - *Dentalium entalis* Linné, 1758

P. Lozouet
(L=33mm)

Classe des Scaphopodes

CARACTÉRISTIQUES DE L'ESPÈCE :

Description : ce dentale présente une coquille en forme de défense d'éléphant effilée et fortement incurvée. Son test est solide et épais avec des côtes longitudinales très fines. Elles peuvent être plus facilement visibles près de l'apex. Les côtes sont souvent difficiles à repérer sur des animaux ramassés morts : la loupe binoculaire peut en permettre la distinction.
Dimension : la longueur des individus adultes varie entre 25 et 50 millimètres.
Mesures retenues : longueur, deA (diamètre externe antérieur), deP (diamètre externe Postérieur).
Distribution actuelle : de la Norvège jusqu'à Vigo et au Portugal, cette espèce est fréquente en Mer du Nord, en Manche et en Atlantique.
Biotope : ce dentale est subtidal et vit de 6 à 3200 mètres de profondeur sur des fonds sableux, vaseux et à graviers. La collecte de spécimens vivants se fait uniquement en dragage. Cette espèce est plus rarement rejetée à la côte que d'autres espèces de dentales. Comme toutes les dentales, cette espèce n'est pas consommée.
Coloration : blanche.
Références bibliographiques : Phillips, 1987, p.50 ; Wye, 1990, p.179 ; Poppe and Goto, 1993, p.33, Pl.1.

INFORMATIONS ARCHÉOLOGIQUES :

Utilisation(s) attestée(s) : parure
Chaîne opératoire d'acquisition : espèce récoltée morte échouée.
Apport dans le quotidien des hommes préhistoriques : de nombreux exemples ethnographiques montrent l'utilisation de ces coquilles comme parure ou monnaie. Cette constante n'est peut être pas anodine. Une simple flexion du test coquillier suffit à en agrandir l'ouverture et cette espèce est facile à enfiler le long d'un lien. Le choix de ces coquilles dans la confection de parure peut être lié à leur collecte uniquement à l'état mort et par leur opposition aux coquilles consommées et côtoyées quasi quotidiennement. La collecte des tests sans la partie vivante a pu intriguer les populations et leur apporter un certain attrait pour ces coquilles 'offertes par la mer'. D'autre part, sa forme a pu porter certaines symboliques.
Sites où l'espèce est présente : l'usure des tests de dentale rend très souvent la détermination spécifique difficile. Lorsqu'elle n'a pu être effectuée, les sites archéologiques ont été cités pour toutes les espèces de dentales situées dans la zone biogéographique du site en question. La Grande Pièce, Beg-an-Dorchenn, Hoëdic, Téviec, Auzay, Chez Reine, Le Rocher, La grotte du Phare, Diconche.

N°2 - *Dentalium inaequicostatum* Bucquoy, Dautzenberg & Dollfus, 1891

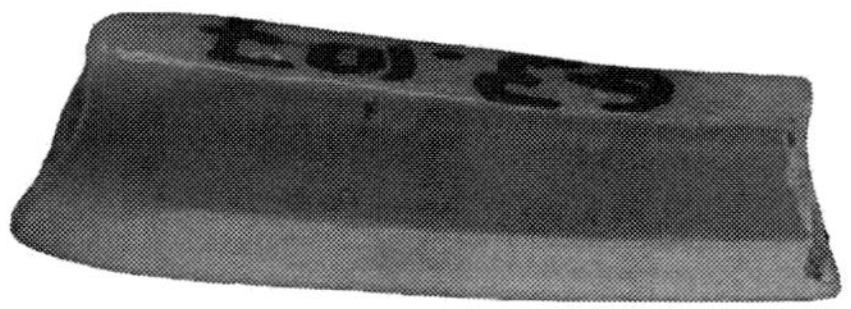

P. Lozouet
(L=15mm)

Classe des Scaphopodes

CARACTÉRISTIQUES DE L'ESPÈCE :

Description : à la coquille très épaisse, ce dentale possède environ 9 côtes très marquées. Ses côtes longitudinales fortes permettent de reconnaître de cette espèce.
Dimension : la longueur des individus adultes varie de 25 à 45 millimètres.
Mesures retenues : longueur, deA, deP.
Distribution actuelle : en Atlantique, du sud du golfe de Gascogne jusqu'à l'Ouest de l'Afrique.
Biotope : à la fois intertidale et infralittorale *D. novemcostatum* vit sur des fonds vaseux.
Coloration : blanche crème.
Références bibliographiques : Dautzenberg, 1913, p.30 ; Poppe and Goto, 1993, p.34, Pl.1.

INFORMATIONS ARCHÉOLOGIQUES :

Utilisation(s) attestée(s) : parure.
Chaîne opératoire d'acquisition : espèce probablement récoltée morte.
Apport dans le quotidien des hommes préhistoriques : cette espèce présente les mêmes apports que les dentales cités précédemment.
Sites où l'espèce est présente : La grotte du Phare.

N°3 - *Dentalium vulgare* da Costa, 1778

P. Lozouet
(L=37mm)

Classe des Scaphopodes

CARACTÉRISTIQUES DE L'ESPÈCE :

Description : ce dentale présente une coquille épaisse entièrement lisse voire faiblement striée et arquée. Les exemplaires frais montrent 30 stries à l'apex qui est tronqué. Ce caractère disparaît quand la coquille a été roulée.
Dimension : la longueur des exemplaires varie de 25 à 60 millimètres.
Mesures retenues : longueur, deA, deP.
Distribution actuelle : en Atlantique, en Mer du Nord et en Manche orientale, plus rarement en Méditerranée.
Biotope : cette espèce vit sur des fonds meubles sableux ou vaseux sous influence des courants de fond. Subtidale, son biotope varie entre 4 et 50 mètres de profondeur. Son test est assez fréquemment rejeté à la côte.
Coloration : test blanc à apex rose ou jaune.
Références bibliographiques : Phillips, 1987, p.50 ; Wye, 1990, p.179 ; Poppe and Goto, 1993, p.34, Pl.1.

INFORMATIONS ARCHÉOLOGIQUES :

Utilisation(s) attestée(s) : parure.
Chaîne opératoire d'acquisition : espèce récoltée morte échouée.
Apport dans le quotidien des hommes préhistoriques : les mêmes éléments que les espèces précédentes peuvent être avancés.
Sites où l'espèce est présente : La Grande Pièce, Beg-an-Dorchenn, Hoëdic, Téviec, Auzay, Chez Reine, Le Rocher, La grotte du Phare, Diconche.

N°4 - *Ansates pellucida* (Linné, 1758)

C. Dupont
(L=7mm)

Classe des Gastropodes

CARACTÉRISTIQUES DE L'ESPÈCE :

Description : l'helcion possède une forme conique et a un apex arrondi et légèrement décentré. Sa coquille est fine.
Dimension : les individus adultes atteignent 18 millimètres de longueur.
Mesures retenues ***:*** néant.
Distribution actuelle : on le retrouve du nord de la Norvège au Portugal.
Biotope : cette espèce vit très souvent fixée sur les laminaires et occasionnellement sur d'autres algues marines de 0 à 27 mètres de profondeur.
Coloration : sa surface est ornée de rayons irisés.
Références bibliographiques : Poppe and Goto, 1991, p.72.

INFORMATIONS ARCHÉOLOGIQUES :

Utilisation(s) attestée(s) : néant.
Chaîne opératoire d'acquisition : cette espèce accompagnatrice a pu être collectée par hasard avec des algues marines ou d'autres coquillages.
Apport dans le quotidien des hommes préhistoriques : espèce typiquement inféodée aux bas niveaux de l'estran.
Sites où l'espèce est présente : Beg-an-Dorchenn.

N°5 - *Bittium reticulatum* (da Costa, 1778)

C. Dupont
(L=7mm)

Classe des Gastropodes

CARACTÉRISTIQUES DE L'ESPÈCE :

Description : son test est allongé et la sculpture de sa coquille typique de l'espèce. Sa petite taille est l'un des principaux critères de sa détermination.
Dimension : les individus de cette espèce avoisinent, en général, les 8 millimètres de long, mais les plus imposants peuvent atteindre 15 millimètres.
Mesures retenues : néant.
Distribution actuelle : elle est retrouvée du nord de la Norvège aux Canaries et en Méditerranée.
Biotope : cette espèce vit de la zone intertidale à 250 mètres de profondeur dans les herbiers et sous blocs ensablés. Elle est fréquemment retrouvée morte dans le sable coquillier du haut et moyen estran.
Coloration : variable de blanche à marron.
Références bibliographiques : Dautzenberg, 1913, p.17 ; Goto and Poppe, 1991, p.111.

INFORMATIONS ARCHÉOLOGIQUES :

Utilisation(s) attestée(s) : aucune.
Chaîne opératoire d'acquisition : espèce accompagnatrice, elle est collectée par hasard avec d'autres coquilles marines ou avec du sable.
Apport dans le quotidien des hommes préhistoriques : reconstitution du paléoenvironnement. Cette espèce a été décrite comme 'accessory marine molluscs' dans le site danois d'Ertebølle (Petersen, 1986).
Sites où l'espèce est présente : Beg-an-Dorchenn (*Bittium* sp.), Ponthezières.

N°6 - *Buccinum undatum* Linné, 1758

C. Dupont
(L=75mm)

Classe des Gastropodes

CARACTÉRISTIQUES DE L'ESPÈCE :

Description : le buccin possède une coquille turbinée large et pointue et des tours de spire très bien délimités et ornés de côtes radiales et concentriques. Sa forme varie beaucoup, elle est plus ou moins allongée ou épaisse. L'ouverture, lisse, est découpée par un court canal siphonal.
Dimension : en général, sa longueur avoisine les 60 millimètres, mais peut atteindre 120 millimètres.
Mesures retenues : longueur, largeur, longueur du péristome, largeur du siphon
Distribution actuelle : retrouvée du nord de l'Atlantique jusqu'au sud du Portugal et de Gibraltar, elle est absente en Méditerranée.
Biotope : cette espèce vit sur des fonds sableux à vaseux et éventuellement sur fonds rocheux. Elle est présente de la basse mer jusqu'à 100 mètres de profondeur.
Coloration : test brun clair uniforme ou blanc orné de bandes brunes.
Références bibliographiques : Dautzenberg, 1913 ; Lindner, 1989 ; Goto and Poppe, 1991.

INFORMATIONS ARCHÉOLOGIQUES :

Utilisation(s) attestée(s) : nourriture, parure.
Chaîne opératoire d'acquisition : espèce pêchée à vue et à mains nues et nécessitant de grands coefficients de marée.
Apport dans le quotidien des hommes préhistoriques : : cette espèce étant uniquement atlantique elle peut mettre en évidence des déplacements lorsqu'elle est retrouvée dans les terres. La reconstitution de sa taille d'origine est possible à partir de la mesure de la largeur du canal siphonal. Cette espèce a été décrite comme 'accessory marine molluscs' dans le site danois d'Ertebølle (Petersen, 1986).
Sites où l'espèce est présente : Téviec, La Perroche, Er Yoh.

N°7 - *Cepaea nemoralis* Linné, 1758

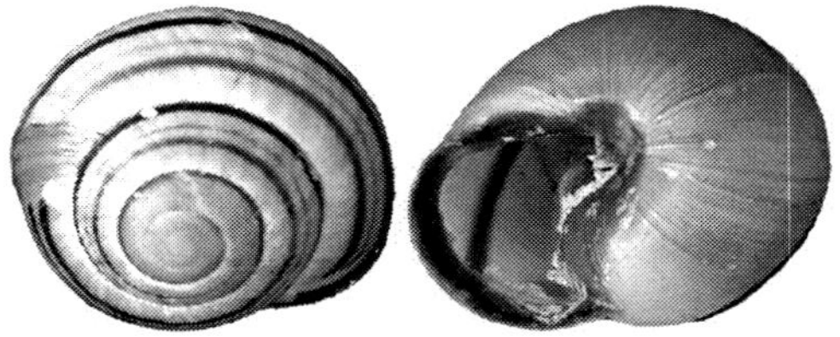

Y. Gruet
(L=26mm)

Classe des Gastropodes

CARACTÉRISTIQUES DE L'ESPÈCE :

Description : cette espèce, qui fait parti des Helicidae, de coquille turbinée et globuleuse possède une spire conique d'environ 5 ½ tours de spire convexes (André, 1979, p.254). Son ombilic est entièrement caché par le péristome. Celui-ci est assez épais et souvent marron noir, occasionnellement blanc ou de couleur intermédiaire. Cette espèce est caractérisée par un grand polymorphisme de la couleur du test et de l'ornementation de la coquille constituée par un système de bandes spirales. Ces bandes peuvent être absentes ou présentes, dans ce dernier cas le nombre maximum est de 5 bandes ce qui indiquerait un milieu boisé (André, 1979, p.255). La distribution de fréquence unimodale de la taille des individus permet d'exclure la présence de l'espèce *Cepaea hortensis* toujours difficile à séparer de *C. nemoralis* dans les populations mixtes (André, 1979, p.258).

Les facteurs climatiques température et humidité agissent sur les phénotypes. Les individus jaunes, sans bande, résistent mieux à la chaleur que les roses (moindre échauffement de la coquille). La coquille brune appartient aux biotopes frais et manque aux milieux ensoleillés tandis que la jaune, peu abondante dans les forêts, ombragées et humides, et inféodées aux biotopes herbacés, éclairés, plus secs (Devillers et Mahé, 1980, p.90).

Dimension : de 1 à 22 millimètres de haut (rarement 28) et de 18 à 25 millimètres de largeur (rarement 32).

Mesures retenues : largeur, hauteur.

Distribution actuelle : cette espèce est commune et de répartition médioeuropéenne. Elle disparaît actuellement au contact des premières influences climatiques méditerranéennes (André, 1979, p.255). Les facteurs climatiques de sélection sont surtout la température et l'humidité, les bandes interviennent aussi au niveau de la prédation (grives) en assurant un camouflage plus ou moins poussé (David, 1982, p.10).

Biotope : cette espèce terrestre possède des habitats très variables et se retrouve aussi bien en forêt, dans les haies, dans les prairies et sur les dunes. Les conditions optimales de températures sont une température moyenne annuelle de 10 à 13°c, des précipitations moyennes annuelles de 800 à 1100 millimètres, une moyenne des températures de l'été de 18 à 20°c, une moyenne de celles d'hiver de 2 à 4°c (André, 1979, p.262). L'espèce est principalement rencontrée dans les séries de végétation du Chêne Pédonculé, du Chêne Pubescent, du Chêne Vert et du Hêtre pour des types de peuplement constitués par des chênaies et des garrigues au degré d'ouverture assez bas (André, 1979, p.262).

Coloration : espèce à couleur très variable ornée de 0 à 5 bandes noires.

Références bibliographiques : André, 1979 ; Kerney et Cameron, 1979, p.203, Pl.23 ; Devillers et Mahé, 1980, p.90 ; David, 1982 ; Stichmann-Marny et Kretzschmar, 1997, p.248.

INFORMATIONS ARCHÉOLOGIQUES :

Utilisation(s) attestée(s) : nourriture, espèce accompagnatrice.

Chaîne opératoire d'acquisition :

Apport dans le quotidien des hommes préhistoriques : reconstitution du paléoenvironnement proche du site.

Sites où l'espèce est présente : Hoëdic, Téviec.

N°8 - *Cochlicopa lubrica* Müller, 1774

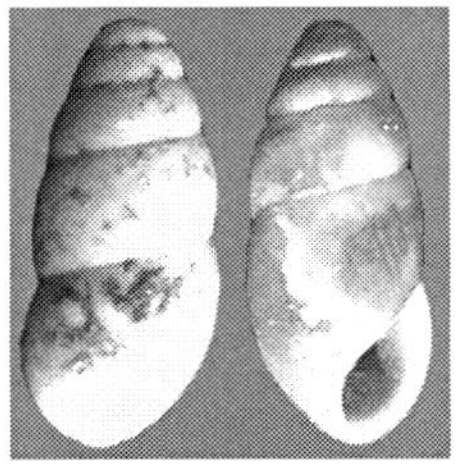

C.Dupont
(L=5mm)

Classe des Gastropodes

CARACTÉRISTIQUES DE L'ESPÈCE :

Description : de très petite taille, cette espèce présente un test allongé à l'apex arrondi et tend vers une forme arrondie. Sa coquille est très mince. Son labre présente un petit rebord chez l'adulte.

Dimension : sa taille varie entre 2,4 et 2,9 millimètres pour sa largeur et entre 5 et 7,5 millimètres pour sa hauteur.

Mesures retenues : néant.

Distribution actuelle :

Biotope : cette espèce vit dans les lieux humides de toute sorte : marécages, prairies et même bois.

Coloration : sa couleur varie du blanc au marron.

Références bibliographiques : Kerney et Cameron, 1979, p.62, Pl.25

INFORMATIONS ARCHÉOLOGIQUES :

Utilisation(s) attestée(s) : néant.

Chaîne opératoire d'acquisition : espèce accompagnatrice, elle est collectée par hasard.

Apport dans le quotidien des hommes préhistoriques : reconstitution du paléoenvironnement.

Sites où l'espèce est présente : Beg-an-Dorchenn.

N°9 - *Diodora gibberula* (Lamarck, 1822)

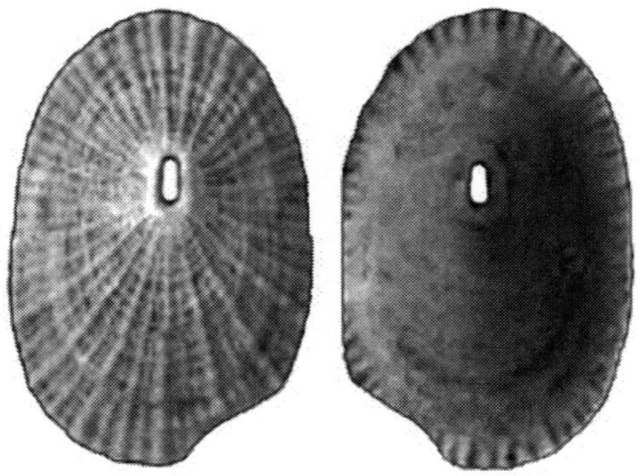

C. Dupont
(L=21mm)

Classe des Gastropodes

CARACTÉRISTIQUES DE L'ESPÈCE :

Description : cette espèce, de plus petite taille que les patelles, possède également une coquille de forme conique avec une petite perforation à son sommet. Sa surface est finement treillissée et sa base incurvée.

Dimension : les plus gros individus peuvent atteindre 20 millimètres mais la taille adulte est, en général, comprise entre 8 et 15 millimètres.

Mesures retenues : néant.

Distribution actuelle : cette espèce vit en Méditerranée, en Atlantique nord et aux Canaries.

Biotope : elle se retrouve dans les niveaux les plus bas de la zone intertidale du substrat rocheux.

Coloration : la coloration de cette espèce est très variable.

Références bibliographiques : Lindner, 1989, p.114, Poppe and Goto, 1991, p.66.

INFORMATIONS ARCHÉOLOGIQUES :

Utilisation(s) attestée(s) : néant

Chaîne opératoire d'acquisition : cette espèce accompagnatrice peut-être ramassée par hasard.

Apport dans le quotidien des hommes préhistoriques : reconstitution du paléoenvironnement.

Sites où l'espèce est présente : Beg-an-Dorchenn.

N°10 - *Euspira catena* (da Costa, 1778)

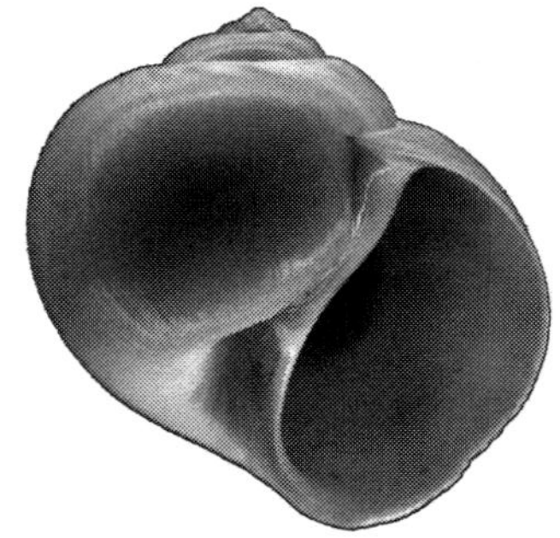

P. Lozouet
(L=20mm)

Classe des Gastropodes

CARACTÉRISTIQUES DE L'ESPÈCE :

Description : sa coquille spiralée de forme globuleuse possède une large ouverture semi-circulaire et un apex assez aplati. L'ombilic est bien visible et le dernier tour de spire important. La forme de cette espèce est proche de *Lunatia alderi*. *Euspira catena* possède une seule ligne de pointillés marrons alors que *L. alderi* en possède cinq. En l'absence de coloration, les deux espèces se différencient par l'ombilic, celui de *L. alderi* étant ovale. Le dernier tour de spire de *E. catena* est plus dégagé celui de *L. alderi* qui se prolonge tangentiellement aux tours de spire précédents.

Dimension : les individus sont de 20 à 40 millimètres de haut.

Mesures retenues : longueur, largeur.

Distribution actuelle : on la retrouve de la Mer du Nord à la Méditerranée.

Biotope : à la fois intertidale et subtidale, la natice vit en milieu meuble souvent dans le sable. Les individus de cette espèce sont souvent rejetés à la côte après les 'coups de vent'. Aucun indice de récolte à des fins alimentaires n'est connu.

Coloration : uniformément beige et jaune avec des derniers tours décorés d'une chaînette de tâches brunes.

Références bibliographiques : Fretter and Graham, 1981, pp.338-340 ; Phillips, 1987, p.36 ; Wye, 1990, p.69 ; Woodward, 1995, p.32.

INFORMATIONS ARCHÉOLOGIQUES :

Utilisation(s) attestée(s) : parure.

Chaîne opératoire d'acquisition : espèce de substrat sableux, collectée uniquement à l'état mort.

Apport dans le quotidien des hommes préhistoriques : l'observation des perforations permet d'en déduire les techniques de percement du test ainsi que l'utilisation (port) ou non des parures.

Sites où l'espèce est présente : La Grande Pièce.

N°11 - *Euspira pulchella* (Risso, 1826)

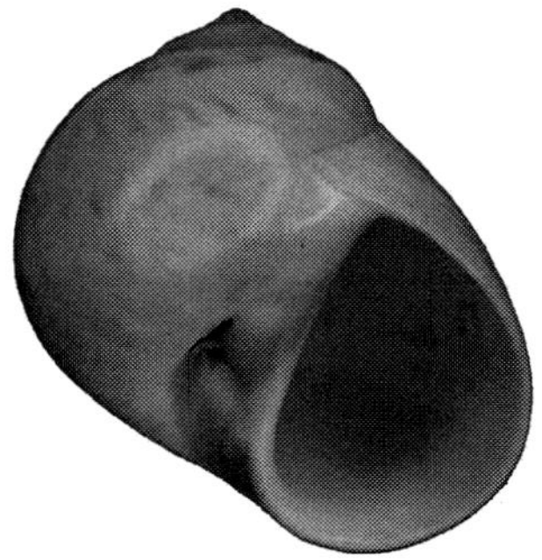

P. Lozouet
(L=15mm)

Classe des Gastropodes

CARACTÉRISTIQUES DE L'ESPÈCE :

Description : de la famille des Naticidae, sa coquille est spiralée de forme globuleuse. Ce genre possède plusieurs espèces qu'il est parfois difficile de différencier. Cependant, *Euspira pulchella* se distingue des autres coquilles de ce genre par un apex plus pointu et la suture des tours est clairement visible. Si on s'en tient à la petite taille de certaines coquilles retrouvées dans des éléments de parure mésolithiques, *Euspira pulchella* a pu être confondue avec *Littorina obtusata.*
Dimension : sa longueur se situe entre 6 et 16 millimètres.
Mesures retenues : néant.
Distribution actuelle : on la retrouve du nord de la Norvège à la Méditerranée.
Biotope : cette espèce vit sur le sable de la zone intertidale jusqu'à 200 mètres de profondeur.
Coloration :
Références bibliographiques : Dautzenberg, 1913 ; Lindner, 1989 ; Goto and Poppe, 1991, p.118.

INFORMATIONS ARCHÉOLOGIQUES :

Utilisation(s) attestée(s) : parure.
Chaîne opératoire d'acquisition : sa collecte peut être quotidienne.
Apport dans le quotidien des hommes préhistoriques : l'observation des perforations permet d'en déduire les techniques de percement du test ainsi que l'utilisation (port) ou non des parures.
Sites où l'espèce est présente : Hoëdic (*Euspira* sp.), Téviec.

N°12 - *Gibbula cineraria* (Linné, 1758)

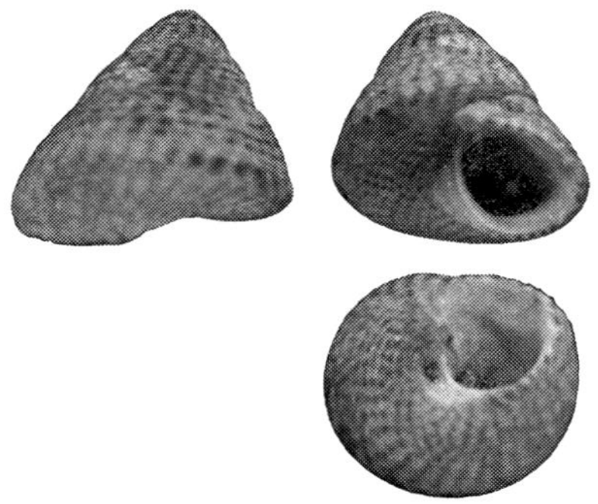

C. Dupont
(L=13mm)

Classe des Gastropodes

CARACTÉRISTIQUES DE L'ESPÈCE :

Description : cette gibbule très polymorphe a une forme plus élevée que *G. umbilicalis* et en diffère par sa coloration. Contrairement à *G. umbilicalis* qui présente des lignes mauves continues qui partent de l'ombilic, *G. cineraria* est ornée de lignes noires sur un fond gris clair.
Dimension : sa taille avoisine les 15 millimètres et est comprise entre 9 et 18 millimètres de diamètre
Mesures retenues : néant.
Distribution actuelle : du nord de la Scandinavie et de l'Islande au Maroc. Ce mollusque ne vit que sur le littoral de la Manche et de l'Océan atlantique.
Biotope : cette espèce n'est observée vivante qu'aux basses mers à partir de la ceinture de *F. serratus* et en zone subtidale parmi les laminaires jusqu'à 130 mètres de profondeur. Typique des milieux rocheux, elle est herbivore et inféodée plutôt aux algues. Elle se retrouve éventuellement sur des fonds de galets.
Coloration : composée de nombreuses lignes noires sur un fond gris clair.
Références bibliographiques : Dautzenberg, 1913, p.24 ; Poppe and Goto, 1991, p.79.

INFORMATIONS ARCHÉOLOGIQUES :

Utilisation(s) attestée(s) : néant.
Chaîne opératoire d'acquisition : cette espèce accompagnatrice peut être collectée par hasard accompagnant, par exemple, des algues ou du sable.
Apport dans le quotidien des hommes préhistoriques : reconstitution du paléoenvironnement. Cette espèce a été décrite comme 'accessory marine molluscs' dans le site danois d'Ertebølle (Petersen, 1986).
Sites où l'espèce est présente : Les-Gouillauds, Ponthezières.

N°13 - *Gibbula pennanti* (Philippi, 1846)

C. Dupont
(L=15mm)

Classe des Gastropodes

CARACTÉRISTIQUES DE L'ESPÈCE :

Description : cette gibbule, souvent confondue avec *G. umbilicalis*, possède des sutures plus marquées. Le premier tour de spire est un peu plus conique et l'ombilic normalement refermé. La coloration présente une sorte de damier.
Dimension : son diamètre varie de 10 à 16 millimètres.
Mesures retenues : longueur, Largeur.
Distribution actuelle : espèce de l'Atlantique du nord de l'Espagne à la Manche mais absente sur les côtes anglaises.
Biotope : *G. pennanti* est intertidale de milieu rocheux et préfère se cacher sous les rochers ou sous les algues.
Coloration : damiers rose et noir.
Références bibliographiques : Poppe and Goto, 1991.

INFORMATIONS ARCHÉOLOGIQUES :

Utilisation(s) attestée(s) : néant.
Chaîne opératoire d'acquisition : cette espèce accompagnatrice peut être collectée par hasard fixée soit à des roches, soit à des algues voire à des espèces collectées volontairement comme la monodonte ou la patelle.
Apport dans le quotidien des hommes préhistoriques : apport d'indices supplémentaires sur les caractéristiques des estrans fréquentés.
Sites où l'espèce est présente : Ponthezières.

N°14 - *Gibbula umbilicalis* (da Costa, 1778)

C. Dupont
(L=16mm)

Classe des Gastropodes

CARACTÉRISTIQUES DE L'ESPÈCE :

Description : cette gibbule a un ombilic plus large que *G. pennanti*. De son ombilic ouvert partent des lignes rosées à violettes continues.
Dimension : les individus de cette espèce varient entre 10 à 22 millimètres de diamètre.
Mesures retenues : longueur, largeur.
Distribution actuelle : cette espèce vit sur les côtes atlantiques de la Manche au Maroc.
Biotope : cette gibbule est typique de la zone intertidale et commune le long des estrans rocheux. On l'associe sur nos côtes aux ceintures d'algues fucales depuis les *Pelvetia* jusqu'au *Fucus serratus* avec une forte abondance parmi les *Fucus vesiculosus* et *Ascophyllum.*
Coloration : lignes rosées sur fond noir.
Références bibliographiques : Lindner, 1989, p.122 ; Poppe and Goto, 1991.

INFORMATIONS ARCHÉOLOGIQUES :

Utilisation(s) attestée(s) : néant.
Chaîne opératoire d'acquisition : cette espèce accompagnatrice peut être collectée par hasard soit fixée à des roches, soit fixée à des algues voire à des espèces collectées volontairement.
Apport dans le quotidien des hommes préhistoriques : indices supplémentaires sur les caractéristiques des estrans fréquentés.
Sites où l'espèce est présente : Saint-Gildas IB, Beg-an-Dorchenn, Hoëdic, Beg-er-Vil, Les-Gouillauds, La Perroche, Ponthezières, Le Rocher.

N°15 - *Haliotis tuberculata tuberculata* Linné, 1754

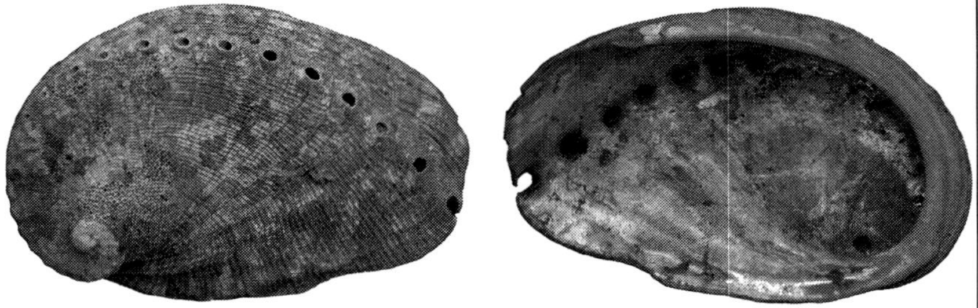

C. Dupont
(L=49mm)

Classe des Gastropodes

CARACTÉRISTIQUES DE L'ESPÈCE :

Description : ce coquillage univalve aplati présente une surface striée en spirale. La face externe possède une série de trous dont 6 à 7 sont ouverts. L'intérieur du test est très nacré.
Dimension : la taille des individus avoisine les 30 à 120 millimètres de long et de 70 à 80 millimètres de large.
Mesures retenues : longueur, largeur, distances de l'apex aux bords latéraux.
Distribution actuelle : l'ormeau se retrouve de la Manche au Sénégal, aux Canaries. Une autre variété vit en Méditerranée.
Biotope : cette espèce vit dans les fentes des rochers et sous les blocs de faciès battu à moyennement battu. Elle ne peut être pêchée qu'au moment des plus fortes marées de l'année, un coefficient supérieur à 100 étant nécessaire. Elle se situe de la zone basse intertidale jusqu'à 30 mètres de profondeur.
Coloration : nacrée à l'intérieur.
Références bibliographiques : Dautzenberg, 1913 ; Lindner, 1989 ; Poppe and Goto, 1991.

INFORMATIONS ARCHÉOLOGIQUES :

Utilisation(s) attestée(s) : nourriture.
Chaîne opératoire d'acquisition : pêchée lors de basses mers de vives eaux, sa collecte nécessite une dépense importante d'énergie pour soulever les rochers sous lesquels cette espèce se fixe et pour la décoller de son support.
Apport dans le quotidien des hommes préhistoriques : l'ormeau est un des rares coquillages consommés durant la préhistoire et dont la pêche peut difficilement être quotidienne.
Sites où l'espèce est présente : Beg-an-Dorchenn, Hoëdic, Les-Gouillauds, La Perroche, Ponthezières, Le Rocher, Er Yoh.

N°16 - *Hydrobia ulvae* (Pennant, 1777)

C. Dupont
(L=6mm)

Classe des Gastropodes

CARACTÉRISTIQUES DE L'ESPÈCE :

Description : son test conique de petite taille est globuleux et son péristome est souvent continu et épaissi. Les tours de spire sont assez aplatis et la suture peu profonde.
Dimension : sa longueur est comprise entre 4 et 6 millimètres.
Mesures retenues : néant.
Distribution actuelle : cette espèce vit du sud de la Norvège jusqu'au Sénégal et également en Méditerranée.
Biotope : cette hydrobie préfère la zone intertidale supérieure et moyenne. Elle est abondante en zone estuarienne, sur les estrans abrités et envasés, dans d'autres zones à faible salinité et dans les slikkes ou les schorres au-dessus du niveau moyen de la mer entre +1 et +5.5 C.M. (Carte Marine). Elle est associée à *Abra tenuis* et *Scrobicularia plana* dans la zone soumise à la marée en eaux saumâtres et polyhalines.
Coloration : morte, son test est blanc.
Références bibliographiques : Adam, 1960, pp.140-141 ; Poppe and Goto, 1991, p.94, Pl.10.

INFORMATIONS ARCHÉOLOGIQUES :

Utilisation(s) attestée(s) : néant.
Chaîne opératoire d'acquisition : espèce accompagnatrice, elle a pu être ramassée par hasard.
Apport dans le quotidien des hommes préhistoriques : reconstitution du paléoenvironnement et informations sur la provenance de certaines matières premières (pâte de céramique).
Sites où l'espèce est présente : Beg-an-Dorchenn, La Sauzaie, Ponthezières, Er Yoh (*Hydrobia* sp.).

N°17 - *Hydrobia ventrosa* (Montagu, 1803)

Y. Gruet
(L=5mm)

Classe des Gastropodes

CARACTÉRISTIQUES DE L'ESPÈCE :

Description : cette espèce de petite taille possède les derniers tours de spire arrondis et renflés. La coquille est globuleuse ou conique. Son péristome continu est souvent épaissi. Les tours de spire sont plus arrondis qu'*H. ulvae,* la suture est moins profonde et l'ouverture relativement plus grande dépassant en général le tiers de la hauteur totale.
Dimension : sa taille avoisine les 3 à 5 millimètres de long.
Mesures retenues : néant.
Distribution actuelle : on la retrouve du sud de la Norvège jusqu'à la Méditerranée et en Mer Noire.
Biotope : cette espèce, typique de la lagune salée, est souvent associée à *Cerastoderma glaucum* et *H. neglecta.* Elle est donc représentative d'un milieu rarement ouvert et plus fermé qu'*H. ulvae* dans les eaux saumâtres voisines de la côte. Elle vit dans des zones à salinité variable.
Coloration : morte la coquille est blanche.
Références bibliographiques : Vonk, 1933, p.57 ; Poppe and Goto, 1991, p.94, Pl.10.

INFORMATIONS ARCHÉOLOGIQUES :

Utilisation(s) attestée(s) : néant.
Chaîne opératoire d'acquisition : espèce accompagnatrice, elle peut être collectée par hasard.
Apport dans le quotidien des hommes préhistoriques : reconstitution du paléoenvironnement et informations sur la provenance de certaines matières premières (pâte de céramique).
Sites où l'espèce est présente : Er Yoh (*Hydrobia* sp.).

N°18 - *Lacuna pallidula* (da Costa, 1778)

C. Dupont
(L=2mm)

Classe des Gastropodes

CARACTÉRISTIQUES DE L'ESPÈCE :

Description : sa coquille ressemble à une petite littorine, mais son test est toujours plus mince et pourvu d'un grand ombilic. Elle se différencie des autres *Lacuna* par la forme de son dernier tour de spire.
Dimension : sa largeur est comprise entre 6 et 12 millimètres.
Mesures retenues : néant.
Distribution actuelle : vivant du nord de l'Atlantique jusque sur les côtes bretonnes, cette espèce se retrouve le long des côtes américaines.
Biotope : on la retrouve de la zone intertidale jusqu'à 70 mètres de profondeur. Elle vit sur les algues, principalement sur les *Fucus serratus.*
Coloration : variable du blanc au jaune voire au vert.
Références bibliographiques : Poppe and Goto, 1991, p.91, Pl.10.

INFORMATIONS ARCHÉOLOGIQUES :

Utilisation(s) attestée(s) : néant
Chaîne opératoire d'acquisition : espèce accompagnatrice, elle peut être collectée par hasard.
Apport dans le quotidien des hommes préhistoriques : accompagnatrice, elle permet un complément à la description du territoire de pêche ou du paléoenvironnement proche du site.
Sites où l'espèce est présente : Beg-an-Dorchenn (*Lacuna* sp.), Beg-er-Vil, Ponthezières.

N°19 - *Lacuna parva* (da Costa, 1778)

P. Lozouet
(L=8mm)

Classe des Gastropodes

CARACTÉRISTIQUES DE L'ESPÈCE :

Description : sa coquille ressemble à une petite littorine, mais son test est toujours plus mince et pourvu d'un ombilic. Elle se distingue de la précédente par un ombilic plus petit, par une coquille plus épaisse et un dernier tour de spire plus haut.
Dimension : la longueur de cette espèce avoisine les 4 millimètres de long sur 4 millimètres de large.
Mesures retenues : néant.
Distribution actuelle : de distribution nordique (Sud de l'Arctique) elle est présente jusqu'à l'Espagne.
Biotope : cette espèce vit sur différentes sortes d'algues et peut être collectée lors de basses marées de vives eaux. Elle est retrouvée sur les zostères et dans les fentes des rochers.
Coloration : jaunâtre blanc crémeux.
Références bibliographiques : Dautzenberg, 1913, p.19 ; Fretter and Graham, 1978, pp.248-249 ; Poppe and Goto, 1991, p.91, Pl.10.

INFORMATIONS ARCHÉOLOGIQUES :

Utilisation(s) attestée(s) : néant.
Chaîne opératoire d'acquisition : espèce accompagnatrice, elle peut être collectée par hasard.
Apport dans le quotidien des hommes préhistoriques : cette espèce a été décrite comme 'accessory marine molluscs' dans le site danois d'Ertebølle (Petersen, 1986).
Sites où l'espèce est présente : Beg-an-Dorchenn (*Lacuna* sp.), Téviec, Hoëdic, Beg-er-Vil.

N°20 - *Littorina littorea* (Linné, 1758)

C. Dupont
(L=22mm)

Classe des Gastropodes

CARACTÉRISTIQUES DE L'ESPÈCE :

Description : le bigorneau noir ou commun possède une coquille solide à spires assez courtes parfois marquée de fines côtes spiralées longitudinales.
Dimension : la plupart des individus avoisinent les 25 millimètres de haut, les plus grands pouvant atteindre exceptionnellement 38 millimètres.
Mesures retenues : longueur, largeur, hauteur.
Distribution actuelle : commun en Mer du Nord, il est présent de la Manche à l'Atlantique et ne vit pas en Méditerranée.
Biotope : cette espèce ubiquiste se retrouve des côtes rocheuses assez exposées jusque dans les fonds de baies les plus abritées comme des vasières un peu fermées voire même dans les schorres. Le bigorneau noir préfère la zone intertidale mais peut se retrouver plus bas jusqu'à 60 mètres de profondeur. Il côtoie les plages à fucus en Atlantique.
Coloration : variation entre le gris, le noir et le marron.
Références bibliographiques : Dautzenberg, 1913 ; Phillips, 1987 ; Poppe and Goto, 1991 ; Woodward, 1995.

INFORMATIONS ARCHÉOLOGIQUES :

Utilisation(s) attestée(s) : nourriture, parure au Paléolithique, décoration de céramiques par l'apex.
Chaîne opératoire d'acquisition : sa collecte peut être quotidienne et ne semble pas nécessiter une dépense importante d'énergie.
Apport dans le quotidien des hommes préhistoriques : reconstitution du territoire de pêche.
Sites où l'espèce est présente : Saint-Gildas IB, Saint-Gildas IC, Porteau-Ouest, Beg-an-Dorchenn, Hoëdic, Téviec, Beg-er-Vil, Auzay, Les-Gouillauds, La Garenne, La Sauzaie, Le Rocher, La Perroche, Ponthezières, Er Yoh.

N°21 - *Littorina obtusata* (Linné, 1758)

P. Lozouet
(L=10mm)

Classe des Gastropodes

CARACTÉRISTIQUES DE L'ESPÈCE :

Description : cette littorine de forme arrondie possède un apex obtus. Certaines variétés ont été définies suivant les différentes couleurs que peut prendre cette coquille (jaune d'or, rouge brique, ornés de bandes ou d'un fin réseau). La littorine obtuse est une des espèces les plus utilisées dans la parure paléolithique et mésolithique et est souvent confondue avec *Lacuna* sp. de forme proche.
Dimension : la plupart des coquilles sont de 13 millimètres de large mais peuvent atteindre dans certains cas 17 millimètres.
Mesures retenues : longueur, largeur, hauteur.
Distribution actuelle : elle est actuellement présente de la Norvège jusqu'à l'entrée de la Méditerranée où elle est absente.
Biotope : la littorine obtuse vit sur les algues et plus particulièrement sur *Fucus vesiculosus* et *Ascophyllum nodosum*. Cette espèce intertidale se retrouve jusqu'à 5 mètres de profondeur. " De trop petite taille pour être recueillie comme objet de consommation " (Dautzenberg, p.19).
Coloration : jaune d'or ou rouge brique, ornée de bandes ou d'un fin réseau.
Références bibliographiques : Dautzenberg, 1913 ; Poppe and Goto, 1991.

INFORMATIONS ARCHÉOLOGIQUES :

Utilisation(s) attestée(s) : parure.
Chaîne opératoire d'acquisition : sa collecte peut être quotidienne vivante ou morte échouée.
Apport dans le quotidien des hommes préhistoriques : l'observation des perforations permet d'en déduire les techniques de percement du test ainsi que l'utilisation (port) ou non des parures.
Sites où l'espèce est présente : Saint-Gildas IB, Beg-an-Dorchenn, Hoëdic, Téviec, Beg-er-Vil, La Sauzaie, Diconche, Ponthezières.

N°22 - *Melarhaphe neritoides* (Linné, 1758)

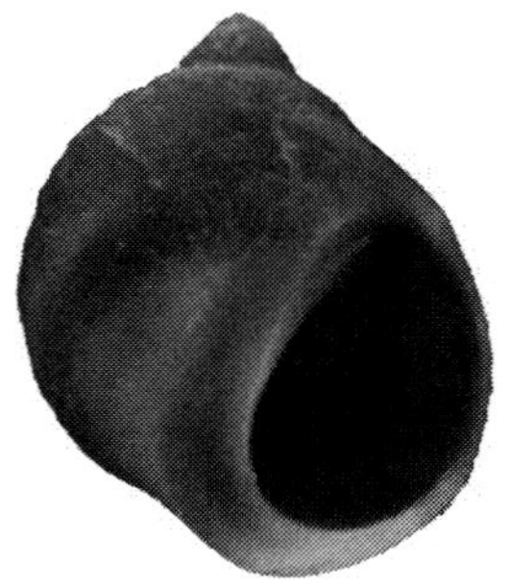

P. Lozouet
(L=5mm)

Classe des Gastropodes

CARACTÉRISTIQUES DE L'ESPÈCE :

Description : ce Gastropode de petite taille présente une forme globuleuse et une coquille, lisse, opaque et solide. Les sutures entre les tours de spire sont peu prononcées. L'apex des juvéniles est pointu et proéminent tandis qu'il s'aplanit chez les adultes par érosion. L'ouverture est ourlée.
Dimension : sa hauteur avoisine les 9 millimètres.
Mesures retenues : néant.
Distribution actuelle : cette littorine se retrouve aussi bien en Manche, en Atlantique qu'en Méditerranée.
Biotope : elle vit sur les rochers, en haut de l'étage supralittoral, dans les zones exposées aux embruns et se nourrit de lichen.
Coloration : de couleur variable, la coquille peut présenter tous les dégradés du noir au blanc et également être de couleur uniforme ou striée.
Références bibliographiques : Loyer, 1995, p.84.

INFORMATIONS ARCHÉOLOGIQUES :

Utilisation(s) attestée(s) : néant
Chaîne opératoire d'acquisition : espèce accompagnatrice, elle peut être collectée par hasard.
Apport dans le quotidien des hommes préhistoriques : reconstitution du territoire de pêche et du paléoenvironnement.
Sites où l'espèce est présente : Beg-an-Dorchenn.

N°23 - *Nassarius incrassatus* (Ström, 1768)

C. Dupont
(L=13mm)

Classe des Gastropodes

CARACTÉRISTIQUES DE L'ESPÈCE :

Description : ce Gastropode siphonostome possède un canal siphonal court et appartient lui aussi à la famille des Nassariidae. Ressemblant à *N. reticulatus*, cet animal, de 8 tours de spire, est moins pointu et possède des côtes axiales plus proéminentes. Les sutures entre chaque tour sont plus marquées rendant les tours eux-mêmes plus marqués. L'allongement du péristome semble moins allongé par rapport à la longueur de l'animal que *N. reticulatus*. Ressemblant à *N. pygmaeus*, elle en diffère par : un péristome plus arrondi et de forme moins allongée par rapport à sa largeur, un canal siphonal plus marqué, ainsi qu'un bord columellaire à callosité blanche plus importante. Cette espèce a un labre à côte très marquée. Etant donné l'usure des coquilles la callosité blanche au niveau du bord columellaire est souvent effacée.

Dimension : les individus de cette espèce avoisinent les 12 millimètres de haut voire 20 millimètres dans les cas extrêmes et les 6 millimètres de large.

Mesures retenues : longueur, largeur, longueur de grand péristome.

Distribution actuelle : cette nasse vit de la Méditerranée jusqu'en Mer du Nord, en Norvège et en Islande.

Biotope : cette espèce à la fois intertidale et subtidale est inféodée au milieu rocheux près de la limite des basses mers dans des creux et sous les roches spécialement dans des endroits sableux ainsi que dans les aires vaseuses. Elle vit apparemment en groupe. Même si la majeure partie de la population est présente dans le niveau sublittoral peu profond certains individus de cette espèce peuvent vivre jusqu'à 200 mètres de profondeur.

Coloration : brune à jaunâtre avec des pigments noirs plus ou moins abondants.

Références bibliographiques : Fretter and Graham, 1984, pp.498-500 ; Phillips, 1987, p.44 ; Wye, 1990, p.102 ; Poppe and Goto, 1991, p.39, p.155, Pl.32.

INFORMATIONS ARCHÉOLOGIQUES :

Utilisation(s) attestée(s) : parure.

Chaîne opératoire d'acquisition : sans doute collectée échouée pour la confection de la parure, elle peut également faire partie des coquilles accompagnatrices dans les rejets alimentaires.

Apport dans le quotidien des hommes préhistoriques : reconstitution du territoire de pêche et du paléoenvironnement.

Sites où l'espèce est présente : La Grande Pièce, Ponthezières.

N°24 - *Nassarius pygmaeus* (Lamarck, 1822)

C. Dupont
(L=19mm)

Classe des Gastropodes

CARACTÉRISTIQUES DE L'ESPÈCE :

Description : cette coquille turbinée présente la forme typique des nasses et se diffère des autres espèces par sa toute petite taille. Elle se différencie de *N. incrassatus* principalement par la forme de son ouverture.

Dimension : les individus avoisinent les 5 à 8 millimètres de long.

Mesures retenues : longueur.

Distribution actuelle : espèce méridionale trouvée en Méditerranée et jusqu'en Manche.

Biotope : cette espèce est de bas niveaux plutôt subtidale et se retrouve entre 5 et 200 mètres de profondeur. Elle vit parmi les algues ou dans le sable.

Coloration : test brun foncé avec le rebord de l'ouverture blanc.

Références bibliographiques : Dautzenberg, 1913, p.5 ; Fretter and Graham, 1984, pp.495-498 ; Poppe and Goto, 1991, p.157, Pl.32.

INFORMATIONS ARCHÉOLOGIQUES :

Utilisation(s) attestée(s) : espèce accompagnatrice.

Chaîne opératoire d'acquisition : espèce collectée par hasard et uniquement morte.

Apport dans le quotidien des hommes préhistoriques : cette espèce apporte des indications sur le paléoenvironnement proche du site.

Sites où l'espèce est présente : Beg-an-Dorchenn, Ponthezières.

N°25 - *Nassarius reticulatus* (Linné, 1758)

C. Dupont
(L=26mm)

Classe des Gastropodes

CARACTÉRISTIQUES DE L'ESPÈCE :

Description : ce Gastropode siphonostome de la famille des Nassariidae possède une coquille à apex aigu assez renflée de 10 tours de spire, au dernier tour important et au canal siphonal court. Le test est orné de 18 à 20 côtes longitudinales ondulées recoupées transversalement par de fines stries. Son ouverture ovale est bordée d'une large callosité blanche au niveau du bord columellaire. Le péristome est également épais et denté.

Dimension : la hauteur de cette espèce avoisine les 30 millimètres de haut et les 14 millimètres de large.

Mesures retenues : longueur, largeur, longueur de grand péristome, longueur du petit péristome, largeur du dernier tour de spire, largeur de l'avant dernier tour, côtes dorsales, côtes totales, largeur des trois dernières côtes.

Distribution actuelle : cette nasse se retrouve des Canaries et du nord des Açores jusqu'en Norvège. Méditerranée, Mer Noire.

Biotope : cette espèce, à la fois infralittorale et subtidale, peut se retrouver jusqu'à 15 mètres de profondeur dans les crevasses sous les pierres, dans le sable ou la vase. Elle peut se retrouver soit vivante, soit occupée par des pagures ou en laisses d'échouage.

Coloration : en général marron clair, irrégulièrement tacheté de blanc et de noir. Les coquilles juste échouées sont blanches à la suture et des bandes sombres marrons pratiquement noires recouvrent les tours de spire.

Références bibliographiques : Fretter and Graham, 1984, pp.495-498 ; Phillips, 1987, p.44 ; Wye, 1990, p.102 ; Poppe and Goto, 1991, p.39, p.156, Pl.32 ; Dupont et Gruet, 2000.

INFORMATIONS ARCHÉOLOGIQUES :

Utilisation(s) attestée(s) : parure mésolithique et néolithique et espèce accompagnatrice.

Chaîne opératoire d'acquisition : sa collecte vivante nécessite l'utilisation d'appâts pour faire sortir la nasse du substrat, ce qui laisse penser à une collecte de cette espèce principalement morte.

Apport dans le quotidien des hommes préhistoriques : cette espèce permet d'apporter des indices sur le mode plus ou moins battu de sa côte d'origine en fonction de sa forme.

Sites où l'espèce est présente : La Grande Pièce, Beg-an-Dorchenn, Hoëdic, Téviec, Beg-er-Vil, Les-Gouillauds, La Sauzaie, La grotte du Phare, Diconche, La Perroche, Ponthezières, Er Yoh.

N°26 - *Nassarius reticulatus* variété *nitidus* (Linné, 1758)

C. Dupont
(L=19mm)

Classe des Gastropodes

CARACTÉRISTIQUES DE L'ESPÈCE :

Description : ce Gastropode siphonostome de la famille des Nassariidae à apex aigu est assez renflée. Il possède un dernier tour de spire important et au total 10 tours de spire. Son test est un peu plus brillant et renflé que *N. reticulatus sensu stricto*. Cette variété n'a que 10 à 12 côtes au lieu de 22 chez *N. reticulatus*.

Dimension : sa taille est légèrement inférieure à *N. reticulatus*.

Mesures retenues : longueur, largeur, longueur de grand péristome, longueur du petit péristome, largeur du dernier tour de spire, largeur de l'avant dernier tour, côtes dorsales, côtes totales, Largeur des trois dernières côtes.

Distribution actuelle : elle se retrouve des Canaries et du nord des Açores jusqu'en Norvège. Méditerranée, Mer Noire.

Biotope : cette variété est surtout intertidale et vit dans des milieux plus confinés que *N. reticulatus sensu stricto* : eaux saumâtres comme les estuaires et les lagunes salées (Fretter et Graham, 1984, p.502). Elle vit dans le sable, souvent dans les herbiers de bas niveaux.

Coloration : dégradée de marron.

Références bibliographiques : Fretter and Graham, 1984, pp.495-498 ; Phillips, 1987, p.44 ; Wye, 1990, p.102 ; Poppe and Goto, 1991, p.39, p.156, Pl.32 ; Dupont et Gruet, 2000.

INFORMATIONS ARCHÉOLOGIQUES :

Utilisation(s) attestée(s) : parure et espèce accompagnatrice.

Chaîne opératoire d'acquisition : sa collecte vivante nécessite l'utilisation d'appâts pour faire sortir la nasse du substrat, ce qui laisse penser à une collecte principalement morte.

Apport dans le quotidien des hommes préhistoriques : cette espèce permet d'apporter des indices sur le mode plus ou moins battu de sa côte d'origine en fonction de sa forme.

Sites où l'espèce est présente : La Grande Pièce, Beg-an-Dorchenn, Hoëdic, Téviec, Beg-er-Vil, Les-Gouillauds, La Sauzaie, La grotte du Phare, Diconche, La Perroche, Ponthezières, Er Yoh.

N°27 - *Neritina fluviatilis* Linné, 1758

C. Dupont
(L=16mm)

Classe des Gastropodes

CARACTÉRISTIQUES DE L'ESPÈCE :

Description : la néritine possède une petite coquille épaisse à spire basse partiellement fermée par une cloison calcaire. Cette espèce ne présente pas d'ombilic.

Dimension : les individus possèdent une largeur de 8 millimètres pour 8 millimètres de hauteur.

Mesures retenues : longueur, largeur.

Distribution actuelle : elle vit des Iles Britanniques aux Pyrénées, à l'ouest jusqu'au bassin du Danube et au Caucase, à l'est de la Sardaigne au sud à l'Italie du centre, à la Suède et aux côtes de Finlande.

Biotope : cette espèce de milieu dulcicole vit dans les cours d'eau et les fleuves. Fixée sur et sous les pierres ou galets, elle affectionne les rivières d'eau propre ou les grandes sources.

Coloration : nombreuses nuances de dessin et de couleur.

Références bibliographiques : Fretter and Graham, 1978, pp.102-106 ; Wye, 1990, p.37 ; Woodward, 1995 ; p.21.

INFORMATIONS ARCHÉOLOGIQUES :

Utilisation(s) attestée(s) : parure.

Chaîne opératoire d'acquisition : cette espèce fluviatile peut être collectée jusqu'à la partie amont d'un estuaire.

Apport dans le quotidien des hommes préhistoriques : reconstitution du paléoenvironnement proche du site.

Sites où l'espèce est présente : La Grande Pièce.

N°28 - *Nucella lapillus* (Linné, 1758)

C. Dupont
(L=26mm)

Classe des Gastropodes

CARACTÉRISTIQUES DE L'ESPÈCE :

Description : la pourpre, de coquille robuste, est adaptée à la vie sur les rochers. Cette espèce possède des côtes plissées régulièrement espacées. Elle a un canal siphonal. Le bord interne de l'ouverture est couvert de denticules. Sa couleur et sa forme sont fortement variables.

Dimension : la longueur des individus est comprise entre 20 à 40 millimètres.

Mesures retenues : longueur, largeur, petit péristome, grand péristome, dernier tour, avant dernier tour.

Distribution actuelle : la pourpre se retrouve du nord de la Norvège jusqu'au sud du Portugal. Sa présence sur les côtes nord-est de l'Amérique est due à une introduction récente. Elle est actuellement absente du Maroc, mais y vivait au début du Quaternaire.

Biotope : ce Gastropode vit dans la zone intertidale rocheuse, dans les crevasses. Elle se nourrit de moules et de balanes de l'étage médiolittoral.

Coloration : forte variation de couleur du blanc, aux rayures violettes.

Références bibliographiques : Dautzenberg, 1913 ; Phillips, 1987 ; Lindner, 1989 ; Poppe and Goto, 1991 ; Woodward, 1995.

INFORMATIONS ARCHÉOLOGIQUES :

Utilisation(s) attestée(s) : nourriture, parure, teinture.

Chaîne opératoire d'acquisition : quotidienne sur les rochers.

Apport dans le quotidien des hommes préhistoriques : comme pour *Nassarius reticulatus,* la variation des formes est un bon indicateur du mode d'exposition de la côte. La variation des couleurs du test étant étroitement liée à l'alimentation de cette espèce. En cas de coloration visible, le territoire de pêche peut ainsi être indirectement affiné.

Sites où l'espèce est présente : Saint-Gildas IB, Beg-an-Dorchenn, Hoëdic, Téviec, Beg-er-Vil, La Garenne, La Sauzaie, La Perroche, Ponthezières, Er Yoh.

N°29 - *Ocenebra erinaceus* (Linné, 1758)

C. Dupont
(L=15mm)

Classe des Gastropodes

CARACTÉRISTIQUES DE L'ESPÈCE :

Description **: la coquille de ce murex, au dernier tour de spire très volumineux, possède une spire élevée et pointue. Son test est recouvert jusqu'à 9 varices couvertes d'écailles striées.**

Dimension : les individus de cette espèce possèdent une hauteur comprise entre de 20 à 65 millimètres pour une moyenne de 40 millimètres.

Mesures retenues : longueur, largeur.

Distribution actuelle : du sud du Danemark jusqu'aux Açores, aux Canaries et à Madère. En Méditerranée et en Mer du Nord.

Biotope : de la zone intertidale jusqu'à 150 mètres de profondeur, le murex se nourrit de Bivalves qu'il perfore.

Coloration : ouverture blanche, coquille de différentes nuances de brun.

Références bibliographiques : Fretter and Graham, 1984, pp.455-457 ; Phillips, 1987, p.40 ; Wye, 1990, p.85 ; Poppe and Goto, 1991, p.38, p.137, Pl.26 ; Woodward, 1995, p.40.

INFORMATIONS ARCHÉOLOGIQUES :

Utilisation(s) attestée(s) : parure, nourriture, teinture.

Chaîne opératoire d'acquisition : elle peut être collectée à main nue sur les rochers.

Apport dans le quotidien des hommes préhistoriques : parfois accompagnatrice de la malacofaune marine consommée elle apporte des indices sur le territoire de pêche exploité.

Sites où l'espèce est présente : La Grande Pièce, Saint-Gildas IC, Hoëdic, Téviec, Beg-er-Vil, La grotte du Phare, Diconche, La Perroche, Ponthezières.

N°30 - *Osilinus lineatus* (da Costa, 1778)

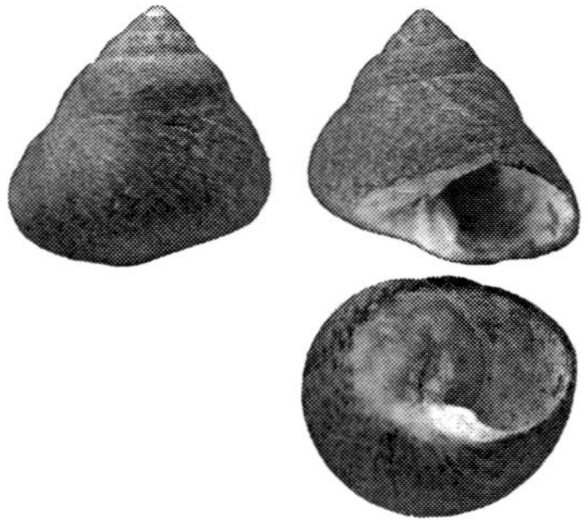

C. Dupont
(L=20mm)

Classe des Gastropodes

CARACTÉRISTIQUES DE L'ESPÈCE :

Description : la monodonte présente une coquille conique d'environ six tours de spire. Son ouverture est nacrée et bordée d'une seule dent qui rappelle son nom. Elle ne possède pas d'ombilic. Sur les sujets âgés l'apex érodé a une coloration jaunâtre et nacrée.

Dimension : de 15 à 25 millimètres de diamètre, sa hauteur avoisine les 30 millimètres de hauteur.

Mesures retenues : longueur, hauteur, grande largeur, petite largeur.

Distribution actuelle : elle est absente de la Méditerranée et de la Mer du Nord et se trouve en Atlantique du sud des îles britanniques jusqu'au Portugal.

Biotope : cette espèce est très sensible aux températures froides de distribution lusitanienne. Strictement intertidale, elle est limitée à la partie haute ou moyenne de l'estran, de milieu rocheux où elle vit sur les côtes battues à abritées. Elle supporte moins l'envasement que le bigorneau noir *Littorina littorea*. La pêche actuelle de la monodonte est dédaignée en Bretagne, alors que plus au sud, sur l'île d'Oléron, cette espèce très abondante y fait l'objet d'une pêche à pied.

Coloration : coquille brun à gris vert avec des zigzags rouge, tachetée de violet, son apex une fois érodé présente une coloration orange.

Références bibliographiques : Dautzenberg, 1913 ; Phillips, 1987 ; Lindner, 1989 ; Poppe and Goto, 1991.

INFORMATIONS ARCHÉOLOGIQUES :

Utilisation(s) attestée(s) : nourriture.

Chaîne opératoire d'acquisition : de milieu rocheux, la monodonte peut être pêchée quotidiennement et selon les coefficients de marée plusieurs heures par jour.

Apport dans le quotidien des hommes préhistoriques : cette espèce typique de milieu rocheux est un bon indicateur du substrat fréquenté. Souvent présente dans les sites archéologiques, une typologie de morceaux permet de comparer leur degré de dégradation. Sa faible tolérance aux variations de températures a souvent été citée pour expliquer son absence.

Sites où l'espèce est présente : Saint-Gildas IB, Porteau-Ouest, Beg-an-Dorchenn, Hoëdic, Téviec, Beg-er-Vil, Les-Gouillauds, La Sauzaie, Le Rocher, La grotte du Phare, La Perroche, Ponthezières, Er Yoh.

N°31 - *Patella intermedia* Murray in Knapp, 1857

P. Lozouet
(L=38mm)

Classe des Gastropodes

CARACTÉRISTIQUES DE L'ESPÈCE :

Description : cette espèce de forme conique possède des côtes difformes et non rectilignes. Elle est généralement plus petite que *P. vulgata.*

Dimension : la longueur des individus est comprise entre 26 et 45 millimètres les plus grands individus pouvant atteindre 60 millimètres.

Mesures retenues : longueur, largeur, hauteur.

Distribution actuelle : en Europe, sa distribution est limitée aux côtes atlantiques de la Manche et de la côte ouest de l'Angleterre jusqu'au sud de Gibraltar. Sur la côte basque elle est très abondante et variable de forme. En Espagne elle abonde. Elle est aussi présente en Méditerranée.

Biotope : cette espèce se mélange aux deux autres espèces sur les estrans de la façade atlantique de la France. Elle est trouvée du haut de l'estran jusqu'à sa partie moyenne, elle se mélange à *P. vulgata,* mais elle se situe le plus souvent dans les mares qui n'assèchent pas, comme *P. ulyssiponensis.*

Coloration : une coquille plus sombre que *P. vulgata* et plutôt jaunâtre que verte, mais de coloration variable. L'intérieur peut être noir, jaune, orange ou brun avec ou sans variation. La coloration est plus vive que *P vulgata*, plus jaune que verte. L'animal de cette espèce est plus noire que *P vulgata.* De petits tirets blancs ornent le bord interne de la coquille.

Références bibliographiques : Poppe and Goto, 1991, p.70 ; de Montaudouin et Sauriau, 2000.

INFORMATIONS ARCHÉOLOGIQUES :

Utilisation(s) attestée(s) : nourriture, parure.

Chaîne opératoire d'acquisition : quotidienne sur les rochers.

Apport dans le quotidien des hommes préhistoriques : la détermination de cette espèce reste difficile du fait de l'absence de coloration de la coquille. Cependant, sa présence permet d'affiner le niveau de l'estran exploité.

Sites où l'espèce est présente : La Grande Pièce, Saint-Gildas IB, Saint-Gildas IC, Porteau-Ouest, Beg-an-Dorchenn, Hoëdic, Téviec, Beg-er-Vil, Auzay, Les-Gouillauds, La Garenne, Chez Reine, La Sauzaie, Le Rocher, Pied-Lizet, La grotte du Phare, La Perroche, Ponthezières, Er Yoh.

N°32 - *Patella ulyssiponensis* Gmelin, 1791

P. Lozouet
(L=43mm)

Classe des Gastropodes

CARACTÉRISTIQUES DE L'ESPÈCE :

Description : sa coquille conique est, en général, large et plate. La partie antérieure de la coquille est plus étroite. L'intérieur est blanc porcelaine avec souvent des reflets bleus et une tâche centrale orange ou jaune. Suivant les espèces, le test est orné de côtes plus ou moins nombreuses convergentes vers le sommet.

Dimension : les individus mesurent entre 30 et 50 millimètres de long et peuvent atteindre exceptionnellement 70 millimètres.

Mesures retenues : longueur, largeur, hauteur.

Distribution actuelle : elle vit de la Mer Noire à la Méditerranée et vers le nord des îles britanniques. Elle est absente de la partie orientale de la Manche. Sa limite sud n'est pas connue, car elle est confondue avec P. nigra connue dans les Canaries, à Madère et dans les Açores.

Biotope : cette espèce est inféodée aux plus bas niveaux et remonte dans les mares. Comme toutes les patelles, cette espèce vit fixée aux rochers.

Coloration : couleur variant à l'extérieur du gris au blanc sale avec des bandes rayonnantes brunes ou noires.

Références bibliographiques : Fretter and Graham, 1976, pp.25-37 ; Phillips, 1987, p.12 ; Wye, 1990, p.26 ; Poppe and Goto, 1991, p.32, pp.68-69 ; Woodward, 1995, p.18.

INFORMATIONS ARCHÉOLOGIQUES :

Utilisation(s) attestée(s) : parure, nourriture.

Chaîne opératoire d'acquisition : strictement intertidale P. ulyssiponensis peut être collectée quotidiennement dans les plus bas niveaux.

Apport dans le quotidien des hommes préhistoriques : la détermination de cette patelle reste difficile du fait de l'absence de coloration de la coquille. Cependant, sa présence permet d'affiner le niveau de l'estran exploité, cette espèce étant inféodée aux bas niveaux. Certaines études ont montré la possibilité de connaître le degré d'agitation de l'estran en fonction de certaines formes de patelle. La patelle étant une des espèces les plus consommées, la distribution des tailles de celle-ci permet au sein des assemblages de caractériser la collecte quelle soit sélective ou aléatoire. Une typologie des morceaux permet de connaître le degré d'altération de cette espèce.

Sites où l'espèce est présente : La Grande Pièce, Saint-Gildas IB, Saint-Gildas IC, Porteau-Ouest, Beg-an-Dorchenn, Hoëdic, Téviec, Beg-er-Vil, Auzay, Les-Gouillauds, La Garenne, Chez Reine, La Sauzaie, Le Rocher, Pied-Lizet, La grotte du Phare, La Perroche, Ponthezières, Er Yoh.

N°33 - *Patella vulgata* Linné, 1758

P. Lozouet
(L=35mm)

Classe des Gastropodes

CARACTÉRISTIQUES DE L'ESPÈCE :

Description : cette espèce possède une coquille très conique par rapport aux autres patelles et est plutôt élevée. D'ouverture arrondie, l'apex est central ou légèrement antérieur. Les côtes sont régulières, peu marquées et les arrêts de croissance peu visibles.
Dimension : la longueur des individus est comprise entre 30 et 50 millimètres, les plus grands individus pouvant atteindre 75 millimètres.
Mesures retenues : longueur, largeur, hauteur.
Distribution actuelle : cette espèce septentrionale se retrouve du nord de la Norvège jusqu'au détroit de Gibraltar.
Biotope : typiquement intertidale, cette patelle est observée des hauts aux bas niveaux de l'estran surtout en mode abrité.
Coloration : verdâtre ou gris. L'intérieur de la coquille est blanc ou jaunâtre avec des cicatrices gris argenté au sommet.
Références bibliographiques : Poppe and Goto, 1991, p.71.

INFORMATIONS ARCHÉOLOGIQUES :

Utilisation(s) attestée(s) : nourriture, parure.
Chaîne opératoire d'acquisition : quotidienne sur les rochers.
Apport dans le quotidien des hommes préhistoriques : la détermination de cette espèce reste difficile du fait de l'absence de coloration de la coquille. Cependant, sa présence permet d'affiner le niveau de l'estran exploité.
Sites où l'espèce est présente : La Grande Pièce, Saint-Gildas IB, Saint-Gildas IC, Porteau-Ouest, Beg-an-Dorchenn, Hoëdic, Téviec, Beg-er-Vil, Auzay, Les-Gouillauds, La Garenne, Chez Reine, La Sauzaie, Le Rocher, Pied-Lizet, La grotte du Phare, La Perroche, Ponthezières, Er Yoh.

N°34 - *Phalium saburon* (Bruguière, 1792)

P. Lozouet
(L=69mm)

Classe des Gastropodes

CARACTÉRISTIQUES DE L'ESPÈCE :

Description : ce casque présente une coquille globuleuse à spire courte et au dernier tour très renflé. Le bord columellaire est important et ventralement il s'allonge en un canal étroit. Le canal siphonal est court et courbé vers le dos. Tout le long de la columelle rectiligne est, quant à lui, orné de petits plis. L' ouverture est ovale et le labre épaissi en un gros bourrelet.
Dimension : les individus avoisinent une hauteur de 60 millimètres pour une largeur de 45 millimètres.
Mesures retenues : longueur, largeur.
Distribution actuelle : cette espèce plutôt méridionale, vit dans l'Atlantique jusqu'à Vigo en Espagne et même jusque sur la côte basque.
Biotope : toujours subtidale, cette espèce vit en milieu meuble assez profond. Elle est rarement rejetée sur la côte.
Coloration : marron clair à jaune.
Références bibliographiques : Wye, 1990, p.73 ; Poppe and Goto, 1991, p.38, p.128, Pl.21 ; Woodward, 1995, p.35.

INFORMATIONS ARCHÉOLOGIQUES :

Utilisation(s) attestée(s) : parure.
Chaîne opératoire d'acquisition : cette espèce est collectée morte.
Apport dans le quotidien des hommes préhistoriques : la répartition biogéographique de cette espèce est intéressante du fait de son aspect méridional.
Sites où l'espèce est présente : La Grande Pièce.

N°35 - *Rissoa* sp. Fréminville in Desmarest, 1814

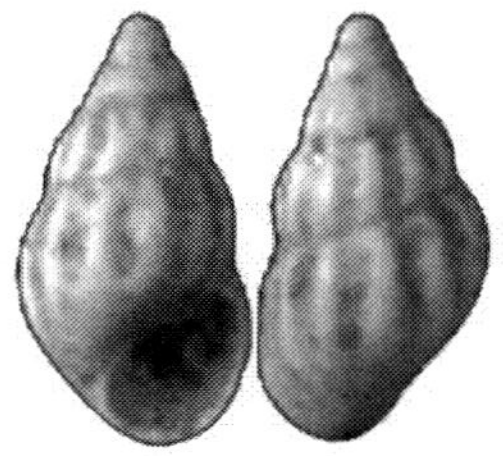

C. Dupont
(L=3mm)

Classe des Gastropodes

CARACTÉRISTIQUES DE L'ESPÈCE :

Description : sa coquille est allongée et ornée de quelques côtes.
Dimension : sa longueur avoisine les 5 millimètres.
Mesures retenues : néant.
Distribution actuelle : variable selon les espèces.
Biotope : ce genre vit dans des biotopes assez variés comme les algues de milieu rocheux, les herbiers de zostères et les marais salés.
Coloration : couleur variable selon l'espèce.
Références bibliographiques : Dautzenberg, 1913, p.20 ; Poppe and Goto, 1991, p.106, Pl.16.

INFORMATIONS ARCHÉOLOGIQUES :

Utilisation(s) attestée(s) : aucune.
Chaîne opératoire d'acquisition : elle est rarement retrouvée dans les accumulations anthropiques.
Apport dans le quotidien des hommes préhistoriques : certaines espèces de ce genre ont été décrites comme 'accessory marine molluscs' dans le site danois d'Ertebølle (Petersen, 1986). Elles apportent des indices dans la reconstitution du paléoenvironnement.
Sites où l'espèce est présente : Ponthezières.

N°36 - *Tricolia pullus pullus* (Linné, 1758)

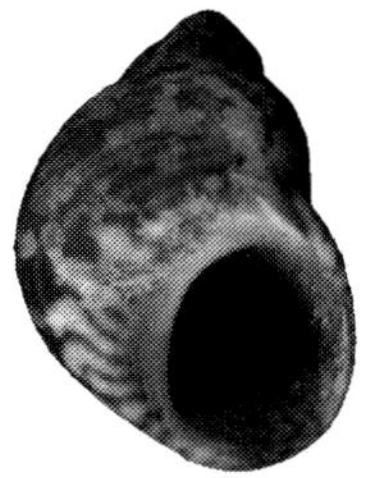

P. Lozouet
(L=7mm)

Classe des Gastropodes

CARACTÉRISTIQUES DE L'ESPÈCE :

Description : cette espèce présente une coquille oblongue, lisse et brillante ou à fines stries spiralées.
Dimension : les individus mesurent entre 5 millimètres de diamètre et 8 millimètres de hauteur.
Mesures retenues : néant.
Distribution actuelle : de la côte Ouest des îles britanniques et du sud la Manche à la Méditerranée incluse.
Biotope : cette espèce intertidale vit en eaux peu profondes et est typiquement associée aux algues rouges au-dessus des laminaires. Cependant, elle se retrouve jusqu'à 35 mètres de profondeur.
Coloration : coquille aux décors roses et rouges.
Références bibliographiques : Poppe et Goto, 1991, p.89.

INFORMATIONS ARCHÉOLOGIQUES :

Utilisation(s) attestée(s) : aucune.
Chaîne opératoire d'acquisition : cette espèce est rarement retrouvée dans les accumulations anthropiques et elle est souvent retrouvée morte mêlée aux laisses de haute mer.
Apport dans le quotidien des hommes préhistoriques : elle apporte des indices sur la reconstitution des paléoenvironnements.
Sites où l'espèce est présente : Beg-an-Dorchenn

N°37 - *Trivia monacha* (da Costa, 1788)

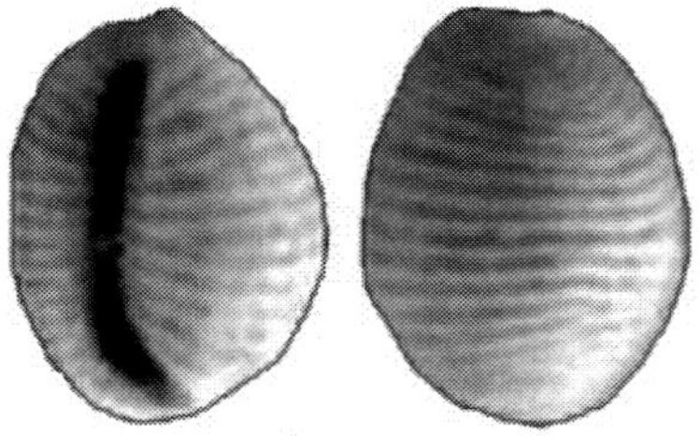

C. Dupont
(L=9mm)

Classe des Gastropodes

CARACTÉRISTIQUES DE L'ESPÈCE :

Description : la coquille de cette espèce présente la forme d'un grain de café. Sa surface présente de petites côtes qui se dessinent dans le sens de la largeur du test.
Dimension : les individus adultes de cette espèce peuvent atteindre 12 millimètres de long mais mesurent en moyenne 8 millimètres.
Mesures retenues : longueur, largeur.
Distribution actuelle : de la Méditerranée occidentale jusqu'aux îles britanniques.
Biotope : cette espèce vit de la partie la plus basse de la marée jusqu'à 80 mètres de profondeur sur les rochers couverts d'algues rouges et d'ascidies dont elle se nourrit.
Coloration : teinte rosée uniforme ou portant des taches violacées.
Références bibliographiques : Dautzenberg, 1913, p.15 ; Poppe and Goto, 1991, p.122.

INFORMATIONS ARCHÉOLOGIQUES :

Utilisation(s) attestée(s) : parure.
Chaîne opératoire d'acquisition : nécessitant un grand coefficient de marée, sa collecte est sans doute effectuée sur des coquilles mortes.
Apport dans le quotidien des hommes préhistoriques : l'observation des perforations permet d'en déduire les techniques de percement du test ainsi que l'utilisation (port) ou non des parures.
Sites où l'espèce est présente : Porteau-Ouest, Beg-an-Dorchenn, Hoëdic, Téviec, Beg-er-Vil, Ponthezières (*Trivia* sp.) , Er Yoh.

N°38 - *Trochus magus* Linné, 1754

P. Lozouet
(L=13mm)

Classe des Gastropodes

CARACTÉRISTIQUES DE L'ESPÈCE :

Description : cette gibbule ombiliquée possède un test légèrement aplati aux tours de spire bien délimités. La suture est très nette. Elle possède au moins 5 tours de spire irréguliers bosselés et crantés.
Dimension : cette espèce avoisine les 30 millimètres de largeur et peut atteindre exceptionnellement 35 millimètres pour une hauteur moyenne de 30 millimètres.
Mesures retenues : néant.
Distribution actuelle : cette gibbule vit des côtes de la Manche jusqu'à la Méditerranée.
Biotope : cette espèce est intertidale en Atlantique ou en Manche mais aussi infralittorale préférant les fonds sableux ou vaseux. Elle vit enfouie dans le sable de l'étage infralittoral jusqu'à 70 mètres de profondeur.
Coloration : très variable, de couleur crème associée à des lignes rouges et violettes.
Références bibliographiques : Dautzenberg, 1913, p.25 ; Phillips, 1987, p.16 ; Lindner, 1989, p.122 ; Goto and Poppe, 1991, p.80.

INFORMATIONS ARCHÉOLOGIQUES :

Utilisation(s) attestée(s) : néant.
Chaîne opératoire d'acquisition : cette espèce accompagnatrice peut être collectée par hasard.
Apport dans le quotidien des hommes préhistoriques : apport d'indices sur les caractéristiques du lieu de collecte.
Sites où l'espèce est présente : Téviec.

N°39 - *Turritella communis* Risso, 1826

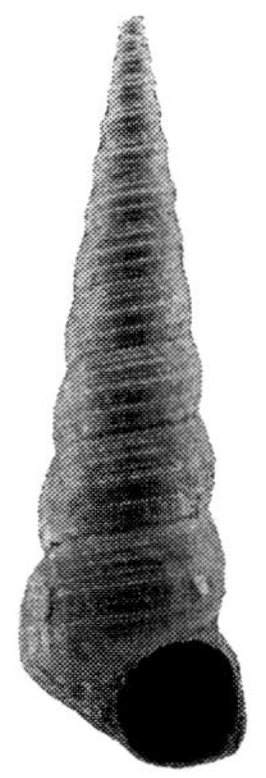

P. Lozouet
(L=31mm)

Classe des Gastropodes

CARACTÉRISTIQUES DE L'ESPÈCE :

Description : de coquille allongée et étroite, le dernier tour est parfois un peu détaché des autres à proximité de l'ouverture.
Dimension : cette espèce avoisine les 30 millimètres de long et peut exceptionnellement atteindre 55 millimètres.
Mesures retenues : néant.
Distribution actuelle : commune sur notre littoral du sud-ouest ainsi qu'en Méditerranée.
Biotope : cette espèce se retrouve au-dessous de la limite des marées, mais est souvent rejetée à la côte. Elle vit en colonies entre 10 et 200 mètres de profondeur sur les fonds sableux ou sablo-vaseux.
Coloration : beige à marron noir, parfois rose et jaune.
Références bibliographiques : Dautzenberg, 1913, p.18 ; Poppe and Goto, 1991, p.108.

INFORMATIONS ARCHÉOLOGIQUES :

Utilisation(s) attestée(s) : parure durant le Paléolithique supérieur.
Chaîne opératoire d'acquisition : coquille accompagnatrice.
Apport dans le quotidien des hommes préhistoriques : cette espèce apporte des indices sur la reconstitution du paléoenvironnement.
Sites où l'espèce est présente : Ponthezières, Er Yoh.

N°40 - *Acanthocardia echinata* (Linné, 1758)

C. Dupont
(L=59mm)

Classe des Bivalves

CARACTÉRISTIQUES DE L'ESPÈCE :

Description : cette espèce présente une valve ronde ou ovale sculptée de 18 à 22 côtes radiales avec une rangée centrale d'épines. Les épines de cette espèce sont réunies les unes aux autres ce qui la différencie d'*A. tuberculata* aux épines non réunies. Les dents cardinales de la valve gauche sont de même taille.
Dimension : les individus varient de 30 à 76 millimètres de long.
Mesures retenues : longueur, hauteur.
Distribution actuelle : fréquente dans l'ouest de la Baltique, dans la mer du Nord, la Manche, l'Atlantique et la Méditerranée
Biotope : cette espèce vit dans les zones de sable fin, de vase et graveleuses depuis le large des côtes jusqu'à des profondeurs considérables de 4 à 350 mètres de profondeur.
Coloration : jaune ocre ou beige.
Références bibliographiques : Dautzenberg ; 1913 ; Phillips, 1987 ; Lindner, 1989 ; Poppe and Goto, 1993 ; Woodward, 1995.

INFORMATIONS ARCHÉOLOGIQUES :

Utilisation(s) attestée(s) : outil et espèce accompagnatrice.
Chaîne opératoire d'acquisition : cette espèce peut être collectée échouée sur les plages de sable.
Apport dans le quotidien des hommes préhistoriques : l'observation détaillée de certains morceaux de tests de cette espèce permet de mettre en évidence des utilisations anthropiques.
Sites où l'espèce est présente : Hoëdic, Téviec, Chez Reine, La Garenne, La Sauzaie (*Acanthocardia* sp.), Diconche (*Acanthocardia* sp.), La Perroche, Ponthezières (*Acanthocardia* sp.), Er Yoh.

N°41 - *Anomia ephippium* Linné, 1758

C. Dupont
(L=35mm)

Classe des Bivalves

CARACTÉRISTIQUES DE L'ESPÈCE :

Description : cette espèce très commune sur nos côtes possède une coquille ressemblant à celle de l'huître. Elle en diffère par une valve plate à un orifice. Elle est très variable de forme et de couleur et reproduit toujours plus ou moins fidèlement les accidents du substrat sur lequel elle est accrochée. Elle est reconnaissable par l'empreinte musculaire tripartite.
Dimension : les individus varient de 20 à 65 millimètres de diamètre.
Mesures retenues : néant.
Distribution actuelle : de l'Islande, des îles britanniques au sud de l'Angola jusqu'à l'ouest de l'Afrique. Egalement présente en Méditerranée.
Biotope : ce bivalve vit de la zone intertidale jusqu'à 150 mètres de profondeur sur tous types de substrats durs. Un de ses substrats préféré est la coquille Saint-Jacques.
Coloration : partie interne variant entre le blanc, le jaune, l'orange et le violet.
Références bibliographiques : Dautzenberg, 1913, p.32 ; Poppe and Goto, 1993, p.74, Pl.12.

INFORMATIONS ARCHÉOLOGIQUES :

Utilisation(s) attestée(s) : néant.
Chaîne opératoire d'acquisition : cette espèce étant accessible uniquement à basses mers de vives eaux, elle a pu être collectée échouée ou attachée à d'autres coquilles.
Apport dans le quotidien des hommes préhistoriques : cette étude apporte des indices sur les lieux de collecte des coquilles.
Sites où l'espèce est présente : Beg-er-Vil, La Perroche.

N°42 - *Callista chione* (Linné, 1758)

P. Lozouet
(L=79mm)

Classe des Bivalves

CARACTÉRISTIQUES DE L'ESPÈCE :

Description : cette espèce présente de grandes valves luisantes d'où le nom de vernis. La coquille est épaisse et reconnaissable à la forme de la charnière.
Dimension : les individus varient de 30 à 100 millimètres de long.
Mesures retenues : longueur, hauteur.
Distribution actuelle : du sud des îles britanniques jusqu'au Maroc et à la Méditerranée.
Biotope : ce gros bivalve vit sur les fonds sableux de quelques mètres de profondeur, à partir de la partie basse extrême de la marée (basse mer des plus grandes marées) jusqu'à 180 mètres de profondeur.
Coloration : marron.
Références bibliographiques : Dautzenberg, 1913 ; Poppe and Goto, 1993.

INFORMATIONS ARCHÉOLOGIQUES :

Utilisation(s) attestée(s) : outil.
Chaîne opératoire d'acquisition : cette espèce peut être collectée échouée le long de l'estran.
Apport dans le quotidien des hommes préhistoriques : l'analyse des stigmates permet d'élaborer des hypothèses quant à l'utilisation anthropique de ces tests coquilliers.
Sites où l'espèce est présente : Beg-an-Dorchenn, Beg-er-Vil, Montagant, La Sauzaie, Diconche, La Perroche, Ponthezières, Er Yoh.

N°43 - *Cerastoderma edule* (Linné, 1758)

C. Dupont
(L=28mm)

Classe des Bivalves

CARACTÉRISTIQUES DE L'ESPÈCE :

Description : cette espèce est équivalve et présente une sculpture à côtes radiales. Les impressions des muscles adducteurs sont égales et le sinus palléal absent. Les côtes sont de 22 à 28 ne se prolongent pas à l'intérieur des valves.

Dimension : les individus de cette espèce sont compris entre 15 à 51 millimètres de long.

Mesures retenues : longueur, hauteur.

Distribution actuelle : elle se retrouve de la Norvège à la Mauritanie et en Afrique occidentale aussi en Méditerranée et en Mer du Nord.

Biotope : à la fois intertidale et subtidale, elle vit sur des fonds sableux ou vaseux.

Coloration : du blanc sale à diverses nuances de brun en passant par le jaune pâle. Intérieur blanc.

Références bibliographiques : Tebble, 1966, pp.97-107 ; Phillips, 1987, p.72 ; Wye, 1990, p.166 ; Poppe and Goto, 1993, p.95, Pl.16 ; Woodward, 1995, p.70.

INFORMATIONS ARCHÉOLOGIQUES :

Utilisation(s) attestée(s) : alimentation, parure.

Chaîne opératoire d'acquisition : cette espèce peut être collectée quotidiennement. Sa pêche nécessite une recherche dans le sédiment.

Apport dans le quotidien des hommes préhistoriques : la coque apporte des indices sur les caractéristiques de son substrat.

Sites où l'espèce est présente : la Grande Pièce, Porteau-Ouest, Beg-an-Dorchenn, Hoëdic, Téviec, Beg-er-Vil, Les-Gouillauds, La Sauzaie, Le Rocher, Pied-Lizet, Diconche, La Perroche, Ponthezières, Er Yoh.

N°44 - *Cerastoderma glaucum* (Poiret, 1789)

P. Lozouet
(L=24mm)

Classe des Bivalves

CARACTÉRISTIQUES DE L'ESPÈCE :

Description : cette espèce est souvent confondue à *Cerastoderma edule* et est également équivalve. Sa face externe est sculptée de 22 à 28 côtes radiales. Les impressions des muscles adducteurs sont égales et le sinus palléal est absent. Contrairement à *C. edule*, les sillons se prolongent à l'intérieur des valves et cette espèce est également plus oblique que *C. edule*.

Dimension : les individus de cette espèce mesurent de 15 à 51 millimètres de long.

Mesures retenues : longueur, hauteur.

Distribution actuelle : elle se retrouve de la Norvège à la Mauritanie et en Afrique occidentale aussi en Méditerranée et en Mer du Nord.

Biotope : elle vit surtout dans les estuaires et les anciens marais salants de l'Océan. On la rencontre aussi dans les lagunes de la Méditerranée.

Coloration : du blanc sale à diverses nuances de brun en passant par le jaune pâle. Intérieur blanc. Coquille mince et colorée de violet ou de jaune verdâtre.

Références bibliographiques : Dautzenberg, 1913, p.45 ; Tebble, 1966, pp.97-107 ; Phillips, 1987, p.72 ; Wye, 1990, p.166 ; Poppe and Goto, 1993, p.95, Pl.16 ; Woodward, 1995, p.70.

INFORMATIONS ARCHÉOLOGIQUES :

Utilisation(s) attestée(s) : alimentation, parure.

Chaîne opératoire d'acquisition : selon les variétés, les coquilles vivent en milieu sableux ou vaseux. La collecte peut être quotidienne après recherche dans le sédiment.

Apport dans le quotidien des hommes préhistoriques : cette espèce contrairement à *C. edule* est tolérante à la dessalure.

Sites où l'espèce est présente : Saint-Gildas IB, Saint-Gildas IC.

N°45 - *Chlamys varia* (Linné, 1758)

C. Dupont (L=40mm)

Classe des Bivalves

CARACTÉRISTIQUES DE L'ESPÈCE :

Description : cette coquille présente de 25 à 45 côtes régulières (la plupart du temps 27) qui parfois possèdent des petites épines devenant de plus en plus large vers le bord.

Dimension : les individus de cette espèce sont compris entre 30 à 55 millimètres de long, exceptionnellement cette coquille peut atteindre 80 millimètres de long.

Mesures retenues : néant.

Distribution actuelle : ce bivalve se retrouve de l'Islande et de la Norvège au sud de la Mauritanie et à l'ouest de l'Afrique. C'est une espèce également méditerranéenne.

Biotope : cette espèce vit en eaux peu profondes de la zone intertidale jusqu'à 83 mètres de profondeur. Elle vit attachée par son byssus en général sous les rochers ou sur les galets.

Coloration : très variable, comprenant toutes les gammes de blanc-jaune, d'orangé, de rouge, de rose de violet. Peut se présenter tachetée de blanc ou unie.

Références bibliographiques : Dautzenberg, 1913, p.34 ; Poppe and Goto, 1993, p.64, Pl.9.

INFORMATIONS ARCHÉOLOGIQUES :

Utilisation(s) attestée(s) : nourriture, parure.

Chaîne opératoire d'acquisition : accompagnatrice dans les sites mésolithiques et néolithiques, cette espèce peut rarement être pêchée à pied sec.

Apport dans le quotidien des hommes préhistoriques : apporte des informations sur les caractéristiques du territoire de pêche.

Sites où l'espèce est présente : Hoëdic, Beg-er-Vil, Les-Gouillauds, Le Rocher, Ponthezières.

N°46 - *Clausinella fasciata* (da Costa, 1778)

P. Lozouet (L=27mm)

Classe des Bivalves

CARACTÉRISTIQUES DE L'ESPÈCE :

Description : cette espèce se distingue par la présence de 8 à 16 stries concentriques très prononcées.

Dimension : les individus de cette espèce possèdent une longueur comprise entre 10 et 30 millimètres.

Mesures retenues : néant.

Distribution actuelle : très rare dans la Manche, cette coquille l'est moins sur les côtes de l'Océan Atlantique. En Méditerranée elle est représentée par une forme plus petite.

Biotope : cette espèce vit enfouie dans le sable, la vase ou les fonds graveleux entre 4 et 110 mètres de profondeur. Certains spécimens peuvent être occasionnellement retrouvés sous des pierres à marée basse lors de grands coefficients de marée.

Coloration : variable

Références bibliographiques : Dautzenberg, 1913, p.49 ; Poppe and Goto, 1993, p.121.

INFORMATIONS ARCHÉOLOGIQUES :

Utilisation(s) attestée(s) : néant.

Chaîne opératoire d'acquisition : accompagnatrice, ce bivalve peut être collecté par hasard.

Apport dans le quotidien des hommes préhistoriques : cette espèce apporte des éléments sur la reconstitution du paléoenvironnement.

Sites où l'espèce est présente : Ponthezières.

N°47 - *Donax* sp. Linné, 1758

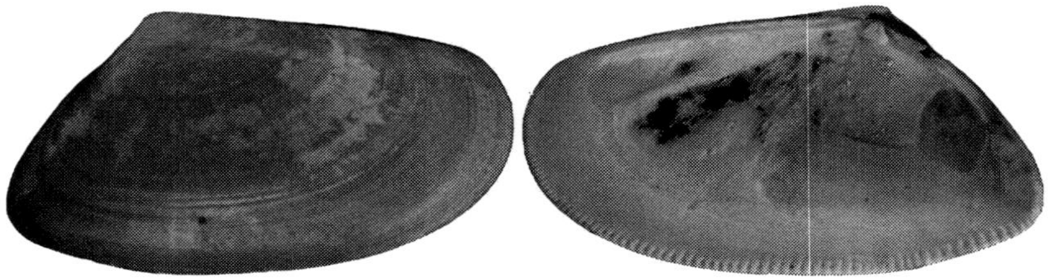

P. Lozouet
(L=44mm)

Classe des Bivalves

CARACTÉRISTIQUES DE L'ESPÈCE :

Description : de coquille solide, la forme générale du test est triangulaire. Le bord est plus ou moins crénelé selon les espèces. La coquille est épaisse et possède une hauteur deux fois plus petite que sa longueur. Deux espèces *D. vittatus* et *D. trunculus* abondent sur nos estrans sableux.
Dimension : les plus grands individus peuvent atteindre 38 millimètres.
Mesures retenues : longueur, hauteur.
Distribution actuelle : ce bivalve se retrouve en Manche, en Atlantique et également en Méditerranée.
Biotope : ce genre est strictement inféodée au milieu sableux et vit à une faible profondeur.
Coloration : variable selon les espèces du jaune ou vert olive. L'intérieur varie du blanc jaunâtre nacré ou blanc tacheté de violet.
Références bibliographiques : Dautzenberg, 1913, p.52 ; Lindner, 1989, p.234 ; Poppe and Goto, 1993, pp.112-114 ; Loyer, 1995, p.15.

INFORMATIONS ARCHÉOLOGIQUES :

Utilisation(s) attestée(s) : nourriture, décoration de villas gallo-romaines.
Chaîne opératoire d'acquisition : cette espèce doit être rechercher par raclage du sable.
Apport dans le quotidien des hommes préhistoriques : Indication d'un estran sableux.
Sites où l'espèce est présente : Beg-an-Dorchenn.

N°48 - *Gari* sp. Schumacher, 1817

P. Lozouet
(L=40mm)

Classe des Bivalves

CARACTÉRISTIQUES DE L'ESPÈCE :

Description : la forme de sa charnière est typique des Tellinacea. De nombreuses stries radiales bien visibles sur l'extrémité postérieure caractérisent cette espèce.
Dimension : selon les espèces, la longueur varie entre 15 à 70 millimètres.
Mesures retenues : néant.
Distribution actuelle : elle se retrouve du sud des îles britanniques jusqu'au sud de l'Angola, en Afrique de l'Ouest. Elle est également présente aux Açores, à Madères, aux Canaries et en Méditerranée.
Biotope : ce bivalve vit soit sur le sable, la vase ou les fonds graveleux de la zone intertidale jusqu'à 50 mètres de profondeur.
Coloration : de coloration très variable.
Références bibliographiques : Poppe et Goto, 1993, pp.114-115, Pl.20.

INFORMATIONS ARCHÉOLOGIQUES :

Utilisation(s) attestée(s) : néant.
Chaîne opératoire d'acquisition : espèce accompagnatrice, elle a pu être collectée par hasard.
Apport dans le quotidien des hommes préhistoriques : reconstitution du paléoenvironnement.
Sites où l'espèce est présente : Beg-an-Dorchenn.

N°49 - *Gastrana fragilis* (Linné, 1758)

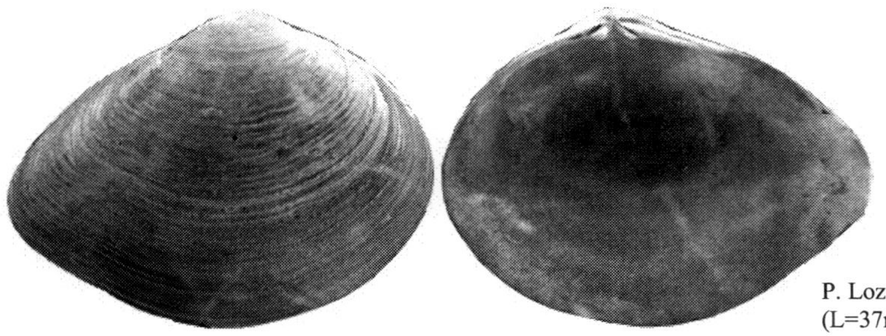

P. Lozouet
(L=37mm)

Classe des Bivalves

CARACTÉRISTIQUES DE L'ESPÈCE :

Description : cette espèce présente des valves aux bords lisses, de forme triangulaire. Elle possède deux valves symétriques.
Dimension : les individus de cette espèce sont compris entre 15 à 45 millimètres de long.
Mesures retenues : néant.
Distribution actuelle : elle se localise en Baltique, en Atlantique et en Méditerranée.
Biotope : ce bivalve vit dans la vase en eau peu profonde et dans les estuaires.
Coloration : surface jaune vert et intérieur blanc.
Références bibliographiques : Dautzenberg, 1913, p.64 ; Phillips, 1987, p.82 ; Lindner, 1989, p.106 ; Poppe and Goto, 1993, p.109, Pl.9.

INFORMATIONS ARCHÉOLOGIQUES :

Utilisation(s) attestée(s) : néant.
Chaîne opératoire d'acquisition : espèce accompagnatrice de petite taille, elle a pu être collectée par hasard.
Apport dans le quotidien des hommes préhistoriques : elle apport des indices sur les lieux de collecte des ressources marines.
Sites où l'espèce est présente : Ponthezières.

N°50 - *Glycymeris glycymeris* (Linné, 1758)

P. Lozouet
(L=55mm)

Classe des Bivalves

CARACTÉRISTIQUES DE L'ESPÈCE :

Description : les valves de l'amande sont intégripalliées ovales et presque équilatérales. La charnière, taxodonte, possède une ligne de 12 à 24 petites dents divisée en 2 arcs. Les valves sont peu renflées au sommet peu saillant. Le test, épais, très solide, est orné de stries de croissance concentriques et grossières ainsi que de stries rayonnantes fines.
Dimension : les valves de cette espèce sont comprises entre 50 et 90 millimètres de diamètres.
Mesures retenues : longueur, hauteur.
Distribution actuelle : ce bivalve vit du sud de la Norvège au Maroc.
Biotope : enfouie dans les rivages littoraux sableux, vaseux et sur fonds de gravier, cette espèce se retrouve jusqu'à plus de 73 mètres de profondeur. Elle est, en général, subtidale.
Coloration : de crème à marron ajouté à du jaune à violet vif, souvent avec des marques plus foncées en zigzag.
Références bibliographiques : Tebble, 1966, p.33 ; Phillips, 1987, p.52 ; Wye, 1990, p.163 ; Poppe and Goto, 1993, p.46, Pl.3 ; Woodward, 1995, p.60.

INFORMATIONS ARCHÉOLOGIQUES :

Utilisation(s) attestée(s) : parure, outil ?
Chaîne opératoire d'acquisition : cette espèce, subtidale, peut être collectée morte pour la parure.
Apport dans le quotidien des hommes préhistoriques : l'observation des perforations permet d'en déduire les techniques de percement du test ainsi que l'utilisation (port) ou non des parures.
Sites où l'espèce est présente : la Grande Pièce, Hoëdic, Beg-er-Vil, Montagant, La Sauzaie, La Perroche, Ponthezières, Er Yoh.

N°51 - *Hiatella* sp. Bosc, 1801

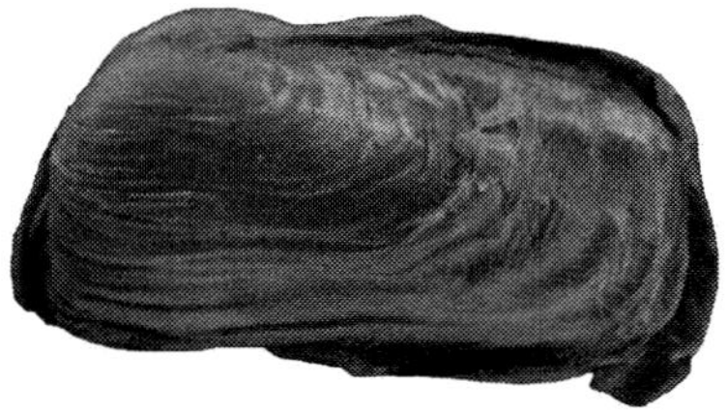

P. Lozouet
(L=7mm)

Classe des Bivalves

CARACTÉRISTIQUES DE L'ESPÈCE :

Description : Il existe d'importantes variations selon les espèces qui peuvent être équivalves ou non. Son adaptation à son substrat fait qu'elle est très polymorphe, la coquille est épaisse.
Dimension : les valves mesurent de 5 à 25 millimètres de longueur.
Mesures retenues : néant.
Distribution actuelle : en Europe, de la Norvège au sud de la mer Baltique au Maroc. A Madères et également en Méditerranée.
Biotope : cette espèce est régulièrement trouvée dans des trous effectués par d'autres Bivalves ou dans des crevasses.
Coloration : coquille crayeuse terne.
Références bibliographiques : Poppe and Goto, 1993, p.130.

INFORMATIONS ARCHÉOLOGIQUES :

Utilisation(s) attestée(s) : néant.
Chaîne opératoire d'acquisition : cette espèce a été décrite comme 'accessory marine molluscs' dans le site danois d'Ertebølle (Petersen, 1986).
Apport dans le quotidien des hommes préhistoriques : elle apporte des éléments sur la reconstitution du paléoenvironnement.
Sites où l'espèce est présente : Beg-an-Dorchenn, Beg-er-Vil, Er Yoh.

N°52 - *Laevicardium crassum* (Gmelin, 1791)

P. Lozouet
(L=38mm)

Classe des Bivalves

CARACTÉRISTIQUES DE L'ESPÈCE :

Description : de la famille des Cardiidae, les valves sont solides et ovales et présente une sculpture discrète de 40 à 50 côtes radiales. Les impressions des muscles adducteurs sont égales et sans sinus palléal. Les valves sont similaires.
Dimension : les individus mesurent de 27 à 76 millimètres de long.
Mesures retenues : longueur, hauteur.
Distribution actuelle : elle vit en Mer du Nord, dans la Manche, en Atlantique et en Méditerranée.
Biotope : cette espèce, en général, subtidale, est exceptionnellement observée vivante lors de grande marée de vives eaux ou rejetées lors de tempêtes. Elle vit sur le sable, la vase ou les fonds à graviers des eaux peu profondes jusqu'à 183 mètres de profondeur.
Coloration : vert olive, jaune pâle ou crème.
Références bibliographiques : Tebble, 1966, p.108 ; Phillips, 1987, p.70 ; Wye, 1990, p.166 ; Poppe and Goto, 1993, p.96, Pl.16 ; Woodward, 1995, p.70.

INFORMATIONS ARCHÉOLOGIQUES :

Utilisation(s) attestée(s) : parure, outil.
Chaîne opératoire d'acquisition : cette espèce peut être collectée échouée sur la plage.
Apport dans le quotidien des hommes préhistoriques :
Sites où l'espèce est présente : La Grande Pièce, Hoëdic, Téviec, La Sauzaie, Le Rocher, Diconche (*Laevicardium* sp.), La Perroche, Er Yoh.

N°53 - *Lutraria lutraria* (Linné, 1758)

P. Lozouet
(L=100mm)

Classe des Bivalves

CARACTÉRISTIQUES DE L'ESPÈCE :

Description : cette espèce présente de grandes valves épaisses et solides de forme ovale équivalves. Les valves à bords lisses sont deux fois plus longues que larges et recouvertes d'un épiderme luisant. La surface possède de petites irrégularités formant de petits croisillons. Le ligament est court et profond très proche du crochet.
Dimension : les plus grands spécimens peuvent atteindre 14 centimètres, les longueurs moyennes étant comprises entre 7 et 13 centimètres.
Mesures retenues : longueur, hauteur.
Distribution actuelle : la lutraire est commune dans la Baltique, en mer du Nord, dans la Manche, l'Atlantique et en Méditerranée.
Biotope : cette espèce vit dans le sable, la vase ou le gravier dans l'horizon inférieur de l'étage infralittoral jusqu'à 100 mètres de profondeur. Elle ne peut être atteinte qu'à très basse mer.
Coloration : coquille blanche, jaune pâle d'intérieur blanc avec un périostracum vert-brun orné de lignes concentriques. 'Les pêcheurs l'estiment beaucoup du point de vue alimentaire. Ils l'extraient du sol en introduisant dans les trous qui décèlent sa présence un long fil de fer recourbé à l'extrémité en forme d'hameçon. Elle n'est jamais commune en grande quantité' (Dautzenberg, 1913).
Références bibliographiques : Dautzenberg, 1913, p.57 ; Tebble, 1966, p.133 ; Phillips, 1987, p.74 ; Poppe and Goto, 1993, p.100, Pl.17.

INFORMATIONS ARCHÉOLOGIQUES :

Utilisation(s) attestée(s) : nourriture ? outil ?
Chaîne opératoire d'acquisition : sa pêche nécessite une recherche préalable suivit d'un raclage du sédiment.
Apport dans le quotidien des hommes préhistoriques : elle apport des indices sur les territoires de pêche.
Sites où l'espèce est présente : Beg-an-Dorchenn (*Lutraria* sp.), Hoëdic (*Lutraria* sp.), Téviec, Beg-er-Vil, Diconche, Er Yoh.

N°54 - *Mactra glauca* Born, 1778

P. Lozouet
(L=94mm)

Classe des Bivalves

CARACTÉRISTIQUES DE L'ESPÈCE :

Description : cette espèce présente un grand test solide équivalve de forme triangulaire et possède un chondrophore.
Dimension : les valves de cette espèce sont comprises entre 80 et 120 millimètres de long.
Mesures retenues : longueur, hauteur.
Distribution actuelle : elle se retrouve de l'Angleterre au Maroc et en Méditerranée.
Biotope : cette espèce vit légèrement enfoncée dans le sable de la limite de la zone intertidale à 44 mètres de profondeur.
Coloration : test blanc sale avec des rayons beiges à marron.
Références bibliographiques : Dautzenberg, 1913, p.55 ; Tebble, 1966, p.12 ; Poppe and Goto, 1993, p.101, Pl.17.

INFORMATIONS ARCHÉOLOGIQUES :

Utilisation(s) attestée(s) : nourriture ? outil.
Chaîne opératoire d'acquisition : elle n'est accessible que lors de grande marée.
Apport dans le quotidien des hommes préhistoriques : indice sur les caractéristiques du territoire de pêche.
Sites où l'espèce est présente : Diconche, Er Yoh.

N°55 - *Mya arenaria* Linné, 1758

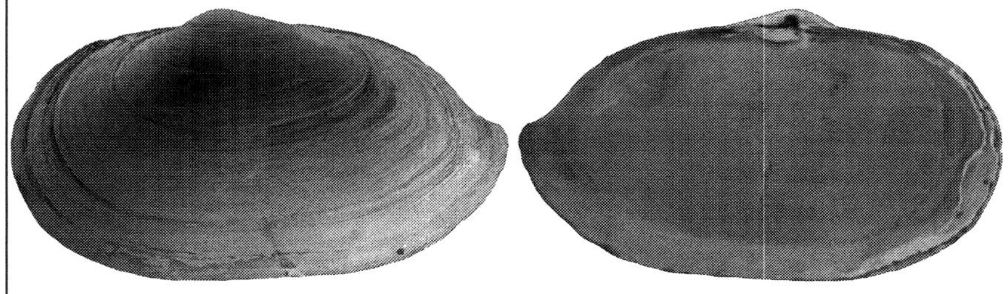

P. Lozouet
(L=100mm)

Classe des Bivalves

CARACTÉRISTIQUES DE L'ESPÈCE :

Description : cette espèce dissymétrique aux stries concentriques fortement marquées est effilée à l'arrière. Elle est reconnaissable par la morphologie de son chondrophore en forme de cuillère et son sinus palléal formant un V. Les bords de la coquille sont baillants aux deux extrémités.

Dimension : la taille des individus de cette espèce est comprise entre 40 et 152 mm.

Mesures retenues : longueur, largeur.

Distribution actuelle : elle est absente de la Méditerranée mais est localisée en Europe, en Mer du Nord et Pacifique oriental.

Biotope : cette espèce vit profondément enfouie dans le sable ou dans les vases sablonneuses. Intertidale elle peut vivre dans les estuaires et sur l'estran et se retrouve jusqu'à 75 mètres de profondeur.

Coloration : coloration générale brunâtre sale, intérieur blanchâtre.

Références bibliographiques : Dautzenberg, 1913, p.58 ; Lindner, 1973, p.236 ; pp.256-257 ; Poppe and Goto, 1993, p.128 ; Loyer, 1995, p.20.

INFORMATIONS ARCHÉOLOGIQUES :

Utilisation(s) attestée(s) : nourriture ?

Chaîne opératoire d'acquisition : elle peut être collectée uniquement échouée le long des plages.

Apport dans le quotidien des hommes préhistoriques : elle apporte des indices sur le paléoenvironnement proche du site.

Sites où l'espèce est présente : Hoëdic, Chez Reine.

N°56 - *Mytilus edulis* Linné, 1758

C. Dupont
(L=41mm)

Classe des Bivalves

CARACTÉRISTIQUES DE L'ESPÈCE :

Description : de valves identiques cette espèce est de forme subovalaire, à surface lisse. La forme triangulaire de l'umbo et la nacre dont elle est composée est typique du genre *Mytilus*. Elle est facilement confondue avec *M. galloprovincialis* plutôt méditerranéenne. Toutefois, actuellement, les deux espèces sont présentes aussi dans le Golfe de Gascogne.

Dimension : les valves de cette espèce mesurent de 20 à 160 millimètres de long. Les dimensions de cette espèce peuvent varier en fonction du milieu.

Mesures retenues : longueur, hauteur.

Distribution actuelle : la moule se retrouve de l'hémisphère Nord en Atlantique.

Biotope : à la fois intertidale et subtidale cette espèce vit sur les rochers de l'étage médiolittoral jusqu'à 10 mètres de profondeur. Elle se retrouve en Europe, sur toutes les côtes à substrats durs. La moule, de milieu rocheux, peut aussi vivre dans les baies ou fonds de baies parfois sur le sable ou de la vase.

Coloration : bleu à noir. Intérieur nacré.

Références bibliographiques : Tebble, 1966, pp.40-43 ; Phillips, 1987, p.54 ; Wye, 1990, p.153 ; Poppe and Goto, 1993, p.52, Pl.5 ; Woodward, 1995, p.61.

INFORMATIONS ARCHÉOLOGIQUES :

Utilisation(s) attestée(s) : nourriture, parure, outil.

Chaîne opératoire d'acquisition : cette espèce peut être collectée à la fois à mains nues ou décollée du substrat à l'aide d'un outil.

Apport dans le quotidien des hommes préhistoriques : elle apporte des éléments sur les territoires de pêche des coquilles. L'analyse des stigmates sur les valves outils permet d'établir des hypothèse quant à leur utilisation.

Sites où l'espèce est présente : La Grande Pièce, Saint-Gildas IB, Porteau-Ouest, Beg-an-Dorchenn, Hoëdic, Téviec, Beg-er-Vil, Auzay, Les-Gouillauds, La Garenne, Chez Reine, La Sauzaie, Le Rocher, La Perroche, Ponthezières, Er Yoh.

N°57 - *Ostrea edulis* Linné, 1758

C. Dupont
(L=83mm)

Classe des Bivalves

CARACTÉRISTIQUES DE L'ESPÈCE :

Description : l'huître plate possède une valve creuse et une valve plate. De coquille très robuste, cette espèce possède une seule impression palléale, la postérieure. Généralement arrondie, sa forme varie suivant les conditions du milieu. De petites dents peuvent être observées près de la charnière (taxodonte).
Dimension : cette espèce mesure de 60 à 100 millimètres de long et certains individus peuvent exceptionnellement atteindre jusqu'à 150 millimètres.
Mesures retenues : longueur, hauteur, longueur du ligament, longueur du muscle adducteur, largeur du muscle adducteur.
Distribution actuelle : l'huître plate vit en Mer du Nord, en Atlantique, en Manche et en Méditerranée
Biotope : cette espèce vit sur des substrats fermes vaseux, rocheux ou de graviers. Intertidale et subtidale, l'huître plate se retrouve également au large en eaux profondes et au plus bas vers 80 mètres. 'Un peu comme le bigorneau *Littorina littorea*, il est difficile d'attribuer à cette espèce un biotope strict' (Gruet, 1999 –2). L'huître plate peut vivre dans des conditions estuariennes qui ne correspondent pas à de fortes dessalures.
Coloration : extérieur gris vert, jaune ou brun, intérieur blanc.
Références bibliographiques : Tebble, 1966, p.53 ; Phillips, 1987, p.64 ; Wye, 1990, p.154 ; Poppe and Goto, 1993, p.79, Pl.13 ; Woodward, 1995, p.63.

INFORMATIONS ARCHÉOLOGIQUES :

Utilisation(s) attestée(s) : nourriture, parure, outil.
Chaîne opératoire d'acquisition : cette espèce est très ubiquiste et nécessite l'utilisation d'un outil pour la séparer de son support.
Apport dans le quotidien des hommes préhistoriques : l'observation des variations des formes de l'huître plate peut être liée à l'agitation du milieu.
Sites où l'espèce est présente : La Grande Pièce, Saint-Gildas, Porteau-Ouest, Beg-an-Dorchenn, Hoëdic, Téviec, Beg-er-Vil, Auzay, La Garenne, Chez Reine, La Sauzaie, Le Rocher, Pied-Lizet, Diconche, La Perroche, Ponthezières, Er Yoh.

N°58 - *Paphia aurea* (Gmelin, 1791)

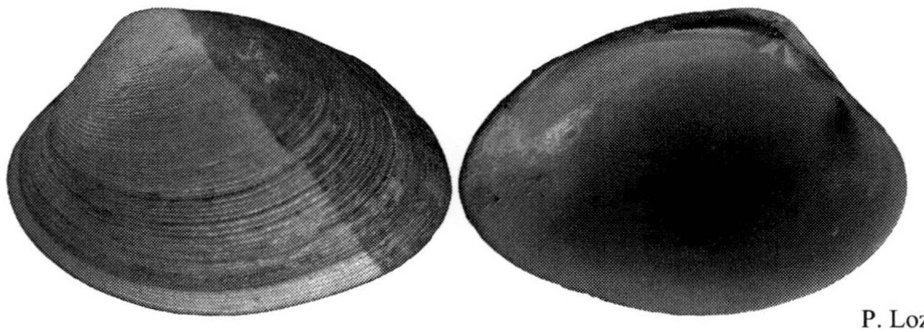

P. Lozouet
(L=29mm)

Classe des Bivalves

CARACTÉRISTIQUES DE L'ESPÈCE :

Description : cette palourde se distingue des autres espèces par la taille de son sinus palléal qui n'atteint pas plus de la moitié de la longueur de la valve.
Dimension : la longueur est comprise entre 10 et 45 millimètres de long.
Mesures retenues : longueur, hauteur.
Distribution actuelle : elle se retrouve du sud de la Norvège à l'Espagne et également en Méditerranée et la Mer Noire.
Biotope : elle vit enfoncée dans le sable, la boue ou les fonds graveleux de la limite des basses mers jusqu'à 36 mètres de profondeur.
Coloration : l'intérieur de la valve est souvent jaune or.
Références bibliographiques : Poppe and Goto, 1993, p.123.

INFORMATIONS ARCHÉOLOGIQUES :

Utilisation(s) attestée(s) : nourriture ?
Chaîne opératoire d'acquisition : Elle peut être collectée vivante uniquement lors de basses mers de vives eaux.
Apport dans le quotidien des hommes préhistoriques : espèce accompagnatrice, elle apporte des indications sur le territoire de pêche des préhistoriques.
Sites où l'espèce est présente : Ponthezières.

N°59 - *Pecten maximus* (Linné, 1758)

C. Dupont
(L=78mm)

Classe des Bivalves

CARACTÉRISTIQUES DE L'ESPÈCE :

Description : la valve gauche est plate et légèrement plus petite que la valve droite qui est quant à elle convexe et légère. La coquille Saint-Jacques présente de 12 à 17 côtes sur la valve droite. Une espèce très proche *P. jacobeus* vit actuellement en Méditerranée.

Dimension : les individus de cette espèce sont compris entre 100 à 150 millimètres de diamètre.

Mesures retenues : longueur, hauteur.

Distribution actuelle : la coquille Saint-Jacques vit en Atlantique, du sud de la Norvège jusqu'en Espagne. Elle se retrouve également autour des Açores, de Madère et des Canaries.

Biotope : cette espèce se retrouve sous la limite des basses mers jusqu'à 250 mètres de profondeur. Préférant les fonds sableux et graveleux, elle peut tout de même être rencontrée sur des fonds vaseux. Ce coquillage ne peut guère être collecté vivant que par dragage actuellement où en entrant à mi-corps dans l'eau.

Coloration : plusieurs variétés de coloration, flammules rouges ou orangées diversement disposées. Valve plate toujours plus foncée que l'autre. Certaines variétés entièrement blanches.

Références bibliographiques : Dautzenberg, 1913, p.33 ; Poppe and Goto, 1993, pp.68-69, Pl.10.

INFORMATIONS ARCHÉOLOGIQUES :

Utilisation(s) attestée(s) : nourriture, outil, parure mésolithique et néolithique (Barge, 1982).

Chaîne opératoire d'acquisition : cette espèce a difficilement pu être collectée vivante durant la préhistoire.

Apport dans le quotidien des hommes préhistoriques : son biotope donne des indications sur son mode d'acquisition.

Sites où l'espèce est présente : Beg-an-Dorchenn, Hoëdic, Téviec, Beg-er-Vil, Les-Gouillauds, Chez Reine, La Sauzaie, Le Rocher, Diconche, Er Yoh.

N°60 - *Pholas dactylus* Linné, 1758

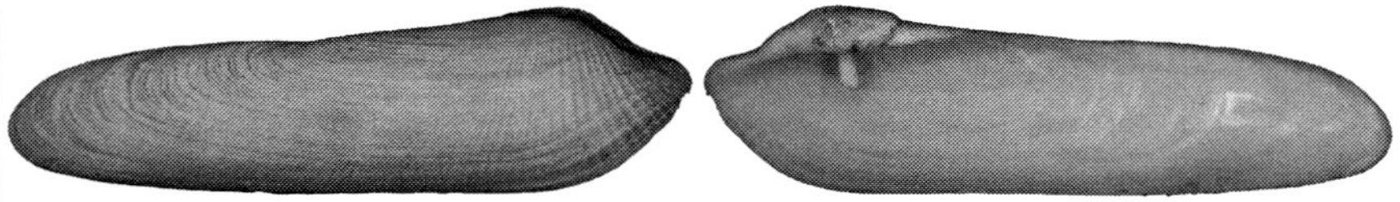

P. Lozouet
(L=117mm)

Classe des Bivalves

CARACTÉRISTIQUES DE L'ESPÈCE :

Description : la pholade possède une coquille fine et fragile. Comestible, elle sert également d'appâts aux pêcheurs. En plus des deux valves, cette espèce possède cinq petites plaques calcaires qui protègent la région des sommets.

Dimension : les individus de cette espèce sont compris entre 35 à 152 millimètres de long.

Mesures retenues : néant.

Distribution actuelle : la pholade est retrouvée du sud de la Norvège au Maroc, en Méditerranée et en mer noire.

Biotope : la pholade perfore différents substrats incluant le bois, mais elle préfère les fonds argileux durcis et les pierres. Elle se retrouve de la zone intertidale jusqu'à une profondeur de 10 mètres.

Coloration : blanche.

Références bibliographiques : Dautzenberg, 1913, p.60 ; Poppe and Goto, 1993, p.132, Pl.25.

INFORMATIONS ARCHÉOLOGIQUES :

Utilisation(s) attestée(s) : nourriture ?

Chaîne opératoire d'acquisition : accompagnatrice, cette espèce a pu être collectée par hasard par les hommes.

Apport dans le quotidien des hommes préhistoriques : elle apporte des indices sur les caractéristiques du territoire de pêche.

Sites où l'espèce est présente : Saint-Gildas IB, Saint-Gildas IC, Porteau-Ouest, Hoëdic, Ponthezières.

N°61 - *Scrobicularia plana* (da Costa, 1778)

C. Dupont
(L=40mm)

Classe des Bivalves

CARACTÉRISTIQUES DE L'ESPÈCE :

Description : la scrobiculaire possède des valves minces et plates. La présence d'un chondrophore est typique de cette espèce.
Dimension : les individus de cette espèce varient entre 30 et 65millimètres.
Mesures retenues : longueur, hauteur, longueur du ligament.
Distribution actuelle : la scrobiculaire se retrouve de la Norvège et du sud de la mer Baltique jusqu'au Sénégal et l'ouest de l'Afrique et également aux Canaries et en Méditerranée.
Biotope : en général intertidale, cette espèce peut aussi se rencontrer dans les premiers mètres sous le niveau des plus basses mers jusqu'à 30 mètres de profondeur. Enfouie dans les sédiments vaseux, la scrobiculaire est souvent présente en estuaire ou en fond de baie, elle supporte bien les eaux dessalées mais ce facteur n'est pas nécessaire.
Coloration : test blanc sale.
Références bibliographiques : Dautzenberg, 1913 ; Lindner, 1989 ; Poppe and Goto, 1993.

INFORMATIONS ARCHÉOLOGIQUES :

Utilisation(s) attestée(s) : nourriture.
Chaîne opératoire d'acquisition : la pêche de cet organisme fouisseur peut se faire de façon aléatoire par creusement dans la vase. Une pêche plus réfléchie oblige à repérer en surface la trace des siphons (en étoile) de 2 à 4 centimètres de diamètre ou à observer le petit jet d'eau sortant du siphon de l'animal lors de la progression sur la vase. Pour sa pêche il faut fouir le vase de 5 à 15 centimètres de profondeur jusqu'à 20 à 30 centimètres pour les individus plus gros.
Apport dans le quotidien des hommes préhistoriques : il existe une corrélation entre la taille du chondrophore et celle de la coquille, ce qui permet de reconstituer les longueurs des valves d'origine. Sa présence indique une collecte en milieu vaseux. Des études ont montré la possibilité d'étudier les saisons de collecte de cette espèce.
Sites où l'espèce est présente : Saint-Gildas IB, Saint-Gildas IC, Porteau-Ouest, Beg-an-Dorchenn, Beg-er-Vil, Auzay, Les-Gouillauds, Montagant, La Garenne, La Sauzaie, Le Rocher, Pied-Lizet, La Perroche, Ponthezières.

N°62 - *Solen marginatus* Pulteney, 1799

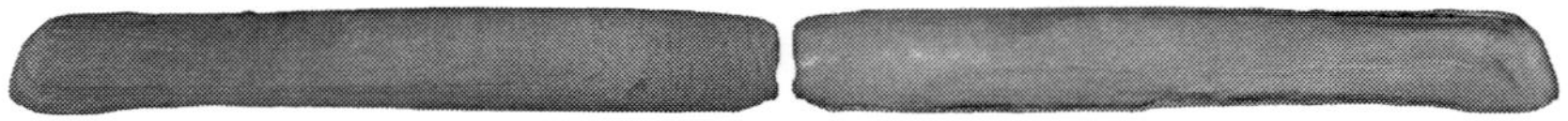

P. Lozouet
(L=139mm)

Classe des Bivalves

CARACTÉRISTIQUES DE L'ESPÈCE :

Description : chaque valve de cette espèce possède une forme demi-cylindrique. Une fois réunies les deux valves d'un individu vivant forme un cylindre. Cette espèce se reconnaît par la présence d'une marge à son extrémité postérieure.
Dimension : les individus de cette espèce mesurent de 100 à 130 millimètres de long et peuvent exceptionnellement atteindre 155 millimètres.
Mesures retenues : longueur, hauteur.
Distribution actuelle : ce couteau se retrouve du nord de la Norvège et du sud de la Baltique jusqu'au Sénégal et à l'ouest de l'Afrique. Elle est également commune en Mer Noire et en Méditerranée.
Biotope : les couteaux vivent enfoncés verticalement dans le sable ou les sables vaseux de la zone intertidale jusqu'à 20 mètres de profondeur.
Coloration : marron-orange.
Références bibliographiques : Dautzenberg, 1913, p.54 ; Poppe and Goto, 1993, p.104.

INFORMATIONS ARCHÉOLOGIQUES :

Utilisation(s) attestée(s) : outil ? nourriture ?
Chaîne opératoire d'acquisition : sa pêche se fait après observation de trous sur le sable.
Apport dans le quotidien des hommes préhistoriques : reconstitution du territoire de pêche.
Sites où l'espèce est présente : Beg-an-Dorchenn, Beg-er-Vil, Auzay, Montagant, La Sauzaie, Le Rocher, Ponthezières (*Solen* sp.).

N°63 - *Spisula* sp. Gray, 1837

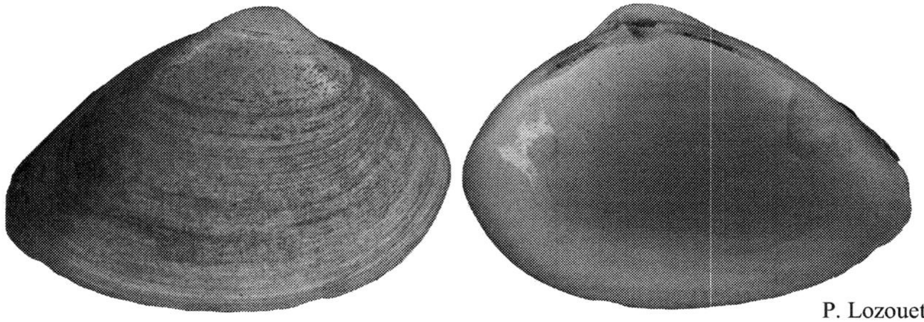

P. Lozouet
(L=30mm)

Classe des Bivalves

CARACTÉRISTIQUES DE L'ESPÈCE :

Description : cette espèce est équivalve. La forme de ces valves est ovale et le test est solide. La surface est lisse et présente de fines lignes de croissance. Comme pour la scrobiculaire, cette espèce peut être reconnue par la forme typique de son chondrophore.
Dimension : la longueur des valves de cette espèce avoisine les 30 millimètres en moyenne et peut atteindre jusqu'à 40 millimètres.
Mesures retenues : longueur, hauteur.
Distribution actuelle : la spisule vit en Mer du Nord, en Manche et en Atlantique Nord à partir des îles britanniques.
Biotope : cette espèce est à la fois intertidale et subtidale jusqu'à 100 mètres de profondeur. Elle est typique de fonds sableux, caillouteux ou coquilliers.
Coloration : blanc sale parfois teinté de bleu, vert ou jaune aux anneaux concentriques.
Références bibliographiques : Tebble, 1966, p.128 ; Phillips, 1987, p.74 ; Wye, 1990, p.172 ; Poppe and Goto, 1993, pp.101-103.

INFORMATIONS ARCHÉOLOGIQUES :

Utilisation(s) attestée(s) : parure, nourriture ?
Chaîne opératoire d'acquisition : souvent en faible quantité, elle a pu être collectée par hasard avec d'autres espèces.
Apport dans le quotidien des hommes préhistoriques : reconstitution des territoires de pêche.
Sites où l'espèce est présente : La Grande Pièce, Hoëdic, Ponthezières.

N°64 - *Spisula subtruncata* da Costa, 1778

P. Lozouet
(L=24mm)

Classe des Bivalves

CARACTÉRISTIQUES DE L'ESPÈCE :

Description : les valves équivalves sont solides malgré sa finesse. Leur forme est presque équilatérale. Le périostracum est orné de stries concentriques.
Dimension : les individus de cette espèce varient de 15 à 30 millimètres de long.
Mesures retenues : néant.
Distribution actuelle : cette spisule vit de la Norvège au Maroc et aussi dans les Canaries, en Méditerranée et même en mer noire.
Biotope : cette espèce vit du bas de la zone intertidale jusqu'à 200 mètres de profondeur dans de la vase et du sable.
Coloration : test blanc sale.
Références bibliographiques : Tebble, 1966, p.132-133 ; Poppe and Goto, 1993, p.103, Pl.17.

INFORMATIONS ARCHÉOLOGIQUES :

Utilisation(s) attestée(s) : aucune.
Chaîne opératoire d'acquisition : espèce accompagnatrice, elle a pu être ramassée par hasard.
Apport dans le quotidien des hommes préhistoriques : cette espèce apporte des éléments sur la reconstitution du paléoenvironnement.
Sites où l'espèce est présente : Diconche.

N°65 - *Striarca lactea* (Linné, 1758)

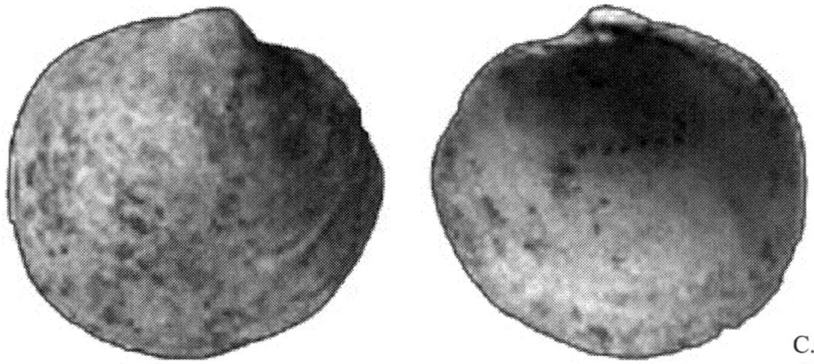

C. Dupont
(L=8mm)

Classe des Bivalves

CARACTÉRISTIQUES DE L'ESPÈCE :

Description : les valves solides de cette espèce sont ornées de stries radiales et concentriques qui donnent à leur surface un aspect réticulé.
Dimension : de 4 à 15 millimètres de longueur, elle peut exceptionnellement atteindre 20 millimètres.
Mesures retenues : néant.
Distribution actuelle : cette espèce vit de la Manche au sud du Sénégal et aussi en Méditerranée et dans la mer Noire.
Biotope : du bas niveau de la zone intertidale jusqu'à 50 mètres de profondeur, ce bivalve se glisse entre les algues sous les pierres.
Coloration : de couleur variable du blanc au marron.
Références bibliographiques : Poppe and Goto, 1991, p.100, Pl.12.

INFORMATIONS ARCHÉOLOGIQUES :

Utilisation(s) attestée(s) : néant.
Chaîne opératoire d'acquisition : accompagnatrice, elle a pu être collectée par hasard.
Apport dans le quotidien des hommes préhistoriques : indices du territoire de pêche des préhistoriques.
Sites où l'espèce est présente : Beg-an-Dorchenn, Ponthezières.

N°66 - *Tapes decussatus* (Linné, 1758)

C. Dupont
(L=41mm)

Classe des Bivalves

CARACTÉRISTIQUES DE L'ESPÈCE :

Description : ses valves sont équivalves et présentent une sculpture radiale et concentrique. Son ligament est externe et elle dispose d'un sinus palléal. La forme et la taille du sinus palléal est un critère important de détermination. Cette espèces est proche des autres 'palourdes' *Venerupis pullastra* et *V. rhomboides.*
Dimension : la longueur des valves varie entre 20 à 76 millimètres de long.
Mesures retenues ***: longueur, hauteur.***
Distribution actuelle : cette palourde se retrouve du sud et de l'Ouest de l'Angleterre à la péninsule ibérique et en Méditerranée.
Biotope : elle vit dans le sable ou dans les fonds vaseux et graveleux de la zone intertidale jusqu'à plusieurs mètres de fond. Elle se retrouve généralement en eaux calmes. Elle peut vivre dans les fonds de baies, les lagunes ou les estuaires, mais ne supporte pas une forte dessalure.
Coloration : variation importante de couleur.
Références bibliographiques : Lindner, 1989 ; Poppe and Goto, 1993, p.125.

INFORMATIONS ARCHÉOLOGIQUES :

Utilisation(s) attestée(s) : nourriture, outil.
Chaîne opératoire d'acquisition : sa pêche peut être quotidienne et nécessite de petits coefficients de marée.
Apport dans le quotidien des hommes préhistoriques : une étude de la saison de collecte a été réalisée sur cette espèce.
Sites où l'espèce est présente : Saint-Gildas IB, Porteau-Ouest, Beg-an-Dorchenn, Hoëdic, Téviec, Beg-er-Vil, Auzay, Les-Gouillauds, Montagant, La Garenne, La Sauzaie, Le Rocher, Pied-Lizet, Diconche, La Perroche, Ponthezières, Er Yoh.

N°67 - *Venerupis pullastra* (Montagu, 1803)

P. Lozouet
(L=47mm)

Classe des Bivalves

CARACTÉRISTIQUES DE L'ESPÈCE :

Description : ses valves sont équivalves et présentent une sculpture radiale et concentrique. Elle se distingue des autres espèces par une structure concentrique très prononcée. Son ligament est externe et elle dispose d'un sinus palléal. La forme et la taille du sinus palléal est un critère important de cette espèce : il atteint environ la moitié de la longueur d'une valve.

Dimension : la longueur des valves varie entre 10 et 51 millimètres de long.

Mesures retenues : longueur, hauteur.

Distribution actuelle : cette palourde se retrouve de la mer de Norvège et de la Baltique jusqu'au sud de l'Afrique. Elle est aussi présente aux Canaries et en Méditerranée.

Biotope : elle vit enfoncée dans de durs substrats comme le sable, des fonds graveleux vaseux et à la base des roches de la zone intertidale jusqu'à 40 mètres de profondeur.

Coloration : variation importante de couleur.

Références bibliographiques : Poppe and Goto, 1993, p.125.

INFORMATIONS ARCHÉOLOGIQUES :

Utilisation(s) attestée(s) : nourriture ?

Chaîne opératoire d'acquisition : sa pêche peut être quotidienne et nécessite de petits coefficients de marée.

Apport dans le quotidien des hommes préhistoriques : elle permet de préciser les caractéristiques des territoires de pêche.

Sites où l'espèce est présente : Ponthezières.

N°68 - *Venus verrucosa* Linné, 1758

C. Dupont
(L=41mm)

Classe des Bivalves

CARACTÉRISTIQUES DE L'ESPÈCE :

Description : la praire est de coquille robuste, épaisse, bombée et arrondie. Les valves sont similaires marquées de crêtes concentriques très nettes se transformant en tubercules du coté postérieur. Au niveau de la charnière 3 dents cardinales sont présentes.

Dimension : les individus de cette espèce varient entre 20 à 72 millimètres de long.

Mesures retenues : longueur, hauteur.

Distribution actuelle : la praire se retrouve en Manche, en Atlantique et en Méditerranée.

Biotope : cette espèce est intertidale, mais plus souvent subtidale jusqu'à 100 mètres de profondeur. Elle vit sur tous types de fond, mais plus spécialement sur les fonds à graviers. Cette espèce est comestible.

Coloration : extérieur blanc jaunâtre à gris jaunâtre. Intérieur blanc.

Références bibliographiques : Tebble, 1966, p.115 ; Phillips, 1987, p.88 ; Wye, 1990, p.173 ; Poppe and Goto, 1993, p.126, Pl.23 ; Woodward, 1995, p.73.

INFORMATIONS ARCHÉOLOGIQUES :

Utilisation(s) attestée(s) : parure, nourriture.

Chaîne opératoire d'acquisition : jamais retrouvée en faible quantité, elle a pu être collectée par hasard en même temps que les coquilles ramassées pour la consommation.

Apport dans le quotidien des hommes préhistoriques : aide à la reconstitution des territoires de pêche.

Sites où l'espèce est présente : la Grande Pièce, Auzay, Les-Gouillauds, Ponthezières, Er Yoh.

Annexe 2 –

Index de l'origine des échantillons photographiés des figures 6 à 12

Scaphopodes

Fig. 6. A : *Dentalium entalis* Linné, 1758 : M.N.H.N. Paris, collecté par M. Bezançon en 1871 (Méditerranée)
Fig. 6. B : *Dentalium vulgare* da Costa, 1778 : M.N.H.N. Paris, collecté par Staadt en 1969 (Capri, Italie)
Fig. 6. C : *Dentalium inaequicostatum* Bucquoy, Dautzenberg & Dollfus, 1891 : Néolithique La Grotte du Phare (Biarritz, Pyrénées-Atlantiques)

Gastropodes

Fig. 6. D : *Bittium reticulatum* (da Costa, 1778) : M.N.H.N. Paris, collecté par J. Tardy en 1996 (Ile de Ré, Charente-Maritime)
Fig. 6. E : *Buccinum undatum* Linné, 1758 : M.N.H.N. Paris, collecté par S. Gofas en 1973-1978 (Le Conquet, Finistère)
Fig. 6. F : *Diodora gibberula* (Lamarck, 1822) : Mésolithique Beg-an-Dorchenn (Plomeur, Finistère), BAD2001Ap.4
Fig. 6. G : *Ansates pellucida* (Linné, 1758) : Mésolithique Beg-an-Dorchenn (Plomeur, Finistère), BAD2001Bp.7
Fig. 6. H : *Euspira catena* (da Costa, 1778) : M.N.H.N. Paris, collecté par Staadt en 1969 (Binic, Cote-d'Armor)
Fig. 6. I : *Euspira pulchella* (Risso, 1826) : M.N.H.N. Paris, collecté par S. Gofas en 1973-1978 (au large de Concarneau, Finistère)
Fig. 6. J : *Gibbula cineraria* (Linné, 1758) : M.N.H.N. Paris, collection P. Lozouet (Saint-Germain-Sur-Ay, Manche)
Fig. 6. K : *Gibbula pennanti* (Philippi, 1846) : M.N.H.N. Paris, collecté par S. Gofas en 1973-1978 (Le Conquet, Finistère)
Fig. 6. L : *Gibbula umbilicalis* (da Costa, 1778). : Mésolithique Beg-an-Dorchenn (Plomeur, Finistère), BAD2001Cp.6
Fig. 7. A : *Haliotis tuberculata tuberculata* Linné, 1758 : M.N.H.N. Paris, collecté par S. Gofas en 1978 (Île de Sein, Finistère)
Fig. 7. B : *Hydrobia ulvae* (Pennant, 1777) : M.N.H.N. Paris, collection P. Lozouet (Saint-Germain-Sur-Ay, Manche)
Fig. 7. C : *Lacuna* sp. (da Costa, 1778) : Mésolithique Beg-an-Dorchenn (Plomeur, Finistère), Collection Kayser, 1984
Fig. 7. D : *Littorina littorea* (Linné, 1758) : Néolithique La Garenne (Saint-Hippolyte, Charente-Maritime), Musée de La Vieille Paroisse à Rochefort
Fig. 7. E : *Littorina obtusata* (Linné, 1758) : Mésolithique Beg-an-Dorchenn (Plomeur, Finistère), BAD2001Ap.4
Fig. 7. F : *Melarhaphe neritoides* (Linné, 1758) : M.N.H.N. Paris, collection P. Lozouet (Saint-Germain-Sur-Ay, Manche)
Fig. 7. G : *Nassarius incrassatus* (Ström, 1768) : M.N.H.N. Paris, collection P. Lozouet (Saint-Germain-Sur-Ay, Manche)
Fig. 7. H : *Nassarius pygmaeus* (Lamarck, 1822) : Mésolithique Beg-an-Dorchenn (Plomeur, Finistère), BAD2001Ap.3
Fig. 7. I : *Nassarius reticulatus* var. *nitidus* (Linné, 1758) : Mésolithique Beg-an-Dorchenn (Plomeur, Finistère), BAD2001Cp.4
Fig. 7. J : *Nassarius reticulatus* (Linné, 1758) : Néolithique Les Gouillauds (Bois-en-Ré, Charente-Maritime)
Fig. 7. K : *Nucella lapillus* (Linné, 1758) : Mésolithique Beg-an-Dorchenn (Plomeur, Finistère), Échantillon Kayser, 1984
Fig. 8. A : *Ocenebra erinaceus* (Linné, 1758) : Mésolithique Beg-er-Vil (Quiberon, Morbihan), BEV87AF21B6
Fig. 8. B : *Osilinus lineatus* da Costa, 1778 : Néolithique La Grotte du Phare (Biarritz, Pyrénées-Atlantiques), FG2n6
Fig. 8. C : *Patella intermedia* Murray in Knapp, 1857 : Mésolithique Beg-an-Dorchenn (Plomeur, Finistère), BAD2001Cp.3
Fig. 8. D : *Patella ulyssiponensis* Gmelin, 1791 : Néolithique La Grotte du Phare (Biarritz, Pyrénées-Atlantiques), I6/n3 n°50
Fig. 8. E : *Patella vulgata* Linné, 1758 : Néolithique La Garenne (Saint-Hippolyte, Charente-Maritime), Musée de La Vieille Paroisse à Rochefort
Fig. 8. F : *Phalium saburon* (Bruguière, 1792) : M.N.H.N. Paris, collection H. Fischer (Arcachon, Gironde)
Fig. 8. G : *Rissoa* sp. Fréminville in Desmarest, 1814 : M.N.H.N. Paris, collection P. Lozouet (Saint-Germain-Sur-Ay, Manche)
Fig. 8. H : *Tricolia pullus pullus* (Linné, 1758) : M.N.H.N. Paris, collection P. Lozouet (Saint-Germain-Sur-Ay, Manche)
Fig. 8. I : *Trivia monacha* (da Costa, 1778) : Néolithique La Grotte du Phare (Biarritz, Pyrénées-Atlantiques), n°1
Fig. 8. J : *Trochus magus* Linné, 1758 : collection P. Lozouet (Saint-Germain-Sur-Ay, Manche)
Fig. 8. K : *Turritella communis* Risso, 1826: M.N.H.N. Paris, collecté par J. Tardy en 1996 (Ile de Ré, Charente-Maritime)

Bivalves

Fig. 9. A : *Acanthocardia echinata* (Linné, 1758) ; : M.N.H.N. Paris, collecté par S. Gofas en 1973-1978 (Saint-Anne-La-Palut, Finistère)
Fig. 9. B : *Anomia ephippium* Linné, 1758 : Mésolithique Beg-er-Vil (Quiberon, Morbihan), BEV87AE20B5
Fig. 9. C : *Callista chione* (Linné, 1758) : M.N.H.N. Paris, collecté par Staadt en 1969 (LeCroisic, Loire-Atlantique)
Fig. 9. D : *Cerastoderma edule* (Linné, 1758) : M.N.H.N. Paris, collecté par S. Gofas en 1973-1978 (Plougastel, Finistère)
Fig. 9. E : *Cerastoderma glaucum* (Poiret, 1789) : M.N.H.N. Paris, Observé par H. Fischer en 1979 (Île d'Oléron, Charente-Maritime)
Fig. 9. F : *Chlamys varia* (Linné, 1758) : M.N.H.N. Paris, collecté par Locard en 1892 (La Rochelle, Charente-Maritime)
Fig. 9. G : *Clausinella fasciata* (da Costa, 1778) : M.N.H.N. Paris, collecté par S. Gofas en 1976 (Roscoff, Finistère)
Fig. 10. A : *Donax* sp. Linné, 1758 : M.N.H.N. Paris, collecté par S. Gofas en 1973-1978 (Douarnenez, Finistère)
Fig. 10. B : *Gari* sp. Schumacher, 1817 : M.N.H.N. Paris, collection Lavezzari (Saint-Malo, Ille-et-Vilaine)
Fig. 10. C : *Gastrana fragilis* (Linné, 1758) : M.N.H.N. Paris, collecté par J. Tardy en 1996 (Ile de Ré, Charente-Maritime)
Fig. 10. D : *Glycymeris glycymeris* (Linné, 1758) : M.N.H.N. Paris, collecté par Staadt en 1969 (Brest, Finistère)
Fig. 10. E : *Hiatella* sp. Bosc, 1801 : M.N.H.N. Paris, collecté par S. Gofas en 1973-1978 (Balise chaussée de, Finistère)
Fig. 10. F : *Laevicardium crassum* (Gmelin, 1791) : M.N.H.N. Paris, (Brest, Finistère)
Fig. 10. G : *Lutraria lutraria* (Linné, 1758) : M.N.H.N. Paris, (Saint-Malo, Ille-et-Vilaine)
Fig. 10. H : *Mactra glauca* Born, 1778 : M.N.H.N. Paris, collecté par Staadt en 1969 (Granville, Manche)
Fig. 11. A : *Mya arenaria* Linné, 1758 : M.N.H.N. Paris, collection Locard 1892 (Arcachon, Gironde)
Fig. 11. B : *Mytilus edulis* Linné, 1758 : M.N.H.N. Paris, collecté par N.L. Brasil en 1904 (Luc-sur-Mer, Calvados)
Fig. 11. C : *Ostrea edulis* Linné, 1758 : M.N.H.N. Paris, collecté par R. von Cosel en 1999 (Granville, Manche)
Fig. 11. D : *Ostrea edulis* Linné, 1758 : Mésolithique Beg-an-Dorchenn (Plomeur, Finistère), BAD2001Cp.4
Fig. 11. E : *Paphia aurea* (Gmelin, 1791) : M.N.H.N. Paris, collecté par B. Métivier en 1974 (Dinard, Ille-et-Vilaine)
Fig. 11. F : *Pecten maximus* (Linné, 1758) : Néolithique Le Rocher (Villedoux, Charente-Maritime), Zone II St.2
Fig. 12. A : *Pholas dactylus* Linné, 1758 : M.N.H.N. Paris, collection par M. Benoist 1942
Fig. 12. B : *Scrobicularia plana* (da Costa, 1778) : M.N.H.N. Paris, collecté par S. Gofas en 1973-1978 (Morgat Plage, Finistère)
Fig. 12. C : *Solen marginatus* Pulteney, 1799 : M.N.H.N. Paris, collecté par H. Fischer en 1976 (La Baule, Loire-Atlantique)
Fig. 12. D : *Spisula subtruncata* (da Costa, 1778) : M.N.H.N. Paris, collection H. Fischer
Fig. 12. E : *Striarca lactea* (Linné, 1758) : M.N.H.N. Paris, collecté par S. Gofas en 1978 (Anse de Bretheaume, Finistère)
Fig. 12. F : *Tapes decussatus* (Linné, 1758) : M.N.H.N. Paris, collecté par Locard en 1892 (Pornichet, Loite-Atlantique)
Fig. 12. G : *Venerupis pullastra* (Montagu, 1803) M.N.H.N. Paris, collecté par B. & R. v Cosel en 1987 (Cabourg-Le-Hôme, Calvados)
Fig. 12. H : *Venus verrucosa* Linné, 1758 : M.N.H.N. Paris, collecté par B. & R. v Cosel en 1987 (Quiberon, Morbihan

Résumé en français

Trois utilisations de la malacofaune marine ont été mises en évidence sur la façade atlantique de la France au Mésolithique et au Néolithique : l'alimentation, la parure et l'outil. Plusieurs méthodes aidant à la reconstitution du territoire de collecte, du moment de la collecte et des masses de chair consommées ont été établies à partir de référentiels actuels. Elles ont ensuite été appliquées aux échantillons archéologiques dans le but de décrire l'évolution de l'exploitation de la malacofaune marine, en prenant en compte les sous-systèmes techniques de l'acquisition de la transformation et de la consommation des coquillages du Mésolithique à la fin du Néolithique.

Les points communs à l'exploitation de ces trois utilisations reflètent l'adaptation de ces populations à leur environnement proche du Mésolithique à la fin du Néolithique. Ils montrent également des choix similaires, comme celui du substrat le plus exploité (le substrat rocheux), de l'espèce la plus consommée (la patelle) et des espèces utilisées dans la confection des parures (petits gastropodes) ou comme outils (grands bivalves). Ces points communs tendent vers une limitation du nombre d'étapes des différents sous-systèmes techniques impliqués et donc vers un meilleur rendement.

Malgré ces points communs des évolutions ont également été observées du Mésolithique à la fin du Néolithique dans l'exploitation de la malacofaune marine. Pour les coquillages alimentaires, une plus grande sélection des espèces et du territoire de collecte est observée au Néolithique ainsi qu'une possible préférence culturelle de la monodonte à partir du Néolithique final. L'importance du rôle culturel et de la symbolique de la parure est observée au Mésolithique et au Néolithique. À partir du Néolithique final, cette activité s'organise différemment et devient spécialisée avec le façonnage de petites perles à la forme standardisée qui ne rappelle en rien l'élément naturel originel. Les outils en coquillages participent à de nouvelles activités qui interviennent au moins à partir du Néolithique moyen, tel le lissage de la céramique. Les distances de transport variables de ces trois utilisations reflètent des statuts différents.

Pour les sites, où la malacofaune marine a été observée, les sites du Néolithique ont tourné leur mode de subsistance vers l'environnement terrestre tandis que ceux du Mésolithique semblent plus dépendants des ressources marines. Au Mésolithique, les sites de larges spectres s'opposent à ceux, plus étroits, sans doute de plus courte durée, où seuls des coquillages ont été mangés. Au Néolithique, l'utilisation de la malacofaune marine varie en fonction de la distance des sites aux influences marines.

English title and summary

The malacofauna of mesolithic and neolithic sites of the french atlantic façade

Three functions of the malacofauna have been shown up for the area studied: food, adornment and tool. Several methods have been brought into focus with present collections: the translation of an archaeological remain, the shell, from a fresh food, the weight of meat, the definition of the territory and of the moment of the shell gathering.

The common aspects of the exploitation of the malacofauna from the Mesolithic to the end of the Neolithic give evidence of the adaptation of their nearby environment. They show also some similar preferences as the rocky shore, Patella sp. for its consumption, the species used for the production of adornments as little gastropods and of tools as big valves. These similarities reduce the number of obligatory stages to hit the mark and correspond with a best yield of the activities linked with the exploitation of the seashells.

In spite of these similarities, some evolutions of the activities associated with the malacofauna are observed. For the food, the selection of the species and of the nature of the shore is more important with the appearance of the Neolithic. A cultural preference of the taste of *Osilinus lineatus* may be called to mind with the end of the Neolithic. From the 'Néolithique final', the confection of adornment become a specialised activity. These standardised adornments do not remember the marine environment. The tools of shell employed from the 'Néolithique moyen' show a new activity linked with the confection of ceramics. The distance of transport varies according to their utilizations, which is linked with different status. The proportion of the seashells in the diet seems to be more important during the Mesolithic. The geographical organisation of the exploitation of the malacofauna is different during the chronology.

Mots clés : malacofaune, coquilles, mollusques marins, collecte, Mésolithique, Néolithique, paléoenvironnement, biométrie, subsistance, masse de chair, saisonnalité, territoire de collecte

Key words : malacofauna, shells, seashells, gathering, Mesolithic, Neolithic, paleoenvironment, biometry, subsistence strategies, weight of meat, seasonality, territorial approach

Discipline : Anthropologie – Ethnologie – Préhistoire